中国近海海洋地质

吴自银 温珍河 等 著

科学出版社

北京

内 容 简 介

本书基于中国近海大量的实测数据及历史数据的融合处理，系统分析和深入研究，全面揭示了中国近海的自然地理、地形地貌、表层沉积、重力、地磁、地质构造、海底矿产资源的基本特征和分布规律，并对其成因机制进行了研究。

本书可供从事海洋地质与地球物理调查研究的科研人员参考，也可作为相关专业高校教师及研究生的参考教材。

审图号：GS（2021）1121 号

图书在版编目（CIP）数据

中国近海海洋地质/吴自银等著 . —北京：科学出版社，2021.3
ISBN 978-7-03-066032-9

Ⅰ . ①中… Ⅱ . ①吴… Ⅲ . ①近海 – 海洋地质学 – 研究 – 中国
Ⅳ . ① P736.52

中国版本图书馆CIP数据核字（2020）第169643号

责任编辑：杨明春　韩　鹏　陈娇娇 / 责任校对：张小霞
责任印制：吴兆东 / 封面设计：耕者

科 学 出 版 社 出版
北京东黄城根北街16号
邮政编码：100717

http://www.sciencep.com

北京九州迅驰传媒文化有限公司印刷
科学出版社发行　各地新华书店经销

*

2021年3月第 一 版　开本：787×1092　1/16
2025年2月第四次印刷　印张：38 1/4
字数：902 000

定价：498.00元
（如有印装质量问题，我社负责调换）

学术顾问

　　金翔龙　　金振民　　李家彪

作者名单

　　吴自银　　温珍河　　付　军　　尚继宏　　王忠蕾　　吴招才

　　王中波　　韩　波　　赵荻能　　吴振利　　吴志强　　杨金玉

　　高金耀　　阮爱国　　周洁琼　　王保军　　李　杰　　祁江豪

　　张　洁　　卫小冬　　杨春国　　密蓓蓓　　张菲菲

本书部分参与者合影（从左到右）：吴招才，韩鹏（责任编辑），吴振利，赵获能，尚继宏，吴自银，王明伟，温珍河，王保军，付军，韩波，吴志强

序 言

　　海洋覆盖面积约占地球表面积的 71%，海洋地质学是研究地壳被海水淹没部分的物质组成、地质构造和演化规律的学科，是地质学与海洋科学的前沿交叉，在地球科学研究中占据了重要地位，其研究内容和对象包括海岸与海底的地形、海洋沉积物、洋底岩石、海底构造、地质历史和海底资源等多个方面。海洋地质学是一门不断发展壮大中的自然科学，以 1948 年 F. P. Shepard 出版的首部 *Submarine Geology* 为标志，迄今也不过 70 余年，但已取得了辉煌的成就，诞生于 20 世纪 60 年代的板块构造理论更是被誉为 20 世纪自然科学最杰出的成果之一。新技术的应用在海洋地质学的发展中起到至关重要的作用，如 20 世纪 20 年代回声技术的出现和大规模的应用，基于探测的大量测深数据编绘的大西洋、太平洋和印度洋图集，揭示了绵延数万公里的大洋中脊和转换断层等巨大地貌单元，为板块构造学说的诞生与发展奠定了重要基础，全球磁条带的发现与解译、大洋钻探和洋中脊热液活动的发现等，进一步将该学说变成了地质学的基础理论。

　　海底是海洋地质学研究的主战场。海底是水圈、生物圈和岩石圈的重要地质界面，不仅记录了水圈、生物圈和岩石圈相互作用的详细信息，还记录了海陆相互作用的过程和海陆变迁的历史，气候演化旋回和沉积过程，板块裂离产生、运动和俯冲消亡的历史，为研究古气候、古环境、地貌和板块构造等提供了重要的素材。海底是研究地球演化的天然实验室，理解过去的地球、科学合理管理现今地球，以及展望和预测未来地球的发展趋势，是海洋地质学的重要使命。海底还蕴藏着丰富的矿产资源，在陆地资源日益枯竭的今天，对于深海资源的探测和利用变得更加迫切。此外，海底环境和灾害直接关系到人类的生产和生活，海底调查还是海港建设、海底工程和海底资源开发利用的基础。因此，海洋地质是兼顾理论研究和实际应用的学科。近年来的科学研究发现，地球的大气圈、水圈、生物圈和岩石圈在地球的演化过程中是相互作用的，进一步将海洋地质研究推进到多圈层相互作用的地球系统科学研究时代。当前，人类活动在地球留下无处不在的活动指纹，如沙漠造林、河流建坝、海岸围垦、海岸与海底工程、微塑料等，科学界已在讨论是否建立"人类世"，人与自然如何和谐共处也将是长期探索的课题。

　　现场观测是海洋地质研究的重要基础。中国的大规模海洋调查始自 1958 年的全国海洋普查，此后，在国家海洋经济、划界、资源和国防等多方面需求的驱动下，先后启动区域性甚至全海域的海洋调查，尤其 20 世纪 90 年代以来，我国引进了多波束测深、海底地震仪等一批新型的海洋调查仪器，建造了一批大型的科考船，在中国海及邻近海域先后实施了多个重大的海洋调查专项，基本实现了中国管辖海域的中小比例尺的全覆盖探测。近期，我国的海洋调查已在"一带一路"沿线国家陆续开展，已经实现了从早期接受他国援助、到自主调查、再到援助他国的跨越式发展；并从早期的"小区域、走航式、小尺度、单一学科"，逐步发展到"大范围、长周期、多尺度、多学科"；也由早期以中国近海调查为主，逐渐布局并走向全球大洋和南北极，这和中国的综合国力增强是密不可分的。通过 60 余年几代人的不懈努力，已经实现了"查清中国海、进军三大洋、登上南极洲"的宏伟目标。

通过长期的科学调查，积累了一批宝贵的数据资料，在满足国家目标的同时，更推动了我国海洋地质学研究的长足进展，出版了一批重要的著作、论文和图集。科学问题是论文的灵魂，著作侧重于科学事实的系统阐述。对于大范围海区的海洋地质研究，著作和图集的研-编结合是最佳模式，既能通过图集以可视化的方式全面展示调查的新数据和新资料，又能在配套著作中深入阐述新观点和新认识，二者起到相辅相成的作用。其中代表性成果是刘光鼎先生于 1992 年主编出版的《中国海区及邻域地质-地球物理系列图》及配套著作，属于首次编制的中国全海域的系列海洋地质图件，包括 1∶500 万比例尺的地形图、地貌图、空间重力异常图、布格重力异常图、磁力异常平面图、地球动力学图、地质图、大地构造图和新生代盆地图等专业图件，至今还在广泛使用。

20 世纪 90 年代以来，在中国海采用新的技术手段，又获取了一批全新的数据资料，其精度和分辨率都大幅提升，这为海洋地质学的定量化研究奠定了基础。在此背景下，吴自银研究员积极作为，推动了国家科技基础性工作专项任务"中国海海洋地质系列图编研"的立项，通过近 6 年的努力，基于大量的实测数据编制完成 1∶300 万的中国海海底地形、地貌、表层沉积、空间重力异常、布格重力异常、磁力异常、地质构造和海底资源 8 个种类共计 16 幅专业图件。在此基础上，吴自银研究员带领团队对自中华人民共和国成立以来中国海的相关成果进行系统的梳理，结合所编制的系列图进行了深入的研究，撰写了该部图文并茂的海洋地质学专著，其中大量的高清图件属于首次出版。该套《中国海海洋地质系列图》和《中国近海海洋地质》专著成果是研-编结合的新典范，实现了中国海全海域海洋地质基础图系的更新换代，是该学科领域的成果集大成和重要里程碑。作为一名从事海洋地质研究工作超过 60 年的科学家，我倍感欣慰。值此中华人民共和国成立 70 周年之际，特推荐该部学术著作给大家，希望在我国的海洋强国建设中，以及海洋地质学科发展中发挥重要作用。

中国工程院院士

2019 年 10 月 10 日

　　"海洋地质学"是一门诞生于海洋观测的基础学科，全球性的海洋测深、地磁和重力调查以及大洋钻探等为海洋地质学的快速发展和新理论的提出奠定了基础。中国的海洋调查始于 1958 年的全国海洋普查，迄今已走过 60 余年的光辉历程。为满足国家需求，原国家海洋局等部门组织科技人员，在中国海执行了多轮次的海洋专项调查任务，特别是 20 世纪 90 年代以来，随着多波束测深和海底地震仪等一批新型科考设备的引进和应用，在中国海执行了一批国家海洋专项任务，积累了大批重要的实测数据、各类报告、图集、论文和专著等，为中国海海洋地质学科的发展奠定了重要基础。但以实际调查资料为基础，海洋地质图集和专著同步研 – 编结合的成果尚少见。

　　为此，由自然资源部第二海洋研究所和青岛海洋地质研究所（分属于原国家海洋局和中国地质调查局），牵头组织了中国海海洋地质图集和专著的同步研 – 编工作。该两家单位是历次海洋专项调查的主力军和有关成果的集成单位，同时汇聚了国内海洋调查研究在数据、资料、成果等方面的部门优势，为本任务的执行和完成奠定了扎实的基础。

　　为了充分展示和及时分享中国海海洋地质调查的新资料与新成果，吴自银研究员于 2013 年建议并申请获准科技基础性工作专项"中国海海洋地质系列图编研"项目。通过近 6 年的工作，项目组研编了一套 1 ：300 万比例尺的《中国海海洋地质系列图》及配套的说明书，包括海底地形图、海底地貌图、海底沉积物类型图、空间重力异常图、布格重力异常图、地磁（ΔT）异常图、海底资源分布图、地质构造图 8 个种类，每个专题图又分为中国东部海域和中国南部海域上下两幅，其中海底资源分布图属国内首次公开出版。该系列图系统总结了中国海海洋地质与地球物理调查研究的最新资料和成果，强调了原始数据的真实表达和综合研究，是一套反映中国海海洋地质与地球物理的基础性、综合性的专题图系。

　　该套系列图的编绘，主要使用了自 1996 年以来我国采用高新科技手段，获得的高精度海洋地质与地球物理资料的最新实测成果，同时收集和整理了历次国内外有关调查研究资料，包括大量的 1 ：5 万、1 ：10 万、1 ：25 万、1 ：50 万和 1 ：100 万比例尺的相关专业图件和有关公开出版图件。我们对收集的资料用现有勘测资料进行验证、评价和融合；对不同来源、不同年代的数据资料，采用自主方法进行了数据的校正、改正和归一化处理。在质量评估与统计分析的基础上构建了高分辨的网格模型，陆地部分构建了 30m 分辨率的 DEM 模型、海域部分构建了 500m 分辨率的 DTM 模型，这些数字模型分辨率远高于 1 ：300 万比例尺编图要求，保证了系列图编绘数据的可靠性。在此基础上深化认识、提炼、精心编制了《中国海海洋地质系列图》。

在"中国海海洋地质系列图编研"项目执行之初，吴自银研究员便提出研-编结合的思想，计划出版一部与系列图配套的学术专著，一经提出即得到项目研究团队各成员的积极响应。毫无疑问，学术著作是完全不同于系列图的成果类型，系列图重在新资料的融合与展示，学术著作则体现了对新资料的消化吸收与研究。学术专著的撰写需要各位作者付出加倍的努力，在此，衷心感谢研究团队的各位作者。

《中国近海海洋地质》专著的撰写，是以编制的1∶300万比例尺海洋地质系列图和原始数据为基本依据，结合收集的历史文献，进行综合分析和深入研究并编纂完成。它是数十年来我国海洋调查资料的集中体现，也是各位作者多年研究的成果结晶，本专著充分展示了中国海海洋地质的基本特征，为后续海洋调查与研究奠定了基础。

《中国近海海洋地质》专著共8章，主要内容包括中国海及邻近海域的地形地貌特征与成因，沉积物类型与分布，地球物理特征与地壳构造，矿产资源分布特征与成因等。

本专著总体论述了中国近海的自然地理概况，包括海域的由来、范围、地形、典型地理单元、汇入河流和水文特征等方面；介绍了东海钓鱼岛海域地理特征和南海岛礁建设情况；按分区并结合剖面讨论了中国海各海区地形特征；阐述了海底地貌的分类与分布；深入分析了具有代表性的且广受关注的地形地貌单元；讨论了中国海地形地貌的成因、发育与影响因素；量化分析并统计了各海区及各地形区不同水深区间的面积、体积和坡度等。

本专著将中国海及邻域海区表层沉积物的类型划分为四类，分别是陆源碎屑沉积物、陆源碎屑-生物源沉积物、深海沉积物和生物源沉积物；阐述了各类型表层沉积物的特征与分布，其中，陆源碎屑沉积物主要分布于渤海、黄海、东海及南海陆架和部分上陆坡地区，生物源-陆源碎屑沉积物分布在南海陆坡及周边海域，深海沉积物分布在南海中央海盆及周边深海海域，生物源沉积物分布于岛礁等生物生产力较高海域；分析讨论了影响沉积物分布的主要因素，即水深、地形、地貌、物源和水动力条件等。

本专著基于实测地磁异常的融合处理，进行向上延拓、解析信号、化极、小波分解、频谱分析等特殊转换处理，在此基础上对中国东部海陆相接构造，黄海南部、东海和南海北部三个典型高磁异常带，以及南海北部磁静区进行了综合解释，尤其对南海北部中生代古俯冲构造的东西分段特征，南海的初始扩张过程等地质问题进行了详细讨论，得出了一些新认识。

本专著对中国东部和南部海域空间重力异常和布格重力异常进行了分区研究；将东部海域重力异常划分了9个分区，发现空间重力异常和布格重力异常的整体分布特征与东西分带的构造单元相适应；将南海海域的重力异常划分为陆缘重力异常区，中国台湾、菲律宾岛弧和海沟（槽）重力异常区，以及海盆重力异常区。

本专著以板块构造理论为总体指导思想，吸收槽台理论中的地核形成观点，形成中国东部太古宙以来的海陆地块宏观构造演化理论体系。以陆壳、洋壳和过渡壳等基础地壳属性为依据，参照其他地质地球物理场特征对中国东部海陆区域的构造格局进行了划分，将陆区到海区、东部到南部的构造单元进行统筹，从而达到海陆联合和海域综合的一体化构造格架划分目的；基于海区"剥层法"所揭示的地质构造层特征，突出展示了中国海域新生代以来的差异性构造演化过程。通过最新的OBS数据成果和文献资料分析，揭示了东海沟-弧-盆体系和南海"海底分期扩张"两种不同类型的边缘海演化基本特点。

本专著最后系统总结了中国海海洋矿产资源的分布特征与形成规律；综合研究了石油、天然气、天然气水合物、煤、多金属结核、热液硫化物等主要海底资源的地质特征和成因，划分了资源富集带，评述了潜在资源量及开发利用前景。

《中国近海海洋地质》是《中国海海洋地质系列图》的配套成果，但并非编图说明书，由自然资源部第二海洋研究所和中国地质调查局青岛海洋地质研究所共同承担，吴自银研究员和温珍河研究员共同牵头完成。本书共计8章，其中，第1章由各章作者提供素材，尚继宏和温珍河汇总梳理，第2章由王忠蕾和王保军负责撰写，第3章由吴自银、赵荻能和周洁琼负责撰写，第4章由王中波负责撰写，第5章由韩波、杨金玉、吴志强和吴招才负责撰写，第6章由吴招才和高金耀负责撰写，第7章由尚继宏、吴振利、吴志强、阮爱国、祁江豪、张洁和卫小冬负责撰写，第8章由付军和温珍河负责撰写。吴自银和温珍河撰写了前言，全书由吴自银和温珍河负责提出详细的撰写提纲并最终统稿。

本项工作得到金翔龙院士、金振民院士、李家彪院士和王小波研究员等专家与学者的帮助、支持与指导；李家彪院士和张训华研究员对本项目的立项和合作给予了大力支持；金翔龙院士审阅了本专著并作序言；王小波、王舒畋、方银霞、任建业、刘建华、孙珍、孙煜华、杨守业、杨作升、李广雪、李春峰、吴时国、何起祥、张训华、张维冈、侯方辉、姚永坚、阎贫、彭学超、蓝先洪、雷受旻、戴春山（按姓氏笔画顺序）等专家学者对相关章节内容进行了审核并提出了宝贵的修改意见；刘志豪、王玉宾、王嘉翀、朱超、刘洋等多位研究生参与资料梳理和图件编制工作，在此一并致谢！

本专著研究工作受到国家科技基础性工作专项"中国海海洋地质系列图编研"（编号：2013FY112900），国家自然科学基金（编号：41830540、41906069、42006073、41676037），中央级公益性科研院所基本科研业务费专项资金项目（编号：JZ1902、JG2005、SZ2002），浙江省自然科学基金（编号：LY21D060002）等多个项目的资助。本专著可供海洋科研与教育、海洋管理、海洋环境保护、海洋资源开发、军事与外交等部门参考，可以起到基本的学科工具书的作用。

限于作者水平及资料拥有程度，本专著中难免存在不足之处，敬请各位同行专家批评指正！

著者：吴自银，温珍河

2019年10月于杭州

第1章 海洋地质调查研究简史

海洋调查是针对某一特定海区的地形地貌、水文、气象、物理、化学、生物、地质、底质分布情况和规律进行的调查，是开展海洋科学研究最基础的海上科学实践活动（李华明等，2012）。海洋地质调查是海洋沉积、海洋地貌和海底构造调查的统称，包括海上定位、表层取样和柱状取样、测深、浅地层剖面测量、旁侧声呐扫描、水下电视和摄影、深潜装置观测、海底钻探、海洋重磁测量、海洋地震测量和海底地热流测量、资源勘探等（牟健，2016）。海洋地质调查是开展海洋地貌、沉积和构造等研究及勘测海底矿产资源最重要的基础性工作。

中国古代航海和海洋科学较为发达，早在郑和下西洋时期（1405～1433年）就有通过麻绳铅锤测深，并在铅锤涂抹猪油以粘取海底表层沉积样品的记录。《郑和航海图》和明代海岸地理学家郑若曾于1562年撰写的《筹海图编》均系统、专业地记录了当时中国重要的海洋基础地理信息，代表了那一历史时期我国在海洋地质学领域的巨大成就。

我国近代因国家陷于战乱，海洋地质调查能力被极大削弱。当时为了满足殖民扩张和航海需求，日本、英国、德国、美国开始了在我国东海水深和底质方面的简单测量，如中国海域早期的海图可以追溯到1850年前后英国出版的中国港口海图，已经采用现代回声测量技术、非常高精度的定位技术和地图绘制技术，其表达形式和现代的海图并无差异，甚至可以和现代的海图进行水深变化的对比（Wu et al.，2014，2016，2018），但中国自主出版的海图要等到100年后的中华人民共和国时期。20世纪30年代，我国学者李四光综合历史资料经研究认为我国东海陆缘存在NNE向延伸相间排列的三个隆起带和三个沉降带，发现东海是发育在第一沉降带中的盆地。相关的研究奠定了我国海洋地质科学事业发展的基础。

中华人民共和国成立以来，我国在海洋地质学调查和研究方面得到极大发展。1950年8月在青岛成立中国科学院水生生物研究所青岛海洋生物研究室，并于1969年1月扩建为中国科学院海洋研究所。之后，全国100多个各类涉海科研调查机构如雨后春笋般相继成立，各类海洋调查研究全面、系统展开。1958年，国家科委组织全国60多家涉海单位共同开展了我国第一次海洋普查工作，之后各类涉海专项和大型综合调查项目如火如荼地展开，我国海洋地质调查和研究事业进入全面发展和急速扩张时期。

2000年以后，随着海洋基础性地质调查范围从近海逐步扩展到深海，调查方式也从传统单一的船载调查逐渐发展为船载调查、航空物探遥感及水下探查的立体式综合调查。伴随海洋区域地质调查覆盖范围不断扩大，国家权益维护、环境保护和能源矿产勘探开发的支撑力度得到不断加强。

1.1 国外海洋地质调查与编图研究概况

海洋地质调查与图件研编是一项基础性的工作，与经济建设、工程开发、航运保障、海洋权益和军事安全等多方面密切相关，历来受到世界发达国家的高度重视，美国、俄罗斯和日本等海洋科技发达国家，已开展了多轮次的海洋地质调查和基础编图工作（王淑玲等，2017）。

美国已完成了三个轮次的大规模海洋调查与编图工作（温珍河等，2014）。早在1969年，美国就完成了其东、西海岸附近1∶100万比例尺的海底图集，至1980年完成了第一轮大调查，并编制了1∶25万比例尺海底图集。1983～1991年为美国第二轮海洋区域地质调查阶段，1985年完成了一套美国西海岸专属经济区（Exclusive Economic Zone，EEZ）的1∶50万海底图集，1987年制定了新的EEZ测绘10年计划，完成了1∶50万的EEZ测绘与制图，出版了1∶10万海洋环境图集。1994年开始了第三轮的大规模调查，1996年起实施"太平洋海底制图项目"，系统测绘美国大陆架，至2000年已基本完成了沿岸和大陆架中、大比例尺地质图的测绘工作。1995～2005年，美国"海洋战略发展计划"在东、西沿岸近海区测绘1∶6.25万的三维图。

俄罗斯大陆架海洋地质测量采用1∶100万和1∶20万两种比例尺，前者主要用于大陆架，调查海底构造、矿产资源，后者主要用于矿产资源远景区。1951～1965年，苏联对有远景的陆架区进行了1∶20万比例尺地质-地球物理综合调查；1978～1980年执行了"西北太平洋大地构造和地球动力计划"，编绘了反映西北太平洋地壳形成过程的新构造图。1981～1985年，苏联集中力量对有利的海区进行1∶20万综合地质调查，重点解决综合性的地质-地球物理问题。1986～2000年，通过"地球动力计划"对海区地形地貌、板块构造、沉积盆地等方面进行了综合调查研究与编图。1994～2000年，通过"俄罗斯联邦矿物原料基地发展计划"，建立了合理利用和保护陆架海底资源的科学方法及信息库（李廷栋，2007）。近年来，俄罗斯编制的地质图件包括俄罗斯及邻近水域地质图（1∶250万）、俄罗斯磁异常图（1∶500万）、俄罗斯重力图（1∶500万）、俄罗斯大地构造图（1∶250万）、俄罗斯矿产图（1∶100万）、俄罗斯燃料和能源矿产图（1∶250万）和俄罗斯地质状况图（1∶200万）等。

中国的近邻日本先后完成了四个轮次大规模海洋调查与编图。早在1974年，日本就开始使用"白岭丸"号科考船实施"大陆架基础地质调查计划"，比例尺为1∶20万和1∶5万，到1978年基本完成了第一轮大陆架区的综合地质-地球物理调查，出版了1∶600万日本周边重力异常图，1∶300万日本周边海底地质图，1∶200万和1∶100万海底地质图、航磁图，列岛周缘1∶20万～1∶5万海底地质图、构造图、沉积图、总地磁强度图、布格重力异常图，1∶5万沿岸地质图集。1979年，日本开始实施第二轮海洋地质调查计划，到1982年，完成1∶100万比例尺海底测绘，编制了1∶100万比例尺的底质沉积物、重力异常、磁力异常等多种图件（王淑玲等，2017）。1983年起，日本开始实施第三轮海洋区域地质调查计划，至2000年完成了1∶50万比例尺专属经济区调查与编图。目前，正在执行第四轮海洋区域地质调查计划，已完成四国海盆、东海及菲律宾海测量，包括多波束测深、单道和 24 道地震、重力、磁力测量，底质采样，海底照相，温盐深、CTD 测量等（王淑玲等，2017）。通过这些调查、研究与编图工作，为日本提交其外大陆架划界案奠定了重要基础。

韩国自 20 世纪 60 年代后期开始对黄海东侧陆架开展全面调查（刘洪滨，2004）。1972 年以来对 125°E 以东陆架区进行了 1：25 万海底地质填图及重力、磁力测量。1995 年起韩国地质资源研究院（KIGAM）开始了为期 3 年的地质钻探研究项目，以期认识黄海东侧陆架第四纪地层和环境演化。到 1997 年在 125°E 以东 33°～37°N 海域完成了 6 个钻孔。1997 年以后，KIGAM 利用具有世界先进水平的"探海二号"在黄海、东海陆架和冲绳海槽完成了多个航次的综合性调查。韩国制定并完成了为期 30 年（1979～2009 年）的海岸带调查计划，开展了中比例尺的基础性环境地质调查填图。从 1992 年韩国开始实施庞大的"大陆架测绘计划"（1992～2009 年），已完成韩国西部和西南部（部分包括我国的黄海、东海海域）海域的 1：25 万海洋测绘和多口浅钻。

意大利、法国和英国等也高度重视地质编图工作。意大利先后 5 次修编了 1：100 万全国地质图，还用影像图作底图制作了 1：25 万地质图。法国于 1889 年编制第一版地质图，平均约 20 年修编一次（1889 年、1905 年、1933 年、1955 年、1968 年、1996 年），2003 年又出版了 1：100 万法国地质图（李廷栋，2007）。英国于 2006 年发动了"OneGeology"计划，其目标是建立全球动态数字地质图，使用最新的网络地图服务技术提供数字地质图。

1.2 中国海海洋地质调查简史

中国海洋地质编图与研究以外业基础调查资料为根本，而中国海海洋地质调查总体覆盖范围较大、调查历史较长。以我国 1958 年实施的第一次全国海洋普查工作为开始标志，中国海洋地质（地球物理）调查至今已过去 60 余年。依据各调查历史时期调查目标和调查范围的不同，可将中国海海洋地质调查史划分为 1950～1979 年的基础海洋地理信息普查阶段，1980～1990 年的区域型油气资源专题调查阶段，以及 1991 年以来面向全球的开放式海洋地质调查阶段三个重要阶段。以下分阶段对各时期开展的主要海洋地质调查项目以编年形式进行简单介绍。

1.2.1 1950～1979 年的基础海洋地理信息普查阶段

20 世纪 50 年代初，中华人民共和国刚刚成立，发展我国海洋地质调查研究事业正式被提上日程。1950～1979 年，我国海洋地质调查主要为了"摸清家底"而实施，因此调查区域主要涉及渤海、黄海、东海近陆和南海北部浅海区域等，项目多围绕我国近海海域开展海洋基础地理信息的获取，这一时期的海洋地质调查可称为基础海洋地理信息普查阶段。其间系列正规、科学、系统的海洋调查研究逐渐展开，源源不断的各类调查数据和成果极大程度上满足了人民当家做主后对我国基本国情和基础地理环境状况等信息认知的需求，并为我国海洋相关经济的发展和海洋事业的繁荣奠定了基础。该阶段各类海洋调查、普查、概查项目繁多，主要以新设备的海上试验及近岸基础地质环境要素普查为特点。

此时期的主要调查项目如下：

1958～1960 年，由国家科委组织实施的全国海洋综合调查（简称"全国海洋普查"），主要对东海近岸区的海底地形、沉积物质组成进行调查和研究。

1959～1960 年，地质部航磁物探大队在我国海上首次使用航空磁测技术，针对渤海及沿岸区域开展 1∶100 万航空磁力测量，获得约 17900km 的航磁资料，初步查明渤海海域可能为一个含油气沉积盆地（中国海洋石油物探编写组，2001）。

1960～1966 年，地质部渤海综合物探大队在渤海海区完成地震测线 3808km。通过与近岸地质、物探及航磁资料比较，证实渤海是华北盆地组成部分，并划分了渤海的区域构造单元。

1960～1965 年，石油工业部北京石油科学研究院和茂名页岩油公司联合在海南岛西部利用光点地震仪进行了浅海地震试验和普查，获得三亚-临高角一带的地震测线 230km，查出 5 个鼻状构造和 1 个背斜构造（高金耀和刘保华，2014）。

1961 年，中国科学院海洋研究所在南黄海区域也同期开展了海上光点反射地震测量，在 31°～36°N、123°E 以西海域完成 9 条地震剖面（萧汉强，2000）。

1961～1964 年，中国科学院海洋研究所再次于渤海湾进行了 1∶100 万综合海洋地质调查，开展了包括海底取样和海底重力测量等多项内容的海洋地质调查。

1963 年，地质部航测大队在南海西部的北部湾、莺歌海区域，开展了 1∶100 万航磁调查，调查面积约 $10×10^4km^2$，首次发现了北部湾拗陷区，圈定面积大于 $2.8×10^4km^2$。

1965～1972 年，地质部第一海洋地质调查大队分多次在渤海区域开展了各项海洋地质调查，其间累计完成地震测线 60515.6km、重力测线 18244km（中国海洋石油物探编写组，2001）。

1966 年，地质部第五物探大队在北黄海南部进行了光点地震试验测线，通过对获得的 110km 地震数据处理，发现了层位相当于新近系和古近系的 1.9s 反射记录。

1966 年，地质部航磁大队在北黄海完成 1∶100 万的航磁测量，飞行测线长 45000km。

1967 年，地质部 543 浅水地震队和浅滩重力组在南黄海浅滩开展了试验工作，获得部分区域海洋地球物理资料。

1968 年，地质部第五物探大队在南黄海 32°00′～37°00′N，124°00′E 以西范围内进行了石油地质地球物理综合调查，获得总长为 1856.4km 的地震剖面 6 条，磁力测线 500km，重力点 99 个，测网密度约（40×80）km～（40×120）km（刘忠臣等，2005）。

1969 年，地质部物探大队在黄海海区加密布置了（10×10）km 地球物理测网，获得地震测线 3721.6km，磁力测线 3119km，重力点 255 个，总长 2360km 的重力测线 19 条。

1970 年，地质总局第一海洋地质调查大队在南黄海 123°00′E 以西海域开展了（40×80）km 和（10×30）km 测网地震概查。获得地震测线 6334km，磁力测线 7118km，重力点 1517 个。同时，国家海洋局第一海洋研究所在 120°30′～124°00′E 和 34°～36°N 进行了海洋重、磁测量，获得磁力测线 3499km，重力测点 1091 个，初步探明南黄海具有南、北两个拗陷及一个中部隆起（高金耀和刘保华，2014）。

1970 年，地质总局第二海洋地质调查大队在北部湾租用两条货船开展了 1 ∶50 万地震和海洋重力、磁力调查，初步划分了北部湾盆地的地质构造单元；1973 年，该大队在原 1 ∶50 万概查的基础上，又进行了 1 ∶10 万地震普查，发现了一批有利的含油气构造带；1974 年，该大队将重力、磁力测量范围扩展到大片南海北部陆架海域（蔡锋等，2013）。

1972 ～ 1974 年，国家海洋局第二海洋研究所在东海开展了部分区域海底地形地貌和地球物理综合调查，其中获得的各类数据中仅水深测线总长就达到 22618km。

1974 年，石油工业部使用 SN338B 型数字地震仪开展南海北部陆架区的 24 次覆盖数字地震剖面调查，获得了从琼东南至珠江口的 2 条长 593km 的地震测线；1976 年，该单位再次在该区补充做了两条长 478km 的地震剖面，经分析确认了珠江口盆地的油气潜力。

1974 年，中国科学院海洋研究所在东海实施了两条水深和地磁综合测量剖面，全长 944.52km；1975 年 7 月，又在东海陆架完成磁力测线 1750km；之后编制完成 1 ∶300 万比例尺的地磁异常图，发现东海拗陷带具有超过 7000m 厚的沉积层（金翔龙，1992）。

1974 ～ 1975 年，地质总局第一海洋地质调查大队在东海陆架盆地 $22 \times 10^4 km^2$ 范围内进行了（40×80）km 测网的综合地球物理调查。获得地震测线 2598.13km、水深测线 6500km、地磁测线 6742km 和重力测线 4869.6km。

1974 ～ 1976 年是南黄海勘探的重要阶段，地质总局于 1973 年成立海洋地质调查局，进一步对南黄海区域进行重、磁、地震普查，并选择一些有利构造区域进行地震详查。调查中将南黄海北部拗陷的概查范围扩大到 124°E，并用模拟磁带仪取代了光点地震仪，获得地震测线 10552km，磁力测线 1618km，重力点 2901 个。同时，原地矿部航空物探大队于 1974 年在 119° ～ 124°E 和 32°24' ～ 36°00'N 区域，同步完成了 1 ∶50 万航磁测量，飞行测线达 31953km。通过上述工作，进一步查明了南黄海区域地质构造特点，发现并落实了一批局部构造，为钻探做好准备（李家彪，2008）。

1974 ～ 1979 年，我国在南黄海先后实施钻井 7 口，总进尺达 15026m，均未发现油流现象及油气显示，但经过对区域构造和地层分布的了解，发现古新统阜宁组湖相泥岩，推断可能有生烃条件。

1974 ～ 1977 年，石油化学工业部（1974 年 ～ 1975 年 2 月称燃料化学工业部）在莺歌海盆地和琼东南盆地开展局部构造调查和地震普查。利用"南海 501"数字地震船在区域共实施地震测线 18617km；1975 ～ 1979 年，该单位还使用"南海 501"和"南海 502"数字地震船在北部湾进行（4×4）km 或（4×2）km 测网地震勘探（蔡锋等，2013）。

1975 年，地质总局航空物探大队 909 航测大队在我国东海及邻区进行了 1 ∶50 万～ 1 ∶100 万的航空磁测，获得测线总长 17849km，面积约 $45 \times 10^4 km^2$。工区范围为 27°00' ～ 33°44'N，124°E 以西至浙江沿岸，以及 26°30' ～ 34°00'N、124° ～ 129°E。

1975 ～ 1976 年，地质总局第二海洋地质调查大队在南海北部陆架进行了 1 ∶200 万地质地球物理综合调查，利用"海洋二号"船获得重力测线 2809km、磁力测线 14085km，以及单次模拟地震剖面 10256km；1977 ～ 1979 年，该大队又在临近区域开展地震普查，在 $2 \times 10^4 km^2$ 范围内采集了 14276km 主要为 6 ～ 12 次覆盖的模拟地震剖面，同时获取磁力测线 13709km、重力测线 4080km；在 1980 年，又完成模拟地震剖面 3999km、24 次覆盖数字地震剖面 1800km、重力测线 6413km 和磁力测线 5467km。通过上述工作，划分了珠江口盆地的地质构造单元，初步评价了含油气远景，确定了一批局部构造，为开展南海北部陆缘区石油地质钻探做好了准备（高金耀和刘保华，2014）。

1976～1977 年，地质总局 909 航测大队在南海北部陆缘区 44.5×10^{4}km^2 面积上进行了约（10×10）km 测网的航磁概查；在珠江口盆地约 10.7×10^{4}km^2 面积范围内，用（2×20）km 测网进行航磁普查。两区共获得航磁测线总长 12.7×10^{4}km。

1977 年，石油化学工业部海洋石油勘探指挥部地调处在南黄海做了一条贯穿南北两拗陷的地震大剖面和几条辅助剖面调查，测线长 530km（中国海洋石油物探编写组，2001）。

1977～1979 年，地质总局第一海洋地质调查大队和第三海洋地质调查大队在南黄海又进行了区域钻探和地震勘探工作。地震以北部拗陷的局部构造调查为主，共获得 8176km 地震测线、7745km 磁力测线和 1733 个重力加密测点，钻井均未见油气显示。

1977 年，第一海洋地质调查大队采用"海洋一号"船，在东海（124°00′E，32°00′N）、（125°42′E，32°40′N）和（129°14′E，32°02′N）一线以南，（129°14′E，31°02′N）、（129°10′E，29°41′N）、（126°30′E，26°29′N）和（125°29′E，25°10′N）一线以西，（121°00′E，28°00′N）、（123°00′E，26°40′N）和（125°29′E，25°10′N）一线以北范围进行重、磁、震、水深、浅层剖面等综合调查，共完成 74 条测线，其中地震测线 3279km（高金耀和刘保华，2014）。

1977 年，国家海洋局第一海洋研究所牵头，在东海 124°00′～129°00′E、26°30′～34°00′N 之间的 28.5×10^{4}km^2 的海域上，利用"向阳红五号"海洋调查船开展了 1∶100 万比例尺的海洋重、磁和沉积地层等综合地质地球物理调查，获取重、磁测线 26000km 和浅地层剖面 900km。

1979 年，国家海洋局第二海洋研究所完成东海大陆架 - 冲绳海槽 - 琉球海沟 - 菲律宾海的重、磁剖面调查。

在台湾海峡区域，1965 年，中国台湾 "经济部"邀请日本地质调查所在桃园—苗栗附近的海峡区完成部分磁力、地震调查；1966 年，台湾"中国石油公司"在澎湖列岛区域开展重力测量；1969 年，该公司租用美国勘探船，在距台湾岛西岸 15km 海域及新竹、竹南、大甲海域进行浅海地震调查，获得 3 条地震剖面，总长 672km，发现数处大背斜构造；1970 年，该公司委托美国 G.S.I 公司在澎湖列岛及新竹海域完成地震测线 2000km；1970～1972 年，该公司先后与七家外国公司签订了共同勘探合同，在台湾海峡开展了重力、磁力和地震测量，其中委托美海湾石油公司"高尔夫瑞斯"采集的重、磁和地震测线就有 6400km；1975 年，台湾大学与美国、菲律宾合作开展海洋重、磁调查，使用 VSA/AR-57 重力仪和 Geometrics 质子磁力仪，在台湾海峡及台湾南部获取重、磁测线达 13262km。

1.2.2　1980～1990 年的区域型油气资源专题调查阶段

20 世纪 80 年代，围绕我国快速发展的经济建设目标需求，国家开展的海洋地质和地球物理调查逐渐从之前的近海、浅海基础地理环境信息的获取和认知为主，转变为重点针对海岸带、滩涂和近海油气资源开发利用为目的的扩展性应用调查。在此期间，主要围绕黄海和渤海中部盆地、广阔的东海陆架区及南海北部含油气盆地区域等，全面组织并实施了大量的专题调查项目，极大地推动了我国海洋资源开发、海洋科学研究和海洋经济与综合管理等事业的繁荣发展。1980～1990 年，开展的各类地球物理调查主要以发现区域特殊构造和新生代含油气盆地为目标，调查区由之前的渤海、黄海和东海近岸为主转为南黄海、东海陆架区、台湾海峡乃至南海北部区域，项目开展方式多采用重、磁、震和水深联合观测为主，标志着这一时期我国海洋地质调查历史转入区域型油气资源专题调查阶段。

1979～1980 年，地质部南海地质调查指挥部同美国拉蒙特-多尔蒂地质观测所联合在南海北部 12°～22°N，110°～120°E 范围内开展地质地球物理综合调查（第一阶段）。其间首次进行海底热流和地震声呐浮标测量，共获得单道地震测线约 6300km，多道地震测线约 9700km，重、磁、水深综合测线约 16000km。1984 年 10 月，两单位又合作实施第二阶段南海调查计划，在南海陆坡区西、中和东段，利用"海洋四号"和"康拉德"号调查船采集双船折射地震剖面 3 条（刘忠臣等，2005）。

从 1980 年开始，中国开展了历时 7 年的"全国海岸带和海涂资源综合调查"，完成调查海域面积 35 万 km²，观测断面 9600 条、观测站 9 万余个；编写了《中国海岸带和海涂资源综合调查报告》和各种专业、专题报告，共计 500 多份、700 多册、6000 多万字。

1980 年，中国科学院海洋研究所与浙江省水文地质局合作，在渤海中部实施钻孔勘探，在水深约 27m 处的 BC-1 孔，实际取深 240.5m（中国科学院海洋研究所海洋地质研究室，1985）。

同期，中国海洋石油集团有限公司、中国石油天然气总公司和中国石油化工总公司等分别进行了油气地球物理的合作勘探与自营勘探，数据资料的质量和数量有极大提高。截至 1998 年底（1950～1998 年期间），各石油公司在渤海湾区域共完成重力测线 30703.5km，磁力测线 30063km，二维、三维地震测线 469027.3km（高金耀和刘保华，2014）。

1980 年，国家海洋局第二海洋研究所在东海部分海域牵头实施了 1∶100 万比例尺的重、磁和水深调查，在 124°E 以西至 20m 等深线、25°30′～34°00′N，获得 51 条综合地球物理测线，总长 9269km。之后完成了区域 1∶100 万比例尺重、磁和水深资料整编和编图，项目报告和系列成果成为当时国内在东海大陆架最早、最系统的重、磁调查研究成果总结（刘忠臣等，2005）。

1980～1982 年，地质部第二海洋地质调查大队在南海中部海域开展综合地球物理调查，在该区获取 40025km 重、磁、水深资料。

1980～1983 年，地质部（1982～1983 年为地质矿产部）第一海洋地质调查大队完成东海陆架盆地（16×32）km 的综合地球物理测网调查，其中海槽区与海沟区域测网为（32×32）km，陆架区局部测网加密至（8×16）km、（8×8）km 和（4×8）km。其中在 121°00′～132°00′E、23°00′～34°00′N 范围内共获得重力测线 52257km，海底重力点 1075 个，磁力测线 53286km，调查覆盖面积 64×10⁴km²（高金耀和刘保华，2014）。

1981～1982 年，石油工业部海洋勘探局在东海局部油气有利区域开展海洋地球物理综合调查，获得 36488km 的数字化地震测线和 22840.3km 的重力测线。

1981年，地质部第二海洋地质调查大队在东海冲绳海槽、台湾海峡及南海北部海域实施了区域综合地质地球物理调查，共获得测深和重、磁、单道地震测线各6500km，多道地震测线1300km。在台湾海峡西侧发现了韩江凹陷、九龙江凹陷和晋江凹陷等系列新生代构造，其中部分区域沉积厚度大于3300m（高金耀和刘保华，2014）。

1982年，地质矿产部在南黄海及北黄海开展1∶100万比例尺（局部为1∶20万比例尺）地球物理调查，并对局部构造进行了详查。地质矿产部南海地质调查指挥部调用"海洋二号"调查船完成珠江口–礼乐滩区的地震、磁力、水深综合地学断面调查。

1983～1985年，国家海洋局第二海洋研究所联合南海分局，使用"向阳红五号"调查船实施了南海中部地球物理航次任务，获得测线总长23450km。之后将其与原地矿部第二海洋地质调查大队在1980～1982年期间在该区获取的资料一起同化处理后，编制完成南海中部12°～20°N、111°～118°E区域范围内1∶100万比例尺重、磁异常和水深图件（刘忠臣等，2005）。

1984年，中国台湾省与法国合作采用"Jean Charcot"号船在台湾东部执行POP-2地球物理航次（Sibuet et al.，1987）。

1985年，地质矿产部第二海洋地质调查大队在福建四嶝列岛、白犬列岛以东海域及台湾海峡继续进行综合地球物理调查，共采集到水深测线2010km、磁力测线1871km和地震测线2010km（高金耀和刘保华，2014）。

1985年，地质矿产部第二海洋地质调查大队在南海北部陆坡区进行多航次的综合地球物理调查，共获得地震测线23014km、重力测线18586km、磁力测线21603km和水深测线20312km。

1985年，台湾"中央研究院"、台湾海洋大学与夏威夷大学合作，在台湾中部和北部外海完成1条OBS地震剖面（Hagen et al.，1988）。

1985～1986年，国家海洋局第一海洋研究所与法国合作利用"让·夏尔克"号调查船在南海中部进行综合地球物理调查，获得南海扩张脊附近4000km重力、磁力、单道地震测线资料，并取得部分沉积物和岩石样品。

1985～1990年，地质矿产部南海地质调查指挥部受联合国开发计划署（UNDP）资助，在珠江口外$7 \times 10^4 km^2$范围内开展1∶20万比例尺的区域海底工程地质地球物理调查，获得单道地震剖面30652.7km、多道地震剖面4971km、水深测线32528.3km、浅地层剖面19899.6km、侧扫声呐资料14873.4km、柱状样331个、海底触探站位42个和浅钻及锤探站位472m（冯志强，1996）。

1985～1989年，中国海洋石油总公司南黄海公司在东海进一步完成海洋重力测线8479km、磁力测线15174.9km和数字化地震测线26794.7km（高金耀和刘保华，2014）。

1985～1992年，中国海洋石油总公司东海公司在东海共完成二维地震测线33067km、重力测线21368.9km和磁力测线20261.9km。

1986～1987年，中国科学院南海海洋研究所和福建海洋研究所合作在台湾海峡西部开展了石油地质地球物理综合调查研究，获得单道和多道反射地震测线1134km，重力、水深测线1430km，磁力测线1212km，查清了乌丘屿凹陷和厦澎凹陷。

1987年，地质矿产部第二海洋地质调查大队在台湾海峡中线附近完成3条单道地震和水深综合测线，长度为 698km。

1987 年，国家海洋局第二海洋研究所和德国地球科学与自然资源研究所合作，利用"太阳"号调查船执行 SO-49 航次，在南海中北部获取重、磁和 48 道反射地震测线 9 条，总长 4112km，由反射地震探测到莫霍面。之后，国家海洋局第二海洋研究所、中国科学院南海海洋研究所和同济大学继续与德国合作，在珠江口－东沙群岛海域，分别于 1987 年、1990 年和 1994 年执行 SO-50B、SO-72A 和 SO-95 三个航次，获得 6600km 以上多道反射地震和 3.5kHz 高分辨率浅地层剖面，并进行了箱式取样（Lüdmann and Wong，1999）。

1988 ～ 1995 年，我国进行了"全国海岛资源综合调查"，对我国面积在 $500m^2$ 以上岛屿的资源、环境和社会经济进行实地调查和开发试验。专项调查初步掌握了中国海岸带、海涂和海岛的自然条件、资源数量以及社会经济状况，为开发利用和管理海岸带及海岛资源提供了重要科学依据（广东省海岛资源综合调查大队，1996）。

1988 年，受中国海洋石油总公司南黄海公司委托，原国家海洋局第一海洋研究所和中国科学院海洋研究所在东海 124°00′ ～ 125°30′E、31°00′ ～ 32°00′N 范围内完成重力测线 61 条，工区面积达 $15000km^2$。

1989 年，受中国海洋石油总公司南黄海公司委托，中国科学院海洋研究所在台湾海峡西部进行调查，获取重、磁测线 212km。

1989 年，地质矿产部第二海洋地质调查大队在台湾海峡晋江凹陷和九龙江凹陷完成 3649km 综合地球物理调查，进一步明确了几个凹陷构造的范围及含油气情况（高金耀和刘保华，2014）。

1989 年，中国台湾省与法国合作采用"Jean Charcot"号船在台湾两端及台湾东部海域执行 ACT 地球物理航次，获得大量多道地震剖面资料和水深数据（Sibuet et al.，1998）。

1989 ～ 1990 年，原地矿部第二海洋地质调查大队在台湾海峡中部（23°30′ ～ 25°20′N）进行 1 : 20 万～ 1 : 10 万比例尺的水深、磁力和多道地震调查，其中磁力测线长度达 5024.45km。

1989 ～ 1992 年，中国科学院海洋研究所先后与东京大学、中国科学院地球化学研究所等单位合作，在冲绳海槽和东海陆架区开展了 KX90-1（22 个站位）、KX90-2（2 个站位）、KX91-1 及 KX92 四个航次的海底热流测量，同时在冲绳海槽北部进行了海底电磁测深（李乃胜，1992）。

1.2.3 1991 年至今面向全球的开放式海洋地质调查新阶段

20 世纪 90 年代以来，随着社会经济的发展，我国海洋环境、生态和资源发生了重大变化，特别是随着海洋开发活动的增加，原有数据的调查精度和覆盖范围已不能满足新的需要。为适应新时期我国海洋科学快速发展的需要，维护我国海洋权益，促进深海矿产资源利用和开发，一些大型、覆盖范围较广的海洋勘测专项相继展开。大量新型调查手段的使用使得海洋调查数字化程度和精度得到极大提升，尤其是高精度多波束测深系统和各类数字化地球物理设备的使用，使得这一时期我国海洋地质调查水平迈上了一个新台阶，中国海洋地质调查历史进入面向全球的开放式海洋地质调查新阶段。特别是 1997 ～ 2001 年开展的"国家海洋勘测"专项（李家彪，2008）、2000～2006年开展的"西北太平洋海洋环境调查与研究"专项（蔡锋等，2013）、2004～2012年开展的"我国近海海洋综合调查及评价"专项，以及2015年至今开展的"全球变化与海气相互作用"专项，覆盖范围涉及我国近海、远海、邻近大洋乃至全球海域，调查内容涉及海底地形地貌、综合地球物理、大洋底质，乃至物理海洋、海洋生物、海洋化学等各专业方向，极大地推动了我国海洋地质调查行业面向新需求做出重大改变。这期间涉及海洋地质的各类调查项目主要如下：

1990～1993年，国家海洋局第一海洋研究所与法国合作开展辽东湾海底沙脊区地貌探测，调查内容包括水深、浅地层剖面、侧扫声呐及潮流调查等，之后对区域沙脊演化及成因机制进行了深入研究（刘振夏和夏东兴，2004）。

1991～1995年，国家海洋局、地质矿产部、中国科学院等8个系统联合开展了"八五"科技攻关项目"大陆架及邻近海域勘查和资源远景评价研究"，在南黄海、苏岩海域、冲绳海槽海域和西沙西南海域进行了海底地形、地貌、地质和地球物理综合调查（蔡锋等，2013）。其中，由地质矿产部海洋地质研究所主持（负责人蔡乾忠、周才凡），上海海洋地质调查局和广州海洋地质调查局参加的资源评价子任务就获得了很多重要成果。包括：①在黄海海域，根据我国以及朝鲜、韩国在黄海海域勘探最新资料统一进行了对黄海海域的全盆地构造区划划分；应用盆地模拟专家系统进行了区域油气资源及各生油凹陷区油气前景资源评价；指出中生代油气勘查新领域；对有"争议"海区进行了油气资源量计算。②在东海海域，充分对比国内外有关单位评价参数和评价结果的基础上，指出了东海油气资源评价中存在的关键问题，在构造运动及含油气层时代划分上以及在凹陷面积、沉积厚度、沉积相、平均剩余有机碳等参数选取上取得了新进展；利用"七五"和"八五"时期最新的地质认识求取评价参数，并用东海海域的实际勘探成果反演计算进行验证，减少了类比借鉴求取参数所造成的人为误差；评价结果与现阶段勘探工作密切结合，预测出可能发现的油气藏位置及赋存条件，为东海大陆架盆地进一步油气勘查提供依据；对有"争议"海区沉积凹陷评价到区带。③在南海海域，通过区域构造地质研究，对南海新生代陆块裂离、碰撞增生与拼接问题，提出了具有重要学术价值的认识；通过区域地层对比，结合以往国内外研究中已有的基础，以统一标准厘定了南海海域的45个新生代沉积盆地等。

1992～1995年，国家海洋局第一海洋研究所、第二海洋研究所，中国科学院海洋研究所，青岛海洋大学等单位合作开展了东海陆缘及冲绳海槽区域的海底地形、地貌、底质、地球物理综合调查。在$15.1\times10^4km^2$调查面积内，获得水深测线14826km、浅层剖面4135km、重力测线12651km、磁力测线12651km、单道地震测线32751km、表层样335个、柱状样47个、拖网取样19个。之后，编绘了海区1∶100万地形图、地貌图、地球物理图、底质类型图、区域构造图等系列基础图件（李家彪，2008）。

1994～1995年，中国海洋石油总公司与外方合作在东海部分海域联合勘探共完成地震测线25807.39km，同船获得重力、磁力测线各15817.92km，钻井14口。调查在WZ26-1-1、WZ20-1-1、WZ4-1-1和FZ10-1-1等井见到油气显示（高金耀和刘保华，2014）。

1995～1996年，国家海洋局第一海洋研究所与东海海洋石油公司合作，在东海重点海区（B区：26°21′30″～28°35′06″N，121°28′48″～123°50′E；C区：28°01′35″～30°43′12″N，

124°12′12″ ～ 126°48′E）开展 1 ：100 万工程地质和灾害地质调查，获得多频探测 3030km、水深 4681km、浅地层剖面 4570km、单道地震 3430km、表层取样 158 个、柱状取样 60 个（李家彪，2008）。

1996 年，国家海洋局第一海洋研究所、第二海洋研究所与法国国家海洋开发研究院合作，利用"大西洋号"考察船在东海长江口至冲绳海槽间进行高分辨率地层学和古气候再造调查研究，获得多波束测深、重、磁和多道及高分辨率单道地震测线 6482km 及沉积物柱状样 15 个。

1996 ～ 1998 年，中国海洋石油总公司利用"南海 502"、"奋斗七号"和"渤海 517"船，在东海陆架盆地西南部完成 8544.65km 的区域剖面构造详查，并在温州 13-1 构造发现超高压含气显示；与超准能源公司合作在丽水 36-1 构造采集到二维地震剖面 12141km 和三维地震 200km²，在 LS36-1-1 井发现良好气田，结束了对外合作连续 14 口井无重大发现的历史（中国海洋石油物探编写组，2001）。

1997 年，上海海洋石油地质调查局在南黄海盆地部署并完成了 60 道 30 次覆盖的地震测线 821km，基本上反映了盆地中生界的顶、底界，对区域中生界的分布特征有了进一步认识。

1997 ～ 2001 年，我国实施了"国家海洋勘测"专项（李家彪，2008），国家海洋局第一海洋研究所、第二海洋研究所、第三海洋研究所、中国科学院海洋研究所，上海海洋石油局，广州海洋地质调查局，青岛海洋地质研究所等单位，共同开展了东海北部、东海外陆架、冲绳海槽区域的多波束海底地形全覆盖测量，以及海底地貌、底质、地球物理补充调查。取得多波束水深测线 486000km、浅地层剖面 7600km、单道地震测线 6290km、重力和磁力测线各 7560km、多道地震测线 1180km、沉积物表层样 511 个、柱状样 26 个。编绘了调查海域 1 ：50 万海底地形图、地貌图、沉积物类型图、地球物理场分布图、地质构造图、矿产资源分布图等图件。其间青岛海洋地质研究所、中国地质科学院地质研究所和上海海洋石油局在东海（30°23′N，125°47′E）和（27°21′N，122°46′E）打了两口浅钻，孔深分别为 67m 和 56m。

1999 年，上海海洋石油局及第一海洋地质调查大队执行国家高技术研究发展计划（863 计划），在东海获得双船折射、广角反射地震探测剖面 1179km，探测到陆架盆地及冲绳海槽以下莫霍面和琉球海沟俯冲板片。

1999 年，汪品先等设计并主持的 ODP184 航次的成功实施，使中国一举进入深海研究的国际前沿，开启了南海深部探测和资源勘探的捷径。

2000 年，青岛海洋地质研究所牵头完成北黄海 123° ～ 124°E 海域的多道地震调查，获得地震剖面 10 条，测线总长 1034.3km，基本形成了（20×40）km 的新测网。同年，中国海洋石油总公司为了重新评价北黄海盆地的油气勘探前景，完成了 487km 的两条十字测线多道地震剖面。

2000 ～ 2001 年，广州海洋地质调查局在北黄海和南黄海区域实施了综合地球物理探测，采集了重磁测线 2083km、多道地震剖面 4484.5km。

2000 ～ 2006 年，中国组织实施了"西北太平洋海洋环境调查与研究"专项（蔡锋等，2013），调查内容涉及物理海洋、海洋地质、海洋生物、海洋化学等众多学科，所获调查数据填补了中国在该区域的海洋基础数据空白。

2001年,受国家973计划"中国边缘海形成演化及其重大资源的关键问题"项目组委托,中国科学院海洋研究所在东海冲绳海槽和琉球海沟区域开展了33道反射地震、水深、地磁和底质柱状与岩石拖网取样调查,其中获得反射地震测线14条(1390km)和磁力测线25条(2037km)(李家彪,2005)。

2001~2004年,第一海洋地质调查大队协助上海市地震局完成东海长江口海域24/48道高分辨率地震测线1300km,用于地震活动性评价(火恩杰等,2003)。

2002~2003年,第一海洋地质调查大队开展了东海钱塘凹陷和海礁凸起南块的地球物理综合调查,布设测网为(4×8)km,局部为(2×2)km,获得区域海底重、磁测线18700km、地震测线4000km(高金耀和刘保华,2014)。

2002年,广州海洋地质调查局在北黄海盆地完成了15300km的二维数字地震测线、99条共长9690.95km的海洋磁力测线、102条共长10078.16km的海洋重力测线和$1.34×10^5$km航磁测线。

2002~2015年,中国地质调查局实施"海洋地质保障工程",全面启动了我国管辖海域1∶100万区域地质调查项目。其中在2002~2005年,中国地质调查局首先启动了南通幅和永暑礁幅地质调查试点工作,标志着我国管辖海域1∶100万海洋区域地质调查全面展开。之后陆续开展并逐渐完成我国管辖海域16个国际分幅(天津幅、大连-沈阳幅、南通幅、上海幅、上海东幅、福州-台北幅、广州幅、汕头幅、高雄幅、海南岛幅、中沙群岛幅、中建岛幅、黄岩岛幅、永暑礁幅、太平岛幅、北康暗沙幅)的调查任务。至2015年,16幅1∶100万海洋区域地质调查项目全面完成,实现了我国管辖海域区域地质调查的全覆盖。基本查明了各海域海底地形、地貌、第四纪沉积、地层结构、区域构造、磁力场、重力场等综合地质要素,编制了海底地形图、地貌图、第四纪地质图、地质构造图、矿产资源图、环境地质因素图6种基础地质图件,并完成重力异常图、磁力异常图、第四系厚度图、莫霍面深度图等专业性专题图件(杨胜雄等,2016)。

2004~2015年,国家海洋局牵头启动并完成了"我国近海海洋环境调查与评价"专项及后续集成课题任务。专项调查主体区域位于中国近海50m以浅海域,重点区域为海岸带及黄河、长江和珠江等大江河口三角洲,调查项目几乎涉及海洋地质在内的所有海洋类专业。在专项实施过程中,采用了世界先进的海洋调查仪器设备,动用大小船只500余艘,航程200多万公里,海上作业约2万天。全国180余家涉海单位的3万余名海洋科技工作者,经过8年多外业工作圆满完成了专项确定的各项任务。通过此次专项调查与研究,基本摸清了我国近海海洋环境资源家底,更新了我国近海海洋基础数据和图件,对海洋环境、资源的开发利用与管理等进行了综合评价,构建了中国"数字海洋"信息基础框架,提出了有关我国海洋开发、环境保护和管理政策的系列建议,为国家宏观决策、海洋经济建设、海洋管理和海洋安全保障提供了有效的支撑和服务。

2009~2013年,我国首个中比例尺海洋区域地质调查的示范图幅1∶25万青岛幅海洋区域地质调查取得了重要成果。获取了一批高精度海量的实测资料,查明了区内海底地形、地貌、海底沉积物类型、地层结构及其分布规律,环境地质因素分布特征,重要潮流通道海洋动力学特征,矿产资源类型和分布状况等基础地质信息,并探索了我国1∶25

万比例尺海洋区域地质调查的方法和思路，编制了1∶25万海洋区域地质调查规范，为全面、系统、规范实施中比例尺海洋区域地质调查奠定了基础。

2014年3月，汪品先主持了国际大洋发现计划（IODP）新十年首个航次（IODP349）及国家基金重大研究计划"南海深海过程演变研究"，在南海4000多米的深海进行了钻探，采获当年形成的南海大洋地壳的岩样，确定了南海最终形成的年龄为距今1600多万年前，并且终结了多年来的争论，确认南海东部海盆生成于3300万年前，消亡于1500万年前；西南部海盆生成于2360万年前，消亡于1600万年前（Wang et al.，2019）。

2015年至今，由国家海洋局牵头组织并开展实施的全球变化与海气相互作用专项，标志着我国的海洋调查研究开始向深海和远海方面挺进和扩展。为把握全球特别是我国气候变化的趋势，增强我国应对气候变化的能力，并提高我国深海远洋研究水平，为区域乃至全球海洋科学研究做出贡献，该项目于2015年正式立项。至今已在西太平洋、印度洋、我国南海等深海区域开展了系列航次任务，调查内容涉及海洋地质、地球物理、物理海洋、海洋生物、化学等相关学科，为"一带一路"沿线国家的建设及国内外相关科学研究的合作开展奠定了坚实的基础。

1.3 中国近海海洋地质编图及研究现状

在开展广泛科研调查的同时，中外广大科研工作者也围绕中国周边海域的地质地球物理特征，开展了深入的分析和研究，取得了丰硕的科研成果。成果形式主要以各类调查报告、图件、论文及专著等方式展现，其中系列图件和专著的反响尤为突出。以下将近40年来围绕我国海洋地质地球物理学发展方向获得的一些重要研究成果，特别是反映中国海海洋地质编图及研究现状的系列图件和典型著作进行概述。

多年来，国家海洋局、原国土资源部、中国科学院和中国海洋石油总公司等，在我国管辖及周边海域采集获取大量地球物理资料基础上，进行数据整合、处理解释，各部门经分类后分别建立起了相应的地质、地形地貌和地球物理专业数据库。全国各涉海单位经汇总、分析、整编后出版了一系列优秀成果。

1.3.1 主要图件与图集成果

国内几家单位汇集各类调查项目资料通过几次大的编图任务，集中出版了一批具有重要影响力的图集成果。1982年，中国科学院南海海洋研究所编绘了《南海地形图（1∶300万）》和《南海地势图（1∶400万）》；1984～1987年，中国科学院海洋研究所编绘了《东海及邻近大洋地形图（1∶300万）》和《东海及邻近大洋地势图（1∶300万）》；1987年，国家海洋局第二海洋研究所编绘出版了《东海海底地形图（1∶100万）》、《东海海底地貌图（1∶100万）》和《东海沉积物类型图（1∶100万）》；地质矿产部第二海洋地质调查大队何廉声和陈邦彦（1987）主编完成《南海地质地球物理图集（1∶200万）》；1990年，国家海洋局第二海洋研究所出版了《渤海、黄海、东海海洋图集——地质地球物理》，其中包含 1 ： 500 万比例尺的地形图、地貌图、底质类型图、重力磁力异常图和构造分区图等；1992 年，中国科学院地球物理所刘光鼎主编出版了《中国海区及邻域地质 - 地球物理系列图》，首次编制了中国全海域的系列海洋地质图件，包括 1 ： 500 万的地形图、地貌图、空间重力异常图、布格重力异常图、磁力异常平面图、地球动力学图、地质图、大地构造图和新生代盆地图 9 种专业图件；1991～1995 年，青岛海洋地质研究所、广州海洋地质调查局和上海海洋地质调查局共同编绘了《大陆架及邻近海域基础环境图集（1 ： 200 万）》，包括海底地形图、地貌图、沉积物类型图、典型柱状岩心地层对比图、区域构造、空间重力异常图、磁力异常图（ΔT）、地壳结构断面图和海洋流系图等，项目成果未公开出版；同年，国家海洋局和国家测绘局合作编绘了《南海地形图（1 ： 50 万）》。2007 年，国家海洋局第二海洋研究所李家彪（2007）主编出版了《南海海洋图集——地质地球物理》；2010 年，广州海洋地质调查局陈洁和温宁（2010）编著出版了《南海地球物理图集》；2017 年由北京大学李江海、张华添和国家海洋局第二海洋研究所陶春辉等合作编撰完成《全球中、新生代大地构造图及说明书》等。

另外，国内各有关部门结合国家重大专项的开展，也编绘了一系列的专题地球物理成果图件，如国家海洋局第二海洋研究所、第一海洋研究所和南海分局于 1984 年编绘完成了东海重磁场基础图件（1 ： 100 万）；国家海洋局第二海洋研究所和南海分局于 1985 年编绘完成了南海中部重磁水深调查基础图件（1 ： 100 万）；国家海洋局第二海洋研究所、上海海洋石油局、青岛海洋地质研究所、国家海洋局第一海洋研究所和中国科学院海洋研究所于 2001 年合编完成渤海、黄海和东海重磁场基础图件（1 ： 50 万）；国家海洋局第二海洋研究所高金耀于 2006 年主编完成了《西北太平洋海洋环境调查成果图集——地球物理分册》（1 ： 50 万和 1 ： 100 万）。在国土资源部方面，按 1 ： 100 万比例尺的国际分幅，江苏省地质矿产勘查局和上海海洋地质调查局（1985～1988 年）编绘出版了南通幅地质图；上海海洋地质调查局（1990～1995 年）编绘出版了上海幅地质图；"十一五"期间，由青岛海洋地质研究所牵头，联合广州海洋地质调查局，基于之前开展的南通幅、上海幅和大连幅区域地质调查资料，以及汕头幅、永暑礁幅和海南岛幅区域地质调查资料，分别编制完成了《中国东部海区及邻域地质地球物理系列图（1 ： 100 万）》（张洪涛等，2011）和《中国南部海区及邻域地质地球物理系列图（1 ： 100 万）》（张洪涛等，2017）、《中国海陆及邻区地质地球物理系列图（1 ： 500 万）》（刘光鼎等，2015；侯方辉，2015）、《中国海 - 西太平洋典型地学剖面图（1 ： 300 万）》（黄海波等，2016；陆凯和王保军，2016）以及《南海地质地球物理图系（1 ： 200 万）》（杨胜雄等，2016）等。

1.3.2 代表性专著与论文成果

在对历史资料的消化吸收过程中，国内各有关部门除了发表大量论文外，还出版了一系列地质地球物理专著，集中研究和展示了我国在中国海区及邻近海域有关地球物理场、地球动力学、地质构造、油气资源和工程地质环境等多方面的地球物理调查研究成果。就调查研究成果的系统性和深入程度，当首推《中国海区及邻域地质 - 地球物理系列图》（刘光鼎，1992），其中提出了地球物理资料用于地质解释的基本原理和中国海构造演化的基本规律，倡导的一种指导观——活动论的构造历史观，两个环节——岩石物性与物理 / 地质模型，三结合——地质与地球物理、定性与定量和正演与反演，多次反馈——点、线、面、重、磁、震和正、反演等综合地球物理解释思想，深刻影响了中国海洋地球物理学界。

在收集整理历史专题调查数据资料的基础上，20 世纪八九十年代涌现出一批优秀的海洋地质学专著，如中国科学院海洋研究所海洋地质研究室秦蕴珊、赵一阳和陈丽蓉主编的《东海地质》（秦蕴珊等，1987）、《黄海地质》（秦蕴珊等，1989）；中国科学院南海海洋研究所海洋地质构造研究室（1988）编写的《南海地质构造与陆缘扩张》；金庆焕（1989）主编的《南海地质与油气资源》；中国科学院南海海洋研究所和福建海洋研究所台湾海峡课题组（1989）联合编写的《台湾海峡西部石油地质地球物理调查研究》；金翔龙（1992）主编的《东海海洋地质》；Jin 等（1990）主编的 Marine Geology and Geophysics of the South China Sea；喻普之和李乃胜（1992）编著的《东海地壳热流》；李乃胜（1995）编著的《冲绳海槽地热》；刘以宣（1994）主编的《南海新构造与地壳稳定性》；Hayes 等（1994）主编的《中美合作调研南海地质专报》；冯志强（1996）著的《南海北部地质灾害及海底工程地质条件评价》；王家林等（1997）著的《珠江口盆地和东海陆架盆地基底结构的综合地球物理研究》；许东禹等（1997）主编的《中国近海地质》；姚伯初等（1999）著的《南海西部海域地质构造特征和新生代沉积》等。

通过我国"九五"以来各类重大海洋勘测专项及国家 973 计划的资助，2000 年以后各类专业构造地质学专著呈现百花齐放的态势。例如，刘申叔和李上卿（2001）编著的《东海油气地球物理勘探》；刘昭蜀等（2002）著的《南海地质》；2002 年中国地质调查局和国家海洋局科学技术司组织编写的《海洋地质地球物理补充调查及矿产资源评价研究论文集》和《海洋地质地球物理补充调查及矿产资源评价报告》；李家彪、高抒主编的《中国边缘海的形成演化》（李家彪和高抒，2002）、《中国边缘海岩石层结构与动力过程》（李家彪和高抒，2003）、《中国边缘海海盆演化与资源效应》（李家彪和高抒，2004），以及李家彪（2005）主编的《中国边缘海形成演化与资源效应》；海洋地质杂志社（2003）编的《黄海海域油气地质》；高瑞祺等（2004）主编的《青年勘探家论渤海湾盆地石油地质》；龚再升和李思田（2004）著的《南海北部大陆边缘盆地油气成藏动力学研究》；朱介寿等（2005）著的《中国华南及东南地区岩石圈三维结构及演化》；张洪涛等（2005）主编的《我国近海地质与矿产资源》；姚伯初等（2006）著的《中国南海海域岩石圈三维结构及演化》；马寅生（2007）著的《中国东部—朝鲜半岛海陆构造格局及含油气盆地特征》；邓晋福和魏文博（2007）著的《中国华北地区岩石圈三维结构及演化》；李家彪（2008）主编的《东海区域地质》；张训华（2008）主编的《中国海域构造地质学》；朱伟林等（2009）著的《渤海海域油气成藏与勘探》；杨文达等（2010）主编的《东海地质与矿产》；高金耀和刘保华（2014）主编的《中国近海海洋——海洋地球物理》；蔡锋等（2013）主编的《中国近海海洋——海底地形地貌》；李家彪和雷波（2015）主编完成的《中国近海自然环境与资源基本状况》；吴自银等主编完成的《高分辨率海底地形地貌——探测处理理论与技术》（吴自银等，2017）和《高分辨率海底地形地貌——可视计算与科学应用》（吴自银等，2018）；李三忠等（2018）编撰完成的《区域海底构造》（上、下册）等。

另外，我国石油地质行业出版了一系列油气地质地球物理研究专著，主要包括沿海大陆架及毗邻海域油气区石油地质志编写组（1990）编写的《沿海大陆架及毗邻海域油气区》（下册），龚再升（1997）编著的《中国近海大油气田》，邱中建和龚再升（1999）主编的《中国油气勘探（第四卷）——近海油气区》，中国海洋石油物探编写组（2001）编写的《中国海洋石油物探》，戴焕栋和龚再升（2003）主编的《中国近海油气田开发》，朱伟林（2007）著的《南海北部大陆边缘盆地天然气地质》；朱伟林（2009）编著的《中国近海新生代含油气盆地古湖泊学与烃源条件》等。

参 考 文 献

蔡锋，曹超，周兴华，等.2013.中国近海海洋——海底地形地貌.北京：海洋出版社.

蔡乾忠.2005.中国海域油气地质学.北京：海洋出版社.

陈洁，温宁.2010.南海地球物理图集.北京：科学出版社.

陈志勇，吴培康，吴志轩.2000.丽水凹陷石油地质特征及勘探前景.中国海上油气（地质），14(6): 19-26.

戴焕栋，龚再升.2003.中国近海油气田开发.北京：石油工业出版社.

邓晋福，魏文博.2007.中国华北地区岩石圈三维结构及演化.北京：地质出版社.

冯志强.1996.南海北部地质灾害及海底工程地质条件评价.南京：河海大学出版社.

高金耀，刘保华.2014.中国近海海洋——海洋地球物理.北京：海洋出版社.

高瑞祺，赵文智，孔凡仙.2004.青年勘探家论渤海湾盆地石油地质.北京：石油工业出版社.

龚再升.1997.中国近海大油气田.北京：石油工业出版社.

龚再升，李思田.2004.南海北部大陆边缘盆地油气成藏动力学研究.北京：科学出版社.

广东省海岛资源综合调查大队.1996.全国海岛资源综合调查报告.北京：海洋出版社.

海洋地质杂志社.2003.黄海海域油气地质.北京：海洋出版社.

何廉声，陈邦彦.1987.南海地质地球物理图集(1：200万).广州：广东地图出版社.

侯方辉.2015.《中国海陆及邻区地质地球物理系列图(1：500万)》荣获中国地球物理学会科学技术进步一等奖.海洋地质与第四纪地质, (6): 80-80.

黄海波，丘学林，贺恩远，等,2016.中国海-西太平洋典型地学剖面图(南幅)编制与研究.2016中国地球科学联合学术年会论文集(四十)——专题82: 地球物理科技成果推广平台、专题83: 东亚大陆边缘-西太平洋构造地质过程(中国海陆地学系列图编制).北京：2016中国地球科学联合学术年会.

火恩杰，章振铨，刘昌森，等.2003.长江口海域新生代地层与断裂活动性初探.中国地震, 19(3): 206-216.

金庆焕.1989.南海地质与油气资源.北京：地质出版社.

金翔龙.1992.东海海洋地质.北京：海洋出版社.

李华明，田丰，辛海英.2012.HSE管理体系在海洋调查领域的应用.海洋开发与管理, 29(1): 57-60.

李家彪.2005.中国边缘海形成演化与资源效应.北京：海洋出版社.

李家彪.2007.南海海洋图集——地质地球物理.北京：海洋出版社.

李家彪.2008.东海区域地质.北京：海洋出版社.

李家彪，高抒.2002.中国边缘海的形成演化.北京：海洋出版社.

李家彪，高抒.2003.中国边缘海岩石层结构与动力过程.北京：海洋出版社.

李家彪，高抒.2004.中国边缘海海盆演化与资源效应.北京：海洋出版社.

李家彪，雷波.2015.中国近海自然环境与资源基本状况.北京：海洋出版社.

李乃胜 . 1992. 冲绳海槽海底热流的研究 . 海洋学报 , 14(4): 78-83.

李乃胜 . 1995. 冲绳海槽地热 . 青岛 : 青岛出版社 .

李三忠 , 曹花花 , 于胜尧 , 等 . 2018a. 区域海底构造 (下册). 北京 : 科学出版社 .

李三忠 , 赵淑娟 , 索艳慧 , 等 . 2018b. 区域海底构造 (上册). 北京 : 科学出版社 .

李廷栋 . 2007. 国际地质编图现状及发展趋势 . 中国地质 , 34(2): 206-211.

刘光鼎 . 1992. 中国海区及邻域地质 – 地球物理系列图 . 北京 : 地质出版社 .

刘光鼎 , 张洪涛 , 张训华 , 等 . 2015. 中国海陆及邻区地质地球物理系列图 (1 ∶ 500 万). 中国地质调查局
　　青岛海洋地质研究所 . 北京 : 地质出版社 .

刘申叔 , 李上卿 . 2001. 东海油气地球物理勘探 . 北京 : 地质出版社 .

刘以宣 . 1994. 南海新构造与地壳稳定性 . 北京 : 科学出版社 .

刘昭蜀 , 赵焕庭 , 范时清 , 等 . 2002. 南海地质 . 北京 : 科学出版社 .

刘振夏 , 夏东兴 . 2004. 中国近海潮流沉积沙体 . 北京 : 海洋出版社 .

刘忠臣 , 刘保华 , 黄振宗 . 2005. 中国近海及邻近海域地形地貌 . 北京 : 海洋出版社 .

刘洪滨 . 2004. 韩国海岸带综合管理概况 . 太平洋学报 , (9): 1-10.

陆凯 , 王保军 . 2016. 1 ∶ 300 万中国海 – 西太平洋地势图 (北半幅) 编制 . 2016 中国地球科学联合学术年
　　会论文集 (四十) 专题——专题 82: 地球物理科技成果推广平台、专题 83: 东亚大陆边缘 – 西太平洋构
　　造地质过程 (中国海陆地学系列图编制).

马寅生 . 2007. 中国东部—朝鲜半岛海陆构造格局及含油气盆地特征 . 北京 : 地质出版社 .

牟健 . 2016. 我国海洋调查装备技术的发展 . 海洋开发与管理 , 10: 78-82.

秦蕴珊 , 赵一阳 , 陈丽蓉 , 等 . 1987. 东海地质 . 北京 : 科学出版社 .

秦蕴珊 , 赵一阳 , 陈丽蓉 , 等 . 1989. 黄海地质 . 北京 : 海洋出版社 .

邱中建 , 龚再升 . 1999. 中国油气勘探 (第四卷)——近海油气区 . 北京 : 地质出版社 , 石油工业出版社 .

王家林 , 吴健生 , 陈冰 . 1997. 珠江口盆地和东海陆架盆地基底结构的综合地球物理研究 . 上海 : 同济大学
　　出版社 .

王淑玲 , 张炜 , 吴西顺 , 等 . 2017. 当代海洋区域地质调查现状 . 北京 : 中国地质图书馆 , 中国地质调查局
　　地学文献中心 .

温珍河 , 张训华 , 郝天珧 , 等 . 2014. 我国海洋地学编图现状、计划与主要进展 . 地球物理学报 , 57(12):
　　3907-3919.

吴自银 , 阳凡林 , 罗孝文 , 等 . 2017. 高分辨率海底地形地貌——探测处理理论与技术 . 北京 : 科学出版社 .

吴自银 , 阳凡林 , 李守军 , 等 . 2018. 高分辨率海底地形地貌——可视计算与科学应用 . 北京 : 科学出版社 .

萧汉强 . 2000. 新中国海洋地质工作大事记 : 1949-1999. 北京 : 海洋出版社 .

许东禹 , 刘锡清 , 张训华 , 等 . 1997. 中国近海地质 . 北京 : 地质出版社 .

沿海大陆架及毗邻海域油气区石油地质志编写组 . 1990. 沿海大陆架及毗邻海域油气区 (下册). 北京 : 石
　　油工业出版社 .

杨胜雄 , 邱燕 , 朱本铎 . 2016. 南海地质地球物理图系 (1 ∶ 200 万). 天津 : 中国航海图书出版社 .

杨文达 , 崔征科 , 张异彪 . 2010. 东海地质与矿产 . 北京 : 海洋出版社 .

姚伯初 , 邱燕 , 吴能友 . 1999. 南海西部海域地质构造特征和新生代沉积 . 北京 : 地质出版社 .

姚伯初 , 万玲 , 曾维军 , 等 . 2006. 中国南海海域岩石圈三维结构及演化 . 北京 : 地质出版社 .

喻普之，李乃胜 . 1992. 东海地壳热流 . 北京：海洋出版社 .

张洪涛，陈邦彦，张海启 . 2005. 我国近海地质与矿产资源 . 北京：海洋出版社 .

张洪涛，张训华，温珍河，等 . 2011. 中国东部海区及邻域地质地球物理系列图 (1 ： 100 万). 北京：海洋出版社 .

张洪涛，张训华，温珍河，等 . 2017. 中国南部海区及邻域地质地球物理系列图 (1 ： 100 万). 北京：海洋出版社 .

张训华 . 2008. 中国海域构造地质学 . 北京：海洋出版社 .

张训华，李延成，綦振华，等 . 1997. 南海海盆形成演化模式初探 . 海洋地质与第四纪地质，17(2): 1-7.

中国海洋石油物探编写组 . 2001. 中国海洋石油物探 . 北京：地质出版社 .

中国科学院海洋研究所海洋地质研究室 . 1982. 黄东海地质 . 北京：科学出版社 .

中国科学院海洋研究所海洋地质研究室 . 1985. 渤海地质 . 北京：科学出版社 .

中国科学院南海海洋研究所，福建海洋研究所台湾海峡课题组 . 1989. 台湾海峡西部石油地质地球物理调查研究 . 北京：海洋出版社 .

中国科学院南海海洋研究所海洋地质构造研究室 . 1988. 南海地质构造与陆缘扩张 . 北京：科学出版社 .

朱介寿，蔡学林，曹家敏，等 . 2005. 中国华南及东海地区岩石圈三维结构及演化 . 北京：地质出版社 .

朱伟林 . 2007. 南海北部大陆边缘盆地天然气地质 . 北京：石油工业出版社 .

朱伟林 . 2009. 中国近海新生代含油气盆地古湖泊学与烃源条件 . 北京：地质出版社 .

朱伟林，米立军，龚再升 . 2009. 渤海海域油气成藏与勘探 . 北京：科学出版社 .

Hagen R A, Duennebier F K, Hsu V. 1988. A seismic refraction study of the crustal structure in the active seismic zone east of Taiwan. Journal of Geophysical Research, 93(135) : 4785-4796.

Hayes D E, 姚伯初，曾维军，等 . 1994. 中美合作调研南海地质专报 . 武汉：中国地质大学出版社 .

Jin X L, Kudrass H R, Pautot G. 1990. Marine Geology and Geophysics of the South China Sea. Beijing: China Ocean Press.

Lüdmann T, Wong H K. 1999. Neotectonic regime on the passive continental margin of the northern South China Sea. Tectonophysics, 311(1-4): 113-138.

Sibuet J C, Letouzey J, Barbier F, et al. 1987. Back arc extension in the Okinawa Trough. Journal of Geophysical Research, 92(B13): 14041-14063.

Sibuet J C, Deffontaines B, Hsu S K, et al. 1998. Okinawa Trough backarc basin: early tectonic and magmatic evolution. Journal of Geophysical Research, 103: 30245-30267.

Wang P X, Huang C Y, Lin J, et al. 2019. The South China Sea is not a mini-Atlantic: Plate-edge rifting vs intra-plate rifting. National Science Review, 6(5): 902-913.

Wu Z Y, Milliman J D. Zhao D N, et al. 2014. Recent geomorphic change in Lingding Bay, China, in response to economic and urban growth on the Pearl River Delta, Southern China. Global and Planetary Change, 123: 1-12.

Wu Z Y, Saito Y, Zhao D N, et al. 2016. Impact of human activities on subaqueous topographic change in Lingding Bay of the Pearl River estuary, China, during 1955-2013. Scientific Reports, 6: 37742.

Wu Z Y, Milliman J D, Zhao D N, et al. 2018. Geomorphologic changes in the lower Pearl River Delta, 1850-2015, largely due to human activity. Geomorphology, 314: 42-54.

第 2 章　海域自然地理

中国海域由渤海、黄海、东海、南海和台湾以东海区组成，总面积约 $491 \times 10^4 km^2$，统称中国海（China Seas）；前四者的面积分别为 $7.7 \times 10^4 km^2$、$38.6 \times 10^4 km^2$、$77 \times 10^4 km^2$ 和 $350 \times 10^4 km^2$。在国际文献中常将东海或黄海和东海称为 East China Sea，将南海称为 South China Sea。渤海、黄海、东海、南海位于太平洋西北部，以北东 - 南西向为长轴的平行四边形海域环绕着亚洲大陆的东南部；台湾以东海区东连太平洋海域，地处琉球群岛 - 台湾岛 - 巴士海峡以东，菲律宾海盆西北部，洋壳出露海底，具有大洋特性。五大海区的界限和范围见表 2-1（王颖，2012）。

表 2-1　中国各海区范围

海域		总体范围	经纬度范围	面积
渤海		与黄海以辽东半岛西南端的老铁山至山东半岛的蓬莱角连线为界	$37°07' \sim 41°00'N$ $117°35' \sim 121°10'E$	$7.7 \times 10^4 km^2$
黄海	北黄海	成山角至朝鲜半岛长山串以北的黄海海域	$37°24' \sim 39°50'N$ $120°48' \sim 125°41'E$	$7.2 \times 10^4 km^2$
	南黄海	成山角至朝鲜半岛长山串以南的黄海海域	$31°40' \sim 38°10'N$ $119°35' \sim 126°50'E$	$38.6 \times 10^4 km^2$
东海		东北以韩国济州岛东南端至日本福江岛与长崎半岛野母崎角连线为界，南以福建省东山岛南与台湾岛鹅銮鼻连线为界，东以日本九州岛、琉球群岛及我国台湾连线为界	$21°54' \sim 33°17'N$ $117°10' \sim 131°03'E$	$77.3 \times 10^4 km^2$
南海		北至东海界限，南至苏门答腊岛、勿里洞岛、加里曼丹岛，西临越南、柬埔寨、泰国、马来西亚、新加坡，东邻菲律宾的吕宋岛、民都洛岛、巴拉望岛	$2°30'S \sim 23°30'N$ $99°10' \sim 121°50'E$	$350 \times 10^4 km^2$
台湾以东海区		指琉球群岛以南、巴士海峡以东，北至琉球群岛南部的先岛群岛，南部与巴士海峡及菲律宾的巴坦岛相隔	$21°20' \sim 24°30'N$ $120°50' \sim 125°25'E$	$10.5 \times 10^4 km^2$

中国海岸线北自辽宁省的鸭绿江口，南到广西壮族自治区的北仑河口，海岸线总长约 $3.2 \times 10^4 km$，其中大陆海岸线 $1.8 \times 10^4 km$，岛屿海岸线 $1.5 \times 10^4 km$（孙湘平，2006）（表 2-2）。中国沿海 $500 m^2$ 以上的海岛共有 6536 个（许东禹等，1997），其中面积大于 $100 km^2$ 的岛屿见表 2-3。

表 2-2　我国沿海各地区海岸线长度统计表（孙湘平，2006）

地区	大陆海岸线长度 /km	岛屿海岸线长度 /km
辽宁	2178	627.6
河北	487	178

地区	大陆海岸线长度 /km	岛屿海岸线长度 /km
天津	133	6.8
山东	3024	737
江苏	1040	68
上海	168	188.3
浙江	2254	4068.2
福建	3324	2804
广东	4314	2518.5
广西	1478	531.2
海南	0	1811
台湾	0	1567
香港	—	—
澳门	—	—
总计	18400	15015.6

表 2-3　我国面积大于 100km^2 岛屿统计表（孙湘平，2006）

岛名	性质	面积 /km^2	隶属
台湾岛	基岩岛	35774.6	台湾
海南岛	基岩岛	33907	海南
崇明岛	沙岛	1110.6	上海
舟山岛	基岩岛	476.2	浙江
东海岛	基岩岛	289.5	广东
海坛岛	基岩岛	274.3	福建
长兴岛	基岩岛	255.5	辽宁
东山岛	基岩岛	194	福建
玉环岛	基岩岛	169.5	浙江
大屿山岛	基岩岛	141.6	香港

　　中国入海河流众多，流域面积在 100km^2 以上的河流有 15000 多条，流域面积在 1000km^2 以上的河流有 1500 多条，流域面积大于 10000km^2 的有 79 条（孙湘平，2006）。入海年径流量在 20 世纪 80 年代前曾为 18152.4×10^{8}m^3，其中，流入渤海的年径流量为 801.49×10^{8}m^3（占总量的 4.42%）；流入黄海的年径流量为 561.45×10^{8}m^3（占总量的 3.09%）；流入东海的年径流量为 11699.32×10^{8}m^3（占总量的 64.45%）；流入南海的年径流量为 4821.81×10^{8}m^3（占总量的 26.56%）。入海泥沙在 80 年代及以前为 201374.8×10^{4}t/a，其中，入渤海泥沙为 120881.05×10^{4}t/a（占总量的 60.03%），入黄海泥沙为 1467.23×10^{4}t/a（占总量的 0.73%），入东海泥沙为 63059.63×10^{4}t/a（占总量的

31.3%），入南海泥沙为 9591.93×10^{4}t/a（占总量的 4.76%）（程天文和赵楚年，1985；孙湘平，2006）。20 世纪 80 年代以来，沿流域兴建大型水库与引水工程，入海径流量锐减，以致阶段性断流，入海输沙量明显减少。1991 年估计入海年径流量为 15923×10^{8}m^3，年输沙量为 17.5×10^{8}t（全国海岸带和海涂资源综合调查成果编委会，1991；孙湘平，2006）。

大陆架是大陆边缘倾斜平缓的海底地带，是陆地向海的自然延伸。它的宽度从低潮线起向深海方向倾斜，直到坡度显著增大的转折点为止。中国海的大陆架是全球最宽的大陆架之一。渤海和黄海位于大陆架上；东海大陆架的宽度从北向南为 350～130n mile[①]，其外缘转折点水深为 120～160m，直下冲绳海槽；南海两广沿岸大陆架宽度为 100～140n mile，转折点水深为 150～200m，转入阶梯状大陆坡；台湾以东海区大陆架狭窄，仅数海里，其外转折点水深约 150m，随坡深入洋底。中国海大陆架的基底，主要是中生代白垩纪晚期的剥蚀面，其岩性与相邻大陆一致。新生代沉积堆积其上，构成了堆积型的大陆架。大陆架上，尤其是海岸带分布着众多的基岩海岛，近河口处有砂质堆积岛。

中国海域的地质特征是内动力地质作用和外动力地质作用的共同制约。地质构造活动缔造了中国海基底地质格架与海域轮廓，是主要的内动力因素；发育的河流系统，尤其是发源于青藏高原的大河水系，由西向东，侵蚀陆地、搬运大量泥沙入海，构成堆积型大陆架的物质基础，是主要的外动力因素。季风波浪与潮汐 - 潮流作用进一步塑造了海岸与海底地貌，与大河泥沙的相互作用又影响或控制着海岸与海底地貌发育趋势，其作用也不能低估。

中国海地处东亚大陆边缘。亚洲大陆众多的人口与悠久的开发历史过程，给予海域环境诸多的改造以致胁迫性影响，因此，第四纪晚期人类活动效应也是中国海域的重要特点之一（王颖，2012）。

2.1　渤　　海

2.1.1　概况

全国科学技术名词审定委员会（2007）审定后的渤海的公开定义为"中国大陆东部由辽东半岛与山东半岛所围绕的、近封闭的浅海，中国的内海"，英文名称为 Bohai Sea。渤海三面环陆，位于我国辽宁、河北、山东、天津三省一市之间。从辽东半岛南端老铁山角与山东半岛北岸，恰似一双巨臂环抱，其岸线形态犹如一个 NE-SW 微倾的葫芦，侧卧于华北大地的东缘。

渤海是一个半封闭的内海，位于 37°07′～41°00′N，117°35′～121°10′E 之间，北、西、南三面分别与辽宁省、河北省、天津市和山东省毗邻，东面经渤海海峡与黄海相通，与黄海分界线为辽东半岛的老铁山角与山东半岛北岸的蓬莱角的连线。海域面积 7.7×10^{4}km^2，大陆海岸线长 2668km（许东禹等，1997；曾呈奎等，2003）。

---

① 1n mile=1.852km。

2.1.2 地形

渤海为陆架浅海盆地,黄河、海河、辽河和滦河等含沙量很大的河流注入,致使渤海水浅、地形平缓。整个海底从辽东湾、渤海湾和莱州湾三个海湾向渤海中央浅海盆地及东部渤海海峡倾斜,坡度平缓,平均坡度为 0.13‰,是中国 4 个海域中坡度最小的海区。渤海平均水深约 18m,最深处位于渤海海峡北部的老铁山水道,最大水深 84m(陈义兰等,2013)。

渤海海底多为砂质和泥质沉积物覆盖。海岸分为粉砂淤泥质岸、砂质海岸和基岩海岸三种类型。渤海湾、黄河三角洲和辽东湾北岸等沿岸为粉砂淤泥质海岸,滦河口以北的渤海西岸属砂砾质海岸,山东半岛北岸和辽东半岛西岸主要为基岩海岸。

2.1.3 典型地理单元

2.1.3.1 海湾、海峡

自北而南,渤海周边包括辽东湾、渤海湾和莱州湾三个海湾。渤海海峡位于渤海东部。

1)辽东湾

辽东湾位于渤海的东北部,是渤海最大的海湾,海湾长轴的方向为 NE-SW,其西南部与渤海中部的开阔海域相连接,其他部分为冀辽沿海陆域所限,海湾形似倒"U"字形,其海底地形轮廓和海湾的形态相似,明显受海湾形态及陆上地形特征的影响,为陆上地形的自然延伸。与陆上平原区相邻的海域,海底地形一般平坦开阔,而在山地附近的海域,则可见明显的起伏。

2)渤海湾

渤海湾位于渤海西部,是一个向西凹入的弧形浅水海湾,海底地势平缓,自湾顶向渤海中央倾斜,海底地形平均坡度约为 0.2‰。渤海湾近岸北到大清河口,南至古黄河口,西至天津和黄骅,等深线与岸线平行。渤海湾区内,除东北部的曹妃甸浅滩南部有一较深的凹槽及湾顶和古黄河口区地形较高外,其他海域地形平坦。湾内水深大部分小于 20m,最大水深为 42m,出现在东北部的曹妃甸凹槽处。

由于近年来沿岸海洋工程的建设,如天津塘沽沿岸填海造地、曹妃甸工业区的开发建设、黄骅港的兴建等,沿岸海底地形发生了较大的改变。海底形成多条人工疏浚的航道,如天津港航道、黄骅港人工航道等。曹妃甸工业区的开发使曹妃甸近岸海域地形发生较大的变化,著名的曹妃甸深槽愈发变深。曹妃甸位于渤海湾的东北部,海河、大清河和滦河入海物质受潮流作用在此形成一系列平行于海岸的水下沙坝,最高达十几米,绵延几十千米。近岸水深变化剧烈,海底地形十分复杂,海底冲蚀沟槽与潮流沙坝相间分布,20m 等深线逼近海岸。

3)莱州湾

莱州湾位于渤海南部,北以黄河口—屺姆岛一线为界,是一个弧状的浅水海湾。海湾开阔,海底地形单调,坡度平缓,由南向北缓慢倾斜,平均坡度约 0.19‰。水深大都在15m 以内,最深 23.5m,位于屺姆角附近。现代水下黄河三角洲地形是莱州湾海域的典型地形。现代黄河口附近，孤东海堤和黄河农场防波堤的修建、黄河口人工改道、疏浚等人类活动，极大地影响了黄河三角洲和海底地形的变化。

4）渤海海峡

渤海海峡位于辽东半岛南端老铁山—山东蓬莱之间，长约 115km，庙岛群岛呈北东向逶迤延伸，将海峡分割为若干水道。其中较大的水道有 6 条，由北向南依次为老铁山水道、大小钦水道、北砣矶水道、南砣矶水道、长山水道和登州水道（许东禹等，1997），以北部的老铁山水道最为宏大。渤海海峡的水深和地形受断裂构造、庙岛群岛和潮流的共同作用，海底地形复杂。近东西向的沟槽与庙岛群岛诸岛屿相间分布。

2.1.3.2　岛屿

辽东湾东侧，海岛甚多，比较著名的有长兴岛、西中岛、海猫岛、蛇岛、猪岛、湖平岛、牛岛和东西蚂蚁岛等；位于辽东湾北部的有大小笔架山岛；辽东湾西侧主要分布有菊花岛、孟姜女坟岛等。均属基岩大陆岛，在地质历史时期曾与陆地相连（杨文鹤，2000）。

渤海湾海岛大部分位于河北省沿岸，如大浦河口外沙岛、滦河口外沙岛、曹妃甸 - 大清河口沙岛、蓟运河 - 潮白新河 - 永定新河入海口处三河岛以及大口河河口外贝壳沙岛。各岛面积小而周围滩涂宽阔，均为 1.5 ~ 2.0m 高的平坦沙岛，受河道变迁、供沙量变化及海平面变化影响，岛屿的蚀、积变化活跃。

渤海南部海岛主要为堆积型沙岛，由 89 个沙岛组成内、外两个岛链，以 NW-SE 向分布于渤海南部淤泥质海岸带的潮间带中（杨文鹤，2000）。岛屿面积小，地势平坦，海拔不超过 5m，最低者仅 1m。

渤海海峡中分布着一系列海岛，即庙岛群岛，由 36 个大小岛屿组成，总面积 52km²。庙岛群岛由长山水道（南砣矶水道）和北砣矶水道分为南部岛群、中部岛群和北部岛群。群岛呈 NE-SW 走向"一"字形展开，各相邻岛屿间相距 1.4 ~ 10.7km。其中较大的有北隍城岛、南隍城岛、大钦岛、小钦岛、砣矶岛、高山岛、大黑山岛、北长山岛和南长山岛等。南长山岛陆域面积 13km²，是渤海海峡中面积最大的岛。庙岛群岛均为基岩岛。

2.1.4　汇入河流

汇入渤海的河流有黄河、海河、辽河与滦河等大河，也有复州河、六股河、大凌河、小凌河、蓟运河、大口河、支脉沟、小清河、弥河、白浪河、潍河、胶莱河等短源河流。

黄河是中华文明最主要的发源地，中国人民的"母亲河"。黄河是汇入渤海的最大河流，以水少沙多、水沙异源、时空分布不均、年际变化大，下游及尾闾河道迁徙频繁为其自然特性。泥沙在河口处淤积形成巨大的三角洲，黄河尾闾在三角洲上来回摆动，海岸线随着河口的摆动不断变迁。黄河全长约 5464km，流域面积 752443km²，是世界级的大河之一，在中国，仅次于长江，为第二长河。黄河多源，北源发源于青海省巴颜喀拉山脉支脉查哈西拉山南麓的扎曲，南源发源于巴颜喀拉山支脉各姿各雅山北麓的卡日曲，西源发源于星宿海西的约古宗列曲。呈"几"字形，自西向东分别流经青海、四川、甘肃、宁夏、内蒙古、陕西、山西、河南及山东 9 个省（自治区），最后流入渤海。黄河中上游以山地为主，中下游以平原、丘陵为主。由于河流中段流经我国黄土高原地区，因此携带了大量的泥沙，成为世界上含沙量最多的河流。黄河每年都会生产 16×10^8t 泥沙，其中有超过 11×10^8t 流入大海，剩下近 5×10^8t 长年留在黄河下游，形成冲积平原。

海河（海河水系）是指从天津市金钢桥附近的子牙河、南运河汇合处，到大沽口注入渤海的一段河道，干流全长 74km（孙湘平，2006）。与其上游的北运河、永定河、大清河、子牙河、南运河和 300 多条小河，构成华北最大的水系——海河水系，总长 1090km。

滦河发源于河北省的巴颜图古尔山麓，流经内蒙古高原与燕山山脉，至乐亭县兜网铺入海，河流全长 877km。泥沙来源于燕山山地变质岩与花岗岩的风化产物，含沙量达 3.9kg/m³。

辽河是汇入辽东湾的大河，全长 1396km，流域面积为 16.4×10^4km²（陈则实等，1991，1998）。上游分为东辽河和西辽河两支，两河在辽宁省的福德店汇合后称辽河，干流全长 512km。渤海周边主要河流径流量见表 2-4。

表 2-4　渤海周边主要河流径流量统计表（王颖，2012）

河流名称	流域面积		多年平均入海径流量			多年平均入海输沙量		
	面积 /km²	占本海域 /%	径流量 /10⁸m³	占本海域 /%	径流深 /mm	输沙量 /10⁴t	占本海域 /%	模数 /[t/(km²·a)]
黄河	752443	56.3	430.78	53.7	57	111490.00	92.2	1482
辽河	164104	12.3	86.98	10.9	53	1849.17	1.5	113
滦河	44945	3.4	48.69	6.1	108	2267.60	1.9	505
其他河流	374418	28.0	235.04	29.3	—	5274.28	4.4	—
总计	1335910	100.0	801.49	100.0	平均 60	120881.05	100.0	平均 905

2.1.5　水文特征

1. 气候

渤海地处北温带，夏无酷暑，冬无严寒，多年平均气温 10.7℃，降水量 500～600mm。冬季由于强寒潮频繁侵袭也会出现结冰现象。自 11 月中、下旬至 12 月上旬，沿岸从北往南开始结冰；翌年 2 月中旬至 3 月上、中旬由南往北海冰渐次消失，冰期约为 3 个月。1～2 月，沿岸固定冰宽度一般在距岸 1km 之内，而在浅滩区宽度 5～15km，常见冰厚为 10～40cm。河口及滩涂区多堆积冰，高度有的达 2～3m。在固定冰区之外距岸 20～40km 内，流冰较多，分布大致与海岸平行，流速在 50cm/s 左右。据历史记载，渤海近 50 年来曾发生过三次严重冰封：第一次发生在 1936 年冬季；第二次在 1947 年 1～2 月；最严重的一次大冰封发生在 1969 年 2～3 月。

2. 温度、盐度、密度

渤海水温变化受北方大陆性气候影响，2 月在 0℃左右，8 月达 21℃。严冬来临，除秦皇岛和葫芦岛外，沿岸大都冰冻。3 月初融冰时还常有大量流冰发生，平均水温 11℃。

渤海表层水温温度变化特征主要表现为南北和东西向的变化，从辽东湾至莱州湾，表层温度可升高 2℃。从渤海湾至渤海海峡，受水深的影响，使其海表温度表现出浅水低温、深水高温的分布特征。渤海中部的温度较低并在辽东半岛顶部水域出现一个冷水区（张松等，2009）。

由于大陆河流大量的淡水注入，渤海海水中的盐度仅为 30‰，是中国近海中最低的。

3. 潮汐及海流特征

渤海海浪以风浪为主，随季风交替，具有明显的季节性。10 月至翌年 4 月盛行偏北浪，6～9 月盛行偏南浪。渤海风浪以冬季为最盛，波高通常为 0.8～0.9m，周期大多数小于5s。1 月平均波高为 1.1～1.7m，寒潮侵袭时可达 3.5～6.0m。夏秋之间，偶有大于 6.0m的台风浪。海浪以渤海海峡和中部为最大，辽东湾和渤海湾较小。渤海的平均波高多为0.1～0.7m，以海峡区最大，平均为 0.8～1.9m。

渤海具有独立的旋转潮波系统，其中半日潮波有两个，全日潮波有一个旋转系统。半日分潮占绝对优势。渤海海峡因处于全日分潮波"节点"的周围而成为正规半日潮区；秦皇岛外和黄河口外两个半日分潮波"节点"附近，各有一范围很小的不规则全日潮区。除此以外，其余区域均为不规则半日潮区。潮差为 1～3m。沿岸平均潮差，以辽东湾顶为最大（2.7m），渤海湾顶次之（2.5m），秦皇岛附近最小（0.8m）。海峡区的平均潮差为2m 左右。潮流以半日潮流为主，流速一般为 50～100cm/s，最强潮流见于老铁山水道附近，达 150～200cm/s，辽东湾次之，为 100cm/s 左右；最弱潮流区是莱州湾，流速为 50cm/s左右。

渤海海流流系主要包括渤海内部的沿岸流和大洋系统的寒暖流（图 2-1）。渤海内部的沿岸流主要分为两支：一支北起秦皇岛，受东北风控制，流势稳定强劲；另一支是黄海

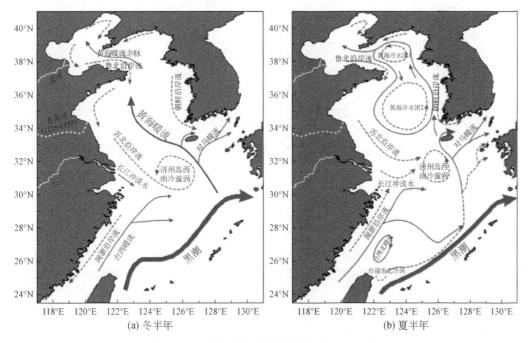

图 2-1　东部海域海流系统（苏纪兰，2001）

沿岸流，由于水温较低的黄渤海海水自渤海南部的山东半岛沿岸形成一股强劲的寒冷水流沿岸南下，形成了黄海沿岸流。大洋系统的寒暖流主要指以微弱的势力进入渤海的高温、高盐的黄海暖流。

2.2　黄　　海

2.2.1　概况

黄海（英文名称 the Yellow Sea），位于中国大陆与朝鲜半岛之间，是以前第四纪大陆架为基底的浅海海域，属于西太平洋边缘海群的一部分，也是一个陆架浅海，北面和西面为中国大陆，东邻朝鲜半岛。中国的主要河流，如淮河、碧流河、鸭绿江及朝鲜半岛的汉江、大同江、清川江等注入黄海。主要沿海城市有大连、丹东、天津、汉城、青岛、烟台和连云港等。主要海湾有西朝鲜湾和中国的海州湾和胶州湾。由济州海峡东经朝鲜海峡、对马海峡与日本海相通，西经渤海海峡与渤海相通。黄海东部和西部岸线曲折、岛屿众多。山东半岛为港湾式沙质海岸，江苏北部沿岸则为粉砂淤泥质海岸。主要岛屿有长山列岛以及朝鲜半岛西岸的一些岛屿。

中国山东半岛深入黄海之中，其顶端成山角与朝鲜半岛长山串之间的连线，将黄海分为南、北两部分。北黄海是指山东半岛、辽东半岛和朝鲜半岛之间的半封闭海域。长江口至济州岛连线以北的椭圆形半封闭海域，称南黄海。黄海是世界诸边缘海中接受泥沙最多的海区。黄海的水浅，盐分少，泥沙不易沉淀，所以海水中悬浮颗粒多，海水透明度小，故呈现黄色，黄海之名因此而得。

黄海是全部坐落在大陆架上的一个半封闭的浅海。黄海北界辽宁省，西傍山东省、江苏省，东邻朝鲜和韩国，位于 $31°40' \sim 39°50'N$，$119°35' \sim 126°50'E$ 之间，西北边经渤海海峡与渤海沟通，南面以长江口北岸的启东嘴至济州岛西南角的连线为界与东海相接。黄海南北长约 870km，东西宽约 556km，总面积 $38.6 \times 10^4 km^2$。习惯上又常将黄海分为北黄海和南黄海，北黄海的平均水深约 38m，最大水深可达 80m，位于南北黄海交界处，面积 $7.2 \times 10^4 km^2$，与渤海相当。南黄海平均水深 46m，面积 $38.6 \times 10^4 km^2$，比渤海大 3 倍多。

2.2.2　地形

黄海的海底为近南北向的浅海盆，由北、东、西三面向黄海中部及东南部倾斜，但坡度变化不大，其水深呈现由东南向西北逐渐变浅的趋势（秦蕴珊等，1989）。北黄海海底的整体地势呈现向南倾斜的趋势，主地貌单元包括辽南岸坡、山东半岛岸坡与台地、西朝鲜湾潮流沙脊和北黄海中部平原；南黄海可分为黄海槽洼地、南黄海中部平原、鲁南岸坡及海州湾阶地平原、苏北岸外舌状台地、朝鲜半岛岸外台地和济州岛西部沙脊 6 个地貌单元（何起祥，2006）。

黄海槽洼地位于南黄海中部，纵贯南北，该洼地北浅南深，略偏朝鲜一侧，造成了南黄海地形东陡西缓的不对称格局（许东禹等，1997）。黄海槽洼地构成了南黄海负地形的中轴，最深处在 100m 以上，是末次冰期水流运动的主要通路，也是全新世海水由南向北入侵的主要通道（刘忠臣等，2005）。

黄海海底沉积物大部分为海相细泥沉积物，北部多为泥沙底，中部以软沙沉积物为主，西部为黄河的输入物，南部以深黑色泥质沉积物为主，东部的沉积物来自朝鲜半岛。

2.2.3　典型地理单元

2.2.3.1　海湾、海峡

黄海主要海湾有西朝鲜湾和中国的海州湾、胶州湾。在南黄海东缘由济州海峡经朝鲜海峡、对马海峡与日本海相通，西缘经渤海海峡与渤海相通。

1）西朝鲜湾

西朝鲜湾位于黄海东北部，从鸭绿江口延伸至朝鲜翁津半岛的长山串，为水深较浅、海底坡度较陡的开放型海湾。岸线曲折，岸外岛屿众多。这一海区地形的突出特征是：0～40m 等深线，个别甚至是 50～60m 等深线，呈同步的肠状折曲。海区最大潮差 ≥6m，与苏北浅滩、辽东浅滩一样，西朝鲜湾属于典型的黄海潮流沙脊群发育区，沙脊呈 NE 向平行排列，间距几公里至十几公里，相对高度 10～20m，延伸几十公里甚至百余公里。潮流沙脊群主要成分为分选良好的细砂，北部临海陆域存在宽阔的潮间浅滩，主要沉积物为粉砂质砂、砂质粉砂等。西朝鲜湾东北部的鸭绿江、清川江和大同江为漂沙及砂矿的主要来源（许东禹等，1997；金亨植等，2005）。

2）海州湾

海州湾位于江苏省东北端的黄海之滨，东以岚山头与连云港外的东西连岛的连线为界与黄海相通，面积约 820km²。在地质构造上，海州湾位于苏鲁隆起与南黄海拗陷的过渡地带。湾内海域开阔，但水深不大，低潮线以下海底多为水下岸坡。地势向东北方向缓倾，平均比降在 0.37‰ 左右，其上分布有斋堂岛、秦山岛、东西连岛等变质岩岛屿。外缘线约在 20m 水深附近，表层沉积物以粉砂质泥为主，其厚度自海向陆在 5m 水深左右逐渐变薄，在近岸带这种沉积物之下见有更新世末至全新世初形成的河湖相黏土层。而在水下岸坡的外缘，较细粒的粉砂质泥覆盖在古滨岸砂之上。湾口附近和口外浅海，为残留砂平原，其水深为 20～35m，为一起伏和缓的冲刷面。地势向东偏北方向倾斜，平均坡度在 0.15‰ 左右。表层为残留细砂所覆盖，厚度为 1～2m，沉积物中生物壳体新老混杂，古老壳体多遭强烈磨蚀和污染，不仅含有大量广盐性有孔虫和介形虫，而且有潮间带或浅海种类，并含有大量疏松钙结核、铁锰结核等，结核中心常有贻贝、石蛏等潮间带贝类或浅海藻类化石残骸。在残留砂平原上有密集的流蚀浅洼地，一般低于附近海底 1～4m，长 1～15km，宽 0.4～1.0km，长轴方向与潮流方向和地势倾向一致。另在残留砂平原中央，有两个形态明显的陆架谷，它们分别与临洪河口和灌河口遥相对应。谷头在 10m 等深线附近，谷形明显，谷深平均为 5～10m，并且有水深大于 25m 的深潭。

3）胶州湾

胶州湾坐落于黄海中部、胶东半岛南岸，是山东省青岛市境内与黄海相通的半封闭性海湾。胶州湾湾口朝向东南，东西宽约 27.8km，南北长约 33.3km。湾内最大水深 64m，平均水深 7m。胶州湾海岸属于潮汐作用为主的海岸，潮汐为典型的正规半日潮，平均潮差 2.71m，年平均降水量为 900mm，年均温度 12℃，无霜期 220 天左右，属于温带季风气候，受海洋季风调节，冬季寒冷干燥、夏季高温多雨，雨热同季，四季分明。注入胶州湾的河流有大沽河、墨水河、白沙河、洋河、李村河等十几条短源河流，河流携带的大量泥沙在河口区形成较宽阔的河口三角洲、潮坪等地貌单元。

4）济州海峡

济州海峡又称济州水道，位于朝鲜半岛与济州岛之间，宽 130km，水深 100m 左右，是西连黄海，东通朝鲜海峡的主要地带。为朝鲜半岛东西两岸海上联系的重要航道。半岛一侧直到水深 100m 处，大陆架发育较好；济州岛一侧水深可达 140m；海峡中分布有揪子群岛、巨文岛、珍岛等岛屿、岩礁及浅滩，海底起伏变化较大；有济州暖流流过。

2.2.3.2　岛屿

黄海岛屿众多，海域西侧属于我国的海岛超过 500 个。其中，辽宁岛屿最多，约 254 个，山东次之，包括介于黄渤海之间渤海海峡岛屿约为 233 个，江苏 25 个（未包括新近统计的辐射沙脊群岛屿）。众多的岛屿中，以小岛和无人岛居多，人居岛少，为 67 个；基岩岛屿多，总数超过 500 个，冲积岛较少。岛屿的分布大体上以海州湾为界，海州湾与北黄海以基岩岛居多，绝大部分冲积岛分布于海州湾以南的海域。

2.2.4　汇入河流

汇入黄海的较大的河流主要包括鸭绿江和淮河，均发源于距海不超过 1000km 的山地。自苏北平原汇入南黄海的河流较多，如新沂河、新沭河、灌河、废黄河、扁担港、射阳河、新洋港等。

鸭绿江发源于长白山，流经吉林和辽宁两省，汇入黄海北端的西朝鲜湾，为季节性河流，夏秋季径流量占全年径流量的 2/3 以上，泥沙多为花岗岩与变质岩山地的风化物质。自辽东半岛东部与山东半岛东段流入黄海的河流多为源自半岛区的小型河流，季节性明显。汇入海中的冲积物主要为细砂或中细砂。

淮河位于中国东部，介于长江与黄河之间，古称淮水，与长江、黄河和济水并称"四渎"。淮河是中国南北方的一条自然分界线，中国大陆 1 月 0℃等温线和 800mm 年均等降水线大致沿淮河和秦岭一线分布。淮河发源于河南省南阳市桐柏县西部的桐柏山主峰太白顶西北侧河谷，干流流经河南、安徽、江苏三省，淮河干流可以分为上游、中游和下游三部分，全长 1000km，总落差 200m。洪河口以上为上游，长 360km，地面落差 178m，流域面积 $3.06×10^4km^2$；洪河口以下至洪泽湖出口中渡为中游，长 490km，地面落差 16m，中渡以上流域面积 $15.8×10^4km^2$；中渡以下至三江营为下游入江水道，长 150km，三江营以上流域面积 $16.46×10^4km^2$。淮河流域地跨河南、湖北、安徽、江苏和山东五省，流域面积约为 $27×10^4km^2$。以废黄河为界，整个流域分成淮河和沂沭泗河两大水系，流域面积分别

为 $19 \times 10^4 km^2$ 和 $8 \times 10^4 km^2$。黄海周边主要河流径流量见表 2-5。

表 2-5 黄海周边主要河流径流量统计表（王颖，2012）

河流名称	流域面积		多年平均入海径流量			多年平均入海输沙量		
	面积 /km^2	占本海域 /%	径流量 /$10^8 m^3$	占本海域 /%	径流深 /mm	输沙量 /$10^4 t$	占本海域 /%	模数 / [t/ ($km^2 \cdot a$)]
鸭绿江	63788	19.1	251.34	44.8	394	195.34	13.3	31
淮河	30600	9.2	218.8	39.0	205	987	67.2	77
其他河流	239744	71.7	91.31	16.2	—	284.89	19.5	—
总计	334132	100.0	561.45	100.0	平均 168	1467.23	100.0	平均 44

注：鸭绿江包括朝鲜境内的面积、径流量与输沙量；总计部分则不包括鸭绿江朝鲜部分的面积和径流量

2.2.5 水文特征

2.2.5.1 气候

黄海属于季风气候，冬季盛行偏北风，夏季盛行偏南风，春秋为其过渡季节。风浪分布大致与风相似，浪向的季节变化明显。海区冬季平均风力最大，平均浪高也最大，一般在 1.5m 以上，3 月以后海区浪高开始降低，至 6 月达到最低。涌浪的分布和变化也受季风影响，10 月至翌年 3 月盛行偏北涌，6 月整个海区开始偏南涌。冬季大涌最多，范围最大。涌浪的周期与涌高相对应，大涌周期长，小涌周期短，北部周期短，向南逐渐增大（何起祥，2006；陈红霞等，2006）。

2.2.5.2 温度、盐度、密度

黄海水温的分布与当地流系的分布和水团配置密切相关。黄海是冷暖水团交汇处，相互消长变化十分明显。冷暖水团的相互作用和配置决定了该区水温分布的基本趋势（秦蕴珊等，1989）。黄海暖流和对马暖流形成的暖水舌，沿其流轴朝西北方向突入黄海，可延伸至渤海海峡，随着纬度的升高和远离暖水舌根部，水温将会越来越低。具体表现为 7～8 月最高，2 月最低，水温年变化幅度由北向南递减。冬季水温等值线与岸线平行，沿岸低于外海，北部低于南部，表层水温 2～12℃；至 8 月，全区水温达到 24～28℃，沿岸水温此时高于外海（何起祥，2006）。

黄海盐度的分布既与沿岸流的盛衰有关，也受黄海暖流及其余脉强弱进退的影响。一般来讲，该区盐度最高值出现在 1～3 月，最低值出现在 7～8 月；总体趋势为近岸低于外海，北部低于南部。盐度年际的变化幅度一般在 1.0‰～3.0‰。河口地区受径流影响，盐度变化幅度最大，最低值出现在雨季，变幅可达 8.4‰。在冬季，随着黄海暖流的增强，黄海中部盐度相对较高，可达 32.0‰，同时，由于沿岸流及冷水南侵，近岸盐度相对较低，多在 31.0‰ 以下；在夏季，该区盐度普遍较低，一般在 31.0‰ 以下（许东禹等，1997）。

在水温和盐度的综合作用下，黄海的海水密度冬季明显大于夏季。其中，冬季又以北黄海中部、南黄海东部最高；夏季各海区密度普遍降低，尤其是海湾和河口附近相对于中

部海域更低。此外，密度的垂向分布与海水层结构是对应的，一般随着深度的增加而增大（冯士筰等，1999）。

2.2.5.3　潮汐及海流特征

太平洋的潮波主要经过日本九州岛与中国台湾岛之间的水道进入东海，其能量除了在东海消耗一部分外，绝大部分继续向西北方向传播并进入黄海（秦蕴珊等，1989）。进入黄海的潮波，首先有一部分受到山东半岛南岸的反射，另外一部分则受到辽东半岛南岸的反射，入射波与反射波干涉形成以驻波性质为主的黄海潮波。在南黄海的东部，潮波由南向北传播，而在山东半岛南岸，潮波则呈逆时针旋转（丁文兰，1985）。

黄海及其沿岸潮汐绝大部分属于规则的半日潮，仅在成山角的西北部具有不规则的全日潮的性质。此外，在山东半岛以东海区、苏北外海和济州岛附近海区以及鸭绿江口也会出现不规则的半日潮（刘敏厚等，1987；许东禹等，1997）。潮汐的这种分布特征，一方面与半日潮和全日潮的潮波旋转系统的分布密切相关；另一方面就整个黄海而言，日潮波的振幅远小于半日潮波的振幅，所以除了半日潮的无潮点外，大部分海区均以半日潮占优势（刘爱菊等，1983）。南黄海中部潮流最弱，最大潮流流速仅为 40cm/s；朝鲜半岛南岸和山东半岛南部沿岸的流速为 80cm/s。由南黄海向北，流速逐渐增加（秦蕴珊等，1989）。

黄海风海流的特点是在盛行偏北风的季节流向多偏南，盛行偏南风的季节流向多偏北。局部风况的变化可使海区的表层余流方向改变，平均流速不大，流向也很不稳定；本区的环流比较稳定，主要由黄海暖流和沿岸流组成（苏纪兰，2001；何起祥，2006）。

黄海暖流及其余脉与终年南下的黄海沿岸流一起，构成了一个气旋式环流，统称为黄海环流。黄海暖流与对马暖流同源，而二者的变化趋势相反。黄海暖流冬强夏弱，流向终年稳定，流速一般为 5cm/s；黄海沿岸流主要包括鲁北沿岸流、苏北沿岸流以及朝鲜沿岸流等，都具有低盐（在冬季为低温）和冬强夏弱的特征（何起祥，2006）。

黄海冷水团是中国近海非常典型的水文现象，其形成机制受到广泛关注（Naimie et al.，2001；梅西等，2013）。已有研究表明，黄海冷水团是由黄海暖流与沿岸流相互作用而形成的逆时针旋转的气旋型涡流，在涡流中心底层水保留了黄海本地冬季冷水所形成的低温高盐的冷水团，且与黄海暖流的入侵密不可分（Beardsley et al.，1985；Hu and Li，1993；于非等，2006）。黄海冷水团也具有重要的经济开发价值，最近已在冷水团区域试验养殖三文鱼。

2.3　东　　海

2.3.1　概况

"东海"（英文名称 East China Sea）一词，最早见于《荀子·王制》："东海则有紫紶、鱼盐焉，然而中国得而衣食之"，但所指之东海乃今日之黄海。今日东海，古人称之为南海。《史记·秦始皇本记》记载秦始皇"上会稽，祭大禹，望于南海"，此南海即为今日之东海（金翔龙，1992）。

通常地理学上所指东海，是指"位于中国大陆和中国台湾岛以及朝鲜半岛与日本九州岛、琉球群岛等围绕的边缘海"，是西太平洋的一个边缘海，位于 21°54′～33°17′N，117°05′～131°03′E 之间。它北起中国长江口北岸到韩国济州岛一线与黄海毗邻，东北面以济州岛、五岛列岛、长崎一线为界；南以广东南澳岛到台湾岛南端鹅銮鼻一线同南海为界，通过台湾海峡与南海相通；东面与太平洋之间隔以日本的九州岛、琉球群岛和中国的台湾岛，经对马海峡与日本海相连，濒临中国的上海、浙江、福建和台湾。长约1300km，宽约 740km，总面积约 77.3×10^{4}km^2（刘忠臣等，2005），平均水深 338m，最大水深 2322m。东海是宽广大陆架海区，其大陆架和大陆坡面积约 55×10^{4}km^2（李家彪，2008）。东海有广阔大陆架和深海槽，兼有浅海和深海的特征，包括东海陆架、台湾海峡和冲绳海槽三部分。自中国大陆流入东海的江河，长度超过 100km 的河流有 40 多条，其中长江、钱塘江、瓯江、闽江四大水系是流入东海的主要江河。

东海岸线曲折，港口和海湾众多，其中最大的海湾是杭州湾。海岸类型北部多为侵蚀海岸，在杭州湾以南至闽江口以北，间有港湾淤泥质海岸，由沿岸水流搬移的细颗粒泥沙堆积于隐蔽的海湾而形成的。南部在 27°N 以南，则有红树林海岸；台湾东岸则属于典型的断层海岸。东海以东九州岛至琉球群岛、台湾岛一线，有众多的海峡、水道与太平洋沟通。

2.3.2　地形

东海海底地形总体表现为由西北向东南方向倾斜的趋势，大致呈阶梯状。从近岸浅水区至水深 160m 附近的大陆架边缘，基本呈舒展坦荡缓坡；水深 160～200m 区间范围，海底急剧变陡，为东海大陆坡（即冲绳海槽西坡）；越过大陆架进入冲绳海槽深水地貌区，在轴部有一系列陡峭的海山呈串珠状分布，主要由浮岩、玄武岩和玄武质安山岩组成，在槽底轴部发育断陷洼地及地堑槽，下陷深度一般超过 100m，宽度大于 7km（宋伟建，2005）。

2.3.3　典型地理单元

2.3.3.1　海湾、海峡

1）杭州湾

杭州湾是典型的喇叭形海湾，面积约 5000km^2，平均水深 9～10m。湾顶在澉浦断面，面宽约 20km，距湾顶 95km 处为南汇嘴 – 镇海断面，习称湾口，面宽约 100km。杭州湾底部大范围均较平坦，水深较大。杭州湾潮大流急，湾内水、沙运动复杂，发育了闻名世界的钱江涌潮。

2）台湾海峡

台湾海峡位于福建与台湾之间，是贯通东海与南海的狭长形海域。海峡东岸岸线比较平直，西岸曲折。海峡总体走向呈 NE-SW 向，水深一般在 100m 以浅，横向上等深浅的展布大致与海岸平行。

据中国地震区、带划分图（1990年），台湾海峡位于华南地震区东南沿海地震带的外带。海峡地区地震活动特点是西强东弱、南强北弱（何昭星，1985；陈园田和谢志平，1996）。据初步统计，在台湾海峡，历史记载的≥5.0级的地震为85次。其中5.0～5.9级地震55次，6.0～6.9级地震23次，≥7.0级地震7次，最大震级7.5级，主要分布在海峡东侧的苗栗、新竹、台中、嘉义和福建沿海泉州海外、厦门海外以及广东南澳岛海域。

3）冲绳海槽

冲绳海槽位于东海陆架外缘，是太平洋板块向西俯冲形成的弧后盆地，其东部以琉球群岛为界、西部以东海大陆坡折处为界、南起中国台湾北部、北至日本西南岸外，轴线呈NNE-SSW方向延伸，整体上呈微向太平洋突起的"弓"字形。海槽南北长约1200km，东西宽140～200km，总面积约$22.85\times10^4km^2$。槽底地形复杂，地震、构造活动强烈而频繁，火山活动活跃，沉积物类型多样，生物种类繁多，是研究大陆向大洋过渡的典型地区。

冲绳海槽的断裂构造十分发育，尤其是张性断裂（中央雁形张裂或"槽中槽"），具有明显的拉张裂陷性质（傅命佐等，2004）。海槽内主要发育两组交互的断裂带，除顺海槽走向伸展的NNE向平行断裂系外，还分布一系列NW向与海槽走向斜交或正交的横切断裂。平行断裂在北段约呈NNE向，中段NE向，南段则近EW向（金翔龙和喻普之，1987）。

冲绳海槽地形复杂，横断面呈"U"形，两侧陡峭起伏、底部较平坦。其地形具有东西分带和南北分块的基本特征（丁培民，1986）。沿槽底走向，地形呈EN-SW向阶梯状下降；奄美大岛以北的吐噶喇海峡构造带和冲绳岛与宫古岛之间的宫古构造带将冲绳海槽分为北、中、南三段。北段走向NNE-SSW，水深较浅，600～900m，海底起伏变化较大；中段走向NE-SW，水深1000～2000m，地形较平坦；南段走向NEE-SWW，水深大多在2000m以上，南部边缘起伏不平，底部平坦。东西方向上，海槽地形变化明显，由西侧槽坡、槽底、东侧槽坡三部分组成；两侧坡度较大，形成陡坡带，中间较平坦，构成较宽和较深的槽底。

2.3.3.2 岛屿

东海海岛众多，包括崇明岛、舟山群岛、台湾岛及附近岛屿和琉球群岛等。除台湾所属的海岛外，东海西侧面积大于$500m^2$的海岛总数4615个，占全国海岛总数（6536个）的70%，海岛面积$3616.7km^2$，海岛线长7953.2km。

舟山群岛是我国最大的群岛，位于长江口以南，杭州湾以东，浙江北部沿海，为典型的沿岸大陆岛，由崎岖列岛和中街山列岛两个次一级的群岛和马鞍列岛、嵊泗列岛、川湖列岛、浪岗列岛、火山列岛和梅散列岛组成。台湾岛及附近岛屿包括台湾本岛、澎湖列岛、钓鱼岛诸岛及周边的小岛，共224个海岛。

琉球群岛位于日本九州与我国台湾岛之间，由473个大小岛屿组成，属于典型的海洋岛，大部分是火山岛，海岛总面积$4800km^2$。琉球群岛分为三大岛群，北部由大隅诸岛、吐噶喇列岛和奄美群岛组成；中部主要岛屿有冲绳岛、久米岛；南部由宫古列岛和八重山列岛（统称先岛诸岛）组成。冲绳岛是琉球群岛最大的岛屿，长135km，最宽35km，面积为 1185km²。奄美大岛居第二，长 56km，最宽 30km，面积为 709km²。第三、第四大岛分别为屋久岛（面积为 503km²）和种子岛（面积为 446km²）。琉球群岛是东亚岛弧的一部分，也是东海和太平洋的自然分界。

钓鱼岛是中国东海钓鱼岛及其附属岛屿的主岛，自古以来就是中国的固有领土。位于 25°44.6′N，123°28.4′E，距浙江温州约 358km、福建福州约 385km、台湾基隆约 190km，周围海域面积约为 17.4 万 km²。其主要岛屿如下：

钓鱼岛：长约 3641m，宽约 1905m，面积约 3.91km²，最高海拔约 362m，地势北部较平坦，东南侧山岩陡峭，东侧岩礁颇似尖塔，中央山脉横贯东西。钓鱼岛盛产山茶、棕榈、仙人掌、海芙蓉等珍贵中药材，栖息着大批海鸟，有"花鸟岛"的美称。

黄尾屿：长约 1293m，宽约 1102m，面积约 0.91km²，是钓鱼岛及其附属岛屿的第二大岛，最高海拔约 117m。黄尾屿是一个近圆形的死火山，中央高周边低，东侧悬崖陡峭，陡崖处见有颇为壮观的直立状节理的岩石裸露。岛屿中央有一形似死火山口的凹地，岛上遍布棕榈树和矮树丛，海岸边到处是大块的火山岩。

赤尾屿：距钓鱼岛约 110km，长约 484m，宽约 194m，面积约 0.065km²，最高海拔约 75m，岛屿主体呈尖塔形。岛屿海岸为基岩海岸，陡崖峻峭，岛屿北侧与西侧多礁石。

北小岛：长约 1030m，宽约 583m，面积约 0.33km²，最高海拔约 125m，呈近平行四边形，NW-SE 走向。

南小岛：长约 1147m，宽约 590m，面积约 0.45km²，最高海拔约 139m。岛体呈椭圆形，东南侧坡度较大，中间大部分为平地。

北屿：长约 193m，宽约 142m，面积约 0.02km²，最高海拔约 24m。岛体呈三角形，地势西部较平坦。

南屿：长约 170m，宽约 75m，面积约 0.007km²，最高海拔约 4.8m。岛体呈弯月形。

飞屿：长约 63m，宽约 33m，面积约 0.001km²，最高海拔约 2m。岛体略呈虾尾状，西南侧山石陡峭。

根据《中华人民共和国海岛保护法》，国家海洋局对中国海域海岛进行了名称标准化处理。经国务院批准，由国家海洋局和民政部公布了钓鱼岛及其部分附属岛屿的标准名称、汉语拼音、位置描述（图 2-2）。

2.3.4 汇入河流

汇入东海的河流有长江、钱塘江、闽江及浊水溪等。自中国大陆流入东海的江河，长度超过 100km 的河流有 40 多条，其中长江、钱塘江、瓯江和闽江四大水系是注入东海的主要江河。因而，东海形成一支巨大的低盐水系，成为中国近海营养盐比较丰富的水域，其盐度在 31‰ ～ 32‰ 以上。

长江是中华民族的母亲河，孕育了璀璨的中华文明，在当今社会经济发展和生态环境建设中具有举足轻重的战略位置。长江发源于"世界屋脊"——青藏高原的唐古拉山脉，其源头沱沱河和通天河流域，地势平缓，曲流发育。到青藏高原的东南缘金沙江流域，地势陡降，形成高山峡谷。到达川江段，地势坡降急剧减小。东出三峡进入江汉平原，从

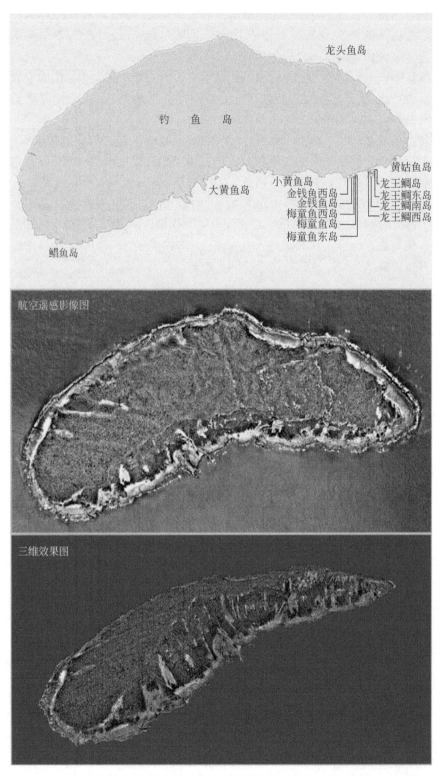

图 2-2　钓鱼岛周边海岛示意图（资料来源：原国家海洋局编制《中国钓鱼岛地名册》）

宜昌到入海口千余公里，海拔下降仅百米，因此流速较低，河道宽阔。长江自西向东流经 11 个省（区、市），在上海崇明岛以东注入东海，全长 6300km，长度居世界第三、亚洲第一，连接了地球上最大的大陆（高原）和最大的海洋，流域面积约 $180 \times 10^4 km^2$，在亚洲季风气候控制下，产生并携带巨量的水沙，对流域生态环境和边缘海的海洋环境产生重大影响，在全球变化中扮演了重要角色，是众多重大国际研究计划的靶区（MARGINS Office，2003；郑洪波，2003；郑洪波等，2008）。

钱塘江，古称浙，全名"浙江"，又名"折江"、"之江"和"罗刹江"，一般将浙江富阳段称为富春江，浙江下游杭州段称为钱塘江。钱塘江之名最早见于《山海经》，因流经古钱塘县（今杭州）而得名，是吴越文化的主要发源地之一。钱塘江是浙江省最大河流，是宋代两浙路的命名来源，也是明初浙江省成立时的省名来源。以北源新安江起算，河长 588.73km；以南源衢江上游马金溪起算，河长 522.22km。自源头起，流经今安徽省南部和浙江省，流域面积 41461km²，经杭州湾注入东海。钱塘江潮被誉为"天下第一潮"，是世界一大自然奇观，它是天体引力和地球自转的离心作用，加上杭州湾喇叭口的特殊地形所造成的特大涌潮。

闽江是福建省最大独流入海（东海）河流。发源于福建、江西交界的建宁县均口镇。建溪、富屯溪、沙溪三大主要支流在南平延平区附近汇合后称闽江。穿过沿海山脉至福州市南台岛分南北两支，至罗星塔复合为一，折向东北流出琅岐岛注入东海。以沙溪为正源，全长 562km，流域面积 60992km²，约占福建全省面积的一半。主要支流除前述的三大支流外，还有中下游的尤溪、古田溪、大樟溪。闽江洪灾较重，干流上建设安砂水库、水口电站后，灾害减轻。东海周边主要河流径流量见表 2-6。

表 2-6　东海周边主要河流径流量统计表（王颖，2012）

河流名称	流域面积		多年平均入海径流量			多年平均入海输沙量		
	面积 /km²	占本海域 /%	径流量 /10⁸m³	占本海域 /%	径流深 /mm	输沙量 /10⁴t	占本海域 /%	模数 / [t/ (km²·a)]
长江	1807199	88.4	9322.67	79.7	516	46144.00	73.1	255
钱塘江	41461	2.0	342.39	2.9	826	436.84	0.7	105
闽江	60992	3.0	615.87	5.3	1010	767.70	1.2	126
其他河流	134441	6.6	1418.39	12.1	—	15711.09	25	—
总计	2044093	100.0	11699.32	100.0	平均 572	63059.63	100.0	平均 308

2.3.5　水文特征

2.3.5.1　气候

东海横跨温带和副热带，冬季由于受到高压的影响，东海区域多为偏北风，平均风速可达 9～10m/s，其南部海域以东北风为主，其中台湾海峡的风向比较稳定，其风速较大。当寒潮经过后，经常会出现 6～8 级偏北风和明显的降温现象（孙湘平，2006）。夏季，东海大部分海区盛行偏南风，平均风速为 5～6m/s。受夏季风的影响，东海海域的气温为 20～26℃，南北差值不显著，但冬季的南北差值却很明显，最大差值能达到 14℃。东海气温的最大年变幅在北部可达到 20℃，而南部仅为 10℃左右。春秋季节是气候交替时期，具有过渡型气候特征，变化特征不甚明显（李家彪，2012）。

2.3.5.2　温度、盐度、密度

东海表层水温度呈 SE-NW 向分布格局，由东南部向西北部递减，体现了黑潮的影响。8 月，海区表层温度分布趋于一致。但是由于研究海域存在复杂的动力、热力过程，整个海域水温分布呈现出一年四季最复杂的分布结构。在东海广大海区，夏季的温度变化仅有 1～2℃，南北方向的温度梯度也很小（张松等，2009）。

2.3.5.3　潮汐及海流特征

东海的流系对于海洋沉积物的搬运和沉积起重要的作用，它控制着东海沉积的基本格局，决定东海陆架与陆坡的沉积模式，对塑造浅海海底地形特征意义重大。作为一个开阔的边缘海，东海的环流系统相当复杂，但总体上主要由黑潮及其分支组成的外来流系和沿岸流系等构成。依据地理位置，冲绳海槽及邻近东海陆架的水文结构可以分为三类：①水深大于 100m 的外陆架，主要为黑潮直接影响下的以高温高盐为特征的冲绳海槽水体和黑潮支流；② 50m 以浅的内陆架，河流注入和强烈的潮流活动占优势，为以低盐和高混浊度为特征的沿岸水体；③水深 50～100m 的中陆架，其是一过渡带，黑潮与沿岸水共同存在并强烈混合（图 2-3）（Lie and Cho，2002）。

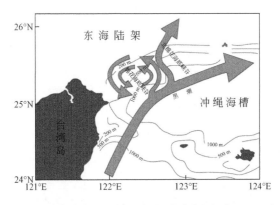

图 2-3　台湾东北海域黑潮流系图（窦衍光，2010）

黑潮及其支流是影响冲绳海槽的主要水体。黑潮是北太平洋的一支强而稳定的西边界流，具有流速强、流量大、流幅宽、流程远，高温、高盐、透明度大和水色深蓝等特点。黑潮起源于西赤道太平洋，经过我国台湾东部海峡进入东海；在台湾东北部因东海陆架阻挡流向发生偏转而分为两支，主流沿陆架坡折带向东北流动，而另一支则转向西北入侵陆架（Hsueh et al.，1992）。黑潮水的侵入主要发生在水深 200m 以上部位，冲上陆架的支流部分回转成西南向再转向东南，最终并入黑潮主流，形成流向与黑潮相反且以棉花海底

峡谷为中心的涡流（Tang et al.，1999）。因此，台湾东北部区域的环流主要由三部分组成：沿陆架坡折带向东北流动的黑潮主流、穿越陆架坡折带的黑潮的一个向北分支、位于该支流西部的一个逆时针气旋式环流（图 2-3）。此涡流的规模与流速虽皆随深度而剧减，但却终年存在于上层水体中。棉花海底峡谷与北棉花海底峡谷正好被笼罩在此涡流之内，区域内水体的地化循环与沉积物传输沉降受到影响（Tang et al.，1999）。

黑潮主流沿东海陆架外缘向东北方向流动，在 29°～30°N 形成分支，其主流穿越吐噶喇海峡返回太平洋，再沿日本沿岸东流，汇入北太平洋海流，其分支则继续北上，与来自东海北部的混合水和东海外陆架的混合水一道形成对马暖流；在 32°N 附近对马暖流又分为两支，主支北上流入日本海，另一支向西偏转插入南黄海，形成黄海暖流。黑潮对冲绳海槽以及邻近海区的海洋沉积物类型和分布特征以及古气候变化有着直接的影响。黑潮流系不仅控制着冲绳海槽的海洋学特征，并对东亚的气候产生着深刻的影响，冲绳海槽及其邻近大陆的古环境演变与黑潮的变动密切相关。

冲绳海槽西侧及东海外陆架受向岸渗透的黑潮水和向海伸展的沿岸水共同影响。通过台湾海峡的台湾暖流直接影响着台湾东北部区域的水文特征；而中国大陆河流向东和东南的淡水注入极大地影响外陆架的表层水文特征。外陆架环流由西南部的北东向流、东部的北向流构成。该北东向流部分产生于台湾海峡流和台湾东北部侵入的北向黑潮水。在陆架西南部，区域水文和环流具季节性且相当复杂，存在三个不同的局部流系：从南海经台湾海峡到台湾东北部的东向流、中国大陆沿岸的南向流和渗透进入外陆架的黑潮水。在夏季风期间，强劲的台湾海峡流携带着大量低盐的南海沿岸水，因此黑潮水的向岸渗透被限制在外陆架（Chen and Wang，1992），从长江注入的部分低盐水沿岸向南流向台湾海峡（Guan，1994）。在冬季风期间，海峡流流量显著减小，南向的中国大陆沿岸流终于进入海峡，黑潮水渗透进入陆架中部，甚至可以沿东海西部一小规模的古谷地扩展到长江三角洲沿岸（Chen et al.，1994）。

2.4　南　　海

2.4.1　概况

南海按地理方位来讲，指的是中国大陆以南，特别是海南岛以南的广海，属中国海南省管辖，其北边是我国广东、广西、福建和台湾，东南边至菲律宾群岛，西南边至越南、柬埔寨、泰国、马来西亚、新加坡，最南边的曾母暗沙靠近加里曼丹岛，距离大陆超过2000km。

"南海"（英文名称 South China Sea）在中国古代是一个地理海域概念，不同历史年代南海这个地理海域概念和范围是不同的。现已知南海海名最早出现在周宣王（827BC～782BC 在位）时的《江汉》诗中（赵焕庭，2009），而先秦时代的中国人已经认识到中国是天下的一部分，天下虽大，不如海洋大，那时已有了"南海"概念，即指中国南方海洋及附近洋面。随着航海活动增加，古代人对中国周围的海洋有了进一步认识。"南海"这一地理概念覆盖的地理范围更为广阔，除了指中国南方海洋外，也指东南亚和印度洋东部海域。汉代、南北朝时南海也被称为涨海、沸海，唐代以后逐渐改称南海，唐代韩愈所写《送区册序》中有云："有区生者，誓言相好，自南海挐舟而来"。到了唐代，中国古代航海家在"南海"这一地理概念外，又增加一个新的地理概念——"西南海"，泛指今日印巴大陆南部海域，还包括了今日阿拉伯海。清代以来，外国人将南海译为"South China Sea"，近代某些文人更是直接将此名称直译为汉文"南中国海"而忽视南海的固有中文名称。民国之后政府出版的地图和其他正式出版物皆只用"南海"名。今日之南海定义，与前人相较，地理位置大致相同，但范围更为明确、清晰。

由全国科学技术名词审定委员会（2007）审定公布的南海定义为"位于中国大陆南部与菲律宾群岛、加里曼丹岛、苏门答腊岛、马来半岛和中南半岛之间的太平洋边缘海"。北界为华南大陆，西界为中南半岛和马来半岛，东界和南界为一系列岛弧所围绕，构成南海外缘的自然边界，使其成为半封闭的边缘海。南海西部有北部湾和泰国湾两个大型海湾。汇入南海的主要河流有珠江、韩江以及中南半岛上的红河、湄公河和湄南河等。中国在南海中的重要岛屿有海南岛和东沙、西沙、中沙、南沙四大群岛以及黄岩岛等。

南海为东亚地区最大、最南端的边缘海，地处西太平洋的西南缘，位于 $2°30'S \sim 23°30'N$，$99°10' \sim 121°50'E$ 之间。在地理上，它位于中国大陆以南，北靠中国的广东、广西和海南三省区，西接中南半岛和马来半岛，南邻加里曼丹岛和苏门答腊岛，东邻菲律宾群岛。南海的东面经巴士海峡、巴林塘海峡等与太平洋相沟通；东南面经民都洛海峡、巴拉巴克海峡与苏禄海相接；南面经卡里马塔海峡及加斯帕海峡与爪哇海相邻；西南面经马六甲海峡与印度洋相通；海域非常广阔，形似偏菱形，大体上沿 NE-SW 方向（约 NE30°）长轴展布，轴长约 3140km；短轴为 NW 向，宽约 1250km，总面积达 $350 \times 10^4 km^2$，几乎为渤海、黄海、东海面积总和的 3 倍。南海平均水深大于 1000m，中部海盆可达 4200m（刘昭蜀等，2002）。南海位于 $23°30'N$ 以南的低纬度地区，北抵北回归线，南跨赤道进入南半球，南北跨纬度 26°，因此绝大部分海域处于热带气候区，是东亚大气运动动力、热量和水汽的重要发源地。

2.4.2　地形

南海海底地形整体上从周边向中央倾斜，由浅海到深海分布着大陆架及岛屿、陆坡、深海盆地和海沟等地貌类型。其中，大陆架主要分布于南海北部和南部，陆架和岛架约占南海总面积的 48.15%。陆架的外缘坡折线通常为 100 ~ 300m，这个范围内广泛发育着水下三角洲、阶地、浅滩等。南海陆坡及岛坡约占南海总面积的 36.11%。南海北部的陆坡呈 NE 向展布，东西部陆坡面积较小，南部陆坡面积最大。由于岛礁的存在，陆坡与深海之间还存在一些海槽，如西沙海槽、中沙海槽。南海海盆呈现 NE 向分布在中央地带，约占南海总面积的 15.74%。南海东部的马尼拉海沟是南海最深处，也是南海的东部外界。目前已知最深点在该海沟南端，深度达 5377m（刘昭蜀等，2002）。

2.4.3　典型地理单元

2.4.3.1　海湾、海峡

1）北部湾

北部湾位于中国南海的西北部，是一个半封闭的海湾，东临中国的雷州半岛和海南岛，北临中国广西壮族自治区，西临越南，东面通过琼州海峡和南海相连，被中越两国陆地与中国海南岛环抱。大陆架宽约 170n mile，水深由岸边向中央部分逐渐加深，最深处达 80m；面积接近 $17.6×10^4km^2$，比渤海面积略大。平均水深 52m，最深处超过 100m。有南流江、红河等注入，由于沿岸河流不多，带入海湾中的泥沙较少（王颖，2012）。

北部湾地处热带和亚热带，冬季受大陆冷空气的影响，多东北风，海面气温约 20℃；夏季，风从热带海洋上来，多西南风，海面气温高达 30℃，时常受到台风的袭击，一般每年约有 5 次台风经过。

2）琼州海峡

琼州海峡位于雷州半岛和海南岛之间，跨 19°52′～20°16′N，109°42′～110°41′E。西接北部湾，东邻南海北部，即北起雷州半岛西端的灯楼角至南端的博赊角，南到海南岛的临高角至木栏头，东西总长 103.5km，最宽为 39.6km，最窄处仅 19.4km；海域面积约为 $1.2×10^4km^2$，平均水深 23m，最大深度为 114m。琼州海峡是中国的三大海峡之一，是连接海南岛与大陆的交通咽喉（王颖，2012）。

琼州海峡终年气候温暖，雨量充沛，台风频繁。海峡年平均气温为 24℃左右，极端最高气温为 38～40℃，最低气温为 28℃。年均降水量在 1500mm 以上。5～10 月为雨季，多雷暴骤雨；11 月至翌年 4 月为旱季，终年无雪。夏季盛行西南风，冬季盛行东北风。每年 11 月至翌年 3 月，多北至东北风，平均风力 3～4 级，轻至中浪；强冷空气影响时，多阴雨天气，风力 5～6 级，大浪与巨浪。6～9 月，多东南风，平均风力 3 级，小至轻浪；热带风暴袭击时，阵风 8 级以上，最大 12 级，多出现巨浪与狂浪，浪高曾达 8m 以上。4 月、5 月、10 月风浪方向不定，多为轻浪小涌。1～4 月，早晚或夜间多雾，月平均雾日 5～7 天，最高月达 17 天，连续雾日一般为 2～3 天，最长 8 天。琼州海峡太阳辐射强，故海水温度高，年平均表层水温为 25～27℃，2 月为 20℃左右，8 月为 30℃左右，表层盐度在 30‰ 左右，海水透明度为 5m 左右。

琼州海峡的潮汐属不正规全日潮混合潮型，潮差小，通常为 1m 左右。受台风影响时，潮差增大，沿岸最大潮差可达 3～4m。海峡潮流属规则全日潮流，为往复流性质。中部潮流流速一般为 4～5kn，东西口为 3～4kn。其中海峡中层表层流速大于 6kn，底层流速大于 4kn。海峡东向流大于西向流，表层流大于底层流，海峡中部退潮流达 1kn 左右。海峡南岸的近岸水流有涨潮东流和涨潮西流、落潮东流和落潮西流四种水流形式。其中南渡江三角洲和澄迈角外海域流速较大，达 2kn 左右；海口湾和澄迈湾内流速较小，只有 0.5～1.0kn。

琼州海峡海流受季风影响很大。冬季盛行东北风，海流由东北往西南流，其中东部表层流由东往西流，西部表层流由东北往西南流。春季风向变动较大，偏东风相对占优势，这时的海流主要由东南往西北流。夏季主要受东南风和西南风控制，吹东南风时，海流由东往西北流；吹西南风时，海流由西往东流。秋季大部分时间受东北季风影响，海流由东往西流去。所以琼州海峡的海流除6月、7月外，其余时间均由东向西流动，东流流速大，西流流速小，但东流时间短，西流时间长。海峡海流湍急，最大流速可达2.55～3.06m/s，海峡南岸的沿岸表层海流，西向流为0.6m/s，东向流为0.82m/s。

琼州海峡海浪终年受季风控制，每年10月至翌年6月风浪由东往西运行，7～8月风浪由西往东运行，海峡南岸海浪作用较弱。据白沙门、马村、玉包角波浪资料统计，海浪以风浪为主，多为NNE—E向浪，出现频率为77%，其次为NNW—N向浪，出现频率为22%。在离岸5m和10m的水深处，其中0～2级波高分别占79%和69%，3级波高分别占17.4%和21.4%，4级波高分别占3.5%和7.4%。平均波高为0.5～0.6m，最大波高可达4～7m。

海峡受台风影响主要在5～10月，其中以8～10月台风最多，平均每年受台风影响次数为3～4次，台风是该区主要的自然灾害之一。琼州海峡受台风袭击时，强风掀起巨浪，加上猛烈的偏西北、东北强风驱起从北部湾和南海涌入琼州海峡的海水，容易在海峡南部沿海港湾汇集堆积从而造成比较大的台风暴潮。南岸增水一般为1.5～2.0m，最大增水为2.5m。

1980年第7号强台风经过琼州海峡，海岸增水达2.41m，连海口市区内也涌进了海水。1948年9月27日发生的风暴潮、1963年9月7日发生的6311号台风、1980年7月22日发生的8007号台风和1986年9月5日发生的8616号强台风所引起的风暴潮为历史上最严重的4次，使海口市沿岸最大增水为2.5m左右。

在地质上，琼州海峡位于雷琼断陷区南部，基底呈现凸凹相间的特征。海峡两岸的北西向断裂和北东向断裂延伸到海峡内，与近东向断裂交汇。琼州海峡所在地段并非雷琼断陷区的沉降中心，地形非常复杂。由于东西部受潮流的影响和峡底湛江组地层的出露，海底沉积物类型的平面分布变化迅速，除现代沉积物外，还有未固结的早期沉积和风化的基岩碎块出露。基底之上，覆盖着含有孔虫化石和海绿石的海相新近系（岩性为灰绿色粉砂质黏土），新近系厚度为1500～1600m。新近系上覆以杂色砂砾、砂、黏土互层为特征的下更新统。顶部为风化黏土层，下更新统上覆1～4层的火山岩。

海峡地形有规模稍大的凸起和洼地断续分布，但海底地形大体上仍有自南北两岸向海峡中部变深的规律。河流携带泥沙入海和海峡潮流携带泥沙的综合作用使得琼州海峡泥沙运动复杂化，从而引起海底微地貌季节性的变化。尤其是南岸特征较为明显。冬季，东北风浪将浅滩泥沙搬向海岸，淤高岸堤和沙嘴，使一些河口和潮汐涌道口淤浅甚至堵塞。夏季，台风浪侵蚀沙堤、沙嘴，部分泥沙被强浪冲越沙堤和沙嘴顶部而于潟湖淤积。

2.4.3.2　岛屿

南海海域中有超过200个无人居住的岛屿和岩礁。主要的群岛有属于中国领土的东沙群岛、西沙群岛、中沙群岛、南沙群岛等。

东沙群岛地处广东省陆丰市、海南岛、台湾岛及菲律宾吕宋岛的中间位置，在

20°33′ ～ 21°10′N、115°54′ ～ 116°57′E 之间的海域中，直径大约有 30km，有东沙环礁、南卫滩环礁及北卫滩环礁 3 个珊瑚环礁。

西沙群岛位于南海的西北部，海南岛东南方；北起北礁，南至先驱滩，东起西渡滩，西止中建岛，在 15°46′ ～ 17°08′N，111°11′ ～ 112°54′E 之间。西沙群岛海域面积超过 50×10⁴km²，共有 40 座岛礁，其中露出海面的 29 座，总面积约 10km²，可分为两大群组，即位于东北面的宣德群岛和位于西南面的永乐群岛。

中沙群岛位于南海中部海域，西沙群岛东面偏南，距永兴岛 200km，是南海诸岛中位置居中的一群。该群岛北起神狐暗沙，东至黄岩岛，在 15°24′ ～ 16°15′N，113°40′ ～ 114°57′E 之间，海域面积超过 60×10⁴km²，岛礁散布范围之广仅次于南沙群岛。由黄岩岛和中沙大环礁上 26 座已命名的暗沙及一统暗沙、宪法暗沙、神狐暗沙、中南暗沙 4 座分散的暗沙组成。

南沙群岛位于南海南部海域，北起雄南礁，南至曾母暗沙，西为万安滩，东为海马滩，是南海最南的一组群岛，岛屿、滩、礁最多，散布范围最广的一群，在 3°35′ ～ 11°55′N，109°30′ ～ 117°50′E；南北长逾 900km，东西宽近 900km，海域面积为 82×10⁴km²。南华水道由 112°35′ ～ 116°30′E 横穿群岛。

据 1983 年中国地名委员会公布的《我国南海诸岛部分标准地名》，南海诸岛共定名群岛 16 座，岛屿 35 座，沙洲 13 座，暗礁 113 座，暗滩 31 座，石（岩）6 座，水道（门）13 座，总计共 287 座（王颖，2012）。

2.4.4 汇入河流

汇入南海的主要河流有珠江、韩江、南渡江、南流江以及中南半岛的红河、湄公河和湄南河等。湄公河的长度、流域面积、径流量均居南海之首，珠江及红河在南海分别位列第二、第三。珠江属于水多沙少的河流，其径流量是黄河的 5 ～ 7 倍，但是输沙量却不到黄河的 1/20。红河水量虽比珠江小，但含沙量和输沙量均超过珠江。海南岛多独流入海，河流坡降大，具山溪性暴流特点，径流量和输沙量受季节性影响大。

珠江是我国南方的一条大河，横贯华南大地，是我国七大江河之一。珠江流域位于 97°39′ ～ 117°18′E，3°41′ ～ 29°15′N 之间，跨越云南、贵州、广西、广东、湖南、江西、福建、海南等 8 省区，流域面积为 45.36×10⁴km²，在我国境内面积 44.21×10⁴km²，另有约 1.1×10⁴km² 在越南境内。地势北高南低，西高东低，总趋势由西北向东南倾斜。珠江流域地处亚热带，北回归线横贯珠江流域的中部，属于湿热多雨的热带、亚热带气候，气候温和多雨。春季阴雨连绵，雨日特多；夏季高温湿热，暴雨集中；秋季台风入侵频繁；冬季很少严寒，雨量稀少。大部分地区年平均温度在 14 ～ 22℃，多年平均湿度在 71% ～ 80%（童娟，2007）。

澜沧江 - 湄公河是国际河流，流经中国、缅甸、老挝、泰国、柬埔寨、越南 6 个国家。发源于青海省杂多县境内唐古拉山北麓查加日玛的西侧，南流至西藏自治区昌都县附近与昂曲汇合后称澜沧江，向东南流入云南西部至西双版纳傣族自治州南部流出国境，改称湄公河（the Mekong River），经缅甸、老挝、泰国、柬埔寨，在越南南部胡志明市

（西贡）南面注入南海。流域面积 $8.10 \times 10^5 km^2$，干流长 4880km，在中国境内流域面积 $1.8 \times 10^5 km^2$，河长 2179km，占全流域面积的 22% 和全流域水量的 16%（唐海行，1999）。澜沧江-湄公河流域形态和水系展布在经线和纬线构造体系控制下，呈现复杂多变的特征（何大明，1995）。澜沧江地势北高南低，自北向南呈条带状。上游（源头至昌都）主要地貌类型有高寒山原、峡谷、山岳冰川、山间谷地，平均海拔为 4500m。中游（都昌至功果桥）属典型的高山-峡谷地貌区，河谷深切于横断山脉之间。下游（功果桥至南阿河口）地势趋于平缓。湄公河流域地貌可分为北部高原、安南山脉（长山山脉）、南部高地、呵叻高原和湄公河平原五部分。北部高原主要包括缅甸高原东部、泰国北部与老挝交界附近山地。安南山脉地形复杂，山地北部狭窄，越往南越宽，东坡陡峻，西坡较缓。南部高地主要是指豆蔻山脉和象山山脉，最高峰达 1717m。呵叻高原位于泰国东北部，海拔为 150～300m，地势由西向东倾斜较平坦。湄公河三角洲平均海拔不到 2m，多河流、沼泽。

澜沧江-湄公河流域气候分带明显，跨越高寒与热带，气候主要受季风影响，西南季风从 5 月起，一直持续到 9 月中旬，所以 5～9 月为雨季，10 月到翌年 4 月为旱季。河流左岸迎风坡为多水带，右岸背风坡为少水带，因而左岸水系较右岸的发育，产水量远高于右岸。据统计，左岸水系的水量约占全流域水量的 70%。如流域面积大于 $5000km^2$ 的支流，全流域左岸有 15 条，右岸仅 7 条；流域面积大于 $10000km^2$ 的支流，全流域左岸有 7 条，右岸仅 7 条（陈茜和孔晓莎，2000）。南海周边河流（国内）径流量见表 2-7。

表 2-7　南海周边河流（国内）径流量统计表（王颖，2012）

河流名称	流域面积		多年平均入海径流量			多年平均入海输沙量		
	面积 /km²	占本海域 /%	径流量 /10⁸m³	占本海域 /%	径流深 /mm	输沙量 /10⁴t	占本海域 /%	模数 / [t/(km²·a)]
韩江	30112	5.1	258.78	5.4	859	718.72	7.5	239
珠江	442100	77.3	3550.32	73.6	784	8053.25	84.2	178
其他河流	102909	17.6	1012.71	21.0	—	819.96	8.3	—
总计	575121	100.0	4821.81	100.0	平均 824	9591.93	100.0	平均 164

2.4.5　水文特征

2.4.5.1　气候

南海属热带季风气候。受低纬热带天气系统的副热带高压、热带辐合带、热带低压和热带气旋等的控制以及中、高纬度天气系统的影响，气候总特点是常夏无冬，季风盛行；6°～7°N 以北，干湿季分明，台风活动频繁，为热带季风气候；该线以南，全年多雨，无台风活动，为赤道热带气候。南海东北部粤东大陆沿岸属亚热带气候。

南海多年平均气温自北向南递增，中南部最高，南部赤道带次高。北部 21.2～23.3℃，南澳岛 21.5℃，中部 25～28.3℃，东沙岛 25.3℃，永兴岛 26.5℃，太平岛 27.9℃，南海南部因雨水多使气温略微降低(陈史坚和钟晋梁,1989)。南海各地的最热月气温相差不大,但最冷月气温相差较明显。最冷月 1 月平均气温,南澳岛 13.9℃,东沙岛 20.6℃,永兴岛 22.9℃,太平岛 26.8℃。按照气温划分四季的标准,则 20°N 以南是常夏之海,以北则是常夏无冬、秋去春来的暖热气候(刘昭蜀等,2002)。

南海雨量丰沛,大部分海区的年降水量为 1500 ~ 2000mm,并随纬度降低而增多。少雨区在海南岛西边沿海(年降水量为 1000 ~ 2000mm),多雨区在南部,年降水量 > 2500mm(陈史坚等,1985)。大部分海区的干湿季分明,南部赤道带则全年都是雨季。降雨主要是台风和西南季风所致,赤道地带以对流雨为主。平均年雨日,南海北部为 100 ~ 160 天(广东省海岸带和海涂资源综合调查大队等,1987),南部则较多,某些地区可达 250 天(林锡贵和张庆荣,1990)。

2.4.5.2　温度、盐度、密度

南海北部的夏季表层水温为 26 ~ 29℃,南部的夏季表层水温为 26 ~ 31℃,主要特点是南北向的温度梯度小。冬季南海北部的表层水温低,最低表层水温降低至 16℃,向南逐渐增高,南部平均最高表层水温大于 27℃,南北向的温度梯度比夏季大。近岸盐度(绝对盐度,即海水中溶解物质质量与海水质量的比值)较低,为 28‰ ~ 33‰,外海区盐度较高,为 34.03‰ ~ 34.46‰。表层密度变化与温度和盐度相关,夏季表层密度小于冬季(陈史坚等,1985;冯文科和杨达源,1988)。

2.4.5.3　潮汐及海流特征

南海海流体系复杂(图 2-4),按海水的深度划分,水体可分为表层水(0 ~ 600m)、中层水(600 ~ 1200m)和深层水(> 1200m),呈现出 "三明治" 结构(Chao et al.,

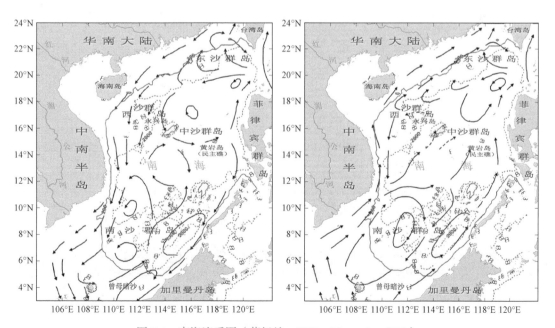

图 2-4　南海流系图(苏纪兰,2005;Liu et al.,2011)

1996）。南海表层水流的流速、流向主要受季风风场控制，表现为冬季受到东北向季风的驱动，夏季受西南方向的夏季风驱动（冯文科和杨达源，1988；Fang et al.，1998）。冬季风期间（每年 10 ～ 12 月），海水在东北向季风的吹送下，北部海域的表层海水向西和西南方向流动，到海南岛西南海域折向南流；吕宋岛西部表层海流自南向北流动，因而形成了南海表层的逆时针大环流；表层流沿中南半岛继续往南，直到巽他陆架（Fang et al.，1998）。在大部分海域，夏季表层流的趋势与冬季表层流相反；但是由于黑潮南海分支、南海暖流的影响，局部水域的流体表现出冬夏基本一致的水流趋势，如北部湾 - 莺歌海区域、南海北部陆坡区及吕宋岛周边沿岸流等。

在南海北部，除表层水流外，深层（底层）水流和中层水流也很活跃。南海北部的南海中层水流，主要是指南海北部的暖流，中层水主要起源于西沙海槽，往西北方向逆流而上，到达台西南盆地，且不受季风影响、不随季节变化（Fang et al.，1998；Wang et al.，2013）。南海的底流水，主要是由西太平洋深层水通过吕宋海峡侵入。在 2500 ～ 2600m 水深的巴士海峡，底流水的平均速度可达 0.15m/s（Xie et al.，2009）；在吕宋海峡以西 100km 的位置，水深 1800 ～ 1900m 的流速为 0.05m/s（Chen et al.，2016）。底流一路向西和西南方向运移，在科里奥利力的作用下，侵蚀南海北部陆坡，改造南海海底形态，并搬运悬浮物质（邵磊等，2007；王海荣，2007；Chen et al.，2016）。

2.5 台湾以东海区

2.5.1 概况

台湾以东海区是指琉球群岛以南、巴士海峡以东的太平洋水域，大致位于 21°20′ ～ 24°30′N，120°50′ ～ 125°25′E 之间，它北至琉球群岛南部的先岛群岛，南部则与巴士海峡及菲律宾的巴坦群岛相隔，面积约 $10.5 \times 10^4 km^2$。

2.5.2 地形

台湾以东海区绝大部分水深大于 4000m，最大水深为 7881m，位于琉球海沟。海底地势自台湾东岸向太平洋海盆呈急剧倾斜的趋势，40km 范围内地形降至 4000m 以下，海底地形直接由岛坡向深海平原过渡，无海沟存在。该海域地质构造位于菲律宾海板块、欧亚板块和太平洋板块相互作用的交汇处，构造复杂，由琉球沟弧带、台湾东部碰撞带和西菲律宾海盆三大构造单元组成。该区东岸发育基岩港湾海岸、断层海岸及珊瑚礁海岸，是我国海岸地貌类型最为丰富、奇特的地区。海底地貌特征总体表现为狭窄的岛坡陆架，或出露剥蚀的基岩，或堆积由陆上剥蚀而来的砂砾或中细砂，陆架外侧为陡窄的大陆坡，直插入洋底。

2.5.3　典型地理单元

2.5.3.1　海盆、海沟

1）菲律宾海

菲律宾海位于西太平洋边缘，介于东海、南海和西太平洋之间，在第一岛链与第二岛链之间，被岛弧和海沟包围，是西太平洋最大的边缘海盆。北面处在 $130°\sim142°E$；南部处在 $124°\sim147°E$；南北长跨越 35 个纬度（$0°\sim35°N$）。南北长约 3450km，东西宽约 2000km，面积约 $580\times10^4km^2$。它是世界上最大最深的海，被两列岛弧包围：西部为日本群岛 – 琉球群岛 – 台湾岛 – 菲律宾群岛岛弧，称为第一岛弧；东面、南面为伊豆诸岛 – 小笠原群岛 – 火山列岛 – 马里亚纳群岛 – 加罗林群岛（雅浦群岛 – 帕劳群岛），称为第二岛弧。国际水道测量组织（IHO）为了航海上的需要，将该海区划为一个海区，并以海域主体（菲律宾海盆）命名为菲律宾海。

菲律宾海在北太平洋西部，菲律宾群岛的东面和北面，西南面有菲律宾群岛的吕宋岛、萨马岛和民答那峨岛，东南面有加罗林群岛的帛琉岛、雅浦岛和乌利西环礁，东面有马里亚纳群岛的关岛、塞班岛和蒂尼安岛，东北面有小笠原群岛和火山列岛，北面有日本的本州岛、四国岛和九州岛；西北面有琉球群岛，最西面有我国台湾岛。

2）琉球海沟

琉球海沟是菲律宾海板块向欧亚板块俯冲消亡的地带，既是一条汇聚型板块边界，也是一条强烈的构造活动带，将东亚活动陆缘构造域与西太平洋构造域分隔开来。琉球海沟在海底地形上表现为一条 NE—EW 向延伸的负地形单元，总长约 1350km，水深普遍大于 5000m，最大深度为 7881m。

琉球海沟底部宽缓且地形较为平坦，向两侧沟坡坡度变陡。其中，岛弧侧的沟坡坡度远大于大洋侧的沟坡坡度。在海沟底部和大洋侧边缘地带有一些海山或海丘散布，推测为洋底海山伴随大洋板块向下俯冲时在海沟处的残留。琉球海沟向西南延伸至台湾岛以东 123°E 附近海域时，由于受到加瓜海脊向北的持续挤压和变形，琉球海沟的形态发生改变，形成一个倒"V"字形凹陷，在其西侧海沟向北发生迁移且变得狭窄，地形被整体抬升，水深为 $5000\sim6000m$，并被一系列走滑断裂或海脊分割错断，海沟的形态变得不明显，逐渐演变为海底峡谷的特征（王颖，2012）。

3）琉球沟 – 弧 – 盆体系

琉球沟 – 弧 – 盆体系主要由琉球海沟、琉球岛弧和冲绳海槽构成（Sibuet et al., 1995）。菲律宾海板块北西向俯冲在欧亚板块之下，在俯冲带形成琉球深海沟，在仰冲板块的前锋形成琉球岛弧，在琉球岛弧与东海陆架之间形成冲绳海槽，从而构成典型的西太平洋板块俯冲带沟 – 弧 – 盆体系的一部分。琉球海沟内侧为琉球岛弧，由内弧和外弧组成；弧后扩（拉）张形成冲绳海槽，它北起日本的大隅诸岛，西南终止于台湾岛东北部的宜兰平原，整体呈北东向延伸，全长 1200km，宽度为 $100\sim150km$。

吕宋岛弧系为一条位于菲律宾海板块、欧亚板块和南海板块之间的活动构造带，宽100～400km（Stephan et al., 1986）。吕宋岛弧经马尼拉海沟、北吕宋海槽和北吕宋海脊过渡到台湾岛，其中马尼拉海沟长约495km，总体呈反"S"形，北段最深处为4389m，南段最深处达5377m；北吕宋海槽与马尼拉海沟平行，长约210km，水深为1500～3000m，向南与西吕宋海槽相连，向北延伸到台湾岛的台东纵谷；北吕宋海脊呈阶梯状地形，且火山活动较为发育，是北吕宋海槽俯冲带的火山岛弧。吕宋岛弧、北吕宋海槽和马尼拉海沟共同组成了南海板块火山弧－弧前盆地－海沟三位一体的板块俯冲前缘构造体系。

台湾岛是由吕宋岛弧与欧亚大陆碰撞形成的活动造山带（Bowin et al., 1978；Suppe，1984；Angilier et al., 1986；Big，1986；Teng，1990；Lu and Hsu，1992；）。吕宋岛弧的北西向运动与欧亚大陆边缘发生碰撞，碰撞造山作用起始于晚中新世或晚上新世。中央山脉南北贯穿台湾岛的中部，最高峰海拔近4000m，向西为西部山麓和海岸平原，以东是台湾纵谷和海岸山脉。台湾纵谷是吕宋岛弧与欧亚大陆的碰撞缝合带。

2.5.3.2 岛屿

台湾以东海区的岛屿主要是台湾岛、绿岛、兰屿和龟山岛等。

台湾岛是我国第一大岛，位于东海南部，西依台湾海峡，距中国福建海岸139～407km；东濒太平洋；东北与日本的琉球群岛为邻，距冲绳岛约620km；南隔巴士海峡与菲律宾相望，距吕宋岛约361km。岛形狭长，从最北端富贵角到最南端鹅銮鼻，长约394km；最宽处在北回归线附近，约144km。台湾岛处于东海大陆架南部边缘，属于大陆岛，岛上多山，山地和丘陵占全岛面积的2/3，分布于东部和中部，平原多在西部。

绿岛位于台东东面的海面上，西距台东33km，南距兰屿42km，面积16.2km^2，仅次于澎湖、兰屿和渔翁岛，为台湾第四大岛。此岛俗称火烧岛，由火山集块岩构成。四周全被裙状珊瑚礁围绕，再加上临海高峭的陡崖，经海水侵蚀，岩石嵯峨雄伟，景色自然天成，构成特殊的景观资源。

兰屿西北距台东91km，距绿岛83km，西南距鹅銮鼻76km。四周海岸受波浪侵蚀，造成许多特殊的海蚀地形景观。兰屿全岛由安山岩和相应的火山集块岩或凝灰质集块岩构成。安山岩出露在岛中央部分，四周为火山碎屑岩所覆盖。

龟山岛在宜兰东约12km的西太平洋上，为火山岛，最高点在中央偏南，海拔401m。由辉石安山岩和火山集块岩构成，有硫铁矿和石膏矿。

2.5.4 汇入河流

台湾以东海区的入海河流主要来自台湾岛。台湾岛全岛河流共151条，以中央山脉为分水岭，分别向东、西流入海洋，大都流程短、落差大、多险滩瀑布，富水力资源，不宜通航。

浊水溪位于台湾中部，是台湾最长的河流，发源于合欢山南麓，向南接纳万大溪，沿山脉走向南下，接纳南来的郡大溪后，浊水溪向西流，穿行于中低山和丘陵地带，与来自南部玉山的陈有兰溪汇合后，流出山地，向西流经平原地区，主流经西螺入台湾海峡，西流入海，河长186.4km，流域面积3100km^2。流经南投、彰化、云林3县，流域面积约3115km^2。除浊水溪外，河长大于100km的还有高屏溪、淡水河、曾文溪、大甲溪、大肚溪，皆西流入海。台湾以东海区周边河流径流量见表 2-8。

表 2-8　台湾以东海区周边河流径流量统计表（王颖，2012）

河流名称	流域面积 /km²	多年平均入海径流量		多年平均入海输沙量	
		径流量 /10⁸m³	径流深 /mm	输沙量 /10⁴t	模数 /[(t/(km²·a)]
所有河流总计	11760	268.37	2282	6375.00	5421

2.5.5　水文特征

2.5.5.1　气候

台湾以东海区处于热带-亚热带季风气候区，以夏长冬短、多热带风暴为特色。1 月平均气温 13～20℃，7 月平均气温 24～29℃。年平均降水量 2000mm 左右，最高可达 5000mm 以上。台湾以东海区的风向呈明显的季节变化，冬季以东北风占优势，其次为北风；平均风速为 9～11m/s，最大风速可达 26～29m/s。春季为过渡季节，风向较乱，风力减弱，平均为 7m/s 左右。夏季以南至西南风为主，风速最小，其平均风速为 5～6m/s。秋季以东北风和北风为主；秋季出现大风的频率很高，风力也最强，多为热带气旋造成，平均可达 11～12m/s。

2.5.5.2　温度、盐度、密度

台湾以东海区的广大水域为黑潮及其分支以及台湾暖流所控制，具显著的高温高盐属性，受此影响，表层海水密度偏小。

2.5.5.3　潮汐及海流特征

台湾以东海区的潮振动是太平洋潮波直接进入此海域形成的，半日分潮在该海域占优势。由于台湾岛海岸线的作用，M₂ 分潮在台湾东北侧近海形成一退化无潮系统。台湾岛东海岸的潮汐性质为不规则半日潮，与台湾岛其他位置的潮汐大致相同。大潮潮高约 1.6m，明显小于东海沿岸区。

台湾以东海区是黑潮流经的重要地区之一，黑潮从属于太平洋环流系统，是北赤道流的延续体。黑潮流在台湾东南部海域 22°N 附近分为两支，其主干沿着台湾岛由南向北偏东的方向流动，通过中国台湾岛和日本与那国岛之间进入东海；其分支潮流由 SW 向 NE 方向流动，在琉球群岛以东继续向 NE 方向流动。黑潮具有流速强、流幅窄和影响深度大的特征，流轴上的流速为 150cm/s 左右，最大流速可达 170～195cm/s，流幅相对较窄，平均不到 100n mile，强流区只刚刚超过 20n mile，其影响深度可达 800～1000m。黑潮流速随深度的增加逐步递减，最大流速出现在 50～100m 深度，在 600～800m 深度时流速降低为 10cm/s。

参 考 文 献

陈红霞，华锋，袁业立 . 2006. 中国近海及临近海域海浪的季节特征及其时间变化 . 海洋科学进展，24(4): 407-415.

陈茜，孔晓莎 . 2000. 澜沧江-湄公河流域基本资料汇编 . 昆明：云南科技出版社 .

陈史坚，陈特固，徐锡桢 . 1985. 浩瀚的南海 . 北京：科学出版社 .

陈史坚，钟晋梁 . 1989. 南海诸岛志略 . 海口：海南人民出版社 .

陈义兰，吴永亭，刘晓瑜，等 . 2013. 渤海海底地形特征 . 海洋科学进展，31(1): 75-83.

陈园田，谢志平 . 1996. 台湾海峡的活动断裂与地震活动 . 华南地震，16(1): 57-62.

陈则实，等 . 1991. 中国海湾志——第 3 分册 . 北京：海洋出版社 .

陈则实，等 . 1992. 中国海湾志——第 4 分册 . 北京：海洋出版社 .

陈则实，等 . 1993. 中国海湾志——第 5 分册 . 北京：海洋出版社 .

陈则实，等 . 1998. 中国海湾志——第 14 分册 . 北京：海洋出版社 .

程天文，赵楚年 . 1985. 我国主要入海河流径流量、输沙量及对沿海影响 . 海洋学报，7(4): 460-471.

丁培民 . 1986. 冲绳海槽地貌及沉积物研究 . 海洋地质专刊：50-65.

丁文兰 . 1985. 渤海和黄海潮汐和潮流分布的基本特征 . 海洋科学集刊 . 北京：科学出版社 .

窦衍光 . 2010. 28ka 以来冲绳海槽中部和南部陆源沉积物从源到汇过程及环境响应 . 上海：同济大学博士
学位论文 .

冯士筰，李凤岐，李少菁 . 1999. 海洋科学导论 . 北京：高等教育出版社 .

冯文科，杨达源 . 1988. 南海北部大陆坡—深海平原晚更新世以来的沉积特征与环境变化 . 中国科学 (D 辑：
地球科学)，18: 1215-1225.

傅命佐，刘乐军，郑彦鹏，等 . 2004. 琉球"沟 - 弧 - 盆系"构造地貌：地质地球物理探测与制图 . 科学通报，
49(14): 1447-1460.

广东省海岸带和海涂资源综合调查大队，等 . 1987. 广东省海岸带和海涂资源综合调查报告 . 北京：海洋出
版社 .

国家海洋局 . 2012. 中国钓鱼岛地名册 . 北京：海洋出版社 .

何大明 . 1995. 澜沧江 - 湄公河水文特征分析 . 云南地理环境研究，7(1): 58-74.

何起祥 . 2006. 中国海洋沉积地质学 . 北京：海洋出版社 .

何昭星 . 1985. 台湾海峡的地震活动 . 台湾海峡，4(1): 61-67.

金亨植，李炎保，白玉川 . 2005. 黄海西朝鲜湾波浪潮流共同作用下二维潮流泥沙数值模拟与砂矿成矿分
析 . 海洋技术，24(2): 75-79.

金翔龙 . 1992. 东海海洋地质 . 北京：海洋出版社 .

金翔龙，喻普之 . 1987. 冲绳海槽的构造特征与演化 . 中国科学 (B 辑)，(2): 196-203.

李家彪 . 2008. 东海区域地质 . 北京：海洋出版社 .

李家彪 . 2012. 中国区域海洋学——海洋地质学 . 北京：海洋出版社 .

李家彪，雷波 . 2015. 中国近海自然环境与资源基本状况 . 北京：海洋出版社 .

梁瑞才，吴金龙，王述功，等 . 2001. 冲绳海槽中段的线性磁条带异常及构造发育 . 海洋学报，23(2)：69 -79.

林长松，王松才，王英 . 1999. 冲绳海槽及周边海域的磁性基底和地质构造 . 海洋学报，21(6)：55-63.

林锡贵，张庆荣 . 1990. 南沙及其邻近海区的天气气候特征 . 热带海洋，9: 9-16.

刘爱菊，尹逊福，卢铭 . 1983. 黄海潮汐特征 . 黄渤海海洋，1(2): 1-7.

刘敏厚，吴世迎，王永吉 . 1987. 黄海晚第四纪地质 . 北京：海洋出版社 .

刘昭蜀，赵焕庭，范时清，等 . 2002. 南海地质 . 北京：科学出版社 .

刘忠臣，刘保华，黄振宗，等 . 2005. 中国近海及邻近海域地形地貌 . 北京：海洋出版社 .

梅西，张训华，李日辉 . 2013. 南黄海北部晚第四纪底栖有孔虫群落分布特征及对古冷水团的指示 . 地质论

评 , 59(6): 1024-1034.

秦蕴珊 , 赵一阳 , 陈丽蓉 , 等 . 1989. 黄海地质 . 北京 : 海洋出版社 .

全国海岸带和海涂资源综合调查成果编委会 . 1991. 全国海岸带和海涂资源综合调查报告 . 北京 : 海洋出版社 .

全国科学技术名词审定委员会 . 2007. 海洋科技名词 2007(第 2 版). 北京 : 科学出版社 .

邵磊 , 李学杰 , 耿建华 , 等 . 2007. 南海北部深水底流沉积作用 . 中国科学 (D 辑 : 地球科学), 37(6): 771-777.

宋伟建 . 2005. 东海大陆架地貌研究 . 海洋石油 , 25(1): 89-98.

苏纪兰 . 2001. 中国近海的环流动力机制研究 . 海洋学报 , 23(3): 1-16.

苏纪兰 . 2005. 中国近海水文 . 北京 : 海洋出版社 .

孙湘平 . 2006. 中国近海区域海洋 . 北京 : 海洋出版社 .

唐海行 . 1999. 澜沧江 - 湄公河流域的水资源及其开发利用现状分析 . 云南地理环境研究 , 11(1): 16-25.

童娟 . 2007. 珠江流域概况及水文特性分析 . 水利科技与经济 , 13(1): 31-33.

王海荣 . 2007. 南海北部大陆边缘深水沉积过程—响应及其主控因素 . 北京 : 中国石油大学 (北京).

王颖 . 2012. 中国区域海洋学——海洋地貌学 . 北京 : 海洋出版社 .

许东禹 , 陈邦彦 , 张训华 , 等 . 1997. 中国近海地质 . 北京 : 地质出版社 .

杨文鹤 . 2000. 中国海岛 . 北京 : 海洋出版社 .

于非 , 张志欣 , 刁新源 , 等 . 2006. 黄海冷水团演变过程及其与邻近水团关系的分析 . 海洋学报 , 28(5): 26-34.

曾呈奎 , 徐鸿儒 , 王春林 . 2003. 中国海洋志 . 郑州 : 大象出版社 .

张松 , 于非 , 刁新源 , 等 . 2009. 渤、黄、东海海表面温度年际变化特征分析 . 海洋科学 , 33(8): 76-81.

张训华 . 2008. 中国海域构造地质学 . 北京 : 海洋出版社 .

赵焕庭 . 2009. 南海名浅考 . 热带海洋学报 , 28(3): 5-15.

郑洪波 . 2003. IODP 中的海陆对比和海陆相互作用 . 地球科学进展 , 18(5): 722-729.

郑洪波 , 汪品先 , 刘志飞 , 等 . 2008. 东亚东倾地形格局的形成与季风系统演化历史寻踪——综合大洋钻探计划 683 号航次建议书简介 . 地球科学进展 , 23(11): 1150-1160.

Angilier J, Bergerat F, Chu H T, et al. 1986. Tectonic analysis and evolution fold-thrust belt, the Foothill s of Taiwan . Tectonophysics, 125(2) : 161- 178.

Beardsley R C, Limeburner R, Yu H, et al. 1985. Discharge of the Changjiang (Yangtze River) into the East China Sea. Continental Shelf Research, 4(1-2): 57-76.

Big C. 1986. Dual-trench structre in the Taiwan-Luzon . Geological Society of China, 15(1) : 65-75.

Bowin C O, Ru R S, Lee C S, et al. 1978. Plate convergence an daccretion in Taiwan-Luzon region. American Association of Petroleum Geologists Bulletin, 62(10) : 1645-1672.

Chao S Y, Shaw P T, Wu S Y. 1996. Deep water ventilation in the South China Sea. Deep Sea Research Part Ⅰ . Oceanographic Research Papers, 43: 445-466.

Chen C S, Wang J. 1992. The influence of Taiwan Strait waters on the circulation of the southern East China Sea. La Mer, 30: 223-228.

Chen C S, Beardsley R C, Limeburner R, et al. 1994. Comparison of winter and summer hydrographic observations in the Yellow and East China Seas and adjacent Kuroshio during 1986. Continental Shelf

Research, 14: 909-929.

Chen H, Xie X N, Zhang W Y, et al. 2016. Deep-water sedimentary systems and their relationship with bottom currents at the intersection of Xisha Trough and Northwest Sub-Basin, South China Sea. Marine Geology, 378: 101-113.

Fang G H, Fang W D, Fang Y, et al. 1998. A survey of studies on the South China Sea upper ocean circulation. Acta Oceanographica Taiwan, 37: 1-16.

Guan B X. 1994. Patterns and structures of the currents in Bohai, Huanghai and East China Seas. In: Zhou D, Liang Y B, Wang J, et al (Eds.). Oceanol. China Seas, Vol. 1. Dordrecht: Kluwer Academic Publishers, 17-26.

Hsueh Y, Wang J, Chern C. 1992. The intrusion of the Kuroshio across the continental shelf northeast of Taiwan. Journal of Geophysical Research, 97(C9): 14323-14330.

Hu D X, Li Y X. 1993. Study of ocean circulation. In: Tseng C K, Zhou H O, Li B C (Eds.). Marine Science Study and Its Prospect in China. Qingdao: Qingdao Publishing House, 513-516.

Lie H J, Cho C H. 2002. Recent advances in understanding the circulation and hydrography of the East China Sea. Fisheries Oceanography, 11(6): 318-328.

Liu B H, Wu J L, Xin B S, et al. 1999. Study on the topographic compensation model of the Okinawa Trough: I . Calculation of theoretical isostatic response function . Acta Oceanologia Sinica, 18(2) : 268-272.

Liu J G, Chen M H, Xiang R, et al. 2011. Abrupt change of sediment records in the southern South China Sea during the last glacial period and its environment significance. Quaternary International, 237(1-2): 109-122.

Lu C Y, Hsu K J . 1992. Tectonic evolution of the Taiwan mountain belt. Petroleum Geology of Taiwan, 27 (1) : 21-46.

MARGINS Office. 2003. NSF MARGINS Program Science Plans. NewYork: Columbia University.

Naimie C E, Blani C A, Lynch D R. 2001. Seasonal mean circulation in the Yellow Sea—a model-generated climatology. Continental Shelf Research, 21(6-7): 667-695.

Sibuet J C, Hsu S K, Shyu C T, et al. 1995. Structure and Kinemics Evolution of the Okinawa Trough Backarcbasin. New York: Plenum Press.

Stephan J F, Blanchet R, Rangin C, et al. 1986. Geodynamic evolution of the Taiwan-Luzon-Mindoro belt since the late Eocene . Tectonophysics, 125(3) : 245 -268.

Suppe J . 1984. Kinematics of arc-continent collision, flipping of subduction, and back-arc spreading near Taiwan. Geological Society of China, 6(1) : 21-34.

Tang T Y, Hsueh Y, Yang Y J, et al. 1999. Continental slope flow northeast of Taiwan. Journal Physical Oceanogr, 29: 1353-1362.

Teng L S. 1990. Later Cenozoic arc-continent collision in Taiwan . Tectonophysics, 183(1) : 57 -76.

Wang D X, Wang Q, Zhou W D, et al. 2013. An analysis of the current deflection around Dongsha Islands in the northern South China Sea. Journal of Geophysical Research: Oceans, 118(1): 490-501.

Xie L L, Tian J W, Hu D X, et al. 2009. A quasi-synoptic interpretation of water mass distribution and circulation in the western North Pacific II : Circulation. Chinese Journal of Oceanology and Limnology, 27: 955.

Xin B S, Liu B H, Xia Z F. 1999. Study on the topographic compensation model of the Okinawa Trough: II . Geological interpretat ion of isostatic response function . Acta Oceanologia Sinica, 18(2) : 273-278.

第3章

海底地形地貌基本特征与成因

3.1 概　　论

　　中国近海及邻域位于中国大陆东缘,总海域面积约$480×10^4km^2$,包括"四海一洋"(王颖,2012),其中,有属于内陆海的渤海、属于陆缘海的黄海、属于边缘海的东海与南海,以及属于大洋地貌的台湾以东海区(图3-1)。中国海域不仅包含广阔的大陆架,还有大陆坡、深海盆和深海槽,四大海域从北向南面积越来越大、地质构造特征也越来越复杂(刘光鼎,1992;李家彪,2005)。我国近海海域海底地形总体特点是自西北向东南倾斜,其中,从我国海南岛南面经台湾岛至日本九州以西的五岛列岛可连成一线(见图3-1中红色虚线),将渤海、黄海、东海及南海的海底地形分成两个不同的区域:连线西北面的海底地形起伏

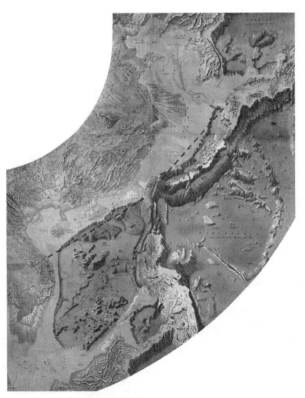

图 3-1　中国海及邻域地势示意图(刘光鼎,1992)

红色虚线为陆架地貌与深海地貌的分界线

甚微，坡度小，地势较为平坦，以后期改造的动力地貌为主，其基底是大陆壳性质；连线东南面的海底起伏剧烈，坡度骤然变陡，地势急转直下，并有海沟、海槽和海岭等复杂多样的地形地貌单元，以板块运动形成的构造地貌为主，这些构造地貌在形成后虽有一些改造，但并未掩盖原始的构造运动行迹，其基底主要属于张裂的大陆边缘，部分区域已经形成洋壳。

3.1.1　渤海

渤海位于 37°07′～41°00′N、117°35′～121°10′E 之间，是一个深入中国大陆的浅海（王颖，2012），其东北、西、南面分别被辽宁省、河北省、天津市和山东省包围，仅东南部通过渤海海峡与黄海相连。渤海南北长约 480km，东西最宽约 280km，面积约 $7.7×10^4km^2$。整个渤海由辽东湾、渤海湾、莱州湾、环渤海平原、辽东浅滩和老铁山水道等组成。海底地形从辽东湾、渤海湾和莱州湾 3 个海湾向渤海中央浅海盆地及渤海海峡倾斜，坡度平缓，平均坡度仅为 0.5‰，是中国四大海区中海底坡度最小的海区。渤海平均水深约 18m，最深处位于渤海海峡北部的老铁山水道，最大水深 84m。渤海主要岛屿有庙岛群岛、长兴岛、西中岛、觉华岛等。

3.1.2　黄海

黄海是三面被陆地包围的半封闭浅海，海岸线呈一反"S"形。北、东、西三面分别为辽东半岛、朝鲜半岛、山东半岛和苏北平原所环绕。黄海为近南北向的浅海盆地，南北长约 870km，东西宽约 556km，最窄处仅 193km，面积 $38.6×10^4km^2$（许东禹等，1997；刘忠臣等，2005；蔡锋等，2013）。黄海平均水深约 44m，大部分地区水深在 60m 以内，在靠近济州岛方向，水深增大至 90～100m，最大水深可达 140m（刘忠臣等，2005）。黄海海底地形由北、东、西三面向中部及东南部平缓倾斜，平均坡度 0.39‰。黄海沿岸水下沟、脊发育，中部浅海平原广阔。以山东半岛成山角与朝鲜的长山串连线为界，可将黄海划分为北黄海和南黄海两部分（王颖，2012）。北黄海平均坡度 0.2‰，平均水深约 38m，最大深度可达 80m，地势由北、西、西南向中部倾斜。南黄海北部沿岸有泥质楔发育（Liu et al.，2007），中部为一开阔的浅海平原，平均水深约 46m，地势由东西两侧向中部倾斜。南黄海中部偏东有一条由东南向北的水深达 60～80m 的浅槽，纵贯整个南黄海，常称为"黄海槽"，但海槽形态在地形上并不太明显。黄海存在较特殊的海峡地形，黄海西北有渤海海峡，东南有济州海峡。老铁山水道为渤海海峡中最大的水道，其东半部伸入北黄海，西半部插入渤海，为贯通渤海与黄海的主要通道。济州海峡位于朝鲜半岛与济州岛之间，海峡北浅南深，是贯通黄海与日本海的通道。

3.1.3　东海

东海介于 21°54′～33°17′N、117°10′～131°03′E 之间，是西北太平洋的一个边缘海，位于中国大陆和中国台湾以及朝鲜半岛与日本九州岛、琉球群岛之间（金翔龙，1992；

许东禹等，1997；李家彪，2008）。其北界以长江口北岸的启东嘴至韩国济州岛西南角的连线与黄海相连；东北以济州岛东南端至日本福江岛及长崎半岛野母崎角的连线为界，并经朝鲜海峡、对马海峡与日本海相通；东及东南以日本九州岛、琉球群岛及我国台湾岛的连线与太平洋相接；西濒上海市、浙江省、福建省；西南由广东省与福建省海岸线交界处至台湾猫鼻头的连线与南海相通。东海开阔，略呈扇形，扇面撒向西太平洋。东海地形呈北东走向，NE-SW 向长约 1300km，NW-SE 向宽约 740km。平均水深 338m，最大实测多波束水深 2322m；也有认为冲绳海槽最大水深超过 3000m（吉川雅英和王云蕾，1992），地形由西北向东南倾斜（李家彪，2008）。

从形态上自陆向海可分为内陆架、外陆架、陆坡、冲绳海槽和东部岛架五部分。其中由内陆架（20～50m）和外陆架（50～200m）构成的东海大陆架。陆架海底地形由陆向海缓缓倾斜，水深等值线与我国东部海岸线平行，基本呈 NE-SW 向展布。浅水区特别发育，形成北宽南窄的总体格局，最大宽度约 560km，是亚洲东部最宽的陆架，在陆架上发育大片的线性海底沙脊地貌（Wu et al.，2010）。大陆架东部为向东南突出的弧形舟状冲绳海槽，长约 1000km，宽 140～200km，面积约 $22×10^4km^2$，北浅南深，其内构造地貌发育，包括线性海山链、构造地堑、构造台地等（Wu et al.，2014b）。东海大陆坡（冲绳海槽西坡）宽 40～250km，北宽南窄，平均坡度为 52.4‰。冲绳海槽东南为琉球群岛岛架，平均坡度为 176‰，宽 3～37km，岛礁众多，地形复杂。

3.1.4　南海

南海位于我国大陆以南，是我国最深、最大的海，其面积仅次于珊瑚海和阿拉伯海，是世界第三大陆缘海（李家彪，2005；王颖，2012）。在 1970 年以前，我国科学家对于南海深海盆地形地貌知之甚少。1967 年，美国海军海洋局就对南海水深进行了调查（吉尔格，1975），并划分了五个地貌区，即陆架区，淹没的亚洲大陆边缘区，台湾岛、吕宋岛、巴拉望和加里曼丹岛等被淹没的岛屿边缘，危险的海台区，中央海盆区。1973 年，苏联 H.H. 图尔克对 1883～1969 年在南海获得的大量水深数据进行系统综合，获得了比较完善的南海地形图和地貌图，其中已经可以分辨大部分的海山和部分海底峡谷，将之划分为五大地貌区，即大陆架、东南亚大陆坡、东部岛坡、深海盆地和马尼拉海沟，并对每部分的水深、地形和地貌进行了较为详尽的阐述。

南海海盆是一个深度较大、地势复杂、四周浅、中央深的大海盆，盆地中央平均深度在 3000m 左右，其地形从周边向中央倾斜，由外向内依次分布着大陆架和岛架、大陆坡和岛坡、深海盆地三大地形单元。南海海盆呈 NE-SW 向伸展的菱形，长约 2380km，面积 $350×10^4km^2$。南海由东部海盆（中央海盆）、西南海盆和西北海盆三个次海盆组成，其间分布着中-西沙及南沙减薄陆壳，周缘又被四个不同类型的边缘所围限：北部是张裂边缘构造带、西边是南北向越南陆坡大型平移断裂带、南边是已停止活动的南沙海槽碰撞构造带、东边是正在活动的马尼拉海沟俯冲带（刘光鼎，1992；李家彪，2005；张训华，2008）。

南海大陆架和岛架具有西南部和北部宽度大，东部和西部宽度窄的显著特点。大陆架

和岛架总面积为 $168.5×10^4km^2$，约占南海总面积的 48.14%（刘忠臣等，2005）。陆架地形以海底平原为主，在其上发育有水下浅滩、水下三角洲、海底谷和水下阶地等（刘光鼎，1992；刘昭蜀等，2002；刘忠臣等，2005；蔡锋等，2013）。南海大陆坡和岛坡总面积约为 $126.4×10^4km^2$，约占南海总面积的 36.12%（刘忠臣等，2005）。大陆坡和岛坡地形崎岖不平，水深在 $200\sim4000m$，是南海地形变化最复杂的区域，其上高差起伏悬殊，发育陆坡斜坡，深水阶地、海台、海岭、陆坡盆地、海山海丘群、海槽、海脊等次一级地形单元。深海盆地位于南海中部，总面积约为 $55.1×10^4km^2$，约占南海总面积的 15.74%（刘忠臣等，2005），以南北向的中南海山为界，分为中央海盆和西南海盆。深海盆地以平原为主，水深在 $4000\sim5000m$，总体地形平坦，但深海盆地内主要发育高差悬殊、宏伟壮观的链状海山和线状海山，海山的地形高差往往超过 1000m。

3.1.5　台湾以东海区

台湾以东海区面积约 $10.5×10^4km^2$，属于中国专属经济区的一部分（王颖，2012）。海域范围为琉球群岛以南、巴士海峡以东，北至琉球群岛南部的先岛群岛，南部与巴士海峡及菲律宾的巴坦岛相隔。该区典型地貌特征是由"冲绳海槽-琉球岛弧-琉球海沟"构成的典型西太平洋沟-弧-盆构造地貌体系（图 3-1），地形地貌特征异常复杂，水深变化大，最深超过 7800m，是典型的大洋地貌（李家彪，2008）。历史上，国内科学家对于该区关注的不够，但随着近年来我国在海域调查程度的深入，获取了大量有关资料，包括一批全新的多波束测深资料，对于该区的研究正在逐渐加深（刘忠臣等，2005）。

海底地形地貌是从事海洋工作的基础，历来是我国各次海洋专项调查的重要内容，也是涉及中国海并以海洋地质类、构造地质类、地形地貌或地球物理为主题的学术专著的重要研究内容，相关研究成果丰富（秦蕴珊等，1987；金翔龙，1992；刘光鼎，1992；刘昭蜀等，2002；刘忠臣等，2005；李家彪，2005，2008；张训华，2008；蔡锋等，2013；吴自银，2017a，2017b）。全覆盖、高精度、高分辨率的多波束测深技术于 20 世纪 90 年代正式大批量引进中国，给我国的海洋调查与海底地形地貌研究带来了革命性的变化（李家彪，1999）。在此之前，海洋地形地貌调查以单波束测深为主，受限于调查成本，往往获取的是间距达数千米甚至十余千米的测线式的资料，基于该种资料只能了解海底的概貌（图尔克，1975；吉尔格，1975），相关的专著中关于海底地形地貌的内容阐述也多较为概略。多波束测深技术被誉为海底探测的声学遥感技术，在 20 世纪 90 年代引进并大批量使用多波束测深技术之后，可以获取海底全覆盖、高分辨率的测深数据，基于该种资料可以精细刻画海底地形地貌的特征，尤其可以分析微地貌特征（如沙波、麻坑、沉积物波等过去难以定量化研究的微地貌），同时结合浅层剖面、单道地震、侧扫声呐、钻孔和动力等多种资料，可以进一步揭示其成因，目前在国际上已成为研究海底地貌学的主流方向，已将海底地形地貌研究由传统的定性分析推进到现在的高分辨率与定量化研究的新时代（吴自银，2017a，2017b），直接相关的学术研究成果也是层出不穷（刘忠臣等，2005；蔡锋等，2013）。基于多波束高分辨率海底地形地貌探测数据，结合其他地质地球物理资料，在海底区域构造分析，尤其是海底年轻构造和活动构造的研究上具有独特的优势，已成为洋中脊、俯冲带构造特征和形成机制研究的重要手段（李家彪，2005），也是当前国际上进行海底命名的基本依据。

本章的基础性图件主要基于 20 余年来在中国海获取的全新数据资料，在空白区辅助以历史资料，同时结合大量的相关文献，进行综合分析研究，力图较为系统、深入地研究中国海地貌的分布规律、控制因素与成因机制。

本章的基本研究思路是，各海区地形特征按照分区结合剖面进行讨论，中国海地貌按照分类与分布进行阐述，在此基础上，选择具有代表性的，且广受关注的地形地貌单元进行深入分析（如河口三角洲、古河道、沙波、沙脊、海底峡谷等），最后对中国海地形地貌的成因与发育影响因素进行讨论。中国海面积广阔，地貌类型多样，成因复杂，难以做到面面俱到的深入研究，我们尽量以典型区域的地形地貌单元进行剖析，期望能以点带面、提供框架，为后续的深入研究提供一些借鉴思路。

3.2　海底地形分区与基本特征

3.2.1　渤海

3.2.1.1　渤海地形概况

渤海是中国的一个近封闭型内海，三面环陆，辽东半岛南端老铁山角与山东半岛北岸蓬莱遥相对峙，形似巨臂将渤海环抱，围成葫芦状曲折岸线（图 3-2），海域面积约 $7.7 \times 10^4 km^2$。海域体积达 $1367km^3$（表 3-1）。1855 年以来，大量黄河入海泥沙形成了现代黄河三角洲，近数十年来，在渤海湾有大规模人类填海活动，导致海域面积减少。渤海同时也是陆架浅海盆地，被围于辽宁、河北、山东、天津三省一市之间，仅通过东南侧的渤海海峡与黄海相连。渤海平均水深约 18m，最深处位于渤海海峡北部的老铁山水道，水深 84m（王颖，2012）。

表 3-1　渤海及地形分区基本特征统计

编号	分区	面积 /km²	体积 /km³	最大水深 /m	平均水深 /m	平均坡度 /‰	基本特征
	本书研究区	—	1367	84	18	0.5	盆状
1	辽东湾	14778	223	38	15	0.5	斜坡
2	渤海湾	10806	108	42	10	0.45	斜坡
3	莱州湾	10302	105	23.5	10	0.35	斜坡
4	老铁山水道（北段）	2874	119	84	40	1.75	洼地
5	环渤海平原	26895	578	67	21	0.4	平原
6	辽东浅滩	9634	234	41	24	0.45	隆起

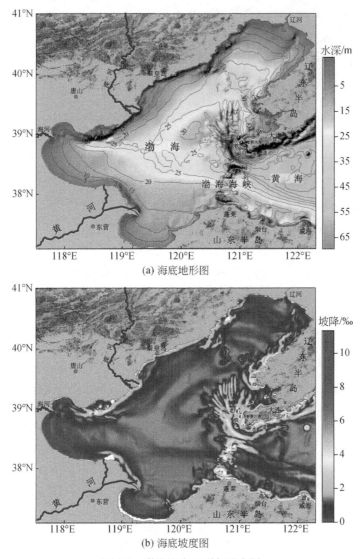

(a) 海底地形图

(b) 海底坡度图

图 3-2　渤海海底地形与坡度图

　　黄河、海河、辽河、滦河等含沙量很大的河流注入渤海，历史上，黄河的入海泥沙量就曾达到 $12×10^8 t/a$（王颖，2012），但近几十年来，在人类活动作用下，尤其上游大量水库建设拦截泥沙的影响下，黄河入海泥沙已经大幅减少（Wang et al.，2010）。大量的陆源沉积物通过河流注入渤海海盆，致使其水深较浅、地形平缓，有 95% 的海域坡度小于 1‰，全海域平均坡度约 5‰，是中国四大海区中坡度最小的海区（图 3-2）。基于重建的海底数字水深模型（DBM），按照 5m 等深间距对渤海各水深区间所占面积进行了计算，结果表明，海域面积以 20～25m 为峰值呈现正态分布，20～25m 水深区间占到总海域面积的 23%，对应了渤海湾平原区域（图 3-4），30m 以深区域面积很少，占比仅为 6%。

3.2.1.2　渤海地形分区与特征

　　按照地形组合特征和水深变化趋势，将渤海划分为辽东湾、渤海湾、莱州湾、环渤海

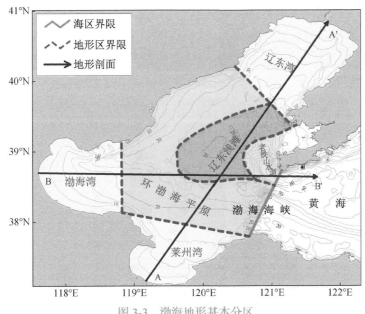

图 3-3　渤海地形基本分区

图中等深线单位为 m

平原、辽东浅滩和老铁山水道（北段）等地形分区（图 3-3，表 3-1）。全区海底地形从辽东湾、渤海湾和莱州湾三个海湾向渤海中央浅海盆地及渤海海峡倾斜，整个渤海海域呈现为西北及中央深、周围浅的盆状，东南方向通过渤海海峡与黄海贯通。基于重建的海底 DBM，对各地形分区的基本特征进行了较为详细的统计（表 3-1）。

1. 辽东湾地形区

辽东湾位于渤海的东北部（图 3-3），渤海三大海湾之一，自河北省大清河口到辽东半岛南端老铁山角以北的海域，也是渤海中最大的海湾，海湾长轴的方向为 NE-SW，其西南部与渤海中部的开阔海域相连接，其他两面为冀辽沿海陆域，海湾形似倒 "U" 字形，其海底地形轮廓也和海湾的形态相似，海域面积约 $1.48 \times 10^4 km^2$，海域体积 223km³（表 3-1），

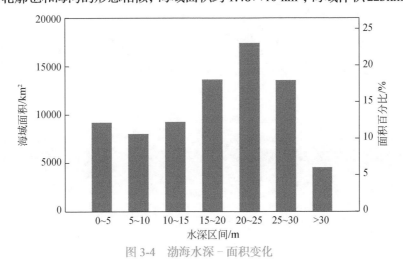

图 3-4　渤海水深 - 面积变化

海底地形受海湾形态及陆上地形特征的影响。水深变化的基本趋势是由湾顶向湾口逐渐加深，等深线呈平行排列，平均水深15m，最大水深38m。按照5m等深间距对各水深区间面积进行了统计（图3-5），各水深区间占比为14%～19%，无太明显的优势区间，这也和该区大的斜坡地形是吻合的。

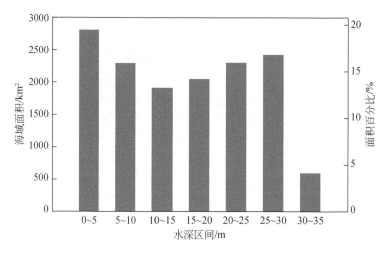

图3-5　辽东湾水深－面积变化

　　辽东湾地形地貌类型丰富（图3-6），在辽东湾的西部，六股河口外，存在三处明显的沙脊，当地人称之为"三道岗"，长达19～36km，沙脊高5～15m（陈义兰等，2013），其上发育平行的沙波［图3-6（a）］；在辽东湾的东岸，也有数条平行岸线的沙脊分布，沙脊高近20m，宽约2km，呈现不对称特征［图3-6（b）］；低海平面时，古辽河在辽东湾下切遗留下裸露于海底的古河道，其下切深度超过20m，宽度超过3km，河漫滩阶地仍可见［图3-6（c）］；在辽东湾中部存在一深达30m以上的深水盆地，盆底中心水深达41m，即辽中洼地［图3-6（d）］，由于那里地形下凹和形态近于封闭，被认为

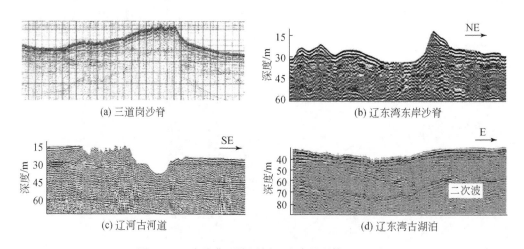

(a) 三道岗沙脊　　　　　　　　　　　　　(b) 辽东湾东岸沙脊

(c) 辽河古河道　　　　　　　　　　　　　(d) 辽东湾古湖泊

图3-6　辽东湾典型浅层剖面（陈珊珊等，2016）

是古湖泊（刘忠臣等，2005），该洼地遭受潮流强烈侵蚀，有水平层理的湖沼相黑色黏土或亚黏土出露（耿秀山等，1983）。

影响该区地形地貌发育的重要因素是河流，包括辽河、大凌河、小凌河、滦河、六股河等，其中最为重要的是辽河。由于辽河上游水土流失严重，含沙量高（陈则实，1998），其径流量达到 $165 \times 10^8 m^3/a$，输沙量达到 $20 \sim 50Mt/a$（王颖，2012），但受人类活动的影响，近年来，包括辽河在内的中国河流入海泥沙都普遍大幅减少。全新世最高海平面 8ka 以来，辽河已经向辽东湾注入了 $160 \sim 400Gt$ 的陆源沉积物，为该区地貌的发育提供了充足的物质基础。因为该区是较为封闭性的倒 "U" 字形海湾，入海沉积物基本自陆向海堆积，因此也塑造了该区较为平缓的斜坡地形。受海平面变化和河流下切的影响，在辽东湾发育了丰富的埋藏古河道体系，这些古河道宽 $2 \sim 3km$，长约 100km，向陆可以追溯到大凌河（栾振东等，2012），部分区域古河道仍裸露于海底［图 3-6（c）］。

2. 渤海湾地形区

渤海湾位于渤海西部，是一个向西凹入的弧形浅水海湾，海域面积约 $1.08 \times 10^4 km^2$，海域体积约 $108km^3$（表 3-1）。等深线基本与海岸线平行，在曹妃甸外等深线密集展布，25m 等深线深入到渤海湾内几乎形成封闭。渤海湾平均水深约 10m，各水深区间所占海域面积呈现逐渐单边阶梯状下降趋势（图 3-7），$0 \sim 5m$ 水深区间面积占比 33%，$15 \sim 20m$ 水深区间有个小的面积峰值区，占比 18%，25m 以深海域所占面积骤降。海湾最大水深为 42m，位于东北部的曹妃甸凹槽处。

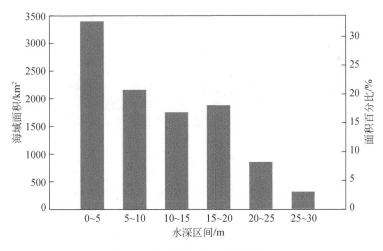

图 3-7　渤海湾水深 - 面积变化

1）曹妃甸

该区北部的曹妃甸近岸海域地形最为复杂（图 3-8），位于渤海湾的东北部，是在古滦河废弃三角洲基础上发展起来的，其中间为曹妃甸深槽，西侧为南堡海岸地貌，东侧为老龙沟潟湖地貌体系。海河、大清河、滦河入海物质受潮流作用在此形成一系列平行于海岸的水下沙坝，最高达十几米，绵延几十千米。

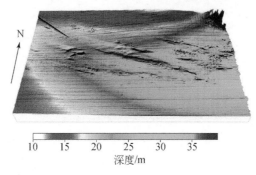

图 3-8　曹妃甸深槽（蔡锋等，2013）

2003 年，为建设曹妃甸工业园区，开始大面积填海造陆，形成"前岛后陆"的格局（图 3-9），障壁岛呈三角形突出于海中，对该区域的水动力、泥沙运动及地貌发育起着重要的控制作用，甸头前沿即为渤海湾潮汐深槽水域，甸头南侧水下岸坡陡峻，30m 等深线距曹妃甸甸头仅 500m 左右（褚宏宪等，2016）。该工程建成后，对于该区海底地形已经产生影响，2004～2013 年，35m 等深线面积增加了 27%，2013 年其面积达 4.15km²。2013 年，40m 等深线面积达 0.14km²，比 2003 年增加了 1.3 倍，表明深槽部位的侵蚀量最大。

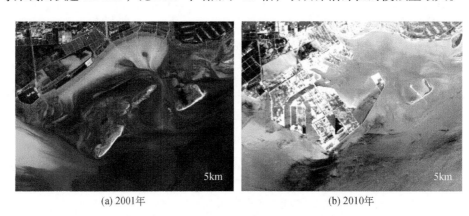

(a) 2001年　　　　　　　　　(b) 2010年

图 3-9　曹妃甸工业园区建设前后岸线对比（季荣耀等，2011）

在强人类活动作用下，该区海域也出现诸多的人工地貌特征，包括人工开挖的航道，如图 3-8 中左侧人工航道的痕迹，在人工航道南侧有挖掘航道的抛泥形成的海底堆积地形。人类活动对自然过程的干扰已经使该区海底沉积物普遍出现扰动，出现底质细化现象，对于该区的地貌系统的维持，尤其是潮汐汊道资源的保护是一种潜在的威胁（张宁等，2009）。

2）老龙沟

老龙沟是古滦河的河口汊道，是经过现代潮流改造形成的潮汐汊道（黎刚和孙祝友，2011），老龙沟与内侧潟湖、外缘的蛤坨等沙坝构成完整的"沙坝－潟湖－潮汐汊道"地貌体系（图 3-10）。口门为老龙沟汊道最窄处，西侧为蛤坨沙岛东嘴，东侧为东坑坨北侧浅滩，口门深槽分为两支：东侧深槽为主汊道，宽 1.5km，最深点水深为 21.5m；西侧深槽深度偏浅，最深点水深为 15.5m；两深槽之间为浅滩所隔，浅滩深度平均为 5～6m。潟湖外缘主要被蛤坨、南北沟坨等低平沙岛包围，低潮时沙岛出露连成长条形沙坝，涨潮时大部分沙岛都被淹没，仅个别沙岛的最高处出露。口门外侧落潮流三角洲的地貌结构基本完整，包括落潮主水道、分流水道、冲流平台、末端坝、边缘坝和边缘涨潮水道等，落潮流三角洲外缘止于外海 11m 等深线。涨潮流三角洲地貌结构发育不完整，堆积型地貌体发育不好，而潮流水道等沟谷地貌规模较大。

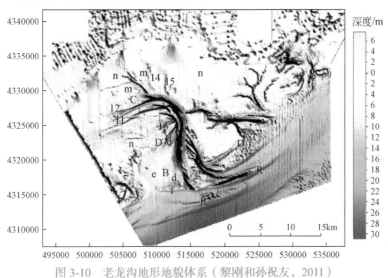

图 3-10　老龙沟地形地貌体系（黎刚和孙祝友，2011）

A. 口门；B. 落潮流三角洲（d. 分流水道，e. 冲流平台）；C. 涨潮流三角洲（11 ～ 15. 分支水道，m. 浅滩或沙脊，n. 潮滩）；D. 滨外沙坝；R. 浅海潮流沙脊

3. 莱州湾地形区

莱州湾位于渤海南部，北以古黄河口至屺姆岛一线为界，是一个弧状的浅水海湾，海域面积约 $1.03×10^4$km^2，海域体积 105km^3（表 3-1）。海湾开阔，由南向中央盆地倾斜，海底地形简单，5m、10m 等深线形态基本类似海岸线，显示该区地形受黄河入海泥沙物源的强烈影响。该区平均水深 10m，最深 23.5m，位于屺姆角附近。该区最显著的地形是莱州浅滩（图 3-11），浅滩区水深在 1 ～ 10m，长达 25km，为沙嘴式水下浅滩，呈狭长箭状，等深线变化比较复杂，水深大于 3m 的等深线大致沿着浅滩轮廓连续展布。按照 5m 间距对各水深区间面积进行统计，10 ～ 15m 水深区间是峰值区，占到全区的 32%（图 3-12）。

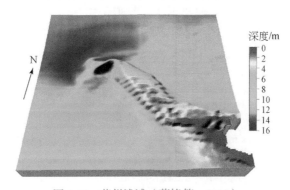

图 3-11　莱州浅滩（蔡锋等，2013）

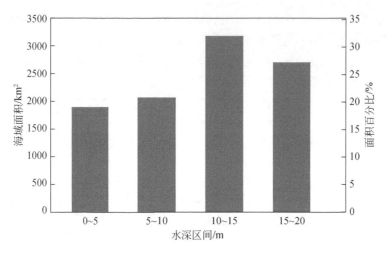

图 3-12　莱州湾水深－面积变化

　　影响该区地形地貌发育最重要的无疑是黄河，作为中国的第二大河流，历史上曾经多次改道入海，现代的黄河三角洲是 1855 年黄河夺大清河入海后堆积形成的（王颖，2012），自 1855 年以来，黄河已经经历了多次较大的改道变迁过程，形成了众多的废弃河口三角洲。黄河年平均流量达到 $484 \times 10^8 \mathrm{km}^3$，以高含沙量而闻名于世，其历史上年平均入海泥沙达到 $12 \times 10^8 \mathrm{t}$，但近几十年来，在人类活动作用下，入海泥沙已经大幅减少（Wang et al.，2010）。河口三角洲既是流域入海物质的"汇"，又是入海物质向海洋扩散的"源"。这些巨量的入海泥沙一部分堆积在口门外，还有一大部分在沿岸流的作用下向南搬运，尚有一部分随潮流自陆向海搬运到渤海盆地，从而为渤海湾以及渤海中部平原区的地形地貌发育提供了物质基础（栾振东等，2012）。对黄河入海泥沙的数值模拟表明（李国胜等，2005），入海泥沙悬移输运过程受潮汐动力、余流和底层流等因子控制，风驱－潮致拉格朗日余流基本控制了渤海泥沙的悬移输运过程，这种输运的结果与海底地形的变化是一致的。

4. 老铁山水道（北段）地形区

　　渤海海峡位于辽东老铁山—山东蓬莱之间，长约 115km，宽约 100km，庙岛群岛布列其中，将海峡分割为若干水道，北部的老铁山水道最为宏大。该区地形典型特征为南北两处深槽地形。北槽为主槽，65m 等深线围成一弧形地形封闭，槽中心超过 70m，槽轴线长逾 100km，宽约 30km，主槽已被水流强烈侵蚀，浅层剖面资料表明水道区多"V"字形下切，晚更新世和全新世沉积在水道缺失（夏东兴等，1995）。单道地震剖面清晰地揭示了北槽北出口的地层特征，受强烈海流侵蚀，部分地层被侵蚀消失，槽底也被侵蚀的凸凹不平（陈珊珊等，2016）。南槽规模较小，为辅槽，长约 35km，宽约 6.5km，槽轴向近 EW 向，50m 等深线依然可见槽形特征，槽中心水深超过 80m。该区面积 2874km²，体积 119km³，按照 5m 间距对该区各水深区间面积进行统计（图 3-13），面积曲线呈现为单峰正态分布特征，峰值在 30～35m 水深区间占比达 15%，至 60～65m 水深区间的海域面积出现另一小的峰值，占比约 8%，对应了渤海海峡的深掘洼地。

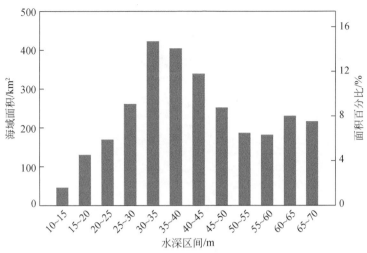

图 3-13　渤海海峡水深 - 面积变化

在海峡底部，有大片砾石覆盖，并有零星孤立的岩礁分布，甚至发现了大型披毛犀骨骼和牙化石，在庙岛群岛之间的诸水道的深掘洼地，两壁可见水平层理的河湖相淤泥出露（耿秀山等，1983），在海峡底部，还可见 1～5m 高的沙波以及潮流沙脊分布。受晚更新世以来的数次海侵与海退以及复杂的海峡动力环境影响，海峡区发育了多种灾害性地质类型，包括潮流沙脊、冲刷槽、陡坎、浅层气、古河道、活动断层和基岩等（陈晓辉等，2014），也为该区的跨海工程选址和建设增加了难度（谭忠盛等，2013）。

5. 环渤海平原地形区

环渤海平原位于渤海三个海湾与渤海海峡之间，平均水深约 21m，25m 等深线在该区内几乎形成封闭，从而形成该区的 U 形环槽地形，也称为辽东湾水下平原。该区面积 $2.69 \times 10^4 km^2$，体积 $578km^3$，水深 - 面积呈现正态分布，20～25m 水深所占面积是该区的峰值区，占比达 32%（图 3-14）。

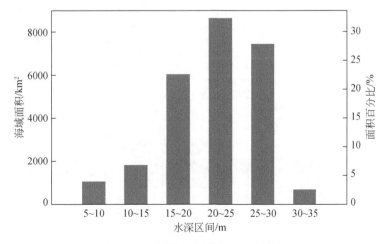

图 3-14　环渤海平原水深 - 面积变化

6. 辽东浅滩地形区

辽东浅滩位于辽东湾以南、渤中盆地以北，处于岸坡带与脊沟区之间，被20m等深线圈定，呈不规则的三角形浅滩，滩顶部水深18～20m，向四周缓慢倾斜。在浅滩的西南部分布数列指状的海底活动性沙脊，一直延伸到老铁山水道内。受潮流堆积影响，该区地形频繁起伏，水深从近20m到40m的范围内急剧变化，形成了大范围的潮流沙脊群（刘振夏和夏东兴，2004）。该区面积9634km^2，体积234km^3，按照5m间距对各区面积统计表明（图3-15），20～25m水深区间是面积峰值区，占比达56%。

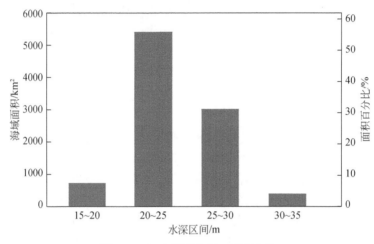

图 3-15　辽东浅滩水深-面积变化

该区发育10条明显的沙脊地形（图3-16），沙脊高超过10m，呈现为尖峰对称形态，沙脊区与沙席区连接在一起，沙席区地层呈现为水平披覆（图3-17）。沙脊区典型特征为自SE向NW的抛射、指状地形，在水道出口处这种指状地形逐渐收敛并连成一体，至南部40m以深这种槽脊形态已难以分辨。

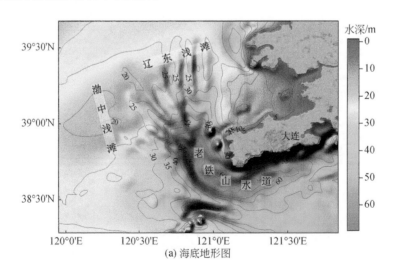

(a) 海底地形图

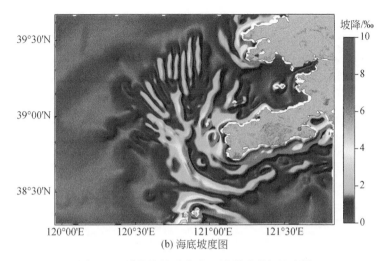

(b) 海底坡度图

图 3-16　渤海海峡及北出口沙脊地形与坡度图

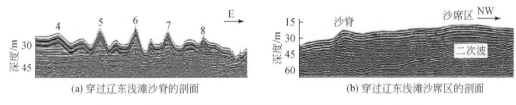

(a) 穿过辽东浅滩沙脊的剖面　　　　　(b) 穿过辽东浅滩沙席区的剖面

图 3-17　穿过辽东浅滩的典型单道地震剖面（陈珊珊等，2016）

3.2.1.3　渤海典型地形剖面

为了更好地分析渤海海域的整体地形变化特征，设计了两条正交的贯穿渤海全区的地形剖面。

1）地形剖面 A

剖面 A 呈近 SW-NE 向，自莱州湾穿过全区至辽东湾河口，剖面长 460km，该剖面依次穿过莱州湾、渤海平原、辽东浅滩和辽东湾（图 3-18）。该剖面很好地反映了渤海海域的盆状地形特征，也就是周围浅，水深自岸向海盆加深，中央水深加深至 25m 左右，在辽东浅滩出现系列槽脊相间的沙脊地形，沙脊高约 10m。相比而言，辽东湾的地形坡度显著大于莱州湾。

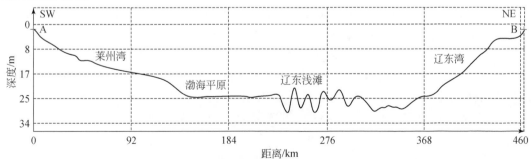

图 3-18　渤海典型地形剖面 A

位置见图 3-3

2）地形剖面 B

剖面 B 呈近 WE 向，自渤海湾穿过渤海平原、辽东浅滩南部至老铁山水道中部，剖面长 355km（图 3-19）。海底地形有自西向东逐渐加深的趋势，渤海湾区域水深介于 0～20m 之间，海底坡度达到 0.28‰；渤海平原和辽东浅滩介于 20～30m 之间，海底坡度更为平缓；辽东浅滩至老铁山水道间海底地形急剧变化，由 30m 水深加深至 70m 水深左右，海底坡度达到 1.6‰，老铁山水道内的地形并非平坦，呈现为"W"字形特征。

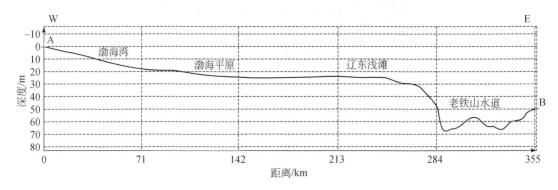

图 3-19   渤海典型地形剖面 B

位置见图 3-3

3.2.2   黄海

3.2.2.1   黄海地形概况

黄海是半封闭型的陆架浅海，位于中国大陆和朝鲜半岛之间，呈反"S"形。黄海北接辽东半岛和朝鲜平安北道，东临朝鲜半岛，西攘山东半岛和苏北平原，西北通过由山东半岛的蓬莱角与辽东半岛的老铁山岬之连线与渤海为界，南与东海相连，其界限为长江口北角启东嘴与韩国济州岛西南的连线（王颖，2012）。黄海南北长约 870km，东西宽约 556km，最窄处为 193km。前人统计黄海面积仅为 38.6×10^{4}km^2，没包括朝鲜海峡区域。本书包括朝鲜海峡之后的统计的总面积为 45.8×10^{4}km^2，研究区的整体地形呈现为东西两侧浅，中央深的 U 形槽状（图 3-20），平均水深 51m，最大水深 214m，平均坡度 0.08°，最大坡度 7.3°（表 3-2），与前人研究有所不同。

以中部山东半岛的成山角和朝鲜半岛的长山串连线为界分为北黄海和南黄海两部分，其中南黄海面积稍大。北黄海面积约 7.17×10^{4}km^2，平均水深 38m，最大水深 80m；平均坡度 0.05°，最大坡度 0.84°，海底地势由北、西、西南向中部倾斜；海底 50m 等深线环状分布，大于 50m 等深线的海底为较平坦的浅海平原。最深达 80m，位于南北黄海分界处的黄海海槽北部。

本书的南黄海研究区为一开阔的浅海平原，包括朝鲜海峡后该区面积约 38.4×10^{4}km^2，平均水深 54m，最大水深 214m，平均坡度 0.08°，最大坡度 7.3°。海底地形由东西两侧向中部倾斜。整体上看，黄海东西两侧靠近近岸地形较为崎岖复杂，中央海域的地形平坦无奇。黄海地形最引人瞩目的是，在东侧靠近朝鲜半岛，以条带状的密集沙脊分布为主要特征，尤其以济州岛西北部和朝鲜湾最为密集，黄海西侧靠近中国大陆，在山东半岛东是"一台一坡"地形，在江苏岸外为一大型堆积台地上发育辐射状沙脊地形（图 3-20）。

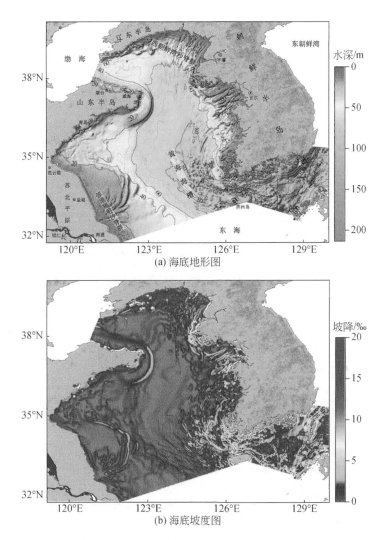

(a) 海底地形图

(b) 海底坡度图

图 3-20　黄海海底地形与坡度图

按照 10m 等深间距，对黄海全区各水深区间进行定量化统计（图 3-21），0～60m 水深区间内各水深占比 8%～10%，其中，0～10m 水深区间面积约 $4\times10^{4}km^{2}$，10～40m 水深区间平均面积增加至 $5\times10^{4}km^{2}$，50～60m 水深区间面积是个低谷区，下降至 $3.5\times10^{4}km^{2}$；在 70～80m 水深区间，有个面积峰值区，约 $6\times10^{4}km^{2}$，占到了全区海域面积的 13.1%，对应了黄海槽地形。小于 80m 水深的海域面积占到全区的 83%，90m 以深海域面积呈现单边快速下降的趋势。

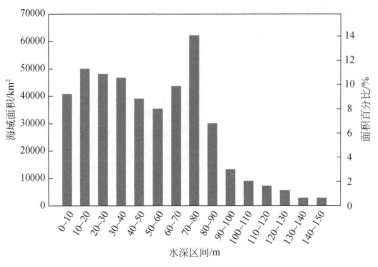

图 3-21　黄海全区水深－面积变化

3.2.2.2　黄海地形分区与特征

按照等深线组合形态和地形变化趋势，将黄海地形分为 11 个地形亚区（图 3-22，表 3-2）：山东半岛沿岸、老铁山水道（东段）、渤海海峡出口、朝鲜湾北部、朝鲜湾沙脊群、海州湾、江苏沿岸古三角洲、黄海槽、江华湾、朝鲜半岛沿岸和朝鲜海峡等地形区。

表 3-2　黄海及地形分区基本特征统计

编号	海域	面积 /km²	体积 /km³	最大水深 /m	平均水深 /m	最大坡度 / (°)	平均坡度 / (°)	基本特征
—	研究区	—	22796	214	51	7.3	0.08	槽状
—	北黄海	71754	2760	80	38	0.84	0.05	U 形槽状
—	南黄海	384302	20036	214	54	7.3	0.08	U 形槽状
1	山东半岛沿岸	24105	579	80	24	0.77	0.05	阶地
2	老铁山水道（东段）	1778	103	86	55	0.26	0.05	U 形深槽
3	朝鲜湾北部	14371	374	59	25	0.84	0.07	斜坡
4	朝鲜湾沙脊群	25716	946	75	36	0.52	0.06	沙脊
5	海州湾	50628	1849	65	37	0.44	0.027	斜坡
6	江苏沿岸古三角洲	75538	1609	60	22	0.26	0.27	阶地＋辐射沙脊
7	黄海槽	99597	7320	139	74	1.33	0.02	U 形槽状
8	渤海海峡出口	19651	1078	70	53	0.25	0.02	倾斜平原

续表

编号	海域	面积 /km²	体积 /km³	最大水深 /m	平均水深 /m	最大坡度 / (°)	平均坡度 / (°)	基本特征
9	江华湾	26850	641	76	25	0.64	0.1	阶地 + 深槽
10	朝鲜半岛沿岸	49372	2741	129	58	3.3	0.13	阶地
11	朝鲜海峡	68821	5556	214	91	8.5	0.23	U 形槽状

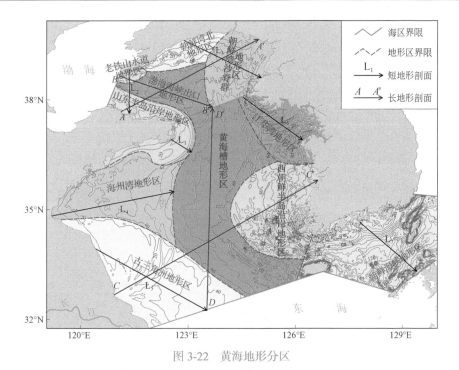

图 3-22　黄海地形分区

1. 山东半岛沿岸地形区

　　环绕山东半岛，海底地形形态突出，从蓬莱角至成山头岸外为"一坡一台"地形（图 3-20）。近岸为一陡而窄的岸坡，坡脚水深 10 ～ 15m。在威海北部近岸，有一冲刷深槽，最大水深达 65m。岸坡向外是一个明显的台地地形，台面水深 15 ～ 25m，宽 30 ～ 40km。向外台坎水深 25 ～ 50m，宽 25 ～ 40km。在成山头外的台面上，发育一潮流侵蚀的深槽。

　　靖海角以东海域，沿岸地区为典型的基岩港湾海岸，岸线曲折，海岬与海湾相间分布。自北向南，涵盖的海湾包括荣成湾、养鱼池湾、俚岛湾、爱连湾、桑沟湾、黑泥湾、石岛湾、王家湾等（蔡锋等，2013）。海湾内多有拦湾沙坝发育，形成我国北方少有的沙坝 - 潟湖体系。在山东半岛东南角，受强潮流的影响，形成本区水深最大的潮流冲刷槽，冲刷槽环绕着岸线展布，水深最大达 33m。

　　穿过该地形区的地形剖面 L_1 也揭示了该区的基本地形特征（图 3-23），靠近山东半岛的深掘洼地水深达 35m，其外围台地顶部甚为平坦，水深约 22m，台地向海侧水深变化较快，在 10km 范围内，水深由 30m 加深至 60m 以深，逐渐过渡到黄海北部陆架。

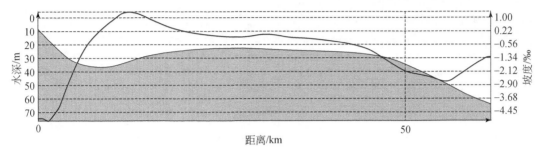

图 3-23　穿过山东半岛沿岸地形区的剖面 L_1

位置见图 3-22

该区面积 $2.4 \times 10^4 km^2$，体积 $579km^3$，按照 5m 间距对不同水深所占海域面积的计算表明（图 3-24），20～25m 水深区间是该区的峰值区，占比达 32%，以 20m 为中心，面积曲线呈现不对称的单峰状，0～20m 水深区间所占面积曲线呈现平直形态，表明该区岸坡地形的单一性，20m 以深海域所占面积呈现平缓下降趋势，对应了该区东侧逐渐向黄海北部陆架过渡的特征。

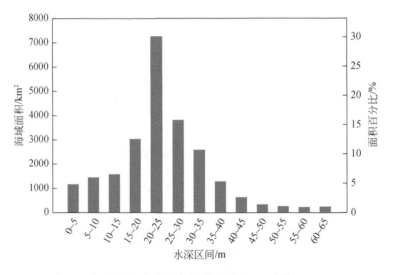

图 3-24　山东半岛沿岸水深 – 面积变化

2. 老铁山水道（东段）地形区

该区北深南浅，北面水深为 60～80m，南面水深为 20～30m。老铁山水道冲刷槽位于海峡的北面，呈 NW–SE 向延伸，东、西两面分别伸入黄海和渤海，总长约 82km，平均宽约 9km，最大水深 86m，断面呈 U 形，但海底非常崎岖不平（图 3-25），受海峡内强烈水动力作用而侵蚀的海底地形特征非常明显，较深的深掘冲刷槽平行排列，其间的槽间高地呈现窄条状但并不连续。与海底沙脊等堆积型地貌不同，该区的长条状地形与洼地呈现明显的冲刷侵蚀特征。

图 3-25　老铁山水道东口地形图（蔡锋等，2013）

在渤海海峡东出口海域发育大量的灾害地质类型（陈晓辉等，2014），包括潮流沙脊、潮流冲刷槽、浅层气、埋藏古河道、活动断层、不规则基岩等（图 3-26），这些地质灾害与多种因素有关，下伏的基岩和断裂等与区域构造有关，活动性的断层与区域不均匀沉降有关，而埋藏古河道和海底沙脊与海平面变化有关，浅层气与区域沉积有关。总之，这些灾害性地质是多种因素复合作用的结果，是该区正在论证建设的跨海工程需要重点考虑的问题。

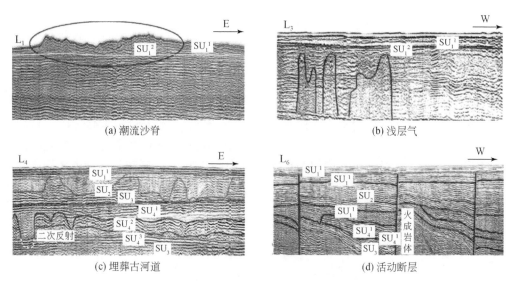

图 3-26　位于渤海海峡东出口的典型地震剖面（陈晓辉等，2014）

近南北向穿过该区的地形剖面 L_2 显示（图 3-27），老铁山水道深达 70m，但呈现不对称特征，北部的深槽壁较为陡峭，南部的一侧相对较为平缓，逐渐过渡到水下岸坡地貌。老铁山水道（东段）面积 1778km²，其中 50～55m 水深区间面积最大，占比达到 34.5%（图 3-28）。

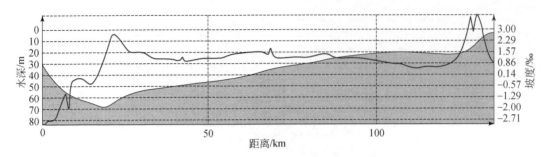

图 3-27 穿过老铁山水道（东段）地形区的剖面 L₂

位置见图 3-22

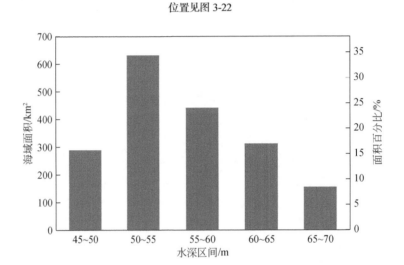

图 3-28 老铁山水道（东段）水深 - 面积变化

3. 朝鲜湾北部地形区

1）地形概况

朝鲜湾呈现为 U 形的海湾，其北部是辽东半岛。该区面积 $1.44 \times 10^4 \text{km}^2$，体积 374km³，按照 5m 间距对水深与面积进行统计（图 3-29），5m 以浅是面积峰值区，所占面积接近 1920km²，对应了海岸带过渡区地形；30～35m 水深区间是另一个面积峰值区，面积达到 1650km²，对应了该区岛间深槽地形；45～50m 水深区间是第三个面积峰值区，达到 1900km²，对应了该区向北部黄海槽过渡的地形。其余各区水深所占面积呈现平稳态势，表明该区较为平坦的地形特征。

该区位于北黄海 50m 等深线以浅，沿辽东半岛海岸分布。海底地形基本从岸线向海倾斜，除岛屿周边，等深线基本与岸线平行。10～20m 等深线间距在东北部较宽，形成一级阶地，30～40m 等深线间距又形成另一个一级阶地，在广鹿岛和三山岛之间 30～40m 水下阶地较陡。海域岛礁众多，海底地形在岛屿周围较复杂（图 3-30）。

地形剖面 L₃ 穿过朝鲜湾北部和朝鲜湾沙脊两个地形区（图 3-31），地形剖面呈现为复合的大 U 形特征，在大 U 形基本地形基础上叠加了崎岖不平的地形，其北部呈现了两级水下阶地特征，而中部和南部振荡起伏的地形反映了海底沙脊地貌。因为该区岛屿众多，反映在地形剖面上为深掘洼地和陡峭地形。

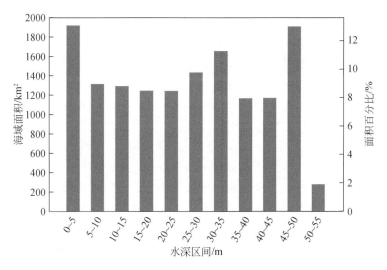

图 3-29　朝鲜湾北部水深 – 面积变化

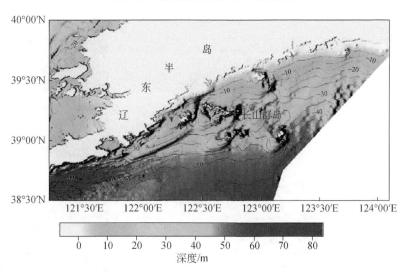

图 3-30　朝鲜湾北部地形图（蔡锋等，2013）

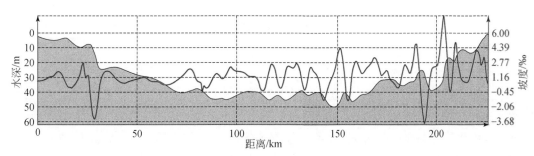

图 3-31　穿过朝鲜湾的地形剖面 L_3

位置见图 3-22

2）麻坑地形

该区奇特的微地貌是最新发现的浅水区麻坑地貌群（图3-32）（刘晓瑜等，2013，2018），位于长山群岛南部海域。高分辨率的多波束测深以及反向散射强度数据清晰地揭示了麻坑特征，该区麻坑分为圆形、椭圆形、拉长型麻坑等，单个麻坑平均长轴1.36km、短轴0.8km、直径约0.9km、面积0.9km^2、深度0.3～2.5m，是典型的发育在浅海陆架的大直径、浅深度型麻坑，与全球其他陆架区域以及南海深海麻坑特征有明显不同（张田升等，2019）。从麻坑纵剖面看，可以划分为边缘凹陷-中部凸起、边缘凹陷-中部微凸起、中部凹陷三种形态，这些特征表明麻坑尚在发育之中，内部凸起形态表明麻坑尚在破裂前发育阶段。海底麻坑群发育区反向散射强度为60～70dB，麻坑内部比麻坑外部平均高5dB，显示了麻坑内外声强特征的明显不同，推测和气体在麻坑外缘泄漏有关。该区麻坑的形成原因尚有待深究，尽管已经给出了一些推测，如与动力环境尤其潮流、埋藏的古河道等有关（刘晓瑜等，2018），但其发育机制有待建立。这种海底起伏小于5m的微地貌，在以往的单波束调查中是很难发现的，这也说明多波束测深调查对于现代海底微地貌调查与研究的重要性。

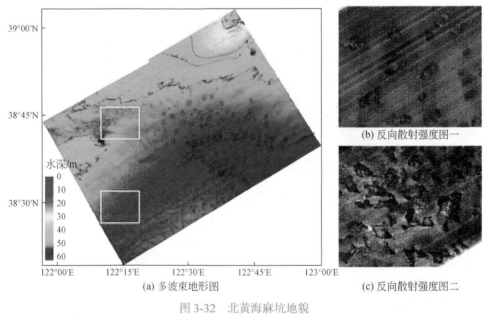

(a) 多波束地形图　　　　(b) 反向散射强度图一

(c) 反向散射强度图二

图3-32　北黄海麻坑地貌

（刘晓瑜等 2018）

4. 朝鲜湾沙脊地形区

早在20世纪60年代，Off（1963）通过等深线就发现了西朝鲜湾迂回曲折的海底沙脊群，但该区海底沙脊调查和研究非常欠缺。我们通过海底三维地形图识别出60条不同规模的沙脊，其中延续性好的主支沙脊20条、分支沙脊26条、深水沙脊14条（图3-191）。该区面积约2.57×10^{4}km^2，体积946km^3，按照5m等深间的水深-面积统计表明（图3-33），10m以浅水深出现面积峰值区，4m左右的海域面积达到900km^2，10～45m水深区间的海域面积曲线甚为平坦，而45～75m水深区间的海域面积曲线呈现剧烈振荡特征。

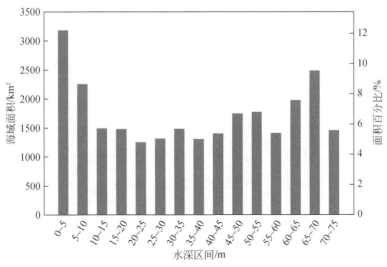

图 3-33　朝鲜湾沙脊水深 - 面积变化

5. 海州湾地形区

海州湾位于日照和连云港的东部海域，该区海底地形总体较为平坦，水深为 0 ~ 30m，等深线与岸线平行，总体呈现西浅东深的格局（图 3-34）。在 15m 等深线以深区域，地形略有起伏，但幅度较小。区域东南部水下地形迅速变浅，其上发育了水下浅滩，形成一个陡坡。在海州湾西北部，出现了 "Y" 字形的海底沟槽地形，应该是从胶州湾外延伸过来的沟槽，推测是低海平面时期的古河道，沟槽地形得以完善保存而没有被充填，说明该区的沉积物源不甚丰富。

穿过海州湾的地形剖面 L_4（图 3-35）显示，该区水深自陆向海呈现单边逐渐加深的趋势，20m 以浅的水下岸坡区地形较为陡峭，海底坡度达到 0.32‰，20 ~ 30m 水深区间地形有小的起伏，35 ~ 45m 水深区间地形突然加深，约 45m 水深区间是一个小的阶地，45m 以后水深变化加快，逐渐过渡到黄海陆架的黄海槽。该区面积约 $5×10^4km^2$，体积

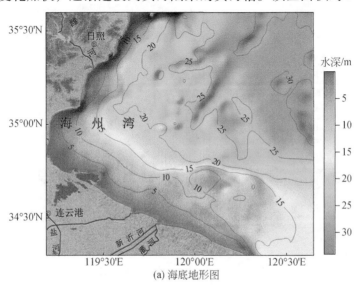

(a) 海底地形图

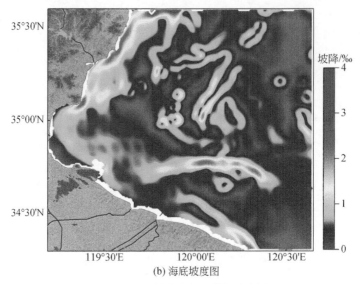

(b) 海底坡度图

图 3-34　海州湾海底地形与坡度图

1849km³，按照 5m 间距水深的海域面积统计表明（图 3-36），该区水深－面积曲线呈现单峰形态，主体水深介于 25 ～ 40m 之间，面积达到 2.2km²，占到全区面积的 44%。

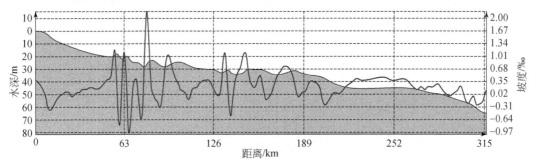

图 3-35　穿过海州湾的地形剖面 L₄

位置见图 3-22

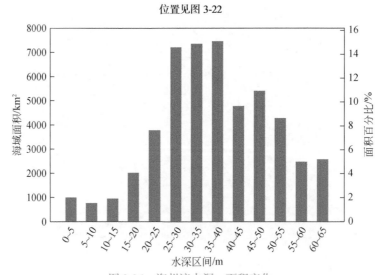

图 3-36　海州湾水深－面积变化

6. 江苏沿岸古三角洲地形区

1）区域地形基本特征

该区整体地形特征呈现为自 SW 向 NE 缓慢倾斜的台阶状（图 3-37），台阶的西侧以 5m 等深线为界，东侧可达 45m 水深，向北台阶逐渐缩小，至 35°N 左右已不甚明显，向南逐渐融入长江水下三角洲垛状堆积体，台阶表现为北西高、南东低，在台阶的中部以弶港为中心发育了类似折扇扇骨状的辐射沙脊地形。

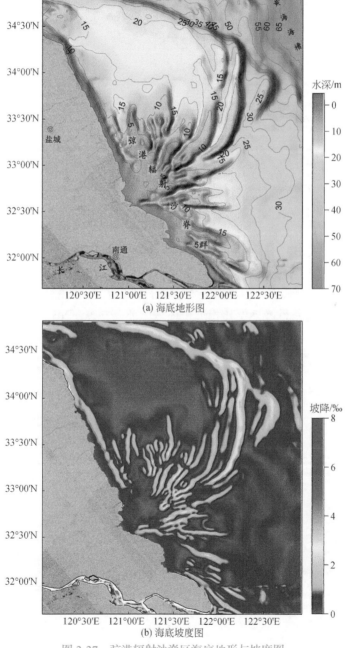

图 3-37　弶港辐射沙脊区海底地形与坡度图

在台阶北部表现为三级水下阶地地形。5m 和 10m 等深线近似平行岸线，10m 等深线距离岸边仅 12km 时 0～5m 的海底坡度约 0.18′，5～10m 海底地形坡度突然加大至 6′，5m 以浅区域属于潮间带，为一级阶地。10～20m 的海底极其平坦，为二级阶地，15m 和 20m 等深线的东西向间距最宽处超过 100km，海底坡度仅为 0.18′。25m 后海底地形骤降，25～45m 的海底坡度达到 6′，为黄海槽的西边坡。45m 以深海底地形又趋于平缓，属于三级阶地，被称为黄海海槽。

本区中部在台地基础上发育了形态奇特的辐射沙脊地形，南侧也发育了一些线状沙脊，但总体上表现为自西向东缓慢倾斜的堆积斜坡，并逐渐与研究区南部的长江水下三角洲合为一体。该沙脊群以苏北弶港为顶点，呈扇形向外海辐射，发育了十余条大型的沙脊，低潮时脊顶出露的沙脊有 70 个，0m 以浅沙脊面积达 2200km^2 以上，沙脊之间为大大小小的潮流通道。整个沙脊群呈扇形展开，沙脊和槽道相间分布。大型沙脊一般长 100km，宽 10km 左右，脊槽相对高差 10～15m，最大高差可达 30m 以上。大沙脊顶部常有横切沙脊的浅槽展布。

该区海底沙脊发育了典型的倾斜披覆层理（图 3-38），其顶部较为平缓，与下伏的平行层理显著不同，在沙脊顶部有明显的侵蚀沟发育，说明在沙脊形成后当地动力对其进行了改造。该区发育了两期次的潮流沙脊，分别对应了 U_3 和 U_5 地层（刘阿成等，2017），埋藏的古潮流沙脊位于 U_3 层下部，底面深度在现在海面下约 50m，顶面深度约 36m，形成时间推测相当于 11～12ka BP。U_4 地层构成了太阳沙的底面，也就是现代正在发育的潮流沙脊 U_5 层，其顶面深度约 24m，根据海平面变化曲线推测其形成时间为 9ka BP 之后。与该地震剖面对比的钻孔 07SR09 的分析表明，钻孔上段 0～18.38m 为全新世海相，包含潮间带和滨浅海等环境，中段 18.38～24.47m 为陆地，下段 24.47～45.91m 为河流相，中段和下段均属于晚更新世晚期的陆相沉积环境（孙祝友等，2014）。

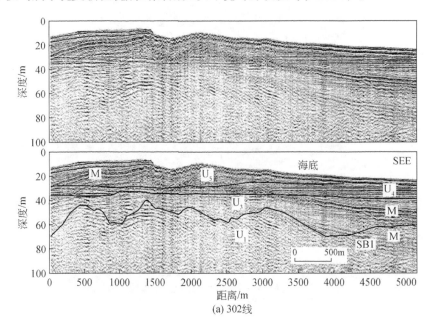

(a) 302线

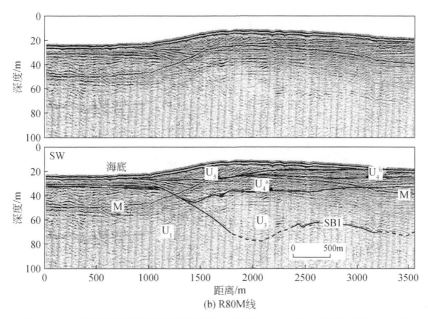

(b) R80M 线

图 3-38 太阳沙附近的单道地震剖面 302 线和 R80M 线（刘阿成等，2017）

该区多数沙脊和脊间沟槽已被命名（王颖，2002，刘振夏和夏东兴，2004），线状地形或高地被称为沙、滩、泥、地或珩，脊间沟槽被称为洋、槽或洪。已命名的主要沙脊有条子泥、小阴沙、亮月沙、太平沙、泥螺珩、扇子地、麻菜珩、毛竹沙、外毛竹沙、苦水洋沙、苦水洋东沙、蒋家沙、河豚沙、太阳沙、火星沙、冷家沙、横沙、乌龙沙等。主要沟槽有西洋、小北槽、大北槽、陈家坞槽、草米树洋、苦水洋、黄沙洋、乱沙洋、网仓洪、小庙洪等。

穿过弶港辐射沙脊区的地形剖面 L_5 也反映了该区的三级台阶地形特征（图 3-39）。该区整体地形自北向南逐渐加深，总体是个 15m 左右的台地地形，其北部 0 ~ 10m 的水下岸坡区地形较为陡峭，中部是辐射沙脊区，水深介于 5 ~ 20m 之间，地形剖面呈现为振荡起伏特征，沙脊地形的振荡幅度为 5 ~ 10m，其南部 20m 以深呈现单边加深趋势。

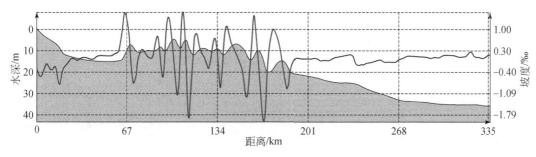

图 3-39 穿过弶港辐射沙脊区的地形剖面 L_5
位置见图 3-22

　　黄河自 1855 年北归入渤海后，该区缺乏大型河流的泥沙输入，维持该区大片的沙脊区需要大量的沉积物。万延森和张耆年（1985）通过悬浮泥沙取样分析，认为苏北沿岸的底质来源于各新老河流，弶港以南来自古长江，新洋港以北基本来自古黄河，弶港与新洋港之间为古黄河、古淮河和古长江沉积的混合物质，悬浮泥沙主要是来自当地的底质泥沙的再悬浮搬运，滩面淤积达 13cm/a，深槽下切达 31cm/a。

　　该区面积约 $7.55 \times 10^4 km^2$，体积 1609km³，按照 5m 间距对该区各水深区间的面积进行了统计，呈现 M 形基本特征，在 15～20m 水深区间出现面积最大峰值区，达到 $1.4 \times 10^4 km^2$，对应了浅滩和沙脊地形；在 30～35m 水深区间出现另一个峰值区，面积达 6800km²，对应了该区潮流沟槽地貌（图 3-40）。

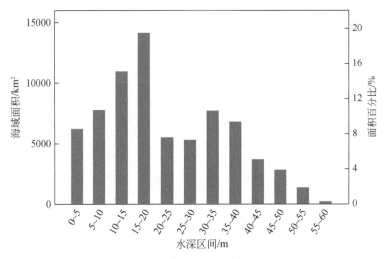

图 3-40　江苏沿岸古三角洲外水深 - 面积变化

2）古黄河口地形变化

　　江苏近岸北部古黄河口地形的变化很大。Zhou 等（2014）收集了大量的历史地形资料，分析了该区 1905～2006 年的地形变化。1855 年黄河汇入渤海后，在江苏的古黄河水下三角洲发生了严重的侵蚀现象（图 3-41），这种变化体现在等深线的位置和形态上，5m 等深线变化不太明显，而 5～20m 等深线的位置发生重要变化，10m 等深线全面后退，15m 等深线不仅后退而且形态也发生了变化，20m 等深线也发生了显著的变化，历史上曾经存在的口门五道沙消失殆尽，古黄河水下三角洲几乎消失，海岸线年均后退 200～400m（陈可锋等，2013）。过去的 100 年间，古黄河水下三角洲区域的每年侵蚀量达到 790Mt，其中 25% 是沉积在西黄海的离岸斜坡上，另外 20%～25% 搬运到南部海域。该区泥沙的侵蚀和再搬运也为弶港辐射沙脊区的地貌维持提供了充足的沉积物源。但随着古黄河水下三角洲的侵蚀消失，江苏辐射沙脊区的沉积物源大幅减少，该区特殊的辐射沙脊地貌是否还能够长期维持值得关注。该区还发育了大量的埋藏古河道（秦蕴珊等，1986；李凡等，1991），但受海平面变化导致河道反复改道的影响，古河道很难连续跟踪，甚至对于这些古河道是属于古黄河还是古长江还存在争议。

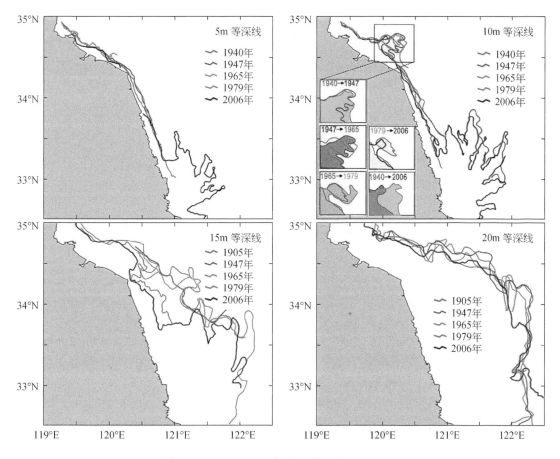

图 3-41　古黄河口 1905 ～ 2006 年的地形演变（Zhou et al., 2014）

7. 黄海槽地形区

黄海中部地形平坦，盆地特征明显，水深从北、西、南三个方向向中部逐渐变深，微向南倾，以 50 ～ 60m 等深线为边界，自济州岛向北至北黄海，在黄海中部形成 U 形槽状地形，俗称黄海槽。在南黄海的中部，等深线呈现平行特征，至南北黄海交接处，等深线逐渐封闭。在黄海槽的南部，海底地形变得复杂，分布条带状的沙脊地形。该区面积 10×10⁴km²，体积 7320km³，水深－面积统计表明（图 3-42），该区水深位于 50 ～ 110m，面积曲线呈现为"山"字形特征，峰值水深位于 70 ～ 75m，面积达到 3.3×10⁴km²，占比达 34%。

8. 渤海海峡出口地形区

该区面积 19651km²，体积 1078km³，总体地形呈现为北窄南宽的喇叭状（图 3-22），等深线呈现为近南北向平行排列，海底地形自老铁山水道中部往南逐渐变浅，在海峡出口形成堆积体，而后往黄海中部逐渐加深，反映了海流在海峡效应的作用下，流速湍急，深掘海峡内部沉积物，并在海峡两端堆积下来。

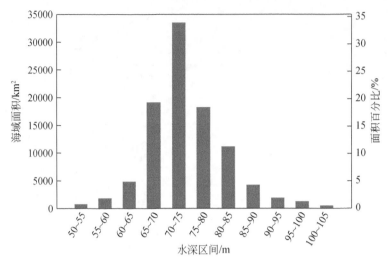

图 3-42 黄海槽水深－面积变化

9. 江华湾地形区

江华湾位于朝鲜半岛的中西部，以潮差大（最大达 8m）、潮流急（大潮涨潮流速超过 150cm/s）而闻名。该区面积 $2.69 \times 10^4 km^2$，体积 $641km^3$，按照 5m 间距的水深－面积统计表明（图 3-43），海域面积随水深呈现单边下降趋势，$0 \sim 20m$ 的水下岸坡区的海域占据主体，尤其 $0 \sim 10m$ 水深区间的海域面积较多，$20 \sim 50m$ 水深区间的面积变化不大，其中 $30 \sim 35m$ 水深区间出现面积谷值区，50m 以深的海域面积快速减少。

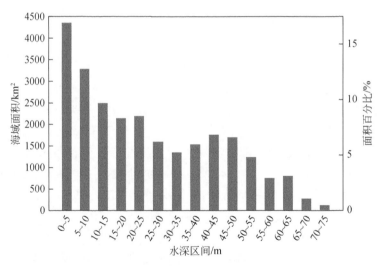

图 3-43 江华湾水深－面积变化

发源于太白山脉的汉江在江华湾入海，为河口三角洲的发育提供了大量泥沙。汉江河口三角洲的沉积物主要成分为暗绿灰色中砂、少泥，三角洲厚 $25 \sim 30m$。槽台相间是该区海底地形的典型特征，从贯穿该区的地形剖面上得到很好的体现（图 3-44），与其他区域沙脊明显不同，该区地形应该是潮流侵蚀所致。

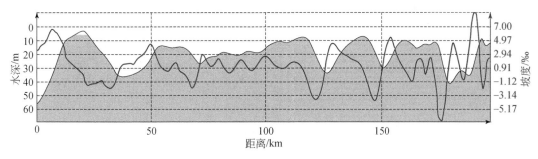

图 3-44　穿过江华湾的地形剖面 L$_6$

位置见图 3-22

10. 朝鲜半岛沿岸地形区

朝鲜半岛西南部海域地形甚为复杂，等深线总体平行于海岸线，以朝鲜半岛西南角为顶点呈现为飘带形状，但等深线显得较为凌乱，应为该地形区分布的众多岛屿阻隔等深线所致。与山东半岛东南部的台地类似，该区也是一台地地形区，靠近近岸有潮流冲刷深槽。在台地地形上发育了线性的沙脊地貌，部分海底沙脊长度超过 100km，甚至达到 200km。该区水深介于 0 ～ 90m 之间，自朝鲜半岛至海域呈现为单边快速下降趋势。该区面积约 $4.9 \times 10^4 km^2$，体积 2741km^3，水深－面积统计表明（图 3-45），0 ～ 60m 水深区间的海域面积变化不大，在 75 ～ 105m 水深区间的海域面积出现峰值区，应该对应了该区的海底沙脊地貌，80 ～ 90m 水深区间的海域面积最大，达到 $1 \times 10^4 km^2$，90m 以深的海域面积迅速减少。

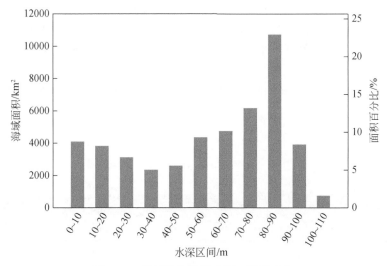

图 3-45　朝鲜半岛沿岸水深－面积变化

11. 朝鲜海峡地形区

1）基本特征

朝鲜海峡南部宽约 180km，东西长 350km，西邻济州岛，北接朝鲜半岛，南部是日本九州岛和本州岛，中部分布有对马岛，是连接日本海和黄海与东海的大通道。该区面积 $6.88 \times 10^4 km^2$，体积 $5556km^3$，水深–面积统计表明（图 3-46），$0 \sim 200m$ 水深区间出现两个面积峰值区，一个峰值区位于 $10 \sim 20m$ 水深区间，达到 $3300km^2$，对应了水下岸坡地形，另一个峰值区位于 $100 \sim 110m$ 水深区间，达到 $7400km^2$，对应了朝鲜海峡底部地形区。

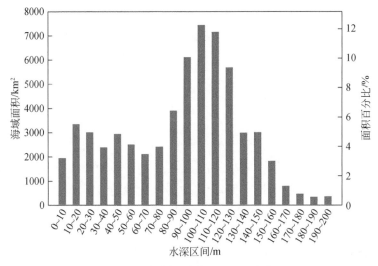

图 3-46 朝鲜海峡水深–面积变化

该区地形总体呈现为非对称的"U"字形特征，北部地形相对较为平坦，南部较为陡峭（图 3-47）。全区等深线呈现为密集平行排列，但局部受岛屿影响而发生弯曲。在对马岛的东北部，出现一深掘的长条形洼地，深达 200m。在其东南部靠近冲绳海槽处，出现一连通海槽的长条形洼地，水深达到 150m，低海平面时期，应该是输送陆源物质到冲绳海槽的重要通道。根据水深变化可以划分为内陆架（<80m）、中陆架（$80 \sim 120m$）和外陆架（> 120m）。内陆架等深线近似平行海岸线，其表层沉积为泥质；中陆架位于朝鲜海峡中部，地形非常平坦，表层沉积为含砾和贝壳的沙，外陆架位于朝鲜海峡，表层沉积为沙泥（Park et al., 2003）。

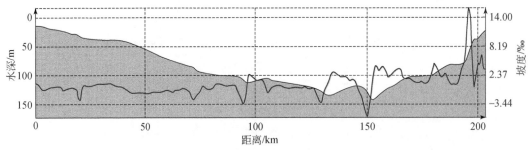

图 3-47 穿过朝鲜海峡的地形剖面 L_7

位置见图 3-22

　　蟾津江和洛东河是位于朝鲜半岛南部的两条大河。蟾津江每年带来大约 $0.8 \times 10^6 t$ 的细粒物质和相应的粗粒沉积物，大部分物质沉积于河口，形成砂质浅滩，而细粒物质可被离岸输运得较远，沉积于内陆架（Park et al., 2003）。洛东河每年注入朝鲜海峡 $6.3 \times 10^{10} t$ 的淡水和 $1.0 \times 10^7 t$ 的沉积物（Yoo et al., 2002）。区域流场和河流所携带的沉积物对于区域海底地形格局产生重要影响。

　　2）地层划分

　　Yoo 等（2002）在朝鲜海峡北部区域识别了 7 个地震层序（图 3-48）。

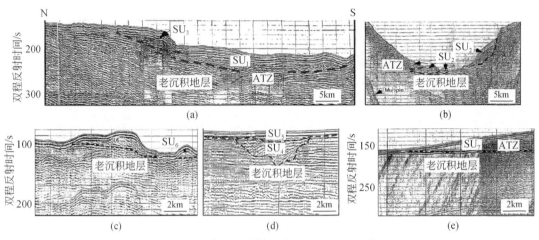

图 3-48　典型地震剖面（Yoo et al., 2002）

　　层 SU_1：位于朝鲜海峡的西南边缘，地震反射振幅极强，层内反射清晰、平行 - 亚平行，为向海倾斜的斜坡体，地震单元外形为隆丘或楔状，层厚 10～40m，沉积中心位于朝鲜海峡的西南边缘。

　　层 SU_2：位于朝鲜海峡的中北部到海峡基部，在海峡两侧壁均可见层 SU_2。SU_2 内部地震反射平行于基面，但与周围围岩杂乱反射形成了对比，推测为槽坡上部地层向下滑塌所致。

　　层 SU_3：位于水深 120～150m 的海峡西坡边缘。内部反射呈丘形或杂乱，局部内嵌向海倾斜的反射体。层厚 5～10m，在古河口处厚近 15m，长逾 100km、宽 2～4km。

　　层 SU_4：体现了"V"字形下切河谷特征，内部反射层自上至下高角度下倾，反映了快速、高能的充填过程，底界面呈复合"V"字形，被周围平行的反射层包裹，是海退标志界面（RSE）。在空间上，这种"V"字形下切的地震层可连续跟踪，系海平面下降过程中古河道下切地层所致，在海峡的中段发现两条古河道痕迹，应为古洛东河，在研究区西部有根系状的"V"字形古河谷体系，应为古蟾津江。

　　层 SU_5：覆盖于广泛的陆架之上，该层极薄，侧向不可连续跟踪，地震反射层半透明、平行，为典型的陆棚披覆层。

　　层 SU_6：为槽脊相间的潮流沙脊，属于 TST。层 SU_6 位于济州岛东部、靠近朝鲜半岛的中部陆架上，60～100m 水深区间共发现了 7 条沙脊。

　　层 SU_7：位于内陆架，外形为向海倾斜的楔形，在 60m 左右等深线逐渐尖灭，为朝鲜近岸泥质沉积层，属于高水位体系域（HST）。

3.2.2.3 黄海典型地形剖面

为了更好地分析黄海海域的整体地形变化特征，设计了贯穿全区的四条地形剖面。

1）地形剖面 A

地形剖面 A 自西向东依次穿过山东半岛沿岸地形区、老铁山水道东出口地形区和朝鲜湾沙脊地形区（图 3-49），海底地形总体表现为"U"字形特征。山东半岛沿岸地形表现为台地特征，往东为一相对陡峭的斜坡；北黄海中部陆架地形甚为平坦，水深介于50～55m 之间；剖面往东逐渐到达朝鲜沙脊地形区，总体地形逐渐变浅，但在剖面上叠加了波状起伏的地形，地形起伏的幅度约 5m，是典型的沙脊地貌。山东半岛沿岸地形区和黄海北部陆架的海底坡度较为平坦，平均坡度仅为 ±0.2‰，但在朝鲜湾沙脊地形区海底坡度有较大的抖动现象，这与海底沙脊的槽脊相间特征对对应，海底坡度波动值达到 ±2.5‰。

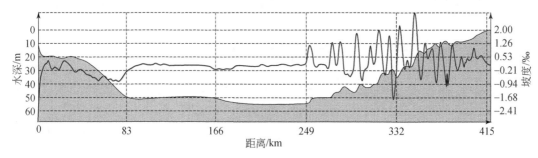

图 3-49 黄海典型地形剖面 A
位置见图 3-22

2）地形剖面 B

地形剖面 B 自北向南依次穿过老铁山水道东出口地形区和黄海北部陆架（图 3-50），北黄海海底地形表现为倒"U"字形、南北加深、中间较浅的总体特征。老铁山水道东出口地形区受海峡复杂动力和峡口效应的影响，海底地形被深掘至 60m 以深，远离老铁山水道的区域水深迅速减小至约 50m，海底坡度局部达到 2‰。在北黄海中部的 100km 范围内水深在 45～50m，海底地形甚为平坦，类似马鞍特征，海底坡度仅为 0.3‰。剖面向南逐渐加深，由北黄海中部的约 50m 水深加深至约 70m 水深，海底坡度约 0.3‰。

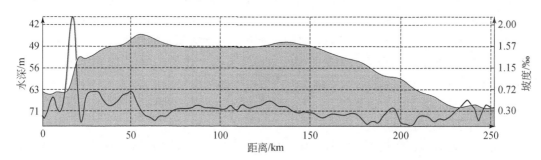

图 3-50 黄海典型地形剖面 B
位置见图 3-22

3）地形剖面 C

地形剖面 C 自西向东依次穿过江苏沿岸地形区、黄海槽地形区和朝鲜半岛沿岸地形区（图 3-51），地形剖面呈现为非对称的"V"字形特征，靠近中国大陆的海底地形相对平缓，靠近朝鲜半岛的地形相对陡峭。地形剖面穿过的江苏沿岸段的 0～20m，有数处 5～10m 的地形起伏，对应了辐射沙脊地貌。地形剖面的黄海槽区段，尤其在黄海槽底部，也有多处脊状起伏，对应了南黄海的沙脊地貌。受多处海底沙脊地貌的影响，海底坡度曲线呈现剧烈振荡特征，但全区海底坡度变化不大，介于 -1.6‰～2.2‰ 之间。

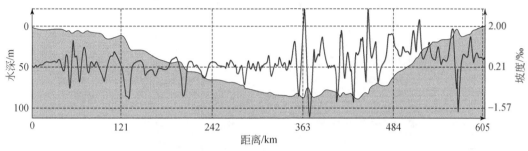

图 3-51　黄海典型地形剖面 C
位置见图 3-22

4）地形剖面 D

地形剖面 D 自北向南径直穿过黄海槽和江苏沿岸辐射沙脊区的南部（图 3-52），由此图可以看出，黄海槽底部较为平坦，水深介于 70～80m 之间，而江苏沿岸辐射沙脊区地形显得较为不同，由黄海槽底部的 70 余米减少至 40m 左右，是相对高起的台地地貌区。在辐射沙脊区与黄海槽之间过渡斜坡的底部，海底地形有 5m 左右的起伏。该地形剖面坡度相对平缓，介于 0～1‰ 之间，但在辐射沙脊区的外缘斜坡，海底坡度出现较为剧烈的振荡。

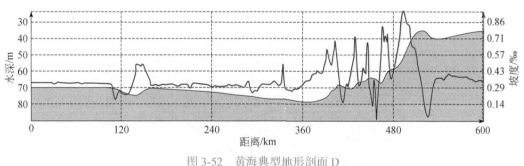

图 3-52　黄海典型地形剖面 D
位置见图 3-22

3.2.3　东海

3.2.3.1　东海地形概况

东海是东中国边缘海的重要组成部分，是西北太平洋的一个边缘海，西靠中国大陆，东临太平洋，北接黄海，南通南海，大致呈 NE 走向，NE-SW 向长约 1300km，NW-NE 向宽约 740km（金翔龙，1992）。平均水深 338m，多波束实测数据的最大水深 2322m（刘忠臣等，2005），位于冲绳海槽南部，总体海底地形由西北向东南倾斜。东海四周被中国大陆和中国台湾岛以及朝鲜半岛与日本九州岛、琉球群岛包围，总面积约 $77.3 \times 10^4 km^2$。

东海大陆架占总面积的 2/3，最宽达 610km，是世界上较宽的陆架。陆架北宽南窄，北缓南陡，向东南缓缓倾斜，其坡度为 0.01‰ ～ 1‰（图 3-53）。陆架外缘转折线平均水

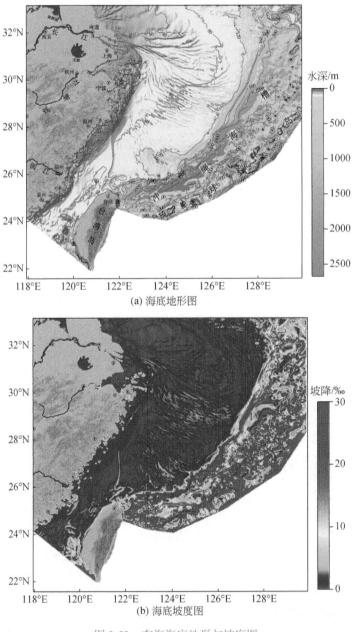

(a) 海底地形图

(b) 海底坡度图

图 3-53　东海海底地形与坡度图

深 160m，最浅 142m，最深 181m，并以水深 60m 等深线为界，划分为内陆架和外陆架两个大区域。东海陆架 60m 以浅等深线比较平直，基本上与海岸线平行。而 60m 以深等深线与岸线斜交或基本垂直，两区地形特征完全不同，反映了不同动力条件对地形发育的制约作用，也表明沉积物源对地形发育的影响。东海大陆坡位于陆架坡折线以东、陆坡坡脚以西 200～1000m 水深，呈弧形狭窄状向东南突出，等深线密集分布，为一斜坡地形。东海陆坡地形复杂，主要受构造控制，坡度大，断裂沟、谷和断块发育，构成了独特的海底地形。28°N 以南地区宽度窄，地形崎岖而陡峻，地形起伏剧烈，等深线密集迂回，发育较多的海底峡谷，且规模较大。28°N 以北区域，地形相对较为平缓，等深线呈平行状分布。紧邻陆坡区可见多个构造台地分布，台地顶部水深略大于陆架水深、海底峡谷自陆坡蜿蜒延伸至海槽底部，向上可追溯至陆架（李家彪，2008）。

冲绳海槽位于东海陆坡坡脚线与琉球群岛岛坡坡脚线之间，是一向东南突出的弧形舟状盆地。冲绳海槽总长约 1200km，海槽南北宽窄不一。海槽地形基本特征是由北向南逐渐变深，水深为 700～2000m。海槽内等深线相对稀疏平滑，但由于海槽的不断扩张、断裂和一系列的岩浆活动，槽底海山、海丘、裂谷及洼地发育，地形比较复杂多变。东海陆坡坡脚线是指东海陆坡与冲绳海槽槽底的地形界线，自北向南坡脚线的位置依次为 31°N 以北为 600m；30°～31°N 为 800m；28°～30°N 为 1000m；27°～28°N 为 1200m；26°～27°N 为 1400m；25°35′～26°00′N 为 1600m，25°00′～25°35′N 为 1000～1800m。岛坡坡脚线是指琉球群岛北坡与冲绳海槽槽底的地形界线。在 26°35′N 以北的琉球岛坡坡脚线可定在 700m 等深线，26°35′N 以南的岛坡坡脚线位置依次为 1600m、2000m、1800m、1400m 和 1000m 等深线（李家彪，2008）。

琉球岛弧南接中国台湾岛东北部，北连日本鹿儿岛，长约 1500km，由一系列露出水面的岛屿组成。其走向基本与冲绳海槽走向相同，且中部宽两端窄。岛弧两侧岛坡较为陡峭，且北缓南陡，比陆坡坡度大，部分区域等深线十分密集，展布形态很不规则。水深变化较大，南坡坡脚水深可至 4000m 左右。琉球海沟是一条向东南凸出、向西北倾没的弧形海沟，全长约 1500km，海沟内水深普遍大于 6000m。大致在 123°E 附近，由于加瓜海脊向北俯冲，海沟地形至此突然变窄并很快消失，海沟最大水深为 7881m，海沟东南方为菲律宾海，水深浅于海沟，约 5000m，海沟两侧坡壁坡度不等，西北向琉球岛弧侧较陡，东南侧坡度为 17‰～34‰，西北侧普遍大于 70‰，局部甚至大于 170‰。

因为东海水深变化大，在 0～200m 水深区间按照 10m 进行统计，大于 200m 水深区间按照 200m 间距统计（图 3-54）。东海陆架各区间面积呈现多峰形态，50～60m、100～110m 水深区间出现峰值，各占比约 7%。假定 0～60m 为内陆架、60～150m 为中陆架、150～200m 为外陆架，三者各占比为 25%、42%、3%。200m 以深海域的各水深区间面积呈现下降趋势，其中 600～800m 出现峰值，占比约 5.6%，当水深大于 1200m 时，各水深区间所占面积下降至 1% 以下。简单按照 0～200m 为陆架、200～1100m 为陆坡、大于 1100m 为槽底平原来统计，各区域面积分别占到东海面积的 70%、21%、9%。

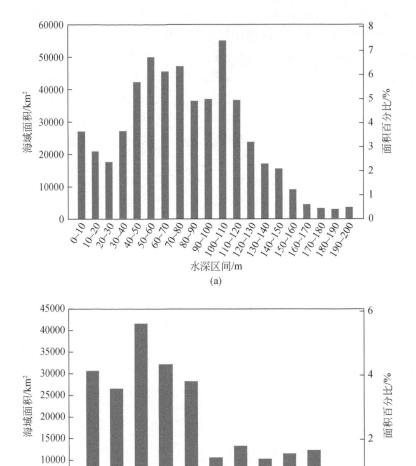

图 3-54　东海水深－面积变化

3.2.3.2　东海地形分区与特征

总体而言，东海海底地形可划分为陆架地形区、陆坡地形区和沟－弧－盆体系地形区 3 个主级地形区（图 3-55）。按照水深和等深线形态可将东海地形区进一步划分为水下三角洲、浙闽沿岸、台湾海峡、古三角洲、陆架沙脊、陆架洼地、陆架外缘、海槽西坡、海槽东坡和槽底平原地形区 10 个地形亚区，各地形亚区的基本特征统计见表 3-3。

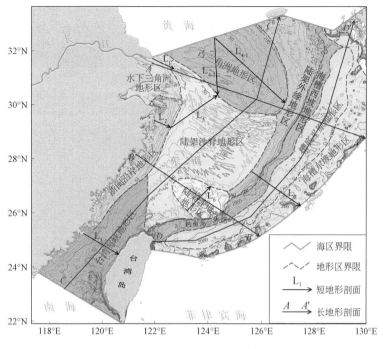

图 3-55　东海地形分区图

表 3-3　东海及地形分区基本特征统计

编号	海域	面积 /km²	体积 /km³	最大水深 /m	平均水深 /m	最大坡度 / (°)	平均坡度 / (°)	主要地形特征
—	研究区	—	250605	2322	338	21	0.71	平坦陆架 + 海槽
1	水下三角洲	24044	282	56	12	1.67	0.1	平缓斜坡
2	浙闽沿岸	43529	1006	137	23	4.3	0.17	斜坡
3	台湾海峡	88769	6115	1348	68	7.5	0.18	U 形槽状
4	古三角洲	97049	6091	63	62	0.25	0.04	隆起台地
5	陆架沙脊	154761	13666	268	0	5.7	0.08	长条状沙脊
6	陆架洼地	24901	3470	200	139	13	0.24	舟状洼地
7	陆架外缘	73992	9580	422	130	7.6	0.13	缓坡平原
8	海槽西坡	51373	35613	2081	691	16	2.23	陡峭斜坡
9	海槽东坡	90388	62405	2082	690	21	2.66	陡峭斜坡
10	槽底平原	85399	112377	2322	1315	15	1.28	起伏平原

1. 水下三角洲地形区

该地形区包括现代长江水下三角洲、杭州湾海域和舟山群岛海域（图 3-55）。

　　1）现代长江水下三角洲地形区

　　现代长江水下三角洲主体分布于东海长江口外，位于低潮线至水深50～55m一带。一般地，河控型浅水河口水下三角洲可由小于10m水深的浅水平台，水深10～30m的前缘斜坡，水深30～55m的前三角洲三个部分组成（黄慧珍等，1996）。长江水下三角洲水下地形也表现了大致类似的特征（图3-56），靠近长江北支口门的水深接近10m，表现为下凹深槽特征，远离口门的10～25km内，水深反而变浅至约5m的浅水平台，离开口门25km后水深逐渐加深，当水深大于20m时，海底地形逐渐变得陡峭，表现了水下三角洲前缘斜坡特征。

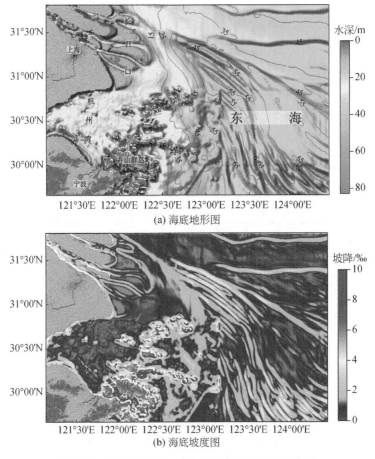

图3-56　长江口与杭州湾水下三角洲地形与坡度图

　　长江口地形复杂，浅滩沙岛呈雁行展布。最大的崇明岛将长江分成南北两支。北支为长江即将废弃的河道；南支地形复杂，多次进行分支，中心有长兴岛、横沙岛和铜沙浅滩首尾相连，将南支又分为北港和南港（陈吉余，2009）。南港的河口沙坝再把河床分为南、北两槽。北支、北港、北槽和南槽共同组成了现代长江主要入海口地貌。长江口外水下三角洲呈块垛状展布，北靠琼港沙脊地形区，南临东海陆架线状沙脊地形区，北部等深线呈宽缓的垛状，中部等深线自陆向海呈喇叭状，南部等深线呈弱发射线状向海延伸，正对长江口北支外的等深线呈密集的巨型喇叭状。长江水下三角洲北部的地形剖面揭示了其水下地形基本特征（图 3-57），剖面 0 ～ 5km 处为一槽状凹陷，对应了长江河道的水下延伸，整个剖面自河口至外海呈现为逐渐加深的趋势，剖面 5 ～ 55km 段为稍微隆起的地形特征，反映了河口输送泥沙对于海底地形的影响，剖面 55km 之后坡度突然加大，对应了三角洲前缘斜坡。

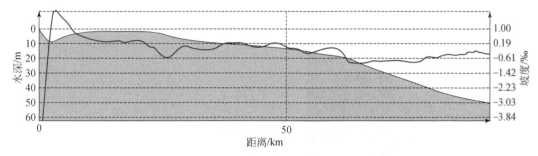

图 3-57　穿过长江水下三角洲的地形剖面 L_1

位置见图 3-55

2）杭州湾海域地形区

该区西起澉浦 - 西三闸断面，东至扬子角 - 镇海角连线，是典型的喇叭形海湾。其东西长 90km，湾口宽 100km，湾顶澉浦断面宽约 21km，面积约 5000km²。杭州湾北岸为长江三角洲南缘，沿岸深槽发育，南岸为宁绍平原，沿岸滩地宽广。岸线至理论基准面以上滩涂面积约 500km²，钱塘江河口段滩涂面积约 440km²。湾内有大小岛屿 69 个，岛屿附近发育潮流深槽、冲刷深槽及潮流沙脊。北部有大小金山、浮山岛、外浦山、菜荠山（彩旗山）、白塔山等，中部有大小白山、滩浒山和王盘山等，南部有七姐八妹列岛的东霍山、西霍山、大小长坛山等，湾南部有七星屿、瀣浦泥螺山等，湾口附近有大小戢山、崎岖列岛、火山列岛、金塘岛等。杭州湾两岸多为平直的淤泥质海岸。海岸线长 258km，其南岸属于淤涨型海岸，北岸则属于侵蚀型海岸，其中人工及淤泥质岸线为 217km，河口岸线为 22km，基岩及砂砾岸线为 19km。

3）舟山群岛海域地形区

该区分布于杭州湾喇叭口外海域，是我国最复杂的地形地貌区之一，受多种因素控制，且现代长江水下三角洲的前缘端可延伸至此。区内岛礁众多，星罗棋布，共有大、小岛屿 1390 个，其中常年有人居住的 103 个，岛屿陆地面积 1440km²，潮间带 183km²，其中 1km² 以上的岛屿 58 个（李家彪和雷波，2015）。整个群岛呈北东走向依次排列。南部大岛较多，海拔较高，排列密集；北部多为小岛，地势较低，分布较散；主要岛屿有舟山岛、岱山岛、朱家尖岛、六横岛、金塘岛等，其中舟山岛最大，面积为 502km²，为我国第四大岛。区内水深变化复杂，水深大致呈现西浅东深、南北两端浅中部深的特征。水深以 5 ～ 52m 为主体，平均水深 20m，局部水深可大于 100m，位于舟山岛南的螺头水道内。区域西部为杭州湾湾口，水深较浅，东部为水下三角洲平原，水下地形向东倾斜，水深向东逐渐变深。岛屿周围水深一般较浅，岛间分布有多条水道，水道内水下地形一般以冲刷为主，其上发育潮流冲刷槽，多数冲刷槽底部水深逾 50m，分布有 117 条航道。

水下三角洲地形区海域面积 $2.4×10^4km^2$，体积 $282km^3$，按照 5m 间隔对该区水深 – 面积进行了统计（图 3-58），呈现为偏峰不对称分布，$5\sim10m$ 水深区间面积最大，达到 $8800km^2$，占比 36.6%，水深大于 10m 时各海域占面积呈现快速单边下降趋势。

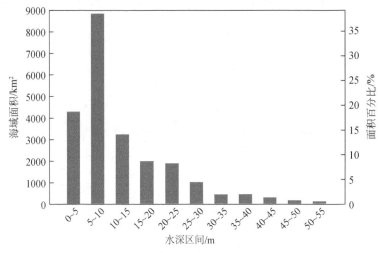

图 3-58　水下三角洲水深 – 面积变化

2. 浙闽沿岸地形区

在浙江近岸以南海区，等深线呈密集状、近似平行海岸线，呈 NE-SW 向延伸，与相邻海区等深线走势差异甚大，这种平直等深线向海推进到约 60m 一线。该区海域面积 $4.35×10^4km^2$，体积 $1006km^3$，按照 5m 间距对该区水深 – 面积进行了统计（图 3-59），面积分布总体表现为 M 形特征，$10\sim15m$ 水深区间为一个峰值，区域面积约 $5400km^2$，$40\sim45m$ 水深区间为另一峰值，区域面积约 $3700km^2$，$30\sim35m$ 水深区间面积是低值区，仅为 $2900km^2$。

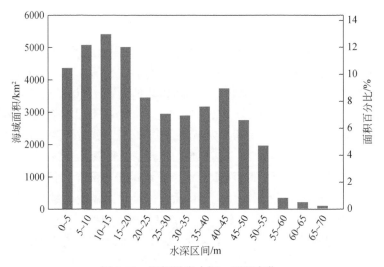

图 3-59　浙闽沿岸水深 – 面积变化

相对平坦陆架，浙闽沿岸地形区坡度较大，60m 等深线距岸线约 90km，坡降达到 6‰（图 3-60）。此类地形从钱塘江口外的嵊泗列岛一直延伸到台湾海峡北部近岸福建南日列岛，向北至长江口外的等深线已收敛，向南至台湾海峡中部仍可见等深线呈平直延伸，但仅至 40m 等深线。

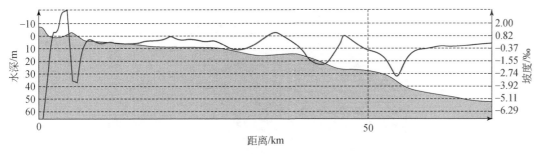

图 3-60　穿过浙闽沿岸的地形剖面 L_2

位置见图 3-55

3. 台湾海峡地形区

台湾海峡是福建与台湾之间连通南海、东海的海峡，北界为台湾新北富贵角与福建福州平潭岛连线，南界为福建东山岛与台湾鹅銮鼻连线。台湾海峡呈 NE-SW 走向，长约 370km，北口宽约 200km，南口宽约 410km，台湾岛白沙岬与福建平潭岛之间最窄约 130km，台湾海峡总面积约 $8.9 \times 10^4 km^2$，体积 6115km³，平均水深约 68m（图 3-61）。

海峡东西两岸形态差异明显，西侧多为岩岸，岸线曲折；东侧多为沙岸，岸线平直且地势较低缓。在海峡两侧近岸分布着两级海底阶地，一级阶地较窄，水深 10～18m，二级阶地较宽，水深 25～36m，两者都是在海平面相对稳定时期形成的，代表着不同时期形成的低海岸线。在海峡东岸，二级阶地已不明显，且不与一级阶地相连。在海峡西岸，

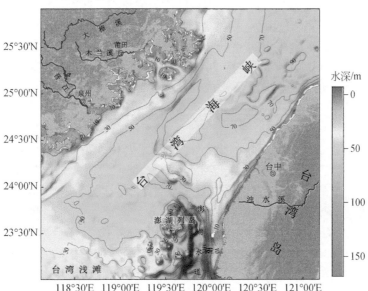

(a) 海底地形图

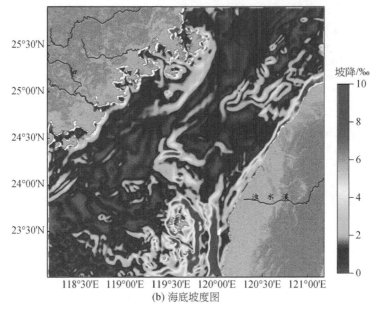

(b) 海底坡度图

图 3-61　台湾海峡海底地形与坡度图

二级阶地在东山岛附近向南延伸与台湾浅滩相连，为"东山陆桥"的一部分（林观得，1982）。

台湾海峡水深较浅，大部分海域水深小于 100m，约有 3/4 的海域水深小于 60m。其中，海峡西侧的福建沿岸水深较浅，水深一般不超过 60m。海峡东侧的台湾沿岸水深同样基本上不超过 60m，而海峡东南侧的水深较深，超过 100m。海峡中部和北部水深介于 40 ~ 80m 之间，等深线和岸线的延展方向基本一致。

台湾海峡的地形较为复杂且颇不规则，以澎湖岛和台湾浅滩为代表。澎湖列岛处地形高出海面而形成岛屿，地势低平，等深线随着岛屿排列。澎湖岛与台湾岛之间为澎湖水道，南北长约 65km，宽约 46km，为地壳断裂形成的峡谷，水深由北部 70m 向南渐深至 160m；再往南延伸，水深达 1000 余米，为海峡最深处，连通南海海盆。另一峡谷为八罩水道，东西走向，宽约 10km，水深 70 余米，分澎湖列岛为南北两群，为通过澎湖列岛的常用通道。澎湖水道为地堑式下沉形成的谷地，与南海海盆连通。

海峡近岸地形受闽沿岸流和海峡水道水流的双重影响，在台湾海峡近岸等深线仍近似平行岸线，但规模和走势与浙闽沿岸地形区略有不同。这种平直的等深线延伸到 50m 左右水深，向台湾岛侧等深线逐渐过渡为外凸弧状；海峡水道地形在台湾海峡中间等深线走势与近岸差异甚大，平直的等深线已不复存在，取而代之的是波状等深线，主体水深 50m 左右。该区海底地形甚为复杂，等深线多呈封闭状，多为负地形，最深可达 70m 左右，局部也可见正地形，水深浅至 20m 左右。

靠近台湾岛等深线逐渐过渡为平行岸线；海峡北部地形位于台湾岛的东北部，虽然该区位于东海陆架，但等深线走势与浙闽沿岸及陆架沙脊区明显不同，水深较大，等深线由海峡的 70m 左右突然过渡为 90m 左右，甚至局部可见 130m 以深水深值。等深线在该区中部尤其密集，反映了该区地形受海峡水流、沿岸流和东海潮波的三重影响，但从等深线的走势看似乎受海峡水流的影响更大。

台湾岛台中以西有台中浅滩，与东部阶地相连，东西长 100km，南北宽 15 ～ 18km，水深最浅处 9.6m。两浅滩之间为澎湖列岛岩礁区，南北长约 70km，东西宽 46km，由岛屿、礁石和许多水下岩礁组成，北部岛礁分布较集中，水道狭窄；南部岛礁分散，水道宽阔。

台湾浅滩位于台湾海峡与南海的交界，该区等深线封闭很多，呈网筛状，水深在 25 ～ 30m，由众多的形态各异的水下沙丘组成（余威等，2015；Zhou et al.，2018），呈椭圆形散布，东西长约 150km，南北宽 60 ～ 80km。这种特殊的海底地形可能由于海峡水流由东海注入南海，水流断面突然开阔，流速剧降，由水流携带的大量沉积物卸载在该区，导致该区地形呈浅滩状。往南逐渐过渡为南海陆坡地形区，等深线呈密集、平行状分布。

总的来说，台湾海峡水深具有西浅东深的不对称特点，以台湾浅滩 - 澎湖列岛 - 云彰隆起连线为界，台湾海峡西北部较浅，海底地形变化较小，东南部水深较深，坡降也较大。台湾浅滩以北海域，属于东海大陆架，而以南海域，则属于南海大陆架（林观得，1982）。

垂直穿过台湾海峡中部的地形剖面显示（图 3-62），台湾海峡并非简单的 U 形槽特征，在中部表现为 W 形特征，在台湾海峡中部有高度约 20m 的隆起地形，左右深槽水深达约 70m。靠近大陆一侧的楔状斜坡特征明显，坡降约 1.5‰；靠近台湾岛一侧斜坡较为平缓，平均坡降为 0.6‰，但靠近台湾岛处地形变得陡峭，坡降达到 8‰。这种地形特征，反映了台湾海峡两侧沉积物源的巨大差异，受长江与浙闽近岸小河流输沙的影响，靠近大陆一侧的海峡沉积丰富，而靠近台湾岛一侧的海峡沉积相对贫乏。

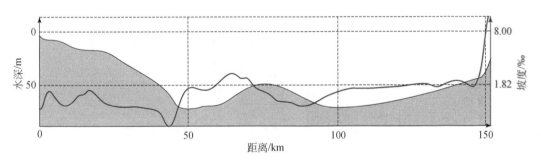

图 3-62　穿过台湾海峡的地形剖面 L_3

位置见图 3-55

该区海域面积 $8.9 \times 10^4 km^2$，体积 6115km³，按照 10m 间距对台湾海峡各水深区间面积进行统计（图 3-63），面积呈现为偏峰特征，50 ～ 60m 水深区间是最高峰值区，面积达 $1.6 \times 10^4 km^2$，占全区海域面积的 17.98%，对应了海峡东西两坡地形；40 ～ 85m 水深区间面积达 $5.78 \times 10^4 km^2$，占到全区海域面积的 64.94%。

4. 古三角洲地形区

该地形区紧邻水下三角洲的东部、江苏弶港辐射沙脊的南部（图 3-55）。该区面积 $9.7 \times 10^4 km^2$，体积 6091km³，按照 10m 间距对该区各水深区间面积进行了统计（图 3-64），海域面积的峰值区在 40 ～ 50m，占到全区面积的 21%，50m 以深海域面积呈现为阶梯状下降趋势，至 100m 已下降至 1% 左右。35 ～ 100m 水深区间面积达 $9.3 \times 10^4 km^2$，占到全区的 96%。

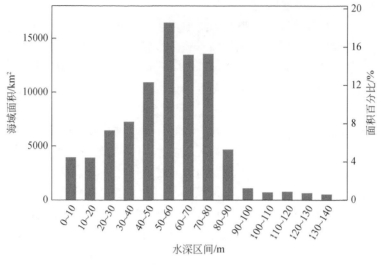

图 3-63　台湾海峡水深－面积变化

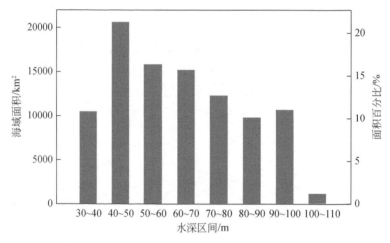

图 3-64　古三角洲水深－面积变化

从等深线组合形态来看，呈现为 NW-SE 向椭圆状延伸特征，尤其 50～100m 等深线表现得尤为明显，与水下三角洲及喇叭口地形区的等深线不属于一套体系，而与江苏弶港辐射沙脊地形区的等深线是一个体系，表现为自弶港辐射沙脊为中心逐渐向东南延伸的堆积体，水深也由北向南逐渐加深，由 40m 左右加深至 100m（图 3-65）。推测该区是古长江和古黄河在东海陆架的堆积三角洲。

在该地形区上寄生了东西向长条状延伸的脊状地形，其长度超过 200km，靠近该地形区的东部外缘，这种脊状地形发生分散。自北向南的地形剖面显示（图 3-66），该种脊状延伸地形表现为北坡缓、南坡陡的不对称特征，峰值之间的地形落差达 15m 左右，其峰－峰或者谷－谷间距达到 40km，有些脊状地形相互叠加形成复合地形，在该区的东南边缘尤其明显。

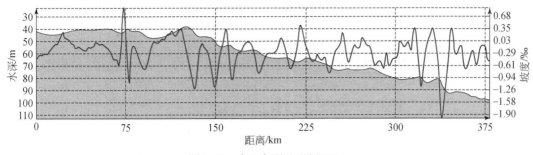

图 3-65　古三角洲地形剖面 L_{4-1}

位置见图 3-55

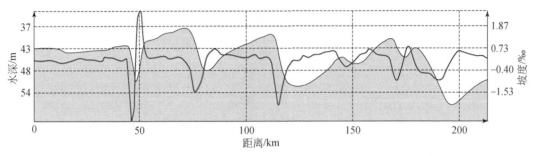

图 3-66　古三角洲地形剖面 L_{4-2}

位置见图 3-55

该地形区的北部是扬子浅滩，地理位置大约在 $30°42' \sim 32°36'N$，$122°30' \sim 125°00'E$ 之间，东西宽约 270km，南北长约 200km，水深 $25 \sim 55m$，沉积物以砂质为主，面积达 $3 \times 10^4 km^2$（刘振夏和夏东兴，2004）。在扬子浅滩上广泛发育沙波地貌，按其规模可分为两组，一组为波长 $2.3 \sim 13.6m$ 的巨型波痕，脊线呈直线型、树枝状、棋盘形和蜂窝形，另一组为波长 $70 \sim 1265m$ 的沙波，呈小范围分布（叶银灿等，2004；叶银灿，2012）。

5. 陆架沙脊地形区

海底沙脊是东海陆架最典型的地形地貌单元（图 3-67），分布非常广泛，向陆侧达到

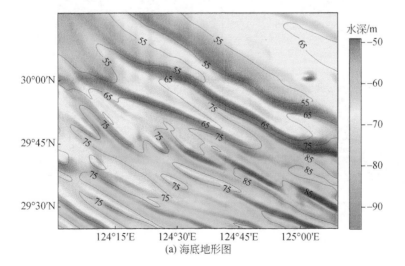

(a) 海底地形图

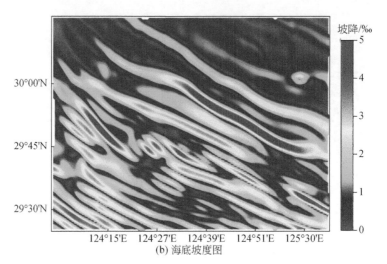

图 3-67 陆架沙脊海底地形与坡度图

60m 等深线，向海侧南部达到 150m 等深线、北部达到 120m 等深线，几乎到达陆坡边缘，海底沙脊分布面积达到 $14\times10^4km^2$。海底沙脊呈 NW-SE 向近平行线状排列，单个主支沙脊长逾 200km，宽 10 ~ 15km，沙脊高 10 ~ 15m，西南侧坡度在 4.3‰ 左右，东北侧坡度在 2.6‰ 左右，有自东北向西南倾伏的趋势。东海陆架沙脊空间分布表现为中间密集、南北两端稀疏、向东分散分叉、向西密集交汇的特征（Wu et al.，2005，2010，2017）。

穿过东海北部陆架沙脊区的地形剖面显示（图 3-68），海底沙脊形态较为复杂，单个沙脊体高达 5 ~ 15m、宽达 5 ~ 20km，海底沙脊形态各异，常出现多个沙脊叠置在一起的特征，在大沙脊上又寄生多个小沙脊。

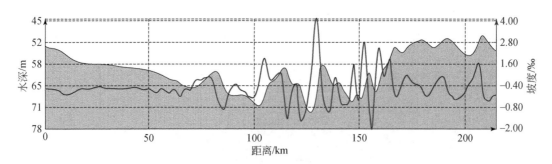

图 3-68 穿过东海北部陆架沙脊区的地形剖面 L_5

位置见图 3-55

该区面积 $15.5\times10^4km^2$，体积 $13666km^3$，按照 10m 间距对该区各水深区间海域面积进行了统计（图 3-69），该地形区主体水深介于 50 ~ 120m 之间，面积达 $14.7\times10^4km^2$，占到全区的 95%。50 ~ 100m 水深区间各水深面积波动不大，呈现缓慢增加的趋势，面积峰值区位于 100 ~ 110m 水深区间，达到 $3.5\times10^4km^2$，占到全区面积的 23%，之后海域面积呈现快速单边下降的趋势。

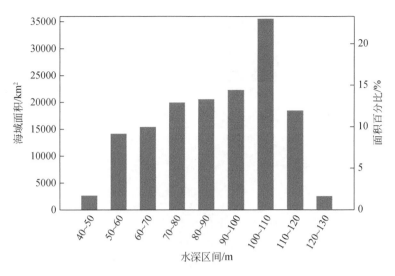

图 3-69　陆架沙脊水深－面积变化

6. 陆架洼地地形区

在东海陆架钓鱼岛西北部存在一舟状洼地，NE-SW 向宽约 70km，NW-SE 向长约 150km，面积达 $2.49 \times 10^4 \text{km}^2$，体积 3470km^3，按照 10m 间距对东海陆架洼地各水深区间面积进行了统计（图 3-70），面积曲线呈现 M 形特征，$110 \sim 150\text{m}$ 水深区间面积达到 $1.9 \times 10^4 \text{km}^2$，占到全区的 **76%**。

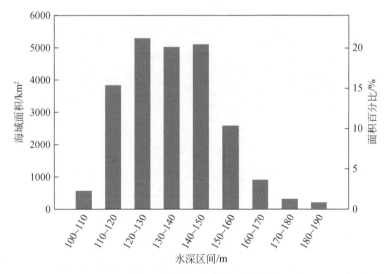

图 3-70　陆架洼地水深－面积变化

该洼地与周边海底地形明显不同，该区域内 $110 \sim 140\text{m}$ 等深线表现为近似平行排列，总体形态为 NW-SE 走向的 U 形槽状，其开口朝向冲绳海槽，150m 以深等深线在洼地中封闭，最深处达 180m（图 3-71）。在该洼地内部分布多处线状沙脊地貌，但其长度和高度均小于东海陆架其他区域沙脊，在该洼地的东北部发育了大片东海陆架沙脊（吴自银等，

2006）。该洼地向东南直接和冲绳海槽连通。

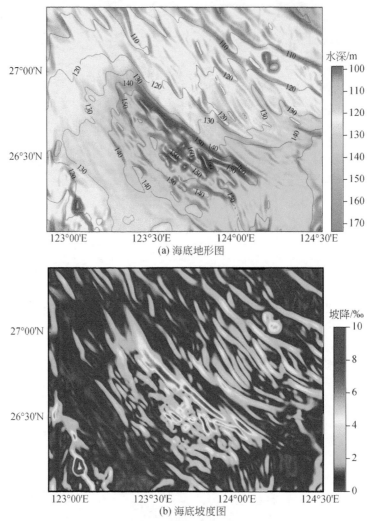

(a) 海底地形图

(b) 海底坡度图

图 3-71　东海钓鱼岛附近洼地海底地形与坡度图

SW-NE 向穿过该洼地的地形剖面显示（图 3-72），该洼地剖面总体呈现为 W 形特征，水深小于 120m 时洼地特征不明显，130m 水深基本为洼地外边界，同时洼地呈现了不对

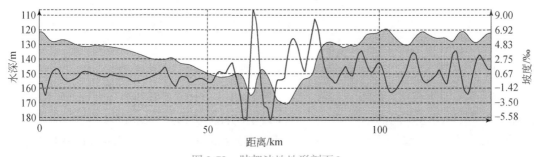

图 3-72　陆架洼地地形剖面 L_6

位置见图 3-55

称特征，其北坡陡峭，南坡平缓，在洼地中央发育线性沙脊。洼地东部地形剖面波状起伏，地形落差达 10m，反映了陆架普遍发育的海底沙脊地貌。

7. 陆架外缘地形区

该区紧邻东海陆架线状沙脊地形区和古三角洲地形区，向海至陆架坡折线一带，等深线走势与这两区完全不同，120～160m 等深线基本平行于陆架坡折线，在陆架外缘地形区以南的等深线走向为北东 - 南西向，但以北等深线走向发生变化，呈北西 - 南东向。等深线走势的不同，反映了影响陆架海底地形发育的水动力条件发生了变化。该地形区自南向北呈现为窄条状，南部紧邻钓鱼岛附近洼地，向北以济州岛为界，南部宽约 40km，北部在东海古三角洲及陆架沙脊地形区交接处宽约 70km，再往北逐渐加宽至 150km。120～160m 等深线区间的平均坡降约 0.3‰，160～200m 等深线区间的平均坡降加大至 5‰。陆架外缘大部分区域地形较为平滑，是低海平面时期的残留平原地貌。但在济州岛以南区域表现出了不同特征，分布系列长条形的脊状地貌（图 3-73），但与东海陆架其他区域相比，该处沙脊波高普遍小于 5m，波长约 10km，且多数沙脊延伸距离不长，仅数十千米。

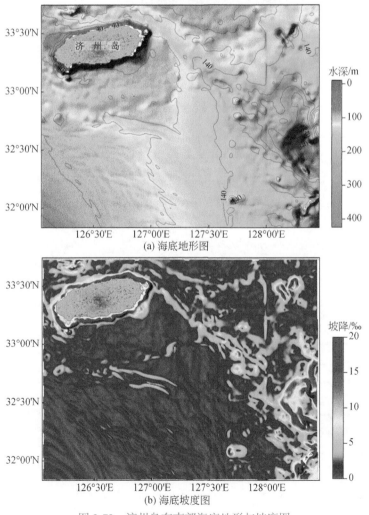

(a) 海底地形图

(b) 海底坡度图

图 3-73　济州岛东南部海底地形与坡度图

该区面积 7.4×10⁴km²，体积 9580km³，按照 10m 间距对该区各水深区间的海域面积进行了统计（图 3-74），曲线呈现为不对称的 M 形特征，100～155m 水深区间海域面积达 63970km²，占到该区的 86%，150m 以深海域面积迅速减少。100～110m 和 120～130m 水深区间出现面积峰值区，分别达到 1.5×10⁴km² 和 1.4×10⁴km²，分别占到全区的 20% 和 19%。

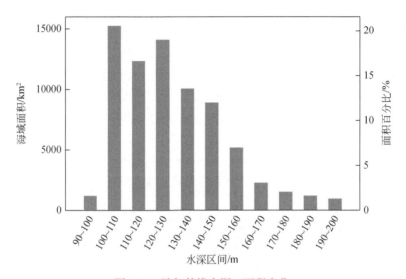

图 3-74　陆架外缘水深－面积变化

8. 海槽西坡地形区

冲绳海槽是东海沟－弧－盆体系的一个弧后盆地，分布于东海大陆架与琉球岛弧之间，总体走向 NE-NNE。边缘海盆地貌即指冲绳海槽地貌，海槽横断面呈 U 形，两侧槽坡陡峭，槽底主要由地势较为平坦的半深海－深海平原、深海扇以及中央裂谷、断陷洼地、火山链、断块隆起台地等构造、火山地貌所占据（吴自银等，2004；Wu et al.，2014b）。

东海陆坡位于陆架坡折线和陆隆坡脚线之间，该区环绕冲绳海槽西边坡，南起台湾岛北部，北至五岛列岛，自南至北呈向东南外凸的窄长条状，长逾 1000km，南部略窄，宽约 40km，最窄处约 20km；北部稍宽，最宽处超过 70km，整个陆坡区坡降较大，在如此窄的区域内水深由陆架 160m 左右迅速降至海槽区的 1000m 左右，多数地段坡度超过 2°，局部陡峭区坡度超过 10°。东海陆坡地貌主要受构造的控制。

东海陆架坡折线附近有陆架边缘断裂发育，沿陆架边缘断裂往往发育边缘断裂沟，它们沿等深线延伸，位于陆架坡折线之下，剖面上常呈 V 形深切沟谷。在 27.7°N 以南陆坡发育较多的海底峡谷，且峡谷规模较大，多分支；北段地形相对较为平缓，等深线呈平行状，也可见峡谷发育，但规模较小，少分支。海底峡谷自陆坡蜿蜒延伸至海槽底部，向上可追踪至陆架，峡谷在冰期低海平面时可能是连接陆架和海槽的通道，紧邻陆坡区可见多个构造台地分布，台地顶部水深略大于陆架水深（图 3-75）。

该区面积 5.1×10⁴km²，体积 3.6×10⁴km³，按照 100m 间距对冲绳海槽西坡各水深区间面积进行了统计（图 3-76），100～1100m 水深区间面积 4×10⁴km²，占到全区的

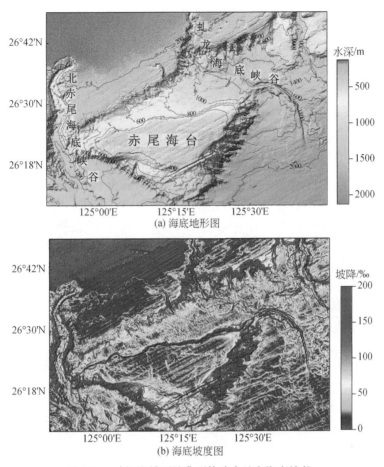

(a) 海底地形图

(b) 海底坡度图

图 3-75　冲绳海槽西坡典型构造台地和海底峡谷

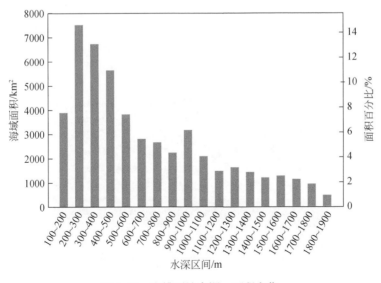

图 3-76　海槽西坡水深－面积变化

79%，面积峰值区出现在 200 ～ 300m 水深区间，达到 7535km²，占比 15%，之后各水深区间面积迅速减少，在 900 ～ 1000m 水深区间出现面积次级峰值区，达到 3190km²，占比达 6.6%。

9. 槽底平原地形区

冲绳海槽槽底平原的地貌发育及其分布格局主要受雁行式排列的海槽扩张轴的控制，并受沿陆坡海底峡谷下泄的浊流带来的、来自东海陆架的陆源碎屑和来自海底火山喷发的火山碎屑的影响。海槽中央为沿扩张轴发育的中央裂谷（深海洼地）和火山链；海槽西侧的东海陆坡坡麓有断陷沟槽及以陆源碎屑堆积为主的深海扇（浊积扇）发育，东侧琉球岛坡坡麓有狭窄的断陷洼地分布；海槽中央裂谷西侧槽底断续分布与海槽走向近似平行的断块隆起台地或浅滩；海槽东侧为火山灰堆积平原，并分布与海槽东缘断裂带近于平行的断块隆起台地和海岭。NW-SE 向的吐噶喇断裂带和宫古断裂带将冲绳海槽分为北、中、南三段，总体上水深自北向南增大。其中海槽北段轮廓为 NNE 向，槽底平原水深650 ～ 950m；海槽中段走向为 NNE 向，槽底平原水深 1000 ～ 1450m；海槽南段走向为NE-NEE 向，槽底平原水深为 2050 ～ 2100m。

在冲绳海槽槽底平原分布众多的线性海山、雁行排列的洼地和孤立的海山地貌。例如，西南部的深海洼地内发现了一座小型海山（图 3-77），此海山长约 13km，宽约 2.5km，高出洼地海底约 170m。该海山非常陡峭，南北向最大坡度达到 10° 以上，海山顶由若干高差相近的山峰组成。其走向为 N88°，基本上与中央洼地的走向一致，也与海槽西南部

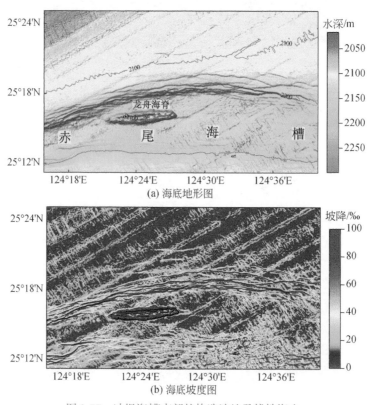

(a) 海底地形图

(b) 海底坡度图

图 3-77　冲绳海槽南部的构造洼地及线性海山

的主轴轴线近似平行，表现出良好的线性特征。在中央洼地内沿轴线还可见若干座小规模的海底山分布。

该区面积 $8.5 \times 10^4 km^2$，体积 $11 \times 10^4 km^3$，按照 100m 间距对冲绳海槽底部平原各水深区间面积进行了统计（图 3-78），$600 \sim 1300m$ 水深区间面积曲线呈现为 M 形特征，$1300 \sim 1900m$ 水深区间的海域面积曲线波动不大，而 $1900 \sim 2300m$ 水深区间的面积曲线呈现了倒 V 形特征。三个面积峰值水深区间 $700 \sim 800m$、$1000 \sim 1100m$ 和 $2000 \sim 2100m$ 的海域面积分别为 $1 \times 10^4 km^2$、$1.2 \times 10^4 km^2$ 和 $8850 km^2$，占比分别达到 12%、14% 和 10%。

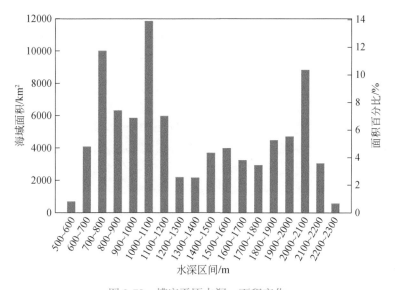

图 3-78　槽底平原水深 – 面积变化

10. 海槽东坡地形区

琉球岛弧构成了海槽的东坡及以东地形。琉球岛弧南接中国台湾岛北部，北连日本鹿儿岛，长约 1500km，由一系列露出水面的岛屿组成，自南至北依次是先岛群岛、冲绳群岛、奄美群岛、吐噶喇列岛、大隅群岛等，从海底三维图可以看出上述岛屿在水下是彼此连接在一起的，呈堤坝状，仅在久米岛处由水道分开，该处水道深约 800m。琉球岛弧走向与冲绳海槽走势基本相同，124°E 以西呈 EW 向，124°E 以东呈 NE-SW 向，北段冲绳海槽变得开阔，岛弧走向与海槽走向稍有不同。先岛群岛至冲绳群岛的岛弧中段最宽，也最连续，宽达 90km；八重山列岛往南岛弧的堤坝特征减弱，呈破碎状，宽度减至 70km；自冲绳群岛往北岛弧明显变窄，平均宽约 40km，最窄处仅 20km，岛弧两侧岛坡较为陡峭。琉球岛弧是一道天然的屏障，将东海与太平洋隔开，是大洋和边缘海的自然分界线。琉球岛弧地貌的形成和发育主要受构造控制，与太平洋板块特别是中新世中期以后菲律宾海板块向西运动而引起的一系列地质事件密切相关。由于受到内侧冲绳海槽和外侧琉球海沟的扼制，琉球岛弧具有明显的地貌面组合特征，表现为狭窄的岛架、地形复杂的岛坡，岛坡台地、岛坡海槽、岛坡海脊、岛坡深水阶地、断陷洼地、峡谷、海山等构造地貌、火山地貌发育。

垂直穿过冲绳海槽中部的地形剖面显示（图3-79），整个冲绳海槽盆地呈现为大的"U"字形特征,但东西两坡不对称,东坡明显陡峭,局部坡降达到32%,而西坡平缓,平均坡度4%左右,在海底峡谷处坡度增加,在西坡上寄生了构造台地与海底峡谷地貌,在海槽底部极其不平坦,内部有高差近1000m的海山分布。

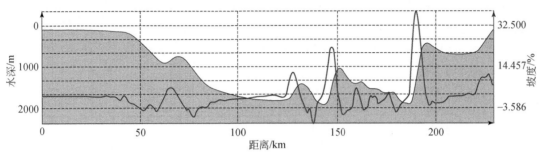

图 3-79 海槽东坡地形剖面 L$_7$

位置见图 3-55

该区面积 9×10^4km^2,体积 6.2×10^4km^3,按照 100m 水深间距对面积进行统计（图3-80）,呈现为 M 形特征,200～300m 水深区间出现面积峰值,面积约 7270km^2,占比 8%,600～800m 水深区间出现另一个峰值,面积约 2.15×10^4km^2,占比约 23.7%,0～800m 水深区间呈现为缓慢增加趋势,之后海域面积迅速减少。

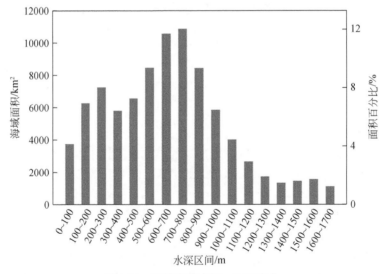

图 3-80 海槽东坡水深－面积变化

3.2.3.3 东海典型地形剖面

为了揭示东海海域全区地形总体特征,设计了 4 条典型地形剖面（A-D）。

1）地形剖面 A

地形剖面 A 西起崇明岛外缘,东至琉球群岛的奄美大岛,剖面全长 835km,东西向穿过东海的北部（图 3-81）。与冲绳海槽相比,东海陆架异常平坦,北部陆架宽达 600km,

但其坡度仅为 0.3‰。剖面 0 ~ 100km 区间有小的倾斜，应为长江水下三角洲对于陆架地形的影响。剖面右侧 600 ~ 835km 区间展示了冲绳海槽北部 U 形槽特征，但其两侧陆坡特征明显不同，海槽西坡较为光滑，而东坡崎岖不平，对应了海山地形。与陆坡相比，海槽坡度变化较大，达到 ±80‰，尤其以海槽东坡的坡度变化大。

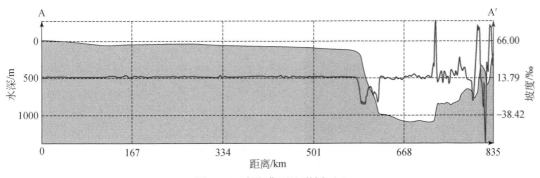

图 3-81　东海典型地形剖面 A

位置见图 3-55

2）地形剖面 B

地形剖面 B 西起浙江近岸的玉环岛，东至琉球群岛的宫古岛，全长 550km，东西向穿过东海的中南部（图 3-82）。东海南部陆架宽度较窄，不足 400km，其地形特征和坡度与北部类似剖面，但更加平坦。较大的不同体现在剖面穿过海槽的 400 ~ 550km 段，南部海槽剖面更加崎岖不平，在槽底发育大量海山，海槽的西坡非常陡峭，其坡度超过 200‰。

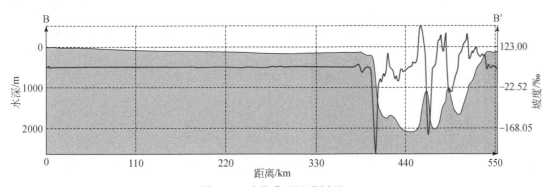

图 3-82　东海典型地形剖面 B

位置见图 3-55

3）地形剖面 C

地形剖面 C 自南向北穿过东海西部（图 3-83），南起台湾浅滩北部、北至济州岛，剖面全长 1410km。剖面 0 ~ 450km 区间对应了台湾海峡，台湾海峡南浅北深，平均水深超过 60m，海峡内部崎岖不平，中间的隆起对应了台中浅滩，其最浅水深不足 30m，海底坡度约 ±5‰。在台湾海峡北部海底地形逐渐变得平坦，在地形上出现一洼地形态，海峡北出口与陆架之间出现一陡坎地形，其坡度超过 5‰。剖面 450 ~ 1000km 区间对应了东海中部平原区域，平均水深约 90m，海底地形典型特征是出现波状起伏的地形，对应了东海陆架广泛发育的海底残留沙脊（Wu et al., 2005, 2010），其海底坡度与地形剖面一样表现了有韵律的波状特征。剖面 1000～1200km 段海底地形呈现为隆起平台特征，对应了扬子古三角洲地形区，在其上叠加了波状起伏的地形，但其间隔要明显宽于东海陆架的沙脊地形间隔。1200～1410km 段对应了陆架外缘地形区，在地形上对应了一个水深快速加深的斜坡区，然后水深逐渐变浅直至济州岛。总体而言，东海陆架水深尽管变化不大，但其上地形变化较为复杂，尤其以沙脊发育为典型特征。

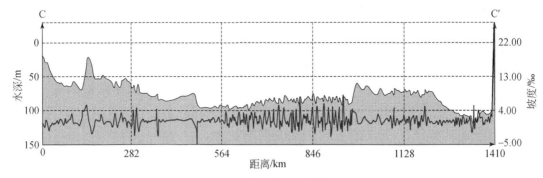

图 3-83   东海典型地形剖面 C

位置见图 3-55

4）地形剖面 D

地形剖面 D 自南至北穿过冲绳海槽中部，较为全面地展示了冲绳海槽底部平原的特征（图 3-84）。剖面南起台湾岛，北至日本长崎天草岛，全长 1310km。冲绳海槽底部平原南深北浅，南部呈现不对称的盆状，北部呈现为台阶状。0～750km 为海槽南段，其最深水深大于 2200m，其内部可见孤立的海山。750～1310km 为海槽北段，其总体水深小于1000m，海底地形呈现台阶式变浅，1200～1310km 段水深逐渐变浅至 200m 以浅。海槽坡度也体现了地形的变化，在海槽南段坡度曲线呈现急剧振荡特征，幅度达到 ±150‰，与海底崎岖不平以及分布的海山对应。海槽北段地形坡度要小得多，幅度在 ±50‰ 变化。海槽内部的这种地形变化特征表明其南部构造活动依然剧烈，而北部沉积物丰富已经淹没了海槽前期构造活动的行迹。

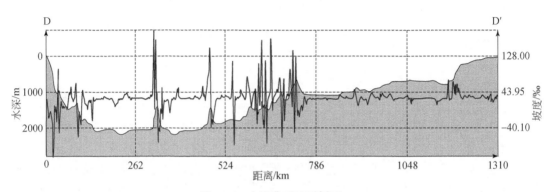

图 3-84   东海典型地形剖面 D

位置见图 3-55

3.2.4　南海

3.2.4.1　南海地形概况

南海介于 2°30′S ～ 23°30′N，99°10′ ～ 121°50′E 之间。南海位于我国南部，北靠中国大陆和台湾岛，东邻菲律宾群岛，南界是加里曼丹岛和苏门答腊岛，西邻中南半岛和马来半岛。南海是东亚陆缘面积最大、位置最南的边缘海，呈 NE-SW 向伸展的菱形。其北界和西界为华南大陆与中南半岛，东界与南界由一列岛弧围绕，该列岛弧北起台湾岛，向南依次为吕宋岛、民都洛岛、巴拉望岛、加里曼丹岛及苏门答腊岛，构成南海外缘的自然边界并使南海成为半封闭的边缘海，仅在某些岛屿之间有巴士海峡等 10 多条海峡沟通大洋和外海。南海处于欧亚板块、太平洋板块、印澳板块之间，其边缘群岛的外侧有若干深海沟，构造复杂，火山、地震频发。

南海分布有数百个由珊瑚礁构成的岛、礁、滩、沙和暗沙。依位置不同分为四大群岛（图 3-85）：东沙群岛由东沙岛和附近几个珊瑚暗礁、暗滩组成；西沙群岛由 30 多个沙岛、礁岛、沙洲和礁滩组成，以沙岛为主；中沙群岛由 20 多个暗沙和暗滩组成，一般距海面 10 ～ 20m，大多尚未露出水面；南沙群岛由 200 多座沙岛、礁岛、沙洲、礁滩等组成，其中曾母暗沙是中国领土最南端。西沙群岛、南沙群岛、中沙群岛习惯上合并称为西南中沙群岛。

(a) 东沙群岛之东沙岛　　　　　　　　　　(b) 西沙群岛之七连屿

(c) 中沙群岛之黄岩岛　　　　　　　　　　(d) 南沙群岛之中业岛

图 3-85　南海典型岛礁

南海是我国南部最深、最大的海，其面积最为广阔，在世界上仅次于珊瑚海和阿拉伯海，是世界上第三大陆缘海。南海呈 NE-SW 向伸展的菱形状，长约 2380km，面积达 350×10⁴km²，平均水深达 1569m，最大水深 5377m（刘昭蜀等，2002），位于马尼拉海沟南部，平均坡度 1.9°，最大坡度达 55°，位于中沙海台东部断崖。南海大的地形特征为宽广的大陆架、陡峭的大陆坡、水深超过 4000m 的菱形海盆。其中，大陆架和岛架总面积为 168.5×10⁴km²，约占南海总面积的 48.14%；南海大陆坡和岛坡总面积约为 126.4×10⁴km²，约占南海总面积的 36.11%；深海盆地位于南海中部，总面积约为 55.1×10⁴km²，约占南海总面积的 15.75%（刘昭蜀等，2002）。上述统计应该包括了泰国湾海域。本次研究区域（图 3-86）没有包括泰国湾，因此一些新的统计数值和前人会有所不同。

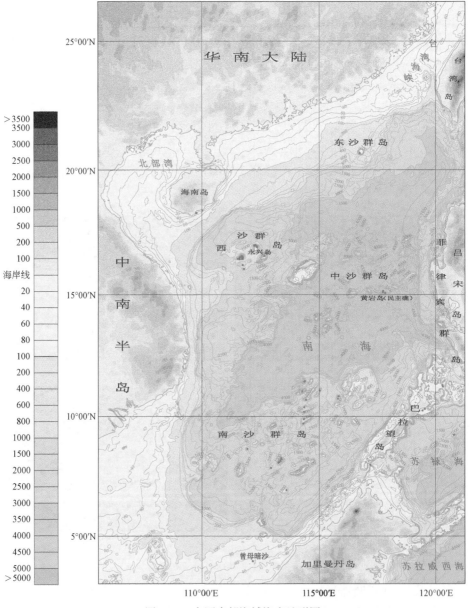

图 3-86　中国南部海域海底地形图

南海陆架呈现南北宽广、东西狭窄的特征，整体较为平缓，平均坡度为 $0.1°\sim0.3°$。北部大陆架呈 NE-NEE 向延伸，除海南岛东南部陆架较窄外，自雷州湾以东陆架非常宽阔，最宽达到 348km，珠江口外陆架宽度为 $250\sim300$km。南海北部陆架西部的北部湾，是一个半封闭的浅水湾，纵长约 640km，宽约 240km，三面被陆地环绕，海底地形受海岸制约明显。南海西部大陆架北起我国北部湾口，向南延伸至越南湄公河口地区，大陆架地形依越南东岸呈条带状分布，宽度只有 $40\sim70$km，平均坡度为 $0.17°\sim0.4°$，陆架外缘水深 150m 左右。北部湾与雷州半岛之间是狭长深掘的琼州海峡。东部的吕宋岛架非常狭窄，几乎可以忽略不计，东南部的加里曼丹陆架与岛屿基本平行，呈现狭长特征。南海南部的巽他陆架极其宽广且非常平坦，纳土纳附近陆架超过 700km。

南海陆架与陆坡的分界线为 200m 左右水深。南海大陆坡地形非常崎岖复杂，整体呈现西、南、北宽广，东部较为狭窄的特征。北部陆坡自台湾岛南部至海南岛西南部的 200m 以深海域，陆坡密布澎湖峡谷群、一统峡谷群和神狐峡谷群，东沙群岛分布于北部陆坡的中部。南沙群岛海域是南部陆坡的主体，是南海诸岛中位置最南、岛礁最多、散布最广的热带岛群，海底地形变化复杂，大陆坡上珊瑚礁、滩广布，海底隆洼相间，既有挺拔陡峭的海山、岛礁，又有纵横交错的海底槽谷，构成了非常壮观的"礁灰岩林"的海底世界。南沙群岛海域海底地形总体呈现为三级台阶式下降地形，一级台阶为巽他陆架，水深在 200m 以浅，地形平坦，二级台阶为南沙海台，水深 $1500\sim2500$m，其上发育众多的珊瑚礁，垂直起落达 2000m，三级台阶为 4000m 以深的深海平原。南海西部大陆坡近南北向延伸，从北向南宽度变窄，地形坡度变大，其北部宽度超过 400km，最大可达 486km，而南部仅有 200km 左右，总体上看，西部陆坡 $1500\sim2000$m 以浅地区地形比较平缓，而 $1500\sim2000$m 以深地区至深海平原之间，则为北东向延伸的盆西海岭和盆西南海岭，其上群峰凸起，沟谷相间，是整个南海地形最为复杂的地区之一，盆西南海岭由 19 座海山组成，它与盆西海岭一脉相承，长达 370km，规模巨大。东部陆坡自台湾以南经吕宋海峡、菲律宾吕宋岛南部，自北向南呈现弧状分布特征，该区陆坡狭窄但异常崎岖，分布有长条状的恒春海脊和吕宋海槽。

3000m 以深属于南海中央海盆，以"珍贝-黄岩海山链"为界，可将中央海盆划分为南、北海盆。在其南、北两侧，水深逐渐变浅至数百米，为大陆坡所在。深海盆地以平原为主，水深在 $4000\sim4500$m，总体地形平坦，但深海盆地内主要发育高差悬殊、宏伟壮观的链状海山和线状海山。不论陆坡、岛坡或中央海盆，其上均有海山、海丘分布，一些地方集合成群。最为显著的一条是以黄岩海山为主体的东西向海山群，它横亘于海区中部，将中央海盆分隔为南北两部分。在陆坡与岛坡上还有大小不等的海谷分布。海区东部，长而深的马尼拉海沟与吕宋海槽分布于南海海盆与吕宋岛之间，海沟深达 4500m 以上。

本书的南海研究区面积约 273.5×10^{4}km^{2}（表 3-4），海域体积达 417×10^{4}km^{3}，不包括泰国湾。对南海全区不同水深区间的面积统计表明（图 3-87），$0\sim200$m 水深区间面积占到 36.8%，$200\sim3200$m 水深区间面积占到 43.8%，>3200m 水深区间面积仅占到 19.4%，大致对应了南海陆架、陆坡和深海海盆区域。$0\sim200$m 水深区间是曲线最大峰值，>200m 时水深分布并无明显优势区间，其中偶有小的峰值区，4500m 水深左右有一个面积峰值区，对应了马尼拉海沟区域。

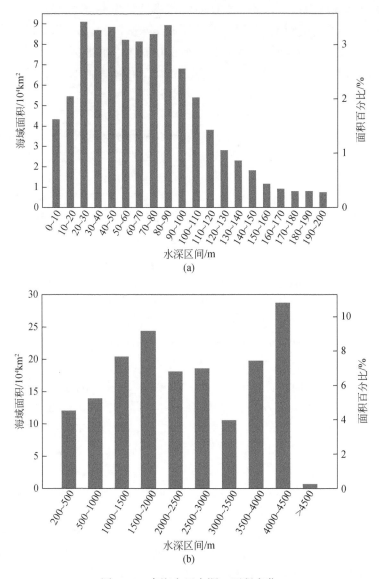

图 3-87　南海全区水深－面积变化

3.2.4.2　南海地形分区与特征

按照等深线组合特征，可将南海进一步划分为 13 个地形分区（图 3-88）：北部陆架、北部湾、琼州海峡、西部陆架、南部陆架（包括巽他陆架和加里曼丹陆架）、东部陆架（非常狭窄）、北部陆坡、西部陆坡、南部陆坡、东部陆坡（岛坡）、北部海盆、南部海盆和马尼拉海沟。美国吉尔格（1975）将南海北部和西部陆坡统称为淹没的大陆边缘区，将台湾以东海区、吕宋岛至加里曼丹岛称为岛屿边缘区。各地形区的基本统计特征见表 3-4。本书将按照陆架－陆坡－海盆的顺序论述及编号相关地形剖面。

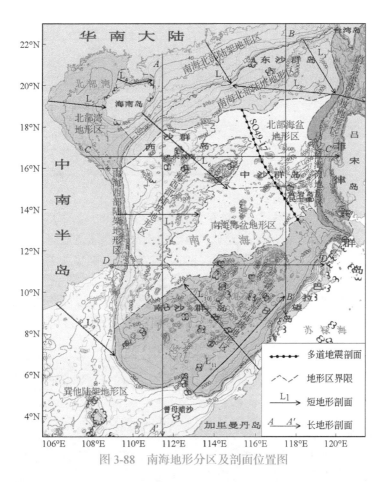

图 3-88　南海地形分区及剖面位置图

表 3-4　南海及地形分区基本特征统计

地形分区		编号	海域面积 /10⁴km²	体积 /km³	平均水深 /m	最大水深 /m	最大坡度 /(°)	平均坡度 /(°)	基本特征
陆架区	北部陆架	1	22.3	16115	76	200	0.5	0.1	缓慢斜坡
	北部湾	2	17.6	8923	52	190	0.5	0.08	U 形浅槽
	琼州海峡	3	1.2	269	23	114	1.23	0.18	U 形深槽
	西部陆架	4	3.1	2771	92	200	3	0.3	狭窄斜坡
	南部陆架	5	48.2	32571	72	200	0.5	0.08	海底平原
	东部陆架	6	6.9	4967	78	200	1	0.4	狭窄平原
陆坡区	北部陆坡	7	22.4	370053	1617	4038	19	1.82	陡峭斜坡
	西部陆坡	8	35.3	639302	1835	4308	55	3	陡峭斜坡
	南部陆坡	9	53.6	860045	1662	4386	45	3.4	陡峭斜坡
	东部陆坡	10	13.1	250206	1921	4262	12	0.4	陡峭斜坡

续表

地形分区		编号	海域面积 /10⁴km²	体积 /km³	平均水深 /m	最大水深 /m	最大坡度 / (°)	平均坡度 / (°)	基本特征
海盆区	马尼拉海沟	11	3.6	152045	4184	5377	31	3.4	深海槽
	北部海盆	12	19.9	766993	3826	4518	26	1.84	深海平原
	南部海盆	13	26.3	1064872	4106	4881	27	2.2	深海平原
研究区全区		—	273.5	4169132	1569	5377	55	1.9	盆状

1. 北部陆架地形区

南海北部陆架宽广，东西向长1200km，南北向宽达250km，陆架呈现东窄西宽之势，东部陆架最窄处约150km，西部陆架较宽，靠近海南岛东部陆架宽达300km。陆架等深线基本呈现为平行排列，总体平行于海岸线。北部陆架地形非常平坦，平均坡降为1‰左右，100m水深之后地形明显陡峭，至陆架外缘200m水深处海底坡降达到5‰（图3-89）。以珠江口为界，东西两部分陆架地形坡度略有差别：珠江口及其以西海域地形稍缓，平均坡降小于1.2‰，珠江口以东海域地形稍陡，平均坡降大于1.2‰。

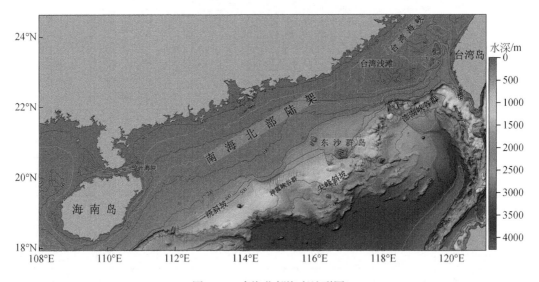

图 3-89　南海北部海底地形图

近岸区岸线曲折、地形复杂、岛屿港湾众多，而稍外侧的陆架区则平坦宽阔。其中20m等深线以浅沿岸区水深变化剧烈、等深线曲折多变、地形陡峭、岛礁港湾密布；20m以深海域海底地形平坦，总体向南水深逐渐加深，等深线舒缓并排列有序、区内岛礁稀少。陆架与陆坡转折线水深125～220m不等，且总体呈自西向东逐渐减少的趋势。在该区130～200m水深，通过多波束测深调查还发现了古岸线在地形上留下的遗迹（周川等，2013）。北部陆架发育了四级水下阶地，水深范围分别是15～25m、40～60m、

80 ～ 100m 和 110 ～ 130m，它们是更新世以来海平面遗留的痕迹（冯文科和鲍才旺，1982），与刘昭蜀等（2002）划分的五级水下阶地有所不同，但通过现今的多波束测深调查，这些阶地痕迹并不是非常明显。末次盛冰期（LGM）海平面上升以来，在南海北部陆架发育了 5 条古河道和 3 期古三角洲（鲍才旺，1995；黄镇国等，1995），但都被沉积物淹没而在现今海底不可见，需要借助浅剖或者高分辨率单道地震资料进行分析。末次盛冰期时，南海北部陆架 131m 水深可见低海平面的遗迹，实测 ^{14}C 年龄为 13700±600a BP，发现了古河道、古沙堤、古潟湖、海滩岩、河口砾石等多种证据，在 50m 和 20m 水深也发现了类似的证据，这表明海平面曾在相应水深位置停留，是 12ka BP 和 8ka BP 时古岸线的证据（刘昭蜀等，2002）。

　　广东沿岸陆架自水下岸坡以外至水深 50m 左右为传统的内陆架平原，海底地形平坦，平均坡度为 0.87‰ ～ 1.16‰，无大型隆起或者洼地等地形起伏单元发育。外陆架最浅水深 50m 左右，主体水深在 140 ～ 350m，整体自 NW 向 SE 方向缓缓倾斜并逐渐加深。外陆架的大部分海域内发育三级到四级水下阶地，其中，以珠江口外 80 ～ 100m 区间阶地规模为最大，该阶地东西长约 300km，南北宽 30 ～ 80km（图 3-90）。

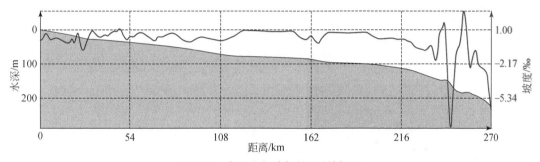

图 3-90　穿过北部陆架的地形剖面 L$_1$

位置见图 3-88

　　该区面积 22.3×10^{4}km^2，体积 1.6×10^{4}km^3，按照 50m 水深间距对北部陆架各区域面积进行统计，0 ～ 50m、50 ～ 100m、100 ～ 150m、150 ～ 200m 各水深区间所占面积分别为 36.5%、36.2%、19.4%、7.4%，表明南海北部内陆架和中部陆架所占面积相当。按照 10m 水深间距对各区域面积进行统计（图 3-91），呈现为 M 形特征，在 40 ～ 50m 和 80 ～ 90m 出现峰值区，分别约占全区的 10%，这也和前人认为南海北部陆架存在多期水下阶地的认识是吻合的，表明了低海平面时期，珠江曾在北部陆架停留并堆积了大量沉积物。

2. 北部湾地形区

　　北部湾陆架区位于南海北部西侧（图 3-92）。北部湾为半封闭型浅水湾，三面被陆地环绕，海底地形受海岸制约明显，等深线顺岸线排列。该区纵长 642km，以平均坡度 0.3‰ ～ 0.6‰ 向中部深水槽谷缓缓倾斜。北部等深线为北东－南西向展布，南部转为北西－南东向。陆架外缘水深 200m。东北部自岸边至 20m 等深线海域海底坡度较为平缓，平均坡度在 0.35‰ 左右。等深线顺岸弯曲，明显反映出水下地形是陆地地形的延伸部分。北部湾西北部海底宽阔平坦，自岸边至 50m 等深线平缓倾斜，平均坡度仅有 0.3‰。但在红

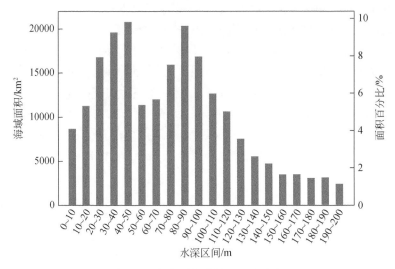

图 3-91　北部陆架水深 - 面积变化

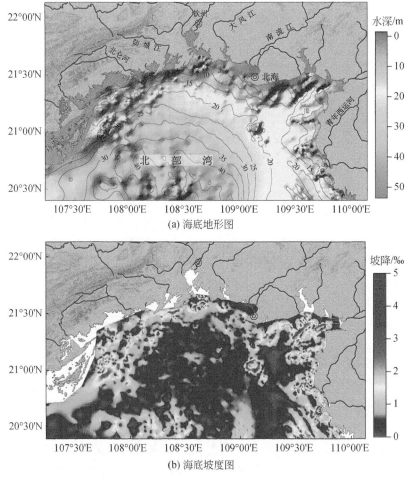

(a) 海底地形图

(b) 海底坡度图

图 3-92　北部湾北部区域海底地形与坡度图

河口附近 30m、40m、50m 等深线向南东方向呈弧形凸出，其中 20 ~ 40m 水深处坡度极缓，仅有 0.2‰ ~ 0.3‰，而水深 40 ~ 50m 处坡度较大，可达 1‰，显示出红河水下古三角洲地形特征。中部水深大于 50m，海底地形较为复杂，等深线呈不规则弯曲，浅滩、沟谷纵横交错，海底地形变化大，相对高差 5 ~ 10m。北部浅滩和深水槽谷为 NE 向展布，浅滩面积较小；南部浅滩和深水槽谷为 NW 向，浅滩和深水槽谷规模较大。北部湾东部的地形甚为复杂，与琼州海峡相接处发育了大规模的沙脊与潮流三角洲。与海南岛相接处，发育了一片活动性的沙脊与沙波地貌区。

自西向东贯穿北部湾的地形剖面也揭示了该区较为复杂的地形特征（图 3-93），剖面呈现为复杂的 W 形特征，水深介于 10 ~ 70m 之间，海底坡度约 ±2‰。其东部明显比西部陡峭，东部与海南岛相接处地形呈现单边下降趋势，而剖面西部呈现为台阶状，在 30m 水深处有一明显的海底阶地，应该对应了早期的古红河三角洲。在剖面的中部有隆起地形，其比高达到 30m，应该属于低海平面时期，海湾四周的沉积物向其中部汇聚所致。北部湾地形区面积约 17.6×10⁴km²，体积 8923km³，按照 10m 水深间距对北部湾全区面积进行统计（图 3-94），全区面积 - 水深曲线呈现为 M 形特征，在 20 ~ 30m 及 60 ~ 70m 水深区间出现峰值，各占到全区的 15% 和 12%，分别对应了近岸水下岸坡和中央洼地区域。

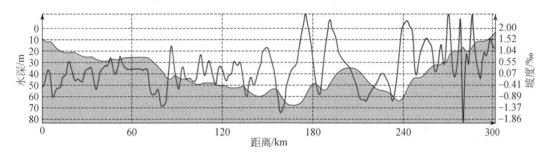

图 3-93　穿过北部湾的地形剖面 L₅

位置见图 3-88

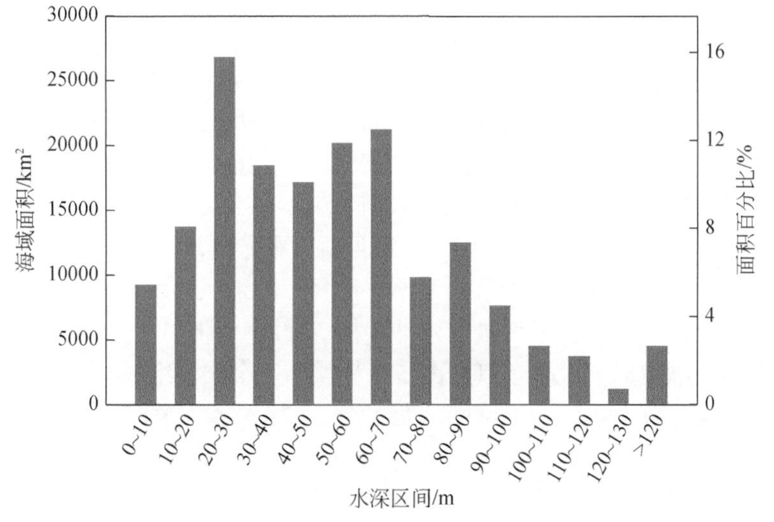

图 3-94　北部湾水深 - 面积变化

3. 琼州海峡地形区

琼州海峡连通北部湾和珠江口外海域，是海南省和广东省的自然分界。海峡西接北部湾，东连南海北部，呈东西向延伸，长约80km，宽20～40km，最窄处18km，面积约$1.2\times10^4km^2$，体积269km³，平均水深23m，最大深度约114m。按照5m水深间距对海峡内各水深区间面积进行了统计（图3-95），其曲线呈现为单峰形态，峰值区位于15～20m水深区间，海峡内大部分区域水深介于5～35m，所占面积达到80%，其中15～25m水深区间面积占到全区的40%。

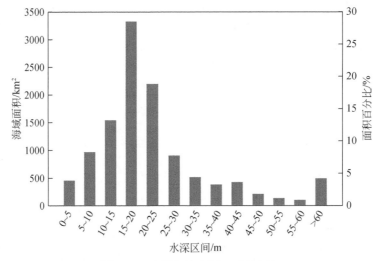

图 3-95 琼州海峡水深－面积变化

从地质学上讲，从新近纪（距今25～2.5Ma前）开始，地壳断裂和地块差异性运动，导致雷州半岛与海南岛之间地块断裂下沉，形成地堑式凹陷。冰后期海平面上升，海水淹没了凹陷，潮流的反复冲刷，波浪和河流的长期塑造，最终形成今日的琼州海峡（金波等，1982）。在琼州海峡北岸的原生珊瑚礁坪测年为7120±165a BP（赵焕庭等，2001），也为琼州海峡形成于全新世以来提供了佐证。琼州海峡具有水深、风大、浪高、流急、流场条件复杂、海洋灾害较多等特点，其潮汐具有特殊的周期性和往复性，潮流流速较大。海峡内潮流流速可达257～514cm/s，因强烈冲刷，海峡遭受切割，地形呈齿状剧变。

琼州海峡东、西部峡口水深较浅；中部水深大于50m，呈宽约10km、长约70km的深水槽谷，槽谷中轴线为80～114m的深水槽（图3-96）。东部峡口为浅滩与冲槽相间，西部峡口为一巨大的水下三角洲。海峡南北两侧分布有陡坎，最大高差70m，最大坡度22°～24°。峡底分布有珊瑚礁、沙坡、沙垄、海丘、洼地、火山锥等波鳞状地形。向海峡东、西两端水深逐渐变浅，并发育指状延伸的槽、滩相间排列地形。海峡西口由3条指状延伸浅滩和滩间浅槽组成，海峡东口则由5个浅滩和4个浅槽组成。

自西向东贯穿琼州海峡的地形剖面表明（图3-97），海峡内部地形甚为复杂，海峡东西长、南北窄，呈现为舟状特征。剖面0～75km段对应了海峡西出口的潮流三角洲，水深呈现为缓慢下降趋势，其中0～50km段较为平坦。剖面75～150km段对应了海峡中段，水深较深，平均超过70m，其中有小的地形起伏，其幅度达到5～10m。150～200km段

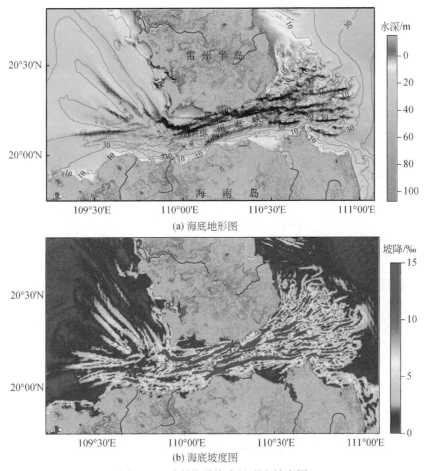

(a) 海底地形图

(b) 海底坡度图

图 3-96　琼州海峡海底地形和坡度图

对应了海峡东口的潮流三角洲，与西口相比，地形较为复杂，呈现为台阶式上升趋势。海峡内地形较为陡峭，其海底坡度约 ±5‰。

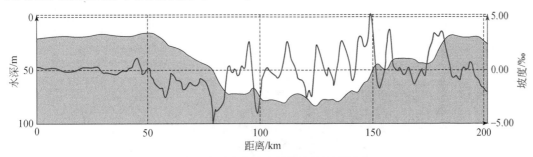

图 3-97　东西向穿过琼州海峡的地形剖面 L_4

位置见图 3-88

4. 西部陆架地形区

南海西部大陆架北起我国北部湾口，向南延伸至越南湄公河口地区，大陆架地形依越南东岸呈窄条带状分布（图 3-88），宽度只有 40 ～ 110km，而且以较小的地形坡度向大陆坡过渡。陆架地形近岸带较陡，平均坡度约为 7‰，离岸较远地带较平缓，平均坡度约为 3‰。陆架外缘水深 150m 左右，以深则过渡到地形复杂的大陆坡。南海西部大陆坡近南北向延伸，南北两端宽约 110km，中间极其狭窄，仅为 40km。

自西向东贯穿南海西部陆架和陆坡的地形剖面展示了该区地形特征（图 3-98），剖面 0～60km 段对应了西部陆架，可以看出西部陆架呈现为单边水深加深趋势；60～100km 段对应了西部上陆坡，水深由陆坡边缘的 200m 迅速加深至 2000m，在陆坡局部可见隆起的海丘，比高超过 500m，海底局部坡度达到 200‰；100～340km 段对应了中部陆坡，海底地形相对平坦，其中下凹的地形区对应了中建南盆地；340～425km 段对应了下陆坡区域，海底地形波澜起伏、异常复杂，对应了盆西南海岭区域，海底坡度也是剧烈变化，介于 ±200‰。

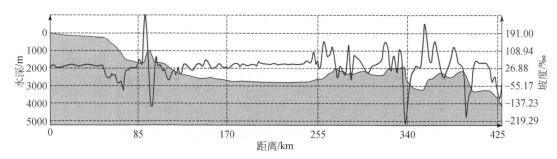

图 3-98　东西向穿过西部陆架与陆坡的地形剖面 L_7

位置见图 3-88

西部陆架地形区面积约 $3.1×10^4 km^2$，体积 $2771 km^3$，按照 10m 等深间距对该区地形面积进行了统计（图 3-99），水深–面积曲线呈现为偏 M 形特征，在 10～30m 水深区间出现一个小的峰值区，占海域的 10%，在 100～120m 水深区间出现一个更大峰值区，占全区面积的 18%，这表明中部陆架在该地形区占据主导地位。

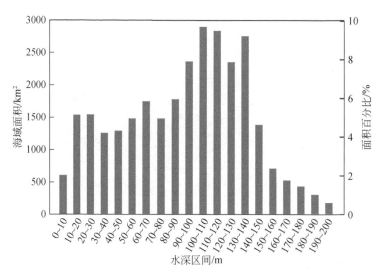

图 3-99　西部陆架水深–面积变化

5. 南部陆架地形区

南海南部陆架由巽他陆架和加里曼丹岛北部陆架（岛架）组成，巽他陆架是南海最宽广的大陆架。在研究区内的南海南部陆架面积约 $48.2 \times 10^4 km^2$，体积 $3.26 \times 10^4 km^3$，按照 10m 等深间距对该区各水深区间的面积进行统计（图 3-100），各水深区间面积曲线呈现为单峰形态，面积峰值出现在 50 ～ 90m 水深区间，占到全区面积的 40%。

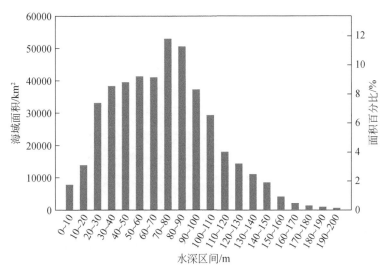

图 3-100　南部陆架水深 - 面积变化

印支半岛上的湄公河从 NNW 流向 SSE，流域面积广且源远流长，河水带来的大量泥沙堆积在巽他陆架盆地中，在河口区显示出一系列相互叠置、自深到浅为左旋的扇形地和非常壮观的树枝状海谷，最长的为 750km。纳土纳群岛附近地势较为复杂，岛屿、浅滩、沟谷和洼地甚多，群岛之前分布有大小不同、形态各异的槽谷，尤其在纳土纳群岛南北两侧尤为壮观，比周围海底低 20 ～ 30m。陆缘外水深 100 ～ 140m 多发育浅滩与洼地，140 ～ 200m 坡度明显变陡，为陆架斜坡区。巽他陆架东南端水深 10 ～ 50m 海底上分布有曾母、八仙、立地、亚西北、亚西南等 10 个浅滩和暗沙，统称曾母暗沙，曾母暗沙北侧还有南康暗沙和北康暗沙，南康暗沙由 7 个礁滩和暗沙组成，北康暗沙系由 14 个大小不等的礁、滩和暗沙组成，被认为是浅水造礁珊瑚形成的生物礁地貌（刘昭蜀等，2002）。南部陆架发育了三级水下阶地，水深范围分别是 20 ～ 40m、50 ～ 70m 和 100 ～ 120m（冯文科和鲍才旺，1982），与刘昭蜀等（2002）划分的五级水下阶地有所不同。

湄公河发源于中国青海，在我国境内名为澜沧江，经云南出境后流经缅甸、老挝、泰国和柬埔寨后在越南南部流入南海。湄公河年均入海水量为 $4000 \times 10^8 m^3$，年均输沙量达到 40Mt（Thi Ha et al.，2018），经过海平面升降的漫长的历史时期，在其河口形成了多期次水下三角洲，也形成了多期次的古河谷，但丰富的河流沉积物源在海洋动力的搬运下，导致古河谷逐渐被淹没。在海底地形上也得到了反映，20 ～ 60m 等深线近似平行、自河口向南呈现为舌状延伸。自湄公河口穿过陆架的 L_9 剖面显示（图 3-101），巽他陆架自河口至陆坡边缘达 400km，但较为平坦，其平均坡度仅为 $\pm 2‰$，在陆架上也有偶然隆起地形，其幅度仅在数米之间。

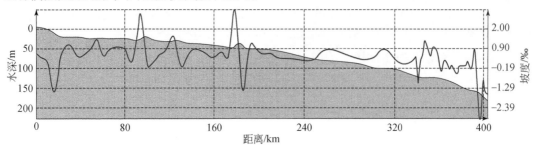

图 3-101　穿过湄公河水下三角洲的地形剖面 L_9

位置见图 3-88

6. 东部陆架地形区

南海东部陆架（岛架）地形区主要分布在菲律宾吕宋岛西侧的 200m 以浅的岛架上（图 3-88），极其狭窄，仅为十余千米甚至数千米宽，这反映了大陆侧大陆架与岛弧侧岛架的明显不同。自岛架向西过渡到陡峭的岛坡和深海盆，水深也迅速加深至数千米。自东向西穿过南海东部岛架、岛坡和深海盆的地形剖面 L_2 也清楚地揭示了这种快速变化（图 3-102）。吕宋岛架和岛坡连为一体几乎无法清楚分辨，在剖面 0 ~ 50km 区间，水深由 0m 加深至 3500m，其中 V 形深槽对应了北吕宋海槽，其西侧的北吕宋海脊地形比高达 1500m，之后又出现小的 V 形槽，反映了该区地形的复杂性。剖面 100 ~ 250km 段对应了马尼拉海沟，呈现为不对称的 V 形，最大水深超过 4000m。

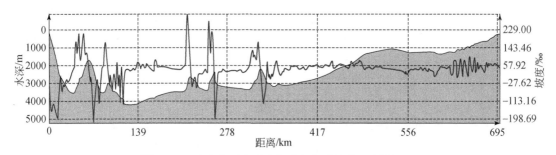

图 3-102　自东向西穿过东部陆架与陆坡的地形剖面 L_2

位置见图 3-88

东部陆架（岛架）200m 以浅区的面积为 $6.9 \times 10^4 km^2$，体积 4967km³，按照 10m 等深间距对该区面积进行了统计（图 3-103），其水深 - 面积曲线呈现为单降趋势，最大面积峰值区出现在 0 ~ 10m 水深区间，占比达 16%，0 ~ 60m 水深区间的面积占比达 60%。这也反映了该区急剧变化的地形特征。

7. 北部陆坡地形区

南海北部陆坡甚为宽广，西起海南岛南部的西沙海槽，东至台湾岛西侧的恒春海脊，东西向长达 1400km。北部陆坡呈现为东西两侧狭窄陡峭、中部宽缓的典型特征。在海南岛南部，200m 等深线往南在 50km 距离内水深加深至 2000m，海底平均坡降达 40‰。在台湾岛西侧的陆坡也极为狭窄陡峭（图 3-104），在 200m 以深至海盆的 60km 范围内，水

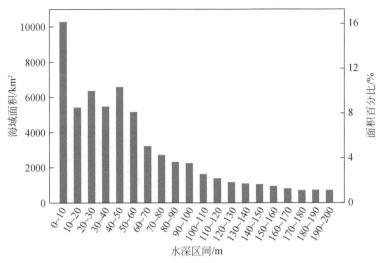

图 3-103　东部陆架水深 - 面积变化

深加深至 2500m 以深。相比较而言，包含东沙群岛在内的中部陆坡显得平缓，其 NW-SE 向宽达 400 余千米。北部陆坡地形地貌极其复杂，既包括陡峭的陆坡、高耸的海台、多变的海底峡谷等宏观地形地貌，还包括麻坑、底辟、MTDs（Mass Transport Deposits）、丘状体、泥火山、陡坎、滑坡等与水合物、底流、海平面变化等相关的复杂地质地貌类型（何健等，2018）。

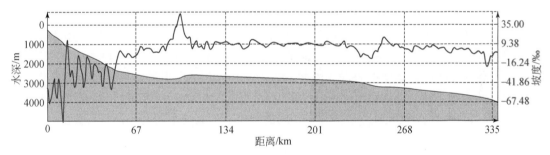

图 3-104　自北向南穿过北部陆坡的地形剖面 L_3

位置见图 3-88

北部陆坡地形区面积约 $22.4 \times 10^4 km^2$，体积 $37 \times 10^4 km^3$，按照 500m 水深间距对该区各水深区间的面积进行统计，其形态表现为偏态 M 形（图 3-105），在 $0 \sim 500m$ 水深区间出现峰值，占比达 23%，对应了一统斜坡和东沙台地的平台海域；之后各水深区间所占面积呈现为台阶形态，在 $2500 \sim 3000m$ 水深区间又出现一小的峰值区，占比 15% 左右。

1）东沙群岛

东沙群岛位于南海北部陆坡，古有"月牙岛"之称，位居我国广东、海南岛、台湾岛及菲律宾吕宋岛的中间位置，是南海诸岛中离大陆最近、岛礁最少的一组群岛，也是我国南海诸岛中位置最北的一组群岛。整个东沙群岛海域面积广达 5000km²，主要由东沙岛、东沙礁（环礁）、南卫滩（暗礁）和北卫滩（暗礁）组成，附近海区还有不少暗沙和暗礁。东沙岛是区内唯一出露水面的岛屿，呈 NWW 走向，形如马蹄，东西长约 2800m，宽

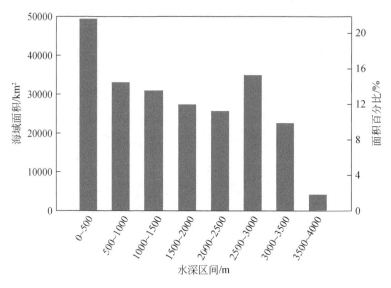

图 3-105　北部陆坡水深－面积变化

865m，陆地面积约 1.74km²，内海（潟湖）面积约 0.64km²，为珊瑚礁堆积而成。

在该区域发育了南卫滩、北卫滩和陆丰滩 3 个浅滩,北卫滩面积最大,南卫滩面积次之,陆丰滩面积最小，北卫滩离南卫滩约 15km，离陆丰滩约 35km。南北卫浅滩被 200m 等深线包围，宽约 30km，长约 50km。北卫滩长约 20km，宽约 10km，最浅水深 60m；南卫滩长约 10km，宽约 6km，最浅水深 58m。

该区浅滩的特征和成因明显不同于中国陆架上其他的浅滩，如渤海浅滩、扬子浅滩和台湾浅滩等。据多道地震资料揭示（图 3-106），三个浅滩在成因上具有统一的深部背景，在平面上构成一个统一的底辟系统，以北卫滩为中心，包括南卫滩、惠州滩和陆丰滩，形成一个呈圆形、直径约 50km 的区域，其发育起因于东沙隆起后在南海东北部形成的挤压应力环境，在环绕南北卫滩底辟系统一定距离的圆周上形成一个有利于油气聚集的环带（栾锡武等，2012）。

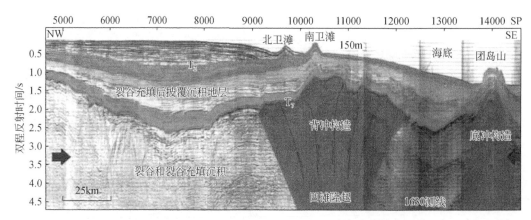

图 3-106　穿过南、北卫滩的多道地震剖面（栾锡武等，2012）

2）东沙海台

东沙群岛的基座是东沙海台，其东西长 400km，南北宽 200km，其顶部海底坡度仅为 1‰ 左右，极其平坦（图 3-107）。在东沙海台的北侧 200m 左右有海底崖分布，在其西侧也有一小型陡崖，该陡崖垂直落差达 200m，坡度超过 100‰。在东沙群岛周边的海底有小型沙波分布（周川等，2013；张晶晶等，2015），反映了该区较强的海底动力环境。据栾锡武等（2012）的研究，东沙海台属于一个大型的背冲构造系统（图 3-106），发育了数量众多的逆冲断层，这在全球陆坡区是不多见的，因为在陆坡区一般发育正断层。

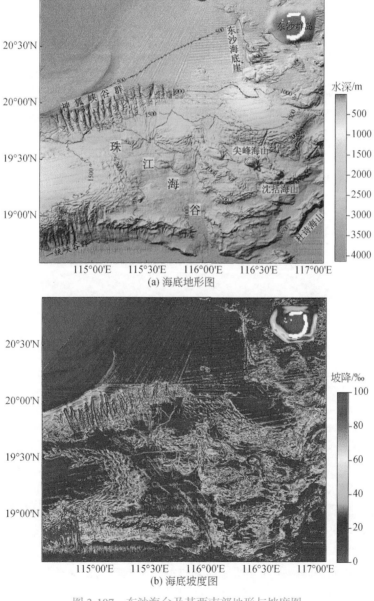

(a) 海底地形图

(b) 海底坡度图

图 3-107　东沙海台及其西南部地形与坡度图

3）西沙海槽

海南岛南部的西沙海槽的北坡极为陡峭，但地形特征单一，表现为狭长的与西沙海槽走向一致的单一斜坡地形，在其上发育了众多小型的海底峡谷地形（图3-108）。西沙海槽自西向东延伸，1500～2500m等深线可见海槽总体特征，在地形上2500m构成的槽状地形最为明显，其形态类似海底峡谷，海槽两壁小型峡谷密布、沟壑纵横，甚为复杂。在海槽北坡分布少量海山和海丘，如万户海山和张衡海丘等，在西沙海槽北坡发育大型的MTDs地貌（吴时国等，2011）。西沙海槽不同于陆坡区其他海底峡谷，被认为是新生代裂谷，是南海西北次海盆的一部分（Talyor and Hayes，1980），其形成年代早于中央海盆。

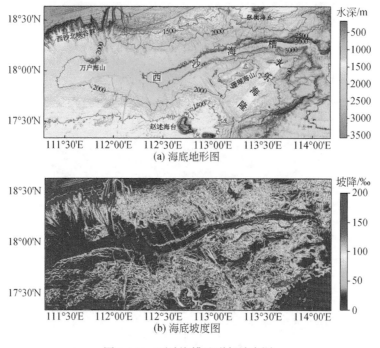

图 3-108   西沙海槽地形与坡度图

苏明等（2013）基于二维和三维多道地震的分析和解释（图3-109），识别了12种不同的地震相，并将西沙海槽中央峡谷体系的发育演化划分为4个阶段：晚中新世的峡谷蕴育阶段、上新世早期峡谷的侵蚀–充填阶段、上新世晚期峡谷的平静充填阶段和更新世以来峡谷的"回春"阶段。在晚中新世早期（11.6Ma），琼东南盆地东部的构造变革导致出现了半封闭型的小型盆地，形成了峡谷的雏形；在上新世早期（5.7～3.7Ma），将中央峡谷体系限制在琼东南盆地的中央拗陷带内；在上新世晚期（3.7～1.81Ma），构造–沉积条件的变化，使得中央峡谷仅分布在盆地东部；更新世以来（1.81Ma至今），沉积物供给增强，导致中央峡谷体系再次繁盛。刘睿等（2013）基于二维地震剖面的分析，认为该区发育了大型的深海扇沉积体系，划分了晚中新世至第四纪的5个演化期次，识别了上、中、下扇，认为各期深海扇受到先期地形和物源供给的控制，双峰海山将深海扇分割为南北两部分，古红河为该区巨厚的沉积层发育提供了物源。

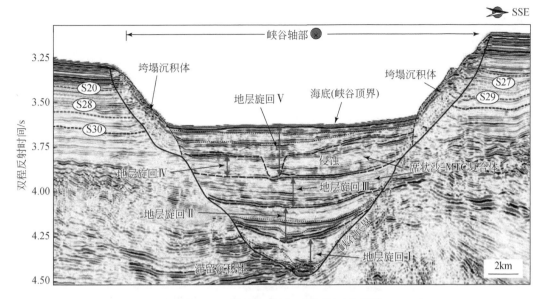

图 3-109　垂直西沙海槽的地震剖面及解释（苏明等，2013）

4）一统斜坡

在北部陆坡的中段（图 3-89），200 ～ 1000m 水深区间可视为上陆坡，地形相对平坦，包括分布在海南岛东侧的一统斜坡和东沙海台等。一统斜坡东西长 400km，南北宽 100km，其海底坡度约 5‰，与南海其他区域陆坡的陡峭特征差异甚大。通过多波束海底地形的调查，在东沙海台西部的一统斜坡区，还发现了活动沙波、滑塌体、隆起脊、沟槽和麻坑等地质灾害异常发育（周川等，2013），沙波多为直线型沙波，小型、中型、大型沙波均有发育，麻坑直径 30 ～ 100m、深度 1 ～ 3m，平面形态呈现为圆形或椭圆形。

5）尖峰斜坡

在东沙台地的西南侧分布尖峰斜坡地形区（图 3-89），与一统斜坡之间以珠江海谷相隔，在一统斜坡的外缘陆坡密布多条近平行排列的小型海底峡谷。陈泓君等（2012）认为这些海底峡谷与天然气水合物有关，水合物的分解导致地层滑塌并发生塌陷，在 NW 向构造以及底流冲刷作用下，最终形成形态各异的峡谷及槽谷地貌。

尖峰斜坡呈现为向东南突出的堆积形态，为多级台阶式下降地形，海底水深自 1000m 逐渐加深至 3000m 以深的深海平原，南北向宽 150km，海底坡度约 10‰。尖峰斜坡上分布多个陆坡海山，如尖峰海山、沈括海山、杜诗海山、李春海山等，海山规模不大，比高约 500m。在尖峰斜坡的西部，珠江海谷区发育大型的 MTDs 地貌（吴时国等，2011）。

6）东沙斜坡

东沙斜坡地形区在北部陆坡最为引人关注（图 3-110），其自东沙海台向东南方向延伸，西接尖峰斜坡，东侧以台湾峡谷为界，其 SW-NE 向宽 250km，NW-SE 向约 300km，整体呈现为 SE 向延伸的堆积地形，在东沙台地的东北边缘分布多条小型海底峡谷。自东沙台地外缘的 1000m 水深逐渐加深至马尼拉海沟处的 4000m 水深，海底平均坡降 10‰。在东沙斜坡上也分布众多的海山，如北坡海山、浦元海山、丁缓海山、蔡伦海山、墨子海山等。该处海山以长条状、线性分布，走向为 SW-NE 向，海山比高 500～1000m。

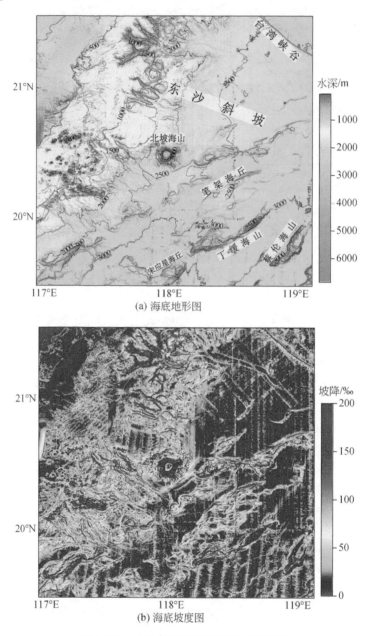

(a) 海底地形图

(b) 海底坡度图

图 3-110　东沙斜坡及周边地形与坡度图

7）台西南陆坡

台西南陆坡区位于 117°30′～120°55′E，20°50′～23°30′N，北邻台湾浅滩－澎湖－北港隆起，南抵笔架隆起与深海盆，西靠东沙隆起，东抵台湾中央山脉带西缘，面积约46000km²，总体呈 NE 向展布。该区域主要发育了系列海底峡谷，在峡谷底部及峡谷边坡发育面积不等的深海沉积物波、海底麻坑和丘状体等微地貌，以及 MTDs 地貌等（吴时国等，2011）。

（1）沉积物波地貌。

根据实测多波束测深数据资料整理，发现在陆坡坡折带发育大片的沉积物波，归纳为两个沉积物波区（图 3-111），即北沉积物波区（21.28 ～ 21.75°N，119.23 ～ 119.80°E）和南沉积物波区（20.53 ～ 21.65°N，119.27 ～ 120.08°E）。沉积物波不仅在峡谷内、峡谷壁坡外形成，在深海平坦地形也有发育；研究区沉积物波的发育水深介于 2800 ～ 3700m 之间，且面积巨大，分别为 1600km^2 和 3400km^2；沉积物波的形态差异较大，波长范围为 300 ～ 5800m，波高在 5 ～ 50m；沉积物波的坡向受到水动力的影响有转变，北沉积物波区从东部的东南–西北向转为西部的南北向，南沉积物波区从北部的东西向转为东南部的西北–东南向的沉积坡向；沉积物波坡度和缓，大多介于 0° ～ 4° 之间，以 1° ～ 2° 为主。张晶晶等（2015）认为塑造沉积物波的主要动力为陆坡上部海水密度跃层间的突发性强烈的内波、陆坡下游段缓慢运动的细粒浊流和深水洋流。但我们认为，该区海底峡谷众多，峡谷浊流也是发育沉积物波的一个不容忽视的动力因素。

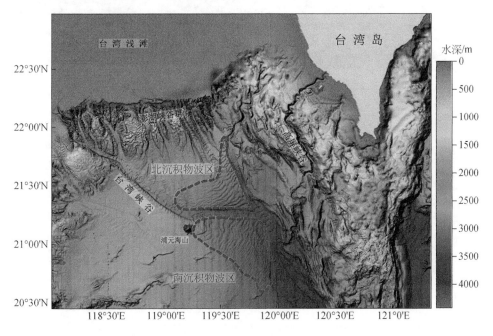

图 3-111　台西南陆坡及沉积物波发育区（红色线）

（2）丘状体微地貌。

近十余年来，天然气水合物勘探备受重视，尤其在南海北部进行了大量的地球物理勘探工作，通过浅剖、地震、取样等多种手段，发现了与水合物泄漏相关的微地貌类型，包括麻坑、泥火山、丘状体（尚久靖等，2013，2014；刘伯然等，2015；聂鑫等，2017；何健等，2018），本书仅列举其中典型的报道成果。

　　刘斌（2017）通过地球物理联合勘探报道了台西南陆坡区的海底丘状体地貌（图3-112）。该丘状体表现为明显的局部正地形，直径约300m，高度约50m［图3-112（a）］。丘状体正下方存在明显的柱状空白反射带，其顶部则表现为云雾状混浊反射，与下伏连续的沉积层明显不同，丘状体高出海底部分至海底的双程时间大约为63ms，推算其高度约48m［图3-112（b）］。在多道地震剖面上，可以明显辨认出似海底反射层（BSR），位于海底以下约200ms，与海底平行，极性与海底相反，切穿地层。丘状体正下方存在空白带和强振幅能量，在丘状体周边地层明显可以辨识出活动的断裂和断层构造［图3-112（c）］。钻探结果表明，在海底直接获得碳酸盐岩，在海底以下9～21m层段内获得结核状天然气水合物样品［图3-112（d）］。

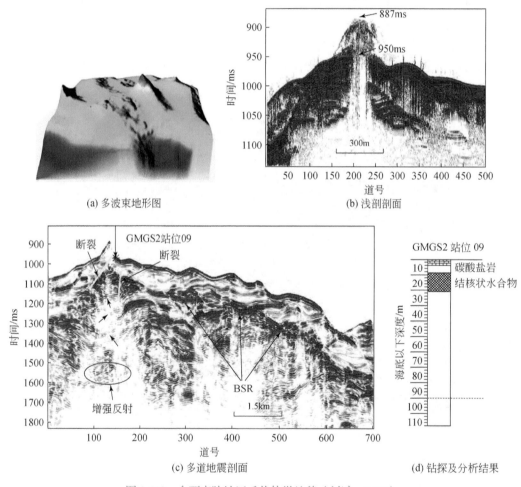

(a) 多波束地形图　　　　　　　(b) 浅剖剖面

(c) 多道地震剖面　　　　　　　(d) 钻探及分析结果

图 3-112　台西南陆坡区丘状体微地貌（刘斌，2017）

　　陆坡区的海底丘状体和麻坑等微地貌是寻找天然气水合物的重要地貌指纹标志。天然气水合物饱和时，往往会导致海底流体渗漏，并在海底留下特殊的微地貌，包括泥火山、麻坑以及丘状体等，其中，海底丘状体在天然气水合物发育区是一种常见的微地貌。在珠江口盆地东部海域多道地震剖面上普遍存在海底似反射层，显示南海东北部陆坡可能赋存着丰富的天然气水合物，这也被钻探证实，大面积冷泉碳酸盐岩的存在表明该区域长期存在天然气渗漏活动。水合物形成过程引起的沉积物膨胀以及海底碳酸盐岩的沉淀或许是形成该处丘状体的主要原因（刘斌，2017）。

8. 西部陆坡地形区

与西部陆架不同，南海西部陆坡甚为宽广、地形特征复杂，北以西沙海槽为界、南至广雅斜坡，向东延伸至 3500～4000m 水深与中央海盆接壤。其南北长 1000km，呈现为北宽南窄趋势，北部宽达 700km，直至中沙北海岭的东缘，往南逐渐变窄，至广雅斜坡仅为 200km 宽。在西部陆坡分布众多形态各异的地形地貌单元，自北至南包括永乐海隆、中建阶地、西沙与中沙群岛、中沙海槽、中建南斜坡、中建南海盆、盆西海岭、盆西南海岭、广雅斜坡等。西部陆坡地形平均坡度约为 15‰。总体上看，西部陆坡 1500～2000m 以浅地区地形比较平缓，而 1500～2000m 以深地区至深海平原之间，则为北东向延伸的盆西海岭和盆西南海岭。海岭群峰凸起，沟谷相间，是整个南海地形最为复杂的地区之一。

该区面积约 $35.3 \times 10^4 \text{km}^2$，体积 $64 \times 10^4 \text{km}^3$，按照 500m 水深间距对该区海域面积进行了统计（图 3-113），500～3000m 水深区间呈现为单边上升，至 2500～3000m 水深区间达到面积峰值，约占全区的 20%，3000m 以深海域面积迅速减少。这表明该区主体水深位于 3000m 以浅，但并无明显的优势区域。

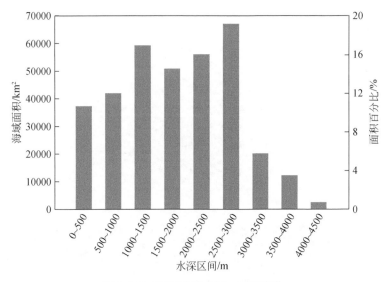

图 3-113　西部陆坡水深－面积变化

1）西沙群岛及周边地形

西沙群岛位于南海的西北部，海南岛东南方，15°46′～17°08′N，111°11′～112°54′E 范围内，以永兴岛为中心，由永乐群岛和宣德群岛组成，共有 22 个岛屿，7 个沙洲，另有十多个暗礁暗滩。1974 年，中国科学院南海海洋研究所对西沙海域进行了综合调查（谢以萱，1979），获得了该区较为详细的水深资料，绘制了该区较为详细的地形图。

大致以 112°E 为界，西沙群岛可分为东、西两群，西群为永乐群岛，东群为宣德群岛。西群的永乐群岛包括北礁、永乐环礁、玉琢礁、华光礁、盘石屿 5 座环礁和中建岛台礁，其中永乐环礁上发育金银岛、筐仔沙洲、甘泉岛、珊瑚岛、全富岛、鸭公岛、银屿、银屿仔、咸舍屿、石屿、晋卿岛、琛航岛和广金岛 13 个小岛，盘石屿环礁和中建岛台礁的礁坪上各有 1 座小岛。东群的宣德群岛包括宣德环礁、东岛环礁、浪花礁 3 座环礁和 1 座暗礁（篙煮滩），其中宣德环礁有西沙洲、赵述岛、北岛、中岛、南岛、北沙洲、中沙洲、南沙洲、东新沙洲、西新沙洲、永兴岛和石岛 12 个小岛，东岛环礁有东岛和高尖石 2 个小岛。西沙群岛区的永一井，在地表以下 1280.3m，打穿了新生代地层，发现基底为花岗岩及 20 多米的风化壳，说明在中新世早期还是古陆状态（冯文科和鲍才旺，1982），该区岛屿是早中新世以来形成的生物礁地貌（魏喜等，2005），其厚度往往超过千米，不同于南海中央海盆发育的众多岩浆喷发形成的海山。各岛屿外缘的小礁盘至大礁湖可见三级水下阶地，深度分别为 3～5m、15～25m、40～45m（谢以萱，1979），水下阶地或许是海平面波动期珊瑚礁风化的产物。

西沙群岛更像几个孤立的海台或者海底平顶山（图 3-114），其顶部平坦、四壁陡峭、比高超过 1000m，其坡度超过 70‰。群岛基座平缓，水深约 1000m，海底坡度约 1‰。1000m 等深线可以在基座形成封闭，其东西向宽超过 200km，南北向达 150km。向北逐渐过渡至西沙海槽，向西和中建阶地衔接，向南是中建南斜坡，向东过渡至中沙海槽。西沙群岛的东北部是永乐海隆。在西沙群岛的西南向岛坡区发育大型的 MTDs 地貌（吴时国等，2011）。

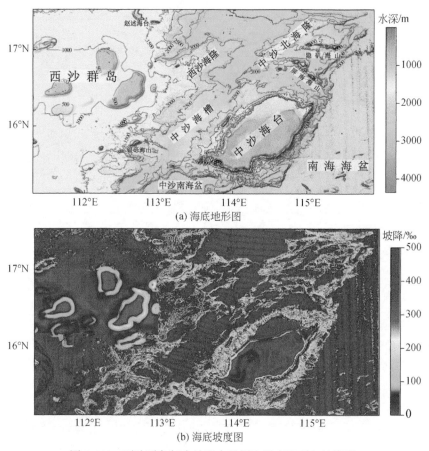

(a) 海底地形图

(b) 海底坡度图

图 3-114　西沙群岛与中沙海台及周边海底地形与坡度图

2）中沙群岛及周边地形

中沙群岛位于南海西部陆坡地形区，位于 15°24′～16°15′N，113°40′～114°57′E，是南海四大群岛中位置居中的群岛。西距西沙群岛的永兴岛约 200km，古称红毛浅。主要部分由隐没在水中的暗沙、滩、礁、岛所组成，包括南海海盆西侧的中沙大环礁、北侧的神狐暗沙、一统暗沙及耸立在深海盆上的宪法暗沙、中南暗沙、黄岩岛（民主礁）等。1975 年，中国科学院南海海洋研究所对中沙海域进行了综合调查（谢以萱，1980），获得了该区 228n mile 的回声测深资料，绘制了该区较为详细的地形图。

中沙群岛长约 140km（不包括黄岩岛），宽约 60km，从东北向西南延伸，略呈椭圆形。几乎全部隐没于海面之下，距海面 10～26m，只有黄岩岛南面露出了水面。中沙大环礁是南海诸岛中最大的环礁，全为海水淹没，自外缘至中部由 20m、60m 和 80m 三级水下阶地组成（谢以萱，1980）。黄岩岛是中沙群岛中唯一露出水面的环礁，为海盆中的海山上覆珊瑚礁而成，位于中沙东侧，状似三角形，长约 19km，边缘陡峭，礁盘上分布有明显可见的石柱状珊瑚礁块，最高者称为"南岩"，高出海面约 1.8m。

中沙群岛的基底是中沙海台，呈现为 NE-SW 向的椭圆形桌面形态，主轴长约 160km，短轴约 80km，海台顶部水深约 10m，在其北部出现次级平台，水深约 300m。海台四壁陡峭，在东部靠近海盆侧其坡度超过 400‰，密布众多的小型海底峡谷。在中沙海台北部是中沙北海隆，其上分布 NE-SW 向延伸的线性海山。其西侧是中沙海槽和西沙海隆，中沙海槽宽泛，水深达 2500m，其宽度达 60km。

3）中沙海槽

自南海北部陆架穿过西沙海台和中沙海台的地形剖面揭示了该区复杂的地形变化（图 3-115），其中，西沙海槽呈现为南北不对称特征，北部明显比南部陡峭，西沙海台为多个深海台地组成的复合型台地，其顶部平缓，台坡陡峭。中沙海台呈现为独立的台桌形态，其台坡更加陡峭。中沙海台与西沙海台之间是大 U 形的中沙海槽。

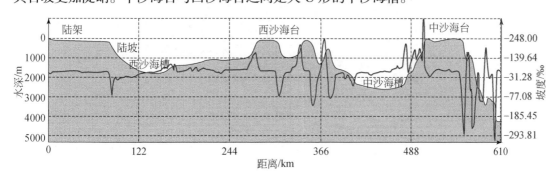

图 3-115　西部陆坡地形区北部的地形剖面 L_6

位置见图 3-88

4）中建阶地

中建阶地位于西部陆架越南李山岛的东侧（图 3-116），北接西沙海槽和西沙海台，东邻中建南斜坡，南至中建南海盆边缘，南北向长约 220km，东西向宽约 220m。总体呈现为一阶一坡形态。以 600m 等深线为封闭，形成一个明显的水下阶地。以 1000m 等深线为界，中建阶地外围形成封闭，为东北方向突出的三角形形态。与西部陆架衔接的上陆坡部分等深线密集，200～400m 等深线呈现为平行排列，海底坡度达到 10‰。在 600m 等深线封闭区域，海底地形平坦，坡度仅为 1‰。600～1000m 等深线的区域更像一个海底斜坡区，海底坡度达到 ±40‰。在中建阶地的东南外缘，是更加宽阔的中建南斜坡区。

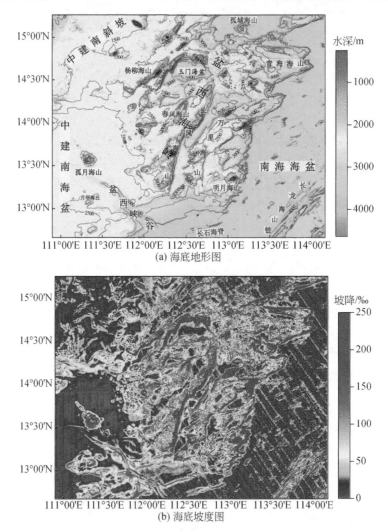

图 3-116　盆西海岭与中建南海盆周边地形与坡度图

5）盆西海岭

盆西海岭西界为中建南斜坡和中建南海盆（图 3-116），北界为中沙海槽与中沙海台，南部与盆西南海岭以盆西海谷为界。在盆西海岭密布众多的线性海山与山间盆地，包括羌笛海山、杨柳海山、春风海山、长风海山、万里海山、青海海山、明月海山等。这些海山多 NE-SW 向平行排列，走向北偏东 60°，其延伸可达 50～200km，宽可达 10～30km，剖面形态呈现为槽脊相间，比高 500～1000m。在线性海山之间分布众多的山间盆地，大型盆地包括中沙南海盆、玉门海盆等，还有众多的小型盆地没有命名。1987 年，曾成开等将盆西海岭、中建南海岭和盆西南海岭区称为华夏海山群。

6）中建南海盆

中建南海盆北界为中建南斜坡（图 3-117），西邻陡峭的上陆坡，东部以盆西海岭和盆西南海岭区为界限，整体呈现为西浅东深、北宽南窄，由陆坡至海盆逐渐加深的倾斜盆状地形区，南北长 300km，东西宽 240km。其西部的上陆坡区域，200～1000m 等深线平行密布，海底陡峭，坡度达到 150‰。海盆自西向东倾斜，坡度约 2‰。向东通过盆西峡谷与南海西南海盆相通。盆西峡谷呈现为 NW-SE 走向的单一流线型峡谷，其尾部宽约 15km，下切深达 500m，在峡谷的起始位置是圆形的孤月海山，也位于中建南海盆中。

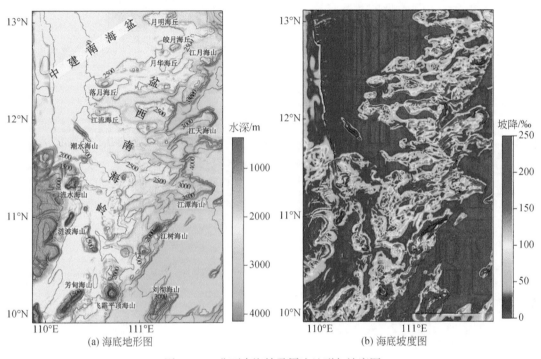

(a) 海底地形图　　　　　　　　　(b) 海底坡度图

图 3-117　盆西南海岭及周边地形与坡度图

7）盆西南海岭

盆西南海岭位于中建南海盆的东南部（图 3-117），西接上陆坡区域，南至广雅海台，呈现为 NE-SW 走向，该区南北长约 850km，东西向宽约 250km。其西侧与大陆架衔接的上陆坡有一小型阶地，水深介于 200～500m 之间，东西向宽达 60km，阶地平缓，坡度仅为 5‰。海岭区层峦叠嶂，其上密布众多的线性和孤立的海山与海丘，自北至南主要包括月明海丘、皎月海丘、江月海山、月华海丘、落月海丘、斜月海山、乘月海山、江流海丘、江天海山、江水海丘、流水海山、潮水海山、春江海山、江潭海山、滟波海山、江树海山、芳甸海山、飞霜平顶海山、白沙平顶海山、长宁海丘、清和海山链、清远海山链等。以江潭海山为界，可以将这些海山的走向大致分为两组，其北为近 EW 向，其南为近 NE-SW 向。与盆西海岭相比，盆西南海岭上发育的海山规模要小一些，其长轴一般为 50～100km，很少超过 100km，山间盆地不发育，海山比高约 500m，少数比高可达 1000m。

9. 南部陆坡地形区

南海南部陆坡西起巽他陆架南缘，东至马尼拉海沟南端，NE 向延伸长约 1000km，SW 向宽达 600km，水深范围为 200～3500m，大部分水域水深大于 1000m。南部陆坡地形落差大、切割强烈、崎岖不平，内部发育陆坡海槽、陆坡盆地、陆坡斜坡、陆坡海台、海山海丘、陆坡峡谷等复杂多变的海底地形。

穿过南部陆坡的典型地形剖面 L_{10} 也展示了该区地形起伏多变的特色（图 3-118），既分布有众多的水深至十余米的暗滩，也分布有水深达 3000m 的海槽，还分布有起伏不平的陆坡斜坡以及深 V 形的滩间谷地和盆地。南海南部陆坡区面积 $53.6×10^4km^2$，体积 $86×10^4km^3$，按照 500m 水深间距对该区各水深区间的面积进行了统计（图 3-119），结果显示为单峰形态，最大面积区位于 1500～2000m 水深区间，面积占全区的 28% 左右，次峰值位于 1000～1500m 水深区间，占到 20% 左右。

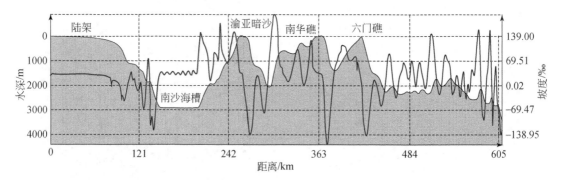

图 3-118　穿过南部陆坡区的地形剖面 L_{10}

位置见图 3-88

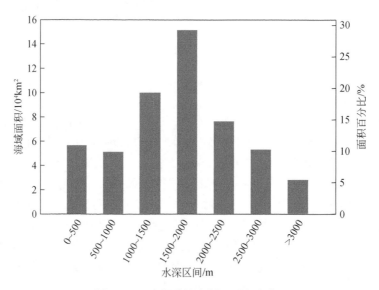

图 3-119　南部陆坡水深 - 面积变化

1）南沙群岛

南沙群岛位于 3°35′ ~ 11°55′N, 109°30′ ~ 117°50′E, 是南海四大群岛中位置最南、岛礁最多、散布最广的一椭圆形珊瑚礁群。北起雄南滩, 南至立地暗沙, 东至海马滩, 西到万安滩, 南北长逾 900km, 东西宽近 900km, 水域面积约 $82 \times 10^4 km^2$, 约占南海传统海域面积的 2/5。南沙群岛由 550 多个岛、洲、礁、沙、滩组成, 但露出海面的约占 1/5, 其中有 11 个岛屿, 5 个沙洲, 20 个礁是露出水面的, 古人称之为 "万里石塘", 也是古代航海的梦魇之地, 在该区发现有众多的海底古沉船。主要岛屿有太平岛、中业岛、南威岛、弹丸礁、郑和群礁、万安滩等。曾母暗沙是中国领土最南点。南沙岛礁中的水面环礁的礁体面积有 $3000km^2$ 左右, 而在联合国海洋法公约中, 水面环礁是具有准陆地地位的。美国吉尔格 (1975) 将南沙海台定义为危险海域, 并认为该区深海普遍发育珊瑚礁, 说明大陆的下沉速度与珊瑚的生长速度相适应。

2）陆坡海台

南海陆坡众多群岛、礁、滩等的基座多呈现为平台状, 本书称之为海台。在南部陆坡, 自西向东, 大型海台主要有广雅海台、南薇海台、庆群海台、永暑海台、安渡海台、郑和海台、道明海台、太平海台、礼乐海台等。研究表明, 这些海台是生物礁成因的碳酸盐岩地貌, 为地壳沉降过程中珊瑚长期生长的产物 (刘昭蜀等, 2002)。

广雅海台位于南部陆坡的最西端, 由 6 个小海台组合而成 (图 3-120), 包括已经命名的万安滩、西卫滩和广雅滩, 以及尚未命名的三个海台。2000m 等深线可形成封闭, 其 NE-SW 向长 280km, NW-SE 向宽约 150km。其中, 万安滩与陆架几乎连为一体, 其呈现为 NE-SW 向延伸的长条形台地, 东西向长约 130km, 南北向宽约 30km, 顶部水深约 200m, 极其平坦。西卫滩呈现为近圆形基座, 其直径约 40km, 顶部局部出露水面。广雅滩位于西卫滩东部, 呈现为复合的链状, 由三个露出水面的浅滩组成, 自南向北长约 60km。在各海台之间是狭窄而深切的台间槽谷, 下切深度超过 1500m。

礼乐海台位于南部陆坡的最东端, 基座呈现为大型的圆桌面形态 (图 3-121), NE-SW 向长约 200km, NW-SE 向宽约 150km, 海台面积达 $1.6 \times 10^4 km^2$, 其顶部水深约 100m, 有多处浅滩出露水面, 包括礼乐滩、南方浅滩、安塘滩、大渊滩、雄安滩、勇士滩、

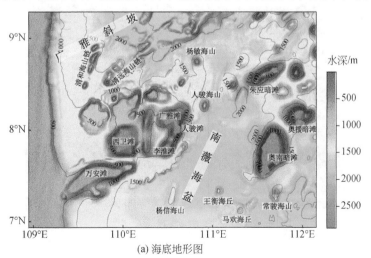

(a) 海底地形图

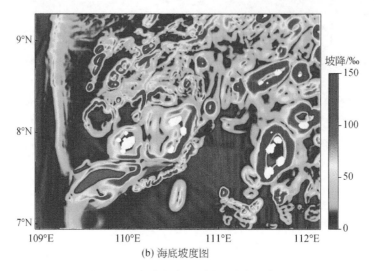

(b) 海底坡度图

图 3-120 广雅海台及周边地形与坡度图

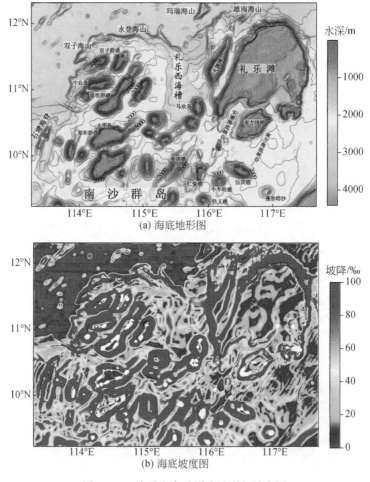

图 3-121 礼乐海台及周边地形与坡度图

忠孝滩、明月滩等，其中以大渊滩、礼乐滩和南方浅滩规模最大。大渊滩位于群滩的西部，呈现为 NE-SW 向的长条状，长约 80km，宽约 30km，与礼乐滩之间有深达 1000m 的深槽间隔。礼乐滩范围最广，南方浅滩与礼乐滩之间以 500m 深切的深槽间隔，南方浅滩呈现为 NE-SW 向的椭圆形态，长约 50km，宽约 30km。在礼乐滩的四壁密布小型海底峡谷，在其西南有 U 形的凹槽型斜坡，自礼乐滩至斜坡分布安塘海底峡谷，在该斜坡区域密布海底麻坑地貌（张田升等，2019），海底麻坑深达 30m，大麻坑的直径超过 1000m。

道明海台位于南部陆坡的中段（图 3-121），由双子群礁、中业群礁、道明群礁、西月岛等组成。该海台以多群礁呈 NE-SW 向线性平行排列组成，各群礁间有深切槽谷，下切深达 2000m，群礁中以南钥岛的基座规模最大，其长达 100km，宽大于 10km。

3）陆坡海槽

南部陆坡上最引人瞩目的是南沙海槽（图 3-122），该海槽紧临加里曼丹陆架南部，NE-SW 向延伸，2000m 等深线可以形成封闭，呈现为长条深掘形态、南宽北窄，其长约 700km，最宽处达 150km，在其中间段被半月礁和舰长礁等侵入几乎被截断，中段最窄处宽约 50km。海槽的南坡和东坡平滑、陡峭，等深线基本呈现为平行排列，海底坡度达 70‰。其西侧受南沙群岛影响，槽坡复杂多变。在海槽内部分布少量孤立海山与海丘，如景宏海山、尹庆海山、南乐海丘等，多呈现为圆形或椭圆形，比高达 500～1000m。南海海槽被认为是古南海的俯冲消亡带（李家彪，2005）。

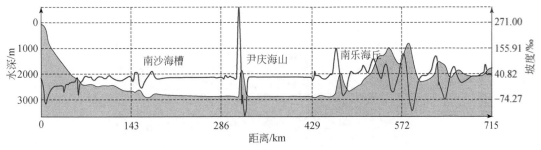

图 3-122　径直穿过南沙海槽的地形剖面 L_{11}

位置见图 3-88

4）陆坡盆地

南部陆坡区最为显著的陆坡盆地是南薇海盆，其北界是广雅海台、西南部紧邻陆架以陆坡斜坡为界，东部界限不明显，以一系列的小型海台、海山、暗礁为界限，包括澳南暗沙、奥援暗沙、安渡沙洲、玉诺礁、南薇礁等，靠近陆架区域海底相对平坦，受小型海丘的影响，其往东海底起伏较大，但一般在 500m 以内，海底坡度 ±40‰。盆底 2000m 等深线可以形成封闭，该盆地海域面积近 $10×10^4 km^2$。在海盆内分布众多的孤立海山与海丘，包括道明海山、杨信海山、李准海山、常骏海山、朱良海山等。

5）陆坡斜坡

南部陆坡最典型的陆坡斜坡是礼乐斜坡（图 3-123），位于礼乐滩的东北部，北边以马尼拉海沟为界，自卡拉棉群岛陆架向西北倾斜延伸至南海海盆。该斜坡区被几条海底峡谷切割,包括海马海底峡谷、勇士海谷、卢纶海底峡谷和白居易海底峡谷等,这些海底峡谷起自陆架边缘,一直延伸到深海盆,峡谷走向基本与陆坡等深线走向正交,峡谷下切深达数百米,宽达十余千米,在海底峡谷两侧发育大量的海底麻坑。峡谷的下切作用,使陆坡斜坡呈现为四块堆垛状块体,但其上的等深线基本是平行的。在该陆坡区域也分布众多独立的圆形海山与海丘,包括海马平顶海山、勇士海山、韦应物海山、张祜海山等。

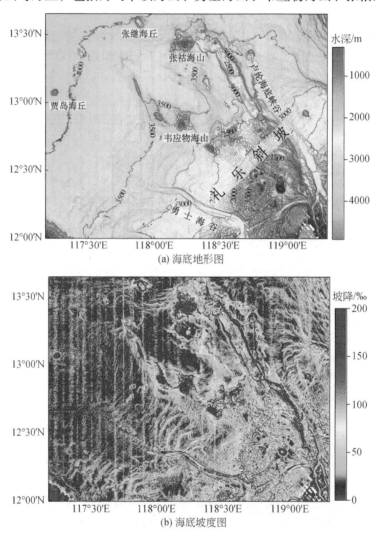

图 3-123　礼乐斜坡及周边地形与坡度图

10. 东部陆坡地形区

南海东部陆坡北起台湾岛南部,南至民都洛岛外缘,西以马尼拉海沟为界,东部紧邻菲律宾吕宋岛,为南北向延伸的长条状地形区,其南北长 1000km,东西宽 50 ～ 200km。南海海盆沿马尼拉海沟正在向东俯冲,并形成了非火山弧(增生楔)-弧前盆地(北吕宋海槽和西吕宋海槽)-火山弧(吕宋火山弧)构造组合(李家彪,2005)。该区地形的典型特征是海脊/海岭与海槽发育,自北至南发育恒春海脊、吕宋海脊、北吕宋海槽、南吕宋海槽等。海脊区由多个小型海脊组合而成，外形呈现为麻花状，海底坡度变化剧烈，为±300‰。在该陆坡区域有一些小型海山与海底峡谷，但与其他三面陆坡相比要少得多。

吕宋岛弧在东、西两侧板块挤压作用下，在台湾岛和吕宋岛之间的岛坡之上发育两条近 SN 向展布、长条形的海脊，西侧属于断褶型的恒春构造脊，东侧海脊区火山活动活跃，有的则出露海面成为岛屿。恒春构造脊与吕宋双火山弧西侧弧链之间发育一大型海槽，为北吕宋海槽，是由俯冲前缘的弧前盆地演化而成，向南地形逐渐拉平，在吕宋主岛西侧成为岛坡深水阶地。增生楔下部的马尼拉海沟延伸至 118°E 的巴拉望西侧坡脚处再向 SE 成为巴拉望海槽（盆地）。海槽在礼乐滩附近以一海谷与南海中央海盆区沟通。该区海域面积约 $13.1×10^4km^2$，体积 $25×10^4km^3$，按照 500m 水深间距对该区海域面积进行了统计（图 3-124），各水深区间面积出现两个峰值区，在 0 ～ 500m 水深区间的峰值占到全区的 17%，对应了靠近陆架的上陆坡区域；2000 ～ 3000m 水深区间占到全区的 35%，对应了陆坡海槽区。

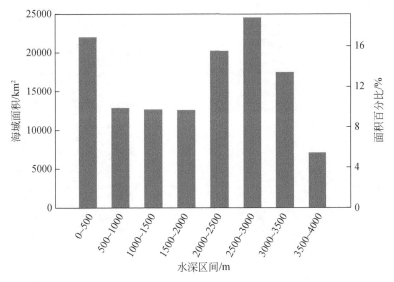

图 3-124　东部陆坡水深 - 面积变化

1）陆坡海脊

恒春海脊在地形上自台湾岛南一直延伸到吕宋岛西部与黄岩海山链相接处，呈现为北宽南窄，其长达 600km，东是明显的吕宋深槽，西是马尼拉海沟，在其上发育大量的小型线性延伸的海脊与陆坡微型盆地，小型海脊时断时续，但总体延伸方向和恒春海脊一致，小型海脊宽度仅数千米至十余千米，在各平行的小型海脊之间发育了大量的微型盆地（尚继宏等，2010），这些微型盆地下切深度不大，一般仅为 100 ～ 200m。该种地形特征在构造上是典型的增生楔构造，属于南海板块向东俯冲形成的构造地貌形态。因这些小型海脊与微型盆地的存在，也造成该陆坡地形在剖面上呈现为自东向西逐渐下降的台阶式形态，水深自 2000m 左右逐渐加深至 4000m 以深。

这些海脊上线性的麻花状凸起的地貌，在多道地震上也有清晰的揭示，是典型的板块俯冲到海沟形成的增生楔和逆冲叠瓦断层构造。板块上沉积物在进入俯冲带时，一部分沉积物被岛弧刮擦下来堆积于上覆板块前锋形成增生楔，还有一部分物质会跟随板块俯冲至地壳深部，沉积物中的水分被逐渐挤压排出，这些挤出的水分沿着断层如滑脱面流动，加大了断层区的孔隙压力，减弱断层面以及围岩的剪切强度，形成宽阔的逆冲断层区（陈传绪等，2014）。增生楔从俯冲前缘到脊顶区其构造特点的转变对应着微型圈闭盆地4个完整的发育阶段，即初期的加积断裂阶段、中期的圈闭成盆阶段、后期的挤压消亡阶段乃至最终的隆升推覆阶段（尚继宏等，2010）。

板块上的海山在向岛弧俯冲过程中，表现了不同于一般增生楔的特征。在南海14°～18°N分布了大量的线性海山链，以及孤立海山等，这些海山规模巨大，比高往往达2000～3000m。当巨型的海丘和海山沿海沟向岛弧下俯冲，形成了一系列挤入型构造地貌（李家彪，2005），多波束海底地形数据清晰地揭示了这种由刚性块体挤入所引起的向陆隆起和向海滑塌的特殊构造地貌［见图3-125（b₁）中白色框］。在未来即将俯冲消

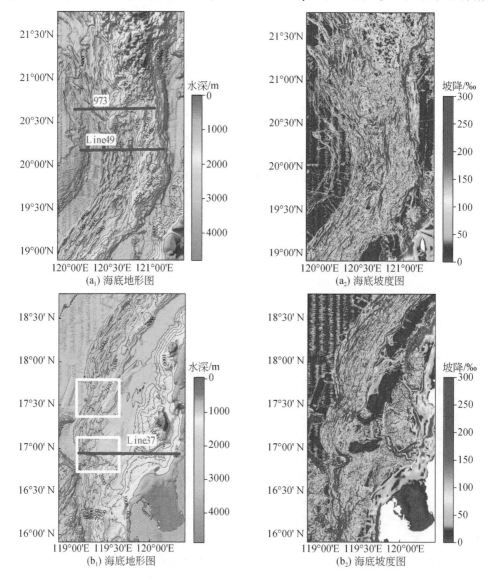

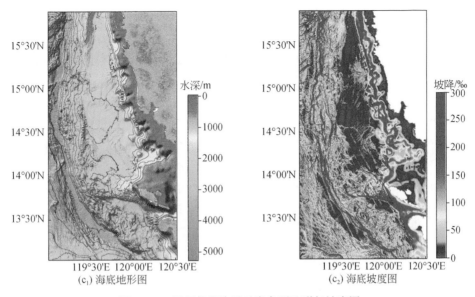

图 3-125 马尼拉海沟及吕宋岛弧地形与坡度图

（a）吕宋岛弧北段；（b）吕宋岛弧中段；（c）吕宋岛弧南段

失的海山前缘形成了规模大于目前出露海山 3 ～ 4 倍的大型港湾状弧形陡崖，陡崖的坡度达 12.4°，也导致了在其向陆一侧形成局部隆起，形成了高差达 2136m 的海底山峰。刚性的以玄武岩为主要成分的海山，缺乏沉积物，在俯冲过程中破坏了原有的增生楔构造地貌，形成这种特殊的挤入型构造地貌，在全球其他俯冲带区域也有不少相似的案例，如菲律宾板块向琉球海沟俯冲，高耸的加瓜海脊在俯冲处形成弧形缺口。

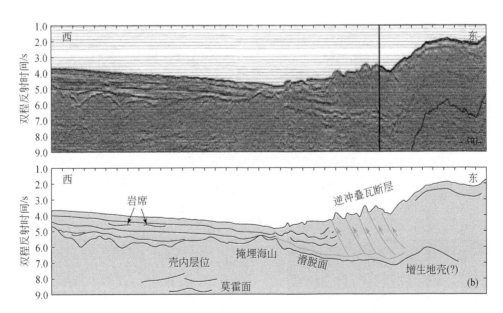

图 3-126 多道地震 973 剖面及解释（陈传绪等，2014）

位置见图 3-125

2）陆坡海槽

吕宋海槽位于欧亚板块与菲律宾板块碰撞的结合带上，被认为是南海板块向东俯冲形成的弧前盆地，其北侧是具有增生楔成因的台湾造山带，南侧是吕宋岛弧，西面是马尼拉海沟，东面是西太平洋的菲律宾海盆。距今 5Ma，吕宋岛弧与欧亚大陆东南缘发生碰撞，产生挤压隆升形成台湾造山带，碰撞逐渐自北向南进行，导致海槽最北端被改造并入到了台湾岛内，在岛上并无明显的海槽特征。在南海扩张中心海山链向菲律宾海板块俯冲形成了宽阔的构造高地，它将整个吕宋海槽分为西吕宋海槽和北吕宋海槽（李细兵等，2010）。

北吕宋海槽自台湾岛南部一直延伸到吕宋岛西北端，呈现为深掘的 U 形槽（图 3-125），其南北长 400km，东西宽 50km，槽底水深最深达 3700m，3000m 等深线在槽底可以形成封闭，该海槽北深南浅，底部极其平坦，海底坡度仅为 2‰ 左右，与该区陡峭的陆坡地形形成强烈的对比，其四壁陡峭，坡度可达 150‰，东坡顶部水深浅，西坡水深加深至 2000m，该海槽的深度可达 1500m。

通过浅层剖面数据和多波束测深数据的联合分析，李细兵等（2010）在北吕宋海槽 20°24′ ~ 20°40′N 发现一个大型的海底滑坡地貌体（图 3-127），面积达到 500km²，平均厚度达 20m，推测为地震触发所致，滑坡体位于海底峡谷的末端，其主要物质来源是火山碎屑。南吕宋海槽位于吕宋岛的西南部，其槽状形态不如北吕宋海槽那么明显，因此，近期也被称为西吕宋阶地，其南北长 220km，东西最宽达 100km。北浅南深，水深约 2500m，海底坡度仅为 4‰ 左右。此外，在东部陆坡区域，还发育了一些小型的海底峡谷，其中两条分布于吕宋岛西侧陆坡，呈现为 Y 字形，但仅发育在陆坡区域，尚未延伸到马尼拉海沟。

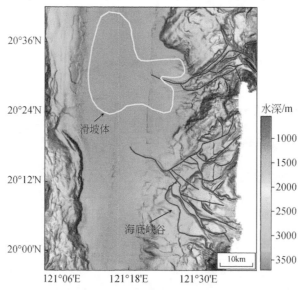

图 3-127　北吕宋海槽内滑坡体（李细兵等，2010）

11. 马尼拉海沟地形区

马尼拉海沟自北向南呈现为"弓"形（图 3-88），其内部 4000m 等深线可以形成封闭，3000m 等深线在北部呈现为舟状延伸，与台湾峡谷可以对接在一起，南北长达 1000km。

以管事滩为界，可将其划分为北、南两部分，北段明显宽于南段，以 4000m 等深线为界，北段最宽可达 70km，南段呈现为长条形态，其宽度仅为 40km 左右。该区海域面积 $3.6 \times 10^4 \text{km}^2$，体积 $15.2 \times 10^4 \text{km}^3$，按照 100m 水深间距对该区海域面积进行了统计（图 3-128），呈现为典型单峰形态，其中 3950 ～ 4450m 水深区间面积占比高达 60%，表明该区以深水为主。

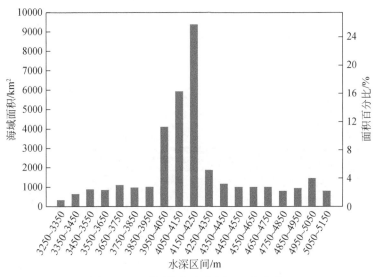

图 3-128 马尼拉海沟水深 - 面积变化

马尼拉海沟是菲律宾海板块和东亚大陆板块的分界线，也是南海唯一的海沟。马尼拉海沟俯冲带地处南海海盆东缘，南、北分别与民都洛深地震复杂构造带和台湾碰撞构造带相连，被认为是一条正在活动的、具有特殊构造意义的重要汇聚边界（李家彪，2005），在空间上呈南北向延伸并呈弧形西凸，海沟地貌表现为一狭长深水槽地，海沟一侧较为平缓，向岛弧一侧较陡峭。俯冲带由火山弧与非火山弧组成，其间以吕宋海槽相隔（李家彪等，2011）。代表古扩张中脊的黄岩海山链已沿 NE 向马尼拉海沟中段俯冲、挤入，并一直延伸至弧前盆地之下。马尼拉俯冲带的形成是南海板块和西菲律宾海板块相向对冲作用的结果，俯冲带地形表现为一系列近 SN 向延伸的岛弧及沟槽区，其发育主要受控于一系列挤压逆冲断裂带。

马尼拉海沟不仅在地貌上表现了北、中、南区域非常不同的特征（图 3-125），EW 向穿过马尼拉海沟的多道地震剖面也揭示了其内部不同的地层结构（图 3-129、图 3-130）。自北至南均可见被淹没的海山，尤其在 Line-49 剖面上显得尤为突出，大型的淹没海山高度超过 2000m，东西向宽度超过 50km，北部的 973 剖面展示了被淹没的多座小型连绵海山，这表明南海海盆在初始形成时并非如现在的平坦地形，而是后期充填了巨厚的沉积物，多道地震双程反射时间近 2s，海盆内的沉积层的厚度超过了 2000m。马尼拉海沟不同部位的内部充填结构与厚度差异很大，最北部的 973 剖面（图 3-126）展示其基底以上沉积层双程反射达 1 ～ 3s，呈现为东厚西薄的楔状。与其不远的 Line-49 剖面展示了不同的特征，受下伏淹没海山的影响，充填沉积表现为 W 形，沉积层厚度达 1 ～ 1.5s 双程反射时间，东西向宽度达 25km。中部的 Line-37 剖面的沉积地层也表现为东厚西薄的楔状特征，其厚度达 1～2.5s 双程反射时间。海盆内的沉积层正断层发育，而海沟内的沉积层受俯冲的影响，逆冲断层发育，在地貌上表现为系列的增生楔，在平面上表现为南北向长条状延伸的海脊与海岭，以及微型盆地地貌。在吕宋岛弧上发育的陆坡海槽，在构造上被称为弧前盆地，其内部也被巨厚的沉积物覆盖，其厚度超过 1s 双程反射时间，甚至导致陆坡海槽在地貌上消失不见（图 3-130）。可以想象，如果剥离了这些覆盖在海盆与弧前盆地的巨厚沉积层，南海的地貌必然与现在大不同，而那才是南海海盆应有的初始形态。朱俊江等（2017）认为马尼拉海沟不同区段的俯冲机制是不同的，提出俯冲增生和俯冲剥蚀模式解释南北差异。

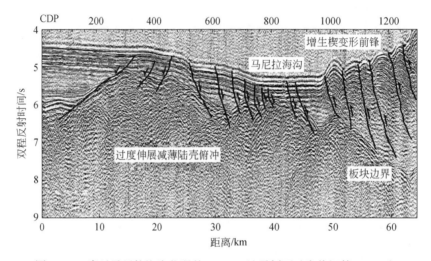

图 3-129　穿过马尼拉海沟北段的 Line-49 地震剖面（朱俊江等，2017）

位置见图 3-125

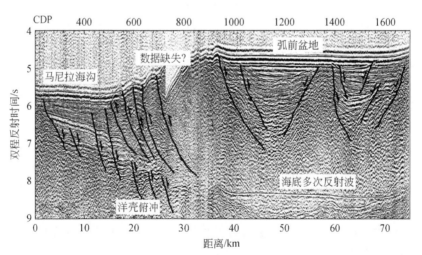

图 3-130　穿过马尼拉海沟中段的 Line-37 地震剖面（朱俊江等，2017）

位置见图 3-125

马尼拉海沟南北向东凹、中部向西凹的"弓"形形态的形成机制是值得令人关注的科学问题。如果马尼拉海沟是南海微板块向东俯冲的结果，在南海海盆中部的"珍贝 - 黄岩海山链"高出海底 2000 ～ 4000m，这些高耸的海山在俯冲到岛弧以下时在岛弧地貌上为何没有响应？海山随板块俯冲时会在岛弧前锋形成挤入构造（李家彪，2005），然而在吕宋岛弧的中部这种现象不甚明显，这与高耸的中央海山链跟随板块俯冲的预期结果是不相符的。

马尼拉海沟形态与板块俯冲有关，分布于马尼拉海沟两侧的地震震源深度分布特征为板块俯冲提供了新的线索（图 3-131）。地震震源显示，马尼拉海沟南北部俯冲倾角不同，南部倾角较大，下部几乎接近垂直，最深可达 250km，北部倾角变小，约 45°，最大深度可达 150km，俯冲方向为 SE 向（陈志豪等，2009）。5Ma 以来，南海板块沿着马尼拉海沟向菲律宾海微板块俯冲削减，菲律宾海板块正以 7 ～ 10cm/a 的速度向 NW 方向移动，由于吕宋岛弧随菲律宾板块向西北运动斜向拼贴，其北端首先与台湾岛碰撞。随着菲律宾海板块持续地向西北运动，碰撞作用加剧并向南扩展，马尼拉海沟的北端正逐渐卷入碰撞造山过程。由于来自台湾造山带沉积物的大量输入，形成的增生楔南窄北宽，台西南近海地区增生楔的外向增生引起了马尼拉海沟靠近台湾处向西迁移，但由于与台西南近海地区增生楔相接的台湾海峡陆架这一刚性体阻止了增生楔的西向迁移，导致海沟的变形前锋随陆架边缘的走向朝 NE 向弯曲。马尼拉海沟北段和台湾造山带的作用、南段受巴拉望地块和民都洛岛碰撞的影响，导致马尼拉海沟出现该种南北向西凹的特征。

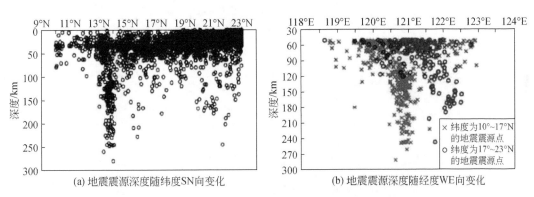

图 3-131　马尼拉海沟两侧震源深度变化（陈志豪等，2009）

如果按照 5Ma 以来，南海板块以 7 ～ 10cm/a 的速度向东俯冲，那么古南海海盆在东西方向上已经有 350 ～ 500km 俯冲到马尼拉海沟之下，几乎相当于南海海盆面积的一半，这些巨量的物质究竟去哪了值得思考，"珍贝 - 黄岩海山链"等众多在海盆上发育的线性海山与孤立海山，如果在南海板块俯冲之前已经形成，那么在俯冲的过程中必然在吕宋岛弧地貌上有所反应，正如形成前述的挤入构造地貌，但目前似乎表现得不太明显。

12. 北部海盆地形区

南海深海盆四周为地形复杂多变的陆坡（岛坡）包围，地形低陷而平缓，水深 3400 ～ 4400m，总体呈现 NE-SW 向菱形展布，大致以 SN 向中南链状海山为界分为中央海盆和西南海盆（图 3-88）。其中，中央海盆是南海海盆的主体，大约以"珍贝 - 黄

岩海山链"为界，分为南北两部分，海底分别自南北两侧向中央微微倾斜。盆地水深为
3400～4400m，以宽阔的平原地形为主，之上发育多个雄伟的链状海山、海丘等，主要
分布于北侧，而南侧海山（丘）数量较少且平均高度较低。

"珍贝-黄岩海山链"位于中央深海平原中部（图3-132），大致沿15°N呈NEE向展布，
由黄岩海山、珍贝海山等6座大小不等的海山（丘）组成，是中央海盆最为壮观的海山链。
这些海山外形呈现为锥状，直接坐立在较为平坦的深海盆之上，其顶部水深深浅不一，珍
贝海山顶部仅为2000m，至黄岩西和黄岩东海山顶部水深浅至1000m，黄岩岛更是局部出
露水面，高耸的海山链与深邃的海盆形成强烈的地形对比。在黄岩海山链的南北两侧，密
布小型线性延伸的海山链，其走向与黄岩海山链相似，但其在空间上不太连续，这些小型
海山链长不足百千米，宽十余千米，排列得非常有规律，据研究是南海海盆不同扩张期次
的产物（李家彪，2005）。往北还有涨中海山、宪南海山、宪北海山、玳瑁海山等，往南
有黄岩南链状海丘、中南海山东链状海丘等。1987年，曾成开等将"珍贝-黄岩海山链"
以北的海山称为燕山海山群、以南的称为秦岭海山群。

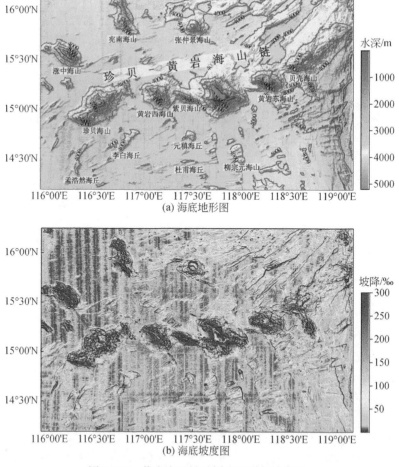

图3-132　黄岩海山链及周边地形与坡度图

　　前期研究表明（Taylor and Hayes，1980；姚伯初等，1994），南海东部海盆形成于32～17Ma 的南北向扩张，近期研究认为南海东部海盆 24Ma 后的晚期扩张为北北西‐南南东向扩张而非南北向扩张，其代表古扩张中脊的黄岩海山链已向马尼拉海沟俯冲、挤入，并一直延伸至弧前盆地之下（李家彪，2005）。

　　NW-SE 向穿过南海海盆的多道地震剖面 SO49-17 清晰地揭示了海盆基底以及沉积地层发育情况（图 3-133）。该剖面北起珠江海谷口外，穿过构造上的西北海盆、中央海盆，南至礼乐斜坡外缘。剖面穿透了沉积地层直达沉积基底，可见沉积层连绵起伏的淹没海山，其中未被淹没的"珍贝‐黄岩海山链"引人瞩目，该海山被淹没部分也达到 0.5s 双程时间。毗邻南海北部陆坡区的西北海盆沉积地层最为发育，呈现为大 U 形盆地特征，盆底最厚沉积层达 2s 双程时间，沉积地层自北向南倾斜发育，该盆地内部少见淹没海山。以"珍贝‐黄岩海山链"为扩张中心的中央海盆，其基底群山起伏，沉积地层被这些淹没海山分割为小的沉积盆地，其厚度不一，介于 0.5～1s 双程反射时间。沉积地层在垂向上可以划分为两套，上面的一套沉积层水平方向可连续跟踪，为扩张后期沉积，少见大型断裂发育，其下伏的沉积层有大量的正断层发育，形成箕状构造。

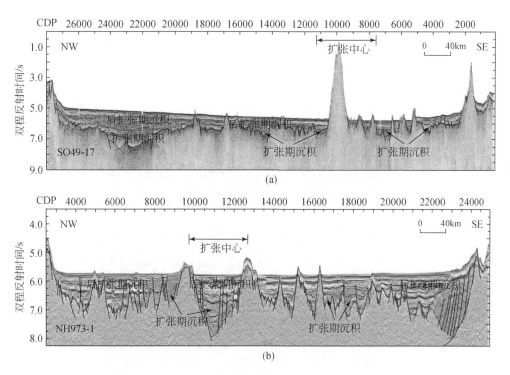

图 3-133　跨越南海海盆的地震剖面（李家彪等，2011）
位置见图 3-88

　　北部海盆面积 $19.9 \times 10^4 km^2$，体积 $76.7 \times 10^4 km^3$，按照 100m 水深间距对该区地形面积进行了统计（图 3-134），结果显示为单峰形态，峰值出现在 3900～4000m 水深区间，占到全区面积的 21%。

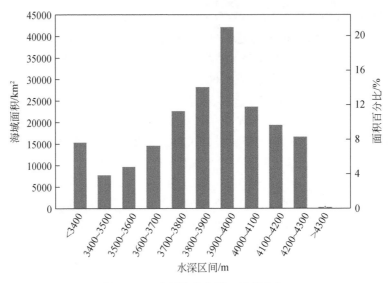

图 3-134　北部海盆水深－面积变化

13. 南部海盆地形区

　　西南海盆长轴为 NE 向，长约 525km，东北部最宽达 342km，向西南逐渐变窄。该海盆水深为 3300～4400m，自 SW 向 NE 缓慢均匀加深，地形非常平坦，平均坡度为 2.8‰，以平原地形为主。盆中分布数条 NE 向链状海山、海丘，以长龙及其南侧的 3 条链状海山最为壮观（图 3-135），分别为长龙海山链、飞龙海山链和中南海山链。长龙海山长

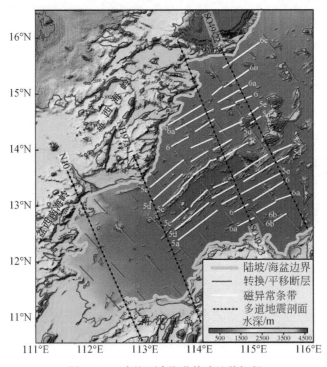

图 3-135　南海西南海盆构造地貌解释

234km，宽 20km 左右，有 6 个山峰，向南延伸至白玉海丘，向北延伸至龙南海山，顶底最大高差 888m；与长龙海山链平行的是飞龙海山链，其向西南方向延伸的更远，其长度可达 400km，向南延伸至龙尾海丘，向北延伸至陆游海山。在双龙海山链之间的是双龙海盆，其宽近 50km，盆底水深约 4500m，内部较为平缓，坡度仅为 1‰。

据研究，双龙海盆是南海残留的古扩张中心，与南海早期形成密切相关（李家彪等，2012）。中南链状海山由数个海山海丘组成，NS 向分布，峰顶水深 272 ～ 3879m，全长243km，规模也较大，其形态与黄岩海山链均呈现为锥状山体。深海平原内还分布有其他中小型海山海丘，大多呈 NNE 向展布，主要分布于西南深海平原东北部，山体较小。南部海盆面积 26.3×10⁴km²，体积 106×10⁴km³，按照 100m 水深间距对该区海域面积进行了统计（图 3-136），其呈现为偏锋形态，最大水深区间为 4300 ～ 4400m，占比达 36%，南部海盆区平均水深明显深于北部海盆平均水深。1987 年，曾成开等将小珍贝海山、大珍贝海山、四光海山等称为四光海山群。

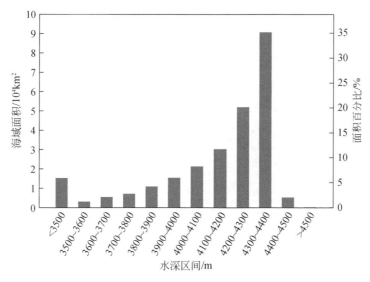

图 3-136　南部海盆水深 – 面积变化

自北向南垂直西南海盆中央扩张脊的 4 条近似平行的多道地震剖面揭示了该海盆的沉积特征（图 3-137），也反映了双龙海山链（长龙海山链和飞龙海山链）自基底以上的古地貌特征。

SO49-22 剖面自中沙群岛东南部至礼乐滩的西北边缘，剖面中部两座高耸的海山分别是龙北海山和南岳海山，剖面最南侧的高耸海山是玛瑙海山，中部两座海山之间的沉积层基本为 U 形，但靠近南岳海山侧沉积层要厚一倍。海盆内沉积层基本以这两座海山为对称分布，但其北部明显要复杂得多，有多个海山淹没在沉积层中，将海底沉积层分割为若干小型盆地，沉积层厚度在 0.5 ～ 1s 双程反射时间。南岳海山与玛瑙海山之间少有淹没海山，沉积盆地呈现为大的不对称 U 形，沉积中心位于玛瑙海山侧，其厚度可达 1.5s 以上。该剖面反映了西南海盆北部不对称扩张及沉积特征。

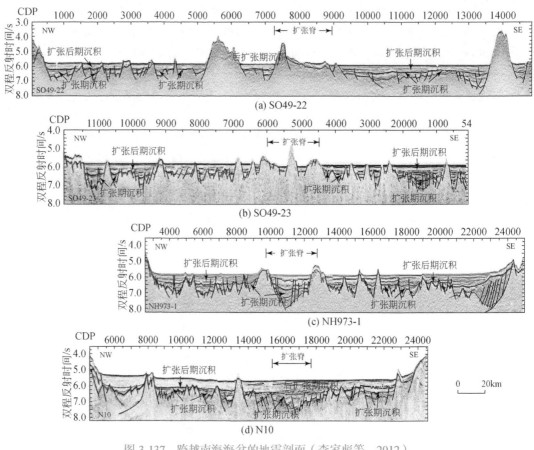

图 3-137 跨越南海海盆的地震剖面（李家彪等，2012）

位置见图 3-135

SO49-23 剖面自中沙群岛东南端至双明群礁东北部，剖面中间最高的海山是龙珠海山，左右是双龙海山链，是西南海盆的残留扩张中心，双龙海山链之间的沉积层很薄，不足 0.5s 双程反射时间。以双龙海山链为中心，NW 和 SE 向基本呈现为对称扩张，但北部海盆宽度要明显宽于南部海盆，两侧各有 5 座淹没的海山，在现今多波束测深海底地形地貌图上已基本不可见，这些海山高 500～1500m，将海盆切割为小的山间盆地，盆地之内的沉积层厚 0.5～1.5s 双程反射时间，沉积层呈现为自扩张中心至边缘逐渐加厚的趋势，这与海盆扩张后的热沉降有关。

NH973-1 剖面北起盆西海岭的万里海山，南至道明群礁的中部，中间两个明显可见海山是双龙海山链，通过该剖面揭示双龙海山链大部分被淹没在沉积层中，其自基底的高度至少达 1500m，其中间的残留扩张脊呈现为 U 形，最底部基底呈现为 V 形特征，内部充填了巨厚的沉积物，双程反射时间达 2～2.5s，折算为厚度可达 2～3km。以双龙海山链为中心，南部海盆可见 5 处以上被淹没的海山，而北部海盆淹没海山明显可见 2 处，两侧海盆充填的沉积物厚 1～2s 双程反射时间，南侧海盆更加发育。

剖面 N10 北起盆西南海岭区中部，南至南沙海台的中南部，有多处淹没的海山，最中心位置的淹没海山是玉盘海丘，在现海底比高小于 500m，但自沉积基底以上其高度超过 1500m，大部分被沉积物覆盖。该剖面上残留扩张脊已不太明显，自北至南海盆几乎连成一体。在剖面中部沉积地层最为发育，厚度达 2.5s 双程反射时间，至盆地两侧沉积物稍有减薄。该种海底基底与沉积特征明显不同于其他三个剖面，反映了西南海盆复杂的扩张历史。

西南海盆淹没的海山揭示了其扩张的过程和空间不均一性，东部扩张中心完整可见，两侧出露海底的海山以及淹没的海山基本以扩张中心对称分布，越往海盆西南部，这种特征越不明显，扩张中心逐渐消失不见，海山分布的规律性不强。关于西南海盆的扩张时间与模式尚无定论（Taylor and Hayes，1980；Briais et al.，2011；李家彪等，2012）。

西南海盆沉积地层以双龙海山链为中心对称分布，自 NE 向 SW 的四条剖面展示其沉积层北薄南厚、东薄西厚的不均匀分布特征，指示了沉积物源对于该区沉积地层发育的影响，SW 向更加接近巽他陆架和加里曼丹岛，其 NE 部位于整个南海海盆的中央缺乏物源，古湄公河可为其 SW 部提供更充足的沉积物。与中央海盆类似，沉积地层也可划分为扩张期沉积和扩张后期沉积，扩张期沉积发育大量的正断层，扩张后期沉积地层呈现为水平披覆。

3.2.4.3　南海典型地形剖面

为了全面揭示南海总体地形特征，设计了四条呈现为井字交叉的地形剖面（图3-88）。

1）地形剖面 A

剖面 A 自北向南穿过南海（图 3-138），该剖面北起广东放鸡岛，南至巽他陆架南部，全长 2000km，穿过了南海西部所有典型的地形单元，反映了南海跌宕起伏的海底地形变化。剖面 0～350km 段属于北部陆架区，海底地形平坦，坡度仅为 1‰，展示了南海北部陆架宽阔平缓的特征。350～500km 段属于西沙海槽，展示了西沙海槽深切的 V 形特征，由陆架外缘的 200m 快速下降至海槽内部的 2000m 水深，坡度也急剧加大至 120‰。剖面 500～800km 段属于西沙海台，在 1000m 左右的穹窿型的基座上发育了系列高耸的暗沙和暗礁，海底坡度曲线也是急剧抖动，振幅达到 ±200‰。800～950km 段属于中建南海盆，U 形盆地特征明显，其内部相对平坦，水深近 2800m，海底坡度相对平缓。950～1150km 段属于盆西南海岭，剖面穿过众多的线性海山，在剖面上形成槽脊相间的形态，有的深谷

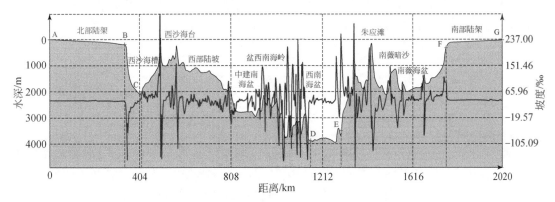

图 3-138　穿过南海西部的全程地形剖面 A

位置见图 3-88

近 1000m。1150 ～ 1300km 段属于西南海盆，呈现为底部上凸的 U 形，其内部相对平缓。1300 ～ 1750km 段属于南部陆坡区，该区地形起伏明显，发育接近水面的暗滩，也发育不对称 U 形的陆坡海盆。1750 ～ 2000km 段属于相对平坦的南部陆架。总体而言，该剖面展示了南海以深海盆为中心的南北基本对称的特征，包括海槽与海台等，这也从一定程度印证了南海南北陆缘曾为一体，在构造运动的推动下，逐渐拉开，从而形成复杂多变的边缘海盆构造地貌。

2）地形剖面 B

地形剖面 B 位于南海东部（图 3-139），北起台湾浅滩，南至加里曼丹陆架，全长 1575km。该剖面反映了与剖面 A 完全不同的特征，总体呈现为大 U 形特征，海底地形变化剧烈，其复杂程度不如剖面 A，但海底坡度变化幅度胜于剖面 A，达到 ±300‰。剖面 A-B 段属于北部陆架，反映了自陆向海缓慢倾斜的地形。剖面 B-C 段属于北部陆坡，受海底峡谷下切和局部海山的影响，在陆坡上出现数处小的隆起地形，其幅度达到 500m 左右，上陆坡相对平缓，其坡度仅为 5‰ 左右，而下陆坡区要陡峭，平均坡度达到 30‰，局部超过 100‰。C-D-E 段属于南海海盆区，在深达 4000m 的海盆上发育突然隆起的海山，有的比高不足 500m，但有如黄岩海山链比高达 1000 ～ 3000m，剖面也显示北部海盆稍浅于南部海盆区，或许跟物源多寡有关，来自大陆和台湾岛的沉积物显然要多于南部的群岛区域，有更多的沉积物充盈到北部海盆，坡度剧变多发生在海山区。E-F 段属于南部陆坡区，发育了高耸且顶部平坦的礼乐海台，以及深切 2000m 的 U 形南沙海槽。总体而言，东部地形剖面展示了南海海盆以黄岩海山链为对称轴的典型特征，南部陆坡要复杂于北部陆坡。

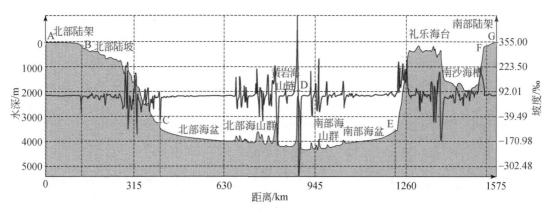

图 3-139　穿过南海东部的全程地形剖面 B

位置见图 3-88

3）地形剖面 C

地形剖面 C 自西向东穿过南海北部，西起北部湾南部陆架，东至菲律宾吕宋岛圣费尔南多城市附近，全长 1380km，展示了南海北部自西向东的地形与坡度变化特征（图 3-140）。总体而言，南海西部和北部湾陆架平缓，而东部陆架狭窄，西部陆坡可以划分为上、中、下三部分，陆坡区地形跌宕起伏，而东部陆坡相对狭窄，水深落差极大。

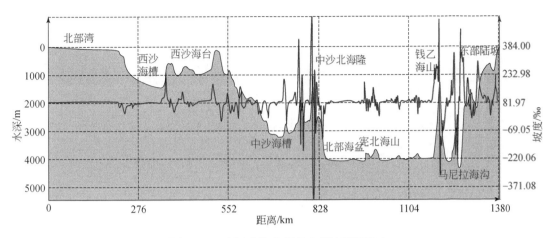

图 3-140 穿过南海北部的全程地形剖面 C

位置见图 3-88

剖面 0～220km 段是北部湾陆架区，水深从十余米加深至陆架边缘的 200m，海底极其平缓。剖面 220～850km 段属于南海西部陆坡区，该区宽阔、地形起伏大、水深变化剧烈、海底坡度多变，其中，西沙海槽位于上陆坡区域，海槽在东西向呈现为不对称的 V 形特征，下切深度达 1500m，紧邻海槽的是西沙海台，在 1000m 水深的基座上发育多个耸立的海台，海台的东坡地形呈现为斜坡式下降，然后过渡到中沙海槽，其水深已达 3000m，在中沙海槽内部还发育小型海丘，在下陆坡区域发育了中沙北海隆，比高达 1500m 的线性海山发育在海隆之上，海底坡度在此处更是达到 ±380‰，随之水深由 2500m 快速下降至 4000m。剖面 850～1250km 段属于南海中央海盆区域，该区地形总体平坦，水深在 4000m 左右小幅波动，在海盆上发育了一些比高不足百米的海丘，还有比高达 2000m 的海山，如钱乙海山，在海盆的最东侧是马尼拉海沟区，其水深进一步加深至 4300m 以深，海底坡度也在大型海山和海沟处出现剧烈振荡。1250～1380km 段属于东部陆坡区，该处陆坡极其陡峭，水深由 4300m 快速变浅至 0m，平均坡降达到 30‰，在其上可见多处 V 形深槽地形，下切深达 500m。

4）地形剖面 D

地形剖面 D 穿过南海南部区域，西起越南潘里湾，东至巴拉望岛北段，全长 1130km（图 3-141）。总体而言，南海西部陆架较为平缓，而东南部陆架狭窄，西部陆坡呈现为单一的斜坡状下降，而南部陆坡跌宕起伏，水深变化极大。剖面 0～90km 段属于西部陆架区，水深从近岸 0m 加深至外缘的 150m，平均坡度在 1‰ 左右。90～320km 段属于西部陆坡，总体形态呈现为单一的斜坡状，水深自 150m 快速下降至 4000m，在陆坡区有多个小型突起，比高 200m 左右，属于盆西南海岭区域。320～530km 段属于西南海盆区域，该区地形西浅东深，由 4000m 缓慢加深至 4300m，或许受物源的影响，尤其来自湄公河的沉积物对该区地形的影响。530～1080km 段属于南部陆坡区，展示了该区极其复杂的地形变化，分布有高耸的中业群礁、宽缓的礼乐海台、深切至 3000m 的礼乐西海槽。

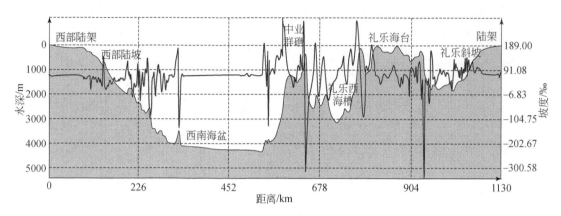

图 3-141 穿过南海南部的全程地形剖面 D

位置见图 3-88

3.2.5 台湾以东海区

台湾以东海区位于 21°20′～24°30′N，120°50′～125°25′E 之间，指琉球群岛以南、巴士海峡以东，北至琉球群岛南部的先岛群岛，南部与巴士海峡及菲律宾的巴坦岛相隔，海域面积约 $10.5 \times 10^4 km^2$，海底水深普遍大于 5000m，最深位于琉球海沟，深达 7881m。该区水深变化大，地形复杂，总体表现为"北陡南缓，西浅东深"的特征（图 3-142）。台湾以东海区地形特征表现为典型的西太平洋沟-弧-盆体系控制下的构造成因地形，自北向南依次为东海陆坡、冲绳海槽、到琉球岛弧、岛坡、弧前盆地、八重山海脊、海沟内坡、琉球海沟和海沟外坡，最后过渡为西菲律宾海盆，这些主要的地形单元轴向近似平行，显示了其形成受控于板块构造作用。在 123°E 存在近南北向线性延伸的加瓜海脊，相对落差超过 3000m。台湾岛东部海岸十分陡峭，1000m、2000m、3000m 和 4000m 等深线都靠近岸边，平行排列，形成陡崖地形，在东部海岸中段等深线较密，向南、向北渐疏。海底地形向东直接由岛坡向深海平原过渡，无深海沟的存在，但在台湾以东海区的花东盆地存在 4 条蜿蜒延伸的深海峡谷地形，受加瓜海脊阻隔，这些峡谷在北部汇入琉球海沟。

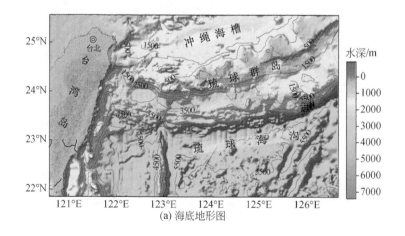

(a) 海底地形图

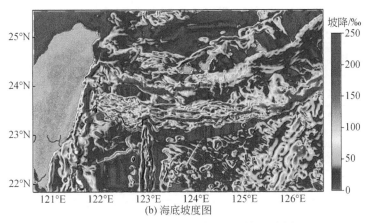

(b) 海底坡度图

图 3-142　台湾以东海区海底地形与坡度图

琉球海沟是一条向东南凸出、向西北倾没的弧形海沟，呈环带状环绕琉球岛弧延伸，宽约 30km，全长逾 1500km，海沟内水深普遍大于 6000m。大致在 123°E 附近，由于加瓜海脊向北俯冲，海沟地形至此突然变窄并很快消失。加瓜海脊以西至台湾岛之间的海沟形状已不明显，在地形上演变为海底峡谷及深海盆地。加瓜海脊在 123°E ～ 125°E 的多波束水深剖面显示，海沟水深自西向东逐渐加深，由加瓜海脊右侧的 6200m 变深至 125°E 附近的 6700m 左右。琉球海沟的东南方是菲律宾海，水深浅于海沟，约 5000m。海沟两壁坡度不等，向洋侧为 1° ～ 2°，而向岛弧侧较陡，坡度普遍大于 4°，局部甚至大于 10°。琉球海沟是菲律宾海板块与欧亚大陆板块交汇、俯冲和消亡的地带，地貌上表现为岛坡坡麓的深沟，海沟底部地形并不平坦，水深起伏在 100 ～ 200m，坡度约 0.4°。海沟内部也分布一些零星海山、海丘，但规模较小。海沟沉积层很薄，仅在一些深凹地中有薄层沉积物。在吐噶喇断裂带以北，连续的海沟地形消失，代之以串珠状的深海洼地断续分布。大致在日本本州岛中部以南、帛琉-九州海脊的北端，琉球海沟消失。

3.3　海底地貌分类与分布

3.3.1　海底地貌分类系统

海底地貌分类采用中华人民共和国国家标准《海洋调查规范第 10 部分：海底地形地貌调查》（GB/T 12763.10—2007）。在此国家规范中，对地貌类型进行了简化合并，如岛架与大陆架合并，岛坡与大陆坡合并，深海盆地貌并入到大洋地貌，还强调了地貌的成因分类，将地貌从堆积、侵蚀-堆积、侵蚀、构造、构造-火山型等进行了成因分类。前人也有按照地貌分区进行研究（刘昭蜀等，2002），但近 20 年来的地貌学研究多按照分类进行阐述和编图（刘忠臣等，2005；周成虎等，2009；王颖，2012；蔡锋等，2013；杨胜雄等，2015），本书也是按照分类的原则进行论述。

地貌分类根据"以构造地貌为基础，内-外营力相结合，形态-成因相结合，分类和分级相结合"的原则，按地貌体的大地构造位置、形态特征、规模大小，从内营力到外营力的成因因素，地貌体的主从关系，依次逐级划分为四级（表3-5）。一、二级地貌单元为大地构造地貌单元。一级地貌单元包括大陆地貌、大陆边缘地貌和大洋地貌；二级地貌单元根据大地构造性质、形态特征和水深变化等进行划分，自陆向海依次划分为海岸带地貌、陆架和岛架地貌、陆坡和岛坡地貌、深海盆地貌四种。三级地貌单元在二级地貌单元基础上进一步按形态特征、主导成因因素和地质时代等因素划分，由基本地貌形态成因类型组成，是地貌编图的主体图示内容。四级地貌单元按独立的形态划分，以形态特征为主体，是地貌分类中最低一级地貌单位，可同时在不同的高级地貌单元中出现，一般成因要素单一，规模较小。

表 3-5　海底地貌分类系统

一级地貌	二级地貌	三级地貌		四级地貌
大陆地貌	海岸带地貌	堆积型地貌（平原海岸）	海积阶地 堆积平原 海滩 水下堆积台地 水下堆积岸坡 水下三角洲 废弃河口水下三角洲	现代河道 古河道 沼泽 沙嘴 沙垄 沙堤 沙坝 潮沟
		侵蚀-堆积型地貌	潮流沙脊群 水下侵蚀-堆积岸坡	
		侵蚀型地貌	海蚀台地或海蚀阶地 水下侵蚀岸坡 水下侵蚀洼地	海蚀崖 海蚀洞 海蚀柱 海蚀平台
		生物地貌	红树林滩 珊瑚礁滩 贝壳堤或贝壳滩	岸礁（裾礁） 堡礁（堤礁） 环礁
		人工地貌		海堤盐田水库 港池航道码头
大陆边缘地貌	陆架和岛架地貌	堆积型地貌	现代堆积平原 残留堆积平原 大型水下浅滩 堆积台地 古三角洲	陆架谷 断裂谷 海底扇 沼泽 埋藏古河道 埋藏古湖沼洼地 水下沙丘 水下沙波 水下沙垄 小型水下浅滩 现代潮流沙脊 古潮流沙脊 潮流冲刷槽 珊瑚礁 岩礁 沙岛（沙洲） 陆架外缘堤 海釜
		侵蚀-堆积型地貌	侵蚀-堆积平原 潮流沙脊群 潮流沙席 潮流三角洲 水下阶地 陆架或岛架斜坡	
		侵蚀型地貌	侵蚀平原 大型侵蚀洼地 潮流水道	
		构造型地貌	构造台地 构造洼地	

续表

一级地貌	二级地貌	三级地貌		四级地貌
大陆边缘地貌	陆坡和岛坡地貌	堆积型地貌	堆积型陆坡 岛坡斜坡 大型海底扇	崩塌谷 断裂谷 海底滑坡 浊积扇 地垒型平台 （或地垒山） 地堑式洼地 （或地堑谷） 陡坎 陡崖 海山 海丘 珊瑚礁
		构造-堆积型地貌	深水阶地 陆坡盆地	
		构造-侵蚀型地貌	海底峡谷	
		构造型地貌	断褶型陆坡 岛坡陡坡 陆坡或岛坡海台 陆坡或岛坡海山群 陆坡或岛坡海丘群 陆坡或岛坡海槽 陆坡海岭 陆坡水道	
大洋地貌	深海盆地貌	堆积型地貌	深海平原 深海扇	珊瑚礁 水下浅滩 浊积扇 海渊 小型隆脊 平顶山 断裂槽谷 山间谷地 山间洼地 断裂槽谷 陡崖 海山 海丘 海台 深海滩 小型洼地
		构造型地貌	海沟 中央裂谷 深海洼地 深海高原 深海水道 深海盆地	
		构造-火山型地貌	洋中脊 深海海岭 深海海山群 深海海丘群 断裂槽谷山脊带	

3.3.2　海底地貌主要类型及分布

因中国海地貌具有相似的特征且成因复杂，本章按照地貌分类系统对主要的地貌类型进行叙述。

3.3.2.1　海岸带地貌

本书所指的海岸带是具有一定宽度的陆地与海洋相互作用的地带，上界为现代潮、波作用所能达到的上限，下界为波浪作用的下限——波基面，一般至 20 ~ 40m 水深。联合国 2001 年 6 月，在"千年生态系统评估项目"中将海岸带定义为"海洋与陆地的界面，向海洋延伸至大陆架的中间，在大陆方向包括所有受海洋因素影响的区域；具体边界为位于平均海深 50m 与潮流线以上 50m 之间的区域，或者自海岸向大陆延伸 100km 范围内的低地，包括珊瑚礁、高潮线与低潮线之间的区域、河口、滨海水产作业区，以及水草群落"。该概念与本书在地貌学意义上的海岸带定义不同。

现代海岸带由陆地向海洋可划分为潮上带、潮间带和潮下带三部分。海岸带受波浪、潮汐、海流、河流等方式运动的水体和生物、风力作用，形成各种海积、海蚀和生物、风成地貌，其形成过程和形态结构受地形、地质构造、海面升降、河流、气候和生物等影响。

（1）海滩（CL₃）：位于平均高潮线与平均低潮线之间的潮间带，地面平缓向海倾斜，由泥沙及砾石组成。根据主要组成物质，可分为泥滩、沙滩和砾滩三种。热带、亚热带还发育红树林海滩和珊瑚礁海滩。在贝壳生物较多的海岸可形成贝壳滩。中国海大陆海岸线长达 19000km，岛屿岸线长达 16700km，潮滩类型丰富（李家彪和雷波，2015）。泥滩主要分布在大河口附近，主要分布在鸭绿江河口北，辽东湾河口、黄河口、长江口、珠江口、闽江口附近，以及强港近岸等。砂质侵蚀海岸主要分布在海南岛周边、韩江以南、厦门海外、青岛周边（蔡锋等，2013）。珊瑚礁海岸主要分布在海南岛附近，以及南海诸岛礁周边。

（2）水下堆积阶地（CL₄）：指海岸带自陆向海相对平坦的区域，主要分布在朝鲜半岛的江华湾外。

（3）水下岸坡（CL₅-CL₇）：指海岸带的水下斜坡部分，系低潮线至波基面间向海自然延伸的斜坡。下界水深一般为 20～40m。常为海湾、河口三角洲和沿岸台地所间断，而呈不连续分布，斜坡上可发育海蚀阶地和海积阶地。按堆积、侵蚀作用强弱，分堆积岸坡（CL₅）、侵蚀－堆积岸坡（CL₆）和侵蚀岸坡（CL₇）。堆积型水下岸坡主要分布在大江河口附近，沉积物源丰富利于堆积岸坡的发育，包括黄河、长江和珠江等大河附近，侵蚀型岸坡主要发育在远离河口的区域，沉积来源匮乏，侵蚀－堆积型水下岸坡属于过渡地带。

（4）水下三角洲（CL₉）：在河流入海处地势较为平坦、海洋动力作用较弱的地带，由河流携带大量的泥沙堆积而未露出水面的大型扇形堆积体及被埋藏的早期形成的三角洲。现代水下三角洲包括现代河流三角洲和潮成三角洲两种。河成水下三角洲是最主要类型，分布于河流入海处，而且逐年向海推进，在海底地貌形态上为扇形的堆积体，可分为三角洲平原和三角洲前缘，主要分布在黄河、长江、珠江、湄公河等大河入海口。河口三角洲按照动力可进一步划分为河控（CL₉ₐ）、潮控（CL₉ᵦ）和波控（CL₉𝒸）水下三角洲三种类型，还有过渡型。

（5）废弃河口水下三角洲（CL₁₀）：大河口迁移或断流前形成的水下三角洲，包括1855 年黄河未改道前在江苏入海形成的三角洲，以及黄河在渤海入海口变化形成的废弃型水下三角洲。

（6）水下堆积台地（CL₁₁）：通常分布在内陆架堆积作用强烈的现代沿岸地区，由大河及近源中、小河流入海泥沙堆积而成。沉积物以粉砂、黏土为主，顶部可形成活动的风暴沙丘和强潮流形成的脊、槽相间的次级线状地貌。主要分布在山东半岛沿岸、江苏岸外、朝鲜半岛西南。

（7）水下侵蚀洼地（CL₁₂）：海岸带中受潮流作用侵蚀形成的低洼区域，一般规模不大，东部海域靠近中国大陆的海岸带分布较多。

（8）海湾平原（CL₁₃-CL₁₄）：分布在内陆架，受河流和海洋水动力作用携带的大量沉积物堆积于此，形成广阔平坦的平原地貌。表层的现代沉积物变化较复杂，除岸边沉积物较粗外，绝大部分为粉砂黏土质沉积物。主要分布在渤海湾、辽东湾、朝鲜湾、海州湾、江华湾、雷州湾、北部湾近岸等处。可分为现代海湾平原（CL₁₃）和海湾堆积平原（CL_{14}）。

3.3.2.2　陆架和岛架地貌

中国海陆架和岛架地貌按照成因可划分为堆积型地貌、侵蚀-堆积型地貌、侵蚀地貌及构造地貌，按照形态可分为平坦型、倾斜型和起伏型等，主要有如下类型。

（1）现代堆积平原（SH_1）：主要分布在渤海 20～50m 水深、海州湾 20～60m 水深、南海北部陆架水深小于 60m 的内陆架、北部湾、南海西部陆架的外侧、巽他陆架和加里曼丹北部陆架，地形平坦宽阔，表层沉积物主要为粉砂质黏土或黏土质粉砂。

（2）残留堆积平原（SH_2）：发育在陆架外缘，系海平面大幅下降时形成的产物，主要分布在东海 150～200m 区域，发现有残留的贝壳堤。

（3）侵蚀-堆积平原（SH_3）：分布在黄海的中部、南海北部陆架的外陆架、西部陆架近岸地带（水深＜100m）以及巴拉望-加里曼丹西北部陆架，地貌类型比较复杂，沉积物较粗，属早期形成的残留地貌，后期遭受一定的改造。

（4）侵蚀平原（SH_4）：分布在远离大江河口区域，如济州岛南部的东海外陆架，朝鲜海峡的南部等区域，在强烈水动力作用下，有侵蚀型小洼地发育。

（5）潮流三角洲（SH_5）：潮成三角洲仅分布在潮流作用强烈的地方，是以涨潮流和落潮流为动力搬运堆积而成的扇形堆积体，主要分布在琼州海峡东西出口、渤海海峡北出口。琼州海峡的西口和东口，呈扇形展布潮流三角洲，由多条指状延伸的浅滩和滩间沟槽相间排列组成，在海峡中部分布着东西走向由强潮流侵蚀形成的潮流冲刷槽。在渤海海峡北出口，分布数条指状沙脊地貌，老铁山水道内有深掘的海釜地貌。

（6）古三角洲（SH_6）：在江苏岸外至东海长江口，发育了大型的古长江-古黄河三角洲体系；在南海北部陆架上，在 20～200m 水深发育多期相互叠置的古三角洲体系，如 20～60m 三角洲、70～100m 三角洲、120～150m 三角洲，皆呈向东南凸出的扇形。在北部湾西北沿岸也有一扇形古三角洲，在湄公河外也发育了大型的古三角洲。

（7）大型水下浅滩（SH_7）：主要分布在渤海中部的渤中浅滩和台湾浅滩，台湾浅滩面积达 $8800km^2$，其上分布众多的沙滩、沙丘，滩面起伏不平，大型沙波波高超过 10m，小型沙波与沙波纹也非常发育。

（8）堆积台地（SH_8）：主要分布在朝鲜半岛西南部、江苏岸外黄海与东海交接处，在河流与海流的作用下，沉积物堆积呈现为隆起的台地地貌。

（9）现代潮流沙脊群（SH_{9a}）：该类地貌分布广泛，是现代潮流作用的产物，主要位于渤中浅滩、曹妃甸、朝鲜湾、朝鲜海峡北部、江苏弶港辐射沙脊群、台湾海峡中部、海南岛西部、琼州海峡东西出口、台湾海峡南出口、北部湾中部水深大于 50m 的海区，与其相伴生发育了活动性的海底沙波地貌。

（10）古潮流沙脊群（SH_{9b}）：在中国东部海域广泛分布古潮流沙脊群，主要分布在东海 60～150m 水深，黄海东部靠近朝鲜半岛的 60～90m 水深，是海平面波动过程的海侵期潮流作用的产物，有很多沙脊已经被沉积物掩埋。

（11）水下阶地（SH_{10}）：山东半岛沿岸发育水下阶地地貌；在南海北部陆架海底发育四级水下阶地，一级阶地水深为 20～25m，宽 10～20km；二级阶地水深为 50～60m，沉积物主要为细砂；三级阶地水深为 80 ~ 100m，宽 30 ~ 80km；四级阶地水深为 110 ~ 140m，宽 7 ~ 15km，但这些水下阶地在形态上已经不太明显。

（12）陆架斜坡（SH_{11}）：主要发育在朝鲜西岸 40 ~ 60m 水深，东海浙闽近岸 40 ~ 60m 水深，等深线呈现平行密集排列。

（13）大型侵蚀洼地（SH_{12}）：主要分布在辽东湾南部、渤海海峡、台湾海峡中至北部、北海湾南部，这些区域等深线形成封闭，水深明显深于周边区域，在海峡内呈现深掘的海釜地貌，在海湾内或许是海平面下降形成的残留古湖泊地貌，海平面上升后被海水淹没而呈现为洼地地貌。

（14）构造台地（SH_{13}）：构造成因的陆架台地，因中国海陆架沉积发育，该类地貌并不常见。

（15）构造洼地（SH_{14}）：构造成因的陆架洼地，分布在东海南部靠近钓鱼岛，最大水深达 180m；北部湾南部陆架平原的中央，长轴为 NW-SE 走向，周缘水深 80m，属于持续沉降的陆架断陷盆地。

（16）潮流水道（SH_{15}）：比较显著的潮流水道分布在江华湾，有数条深切的潮流水道，其次是台湾海峡南出口，在台湾浅滩东侧有一条延伸至台湾海峡的潮流水道，在东海长江口外喇叭形的负地形也是典型的潮流水道。

3.3.2.3 陆坡和岛坡地貌

（1）堆积型陆坡缓坡（SL_1）：堆积型陆坡缓坡靠近大陆侧的大陆坡，沉积物源丰富，主要分布在东海冲绳海槽的西坡、冲绳诸岛的两侧岛坡，南海北部陆坡下部陆坡，以及南海西部陆坡和南部陆坡近海盆一侧坡度较为缓和的斜坡区。

（2）断褶型陆坡陡坡（SL_2）：主要分布在冲绳海槽的东坡、琉球岛弧的下部陆坡、台湾以东海区陆坡，南海北部陆坡的上部及东南部陆架外缘，在南海西部及南部陆坡，此斜坡沿陆架外缘呈条带状分布，坡度较陡。

（3）大型海底扇（SL_3）：主要分布在陆坡海底峡谷的出口至深海盆，包括冲绳海槽西坡与海底平原接壤处、南海北部陆坡下部。

（4）陆坡深水阶地（SL_4）：在琉球岛弧的东侧的上下陆坡之间，自西向东分布一个相对平坦的条带区域，水深 1000 ~ 2000m，是典型的深水阶地；在南海西部陆坡 10° ~ 16°N，发育二级深水阶地，一级阶地位于陆坡的最西缘，呈长条带状展布，长 320km，水深 160 ~ 250m；二级阶地位于断褶型陆坡斜坡和中建海台之间，水深 500 ~ 600m。

（5）陆坡海台（SL_5）：在东海琉球群岛的周边，东海大陆架的外缘分布几处陆坡海台，南海周边陆坡海台分布甚广，包括东沙、中沙、西沙和南沙海台。东沙海台水深 200 ~ 300m，其上分布着南卫滩、北卫滩、东沙岛。西沙海台是 1000m 等深线围成的台地，东西向长约 170km，海台上发育西沙群岛的岛、洲、礁、滩共 40 多个。中沙海台呈椭圆形，中沙群岛则是发育在中沙海台上的一群沙洲、浅滩和暗礁。南海西部陆坡上还发育两个海台，即中建海台和广雅海台。南部陆坡也有众多的海台分布，主要有礼乐海台、安渡海台、南薇海台等，这些海台多为淹没的大环礁。

（6）陆坡海槽（SL$_6$）：陆坡海槽在南海发育，主要有西沙海槽、中沙海槽、中沙南海槽、南沙海槽、吕宋海槽等。西沙海槽呈弓形，全长 621km；中沙海槽位于西沙群岛和中沙群岛之间，呈 NE-SW 向展布，全长 210km；南沙海槽是南海最大的海槽，走向 NE-SW，全长 810km；分布在台湾岛至吕宋岛西侧的岛坡海槽，主要包括：①台南海槽（暂名），是东北部岛坡上最大的海槽，南北长 140km，宽 20km 以上，槽底平坦，两坡较陡，水深大约 3500m；②北吕宋海槽，自台湾东南蜿蜒向南延伸，长达 620km，宽 20～30km，水深 3300～3750m；③西吕宋海槽，长 225km，宽约 50km，水深 2000～2500m，槽底平坦，有厚 4000m 的沉积物，其形态不如北吕宋海槽那样典型。

（7）陆坡盆地（SL$_7$）：分布在琉球岛弧上的陆坡海盆有多处；南海西部的陆坡盆地共有 4 个，自北至南依次为中建南陆坡盆地、万安北陆坡盆地、南薇西陆坡盆地、北康陆坡盆地。

（8）陆坡海岭（SL$_8$）：陆坡海岭主要分布在南海西部陆坡，有中沙北海岭、盆西海岭和新发现的盆西南海岭。盆西南海岭为一条 NNE 向横贯陆坡的巨大海山带，长约 410km，由 26 座形态各异的海山、海丘及山间谷地或台地组成。台南海岭是台湾山脉的海底延续，长约 573km，水深 1300～1800m。北吕宋海脊是吕宋岛中科迪勒山脉的水下延续，长约 480km。

（9）陆坡海山群（Sm）：东海冲绳海槽东坡分布诸多海山；南海北部大陆坡的海山、海丘主要分布在陆坡的中、下部，呈 NE-SW 向分布；南海西南部地区有大面积发育的海山、海丘，部分海山顶部接近海面成为浅滩和暗沙（如奥援暗沙），或直接露出海面成为暗礁和岛屿（如南威岛）。

（10）陆坡水道（SL$_9$）：指较为狭窄的海峡通道，主要分布于琉球群岛的诸水道，以及吕宋岛南两处水道。

（11）海底峡谷：在冲绳海槽的东西两坡密布海底峡谷，仅在西坡就分布十余处海底峡谷；在南海北部陆坡，有一系列上窄下宽的海底峡谷分布其间，形成澎湖峡谷群、神狐峡谷群和一统峡谷群；南部陆坡海底峡谷纵横交错，十分发育，主要有礼乐、礼乐南、郑和东、永暑、九章南等海底峡谷。

（12）岛礁地貌：南沙群岛的岛礁星罗棋布，有出露水面的岛屿、沙洲，有位于水面附近的环礁、台礁，有淹没水下的暗沙、暗礁和暗滩。现已命名的有近 200 座，按其地理分布可划分四大群：中北群、东群、西群和南群。

（13）海底陡崖：在台湾岛东侧，水深剧降，发育垂直落差达数千米的海底陡崖；在南海东北部陆坡上，有一高差达 250m 的水下陡崖，呈 NW-SE 向延伸，长达 80km。

3.3.2.4　深海盆地貌

（1）半深海平原（MS$_1$）：指 1000～3000m 的深海平原，主要分布于冲绳海槽底部，自北向南呈现长条状。

（2）深海平原（MS$_1$）：3000m 以深的深海平原，主要分布于南海中央海盆，台湾以东海区的太平洋海域。

（3）深海扇（MS$_3$）：主要分布在深海盆的海底峡谷出口处，包括冲绳海槽海底平原，以及台湾东部、南海深海盆与陆坡接壤处。

（4）深海海岭（MS$_4$）：南海中央海盆的深海平原上有 5 条雄伟的东西向链状海山群分布，即珍贝 – 黄岩链状海山、涨中链状海山、宪南链状海山、宪北链状海山、玳瑁链状海山等，以珍贝 – 黄岩链状海山最为壮观，长达 122km，宽约 63km；台湾以东海区分布有加瓜海脊、冲大东海岭和九州帕劳海岭等。

（5）深海海山群（MS$_5$）：分布在冲绳海槽底，有多处线性排列的海山，以及孤立的海山与海丘；南海中央海盆以及菲律宾海盆也多有海山 / 海丘分布，海山比高一般大于500m。

（6）深海海丘群（MS$_6$）：分布在冲绳海槽底，有多处线性排列的海山，以及孤立的海山与海丘；南海中央海盆以及菲律宾海盆也多有海山 / 海丘分布，海丘比高小于 500m。

（7）深海洼地（MS$_7$）：东海冲绳海槽南部存在一舟状洼地，最深达 2322m；在南海东部 118°24′E、15°50′N 处，有一个水深 4500m 的深海洼地分布于海山、海丘间，高差为 500m，面积大于 100km^2，西南海盆中部分布着与海盆长轴平行的舟状洼地，水深4400m 左右；台湾以东海区的菲律宾海盆分布多处深海洼地。

（8）洋中脊（MS$_8$）：大洋中央山系，板块扩张形成，分布在台湾以东海区。

（9）中央裂谷（MS$_9$）：板块扩张形成的裂谷，主要分布于南海西南次海盆，长龙海山链和飞龙海山链之间的飞龙海盆，以及菲律宾海盆的扩张裂谷。

（10）断裂槽谷山脊带（MS$_{10}$）：板块扩张过程中，在中央裂谷形成的线性海山，分布在冲绳海槽南部。

（11）深海高原（MS$_{11}$）：分布于深海底的较为宽阔的高地，主要分布于台湾以东海区。

（12）深海水道（MS$_{12}$）：深海盆中类似海底峡谷的长条状下洼地貌，分布在台湾以东海区。

（13）深海盆地（MS$_{13}$）：深海平原中圈闭的下洼地貌，分布在南海中部。

（14）海沟（Tr）：台湾以东海区的琉球海沟，最深达 7881m，自西向东沿琉球岛坡延伸；南海马尼拉海沟是南海唯一的海沟，分布在南海东部海盆与台湾 – 吕宋岛岛坡交接地带，为一条长条形近南北向分布的负地貌，全长约 1000km，水深 4000 ～ 5000m，底宽3 ～ 8km，东坡陡峻而西坡和缓。

3.4　典型海底地形地貌单元分析

中国海海底地貌类型丰富多样，成因复杂，为了更好地揭示典型海底地貌特征，本书选取具有代表性的，且在中国海分布较为广泛的几类海底地貌进行详细分析，自陆向海包括河口三角洲、近岸斜坡、陆架埋藏古河道、浅滩区海底沙波、陆架区海底沙脊、陆坡区海底峡谷、海底麻坑地貌和海底 MTDs 地貌等。

3.4.1　河口三角洲地貌

在世界主要大河的入海河口处，大都有一个三角洲。河口三角洲是河流和海洋动力相互作用形成的复杂堆积体（Coleman and Wright，1975），当河流汇入受水盆地时，因流速骤减、凝絮淤积，所携带的泥沙大量堆积并逐渐发展而成。在传统河口三角洲分类中，认为河流、波浪和潮汐是影响三角洲形态和沉积的主控因子，并将三角洲划分为河控、波控和潮控三大类（Galloway，1975）。河口三角洲一般由陆上三角洲和水下三角洲两大部分组成，水下部分是陆上部分的延伸。按照地貌和沉积物的不同，由陆向海，三角洲可划分为三角洲平原、三角洲前缘和前三角洲。

自始新世印度板块与欧亚板块的碰撞导致青藏高原的隆升和边缘海的张裂，从而形成亚洲大陆中央隆起向周围辐射的亚洲大河系列（汪品先，2005）。我国位于最大的大陆和最大的大洋之间，从喜马拉雅山到马尼拉海沟，在 4000km 的水平距离内垂直落差达 20km，因此沉积物物流最强。我国河口众多，河长大于 100km 的河口达 70 余个，本书选取黄河、长江、珠江等世界级大河三角洲进行简单介绍。

3.4.1.1　现代黄河水下三角洲

黄河干流全长 5464km，流域面积为 $75.2 \times 10^4 km^2$，是我国的第二大河，其含沙量高，输沙量大，位居我国诸大河之冠。广义上的黄河三角洲，以河南孟津县为顶点，北达天津，南抵淮阴，面积可达 $25 \times 10^4 km^2$（任美锷，1994）。黄河河口三角洲的建造和演变过程，除与滨海水动力条件有关外，主要是下游河道频繁变迁和河口尾闾摆动改道影响所致（图 3-143），形成了华北广泛的冲积平原（Chen et al.，2003）。1855 年，黄河自苏北改道至山东入渤海是距今最近的一次大改道，所携带的大量泥沙淤积在河口，形成世界上最年轻的大型河口三角洲 – 现代黄河河口三角洲，年均造陆速率高达 $20km^2/a$。自 1855 年以来，黄河发生了 11 次较大的河口尾闾摆动（图 3-144），形成了 8 个亚三角洲，这些亚三角洲以东营市宁海乡为轴点，南起淄脉沟，西至徒骇河，总面积可达 $5400km^2$。

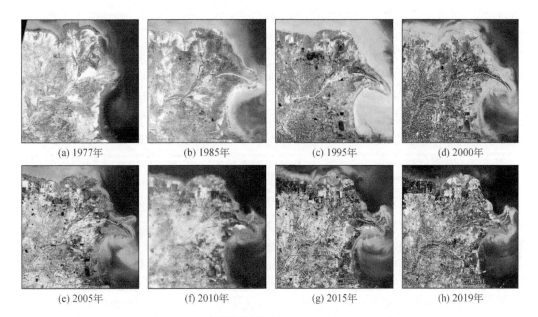

(a) 1977年　　(b) 1985年　　(c) 1995年　　(d) 2000年

(e) 2005年　　(f) 2010年　　(g) 2015年　　(h) 2019年

图 3-143　黄河及周边海岸 1977 ～ 2019 年的变化

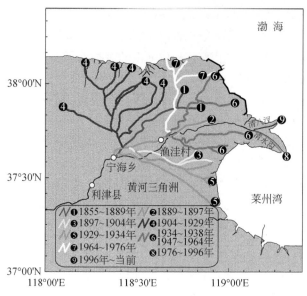

图 3-144　1855 年至今黄河河口三角洲尾闾摆动记录（改自 Wu et al., 2015a）

　　黄河最近一次尾闾改道发生在 1976 年，通过人工改道，黄河流路从刁河口转为清水沟入海，形成了进积速度快、活动性强的清水沟流路水下三角洲，该地貌可进一步划分为三角洲前缘、前三角洲和烂泥湾三个次一级的地貌单元。水下三角洲前缘的水深范围随着入海海域的深度变化而有差异，目前处于活动状态的弧形水下三角洲前缘位于 0～15m 水深区间，且具有明显的平台区和斜坡区：0～2m 区域地形比较平坦，宽度约 4km；2m 以深区域出现明显的陡坡，宽度 3～6km，是水下三角洲坡度最大的区域。河口沙坝位于水下三角洲前缘的上部，地形较陡，平行于海岸线方向呈蝶状；边缘沙位于水下三角洲前缘的下部，地形较缓；两者以 11～12m 水深处的地形转折点分界。前三角洲位于三角洲前缘的下端，是三角洲前缘向海延伸的部分，地形较为平坦，水深 12～18m，宽度13km。烂泥湾位于河口外侧部，它是由入海泥沙在河口区经充分分选，当粗颗粒物质沉积后而悬浮的黏土物质被潮流带到河口水下沙嘴的两侧形成的，为河口外侧泥质沉积区，厚度可达 10m 以上（刘凤岳和高明德，1986）。

　　1996 年，黄河再次人工改道清八汊，对整个河口地形演化产生巨大影响（图 3-143 和图 3-144）。清水沟流路水下三角洲由于不能从上游补充足够的泥沙，在强海洋动力作用下，形成多条冲蚀沟和冲蚀坑等负地形，水下三角洲顶坡段和前坡段出现明显侵蚀（Wang et al., 2010）；而清八汊流路水下三角洲则大幅向海推进，但由于入海泥沙量的逐年减少，新形成的水下三角洲的淤进速率远低于前期清水沟流路水下三角洲的淤进速率（彭俊等，2012）。目前黄河三角洲整体上处于蚀退阶段。

　　2019 年，黄河河口清八汊区域已经出现强烈侵蚀，而清水沟迅速发育了鸟嘴形状的河口三角洲（图 3-143），这还是在黄河入海泥沙巨幅减少的背景下，可以推测在历史时期缺乏人类活动时，黄河下游河道将经常性改道从而导致发育多期次叠加的复合型三角洲。

3.4.1.2　现代长江水下三角洲

长江干流全长 6300km，流域面积为 $180 \times 10^4 km^2$，为亚洲第一、世界第三大河流。7500 年前当全新世冰后期海侵达到最高点，长江携巨量泥沙落淤在古河谷为主体、向东开放的喇叭形河口湾内，使得河口以 50km/ka 的速率向海推进，并先后经历 6 次河口沙坝的兴衰演替，最终到达河口现在的位置，形成一个大型的河 - 潮控河口水下三角洲（Saito et al.，2001）。水下三角洲可分为 10m 以浅的浅水平台、水深 10 ~ 30m 的前缘斜坡、水深 30 ~ 50m 的前三角洲三个部分。10m 以浅的浅水平台，海底地形虽然受河口拦门沙滩槽的影响，但是整体地形比较平坦，平均坡降为 0.35‰。

17 世纪中叶，长江入海主槽开始由北支转为南支，北支河槽迅速萎缩，南支沙洲不断发展，至 20 世纪 50 年代以来形成目前呈现的"三级分叉、四口入海"格局（陈吉余，2009）：主流出徐六泾首先被崇明岛分隔为北支和南支，南支被长兴岛和横沙岛分隔为北港和南港，南港则进一步被九段沙分为北槽和南槽，三次河道分汊形成了北支、北港、北槽和南槽四个入海口（图 3-145）。

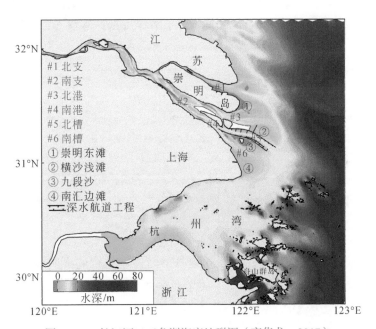

图 3-145　长江河口三角洲海底地形图（栾华龙，2017）

北支河段由于较小的分流分沙比（约 5%）和滩涂围垦，其不断淤浅和萎缩，目前平均水深仅约 3m，宽度仅约 1km（Dai et al.，2016）。南支河段河宽可达十余千米，最大水深超过 40m；该河段是当前长江过水过沙的主要通道，在径潮流的作用下发育长江河口最典型的复式河槽（恽才兴，2004）。

北港为青草沙至水下三角洲 10m 等深线之间的河槽，上段位于河口内，主槽最大水深近 20m；下段位于拦门沙地区，水深不足 10m。南港长度相对较短，滩槽格局与南支类似，由主槽、瑞丰沙嘴和长兴岛涨潮槽等组成的复式河槽。南北港分流口发育青草沙、中央沙和浏河沙，其河势演变受上游来水来沙和分流口变化的影响（武小勇等，2006）。

南槽起初为南港下段的一部分，在1954年特大洪水的作用下其北侧铜沙浅滩被冲开，形成的汊道成为北槽的雏形（杨世伦等，1998）；随着九段沙不断淤涨扩大，南北槽逐渐发育成熟，成为长江口第三级也是最年轻的分汊。在潮流的顶托下，泥沙在口门附近堆积，形成潮滩和主槽交替平行排列的格局。这些拦门沙的空间上主要分布在北港下段中部、北槽中段和南槽中段，由北至南依次为崇明东滩、横沙东滩、九段沙和南汇浅滩，平均水深约6m。受强人类活动，尤其北槽深水航道治理工程、北港青草沙水库和横沙东滩促淤圈围工程等大型河口工程建设的影响，该区海底地形格局已发生变化（Luan et al.，2018）。大型水库建设导致长江入海泥沙锐减，目前长江水下三角洲已部分发生侵蚀（Yang et al.，2011）。

拦门沙滩顶向海一侧分布着水下三角洲主体部分——前缘斜坡和前三角洲，其北至启东嘴，南至舟山群岛的中街山列岛一线，外海边界可达50m等深线处。水下三角洲前缘斜坡区已不受拦门沙滩槽相间的地形影响，北段总体走向NW-SE向，南段走向近NS向，北窄南宽，平均坡度0.65‰；整体等深线平行于岸线，且北密南疏，呈弧形状向东南方向突出。水下三角洲外缘界线北部在水深30m，东南部可抵达水深50～55m，受舟山群岛岛礁发育的影响，海底地形变化十分复杂。

3.4.1.3　现代珠江水下三角洲

珠江干流全长2400km，总流域面积约$45×10^4km^2$，是我国第三大河，是注入南海的第二大河流。珠江流域主要由西江流域、北江流域、东江流域及注入三角洲其他河流（谭江、流溪河等）流域四部分组成。西江、北江、东江水系等汇合于三角洲河网区进行重新分流，而后经八大口门出海，"三江汇流，网河如织，八口出海"，是世界上独具特色的复杂三角洲地貌体系（图3-146）。三角洲外缘开阔，范围广。口门外400余个岛屿为屏障，使得湾内波浪作用减弱，上游来的泥沙受海水顶托，在河口区大量堆积，导致三角洲发展很快，每年向海推进十米至百米（吴超羽等，2006），但近年来，珠江入海泥沙大幅减少，海岸线的推进速度也在减缓。

伶仃洋河口属于多汊道河流三角洲和喇叭形河口相结合的喇叭状河口湾（徐君亮，1985），2015年该河口水下三角洲滩涂面积约144km²，水域面积约1578km²（Wu et al.，2018）。伶仃洋河口湾湾顶由沙角和大角山对峙形成峡口，东岸多湾，西岸多滩，中部有淇澳岛和内伶仃岛扼守湾腰，其汇集虎门、蕉门、洪奇门和横门的径流和泥沙，在径流、潮流、盐淡水混合及风浪影响下，形成"三滩两槽"的地貌格局，即西滩、西槽、中滩、东槽和东滩。西滩位于番禺南沙的大角山经舢板洲至内伶仃岛西侧一线以西，面积广阔，除金星门及淇澳岛与进口浅滩之间两处河槽水深大于5m，其余部分水深均浅于5m。西槽自北向南由川鼻水道、龙穴水道和伶仃航道组成，是广州港对外交通的主要航道。为满足不断增长的航运需求，西槽需长期进行人工疏浚以维持其深度，2015年西槽南部伶仃洋航道的平均水深已超过15.5m（赵荻能，2017）。

中滩也叫矾石浅滩，为河口湾拦门沙，大致以伶仃岛为中心向南北延伸，平均水深4～5m；2004年启动的铜鼓航道工程使中滩南部出现一条近似直线的人工负地形，宽

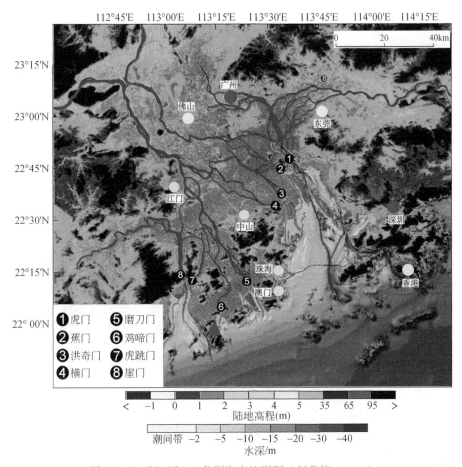

图 3-146　珠江河口三角洲海底地形图（赵荻能，2017）

200m，平均水深 15m。东槽为涨落潮流冲刷槽，水深较大，大铲岛以北的上段称矾石水道，水深 10～15m，仅在细丫岛西北 3km 处有较浅过渡段，水深只有 6m 左右；大铲岛以南段为龙穴水道，最大水深在 20m 以上。东滩自虎门沙角旗山经大铲岛至赤湾一线以东，呈现条带状与岸线平行分布，紧靠深槽一侧，有几个与深槽平行的水下浅滩，自北向南为交椅沙、公沙和横沙，水深仅 1m 左右。当前，人类活动导致伶仃洋河口两侧的西滩和东滩被大量围垦成陆地，一些原有浅滩的面积已大幅减少（如万顷沙浅滩），有些已不复存在（如龙穴浅滩）。该区水动力条件活跃，在波浪、潮流和沿岸流作用下，伶仃洋河口湾内发育了形态复杂、大小不一、方向各异的沙波，主要分布在香港至珠海间海域，呈 NE-SW 向带状分布。

　　磨刀-鸡啼门河口水下三角洲汇集磨刀门和鸡啼门的径流和泥沙，2015 年该河口水下三角洲滩涂面积约 51km²，水域面积约 333km²。当前鸡啼门两侧淤浅严重，口门水深较浅。磨刀门是西江干流主入海口，是珠江输水输沙最大的口门，多年平均水沙分别占珠江总量的 25% 和 29%。20 世纪 60 年代前，磨刀门水道灯笼山以下存在着大片浅海区，浅海区由 "两槽三滩" 组成（刘斌等，2014）。近 60 年来，在一系列河口工程的影响下，磨刀-鸡啼门河口岸线和海底地形发生巨大变化，尤其是磨刀门河口综合整治工程（1984 年）之后，该口门位置已向海推进约 10km，成为八大口门中首个突出岛群之外的口门（贾良文等，2009）。

黄茅海河口水下三角洲位于珠江三角洲西部，是一个 NNW-SSE 走向的喇叭状河口湾。2015 年湾内水域面积约 466km²，滩涂面积约 47km²。湾口纵向宽约 40km，河口宽度由湾口荷包岛向湾顶逐渐束窄，湾顶宽约 2km；其下接南海，上经崖门连通潭江，经虎跳门连通西江；湾口岛屿众多，水下三角洲地貌格局同样呈现"三滩两槽"，且中间和东南深，西北浅。万山群岛至荷包岛以南为珠江口湾外浅海区，该区岛屿附近地形变化较大，尤其在岛屿之间，由于水动力作用强，多存在冲刷沟槽、洼地等负地形（夏真等，2015）。

3.4.2 近岸斜坡地貌

受巨量河流入海泥沙的影响，在大河三角洲的远端，一般发育大型的斜坡地貌，也被称为泥楔带（Liu et al.，2004）。在沉积上表现为大型的水下堆积体，在地形上表现为近似平行的密集等深线，水深介于 0 ～ 60m 之间，在地貌上往往表现为斜坡形态，但又往往跨越多种地貌类型，如水下岸坡、水下台地、水下斜坡等，在其上还往往发育沙波和小型潮流沟槽。在中国东部海域，受长江、黄河等世界级河流长期输沙的影响，在其河流远端发育了非常显著的斜坡地貌，如鲁东近岸和浙闽近岸。此外，在台湾海峡的东坡，受台湾入海泥沙的影响，也发育了较为明显的斜坡与水下三角洲复合地貌。

3.4.2.1 鲁东水下堆积体

在山东半岛东侧，发育了非常显著的水下堆积体（图 3-147），该大型堆积体始自渤海海峡出口、围绕山东半岛，一直到青岛以东才呈现为尖灭趋势，在等深线形态上表现为平行排列，30 ～ 60m 等深线几乎完全平行，在地貌组合上表现为"一槽一台一坡"。

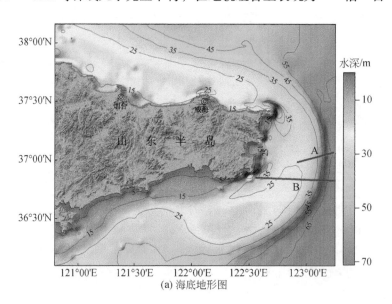

(a) 海底地形图

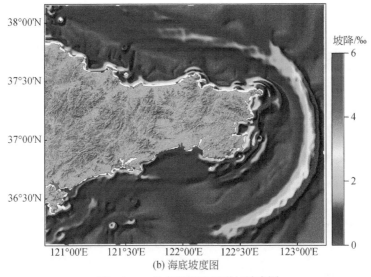

(b) 海底坡度图

图 3-147 鲁东泥楔区地形与坡度图

穿过该水下堆积体的典型地震剖面 A 和浅层剖面 B 均清晰揭示了其内部层理结构，其最厚处 30 ~ 40m，自陆向海倾斜，呈现明显的楔状前积倾斜层理。在地震层序上可以划分为三个层组（图 3-148），U_1 层为倾斜层理，U_2 层为水平层理，U_3 层为近水平层理。其中，U_1 和 U_2 层有明显的分界面，被称为 MFS（最大洪泛面），其上是倾斜层理，其下为水平层理，显示两套层序完全不同的成因类型和动力环境，U_1 是自西向东披覆在 U_2 之上。U_2 和 U_3 层之间也有较为明显的分界面，U_2 层内部亚层理呈现为平行状，很少扰动，而 U_3 层内部局部可见 V 形结构，显示了曾被下切后期充填的特征，这表明 U_3 层曾出露为陆地被河流所下切侵蚀，而 U_2 层的沉积环境较为稳定。位于泥楔外缘的柱状测年结果表明（Yang and Liu，2007），U_2 层的年代为 8.5 ~ 11.5ka BP，这表明 U_2 是 LDGM（末次冰消期）至全新世期间的沉积产物，而 U_1 形成年代晚于 U_2，应该是全新世最大海侵之后的沉积产物，其形成年代晚于 9ka BP。

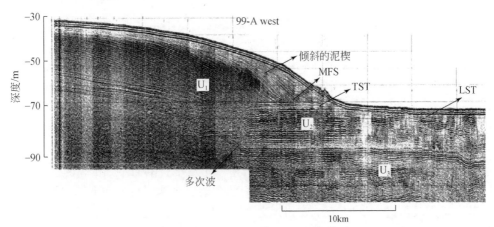

图 3-148 穿过泥楔区的典型单道地震剖面 A（Liu et al.，2004）

MFS. 最大洪泛面；TST. 海浸体系域；LST. 低水位体系域；位置见图 3-147

该巨型水下堆积体的空间分布展示了空间的不均一性，自渤海黄河入海口，至山东半岛成山角北，整体呈现为"台-坡"形态，而在成山角以南，该水下堆积体展示为"槽-台-坡"的形态（图3-147），沿成山角往南存在一深槽形态，槽深超过10m，南北向延伸达百千米。这显示了半岛岬角对于黄河物质向南搬运的影响，岬角的存在改变了沿岸流的走向，岬角起到屏蔽的作用，导致入海沉积物难以在岬角内侧沉积。在浅层剖面上也可以明确看出这种效应（图3-149），该水下堆积体不是简单的自陆向海堆积，而是呈现为对称形态堆积，其向东和向西均出现倾斜前积层理，这也进一步证实该水下堆积体不是来自西侧的山东半岛，而是来自上游的黄河。

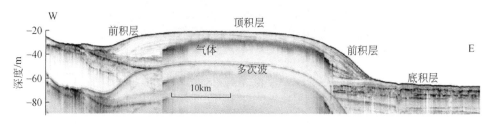

图 3-149　穿过泥楔区的典型浅层剖面 B（Yang and Liu，2007）

位置见图 3-147

该水下堆积体起始于渤海海峡，一直延伸到青岛东面，其面积范围达到 $3.4 \times 10^4 \text{km}^2$，按照平均厚度 20m 计算（图3-147），其体积可达 $68 \times 10^{10} \text{m}^3$，按照湿密度 1.3t/m^3，这堆物质可达 884Gt。显然这个巨型的水下堆积体主要物质来源于黄河的入海泥沙，在历史时期，按照无人类活动干扰的情况下，黄海入海年均泥沙达 1Gt，要形成这堆沉积物至少需要黄河 900 年以上的入海泥沙，考虑还有很多物质输运到外海，以及在渤海最近沉积，如果黄河有 50% 的物质输运并堆积于此，至少需要 2000 年以上的时间。由此可见，黄河在地质历史时期，曾多次进入渤海而不仅仅从 1855 年开始，至少全新世以来曾经有 2000 年左右的时间汇入渤海，迄今，这堆水下堆积体仍在不断发展之中。

3.4.2.2　朝鲜半岛南水下岸坡

在朝鲜半岛西南端，出济州海峡后，等深线绕半岛往北呈现为飘带形状，直至水深 80m 左右，北至江华湾（图3-150）。该区是一个大型的复合地貌体，包括水下岸坡、陆架海台和陆架斜坡等多种类型的地貌单元，但在沉积上又有相同的成因，很可能来自朝鲜海峡侵蚀的沉积物，在洋流的作用下堆积于此。早在 20 世纪 90 年代，基于中韩合作调查，获得了一批钻孔和地震资料（表3-6，图3-151）。李绍全和刘健（1998）、杨子赓等（2001）、Jin 和 Clough（1998）对该区的沉积格局、钻孔岩性及形成年代进行了研究。

1）层序地层

根据过钻孔 YSDP102 和 YSDP103 的高分辨率单道地震剖面（气枪和电火花震源），及其与钻孔岩性分析的对比结果，将黄海中南部陆架层序地层自上而下划分为 A、B 和 C 三个，其中 A 层又可进一步划分为 A_1 和 A_2 层（图3-152）。这些层序地层均部分出露于海底，A 层对应了泥质沉积，呈飘带状分布于朝鲜半岛近岸。B 层对应了槽脊相间的海底地形，表层覆盖了沙或泥。C 层出露于济州岛周围，为砾、沙和泥沉积层。

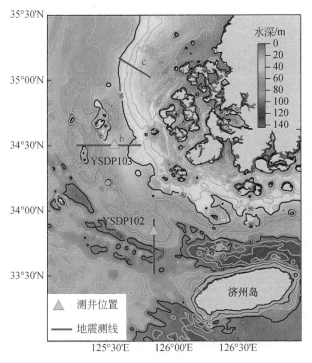

图 3-150　黄海东部海底地形
（Jin and Clough，1998）

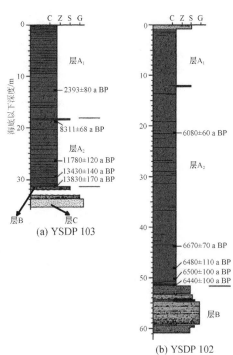

图 3-151　YSDP102 和 YSDP103 孔沉积柱
状图（Jin and Clough，1998）

表 3-6　研究区钻孔信息

编号	纬度 / N	经度 / E	水深 /m	孔深 /m
YSDP102	33°49.496′	125°45.009′	62	60.65
YSDP103	34°29.246′	125°29.201′	53	34.52
YSDP104	35°45.663′	125°49.81′	45	43.5

地层 A：该层的地震相特征为透明亚平行反射体，在层中存在一波状起伏的弱反射界面将该层分为 A_1 和 A_2 两个亚层。YSDP102 孔和 YSDP103 孔的岩性分析表明，A 层的主要成分为暗浅绿灰色和橄榄灰粉砂质泥和泥，并分别以 13.50m 和 7.85m 为界将泥质沉积体分为上下两个亚单元，上下单元的泥质沉积物含水率和硬度不同（李绍全和刘健，1998），^{14}C 测年显示 A_2 层形成于 6～4ka BP，A_1 层形成于 4ka BP 后（杨子赓等，2001）。该层属 HST，是全新世最大海侵后的产物，位于朝鲜半岛近岸，在济州岛周围海域缺失该层。

地层 B：上界面槽脊相间、下界面崎岖不平是该层的典型特征，属于典型的潮流沙脊，但小比例尺、强压缩的地震剖面不能清晰地揭示该区沙脊内部结构。从空间分布看，从朝鲜半岛近岸 60m 左右水深至黄海西部外缘 70m 等深线的区间内均有这种槽脊相间的海底地形分布。单道地震剖面显示，在朝鲜半岛水深 60m 以浅的近岸有多条沙脊被掩埋而在现今的海底地形上不可见，但多数沙脊仍直接出露于海底，仅在其表层覆盖了薄层沙。位于沙脊区的柱样 90P02 的沉积物 ^{14}C 测年结果为 6380±160a BP（Jin and Clough，1998）。

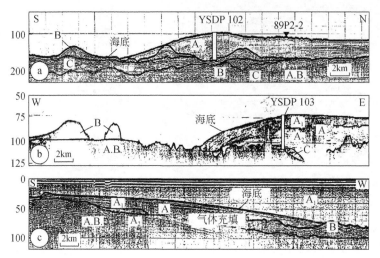

图 3-152　穿过 YSDP 102 孔和 YSDP 103 孔的地震剖面（Jin and Clough，1998）

位置见图 3-150

地层 C：地震波形杂乱不可连续跟踪，为陆相沉积或基岩层，下界面崎岖不平，为典型的侵蚀界面，呈现 "V" 字形下切特征，上界面呈波状起伏，上覆层序多变，在近岸层 A、在黄海中部层 B 叠置在层 C 之上，在济州岛周围层 C 直接出露于海底。柱样 96P25 和 96P02 位于济州岛西南，柱样下部沉积物 ^{14}C 测年表明该层底界的形成年代大于 17ka BP，接近或早于 LGM，表明层 C 的下界面可以作为海区 LGM 海退侵蚀面（RSE）。其他柱样显示层 C 上部为厚数厘米到 1m 以内的、富含分选差的贝壳的砾、泥或沙沉积物。柱样 90P01 和 90P06 的 ^{14}C 测年表明层碳约形成于 9ka BP，表明该层形成于海侵早期，表层被海侵沉积覆盖，属于 LST-TST 的过渡期。

2）岩性分析

YSDP103 孔位于黄海中部、YSDP102 孔位于黄海南部（图 3-150 和图 3-151），从经过钻孔的地震剖面（图 3-152）分析看，两个钻孔主体部分均位于黄海东部泥楔区。

YSDP102 孔 57.60～60.65m，YSDP103 孔 32.13～34.52m：含贝壳碎屑的粗砂砾石层。YSDP102 孔底部孔深 60.65m 是一侵蚀面，下伏半风化的火山岩基岩，60.65～57.60m 是粗砂砾石层夹细砂及粉砂质细砂，含丰富的贝壳碎片，具波状、小槽状纹层，是滨岸带沉积物，底部 15cm 为半棱角状粗砂砾石层，砾石为就地风化的基岩，是滞留沉积（杨子赓等，2001）。在 YSDP103 孔底部可见基岩的风化层。该层 ^{14}C 测年显示其形成于 14ka BP 以前。

YSDP102 孔 51.57～57.60m：暗黄棕色 - 黄棕色含贝壳碎屑的中细砂，夹薄层青灰色、暗浅灰绿色粉砂质泥、透镜状和波状粉砂质砂或细砂，中值粒径为 0.09Φ～2.5Φ，分选系数为 0.9～3.53（李绍全和刘健，1998）。以 54.23m 为界可划分为上、下两个亚层，下亚层是橄榄灰色贝壳粗砂、浅绿灰色粉砂质砂夹中蓝灰色薄层黏土质粉砂，岩心中可观察到平行层理及小透镜状层理；上部亚层 54.23～51.57m 是黄褐色含贝壳粗砂、中灰色含贝壳砂与中蓝灰色薄层黏土质粉砂互层，具平行层理。底部有薄层含贝壳粗砂层，分别构成上、下两个亚层的底。两个亚层沉积物特征稍有差异，细粒层出现频率上层较下层大，杨子赓等（2001）认为属潮流砂沉积。

YSDP103 孔 31.85～32.13m：中黄褐色含砾粗砂夹橄榄灰色含贝壳的泥质粗砂，中值粒径为 2.36Φ，分选系数为 4.40，低角度的交错层理或平行层理发育。YSDP103 孔 29.79～31.85m 为中深灰色粉砂质泥和薄层粉、细砂互层，透镜状、脉状和纹层状层理，生物潜穴发育。

YSDP102 孔 0～51.57m，YSDP103 孔 0～29.79m：为暗浅绿灰色和橄榄灰粉砂质泥和泥，岩性均匀，中值粒径变化在 7Φ～8Φ。含厚度 1～2mm 的黏土层的隐层理，常夹有厚不足 0.5mm 浅灰色的粉砂或细砂纹层，沉积物的碎屑矿物和黏土矿物成分及含量变化不大。YSDP102 孔和 YSDP103 孔分别以 13.50m 和 7.85m 为界，将泥质沉积体分为两个亚单元，上部的岩心含水量高且软，下含水量低且较硬，YSDP102 孔 13.5m 附近的 ^{14}C 年龄为 4720±380a BP，杨子赓等（2001）认为是中全新世高温期的气候突然衰退事件（MHCR）在沉积地层上的反映。YSDP102 孔和 YSDP103 孔大量的 ^{14}C 测年数据显示该层形成于 7ka BP 以后，属于涡旋泥质沉积（李绍全和刘健，1998；杨子赓等，2001）。

3.4.2.3　浙闽水下岸坡

在浙闽近岸 60m 以浅水深，北自长江口，南至台湾海峡中南部，发育了大型的水下斜坡地貌，其等深线表现为平行形态，与东海陆架等深线呈现为正交，其长度达到 800km，在 20～30m 水深处楔状体最厚达到 40m，向东延伸到 60～90m 等深线，但厚度已迅速减至 1～2m。对于该大型水下楔状沉积体，前人已经做了大量研究，表明其沉积来源于长江物质在浙闽沿岸流的作用下向南搬运沉积（Liu et al.，2006，2007），其形成年代为全新世 7ka 至今，其体积达到 4.5×10^{11}m^3，相当于 540Gt，按照长江平均入海通量为 480Mt/a，相当 7ka 以来长江入海泥沙总量的 16%。

穿过该楔状沉积体的浅地层剖面（图 3-153）清晰地揭示了其内部结构特征。U$_1$ 层对应东海近岸全新统沉积层，属于高水位体系域（HST），其内部反射层组平行、呈 S 形（或楔状）自陆向海延伸，微层理清晰，振幅中强，连续性好，顶界向陆上超，底界面（TS）向海下超到下伏层组。从剖面垂向分析，该层可进一步划分为两个亚层 U$_{1a}$ 和 U$_{1b}$，在层组中间有较为清晰界面 MFS 将该层分为上下两部分。U$_1$ 层与下伏层 U$_4$ 从波形特征来看明显不同，U$_4$ 层波形凌乱，不可连续跟踪，表现了典型的河道下切后快速充填的特征，因此将 U$_1$ 层的下界定义为海侵面 TS。

从该剖面所穿过的钻孔 Dc1 和柱样 DD2 岩性分析表明 U$_{1a}$ 和 U$_{1b}$ 亚层成分接近，为黏土或砂质黏土层。黏土矿物、重金属、地球化学和粒径分析表明该楔状沉积体物源主要来自长江，^{210}Pb 年代学测试表明靠近长江河口处楔状体沉积速率达到 3cm/a（Liu et al.，2006，2007）。DD2 孔年代测试表明，U$_{1b}$ 层形成于 2～7ka BP，U$_{1a}$ 层形成年代较新，为 2ka BP 以来形成的沉积层。东海海平面研究表明（朱永其等，1979，1984），7ka BP 左右，东海海平面上升达到峰值，已超过现代海平面，当时长江河口在扬州一带入海，U$_{1b}$ 层很可能形成于该时期，因此层上界可视为该区的最大洪泛面（MFS）。最大海侵过后海平面逐渐回落，长江河口逐渐向东迁移到启东附近入海，U$_{1a}$ 层很可能是现代长江所携带的泥沙形成的沉积层。

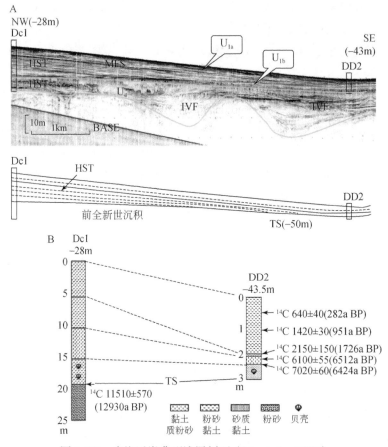

图 3-153　东海近岸典型浅层剖面（Liu et al.，2007）

HST. 高位体系域；MFS. 最大洪泛面；IVF. 下切充填；BASE. 基底；TS. 海浸层；位置见图 3-160

3.4.2.4　台湾海峡沿岸

在台湾海峡的西部沿岸，自台中浅滩往北发育了一个大型的水下沉积地貌体，Liu 等（2008）通过浅地层剖面，揭示了台湾海峡冰后期的河流沉积，其最厚超过 40m，位于台中浅滩（图 3-154），与鲁东、朝鲜半岛以及浙闽近岸的沉积楔状体不同，该处沉积体并未沿台湾岛发育，而是与台湾岛之间有一段很大的距离，其沉积中心带位于海峡中部，自台中浅滩向北如飘带一般舒展。

1. 地震层序

2014 年，基于在台湾海峡获取的高分辨率电火花剖面资料，对其层序特征和年代等进行了分析（周勐佳等，2016）。根据单道地震资料界面反射特征并结合钻孔资料，共识别出 5 个反射界面，划分了 4 个地震地层单元（图 3-155）。

地层 A：位于反射界面 R_0 和 R_1 之间，与 R_0 呈削截关系，下超于 R_1，频率高、振幅较弱、连续性中等，楔状外形，内部结构为斜交前积反射结构，局部为 S 形斜交前积反射结构，是一套向海进积的地层。该地层是海峡最年轻的一套地层，主要分布于台湾海峡东部和中部，厚度变化较大，一般为 6～36m，具有上陡下缓的斜层理，表现为典型的潮流沙脊相，

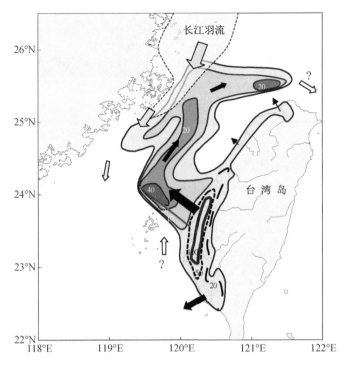

图 3-154　台湾海峡冰后期河流沉积等厚分布图（Liu et al., 2008）

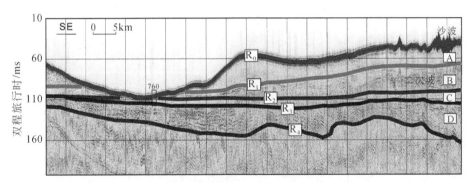

图 3-155　典型地震剖面图（周勐佳等，2016）

位置见图 3-154 中红色线

可见生物贝壳及碎片，推测为浅海－滨海沉积环境。

地层 B：位于反射界面 R_1 和 R_2 之间，与 R_1 呈整合关系，与 R_2 近于平行，局部下超，频率中等、振幅中等、连续性较好，以平行－亚平行反射结构和席状披盖外形为主，局部为 S 形斜交前积反射结构、楔状外形，是一组向海倾斜尖灭的地层。该层以粉砂质砂为主，推测处于浅海沉积环境。

地层 C：位于反射界面 R_2 和 R_3 之间，与 R_2 和 R_3 均平行，频率中等、振幅弱、连续性低，反射结构为平行－亚平行结构，席状披盖外形，是一套水平展布的地层，厚度变化较小，一般为 $10 \sim 20m$。局部海域可进一步分为次一级地层单元 C_1 和 C_2，C_1 为 S 形斜交前积反射结构、楔状外形，C_2 为平行 - 亚平行反射结构、席状披盖外形。岩性以粉砂质砂和粉砂为主，砂含量较上层明显增加，推测为滨海 - 浅海环境。

地层 D：位于反射界面 R_3 和 R_4 之间，与 R_3 近于平行，局部削截，与 R_4 交替出现上超和平行关系，频率中等偏低、振幅较强、连续性中等，自西向东，连续性变差，交替出现发散结构和平行 - 亚平行结构，可见明显的下切河道充填，岩性以砂质粉砂为主，底部可见砾质泥质砂，推测为陆相河流沉积。

2. 年代分析

位于浅层剖面附近的钻孔 Z_1（图 3-156），其埋深 12.7m 处测年为 6328 ～ 8533a BP，对应于地层单元 B 的底界 R_2，为中全新世（Q_4^2）与早全新世（Q_4^1）的分界面；钻孔 Z_1 埋深 24.4m 处测年约为 30000a BP，对应于地层单元 D 中部，埋深 31.5m 处测年约为 31900a BP，位于 R_4 的下方，推测 D 的底界 R_4 年龄在为 30000 ～ 31900a BP。由上面的论述可知，地层单元 D 为晚更新世末次冰期沉积，地层单元 C 为晚全新世沉积，地层单元 B 从中全新世开始沉积。

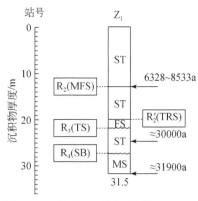

图 3-156 钻孔 Z_1（周勐佳等，2016）

在台湾海峡区域，受海平面变化和沉积物供应的影响，其晚更新世以来的沉积地层发育可归纳为 3 个阶段：①低水位沉积；②低水位 - 海侵沉积；③高水位沉积。

1）低水位沉积（> 20ka BP）

末次冰期以来，海平面不断下降，在 20ka BP 左右，东海陆架下降至最低海平面，约在现今水深 120m 处，台湾海峡绝大部分区域裸露成陆，受古河流侵蚀的影响，形成一系列下切古河道，这些古河流沉积充填下切古河道，从而形成地层单元 D。地层单元 D 形成于海平面低位时期，以粗粒沉积为主，可被解释为低水位沉积，属于低位体系域。

2）低水位 - 海侵沉积（20 ～ 7ka BP）

19ka BP 之后，海平面开始缓慢上升，地层单元 D 继续接受沉积，且其顶部沉积受到侵蚀改造。根据测年数据，地层单元 C 形成于 14.7 ～ 6.7ka BP。在 14.7 ～ 11ka BP 期间，海平面经历了两次快速上升，分别为 14.3 ～ 14.0ka BP 期间的 MWP-1A 事件（海平面从 -96m 上升到 -76m）和 11.5 ～ 11.2ka BP 期间的 MWP-1B 事件（海平面从 -58m 上升到 -45m），海侵沉积主要形成于 MWP-1A 和 MWP-1B 之间，海平面的快速上升使得沉积中心由海向陆转移，从而导致海峡中部海侵沉积缺失。在近岸端，随着海平面的进一步上升，在波浪和潮流的作用下，形成一个侵蚀界面 R'_2。在高分辨地震剖面中地层单元 C_1 具有北东向进积的斜层理,结合侵蚀界面 R_2',推测 R_2' 上方沉积来源于其下方沉积的大量侵蚀重沉积作用,钻孔 Z_1 显示的 R_2' 上下地层的层厚度对比也很好地支持了这一观点。因此,地层单元 C 可被解释为海侵沉积,属于海侵体系域。

3)高水位沉积(7ka BP 之后)

随着海平面的继续上升,在 7ka BP 左右,海平面达到最高点,7ka BP 对应于地层单元 B 底界的测年时间。自 7ka BP 之后,浙闽沿岸流携带大量长江物质进入台湾海峡,成为台湾海峡的一个稳定物质来源。同时,台湾海峡东侧山溪性河流每年输送 60 ~ 150Mt 物质进入台湾海峡。大量沉积物的堆积形成地层单元 B,导致其厚度明显大于下伏地层,表现为高沉积速率。地层单元 B 底界可被解释为最大海泛面,为海侵沉积和高水位沉积的分界面,指示沉积作用由退积向进积转变。因此,地层单元 B 为高水位沉积,属于早期高位体系域。

自 7ka BP 以来,海平面振荡波动,在 3ka BP 左右时为又一次明显的高海平面时期,此时人类活动开始显著增加,大量沉积物进入台湾海峡,因此形成的地层单元 A 同样表现为高沉积速率。在地震剖面中,地层单元 A 为一组明显的向海进积地层且在高位沉积 B 之上,可被解释为高水位沉积,属于晚期高位体系域。

在地震剖面中,可明显识别出一个向海进积的楔状沉积体,其主要分布在台湾海峡中部的台中浅滩处。对于该楔状体所对应的沉积相,尚存在一些争议。Liu 等(2008)认为该楔状体为小型山溪性河流产生的离岸远端三角洲沉积,而 Liao 等(2008)则认为是潮流沙脊沉积。从地震剖面分析,该楔状体内部具有明显的上陡下缓的斜层理,表现为潮流沙脊相。同时,该沉积体内部斜层理和陡坡均倾向 NW,而在其下方地层 B 中仍可识别到倾向 NW、倾角较小的前积斜层理,表现为典型的三角洲相沉积。鉴于台中浅滩处又具有潮流沙脊发育所需的潮流动力,据此推测该楔状体应是由全新世中期以来形成的三角洲沉积受波浪和潮流作用改造而成的潮流沙脊。对于该楔状体沉积物的来源,则一致认为主要来源于台湾的山溪性河流,且其携带沉积物经台湾暖流向北输送。地震剖面中的潮流沙脊上方广泛分布着沙波,表明其仍然活动、没有死亡,对应于 Liao 等(2008)所叙述的砂质浅滩区域,强潮流是该砂体形成的主要因素,据 Liao 等(2008)推测,该处砂质浅滩最终将演化成独立的线性非活动沙脊。

3.4.3　陆架埋藏古河道

受海平面升降的影响,海岸线常发生大幅度的水平运动,河口三角洲的位置随之改变,在中国海陆架上发育了大量的埋藏古河道,本书仅选取普遍受关注且研究程度较高的一些陆架古河道进行阐述,主要包括渤海陆架、黄海陆架、东海陆架和南海北部陆架等。

3.4.3.1　渤海陆架古河道

1)渤海北部

通过 908 专项调查,在渤海湾北部发现三处典型古河道(图 3-157)。其中,Ⅰ号埋藏河谷呈北西 - 南东向分布,宽度为 5.0 ~ 8.0km,平均 6km 左右,河谷下切深度为 2.3 ~ 9m,平均下切 6.0m,长达 10km;Ⅱ号埋藏河谷也呈北西 - 南东向,宽度为 3.5 ~ 8.5km,平均为6km。Ⅲ号被埋藏的侵蚀河谷位于曹妃甸南部，宽度为8～11km，平均为9.0km，河谷下切深度为4.0～6.0m（蔡锋等，2013）。

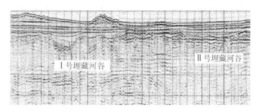

图 3-157　渤海湾埋藏河谷

２）古滦河谷

在古滦河三角洲平原南部探测到全新世埋藏河谷，该埋藏河谷位于曹妃甸以东，大清河河口以南，其宽度为1.5～2.5km，下切4～7.6m，呈现不对称性（蔡锋等，2013）。古河谷"V"字形特征明显，内部充填沉积反射强，呈现倾斜特征，下界面清晰，古河谷下伏地层呈现为平行－亚平行特征（图3-158）。

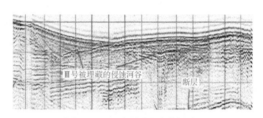

图 3-158　古滦河埋藏河谷

3.4.3.2　黄海陆架古河道

李凡等（1991）基于大量的浅层剖面资料，分析了黄海西部古河道的分布特征（图3-159）。研究表明，晚更新世以来，在黄海西部古河道广泛分布，在浅层剖面上表现为

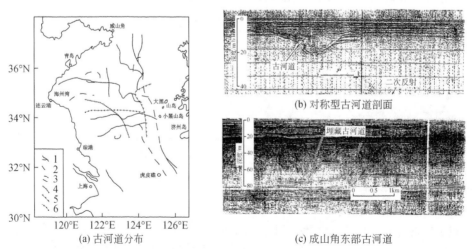

图 3-159　黄海古河道与古湖泊分布（李凡等，1991）

1. 埋藏古河道；2. 推测古河道；3. 埋藏古湖泊；4. 古黄河－淮河－长江；5. 古岸线；6. 古黄河－古长江水系分界

对称型、不对称型、窄陡型、复式、双层等多种类型的古河道等。还发现了古湖泊、古三角洲和古岸线的遗迹。推测 2.5 万年以前，从北黄海南下的古河流，汇聚于山东半岛东岸和东南岸，由此汇入古黄海，推测为古黄河水系。苏北弶港附近有南北两支古河系，北支向东偏北，与海州湾内的古河流大致平行汇入古黄海，并在深水区形成系列古三角洲。南支向东南方向流入东海陆架，因 LGM 时，古长江曾在镇江－扬州入海，推测南支属于古长江水系。古黄河－古长江水系共同在江苏弶港外 50m 左右海底，发育了 6 个相互叠加的古三角洲，从而形成巨大的复合型水下三角洲堆积体。

3.4.3.3　东海陆架古河道

1）陆架埋藏古河谷

东海陆架广阔，而自中更新世以来东海陆架海平面多次发生巨幅升降，东海陆架多次裸露为陆地，谷状（"V"字形）负地形即是大江大河长期在陆架作用的结果。一个发育完全的典型古河谷充填，一般下部是活动河道沉积，以砂为主，常有前积结构出现，其底部有河床蚀余的砂砾堆积，剖面常呈紊乱图像，上部为废弃河道充填，一般是泥夹薄层砂等。

1996 年，中法合作调查（测线见图 3-160）在东海陆架中部跟踪出一些古河道的片段（图 3-161）。测线 DS70 是最靠近长江河口且基本平行岸线的一条地震测线，在该剖面上发现典型古河道下切的痕迹，在该图中显示的古河道宽数十千米，下切深度达数十米，顶部是全新世海相层，在古河道中还可清晰地观测到全新世三角洲前积的微层理，表明该古河道是侵蚀改造三角洲沉积的结果，在河道右部显示高角度的交错斜层理，反映了极强的水动力条件。由于该测线距离长江河口很近，且年代较新，推测是冰后期长江水下三角洲发育过程中长江古河道下切作用的结果。

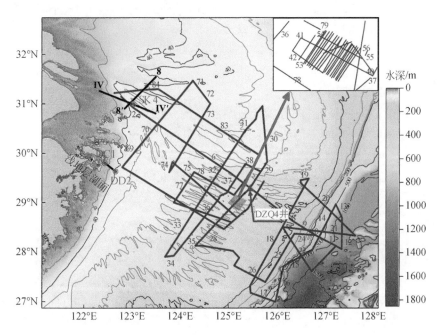

图 3-160　东海陆架典型单道地震测线与钻孔分布

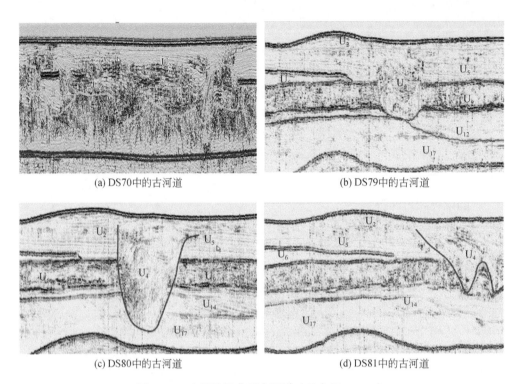

(a) DS70中的古河道

(b) DS79中的古河道

(c) DS80中的古河道

(d) DS81中的古河道

图 3-161　东海陆架典型古河道（吴自银，2008）

对东海陆架中部的 DZQ4 井附近的 DS79、DS80 和 DS81 对比跟踪后发现一可连续跟踪的下切古河道（吴自银，2008），该古河道视宽度近 2km，视深度达 60～80m，该古河道估计主要发育在氧同位素 5～6 期的海退期发育的河湖相层组，在后期不断被改造加强，从剖面上看该期古河道下切深度非常大，下切至 U_{12} 层甚至 U_{17} 层，古河道曾有侧向摆动迁移的迹象。河道内部充填物层理清晰，可观测到自 SW 向 NE 倾斜的交错斜层理，推测河道下切和充填非同步进行。

2）长江古河道

关于 7ka BP 以来的长江古河道看法比较一致，在末次冰期最大海侵时古长江河口是一个以镇江和扬州为顶点的三角湾或河湾（李从先等，1979），最大海侵过后，海平面逐渐回落到目前高度，长江口也因此向东南推移，南岸边滩推展、北岸沙洲并岸、河口束狭、河道成形、河槽加深（陈吉余，2009），至今形成南北两支、两港、两槽呈三级分汊、四口入海的格局。科氏力是河口发展的主动力，它使涨潮流偏北而落潮流偏南，致使北支淤塞而南支壮大。

末次盛冰期至最大海侵期间的长江古河道流路存在不同观点。一种观点是末次盛冰期时长江未曾进入东部陆架区甚至断流，如赵松龄（1984）认为末次盛冰期时长江进入苏北长江口地区一巨大湖泊，其主要证据之一是东海陆架缺失前全新世类似于全新世以后的泥质沉积，另外，从构造的角度认为全新世以前的长江下游河床的基本方向为一条构造线所控制，该方向线为湖口以下长江河床的流向线，经南京至苏北五条沙而直指黄海盆地。

另一种观点是古长江从黄海入海，如李凡等（1991）根据南黄海的区域调查资料提出南黄海海底北部有古河谷水系、南部有古长江水系分布。晚更新世低海面时期古长江从现代长江口及苏北的如东一带开始向北北东向延伸，在南黄海中部深水区与自北向南的古黄河交汇流入当时的古黄海。夏东兴等（2001）通过对现代长江口外东海内陆架和外陆架地震剖面地层和埋藏地貌分析，并经与相关钻孔和现代长江三角洲第四纪研究资料对比，认为在东海陆架中北部末次盛冰期时不存在古长江沉积和古河谷，推测当时长江是流经目前黄海、东海交界地区，在济州岛附近注入冲绳海槽北端，并认为现长江口东南部的喇叭状地形区并非长江古河谷，而是现代潮流水道。

也有不少学者认为末次盛冰期低海面时长江仍进入东海河流。如李从先和张桂甲（1995）提出现今长江三角洲地区存在自镇江、扬州向东南延伸至海的古河谷，有硬黏土分布的地区系古河间地，缺失该层的地区为古河谷；古河谷地层 ^{14}C 测年为 10～14ka BP，而古河谷沉积的下伏层年代超过 30ka，二者是侵蚀面交界。朱永其等（1984）根据陆架地形和沉积物特征，识别出现今陆架上的 2 条古河道；袁迎如（1992）根据浅地层剖面、沉积物特征和 ^{14}C 测年对东海陆架识别的古河道进行了定年。李广雪等（2004a）根据高分辨率浅地层剖面探测资料，划分出虎皮礁凸起东南部浙东－西湖凹陷区末次冰期古河道体系。古河道充填沉积体的分布表明，在末次冰期低海面时期，长江主要途经长江凹陷进入外部陆架低地平原，由于平缓地形的缓冲作用，流入冲绳海槽的大型古河道难以发育，但对低海面时期冲绳海槽北部的淡化起到了重要作用，进一步分析认为，在长江口外有 6 条大型古河道系统，是末次冰期长江在东海陆架平原上的主要流路，古河道分布与现在海底带状高地形有对应关系。

3.4.3.4　南海北部陆架埋藏古河道

1）珠江口古河道

20 世纪 90 年代前对于古珠江进行了大量的调查和研究，揭示了珠江口外 5 条古河道（鲍才旺，1995；黄镇国等，1995）。Ⅰ号古河道源自崖门口外，长约 144km，宽 2000～5000m，深 8～10m。Ⅱ号古河道源自磨刀门外，长 150km，宽 2000～4000m，深 5～8m。Ⅲ号古河道源自珠江口两侧，长 205km，宽 3000～6000m，深 10m。Ⅳ号古河道源自珠江口，长 150km，宽 2000～6000m，深 7～17m。Ⅴ号古河道源自珠江口东侧，长 155m，宽 1000～5000m，深约 5m（图 3-162）。这些古河道是南海北部陆架海平面大幅下降，形成强制海退体系域（FRST）而后被海侵充填的证据。关于古珠江三角洲的观点较多。黄镇国等（1995）认为只发育 1 个，中国科学院南海海洋研究所海洋地质构造研究室（1988）认为发育 2 个，冯文科和鲍才旺（1982）、金庆焕（1989）和鲍才旺（1995）等认为发育 3 个，刘以宣等（1993）认为发育 4 个。

2）雷州半岛附近海域古河道

908 专项调查揭示了雷州半岛周边海域存在大量古河道（图 3-163）。雷州半岛东侧近岸可见古河谷，其内可见多期充填特征，视宽度约 3km，呈现为不对称 U 形，底界埋深在 25m 左右，内部充填呈现倾斜层理特征，反射能量较强，下伏地层杂乱，推测为陆相，上覆地层水平覆盖，为浅海相沉积。雷州半岛西侧近岸海区也发育了大量古河谷，视宽度约 3km，底界埋深近 20m，主河道呈现为不对称 U 形特征，底部平坦，左侧台阶推测为河漫滩,同时在一个剖面上有多个古河谷,推测为河流摆动或曲流河所致。

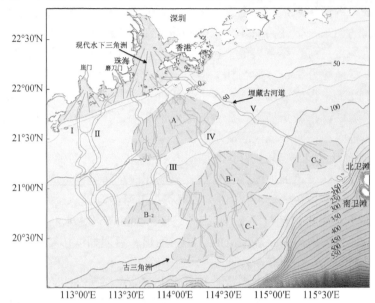

图 3-162 南海北部古三角洲与埋藏古河道分布图

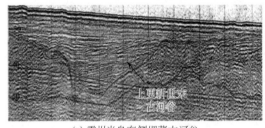
(a) 雷州半岛东侧埋藏古河谷

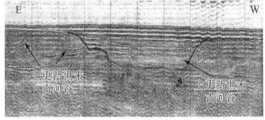
(b) 雷州半岛西侧埋藏古河谷

图 3-163 雷州半岛周边海域埋藏古河谷

资料来源: 我国近海海洋海底地形地貌调查研究报告

3) 海南岛西南古河道

李凡等(1990)通过地球物理调查,在海南岛西南部的莺歌海陆架发现了60多处各种不同形态的埋藏古河道分布,其分布水深自30m至120m都有(图3-164),西北部的古河道主要从崖城近海向西南方向流入古湖泊,其他古河流汇入古南海。古河道形态有对称型、不对称型、双层型等。其中,对称型规模较小,宽度不大于1km,深度多小于10m,内部声反射为亚平行倾斜层理,倾斜方向与岸坡一致,指示了顺直河段特征。不对称型分布最广,宽一般在3km左右,深15～20m,特点是一侧坡度较陡、一侧较缓,内部发育大尺度的平行或者倾斜层理、低角度交错层理和波状层理,具有点坝特征,是曲流河的表现。双层古河道指同一层位不同沉积亚层的两个沉积层面上发育的古河道,上下两层间有明显的强反射界面,说明曾经沉积间断或者河流发生摆动,该区发现的双层古河道厚度达10m以上。此外,还发现了埋藏古湖泊的遗迹,分布于水深50～90m,埋深5～10m,最大深度25m,宽30km以上。因为缺乏测年数据,根据古河道分布于120m,推测其很可能发育于末次盛冰期低海平面时期。

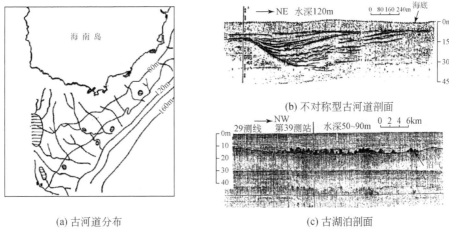

(a) 古河道分布　　　　　　　　　　(c) 古湖泊剖面

图 3-164　海南岛西南部古河道与古湖泊（李凡等，1990）

3.4.4　浅滩区海底沙波地貌

海底沙波在全球陆架广泛分布，中国海沙波分布甚广，尤其在浅滩区域非常发育，研究历史悠久，主要聚集在 6 大区域：辽东浅滩、扬子浅滩、长江口外、台湾浅滩、南海北部以及海南岛西南（图 3-165）。

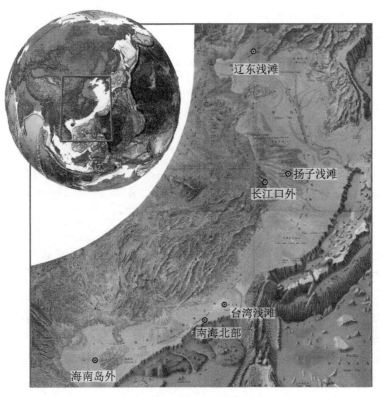

图 3-165　中国陆架沙波主要研究区

3.4.4.1 辽东浅滩

渤海东部潮流沉积体系由老铁山水道冲刷槽、辽东浅滩潮流沙脊和渤中浅滩潮流沙席三部分组成，面积为 $11000m^2$。由于全新世以来稳定潮流体系的持续侵蚀作用，侵蚀物质经老铁山水道进入渤海，堆积形成潮流三角洲，进一步演化发展为现在的辽东浅滩和渤中浅滩（刘振夏等，1994），辽东浅滩位于老铁山水道西口以北，水深 10～36m，其上发育 6 条呈南北走向的沙脊（图 3-166）。

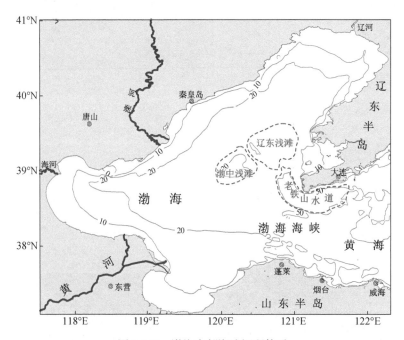

图 3-166　渤海东部潮流沉积体系

在辽东浅滩潮流沙脊上发育不同尺度的海底沙波，由南向北，沙波尺度逐渐减小而发育程度变好（刘振夏，1996b；刘晓瑜等，2013；冯京等，2017）。在沙脊南端，发育着波长 200～400m、波高 3～4m 的大型沙波；其脊线基本呈 WE 向且微向南弯曲，略呈新月形态（图 3-167）；沙波剖面多为"南坡缓、北坡陡"的不对称形态。同时，在巨型沙波上还叠加发育着波长 5～6m、波高 0.5m 的中型沙波，其走向和不对称性与下伏巨型沙波基本一致；向北沙波尺度逐渐增大，向大型沙波过渡。在沙脊中北部，发育沙波规模增大，以波长 10～15m、波高 0.5m 的大型沙波为主；其脊线近似 WE 向，平面形态呈平直或树枝状交叉；与南部相似，沙波剖面也为"南坡缓、北坡陡"的不对称形态。

该区潮汐性质主要为不规则半日潮，M_2 分潮起主导作用，其次是 K_1 分潮（图 3-168）：两者椭圆长轴方向相似，由南向北从 NNW 向转为 NNE 向。M_2 分潮潮流椭圆率小于 0.4，表现为往复流特征；该区不同尺度海底沙波的走向均呈 WE 向延伸，与往复潮流方向垂直。另外，涨、落潮流不对称现象自南向北加剧：北向涨潮流流速为 0.64～1.15m/s，南向落潮流流速为 0.58～0.79m/s，涨潮流普遍大于落潮流；而该区沙波皆为陡坡向北、缓坡向南，指示其有向北迁移的趋势，这与北向涨潮流大于南向落潮流密切相关（金玉休等，2015）。

  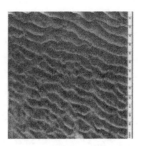

(a) 沙脊南部海底沙波　　(b) 沙脊中北部平直形态海底沙波　　(c) 沙脊中北部树枝状

图 3-167　渤海浅滩南部海底沙波（金玉休等，2015）

(a) M_2 分潮

(b) K_1 分潮

图 3-168　M_2 分潮（a）和 K_1 分潮（b）潮流椭圆长轴分布（改自刘振夏，1996a）

　　该区海底沙波由黄褐色细砂或中细砂组成，质地均一，分选性好，局部含有较多贝壳碎屑（夏东兴等，1995）。不同尺度沙波的沉积物粒径也稍有差别：巨型沙波底质的中值粒径在 0.2mm 左右，大型沙波底质的中值粒径为 0.203 ～ 0.238mm，而中型沙波底质的中值粒径为 0.174 ～ 0.225mm；而沙波区外的中值粒径为 0.156 ～ 0.179mm。由此可见，不同尺度沙波与沉积物分选之间存在一定的对应关系。

3.4.4.2　扬子浅滩

　　扬子浅滩位于长江口东侧，地理位置在 30.7° ～ 32.6°N，122.5° ～ 125°E 之间，东西宽约 270km，南北长约 200km，面积约为 30000km²，水深 22 ～ 55m（图 3-169）。自 20世纪 80 年代以来，扬子浅滩沙波一直受到重点关注和研究（叶银灿等，2004）。在扬子浅滩上广泛发育海底沙波地貌，多为波高普遍小于 1m、波长为 2.3 ～ 13.6m 的小型、中型沙波（庄丽华等，2017）。按照其脊线形态可进一步划分为直线形、弯曲形和格子状三类（图 3-170）（叶银灿等，2004；吕海青，2006）。

（1）直线形沙波：波高 0.37 ～ 0.97m，波长 2.3 ～ 8m，沙波剖面呈明显不对称；沙波脊线平直，可横向延伸数十米，指示其受水流作用主导而非波浪作用。

（2）弯曲形沙波：波高 0.25 ～ 0.30m，波长 6.3 ～ 8.0m，沙波脊线走向变化较大，脊线弯曲处呈复杂蜂窝状或似舌状；沙波背流坡宽度沿脊线方向变化较大，且常见 120° 左右的弯曲，指示较强的水流紊动强度。

（3）格子状沙波：由两组形态参数和走向不同的沙波叠置干涉形成，波高 0.20 ～ 0.96m，波长 5.5 ～ 13.6m，沙波尺度在三者中较大，其剖面形态无明显不对称。

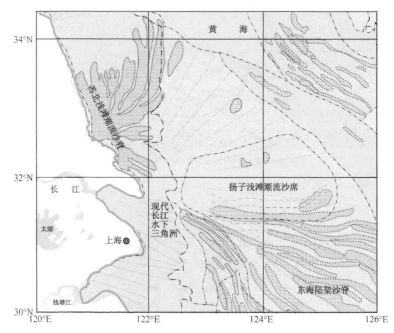

图 3-169　扬子浅滩地理位置

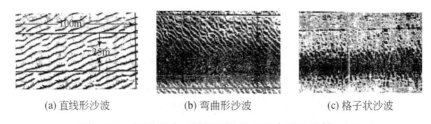

(a) 直线形沙波　　　　　(b) 弯曲形沙波　　　　　(c) 格子状沙波

图 3-170　扬子浅滩三种类型沙波（引自叶银灿等，2004）

此外，扬子浅滩上还发育着波高 0.5 ～ 2.6m、波长 30 ～ 150m 的大型沙波，多以孤立的沙波群分布；其上叠加着次级沙波，两者的走向呈 10° ～ 15° 的夹角，反映了该区潮流流速的周期变化和流向的旋转变向过程。

按照沙波的尺度和发育规模可将扬子浅滩沙波区进一步划分为北、中、南三个亚区（图 3-171）：北亚区地形平缓，沙波底形分布密集，主要分布着小型、中型沙波，也可见斑块状的大型沙波发育；中亚区沙波底形发育程度变差，可见斑块状的小型、中型沙波发育；南亚区沙波底形分布稀疏，沙波尺度逐渐变小。扬子浅滩沙波自北向南变小和变少的分布规律，指示该区底流辐射逐渐降低的过程。同时，现代长江口外细粒沉积物的消长也干扰了该区南缘沙波底形的发育和分布（龙海燕等，2007）。

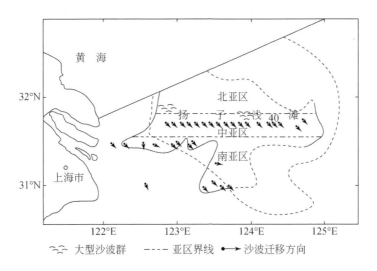

图 3-171 扬子浅滩分区、大型沙波群分布与沙波迁移方向（改自吕海青，2006；龙海燕等，2007）

　　三个亚区沙波走向均为 NE-SW 向，且根据沙波不对称指示沙波朝东南向迁移。该区受来自东南方向的太平洋潮波作用（图 3-172），自东南向西北传递潮能，潮流长轴方向为 NW-SE 向或 NNW-SSE 向，与该区沙波走向垂直；潮流椭圆率大于 0.4，具有明显的旋转流特征，最大底流流速为 0.55～0.70m/s，足以塑造沙波底形。叶银灿等（2004）计算该区在台风和风暴潮期间引起的底流流速可达 0.90m/s，认为暴风浪是沙波迁移运动的重要因素。

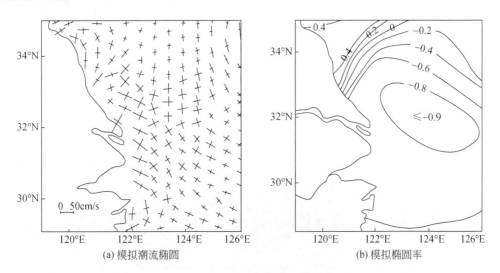

图 3-172 扬子浅滩 M_2 分潮数值模拟潮流椭圆与椭圆率（引自汤毓祥，1989）

扬子浅滩的底质为细砂、中细砂和粉砂质细砂为主的粗粒沉积，含少量粗砂和砾石，细砂和中细砂分选性好，中值粒径为 0.08～0.26mm。沉积物中含有受强烈磨蚀的生物壳体碎屑，反映在潮流侵蚀、搬运、再沉积过程中，沉积物受到了长期的淘洗和筛选，为典型的现代潮流沉积（刘振夏，1996c）。柱状样品与浅地层剖面分析显示，扬子浅滩砂质沉积和沙波地貌发育自全新世，且与现今动力环境相适应，仍处于发育和运动状态。

3.4.4.3 长江口外

长江口外沙波地貌主要分布在南港上、中、下段，北港上段以及横沙通道内，而北槽较少。近期，基于多波束测深调查，郭兴杰等（2015）、郑树伟等（2016）揭示了长江口外沙波的精细特征（图 3-173）。其中，南港沙波平均波高约 0.37m、平均波长约 12.5m；北港沙波平均波高 0.46m、平均波长约 13.1m；横沙通道内沙波平均波高 0.6m、平均波长 16m；北槽沙波平均波高 0.21m、平均波长 6.4m。在沙波平面形态上，长江口沙波主要有带状沙波、堆状沙波（图 3-173 中 G6），以带状沙波居多。此外，近期在长江口南北港分流口还发现了链珠状沙波，每个沙波发育 2～10 个平均深度为 0.98m 的椭圆形凹坑（图 3-174），其平均波高 1.29m、平均波长 31.89m。该区沙波发育区底质的中值粒径属

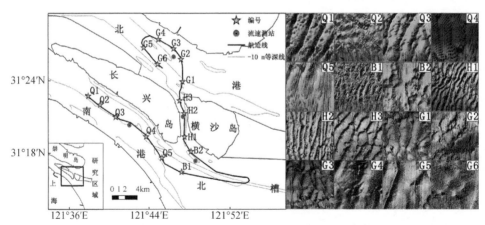

图 3-173 长江口外沙波典型形态（郭兴杰等，2015）

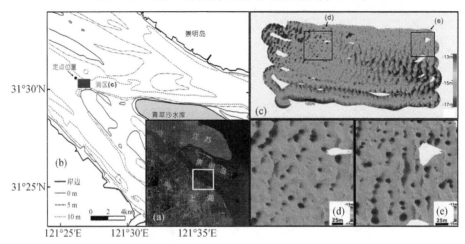

图 3-174 长江口外链珠状沙波形态特征（郑树伟等，2016）

于极细砂和细砂，横沙通道和北港底质粒径较粗，其次是南港，北槽沙波区底质粒径最小；底床粒径与沙波尺度呈正相关。各个区域沙波对称性不同：北槽和横沙通道的沙波对称性较好，南港对称性一般，北港的沙波对称性较差。

长江口的水动力主要有潮流与径流的共同作用，且潮流的量值在水流流动中占绝对优势，其主要作用是潮混合及潮致余流产生的沉积物定向输运。由于不同的地理位置及河口工程的影响，长江口各个沙波区水动力有很大区别，其中涨、落潮优势方向是影响沙波对称性与净位移的主要因素：其中北港落潮优势最强，其次是南港、北槽，而横沙通道涨、落潮优势不明显；相应地，潮周期内北港沙波净位移最大、对称性最差，其次是南港，最后为北槽和横沙通道（程和琴等，2004）。

长江口各个区域水动力强弱与沙波的形态特征及净位移存在很好的响应关系。同时，该区沙波运动还与沉积物粒径、余流密切相关。此外，研究表明近年来长江流域和河口强烈的人类活动也影响着该区沙波地貌的发育演变，新发现的链珠状沙波可能是河槽为适应流域来沙减少、水动力增强以及边界条件改变而形成的一种侵蚀型沙波地貌；由于强烈的人类活动，长江河槽床沙粗化、河槽束窄而水动力增强，使得近年来该区沙波尺度有明显增大（郑树伟等，2016）。但是否为浅层气泄漏形成的海底麻坑值得深入调查，因为在黄海北部已经发现类似的海底麻坑地貌（刘晓瑜等，2018）。

3.4.4.4　台湾浅滩

台湾海峡为介于中国大陆与台湾岛之间的狭长水域，呈 NNE-SSW 向延伸，全长约 375km，是连接南海与东海的水上通道。横亘于台湾海峡南部入口处的浅海区域——台湾浅滩，西邻福建东南沿海的东山岛，向东延伸至海峡中部的澎湖列岛，是东海与南海的天然分界线。其范围为 22°30′ ～ 23°47′N、117°17′ ～ 119°14′E，浅滩南北宽60 ～ 80km，东西跨度为 150km，总面积约为 8800km^2，平均水深约 20m，整体上呈中部水深浅，四周水深逐渐变深（图 3-175）。近 10 年来，作者团队在台湾浅滩进行了多期次的调查，包括全覆盖的多波束测深、同步测流、座底微地貌观测等，本区沙波研究主要基于该批资料。

台湾浅滩上发育 NNE-SSW 向和 NS 向的潮流沙脊和 NW-SE 向和近 WE 向沙波，水下地形具有一定的线状延伸的特点。由于涨、落潮流并不严格遵循往复流的形式运动，所以浅滩沙脊并不十分发育，主要分布在浅滩南部（图 3-176），沙脊走向为 NNW-SSE 向，和落潮方向基本一致，推测沙脊的发育主要受落潮流的控制。台湾浅滩分布着中国海仅有、全球罕见的波高超过 10m 的巨型海底沙波，根据遥感影像提取的沙波脊线，总长度可达12000km，其上还叠加发育了次级沙波和沙波纹，从而形成一个潮流沙脊地貌与多尺度沙波地貌共存的陆架典型动力地貌体系（Zhou et al., 2018）。

通过多波束测深数据分析，台湾浅滩巨型沙波波高 4.5 ～ 22.0m、波长 314 ～ 2115m；叠加的次级沙波波高 0.5 ～ 3.5m、波长 18 ～ 170m（Zhou et al., 2020）。按照巨型沙波的三维形态，本书将其分为双峰型、摆线型、摆线 - 推进型和推进型沙波四种（图 3-177）。

双峰型沙波是台湾浅滩上最独特的沙波类型，以一个沙波体由两个相似波高的波峰构成的双峰结构为特征，其平面形态上可见两条近似平行的沙波脊线；具有较长的波长，为其他三类沙波的两倍；主要分布在台湾浅滩西北部近岸一侧，其走向为 NWSE 向。

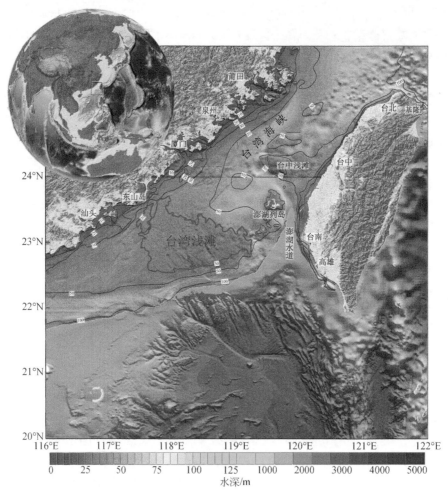

图 3-175　台湾浅滩地理位置

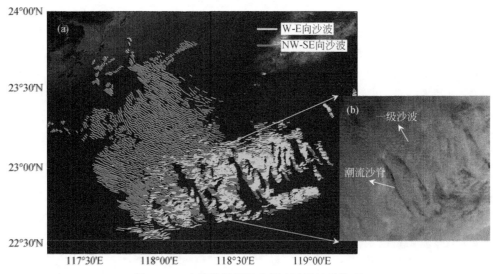

图 3-176　台湾浅滩潮流多尺度沙波地貌体系

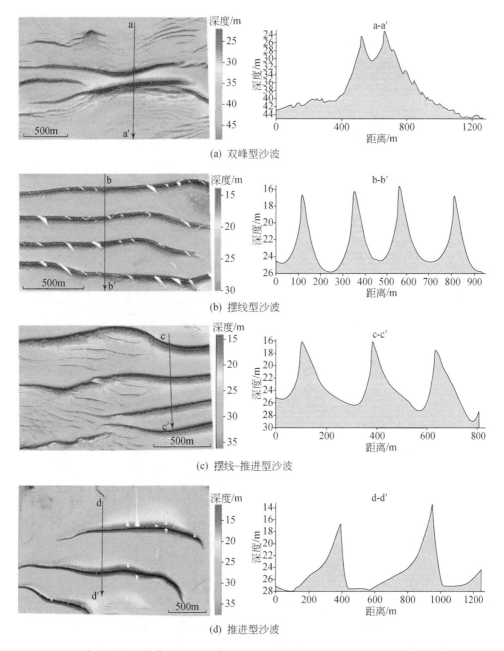

图 3-177　台湾浅滩四种典型沙波三维图（左）及剖面形态（右）（Zhou et al., 2020）

摆线型、摆线－推进型沙波在台湾浅滩上最为发育，以其剖面似摆线形态而命名，两者形态相似而对称性不同，前者对称性较好，后者次之；摆线型沙波的波高为四类中最大，主要分布在台湾浅滩的中部和东部，发育水深为四类中最浅；摆线型沙波的走向以 WE 向为主。

推进型沙波在台湾浅滩上并不发育，主要分布在南缘，其波高为四类中最小，且对称性为四类中最差；其平面形态似新月形，脊线两端弯曲有退化趋势。

余威等（2015）、Zhou 等（2018，2020）的研究表明，该区巨型沙波的活动性弱，在年际尺度上迁移运动微弱；次级沙波年际间发生米级尺度迁移，在台湾浅滩北部向北迁移、在南部向南迁移；而沙波纹十分活跃，潮周期内对底流变化响应敏感。

该区潮汐属于不规则半日潮，潮波运动主要由太平洋潮波传入所引起，其中，M_2 分潮由台湾海峡南北两端传入的两支潮波构成，其中，北支占主导，南支潮波只能到达澎湖列岛附近海域（方国洪等，1985）。由于地势较浅，台湾浅滩形成强潮流区，数值计算结果多表明最大流速为 1.0 ~ 2.0m/s（图 3-178）。该区近岸一侧 NE-SW 向与远岸一侧 NS 向的潮流长轴方向控制着台湾浅滩西、东两侧巨型沙波不同的走向。

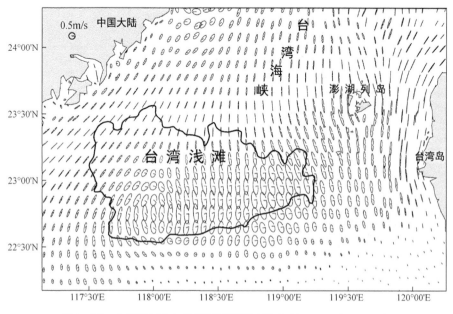

图 3-178　台湾浅滩 M_2 分潮潮流椭圆（引自 Zhang et al.，2014）

该区风大，浪高，流急，水动力对该区沉积环境起主导作用。组成台湾浅滩的物质较粗，为黄褐色粗砂、中粗砂、中砂，粉砂和泥含量甚微（图 3-179），其分选好、磨圆度好，概率累计曲线与破浪带浅滩和浅海砂相似，反映长期处于较强水动力作用的滨海沉积环境。另外，沉积物中常含潮间带，甚至淡水环境的磨蚀和破碎贝壳、软体动物和硅藻，表明沉积物曾在海岸带海滩和风成沙丘的环境，反映残留沉积的特点（石谦等，2009）。此外，在浅滩中部发现多处玄武岩砾石和残留的岩丘。在低海面时，从澎湖列岛至福建南部海岸，存在一系列的玄武岩岛屿，这一穿越浅滩南部的大规模水下玄武岩残丘链是整个浅滩的基底（Cai et al.，2003）。

台湾浅滩的物质主要来自当地和附近海域，现今浅滩的动力作用较强，细粒物质被带走，致使台湾浅滩留下粗粒沉积物，并形成潮流沙脊、沙波地貌。刘振夏和夏东兴（2004）推测，在海平面低于现在 20 ~ 30m 时，台湾海峡内潮流作用强于现在，潮流的冲刷作用加深了海峡，冲蚀的粗粒物质被带到台湾浅滩处沉积，成为浅滩物质来源之一。而蓝东兆等（1991）根据柱样数据的粒度、矿物、生物与测年的分析结果推断浅滩的中粗砂是在距今 10 ~ 20ka BP，由单向水流搬运而来的异地物质。此外，也有研究表明（郑承忠，

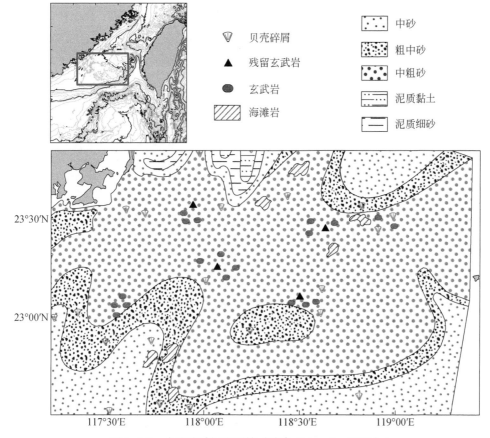

图 3-179 台湾浅滩沉积环境（改自 Cai et al., 2003）

1991），以 118°20′E 为界，两侧浅滩重矿物有明显差异，台湾浅滩东部红柱石含量较西部高，而西部钛铁含量较东部高，推断浅滩东部沉积物主要来源于古九龙江携带的泥沙和澎湖列岛、台湾浅滩就地风化剥蚀物；西部则来源于古韩江、榕江带来的泥沙。

Cai 等（2003）将台湾浅滩全新世以来沉积环境归纳为三个阶段：①在早全新世低海面时期为三角洲沉积环境；②在海面低于现在 20～30m 时期，台湾浅滩成为一个岛，在波浪、沿岸流和海岸风的作用下，早期的三角洲砂被改造、搬运和再沉积，为海岸和海滩环境；③现代浅滩处于强潮流和风暴浪的作用下，水下沙脊和沙波由周期性的潮流作用形成，而突发性的风暴搅动了海底沉积物，起到破坏沙波的作用，在周期性的涨落潮作用下，为现代浅滩沉积环境。

3.4.4.5 南海北部

1）基本特征

在南海北部东沙岛北部，水深 100～300m 区间的海底，粤东大陆坡上段至大陆架外缘，发育大规模海底沙波地貌，覆盖面积达 7200km² （图 3-180）：包括波高小于 1m 的小型沙波、波高在 1～2m 的中型沙波和波高大于 2m 的大型沙波，其走向为 NE-SW 向或 NEE-SWW 向条带状延伸。大型沙波两侧发育密集的小型沙波，形成复合沙波体，沙波脊线多为平直形态，剖面以不对称居多，缓坡向 NW，陡坡向 SE（冯文科和黎维峰，1994）。

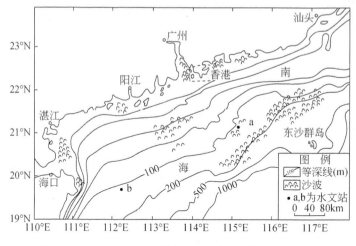

图 3-180 南海北部沙波分布（冯文科和黎维峰，1994）

该区沙波分布和活动性存在空间差异性，从北向南随着水深增大，沙波尺度增大、对称性变差，且具有显著的活动性，其中，深水区大型沙波朝东南、向海运移，幅度为数十厘米至米级；而浅水区沙波朝西北、向陆运动（周川等，2013；张晶晶等，2015）。栾锡武等（2010）于 2003 年和 2005 年对该区局部沙波进行了多波束海底地形重复测量（图 3-181），结果表明在两年的时间周期内，海底沙波向西北方向迁移了 8 ~ 13m，且水深平均加深了 0.2 ~ 0.3m，不仅沙波发生了迁移，还观测到新的沙波生成，表明了该区底形的强烈活动性。

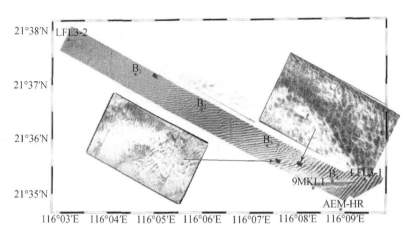

图 3-181 南海北部海底沙波地貌（栾锡武等，2010）

该区砂质沉积丰富，表层沉积物由砾、砂质砾、砾质砂、砾质泥质砂、含砾砂、含砾泥质砂和含砾泥组成。沉积物空间分布存在明显区域差异，由南向北，沉积物中砾石含量逐渐减少，砂、粉砂、黏土含量逐渐增加，中值粒径减小，分选变差。该区表层沉积物来源存在区域性差异，在南部近陆坡一侧，沉积物组成中末次冰期前后的残留沉积物占绝对优势；而在北部近内陆架一侧，沉积物物源的多元性增强，除残留沉积物以外，来自珠江等水系的陆源物质所占比例增大（李泽文等，2011）。

2）动力机制

关于该区沙波的形成时间与动力机制存在诸多争议，包括残留说、今成说、潮流成因说以及孤立内波成因说等。从全球沙波形成和维持机制来看，潮流是一种主要动力。栾锡武等（2010）于 2003 年夏季和 2005 年春季在该区进行了座底测流。2003 年的夏季底流测量时间为 5 天，获得 288 个观测数据，最大流速为 15cm/s，流向为东向（95°），最小流速为 5cm/s，流向为 NNW 向（336°），平均流速为 10cm/s。2005 年获得 2101 个测量数据，最大流速为 48cm/s，流向偏南（190°），其中 465 个观测数据（约占总量的 22%）流速大于 20cm/s，79 个观测数据底流速大于 30cm/s，并有 13 个观测数据流速大于 40cm/s。按照理论计算和水槽实验（王尚毅，1994），在海底启动细砂、中砂和粗砂形成海底沙波的最小海底底流速度分别为 23.6cm/s、34.7cm/s 和 43.1cm/s。上述观测表明，一年中有些季节的潮流是完全可以启动泥沙运动的。

在极端天气情况下，如强台风或风暴潮时，该区最大底流流速超过 0.2m/s（周其坤等，2018）。但是，由于台风的风向是不固定的，对于沙波起到破坏作用，很难长期维持海底沙波形态。现场观测发现东沙群岛附近海域底流流速可达 1.16m/s，最大剪切流速近 2.0m/s，跃层附近最大流速高达 5.8m/s，远超正常潮流流速量级，且水深越大、底流越强，与传统认识有很大差异（张洪运等，2017），这表明该区动力还受其他因素的控制。

近年来，内波活动与沙波的关系受到重视。该区东邻巴士海峡，北通台湾海峡，是太平洋潮波向南海传播时首当其冲的响应区域。太平洋潮波跨越巴坦 – 萨布坦海脊后，由于其重力场中海水的非均匀性而产生的孤立内波涌向南海东北部陆架区域，使外大陆架和陆坡对 M_2 和 K_1 分潮策动潮波的响应非常明显。从遥感卫星图像观测到内孤立波的传播过程（图 3-182），由于东沙群岛的阻隔作用，内孤立波发生绕射，一部分与等深线呈一定角度向西北方向的陆架传播，在近底层引起超过 0.8m/s 的强流。分布在水深 130～150m、以粗砂为主的海底沙波，垂直于内孤立波的传播路径，可能受内孤立波控制，导致沙波向陆迁移；而分布在近陆坡一侧、走向平行于等深线的沙波，可能受内潮控制而向海运移（Ma et al.，2016）。

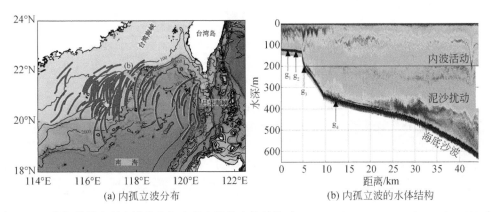

(a) 内孤立波分布　　(b) 内孤立波的水体结构

图 3-182　南海北部内孤立波分布与内孤立波的水体结构（Zhao et al.，2004；Reeder et al.，2011）

3.4.4.6　海南岛西南

在海南岛西南东方岸外水深 20～50m 的区域，潮流作用强烈，沉积物供应丰富，广泛发育潮流沙脊和海底沙波（图 3-183），沙脊共有 4～5 列，其走向呈 NS 向或 NW-SE 向，与水流方向平行，呈不甚规整的长条状，宽度为 2～5km；沙脊之间为潮流冲刷沟槽，其深度数米至十余米，是潮流出入的主要通道。对于该区沙波已进行了大量研究，如曹立华等（2006）、王伟伟等（2007）、高伟（2008）、张洪运等（2016）、Ma 等（2019）。由岸向海可划分为东、中、西区 3 个沙波区域（图 3-184）。

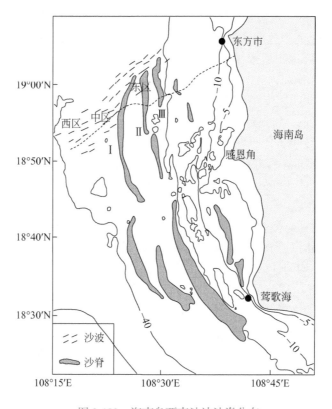

图 3-183　海南岛西南沙波沙脊分布

（1）东区：沙波发育最好，水深 20～40m，沙波尺度较大，为波高 3.0～6.5m，波长 40～220m 的大型沙波；沙波以二维弯曲形、三维新月形为主，走向近 WE 向；沙波剖面呈"南坡陡、北坡缓"的明显不对称形态，表明沙波自北向南运动。

（2）中区：水深 30～40m，沙波平均波高 1m 左右、波长 38m 左右；脊线以平直型为主，有时可见分叉或音叉状，横向延伸远，呈大致对称的形态，走向仍为 WE 向，具有明显的过渡区性质。

（3）西区：水深 35～50m，沙波分布密度小，呈零星分布，沙波尺度小于近岸区，波高 0.5～2.3m，波长 13～70m；沙波陡坡向北，指示沙波自南向北迁移，与东区正好相反。

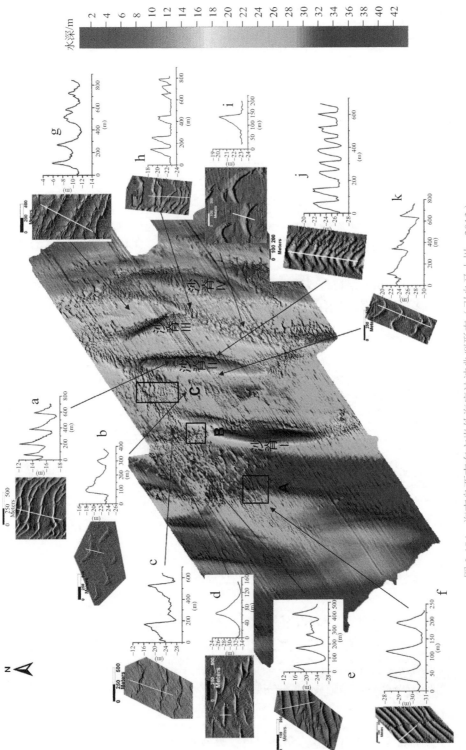

图 3-184 海南岛西南东方岸外海底沙波典型形态（引自马小川，2013）

该区潮汐主要是太平洋潮波传入南海再传入北部湾形成的，由不规则日潮变为规则日潮，涨潮流向北，落潮流向南。现场观测显示，近岸落潮流速大于涨潮流速，而远岸涨潮流速大于落潮流速；东、西区沙波迁移方向相反，与两区涨、落潮流的优势方向变化相对应，指示该区沙波形成与运动主要受潮流作用（李泽文等，2010）。近、远岸沙波区沉积物分选存在差异：近岸沙波区沉积物粗细相间，沙波脊上沉积物粒径较粗且分选较好；远岸平坦，深水区沉积物多为细粒沉积物，且呈"沙波波峰细而波谷粗"。同时，由于远岸沉积物中悬移组分远大于近岸，远岸沙波尺度小于近岸一侧（马小川，2013）。

在末次冰消期海平面上升过程中，在低海面时期形成的各种风成和水成的、规模较大的沙体地貌被淹没，这些沉积物组成与当时的动力条件相当，主要为中、细砂，构成了该区沙波的物质基础（曹立华等，2006）。该区发育的大量新月形沙波和近对称沙丘，兼有残留沉积与现代沉积的性质。其中，新月形沙波主要分布在近岸一侧（如图3-184中i和j），其形态受水深、往复潮流和泥沙供应的共同影响；新月形沙波上沉积物顺着两翼脊向下游输运，极端天气发生时，由于大型沙波无法提供足够泥沙来维持两翼的迁移，迁移速率较快的部分从中脱离而形成孤立的新月形沙波。而近对称沙波主要分布在远岸一侧（如图3-184中d），具有残留沉积性质，其内部具有倾向相反的层理结构，指示受海平面上升期多期潮流的共同作用（图3-185）。

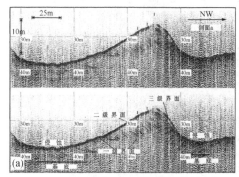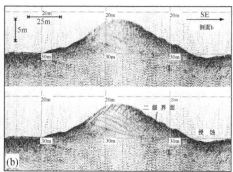

图3-185　海南岛西南东方岸外海底沙脊的倾向相反的层理结构（Ma et al.，2019）

3.4.5　陆架区海底沙脊地貌

在中国海陆架，尤其东部陆架海域海底沙脊均异常发育（图3-186），主要包括：渤海老铁山水道北沙脊区；黄海北部（朝鲜湾）沙脊区；黄海东部（群山群岛外和黄海海槽）沙脊区；黄海南部（朝鲜海峡）沙脊区；黄海西部（琼港）沙脊区；东海陆架沙脊区；台湾海峡及浅滩沙波沙脊区。现按海区分布阐述。

3.4.5.1　渤海沙脊

渤海沙脊分布于老铁山水道的北部出口，海底沙脊在海底地形图上清晰可见，有近10条线状延伸的海底地形（图3-187）。

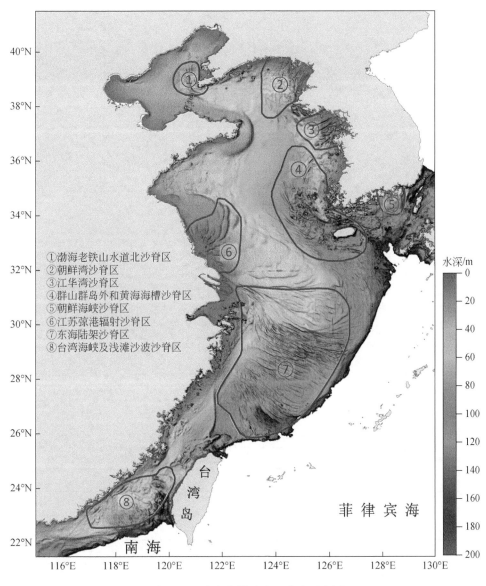

图 3-186　东部海域沙脊区分布示意图

①渤海老铁山水道北沙脊区
②朝鲜湾沙脊区
③江华湾沙脊区
④群山群岛外和黄海海槽沙脊区
⑤朝鲜海峡沙脊区
⑥江苏强港辐射沙脊区
⑦东海陆架沙脊区
⑧台湾海峡及浅滩沙波沙脊区

1）沙脊特征

该区沙脊的典型特征为自 SE 向 NW 的抛射、指状地形，在水道出口处这种指状地形逐渐收敛并连成一体，至 40m 以深这种槽脊形态已难以分辨。从地形图分析看，研究区有 8 条较为明显的海底沙脊（SR_2-SR_9），其中，SR_2、SR_5 和 SR_6 还存在分支沙脊，进行了二级编号。SR_1 和 SR_{10} 为推测沙脊，二者均具有沙脊状特征，但位于研究区边缘，沙脊形态不甚明显。依据海底地形对各沙脊的三维特征进行了统计（表3-7），其中沙脊长度以沙脊轴线计算；宽度按照两个相邻沙脊槽部距离计算；高差按照垂直沙脊轴剖线面统计；沙脊走向为脊轴首尾方向，多数沙脊脊线有一定弧度，沙脊走向为近似值。

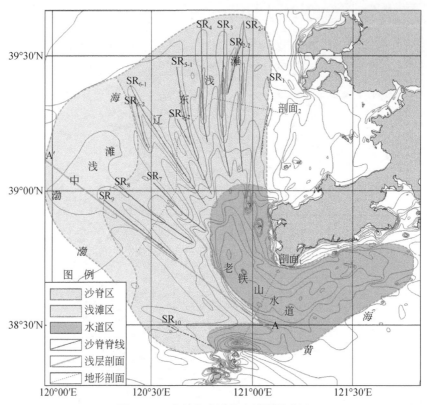

图 3-187　老铁山水道海底地形及分区

表 3-7　渤海沙脊特征统计

编号	长度 /km	宽度 /km	脊部高差		主体走向
			最浅 /m	最深 /m	
SR$_1$	36	5	22	29	N187°E
SR$_{2-1}$	70	8	20	41	N181°E
SR$_{2-2}$	25	4	23	32	N202°E
SR$_3$	69	11	18	43	N177°E
SR$_4$	55	9	20	35	N176°E
SR$_{5-1}$	61	10	21	38	N160°E
SR$_{5-2}$	27	5	22	26	N144°E
SR$_{6-1}$	66	10	18	42	N141°E
SR$_{6-2}$	31	6.5	18	25	N162°E
SR$_7$	33	12	23	43	N125°E
SR$_8$	47	10	18	35	N119°E
SR$_9$	49	9	20	33	N122°E
SR$_{10}$	31	8	27	53	N107°E

编号为 SR_{2-1}、SR_{5-1} 和 SR_{6-1} 的沙脊长度较长，超过 60km，三条沙脊均可见分支沙脊，分支沙脊长 30km 左右。SR_1、SR_7 和 SR_{10} 沙脊较短，长 31～36km，应为发育不完全沙脊。沙脊的宽度体现了沙脊的发育成熟度，分支沙脊或发育不完全沙脊，一般宽 5km 左右，如 SR_1、SR_{2-2}、SR_{5-2}、SR_{6-2} 和 SR_{10}，主支沙脊的宽度一般在 10km 左右。沙脊轴线水深统计表明，北端一般为沙脊最浅处，水深约 20m，由北至南，沙脊脊轴水深逐渐加深，一般为 40m 左右，但分支沙脊南端较浅，介于 25～30m 之间，SR_1 和 SR_9 南端水深仅约 30m，SR_1 南端外水深最深，达到 53m。主支沙脊脊轴水深落差一般为 20m 左右，分支沙脊水深落差仅数米。沙脊的形态很可能受制于水道水流强度，SR_2—SR_6 沙脊正对水道主槽，较强的水流冲刷很可能是东部 5 条主支沙脊具备长、窄、高特征的主要原因。除了 SR_{10} 沙脊正对辅槽外，SR_1、SR_7—SR_9 沙脊处于两槽之间，较弱的水流很可能导致差异于东部沙脊的原因。分支沙脊的存在表明该区沙脊曾经历了多期次的演化。

SR_6 沙脊处的旁侧声呐影像（图 3-188）展示渤海湾海底沙波异常发育（刘振夏和夏东兴，2004）。影像图显示该区分布多种规模的沙丘和沙波。其中水下巨型沙丘位于西南侧，水深 21～25m，波长 200～400m，波高 3～4m，呈新月形。在测区中北部存在波长 10～20m、波高 0.5m 的大沙丘。在海底巨沙丘的缓坡之上还叠加了波长 5～6m 的中沙丘。在水下中沙丘的东侧，大致呈 SN 方向，分布长 100～200m、宽 20～30m 的沙带或沙条。此外，还分布有冲刷沟、彗星尾等。不同规模沙丘叠置在沙脊之上，表明该区沙脊依然处于活动之中，沙波、彗星尾等也是判断水流运动方向的重要标志物。

图 3-188　老铁山 SR_6 沙脊处的沙波（刘振夏和夏东兴，2004）

白色箭头指示了沙波运动方向

2）地层结构

1991 年 9 月，原国家海洋局与法国海洋开发研究院合作，使用向阳红 9 号船，在老铁山水道区进行了地球物理、沉积、地貌和海流等综合调查，获得了地质走航测线 714km 和局部区域的旁侧声呐资料。刘振夏等（1994）和夏东兴等（1995）据此资料对老铁山水道区沙脊和地层结构等进行了研究。

浅地层剖面 A-A′ 自 NW 至 SE 依次从渤中浅滩、SR_8 和 SR_9 沙脊间的槽部、老铁山水道主槽和辅槽之间穿过（图 3-189），通过与 BC_1 孔对比，揭示了研究区海底以下 60m 地层的结构，自上而下可划分 A、B 和 C 三个层组。

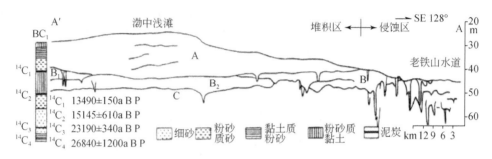

图 3-189　位于老铁山水道的浅层剖面（夏东兴等，1995）

A 层为浅海相沉积，形成于全新世海侵之后（9ka BP 以来）；B 层为河湖相及潮滩、潮沟等过渡相沉积，形成于晚更新世末到全新世过渡期（13 ～ 9ka BP）；C 层多风沙沉积，有沙漠化倾向，形成于末次盛冰期（22 ～ 13ka BP）。从浅层剖面可以看出，全新世以来的沉积层在渤中浅滩异常发育，最厚已超过 20m，自 NW 至 SE 逐渐减薄，至老铁山水道处已尖灭；B 层除水道外，在剖面中均有分布，厚度较为稳定，约 10 余米，内部多 V 形下切谷，似可划分为 B_1 和 B_2 两层；C 层在全区均有分布，下界不详，在水道区多 V 形下切谷。

电火花地震资料揭示了该区沙脊的内部精细结构（图 3-190）。海底沙脊直接叠置在基底水深为 40m 的海底之上，沙脊内部层理清晰，自 NW 至 SE 向呈抛物线状相互叠加、自底向上角度增加、上超到 SE 向坡壁，沙脊可见高约 18m，宽近 10km。海底沙脊属于 TST，与图 3-190 展示的渤中浅滩海相层形成的动力环境存在差异，可能并非同时期产物，

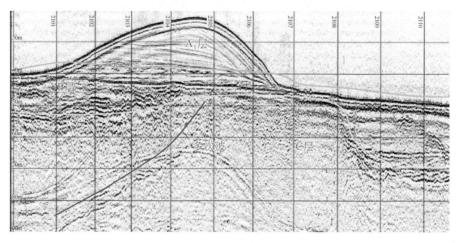

图 3-190　典型沙脊内部结构

故将其命名为 A$_1$ 层。该沙脊所处水深约 40m，仍适合沙脊的生长发育。与东海陆架 U$_2$ 期沙脊相比，老铁山水道沙脊的外部形态与之相似，但内部结构差异较大，内部纹层理较宽、角度自底至上渐增、下部纹层理平直、上部纹层理稍微弯曲，暗示了该区极强的动力环境，不仅仅是潮流作用的产物，水道狭口效应和潮流双重作用可能是形成该处沙脊的主动力，尚未见类似早期沙脊的核心沙脊（Berne et al.，2002）。

3）动力机制

该区沙脊建造的物质来源，并不仅仅限于对槽底的刨蚀和就近堆积，高速潮流从海峡冲刷槽底和从辽东湾携带的细砂颗粒，也为该区沙脊的发育提供了丰富的物质基础。该沙脊区底质分布为脊粗槽细，与欧洲北海陆架潮流沙脊的底质分布规律相反（栾振东等，2012）。潮流是沙脊发育的主要动力，王鹏等（2015）模拟了渤海全区的潮流场，结果发现潮流速度及椭率与沙脊发育关系密切，当 M$_2$ 分潮潮流椭圆长轴在 50～75cm/s、椭率小于 0.4 时，能够发育潮流沙脊，沙脊的方向与潮流椭圆长轴方向一致；当长轴在 40～50cm/s、椭率介于 0.4～0.6 之间时，发育潮流沙席，M$_2$ 分潮潮流椭圆长轴过大或过小，均不能发育沙脊和沙席。受槽脊相间的地貌影响，渤海沙脊区的潮流流速由表层至底层逐渐减小，沙脊脊部表层流速小于沟槽处表层流速，而近底层流速正好相反，变化的临界值是 0.7× 水深（金玉休等，2015）。高潮时，潮流自渤海海峡进入渤海，至辽东浅滩沙脊区呈现辐射状分布，退潮时，潮流经辽东浅滩流出渤海海峡，高、低潮时，潮流流向与沙脊走向呈现 5°～18° 的夹角（朱龙海，2010），正是这种往复潮流特征形成和维持了渤海湾大型的潮流三角洲及沙脊地貌体系。

3.4.5.2　黄海沙脊

20 世纪 90 年代以来，黄海东部海底沙脊研究进入高潮，通过十余年的调查研究，发现黄海东部海底沙脊异常发育，本书按照海区划分为五个分区：黄海北部（朝鲜湾）、黄海东部（江华湾和群山群岛外）、黄海南部（朝鲜海峡）和黄海西部（强港）沙脊区。

1. 朝鲜湾沙脊区

早在 20 世纪 50 年代的朝鲜战争期间，通过等深线就发现了西朝鲜湾迂回曲折的海底沙脊群（Off，1963），但受复杂因素的影响，该区海底沙脊研究非常欠缺。我们构建的海底地形图（图 3-191）更清晰地展示了该区的壮观海底沙脊群，并识别出 60 条不同规模的沙脊，其中延续性好的主支沙脊 20 条、分支沙脊 26 条、深水沙脊 14 条。

主支沙脊一般宽 5km 左右，高 10～18m，长 50～110km，与其他海区沙脊相比，两坡较为陡峭，平均坡度约 0.4°，沙脊脊线的平面形态为流线型、多转折，有时相互牵连在一起很难区分，从水深 5m 到 40m 左右均有分布，沙脊总体走向为 N200°E，自深水区向浅水区，沙脊走向有向 NE 弧形转折的趋势，同时其宽度逐渐变窄、高度降低。

分支沙脊主要分布在 10m 以浅的区域和河口区。分支沙脊宽 3km 左右，高 5m 左右，长 10～40km。分支沙脊走向多变，受控于主支沙脊和河口，在主支沙脊旁的分支沙脊一般偏向 SW，与主支沙脊间有 10° 左右的夹角；河口区沙脊规模较小，总体走向与河口主弘一致（如研究区东侧河口分支沙脊），该区沙脊应该属于沙波向沙脊过渡类型。

在该区 40～70m 海域，有 14 条脊状地形，称为深水沙脊。深水沙脊宽约 10km、高 5～10m、长 30～90km。东部区的深水沙脊走向与主支沙脊走向近似，西侧的走向为 SN 向。

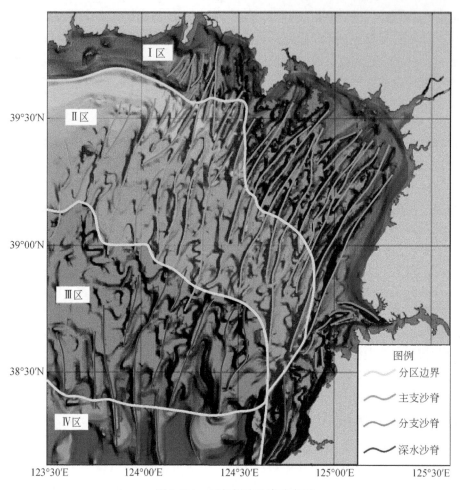

图 3-191   西朝鲜湾沙脊分布图

在 5 ~ 70m 水深均有沙脊分布，有些沙脊从 5m 一直延伸到 40m 以深，不同水深区间的沙脊总体走向近似，但沙脊形态、规模不同，分区特征明显，将研究区沙脊划分为 4 个区（Ⅰ－Ⅳ区）。Ⅰ区沙脊主要分布在 10m 以浅区域，该区沙脊窄而平直，存在较多分支沙脊，受风暴、潮流、河流等多重因素的影响，该区沙脊活动性应该很强。Ⅱ区沙脊分布于 10 ~ 40m 水深，与Ⅰ区沙脊相比，其走向已由 NNE 向转化为近 SN 向，沙脊渐宽，在空间上Ⅰ区沙脊多数与Ⅱ区沙脊是连续的，但走向的变化表明沙脊形成动力环境的改变，该区沙脊依然处于活动之中，但活动性较Ⅰ区沙脊要差得多，非风暴条件下沙脊不会受大的影响。Ⅲ区和Ⅳ区沙脊位于 40m 以深区域，沙脊线性特征渐差，沙脊高度降低、宽度变宽、空间延续性较差，台阶状下降趋势明显，一般认为水深超过 40m 时，沙脊的活动性变差甚至沦为垂死沙脊，该区沙脊可能是前期海平面波动的结果。整个研究区沙脊总体走向基本一致，表明不同水深区间沙脊在发育过程中其主动力环境接近。

2. 江华湾沙脊区

汉江发源于朝鲜太白的五台山下，汇入江华湾。江华湾位于朝鲜半岛的中西部，以潮差大（最大达 8m）、潮流急（大潮涨潮流速超过 150cm/s）而闻名。发源于太白山脉的汉江在江华湾入海，为河口三角洲的发育提供了大量泥沙。汉江河口三角洲的沉积物主要成分为暗绿灰色中砂、少泥，三角洲厚 25 ～ 30m。

　　槽台相间是该区海底地形的典型特征（图 3-192）。该区呈现北西浅、南东深的特点，40m 等深线表现为垛状曲折特征，类似长江河口水下三角洲前缘。6 条深槽地形引人瞩目（TR_1-TR_4），其中 TR_{3-1} 和 TR_{3-2}、TR_{4-1} 和 TR_{4-2} 为连体槽。TR_1 位于研究区北端，40m 等深线形成槽形封闭，向 NE 可追溯到 20m 以浅，槽最深处超过 50m。TR_2 位于研究区中部，30m 等深线呈现 SW 阔、NW 渐狭的槽形特征，向 NE 端也可追溯到 20m 以浅，槽中局部加深至 40m 以深。TR_{3-1} 和 TR_{3-2} 位于研究区中部，TR_{3-1} 两侧 40m 可形成明显槽形，至 SW 端可追踪到 60m 以深，NE 端可至 20m 以浅，槽中心水深超过 50m，TR_{3-2} 槽形态不甚明显，在研究区中部 30m 水深处与 TR_{3-1} 交叉。TR_{4-1} 和 TR_{4-2} 位于研究区南部，为一连体槽，TR_{4-2} 为主槽，在槽中存在几处深凹地形，最深处超过 70m，TR_{4-2} 为辅槽，槽尾端水深渐浅，至 40m 水深槽形态消失。

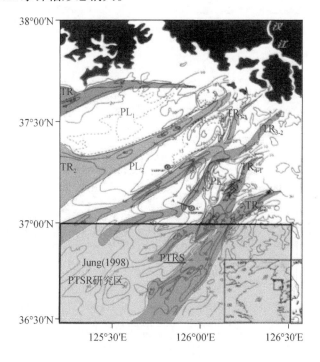

图 3-192　江华湾海底地形

TR_1-TR_4 为槽状地形区，PL_1-PL_3 为槽间高地，红色方框为 Jung 等（1998）的 PTSR 研究区

　　与深槽对应的是三处槽间高地（PL_1-PL_3），其中 PL_1 和 PL_2 高地形态明显，最浅水深已至 10m 以浅，高地等深线由北东部的密集、杂乱逐渐过渡到南西的稀疏、阶梯状，20m 等深线可形成高地 PL_1 的外缘，高地 PL_2 外缘至 40m 左右。高地 PL_3 被辅槽 TR_{3-2} 和 TR_{4-1} 切割而形态复杂化，但宽缓的高地形态可见，可见数处 10m 以浅的封闭等深线。

　　Jung 等（1998）对江华湾南部 Tae-An 半岛外的一脊状高地进行了详细研究，并将其命名为泥核假沙脊 PTSR（Mud-cored Pseudo-Tidal Sand Ridge）。PTSR 是位于槽 TR_{4-1} 和 TR_{4-2} 间的高地，30m 等深线形成两端细长、中间加宽的条状高地，高地最浅至 15m 左右，北段走向为

N45°E，南段走向约 N70°E。PTRS 的 NW 坡缓、SE 坡陡，长约 50km，高 30m，宽 12km。

位于 PTSR 两坡的侧扫声呐图像（图 3-193）显示，在 PTSR 上叠覆了不同规模的沙波。在 NW 坡上发育波长 100m、高约 5m、走向 ENE 的巨沙波，在巨沙波上又发育了波长 10～15m、高约 1m、走向 WNW-ESE 的沙波。自西至东，PTSR 上的水深由浅变深，巨沙波的走向由 ESE-WNW 向转换为 EW 向，巨沙波的波长变短、波高逐渐降低。位于东坡的侧扫声呐显示巨沙波逐渐消失，随之出现极强的反向散射，可能是潮流侵蚀海底形成的坑槽。沙波指示了潮流的方向，同时也表明该区海底底形仍处于强烈活动之中，巨沙波与沙波呈现了不同的走向，是否暗示巨沙波将逐渐发育成沙脊。PTSR 两坡微地貌反映了该区复杂的水动力条件，NW 坡沉积物在潮流作用下正在孕育新的沙脊，SE 坡则受潮流的强烈侵蚀，加剧了 PTRS 东坡坡度、加深了与之相邻深槽 TR$_{4-1}$ 和 TR$_{4-2}$ 的落差。

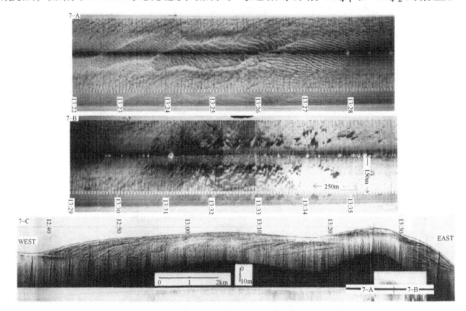

图 3-193　浅层剖面和侧扫声呐显示的 PTSR 和沙波（Jung et al.，1998）

Chirp 声呐资料揭示了 PTSR 的声反射特征（图 3-193），在海底下是一数十厘米厚的强反射薄层，位于 PTRS 不同部位的三个柱样岩性分析揭示该薄层为粗砂或泥沙覆盖层。在薄层下，是向 PTRS 西翼前积的反射体，表现了类似沙脊的高角度、斜层理特征，内部纹反射层理显示，西坡内微反射层坡度为 3°～5°，东坡内微反射层坡度为 7°～10°，两坡纹层理的倾伏方向不同，其主要成分为粗砂、夹薄层泥，并显示了生物扰动的痕迹。

3. 群山群岛外沙脊区

基于 1995 年中韩合作调查资料，李绍全和刘健（1998）、Jin 和 Clough（1998）对黄海中东部靠近朝鲜半岛的海底沙脊进行了研究，使用高分辨率的单道地震资料划分了层序地层,结合钻孔 YSDP104（位置见表 3-6）分析了沙脊的岩性和形成年代（图 3-194、图 3-195）。

1）钻孔岩性分析

YSDP104 孔正位于脊状地形的脊峰（图 3-195），并自顶至下穿过了脊状地形单元。李绍全和刘健（1998）对 YSDP104 孔进行了综合分析，自下而上将钻孔划分为四个沉积

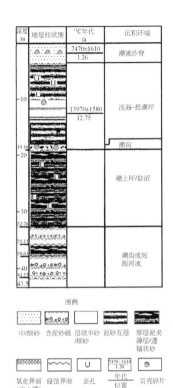

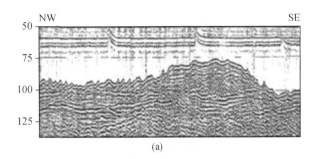

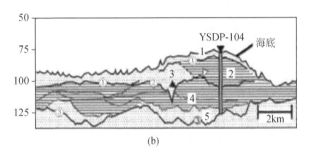

图 3-194　YSDP104 孔柱状图（李绍全和刘健，　图 3-195　穿过 YSDP104 孔的地震剖面（Jin and
　　　　　1998）　　　　　　　　　　　　　　　　　　　　　 Clugh，1998）

单元（图 3-194）：潮沟或受潮汐影响的短源河流沉积（孔深 32.76 ～ 43.50m）、高潮坪 -
潮上坪沉积（孔深 19.06 ～ 32.76m）、中下潮坪 - 浅海沉积（孔深 2.97 ～ 19.06m）和潮
流沙脊（孔深 0 ～ 2.97m）。

　　孔深 32.76 ～ 43.50m：为浅灰白色含泥砾的粗砂及砾砂夹中、细砂和浅灰绿色粉砂质
泥，由多个向上变细的旋回组成，每个旋回都是由粗砂或砂砾开始向上变为灰色中细砂或
粉砂质泥与细砂的互层，局部含植物碎屑。

　　孔深 19.06 ～ 32.76m：为暗绿灰色中厚层泥夹薄层浅灰色或淡棕黄色中、细砂。灰色中、
细砂单层厚 1 ～ 2mm，个别可达 4 ～ 5mm，与泥层相间出现；而淡棕黄色中、细砂多以
透镜体的形式出现，砂质透镜体本身已被钙质胶结。岩心泥层的厚度是砂层厚度的 3 ～ 5 倍，
水平层理。生物潜穴较少，偶见大型潜穴。

　　孔深 2.97 ～ 19.06m：底部为 5cm 厚的灰白色含贝壳碎片的砂砾层，其上为暗淡绿灰
色薄层泥与薄层粉砂 - 细砂互层，泥层和砂层的单层厚 2 ～ 5mm，厚度相当，局部以细
砂为主，厚 20 ～ 40cm，砂层中常有脉状泥和泥砾，少生物扰动。3.20 ～ 3.30m 段内有三
个棕黄色的氧化界面，11.8 ～ 11.9m 段内有四个棕黄色的氧化界面，10.2 ～ 16.7m 段有零
星碳屑，12.75m 处有机碳稀释法 ^{14}C 测年为 13970±1580a BP。

　　孔深 0 ～ 2.97m：为浅灰橄榄色中、细砂，顶部 10cm 为浅棕色细砂，低角度交错层理，
倾角约 2°，局部夹有薄层泥质砂。1.26 ～ 1.29m 为贝壳薄层，由贝壳碎片和完整的未被分
开的双壳贝类组成。贝壳稀释法 ^{14}C 测年为 7470±1610a BP。

2）层序地层划分

结合 YSDP104 孔的岩性分析和测年结果以及过井地震剖面，Jin 和 Clough（1998）对钻孔沉积环境、动力过程、体系域以及与沙脊间的关系进行了分析，划分了 5 个层序地层和 4 种层序边界（图 3-196），并结合海底沙脊体将其划分为沙脊下部地层、沙脊主体和沙脊表层。

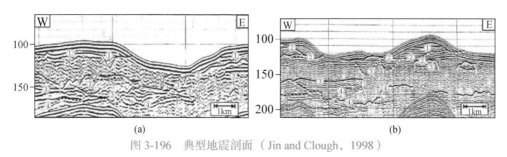

(a)   (b)

图 3-196　典型地震剖面（Jin and Clough，1998）

沙脊下部地层：对应层 5 和层 4。层 5 对应钻孔 43.5～40m，地震相显示为杂乱、不可连续跟踪的特征，岩性特征为泥、沙、砾杂乱堆积，夹泥沙薄层，未检测到有孔虫，属于典型的陆相沉积层，Jin 和 Clough（1998）推测该层属于 LST。层 4 对应钻孔 40～19m，地震层平行-亚平行、可侧向连续跟踪，表面不规则的侵蚀体导致该层厚度横向发生小尺度变化，岩性特征为富有韵律的泥沙互层，富含有孔虫，Jin 和 Clough（1998）认为该层沉积环境为潮坪和河道，受潮流和间歇性风暴影响，属于 TST 向 HST 过渡期。

沙脊主体：对应层 3 和层 2，钻孔 19～3m。层 3 地震相杂乱、底界不规则，上界面表现为波状起伏特征，该层在钻孔 YSDP104 的北西边缘尖灭，并随之转换为层 2，层 2 表现为强振幅、高角度的反射体。岩性特征为沙、含泥沙、含沙泥和泥韵律互层，富含有孔虫，在最上部有一层 90cm 厚的无有孔虫均一泥层，有红色和黄色氧化界面。Jin 和 Clough（1998）认为该层沉积环境为河口、潮滩，受潮流、波浪和间歇性风暴影响，属于 TST 向 HST 过渡期。

沙脊表层：对应层 1，钻孔 3～0m。地震相特征为平行、强反射层，平行叠置在下伏层之上，厚度较为均一，但局部发生变化，顶界面局部表现为波状起伏特征。岩性分析表明该层为陆架薄层沙，在低洼处可见泥质沉积。沉积环境为陆架，目前正受潮流和波浪的改造，属于 TST 向 HST 过渡期。

4. 朝鲜海峡沙脊区

Park 等（2003）和 Yoo 等（2002）对黄海西南部、朝鲜海峡西出口（图 3-197）的层序地层、海底沙脊进行了研究，揭示了 7 条海底沙脊的地震反射特征和柱样岩性及形成年代（图 3-198）。

SR$_1$ 是 7 条沙脊中最小的一条，水深为 90～95m，长约 15km，近 EW 走向，呈弧状弯曲，在峰部宽约 4km，高 10m。SR$_2$ 位于水深 85～95m 处，长约 28km，在西侧分叉，峰部处厚 5～15m，宽 3～5km。SR$_3$ 的水深为 85～90m，线形、分叉形态，沙脊东侧有一独立的线形体，长约 45km，宽 2～4km，峰部厚 10～15m。SR$_4$ 和 SR$_5$ 水深为 70～80m，两条沙脊长约 27km 和 25km，SR$_4$ 峰部宽 3～6km，厚 15～20m，宽度和厚度向西渐增。SR$_6$ 是 7 条沙脊中最长

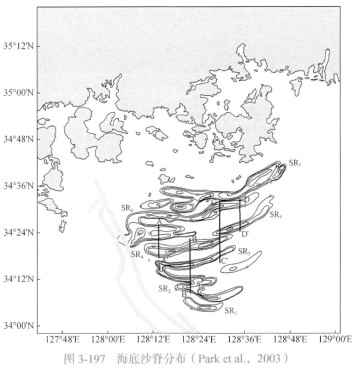

图 3-197　海底沙脊分布（Park et al.，2003）

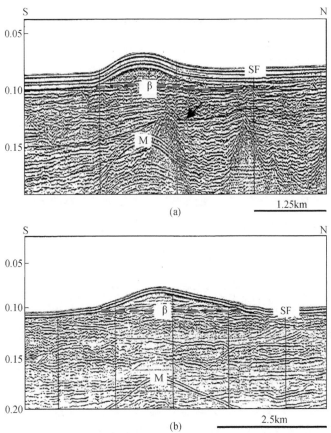

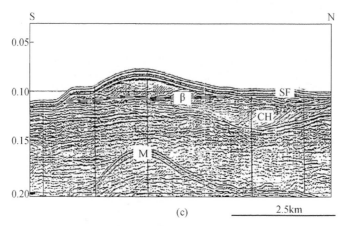

图 3-198　典型地震剖面（Park et al., 2003）

的一条，长约 63km，从东部水深 60m 一直向西延伸到水深 70m，西南部宽达 9km，峰部平坦，峰部厚 10～20m。SR_7 出现在水深 60～70m 处，长 58km，外形复杂，西端分叉，一厚 10m 的封闭与主沙脊分离，SR_7 峰部宽 3～7km，厚 10～20m，西南端厚达 22m。

沙脊横向剖面一般不对称、陡坡向海，但有些沙脊显示出近似对称或轻微向岸倾斜，不对称横切面的沙脊一般显示出规则有序的离岸倾斜反射层，反射层倾斜或 S 形，以前积层角度向海逐渐增加为特征，代表了进积面，不对称沙脊内存在侵蚀面，表明在沙脊发育过程中条件的变化。对称沙脊形态平滑，可观察到一些缓倾的或不连续的反射层。

沙脊体表层和浅层沉积物可分为 3 种类型：泥、砂、砾。在沙脊之间的洼地和沙脊底坡一般存在一薄层泥质沉积，覆盖在砂层之上的泥常有生物扰动的痕迹。砂质沉积没有特殊的结构特征，由砂和泥质砂组成，有时含生物介壳和碎贝壳。砾质沉积由砾砂和砂质砾组成，含生物介壳或贝壳层。

在研究区获得 6 个生物壳体的 ^{14}C 测年数据，测年物质分别来自 SR_4、SR_5 和 SR_6 的不同部位。SR_6 坡底测年结果为 8258±71a BP，SR_6 上层砂年龄为 5760±57a BP；SR_4 和 SR_6 沙脊之间洼地的底部测年为 8385±65a BP；SR_5 底部砾石层年龄为 9180±68a BP，SR_5 上部砂层年龄为 6886±61a BP；SR_4 向海坡年龄为 7632±60a BP。^{14}C 测年结果显示该处沙脊形成于早至中全新世（9～5ka BP），沙脊形态的弯曲分叉，表明该处沙脊并非在短时间内形成，可能经历了多期次发育，发育过程中水动力环境曾发生变化。

5. 弶港辐射沙脊区

黄海西部以江苏弶港为中心的 20 余条辐射状沙脊引人瞩目，其研究由来已久（李成治和李本川，1981；王振宇，1982；刘振夏和夏东兴，1983；杨长恕，1985；杨子赓，1985），不仅是中国海沙脊研究的开端，而且一直是重点研究区（王颖等，1998；刘振夏和夏兴东，2004；王颖，2002；杨子赓等，2001）。

1）三维特征

我们重构了弶港辐射沙脊区的海底三维地形图（图 3-199），识别了研究区 25 条不同规模的沙脊，并对所有沙脊进行了重新编号，同时对沙脊的长、宽和高及主支走向进行了定量统计（表 3-8），因沙脊体不同部位三维参量不同，仅在沙脊体中部最能代表沙脊的区域对沙脊宽度和高度进行统计。沙脊长 15～142km，其中横沙最短、外毛竹沙最长，

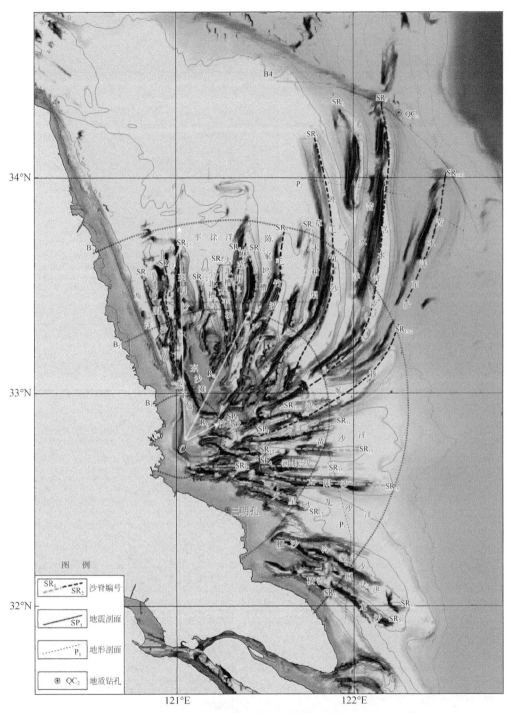

图 3-199　琼港辐射沙脊脊线及编号

多数沙脊长 50km 左右，整个沙脊区表现为中间沙脊长，南北两端沙脊短的特点。沙脊宽
4 ~ 30km，其中太平沙宽 4km，苦水洋东沙尾端最宽，达到 30km，所有沙脊体均体现了
中间宽、两端渐细的特征。沙脊高 5 ~ 21m，小阴沙右侧小沙体高约 5m，苦水洋沙和苦

水洋东沙最高，超过 20m，沙脊体基本表现为向琼港辐射中心点其高度渐矮的特点，沙脊体高度降低与沙脊向辐射中心点逐渐并拢有关，但也有些沙脊脊峰表现为振荡起伏特征，如苦水洋沙、冷家沙等。

表 3-8　沙脊特征统计

群组编号	沙脊编号	长度 /km	宽度 /km	高度 /m	主体走向	沙脊名称
CL_1	SR_{1-1}	32	5	10	N156°E	小阴沙
	SR_{1-2}	57	5	5	N170°E	—
	SR_{2-1}	44	8	8	N180°E	亮月沙
CL_1	SR_{2-2}	20	3	7	N175°E	—
	SR_3	33	4	10	N173°E	太平沙
	SR_{4-1}	66	9	7	N10°E	麻菜珩
	SR_{4-2}	48	9	12	N16°E	—
CL_2	SR_5	97	14	8	N21°E	毛竹沙
	SR_6	52	12	11	N17°E	—
	SR_7	142	24	15	N48°E N14°E N168°E	外毛竹沙
	SR_8	59	17	9	N6°E N144°E	—
	SR_9	174	25	21	N60°E N8°E	苦水洋沙
	SR_{10-1}	74	30	20	N24°E	苦水洋东沙
	SR_{10-2}	106	20	7	N69°E N40°E	蒋家沙
	SR_{10-3}	30	10	8	N86°E	—
CL_3	SR_{11}	47	8	8	N81°E	—
	SR_{12}	24	9	8	N92°E	—
	SR_{13}	36	10	7	N91°E	—
	SR_{14}	27	6	11	N90°E	—
	SR_{15}	38	10	10	N91°E	河豚沙
	SR_{16}	71	7	11	N95°E	太阳沙
	SR_{17}	34	4	8	N105°E	火星沙
CL_4	SR_{18}	79	16	9	N113°E	冷家沙
	SR_{19}	15	5	7	N116°E	横沙
	SR_{20}	40	13	7	N120°E	乌龙沙

从沙脊平面分布看（图 3-199），除南部的冷家沙、横沙和乌龙沙外，其余沙脊体的尾端基本汇集于条子泥、东沙滩和竹根沙的交汇处，中心点 O 的坐标约为（121°E，32°45′N），该点可视为该区沙脊的辐合点，以该点为辐射点，沙脊以 150° 开角呈半圆状向外辐射，以该点为中心的四个近似半圆弧（B_1-B_4）对不同区段的沙脊体形成了包络。半圆弧 B_1 半径约为 20km，在该区间内沙脊体已合并为浅滩而基本消失，但仍可见潮流冲刷浅槽。半圆弧 B_2 半径约为 80km，该区间内沙脊体形态可辨，但较为破碎，靠近辐射中心点呈现合并成浅滩趋势，在北部已合并为东沙滩，中部的竹根沙局部成滩，南部河豚沙、太阳沙和火星沙等沙脊形态比较明显。半圆弧 B_3 半径约为 120km，除外毛竹沙、苦水洋沙、苦水洋东沙、冷家沙和乌龙沙的尾端外，其余沙脊体均被该弧包络，外毛竹沙、苦水洋沙和蒋家沙在该区间表现为弧形弯曲特征，其余多数沙脊脊线呈现直线型，尾端与辐射中心点形成的连线基本为沙脊的峰线，该区间沙脊体最集中、特征最显著。半圆弧 B_4 半径约为 210km，将所有沙脊包络，在该扇形区间内仅余下中部的外毛竹沙、SR_8、苦水洋沙和苦水洋东沙以及南部的冷家沙和乌龙沙的外端。

从沙脊体尾端的辐合情况看，可将整区沙脊自北至南划分为四个群组（CL_1-CL_4）。群组 CL_1 包括 SR_{1-1}-SR_{4-2} 等 7 条沙脊，各沙脊体稍显破碎，沙脊尾端在东沙滩辐合，这些沙脊可能受控于黄海西部的旋转潮波系统。群组 CL_2 包括 SR_5-SR_{10-3} 等 8 条沙脊，该群组沙脊规模最大，发育形态最好，其尾端在竹根沙处辐合，这些沙脊位于黄海西部的旋转潮波系统和东海前进潮波的交汇区。群组 CL_3 包括 SR_{11}-SR_{17} 等 7 条沙脊，沙脊体规模均较小，沙脊尾端无明显的辐合处，但有若干处浅滩。群组 CL_4 包括 SR_{18}-SR_{20} 等 3 条沙脊，其尾端在腰沙处辐合，但群组 CL_4 显示了不同于研究区其余沙脊的特征，其尾端不能辐合到沙脊区的中心点，可能表明沙脊物源和形成的动力条件已发生变化。

位于该区中部的外毛竹沙（SR_7）、苦水洋沙（SR_9）和苦水洋东沙（SR_{10-1}）等几支规模最大的沙脊走向变化值得关注。外毛竹沙脊峰走向在（121°50′E，33°20′N）点发生变化，由 N48°E 向 NE 偏转为 N14°E，继而偏转为 N168°E，沙脊走向的偏转角度达到 60°。苦水洋沙走向在（122°02′E，33°16′N）点发生变化，由 N60°E 偏转为 N8°E，沙脊走向的偏转角度达到 52°。在苦水洋沙的尾端、黄海海槽内有一类沙脊的地形突起，其走向与苦水洋沙近似，EW 向长度约 30km，宽度超过 25km。SR_8 位于外毛竹沙（SR_7）和苦水洋沙（SR_9）之间，但其尾端并未延伸到全区沙脊的辐合点。从空间走向来看，蒋家沙（SR_{10-2}）有延伸到苦水洋东沙（SR_{10-1}）的趋势，但在其东侧，25～30m 等深线将两条沙脊分开，苦水洋东沙（SR_{10-1}）有逐渐向类似独立沙脊体 SR_8 演变的趋势。

2）沉积分析

三明孔（王颖，2002）位于如东县三明村岸外潮滩（121°18.6′E，32°27.8′N），QC_2 孔（杨子赓，2004）位于研究区外围、苦水洋沙的尾端东坡底（122°16′E，34°18′N）。

三明孔钻深 60.25m，王颖等（2002）对该孔进行了系统分析，本书仅对钻孔岩性和定年进行概述。在孔深 29.0m 和 34.0m 处可划分为上、中、下三段（图 3-200）。

孔深 29m 以浅为上段：该段上部泥质沉积显示了水平纹层，浅色细粉砂层 1～2mm，深色黏土层 0.5～1mm，含龟裂楔辟、泥砾、虫粪、反卷层及沙涡旋等微结构。中部为沙泥交互沉积层，泥带层厚 2～50mm 或 200mm 不等，粉砂带层厚 2～200mm，砂带层厚

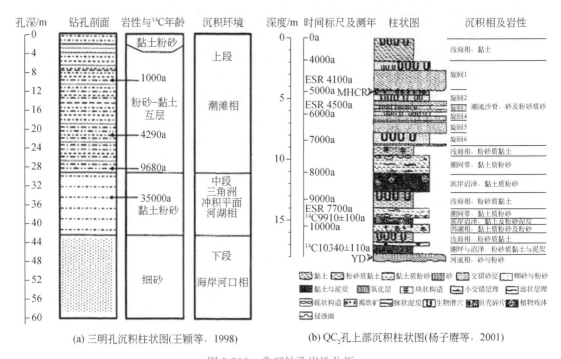

(a) 三明孔沉积柱状图(王颖等，1998)　　　(b) QC₂孔上部沉积柱状图(杨子赓等，2001)

图 3-200　典型钻孔岩性分析

YD. 新仙女木事件；MHCR. 中全新世气候衰退事件

400～700mm，夹极细砂、沙透镜体、交错层理与斜层理等。下部为粉砂 - 细砂堆积层，含极细砂沉积，多交错层理与砂质透镜体，有侵蚀间断面与泥砾沉积。在该段获取了三个 ^{14}C 测年数据，约 10m 处 ^{14}C 定年结果为 1000a BP，约 22m 处 ^{14}C 定年结果为 4200a BP，该段底界处 ^{14}C 定年结果为 9680±520a BP。

孔深 29.0～41.4m 为中段：该段上部厚 4m，为青灰色、黄绿色的杂色黏土层，夹细粉砂层。中部为 3m 厚的灰色黏土层、黏土粉砂层及灰褐色粉砂细砂层，黏土粉砂层显示了水平层理及斜层理，该段内含密集的贝壳及牡蛎碎片。该段下部厚 7m，为浅灰色黏土质粉砂层，具不明显的水平层理，黑灰色粉砂与黏土互层，具斜层理的细粉砂层以及黑灰色 - 灰色粗粉砂与极细砂层，具扁球状同心圆结构、沙团、沙涡旋及瓣状斜层理，黏土含量少，有孔虫含量少，破损严重。在 33.3m 深 ^{14}C 定年早于 35ka BP。与上段以侵蚀面接触，与下段为间断接触。

孔深 41.4～60.25m 为下段：青灰色细砂，质地均一，无明显层理，含云母、贝壳、薄壳小蛤及极少量有孔虫。王颖等（1998）认为该砂层是形成辐射沙脊群的物质基础。

QC₂孔深 1.87～8.83m：揭示了潮流砂沉积层序，存在 6 个潮流砂沉积旋回，每个旋回包括上下两部分，上部是深灰色粉砂质砂、黏土质粉砂及细砂，含碎贝壳片，生物潜穴发育，局部已成块状层；下部是深灰色及褐灰色细砂与粉砂质砂，具交错层理及平行层理，有少量生物潜穴。孔深 4.26～4.64m 处有 0.38m 厚的锈褐色块状粉砂，是地层出露或接近海面遭受氧化的标志（杨子赓等，2001）。

3）成因机制

该区沙脊的动力机制与成因是长期受关注的科学问题，究竟是因为辐射沙脊的存在才导致了该区特殊的潮流场，还是因为有这种汇聚的潮流场必然形成辐射沙脊，还是二者是相互作用动态平衡的结果？同时因为该沙脊区的潮滩是潜在的土地资源，而沙脊间的沟槽是潜在的深水航道资源，因此，该区的研究对于地方经济发展也是至关重要的。

王颖（2002）认为：南黄海辐射沙脊群是浅海大陆架巨型的海底地貌组合体，由潮流沙脊、古河道沙体、后期侵蚀堆积的沙体三部分组成，是低海平面古长江在苏北入海时的堆积体受辐合潮波改造而成，沙脊与深槽主要形成于全新世高海面时，海平面持续上升使沙脊体向海侧受侵蚀，粗颗粒堆积在靠近陆地的沙脊上，使沙洲逐年扩大增高，细颗粒向岸使潮滩淤长。

该区动力模拟方面也取得诸多进展，如张东生等（1998）认为，即使在海底无沙脊地形的情况下，东海前进潮波与黄海旋转潮波仍在弶港地区辐合与辐散，数值模拟图与沙脊群地形相似。杜家笔和汪亚平（2014）模拟了江苏岸外辐射沙脊潮流场及沙脊地貌的演变过程，认为江苏近岸海域辐射状流场不依赖于辐射状地形，局部区域的地形差异不影响大范围的潮波系统；辐射沙脊群区域的辐射状潮流是黄东海潮汐与中国东部岸线的必然产物；古黄河口海域不断受到侵蚀，等深线向后退，为南部弶港为中心的辐射状沙脊提供了物源，这与 Zhou 等（2014）对古黄河口的研究结论是一致的。但随着江苏北部海岸线后退，古黄河口水下三角洲被夷平，由北向南传播的潮波变得更加顺畅，南黄海旋转潮波得到不断加强，辐射沙脊北部的西洋水道及中南部的烂沙洋水道、小庙洪水道深槽区水动力随着古黄河三角洲的侵蚀后退，平均流速和最大流速均表现为增大的趋势（陈可锋等，2013），未来对于辐射沙脊区有何影响值得关注。

3.4.5.3　东海陆架沙脊

1. 东海陆架沙脊群

我们根据 20 世纪 90 年代勘测的多波束测深数据构建了海底三维地形图，跟踪了东海陆架沙脊脊峰并形成脊峰连线，基于历史地形数据识别出脊线 32 条（红色虚线）、脊线长 2513km，通过多波束测深数据识别脊线 218 条（红色实线）、脊线长 11655km，东海陆架脊峰连线总长约 14168km（图 3-201）。

陆架沙脊整体呈现为中间密集、南北两端稀疏、向东分散分叉、向西密集交汇的特征。为了更好地揭示陆架沙脊的时空分布特征，根据沙脊走向和空间上的相互关系将沙脊群划分为 7 个分区：CL_{1-1}-CL_{1-3}、CL_{2-1}-CL_{2-3} 和 CL_3。CL_{1-1}-CL_{1-3} 和 CL_3 四个分区沙脊整体分布特征类似，表现为自东南向西北汇聚的特征，类似河口湾沙脊，CL_{2-1}-CL_{2-3} 为标准的陆架沙脊（Dyer and Huntley，1999）。

CL_{1-1} 区可细分为南北两部分，南部沙脊总体走向与陆架沙脊主体走向一致，自西部湾顶向 NE 向发散，从地形特征看，类似河口喇叭状地形区，很可能曾是古长江的入海口；该区北部 6 条短沙脊走向呈现为近 NS 向，与相邻的 CL_{1-3} 区沙脊呈现正交态势，背离东海陆架沙脊的整体走向，反映了完全不同的水动力条件，可能类似于黄海东部的陆架沙脊（Jin and Clough，1998）。

CL_{1-2} 区沙脊呈现为自 SE 向 NW 汇聚的 S 形特征，陆架中部沙脊走向在该区南部开始发生显著变化，由 NW-SE 向转换为 NNW-SSE 向，然后逐渐再恢复到 NW-SE 向。该区北部沙脊的沟槽明显，脊部特征欠佳，南北两部分沙脊并不连续，反映该区沙脊发育过程

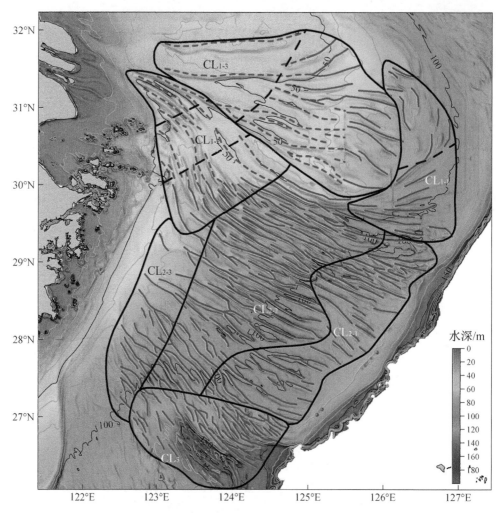

图 3-201　东海沙脊分区图（Wu et al.，2010）

中东海潮流场方向产生了较大变化。

CL_{1-3} 区的东部沙脊密集，西部类沙脊地形极为稀疏，由东部的 9 条骤减为西部的 2 条，脊峰间距也变宽，类似黄海江华湾区的 PTSR（Jung et al.，1998），但该区线状地形表现为脊窄沟宽的特点，不同于江华湾的台宽沟狭特征。该区靠近长江河口，单道地震数据显示其主体为古长江河口三角洲复合体，其沟槽部很可能曾是古长江河道的一部分，该区西部靠近长江河口的槽脊相间的海底地形是否为海底沙脊值得深究。

东西向水深区间为 60～120m、南北向纬度 27°～30°N 区间分布的沙脊是东海陆架沙脊群的主体部分，该区沙脊的总体特征是分布密集、走向平直、少分支，走向基本为 NW-SE 向，表明大范围的陆架区域曾经历了极其类似的潮流环境，尽管沙脊体所处水深的差异性表明其形成发育年代差异很大。该区沙脊空间特征差异性表现为北密南疏、北直南曲。根据沙脊分布的形态和空间连续性可将该区沙脊细分为 CL_{2-1}-CL_{2-3} 共 3 个亚区。CL_{2-1} 区沙脊的特点是长度较短、沙脊走向自 NW 向 SE 向略分散，约 100m 的等深线将 CL_{2-1} 区和 CL_{2-2} 区分开，两区沙脊间存在明显的间断，表明东海海平面曾在 100m 左右发生突变式上升，导致沙脊空间发育的不连续。14.5～13.7ka BP 期间的 WMP-1A 融冰事件，导致海平面在 95～78m 快速上升，沙脊体分布的不连续性可能是该次海平面波动的响应。CL$_{2-2}$ 区沙脊表现为平直连续特征，在该区中部沙脊间距变大，有些沙脊铰接在一起。CL$_{2-3}$ 区沙脊的特点是间距变大，沟槽变宽，60m 左右等深线逐渐汇聚并拢，形似梳柄，因此该区沙脊又被称为梳状沙脊（朱永其等，1984）。

在东海陆架的南部，钓鱼岛群岛的北面有一舟形洼地，其最大水深超过 180m，最新的多波束测深数据显示该区也分布大片沙脊，但特征不同于陆架沙脊，将其单独分区为 CL$_3$。从沙脊分布的空间特征看，该区沙脊总体特征类似 CL$_{1-1}$-CL$_{1-3}$ 区沙脊，表现为自 SE 向 NW 并拢的特征，类似宽河口湾沙脊（Dyer and Huntley，1999）。典型特征为多分支，少则 2 分支，多则 3～4 分支，自 SE 向 NW 追溯沙脊可见类根系特征，表明该区动力环境多变，虽然海平面上升过程中沙脊一直在发育之中，但潮流方向的改变导致沙脊走向发生变化。

2. 长江近岸泥脊

现长江口东南部水下三角洲前缘、喇叭状地形区顶部广泛分布槽脊状地形，但令人惊奇的是在长江口外发现了泥脊地貌（图 3-202）。从浅层剖面所揭示的声反射特征分析看，发育了三组具有不同特征的反射层（Chen et al.，2003），在 55m 水深处发育一隆起地形，类似于陆架沙脊，其成分主要为泥，因此被称为泥脊，泥脊大部分已被层Ⅲ和层Ⅱ覆盖，但从地震剖面可以清晰判断。柱样 P 位于泥脊附近，现水深约 50m。在柱样下 2.4m 和 6.5m 有明显分界面，被定义为侵蚀面 E.S. 和不整合面 U.S.（Chen et al.，2003），柱样 P 以 E.S. 和 U.S. 为界划分为上中下三段。6.5～11m 为下段，主要成分为棕黄色砂和细砂、少量碎贝壳，粒径为 2.3Φ～4.2Φ，在 10.8m 处样品 ^{14}C 测年为 34800±200a BP。2.4～6.5m 为中段，主要成分为黄色的黏土或固结的泥，粒径为 5.1Φ～7.0Φ，在 5.4m 处样品 ^{14}C 测年为 7600±60a BP。0～2.4m 为上段，主要成分为灰色黏土，纹层清晰，粒径为 5.7Φ～7.2Φ，在 2.3m 处样品 ^{14}C 测年为 590±40a BP。

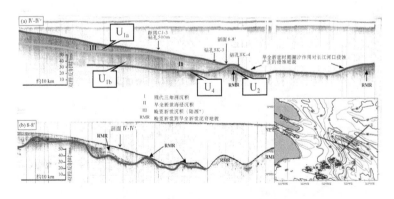

图 3-202 东海长江口外泥脊（改自 Chen et al.，2003）

位置见图 3-160

位于喇叭口顶部的 EW 向剖面和钻孔及柱样分析（Liu et al.，2007）揭示了泥脊北部地层的沉积特征。浅层剖面揭示了海底下高清晰的、呈楔状的反射体，楔状厚度自 W 向 E 逐渐减薄，钻孔及柱样岩性分析证实其成分主要为黏土，其厚度由近岸水深 24m 处的 35m 逐渐减薄到外侧水深 55m 处的 1.5m 左右。Ch1 孔深约 35m 处为泥炭层，^{14}C 测年为 10700±125a BP，泥炭是指示河湖相沉积的指示物。外侧的柱样 SK3 表层 ^{14}C 测年为 670±40a BP，柱样 SK4 表层 ^{14}C 测年为 1230±40a BP，该孔深约 1.5m 处的 ^{14}C 测年为 5020±40a BP，说明喇叭口北部表层沉积速率极低，且沉积年代很新。泥楔底界面呈波状起伏，下伏层有典型的 V 字形下切特征。

与陆架沙脊物质主要为含碎贝壳细砂不同（Wu et al.，2005，2010），泥脊组成物质很可能来源于古长江所携带的黏土和泥质沉积物。柱样 6.4m 处的明显分界面 E.S. 表明，该处泥脊发育至少经历了两个时期，主建造期为早全新世。可能受海平面波动的影响，在区域动力场的影响下（如古长江径流、潮流和沿岸流等），前期形成的泥脊顶部被侵蚀，从而形成明显的侵蚀界面 E.S.，随着海平面的上升趋于稳定，该处的水深条件又适合泥脊发育，长江所携带的沉积物在水动力作用下，在水下三角洲前缘被塑造为泥脊，叠加在前期泥脊之上，随后海平面进一步上升，长江河口沉积物源丰富，部分泥脊逐渐被掩埋。如果说陆架沙脊目前多属于不活动的衰退（垂死）沙脊，则近岸的泥脊属于准活动性质的线状脊，部分水动力合适的泥脊区仍可能在建造之中，但部分泥脊逐渐被 HST 沉积覆盖而不可见，全新世期形成的泥脊在地形上不可见也是不同于陆架沙脊的一大特点。

3. 多期次沙脊对比

在现东海中部陆架海底以下 90m 深处广泛分布一套埋藏沙脊地貌（图 3-203、图 3-204）。U$_{14}$ 层内微层理也呈大角度自 SW 向 NE 倾伏，其角度稍高于 U$_2$ 层，属于典型的古埋藏沙脊地层。从 U$_{14}$ 层的横向分布看，在东海陆架长剖面的 124.2°～125.8°E 区间均有分布，124.2°E 以西陆架水深变浅，受单道地震多次波的影响，未能探测到 U$_{14}$ 层，125.8°E 以东少有分布。从剖面地层时序分布看，U$_{14}$ 层位于东海陆架标准地层 U$_9$ 之下，该层应属于 200ka BP 前气候旋回的产物，从地层相互间的接触关系及地层发育周期与海平面变化间的关系分析，U$_{14}$ 层应属于 320～220ka BP 的 TST，顶界面是该期海侵的最大海侵面（MFS），对比全球海平面变化曲线，该层应形成于 250～220ka BP。基于高分辨率单道地震资料和

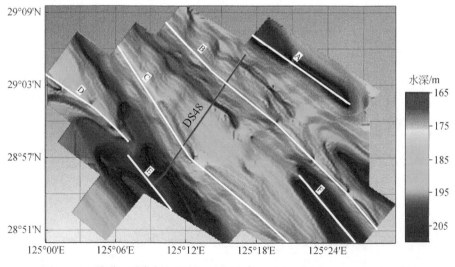

图 3-203　单道地震资料解释的 U$_{14}$ 期沙脊顶界面埋深（Wu et al.，2017）

位置见图 3-160

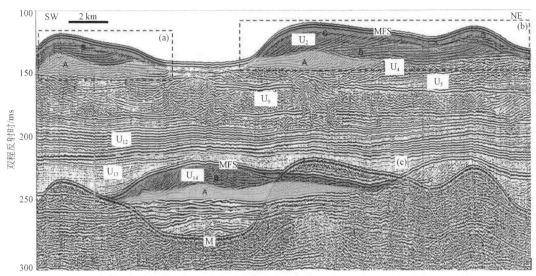

图 3-204　典型地震剖面（Wu et al.，2017）

位置见图 3-203

多波束测深资料，我们分析对比了 U_2 期与 U_{14} 期沙脊的异同。

1）埋藏沙脊特征

基于高分辨率单道地震资料揭示的三维图（图 3-203），自 NE 至 SW 展示了 4 条主支沙脊（A—D）和 2 条分支沙脊（E 和 F）。

埋藏沙脊 A 在测区内可见长度约 18km，走向为 N124°E，测区揭示了该沙脊 SW 坡，NE 坡仅探测到部分，沙脊宽度已超过 10km。SW 向坡度约 0.29°，NE 向坡度约 0.2°。沙脊高约 32m，沙脊顶部埋深约 163m，沙脊槽部埋深约 195m。

埋藏沙脊 B 在测区内可见长度约 42km，沙脊总体走向为 N134°E，但在（125.347°E，28.984°N）处沙脊走向稍发生变化，西北段走向 N134°E，东南段走向 N136°E。沙脊宽约 7km，沙脊高约 27m，沙脊顶部埋深约 173m，沙脊槽部埋深超过 200m，沙脊 NW 端脊高埋深约 175m、向 SE 沙脊顶部埋深逐渐降低至 200m 左右。SW 向坡度约 0.35°，NE 向坡约 0.3°。

埋藏沙脊 C 可见长度约 39km，在（125.2°E，28.95°N）处可将沙脊分为南北两段，东南段走向 N129°E，西北段走向 N147°E。北段沙脊宽约 12km，高约 31m，沙脊顶部埋深约 171m，沙脊槽部埋深超过 202m，SW 向坡度约 0.4°，NE 向坡度约 0.2°。南段沙脊最宽处超过 15km，高约 25m，沙脊顶部埋深约 175m，沙脊槽部埋深超过 210m，沙脊两坡较为平缓，SW 向坡度约 0.3°，NE 向坡度约 0.15°。沙脊顶部自 SE 至 NW 呈振荡走低趋势。

埋藏沙脊 D 位于测区西北角，加密小区仅揭示了该沙脊的局部形态。埋藏沙脊 E 和 F 规模较小，位于主支沙脊之间，应该是海平面变化波动过程中演化的分支沙脊。

2）海底沙脊特征

在该区的多波束探测的水深数据揭示了 U_2 期沙脊的特征（图 3-205）。在测区内可见 6 条不同规模的沙脊（A-F），其中沙脊 D 展示了多期次叠加的特征，根据沙脊走向，又将沙脊 D 划分为 10 段分支沙脊。我们对各沙脊的精细特征进行了定量统计（表 3-9）。

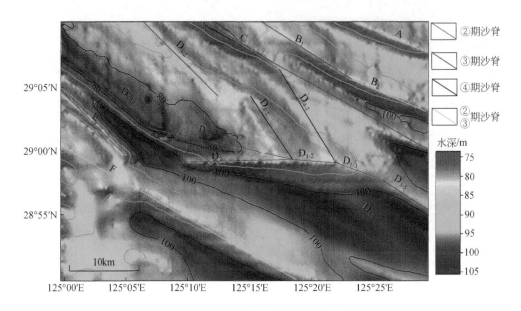

图 3-205　多波束实测海底地形数据展示的 U_2 期沙脊（Wu et al.，2017）

表 3-9　U_2 期沙脊特征统计

沙脊编号		长度 /km	高度 /m	宽度 /km	坡度		走向	期次
					SW 坡 / (°)	NE 坡 / (°)		
A		11	10	6	0.28	0.15	N112°E	②~③期
B	B_1	14	14	6	0.40	0.17	N123°E	③期
	B_2	11	15	8	0.35	0.05	N112°E	②~③期
C		34	8	5	0.17	0.1	N120°E	③期
D	D_{1-1}	18.7	22	12	0.3	0.06	N102°E	②期
	D_{1-2}	5.5	22	13	0.19	0.07	N93°E	
	D_{1-3}	6.6	17	12	0.17	0.05	N110°E	
	D_2	14	20	5	0.28	0.03	N89°E	
	D_{3-1}	16	26	15	0.40	0.08	N129°E	③期
	D_{3-2}	14.7	10	3	0.03	0.15	N133°E	
	D_{3-3}	7	8	8	0.14	0.06	N122°E	
	D_{3-4}	16	5	5	0.06	0.06	N130°E	
	D_{4-1}	11	10	5	0.05	0.18	N146°E	④期
	D_{4-2}	15	6	5	0.06	0.12	N149°E	
E		12	15	3.5	0.16	0.40	N134°E	③期
F		36.6	19	9	0.25	0.12	N119°E	②~③期

　　按照走向可分为 4 期沙脊（表 3-9）：②期、③期、②～③过渡期及④期，其主体走向分别为 N100°E、N128°E、N114°E 和 N147°E。其中，沙脊 A、B_1 和 F 属于②～③过渡期沙脊，沙脊 D_{1-1}、D_{1-2} 和 D_{1-3} 属于②期沙脊，沙脊 D_{3-1} ～ D_{3-4}、B_2 和 E 属于③期沙脊，沙脊 D_{4-1} 和 D_{4-2} 属于④期沙脊。与单道地震揭示的 U_2 期沙脊进行对比（图 3-204），多波束测深数据展示的③期和④期分别对应地震剖面中的 C 和 D 期沙脊，A 期沙脊已埋藏，可能对应②期沙脊。这种分期仅局限于小区沙脊统计结果，陆架沙脊演化期次的划分要依据更多的统计信息，但即使是同一时期发育的沙脊，在不同区域受潮流方向和强度的影响，沙脊的规模和方向也将是不同的。沙脊走向的多期次性表明该区潮流方向至少经历了三次较大规模的改变。

　　对小区沙脊宽度和长度参量分析表明，宽约 10km、高约 20m 的沙脊是主支沙脊，如 D_{1-1}、D_{1-2}、D_{1-3}、D_{1-3o} 宽约 5km、高约 10m 的沙脊是分支沙脊，如 C、D_2、D_{3-2}、D_{3-3}、D_{3-4}、D_{4-1}、D_{4-2} 和 E。沙脊 B 和 F 属于过渡型沙脊，沙脊 F 发育程度已接近主支沙脊，沙脊 B 和 C 有连体发育的趋势。

　　小区沙脊 SW 向坡度普遍大于 NE 向坡度，SW 向坡度一般为 0.15°～0.4°，平均坡度约为 0.25°；NE 向坡度多数为 0.1°～0.18°，平均坡度约为 0.12°。但有些沙脊表现了不同的特征，如沙脊 D_{3-2}、D_{3-4}、D_{4-1}、D_{4-2} 和 E 均是 NE 向坡度大于 SW 向坡度，靠近或附着于主支沙脊是出现坡度异常的主因，也表明了主支和分支沙脊发育的时空差异性。

　　单道地震剖面（图 3-204）显示两期沙脊微层理特征相似、倾伏方向一致，U_{14} 期沙脊内反射层倾斜角度更大。U_2 期沙脊应形成于末次盛冰期以来的全新世海侵期间，U_{14} 期沙脊形成于 220～320ka BP 期间的海侵。尽管两期沙脊形成年代相差了 200ka，地层层位相差了 100m，但两期沙脊走向依然基本一致，表明该海区在不同地史时期曾经历相类似的动力环境。U_{14} 期沙脊规模更大，分支沙脊少，线性特征更加明显，表明沙脊形成时该区动力环境更加稳定，且持续了较长时间。U_2 期沙脊走向多变，形态复杂多变，多分支，主、分支沙脊规模相差较大，表明 U_2 期沙脊发育过程中，该区动力环境经历了多期次变化，但后续的潮流场并未完全摧毁前期沙脊，数量众多的分支沙脊也是海平面快速上升导致沙脊停止发育的佐证。

3.4.5.4　不同海域沙脊的对比

　　中国东部海域的海底沙脊分布范围甚广，从近岸 5m 至外陆架 180m 水深均可见不同规模沙脊分布，朝鲜湾近岸和獐港周边 5m 左右水深仍有沙脊分布，东海南部陆架洼地区 180m 水深区仍有发育不成熟沙脊分布。老铁山水道沙脊主要分布于 30m 左右水深，江华湾 10～40m 水深可见槽台相间地形，黄海东部和南部沙脊分布水深较深，多在 50～100m，长江口南部喇叭状地形区可见线性深槽地形，东海广大陆架沙脊主要分布于 60～120m 水深。在东海陆架可见 LGM 最低海平面至水深 140m 的证据（朱永其等，1979），5m 以深的广大东海陆架不同海区均可见不同规模沙脊分布，表明只要条件适合（物源、水深、动力）海底沙脊就可发育形成。

　　海底沙脊长度差异很大，最短的分支沙脊仅 10km 左右，陆架沙脊多长逾百千米；沙脊宽 2～30km，沙脊高 3～22m。渤海老铁山水道北口沙脊表现为短、窄、直的指状特征，最长仅 69km，窄的沙脊仅 4km，且少分支沙脊。黄海沙脊分布异常广泛，每区沙脊三维特征差异很大。在朝鲜湾沙脊表现了长而纤细的特征，自近岸浅水向黄海北陆架深水区呈台阶状下降，但地形的槽脊相间形态仍可跟踪，沙脊多长逾 50km，宽约 5km，高10～20m。江华湾有多处槽台相间的地形，典型特征是槽窄而深、台宽而浅，与其他海区槽脊相间的地形存在差异。群山群岛外沙脊形态较小，长 12～60km，宽仅 3～7km。黄海东南陆架沙脊长 19～125km，宽约 6km，高 10～20m（杨子赓等，2001），有些沙脊已被近岸泥楔覆盖（Jin and Clough，1998）。朝鲜海峡西出口外有 7 条沙脊（Park et al.，2003）短而窄，长 15～63km、宽 2～9km，高 10～22m。黄海西部强港周边辐射沙脊长多在 60km 左右，仅外毛竹沙等 3 条沙脊长逾百千米，沙脊最窄的仅 4km，最宽的苦水洋东沙宽近 30km，沙脊高 5～21m。长江口东南喇叭地形区沙脊一般长 60km，宽约 10km，高约 15m。东海中外陆架沙脊较长，主支沙脊多在 100km 左右，宽约 10km，高多超过 10m。

Huthnance（1982）的研究表明，当等深线与潮流最大流向夹角为 ±28°，标准化参数为 10 时是沙脊的主生长期。老铁山水道区沙脊自水道主槽向 NW 向发散，沙脊走向范围为 N100°E～N205°E，走向发散角达到 105°，主体走向约 N150°E，沙脊与 NW 侧海岸线呈斜交关系，部分沙脊与东侧的海岸线近似平行。朝鲜湾沙脊走向较稳定，发散角仅25°，平均走向为 N35°E，沙脊脊线与 NE 侧海岸线基本正交，与东侧岸线近似平行。江华湾类似沙脊地形平均开角为 N60°E，与湾顶的海岸线基本垂直。

朝鲜海峡西口外沙脊体形态弯曲，沙脊体走向基本与朝鲜半岛南部岸线平行。强港辐射沙脊走向多变，以强港为中心，呈半圆状向海区辐射，沙脊走向开角达到 150°，多数沙脊平直，中间的几条大沙脊走向由近 EW 向发展到 NNE 向。东海喇叭状地形区长条状地形呈现自海向岸辐聚的特征，其平均走向为 N125°E，与岸线斜交。陆架沙脊总体走向近似，平均为 N120°E，与东海西部岸线斜交、接近正交。

从沙脊的外形来看，多数沙脊线性特征明显，在局部海区呈现弱弧形弯曲特征，如东海中北部、黄海西部的几条大沙脊、黄海东北部、朝鲜湾等。正交沙脊体的地形剖面显示，多数沙脊表现了不对称特征，在江华湾的 PTSR 和东海外陆架沙脊的不对称性更加明显，而黄海东南部沙脊则两坡基本对称。高清晰的地震剖面是揭示沙脊内部结构的重要依据，老铁山水道区和东海外陆架沙脊表现了极强的高角度斜层理特征，二者的差别在于东海陆架沙脊部分揭示了"核心沙脊"，而老铁山水道沙脊尚未观察到类似特征，江华湾和群山群岛外沙脊仅在表层有高角度斜层理显示，而沙脊体的中心部分反射杂乱，朝鲜海峡出口沙脊体内部层理近似低角度对称。岩性分析表明，老铁山水道、朝鲜海峡外和东海陆架沙脊主要成分为沙、含碎贝壳，江华湾和群山群岛外沙脊体则体现了泥核特征（Jung et al.，1998），黄海东南部（Jin and Clough，1998）和强港辐射沙脊（王颖等，1998；王颖，2002；杨子赓等，2001）则表现为泥沙互层特征，东海喇叭地形区发育了泥脊（Chen et al.，2003）。

沙脊分类方法有多种：位置分类法（Dyer and Huntley，1999）、结构分类法（杨子赓，1985，刘振夏和夏东兴，2004）、动力分类法、形态分类法、发育度分类法（Snedden and Dalrymple，1999）和活动性分类法等。按照沙脊发育位置，Dyer 和 Huntley（1999）将北海沙脊划分为：开阔陆架沙脊（1）；河口湾沙脊（2），宽河口湾沙脊（2A），窄河口湾沙脊（2B）；与岬角有关沙脊（3），旗状沙脊（3A），交叉沙脊（后退岬角）（3B）；

多种混合类型沙脊（1/2A）。按照沙脊结构，杨子赓（1985）将黄海西部琼港辐射沙脊划分为侵蚀和堆积沙脊。按照沙脊形成的动力条件，可以划分为风暴沙脊和潮流沙脊。Snedden 和 Dalrymple（1999）按照沙脊的发育成熟度，将沙脊划分为幼年沙脊、部分发育沙脊和成熟沙脊。

　　按照位置分类法（Dyer and Huntley，1999），老铁山水道北口沙脊受控于老铁山水道，属于宽河口湾沙脊（2A），东部受岛屿的影响，同时体现了岬角沙脊（3A）的特征。朝鲜湾自 5m 至 70m 水深均有沙脊分布，北部近岸应为宽河口湾沙脊（2A），东部近岸受岛屿影响，为岬角沙脊（3A），40m 以深区应为宽阔陆架沙脊（1）。江华湾和群山群岛外沙脊属于河口湾沙脊（2A），群山群岛外围沙脊属于宽阔陆架沙脊（1）。黄海东南部沙脊也可划分为河口湾沙脊（2A）、岬角沙脊（3A）和宽阔陆架沙脊（1）三种类型。朝鲜海峡西口处沙脊受控于朝鲜海槽，与岸线近似平行，属于窄河口湾沙脊（2B）和陆架沙脊（1）的混合型。黄海西部沙脊表现了辐射特征，难以用 Dyer 和 Huntley（1999）的模式匹配。长江口东南喇叭地形区沙脊表现了不同于东海陆架沙脊的特征，有向喇叭口辐聚的趋势，属于窄河口湾沙脊（2B）。

　　按照动力分类法，东海多数沙脊系潮流成因，但在群山群岛外和黄海西部也体现了一些风暴影响的痕迹，但不是沙脊发育的主动力。按照沙脊的内部结构，老铁山水道、朝鲜海峡西口和东海陆架在地震剖面上显示了堆积沙脊特征，黄海东部的江华湾和群山群岛沙脊体现了强侵蚀沙脊特征。按照形态，东海多数沙脊为线状，按照沙脊的联合形态，可进一步将老铁山水道划分为指状沙脊、黄海西部为辐射（或折扇）沙脊、东海陆架沙脊和朝鲜湾沙脊为梳状沙脊。海底沙波是指示沙脊活动性的重要标志，同时沙脊与水深的关系也指示了沙脊的活动性，一般认为 40m 以浅是沙脊发育的合适水深（杨子赓等，2001）。老铁山水道、朝鲜湾近岸、江华湾、琼港辐射沙脊和东海喇叭口处沙脊水深多在40m 以浅，局部海区已经发现沙波（Jung et al.，1998；刘振夏和夏东兴，2004），属于典型的活动性沙脊；尽管群山群岛外沙脊处于 50m 以深海域，但地震剖面显示在海底有沙波发育，可能为活动性沙脊；朝鲜湾深水区、黄海东南部、朝鲜海峡西口和东海陆架所处水深一般大于 60m，目前尚没有海底沙波发育的报道，应属于衰退沙脊或垂死沙脊。

　　沙脊发育受控于海平面变化，每个海区的沙脊发育时期并不相同，也可能有些海区沙脊的发育是同步的。总体来说，东海外陆架沙脊的发育时间最早，可能自晚更新世就开始发育，至全新世高海平面期前发育基本结束，仅在近岸喇叭口处继续发育；黄海东南部和朝鲜海峡出口沙脊发育于中全新世；老铁山水道、朝鲜湾和琼港辐射沙脊发育晚全新世以来，甚至尚在活动之中。

3.4.5.5　影响海底沙脊发育的若干因素

　　沙脊发育与水深及地形变化、物源供给及沉积动力有关，水深变化决定了沙脊的发育和终止时间，而沉积动力塑造了沙脊的线状外形，充足的物源是沙脊得以发育和埋藏的基础（Wu et al.，2005）。30m 左右的水深（杨子赓等，2001）、1～3kn 的潮流速度、M_2 分潮椭圆率小于 0.4（刘振夏和夏东兴，2004）条件下有利于沙脊的发育。

　　飓风或台风形成的风暴潮是短周期、区域性的气候变化，在风暴频发的浅海区易形成活动性的海底沙波或沙脊，大西洋近岸（Twichell et al.，2003）和海南岛周边海区（董志华等，2004）是风暴沙脊的典型研究区。冰期-间冰期旋回等长周期、全球性的气候变化导致了海平面大幅度升降，海平面快速升降导致陆架水深急剧变化，同时有可能导致陆架区大范围的海陆变迁（如岸线变迁、河道变迁及环境改变等）。在海平面下降期，岸线向海方向迁移，陆架逐渐出露为陆地，河道穿过广阔、平坦的陆架，前期形成的松软沉积层受到河道下切作用在地震剖面上呈现为典型 V 形特征（Berne et al.，2002），V 形谷底界被认为是海侵边界层（T.M.S.E.），河道因摆动可能呈现辫状特征（李广雪等，2004a），陆架地形因河道侵蚀而改变，同时河流将陆源沉积向陆架外缘输送，为沙脊的形成提供了物质基础。在海平面上升期，陆架水深逐渐变深，河道与岸线一起向陆后退，前期形成的 V 形下切谷逐渐被后期沉积淹没，陆架蓬松的沉积物在潮流作用下逐渐形成海底沙脊，沙脊的顶界面被认为是最大洪泛面（MFS）标志。岸线形态、水深和地形特征是影响潮流的三个重要因素（贾建军等，2000），海平面快速变化将导致岸线变迁、水深和地形变化，潮流场格局因海平面升降而发生变化。

气候、海平面、风暴、潮流、水深、地形、海岸线、环境、河流等众多因素在沙脊形成过程中共同构成一个相互关联，甚至彼此影响的复杂响应系统（图 3-206）。全球性气候变化是沙脊形成的最根本原因，是多米诺效应的起点，合适的沉积动力是沙脊发育的最直接原因，物源供给、水深变化及海底地形等影响沙脊发育过程及沙脊类型。风暴沙脊或潮流沙脊反映了沉积动力的差异。物源丰富有利于形成堆积型沙脊（如东海陆架），物源贫乏或动力强劲可能形成侵蚀型沙脊（如朝鲜半岛近岸），堆积型沙脊会经历沙脊演化的三阶段：幼年、生长和成熟发育阶段（Snedden and Dalrymple，1999）。受地形的约束作用，可能形成陆架沙脊、河口沙脊和岬角沙脊（如北海陆架）。稳定或慢速上升的海平面期有利于沙脊的发育，快速上升的海平面将导致陆架水深急剧加深，潮流强度随之减弱，沙脊活动性也由强转弱，海平面进一步上升后活动的沙脊将逐渐衰退甚至衰亡，足够长的沉积期、持续的沉降、丰富的沉积物源将有利于形成埋藏型沙脊。

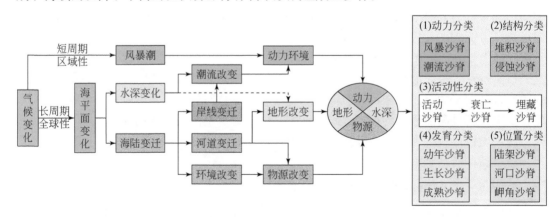

图 3-206　影响沙脊形成的因素（Wu et al.，2010）

3.4.6　陆坡区深海麻坑地貌

最早使用"Pockmark"一词描述这些火山口状的海底凹坑可追溯到 20 世纪 70 年代，由 King 和 MacLean 提出，在对加拿大新斯科舍省附近海域底部的勘探过程中发现大量海底凹坑，其平面形态多为圆形，在侧扫声呐图上呈 V 形，直径多为 15～45m，少数大型麻坑直径达 400m，麻坑深度大部分在 5～10m 范围内，少数坑深 20m（King and Maclean，1970）。自此之后，在全球多个海域内发现麻坑的存在。1974～1978 年，英国地质调查局（British Geological Survey，BGS）对北海南部 Fladen 麻坑密集区域就麻坑的形态和分布、麻坑内外的沉积物性质以及麻坑与含气沉积物之间的联系三个方面进行多次详细调查，发现此区域的麻坑形状受底流影响而产生变化，且地层中存在游离气体，气体的间歇性渗漏也会促使麻坑规模不断增长（Judd and Hovland，2007）。

海底麻坑是一种残留地貌，它是由于海底流体通过运移通道渗漏出海底，剥蚀海底表面松散的沉积物而形成（Cathles et al.，2010），其分布的地质环境多种多样，如油气聚集区、下伏结晶基底区域、河口区和海岸带、富含流动地下水区域以及湖底等（Hovland et al.，2002）。麻坑地貌在全球海域内分布广泛，如挪威海沟（Hovland，1981）、挪威北部陆坡（Hovland et al.，2005）、北海（Hovland et al.，1984，1987）、黑海（Cifi et al.，2003；Ergün et al.，2002）、刚果盆地（Gay et al.，2003）、桑托斯盆地（Sumida et al.，2004）、美国缅因州 Belfast 湾（Brothers et al.，2011）、非洲西部大陆边缘（Pilcher and Argent，2007）、印度西部大陆边缘（Dandapath et al.，2010），在中国南海陆缘也分布广泛（陈江欣等，2015）。

麻坑是流体渗漏出海底的重要指示标志，麻坑之下的地层中经常发现与天然气水合物有关的似海底反射层、气烟囱、声空白、声混浊及强反射等，因此其分布规律对于勘探天然气水合物等资源及研究海底油气藏的展布具有重要的指导意义（Sultan et al.，2010；Salmi et al.，2011；拜阳等，2014；Hui et al.，2016；Roy et al.，2016）。Hovaland 等（2005）利用 ROV 在挪威中部海域探测渗露流体时，发现一种新型的复合麻坑，底部发育甲烷自生碳酸盐岩，它们主要分布在天然气水合物稳定带上，与似海底反射层相关联，并且观察到小型的流体渗漏活动。1974～1978 年，英国地质调查局（BGS）对北海南部 Fladen 区域进行重复调查后，发现此区域的麻坑内部仍有气体渗漏发生，表明深部地层中有油气藏发育（Judd and Hovland，2007；Cathles et al.，2010）。王剑等（2015）在南加蓬次盆地内发现，区域内的麻坑走向与盐岩构造走向相似，而盐岩是此盆地内油气层的重要盖层，因此可根据海底麻坑的分布范围及规律推测下伏油气系统的展布特点和盐岩分布规律（王剑等，2015）。

麻坑发育在全球大陆边缘，通常与构造活动有很大的联系，对预测海底稳定性和海底工程建设具有重要参考价值（Li et al.，2016a，2016b）。麻坑发育区域的地层中，通常会有断裂构造分布，对麻坑的生成和形态塑造有重要影响（Dandapath et al.，2010；Sun et al.，2011）。挪威附近大陆边缘的 Storegga 区域北部发现有大量的海底麻坑，其形成主要与地震活动使得孔隙压力增大、上覆沉积物层变薄弱有关，深部地层中的流体喷出海底表面而形成（Paull et al.，2008；Berndt et al.，2003）。因此，麻坑发育区域的地质构造活动仍有可能发生，可为海底工程建设提供参考。随着常规油气资源的日益枯竭，天然气水合物资源被认为是 21 世纪有望替代常规油气的一种潜在资源，广泛分布于包括中国海在内的全球大陆边缘。麻坑地貌作为天然气水合物资源勘探与研究的一种重要地貌指示物（Judd and Hovland，2007），备受国内外关注。

3.4.6.1　海底麻坑的分类

1）根据麻坑的大小规模

通常将直径 $L \leqslant 5m$ 的麻坑称为单元麻坑，$10m < L < 700m$ 的麻坑称为普通麻坑，$700m < L < 1000m$ 的麻坑称为大型麻坑，$L \geqslant 1000m$ 的麻坑称为巨型麻坑（Hovland et al.，2002；Cifi et al.，2003；Sun et al.，2011）。由于麻坑生成区域的海洋环境及构造活动不同，因此全球范围内麻坑的大小及形态不尽相同，最小的麻坑直径只有几米，多数麻坑直径分布在 10～1000m 范围内，少数可达 2000m 甚至更大，麻坑的坑深普遍在 5～200m 范围内，极少数超过 200m（Pilcher and Argent，2007；Sun et al.，2013）。Hovland 等（2002，2010）在挪威海域发现有大量的单元麻坑分布，直径 1～10m，深度小于 0.6m，单元麻坑的分布表明在此区域有孔隙水渗漏正在发生，在其下有游离气聚集，可将其作为油气藏的指示标志。Sun 等（2011）在南海西沙隆起发现的巨型麻坑平均直径为 1640m，平均深度为 96.7m，其中最大的麻坑直径达到 3210m，最大坑深 165.2m。陈江欣等（2015）对南海北部与西部陆缘的麻坑直径及坑深进行统计分析，认为此区域的麻坑具有直径 - 坑深线性正相关的关系，且具有区域性，可能与该区域的浅地层构造活动、海底底质特征、海底底流变化和海底倾斜程度等有关；Webb 等（2009）在研究挪威内奥斯陆峡湾区域的麻坑时，认为麻坑的深 - 宽比值代表了不同的形成年代，新生成的麻坑深度更大，侧壁更陡，而形成时间较久的麻坑则更宽更浅，底部覆盖较厚沉积物；Dandapath 等（2010）在印度西部大陆边缘发现的麻坑内壁坡度分布在 0.90°～5.06° 范围内，大部分直径较大的麻坑内壁坡度要大于小规模的麻坑。

2）根据海底麻坑的平面几何形态

海底麻坑通常分为圆形、椭圆形、新月形、彗星形、长条形和不规则形态（Hovland et al.，2002；Dandapath et al.，2010；Sun et al.，2013；陈江欣等，2015；Chen et al.，2015），在垂直剖面图上，其形态多为 U 形或 V 形，部分麻坑的剖面形态呈 W 形。圆形麻坑的平面形态为圆形或似圆形，最大坑深通常出现在中心位置；椭圆形麻坑的平面形态为近椭圆形或椭圆形，最大坑深处一般位于长轴与短轴相交处；新月形麻坑平面形态为似新月形，最大坑深通常出现在弯曲走向线中心；彗星形麻坑的平面形态近似彗星，多存在似圆形头部和楔形拖尾，最大坑深通常位于似圆形头部中心处；长条形麻坑的平面形态多为长条形，一般以麻坑中心处的深度作为其最大坑深。但麻坑形态不是一成不变的，部分麻坑形成后，仍有流体持续渗漏，造成麻坑底部沉积物更加松散，甚至会剥蚀麻坑内壁，使得麻坑形态产生很大的变化，若此区域有底流的存在，则会加快对麻坑的侵蚀（Sun et al.，2011）。

3）根据麻坑的分布及组合形式

按麻坑的分布和组合形式可分为孤立麻坑、复合麻坑以及链状麻坑。孤立麻坑通常指单个出现的麻坑，在海底中最为常见（李磊等，2013）；复合麻坑为两个或两个以上的麻坑相伴生；麻坑链则为多个形状规模近似的麻坑呈链状分布而形成，长度可达数千米（Hovland et al.，2002）。Sun 等（2011）在西沙隆起南部的多波束海底测深图中发现多条底流水道，其中发育未成熟的底流水道由多个麻坑组成，因此这些底流水道可能由链状麻坑发展形成（Sun et al.，2010）。

上述多为海底表面麻坑的分类标准，然而在西南非海岸盆地和刚果扇北部区域地层中发现有埋藏麻坑的存在，它们多为地质历史时期生成的麻坑，后期活动性减弱，并进入休眠阶段，最终被沉积物覆盖（Cifi et al.，2003；王剑等，2016）。此外，由于人类活动造成海底静岩压力减小，从而使得流体渗漏出海底表面形成麻坑，属于人类活动成因的麻坑（Pilcher and Argent，2007），Hovland 等（2010）在挪威海大陆边缘的麻坑区域内发现有人类拖网的痕迹，并且附近有少量单元麻坑发育。

3.4.6.2　海底麻坑的成因机制

1）影响麻坑生成的主要因素

麻坑地貌成因复杂，是多种地质过程综合作用的结果，丰富的渗漏流体、气体超压体系、流体运移通道以及海底表面松散沉积物是形成海底麻坑的基本要素（李磊等，2013）。

麻坑可作为流体逸散的指示标志，充足的渗漏流体在海底麻坑的形成中有着极其重要的作用。流体主要包括热液、地下水和气体三种，其中气体以甲烷为主（Judd and Hovland，2007；罗敏等，2012）。流体逸出海面的方式有两种：持续缓慢渗漏和突然喷发。在流体上覆岩层的渗透率较高的区域，容易发生缓慢而持续的流体渗漏，剥蚀海底沉积物，并在底流的搬运作用下形成麻坑。大部分海底麻坑是由于深部流体突然喷发出海底而形成，在一次喷发后便进入休眠期，少数麻坑会发生间歇性的流体喷发（孙启良，2011；Brothers et al.，2012；拜阳等，2014）。

异常压力环境与流体运移关系密切。异常压力体系通常包括两类流体系统——半开放型和封闭型。异常压力体系内流体间歇性渗漏是半开放型流体系统的主要特征；封闭型流体系统中封闭层的开启及封闭是流体渗漏的重要因素，当封闭层内部流体压力逐渐加大并超过海底表面静水压力时，封闭层破裂，孔隙水和气体在异常压力的驱动下喷出海底形成麻坑（Hovland et al.，2005）。构造活动也会造成封闭层的破裂，从而加快流体渗漏（Hovland et al.，2002）。

封闭层破裂后，流体运移通道为流体逸出海底提供可能，现今人们利用地球物理方法识别出的运移通道主要为断层、气烟囱和地层边界（Paull et al.，2008；Cathles et al.，2010；Sun et al.，2011；Loyd et al.，2016）。在地震剖面上，流体运移的过程通常会产生增强反射、声空白和声混浊等现象（Roy et al.，2016）。其中增强反射的存在多与发生在多孔岩层的气体聚集有关，而声混浊多与流体在近海底沉积层的发散关系密切。

2）麻坑生成过程

为了描述麻坑的形成过程，Cathles 等（2010）建立了与之相关的概念模型：在细粒沉积物层之下的背斜构造中不断聚集游离气体，形成毛细封闭层，随着气体聚集增多，封闭层顶部受到的压力逐渐增大，当气体压力增大到一定程度形成异常超压体系，毛细封闭作用失效，内部气体会在异常压力驱动下进入气体运移通道，并向海底表面移动。在运移过程中，气体不仅会与孔隙水相混合，同时还会驱动顶部孔隙水快速喷出海底表面，导致海底表面沉积物松散，并被底流搬运，此时麻坑开始形成。随着流体的不断渗漏，麻坑数量越来越多，麻坑之间也因此发生整合，最终发育成与气烟囱尺寸相近的较大型麻坑。当气藏储层内部压强体系重新达到平衡状态后，流体运移的驱动力不足，渗漏活动中止，封闭层重新形成，聚集新的游离气体。此外，定量模拟的结果表明，当气烟囱高度发育到气体储层顶部至海底表面距离的一半时，沉积物发生变形，麻坑开始形成。气烟囱向上发育的速率取决于沉积物渗透率及气藏顶部深度与气烟囱厚度的比值，因此若能计算出气烟囱的上升速率，则对海底地质灾害预警有很大的帮助（Cathles et al.，2010）。

3）影响麻坑形态的重要因素及其演化过程

麻坑呈现多种形态与其所处的海底环境关系密切。Dandapath 等（2010）认为影响麻坑形态的因素主要有三种：底流、断裂构造和海底滑坡。麻坑最初形成时为圆形（Hovland et al.，2002，2010）。在底流发育的区域，底流流向与麻坑的方向（长轴方向）大致平行，大部分麻坑之上的沉积物会被底流运移到别处并重新沉积，在底流活动较弱而沉积作用较强的区域则有可能出现被掩埋的麻坑。断裂构造是产生麻坑的重要原因之一，构造运动使得岩石圈压力减小，流体向上运移，而断裂的存在为流体运移至海底表面提供了通道，此外，断裂构造还在塑造麻坑形态方面有着重要作用，Dandapath 等（2010）在印度西部大陆边缘的麻坑区域发现，228～240m 水深范围内的麻坑沿断裂走向分布，并且麻坑的拉长方向也与断裂方向相同，同时此区域断裂之上出现大量复合麻坑也是滑塌存在的有力证据。

Pilcher 和 Algent（2007）借助地震资料对非洲西部大陆边缘的麻坑生成、发育和演化过程进行了详细描述（图 3-207）：在第一阶段，陡峭的海底斜坡区域之上覆盖有大量侵入岩体，有垂直于斜坡的海脊和海槽存在，但并未形成海底麻坑。从地震剖面可以看出，地层内部存在大量铲形断层，且与海脊相关联；在第二阶段，麻坑出现于铲形断层上盘，但并未位于断层之上，表明麻坑形成后发生偏移；在第三阶段，麻坑的数量及规模逐渐加大，且随着麻坑的发育，其下断层也因此而逐渐消失，在地震剖面上难以识别；在第四阶段，麻坑数量持续增多，断层趋于消失，各分散的麻坑开始发生合并，所有麻坑的剖面此时已接近 V 形；在第五阶段，麻坑直径及坑深持续增加，部分麻坑剖面形态呈 U 形，麻坑之间的海脊更加尖锐；在第六阶段，孤立麻坑消失，麻坑冲沟发育成熟，底部趋于平坦（Pilcher and Argent，2007）。

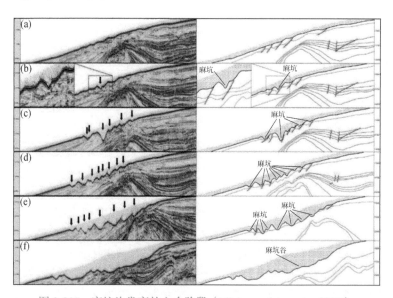

图 3-207　麻坑沟发育的六个阶段（Pilcher and Argent，2007）

3.4.6.3　中国南海麻坑分布

中国海域辽阔，大陆边缘范围广阔，其中南海是西太平洋最大的边缘海之一，构造活动极其复杂，海底资源丰富。南海丰富的油气资源吸引了众多学者的关注，在勘探过程中，人们发现了诸多与天然气水合物和流体运移有关的地质地貌特征，如泥底辟、泥火山等（张启明等，1996；Liu et al.，1997；解习农和董伟良，1999）。

通过大量的调查研究，发现在中国南海麻坑地貌异常发育，已经报道的区域主要集中于南海北部区域（图 3-208），包括台西南盆地北部区域 a，珠江口盆地中部及南部区域 b、c，西沙海槽盆地及附近区域 d、e，琼东南盆地中部区域 g，莺歌海盆地东部及琼东南盆地西北部 f，中建南盆地北部及琼东南盆地南部区域 n、i、j、k 以及北部湾盆地西南部区域 l（陈江欣等，2015；Hui et al.，2016）。

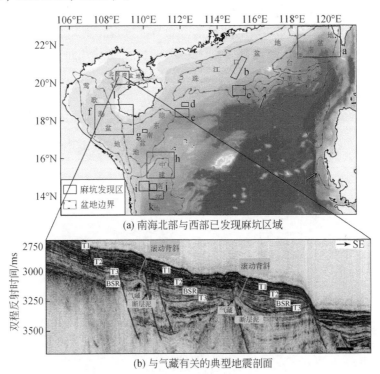

图 3-208　南海麻坑地貌研究区域分布（修改自邸鹏飞等，2012；陈江欣等，2015；Hui et al.，2016）

Chow 等（2000）利用单道地震研究台湾西南部海域天然气水合物时，在海底表面发现有麻坑的分布，剖面形态呈 V 形，下伏地震剖面中存在声混浊和狭窄的气烟囱，这是在中国海域首次公开报道发现有海底麻坑。沙志彬等（2003）在调查南海北部陆坡的麻坑、丘状体和羽状流等异常地貌与天然气水合物的关系时，在麻坑之下的浅地层剖面中发现与气体渗漏等相关的声空白和反射波中断等现象，认为麻坑的存在表明此区域有可能存在丰富的气体。陈多福等（2004）在琼东南盆地的地震剖面内发现气烟囱、泥底辟以及直达海底的断裂，并据此推测在此区域可能有处于活动阶段的天然气冷泉发育，冷泉活动最终会导致海底麻坑形成（Judd and Hovland，2007）。李列等（2006）、邸鹏飞等（2012）先后在莺歌海盆地中央拗陷区发现麻坑的存在，邸鹏飞等还在地震剖面上识别出被掩埋的麻坑，表明在地质历史时期，该区域就曾有过流体喷发活动，且深部地层中有丰富的油气资源，并根据该区域游离气泥质盖层的厚度和麻坑的深度，结合 Cathles 等建立的模型，得出莺歌海盆地区域形成麻坑所必需的游离气层的厚度；Sun 等（2011）在南海西沙海域发现大型麻坑分布。

结合地震资料和多波束测深资料分析后，Sun 等（2011）将该区域地层内部的流体运移通道分为三种：气烟囱、沉积地层边界和倾斜构造。由于该区域底流活动强烈，因此流体渗漏和底流作用对大型麻坑的形态、分布和规模产生较大影响。拜阳等（2014）在对南海西北部的琼东南盆地西南部和中建南盆地中北部进行了详细研究，发现麻坑的规模随着区域不同而有很大差别，既有正常麻坑分布，又有大型麻坑存在，他还认为麻坑的不同平面形态代表其发育的不同阶段，其中新月形麻坑可能处于活动阶段。陈江欣等（2015）对麻坑在南海北部与西部陆缘的分布特征进行详细总结，并探讨其地质意义。Geng 等（2017）在中建南盆地北部发现大量由链状麻坑发育而来的麻坑冲沟，并研究了其形成过程。

3.4.6.4 南海礼乐盆地海底麻坑地貌

2014 年，我们在礼乐盆地进行了多波束测深调查，获取了该区精细的地形地貌数据（图 3-209），基于该批数据资料，首次对南海礼乐盆地南部拗陷海底麻坑进行了

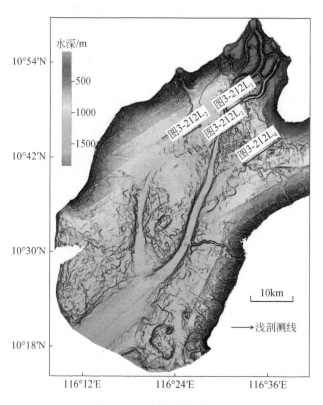

图 3-209 礼乐盆地研究区

系统的识别研究（张田升等，2019）。共识别出各类麻坑 81 个，其中麻坑直径最大约
2.4km，坑深最大约 157m。麻坑种类多样，按平面形态主要分为圆形、椭圆形、拉长
形和新月形麻坑（图 3-210）；按组合方式分为孤立麻坑、链状麻坑和复合麻坑；按直
径分为正常麻坑和大型麻坑。区域内发育多条大型海底峡谷，峡谷侵蚀引起两侧地层稳
定性降低，气体储层遭受破坏，泄露的气体沿断层或气烟囱等喷发出海底形成麻坑。而因
麻坑生成时剥蚀的沉积物质，与周围水体混合并逐渐发展成浊流，在一定程度上促进海底
峡谷向下延伸。研究区内单个麻坑的平面形态最初为圆形或椭圆形，之后由于重力流和峡
谷侵蚀的影响，逐渐发展成拉长形或新月形，麻坑之间也会发生组合形成复合麻坑。链状
麻坑与冲沟的形成联系密切，沿垂直于等深线方向展布的链状麻坑在重力流的冲刷下，发
育成底部平坦的麻坑冲沟。对比分析全球其他海域麻坑，发现海底麻坑尺寸与水深关系密
切，在深水区域更容易发育大型麻坑。

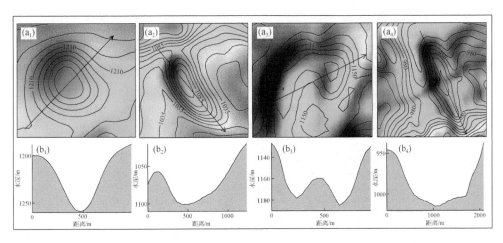

图 3-210　典型麻坑类型

1. 麻坑平面形态分类

1）圆形麻坑

圆形和椭圆形是麻坑最常见的平面形态，在研究区内广泛分布。研究区内共发现圆形
麻坑 31 个，直径范围 325 ～ 1522m，平均约 680m，坑深范围 4.5 ～ 157m，平均 35m；
共发现椭圆形麻坑 38 个，直径范围 455 ～ 2084m，平均约 1020m，坑深范围 6 ～ 99m，
平均 30m。

2）拉长形麻坑

拉长形麻坑的长轴明显拉长，与圆形和椭圆形麻坑不同的是，其在 DTM 的形态中更
接近沟谷。本次研究发现的拉长形麻坑数量较少，仅有 5 个，直径范围 378 ～ 2403m，平
均直径 1051m；坑深范围 10 ～ 63m，平均坑深 46m。该类麻坑主要分布在峡谷水道附近。

3）新月形麻坑

新月形麻坑的平面形态类似于新月形，通过其两端点的剖面通常呈 W 形。研究区内
共发现新月形麻坑 7 个，直径范围 680 ～ 1532m，平均 1079m；坑深范围 19 ～ 79m，
平均 42m。

2. 麻坑组合分类

1）独立麻坑和复合麻坑

独立麻坑是指麻坑独立分布于海底表面的麻坑，在其周围无明显的麻坑地貌发育。研究区内的独立麻坑主要分布在东部及西北部陆坡坡脚处，数量较少。大多数麻坑成组出现，麻坑之间排列紧密，称为复合麻坑。本书所发现的复合麻坑主要分布在海底峡谷中游区域，多为圆形和椭圆形麻坑，部分相邻麻坑之间开始发生合并，形态产生变化（图 3-211）。

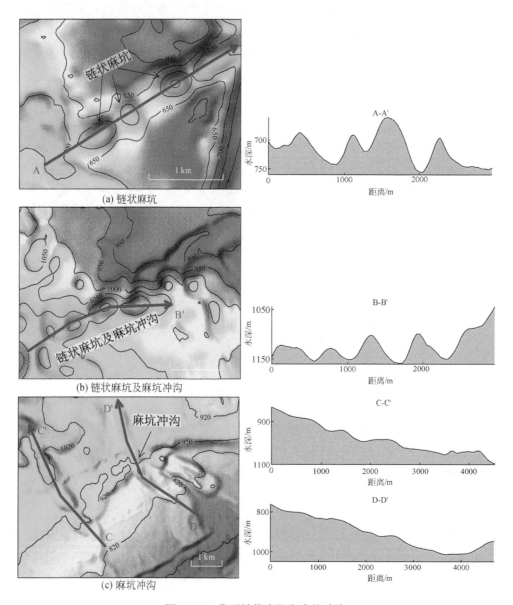

图 3-211　典型链状麻坑和麻坑冲沟

2）链状麻坑

链状麻坑是指多个麻坑呈链状排列分布，在其下沉积地层中可能会有近垂直的断层和薄弱带发育。研究区中部及北部区域发育数条链状麻坑，长度在 2km 左右，多为 NE-SW 向和 NEE-SWW 向。同时发现一条由链状麻坑发育而成的冲沟，其内部地形较为平坦。

3. 麻坑发育区域浅地层特征

对获取的浅地层剖面资料进行相应处理后，剖面中可明显观察到浅部地层反射层平行或亚平行于海底，连续性较好，厚度在 50ms（双程反射时间）左右。在浅地层剖面中识别出多个与流体运移、流体渗漏相关的指示标志，如断层、强反射、声空白、气烟囱和丘状体等（图 3-212）。结合地形图，选取了几个剖面对与流体运移和渗漏有关的地层特征进行分析。

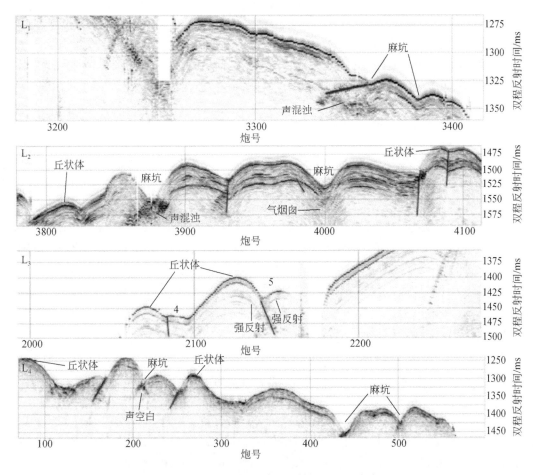

图 3-212　浅地层剖面图揭示的麻坑区地貌特征

红色代表断裂位置，见图 3-209

（1）强反射：强反射是流体存在的证据之一，通常是由于流体与围岩的波阻抗差异而形成。在测线 L_3 剖面中，麻坑底部地层中发育有强反射，但在麻坑正下方受断层切割出现断裂，表明流体从间断处渗漏出海底形成此麻坑。

（2）断层/气烟囱：断层和气烟囱都是流体运移的通道。研究区内的地层中发现多组直达海底的断层，部分断层上部有麻坑发育，表明该处麻坑的形成是由流体沿断层喷发出海底。

气烟囱在剖面中通常表现为垂向柱状特征，其形成原因与断层有关。当流体特别是天然气充填近垂直的断裂时，由于气层的反射屏蔽和低速异常，会使反射波信噪比降低，最终在地震剖面上产生反射模糊带，在测线 L_2 剖面中的气烟囱上部发育麻坑。

（3）声空白/声混浊：声空白和声混浊同样与地层内部充填流体有关，反射能量会被吸收衰减甚至消失出现声空白，若反射能量衰减较少，则会出现声混浊。研究区内的声空白或声混浊在麻坑及丘状体下皆有发育，表明其生成与流体关系密切。

（4）丘状体：在麻坑附近区域通常会发育丘状体，内部通常存在混乱发射和空白反射，其形成通常与内部存在大量气体有关。当海底内部温压失去平衡后，地层中的气体发生流动，从而推动沉积物向上隆起，形成丘状体。因此，丘状体的存在可以作为地层中气体存在的重要指示标志（L_2、L_3 和 L_4 剖面）。

3.4.7　陆坡区海底 MTDs 地貌

深水块体搬运沉积作用（Mass Transport Deposits，MTDs），是一种特殊的地质地貌现象，究其本质是一种大型的海底滑坡体，是指在重力作用下沿着陆坡进行的一种沉积物搬运机制，其沉积作用过程主要包括滑动、滑塌和碎屑流等，可以在地貌与沉积剖面上辨识后壁、侧壁、顶面、底面、张裂断块、褶皱和逆冲断层等标识（吴时国等，2011）。MTDs 的发生往往是事件沉积，在短时间内大规模地搬运海底沉积物，在发育区上端往往形成一些长条形的凹槽，是海底失稳标志，由于 MTDs 搬运过程中强烈的侵蚀作用，侧向边缘表现为多种特征。

在南海北部陆坡广泛发育 MTDs 地貌，主要包括 4 个大的区域（图 3-213）：①琼东南盆地北部陆坡区的琼东南 MTDs；②琼东南盆地西南部陆坡区的华光 MTDs；③珠江口盆地白云凹陷区的白云 MTDs；④台西南盆地北部陆坡区的九龙 MTDs。

3.4.7.1　琼东南 MTDs

琼东南 MTDs 分布于 110°18′～111°42′E 的上陆坡区（图 3-213，图 3-214），位于西沙海槽的北坡。其面积达 $1.3×10^4 km^2$，单个 MTDs 的规模由西向东增大，其后壁面积由 $40 km^2$ 增加到 $180 km^2$，侵蚀深度由 150m 加深到 620m，形态逐渐复杂化，破碎程度加剧。该区的 MTDs 发育与海底地形地貌以及海平面变化和高沉积速率关系密切（吴时国等，2011）。

3.4.7.2　华光 MTDs

该区 MTDs 主要分布于 110°8′～110°36′E，16°24′～16°38′N 的岛坡（图 3-213），其东北是西沙群岛区，总面积约 $1.6×10^4 km^2$。该区 MTDs 向 NW-SE 方向搬运，由于该区 MTDs 由构造低向构造高搬运，因发育了大量的沉积逆冲断层构造，地震反射特

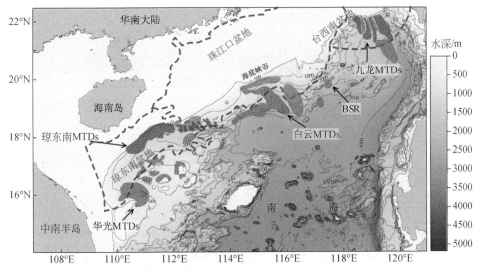

图 3-213　南海北部 MTDs 与 BSR 分布（吴时国等，2011）

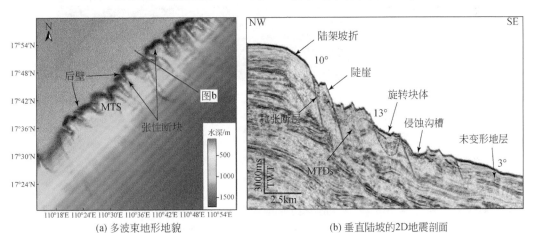

(a) 多波束地形地貌　　　　　　　　(b) 垂直陆坡的 2D 地震剖面

图 3-214　琼东南 MTDs 特征（吴时国等，2011）

征为丘状外形，波状反射结构。

3.4.7.3　白云 MTDs

该区 MTDs 主体位于 114°28′～116°10′ E，18°50′～20°13′ N 的尖峰斜坡区，整体位于珠江海谷内（图 3-213），其北部的上陆坡区发育了大量的直线型海底峡谷，在这些峡谷的两翼分布大量的小型 MTDs，在峡谷群南侧发育的一套大型 MTDs 总面积约 $1.3 \times 10^4 \mathrm{km}^2$。该区 MTDs 上端张性断块构造发育，后壁、侧壁及张性断块可见，地震相主要表现为块状平行、波状弱连续及杂乱反射（图 3-215）。该区 MTDs 与天然气水合物分解和地层超压关系十分密切（吴时国等，2011；陈珊珊等，2012）。吴嘉鹏等（2012）建立两种滑塌体模型，认为神狐海域滑塌体的厚度及地形坡度控制了其发育类型。

3.4.7.4 九龙 MTDs

该区 MTDs 位于 118°14′～119°34′ E，21°10′～22°52′ N 的台西南陆坡区（图 3-213），总面积约 $1.1 \times 10^4 km^2$。东西两侧 MTDs 的规模大于中部发育区，侵蚀深度由中部向两侧加深，MTDs 搬运方向在上陆坡区为 NS 向、下陆坡区为 NW-SE 向。该区 MTDs 与地震浊流及天然气水合物分解有关（吴时国等，2011）。

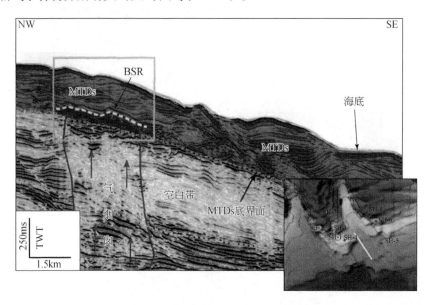

图 3-215　白云凹陷神狐海域的 MTDs 特征（吴时国等，2011）

3.4.8　陆坡区海底峡谷地貌

海底峡谷又称"水下峡谷"，是海底窄而深的长条形负地形，常发育于大陆边缘的大陆架中部以及陆架坡折带—上陆坡区，是大陆坡上的典型地貌类型。海底峡谷的横剖面通常呈"V"字形（剥蚀状态）或"U"字形（堆积状态），峡谷出口通常发育有海底扇。海底峡谷是陆源和浅海沉积物以及有机质向深海运移的重要通道，此外海底峡谷的充填物、天然堤系统和出口的海底扇可以作为油气和水合物的良好储层，峡谷的沉积物可以记录气候变化、海平面升降和构造活动等地质历史信息。因此对海底峡谷的研究已成为当前海洋学研究的热点之一。

3.4.8.1　冲绳海槽西坡海底峡谷

在冲绳海槽西部陆坡上可以分辨出 14 条规模不等的海底峡谷，使整个陆坡地形显得支离破碎（图 3-216，表 3-10）。其中有的海底峡谷修正了以前的传统峡谷资料，峡谷的形态、规模、走向等地貌要素与以前测量的峡谷都有所不同。这些陆坡峡谷长 10～50km，宽 1～15km，其中长 30～50km 的称为大型峡谷，长 10～15km 的称为小型峡谷。小型峡谷宽 1～3km，下切深度 50～300m，少分支，峡谷平面形状呈蛇曲或直线型，坡度一般为 3°～10°。小型谷自陆坡顶部下切至陆坡底，很少向陆架和冲绳海槽槽底延伸，表明峡谷仍处于发育之中。

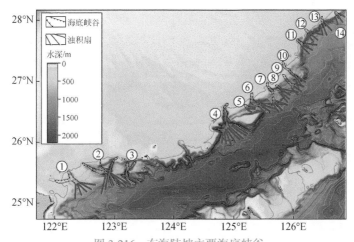

图 3-216　东海陆坡主要海底峡谷

表 3-10　东海陆坡海底峡谷特征统计表

特征编号	起点坐标	终点坐标	长度/km	宽度/km	下切深度/m	坡度/(°)	分支数目	平面形状	主支走向
1	122.23°E 25.48°N	122.58°E 25.10°N	48	4～16	200～400	5～11	3	鹅掌形	N137°
2	122.76°E 25.70°N	122.97°E 25.24°N	50	3～8	200～500	6～15	4	鹅掌蛇曲	N141°
3	122.23°E 25.71°N	122.58°E 25.10°N	50	2～10	300～500	6～17	4	树枝蛇曲	N199°
4	124.91°E 26.65°N	124.87°E 26.33°N	39	4～10	200～500	5～15	1	蛇曲	N188°
5	125.19°E 26.63°N	125.23°E 26.57°N	10	1	约100	3～10	1	蛇曲	N156°
6	125.30°E 26.83°N	125.34°E 26.60°N	27	6～15	100～500	3～13	1	蛇曲	N181°
7	125.57°E 26.99°N	125.70°E 26.63°N	43	2～10	50～400	3～14	2	树枝蛇曲	N144°
8	125.70°E 26.94°N	125.90°E 26.79°N	29	4～10	50～350	6～12	2	树枝蛇曲	N127°
9	125.82°E 27.08°N	125.99°E 26.92°N	24	4～7	50～250	6～10	1	直线	N135°
10	125.82°E 27.30°N	126.10°E 26.98°N	46	3～4	100～300	3～10	1	蛇曲	N138°
11	126.04°E 27.69°N	126.18°E 27.61°N	15	3～5	100～400	4～10	2	树枝蛇曲	N123°
12	126.26°E 27.83°N	126.30°E 27.75°N	13	2～3	100～200	5～10	1	蛇曲	N130°
13	126.48°E 28.04°N	126.53°E 27.92°N	15	1～2	100～250	6～12	1	蛇曲	N169°
14	126.70°E 28.12°N	126.78°E 28.08°N	10	3	100～200	6～10	1	蛇曲	N124°

大型峡谷宽 4～15km，峡谷下切深度为 100～500m，其分支较多，少则 2 分支，多则 3～4 分支，峡谷平面形状呈鹅掌型或树枝型，坡度为 5°～15°，峡谷向上延伸至外陆架，向下延伸到海槽底部，有的峡谷甚至延伸到海槽中部洼地处（图 3-216），在延伸段明显可见浊积物堆积，表明海底峡谷确是浊流下泻通道，同时也说明东海陆架为海槽西部沉积提供了物源。东海西南部最典型的海底峡谷是鹅掌型（树枝状）峡谷及蛇曲型延伸峡谷（图 3-217），该海底峡谷颇具规模，下切深度大，分支多，流系复杂，陆源物质可以通过峡谷直通槽底。与历史图件的对比显示，多数海底峡谷的规模和形状有所改变，特征明显精细。海底峡谷遍布冲绳海槽西侧陆坡，但海槽中部和南部的峡谷分布明显多于北部，且大型海底峡谷多分布在海槽中南部。海底峡谷走向为 N123°～N199°，因多数峡谷呈蛇曲状且多分支，因此其走向和坡度计算只能依据中央主支峡谷。

图 3-217　东海西南部的 2 和 3 号典型海底峡谷，位置见图 3-126

　　一般认为，东海陆坡海底峡谷的形成与断裂构造和水动力作用以及海底浊流作用具有成因上的联系。垂直于陆坡走向的纵向断裂构成海底峡谷的雏形，其后不仅有黑潮流的强烈侵蚀作用，还有海底浊流及海底滑坡的修蚀改造。东海中南部海区内有 2 个浊流沉积区，一个分布在 25°30′～26°00′ N、124°00′～124°21′ E 之间，另一个浊流沉积区分布在 25°06′～25°20′ N、122°56′～123°10′ E 之间，皆位于陆坡大型峡谷的下游段或峡谷在冲绳海槽槽底的延伸段，而且海底峡谷的谷形皆呈陡峭的 V 形深切谷，因此陆坡海底峡谷浊流作用成因的可能性很大。海底峡谷构成了陆源碎屑向海槽搬运的天然通道系统，而东海陆架上的潮流与海底峡谷中的内波、内潮汐的联合作用是陆源碎屑经峡谷通道向海槽持续搬运的主要动力因素（李巍然等，2001）。

3.4.8.2　南海陆坡区海底峡谷

1）峡谷基本特征

　　南海位于印澳板块、欧亚板块和太平洋板块三大板块汇聚的中心，四周包含大陆边缘的三大主要类型，即南北两侧的张裂型（被动型）大陆边缘、东侧的俯

冲型（主动型）大陆边缘和西侧的剪切型（转换型）大陆边缘。由于其特殊的构造
环境，南海大陆边缘发育了多条特征和规模不一的海底峡谷。基于获取的高分辨
率多波束测深资料，现对南海区域的海底峡谷进行识别（图 3-218）并提取特征
信息进行统计（表 3-11），其中海底峡谷的命名采用国务院通过的南海海底地理实
体命名方案。

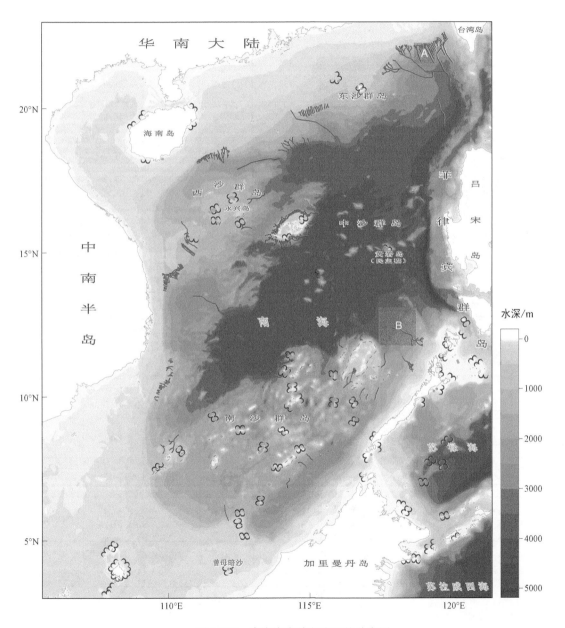

图 3-218　南海海底峡谷中泓线分布图

表 3-11　南海海底峡谷特征统计（海底峡谷名称来自 http://www.ccufn.org.cn/）

峡谷编号	峡谷名称	长度/km	宽度/km	最大下切深度/m	坡度/(°)	分支数目	平面形状	主支走向
1	澎湖峡谷群	69	2～6	503	3～16	8	树枝	NNW
2	台湾峡谷	188	6～10	591	3～8	2	树枝	NW
3	笔架海底峡谷群	178	4～8	631	2～13	7	树枝	NWW
4	刘焯海谷	116	7	158	2	1	蛇曲	NNW
5	神狐峡谷群	33	2～4	365	2～5	18	直线	NNW
6	珠江海谷	218	10	217	2	1	蛇曲	NW
7	一统峡谷群	8～42	3～6	667	5～8	10	树枝	NNW
8	西沙北峡谷群	10～56	2～7	553	4～14	19	直线	NNW
9	西沙海槽	176	12	794	5	1	蛇曲	WE
10	永乐海底峡谷	61	3	469	9	1	蛇曲	NE
11	玉琢海底峡谷	38	3	305	10	1	蛇曲	NS-WE
12	中沙西海底峡谷群	5～33	1～3	1330	7～20	17	树枝蛇曲	NW
13	中沙北海底峡谷群	6～47	1～3	455	5～15	19	蛇曲	NNW
14	中沙东海底峡谷群	7～76	1～4	615	8～22	15	树枝	NW
15	中沙南海底峡谷群	16～38	2～10	821	8～16	13	蛇曲树枝	NNW
16	中建西海底峡谷群	33～104	2～3	238	1～7	6	蛇曲树枝	NW
17	中建南海底峡谷群	9～67	2～4	283	3～8	16	树枝	NWW
18	盆西峡谷	157	9	585	6	1	蛇曲	NW

续表

峡谷编号	峡谷名称	长度/km	宽度/km	最大下切深度/m	坡度/(°)	分支数目	平面形状	主支走向
19	勇士海谷	144	5	233	6	1	树枝	NWW
20	海马海底峡谷	56	3	146	6	1	树枝	NW
21	忠孝海底峡谷	44	4	268	6	1	蛇曲	NS
22	雄南海底峡谷	47	4	519	19	1	直线	SW-NNW
23	大渊海底峡谷	36	2	208	7	1	直线	NWW-NNE
24	铁峙海底峡谷	14	3	409	12	1	蛇曲	EW-NW
25	南钥海底峡谷	44	5	554	12	1	直线	NE-NW
26	安塘海底峡谷	83	3	361	11	1	树枝	SSW
27	南方海底峡谷	44	3	212	9	1	直线	NNW-NNE
28	蓬勃海底峡谷	19	2	154	6	1	直线	NNW-NNE
29	红石海底峡谷	44	5	165	5	1	直线	NNE
30	万安海底峡谷群	7～31	2～4	218	2～4	17	树枝	NW
31	西卫海底峡谷	72	6	221	4	1	蛇曲树枝	NNE
32	郑和海谷	35	3	234	5	1	蛇曲	SSW-NWW
33	光星一号海底峡谷	33	3	185	5	1	蛇曲	NW
34	光星二号海底峡谷	36	3	123	4	1	蛇曲	NW
35	光星三号海底峡谷	38	7	211	3	1	蛇曲	NNE
36	康西峡谷	64	10	112	2	1	直线	NNW

根据多波束测深资料在南海区域识别出 36 条规模不等的海底峡谷（表 3-11），其中包括 12 个海底峡谷群，此处只统计了规模较为大型的海底峡谷，规模较小的暂不统计。

统计结果显示，这些海底峡谷长 5～218km，宽 1～12km 不等，根据海底峡谷平面形态将海底峡谷分为直线型、蛇曲型和树枝型三种类型，结果显示南海海底峡谷以树枝型和蛇曲型为主。此外还可根据海底峡谷的位置将海底峡谷分为有头型（也叫陆架侵蚀型）和无头型（也叫陆坡限制型）：有头型峡谷主要发育于沉积物供给充足的陆架陆坡上，峡谷头部一般与河流体系相接；无头型峡谷一般只切割陆坡，不与陆上河流体系相接。南海海底峡谷主要发育在陆壳向洋壳转化的大陆坡脚处和岛架边缘，南海北部峡谷数目和规模明显多于南部，北部更多以密集型海底峡谷群的形式发育，如澎湖峡谷群、神狐峡谷群、一统峡谷群等，分支较多；南部则更多以单个峡谷的形式发育，如大渊海底峡谷、安塘海底峡谷、勇士海谷等。南海海底峡谷走向以 NNW-NWW 向为主，切割大陆坡脚线或岛坡脚线进入南海海盆。

2）澎湖峡谷群

鉴于南海北部和南部的特征不同，现分别以研究区 A（图 3-218）南海北部澎湖峡谷群和研究区 B（图 3-218）南海南部巴拉望岛北部勇士海谷为例介绍南海峡谷成因。

澎湖峡谷群（图 3-219）位于南海东北部的上 - 中陆坡，北邻澎湖列岛和台湾浅滩，南邻台西南盆地，东侧为南海东部陆坡，西侧为笔架斜坡。澎湖峡谷群包含 8 条独立的峡谷，平均长度为 69km，走向以 NW-NNW 为主，峡谷下端斜切高屏斜坡增生楔岩体大致沿 NS 向延伸汇入马尼拉海沟，澎湖峡谷群是典型的密集型峡谷群。根据澎湖峡谷群的横向剖面图可将澎湖峡谷群分为上段（a-a′）、中段（b-b′）和下段（c-c′）。峡谷群上段峡谷剖面大多呈"V"字形，峡谷分支较多，下切深度较浅，表明峡谷上端以侵蚀作用为主，沉积作用较弱，仅有速率很低的加积作用和谷底滞留沉积。峡谷群中段其剖面开始出现较多"U"字形，同时存在较多"V"字形剖面，峡谷分支较少，开始合并成较大型峡谷，下切深度变大，谷底可见明显凸起，表明峡谷中段是侵蚀 - 沉积共同作用，底流作用开始显现。峡谷群下段峡谷剖面大多呈"U"字形，峡谷分支基本合并

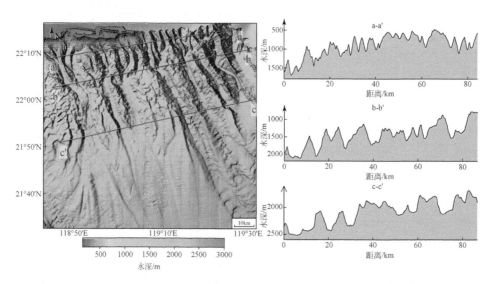

图 3-219　澎湖峡谷群平面图及剖面图

成较大型峡谷，峡谷充填变浅，宽度较大，表明峡谷下段以沉积作用为主，峡谷下段发育明显的沉积物波也验证了这一点。

澎湖峡谷群的成因非常复杂。Liu 等（1998）认为澎湖峡谷群是晚更新世澎湖水道向南延伸发育而成；Yu 和 Chang（2002）认为澎湖峡谷群的形成与河床下切和构造抬升有关。通过对澎湖峡谷群的地质背景、地貌特征、构造特征等分析可推断澎湖峡谷群的成因和演化是多种因素共同作用的结果。在南海扩张和华南陆缘裂解过程中在南海东北部海底产生了一系列 NW 向断裂，这与如今澎湖峡谷群的大致走向是一致的，推测这些 NW 向断裂造成了海底地块的薄弱带导致了澎湖峡谷群早期前身的形成。澎湖峡谷群的上段由多条 NW 向切割陆坡的海底峡谷分支组成，长度不大，宽度较窄，推测为陆坡沉积物流向下侵蚀导致海底峡谷崩塌、滑移形成。澎湖峡谷群的下段汇入马尼拉海沟，该段分隔了东侧挤压背景的台湾斜坡增生楔和西侧拉张背景的南海北部陆缘。自早中新世（约 15Ma）南海扩张停止后，洋壳俯冲到菲律宾板块之下形成了马尼拉海沟，随着俯冲的进行和菲律宾板块 NW 向移动，最终与欧亚板块发生弧陆碰撞形成台湾造山带。澎湖峡谷群的下段原为马尼拉海沟北段，弧陆碰撞导致的造山作用而发生抬升，原先的负地形随之抬升形成了如今澎湖峡谷群下段。南海海平面的变化对澎湖峡谷群的发育和演化有重要影响。第四纪晚期低海平面时期，陆架大片出露，陆上河流供应的大量碎屑物质可直接到达陆架边缘甚至上陆坡，重力作用下大量陆源碎屑物质顺坡而下形成具有很强侵蚀、搬运能力的高密度沉积物重力流——浊流，对澎湖峡谷群海底沉积物和地貌形态的塑造和演化有重要影响，浊流从峡谷上段顺坡而下，能量逐渐减小，沉积作用不断增强，形成了峡谷上段、中段和下段的明显不同形态特征。高海平面时期，陆架被海水淹没，陆上河流供应的碎屑物质堆积在滨海地区，大陆边缘浊流不发育。峡谷群北部的南海北部陆坡是陆源碎屑物质运移的主要通道，南海北部陆坡发育的 NW 向断裂控制了部分水道的分布，陆源物质沿此水道顺坡而下，切割陆坡形成了如今的澎湖峡谷群。

3）勇士海谷

南海南部峡谷选取巴拉望岛北部勇士海谷（图 3-220）作为代表分析南海南部海底峡谷成因及演化。勇士海谷位于南海南部北巴拉望地块陆缘，峡谷头部切割陆架，属于陆架侵蚀型峡谷。北巴拉望地块整体呈 SW-NE 走向，北邻菲律宾海板块，西侧为南海海盆，南邻南巴拉望地块，东侧为苏禄海。勇士海谷呈树枝型（表 3-11），峡谷头部有若干小型分支峡谷，峡谷长 144km，平均宽度约 5km，最大下切深度 233m，平均坡度为 6°，整体走向呈 NWW 向。勇士海谷与绝大多数南海南部海底峡谷相同，呈独立分布，这与南海北部很多以密集型峡谷群的分布方式有明显不同。分别从勇士海谷的上段、中段和下段做横向剖面图，从剖面图可以看出峡谷上段（a-a′）剖面形态以 "V" 字形为主，小型分支众多，峡谷下切深度较低，宽度较窄，表明峡谷上段以侵蚀作用为主。峡谷中段（b-b′）峡谷分支减少，剖面形态以 "U" 字形为主，下切深度增大，同时可看到谷底有起伏，表明峡谷中段以沉积作用为主。峡谷下段（c-c′）为整条峡谷的主干道，剖面呈 "U" 字形，切割深度较深，峡谷北侧谷壁（6.7°～11.8°）明显比南侧谷壁（1.8°～8.3°）更陡，我们推测剖面上除了峡谷主干道的其他起伏为峡谷两侧发育的沉积物波，表明此段强烈的沉积环境。根据侵蚀特征可将峡谷分为上部和下部，峡谷上部包括众多分支和水道，这些水道大部分切割陆坡，也有一些切割陆架；峡谷下部为峡谷的主干道。从峡谷平面图可见峡谷下部北侧发育有沉积物波，Yin 等（2018）推测此处沉积物波在中中新世到晚上新世期间发育形成。

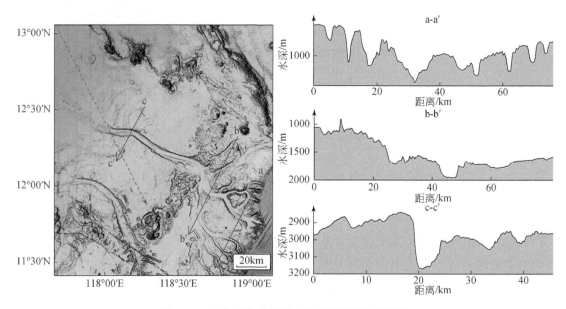

图 3-220　巴拉望岛北部勇士海谷平面图及剖面图

　　图 3-220 红色虚线位置处即勇士海谷下部测得一地震剖面并做出解释（图 3-221），从地震剖面图可识别出 H1-H6 共 6 个不整合面，经分析可知分别为晚渐新世、中新世、中中新世、早中新世、上新世基底以及海底。如今的峡谷充填（图 3-221 中的黄色）位于 H3 和 H6 不整合面之间，因此推测此峡谷从中中新世就存在。从地震剖面可以看出，勇士海谷随时间有明显的横向迁移和顺坡迁移，峡谷两侧的阶地就是峡谷横向迁移的产物，峡谷阶地是由谷壁滑动和滑塌或者峡谷两侧的不对称侵蚀和沉积形成，北半球沉积物重力流（尤其是浊流）受科氏力影响更容易向右岸（峡谷北侧）侵蚀，右岸沉积减少，形成了峡谷南侧的线性阶地，勇士海谷内的大型线性阶地解释为由于峡谷两侧的不对称侵蚀和沉积导致的峡谷迁移。距峡谷上坡 55km 处埋藏的叶状沉积物的存在表明峡谷随时间的顺坡迁移，而峡谷充填的之字形模式则是峡谷横向迁移和顺坡迁移共同作用的产物。

　　可能影响和控制勇士海谷演化的因素包括海平面变化、气候条件和构造活动。勇士海谷在海平面上升时期活跃而在海平面下降时期不活跃。根据现代层序地层学，海平面上升时期，物源减少，浊流活动减弱，峡谷迁移速度随之降低；海平面下降时期，陆源物质能够直接到达陆坡，浊流活动随之加强导致峡谷的迁移速度提高。二者之间的矛盾表明海平面变化不是控制峡谷发育的主要因素。中新世之前温暖湿润的气候条件能够促进峡谷的侵蚀和陆源物质向深海的运移，从而有利于峡谷的演化，而上新世以来持续的降温和干燥气候导致了峡谷运动速率的减慢。勇士海谷的明显迁移与巴拉望陆块和菲律

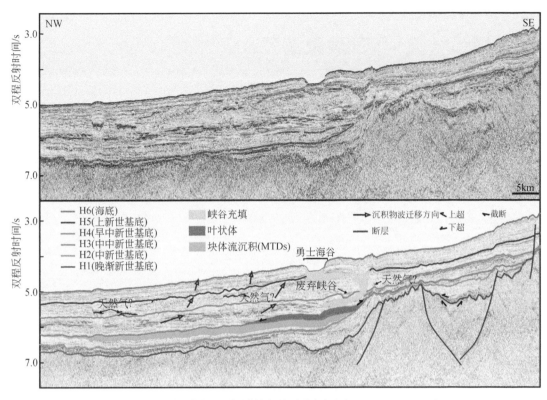

图 3-221　勇士海谷地震反射剖面解释图（改自 Yin et al., 2018）

宾海板块的碰撞发生在同一时期，而峡谷发育时期（中中新世之前）与碰撞开始时期一致，随后，碰撞由早期的强烈活动演化为后期的微弱活动或相对静止，对应于峡谷之字形迁移模式和后期的平稳期。峡谷北侧发育的沉积物波是粗粒度沉积物过岸沉积以及浊流溢出峡谷形成，这与当时发生的剧烈构造碰撞时间一致，随后沉积物波发育减少，表明浊流溢出减弱，也与构造碰撞减弱相对应。综上分析，中中新世以来峡谷的迁移能够与巴拉望陆块和菲律宾海板块的碰撞在时间上和控制峡谷活动的机制上很好地对应起来，因此推断这次碰撞事件是控制勇士海谷发育尤其是迁移的主要因素。中-晚中新世，强烈的区域构造活动导致峡谷下部剧烈之字形运动；从上新世开始，构造活动的相对平静有利于峡谷的稳定发育；上新世以来的区域性气候变冷和干燥导致了峡谷后期迁移的减弱或停滞。

　　南海由于其特殊和复杂的构造环境形成了众多特征不一的海底峡谷，通过上述分析认为南海海底峡谷的成因和演化不是由单一因素决定的，而是多种因素共同作用的结果，包括构造活动、底流作用、水动力作用、海平面变化和气候条件等。由于其富含的丰富资源、特殊的构造环境和政治原因等，南海区域已成为当前地球科学研究的热点，我国目前对海底峡谷的研究还处于初始阶段，对于作为特殊海底地貌单元的深水海底峡谷体系的深入研究不仅可以提供丰富的构造演化史、古气候和海平面变化信息，极大深化对于大陆边缘源-汇系统的认识，而且能够为深水区油气勘探和有利储层的预测提供有力支持。

3.5 海底地貌发育的影响因素分析

海底地貌是内、外营力共同作用的结果（王颖，2012）。内营力主要指地球构造作用，包括板块运动、俯冲以及岩浆喷发，从而形成深邃的海沟、高耸的海山等多姿多彩的构造地貌。外营力多种多样，包括水动力、海平面变化、人类活动、生物作用等。内营力形成海底地貌的宏观形貌，外营力对于原始形成的地貌进行搬运、侵蚀、堆积和改造，起到"削峰填壑"的作用。

3.5.1 地质构造作用对地貌发育的影响

3.5.1.1 渤海

不同基底构造是影响海底地貌发育的基础。渤海地区所处的构造单元与基底的构造性质，不仅影响着渤海周围的地貌形态，而且也决定着渤海海岸与海底的地貌特征，渤海的主要构造线为 NE、NNE 向（刘光鼎，1992），它控制着现代渤海的范围，也决定着现代渤海的岸线轮廓与海底地貌类型分布的基本格局。现代渤海形成于全新世海侵，海底地貌发育年轻。渤海是一个内海，是一个新生代的隆起和拗陷运动产生的沉降盆地，从中生代末期，渤海四周大部分地层上升隆起，而渤海已开始断陷下沉。自新生代以来，受北东向郯城-庐江大断裂控制的影响，并于古近纪断续下沉，形成一系列狭长湖泊和低洼湿地，至新近纪，经大规模剧烈下沉之后始具雏形。全新世气候变暖、冰川融化、海面上升，渤海与黄海沟通，形成现今海域格局。

3.5.1.2 黄海

黄海是介于胶辽隆起与华南-岭南隆起带之间的一个大型中、新生代断陷盆地。北黄海发育于胶辽隆起背景之上，其基底是前寒武纪变质岩；南黄海基底是古生代褶皱带，盆地西与苏北盆地相通，是一个基底构造十分复杂的中新生代盆地（刘光鼎，1992）。在此基础上发育北黄海、南黄海北部和苏北-南黄海南部 3 个中、新生代断陷盆地。晚上新世以来整体沉降，奠定了陆架平原地貌基础，第四纪几经海侵、海退，全新世海侵才形成现代黄海的面貌。

3.5.1.3 东海

东海为太平洋与中国大陆之间的一个边缘海，在构造上，位于欧亚板块和太平洋板块作用的交汇地带，是太平洋沟-弧-盆体系的典型发育地区。构造运动对东海地貌的形成与发育有着决定性的作用。自晚白垩世以来，东海先后经历了基隆运动、雁荡运动、瓯江运动、玉泉运动、龙井运动和冲绳海槽运动六次区域性的构造运动（金翔龙，1992）。其中，以早白垩世末期的基隆运动、始新世末期的玉泉运动和中新世晚期的龙井运动对东海的形成最为重要。基隆运动揭开了东海发育的序幕，使东海大陆架西部出现一系列断陷盆地；玉泉运动使得东海结束了断陷发展阶段，而转入拗陷发展；龙井运动致使东海的巨厚地层褶皱、抬升和剥蚀。此后，东海便进入了区域沉降阶段。东海的构造运动有着随时间的推移而自西向东发展的趋势，目前东海的构造格局已经基本稳定，而表现出一些正负相间的构造带，由西向东依次为浙闽隆起带、东海陆架盆地、陆架边缘隆褶带、冲绳海槽盆地及琉球隆褶带，这些构造带的走向均为由北向南由 NNE-SSW 向转为 NE-SW 向，中部转折处微微向东南方向凸出，构成了整个东海"东西成带"的构造地貌格局。

长期以来，国内外在东海做了大量的调查和研究工作，通过以地震为主，包括重磁等地球物理的勘测工作，以及以寻油气为目的的钻井资料，对东海盆地进行了较深入的综合研究，查明了东海地质构造基本特征，建立了新生代地层层序。根据新生代地质构造特征，东海一级构造单元被划分为"三隆二盆"（金翔龙，1992）：东海浙闽隆起区、钓鱼岛隆褶带、琉球隆褶区、陆架盆地和冲绳海槽盆地（图 3-222）。其中将东海陆架盆地、冲绳海槽盆地各划分出四个二级构造单元，即前者的福江凹陷、浙东凹陷、台北凹陷和台西凹陷及后者的陆架前缘、吐噶喇、海槽凹陷和龙王隆起。

东海陆架盆地又可进一步分出 16 个三级构造单元，其中浙东凹陷有长江、钱塘、西湖三个凹陷和虎皮礁、海礁两个凸起；台北凹陷有瓯江、闽江、基隆三个凹陷，鱼山凸起和雁荡、台北两个低凸性质构造带。东海陆架断裂按走向可分为 NE 向、NNE 向和NW 向三组（图 3-222）。其中 NE 向的基底断裂有南通－小黑山断裂、长江口－济州岛断裂和宁海－下福山断裂；NNE 向的基底断裂有东海陆架沉降带西缘断裂和东海陆架沉降带西侧及东侧断裂；NW 向的断裂有宫古－钓北断裂、久米岛－渔山断裂带、冲绳－舟山断裂带和奄美－虎皮礁断裂。断裂控制了陆架的形成和发展，同时造成了东海东西分带、南北分块的构造格局。东海是一个断陷盆地，经历了断陷－断拗－拗陷的发展过程。自西向东，分别由陆架沉降带、陆架边缘隆起带、冲绳海槽张裂带组成拗－隆－拗的构造格局。在同一构造带，自北向南又由次一级拗陷和隆起组成。NE、NNE 向断裂控制了东西分带的格局，而 NW 向断裂则造成了南北分块的格局。受后期沉积动力过程的影响，东海陆架的构造行迹已经被掩埋，而在东海与菲律宾海之间的沟－弧－盆体系依然清晰可见。

东海陆架至海槽现今的构造格局是欧亚、印度和太平洋三大板块间相互作用的结果，欧亚板块向东蠕散导致的陆缘扩张为东海陆架盆地和冲绳海槽盆地提供了前期形态，而印度板块和太平洋板块的运动、俯冲和多次运动转向导致了现今的构造格局。早中新世末期，菲律宾板块沿钓鱼岛隆褶带东侧俯冲，使原属于欧亚大陆东部的海西－印支褶皱带被拉开（许薇龄，1988），形成琉球海沟、琉球岛弧和冲绳海槽盆地的雏形，揭开了冲绳海槽构造演化的序幕，同期日本地区发生了高千穗运动，台湾地区发生了埔里运动。该期构造运动的扩张方向是 N135°～N155°，并导致海槽的扩张量为 50～80km，以台湾北部为中心相对于欧亚板块进行的旋转导致了北部海槽宽度的增加（Sibuet，1998）。在海槽与琉球群岛地区普遍出现裂陷，造成串珠状沿正断层走向分布的裂陷盆地（金翔龙和喻普之，1987）。自上新世/更新世以来开始了冲绳海槽构造运动 II 幕，该期运动以倾斜断块为特征，形成 N45° 走向断距达到 50m 的正断层，典型构造地貌特征是沿轴线雁行排列的 15km 左右宽度的地堑型洼地，该期运动方向为 N155°～N170°，扩张量达到 10～15km，旋转中心定位于东京，位于海槽扩张的东北部（Sibuet，1995）。更新世以来，冲绳海槽从上新

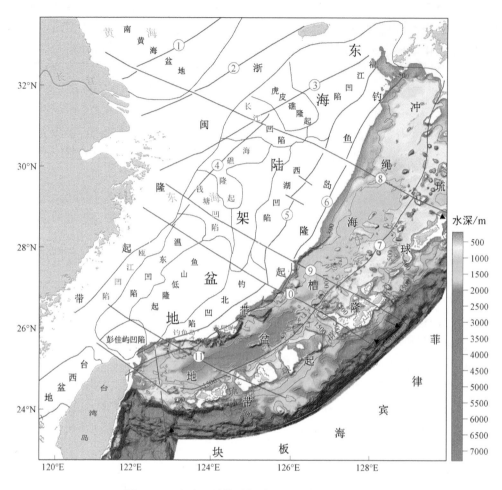

图 3-222 东海区域构造概略图（吴自银，2008）

主要断裂（金翔龙，1992）：①南通 - 小黑山断裂，②长江口 - 济州岛断裂，③宁海 - 东福山断裂，④东海陆架沉降带西缘断裂，⑤～⑥东海陆架沉降带西侧及东侧断裂，⑦冲绳海槽东缘断裂，⑧奄美 - 虎皮礁断裂，⑨冲绳 - 舟山断裂，⑩久米岛 - 渔山断裂，⑪宫古 - 钓北断裂

世时的串珠状断陷盆地演化为一个整体统一的大海槽，并在南端出现扩张现象（金翔龙和喻普之，1987）。通过地震剖面和测井对比（Tsuburaya and Sato，1985）确定晚更新世—全新世（Furukawa et al.，1991）以来又开始了冲绳海槽构造 III 幕，构造地貌特征是垂直断距为十余米的正断层和位于中央洼地的新生线性海山，该期运动方向为 N175° 左右，扩张量在中央海槽估计为 1～3km，旋转中心定位于夏威夷。综上所述，冲绳海槽的构造演化过程可以概括为中新世的拱顶、断陷—上新世 / 早更新世的被动拉张—晚更新世 / 全新世后的主动扩张，三幕构造运动的方向、特征和动力机制明显不同，运动方向的多次改变导致海槽多种走向构造地貌并存，中部海槽断块是构造运动转向的直接证据，第 III 幕冲绳海槽的扩张运动有明显活跃和加速趋势。

三期构造运动不仅塑造了冲绳海槽 U 形槽状特征，还在海槽底部形成了形式多样的构造地貌类型。例如，沿海槽轴向分布的雁行排列中央洼地（吴自银等，2004；李家彪，2008），两壁分布断距为数米至十余米的正断层，在南部中央洼地还分布着线性特征明显的新生海山。在中央洼地还获得了新鲜的橄榄拉斑玄武岩样品，化学分析表明其具有地幔柱洋中脊玄武岩特点（李巍然等，1997），还分布线性海山，如南部的小野寺海山，以及中北部多条平行排列的线性海山链，这些线性海山也是海槽不断扩张的产物。穿越海槽的地震剖面证实了海底扩张中心的存在，扩张轴沿海槽轴线方向延伸（Sibuet，1987）。构造地貌（吴自银等，2004；刘忠臣等，2005；栾锡武和岳保静，2007；李家彪，2008）、岩石学（李巍然等，1997；黄朋等，2006）和地球物理学（梁瑞才等，2001a，2001b；高德章等，2004；郝天珧等，2004）的证据都标志着冲绳海槽南部已经在拉张和沉降的基础上进入海底扩张阶段。冲绳海槽中部线性海山和中央洼地是海底拉张及扩张的结果，山脊线及洼地轴线是冲绳海槽中轴线。三期构造运动不仅塑造了海槽的基本形态，也控制了海槽中轴线的分布。

3.5.1.4 南海

在构造格局上，南海位于欧亚大陆、太平洋和印度洋三大板块的交接处，其周边陆缘区域属大洋型地壳构造域与大陆型地壳构造域之间的过渡型地壳构造域。南海周边陆缘构造运动复杂，大规模的水平运动伴随着大规模的垂直运动，强烈的陆缘扩张伴随着强烈的陆缘挤压；陆壳在北缘离散解体，又在南缘拼贴增生；洋壳在中央海盆新生，又在其东邻的马尼拉海沟消减；陆缘地堑系在陆缘扩张过程中形成，岛弧 - 海沟断褶系在挤压过程中发育（刘昭蜀等，2002）。

南海北部边缘为华南陆架，其展布方向大致平行于呈 NE 向延伸的海岸线，其内发育一系列阶梯状正断层及其所围限的基底地堑和地垒。基底地堑控制着新生代断拗盆地的形成和发展，盆地中充填有巨厚的沉积，生、储、盖发育，为拉张型或离散型边缘；南海南部边缘的南沙海槽（巴拉望海槽）呈 NE 向展布，在加里曼丹岛北部形成向南凸出的弧形断褶带及一系列叠瓦状冲断层，前第四系遭受不同程度的变形和变质，为挤压型或聚敛型边缘；南海西部边缘为狭窄的越东陆架，呈 SN 向展布，与海岸线大致平行。陆架上有一系列平直的阶梯状正断层，具剪切 - 拉张特征，先剪后张，依次由西向东断落；近 SN 向的台湾 - 北吕宋岛弧和马尼拉海沟位于南海海盆东缘，凸向南海。对于南海海盆的演化历史，至今仍处于热论中，但时至今日普遍的观点已承认南海存在多个扩张中心以及发生过晚始新世—早渐新世以及晚渐新世—早中新世两次扩张过程（李家彪，2005；张训华，2008）。

南海海底扩张留下诸多的构造地貌行迹，在西南次海盆，存在平行排列的长龙海山链与飞龙海山链，是明显的海底扩张的证据。在中央海盆，存在以"珍贝 - 黄岩海山链"为中心的系列对称性的线性海山。李家彪（2005）据此识别了中央海盆系列的线性构造，包括平行"珍贝 - 黄岩海山链"的线性断裂，以及与之垂直的断崖断阶构造，在西南海盆也识别了系列线性构造（图 3-223）。但通过系列穿过海盆的多道地震剖面分析，南海形成时诸多的海山已经被巨厚的沉积物淹没（图 3-137），如果剥蚀这些沉积物，南海海盆原始形成的构造地貌将大不同。

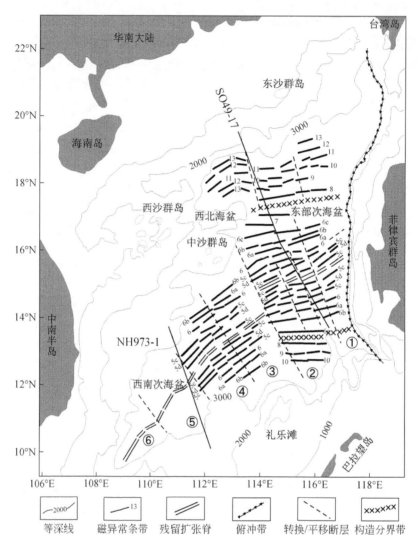

图 3-223　南海海盆构造分区与磁异常条带分布图（李家彪等，2011）

①~⑥为6个洋段

　　迄今，关于南海构造演化的认识，主要来自磁条带的识别与研究成果。关于中央海盆的扩张年代似乎争议不大，Ben-Avraham 和 Uyeda（1973）在南海东部中央海盆首次识别了 EW 向的线性磁条带，Taylor 和 Hayes（1980）进一步证实了 EW 向磁条带对称分布，认识到黄岩海山链是海盆扩张后形成的残留扩张中心，通过磁条带的对比，认为中央海盆形成于 32 ～ 17Ma，该扩张年代被多数学者认可，如姚伯初等（1994）、姚伯初（1998）、李家彪（2005）、Briais 等（2011）。金钟等（2004）、金钟和徐世浙（2002）根据南海海盆海山磁性反演，证实了南海海山以"珍贝 - 黄岩海山链"为扩张中心，向北及向南发生了长距离的迁移，纬向运动最大达 11°，南海周边大陆和岛屿的古地磁研究也证实了南海的扩张。

　　但关于西南海盆的扩张年代和模式仍存在诸多争议。Taylor 和 Hayes（1980）根据单道地震和重力数据，推断南海西南海盆存在一个 NE 向的残留扩张中心。Taylor 和

Hayes（1980）以及 Briais 等（2011）基于磁异常条带的识别与对比，认为海盆扩张为 6b～5c，扩张时间为 23～16Ma。李家彪等（2012）通过对南海西南海盆的高分辨率多波束构造地貌分析及其与多道地震剖面的综合对比研究，识别了 6b～5c 的磁条带异常，建立了西南海盆渐进式扩张的构造演化动力模式。姚伯初等（1994）通过高、低通滤波，分离出浅源和深源异常，鉴别了南海海盆完整的磁条带异常图，在西南次海盆得到 18～13 号磁异常，推测西南海盆形成于 42～35Ma，其主要依据为通过对穿过中央次海盆与西南次海盆的地震反射剖面分析，发现西南次海盆比中央次海盆多一套新生代沉积，认为西南次海盆的形成年代早于中央次海盆，并用大洋基底的深度资料计算了洋壳的年龄，发现西南次海盆洋壳的年龄老于中央次海盆（姚伯初，1998）。两种完全不同的观点，导致西南海盆扩张年龄的认识相差了 20Ma，也许需要深海钻孔结果的最终证实。

3.5.2　海平面变化对地貌发育的影响

3.5.2.1　海平面变化对地貌的影响

全球性的气候冷暖变化、冰期及间冰期所引起的海平面变化是直接影响海岸地貌发育的因素。第四纪以来，中国海海平面出现巨幅波动（图 3-224），使我国近海陆架在海进海退的过程中塑造出大片类型各异的陆架及海岸带地貌，形成各类古地貌，包括浙闽沿海、琼州海峡近岸区海面以上的海蚀阶地、海蚀平台等海岸地貌，以及我国近海陆架区的古三角洲、古潮流沙脊群等。

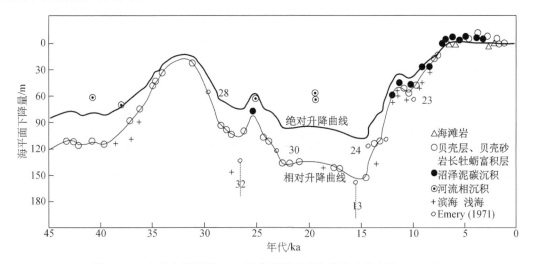

图 3-224　中国东部海域 45ka 以来海平面变化曲线（吴自银，2008）

晚更新世以来，中国海先后经历了里斯‒玉木间冰期、玉木亚间冰期、冰后期三次大海进和早玉木冰期及晚玉木冰期两次大海退交替变化（秦蕴珊等，1987）。在晚玉木冰期时（23～11ka BP）更是达到鼎盛，海平面平均下降至水深 130m 以深（朱永其等，1979）。同样的海平面变化也影响了南海区域，据资料显示，南海海域的海退阶段在晚玉木冰期达到鼎盛，海平面随之下降至水深 130m 以深，而珠江河口区在晚更新世初期、中期、晚期和全新世中期曾先后发生过5次海进及其间的海退，构成了珠江三角洲的5套海陆交互相堆积层。多次海进与海退，岸线摆动较大，因而引起海岸动态、水动力条件、物质来源和沉积环境的显著变化，在海岸和海底地貌上以及沉积物分布上都反映了这种变化。

在末次冰期和冰后期，气候相对较为温暖，海水一般处于高海面时期，滨海部分陆上区域被淹没，河口三角洲向陆上区域延伸。近岸区基岩遭受侵蚀形成多处海蚀地貌及海相沉积，古岸线向陆扩张。而冰期期间，由于气候干燥，物理风化作用强，陆上区多形成剥蚀平原和古风化壳，而在海洋上则一般处于海退期间，海平面下降，大陆架被河流相、湖泊相沉积覆盖，形成了宽阔的三角洲和平原等堆积地貌，并切割出河谷和湖泊洼地。同时，海退时海岸线在外陆架平原的不同位置上多次停顿，可塑造出多级古岸线、古海滩阶地、古沙坝－潟湖体系、古三角洲等，如黄海辽东湾口外保留的低海平面时残留的古海滩、东海长江口水下古三角洲、南海珠江口外水下古河道等。

3.5.2.2　海平面变化与沉积地层演化模型

陆架地貌是沉积地层发育累计的最终表现，为了揭示地貌发育的过程，有必要探讨地层的发育过程模型。以10万年为主周期、伴随约4万年及2万年周期的米兰科维奇循环导致了全球性约10万年周期的冰期－间冰期变化，区域性的海平面大幅度升降是对全球性冰川消长的响应。海平面变化控制了陆架沉积地层的发育，距今10万年周期的海平面变化在东海陆架形成了6个沉积地层，在海平面下降期、低水位期、枯水期、海侵期和高水位期依次发育了FRST、LST、CST、TST和HST，海底沙脊属于TST，形成于海侵期（图3-225，图3-226）。中法单道地震资料清晰地揭示了100ka三次气候周期，发育了三套地层，每组地层又细分为若干准层序，分别对应了不同时期的层序体系域，与经典层序地层模式相比，100ka气候周期揭示了其高分辨率的地层层序（图3-225）。

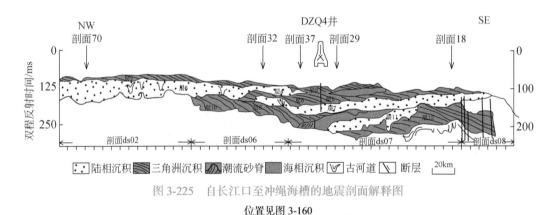

图 3-225　自长江口至冲绳海槽的地震剖面解释图

位置见图 3-160

1）强制海退体系域（FRST）

在东海中外陆架，广泛分布一套内部反射层自NW向SE延伸的楔状沉积体U_5（图3-225），上界面被古河道强烈侵蚀而残缺不全，下界面在DZQ4井西部与下伏层U_6呈假整合接触，在该井东部直接下超到陆相沉积层U_9之上，属于典型的三角洲前积层序。经钻井DZQ4测年分析，该套层序形成于50ka BP前后，属于MIS三期海平面下降期形

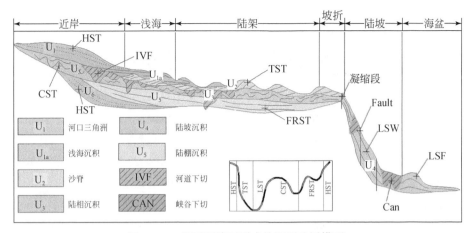

图 3-226 海平面旋回形成的沉积地层模型

成的沉积层。Hunt 和 Tucker（1992）将形成于海平面下降期间的沉积物定义为强制海退体系域（FRST），是指在相对海平面下降期间的岸线向盆地方向迁移，不同于相对海平面高位或上升期间因沉积物而发生的海岸退却。

2）低位体系域（LST）

在图 3-225 展示的地震剖面解释图中，126°30′E 以东至冲绳海槽中部，发育一套 S 形的沉积层 U_3，层内反射层平行或亚平行。从地层形态来看，与陆架三角洲沉积层并不相同，陆架三角洲地层整体外形一般为自西向东缓慢倾斜的楔状体，而位于陆坡区的沉积层为典型的 S 形。从地层连续性来看，位于陆坡的这套沉积层在坡折处被断层截断而与陆架层序难以连续跟踪。从地层发育时期分析看，发育于陆坡至海槽区的这套沉积层应是最低海平面时期的产物。根据层序地层经典模式，该套层序应属于低位体系域（LST）。从空间分析看，东海 LST 应分布于东海陆架外缘、陆坡至海槽中部区。在 LST 中，有几个地质现象值得关注：活动断层、泥火山和海底峡谷。活动断层发育表明东海陆坡区构造活动频繁，泥火山可能是东海陆坡存在天然气水合物的指示，海底峡谷是陆架沉积向海槽输送的通道，也是陆坡区沉积发育的重要因素。

3）陆相沉积（CST）

在东海陆架发育 4 层陆相层：U_4、U_9、U_{11} 和 U_{16}，与其他沉积层相比，陆相层内部反射杂乱，横向相变剧烈，不可连续跟踪，典型特征是 V 形下切河谷发育。在经典的层序地层模式中并未提到陆相沉积层，在东海前期建立的地层模型中也未提及陆相沉积层。目前的陆相层研究集中于长江口附近的陆地钻孔，海区研究很少，陆相沉积作为东海陆架环境演化中极其重要的一个环节理应受到重视。

4）海侵体系域（TST）

U_2 和 U_{14}（图 3-225）属于海侵体系域，共同特点是顶界面呈现槽脊相间的特征，内部纹层理为 NE-SW 向高角度斜层理，下界面多变，内部反射层与顶界面呈上超关系，与下界面呈下超关系，是典型的沙脊特征。沙脊内部结构与三角洲内部倾斜层理的差异在于内部斜层理的角度大、纹层理横向延伸小，三角洲内部层理虽然也呈现倾斜延伸特征，但内部纹层理横向延伸规模要大得多，且三角洲缺乏沙脊顶界面的槽脊相间特征。沙脊的顶界面一般被认为是最大海侵面（MFS）的标志（Berne et al., 2002），底界面被认为是波蚀面（WRS）的标志（Yoo et al., 2002），因此，沙脊也被用来作为海侵和高海平面的标识。

沙脊层序的下伏层地震相多变，其中引人瞩目的是 V 字形下切河谷，在 Yoo 等（2002）的地层模式中将 V 字形下切河谷定义为海侵河口 / 三角洲复合体，在 Berne 等（2002）的地层模式中被定义为海侵初期河口沉积伴随河道充填。但 V 字形下切河谷是否是 TST 产物值得深入研究，至少下切河谷形成于海退期，在河谷下切发育的过程中也可能发生摆动，尤其在极其平坦的陆架上更容易形成辫状河道（李广雪等，2004a），早期形成的河道也可能在此过程中被掩埋。更多的下切河谷应该在海侵初期被充填。

5）高位体系域（HST）

约 100ka 的全球冰期—间冰期旋回形成或改造了陆架相应的地层，在高水位期形成的地层被称为 HST（图 3-225），最大海侵面（MFS）是区分 TST 和 HST 的典型标志界面，沙脊顶界面一般被看作 MFS。内部层理呈 S 形前积斜层理的河口三角洲是 HST 的代表性地层，近岸泥质沉积（Liu et al., 2007）也属于 HST，此外，滨外风暴沉积和滨岸沉积体系也被归纳为 HST。中更新世以来，东海陆架中属于 HST 的地层分别是 U_1、U_6 下部和 U_{13} 下部（图 3-225）。U_1 层主要分布于东海近岸 60m 以浅海域。7ka BP 前后东海海平面达到最高点，已高于现海平面，当时古长江河口可能在扬州、镇江一带，推测现太湖以东的大片陆地曾发育 HST，浙闽一带为基岩海岸，最大海侵时岸线可能稍向西后退，但基本轮廓与现岸线类似。

在海平面上升期（图 3-227）和下降期（图 3-228），陆架的地层发育差异很大。在海平面上升初期，前期由于河道下切形成的 V 字形河谷将被充填，在 V 字形河谷中高角度斜层理或杂乱的地震相特征表明这种充填过程非常迅速，V 字形河谷的底界被称为海侵边界层 T.M.S.E（Berne et al., 2002）。随着海平面进一步上升，陆架水深在 30m 左右时适合沙脊的发育，沙脊的顶界面是最大海侵面 MFS 的标志。河谷的后期充填和沙脊共同组成陆架的 TST。随着海平面进一步上升，沙脊停止发育，河口后退（河道回春作用），在近岸将发育三角洲沉积，形成近岸 HST。

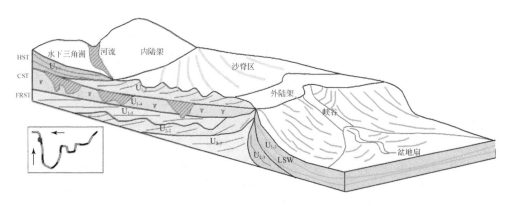

图 3-227　海平面上升期的地层发育模型

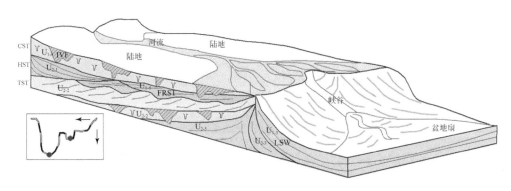

图 3-228　海平面下降期的地层发育模型

在海平面下降初期（图 3-228），前期形成的 HST 也可能继续发育，当海平面进一步下降后，河口向海方向迁移，三角洲也随之迁移，从而形成 FRST。海平面进一步下降后，陆架将裸露为陆地，前期形成的三角洲或沙脊将遭受侵蚀，甚至土壤化，与此同时，河口已推进到陆架外缘，沉积物通过海底峡谷直接输送到陆坡甚至海盆，从而形成 LST。

3.5.3　沉积动力对地貌发育的影响

3.5.3.1　中国海动力环境基本特征

中国海动力环境非常复杂，包括海流、潮流、波浪、风暴潮、径流等，在时空上形成非常复杂的格局，但与陆架地貌发育最密切相关的是海流和潮流。

1）中国海海流概述

在海面风、温盐、密度和径流等因素的作用下，海水经常做大范围的、相对稳定的水平方向和垂直方向运动，称为海流。海流在海洋内部的能量、热量、物质输送以及污染物漂移等方面起着大动脉的作用，把世界各大洋联系在一起（孙湘平，2008）。环流一般指一个海区内的各种海水组成的"总循环"模式，包括各种海流的组成、结构、分布与变化，为气候式的海流平均状况。

中国近海环流的研究由来已久，成果甚多，其中具代表性的环流图包括 1934 年宇田道隆根据 1932 年 5～6 月大规模准同步调查绘制的中国东部海域环流图（郑义芳等，1985），管秉贤（1962）基于 1958～1960 年首次全国海洋普查资料绘制的中国近海环流图（图 3-229）、苏纪兰（2001）编制的中国海域环流模式图（图 2-1）、近藤正人（1985）以 50m 层为例绘制的中国近海水系与流系图（图 3-230）。

中国东部海域的环流由两大流系组成，一是来自外海的黑潮及其分支，具有高温高盐的特点，二是由当地海域生成的海流，包括沿岸流和风生海流，统称为沿岸流，具有低盐特点。外海流系北上、沿岸流南下，形成气旋式环流。黑潮起源于菲律宾海，自台湾岛东侧北上进入东海，并在台湾有一分支台湾暖流进入台湾海峡，黑潮北上至济州岛南端分为两支，一支为对马暖流经朝鲜海峡进入日本海，另一支为黄海暖流沿黄海槽继续北上直至

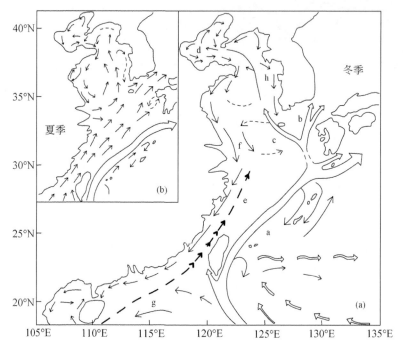

图 3-229 中国东部海域环流模式分布（管秉贤，1962）

（a）冬季；（b）夏季

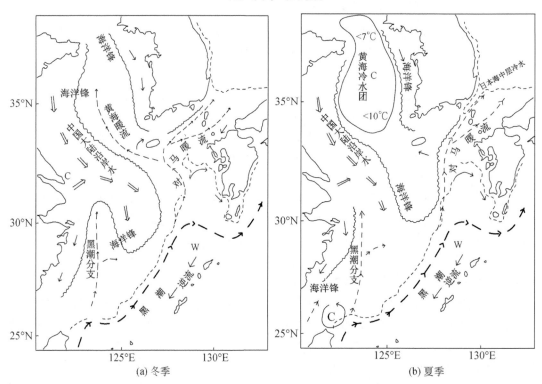

(a) 冬季

(b) 夏季

图 3-230 中国近海水系与流系分布（近藤正人，1985）

渤海湾形成渤海环流，黄海暖流由宇田道隆（1934）首次提出并命名。沿岸流主要包括西朝鲜湾沿岸流和中国沿岸流，在不同区域又被命名为多个区域性的沿岸流。近藤正人（1985）的流系图中尤其突出了海洋锋面，包括黄海暖流与中国沿岸流形成的海洋锋，黑潮分支与浙闽沿岸流形成的海洋锋，以及黄海暖流与朝鲜沿岸流形成的海洋锋等，洋流和锋面存在季节性的变化。

　　2）中国海潮流概述

　　海水在月球及太阳引力作用下发生周期性的涨落运动称为潮汐，同步产生的水平运动称为潮流。渤海、黄海和东海的潮汐和潮流分布，最早由 Ogura 于 20 世纪 30 年代根据实测资料汇出，数十年来人们采用不同的方法对中国近海陆架的潮汐与潮流进行了大量的调查研究，取得了丰富的成果。中国近海的潮汐主要由西北太平洋传入的协振动潮波（孙湘平，2008）、太平洋潮波从东南方向进入日本和菲律宾之间的洋面，分南北两支分别进入中国近海，北支经日本与中国台湾之间的水道进入东海，南支从吕宋海峡进入南海。经琉球群岛一带传入东海的潮波以半日潮占优势，进入南海的潮波以全日潮占优势。进入东海的半日潮波大部分保留前进波性质，但有一部分潮波受岸线反射的影响，在舟山群岛以南形成驻波。进入黄海的潮波，一支受山东半岛南岸的反射，另一支受黄海北端岸线的反射，入射波与反射波相互作用，在山东半岛成山角东，以及海州湾外形成两个逆时针旋转的驻波系统。通过渤海海峡进入渤海的潮波，在渤海西岸的反射作用下，在辽东湾西侧和渤海湾南侧形成两个驻波系统（图 3-231）。

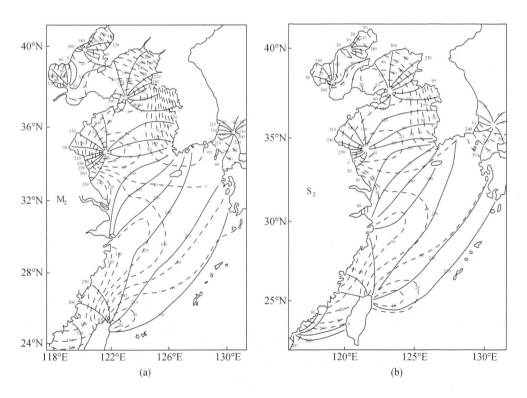

(a)　　　　　　　　　　　　　(b)

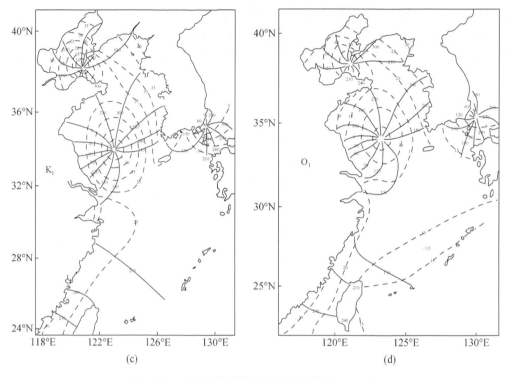

图 3-231　中国近海潮流分布图（孙湘平，2008）

3.5.3.2　动力环境对地貌的影响

　　海平面稳定后，海岸带地貌和陆架地貌是从不同的方面被塑造的。海底的水动力状况如波浪、海流与潮流的分布特征、沉积物流运行的方向与强度、海底的水深条件等，都是支配现代海底地貌形成与发展的因素。海岸带地貌在沿岸径流、入海河流、沿岸流及潮流、波浪的共同作用下发育成长，形态复杂多变。潮汐和波浪所带来的冲刷力，是塑造和形成现代海底地貌过程的基本动力，在潮流集中进入和流出的地带，往往也是地形变化复杂、地貌类型丰富的地方，强大的潮流动力切割海底形成侵蚀洼地和冲刷深谷；潮流的进退搬运泥沙等沉积物，形成潮流沙脊和冲刷深槽。而陆架地貌则主要是由各类海流、沿岸流的综合作用而形成。入海河流每年携带大量泥沙等物质入海，在水动力作用下使泥沙按粒级分异沉积；同时由于咸淡水混合后物理化学条件的变化，细粒悬浮物质发生絮凝作用而沉积，结果使岸线逐年向海延伸，水下三角洲也不断地向海扩展，使海水变浅，地形变缓。

　　流入渤海的河流有黄河、海河、滦河、辽河等，目前河流带入的陆源碎屑物大量填充入海，并参与现代海洋沉积过程。它们不仅在河口附近不同程度地发育了各自的水下三角洲，还把丰富的陆源沉积物质搬运到渤海中部，促进堆积平原地貌的形成，所以，在现代渤海中仅部分表现为浅海相沉积环境。另外，在携带陆源物质较高的黄河和海河外，还会形成高浓度的沉积物流，顺岸移动，它们在适宜的地点沉积以后，便形成了渤海湾一带所特有的宽阔的粉砂淤泥质潮滩。历史时期，黄河年均输沙量为 10.8×10^8 t，黄河口是以径流作用为主的弱潮汐河口，涨潮流速小于落潮流速，泥沙下移，形成陆上三角洲和巨大的水下三角洲。

黄海沿岸流由于受地形控制，在成山角附近流幅变窄，流速急增，最大流速达 0.6kn。绕过成山角后流向西南，流速骤减，使所携带泥沙发生沉积。由于物质来源丰富，故沉积的速度较快，形成了大面积的泥质粉砂现代沉积，结果使水深变浅，地形平坦，形成了水深只有 17m 的石岛外侧浅滩地貌。黄海沿岸流进入南黄海后，受到石岛外侧浅滩的影响而分成两股流南下，最大流速达 0.5kn，把大量粉砂向南携带并对原残留物质进行改造，故对黄海沉积物质类型影响很大。黄海沿岸流的另一分支与海岸平行向西南一直流到海州湾，构成鲁南沿岸流，使泥沙继续向西南搬运，并不断沉积。另外，1855 年前，黄河曾由苏北入海，故南黄海西北部海底地貌上仍保留有古黄河三角洲，黄河改道注入渤海后，使古黄河三角洲物质来源中断。

在现代动力条件下，东海长江口及浙闽一带，沿岸大河及中、小河流的入海泥沙与波浪、潮汐及沿岸流的共同作用下建造了沿岸各种堆积地貌，如水下三角洲、水下堆积台地（岸坡）、河口沙坝、浅滩等。近海陆架则受到东海沿岸流与台湾暖流的锋面影响，使得长江入海细颗粒物质沿浙闽沿岸外一直南下至闽南地区，可达厦门湾海域，从而形成一条狭长的细颗粒沉积带，形成典型的近岸泥楔带（Liu et al.，2007）。而在厦门港以南，即台湾海峡以南，发育多处海底沙丘或垄岗及浅洼地，风浪，特别是台风、风暴潮对海底的作用强烈，使得现今海底地形极为复杂，大型沙波起伏叠置。

南海海流主要由表层流和深层流组成，表层流包括南海暖流、黑潮南海分支、沿岸流和水平环流；南海深层流主要由深层南海暖流、黑潮南海分支、广东沿岸流、越南沿岸流和南海东部沿岸流及大小不等的水平密度环流组成。南海的入海河流包括韩江、珠江、南流江、南渡江、红河和湄公河等，广西沿岸入海河流主要有南流江、大风江、钦江、茅岭江、防城河和北仑河等。河流、波浪、海流和潮汐等海洋水动力条件，是塑造南海海岸带、浅海地貌的直接动力因素，不仅塑造出海蚀崖、海蚀穴、海蚀平台及海滩等各种海蚀、海积地貌形态，而且对松散沉积物起着分选、搬运及再堆积的塑造作用。南海海区是常受台风侵袭的地区，灾害性天气条件下形成的风暴潮和海啸对海岸带地貌的形成影响很大。狂风巨浪引起岸边增水，使波浪对海岸带作用范围和冲击极大地增强，加快了侵蚀、堆积以及泥沙物质的运移，会对近岸区的地貌形态改造造成明显影响。海浪受季风影响明显，强盛的季风掀波作用在浅海区域较为强烈，风浪可影响到底层，在风浪和潮流的共同作用下改造底层砂体的分布，形成现代地貌特征。

对比中国近海的海流系统与中国近海地形地貌特征，会发现一个很有意思的现象，存在锋面区的近岸区域，易生成沿海岸线分布的泥楔斜坡带，尤其在大河三角洲的前沿这种现象更加明显，如鲁东泥楔带、浙闽近岸泥楔带、朝鲜半岛南部泥楔带等，都是发生在黑潮分支与沿岸流的锋面带以内，其中有意思的是，朝鲜半岛南部并无大型河流，依然发育了巨厚的泥楔带，这说明充足的沉积物源是近岸泥楔带发育的必要条件，而海洋锋面起到捕获沉积物的作用，近海锋面限制了海洋沉积物向外海输送。

对比中国近海的潮流系统与中国近海地形地貌特征，会发现另一个很有意思的现象，在往复潮流发育的地方，易发育线性沙脊地貌，如西朝鲜湾、朝鲜半岛东南部海域、弶港辐射沙脊区、东海陆架等；在旋转潮流发育的地方，易发育浅滩及沙波，如渤海浅滩、扬子浅滩、台湾浅滩等。在海峡的出口，潮流的往复特征表现得更加明显，往往加剧了海底沙脊的发育，如老铁山北出口、朝鲜海峡西出口、琼州海峡西出口等。在海峡出口有时也是浅滩与沙波易发育区，如台湾海峡南出口、琼州海峡东出口等。

上述现象表明，海流与潮流等动力过程，在中国海陆架地貌改造过程中起到决定性的作用，海平面变化只是将地貌改造区域在时空上进行移动（Wu et al.，2010）。

3.5.3.3　海洋地貌对动力的影响

以往地貌学家的研究多聚焦在海洋动力对于海底地貌的塑造影响，但海洋地理格局和海底地形地貌特征，也会对洋流以及潮流产生重要影响，如中国海的潮流场格局（图3-231）显然与大陆岸线有密切的关系，在渤海海峡、台湾海峡和琼州海峡出口，因为特殊的海峡效应，导致动力增强，从而发育了海峡出口特殊的沙脊与沙波地貌，在一些情况下动力与地貌二者是相互作用的。

人类活动导致的岸线变化对于潮流格局会产生影响。孟云等（2015）基于渤海2004年和2014年的岸线，构建了渤海三维潮汐潮流数值模式，发现当岸线地形变化后，M_2潮时在渤海湾、莱州湾和渤海中部海域提前，在辽东湾和渤海中部海域滞后；M_2振幅在渤海湾和辽东湾增大，在莱州湾及渤海中部减小；位于秦皇岛和黄河口的M_2无潮点位置分别向西南和东南方向移动。李秉天等（2015）采用FVCOM数值模式，基于1972年和2002年水深岸线数据，对渤海主要潮波系统进行模拟，发现M_2、S_2分潮在黄河口附近无潮点位置向东北方向迁移20km，K_1、O_1分潮位于渤海海峡附近的无潮点向东北方向偏移10km，仅水深变化时导致无潮点向东北方向迁移，仅岸线变化时导致无潮点向东南方向迁移。

区域性的特殊地形会对潮流产生影响。林其良等（2015）利用非结构网格海洋环流模式，研究了浙闽沿岸潮余流的空间变化及其生成机制，发现潮余流与地形β效应成正比，并认为浙闽沿岸海域陡峭的海底地形对潮流有明显的整流作用。薛兴华等（2010）研究了沙嘴海岸地形对黄河三角洲沿岸余流场的影响，发现沙嘴附近的余流流向受地形扰动而不断偏转，使得沙嘴地形特征可能引起局部余环流结构的改变，甚至在沙嘴附近呈现出小的涡环结构，沙嘴对流向的影响随着沙嘴地形距离的增加而渐弱，沙嘴海岸地形还将引起局部流速的增加，并在其附近海域形成高流速区。袁金金等（2018）采用FVCOM模拟了江苏辐射沙脊区的潮波运动，发现辐射沙洲地形使得潮波波形发生形变，使得辐射状汊道的流速变大超过1m/s，使得该海域潮能通量变大，加快了潮能耗散，也使得临界层化参量值向近海移动，即潮混合锋区向近岸移动。

地形的快速变化也会对洋流产生影响。罗义勇等（2001）、张艳华等（2017）分析了东海地形斜坡对东海黑潮陆架坡折锋稳定性的影响，发现平底地形时，扰动的强度大且扰动区域广，但有地形斜坡时，扰动区域变窄，强度变弱，斜坡地形对坡折锋起稳定性作用。

特殊的海底地形不仅影响了潮流场，而且对于海域生物的分布也造成影响。在苏北辐射沙脊区，因潮沟和沙脊相间的特殊地形地貌特征，加之受东海前进波和黄海旋转波作用，形成潮流从北、东、南3个方向向中心辐聚作用，导致潮沟的流速大于沙脊的流速，造成虾类生物量和尾数密度在潮沟内远大于沙脊上、在沙脊与潮间带浅滩之间的深槽处略高于沙脊处的分布特征（阙江龙等，2013）。

3.5.4　人类活动对现代地貌发育的影响

近百年来，人类活动变成海洋地貌发育的一种重要营力。人类活动可直接影响地貌或通过影响地表过程而影响地貌。人类对地貌的作用是全面的，既有建设性也有破坏性。随着人类社会经济的发展，人为因素对地球表面地貌的作用也日益增强。人类对海底地形地貌的探测和认识也进一步提高，在探索、利用海洋的同时，人类也参与到了海底地貌的演化过程中。人工航道的开挖和疏浚、码头的建设、人工填海、海洋石油开采不仅直接改变了海底本来的面貌，而且改变了与之相关的海洋水动力条件，打破了海底的冲淤平衡，从而塑造新的地貌形态。例如，南海珠江口内伶仃洋区域由于地方经济发展需要，对多处近岸区浅海进行砂石填充改造，进行养殖区、机场、港湾的扩建，伶仃洋内还进行多处人工航道的开挖，极大地改变了区域自然地貌的演化进程。另外，近岸区多处海底还发现抛泥、海底管道、沉船残骸等人工地物，一定程度上也成为区域自然地貌的必要组成部分。

海岸带处于陆海交界的过渡带，是人类活动最集中最活跃的地域。河口三角洲是海岸带的重要组成部分，具有极其重要的社会经济和生态环境价值（陈吉余，2009）。在全球气候变化、海平面上升及人类活动等多重因素的影响下，全球河口三角洲正面临巨大挑战（Tessler et al.，2015）。

河口三角洲是河流和海洋动力相互作用下形成的复杂堆积地貌体，受海平面、地质构造、泥沙供应等自然营力的共同影响，三角洲地貌发育模式呈现多样。在传统河口三角洲分类中，以径流、潮流和波浪为代表的自然沉积动力塑造下，可将三角洲划分为河控、潮控和波控三大类（Galloway，1975）。近年来进一步认识到人类活动也是塑造三角洲地貌演变的重要控制因子。人类活动通过影响河流径流、输沙、河网形态、岸线和海底地形（Wu et al.，2018）等，正成为驱动全球许多大型河口三角洲形态演化的重要变量。

我国作为全球第二大经济体，得益于沿海地区经济快速增长。海岸带及河口仅占我国陆地面积的13%，但其产值占总 GDP 的 60% 以上（Ma et al.，2014）。在人类活动与全球气候变化双重胁迫下，我国大型河口地区正面临一系列重大挑战。我国三大河流流域及河口三角洲地区人类活动很多，但各主要河口三角洲共有的、与河口地貌演变密切相关的人类活动主要有流域建坝、河口围垦和人工开挖航道等。

3.5.4.1　流域建坝对长江和黄河三角洲的影响

近几十年来，以流域建坝为代表的人类活动，使得大量泥沙被拦截在水库内，导致河流入海泥沙通量骤减，进而引起河口三角洲地貌出现全面蚀退已是全球性的普遍问题。亚洲的东部和南部地区拥有全球 40% 的大型河流，为应对该地区激增的人口，满足淡水供应和水力发电等需求，在这些大河流域内建造了大量的水库大坝（Wang et al.，2011）。以中国为例，1950 年以前，我国只有 8 座水库；而到了 2018 年，我国已建成各类水库大坝 9.8 万座，总库容约 930km³，约占我国九大河流多年平均径流量的 70%，远超世界平均水平（20%）。

　　长江是我国第一大河流，同时也是亚洲第一长河流（约6300km），入海水、沙通量分别位居全球第五、第四位。自20世纪70～80年代以来长江流域输沙量呈明显下降趋势，尤其自2003年三峡大坝蓄水以来，大量泥沙滞留在库区，出库泥沙量减少，导致入海泥沙通量急剧下降：2003～2005年一期蓄水至135m时，大通站年均输沙量降至190Mt；2015年，大通站年均输沙量约116Mt，仅为多年平均值371Mt的31%（Yang et al.，2015）。流域建坝使得入海泥沙通量骤减是导致长江水下三角洲前缘侵蚀的主要因素（图3-232）。表现在：①河口淤积量减少，口外水下三角洲遭受侵蚀；②潮滩由淤转冲；③表层沉积物粗化。1958～2011年，水下三角洲经历了三期演化阶段，分别为快速淤积、慢速淤积和侵蚀阶段（Du et al.，2016）。三峡大坝蓄水50年后长江入海泥沙通量将进一步减少到100～150Mt/a，届时将远低于冲淤平衡的临界输沙量（260～270Mt/a），结合海平面上升和河口波浪作用增强等多重因素，未来数个世纪长江三角洲将面临持续严重侵蚀的风险（Yang and Liu，2017）。

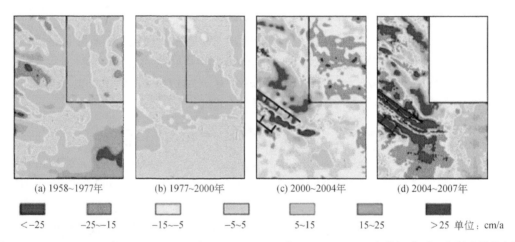

图3-232　1958～1977年、1977～2000年、2000～2004年、2004～2007年长江水下三角洲冲淤分布图（引自 Yang et al.，2011）

　　黄河曾是全球输沙量第二大河流，年均输沙量达到1600Mt。1950年至今，黄河流域内几个重大水利工程的实施导致其入海泥沙量呈现台阶式下降(Wang et al.，2007)。1969年，刘家峡水库建成后，龙门与头道拐处输沙量呈现跳跃式下降；1999年小浪底水库建成后，花园口输沙量只有110Mt/a，仅为20世纪50年代的10%。黄河陆上三角洲面积与入海泥沙通量具有高度相关性，入海泥沙量骤减使河口部分区域由淤积转为侵蚀（Cui and Li，2011）。三角洲南北部靠近海岸的浅水区因得不到泥沙供应，岸线大幅退化（图3-233）。1996～2005年，清水沟水下三角洲顶坡段和前坡段已经发生侵蚀（Bi et al.，2014）。由于黄河入海泥沙锐减，导致黄河三角洲全面蚀退，1996年以来平均蚀退速率达到7.2km²/a（Wang et al.，2010）。

　　珠江是我国华南地区最大的河流，多年平均（1954～2015年）径流量260km³，居全国、全亚洲和全球第2、第6和第18位；多年平均（1954～2015年）入海泥沙量67Mt，仅

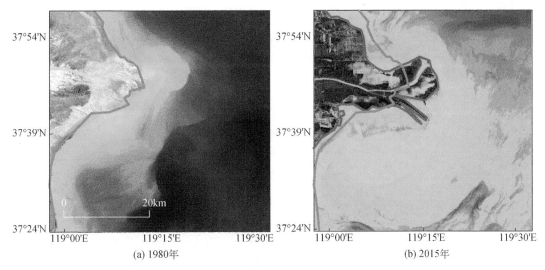

图 3-233　黄河三角洲两期次 Landsat 遥感影像

绿色线为 1980 年岸线，橙色线为 2015 年岸线

次于黄河和长江，居全国第三。自 20 世纪 80 年代以来，流域建坝导致大量泥沙被拦截在水库中，使得入海泥沙出现显著的减少趋势（Liu et al.，2017）。在流域大规模建坝之前，其年均入海泥沙通量约 85Mt；随着 20 世纪 80 年代后流域修建大量水库大坝，尤其是自岩滩水库（1995 年）和龙滩水库（2007 年）建立后，近期珠江的年均输沙量已降至约 25Mt，导致河口水下三角洲淤积速率相应下降。

3.5.4.2　滩涂围垦对海洋地貌的影响

长江口滩涂资源的围垦是上海市获得土地资源的重要手段。南汇滩位于杭州湾北岸上海岸段东部。自清道光、咸丰年间，民间发起围垦；中华人民共和国成立后，尤其是改革开放以来，为了满足上海市经济社会发展的需要，南汇滩围垦造陆面积超过 200km²〔图 3-234（a）〕。崇明岛是我国的第三大岛，其演化过程就是一部沙岛围垦史。大约 1300 年前，长江河口中发育着两个小沙洲，即东沙和西沙，后经围垦形成沙岛并逐渐稳定下来，面积不断扩大。中华人民共和国成立初期其面积仅为 600km²，后经多次围垦，2011 年崇明岛面积已经达到 1300km²〔图 3-234（b）〕。长江河口南支断面不断扩大的同时，也逐渐孕育了长兴岛和横沙岛的形成〔图 3-234（c）〕。

19 世纪 40 年代在鸭窝沙的基础上围垦进而形成了长兴岛，现代长兴岛主要由 6 个沙岛组成，其中除鸭窝沙和潘家沙是自然演变合并外，其余 4 个沙岛均为 20 世纪 60 ～ 70 年代由人工筑堤围垦而形成的人工岛。横沙岛也是从水下沙洲发育起来的，在 19 世纪 80 年代围垦成陆。受河口动力环境的影响，其东南岸侵蚀、西北岸淤积、沙岛向西北方向做大幅度移动。直到 1968 年通过工程措施才使横沙岛固定下来。自 20 世纪 50 年代起大规模围垦导致长江河口口门处约 1100km² 潮间带消失（Du et al.，2016）。

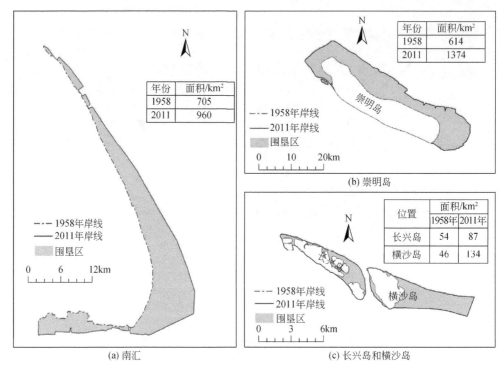

图 3-234　20 世纪 50 年代以来长江三角洲的围垦情况（引自 Du et al.，2016）

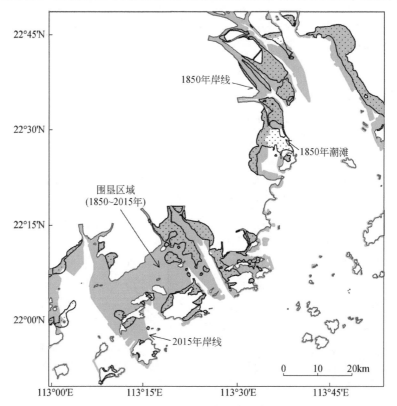

图 3-235　1850 ～ 2015 年的珠江河口岸线和滩涂演化图（Wu et al.，2018）

沿海滩涂资源也是珠三角地区一项重要的后备土地资源。自 20 世纪 80 年代起，珠三角地区经济高速发展导致土地资源日趋紧张，大规模围填海开发则可提供宝贵的土地资源。自 1850 年以来，口门滩涂围垦已使整个珠江河口陆地面积增加约 1200km²，超过 20 个岛屿被逐步合并到大陆，几乎所有 165 年前的滩涂均被围垦成陆地（图 3-235），导致伶仃洋两岸的西部浅滩和东部浅滩面积迅速减小，自然岸线几乎完全消失（Wu et al.，2018）。

3.5.4.3 人工航道

长江口北槽深水航道工程于 1998 年 1 月开工建设，2011 年 3 月竣工并通过验收，工程包括导堤、丁坝、潜堤和人工疏浚等（图 3-236）。工程实施分为一期（1998 年 1 月～2001 年 6 月）、二期（2002 年 5 月～2004 年 12 月）和三期（2006 年 9 月～2010 年 3 月），其中二期工程完成后形成沿北槽两侧的双导堤丁坝群格局，三期工程主要为部分丁坝延长、南坝田固沙工程和人工疏浚。该工程建设打通了北槽拦门沙，使通航最小水深从 6.5m 提高到 12.5m（潘灵芝等，2011）。同时，该工程的建设也强烈改变了北槽流场，进而影响南北槽的地形冲淤演变，其特征主要表现为主槽冲刷、坝田淤积，整体河槽容积减小，南北槽分流比出现反转，分流比的改变加强了南槽落潮流，造成南槽上段冲刷，北槽上段淤积。北槽深水航道工程的实施对整个河口地区的地形都产生了影响（Luan et al.，2018）。

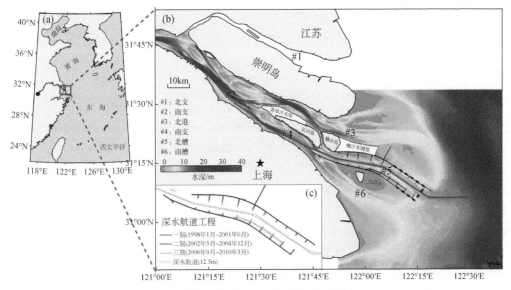

图 3-236 长江河口北槽深水航道三期工程示意图（引自 Luan et al.，2018）

位于伶仃洋河口两岸的深圳港、香港港和广州港分别居全球港口集装箱吞吐量的第三、第五和第七位，吞吐量总和超过中国所有港口总吞吐量的 1/4。河口湾内现有伶仃航道、铜鼓航道、龙鼓西航道和深圳港西部港区公共航道等。为保证航运能力及适应船舶大型化趋势，这些航道每年都要进行疏浚，仅 2004 ～ 2010 年三个港口及其周边海域的疏浚量就高达 21×10⁶m³/a，相当于该时期进入伶仃洋总泥沙量的 2%，局部水下三角洲出现严重侵蚀（赵荻能，2017）。以铜鼓航道为例，该工程于 2004 年开工建设，2007 年竣工验收，使得平均水深仅 5m 的中部浅滩出现一条宽 200m，水深超 15m 的负地形（图 3-237）。

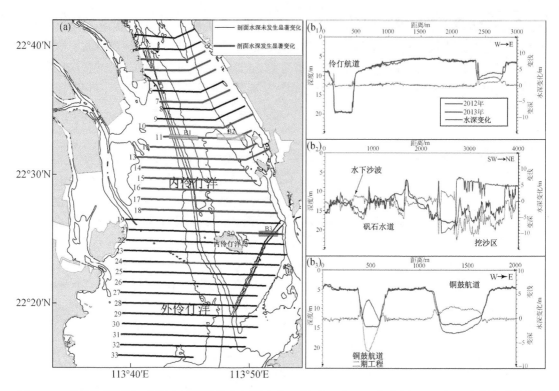

图 3-237　珠江伶仃洋河口单波束地形测线分布图（a）、剖面 11（b₁，b₂）和剖面 12（b₃）年际间水深变化
（引自 Wu et al., 2016）

(a) 中 2012 年 7 月 ~ 2013 年 6 月水深发生明显变化的用红色线表示

　　除了上述影响河口三角洲地貌演变的人类活动以外，有些河口三角洲还存在具有区域特色的人类活动，如黄河流域的"调水调沙"工程，该工程于 2002 年起开始实施，在短短的 20 几天内，输水量和输沙量占到全年的 28% 和 45%（Wang et al., 2017），导致三角洲活动叶瓣冲淤模式发生显著变化。表层沉积物数据显示在"调水调沙"期间水沙以羽状流的形式通过上层水体向外扩散，并受潮流切变峰、垂向环流和温跃层的捕获。"调水调沙"使泥沙中值粒径增加且大部分沉积在近岸区域，有利于水下三角洲的生长。同时，此工程也改变了水下三角洲冲淤平衡的临界输沙量，由之前的 150 ~ 330Mt/a 减小到约 50Mt/a，使得三角洲活动叶瓣由慢速侵蚀转变为慢速淤进。

3.5.5　生物作用对地貌发育的影响

　　生物在海岸以及海底地貌发育中发挥了重要作用，红树林改变了海岸形态和沉积物沉积运移，珊瑚礁的快速生长改变了浅海区的海底地貌形态。在漫长的历史时期，生物地貌遗留下诸多痕迹，其中最引人瞩目的是南海分布的众多海台，包括东沙、西沙、中沙和南沙海台，其上发育诸多的海底山，这些海山比高达 1000 ~ 2000m，有些出露海面，还有很多潜没在水下数十米，是航行的危险地带，研究表明，其主要成分是碳酸盐岩和生物礁（魏喜等，2005；赵焕庭等，2014）。

3.5.5.1 南海生物礁分布范围

在南海北部、西部和南部的陆架及陆坡发育大量的生物礁（图 3-238），但其形成环境和时期不同（图 3-239），因生物礁是油气勘探的重要潜力区，因此备受重视。按照高程，可分为岛屿、沙洲、干出礁、暗沙和暗滩等（赵焕庭等，1996）。

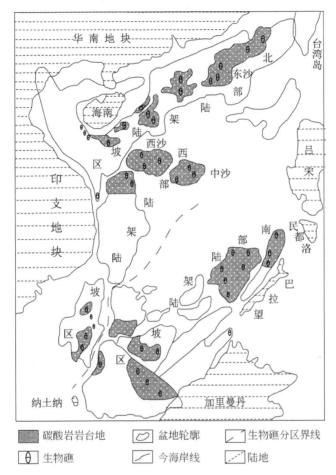

图 3-238　南海盆地台地碳酸盐岩和生物礁分布（魏喜等，2005）

1）南海北部

南海北部陆架、陆坡的生物礁区包括珠江口、琼东南、莺歌海盆地等（图 3-238），其中珠江口盆地碳酸盐岩台地面积达 $4.1 \times 10^4 km^2$，生物礁面积达 $14.4 \times 10^4 km^2$，生物礁 34 个，主要分布在东沙海台和神狐暗沙等隆丘之上，形成时间为早-晚中新世。东沙台地边缘的碳酸盐岩厚度达 580m。琼东南盆地生物礁分布于崖中凸起、松涛凸起和北部隆起，形成于早-中中新世。莺歌海盆地仅在东部斜坡发育小型生物礁群，面积约 $520km^2$，时间为中中新世。

2）南海西部

西部生物礁区包括万安盆地、中建南盆地，以及西沙和中沙台地（图 3-238）。万安盆地主要分布于中部隆起、南部凹陷西斜坡和东南凹陷的次级凸起上，表现为远岸礁带，

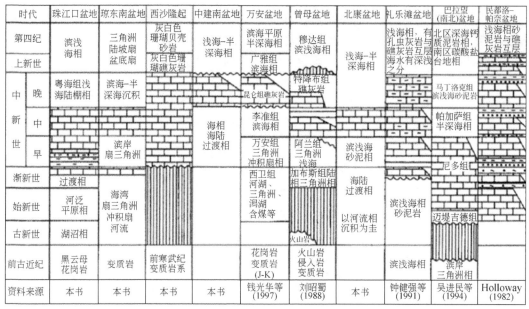

图 3-239 南海不同区域台地碳酸盐岩和生物礁对比（魏喜等，2005）

形成于中－晚中新世（图 3-239）。中建南盆地生物礁主要位于盆地西部和北部，呈现为丘状零星分布，时代为晚中新世。西沙海台区域，中新世碳酸盐岩直接覆盖在寒武纪变质岩上，说明该区中新世以前是陆地环境，上新世以来，该区生物礁大量发育，形成了永乐、宣德和宣德东等大型环礁。2013 年，中海石油在西沙石岛实施了西科 1 井，揭示了上千米厚的生物礁，还钻遇了片麻岩和花岗岩，锆石测年为 144～158Ma，为晚侏罗世构造－岩浆产物（修淳等，2016）。

　　3）南海南部
　　南部生物礁主要分布于曾母盆地、文莱－沙巴盆地和南沙台地之上（图 3-238）。曾母暗沙生物礁发育于西部斜坡和东侧的南康台地，单个生物礁面积达 300km²，厚度甚至超过 1000m，形成时代为中－晚中新世（图 3-239）。礼乐滩以东各盆地，始新世—中新世主要发育碳酸盐岩，并伴随有礁灰岩，现代的礼乐环礁面积达 7000km²，是世界最大的环礁。南部海域生物礁的形成年代富有规律性，自西向东年代逐渐变老。

3.5.5.2　南海生物礁成因

　　南海海盆自始新世以来，经历了复杂的演变过程，其中包括始新世"古南海断裂"产生、渐新世东部中央海盆发育、中中新世西南海盆的发育，以及新生代海盆的整体旋转和古南海的封闭（金钟等，2004）。漫长的地质历史过程中，受构造因素以及冰期—间冰期旋回的影响，海平面常发生剧烈的周期性波动，如在 LGM 时，有诸多证据表明南海陆架曾经出露为陆地。板块运动导致的海盆扩张，使诸多的陆块（如西沙、中沙和南沙）远离大陆，缺乏沉积物来源，为其上发育碳酸盐岩和生物礁提供了有利条件（魏喜等，2005）。

　　在海平面缓慢上升过程中,生物礁以加积和进积为主,形成多种类型的生物礁、补丁礁、塔礁、台地边缘礁和块礁(魏喜等,2005)。在海平面快速上升过程中,珊瑚生长速度跟不上海平面上升速度,仅在个别高地发育生物礁,形成塔礁和环礁,甚至生物礁被海水淹没,形成泥岩。当海侵至最大洪泛面时,生物礁以进积为主,形成岸礁。当海平面下降时,生物礁干出水面,导致风化剥蚀。珊瑚风化沉积在老灰沙岛和新灰沙岛的全新世以来的沉积层得到证实(赵焕庭等,1997)。基于多波束测深资料,在西沙甘泉岛发现了 5 级台阶式地形,这也为珊瑚礁生长过程中受海平面影响提供了新的地貌佐证(张江勇等,2016)。

　　要发育厚度达数百米甚至上千米的碳酸盐岩,仅依靠海平面变化是不够的,长周期的构造沉降发挥了重要作用。早在 1842 年,达尔文考察热带海洋后,出版了关于珊瑚礁成因的经典著作 *The Structure and Distribution of Coral Reefs*,论述了环礁、堡礁和岸礁三种珊瑚礁类型及其发育过程。最开始珊瑚礁在火山岛周边生长形成岸礁;随着火山岛的下沉,珊瑚礁不断地向上生长,顶部被侵蚀,靠近陆侧沉积物源丰富、水质差导致珊瑚生长缓慢,而向海侧水质好珊瑚生长快,从而形成堡礁;火山岛完全淹没海水之后,珊瑚礁环绕潟湖生成形成环礁。这就是所谓的珊瑚生长发育的"地壳沉降"论,南海的珊瑚礁生长过程也符合该基本规律(赵焕庭等,2014)。

参 考 文 献

白玉川,杨细根,田琦,等.2009.南海北部海域海底沙波演化特征.水利学报,40(8): 941-947.

拜阳,宋海斌,关永贤,等.2014.利用反射地震和多波束资料研究南海西北部麻坑的结构特征与成因.地球物理学报,57(7): 2208-2222.

鲍才旺.1995.珠江口陆架区埋藏古河道与古三角洲.海洋地质与第四纪地质,15(2): 25-34.

毕乃双.2009.黄河三角洲毗邻海域悬浮泥沙扩散和季节性变化及冲淤效应.青岛:中国海洋大学.

蔡锋,曹超,周兴华,等.2013.中国近海海洋——海底地形地貌.北京:海洋出版社.

蔡锋,吴自银,周兴华,等.2016.中国近海海洋图集——海底地形地貌.北京:海洋出版社.

曹超.2013.中国近海海底典型地形地貌分类及典型地貌体研究.厦门:厦门大学.

曹立华,徐继尚,李广雪,等.2006.海南岛西部岸外沙波的高分辨率形态特征.海洋地质与第四纪地质,26(4): 15-22.

曹立华,侯志民,庄振业,等.2010.扬子浅滩东南边缘海底底形特征及成因.海洋地质前沿,26 (9): 1-5.

陈传绪,吴时国,赵昌垒.2014.马尼拉海沟北段俯冲带输入板块的不均一性.地球物理学报,57(12): 4063-4073.

陈多福,李绪宣,夏斌.2004.南海琼东南盆地天然气水合物稳定域分布特征及资源预测.地球物理学报,47(3): 483-489.

陈泓君,蔡观强,罗伟东,等 2012.南海北部陆坡神狐海域峡谷地貌形态特征与成因.海洋地质与第四纪地质,(5): 19-26.

陈吉余.2009.21 世纪的长江河口初探.北京:海洋出版社.

陈江欣,关永贤,宋海斌,等.2015.麻坑、泥火山在南海北部与西部陆缘的分布特征和地质意义.地球物理学报,58(3): 919-938.

陈洁,温宁.2010.南海地球物理图集.北京:科学出版社.

陈可锋，王艳红，陆培东，等 . 2013. 苏北废黄河三角洲侵蚀后退过程及其对潮流动力的影响研究 . 海洋学报 , 35(3): 189-196.

陈鸣 . 1995. 陆丰 13-1 平台场地海底稳定性分析与评价 . 热带海洋学报 , (2): 40-46.

陈珊珊，孙运宝，吴时国 . 2012. 南海北部神狐海域海底滑坡在地震剖面上的识别及形成机制 . 海洋地质前沿 ,28(6): 40-45.

陈珊珊，陈晓辉，孟祥君，等 . 2016. 渤海辽东湾海域海底底形特征及控制因素 . 海洋地质前沿 , 32(5): 31-39.

陈卫民，杨作升，曹立华，等 . 1993. 现代长江口水下底坡上的微地貌类型及分区 . 青岛海洋大学学报 , (S1): 45-51.

陈晓辉，李日辉，李铁刚，等 . 2014. 渤海海峡海域灾害地质及其与环境演变的关系 . 海洋地质与第四纪地质 , 34(1): 11-19.

陈新忠 . 1983. 台湾海峡及其两岸沿海的潮流 . 海洋通报 , 2(2): 19-27.

陈义兰，吴永亭，刘晓瑜，等 . 2013. 渤海海底地形特征 . 海洋科学进展 , 31(1): 75-82.

陈则实 . 1998. 中国海湾志 (第 14 分册). 北京 : 海洋出版社 .

陈志豪，李家彪，吴自银，等 . 2009. 马尼拉海沟几何形态特征的构造演化意义 . 海洋地质与第四纪地质 , 29(2): 59-65.

程和琴，李茂田，周天瑜，等 . 2002. 长江口水下高分辨率微地貌及运动特征 . 海洋工程 , 20(2): 91-95.

程和琴，时钟，Ray K，等 . 2004. 长江口南支 - 南港沙波的稳定域 . 海洋与湖沼 , 35(3): 214-220.

褚宏宪，史慧杰，宗欣，等 . 2016. 渤海湾曹妃甸深槽海区地形地貌特征及控制因素 . 海洋科学 , 40(3): 128-137.

邸鹏飞，黄华谷，黄保家，等 . 2012. 莺歌海盆地海底麻坑的形成与泥底辟发育和流体活动的关系 . 热带海洋学报 , 31(5): 26-36.

董志华，曹立华，薛荣俊 . 2004. 台风对北部湾南部海底地形地貌及海底管线的影响 . 海洋技术 , 23(2): 24-28, 34.

杜家笔，汪亚平 . 2014. 南黄海辐射沙脊群地貌演变的模拟研究 . 南京大学学报 (自然科学版), 5(5): 636-645.

范时清，俞旭 . 1977. 现代海洋浊流作用理论问题 . 海洋科学 , 1(1): 44-48.

方国洪，杨景飞，赵绪才 . 1985. 台湾海峡潮汐和潮流的一个数值模型 . 海洋学报 , 7(1): 12-20.

方文东，施平，龙小敏，等 . 2005. 南海北部孤立内波的现场观测 . 科学通报 , 50(13): 1400-1404.

冯京，赵铁虎，孙运宝，等 . 2017. 基于声学探测的渤海海峡海底灾害地质分析 . 物探化探计算技术 , (1): 97-102.

冯文科，鲍才旺 . 1982. 南海地形地貌特征 . 海洋地质与第四纪地质 , 2(4): 82-95.

冯文科，黎维峰 . 1994. 南海北部海底沙波地貌 . 热带海洋 , 13(3): 39-46.

高德章，赵金海，薄玉玲，等 . 2004. 东海重磁地震综合探测剖面研究 . 地球物理学报 , 47(5): 853-861.

高敏，范期锦，谈泽炜，等 . 2009. 长江口北槽分流比的分析研究 . 水运工程 , 427(5): 82-86.

高伟 . 2008. 渤海南东方岸外陆架底形变化特征及对海底管线状态的影响 . 青岛 : 中国海洋大学 .

耿秀山，李善为，徐孝诗，等 . 1983. 渤海海底地貌类型及其区域组合特征 . 海洋与湖沼 , 14(2): 128-137.

管秉贤 . 1962. 有关我国近海海流研究的若干问题 . 海洋与湖沼 , 4(Z2): 121-141.

郭立 . 2017. 北部湾东南海域海底沙波沙脊区沉积物输运的数值模拟研究 . 北京 : 中国科学院大学 .

郭兴杰, 程和琴, 莫若瑜, 等 . 2015. 长江口沙波统计特征及输移规律 . 海洋学报, 37(5): 148-158.

海洋图集编委会 . 2008. 海洋图集——地质地球物理 . 北京 : 海洋出版社 .

郝天珧, 刘建华, 郭锋, 等 . 2004. 冲绳海槽地区地壳结构与岩石层性质研究 . 地球物理学报, 47(3): 462-468.

何健, 梁前勇, 马云, 等 . 2018. 南海北部陆坡天然气水合物区地质灾害类型及其分布特征 . 中国地质, 45(1): 15-28.

胡日军 . 2006. 南海北部外陆架区海底沙波动态分析 . 青岛 : 中国海洋大学 .

黄海军, 李凡, 庞家珍, 等 . 2005. 黄河三角洲与渤、黄海陆海相互作用研究 . 北京 : 科学出版社 .

黄慧珍, 唐保根, 杨文达 . 1996. 长江三角洲沉积地质学 . 北京 : 地质出版社 .

黄朋, 李安春, 蒋恒毅 . 2006. 冲绳海槽北、中段火山岩地球化学特征及其地质意义 . 岩石学报, 22(6): 1703-1712.

黄镇国, 张伟强, 蔡福祥 . 1995. 磨珠江水下三角洲 . 地理学报, 62(3): 206-214.

吉川雅英, 王云蕾 . 1992. 球弧和冲绳海槽发育史——尤其是冲绳海槽的形成年代 . 海洋石油, (4): 46-53.

吉尔格 J G. 1975. 南海水深 . 海洋科技资料, (10): 1-6.

季荣耀, 陆永军, 左利钦 . 2011. 渤海湾曹妃甸深槽形成机制及稳定性分析 . 地理学报, 66(3): 348-355.

贾建军, 闾国年, 宋志尧, 等 . 2000. 中国东部边缘海潮波系统形成机制的模拟研究 . 海洋与湖沼, 31(2): 159-167.

贾良文, 任杰, 徐治中, 等 . 2009. 磨刀门拦门沙区域近期地貌演变和航道整治研究 . 海洋工程, 27(3): 76-84.

金波, 鲍才旺, 林吉胜 . 1982. 琼州海峡东、西口地貌特征及其成因初探 . 海洋地质研究, 2(4): 96-103.

金庆焕 . 1989. 南海地质与油气资源 . 北京 : 地质出版社 .

金翔龙 . 1992. 东海海洋地质 . 北京 : 海洋出版社 .

金翔龙, 高金耀 . 2001. 太平洋卫星测高重力场与地球动力学特征 . 海洋地质与第四纪地质, 21(1): 1-6.

金翔龙, 喻普之 . 1987. 冲绳海槽的构造特征与演化 . 中国科学 (B 辑), 2(2): 715-720.

金玉休, 曹志敏, 吴建政, 等 . 2015. 辽东浅滩潮流运动特征与沉积物输运 . 海洋地质与第四纪地质, 35(6): 33-40.

金玉休 . 2014. 渤海东部潮流地貌及控制因素 . 青岛 : 中国海洋大学 .

金钟, 徐世浙 . 2002. 南海东部海盆海山磁性对比 . 海洋学研究, 20(2): 15-23.

金钟, 徐世浙, 李全兴 . 2004. 南海海盆海山古地磁及海盆的形成演化 . 海洋学报 (中文版), 26(5): 83-93.

近藤正人 . 1985. 東シナ海黄海漁場の海況に関する研究 -I. 50m 深及び底層における平均水温塩分の分布 . 西海水研研報, 62: 19-66.

蓝东兆, 张维林, 陈承惠, 等 . 1991. 台湾浅滩中粗砂的时代与成因 . 台湾海峡, 10(2): 54-59.

黎刚, 孙祝友 . 2011. 曹妃甸老龙沟动力地貌体系及演化 . 海洋地质与第四纪地质, 31(1): 11-19.

李秉天, 王永刚, 魏泽勋, 等 . 2015. 渤海主要分潮的模拟及地形演变对潮波影响的数值研究 . 海洋与湖沼, 46(1): 9-16.

李成治, 李本川 . 1981. 苏北沿海暗沙成因的研究 . 海洋与湖沼, 12(4): 321-331.

李从先, 张桂甲 . 1995. 末次冰期时存在入海的长江吗 . 地理学报, 62(5): 459-463.

李从先,郭蓄民,许世远,等.1979.全新世长江三角洲地区砂体的特征和分布.海洋学报,1(2): 252-268.

李凡,董太禄,姜秀行,等.1990.歌海附近陆架区埋藏古河道及海平面变化.海洋与湖沼,21(4): 356-363.

李凡,于建军,姜秀珩,等.1991.南黄海埋藏古河系研究.海洋与湖沼,(6): 501-508.

李广雪,刘勇,杨子赓.2004a.末次冰期东海陆架平原上的长江古河道.中国科学(D辑),35(3): 284-289.

李广雪,杨子赓,刘勇.2004b.中国东部海域海底沉积环境成因研究.北京:科学出版社.

李国胜,王海龙,董超.2005.黄河入海泥沙输运及沉积过程的数值模拟.地理学报,60(5): 707-716.

李家彪.1999.多波束勘测原理技术与方法.北京:海洋出版社.

李家彪.2005.中国边缘海形成演化与资源效应.北京:海洋出版社.

李家彪.2008.东海区域地质.北京:海洋出版社.

李家彪,雷波.2015.中国近海自然环境与资源基本状况.北京:海洋出版社.

李家彪,吴庐山,翟国军,等.2007海洋调查规范第10部分:海底地形地貌调查.北京:中国标准出版社.

李家彪,丁巍伟,高金耀,等.2011.南海新生代海底扩张的构造演化模式:来自高分辨率地球物理数据的新认识.地球物理学报,54(12): 3004-3015.

李家彪,丁巍伟,吴自银,等.2012.南海西南海盆的渐进式扩张.科学通报,57(20): 1896-1905.

李近元.2010.海南东方岸外海底沙波运移及浅地层结构分析研究.北京:中国科学院大学.

李磊,裴都,都鹏燕,等.2013.海底麻坑的构型、特征、演化及成因——以西非木尼河盆地陆坡为例.海相油气地质,18(4): 53-58.

李列,宋海斌,杨计海.2006.歌海盆地中央坳陷带海底天然气渗漏系统初探.地球物理学进展,21(4): 1244-1247.

李绍全,刘健.1998.南黄海东侧冰消期以来的沉积层序与环境演化.科学通报,43(8): 876-880.

李巍然,杨作升,王永吉,等.1997.冲绳海槽火山岩岩石化学特征及其地质意义.岩石学报,13: 538-550.

李巍然,杨作升,王琦,等.2001.冲绳海槽陆源碎屑峡谷通道搬运与海底扇沉积.海洋与湖沼,32(4): 371-380.

李为华,李九发,程和琴,等.2008.近期长江河口沙波发育规律研究.泥沙研究,(6): 45-51.

李细兵,李家彪,吴自银,等.2010.吕宋海槽深海滑坡沉积及其分布特征.海洋学报(中文版),32(5): 17-24.

李泽文.2011.南海北部外陆架灾害地质因素及其对海底管道的影响研究.北京:中国科学院大学.

李泽文,阎军,栾振东,等.2010.海南岛西南海底沙波形态和活动性的空间差异分析.海洋地质前沿,26(7): 24-32.

李泽文,栾振东,阎军,等.2011.南海北部外陆架表层沉积物粒度参数特征及物源分析.海洋科学,35(12): 92-100.

梁瑞才,王述功,吴金龙.2001a.冲绳海槽中段地球物理场及其对新生洋壳的认识.海洋地质与第四纪地质,21(1): 57-64.

梁瑞才,吴金龙,刘保华,等.2001b.冲绳海槽中段线性磁条带异常及其构造发育.海洋学报,23(2): 69-79.

林观得.1982.台湾海峡海底地貌的探讨.台湾海峡,(2): 58-63.

林其良,黄大吉,宣基亮.2015.浙闽沿岸潮余流的空间变化.海洋学研究,33(4): 30-36.

刘阿成, 陆琦, 吴巍. 2017. 南黄海太阳沙西侧海域晚第四系地震层序和沉积环境演变. 海洋学研究, 35(2): 14-25.

刘斌. 2017. 南海北部陆坡东沙海域海底丘状体气体与水合物分布. 海洋学报, 39(3): 68-75.

刘斌, 吕海滨, 吴超羽, 等. 2014. 磨刀门河口在 20 世纪 60 至 70 年代的演变模拟与动力地貌过程分析. 海洋学报, (2): 75-80.

刘伯然, 宋海斌, 关永贤, 等. 2015. 南海东北部陆坡天然气水合物区的滑塌和泥火山活动. 海洋学报, 37(9): 59-70.

刘凤岳, 高明德. 1986. 黄河口烂泥湾的特征及其开发. 海洋科学, 10(1): 20-23.

刘光鼎. 1992. 中国海区及邻域地质地球物理特征. 北京: 科学出版社.

刘睿, 周江羽, 张莉, 等. 2013. 南海西北次海盆深水扇系统沉积演化特征. 沉积学报, 31(4): 706-717.

刘晓瑜, 陈义兰, 路波, 等. 2013. 北黄海长山群岛外海底环状微洼地地貌特征. 海洋学研究, 31(1): 59-65.

刘晓瑜, 冯秀丽, 陈义兰, 等. 2018. 北黄海海底麻坑群形态的定量研究及控制因素. 海洋学报, 40(3): 36-49.

刘以宣, 陈俊仁, 许时耕, 等. 1993. 南海畈近海平面变化与构造升降初步研究. 热带海洋, 12(3): 24-31.

刘昭蜀, 赵焕庭, 范时清, 等. 2002. 南海地质. 北京: 科学出版社.

刘振夏. 1996a. 中国陆架潮流沉积研究新进展. 地球科学进展, 11(4): 414-416.

刘振夏. 1996b. 渤海东部潮流动力地貌特征. 海洋科学进展, 14(1): 7-21.

刘振夏. 1996c. 对东海扬子浅滩成因的再认识. 海洋学报, 18(2): 85-92.

刘振夏, 夏东兴. 1983. 潮流脊的初步研究. 海洋与湖沼, 14(3): 286-295.

刘振夏, 夏东兴. 2004. 中国近海潮流沉积沙体. 北京: 海洋出版社.

刘振夏, 夏东兴, 汤毓祥, 等. 1994. 渤海东部全新世潮流沉积体系. 中国科学 (B 辑), 24(12): 1331-1338.

刘振夏, 夏东兴, 王揆洋. 1998. 中国陆架潮流沉积体系和模式. 海洋与湖沼, 29(2): 141-147.

刘忠臣, 刘保华, 黄振宗, 等. 2005. 中国近海及邻近海域地形地貌. 北京: 海洋出版社.

龙海燕, 庄振业, 刘升发, 等. 2007. 扬子浅滩沙波底形活动性评估. 海洋地质与第四纪地质, 27(6): 20-27.

吕海青. 2006. 扬子浅滩沙波底形活动性研究. 青岛: 中国海洋大学.

栾华龙. 2017. 长江河口年代际冲淤演变预测模型的建立及应用. 上海: 华东师范大学.

栾锡武, 岳保静. 2007. 冲绳海槽宫古段中央地堑中的火山分布及地质意义. 海洋与湖沼, 38(3): 266-271.

栾锡武, 彭学超, 王英民, 等. 2010. 南海北部陆架海底沙波基本特征及属性. 地质学报, 84(2): 233-245.

栾锡武, 孙钿奇, 彭学超. 2012. 南海北部陆架南北卫浅滩的成因及油气地质意义. 地质学报, 86(4): 626-640.

栾振东, 李泽文, 范奉鑫, 等. 2012. 渤海辽东湾区海底地形分区特征和成因研究. 海洋科学, 36(1): 73-80.

罗敏, 吴庐山, 陈多福. 2012. 海底麻坑研究现状及进展. 海洋地质前沿, 28(5): 33-42.

罗敏, 王宏斌, 杨胜雄, 等. 2013. 南海天然气水合物研究进展. 矿物岩石地球化学通报, 32(1): 56-69.

罗义勇, 吴德星, 林霄沛. 2001. 地形对东海黑潮锋面弯曲影响研究. 青岛海洋大学学报 (自然科学版), 31(3): 305-312.

马小川. 2013. 海南岛西南海域海底沙波沙脊形成演化及其工程意义. 北京: 中国科学院大学.

孟云, 娄安刚, 刘亚飞, 等. 2015. 渤海岸线地形变化对潮波系统和潮流性质的影响. 中国海洋大学学报, 45(12): 1-7.

聂鑫，罗伟东，周娇 . 2017. 南海东北部澎湖峡谷群沉积特征 . 海洋地质前沿 , 33(8): 18-23.

潘灵芝，丁平兴，葛建忠，等 . 2011. 长江口深水航道整治工程影响下北槽河床冲淤变化分析 . 泥沙研究 , (5): 51-59.

彭俊，陈沈良，李谷祺，等 . 2012. 黄河三角洲岸线及现行河口区水下地形演变 . 地理学报 , 67(3): 368-376.

彭学超，吴庐山，崔兆国，等 . 2006. 南海东沙群岛以北海底沙波稳定性分析 . 热带海洋学报 , 25(3): 21-26.

秦蕴珊，李凡，唐宝珏，等 . 1986. 南黄海西部埋藏古河系 . 科学通报 , 31(24): 1887-1890.

秦蕴珊，赵一阳，陈丽蓉，等 . 1987. 东海地质 . 北京 : 科学出版社 .

阙江龙，柯昶，徐兆礼，等 . 2013. 苏北浅滩沙脊潮沟地形和潮流对虾类分布的影响 . 生态学杂志 , 32(3): 661-667.

任美锷 . 1994. 中国的三大三角洲 . 北京 : 高等教育出版社 .

任于灿，董万 . 1987. 现代黄河河口演化和沉积作用 . 海洋地质与第四纪地质 , (7): 47-56.

沙志彬，杨木壮，梁劲，等 . 2003. 南海北部陆坡海底异常地貌特征与天然气水合物的关系 . 南海地质研究 , (14): 29-34.

单红仙，沈泽中，刘晓磊，等 . 2017. 海底沙波分类与演化研究进展 . 中国海洋大学学报 (自然科学版), (10): 78-87.

尚继宏，李家彪，吴自银 . 2010. 马尼拉俯冲带中段增生楔精细构造特征及微型圈闭盆地发育模式探讨 . 地球物理学报 , 53(1): 94-101.

尚久靖，吴庐山，梁金强，等 . 2013. 南海东北陆坡海底微地貌特征及其天然气渗漏模式 . 海洋地质前沿 , 29(12): 37-44.

尚久靖，吴庐山，梁金强，等 . 2014. 南海东北部陆坡海底微地貌特征及其天然气渗透模式 . 海洋地质与第四纪地质 , 34(1): 129-136.

石谦，张君元，蔡爱智 . 2009. 台湾浅滩——巨大的砂资源库 . 自然资源学报 , (3): 507-513.

苏纪兰 . 2001. 中国近海的环流动力机制研究 . 海洋学报 , 23(4):1-16.

苏纪兰 . 2005. 中国近海水文 . 北京 : 海洋出版社 .

苏明，解习农，王振峰，等 . 2013. 南海北部琼东南盆地中央峡谷体系沉积演化 . 石油学报 , 34(3): 467-478.

苏明，沙志彬，匡增桂，等 . 2015. 海底峡谷侵蚀 – 沉积作用与天然气水合物成藏 . 现代地质 , 29(1): 155-162.

孙启良 . 2011. 南海北部深水盆地流体逸散系统与沉积物变形 . 北京 : 中国科学院大学 .

孙婷 . 2012. 珠江口疏浚泥处置方案研究 . 青岛 : 中国海洋大学 .

孙湘平 . 2008. 中国近海区域海洋 . 北京 : 海洋出版社

孙祝友，王芳，殷勇，等 . 2014. 辐射沙脊群兰沙洋潮流通道沉积环境演化研究 . 南京大学学报 (自然科学版), 50(5): 553-563.

谭忠盛，吴永胜，万飞 . 2013. 渤海海峡跨海工程自然条件分析 . 中国工程科学 , 15(12): 32-38.

汤毓祥 . 1989. 东海 M2 分潮的数值模拟 . 海洋学研究 , 7(2): 3-14.

图尔克 H H. 1975. 中国南海和苏禄海的海底地貌 . 海洋科技资料 , (1): 50-57.

万延森，张耆年 . 1985. 江苏近海辐射状沙脊群的泥沙运动与来源 . 海洋与湖沼 , 16(5): 392-399.

汪品先 . 2005. 新生代亚洲形变与海陆相互作用 . 地球科学 , 30(1): 1-18.

王剑，杜向东，张树林，等 . 2015. 加蓬海岸盆地海底麻坑的成因机制及对油气勘探的指示 . 海洋地质与第四纪地质, 35(6): 87-92.

王剑, 杜向东, 张树林, 等. 2016. 西南非海岸盆地层间麻坑的形成机理及其指示意义. 地球物理学进展, 31(1): 469-475.

王鹏, 贾凯, 吴建政, 等. 2015. 渤海沙脊和沙席分布及与 M2 潮流的关系. 海洋地质与第四纪地质, 35(2): 23-32.

王尚毅. 1994. 南海珠江口盆地陆架斜坡及大陆坡海底沙波动态分析. 海洋学报, 16(6): 122-132.

王伟伟, 范奉鑫, 李成钢, 等. 2007. 海南岛西南海底沙波活动及底床冲淤变化. 海洋地质与第四纪地质, 27(4): 23-28.

王文介. 2000. 南海北部的潮波传播与海底沙脊和沙波发育. 热带海洋, 19(1): 1-7.

王颖. 2002. 黄海陆架辐射沙脊群. 北京: 中国环境科学出版社.

王颖. 2012. 中国区域海洋学——海洋地貌学. 北京: 海洋出版社.

王颖. 2013. 中国海洋地理. 北京: 科学出版社.

王颖, 朱大奎, 周旅复, 等. 1998. 南黄海辐射沙脊群沉积特点及其演变. 中国科学 (D 辑: 地球科学), 28(5): 385-393.

王永红, 沈焕庭, 李九发, 等. 2011. 长江河口涨、落潮槽内的沙波地貌和输移特征. 海洋与湖沼, 42(2): 330-336.

王振宇. 1982. 南黄海西部残留砂特征及成因的研究. 海洋地质研究, 2(3): 63-70.

魏喜, 邓晋福, 谢文彦, 等. 2005. 南海盆地演化对生物礁的控制及礁油气藏勘探潜力分析. 地学前缘, 12(3): 245-252.

吴超羽, 包芸, 任杰, 等. 2006. 珠江三角洲及河网形成演变的数值模拟和地貌动力学分析: 距今 6000-2500a. 海洋学报, 28(4): 64-80.

吴嘉鹏, 王英民, 邱燕, 等. 2012. 南海北部神狐陆坡限制型滑塌体特征及成因机理. 沉积学报, 30(4): 639-645.

吴时国, 秦志亮, 王大伟, 等. 2011. 南海北部陆坡块体搬运沉积体系的地震响应与成因机制. 地球物理学报, 54(12): 3184-3195.

吴帅虎, 程和琴, 李九发, 等. 2016. 近期长江河口南槽冲淤变化与微地貌特征. 泥沙研究, (2): 47-53.

吴自银. 2008. 东海层序地层学与陆架线性沙脊研究. 杭州: 浙江大学.

吴自银. 2017a. 高分辨率海底地形地貌——探测处理理论与技术. 北京: 科学出版社.

吴自银. 2017b. 高分辨率海底地形地貌——可视计算与科学应用. 北京: 科学出版社.

吴自银, 金翔龙, 李家彪. 2002. 中更新世以来长江口至冲绳海槽高分辨率地震地层学研究. 海洋地质与第四纪地质, 22(2): 9-20

吴自银, 王小波, 金翔龙, 等. 2004. 冲绳海槽弧后扩张证据及关键问题探讨. 海洋地质与第四纪地质, 24(3): 67-76.

吴自银, 金翔龙, 李家彪, 等. 2006. 东海外陆架线状沙脊群. 科学通报, 51(1): 93-103.

吴自银, 金翔龙, 曹振轶, 等. 2010. 东海陆架沙脊分布及其形成演化. 中国科学 (D 辑: 地球科学), 40(2): 188-198.

武小勇, 茅志昌, 虞志英, 等. 2006. 长江口北港河势演变分析. 泥沙研究, (2): 46-53.

夏东兴, 刘振夏. 1983. 我国邻近海域的水下沙脊. 海洋科学进展, 1(1): 49-60.

夏东兴, 刘振夏, 王揆洋. 1995. 渤海东部更新世末期以来的沉积环境. 海洋学报, 17(2): 86-92.

夏东兴, 吴桑云, 刘振夏, 等. 2001. 海南东方岸外海底沙波活动性研究. 海洋科学进展, 19(1): 17-24.

夏华永, 刘愉强, 杨阳. 2009. 南海北部沙波区海底强流的内波特征及其对沙波运动的影响. 热带海洋学报, 28(6): 15-22.

夏真, 林进清, 郑志昌. 2015. 珠江口近岸海洋地质环境综合研究. 北京: 科学出版社.

解习农, 董伟良. 1999. 莺歌海盆地底辟带热流体输导系统及其成因机制. 中国科学, 29(3): 247-256.

解习农, 刘晓峰, 赵士宝, 等 2004. 常压力环境下流体活动及其油气运移主通道分析. 地球科学, 29(5): 589-595.

谢以萱. 1979. 西沙群岛海区的水下地形. 海洋科技资料, (3): 26-35.

谢以萱. 1980. 中沙群岛水下地形概况. 海洋通报, (1): 39-45.

修淳, 张道军, 翟世奎, 等. 2016. 西沙岛礁基底花岗质岩石的锆石 U-Pb 年龄及其地质意义. 海洋地质与第四纪地质, 36 (3): 115-126.

徐君亮. 1985. 珠江口伶仃洋滩槽发育演变. 北京: 海洋出版社.

许东禹, 刘锡清, 张训华, 等. 1997. 中国近海地质. 北京: 地质出版社.

许薇龄. 1988. 东海的构造运动及演化. 海洋地质与第四纪地质, 8(1): 9-19.

薛兴华, 李国胜, 王海龙. 2010. 沙嘴海岸地形对黄河三角洲沿岸余流场的影响. 第四纪研究, 30(5): 972-983.

杨长恕. 1985. 弶港辐射沙脊成因探讨. 海洋地质与第四纪地质, 5(3): 35-44.

杨胜雄, 邱燕, 朱本铎. 2015. 南海地质地球物理图系. 天津: 中国航海图书出版社.

杨世伦, 贺松林, 谢文辉. 1998. 长江口九段沙的形成演变及其与南北槽发育的关系. 海洋工程, (4): 56-66.

杨世伦, 张正惕, 谢文辉, 等. 1999. 长江口南港航道沙波群研究. 海洋工程, 17(2): 80-89.

杨世伦, 朱骏, 李鹏. 2005. 长江口前沿潮滩对来沙锐减和海面上升的响应. 海洋科学进展, 23(2): 152-158.

杨文达. 2002. 东海海底沙脊的结构及沉积环境. 海洋地质与第四纪地质, 22(1): 9-16.

杨子赓. 1985. 南黄海陆架晚更新世以来的沉积及环境. 海洋地质与第四纪地质, 5(4): 1-19.

杨子赓. 2004. 海洋地质学. 济南: 山东教育出版社.

杨子赓, 王圣洁, 张光威, 等. 2001. 冰消期海侵进程中南黄海潮流沙脊的演化模式. 海洋地质与第四纪地质, 21(3): 1-10.

姚伯初. 1998. 南海海盆海底扩张年代之探讨. 南海地质研究, (10): 23-33.

姚伯初, 曾维军, Hayes D E. 1994. 中美合作调研南海地质专报. 武汉: 中国地质大学出版社.

叶安乐, 叶建华. 1985. 台湾海峡及其附近海域三维全日潮波的数值研究. 海洋与湖沼, 17(6): 260-265.

叶银灿. 2012. 中国海洋灾害地质学. 北京: 海洋出版社.

叶银灿, 庄振业, 来向华, 等. 2004. 东海扬子浅滩砂质底形研究. 中国海洋大学学报, 34 (6): 1057-1062.

印萍. 2003. 东海陆架冰后期潮流沙脊地貌与内部结构特征. 海洋科学进展, 21(2): 181-187.

余乐, 郭秀军, 田壮才, 等. 2017. 内孤立波作用下南海北部陆坡沙波形成过程实验模拟. 中国海洋大学学报 (自然科学版), 47(10): 113-120.

余威, 吴自银, 周洁琼, 等. 2015. 台湾浅滩海底沙波精细特征、分类与分布规律. 海洋学报, 37(10): 11-25.

俞何兴. 2003. 南海北部板块边界表面迹之特征及分布. 台湾: 台湾大学海洋研究所.

宇田道隆. 1934. 日本海及び其の隣接海区の海況 (昭和 7 年 5, 6 月連絡施行, 第一次日本海一斉海洋調査報告). 水産試験場報告, 5.

袁金金, 冯曦, 冯卫兵. 2018. 辐射沙洲地形对南黄海潮汐过程的影响. 科学通报, 63(27): 114-128.

袁迎如. 1992. 东海大陆架外部的晚更新世晚期长江河口. 海洋学报, 14(6): 85-91.

恽才兴. 2004. 长江河口近期演变基本规律. 北京: 海洋出版社.

曾成开, 王小波. 1987. 南海海盆中的海山海丘及其成因. 东海海洋, (Z1): 7-15.

张东生, 张君伦, 张长宽, 等. 1998. 潮流塑造-风暴破坏-潮流恢复-试释黄海海底辐射沙脊群形成演变的动力机制. 中国科学 (D 辑: 地球科学), 28(5): 394-402.

张洪运, 栾振东, 李近元. 2016. 海南东方岸外风电场海底地形地貌特征. 海洋地质前沿, 32(9): 1-6.

张洪运, 庄丽华, 阎军, 等. 2017. 南海北部东沙群岛西部海域的海底沙波与内波的研究进展. 海洋科学, 41(10): 149-157.

张江勇, 黄文星, 刘胜旋, 等. 2016. 南海西沙海域甘泉海台的阶梯状地形. 中国第四纪科学研究会珊瑚礁专业委员会学术会议.

张晶晶, 庄振业, 曹立华. 2015. 南海北部陆架陆坡沙波底形. 海洋地质前沿, 31(7): 11-19.

张莉, 沙志彬, 王立飞. 2007. 南沙海域礼乐盆地中生界油气资源潜力. 海洋地质与第四纪地质, 27(4): 97-102.

张宁, 殷勇, 潘少明, 等. 2009. 渤海湾曹妃甸潮汐汊道系统的现代沉积作用. 海洋地质与第四纪地质, 29(6): 29-38.

张启明, 刘福宁, 杨计海. 1996. 莺歌海盆地超压体系与油气聚集. 中国海上油气•地质, 10(3): 65-75.

张田升, 吴自银, 赵荻能, 等. 2019. 南海礼乐盆地海底麻坑地貌及成因分析. 海洋学报, 41(3): 106-120.

张训华. 2008. 中国海域构造地质学. 北京: 海洋出版社.

张艳华, 王凯, 齐继峰. 2017. 地形斜坡对东海黑潮陆架坡折锋稳定性影响研究. 海洋科学, 41(7): 120-128.

赵荻能. 2017. 珠江河口三角洲近 165 年演变及对人类活动响应研究. 杭州: 浙江大学.

赵焕庭, 温孝胜, 孙宗勋, 等. 1996. 南沙群岛珊瑚礁自然特征. 海洋学报, 18(5): 61-70.

赵焕庭, 宋朝景, 孙宗勋, 等. 1997. 南海诸岛全新世珊瑚礁演化的特征. 第四纪研究, 17(4): 301-309.

赵焕庭, 宋朝景, 王丽荣, 等. 2001. 雷州半岛灯楼角珊瑚礁初步观察. 海洋通报, 20(2): 87-91.

赵焕庭, 王丽荣, 宋朝景. 2014. 南海珊瑚礁地貌模型研究. 海洋学报, 36(9): 112-120.

赵松龄. 1984. 长江三角洲地区的第四纪地质问题. 海洋科学, 8(5): 15-21.

郑承忠. 1991. 台湾海峡南部的残留沉积物. 闽南—台湾浅滩渔场上升流区生态系研究. 北京: 科学出版社.

郑树伟, 程和琴, 吴帅虎, 等. 2016. 链珠状沙波的发现及意义. 中国科学 (D 辑: 地球科学), 46(1): 18-26.

郑铁民, 张君元. 1982. 台湾浅滩及其附近大陆架的地形和沉积特征的初步研究. 北京: 科学出版社.

郑文振, 陈福年, 陈新忠. 1982. 台湾海峡的潮汐和潮流. 台湾海峡, (2): 3-6.

郑义芳, 丁良模, 谭铎. 1985. 黄海南部及东海海洋锋的特征. 黄渤海海洋, (1): 12-20.

中国科学院南海海洋研究所海洋地质构造研究室. 1988. 南海地质构造与陆缘扩张. 北京: 科学出版社.

周成虎, 等. 2009. 中华人民共和国地貌图集 (1 : 100 万). 北京: 科学出版社.

周川. 2013. 南海北部陆架外缘海底沙波分布规律及活动机理研究. 北京: 中国科学院大学.

周川, 范奉鑫, 栾振东, 等. 2013. 南海北部陆架主要地貌特征及灾害地质因素. 海洋地质前沿, 29(1):

51-60.

周勋佳, 吴自银, 马胜中, 等. 2016. 台湾海峡晚更新世以来的高分辨率地震地层学研究. 海洋学报, 38(9): 76-88.

周其坤. 2014. 南海北部海底沙波演化特征的数值研究. 青岛: 国家海洋局第一海洋研究所.

周其坤, 孙永福, 胡光海, 等. 2018. 南海北部海底沙波迁移规律及其在台风作用下的响应研究. 海洋学报 (中文版), 40(9): 78-89.

朱俊江, 李三忠, 孙宗勋, 等. 2017. 南海东部马尼拉俯冲带的地壳结构和俯冲过程. 地学前缘, 24(4): 341-351.

朱龙海. 2010. 辽东浅滩潮流沉积动力地貌学研究. 青岛: 中国海洋大学.

朱永其, 曾成开, 冯韵. 1984. 东海陆架地貌特征. 东海海洋, 2(2): 1-13.

朱永其, 李承伊, 曾成开, 等. 1979. 关于东海大陆架晚更新世最低海面. 科学通报, 24(7): 317-320.

庄丽华, 阎军, 徐涛, 等. 2017. 扬子浅滩东南海域海底潮流沙脊、沙波特征. 海洋科学, 41(1): 13-19.

Allen J R L. 1964. The Nigerian continental margin: Bottom sediments, submarine morphology and geological evolution. Marine Geology, 1(4): 289-332.

Ben-Avraham Z, Uyeda S. 1973. The evolution of the China Basin and the mesozoic paleogeography of Borneo. Earth and Planetary Science Letters, 18(2): 365-376.

Berndt C, Mienert J, Bunz S. 2003. Polygonal fault systems of the Mid-norwegian Margin: A long-term source for fluid flow. Geological Society London Special Publications, 216(1): 283-290.

Berne S, Vagner P, Guichard F, et al. 2002. Pleistocene forced regressions and tidal sand ridges in the East China Sea. Marine Geology, 188(3-4): 293-315.

Bi N S, Wang H J, Yang Z S. 2014. Recent changes in the erosion-accretion patterns of the active Huanghe (Yellow River) delta lobe caused by human activities. Continental Shelf Research, 90: 70-78.

Bianchi T S, Allison M A. 2009. Large-river delta-front estuaries as natural "recorders" of global environmental change. Proceedings of the National Academy of Sciences, 106(20): 8085-8092.

Briais A, Patriat P, Tapponnier P. 2011. Updated interpretation of magnetic anomalies and seafloor spreading stages in the south China Sea: Implications for the Tertiary tectonics of Southeast Asia. Journal of Geophysical Research Solid Earth, 98(B4): 6299-6328.

Brothers L L, Kelley J T, Belknap D F, et al. 2011. More than a century of bathymetric observations and present-day shallow sediment characterization in Belfast Bay, Maine, USA: Implications for pockmark field longevity. Geo-Marine Letters, 31(4): 237-248.

Brothers L L, Kelley J T, Belknap D F, et al. 2012. Shallow stratigraphic control on pockmark distribution in north temperate estuaries. Marine Geology, 329-331: 34-45.

Cai A Z, Zhu X N, Li Y M, et al. 2003. Sedimentary environment in the Taiwan shoal. Marine Georesources and Geotechnology, 21(3-4): 201-211.

Cathles L M, Su Z, Chen D F. 2010. The physics of gas chimney and pockmark formation, with implications for assessment of seafloor hazards and gas sequestration. Marine and Petroleum Geology, 27(1): 82-91.

Chen J, Song H, Guan Y, et al. 2015. Morphologies, classification and genesis of pockmarks, mud volcanoes and associated fluid escape features in the northern Zhongjiannan Basin, South China Sea. Deep Sea Research Part

II Topical Studies in Oceanography, 122: 106-117.

Chen Y Z, Syvitski J P M , Gao S , et al. 2012. Socio-economic impacts on flooding: A 4000-year history of the Yellow River, China. AMBIO, 41(7): 682-698.

Chen Z Y, Saito Y, Hori K, et al. 2003. Early Holocene mud-ridge formation in the Yangtze offshore, China: a tidal-controlled estuarine pattern and sea-level implications. Marine Geology, 198(3-4): 245-257.

Chow J, Lee J S, Sun R, et al. 2000. Characteristics of the bottom simulating reflectors near mud diapirs: offshore southwestern Taiwan. Geo-Marine Letters, 20(1): 3-9.

Chu Z X, Sun X G, Zhai S K, et al. 2006. Changing pattern of accretion/erosion of the modern Yellow River (Huanghe) subaerial delta, China: Based on remote sensing images. Marine Geology, 227(1-2): 13-30.

Cifi G, Dondurur D, Ergün N M. 2003. Deep and shallow structures of large pockmarks in the Turkish shelf, Eastern Black Sea. Geo-Marine Letters, 23(3-4): 311-322.

Coleman J M, Wright L D. 1975. Modern river deltas: Variability of processes and sand bodies. Deltas, Models for Exploration : 99-150.

Cui B L, Li X Y. 2011. Coastline change of the Yellow River estuary and its response to the sediment and runoff (1976-2005). Geomorphology, 127(1): 32-40.

Dai Z, Liu J T, Fu G, et al. 2013. A thirteen-year record of bathymetric changes in the North Passage, Changjiang (Yangtze) estuary. Geomorphology, 187(4): 101-107.

Dai Z, Fagherazzi S, Mei X, et al. 2016. Linking the infilling of the North Branch in the Changjiang (Yangtze) estuary to anthropogenic activities from 1958 to 2013. Marine Geology, 379: 1-12.

Dalrymple R W, Zaitlin B A, Boyd R. 1992. Estuarine facies models; conceptual basis and stratigraphic implications. Journal of Sedimentary Research, 62(6): 1130-1146.

Dandapath S, Chakraborty B, Karisiddaiah S M, et al. 2010. Morphology of pockmarks along the western continental margin of India: Employing multibeam bathymetry and backscatter data. Marine and Petroleum Geology, 27(10): 2107-2117.

Du J L, Yang S L, Feng H. 2016. Recent human impacts on the morphological evolution of the Yangtze River delta foreland: A review and new perspectives. Estuarine, Coastal and Shelf Science, 181: 160-169.

Dyer K R, Huntley D A. 1999. The origin, classification and modeling of sand banks and ridges. Continental Shelf Research, 19: 1285-1330.

Ergün M, Dondurur D, Cifi G. 2002. Acoustic evidence for shallow gas accumulations in the sediments of the Eastern Black Sea. Terra Nova, 14(5): 313-320.

Furukawa M, Tokuyana H, Nishizawa A. 1991. Report on DELP 1988 cruises in the Okinawa Trough:part 2. Seismic reflection studies in the southwestern part of the Okinawa Trough. Observation Center for Predictions of Earthquakes and Volcanic Eruption, Tohoku. University, 66: 17-36.

Galloway W E. 1975. Process framework for describing the morphologic and stratigraphic evolution of deltaic depositional system. Houston Geological Society : 87-98.

Gay A, Lopez M, Cochonat P, et al. 2003. Sinuous pockmark belt as indicator of a shallow buried turbiditic channel on the lower slope of the Congo basin, West African margin. Geological Society, London, Special Publications, 216: 173-189.

Geng M H, Song H B, Guan Y X, et al. 2017. Characteristicsand Generation Mechanismof Gulliesand Mega-pockmarksinthe Zhongjiannan Basin, Western South China Sea. Interpretation, 5(3): 49-59.

Hammer Ø, Webb K E, Depreiter D. 2009. Numerical simulation of upwelling currents in pockmarks, and data from the Inner Oslofjord, Norway. Geo-Marine Letters, 29(4): 269-275.

Hori K, Saito Y, Zhao Q, et al. 2001. Sedimentary facies and Holocene progradation rates of the Changjiang (Yangtze) delta, China. Geomorphology, 41(2-3): 233-248.

Hovland M. 1981. Characteristics of pockmarks in the Norwegian Trench. Marine Geology, 39(1-2): 103-117.

Hovland M, Judd A G, King L H. 1984. Characteristic features of pockmarks on the North Sea Floor and Scotian Shelf. Sedimentology, 31(4): 471-480.

Hovland M, Talbot M R, Qvale H, et al. 1987. Methane-related carbonate cements in pockmarks of the North Sea. Journal of Sedimentary Petrology, 57(5): 881-892.

Hovland M, Gardner J V, Judd A G. 2002. The significance of pockmarks to understanding fluid flow processes and geohazards. Geofluids, 2(2): 127-136.

Hovland M, Heggland R, De Vries M H, et al. 2010. Unit-pockmarks and their potential significance for predicting fluid flow. Marine and Petroleum Geology, 27(6): 1190-1199.

Hovland M, Svensen H, Forsberg C F, et al. 2005. Complex pockmarks with carbonate-ridges off mid-Norway: Products of sediment degassing. Marine Geology, 218(1-4): 191-206.

Hu K , Ding P . 2009. The effect of deep waterway constructions on hydrodynamics and salinities in Yangtze Estuary, China. Journal of Coastal Research, 25(1): 961-965.

Hui G, Li S, Guo L, et al. 2016. Source and accumulation of gas hydrate in the northern margin of the South China Sea. Marine and Petroleum Geology, 69: 127-145.

Hunt D , Tucker M E. 1992. Stranded parasequences and the forced regressive wedge systems tract: deposition during base-level'fall. Sedimentary Geology, 81(1-2): 1-9.

Huthnance J M. 1982. On one mechanism forming liner sand banks. Estuarine Costal and Shelf Science, 14: 79-99.

Jiang C, Li J, de Swart H E. 2012. Effects of navigational works on morphological changes in the bar area of the Yangtze Estuary. Geomorphology, 139: 205-219.

Jin J H, Clough S K. 1998. Partitioning of transgressive deposits in the southeastern Yellow Sea: A sequence stratigraphic interpretation. Marine Geology, 149: 79-92.

Judd A G, Hovland M. 2007. Seabed Fluid Flow: The Impact on Geology, Biology and the Marine Environment. Cambridge: Cambridge University Press.

Jung W Y, Suk B C, Min G H, et al. 1998. Sedimentary structure and origin of a mud-cored pseudo-tidal sand ridge, eastern Yellow Sea, Korea. Marine Geology, 151(1-4): 73-88.

King L H, Maclean B. 1970. Pockmarks on the scotian shelf. Geological Society of America Bulletin, 81(10): 3141-3148.

Li A, Davies R J, Yang J. 2016a. Gas trapped below hydrate as a primer for submarine slope failures. Marine Geology, 380: 264-271.

Li J B, Ding W W, Wu Z Y, et al. 2012. The propagation of seafloor spreading in the southwestern subbasin, South

China Sea. Chinese Science Bulletin, 57(24): 3182-3191.

Li J B, Jin X L, Aiguo R, et al. 2004. Indentation tectonics in the accretionary wedge of middle Manila Trench. Chinese Science Bulletin, 49(12): 1279-1288.

Li X J, Damen M C J. 2010. Coastline change detection with satellite remote sensing for environmental management of the Pearl River Estuary, China. Journal of Marine Systems, 82: S54-S61.

Li X S, Xu C G, Zhang Y, et al. 2016b. Investigation into gas production from natural gas hydrate: A review. Applied Energy, 172: 286-322.

Liao H R, Yu H S, Su C C. 2008. Morphology and sedimentation of sand bodies in the tidal shelf sea of eastern Taiwan Strait. Marine Geology, 248(3): 161-178.

Liu C S, Huang I L, Teng L S. 1997. Structural features off southwestern Taiwan. Marine Geology, 137(3-4): 305-319.

Liu C S, Liu S Y, Lallemand S E, et al. 1998. Digital elevation model offshore Taiwan and its tectonic implications. Terrestrial Atmospheric and Oceanic Sciences, 9(4): 705-738.

Liu F, Chen H, Cai H, et al. 2017. Impacts of ENSO on multi-scale variations in sediment discharge from the Pearl River to the South China Sea. Geomorphology, 293: 24-36.

Liu J P, Milliman J D, Gao S, et al. 2004. Holocene development of the Yellow River's subaqueous delta, North Yellow Sea. Marine Geology, 209(1): 45-67.

Liu J P, Li A C, Xu K H, et al. 2006. Sedimentary features of the Yangtze River-derived along-shelf clinoform deposit in the East China Sea. Continental Shelf Research, 26: 2141-2156.

Liu J P, Xu K H, Li A C, et al. 2007. Flux and fate of Yangtze River sediment delivered to the East China Sea. Geomorphology, 85(3): 208-224.

Liu J P, Liu C S, Xu K H, et al. 2008. Flux and fate of small mountainous rivers derived sediments into the Taiwan Strait. Marine Geology, 256(1): 65-76.

Loyd S J, Sample J, Tripati R E, et al. 2016. Methane seep carbonates yield clumped isotope signatures out of equilibrium with formation temperatures. Nature Communications, 7: 12274.

Luan H L, Ding P X, Wang Z B, et al. 2018. Morphodynamic impacts of large-scale engineering projects in the Yangtze River delta. Coastal Engineering, 141: 1-11.

Luan X W, Peng X C, Wang Y M, et al. 2010. Activity and formation of sand waves on northern South China Sea shelf. Journal of Earth Science, 21(1): 55-70.

Luo X X, Yang S L, Wang R S, et al. 2017. New evidence of Yangtze delta recession after closing of the Three Gorges Dam. Scientific Reports, 7: 41735.

Ma X C, Yan J, Hou Y J, et al. 2016. Footprints of obliquely incident internal solitary waves and internal tides near the shelf break in the northern South China Sea. Journal of Geophysical Research Oceans, 121(12): 8706-8719.

Ma X C, Yan J, Song Y D, et al. 2019. Morphology and maintenance of steep dunes near dune asymmetry transitional areas on the shallow shelf (Beibu Gulf, northwest South China Sea). Marine Geology, 412: 37-52.

Ma Z J, Melville D S, Liu J G, et al. 2014. Rethinking China's new great wall. Science, 346(6212): 912-914.

Milliman J D, Farnsworth K L, Jones P D, et al. 2008. Climatic and anthropogenic factors affecting river discharge to the global ocean, 1951-2000. Global and Planetary Change, 62(3-4): 187-194.

Off T. 1963. Rhythmic linear sand bodies caused by tidal currents. AAPG Bulletin, 47(2): 324-341.

Park S C, Han H, Yoo D G, et al. 2003. Transgressive sand ridges on the mid-shelf of the southern sea of Korea(Korea Strait): Formation and development in high-energy environments. Marine Geology, 193: 1-18.

Paull C K, Ussler W, Holbrook W S, et al. 2008. Origin of pockmarks and chimney structures on the flanks of the Storegga Slide, offshore Norway. Geo-Marine Letters, 28(1): 43-51.

Pilcher R, Argent J. 2007. Mega-pockmarks and linear pockmark trains on the West African continental margin. Marine Geology, 244(1-4): 15-32.

Posamentier H W, James D P. 2009. An overview of sequence-stratigraphic concepts: uses and abuses// Henry W P. Sequence Stratigraphy and Facies Associations. Oxford: Blackwell Publishing Ltd.

Reeder D B, Ma B B, Yang Y J. 2011. Very large subaqueous sand dunes on the upper continental slope in the South China Sea generated by episodic, shoaling deep-water internal solitary waves. Marine Geology, 279(1-4): 12-18.

Roy S, Hovland M, Braathen A. 2016. Evidence of fluid seepage in Grønfjorden, Spitsbergen: Implications from an integrated acoustic study of seafloor morphology, marine sediments and tectonics. Marine Geology, 380: 67-78.

Saito Y, Yang Z, Hori K. 2001. The Huanghe (Yellow River) and Changjiang (Yangtze River) deltas: a review on their characteristics, evolution and sediment discharge during the Holocene. Geomorphology, 41(2): 219-231.

Salmi M S, Johnson H P, Leifer I, et al. 2011. Behavior of methane seep bubbles over a pockmark on the Cascadia continental margin. Geosphere, 7(6): 1273-1283.

Shepard F P. 1937. Shifting bottom in submarine canyon heads. Science, 86(2240): 522-523.

Sibuet J C. 1987. Back arc extension in the Okinawa Trough. Journal of Geophysical Research, 92 (B13): 14041-14063.

Sibuet J C. 1995. Structural and kinematic evolutions of the Okinawa Trough backarc basin//Tarylor B. Backarc Basins: Tectonics and Magmatism. New York: Plenum Press: 343-378.

Sibuet J C. 1998. Okinawa trough backarc basin: Early tectonic and magmatic evolution. Journal of Geophysical Research, 103(B11): 30245-30267.

Snedden J W, Dalrymple R W. 1999. Modern shelf sand ridges: from historical perspective to a unified hydrodynamic and evolutionary model//Bergman K M, Snedden J W. Isolated shallow marine sand bodies: Sequence stratigraphic analysis and sedimentologic interpretation. SEPM Spec Publ., 64: 13-28.

Spencer J W W. 1905. The submarine great canyon of the Hudson River. American Journal of Science, 109: 1-15.

Sultan N, Marsset B, Ker S, et al. 2010. Hydrate dissolution as a potential mechanism for pockmark formation in the Niger delta. Journal of Geophysical Research Atmospheres, 115(B8): 4881-4892.

Sumida P Y G, Yoshinaga M Y, Madureira L A S P, et al. 2004. Seabed pockmarks associated with deepwater corals off SE Brazilian continental slope, Santos Basin. Marine Geology, 207(1-4): 159-167.

Sun Q L, Wu S G, Lü F L, et al. 2010. Polygonal faults and their implications for hydrocarbon reservoirs in the southern Qiongdongnan Basin, South China Sea. Journal of Asian Earth Sciences, 39(5): 470-479.

Sun Q L, Wu S G, Hovland M, et al. 2011. The morphologies and genesis of mega-pockmarks near the Xisha Uplift, South China Sea. Marine and Petroleum Geology, 28(6): 1146-1156.

Sun Q L, Wu S G, Cartwright J, et al. 2013. Focused fluid flow systems of the Zhongjiannan Basin and Guangle Uplift, South China Sea. Basin Research, 25(1): 97-111.

Syvitski J P M, Saito Y. 2007. Morphodynamics of deltas under the influence of humans. Global and Planetary Change, 57(3): 261-282.

Syvitski J P M, Harvey N, Wolanski E, et al. 2005a. Dynamics of the coastal zone. Berlin: Springer: 39-94.

Syvitski J P M, Kettner A J, Correggiari A, et al. 2005b. Distributary channels and their impact on sediment dispersal. Marine Geology, 222: 75-94.

Taylor B , Hayes D E . 1980. The tectonic evolution of the South China Basin. Tectonic and Geologic Evolution of Southeast Asian Seas and Islands, 23: 89-104.

Taylor B , Hayes D E . 2013. Origin and History of the South China Sea Basin//Hayes D E. The Tectonic and Geologic Evolution of Southeast Asian Seas and Islands: Part 2. Washington: American Geophysical Union.

Taylor B, Smoot N. 1984. Morphology of Bonin Fore-Arc Submarine Canyons Geology, 12(12): 724.

Tessler Z D, Vorosmarty C J, Grossberg M, et al. 2015. Profiling risk and sustainability in coastal deltas of the world. Science, 349(6248): 638-643.

Thi Ha D, Ouillon S, Van Vinh G. 2018. Water and Suspended Sediment Budgets in the Lower Mekong from High-Frequency Measurements (2009—2016).

Tsuburaya H, Sato T. 1985. Petroleum exploration well Miyakojima-Oki. J. Jpn. Assoc. Pet. Technol , 50: 25-53.

Twichell D, Brooks G, Gelfenbaum G, et al. 2003. Sand ridges off Sarasota, Florida: A complex facies boundary on a low-energy inner shelf environment. Marine Geology, 200(1-4): 243-262.

Vorosmarty C J, Meybeck M, Fekete B, et al. 2003. Anthropogenic sediment retention: major global impact from registered river impoundments. Global and Planetary Change, 39(1): 169-190.

Wang H J, Yang Z S, Saito Y, et al. 2007. Stepwise decreases of the Huanghe (Yellow River) sediment load (1950-2005): Impacts of climate change and human activities. Global and Planetary Change, 57(3): 331-354.

Wang H J, Bi N, Saito Y, et al. 2010. Recent changes in sediment delivery by the Huanghe (Yellow River) to the sea: causes and environmental implications in its estuary. Journal of Hydrology, 391(3): 302-313.

Wang H J, Saito Y, Zhang Y, et al. 2011. Recent changes of sediment flux to the western Pacific Ocean from major rivers in East and Southeast Asia. Earth-Science Reviews, 108(1): 80-100.

Wang H J, Wu X, Bi N S, et al. 2017. Impacts of the dam-orientated water-sediment regulation scheme on the lower reaches and delta of the Yellow River (Huanghe): A review. Global and Planetary Change, 157: 93-113.

Webb K E, ϕyvind H, Lepland A, et al. 2009. Pockmarks in the inner Oslofjord, Norway. Geo-Marine Letters, 29(2): 111-124.

Wu X, Bi N S, Kanai Y, et al. 2015a. Sedimentary records off the modern Huanghe (Yellow River) delta and their response to deltaic river channel shifts over the last 200 years. Journal of Asian Earth Sciences, 108: 68-80.

Wu X, Bi N S, Yuan P, et al. 2015b. Sediment dispersal and accumulation off the present Huanghe (Yellow River) delta as impacted by the Water-Sediment Regulation Scheme. Continental Shelf Research, 111: 126-138.

Wu X, Bi N S, Xu J P, et al. 2017. Stepwise morphological evolution of the active Yellow River (Huanghe) delta lobe (1976-2013): Dominant roles of riverine discharge and sediment grain size. Geomorphology, 292: 115-127.

Wu Z Y, Jin X L, Li J B, et al. 2005. Linear sand ridges on the outer shelf of the East China Sea. Chinese Science Bulletin, 50(21): 2517-2528.

Wu Z Y, Jin X L, Cao Z Y, et al. 2010. Distribution, formation and evolution of sand ridges on the East China Sea shelf. Science China-Earth Sciences, 53(1): 101-112.

Wu Z Y, Milliman J D, Zhao D N, et al. 2014a. Recent geomorphic change in LingDing Bay, China, in response to economic and urban growth on the Pearl River Delta, Southern China. Global and Planetary Change, 123: 1-12.

Wu Z Y, Li J B, Jin X L, et al. 2014b. Distribution, features, and influence factors of the submarine topographic boundaries of the Okinawa Trough. Science China Earth Sciences, 57(8): 1885-1896.

Wu Z Y, Saito Y, Zhao D N, et al. 2016. Impact of human activities on subaqueous topographic change in Lingding Bay of the Pearl River estuary, China, during 1955-2013. Scientific Reports, b, 6: 37742.

Wu Z Y, Jin X L, Zhou J Q, et al. 2017. Comparison of buried sand ridges and regressive sand ridges on the outer shelf of the East China Sea. Marine Geophysical Research, 38(1-2): 187-198.

Wu Z Y, Milliman J D, Zhao D N, et al. 2018. Geomorphologic changes in the lower Pearl River Delta, 1850-2015, largely due to human activity. Geomorphology, 314: 42-54.

Yang H F, Yang S L, Xu K H, et al. 2017. Erosion potential of the Yangtze Delta under sediment starvation and climate change. Scientific Reports, 7: 10535.

Yang S L, Li M, Dai S B, et al. 2006. Drastic decrease in sediment supply from the Yangtze River and its challenge to coastal wetland management. Geophysical Research Letters, 33(6): 272-288.

Yang S L, Milliman J D, Li P, et al. 2011. 50000 dams later: Erosion of the Yangtze River and its delta. Global and Planetary Change, 75(1): 14-20.

Yang S L, Xu K H, Milliman J D, et al. 2015. Decline of Yangtze River water and sediment discharge: Impact from natural and anthropogenic changes. Scientific Reports, 5: 12581.

Yang Z S, Liu J P. 2007. A unique Yellow River-derived distal subaqueous delta in the Yellow Sea. Marine Geology, 240(1): 169-176.

Yin S R, Li J B, Ding W W, et al. 2018. Migration of the lower North Palawan submarine canyon: Characteristics and controls. International Gedogy Review, 62(7-8): 998-1005.

Yoo D G, Lee C W, Kim S P. 2002 . Late Quaternary transgressive and highstand systems tracts in the northern East China Sea mid-shelf. Marine Geology, 187: 313-328.

Yu H S, Chang J F. 2002. The Penghu submarine canyon off southwestern Taiwan: Morphology and origin. Terrestrial, Atmospheric and Oceanic Sciences, 13(4): 547-562.

Zhang H G, Lou X L, Shi A Q, et al. 2014. Observation of sand waves in the Taiwan Banks using HJ-1A/1B sun glitter imagery. Journal of Applied Remote Sensing, 8(1): 083570.

Zhang W, Wei X Y, Zheng J H, et al. 2012. Estimating suspended sediment loads in the Pearl River Delta region using sediment rating curves. Continental Shelf Research, 38(5): 35-46.

Zhao Z X, Klemas V, Zheng Q N, et al. 2004. Remote sensing evidence for baroclinic tide origin of internal solitary waves in the northeastern South China Sea. Geophysical Research Letters, 31: L06302.

Zhou J Q, Wu Z Y, Jin X L, et al. 2018. Observations and analysis of giant sand wave fields on the Tai wan Banks, northern South China Sea. Marine Geology, 406: 132-141.

Zhou J Q, Wu Z Y, Zhao D N, et al. 2020. Giant sand waves on the Taiwan Banks, southern Taiwan Strait: Distribution, morphometric relationships, and hydrologic influence factors in a tide-dominated environment. Marine Geology, 427: 106238.

Zhou L Y, Liu J, Saito Y, et al. 2014. Coastal erosion as a major sediment supplier to continental shelves: example from the abandoned Old Huanghe (Yellow River) delta. Continental Shelf Research, 82: 43-59.

Zhu D Y, Li L, Li Y, et al. 2008. Seasonal variation of surface currents in the southwestern Taiwan Strait observed with HF radar. Chinese Science Bulletin, 53(15): 2385-2391.

第4章 海底沉积物特征与成因

4.1 概　　论

海底沉积物类型图，又名海洋底质类型图，是基于沉积物的粒度组成、沉积动力环境和地形地貌对海底沉积物进行分类的一种基础地质图件。粒度分析是一种经典的沉积学研究方法，广泛应用于沉积环境和沉积过程研究，基于沉积物的粒度组成、粒度参数及各种图解解释沉积环境特征和沉积物扩散搬运过程（Russell，1939；Doeglas，1946；Visher，1969；Gao and Collins，1994；石学法等，2002）。沉积物的粒度组成主要是受母岩物质控制、源岩地区的风化作用、搬运过程中的机械磨蚀、水动力作用和化学溶蚀等因素制约。在不同的沉积环境下，地形不同，搬运介质不同，介质的密度、流速、流动方向以及水动力环境不同，稳定沉降后的沉积物粒度组成也不相同。

中国管辖海域包括渤海、黄海、东海、南海和台湾以东海区，领海面积约 $484 \times 10^4 km^2$。渤海是中国内海，以辽东半岛南端老铁山角经庙岛群岛至山东半岛北端蓬莱角一线与黄海分界，面积 $7.7 \times 10^4 km^2$。黄海与东海的分界是长江口北角至济州岛西南角间的连线。黄海面积 $38.6 \times 10^4 km^2$，东海面积 $77.3 \times 10^4 km^2$。东海与南海之间以台湾海峡沟通，其分界线经福建东山岛南端至台湾南端的鹅銮鼻。南海面积约 $350 \times 10^4 km^2$，是西太平洋最大的边缘海。

渤海是我国的半封闭内海，由辽东湾、渤海湾、莱州湾、中央浅海盆地和渤海海峡五个海区组成，仅由东面的渤海海峡与黄海相通。渤海周边入海河流较多，包括我国输沙量最大的黄河，以及海河、滦河和辽河等。渤海的东部主要包括辽东湾东南部和渤海海峡，水动力条件较强。辽东湾东南部水深 $20 \sim 40m$ 的范围内急剧变化，形成了大范围的波状起伏地形，即潮流沙脊。渤海海峡位于渤海的东南部，辽东半岛老铁山和山东半岛蓬莱角之间，长约113km，南部水较浅，多小于30m，北部水深多超过30m，最大水深可达86m。庙岛群岛将海峡分割出许多大小不一的水道。黄海北部是现代黄河沉积物向外海扩散的通道，也是黄海暖流进入渤海的通道所在，水动力条件变化较大，物质来源复杂。

黄海为西太平洋边缘岛弧与亚洲大陆之间的边缘海，位于中朝准地台和扬子准地台两大构造单元之间。根据大别－临津断裂带将黄海分为南北两部分，北部为北黄海，是在胶辽古隆起的基础上发展起来的新生代断陷盆地；南部为南黄海，是由中、新生代发展起来的断拗盆地（郑光膺，1991）。南黄海地形比较复杂，受长江、黄河等径流及潮汐、黄海暖流和沿岸流等影响，物质来源多样，沉积环境多变。

东海是西太平洋典型的开放型边缘海，是世界上最宽阔、最平缓的陆架海之一，陆架每年接纳长江和黄河携带的大量陆源碎屑物质，使其成为我国东部大陆边缘主要的陆源沉积汇。第四纪冰期和间冰期旋回中季风气候、海平面变化和海洋环流控制陆源沉积物的入海通量和陆架沉积体系的发育过程；尤其在末次冰盛期，东海陆架大部分暴露成陆，在随后海侵中，在太平洋潮流的强烈作用下，沉积物被多次改造，形成目前广泛分布的砂质沉积和泥质沉积，是典型的海侵体系域和高位体系域地层（Chen and Stanley，1995；Li et al.，2014）。因此，东海陆架沉积物中记录了丰富的地质和古环境信息，是研究晚第四纪海平面变化、海陆相互作用和沉积环境演化的理想区域。

早期的渤海海域沉积物分类及分区研究多采用基于 Shepard（1954）分类的海洋区域地质调查规范，虽然近年来的研究多采用 Folk 等（1970）分类方法进行沉积物类型划分（乔淑卿等，2010；徐东浩等，2012；王伟伟等，2013），但由于条件限制，不同学者所关注的研究区不同，并未覆盖整个渤海地区。渤海东部的沉积物类型组成比较复杂，根据1975 年海洋地质调查规范的沉积物分类划分了 14 种类型（尹延鸿和周青伟，1994）。也有学者就沉积物的分布，编制了底质类型图（刘锡清，1990，1996），并基于底质类型、区域水动力环境，并参考矿物、地球化学和生物等特征，对整个东部陆架沉积物进行了分区，把渤海粗略地划分为大河口外泥质沉积区、沿岸流泥质沉积区和混合沉积区。渤海中部1448 个表层沉积物的粒度分析表明，该区沉积物主要是粉砂质砂和黏土质粉砂，砾石和粉砂分布较少，主导沉积物分布的主要动力是进入渤海的黄海暖流余脉形成的渤海环流（王伟伟等，2013）。乔淑卿等（2010）通过对渤海海底沉积物粒度组成，运用 Gao-Collins 粒径趋势分析方法，揭示出渤海粗粒级沉积物主要分布在辽东浅滩和渤中浅滩地区，而细粒沉积物主要分布在渤海湾的中部和南部。辽东湾表层沉积物划分为 11 种类型，其中以砂质粉砂、砂质泥和泥质砂为主，沉积物粒度分布趋势主要受物源和海洋动力控制（徐东浩等，2012）。张剑等（2016）通过对渤海东部和北黄海西部沉积物粒度、^{14}C 测年和微体古生物组成等综合分析，识别出 6 个沉积区，并对沉积成因进行了讨论。王中波等（2016）通过渤海及邻域海区表层沉积物粒度实测数据，采用 Folk 等（1970）三角图解分类方法，对比已有 Shepard（1954）分类沉积物类型图对近岸的沉积物类型进行相应补充，编制沉积物类型图，并进行沉积分区。根据沉积物类型分布特征、海洋环流、地形地貌及物质来源（入海河流物质影响程度），划分为 4 个沉积区。渤海表层沉积物的分布受控于近源河流物质和海洋环流变化。渤海的潮流场控制泥沙输运，弱潮流区对应细颗粒沉积物沉降，强潮流控制区发育粗粒级潮流沙脊和沙席沉积。

李广雪等（2005）以及丁东和王中波（2010）通过大量的资料分析，采用 Shepard 沉积物分类方法，编制了我国东部海域的沉积物类型图，显示出黄海沉积物主要是黏土质粉砂、粉砂质砂、粉砂、砂质粉砂、砂及砂 - 粉砂 - 黏土等。此外，李广雪等（2005）综合表层沉积物类型、沉积物特征，对沉积物的成因进行分析，提出滨岸带和陆架地区的沉积相分区。北黄海表层沉积物粒度研究表明，潮流是东部海域沉积作用发生的主导因素，西部海区是山东半岛沿岸流作用，形成南北不对称的沉积物分布特征（王伟等，2009）。沉积物输运趋势研究也显示出山东半岛沉积物东南转向东的净输运趋势（程鹏和高抒，2000）。张剑等（2016）通过对渤海东部和北黄海西部沉积物粒度、^{14}C 测年和微体古生物组成等综合分析，识别出 6 个沉积区，并对沉积成因进行了讨论。王中波等（2008）通过对比两种常用的沉积物分类法，就沉积物的形成、搬运过程以及物质来源进行分析，发现中国陆源物质对南黄海沉积物的形成与分布起着决定性作用。南黄海表层沉积物粒度数据的端元分析模型反演表明，存在两种端元，分别反映海洋动力过程对陆源沉积物的控制和对残留沉积物的改造（Zhang et al., 2016）。不同沉积物分类方法及各种粒度参数计算和应用方法，在黄海不同地区表层沉积物类型判断、区域水动力环流变化以及陆源碎屑沉积物在海区的沉积和运移分析中起到了积极作用；结合地质测年、微体古生物组合以及地球化学等相关指标可以很好地揭示出不同地质时期海平面波动过程作用下沉积物粒度和类型差异。

近年来东海陆架地区陆续开展了沉积物的粒度、地球化学、微体古生物、碎屑矿物组合等研究（Chen et al., 2000；庄丽华等，2004；Ijiri et al., 2005；肖尚斌等，2005；Xiao et al., 2006；赵家成等，2007；陈丽蓉，2008；赵泉鸿等，2009；李云海等，2010；徐方建等，2011；于培松等，2011；Xu et al., 2016；Li et al., 2016；Liu et al., 2018），取得了丰富的研究成果，但这些研究多集中在东海内陆架浙闽沿岸流泥质沉积区，粒度分析方法多采用Shepard分类方法（Shepard, 1954；李云海等，2010），取样多集中在某一区域或局部钻孔（肖尚斌等，2005；徐方建等，2011）。

南海是西太平洋最大的边缘海，处在欧亚板块、印度板块、澳大利亚板块和太平洋板块相互作用的交接处（孙卫东等，2018），决定了其沉积物具有鲜明的区域性特点，来源多样，既有湄公河、红河及珠江等河流携带的大量陆源碎屑物质，又有海底火山物质，还有深海区大量的自生物质。此外，由于其处于季风强烈作用地带，具有特征的海洋环流，随季节变化的沿岸流与上升流交相作用，与周边海域存在的诸多水道贯通形成物质交换，因此其沉积物的形成极其复杂，沉积物类型多样。

南海北部地形地貌种类多样，分布有大陆架、大陆坡、深海盆地等地形单元和海底火山、海底珊瑚礁、海底峡谷及海底麻坑等地貌特征。其沉积物组成复杂，包括陆源碎屑（邵磊等，2001）、生源组分（刘广虎等，2006）、自生矿物（杨群慧等，2002）、火山碎屑（陈忠等，2005）以及陨石颗粒（张蕾等，2003）。不同沉积组分由不同的搬运介质、搬运路径及其影响因素控制。陆源碎屑通过河流、海流及风力搬运入海，生源组分由原地底栖生物碎屑或浮游生物沉降堆积，或异地生源组分经过海流搬运而来。而火山碎屑则更多来自于海底火山喷发，或是风力或海流搬运的异地火山喷发物。不同来源和不同比例的沉积组分汇聚堆积后形成不同的沉积物类型（张洪涛等，2013），构成复杂的沉积体系，记录了南海的沉积环境变迁、沉积物来源（Liu, et al., 2003, 2011；张富元和章伟艳，2003；叶芳和刘志飞，2007；李学杰等，2008）。李亮等（2014）通过对南海北部沉积物粒度参数及碳酸盐含量进行了因子分析，划分为4类区域，I区为黏土级沉积区，主要分布在研究区东南部水深较大的海域；II区为中、细砂质沉积区，主要分布在粤西外大陆架和华南大陆沿海；III区为粗、中粉砂质沉积区，主要分布在琼东南、珠江口外海大陆坡以及台西南外大陆架；IV区为粗砂质沉积区，主要分布在台西南内大陆架海域。南海东部海域表层沉积物可被分为11种类型，按物源和成因分为陆源碎屑、钙质碎屑和硅质碎屑、火山碎屑三大类型（张富元等，2004）。其中陆源碎屑约占50%，钙质碎屑占20%，硅质碎屑和火山碎屑各占15%。台湾省以南到17°N以北海区沉积物以陆源沉积物分布为主，巴士海峡以西海区沉积物较粗，常含砂岩块和砾石。

东沙群岛以东海区钙质生物碎屑沉积丰富，中、西部海区以含铁锰微粒沉积物为主。中、南部海区水深大，主要分布硅质沉积物，南部海区、礼乐滩北缘沉积物受礼乐滩珊瑚碎屑影响大，沉积物类型为钙质软泥。

此外，根据相关研究揭示（何起祥等，2002；王中波等，2008），在我国沉积物类型划分中使用较广的 Shepard（1954）分类法，由于无法对含砾沉积物分类，在应用中存在一定的局限性，且与沉积物粒度的沉积动力学属性无关，因而无法反映其与水动力作用、沉积环境以及物源区的成因联系。而 Folk 等（1970）分类方法则考虑了不同粒度沉积物颗粒的动力学性质，利用砾、砂、粉砂和黏土组分在沉积过程中的不同行为和动力学性质和其间量比的成因意义，进行分类。其砂 – 泥比能够反映动力强度的大小，粉砂 / 黏土则反映介质的混浊度，具有明显的动力学意义。王中波等（2008）通过其在南黄海表层沉积物分析的应用中效果较好，既能反映砂泥质沉积，又能处理砾质沉积，且分类图解简洁，能够很好地反映出该海区沉积动力学和沉积环境变化。

目前，鉴于采用不同方法的海底沉积物类型图不能相互转化，而部分海域缺少实测数据，因此本书采用 Shepard 沉积物分类、深海沉积物分类和生物成因沉积物分类三种方法进行中国海域底质沉积物类型图编制，并对沉积物类型分布进行详细阐述。在中国海域典型沉积物分区及沉积环境分析部分，采用 Folk 沉积物分类及其相关粒度参数进行讨论，以反映沉积物的沉积动力环境、沉积物成因及其物质来源等。

4.2　沉积物分类方法

4.2.1　沉积物分类命名原则

1. 粒度分级原则

根据《海洋调查规范第 8 部分：海洋地质地球物理调查》（GB/T 12763.8—2007），采用尤登 – 温德华氏等比制 $\varPhi$ 值，粒级标准分为 4 个级别。

砾粒级：＞ 2mm（＜ -1$\varPhi$）；

砂粒级：2 ～ 0.063mm（-1$\varPhi$ ～ 4$\varPhi$）；

粉砂粒级：0.063 ～ 0.004mm（4$\varPhi$ ～ 8$\varPhi$）；

黏土粒级：＜ 0.004mm（＞ 8$\varPhi$）。

其中，砂粒级沉积物，因可直观反映沉积动力强弱，因此本图幅中进一步按主次粒级分布进行细分，依次是：

粗砂：2 ～ 0.5mm（-1$\varPhi$ ～ 1$\varPhi$）；

中砂：0.5 ～ 0.25mm（1$\varPhi$ ～ 2$\varPhi$）；

细砂：0.25 ～ 0.063mm（2$\varPhi$ ～ 4$\varPhi$）。

2. 分类命名方案

中国海及邻域海区既有渤海、黄海、东海和南海陆架等浅海地区，又包括南海和冲绳海槽等深海地区，沉积物类型命名按照沉积物性质分为碎屑沉积物分类方法、深海沉积物分类方法和生物源沉积物分类方法。

1）碎屑沉积物分类方法

碎屑沉积物分类采用 Shepard 沉积物分类方法（图4-1）。由于陆架和陆坡的沉积物都以陆源碎屑沉积物为主，因此二者均采用 Shepard（1954）沉积物分类三角形图解命名。而部分海域陆坡沉积物中会含有生物碎屑及火山物质（10%≤生物含量≤50%），因此海洋沉积物命名通常采用 Shepard（1954）沉积物分类三角形图解（图4-1）为基础，同时按生物碎屑含量比例在陆源碎屑名称之前增加生物或火山碎屑进行命名（图4-2）。

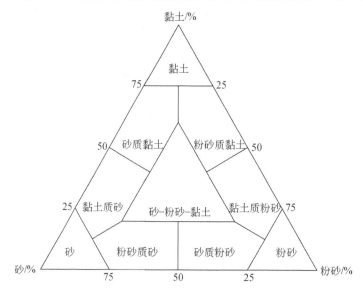

图 4-1 Shepard（1954）沉积物分类三角形图解

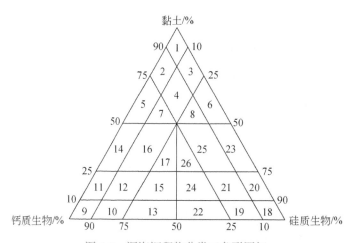

图 4-2 深海沉积物分类三角形图解

1. 黏土；2. 含钙质黏土；3. 含硅质黏土；4. 含硅质和钙质的黏土；5. 钙质黏土；6. 硅质黏土；7. 含硅质的钙质黏土；8. 含钙质的硅质黏土；9. 钙质软泥；10. 含硅质的钙质软泥；11. 含黏土的钙质软泥；12. 含黏土和硅质的钙质软泥；13. 硅质钙质软泥；14. 黏土钙质软泥；15. 含黏土的硅质钙质软泥；16. 含硅质的黏土钙质软泥；17. 黏土硅质钙质软泥；18. 硅质软泥；19. 含钙质的硅质软泥；20. 含黏土的硅质软泥；21. 含黏土和钙质的硅质软泥；22. 钙质硅质软泥；23. 黏土硅质软泥；24. 含黏土的钙质硅质软泥；25. 含钙质的黏土硅质软泥；26. 黏土钙质硅质软泥

2）深海沉积物分类方法

深海沉积物分类参照《海洋调查规范第 8 部分：海洋地质地球物理调查》（GB/T 12763.8—2007）JOIDES 的方案，对于水深超过 2000m 的沉积物，采用以钙质生物、硅质生物、黏土含量为端元组分的深海沉积物分类三角形图解方法进行命名（图 4-2）。

3）生物源沉积物分类方法

当生物含量大于 50% 时，上述两种三角图未涵盖的、主要由生物碎屑所组成的沉积类型。将其补充命名为生物源沉积类型，并且按生物碎屑成分命名。

4.2.2 沉积物类型划分

根据上述沉积物分类命名标准，本图沉积物类型有陆源碎屑沉积物、陆源碎屑－生物源沉积物、生物源沉积物和深海沉积物四种沉积物类型。

1）陆源碎屑沉积物

沉积物类型：砂质砾（SG）、砾质砂（GS）、粗砂（CS）、中砂（MS）、细砂（FS）、粉砂质砂（TS）、砂质粉砂（ST）、黏土质砂（YS）、粉砂（T）、砂-粉砂-黏土（S-T-Y）、黏土质粉砂（YT）、粉砂质黏土（TY）。

2）陆源碎屑－生物源沉积物

沉积物类型：钙质生物砂（S^{Ca}）、含钙质生物粉砂质砂（$TS^{(Ca)}$）、钙质生物粉砂质砂（TS^{Ca}）、钙质生物砂质粉砂（ST^{Ca}）、含钙质生物砂质粉砂（$ST^{(Ca)}$）、含钙质生物黏土质粉砂（$YT^{(Ca)}$）、钙质生物黏土质粉砂（YT^{Ca}）、含硅质钙质生物黏土质粉砂（$YT^{(Si)Ca}$）、含硅质含钙质生物黏土质粉砂（$YT^{(SiCa)}$）、钙质生物粉砂质黏土（TY^{Ca}）、含硅质含钙质生物粉砂质黏土（$TY^{(SiCa)}$）、含硅质钙质生物粉砂质黏土（$TY^{(Si)Ca}$）、硅质生物粉砂质黏土（TY^{Si}）、含硅质生物粉砂质黏土（$TY^{(Si)}$）等。

表示方法：字母表示沉积物类型，排列在前的为质，排列在后的为主；右上标为生物类型，上标括号内符号表示含某生物，括号外的符号表示某质生物。

3）生物源沉积物

沉积物类型：生物礁屑砾（G^{br}）、生物礁屑砂（S^{fi}）、有孔虫砂（S^{fo}）和有孔虫泥（M^{fo}）等。

表示方法：字母表示沉积物类型，排列在前的为质，排列在后的为主，右上标为生物类型。

4）深海沉积物

沉积物类型：硅质软泥（Oz^{Si}）、钙质－黏土－硅质软泥（Oz^{CaYSi}）、深海黏土（PY）、含钙质黏土（$Y^{(Ca)}$）、钙质黏土（Y^{Ca}）、硅质黏土（Y^{Si}）、含硅质钙质黏土（$Y^{(Si)Ca}$）、黏土硅质钙质软泥（Oz^{YSiCa}）等。

表示方法：字母表示沉积物类型，排列在前的为质，排列在后的为主；右上角为生物类型，括号内符号表示含某生物，括号外的符号表示某质生物。

4.3 表层沉积物类型分布特征

本书以中国海海洋地质调查实测资料为基础，综合近年来最新资料和解释成果，对相关资料、成果报告及公开发布文献进行重新分析和整理，编制中国海区及邻域海底表层沉积物类型图。

研究范围包括渤海、黄海和东海及邻域的北部海区和南海及邻域的南部海区，海域面积广大，底质沉积物类型极其复杂，因此沉积物命名采用以结构为主，物质成分 - 成因为辅的综合分类命名的分类原则。按照主要物质组分将沉积物划分为四大类：第一类是诸海区陆架及陆坡等浅海地区以陆源沉积物为主的陆源碎屑沉积物，第二类是以钙质生物和硅质生物等生物碎屑含量 ≥ 10% 的陆源碎屑 - 生物源沉积物，第三类是深海沉积物，第四类是生物源沉积物。各大类再按照其结构或物质组分划分亚类，依次推之。

4.3.1 陆源碎屑沉积物

由陆源碎屑物质含量大于 70% 的碎屑沉积物组成，其构成本图幅沉积物类型的主体，分布面积最广，几乎覆盖了整个海区的陆架、陆坡及冲绳海槽地区。根据 Shepard（1954）分类方法，陆源碎屑沉积物类型可划分为砂质砾、砾质砂、粗砂、中砂、细砂、粉砂质砂、砂质粉砂、粉砂、黏土质砂、黏土质粉砂、粉砂质黏土、砂 - 粉砂 - 黏土 12 类。此外，由于实测资料限制，部分海区砂、粉砂 - 黏土未能进一步细分，标注为砂（未分类）和粉砂 - 黏土（未分类），主要分布在朝鲜半岛周边及东海的东部海域。

4.3.1.1 砂质砾

砂质砾（SG）在中国海分布面积很少，主要呈斑块状分布在海州湾、南黄海南部和台湾海峡、老铁山水道、南海西部陆架和北部陆架地区。部分为基岩或沉积物的冲刷产物，如老铁山水道海区（尹延鸿和周青伟，1994；王中波等，2016）；部分为末次冰盛期钙质结壳在冰后期海侵形成的产物（孙嘉诗和崔一录，1987），如南黄海南部等。砾石的成分以花岗岩、变质岩为主，砂质成分以石英和长石为主，个别地区有海滩岩及生物礁灰岩岩块。砾石组分的粒径一般为 $-4\Phi \sim -5\Phi$，最大的可达几十厘米。

4.3.1.2 砾质砂

砾质砂（GS）主要分布在南海东南岛架地区，台湾海峡、巴士海峡、北部陆架和陆坡、海南岛沿岸、琼州海峡、中南半岛沿岸、菲律宾群岛沿岸、巽他陆架和南沙陆坡均有局部分布，水深变化很大，$20 \sim 800$m 分布。此外，少量呈斑块状分布在渤海长兴岛周边等北部海区。其粒度组成以粗砂为主，占到 $55\% \sim 59\%$，砾石次之，粉砂和黏土组分含量极低。沉积物的平均粒径为 $0 \sim 1.4\Phi$；分选系数为 $1.2 \sim 2.9$，分选差 - 很差；偏度为 $0 \sim 0.17$，呈近对称 - 正偏；峰度为 $0.83 \sim 0.96$，呈中等 - 平坦峰态，说明粒径分布范围较广。碎屑组分以轻矿物为主，重矿物含量较低，其中以磁铁矿、锆石、黑云母等较常见，此外有少量自生矿物（如海绿石）出现。

4.3.1.3　粗砂和中砂

粗砂（CS）的出现一般伴有砾石的出现，砂含量基本在 90% 以上，砾石含量低于 5%，不含或含极少量粉砂和黏土，主要分布在台湾海峡、南海北部陆架和陆坡、海南岛沿岸、琼州海峡、北部湾、中南半岛沿岸、巽他群岛，图幅的北部海区零星分布，常见贝壳碎片。水深变化较大，图幅北部水深较浅，而南部海区则在 350 ~ 1200m。粗砂的平均粒径一般为 -1Φ ~ 2Φ；分选系数为 0.6 ~ 1.4，分选差 - 好，呈滚圆 - 次滚圆状；偏度为 0 ~ 0.39，呈近对称 - 正偏；峰度为 0.8 ~ 1.4，呈尖锐 - 平坦峰态，说明粒径变化的范围较广。碎屑组分以轻矿物的石英和长石为主，重矿物含量相对较低，其中以磁铁矿、角闪石、绿帘石、黑云母、重晶石等较常见，此外有较多自生矿物（如海绿石）出现。钙质生物以有孔虫为主，含量低于 5%，主要分布在南海及邻域海区。

中砂（MS）部分呈黄褐色，普遍含有贝壳碎片，主要分布在西朝鲜湾潮流沙脊地区、台湾海峡北部、巴士海峡、南海北部陆架、南海东南部岛架和陆坡海区，零星分布，水深为 50 ~ 500m。其组成以中砂为主，粗砂组分含量在 10% 左右，细砂和粉砂含量也基本在 10%。中砂的平均粒径一般为 1Φ ~ 2Φ；南海地区的分选系数多在 2 左右，分选很差，而黄海、渤海和东海地区则相对分选较好；偏度在 0.22 附近，正偏；峰度为 1.9，呈尖锐峰态，说明粒径变化范围较小，且比较集中。主要成分是石英，重矿物含量部分高达 10%，其中以磁铁矿、钛铁矿、锆石和红柱石、电气石为主。生物组分含量较高，有钙质生物、硅质生物和鱼牙骨等出现。

4.3.1.4　细砂

细砂（FS）主要分布在渤海北部及辽东浅滩、长江口外及苏北浅滩、东海陆架中部及济州岛东南部、台湾海峡、南海北部陆架和陆坡、北部湾陆架、中南半岛沿岸、巽他陆架、南沙陆坡、南海东南岛架及菲律宾群岛沿岸海域，水深在 30 ~ 800m。其组成多以 2Φ ~ 4Φ 的细砂组分为主，含量高达 90% 以上，粉砂和黏土含量较少，部分地区有极少量的砾石出现。平均粒径一般为 2.1Φ ~ 4Φ；分选系数分布范围很大，为 0.3 ~ 2.0，分选极好 - 很差；偏度的分布在不同地区的变化很大，为 -0.6 ~ 0.5，呈负偏 - 正偏；峰度为 0.7 ~ 9，呈平坦 - 极尖锐峰态，说明粒径变化范围极大，分布形态不一。粒度参数的剧烈变化，说明图幅内细砂沉积物的物质来源和成因完全不同。该类沉积物主要是陆源属性，以轻矿物的石英和长石为主，重矿物含量不高，较常见的有磁铁矿、钛铁矿、角闪石、白云母和黑云母、锆石、金红石、电气石、石榴子石等，部分海域自身矿物分布普遍，以海绿石为主。钙质生物含量普遍低于 5%，以有孔虫壳体为主。

4.3.1.5　粉砂质砂

粉砂质砂（TS）主要分布在渤海北部、辽东浅滩、北黄海中部、海州湾外部、东海中北部、台湾海峡北部、朝鲜半岛东北部沿岸、南海北部陆坡、北部湾陆架、海南岛东面和西南、巽他陆架和部分陆架陆坡转折带，水深 30 ~ 800m，其主要组分为砂，含量超过 40%，粉砂次之，含量为 25% ~ 40%，黏土含量最低，一般不超过 10%。平均粒径一般为 2.6Φ ~ 5.0Φ；分选系数分布为 2.0 ~ 3，分选差 - 很差；偏度分布在 0.1 ~ 0.8，呈近对称 - 正偏；峰度为 0.7 ~ 1.4，呈平坦 - 尖锐峰态。碎屑成分以轻矿物的石英为主，重矿物含量较低，可见磁铁矿、钛铁矿、角闪石、绿帘石、云母、锆石、金红石、石榴子石和自生矿物海绿石等，钙质生物以有孔虫为主，其含量低于10%。概率分布曲线以双峰分布为主，概率累积曲线多呈典型的二段式和三段式，其中以跃移组分为主。

4.3.1.6　砂质粉砂

砂质粉砂（ST）主要分布在渤海南部和北部沿岸、山东半岛和辽东半岛沿岸、南黄海西部近海、台湾海峡北部、菲律宾吕宋岛沿岸、海南岛东面和西南面、南海北部等海区，其中南海地区除了吕宋岛沿岸地区外，其他地区呈斑块状分布。水深分布范围是30～1800m。该类沉积物以粉砂组分为主，介于40%～60%之间，砂次之，约在30%，黏土含量最低，基本介于10%～20%之间，砾石基本未见。平均粒径一般为5.0Φ～6.0Φ；分选系数分布在2.0～2.5，分选很差；偏度分布在-0.06～0.32，呈近对称-正偏；峰度为0.7～1.0，呈中等-平坦峰态。碎屑成分以轻矿物的石英和长石为主，风化矿物含量相对较高，重矿物含量较低，偶见磁铁矿、钛铁矿、角闪石、绿帘石、云母、锆石、金红石和自生矿物海绿石等，钙质生物以有孔虫为主，其含量低于10%。概率分布曲线表现为明显的双峰分布，优势粒级集中在0～4.0Φ和6.0Φ～7.0Φ，以悬浮组分为主，约占70%，跃移组分占30%，表现出水动力环境总体较弱。概率累积曲线多呈典型的三段式，其中以跃移组分为主。

4.3.1.7　黏土质砂

黏土质砂（YS）在图幅中分布面积较少，仅在浙闽泥质分布区东缘、北部湾陆架、中南半岛南岸沿岸、菲律宾群岛沿岸及南沙陆坡局部分布，水深较浅，不超过100m。沉积物组成中砂含量超过60%，粉砂和黏土含量均低于20%，偶见砾石组分。平均粒径一般在5.0Φ左右；分选系数分布在8左右，分选很差；偏度分布在-0.64左右，呈正偏；峰度为1.6，呈尖锐峰态，反映沉积物粒径分布在相对小的范围内。碎屑含量相对较低，含少量磁铁矿、钛铁矿、云母、锆石、金红石和自生矿物海绿石等，钙质生物和硅质生物壳体含量低于10%。概率分布曲线表现为明显的多峰分布，优势粒级集中在0～2.0Φ、4.0Φ～5.0Φ和9.0Φ～10.0Φ，以跃移组分为主，占60%以上，悬浮组分不足40%，表现出水动力环境总体较强。概率累积曲线多呈典型的二段式和三段式，其中以跃移组分为主。

4.3.1.8　粉砂

粉砂（T）在图幅中分布面积较少，仅在浙闽泥质分布区中部、山东半岛东部沿岸、渤海湾西部沿岸以及南海北部陆架等海区可见，呈斑块状分布，水深较浅，不超过150m。沉积物组成中粉砂含量超过70%，黏土含量均低于20%，砂含量低于10%。平均粒径一般在6.5Φ左右；分选系数分布在1.7左右，分选很差；偏度分布在0.01左右，基本呈对称分布；峰度为0.7～1.0，呈中等尖锐-平坦峰态。碎屑矿物以长石和石英含量为主，其他仅见少量云母、黄铁矿和自生海绿石，钙质生物和硅质生物壳体含量低于10%。概率分布曲线多呈典型二段式，以跃移组分占绝对优势，在90%以上，跃移组分不足10%。

4.3.1.9　砂-粉砂-黏土

砂-粉砂-黏土（S-T-Y）主要分布在朝鲜半岛南部和东部、南黄海中南部、长江口外、南海北部陆架和北部湾陆架，在北部图幅中呈条带状分布，砂含量分布在 26% ~ 40%，粉砂组分含量为 30% ~ 50%，黏土含量相对较低，介于 20% ~ 30% 之间。水深分布在 50 ~ 200m。该类沉积物的砂、粉砂和黏土组分含量相对平均。平均粒径一般为 5.0Φ ~ 6.0Φ；分选系数分布在 2.6 ~ 7，分选很差；偏度分布在 -0.11 ~ 0.62，呈负偏 - 正偏；峰度为 0.7 ~ 1.0，呈中等 - 平坦峰态。碎屑矿物含量相对较低，偶见磁铁矿、钛铁矿、角闪石、绿帘石、辉石、云母、锆石、金红石和自生矿物海绿石等，钙质生物以有孔虫为主，其含量低于 10%。概率分布曲线表现为明显的双峰分布，优势粒级集中在 0 ~ 4.0Φ 和 5.0Φ ~ 6.0Φ，以悬浮组分为主，约占 75%，跃移组分占 30%，表现出水动力环境总体较弱。概率累积曲线多呈典型的三段式，其中以悬浮组分为主。

4.3.1.10　黏土质粉砂

黏土质粉砂（YT）主要分布在台湾岛周边海区呈近环带状分布；在中南半岛北部沿岸、山东半岛北部和浙闽沿岸地区，呈明显条带状分布；在南黄海中西部，呈块状分布；此外，在菲律宾群岛沿岸也有零星块状分布。粒度组分中，粉砂含量最高，超过 60%，黏土含量次之，高于 25%，砂含量最低，多低于 10%。平均粒径一般为 6.8Φ ~ 7.5Φ；分选系数分布在 1.4 ~ 1.9，分选差；偏度分布在 -0.13 ~ 0.15，呈负偏 - 正偏；峰度为 0.9 ~ 1.1，呈中等 - 平坦峰态。碎屑矿物含量相对较低，一般以石英和长石为主，火山玻璃和自生微结核比较常见，其他矿物极少，偶见磁铁矿、钛铁矿、角闪石、绿帘石、辉石、云母、锆石和自生矿物海绿石和黄铁矿等。钙质生物以有孔虫为主，其含量低于 10%。概率分布曲线表现为明显的单峰分布，优势粒级集中在 6.0Φ ~ 7.0Φ，以悬浮组分为主，占 95% 以上，跃移组分极低，表现出水动力环境极弱。概率累积曲线多呈典型的二段式，其中以跃移组分段极短。

4.3.1.11　粉砂质黏土

粉砂质黏土（TY）主要分布在海南岛西北部、苏禄海北部、南海中北部沿岸、朝鲜半岛以东海区，水深变化较大，分布在 5 ~ 3000m。粒度组成以黏土为主，含量多介于 40% ~ 50% 之间，粉砂次之，含量介于 30% ~ 45% 之间，砂含量变化较大，基本低于 10%。平均粒径一般为 7.0Φ ~ 8.4Φ；分选系数分布在 2.6 ~ 7，分选很差；偏度的分布在 -0.08 ~ 0.08，基本呈对称偏态；峰度为 0.9 ~ 1，呈中等 - 平坦峰态。碎屑矿物含量极低，一般以石英和长石为主，偶见云母、角闪石、绿泥石、金红石和自生矿物海绿石等，钙质生物和硅质生物壳体含量低于 10%。粒度频率分布表现为明显的双峰，优势粒级集中在 6.0Φ ~ 7.0Φ 和 8.0Φ ~ 9.0Φ，悬浮组分占据绝对优势比例，表现出水动力环境总体较弱。概率累积曲线多呈典型的二段式，以悬浮组分为主。

4.3.2　陆源碎屑 - 生物源沉积物

陆源碎屑 - 生物源沉积物由生物碎屑组分或生物碳酸钙含量大于 10% 的碎屑沉积物组成。该类型沉积物主要分布在南海及周边海域，而在北部图幅只有冲绳海槽槽部至深海边缘海区有分布。按照生物碎屑种类和沉积物粒度组合、陆源碎屑含量的变化进一步细分为以下亚类。

4.3.2.1 钙质生物砂

钙质生物砂（S^{Ca}）广泛分布于南海东南部加里曼丹岛沿岸和西卫滩附近海域，南海北部陆坡局部偶见斑块状分布，水深 40 ～ 500m。粒级组成中砂组分含量最高，超过 60%，黏土含量集中在 10% 左右，粉砂含量为 10% ～ 25%。其平均粒径分布在 2.0Φ ～ 0Φ；分选系数为 2.8 ～ 6，分选很差；偏度为 0.2 ～ 0.7，呈正偏；峰度为 1.6 ～ 2.0，呈很尖锐峰态。粒度频率分布图呈典型单峰，1Φ ～ 2Φ 单峰极为明显。粒度概率累积曲线呈跃移 - 悬浮二段式，截点为 2Φ 和 4Φ，以跳跃组分为主，约占 80%，悬浮组分约 20%，表明水动力条件强。其生物组分为有孔虫、贝壳、珊瑚碎屑、翼足类、半鳃类等。含少量碎屑矿物，可见磁铁矿、角闪石、黑云母、石英和海绿石等。

4.3.2.2 含钙质生物粉砂质砂

含钙质生物粉砂质砂（$TS^{(Ca)}$）呈斑块状局部分布于南海北部陆架区，水深 100 ～ 180m。其成分以砂为主，占 50% ～ 60%，粉砂次之，占 25% ～ 45%，黏土较少，一般低于 10%。平均粒径分布在 5Φ ～ 4.4Φ；分选系数为 2.0 ～ 2.5，分选差 - 很差；偏度为 0.2 ～ 0.5，呈正偏；峰度为 0.9 ～ 1.4，呈中等 - 尖锐峰态。粒度频率分布图呈单峰，3Φ ～ 4Φ 峰明显。粒度概率累积曲线呈滚动 - 跳跃 - 悬浮三段式，截点分别是 3Φ 和 4Φ，以跳跃组分为主，约占 65%，悬浮组分较少，表明水动力条件较强。碎屑成分以轻矿物石英较多，重矿物稀少，偶见有角闪石、绿帘石、白云母、黑云母、金红石、锐钛矿、锆石和自生海绿石等。钙质生物碎屑主要为有孔虫壳体，含量为 15% ～ 20%。

4.3.2.3 钙质生物粉砂质砂

钙质生物粉砂质砂（TS^{Ca}）仅在东海冲绳海槽的北部、南海北部陆架、陆坡局部区域呈斑块状分布，水深 100 ～ 1600m。其成分以砂为主，普遍分布在 60% ～ 70%，粉砂含量为 26% ～ 40%，黏土含量较少，介于 10% ～ 20% 之间。平均粒径比较集中地分布在 4.2Φ ～ 4.8Φ；分选系数为 1.9 ～ 8，分选差 - 很差；偏度为 0.3 ～ 0.5，呈正偏；峰度为 0.7 ～ 1.4，呈平坦 - 尖锐峰态。粒度频率分布表现为明显的双峰，优势粒级分别集中在 2Φ ～ 3Φ 和 6Φ ～ 7Φ；粒度概率累积曲线呈跳跃 - 悬浮二段式，截点为 1Φ 和 7Φ，以跳跃组分较多，约占 55%，悬浮组分约占 45%。碎屑成分以轻矿物石英居多，重矿物含量极低，偶见云母、角闪石、绿帘石、绿泥石自生矿物海绿石等。钙质生物主要为有孔虫，含量为 25% ～ 69%。

4.3.2.4 含钙质生物砂质粉砂

含钙质生物砂质粉砂（$ST^{(Ca)}$）呈斑块状局部分布于南海北部陆架和陆坡区，以及东海冲永良部岛和伊平屋岛西部，水深 100 ～ 1000m。其成分以粉砂为主，一般超过 50%，砂次之，占 20% ～ 35%，黏土变化较大，介于 10% ～ 25% 之间。平均粒径为 5.2Φ ～ 6.0Φ；分选系数为 1.7 ～ 0，分选差 - 很差；偏度为 -0.3 ～ 0.3，呈负偏 - 正偏，表明粒径组成范围变化较大；峰度为 0.8 ～ 1.0，呈中等 - 平坦峰态。粒度频率分布呈典型单峰，优势粒级集中在 3Φ ～ 4Φ；粒度概率累积曲线呈滚动 - 跳跃 - 悬浮三段式，截点 3Φ 和 4Φ，以悬浮组分为主，约占 65%，跳跃组分较少。碎屑成分以轻矿物石英占优势，风化矿物较多，重矿物稀少，含量低，偶见有角闪石、绿帘石、绿泥石、白云母、黑云母、锆石自生矿物海绿石等，东海冲永良部岛和伊平屋岛西部沉积物中多见火山碎屑。钙质生物主要为有孔虫，含量为 10% ～ 20%。

4.3.2.5　钙质生物砂质粉砂

钙质生物砂质粉砂（ST^{Ca}）仅在南海北部陆坡呈斑块状局部分布，水深 200 ～ 650m。其成分以粉砂为主，占 45% ～ 60%，砂次之，占 25% ～ 40%，黏土较少，含量变化较大，介于 10% ～ 20% 之间。平均粒径为 4.5Φ ～ 6.0Φ；分选系数为 2.0 ～ 5，分布范围在分选差 - 很差；偏度为 -0.12 ～ 0.33，呈负偏 - 正偏；峰度为 0.76 ～ 1.02，呈中等 - 平坦峰态。粒度频率分布呈明显的双峰，优势粒级集中在 3Φ ～ 4Φ 和 6Φ ～ 7Φ；粒度概率累积曲线呈跳跃 - 悬浮二段式，截点是 4Φ，以悬浮组分为主，约占 60%，跳跃组分较少。碎屑成分以轻矿物石英为主，风化矿物较多，重矿物含量极低，偶见云母、角闪石、绿帘石、绿泥石自生矿物海绿石和黄铁矿等。钙质生物主要为有孔虫，含量为 25% ～ 50%。

4.3.2.6　含钙质生物黏土质粉砂

含钙质生物黏土质粉砂（YT$^{(Ca)}$）主要分布于东海大部分的冲绳海槽、南海北部部分陆架、陆坡和琼东南海域，其余海区仅局部呈斑块状分布，水深 100 ～ 3000m。沉积物组分以粉砂为主，含量为 50% ～ 75%，黏土次之，含量为 2% ～ 50%，砂组分含量极少，多低于 10%。平均粒径为 6.0Φ ～ 7.5Φ；分选系数为 1.4 ～ 2.5，分选差 - 很差；偏度为 -0.2 ～ 0.2，呈负偏 - 正偏；峰态为 0.9 ～ 1.2，呈中等尖锐 - 尖锐峰态。粒度频率分布呈单峰，优势粒级为 7Φ ～ 8Φ；粒度概率累积曲线呈跳跃 - 悬浮二段式，截点为 5Φ，悬浮组分占绝对优势，约占 90%，跳跃组分极少量，水动力条件极弱。碎屑矿物石英、长石较多，重矿物含量微量，常见角闪石、黑云母、绿帘石、金红石、钛铁矿、火山玻璃、自然铅等，偶见黄铁矿、锆石、石榴子石等，自生矿物微结核较为普遍，而海绿石则偶尔出现。钙质生物含量为 10% ～ 24%，硅质生物含量为 0% ～ 8%。冲绳海槽北部火山碎屑含量较高，在部分沉积物中超过 30%。

4.3.2.7　钙质生物黏土质粉砂

钙质生物黏土质粉砂（YT^{Ca}）主要分布于南海的北部和中部陆坡区，其次为南部陆坡，其余南海海区还有零星分布，范围广，面积大，是南海陆坡的主要沉积类型，水深范围在 100 ～ 3000m。组分以粉砂组分为主，含量为 40% ～ 75%，黏土次之，含量为 25% ～ 45%，砂含量低于 10%，部分区域未见。平均粒径为 6.0Φ ～ 7.8Φ；分选系数为 1.3 ～ 2.8，分选差 - 很差；偏度为 0.06 ～ 0.08，呈负偏 - 近对称；峰度为 0.8 ～ 1.2，呈平坦 - 尖锐峰态。粒度频率分布呈双峰，优势粒级集中在 7Φ ～ 8Φ 和 1Φ ～ 2Φ；粒度概率累积曲线呈跳跃 - 跳跃 - 悬浮 - 悬浮四段式，截点分别是 2Φ、5Φ 和 6Φ，以悬浮组分为主，约占 90%，跳跃组分较少，水动力条件弱。碎屑矿物含量低，一般以长石、石英居多，火山玻璃和自生微结核也较常见，其他矿物极为稀少，偶见磁铁矿、云母、角闪石、石榴子石、绿帘石、电气石等。钙质生物占 25% ～ 49%，硅质生物不足 10%。

4.3.2.8　含硅质钙质生物黏土质粉砂

含硅质钙质生物黏土质粉砂（YT$^{(Si)Ca}$）呈不规则带状分布于南海北部陆坡、中部陆

坡、南部陆坡，分布范围较小，水深 150 ～ 3000m。粒度组分粉砂含量变化较小，集中在
55% ～ 60%，黏土含量集中在 40% 左右，砂含量普遍低于 10%。平均粒径为 6.8Φ ～ 7.8Φ；
分选系数为 1.6 ～ 2.5，分选差 - 很差；偏度为 -0.22 ～ 0.19，呈负偏 - 正偏；峰度为
0.9 ～ 1.1，呈中等尖锐峰态。粒度频率分布表现为典型的单峰，集中在 7Φ ～ 8Φ；粒度
概率累积曲线基本为一直线，截点极不明显，均为悬浮组分，水动力条件弱。钙质生物占
28% ～ 50%，硅质生物占 10% ～ 22%；碎屑矿物极少量。偶见石英、长石、钛铁矿、金
红石、角闪石、火山玻璃和自生微结核。

4.3.2.9　含钙质硅质生物黏土质粉砂

含钙质硅质生物黏土质粉砂（YT$^{(Ca)Si}$）呈块状仅分布于南沙群岛海域，分布面
积小，水深分布在 1200 ～ 3000m。其组分中粉砂含量为 50% ～ 65%，黏土含量为
35% ～ 50%，砂含量低于 8%。平均粒径为 7.9Φ ～ 8.5Φ；分选系数为 1.68 ～ 20，分选差 -
很差；偏度为 -0.15 ～ 0.10，呈负偏 - 近对称；峰度为 0.95 ～ 1.32，呈中等 - 尖锐峰态。
粒度频率分布呈单峰，8Φ ～ 9Φ 明显突出；粒度概率累积曲线呈微弱的悬浮 - 悬浮二段
式，截点为 6Φ，悬浮组分占绝对优势，跳跃组分极少量，水动力条件极弱。钙质生物占
20% ～ 24%，硅质生物占 25% ～ 35%。碎屑矿物稀少，较常见石英和自生微结核等，偶
见火山玻璃、褐铁矿、角闪石、绿帘石、黑云母、白云母、金红石、自然铅等。

4.3.2.10　含钙质生物粉砂质黏土

含钙质生物粉砂质黏土（TY$^{(Ca)}$）呈斑块状局部分布于南海的西南部陆坡区，
水深 1000 ～ 2500m。其组分以黏土为主，含量为 50% ～ 71%，粉砂次之，含量为
30% ～ 50%，砂极少量，含量低于 2%。平均粒径为 8.0Φ ～ 8.8Φ；分选系数为 1.5 ～ 2.5，
分选差很差；偏度为 -0.13 ～ 0.10，呈负偏 - 近对称；峰度为 0.9 ～ 1.1，呈平坦 - 尖锐峰态。
粒度频率分布呈双峰，分布集中在 5Φ ～ 6Φ 和 8Φ ～ 9Φ；粒度概率累积曲线呈悬浮 - 悬
浮二段式，截点为 6Φ，悬浮组分占绝对优势，跳跃组分极少量，水动力条件极弱。碎屑
矿物石英、长石较多，重矿物含量微，常见角闪石、黑云母、绿帘石、金红石、钛铁矿、
火山玻璃、自然铅等，偶见黄铁矿、锆石、石榴子石等，自生矿物微结核较为普遍，海绿
石偶尔出现。钙质生物含量为 10% ～ 24%，硅质生物含量为 0 ～ 8%。

4.3.2.11　含硅质含钙质生物粉砂质黏土

含硅质含钙质生物粉砂质黏土（TY$^{(Si)Ca}$）呈不规则带状或块状分布于南海的西
部 - 中西部陆坡区，水深 1300 ～ 2500m。粒度成分中黏土含量为 54% ～ 72%，粉砂
含量为 28% ～ 44%，砂少量，含量低于 5%。平均粒径为 8.0Φ ～ 9.0Φ；分选系数为
1.58 ～ 2.36，分选差 - 很差；偏度为 -0.22 ～ 0.06，呈负偏 - 近对称；峰度为 1.0 ～ 1.2，
呈中等尖锐 - 尖锐峰态。粒度频率分布呈明显的单峰，粒度概率累积曲线呈跳跃 - 悬
浮二段式，悬浮组分占绝对优势，跳跃组分极少。钙质生物占 11% ～ 23%，硅质生物
占 10% ～ 22%。碎屑矿物微量，石英、长石、磁铁矿、角闪石、绿帘石、锆石、电气石、
金红石等较常见，偶见钛铁矿、白云母、黑云母、石榴子石、火山玻璃等，自生矿物
海绿石、微结核普遍可见。

4.3.2.12　含硅质生物粉砂质黏土

含硅质生物粉砂质黏土（TY$^{(Si)}$）主要呈斑块状零星分布于南海的西部陆坡区，分布范围小，水深 2000 ～ 2800m。其组分中黏土含量为 65% ～ 74%，粉砂含量为 25% ～ 30%，砂含量多低于 1%。平均粒径为 8.4Φ ～ 9.2Φ；分选系数为 1.4 ～ 2.1，分选差 - 很差；偏度为 -0.2 ～ 0.1，呈负偏 - 正偏；峰态为 1 ～ 1.2，呈中等尖锐 - 尖锐峰态。粒度频率分布为单峰，出现在 8Φ ～ 9Φ；粒度概率累积曲线呈悬浮 - 悬浮二段式，截点是 8Φ，悬浮组分占绝对优势。硅质生物占 13% ～ 24%，钙质生物占 3% ～ 9%。碎屑矿物含量甚微，偶见石英、长石、钛铁矿、角闪石、绿帘石、白云母、黑云母、电气石、金红石、火山玻璃及自生海绿石和微结核等。

4.3.2.13　含硅质钙质生物粉砂质黏土

含硅质钙质生物粉砂质黏土（TY$^{(Si)Ca}$）呈不规则带状广泛分布于南海西部、东南部、南部陆坡区，水深 800 ～ 3000m。其组分中黏土含量为 50% ～ 60%，粉砂含量为 35% ～ 45%，砂少量，多低于 3%。平均粒径为 8.0Φ ～ 8.5Φ；分选系数为 1.7 ～ 1.9，分选差；偏度为 -0.3 ～ -0.2，呈负偏；峰度为 0.9 ～ 1.00，呈中等尖锐峰态。粒度频率分布呈双峰，主要集中在 5Φ ～ 6Φ 和 9Φ ～ 10Φ；粒度概率累积曲线呈跳跃 - 悬浮 - 悬浮三段式，截点为 4Φ 和 8Φ，悬浮组分占绝大多数，跳跃组分极少量，水动力条件弱。以钙质生物为主，占 27% ～ 39%，硅质生物占 10% ～ 24%。碎屑矿物极少量，除自生微结核普遍出现外，偶见石英、长石、角闪石、绿帘石、电气石、白云母、黑云母和火山玻璃等。

4.3.2.14　硅质生物粉砂质黏土

硅质生物粉砂质黏土（TY^{Si}）呈斑块状分布于南海的东南部和西部陆坡区，范围窄，面积小。粒度组成以黏土为主，占 60% 左右，粉砂占 40%，砂含量极低，不足 1%。平均粒径为 8.0Φ；分选系数为 1.5，分选差；偏度为 -0.14，呈负偏；峰态为 1.0，呈中等尖锐峰态。粒度频率分布呈三峰，分别分布在 5Φ ～ 6Φ、7Φ ～ 8Φ 和 9Φ ～ 10Φ；粒度概率累积曲线呈悬浮 - 悬浮二段式，截点为 6Φ，悬浮组分占绝对优势，跳跃组分极少量，水动力条件极弱。硅质生物占 34%，钙质生物占 4%。碎屑矿物含量极微，只偶见石英、长石、钛铁矿、角闪石、绿帘石、白云母、黑云母及自生海绿石和微结核等。

4.3.2.15　含钙质生物火山碎屑黏土质粉砂

含钙质生物火山碎屑黏土质粉砂（YT$^{(Ca)Vo}$）主要分布在冲绳海槽北段 28° 以北、奄美群岛以西海域，水深在 1000m 左右，呈条带状，沉积物是灰褐色、黄褐色黏土质粉砂，有孔虫壳体含量部分超过 15%，火山碎屑超过 10%，显微镜下呈不规则棱角状、纤维状、鸡骨状。在局部海域，沉积物呈灰白色，主要由火山玻璃组成，无黏性，厚度为 10 ～ 20cm。火山碎屑物质主要来源于琉球岛弧北部的火山喷发作用。

4.3.2.16　含钙质生物火山碎屑砂质粉砂

含钙质生物火山碎屑砂质粉砂（ST$^{(Ca)Vo}$）分布在冲绳海槽中北部的伊平屋岛周边海域，呈斑块状分布，沉积物组成包括有孔虫壳体、砂、粉砂以及少量黏土，表层呈褐色，向下渐变为灰色，有孔虫壳体含量超过 15%，少量火山碎屑。

4.3.3 深海沉积物

深海沉积物主要分布在南海中央海盆及周边深海海域，以及北部图幅东海的东南部和西太平洋边缘水深大于2000m海域。

4.3.3.1 深海黏土

深海黏土（PY）广泛分布于南海中东部中央海盆和台湾岛东面陆坡、吕宋岛西北面东部下陆坡、南海中央海盆边缘以及中部中央海盆区，水深 3000～4300m。粒级组成黏土含量变化较大，介于23%～60%之间，粉砂含量为34%～72%，砂含量均低于3%。平均粒径为 7.1Φ～8.7Φ；分选系数为 1.5～3，分选差－很差；偏度为 -0.1～0.5，呈负偏－正偏；峰态为 0.9～1.1，呈中等尖锐峰态。粒度频率分布呈明显的单峰，集中在8Φ～9Φ；粒度概率累积曲线呈悬浮－悬浮二段式，截点为6Φ，均为悬浮组分，水动力条件极弱。碎屑成分以轻矿物石英、长石较普遍，最高含量达26%，重矿物含量甚微，较常见的有角闪石、黑云母等，偶尔出现褐铁矿、钛铁矿、绿帘石、白云母、锆石、火山玻璃以及自生矿物海绿石和微结核等。钙质生物含量为0%～9%，硅质生物含量为0%～8%。

4.3.3.2 含钙质黏土

含钙质黏土（$Y^{(Ca)}$）呈斑块状局部分布于南海东北部下陆坡、中央海盆中部，水深3000～4200m。粒级组成中，黏土含量为23%～73%，粉砂含量为35%～75%，砂含量为0～6%。平均粒径为 6.5Φ～9.0Φ；分选系数为 1.4～2.3，分选差－很差；偏度为 -0.1～0.3，呈负偏－正偏；峰态为 0.9～1.1，呈中等尖锐峰态。粒度频率分布呈明显的双峰，5Φ～6Φ 和 7Φ～8Φ 峰明显；粒度概率累积曲线呈悬浮－悬浮二段式，截点为6Φ，均为悬浮组分，水动力条件弱。碎屑成分以轻矿物石英、长石较普遍，重矿物含量甚微，偶尔可见角闪石、白云母、黑云母、褐铁矿、钛铁矿、锐钛矿、绿帘石、锆石、电气石、火山玻璃以及自生矿物海绿石和微结核等。钙质生物含量为10%～23%，硅质生物含量为0～6%。

4.3.3.3 钙质黏土

钙质黏土（Y^{Ca}）主要分布于南海中央海盆区，东北部下陆坡也有斑块状局部分布，水深3000～4400m。粒级组成中黏土含量为24%～58%，粉砂含量为41%～72%，砂含量基本低于5%。平均粒径为 6.5Φ～7.8Φ；分选系数为 1.4～2.2，分选差－很差；偏度为 0.0～0.1，呈对称－正偏；峰度为 1.0～1.1，呈中等尖锐峰态。粒度频率分布呈双峰，8Φ～9Φ 明显，4Φ～5Φ 不明显；粒度概率累积曲线呈悬浮－悬浮二段式，截点为5Φ，均为悬浮组分。硅质生物占1%～8%，钙质生物占25%～65%。碎屑矿物以轻矿物石英、长石为主，重矿物稀少，偶见磁铁矿、褐铁矿、白云母、黑云母、角闪石、绿帘石、电气石、锆石、金红石、火山玻璃和自生微结核等。

4.3.3.4 硅质黏土

硅质黏土（Y^{Si}）仅见于南海中部深海盆局部区域，呈斑块状，水深约3800m。粒度组分中粉砂含量为47%，黏土含量为53%，砂含量极低。平均粒径为 8.3Φ；分选系数为 2.5，分选很差；偏度为 0.1，呈正偏；峰态为 0.8，呈平坦峰态。粒度频率分布呈双峰，$5\Phi \sim 6\Phi$ 明显，$9\Phi \sim 10\Phi$ 不明显；粒度概率累积曲线呈悬浮 - 悬浮二段式，截点为 6Φ，均为悬浮组分，水动力条件极弱。硅质生物占 40%，钙质生物占 4%。碎屑矿物稀少，可见石英、长石、角闪石、电气石、白云母、黑云母、海绿石等。

4.3.3.5 含硅质钙质黏土

含硅质钙质黏土（$Y^{(Si)Ca}$）呈斑块状局部分布于南海中部深海盆区，水深 $3200 \sim 4300m$。组分中黏土含量为 35% ~ 67%，粉砂含量为 33% ~ 60%，砂含量最高不超过 4%。平均粒径为 $7.4\Phi \sim 8.5\Phi$；分选系数为 1.4 ~ 1.8，分选差；偏度为 $-0.1 \sim 0.1$，呈近对称 - 正偏；峰态为 1.0 ~ 1.1，呈中等尖锐峰态。粒度频率分布呈双峰，$5\Phi \sim 6\Phi$ 明显，$9\Phi \sim 10\Phi$ 不明显；粒度概率累积曲线呈三段，截点为 6Φ 和 8Φ，均为悬浮组分，水动力条件极弱。其硅质生物占 12% ~ 23%，钙质生物占 32% ~ 47%。碎屑矿物以轻矿物石英、长石为主，重矿物稀少，磁铁矿、火山玻璃及自生微结核较常见，偶见角闪石、绿帘石、金红石等。

4.3.3.6 黏土硅质钙质软泥

黏土硅质钙质软泥（Oz^{YSiCa}）主要分布于马尼拉海沟以西、南海深海盆东部，分布范围较广。此外，在南海中部深海盆、北部下陆坡和深海盆边缘局部呈斑块状分布，水深 $3000 \sim 4300m$，是南海深海盆较主要的沉积物类型。粒度组成中，黏土含量为 33% ~ 53%，粉砂含量为 42% ~ 63%。平均粒径为 $6.9\Phi \sim 7.6\Phi$；分选系数为 1.6 ~ 2.1，分选差；偏度为 $-0.1 \sim 0$，近对称分布；峰态为 0.9 ~ 1.1，呈中等尖锐峰态。粒度频率分布呈单峰，$7\Phi \sim 8\Phi$ 明显；粒度概率累积曲线呈跳跃 - 跳跃 - 悬浮三段式，截点分别为 4Φ 和 6Φ，悬浮组分占较大优势，跳跃组分极少，水动力条件弱。硅质生物占 25% ~ 35%，钙质生物占 28% ~ 38%。碎屑矿物稀少，偶见长石、石英、白云母、黑云母、角闪石、微结核和火山玻璃等。

4.3.3.7 钙质 - 黏土 - 硅质软泥

钙质 - 黏土 - 硅质软泥（Oz^{CaYSi}）主要分布在琉球群岛的东部深海地区，分布范围较广。其组分以钙质和硅质生物为主。

4.3.3.8 硅质软泥

硅质软泥（Oz^{Si}）主要分布在南海中部中央海盆区和台湾东部深海海区，分布范围较广，其是南海中央海盆的主要沉积类型。其组分以硅质生物壳体为主，含量超过 90%。

4.3.4 生物源沉积物

生物源沉积物主要分布在琉球群岛、曾母暗沙浅滩、西沙群岛、黄岩岛等周围海域。

4.3.4.1 有孔虫泥

有孔虫泥（M^{fo}）主要分布于琉球群岛的冲绳诸岛周围海域，水深 $50 \sim 1000m$。该类沉积物呈褐黄色，生物碎屑主要由有孔虫屑组成，含量在 30% 以上，最高可达 47%，有少量介形虫、超微化石、硅藻及放射虫等。陆源碎屑主要是粉砂，平均粒径为 $5.9\Phi \sim 7.5\Phi$。重矿物含量低，以辉石、钛铁矿和磁铁矿等为主，并含有大量火山玻璃等火山碎屑矿物。

4.3.4.2 生物礁屑砾

生物礁屑砾（G^{br}）主要分布于宫古岛的北部，呈斑块状局部分布，灰白色，主要由生物碎屑灰岩砾及珊瑚礁碎屑组成，含有少量的贝类和有孔虫壳体。砾粒径一般为 $-2\Phi \sim 4\Phi$。

4.3.4.3 贝壳珊瑚碎屑砾质砂

贝壳珊瑚碎屑砾质砂（GS^{fi}）主要分布于曾母暗沙浅滩，西沙群岛海域也有呈斑块状局部分布，水深 $5 \sim 50m$。成分组成生物碎屑占 80% 以上，长石、石英少量，约占 4%，其他重矿物微量。

4.3.4.4 贝壳珊瑚碎屑砂

贝壳珊瑚碎屑砂（S^{fi}）普遍分布于西沙群岛、中沙群岛和南沙群岛、西南部纳土纳群岛、八重山列岛、宫古列岛、奄美群岛以及冲绳岛周围海区，沿岛礁呈环状分布，水深 $10 \sim 1000m$。主要由珊瑚、贝壳等生物碎屑组成，粒度成分主要为粗砂和中砂。

4.3.4.5 有孔虫砂

有孔虫砂（S^{fo}）呈斑块状局部分布于黄岩岛周围海域，水深 $200 \sim 2800m$。成分以有孔虫占绝对优势。

4.4 沉积物分区及成因机制

对海底沉积物进行分区，是一种从宏观角度研究海洋沉积物分布规律的重要方法。通常基于两个地质要素，第一是沉积物类型（底质类型）及其粒度参数；第二是沉积环境，包括研究区的地形地貌、水动力环境、物质来源、海平面波动、生物影响等因素。

Shepard（1954）和 Folk 等（1970）的沉积物结构分类是较为常用的两种分类方法。尽管都是基于沉积物粒度组成的三元分类，但分类的出发点和基本思路有很大的不同。Shepard 分类是三端元等价的纯描述性分类，不反映沉积物粒度组成的水动力学属性，砾质沉积物未考虑在内。Folk 分类虽然也是三端元分类，但三个端元是不等价的。首先按砂/泥划分基本类型，再按粉砂/黏土进一步分类。砂/泥反映动力强度的大小，粉砂/黏土反映介质的混浊度，具有明显的动力学意义。因此本节基于最新实测数据，采用 Folk 沉积物分类方法（图 4-3），选取中国海域典型沉积物分布区进行沉积物粒度组成、沉积环境及物质来源分析与研究。

Folk 等（1970）认为，沉积物的系统描述对于研究其沉积过程非常重要。沉积物粒度分类属于沉积物的基础描述，可以反映沉积过程中沉积动力学的变化，是沉积环境的指示标志。其区域分布也可以反映沉积物的来源方向。沉积组分的粒级划分根据 Udden-Wentworth 粒度划分标准，也可以用 Φ 粒级来表示（Folk and Ward, 1957；Folk et al., 1970）。

Folk 等(1970)沉积物分类方法,即按粒度含量的三角形命名方法,根据砾质沉积物的有无,由两个三角形图解组成(图 4-3)。含砾沉积物的三角分类图解如图 4-3(a)所示,三个顶点分别代表砾、砂和泥。首先根据平行于三角图砾端元对边的平行线,按照砾含量 80%、30%、5% 和 < 0.01% 将沉积物划分为五大类;再以砂/泥为 9 : 1 和 1 : 9 将每大类分为三类,将沉积物分为 14 个类型。无砾沉积物三角分类图解如图 4-3(b)所示,三个端元分别代表砂、粉砂和黏土。首先根据砂含量 90%、50%、10% 的平行于砂端元对边的平行线将沉积物分成四大类;再据粉砂/黏土为 1 : 2 和 2:1 将每大类划分成 3 个类型,借此将沉积物分为 10 类。砂/泥为 9 : 1,即砂质含量小于 10%,泥质含量大于 90% 的分类界线称为泥线。

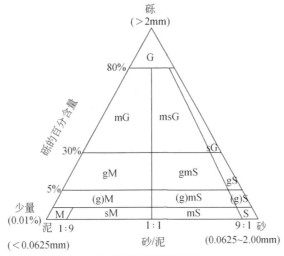

(a) 含砾碎屑沉积物的分类

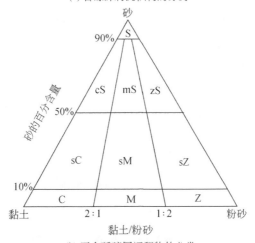

(b) 不含砾碎屑沉积物的分类

图 4-3　Folk 等（1970）沉积物三角形分类图解

G. 砾；sG. 砂质砾；msG. 泥质砂质砾；mG. 泥质砾；gS. 砾质砂；gmS. 砾质泥质砂；gM. 砾质泥；(g)S. 含砾砂；(g)mS. 含砾泥质砂；(g)M. 含砾泥；S. 砂；mS. 泥质砂；sM. 砂质泥；M. 泥。

S. 砂；zS. 粉砂质砂；mS. 泥质砂；cS. 黏土质砂；sZ. 砂质粉砂；sM. 砂质泥；sC. 砂质黏土；Z. 粉砂；M. 泥；C. 黏土

沉积物粒级采用 Udden- Wentworth Φ 粒级标准，用矩值法计算粒度参数，包括平均粒径（M_z）、标准偏差 σ_1、偏度 SK_1、峰度 K_G。平均粒径（M_z）是沉积物的粒度特征参数，用以指示沉积物粒径频率分布的中心趋向，其大小代表了沉积物的平均动能情况。标准偏差（σ_1）反映沉积物粒径的分选程度。偏度（Sk_1）是一个对沉积环境很灵敏的粒度指标，反映沉积过程中的能量变异。峰度（K_G）是用来表示频率曲线两段的分选与曲线中央分选的比率。

计算公式如下：

平均粒径 $M_z = (\Phi16+\Phi50+\Phi84)/3$

标准偏差 $\sigma_1 = (\Phi84-\Phi16)/4+(\Phi95-\Phi5)/6.6$

偏度 $Sk_1 = (\Phi16+\Phi84-2\Phi50)/(2(\Phi84-\Phi16))+(\Phi5+\Phi95-2\Phi50)/(2(\Phi95-\Phi5))$

峰度 $K_G = (\Phi95-\Phi5)/(2.44(\Phi75-\Phi25))$

根据中国海域海底沉积物类型分布、沉积物的粒度参数、碎屑矿物、微体古生物组合及地质年龄等相关数据，对比海平面波动，对沉积物分布进行分区（表 4-1），并选取典型沉积物分区进行沉积物特征分析。

表 4-1　典型沉积物分区沉积特征

海域	沉积物分区	分布范围	沉积物类型
渤海	辽东湾混合沉积区	滦河口至老铁山西角以北海域，属于半封闭海湾，是我国纬度最高的海湾	以砂质粉砂、砂质泥和泥质砂为主
	渤海湾-莱州湾及周边泥质沉积区	位于滦河口-蓬莱阁连线以南，由渤海湾、莱州湾两大海湾组成	沉积物主要为粉砂、砂质粉砂
	老铁山水道-辽东-渤中浅滩砂质沉积区	渤海的东部，辽东半岛老铁山与山东半岛蓬莱角之间	沉积物主要是中细砂、粉砂质砂和零星分布的小片砂质粉砂
黄海	北黄海西部泥质沉积区	北黄海 123° 以西海域	沉积物主要由粉砂质砂和砂质粉砂组成，呈近环带状分布
	南黄海中部泥质沉积区	南黄海中北部，范围很大，几乎纵贯南黄海中部	中心区域砂组分含量几乎为零，沉积物主要是呈灰绿色、含水量高的泥和粉砂
	西朝鲜湾潮流沙脊沉积区	朝鲜半岛以西朝鲜湾，可达 123°E	积物以砂为主，砂含量平均超过 90%，平均粒径为 2.30Φ
	苏北废黄河三角洲沉积区	122°30′E 以西的以苏北废黄河入海口为辐射中心的海区	沉积物主要是粉砂
	长江口北部砂质沉积区	主要分布在长江口以北、废黄河三角洲以南区，水深为 10～15m	沉积物主要是粉砂质砂和砂，砂组分含量超过 90%
	海州湾残留砂质沉积区	海州湾外侧，水深为 30～50m	沉积物类型主要是粉砂质砂以及钙质结核
东海	长江口外席状砂沉积区	主要分布在长江口外 31°N 以北，123°E 与 124°E 之间，即扬子浅滩南部区域	沉积物类型主要是砂，平均粒径最粗，砂组分含量多超过 80%

续表

海域	沉积物分区	分布范围	沉积物类型
东海	现代泥质沉积区	长江水下三角洲沉积区和浙闽沿岸流泥质沉积区，以及济州岛西南泥质沉积区	沉积物类型多为粉砂，平均粒径在6Φ以上，砂组分含量几乎全区最低，少于20%，黏土含量多高于18%
	陆架中部砂质沉积区	包括 50～120m 等深线的大部分陆架地区	沉积物组成比较复杂，富含贝壳碎片，呈灰黑色－灰色，平均粒径为4Φ～5Φ，呈东南－西北向条带状分布，其中东南部粒径粗于4Φ，砂组分含量普遍在60%以上
	台湾海峡潮流砂沉积区	主要分布在台湾海峡的中南部海区，115°～120°E 和 21°～25°N	以中砂、细砂和粉砂质砂为主，其中中部沉积物含有大量的贝壳碎片
	冲绳海槽西部外陆架－陆坡粗粒沉积区	分布在东海外陆架－陆坡－冲绳海槽西部，水深为 100～800m，呈北北东向条带状	以细砂为主，部分区域为中砂，陆坡以砂质粉砂和粉砂为主，夹杂有大量的贝壳碎片和有孔虫壳体
	冲绳海槽含钙质粉砂质黏土深海沉积区	纵贯冲绳海槽，位于海槽的底部，呈北北东向分布	基本全部是粉砂质黏土
南海	湄公河口外砂质沉积区	主要分布在湄公河口外地区，该区水深 30～50m	沉积物以分选极好的细砂和极细砂为主
	珠江口外泥质沉积区	分布在珠江口东部、西部	沉积物以黏土质粉砂为主
	纳土纳群岛砂质沉积区	主要分布在纳土纳群岛周边海域，南部到加里曼丹岛近海，水深为 50～200m	沉积物类型以陆源碎屑沉积物的细砂、粉砂质砂为主，部分地区生物碎屑含量较高，可达20%以上，以有孔虫为主
	南海海盆有孔虫黏土质粉砂沉积区	主要分布在南海海盆 200～3000m 陆坡地区	沉积物中以钙质生物黏土质粉砂、含钙质生物黏土质粉砂等为主。有孔虫含量高达20%～50%，在 1000～1500m 等深线之间富集
	南海海盆深海黏土沉积区	分布在南海中东部中央海盆和台湾岛东面陆坡、吕宋岛西北面东部下陆坡、南海中央海盆边缘以及中部中央海盆区，呈三块明显的区域，北北东向排列	沉积物以黏土为主，含量超过80%，放射虫含量为5%～10%，碎屑矿物极少
台湾以东海区	台湾东部陆坡陆源碎屑沉积区	主要分布在台湾岛东部陆坡，岛坡等深线 1000～4000m 靠近岸边	沉积物主要是细砂和含钙质砂质粉砂
	西菲律宾及花东盆地深海沉积区	西菲律宾及花东盆地深海	半远洋－远洋沉积，包括钙质－黏土－硅质软泥和硅质软泥，琉球海沟南部花东海盆沉积物比较单一，而东部琉球海沟和西菲律宾海盆北部沉积物则相对复杂

4.4.1　渤海及邻域海区表层沉积物分区

渤海海峡的海流具有北进南出的特点，进入渤海的黄海暖流余脉分成两支，北支和南下的辽东湾沿岸流共同构成渤海中部和辽东湾内的顺时针环流；南支进入渤海湾和莱州湾，于渤海海峡南部流出渤海（管秉贤，1964）。由于渤海沿岸水团，主要是黄河、滦河及辽河等入海径流冲淡水，在冬季和夏季表现形式不尽相同，所以渤海环流组成也不相同（图4-4）。冬季，河流入海物质骤减，渤海沿岸流水团被强烈入侵的黄海暖流高盐水团切割，形成明显的辽东湾顺时针环流；而夏季多汛期，黄河、滦河的辽河等入海河流冲淡水自渤海北、西和南部汇成一体，形成强烈的低盐高温渤海沿岸流，自黄河三角洲外缘向渤海中部扩展，而黄海暖流余脉势力相对减弱，辽东湾逆时针环流变得微弱（中国科学院海洋研究所，1985）。

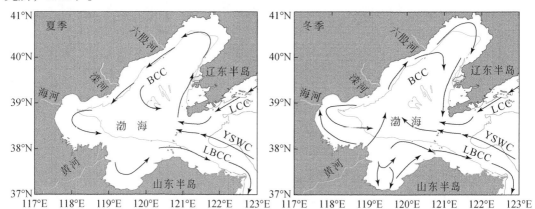

图 4-4　渤海及邻域海区环流分布图（据赵保仁等，1995 修改）

此外，渤海的潮流以半日潮流为主，流速一般为 0.5～1.0m/s，最强的潮流出现于老铁山水道附近，辽东湾次之，而莱州湾最低，只有 0.5m/s（董礼先和苏纪兰，1989）。从图 4-5 的沉积类型分布来看，渤海的潮流场大体上与泥沙输运场对应，弱潮流区基本与细

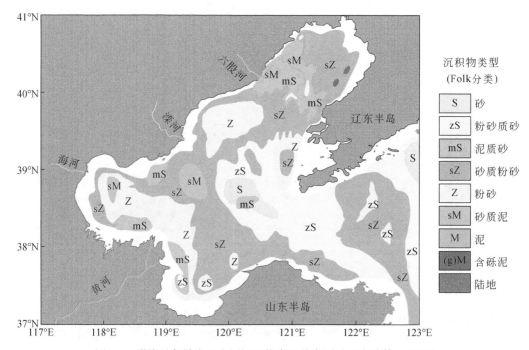

图 4-5　渤海及邻域海区表层沉积物类型分布图（王中波等，2016）

颗粒沉积物起动区（渤海湾－莱州湾泥质沉积区）相对应；在适度强度的往复流区多发育沙脊（辽东浅滩潮流沙脊区），而在旋转流区多发育沙席（渤中浅滩潮流沙席区）（董礼先和苏纪兰，1989；刘振夏等，1994；赵保仁等，1995）。

因此，根据渤海及北黄海西部地区海底地形地貌特征、表层沉积物类型特征（图 4-5）、入海河流物质影响、沉积动力分布（图 4-4），识别出渤海及邻域海底沉积的三个基本特征。

第一，渤海三大海湾与中央海区的沉积物类型分布各不相同。渤海湾内，以细粒的粉砂为主，辽东湾以较粗的沉积为主，如泥质砂增多，而莱州湾则以砂质粉砂为主。中央海湾西部大片分布砂质粉砂，而东部则以粗粒的粉砂质砂及细砂沉积为主（图 4-5）。

第二，海底沉积物类型的分布与与其毗连的河流性质及海岸类型有密切的关系。比如，黄河、辽河等河流入海泥沙粒级较细，所以其影响范围内的海底沉积物以细粒的粉砂和砂质粉砂为主。而相反的是，六股河、滦河、复州河等河流入海泥沙较粗，所以其河口地区就堆积大片的粗粒沉积。而渤海作为半封闭海区，渤海海峡作为对外联络的通道与北黄海相连，受强烈的潮流影响，形成砂砾大量分布的老铁山水道等潮流沉积。因此由于渤海环流的作用（图 4-4），海区沉积物形成粗细沉积物相间的现象（赵保仁等，1995）。

第三，整个渤海海区沉积物类型分布并未形成类似南黄海地区的由海岸向海中央发育的由粗变细的正常机械分异形成海底沉积（王中波等，2008），也并未形成如东海陆架海区由海向陆变细的末次冰期海侵－高海平面控制的沉积物分布格局（王中波等，2012a，2012b），而由于海平面变化以及海底地形、海洋环流影响（图 4-4），出现了沉积物类型不规则的斑块状分布的特征。

综上所述，将渤海及北黄海西部海底沉积划分为 3 个主要沉积区，分别是辽东湾混合沉积区、渤海湾－莱州湾及周边泥质沉积区和老铁山水道－辽东－渤中浅滩砂质沉积区。

4.4.1.1 辽东湾混合沉积区

辽东湾位于滦河口至老铁山西角以北海域，属于半封闭海湾，是我国纬度最高的海湾，处在渤海北部，海底地形平缓，向海湾的中部微倾，东侧由金州湾、复州湾、普兰店湾和太平湾等数个小海湾组成，岸线蜿蜒曲折，地形复杂。湾内大部分海区水深小于 30m，仅有辽中洼地超过 30m（中国科学院海洋研究所，1985）。周边有辽河、双台子河、大凌河和小凌河等河流携带陆源物质入海，入海泥沙总量约 40×10^6t/a，形成保存完整的晚第四纪沉积。湾内的波浪以风浪为主，最大波高可达 5m，以 NNE 向为主，平均波高不到 1m。湾内潮汐为不规则的半日潮，潮流以往复流为主，最大潮差 2.8m，平均潮差从湾口向湾内增加，湾口平均潮差仅有 0.8m，而湾顶可达 2.7m。环流则主要受黄海暖流余脉及沿岸流影响（赵保仁等，1995；苗丰民等，1996）。

该区沉积物以砂质粉砂、砂质泥和泥质砂为主，以及含砾泥、含砾泥质砂、含砾砂、砾质泥质砂、砾质砂、粉砂、粉砂质砂和泥（图 4-5）（王中波等，2016）。砂质粉砂分布在辽东湾的南北两侧，分布范围广，是该区主要沉积类型之一；泥质砂主要分布在辽东湾的东西两侧，其中在东侧分布较广；砂质泥分布在辽东湾西岸、中部以及西南海域，分布范围较广；粉砂主要分布在辽东湾西南角海域，在锦州湾外零星分布；粉砂质砂主要分布在辽东湾中部和辽东浅滩附近海域，范围较小。此外，辽东湾两岸见零星分布砾石，西岸主要由燧石、花岗岩及石英岩脉组成，而东岸则除燧石、石英砾石之外，还有硅质灰岩、砂岩和板岩等。

辽东湾作为一个半封闭的海湾，其沉积物主要来源于周边入海河流，包括辽河、六股河和大凌河等，以及沿岸岛屿及基岩的侵蚀等，但其中以河流输入物质的贡献最为突出（乔淑卿等，2010）。另外，河流输入物质的迁移受到海洋水动力条件（潮流和环流）的制约（刘振夏等，1994；王海霞等，2011）。依据辽东湾表层沉积物类型分布、入海河流分布和区域环流格局，将辽东湾沉积区划分为5个沉积亚区（图4-5）。

湾顶泥质沉积亚区：位于辽东湾湾顶至20m等深线范围，以砂质粉砂、泥质砂和砂质泥为主，主要受来源于湾顶的大辽河、小凌河、大凌河和双台子河等携带入海泥物质控制。河流沉积物受区内的沿岸流和潮流顶托作用，粒度向中部明显变粗。

西岸砂质沉积亚区：位于西岸滦河、六股河附近海域，沉积物主要是泥质砂，以富砂贫泥为特征。滦河、六股河及复州河等都属山地河流，枯水季节河水清澈，含沙量较低，而汛期径流量增加，大量泥沙混杂入海。而由于入海后径流的动能瞬间降低，大量粗粒沉积物堆积在河口，形成砂质沉积。该区沉积物分布主要受沿岸流控制。

中部残留过渡沉积亚区：位于辽东湾的中部及东部海区，以泥质砂和砂质粉砂为主（图4-5）。该区沉积物主要受潮流控制，长期的往复潮流将海底沉积物中的细粒物质冲刷，形成砂组分含量较高的沉积特征。

渤海泥质沉积亚区：分布在辽东湾西南角海区，以粉砂为主，是渤海主要细粒沉积区之一。

辽东浅滩砂质沉积亚区：位于辽东湾东南角的辽东浅滩，以粉砂质砂和泥质砂为主。该区受往复的周期性潮流影响，将渤海海峡冲刷的粗粒物质搬运至此，成为该区物质的主要来源（刘振夏等，1994，1998）。

4.4.1.2 渤海湾-莱州湾及周边泥质沉积区

该区位于滦河口-蓬莱阁连线以南，由渤海湾、莱州湾两大海湾组成，两个海湾以黄河水下三角洲为界，海底平坦开阔，湾口连成一片，是渤海中部平原地区，其水深基本分布在20～25m。渤海湾位于渤海西部，水深多小于20m，海底地形由西南向东北倾斜，坡度较小，只有北部曹妃甸以南水深较大，有一水深30m左右的深槽。莱州湾位于渤海的南部，水深小于18m，湾底地形由南向北缓慢倾斜，只有在东岸附件有范围不大的莱州浅滩和登州浅滩，其最深处小于3m。

该区沉积物以粉砂、砂质粉砂为主，分别占渤海湾和莱州湾的大部分海区，其间还分布着斑状的砂质泥和泥质砂以及少量的粉砂质砂（图4-5）。由于该区包括黄河、海河及滦河等河流的入海口，因此河流入海的陆源物质是该区沉积物的主要来源。黄河多年平均入海泥沙为778×10^6t，其中2/3以上堆积在河口附近形成三角洲，其他部分向外的沿岸区和陆架区扩散，主要是其中的细粒级部分。表层沉积物的矿物学和地球化学元素分析表明，黄河入海物质控制了渤海湾南部、莱州湾、渤海海峡南部以及从莱州湾向北到渤海中央的区域，是对渤海沉积作用的影响最显著的河流。滦河多年平均输沙量为20×10^6t，但是沉积物以砂质为主，细粒级物质较少（张义丰和李凤新，1983）。与黄河相比，滦河对前三角洲和邻近的渤海浅海供应的沉积物不多，入海泥沙大多沉积在滦河口曹妃甸一带沿岸区域，而对渤海沉积的影响主要限制在近岸区域（刘振夏等，1998；陈丽蓉，2008）。海河由渤海湾西北岸边入海，年平均入海沙量仅为 119×10^3t，但是海河径流输入的泥沙颗粒很细，这是渤海湾附近沉积物粒级比较细的主要原因（图 4-5）（邢焕政，2003）。渤海东北部沿岸六股河、大凌河和辽河等河流也为渤海提供了丰富的泥沙，但是辽河的物质主要影响到 40°10′ 的辽东湾顶，而六股河物质主要堆积在近岸区域（陈丽蓉，2008）。由此看出，渤海表层沉积物类型的分布与沿岸河流所携带的入海泥沙密切相关，同时这种分布也在一定程度上反映了水动力学条件对海底底质的改造（图 4-4）。

总体来说，渤海沿岸河流每年向海输入约 1.3×10^8t 泥沙，其中绝大部分沉积在该区，即河口三角洲和前缘浅海海域，沉积速率极高。部分的细粒沉积物通过再悬浮搬运，在渤海形成零星分布泥质沉积区，但沉积速率相对较低（董太禄，1996）。该区的西南部和中部受黄河物质的影响较强，而莱州湾北部泥质沉积物受近源河流影响与黄河入海物质有一定差异（刘建国等，2007）。

4.4.1.3　老铁山水道–辽东–渤中浅滩砂质沉积区

渤海海峡位于渤海的东部，辽东半岛老铁山与山东半岛蓬莱角之间，南部水较浅，一般小于 30m，北部水较深，最大水深可达 86m。庙岛群岛罗列其中，将海峡分割出许多大小水道。老铁山水道是东部黄海水团进出渤海的重要通道。老铁山水道呈 U 形，呈北西–东南向延伸，东西两端分别伸入黄海、渤海。

该区沉积物主要是中细砂、粉砂质砂和零星分布的小片砂质粉砂，是研究区粒度最粗的区域（图 4-5）。自渤海海峡北部老铁山至大钦岛向西到渤中浅滩，向北至辽东浅滩，底质以粉砂质砂和砂为主。已有研究表明，该区为一完整而典型的潮流侵蚀–沉积体系（刘振夏等，1994；徐晓达等，2014）。老铁山水道因潮流强烈冲刷，水深流急，沉积物主要为晚更新世硬黏土以及被侵蚀后残留的粗砂以及少量砾石（图 4-5），几乎未见全新世沉积物，局部出露黄灰色、较致密粉砂质黏土，俗称"硬黏土"，为强潮流冲刷末次冰期前沉积物的残留沉积（刘建华等，2008；张剑等，2016）。北部冲刷槽和南部冲刷槽海底组成物质为砂砾沉积物，北部冲刷槽砾石堆积区围绕老铁山岬角呈半环状展布（尹延鸿和周青伟，1994）。这些特征都是海底残留砂的典型特征（程鹏和高抒，2000）。冲刷下来的物质被潮流携带进入渤海，形成了渤中浅滩潮流砂席和辽东浅滩潮流沙脊，沉积物测年显示为全新世后期沉积物（张剑等，2016），同时形成了除黄河口之外，全新世沉积速率最大且最厚的沉积，全新世沉积厚度超过 20m（刘振夏等，1994）。

4.4.2　黄海及邻域海区表层沉积物分区

黄海是一个典型半封闭浅海，具有较为宽广的陆架，最深处不超过 150m，末次冰期以来，随着海平面波动，接受黄河、长江等河流携带大量的陆源物质，形成了特有的陆架沉积。

该区沉积物分布主要受控于长江和黄河（古黄河）、朝鲜半岛沉积物供应，在苏北沿岸流、黄海暖流以及苏北浅滩和西朝鲜湾潮流的共同作用下，由陆向海方向形成以砂质沉积、粉砂质砂（泥质砂）和细粒泥质沉积物相间分布的沉积特征（图 4-6），反映了陆源碎屑物质对半封闭陆架海表层沉积物分布的绝对控制作用，同时反映了沉积物形成的动力环境。

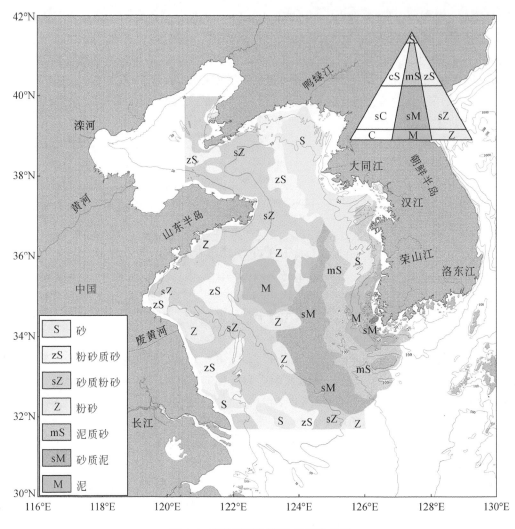

图 4-6　黄海表层沉积物类型分布图

4.4.2.1　北黄海西部泥质沉积区

该区主要是指北黄海 123°E 以西海域，沉积物主要由粉砂质砂和砂质粉砂组成，呈近环带状分布，中间是细粒的砂质粉砂（图 4-6）。细颗粒沉积物主要位于北黄海中部和山东半岛北部沿岸、大连湾附近，粗颗粒沉积物则主要分布于大连湾东南侧海区。程鹏和高抒（2000）通过粒度趋势分析提出，南部的表层沉积物净输运方向存在向东、向东北输运的趋势，西部的沉积物向东南输运，北部沉积物向南输运，而西北部沉积物向东南输运，总体表现为向北黄海中部汇聚的趋势（程鹏和高抒，2000）。同时由于北黄海中部存在冷水团环流（Li et al.，2006），出渤海的黄河泥沙在该区沉降，与鲁北沿岸流携带的黄河物质形成的泥质沉积一起，在该区形成两种成因不同的典型泥质沉积。

4.4.2.2　南黄海中部泥质沉积区

该区分布在南黄海中北部，分布范围很大，几乎纵贯南黄海中部，平均粒径在 6Φ 以上，黏土组分含量超过 25%，中心区域砂组分含量几乎为零（图 4-6），水深 50 ～ 80m，沉积物主要呈灰绿色、含水量高的泥和粉砂。粒度频率分布表现为典型的悬浮态搬运特征，几乎不存在滚动及跃移搬运形式，沉积物主要是悬浮物质絮凝而成（王中波等，2007a）。

南黄海环流体系分析表明：黄海环流是由中部北上的黄海暖流与其两侧向南运移的沿岸流组成（图 4-7），黄海暖流具有较高的水温，沿着 50m 等深线北上，表层与黄海海槽的基本走向一致（臧家业等，2001；刘健等，2007），并在 35°10′N，123°30′E 和 37°10′N，124°E 附近派生两个分支，从南向北将黄海分成东西两部分，与东西两侧的黄海沿岸流、朝鲜半岛沿岸流分别相互作用，形成气旋型涡旋（冷涡）和反气旋型涡旋。黄海暖流西侧的冷水团呈气旋型涡流形式，气旋型涡旋体系比较庞大，边缘水平流速约为 5cm/s，属于弱潮流区域，只能影响 > 4Φ 的细粒悬浮物质（图 4-7）（初凤友等，1995；Shi et al.，2003；王中波等，2007a）。区内有孔虫分布以 *Ammonia ketienziensis*（Kuwano）（结缘寺卷转虫）-*Hanzawaia nipponica*（Asano）（日本半泽虫）组合为主（王中波等，2007a；李日辉等，2014）。该组合多常见于东海中陆架区，属于暖水种，在渤海和北黄海范围内罕见，而研究区南部 60m 等深线以深的高值区出现，反映了黄海暖流暖水团的影响和水深的控制作用。此外，已有研究在该区发现大量自生黄铁矿，显示细粒的泥质沉积物与黄铁矿形成的相互依存，同时表现出环流条件下的还原环境（初凤友等，1995；王中波等，2007a）。

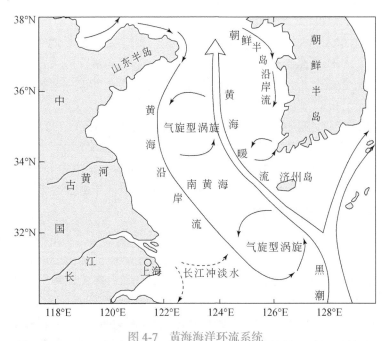

图 4-7　黄海海洋环流系统

4.4.2.3　西朝鲜湾潮流沙脊沉积区

朝鲜湾潮流沙脊是世界上最典型的潮流沙脊，尤其是西朝鲜湾，数十条沙体平行排列，形成大规模的水下梳状潮流沙脊，其北部以往复流为主，最大潮流流速为 2 ～ 3kn，南部除局部海湾以往复流为主外，其他多以旋转潮流为主，最大流速为 1 ～ 2kn（刘振夏等，

1998）。该区沉积物以砂为主，砂含量平均超过 90%，平均粒径为 2.30Φ，标准偏差、偏度和峰度分析表明数沉积物为分选中等、正偏态及尖锐峰态，表明强水动力环境且较稳定。浅部地层剖面揭示该区规律地分布着波状沙体，高 3 ～ 5m，长 150 ～ 500m，剖面呈现为对称和准对称形态，不对称沙体的陡坡呈坡度在 5°～ 15° 分布，部分沙体内部呈交错层理，该区贝壳样品测年为 8310±85a BP（表 4-2）（王中波等，2016），该区砂质沉积在冰后期海侵时期的强潮流作用下形成（Jin et al.，1998；Jin and Chough，2002；Chough et al.，2002）。此外，由于来自鸭绿江的冲淡水影响，形成粗粒底质、贫营养、低温、低盐环境，严重限制了有孔虫的生长发育，因此有孔虫丰度极低，而其中最重要的影响因素是粗粒底质的限制（孙荣涛等，2009；李日辉等，2014）。相关物源分析也显示出鸭绿江物质对该区的影响程度较高（高建华等，2008；蓝先洪等，2016）。

4.4.2.4 苏北古黄河三角洲沉积区

该区分布在 122°30′E 以西的以苏北古黄河入海口为辐射中心的海区，没有明显的高值中心区，水深 10 ～ 20m，沉积物主要是粉砂。微体古生物鉴定显示有孔虫主要属种是 *Elphidium magellanicum*，而介形虫则 *Neomonoceratina chenae* 富集，主要分布在古黄河三角洲区和其偏南海区。二者的水深要求都在 20m 以下，属于浅水分子，形成现代沉积。由于沉积物颗粒较小，其碎屑矿物分布特征不明显。

古黄河从 1128 年至 1855 年夺淮入海，持续时间为 747 年，入海泥沙量是非常巨大的，仅仅 1194 ～ 1855 年淤积在滨海地区的泥沙总量约是 770×10^{8}t（李元芳，1991）。1855 年后，由于黄河北迁自山东入渤海，旧三角洲的物源中断，原来强烈淤长的三角洲处于侵蚀阶段（袁迎如和陈庆，1983；张忍顺，1984）。古黄河水下三角洲岸线突出，海面广阔而无遮蔽屏障，黄海旋转波在此形成较强的潮流作用。虞志英等（2002）研究表明，古黄河河口水下三角洲 10 ～ 15m 以深的平坦海床区，水动力以潮流冲刷为主，但由于底质物质为出露的黏土粒级物质，抗冲刷能力相对较强（临界启动速度为 6cm/s），目前已趋于冲刷的平衡状态，侵蚀极其微弱，但近岸沉积物被潮流扩散，被强劲往复流带走。该区域沉积物是古黄河三角洲平坦海床的细粒沉积，主要受强潮流控制，但沉积 - 侵蚀趋于平衡，只接受少量的生物沉积，处于相对平衡的高能沉积环境，近岸物质则被侵蚀往南搬运到苏北浅滩海区。

4.4.2.5 长江口北部砂质沉积区

该区主要分布在长江口以北、废黄河三角洲以南海区，具有两个砂高值中心区，其砂组分含量超过 90%，水深 10 ～ 15m，沉积物主要是粉砂质砂和砂，以弶港为中心向外辐射状分布，表层沉积物的 ^{14}C 年龄为 6760±240a BP。沉积物粒度频率曲线可以指示陆源碎屑物质的主要搬运方式（Sun et al.，2002），该区沉积物粒度频率分布表现为近乎对称的单峰形式，峰值都集中在 2Φ～ 3Φ，有细尾现象；概率累计曲线则呈单段式或二段式分布，二者的细截点在 4Φ 附近，证明沉积物主要以跃移方式进行搬运，悬浮态较少，跃移组分由两段组成，表明沉积物受潮流往复作用，沉积水动力很强，细粒物质含量极低。沉积物中重矿物含量相对较低，重矿物组合主要是角闪石 - 云母 - 碳酸盐 - 金红石 - 蓝闪石及榍石等，云母和碳酸盐矿物是特征矿物，含量在南黄海海区最高，石英等轻矿物含量高，沉积物成熟度很高，沉积物经历复杂的水动力改造。

该区域水动力变化比较复杂，分别受到黄海西部沿岸流、台湾暖流、长江径流以及潮流的影响，其中潮流影响最大。沉积物受强大的太平洋潮波和黄海旋转潮波控制，二者在弶港附近汇合，形成强潮区，表现为潮差大、潮流往复性强，平均潮流速度在 2kn 左右，潮流以堆积作用为主（刘振夏等，1994，1998）。矿物分析表明砂高值区表层沉积物来源主要是废黄河的陆源碎屑物质（王红霞等，2004），苏北浅滩底层沉积物则主要是古长江晚更新世物质，由于潮流的冲刷，细粒物质被长江冲淡水运移到南黄海125°E 以东海域（王保栋等，2002；石学法等，2002；蓝先洪等，2005）。因此该区大部属于高能沉积环境，其中砂分布区为高能侵蚀环境。

4.4.2.6　海州湾残留砂质沉积区

该区分布在海州湾外侧，水深 30 ～ 50m，沉积物类型主要是分选很好的粉砂质砂，还分布大量的钙质结核。部分海区表层沉积物中 *Elphidium magellanicum* 含量高达 10%，介形虫鉴定中 *Sinocythere* 含量最高，说明该区沉积环境应该是近岸浅水环境，这与目前水深条件极为不符。矿物组合是长石 - 石英 - 角闪石 - 绿帘石，金属矿物和石榴子石、榍石、白钛石、锆石等稳定矿物含量相对较高，矿物成熟度很高。沉积物的 ^{14}C 测年表明该研究区沉积年龄为 15.0 ～ 21.0ka BP（王中波等，2007a），又由于沉积区现代物质供应很少，只有渤海 - 南黄海沿岸流携带的少量泥质物质有所影响，形成了不多的混合沉积，说明沉积物并不是现代沉积物质，沉积物是晚更新世末期到全新世初期的古滨岸的残留改造沉积（袁迎如和陈庆，1983；刘锡清，1991；秦蕴珊，1992）。

此外，在海州湾西北侧靠近陆地海域有含砾沉积物分布，属于海滩沉积，水深较浅，在 20m 以内，呈条带状沿海岸分布。沉积水动力复杂，以波浪、南黄海沿岸流、潮汐等外力综合作用为主，沉积物以含砾沉积物为主，夹杂泥质物质分布，包括砾质泥质砂、含砾泥、泥质砂质砾及泥质砾等。沉积物中重矿物、黏土矿物含量较低，轻矿物含量相对较高，矿物组合是长石 - 石英 - 角闪石 - 绿帘石，具有霓石、钠闪石和钛锆石等特征矿物，与沿岸基岩多为花岗岩、花岗闪长岩为主的特征基本吻合（申顺喜等，1984；刘敏厚等，1987；王红霞等，2004）。此外，自生黄铁矿在该海区有小片异常分布，表明局部存在还原环境，有弱水动力沉积存在。有孔虫、介形虫组合主要以水深低于 20m 的 *Ammonia annectens-Ammonia beccarii* 组合为主，与目前水深条件基本一致。

4.4.3　东海及邻域海区表层沉积物分区

东海是西太平洋典型的开放型边缘海，是世界上最宽阔、最平缓的陆架海之一，陆架每年接纳长江和黄河携带的大量陆源碎屑物质，使其成为我国东部大陆边缘主要的陆源沉积汇。第四纪冰期和间冰期旋回中季风气候、海平面变化和海洋环流控制陆源沉积物的入海通量和陆架沉积体系的发育过程。基于此，东海陆架表层沉积物类型分布呈现出一个以潮流沉积为主要分布特征，以纵贯南北的长江口外扬子浅滩席状砂和陆架中部残留潮流砂质沉积为主，两侧分别是由长江物质受控浙闽沿岸流形成泥质沉积和由环流和涡旋控制的济州岛西南泥质沉积。此外，外陆架至冲绳海槽形成以陆源碎屑物质为主沉积向由生物碎屑为主沉积过渡。

4.4.3.1 长江口外席状砂沉积区

该区主要分布在长江口外 31°N 以北 123°E 与 124°E 之间，即扬子浅滩南部区域（图 4-8，图 4-9），沉积物类型主要是砂，平均粒径最粗，砂组分含量多超过 80%，标准偏差小于 2Φ，具有突出的特定粒级区间 2Φ ～ 3Φ，沉积物中微体古生物生物壳体破碎。水深 25 ～ 55m，海底平坦开阔，海底发育大面积的大型波痕和斑块状分布的沙波地貌（叶银灿等，2004）。区内水动力环境复杂，各种流系同时作用，且均较强烈。潮汐为规则的半日潮，一般大潮底流速度可达 40cm/s，而最大涨落潮流速可达 55 ～ 71cm/s（叶银灿等，2002，2004），此外，还有沿岸流和台湾暖流、热带风暴等共同影响，其中冬季沿岸流流速一般为 20 ～ 30cm/s，台湾暖流流速为 30 ～ 40cm/s，然而热带风暴可形成 100cm/s 的底流流速。因此，该区沉积粒度组成与水动力环境基本一致，属于现代沉积（最高海平面以来的沉积）或主要为现代沉积，与已有研究结果一致（刘振夏，1996；叶银灿等，2004）。

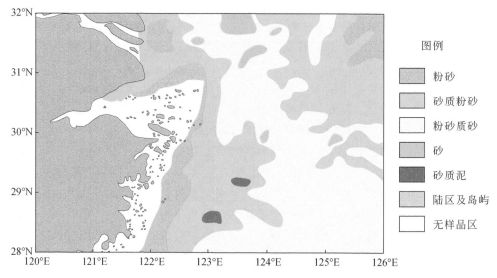

图 4-8　东海陆架表层沉积物类型图（王中波等，2012a）

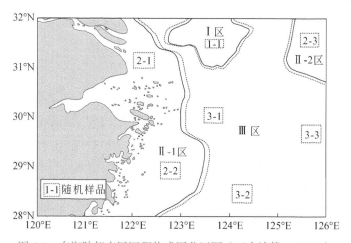

图 4-9　东海陆架表层沉积物成因分区图（王中波等，2012b）

对扬子浅滩砂体沉积的成因，不同的学者有不同的认识。刘振夏（1996b）通过对该区的潮流作用、微地貌形态、物质成分以及全新世的沉积厚度综合分析，认为其是典型的现代潮流砂席沉积（Liu et al.，1998），并非古长江水下三角洲（李全兴，1990；金翔龙，1992）或陆架残留沉积（Emery，1968；刘锡清，1987）以及冰后期古滨岸砂沉积（陈中原等，1986），与西北部的江苏滨外苏北浅滩的潮流沙脊共同组成了长江口外现代潮流体系。高分辨率的地球物理、沉积学研究则揭示出扬子浅滩发育大量的沙波地貌，发现除较强的潮流之外，夏、冬季的风暴浪流也是沙波地貌发育的有利环境条件之一；且认为扬子浅滩沉积及其沙波地貌形成于冰消期晚期的全新世初期（11～10ka BP），由于平坦开阔的地形、丰富的砂质物源和较强的潮流和风暴潮，广泛发育沙波地貌，在全新世中、晚期继续接受砂质沉积认为该沙波地貌与现代动力环境相符，且仍处于发育和运移状态（叶银灿等，2004）。微体古生物鉴定表明，该区浮游有孔虫含量不超过35%，其中以滨岸浅水、广盐性有孔虫为主，沉积物中多数有孔虫壳体破碎明显，优势种主要是 *Ammonia tepida*、*Elphidium advenum*、*Florilus decorus* 等，也验证了该区现代近岸环境、强水动力沉积作用的存在。

同时，^{14}C 测年（表 4-2）显示该区沉积物年龄主要集中在 6～4ka BP 和 3～2ka BP 两个时间阶段，与前人研究的潮流沉积发育的三个阶段一致，即 12～9ka BP、6.3～4ka BP 和 2ka BP（杨子赓等，2001），但由于季节性长江冲淡水及苏北沿岸流南下携带物质以及太平洋潮波系统的影响，该沉积区沙波形态仍在不断发生变化。

该区典型样品的粒度概率累积曲线呈明显的三段式，粗截点是 0 左右（图 4-10），推移质组分含量较少，细截点大部分在 3Φ～4Φ，跃移质粒径为 -2Φ～4Φ，占 40%～70%，悬浮质占 30%～60%，个别样品悬浮质最大粒径达到 2Φ 左右，说明在底流强烈涡动的时候，可以启动较粗粒径沉积物再悬浮。跃移组分概率累积曲线均存在一个中间截点（R），在 1Φ～1.5Φ，表明粒径分布存在两个正态分布部分，存在双向水流，使跃移沉积物分成两部分，一部分为前进水流沉积，另一部分为反冲水流沉积，这也是潮流沉积物的重要特征。频率曲线表现为明显的主峰突出峰和微弱的多峰特征，表现出强动力沉积环境之外，不同流系动力叠加的效果（图 4-10）。

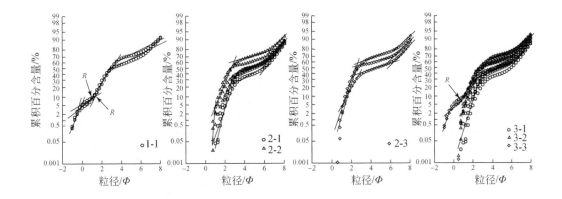

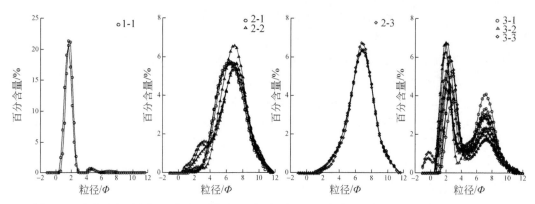

图 4-10 东海陆架表层沉积物典型样品粒度概率累积和频率曲线分布图（王中波等，2012a）

4.4.3.2 现代泥质沉积区

东海陆架现代泥质沉积区主要包括近岸的长江水下三角洲沉积区和浙闽沿岸流泥质沉积区（Ⅱ-1区），以及陆架东北角的济州岛西南泥质沉积区（Ⅱ-2区）（图4-9），其主要特点是沉积物类型多为粉砂，平均粒径在6Φ以上，砂组分含量几乎全区最低，少于20%，而黏土含量多高于18%，粒度标准偏差小于2Φ，说明以粉砂为主要粒级，且含量高，呈正态单峰分布，分选性较好（图4-8）。

长江是我国第一大河，入海悬浮泥沙输送量巨大，多年平均数为4.175×10^8t（汪亚平等，2006）。长江水下三角洲和浙闽沿岸流泥质区的沉积物主要是现代长江携带入海的泥沙（郭志刚等，2001；沈焕庭和潘定安，2001）。长江水下三角洲由长江入海物质直接控制，大量的入海泥沙在河口由于絮凝作用直接沉降，细颗粒物质在此形成长江水下前三角洲泥质沉积（胡敦欣和杨作升，2001；于培松等，2011），沉积物粒度较细，平均粒径为4Φ～6Φ，沉积速率较高，为5～20mm/a（Zhu et al.，2008）。邻近区的沉积物^{14}C测年普遍年轻，贝壳的年龄均集中在400～700a（表4-2），表现出现代长江物质在河口地区的影响范围。该区有孔虫优势种主要为*Epistominella naraensis*、*Ammonia beccarii* vars.、*Ammonia convexidorsa* 等，其中*Epistominella naraensis*含量超过20%，为研究区最高，主要集中在研究区西北角的长江口附近，这种*Epistominella naraensis-Ammonia beccarii* vars.组合所对应的是受到长江冲淡水强烈作用的陆架浅水环境。

表 4-2 东海陆架表层沉积物 ^{14}C 年龄（未校正）

分区	编号	纬度 /（°）	经度 /（°）	样品	测试方法	结果 /a BP
Ⅰ区	11	31.20	124.12	贝壳	常规法	4180 ± 80
	14	31.57	1203	贝壳	常规法	4918 ± 89
	15	31.57	1247	贝壳	常规法	5291 ± 76
	16	31.75	122.82	黏土	稀释法	2102 ± 110
	17	31.93	122.60	贝壳	常规法	3487 ± 71
	18	31.93	1290	贝壳	常规法	3148 ± 77

续表

分区	编号	纬度 /(°)	经度 /(°)	样品	测试方法	结果 /a BP
Ⅱ-1 区	10	31.20	122.82	贝壳	常规法	465 ± 69
	12	31.57	122.38	贝壳	常规法	770 ± 65
	13	31.57	122.60	贝壳	常规法	540 ± 65
Ⅱ-2 区	2	28.82	122.82	黏土	稀释法	2828 ± 102
	5	29.18	122.60	黏土	稀释法	2372 ± 98
	6	29.18	122.82	黏土	稀释法	2915 ± 90
Ⅲ区	1	28.63	125.85	贝壳	常规法	14897 ± 145
	3	28.82	125.85	贝壳	常规法	8788 ± 89
	4	29.00	125.20	贝壳	常规法	3952 ± 70
	7	29.18	124.98	贝壳	常规法	1790 ± 70
	8	29.37	125.63	贝壳	常规法	2143 ± 96
	9	29.92	124.77	贝壳	常规法	4678 ± 70
	19	29.50	126.00	贝壳	常规法	10270 ± 500
	20	31.50	126.00	贝壳	常规法	14500 ± 1000
	21	29.40	126.00	贝壳	常规法	8800 ± 500
	22	29.60	126.00	贝壳	常规法	8420 ± 250
	23	28.75	125.00	贝壳	常规法	6690 ± 200

资料来源：王张华等，2002；王中波等，2012b

　　长江河口泥质区典型样品的粒度频率分布为正态分布的单峰，说明该区物源比较单一，主要由长江物质控制，粒度概率累积曲线是典型的两段式，无粗截点，缺少推移质组分，跃移粒径为 $2\Phi \sim 3\Phi$，悬浮组分明显由两部分构成，包括递变悬浮和均匀悬浮，虽然处于河口外缘河水与海水交汇带，偶尔也会受到太平洋潮波系统的影响，但粒度概率累积曲线并未出现具有双向水流属性的中间截点（反冲点 R），表明该区沉积物由于长江物源供应的单一性和主导性，沉积物粒度的各种属性比较一致（图 4-10）。

　　浙闽沿岸流泥质区则由于距离长江河口较远，因此沿岸流作用携带的物质在搬运过程中，由于粒度重力分异作用，较粗粒级的沉积物先沉积，因此在长江口东南部分存在一个砂含量超过 40% 的沉积区，而由河口随沿岸流南下的沉积物粒度相对较细，平均粒径在 6Φ 以上，且南部变细，达到 7Φ。该区样品的粒度概率累积曲线基本与长江口沉积物的特征基本一致，虽呈现微弱的三段式特征，出现粗截点（1.5Φ），但滚动组分含量较低（< 5%）；粒度频率分布则与长江口泥质沉积物频率分布比较表现出不同的物源属性，呈不明显的双峰形态，主峰突出，副峰微弱，说明该区由于近源物质的输入，虽在相同的沉积环境下（浙闽沿岸流），但沉积物表现出不同的粒级特征，这种特征表明该区沉积物应同时受到长江

南下的细粒物质和近源物质的影响，但以前者为主（图 4-10）。高分辨率地震剖面分析揭示出该泥层沉积呈透镜体状分布，随沿岸流的影响强度不同分布形成中间厚边缘薄构造（Liu et al.，2007）。此外，本书 ^{14}C 测年结果显示该区东部边缘的样品出现 2.3 ~ 0ka BP 沉积，与前人研究认为沿岸流在 4.9 ~ 2ka BP 时期最为强盛、泥质沉积区的范围最广的结果基本一致（Saito et al.，1998），但此区域只有在浙闽沿岸流强盛的时期才能影响到，从而很好地控制了 II-2 泥质区沉积边界的范围（表 4-2）。泥质区有孔虫的优势属种主要包括 *Cribrononion vitreum*、*Ammonia beccarii* vars.、*Florilus atlanticus* 等，分布的高值区主要是从长江口以南经过杭州湾直到浙江沿岸的河口及内陆架浅水区，底栖有孔虫主要是钙质的平旋壳和螺旋壳属种，这种 *Cribrononion vitreum-Ammonia beccarii* vars. 组合明显对应浙闽沿岸流的影响范围。

　　济州岛西南的泥质沉积区（II-2 区）沉积物为性质均一的青灰色粉砂，平均粒径大于 6Φ，黏土含量超过 18%，沉积物粒度的偏态分析表明，频率曲线为对称的单峰分布，峰态显示为常态曲线，曲线平坦，粒度标准偏差较低，且粉砂和黏土组分含量突出，反映出比较稳定的动力环境。微体古生物鉴定显示，该区为 *Bolivina robusta* 高值区，此种是研究区内数量最为丰富的优势种之一，可见于整个陆架地区，为中陆架浅海水团代表（汪品先等，1988；庄丽华等，2004），泥质区中 *Bolivina robusta* 个体相对丰富，壳体完整，最高超过 60%，该属种峰值的出现可能是受到黄海环流的影响。已有研究显示，济州岛西南泥质区是东海细颗粒物质的"沉积汇"（Yang et al.，1994；Saito et al.，1998；郭志刚等，1995），主要物质来源于黄河扩散系统物质（Demaster et al.，1985；Milliman et al.，1985），通过黄海环流中的江苏沿岸流南下，在黄海环流作用下进行搬运。由于黄东海陆架区受季风的影响，呈明显的"冬储夏输"特征（杨作升等，1992；郭志刚等，1999；孙效功等，2000），在冬季风作用下，黄海沿岸流向东扩散作用增强；同时，在强烈的西北季风影响下，废黄河水下三角洲物质也会发生侵蚀再悬浮（秦蕴珊等，1989），也通过黄河沿岸流向东输送，直至济州岛西南海域（杨作升等，1992；孙效功等，2000）。沉积物的粒度频率曲线也是典型的两段式，细截点分布在 2.5Φ 左右，跃移组分含量相对较低，不超过 50%，悬移组分的含量较高，包括递变悬浮和均匀悬浮；频率曲线呈正态分布，主峰峰值分布在 7Φ 左右，两边都具有明显的细尾现象。说明沉积环境稳定且水动力极弱。因而供应充足的悬浮泥沙在环流–涡旋动力捕获作用机制下沉降，发育形成泥质区（郭志刚等，1999）。

4.4.3.3 陆架中部砂质沉积区

　　陆架中部砂质沉积区（III 区包括 50 ~ 120m 等深线之间的大部分陆架地区（图 4-9），区内海流系统主要由黑潮的西部边缘部分、北上的台湾暖流以及太平洋潮波系统控制。该区沉积物组成比较复杂，富含贝壳碎片，呈灰黑色–灰色，平均粒径为 4Φ ~ 5Φ，呈南东–北西向条带状分布，其中东南部粒径粗于 4Φ，砂组分含量普遍在 60% 以上，黏土含量低于 12%（图 4-8）。沉积物粒度偏态分布都在 0.2 以上，但不超过 1，峰度多介于 0.6 ~ 0.8 之间，因此频率曲线平坦，沉积物粒度几乎全部偏向粗粒级（图 4-10）。区域上，沉积物粒度由海向陆变细（图 4-8），反映沉积物发育过程中，沉积物的物源应该是陆架源，陆架原有沉积物在水动力作用下向陆地方向搬运，而非传统的由陆向海输送的陆源模式。该区典型样品的概率累积曲线并不一致，有明显的两段式，也出现三段式，但不明显，推移组分含量低于 5%，说明不同区内不同位置（图 4-10），沉积物的动力环境并不一致，或物源不同。三段式的样品出现明显的反冲点 *R*，证实该区域复杂水系流场的存在。频率曲线呈双峰和微弱的多峰组成，说明沉积物的组成比较复杂，或该区域沉积物经历了多变的冲积改造旋回（图 4-10）。粒度标准偏差为 2～3，说明主要粒级并不突出，粒级分布范围大，分选差，然而沉积物中砂含量多大于 60%，因此Ⅲ区沉积物粒度揭示的沉积环境与现在较为稳定的海流流场特点并不一致。

已有研究揭示陆架中部砂质区是东海陆架的"残留沉积区"，沉积特征与现代水动力不一致，全新世沉积速率最低，因此认为是"残留沉积"（Emery，1968；刘锡清，1987）。Emery（1968）最早提出残留沉积概念，认为"残留沉积是很久以前与环境平衡下来的沉积物，之后环境改变，而未被后来的沉积物覆盖，但已与新的环境不再平衡"，残留沉积和现代沉积概念与沉积作用发生的时间密切相关。也有学者认为是潮流沉积，为末次冰盛期以来的海侵作用（15～6ka BP），在太平洋潮波作用下，将低海平面时期的滨岸沉积进行冲刷改造形成潮流沙脊，但现在处于消亡状态（刘振夏和夏东兴，2004），其主要依据为目前海区的潮流流速较小，且多以旋转波为主，其次是现存沙脊的表面并未发现明显活动的沙波等微地貌（Liu et al.，1998；Berné et al.，2002；刘振夏等，2005；吴自银等，2010）。除此之外，还有不同的认识，如杨文达（2002）通过东海陆架的地震剖面和钻孔分析，认为陆架砂体是末次冰期海退期的三角洲体系，后被冰后期海侵形成的席状砂体所覆盖，并非潮流成因，也未发现沙脊迁移的迹象。除此之外，也有的学者认为是早全新世海侵对冰消期海侵砂体的改造沉积（沈华悌等，1984；王张华等，2002）。但该沉积区粒度分析揭示沉积物分选较差，存在较为广泛的粒级分布（-1Φ～12Φ）（图 4-10），并非分选性好、粒级突出的沉积物（Berné et al.，2002；刘振夏和夏东兴，2004），因此其沉积环境具有复杂多变的特征。

近年来的研究同样认为，东海外陆架古潮流沙脊形成于冰消期的海侵过程，形成沙脊的水深在 30～50m，但由于海平面升降或沙脊的侧向迁移，发生多次侵蚀和堆积（刘振夏等，2001，2005）。吴自银等（2009）对比全球海平面变化以及快速融冰事件，进一步认为东海外陆架潮流沙脊明显受到 LGM 以来的多次融冰事件的影响，沙脊发育的时间应该为 14～9.5ka BP，3 次海平面跃升事件 MWP-1A、MWP-1B 和 MWP-1C 间的 2 次间歇期是沙脊发育的主要时间段，Berné 等（2002）也认同陆地冰川的快速融化形成大量融水入海使海洋的沉积动力环境发生快速变化是致使核心沙脊的形成原因之一。

基于高覆盖率的多波束数据综合分析基础上的研究表明，对东海陆架沙脊进行识别和分类，识别出类河口沙脊和开阔陆架沙脊两种类型，提出冰期-间冰期旋回引起的大规模海平面升降是东海陆架沙脊的主要形成因素（吴自银等，2010）。而其中，古长江的丰富入海物质为沙脊的形成提供了物源，而海底地形对沙脊的走向提供了约束。Wellner 和 Bartek（2003）则认为东海外陆架砂体沉积是在氧同位素 2 期晚期，海平面上升，对陆架古河道充填沉积物进行冲刷改造，物质由海向岸搬运，形成席状潮流砂复合体，因此东海外陆架潮流沙脊的形成是与古长江河道演化伴随而生的。且同一等时面中内外陆架的沉积成因及沉积环境不同。

有的学者通过海平面变化和海岸移动过程的分析，提出东海陆架潮流沙脊的多期性及多成因性，对不同分布位置、形态和动力特征的潮流沙脊进行分类，提出辐射状潮流沙脊、通道型沙脊和发散型沙脊三种体系（李广雪等，2009）。也有学者通过高分辨率浅地层剖面解释提出不同的认识，东海中外陆架存在堆积型沙脊、侵蚀型－堆积型沙脊和侵蚀型沙脊三种（Liu et al., 2003）。其中，堆积型沙脊和侵蚀型沙脊约各占 15%，而侵蚀型－堆积型沙脊则约占 70%。但 Berné 等（2002）认为该研究区的潮流沙脊主要低海平面发育的三角洲及河口相沉积物，而只有 20% 左右的沙脊为海侵过程中形成。

该区有孔虫优势属种主要包括 *Cassidulina laevitata*、*Uvigerina canariensis*、*Bolivina robusta* 等，其分布趋势与调查区内的等深线分布基本一致，主要集中在水深超过 80m 的中外陆架，有孔虫的丰度较高，壳体保存比较完整，说明有孔虫所需的温、盐环境与现代水深、海洋环流特征一致。虽然该区沉积物的多数 ^{14}C 年龄分布在 15～7ka BP（表 4-2），说明该砂质区沉积物是冰消期晚期与全新世早期高海平面之前的海侵产物，沉积物的粒度特征说明其经历了复杂多变且较强的沉积动力改造，与现在的沉积环境并不一致，为残留潮流/滨岸砂体或改造砂体沉积，为陆架源物质，随着海侵发育，物质由陆架向陆方向搬运，即形成由低海平面向高海平面过程中发育海侵体系域（TST）晚期的沉积产物，现代沉积速率极低，很少接受现代长江物质，因此，形成片状矿物极小值分布（王中波等，2012b）。但对表层以及钻孔沉积物样品观察发现，陆架表层沉积物粉砂－黏土组分含量相对较高，顶部上覆盖富含现代有孔虫壳体细粒薄泥层（厚约 10cm），反映高海平面后该区也接受海流携带的悬浮陆源碎屑物质形成的现代沉积，AMS ^{14}C 有孔虫年龄测试为 4125±30a BP（Wang et al., 2014），此外，该区部分贝壳 ^{14}C 年龄也表明，有高海平面之后该区存在沉积作用（表 4-2）。

4.4.3.4 台湾海峡潮流砂沉积区

该区位于台湾岛和中国大陆之间，主要分布在台湾海峡的中南部海区，范围介于 115°～120°E 和 21°～25°N 之间，包括台湾海峡冲刷槽和台湾浅滩沙脊，以及东部的澎湖水道冲刷槽和北部的台中浅滩砂席，以中砂、细砂和粉砂质砂为主，其中中部沉积物含有大量的贝壳碎片。该沉积区是由涨落潮流形成的潮流沉积体系，总面积接近 50000km²（刘振夏等，1998）。其中，台湾浅滩分布在海峡南部，由于受落潮流控制，砂质沉积物呈 S 形沙脊分布。而澎湖列岛和台湾岛之间的澎湖水道，受断裂构造和潮流双重控制，形成深约 100m 的水道，其北部台中浅滩，是受涨潮流作用形成的潮流砂席。海峡中部由于水动力较强，侵蚀冲刷严重，现代细粒沉积物难以沉积，形成晚更新世时期沉积物剥露（刘锡清，1996）。相关物源分析表明，表层沉积物的物源主要包括来自福建和台湾河流的入海泥沙、海峡两岸的侵蚀及部分来自浙闽沿岸流携带的长江物质，此外，也有台湾海峡晚更新世残留沉积和自生矿物（方建勇等，2012）。

4.4.3.5 冲绳海槽西部外陆架－陆坡粗粒沉积区

冲绳海槽位于东海的东—东南部，琉球群岛的西北部，其东北部位于日本九州岛以南，西南部与我国台湾岛相邻，呈现为向东南凸出，北北东－南南西走向的海盆。海槽长约 1200km，最宽的地方可达 200km。整体呈北浅南深，由北北东向南南西倾斜的地形状态。

海槽的整体水深在 1000m 以深，西南部则普遍大于 2000m。冲绳海槽是典型的半深水弧后盆地，位于西太平洋大陆边缘，弧后盆地多沉积以火山为主的物质，而冲绳海槽西部陆坡部分以陆源组分为主，相关岩心浊积层和现代沉积环境研究揭示出陆架沉积物向海槽输送的证据（李巍然等，2001；窦衍光等，2018）。

　　该区主要分布在东海外陆架 - 陆坡 - 冲绳海槽西部，水深 100～800m，呈北北东向条带状，与东海陆架中部发育的冰后期海侵砂沉积区连接，其以细砂为主，部分区域为中砂，陆坡以砂质粉砂和粉砂为主，夹杂有大量的贝壳碎片和有孔虫壳体。相关研究发现（郭志刚等，1995；孙效功等，2000；李巍然等，2001；窦衍光等，2018），冲绳海槽是以接受陆源沉积为主的边缘海盆地，陆坡和陆架边缘发育众多的海底峡谷、沟、坎及隆脊等地貌单元，构成了陆源碎屑物质向海槽搬运的天然通道，中国大陆河流直接输入的陆源物质和陆架残留沉积物的侵蚀再搬运物质，以底载或悬浮载形式搬运进入海槽，其粗粒陆源物质主要沉积在海槽的西坡和海底峡谷口外，细粒物质进入海槽的槽底。外陆架粗粒沉积物的相关沉积年龄主要分布在 15～7ka BP，表明其是冰后期海侵的产物，而非现代沉积，砂质沉积物形成于滨岸高能动力环境，随着海平面上升，随后遭受海侵，在东海强大的潮流系统作用下，形成改造后的砂质沉积物（刘振夏等，1998）（图 4-11）。冲绳海槽及周边地区的物源研究表明，长江、黄河、台湾短源河流及福建沿岸河流均是其沉积物物源之一，中部碎屑物质主要来自长江和黄河，夹杂大量的火山碎屑物质，而细粒级黏土矿物组成则表明其有很好的台湾物质属性（图 4-12），说明全新世中期以来，黑潮携带大量的台湾源物质进入冲绳海槽（Dou et al.，2012；Wang et al.，2015；Chen et al.，2016）。

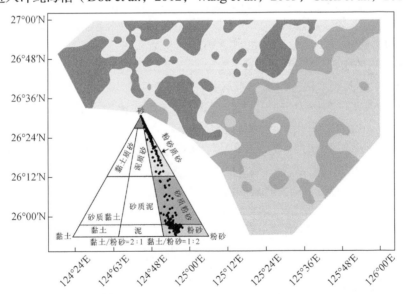

图 4-11　冲绳海槽中部表层沉积物类型图（窦衍光等，2018）

　　此外，有学者认为外陆架粗粒沉积与陆坡上部的粗粒沉积物分布区之间虽无明显的界线，但二者成因有所不同。前者是末次冰盛期低海平面时形成并经冰后期海侵改造的准残留沉积，而后者是黑潮轴部通过的较强水动力环境形成下的现代沉积，细粒物质被再悬浮搬运（刘锡清，1996）。

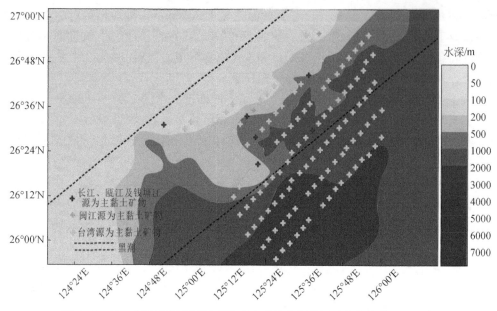

图 4-12 冲绳海槽中部表层沉积物黏土矿物物源分区（窦衍光等，2018）

4.4.3.6 冲绳海槽含钙质粉砂质黏土深海沉积区

该区纵贯冲绳海槽，位于海槽的底部，呈北北东向分布，基本全部是黏土质粉砂。虽然沉积物的粒度组成基本一致，但是根据有孔虫含量和火山碎屑物质分布不同，而由北往南可以划分出三个亚区（刘锡清，1996）。亚区Ⅰ，位于冲绳海槽南部 26°20′N 以南水深大于 2000m 的槽底，以红褐色、黄褐色含钙质黏土质粉砂为主，碳酸钙含量低于 10%。亚区Ⅱ，位于海槽的中部，水深在 1000～2000m，沉积物以含有孔虫钙质黏土质粉砂为主，呈褐色，有孔虫含量可达 16% 以上。亚区Ⅲ，分布于冲绳海槽 28°N 以北地区，以灰褐色和黄褐色含钙质黏土质粉砂为主，有孔虫含量高于 16%，火山玻璃碎屑最高超过 12%，局部样品呈灰白色，由火山玻璃碎屑组成。

综合来看，火山碎屑物质主要分布在冲绳海槽的北部，源于火山喷发。有孔虫含量的差异主要因为 3 个方面的因素。第一，黑潮由南向北移动，而海槽由南向北变浅，在中北部产生明显的上升流，使得有孔虫生产力明显增加。第二，碳酸钙溶跃面深度不同，钙质生产力主要取决于生物生产力、碳酸盐溶解作用和陆源物质沉积速率三者之间的平衡。碳酸盐溶跃面，是指海洋中碳酸盐物质发生急剧溶解的深度带，也就是海底沉积物中钙质壳保存完好与遭受溶蚀破坏之间的分界面。由于翼足类、浮游有孔虫壳和颗石的抗溶能力不同，又可区分出不同的溶跃面，其中翼足类溶跃面最浅，有孔虫溶跃面次之，颗石溶跃面最深（涂霞和郑范，1996）。第三，南部台湾岛分布的短源河流的季节性大量陆源碎屑物质输入，以及该区频发的浊流沉积作用，使得有孔虫壳体含量的浓度受到稀释（汪品先，1990；刘锡清，1996）。

4.4.4 南海及邻域海区表层沉积物分区

南海底质沉积物明显呈现出环陆地带性、深度地带性（刘锡清，1996），即由陆地向海盆中心方向，陆源碎屑粒度逐渐变细，沉积速率降低，沉积厚度变薄。沉积物类型相应地对应为碎屑沉积物砂、粉砂质砂、黏土质粉砂以及碎屑 - 生物沉积物含有孔虫黏土质粉砂。随着深度进一步增加沉积物表现为深海沉积物，如深海黏土和硅质软泥。南海沉积物分布同时具有明显的深度地带性（刘锡清，1996），其通过沉积物中的生物组分和种类变化表现出来。如钙质沉积物主要受控于生物生产力、碳酸钙溶解作用和陆源碎屑物质沉积速率。在南海海域，水深 0 ～ 200m 主要是陆源碎屑沉积区，200 ～ 3000m 范围为明显的陆源碎屑 - 钙质沉积区，3000 ～ 4000m 是放射虫沉积区，而 4000m 以下则主要是深海黏土和硅质软泥沉积区。根据沉积物类型、粒度组成、微体古生物含量等，对比海底地形地貌，南海及周边海域典型表层沉积物分区划分如下。

4.4.4.1 湄公河口外砂质沉积区

湄公河口外砂质沉积区主要分布在湄公河口外地区，湄公河是南海南部最大的陆源物质来源，该区水深 30 ～ 50m，沉积物以分选极好的细砂和极细砂为主。石英含量极高，普遍在 80% 以上，生物碎屑较粗。该区沉积物分布成因主要是南海南部在冰期与间冰期，海平面变化约为 100m，末次冰盛期海平面下降约 116m，湄公河入海口向海移动约 300km，携带陆源碎屑物质在古南海西侧陆坡入海（汪品先，1990；Hanebuth et al.，2000）。湄公河长约 4880km，流域面积 $8.1 \times 10^5 km^2$，现在入海通量 $160 \times 10^6 t$，是世界上第十大河流。因此在随后的全新世海侵过程中，海平面上升，岸线向陆迁移，原来的三角洲沉积在海岸带波浪作用下，形成侵蚀，发育砂质的滨岸相砂质沉积，随着海侵继续，被海水淹没，形成"准残留沉积"（刘锡清，1996）。由于大量陆源碎屑物质的输入，稀释了表层沉积物的有孔虫丰度，微体古生物化石含量的降低和壳体的破碎。

4.4.4.2 珠江口外泥质沉积区

该区沉积物以陆源黏土质粉砂和粉砂为主，钙质超微化石绝对丰度极低（图 4-11，A3），分布在珠江口东部、西部，其受潮流和径流共同作用，以潮流作用为主。黏土质粉砂主要分布在伶仃洋河口湾等海域，粒度组成以粉砂为主，含量为 48.84% ～ 74.93%，平均粒径分布在 $6\varPhi$ ～ $8\varPhi$，分选差；粉砂主要分布在香港 - 大鹏湾 - 大亚湾以南，粒度组成中粉砂含量超过 75%，平均粒径为 $6\varPhi$ ～ $7.5\varPhi$。由于环境较为闭塞，咸水、淡水高度混合絮凝沉降强烈，是珠江径流悬浮物向外扩散和潮流向陆搬运的细颗粒物质沉积区，径流和潮流相会及陆架水顶托，悬浮泥沙含量高，淤积作用强烈，沉积速率可达 7cm/a 以上（陈耀泰，1995；刘锡清，1996）。该区沉积物由于径流、潮流和风浪作用均较强，因此沉积物多属于沉积 - 侵蚀悬浮 - 再沉积多旋回沉积，是典型的快速堆积，往往具有透镜状、虫孔沉积构造。此外，也有大量的物质被搬运到其他海区。西南部少量粗粒沉积主要是冰后期海平面上升，海侵过程中发生侵蚀作用的残留沉积。

4.4.4.3 纳土纳群岛周边砂质沉积区

纳土纳群岛周边砂质沉积区主要分布在纳土纳群岛周边海域，南部到加里曼丹岛近海，水深 50 ～ 200m，沉积物类型以陆源碎屑沉积物的细砂、粉砂质砂为主，部分地区生物碎屑含量较高，可达 20% 以上，以有孔虫为主，夹杂双壳类和腹足类生物壳体碎屑。部分有孔虫壳体破损严重。纳土纳群岛是巽他陆架的主要组成部分，巽他陆架位于南沙群岛的西南部，是连接南海和印度洋的重要通道，水深一般仅有几十米，末次冰盛期，海平面下降约 130m，巽他陆架暴露成陆，阻隔了南海和印度洋的水体交换，其发育了陆相和河流相沉积（中国科学院南沙综合科学考察队，1992）。Hanebuth 等提出曾母暗沙盆地西南部，即加里曼丹岛西南部发育巨大的北巽他河流（古巽他河），其三角洲呈 NNE 向展布，为盆地提供了大量的陆源碎屑物质（Hanebuth et al.，2003；Hanebuth and Stattegger，2004）。此外，有研究表明 8°N 以北的陆源沉积物主要来自南海西部陆架，大部分为湄公河等陆源物质（杨群慧等，2013）。目前的沉积物组成与现代物源供应差异明显，应该为末次冰盛期低海平面时期的陆相河流沉积，经冰后期海侵的逐期侵蚀改造，残留砂质沉积，高海平面后接受现代细粒物质沉积，逐步形成混合堆积（刘锡清，1996）。

此外，加里曼丹岛外近岸海域也分布着条带状砂质沉积，其物质直接来源于加里曼丹岛河流碎屑物质，而同时由于水深较深，大量的微体古生物壳体同时沉积，但由于陆源碎屑物质的稀释作用，微体古生物的丰度降低，形成陆源 – 生物源沉积。

4.4.4.4　南海海盆有孔虫黏土质粉砂沉积区

南海海盆有孔虫黏土质粉砂沉积区主要分布在南海海盆 200 ～ 3000m 陆坡地区，沉积物中以钙质生物黏土质粉砂、含钙质生物黏土质粉砂等为主。有孔虫含量高达 20% ～ 50%，超微化石可达 10%（图 4-13，B 区），其中在 1000 ～ 1500m 等深线有孔虫

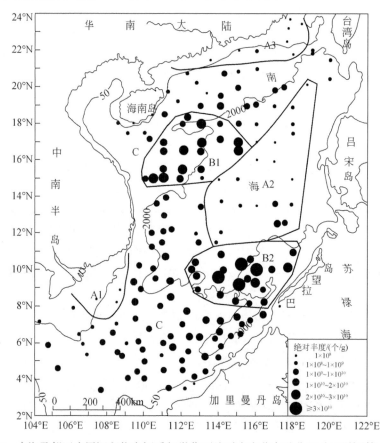

图 4-13　南海及邻区表层沉积物中钙质超微化石绝对丰度分布及分区（王勇军等，2007）

壳体富集，在陆坡的底部有孔虫含量开始减少。这种分布特征可能与碳酸盐溶解作用增强有关，实际上，南海南部南沙群岛海区，浮游有孔虫、翼足类等含量随水深增加而降低的现象普遍存在，但是不同种间遭受溶蚀的程度不同而已（涂霞和郑范，1996）。

4.4.4.5 南海海盆深海黏土沉积区

南海海盆深海黏土沉积区主要分布在南海中东部中央海盆和台湾岛东面陆坡、吕宋岛西北面东部下陆坡、南海中央海盆边缘以及中部中央海盆区，水深 3000～4300m，呈三块明显的区域，北北东排列，部分海域水深较浅。沉积物以黏土为主，含量超过 80%，放射虫含量为 5%～10%，碎屑矿物极少，黏土矿物主要来自亚洲大陆，由河流或风携带入海，沉积物呈棕褐色，表现为氧化环境下高价铁锰物质的岩石，部分地区含有硅藻、石英和铁锰质颗粒及火山玻璃等。火山物质的大量增加对该区沉积物组成具有一定的影响，生源碳酸盐和海底火山喷发对沉积物产生稀释作用，中央海盆的东南部发现了大量幔源火山物质（Heackel et al.，2001；陈忠等，2005；朱赖民等，2007）。此外，已有研究依据南海海盆地区的钙质超微化石总的丰度随水深的变化特征，提出南海碳酸盐补偿深度（钙质超微化石类的）应在 4000m 附近（陈木宏和陈绍谋，1989；王勇军等，2007）。

4.4.4.6 南海北部陆架砂质沉积区

南海北部陆架砂质沉积区主要分布在南海北部岸外陆架海域，其范围基本沿着 200m 等深线向陆延伸，沉积物类型主要是细砂和粉砂质砂。该沉积区在海南岛以西和以北海域主要呈斑状出露，碎屑矿物组合为白钛石、电气石、片状矿物和透闪石等；而在海南岛以东陆架则呈带状基本与海岸线平行，碎屑矿物以普通角闪石、片状矿物和透闪石为主（方建勇等，2014）。南海北部陆架是华南大陆向海的自然延伸，陆架地形线与海岸线大致平行，呈 NE-SW 向分布，由岸向海缓倾，水深增加到 230m 左右的时候，坡度突然增大十多倍甚至数十倍转为陆坡区（冯文科等，1987），末次冰期以来大量的陆源碎屑物质由河流搬运入海，并在冰后期海侵过程中进行侵蚀改造，形成砂质沉积（李亮等，2014）。高海平面之后，该海域由于远离河口和海岸地区，又受到广东沿岸流影响，现代河流物质沉积较少，珠江河流物质一般可达 100m 等深线以内区域（苏广庆和王天行，1992）。由于海南岛及近岸河流物质直接输入，在海南岛以西陆架地区形成了季节性短源河流控制的砂质沉积，同时，由于近岸海域水动力较强，部分细粒沉积物被海洋环流向深海搬运。

4.4.4.7 南海中南部砂生物源沉积区

南海中南部砂生物源沉积区主要分布在南海中南部南沙群岛北侧，巴拉望岛西部岸外，水深 1000m 以上海区，沿珊瑚岛礁呈环状分布主要是生物礁砂，由砂粒级的珊瑚、贝壳等生物碎屑组成，粒度成分主要为砂或砾，分选差，基本未受强水动力影响，为珊瑚等生物颗粒碎裂后的原地沉积。其近岸区距陆地较近且水浅，为陆源碎屑粗粒沉积，碎屑矿物种类多，含量高，生物含量极少。

4.4.5 台湾以东海区表层沉积物分区

台湾以东海区地形主要包括台湾东部岛坡、琉球海沟、花东盆地、西菲律宾海盆等，对比海底地形地貌和沉积物类型分布图特征，台湾以东海区典型表层沉积物划分为如下两个沉积区。

4.4.5.1 台湾东部陆坡陆源碎屑沉积区

台湾东部陆坡陆源碎屑沉积区主要分布在台湾岛东部陆坡，岛坡等深线 1000 ～ 4000m 靠近岸边，密集平行排列，梯度变化很大，在南部和北部变疏，向东直接由岛坡过渡为深海平原，缺少海沟。受台湾入海河流影响，携带的陆源碎屑沉积物在海洋环流作用下沉积，沉积物主要是细砂和含钙质砂质粉砂。

4.4.5.2 西菲律宾及花东盆地深海沉积区

西菲律宾表层沉积物类型是半远洋 - 远洋沉积，包括钙质 - 黏土 - 硅质软泥和硅质软泥，琉球海沟南部花东海盆沉积物比较单一，而东部琉球海沟和西菲律宾海盆北部沉积物则相对复杂。来自菲律宾岛弧的火山风化碎屑贡献较少，菲律宾海沟以东以钙质和硅质生物壳体为主，也有少量火山碎屑，中部沉积物以附近中酸性岩浆事件的长石、石英和火山玻璃为主（Smith and Huang，1998），而帛琉 - 九州海岭以西沉积物组成复杂，既有岩浆事件产物（Ivan et al.，2006），也有火山喷发的火山渣（鄢全树等，2007）。

4.5 小 结

（1）中国海及邻域海区底质类型由四类组成，分别是陆源碎屑沉积物、陆源碎屑 - 生物源沉积物、深海沉积物和生物源沉积物。其中，北部的渤海、黄海、东海和周边邻域海区，以及南部的南海沿岸海湾、陆架和部分上陆坡地区，以陆源碎屑沉积物为主；陆源碎屑 - 生物源沉积物主要分布在南海陆坡大部分及周边海域；深海沉积物主要分布在南海中央海盆及周边深海海域，北部只有在东海的东南部海区有局部斑块状分布；生物源沉积物主要分布于岛礁附近生物生产力较高海域。

（2）渤海表层沉积物划分为 3 个主要沉积区，分别是辽东湾混合沉积区、渤海湾 - 莱州湾及周边泥质沉积区和老铁山水道 - 辽东 - 渤中浅滩砂质沉积区。黄海表层沉积物划分为北黄海西部泥质区、南黄海中部泥质区、西朝鲜湾潮流沙脊区、苏北废黄河三角洲区、长江口北部砂质区和海州湾残留砂质区共 6 个主要沉积区。东海表层沉积物划分为 6 个主要沉积区，分别是长江口外席状砂沉积区、现代泥质沉积区、陆架中部砂质沉积区、台湾海峡潮流砂沉积区、冲绳海槽西部外陆架 - 陆坡粗粒沉积区和冲绳海槽含钙质粉砂质黏土深海沉积区。南海表层沉积物主要划分为湄公河口外砂质沉积区、珠江口外泥质沉积区、纳土纳群岛砂质沉积区、南海海盆有孔虫黏土质粉砂沉积区、南海海盆深海黏土沉积区共 7 个主要沉积区。台湾以东海区主要由台湾东部陆坡陆源碎屑沉积区和西菲律宾及花东盆地深海沉积区 2 个主要沉积区组成。

（3）影响沉积物分布的主要因素有水深、地形、地貌、物源和水动力条件等。黄海、东海区域内沉积物类型及其分布极为复杂，总体具有南粗北细、东西分带的特点，形成以东海平行岸线的条带状、南北不同的斑块镶嵌分布，该特征主要受控于地形地貌、水动力、物质供应、水深和海平面变化等，其中最重要的是沉积物的物源，其控制沉积物的原始粒度组成。渤海地区受到黄河及周边河流物质供应和渤海海洋环流的影响，沉积物呈明显的南北分带分布。南海及周边海域从陆架至陆坡再到深海盆，除局部海湾区外，由于地形的影响，沉积物分布呈现粒度组分由粗到细的变化；在物源影响方面，南海具有明显的陆源和生物源双物源特征；南海陆架区沉积物受水动力变化的影响较大，而陆坡和深海盆沉积物的分布受水动力因素的影响较小。

（4）半深海‐深海与陆架区具有不同的沉积环境和沉积模式。生物组分在沉积物中占有重要地位；决定沉积作用的一些生物地球化学因素，明显受深度控制。南海中央海盆沉积由浅到深具有钙质生物沉积、硅质生物沉积和深海黏土的完整系列。南海水深小于500m处的钙质超微化石丰度降低的原因主要是陆源物质的稀释作用，而水深大于3000m地区钙质超微化石丰度降低则是由于碳酸钙溶解作用的影响。

参 考 文 献

陈芳，黄永样，段威武，等.2002.南海西部表层沉积中的钙质超微化石.海洋地质与第四纪地质，22(3): 35-40.

陈丽蓉.2008.中国海沉积矿物学.北京:海洋出版社.

陈木宏，陈绍谋.1989.南海碳酸盐溶解与深海沉积物类型.热带海洋，8(3): 20-26.

陈耀泰.1995.珠江口沉积分区.中山大学学报(自然科学版)，34(3): 109-114.

陈中原，周长振，杨文达，等.1986.长江口外现代水下地貌与沉积.东海海洋，4(2): 28-37.

陈忠，夏斌，颜文，等.2005.南海火山玻璃的分布特征、化学成分及源区探讨.海洋学报，27(5): 73-80.

程鹏，高抒.2000.北黄海西部海底沉积物的粒度特征和净输运趋势.海洋与湖沼，31(6): 604-615.

初凤友，陈丽蓉，申顺喜，等.1995.南黄海自生黄铁矿成因及其环境指示意义.海洋与湖沼，26(3): 227-233.

地质矿产部第二海洋地质调查大队.1987.南海 1∶2000000 地质地球物理图集.广州:广东省地图出版社.

丁东，王中波.2010.沉积物分布图 // 张洪涛，张训华，温珍河，等.中国东部海区及邻域地质地球物理系列图.北京:海洋出版社.

董礼先，苏纪兰.1989.黄渤海潮流场及其沉积物搬运的关系.海洋学报，11(1): 102-114.

董太禄.1996.渤海现代沉积作用与模式的研究.海洋地质与第四纪地质，16(4): 43-53.

窦衍光，陈晓辉，李军，等.2018.东海外陆架‐陆坡‐冲绳海槽不同沉积单元底质沉积物成因及物源分析.海洋地质与第四纪地质，38(4): 21-31.

方建勇，陈坚，王爱军，等.2012.台湾海峡表层沉积物的粒度和碎屑矿物分布特征.海洋学报，34(5): 91-99.

方建勇，陈坚，李云海，等.2014.南海北部陆架表层沉积物重矿物分布特征及物源意义.应用海洋学学报，33(1): 11-20.

冯文科，薛万俊，杨达源.1987.南海北部晚第四纪地质环境.广州:广东科技出版社.

高建华，李军，王珍岩，等.2008.鸭绿江河口及其近岸地区沉积物中重金属分布的影响因素分析.地球化学，37(5):430-438.

管秉贤.1964.中国近海的海流系统——全国海洋综合调查报告(第五册).北京:科学出版社.

郭志刚，杨作升，土兆祥．1995.黄东海海域水团发育对底质沉积物分布的影响.青岛海洋大学学报，25(1): 75-83.

郭志刚，杨作升，雷坤，等．1999.东海陆架北部泥质区沉积动力过程的季节性变化.青岛海洋大学学报，29(3): 507-513.

郭志刚，杨作升，陈致林，等．2001.东海陆架泥质区沉积有机物的物源分析.地球化学，30(5): 416-424.

何起祥，李绍全，刘健．2002.海洋碎屑沉积物的分类.海洋地质与第四纪地质，22(1): 115-121.

胡敦欣，杨作升．2001.东海海洋通量关键过程.北京：海洋出版社.

金翔龙．1992.东海海洋地质.北京：海洋出版社.

蓝先洪，张训华，张志珣．2005.南黄海沉积物的物质来源及运移研究.海洋湖沼通报，4: 53-60.

蓝先洪，李日辉，密蓓蓓，等．2016.渤海东部和黄海北部表层沉积物稀土元素的分布特征与物源判断.地球科学，41(3): 463-474.

李广雪，杨子赓，刘勇．1995.中国东部海域海底沉积物成因环境图.北京：科学出版社.

李广雪，杨子赓，刘勇．2005.中国东部海域海底沉积物成因环境图.北京：科学出版社.

李广雪，刘勇，杨子赓．2009.中国东部陆架沉积环境对末次冰盛期以来海面阶段性上升的响应.海洋地质与第四纪地质，29(4): 13-19.

李亮，陈忠，刘建国，等．2014.南海北部表层沉积物类型及沉积环境区划.热带海洋学报，33(1): 54-61.

李全兴．1990.渤海黄海东海地质地球物理图集.北京：海洋出版社.

李日辉，孙荣涛，徐兆凯，等．2014.黄海与渤海交界区附近表层沉积物中的底栖有孔虫分布与环境因素制约.海洋地质与第四纪地质，34(3): 93-103.

李巍然，杨作升，王琦，等．2001.冲绳海槽陆源碎屑峡谷通道搬运与海底扇沉积.海洋与湖沼，32(4): 371-380.

李学杰，汪品先，廖志良，等．2008.南海西部表层沉积物碎屑矿物分布特征及其物源.中国地质，35(1): 123-130.

李元芳．1991.废黄河三角洲的演变.地理研究，10(4): 29-39.

李云海，陈坚，黄财宾，等．2010.浙闽沿岸南部泥质沉降中心表层沉积物粒度特征及其季节性差异.沉积学报，28(1): 150-157.

刘光鼎．1992.中国海域及邻域地质地球物理系列图(1 ： 5000000).北京：地质出版社.

刘广虎，李军，陈道华，等．2006.台西南海域表层沉积物元素地球化学特征及其物源指示意义.海洋地质与第四纪地质，26(5): 61-67.

刘建国，李安春，陈木宏，等．2007.全新世渤海泥质沉积物地球化学特征.地球化学，36(6): 633-637.

刘建华，王庆，仲少云，等．2008.渤海海峡老铁山水道动力地貌及演变研究.海洋通报，27(1): 68-74.

刘健，秦华峰，孔祥怀，等．2007.黄东海陆架及朝鲜海峡泥质沉积物的磁学特征比较研究.第四纪研究，27(6): 1031-1039.

刘敏厚，吴世迎，王永吉．1987.黄海晚第四纪沉积.北京：海洋出版社.

刘锡清．1987.中国陆架的残留沉积.海洋地质与第四纪地质，7(1): 1-14.

刘锡清．1990.中国大陆架的沉积物分区.海洋地质与第四纪地质，10(1): 13-24.

刘锡清．1991.中国近海陆架沉积物成因类型及分布规律 // 梁明胜，张吉林.中国海陆第四纪对比研究.北京：科学出版社：61-67.

刘锡清 . 1996. 中国边缘海的沉积物分区 . 海洋地质与第四纪地质 , 16(3):1-11.

刘振夏 . 1996. 对东海扬子浅滩成因的再认识 . 海洋学报 , 18(2)：85-92.

刘振夏 .1989. 现代滦河三角洲的影响因素和沉积物分区 . 黄渤海海洋 , 7(4):55-64.

刘振夏 , 夏东兴 .2004. 中国近海潮流沉积砂体 . 北京 : 海洋出版社 .

刘振夏 , 夏东兴 , 汤毓祥 , 等 .1994. 渤海东部全新世潮流沉积体系 . 中国科学 , 24(12): 1331-1338.

刘振夏 , 夏东兴 , 王揆洋 .1998. 中国陆架潮流沉积体系和模式 . 海洋与湖沼 , 29(2): 141-147.

刘振夏 , 印萍 , Berné S, 等 .2001. 第四纪东海的海进层序和海退层序 . 科学通报 , 46(增刊): 74-79.

刘振夏 , 余华 , 熊应乾 , 等 .2005. 东海和凯尔特潮流沙脊的对比研究 . 海洋科学进展 , 23(1): 35-42.

苗丰民 , 李淑媛 , 李光天 , 等 .1996. 辽东湾北部浅海区泥沙输送及其沉积特征 . 沉积学报 , 14(4): 114-121.

乔淑卿 , 石学法 , 王国庆 , 等 .2010. 渤海底质沉积物粒度特征及其输运趋势探讨 . 海洋学报 , 32(4): 139-147.

秦蕴珊 . 1992. 全球变化与陆架沉积 . 沉积学报 , 10(3): 40-46.

秦蕴珊 , 李凡 , 徐善民 , 等 .1989. 南黄海海水中悬浮体的研究 . 海洋与湖沼 , 20(2): 101-111.

邵磊 , 李献华 , 韦刚健 , 等 . 2001. 南海陆坡高度堆积体的物质来源 . 中国科学 (D 辑：地球科学), 31(10): 828-833.

申顺喜 , 陈丽蓉 , 徐文强 . 1984. 黄海沉积物中的矿物组合及其分布规律的研究 . 海洋与湖沼 , 15(3): 240-250.

沈华悌 , 梁居廷 , 王秀昌 .1984. 东海陆架残留沉积物的改造 . 海洋地质与第四纪地质 , 4(2): 67-76.

沈焕庭 , 潘定安 .2001. 长江河口最大浑浊带 . 北京 : 海洋出版社 .

石学法 , 陈春峰 , 刘焱光 , 等 .2002. 南黄海中部沉积物粒度趋势分析及搬运作用 . 科学通报 , 47(6): 452-456.

苏广庆 , 王天行 .1992. 珠江口表层沉积物的重矿物分析 . 矿物学报 , 12(1): 45-52.

孙嘉诗 , 崔一录 . 1987. 南黄海晚更新世钙质砂岩及其地质意义 . 海洋地质与第四纪地质 , 7(3): 6-31.

孙荣涛 , 李铁刚 , 常凤鸣 .2009. 北黄海表层沉积物中的底栖有孔虫分布与海洋环境 . 海洋地质与第四纪地质 , 29(4): 21-28.

孙卫东 , 林秋婷 , 张丽鹏 , 等 . 2018. 跳出南海看南海——新特提斯洋闭合与南海的形成演化 . 岩石学报 , 34(12): 3467-3477.

孙效功 , 方明 , 黄伟 .2000. 黄东海陆架区悬浮体输送的时空变化规律 . 海洋与湖沼 , 31(6): 581-587.

涂霞 , 郑范 . 1996. 浮游钙质壳体与碳酸盐溶解 // 中国科学院南沙综合科学考察队 . 南沙群岛及邻近海区晚第四纪微体生物与环境 . 北京 : 科学出版社 : 111-116.

汪品先 .1990. 冰期时的中国海——研究现状与问题 . 第四纪研究 , 2: 111-124.

汪品先 , 章纪军 , 赵泉鸿 , 等 .1988. 东海底质中的有孔虫和介形虫 . 北京 : 海洋出版社 .

汪亚平 , 潘少明 , Wang H V, 等 .2006. 长江口水沙入海通量的观测与分析 . 地理学报 , 61(1): 35-46.

王保栋 , 战闰 , 臧家业 .2002. 长江口及其邻近海域营养盐的分布特征和输送途径 . 海洋学报 , 24(1): 53-58.

王海霞 , 赵全民 , 李铁刚 , 等 .2011. 辽东湾表层沉积物中底栖有孔虫分布及其沉积环境的关心 . 海洋地质与第四纪地质 , 31(2): 87-94.

王红霞 , 林振宏 , 文丽 , 等 . 2004. 南黄海西部表层沉积物中碎屑矿物的分布 . 海洋地质与第四纪地质 , 24(1): 51-56.

王伟, 李安春, 徐方建, 等. 2009. 北黄海表层沉积物粒度分布特征及其沉积环境分析. 海洋与湖沼, 40(5): 525-531.

王伟伟, 付元宾, 李树同, 等. 2013. 渤海中部表层沉积物分布特征与粒度分区. 沉积学报, 31(3): 478-485.

王勇军, 陈木宏, 陆钧, 等. 2007. 南海表层沉积物中钙质超微化石分布特征. 热带海洋学报, 26(5): 26-34.

王张华, 过仲阳, 陈中原. 2002. 东海陆架平北地区残留沉积特征及古环境意义. 华东师范大学学报 (自然科学版), 1: 81-86.

王中波, 蓝先洪, 王红霞, 等. 2007a. 南黄海表层沉积物粒度组成及其沉积环境. 海洋地质与第四纪地质, 27(增刊): 1-10.

王中波, 何起祥, 杨守业, 等. 2008. 谢帕德和福克碎屑沉积物分类方法在南黄海表层沉积物编图中的应用与比较. 海洋地质与第四纪地质, 28(1): 1-10.

王中波, 杨守业, 张志珣. 2007b. 两种碎屑沉积物分类方法的比较. 海洋地质动态, 23(3): 36-40.

王中波, 杨守业, 张志珣, 等. 2012a. 东海陆架中北部沉积物粒度特征及其沉积环境. 海洋与湖沼, 43(6): 1039-1049.

王中波, 杨守业, 张志珣, 等. 2012b. 东海西北部陆架表层沉积物重矿物组合及其沉积环境指示. 海洋学报, 34(6): 114-125.

王中波, 李日辉, 张志珣, 等. 2016. 渤海及邻近海区表层沉积物粒度组成及其沉积分区. 海洋地质与第四纪地质, 36(6): 1-12.

吴自银, 金翔龙, 曹振轶, 等. 2009. 东海陆架两期潮流沙脊的时空对比. 海洋学报, 31(5): 69-79.

吴自银, 金翔龙, 曹振轶, 等. 2010. 东海陆架沙脊分布及其形成演化. 中国科学 (D辑: 地球科学), 40(2): 188-198.

肖尚斌, 李安春, 蒋富清, 等. 2005. 近2ka闽浙沿岸泥质沉积物物源分析. 科学通报, 23(2): 268-274.

邢焕政. 2003. 海河口岸线演变及泥沙来源分析. 海河水利, 2: 28-30.

徐东浩, 李军, 赵京涛, 等. 2012. 辽东湾表层沉积物粒度分布特征及其地质意义. 海洋地质与第四纪地质, 32(5): 35-42.

徐方建, 李安春, 李铁刚, 等. 2011. 中全新世以来东海内陆架泥质沉积物来源. 中国石油大学学报 (自然科学版), 35(1): 1-12.

徐晓达, 曹志敏, 张志珣, 等. 2014. 渤海地貌类型及分布特征. 海洋地质与第四纪地质, 34(6): 171-179.

鄢全树, 石学法, 王昆山, 等. 2007. 西菲律宾海盆表层沉积物中的轻碎屑分区及物质来源. 地质论评, 53(6): 765-773.

杨群慧, 林振宏, 张富元, 等. 2002. 南海中东部表层沉积物矿物组合分区及其地质意义. 海洋与湖沼, 33(6): 591-599.

杨群慧, 李木军, 杨胜雄, 等. 2013. 南海西南部表层沉积物粒度特征及输运趋势. 海洋地质与第四纪地质, 33(6): 1-7.

杨胜雄, 邱燕, 朱本铎. 2015. 南海地质地球物理图系 (1∶200万). 天津: 中国航海图书出版社.

杨文达. 2002. 东海海底沙脊的结构及沉积环境. 海洋地质与第四纪地质, 22(2): 9-20.

杨子赓, 王圣洁, 张广威, 等. 2001. 冰消期海侵过程中南黄海潮流沙脊的演化模式. 海洋地质与第四纪地质, 21(3): 1-10.

杨作升, 郭志刚, 王兆祥, 等.1992. 黄东海陆架悬浮体向东部深海区输送的宏观格局. 海洋学报, 14: 81-90.

叶芳, 刘志飞.2007. 南海北部中更新世 0.78～1.0Ma 期间的陆源碎屑粒度记录. 海洋地质与第四纪地质, 27(2):77-83.

叶银灿, 庄振业, 刘杜鹃, 等.2002. 东海全新世沉积强度分区. 中国青岛海洋大学学报, 32(6): 941-948.

叶银灿, 庄振业, 来向华, 等.2004. 东海扬子浅滩砂质底形研究. 中国海洋大学学报, 34(6): 1057-1062.

尹延鸿, 周青伟.1994. 渤海东部地区沉积物类型特征及其分布规律. 海洋地质与第四纪地质, 14(2): 48-51.

于培松, 薛斌, 潘建明, 等.2011. 长江口和东海海域沉积物粒径对有机质分布的影响. 海洋学研究, 29(3):202-208.

虞志英, 张国安, 金镠, 等.2002. 波流共同作用下废黄河河口水下三角洲地形演变预测模式. 海洋与湖沼, 33(6): 583-590.

袁迎如, 陈庆.1983. 古黄河水下三角洲的发育和侵蚀. 科学通报, 21: 1322-1324.

臧家业, 汤毓祥, 邹娥梅, 等.2001. 黄海环流的分析. 科学通报, 46(增刊): 7-15.

张富元, 章伟艳.2003. 南海东部海域沉积物粒度分布特征. 沉积学报, 21(3): 452-460.

张富元, 章伟艳, 张德玉, 等.2004. 南海东部海域表层沉积物类型的研究. 海洋学报, 26(5): 94-105.

张洪涛, 张训华, 温珍河, 等.2010. 中国东部海区及邻域 1 ： 100 万地质地球物理系列图. 北京 : 海洋出版社.

张洪涛, 张训华, 温珍河, 等.2013. 中国南部海区及邻域 1 ： 100 万地质地球物理系列图. 北京 : 海洋出版社.

张剑, 李日辉, 王中波, 等.2016. 渤海东部与黄海北部表层沉积物的粒度特征及其沉积环境. 海洋地质与第四纪地质, 36(5): 1-12.

张蕾, 刘建忠, 赵泉鸿, 等.2003. 南海 ODP1122 孔微玻璃陨石物理化学性质及母源物质的复杂性. 地质地球化学, 31(2): 65-71.

张忍顺.1984. 苏北废黄河三角洲及滨海平原的成陆过程. 地理学报, 39(2): 173-184.

张义丰, 李凤新.1983. 黄河、滦河三角洲的物质组成及其来源. 海洋科学, 7(3): 15-18.

赵保仁, 方国洪, 曹德明.1995. 渤海、黄海和东海的潮余流特征及其近岸环流输送的关系. 海洋科学集刊, 36:1-11.

赵家成, 肖尚斌, 张国栋, 等.2007. 闽浙沿海岸泥质沉积物的稀土地球化学特征. 地球科技情报, 26(2):7-12.

赵泉鸿, 翦知湣, 张在秀, 等.2009. 东海陆架泥质沉积区全新世有孔虫和介形虫及其古环境应用. 微体古生物学报, 26(2): 117-128.

郑光膺.1991. 黄海第四纪地质. 北京 : 科学出版社.

中国科学院海洋研究所.1985. 渤海地质. 北京 : 科学出版社.

中国科学院南沙综合科学考察队.1992. 南沙群岛及其邻近海区第四纪沉积地质学. 武汉 : 湖北科技出版社.

朱赖民, 高志友, 尹观, 等.2007. 南海表层沉积物的稀土和微量元素的丰度及其空间变化. 岩石学报, 23(11): 2963-2980.

庄丽华, 李铁刚, 常凤鸣, 等.2004. 东海中陆架晚第四纪底栖有孔虫定量分析. 海洋地质与第四纪地质, 24(1): 43-50.

Berné S, Vagner P, Guichard F, et al. 2002. Pleistocene forced regressions and tidal sand ridges in the East China Sea. Marine Geology, 188(3-4): 293-315.

Chen C T A, Kandasamy S, Chang Y P, et al. 2016. Geochemical evidence of the indirect pathway of terrestrial particulate material transport to the Okinawa Trough. Quaternary International, 441: 51-61.

Chen Z Y, Stanley D J.1995. Quaternary subsidence and river channel migration in the Yangtze delta plain, Eastern China. Journal of Coastal Research, 11: 927-945.

Chen Z Y, Song B D, Wang Z H, et al. 2000. Late Quaternary evolution of the sub-aqueous Yangtze delta, China: sedimentation, stratigraphy, palynology, and deformation. Marine Geology, 162(2-4): 432-441.

Chough S K, Kim J W, Lee S H, et al.2002. High-resolution acoustic characteristics of epicontinental sea deposits, central-eastern Yellow Sea. Marine Geology, 188: 317-331.

Demaster D J, Mckee B A, Nitrouer C A, et al. 1985. Rates of sediments accumulation and particles reworking based on radiochemical measurements from shelf deposits in the East China Sea. Continental Shelf Research, 4: 143-158.

Doeglas D J. 1946. Interpretation of the result of mechanical analysis. Journal of Sedimentary Petrology, 16: 19-40.

Dou Y G, Yang S Y, Liu Z X, et al.2012. Sr-Nd isotopic constraints on terrigenous sediment provenances and Kuroshio Current variability in the Okinawa Trough during the late Quaternary. Palaeogeography, Palaeoclimatology, Palaeoecology, 365-366(9): 38-47.

Emery K O. 1968. Relict sediment on continental shelves of the world. Bulletin of the American Association of Petroleum Geologists, 52: 445-464.

Folk R L, Ward W C.1957. Barazos River bar: A study in the significance of grain parameters. Journal of Sedimentary Petrology, 31: 514-519.

Folk R L, Andrews P B, Lewis D W. 1970. Detrital sedimentary rock classification and nomenclature for use in New Zealand. New Zealand Journal of Geology and Geophysics, 13(4): 937-968.

Gao S, Collins M B. 1994. Analysis of grain size trends, for defining sediment transport pathways in marine environments. Journal of Coastal Research, 10(1):70-78.

Haeckel M, Beusekom J V, Wiesner M G, et al. 2001. The impact of the 1991 Mount Pinatubo tephra fallout on the geochemical environment of the deep sea sediments in the South China Sea. Earth and Panetary Science Letters, 193:151-166.

Hanebuth T, Stattegger K, Grootes P M.2000. Rapid flooding of the Sunda Shelf: A late-glacial sea level record. Science, 288: 1033-1035.

Hanebuth T J J, Stattegger K.2004. Depositional sequences on a late Pleistocene–Holocene tropical siliciclastic shelf (Sunda Shelf, southeast Asia) . Journal of Asian Earth Sciences, 23:113-126.

Hanebuth T J J, Stattegger K, Schimanski A, et al.2003. Late Pleistocene forced regressive deposits on the Sunda Shelf (Southeast Asia) . Marine Geology, 199:139-157.

Ijiri A, Wang L J, Oba T, et al, 2005. Paleoenvironmental changes in the northern area of the East China Sea during the past 40000 years. Palaegeography, Palaeoclimatology, Palaeoecology, 219(3-4):239-261.

Ivan P S, Rosemary H V, Massimo D A, et al. 2006. Petrology and geochemistry of West Philippine Basin basalts and early Palau-Kyushu Arc volcanic clasts from ODP Leg 195, Site 1201D: implications for the early history of the Izu-Bonin-Mariana arc. Journal of Petrology, 47(2): 277-299.

Jin J H, Chough S K, Ryang W H.1998. Sequence aggradation and systems tracts partitioning in the mid-eastern Yellow Sea: roles of glacio-eustary, subsidence and tidal dynamics. Marine Geology, 184:249-271.

Jin J H, Chough S K.2002. Partitioning of transgressive deposits in the southern Yellow Sea: A sequence stratigraphic interpretation . Marine Geology, 149:79-92.

Li C, Roger F, Yang S Y, et al.2016. Constrainting the transport time of lithogenic sediments to the Okinawa Trough (East China Sea). Chemical Geology, 445: 199-207.

Li F Y, Li X G, Song J M.2006. Sediment flux and source in northern Yellow Sea by ^{210}Pb technique . Chinese Journal of Oceanology and Limnology, 24(3):255-263.

Li G X, Lin P, Liu Y, et al. 2014. Sedimentary system response to the global sea level change in the East China Seas since the last glacial maximum. Earth-Science Review, 139: 390-405.

Liu J G, Xiang R, Chen M H, et al. 2011.Influence of the Kuroshio current intrusion on depositional environment in the Northern South China Sea: Evidence from surface sediment records. Marine Geology, 285: 59-68.

Liu J P, Xu K H, Li A C, et al. 2007. Flux and fate of Yangtze River sediment delivered to the East China Sea. Geomorphology, 85: 208-224.

Liu X T, Li A C, Dong J, et al. 2018. Provenance discrimination of sediments in the Zhejiang- Fujian mud belt, East China Sea: implications for the development of the mud depocenter. Journal of Asian Earth Science, 151:1-15.

Liu Z F, Alain T, Steven C, et al. 2003. Clay mineral assemblages in the northern South China Sea: implications for East Asian monsoon evolution over the past 2 million years. Marine Geology, 201:133-146.

Liu Z X, Xia D X, Berné S, et al. 1998. Tidal deposition systems of China's continental shelf, with special reference to the eastern Bohai Sea. Marine Geology, 145(3):225-253.

Milliman J D, Bestdsley K C, Yang Z S, et al. 1985. Model Huanghe derived on the outer shelf of the East China Sea: identification and potential mud-transport mechanisms. Continental Shelf Research, 4:175-188.

Russell R D. 1939. Effects of transportation of sedimentary particles//Trask P D. Recent marine sediments. Tulsa. The Society of Economic Paleontologists and Mineralogists.

Saito Y, Katayama H, Ikehara K, et al. 1998. Transgressive and highstand systems tracts and post-glacial transgression, the East China Sea. Sedimentary Geology, 122: 217-232.

Shepard F P.1954. Nomenclature based on sand-silt-clay ratios . Journal of Sedimentary Geology, 24(3): 151-158.

Shi X F, Shen S X, Yi H, et al.2003. Modern sedimentary environments and dynamic depositional systems in the Southern Yellow Sea. Chinese Science Bulletin, 48(S1): 1-7.

Smith A D, Huang L Y. 1998. Neodymium isotopic analysis of basalts from DSDP Leg 31, Hole 292, Philippine Sea. Journal of "National" Cheng-Kung University, 33: 1-7.

Sun D H, Bloemendal J, Rea D K, et al.2002. Grain-size distribution function of polymodal sediments in hydraulic and Aeolian environments, and numerical partitioning of the sedimentary component. Sedimentary Geology, 152: 263-277.

Visher G S. 1969. Grain size distributions and depositional processes. Journal of Sedimentary Petrology, 39: 1074-1106.

Wang J Z, Li A C, Xu K H, et al.2015. Clay mineral and grain size studies of sediment provenances and paleoenvironment evolution in the middle Okinawa Trough since 17ka. Marine Geology, 366: 49-61.

Wang Z B, Yang S Y, Wang Q, et al. 2014. Late Quaternary stratigraphic evolution on the outer shelf of the East China Sea. Continental Shelf Research, 90: 5-16.

Wellner R W, Bartek L R. 2003. The effect of sea level, climate, and shelf physiography on the development of incised-valley complexes: a model example from the East China Sea. Journal Sediment Research, 73:926-940.

Xiao S B, Li A C, Liu J P, et al. 2006. Coherence between solar activity and the East Asian winter monsoon variability in the past 8000 years from Yangtze River- derived mud in the East China Sea. Palaegeography, Palaeoclimatology, Palaeoecology, 237(2):293-304.

Xu G, Liu J, Pei S F, et al.2016. Sources and geochemical background of potentially toxic metals in surface sediments from the Zhejiang coastal mud area of the East China Sea. Journal of Geochemical Exploration, 168:26-35.

Yang Z S, Saito Y, Guo Z G, et al. 1994. Distal mud areas as a material sink in the East China Sea. Proceedings of international symposium on global fluxes of carbon and its related substances in the costal sea-ocean atmosphere system. Sapporo: Hokkido University.

Zhang X D, Ji Y, Yang Z S, et al. 2016. End member inversion of surface sediment grain size in the South Yellow Sea and its implications for dynamic sedimentary environments. Science Chian (Earth Sciences), 59(2):258-267.

Zhu C, Xue B, Pan J M. 2008. The dispersal of sedimentary teresstrial organic matter in the East China Sea (ECS) as revealed by biomarkers and hydro-chemical charachteristcs. Organic Geochemistry, 39:952-957.

Zhu Y, Chang R.2000. Preliminary study of the dynamic origin of the distribution pattern of bottom sediments on the continental shelves of the Bohai Sea, Yellow Sea and East China Sea . Estuarine, Coastal and Shelf Science, 51(5):663-680.

第 5 章 重力异常场基本特征与解释

5.1 概 论

地球物理场主要研究组成地球物质的密度、磁化率、介电常数、电阻率、热导率、纵波和横波速度等物性的特征差异、变化规律和物理响应,由此推断地下岩层的岩性、赋存状态、厚度、埋深和分布,为地质科学研究、资源调查和开发提供科学依据。

海洋重力测量是海洋地球物理测量方法之一,是在陆地重力测量基础上发展起来的,因此陆地重力测量的许多手段和方法可以在海洋重力测量中得到应用。在现有的技术条件下,获取海洋重力场数据的手段也多种多样,主要包括海底重力测量、海面(船载)重力测量、海洋航空重力测量、卫星测高重力测量等。在众多的海洋重力测量手段中最常用的是船载重力测量,该方法是将海洋重力仪安置在调查船进行动态观测,对测量剖面提供连续的观测值。

地球物理场是地质调查和研究中主要的手段之一。尤其是海洋地质和资源调查,由于有海水的覆盖,通常陆地地质调查所必备的锤子、罗盘和放大镜显得无用武之地,因此地球物理技术方法成为海洋地质和资源调查研究的主要和首选手段。我们正是利用了地球物理场的变化来反演地球体内部物性特征的变化,继而研究海底地形、海底地貌、沉积地层、断裂展布、岩浆岩等,研究地壳结构、地质构造及其形成演化。

重力勘探是依据测量地下、地面或地面以上重力场,发现其随测点位置的变化规律,以探测分析地球体密度变化。重力异常,是地壳、岩石圈或者更深部的质量,由于横向分布不均匀性带来的综合效应。重力异常的主要影响因素有地形的变化和地势的变化,地壳内部的各密度界面的起伏差异,地壳内部结构的差异,上地幔密度横向变化,还有地壳和岩石层厚度的变化。

空间重力异常,经过混合零点改正所得的重力差,经过高度改正后,再减去正常重力值得到的重力差。空间重力异常与地形地貌密切相关,而地形地貌是地壳内部结构、构造、组成和发展演化在地表的反映,海底地形,海山异常、陆架边缘的正负伴生重力异常等均由海底地形的起伏引起,与空间重力异常直接相关。空间重力异常除反映地形地貌的变化外,也直接或间接地蕴含着现代地壳结构、构造及组成方面的信息(曾华霖,2005)。

布格重力异常是在空间重力异常的基础上做了中间层改正和地形改正之后获得的重力异常。布格重力异常主要反映的是地壳各种偏离正常密度分布的矿体、构造的影响。布格重力异常也是地壳内部结构和构造变化的综合反映,如起伏的莫霍面、不同的地壳厚度,是引起重力异常区域背景的主要因素;圈定沉积盆地边界的重要依据是沉积盆地的基底起伏与结构差异引起的盆地重力异常（曾华霖，2005）。

我国海洋重力调查始于 1958 年的 1∶350 万的海洋综合普查。其后经过 20 世纪 70 年代和 80 年代全面、系统的普查阶段，20 世纪 90 年代，随着 GPS 定位技术的引进，开展了一系列的海洋地质地球物理区域调查工作，取得了部分海域 1∶100 万和 1∶200 万海洋区域地质调查资料。这些海洋地质地球物理调查工作的开展，为我国海洋基础地质调查工作奠定了基础，并且获取了一批丰富的基础地质资料，并以获得的地质地球物理资料为基础，编制了我国部分海域的 1∶100 万、1∶200 万和 1∶500 万等比例尺的海洋重力异常图图件。课题组收集我国海域重力资料主要如下：

（1）1987 年广州地图出版社出版的《南海地质地球物理图（1∶200 万）》中的自由空气重力和布格重力异常图，由广州海洋地质调查局何廉声、陈邦彦主编。

（2）1992 年科学出版社出版的《中国海区及邻域地质地球物理系列图（1∶500 万）》中的自由空气重力异常图和布格重力异常图。该系列图由刘光鼎主编，地质出版社出版。该重力图包括小部分陆地，沿海岸线绘制一条白边作为分割线分隔开陆地和海域重力异常，等值线间距 $25 \times 10^{-5} \mathrm{m/s}^2$。

（3）1992 年广东省地图出版社出版的《1∶200 万台湾海峡及其邻域重力异常图》（自由空间重力异常图、布格重力异常图各 1 张），等值线间距 $5 \times 10^{-5} \mathrm{m/s}^2$，由苏达全等主编。

（4）2010 年青岛海洋地质研究所编制，张洪涛等主编，海洋出版社公开出版的《中国东部海区及邻域地质地球物理系列图（1∶100 万）》，等值线间距为 $20 \times 10^{-5} \mathrm{m/s}^2$。编图数据除陆地重力测量、船载重力测量，还首次应用了卫星重力数据。沿海岸线绘制一条白边作为分割线分隔开陆地和海域重力异常。

（5）2015 年中国地质调查局广州海洋地质调查局编制，杨胜雄等主编，中国航海出版社出版的《南海地质地球物理系列图（1∶200 万）》，等值线间距为 $10 \times 10^{-5} \mathrm{m/s}^2$。

（6）2018 年青岛海洋地质研究所编制，张洪涛等主编，海洋出版社公开出版的《中国南部海区及邻域地质地球物理系列图 (1∶100 万)》，等值线间距 $20 \times 10^{-5} \mathrm{m/s}^2$。沿海岸线绘制一条白边作为分割线分隔开陆地和海域重力异常。

近几年，国外卫星测高重力数据的精度又有所提高。最为主要的是英国 Getech 公司新推出的 Trident 数据，精度比 2004 年的 Ultimate 数据有所提高，美国的 Sandwell 等推出的数据精度，基本达到了英国 Getech 公司 2004 年时期的数据精度，数据精度接近 $3 \times 10^{-5} \sim 5 \times 10^{-5} \mathrm{m/s}^2$。

5.2　空间重力异常特征

东部海区位于欧亚大陆东缘，所包含的大的构造单元有中朝地块、扬子地块、华南地块、东海大陆架和琉球沟弧盆体系。空间重力异常和布格重力异常的整体分布特征与这些东西分带的构造单元相适应，呈 NE 走向而构成一个个异常区（带）。根据重力异常形态展布和区域变化等特征，结合全区的地质构造特征，参考前人的研究成果（金翔龙，1982；郭令智等，1983；徐菊生等，1986；张文佑，1986；刘光鼎，1992；许东禹等，1997；郝天珧等，1996，1998；高德章和唐建，1999；许厚泽等，1999；梁瑞才等，2001；黄谟涛等，2001；江为为等，2001；方剑，2002；王虎彪等，2005；韩波，2008；张训华等，2008；张洪涛等，2010；杨金玉等，2014；温珍河等，2014；戴勤奋等，2015），将图幅内的空间重力异常相应地划分成以下9个分区（图5-1），包括华北–渤海重力异常区（Ⅰ区），山东半岛–北黄海重力异常区（Ⅱ区），扬子重力异常区（Ⅲ区），东朝鲜湾重力异常区（Ⅳ区），华南–岭南重力异常区（Ⅴ区），东海陆架重力异常区（Ⅵ区），东海陆架外缘重力异常区（Ⅶ区），沟–弧–盆重力异常区（Ⅷ区），菲律宾海重力异常区（Ⅸ区），其中朝鲜半岛没有单独分区。

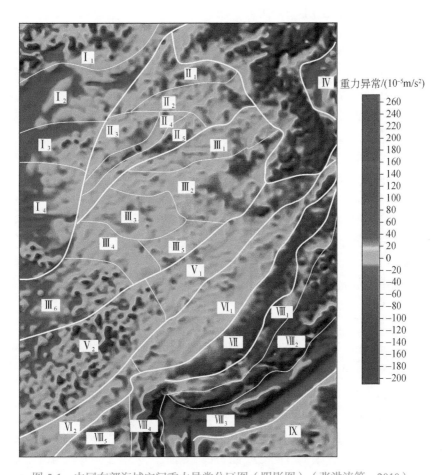

图5-1 中国东部海域空间重力异常分区图（阴影图）（张洪涛等，2010）

Ⅰ.华北–渤海重力异常区；Ⅱ.山东半岛–北黄海重力异常区；Ⅲ.扬子重力异常区；Ⅳ.东朝鲜湾重力异常区；Ⅴ.华南–岭南重力异常区；Ⅵ.东海陆架重力异常区；Ⅶ.东海陆架外缘重力异常区；Ⅷ.沟–弧–盆重力异常区；Ⅸ.菲律宾海重力异常区

5.2.1　东部海域空间重力异常特征

5.2.1.1　华北－渤海重力异常区（Ⅰ区）

Ⅰ区位于研究区的西北角，一条走向 NE 的分界线将其与东面Ⅱ区分开。这条分界线两侧，重力异常面貌和形态明显不同。分界线北段和南段是正负重力异常明显的分界线。中段则分开截然不同的异常走向线。这条分界线在地质上对应郯庐断裂。郯庐断裂以西的华北－渤海重力异常区（Ⅰ区），空间重力异常幅值明显低于其东侧的山东半岛－北黄海重力异常区（Ⅱ区）。Ⅰ区负重力异常占优势，主要是渤海盆地和华北盆地的反映，Ⅰ区局部存在正重力异常圈闭，主要出现在燕山和泰山地区。Ⅰ区与Ⅱ区的空间重力异常差别还表现在重力异常等值线圈闭形态、走向不同。

根据空间重力异常幅值、走向和形态又可将本区分为四个亚区。

1）燕山重力异常亚区（Ⅰ₁区）

Ⅰ₁区位于渤海盆地以北，郯庐断裂以西，区内的部分主要为辽宁的西部地区。以团块状异常为主，圈闭排列方向以 NE、NNE 向为主。

构造上 Ⅰ₁区对应燕山隆褶带。NE、NNE 向正负重力异常相间排列，空间重力异常反映了 NE-NNE 向隆起与断（拗）陷盆地相间的构造格局。该区火山活动强烈，沿隆褶带及其边缘有中酸性岩体侵入，线性异常可能是其在重力场上的反映。

2）华北－渤海重力异常亚区（Ⅰ₂区）

Ⅰ₂区空间重力异常整体呈负值分布，重力异常幅值分布在 $-40\times10^{-5}\sim10\times10^{-5}\text{m/s}^2$，走向 NE。地形地貌上区内西侧对应华北盆地，东侧对应渤海盆地。本区 38°N 以南，异常走向转为 EW 向，负异常与正异常相间，这也构成了 Ⅰ₂区与 Ⅰ₃区的分界线。

3）鲁西重力异常亚区（Ⅰ₃区）

该区的空间重力异常以 $-20\times10^{-5}\sim0\text{m/s}^2$ 的负异常为主，走向不明显，优势走向所示为 NW 向。

4）江淮重力异常亚区（Ⅰ₄区）

Ⅰ₄区空间重力异常以负值为主，只有几个不高于 $5\times10^{-5}\text{m/s}^2$ 的正重力异常小圈闭。该区南角异常有大幅降低，可低于 $-80\times10^{-5}\text{m/s}^2$。空间重力异常整体走向为 NE 向。

5.2.1.2　山东半岛－北黄海重力异常区（Ⅱ区）

Ⅱ区位于Ⅰ区的东部，重力异常总体走向 NE 向。空间重力异常幅值明显高于其西侧的华北－渤海重力异常区（Ⅰ区）；其西界为郯城－庐江断裂。其东南界为一条 NE 走向的空间重力异常正值带。其中夹有两个空间重力异常低值区块，在北黄海局部地带，空间重力异常幅值可低于 $-20\times10^{-5}\text{m/s}^2$。

根据空间重力异常幅值、走向和形态又可将本区分为五个亚区。

1）辽东半岛重力异常亚区（Ⅱ₁区）

Ⅱ₁区位于辽东半岛及近海，空间重力异常是一个高值区，重力异常幅值在 $0\sim20\times10^{-5}\text{m/s}^2$。空间重力异常等值线及圈闭走向呈 NE 向，与海岸线形态相似。

2）北黄海重力异常亚区（Ⅱ₂区）

Ⅱ₂区与北黄海盆地对应，是Ⅱ区内范围较大的空间重力异常平缓低值区，重力异常降幅不明显，一半以上范围为正值，有的重力异常高值圈闭中心超过 $20 \times 10^{-5} \mathrm{m/s^2}$，正重力异常之间夹杂着小的负重力异常圈闭，重力异常最低可达 $-10 \times 10^{-5} \mathrm{m/s^2}$。重力异常走向主要有 NE、NW 两个方向，优势走向为 NE 向。

3）山东半岛重力异常亚区（Ⅱ₃区）

Ⅱ₃区呈三角形状，南窄北宽，位于山东半岛西侧，郯庐断裂带以东，延伸走向为 NE 向。空间重力异常呈现正负相伴重力异常，北部负重力异常圈闭相互贯通连成一片，最低可降到 $-20 \times 10^{-5} \mathrm{m/s^2}$，南部重力异常为正异常带，是胶辽隆褶带南段主体的反映。

4）胶莱重力异常亚区（Ⅱ₄区）

Ⅱ₄区沿山东半岛东岸海岸线两侧分布，空间重力异常呈现重力低值带，空间重力异常走向为 NE 向。空间重力异常由两块团块状负重力异常圈闭构成，一块分布于胶州湾和海州湾之间；另一块分布于荣成和莱阳之间。重力异常形态相对单一，空间重力异常最低值小于 $-10 \times 10^{-5} \mathrm{m/s^2}$。负重力异常之间呈现正重力异常，空间重力异常值可达到 $15 \times 10^{-5} \mathrm{m/s^2}$。

5）千里岩重力异常亚区（Ⅱ₅区）

Ⅱ₅区对应空间重力异常正值带，空间重力异常走向为 NE 向。黄海部分是千里岩隆起区的主体，西南端对应连云港隆起区，这两个地区呈现两块团块状正重力异常圈闭，空间重力异常场值都在 $20 \times 10^{-5} \mathrm{m/s^2}$ 以上，两侧为负重力异常，此区出现重力异常梯级带。

5.2.1.3　扬子重力异常区（Ⅲ区）

Ⅲ区位于Ⅱ区的东南侧，构造上对应于扬子地块，其西北界与东南界是异常特征明显的分界带，西北界表现为 NE 向的空间重力异常正值带，地质上对应大别－胶南－临津江对接褶皱带，东南界地质上对应江山－绍兴断裂。空间重力异常受两条断裂控制，整体走向为 NE 向，内部重力异常分布多变。南黄海隆起地块的空间重力异常呈现团块状正异常圈闭，异常的排列方向不明显；南黄海北部盆地和南黄海南部盆地的空间重力异常为负值，重力异常走向接近于 EW 向；长江口附近的空间重力异常为正异常，重力异常圈闭走向不明显，重力异常变化很小，在 $10 \times 10^{-5} \mathrm{m/s^2}$ 以内。根据此区空间重力异常形态和走向特征可将本区分为五个亚区。

1）南黄海北部盆地重力异常亚区（Ⅲ₁区）

Ⅲ₁区大致位于 $35°00' \sim 36°N$，向东延伸到 $125°00'E$ 附近。空间重力异常以大面积低负重力异常为主，负重力异常值在 $-15 \times 10^{-5} \sim 0 \mathrm{m/s^2}$。区内可进一步划分为南部和北部两个 EW 向带状次重力异常区。被几个 NNE 向或近 EW 向的正重力异常圈闭组成的正重力异常条带分隔。南部重力异常区较北部复杂，是盆地区内面积最大的一个低值重力异常区。

2）南黄海中部隆起重力异常亚区（Ⅲ₂区）

Ⅲ₂区北部与南黄海北部低负重力异常区接壤，南部与南黄海南部低负重力异常区相邻，西部比较狭窄，向东逐渐变宽。该区以正重力异常为主，空间重力异常走向比较凌乱，只在局部有小范围的负重力异常圈闭。

该区可细分为东部和西部两个次级异常区。西部次级空间重力异常区圈闭中心场值大于 $10 \times 10^{-5} \mathrm{m/s^2}$。而东部次级空间异常区重力异常幅度比西区大，正重力异常圈闭中心场值在 $20 \times 10^{-5} \sim 30 \times 10^{-5} \mathrm{m/s^2}$，区内有一条走向 NW 向的正重力异常圈闭，重力异常条带特征比较明显，条带两侧重力异常等值线为 NE 向延伸。

3）苏北－南黄海南部盆地重力异常亚区（Ⅲ₃区）

Ⅲ₃区在 32°30′～34°00′N，东部界线在 122°30′E 附近，西宽东窄，苏北占大部分面积，该区为Ⅲ区另一较大范围的低负重力异常区，向东到黄海中呈带状收缩，在带状末端呈十字型展布，内部有 NE 向和 NW 向两组重力异常圈闭，圈闭中心取值为 $-10 \times 10^{-5} \mathrm{m/s^2}$。

4）苏皖重力异常亚区（Ⅲ₄区）

Ⅲ₄区主要包括长江两岸和太湖流域，空间重力异常幅值在 $-20 \times 10^{-5} \sim 20 \times 10^{-5} \mathrm{m/s^2}$，空间重力异常等值线圈闭走向明显呈 NE 向，以负重力异常为背景，正重力异常呈条状分布，并相互贯通。

5）长江口重力异常亚区（Ⅲ₅区）

Ⅲ₅区包括杭州湾北岸、苏北南部，夹在江山－绍兴断裂和南黄海南部盆地之间。空间重力异常幅值在 $-20 \times 10^{-5} \sim 20 \times 10^{-5} \mathrm{m/s^2}$，为高低相间的空间重力异常，以正重力异常为主体，中间夹杂负重力异常圈闭。空间重力异常整体走向为 NE 向，中间局部重力异常走向为 NW 向。

6）浙赣异常亚区（Ⅲ₆区）

Ⅲ₆区位于整个Ⅲ区的西南端，南界为江山－绍兴－光州断裂。以负重力异常分布为主，重力异常幅值普遍在 $-10 \times 10^{-5} \mathrm{m/s^2}$ 以下，重力异常呈团块状，重力异常圈闭中心低于 $-40 \times 10^{-5} \mathrm{m/s^2}$。空间重力异常总体走向为 NE 向。

5.2.1.4 东朝鲜湾重力异常区（Ⅳ区）

Ⅳ区位于朝鲜半岛东侧的东朝鲜湾，以海岸线为界，空间重力异常面貌与其西侧的朝鲜半岛空间重力异常显著不同。该区的空间重力异常以负异常为主，重力异常幅值不低于 $-30 \times 10^{-5} \mathrm{m/s^2}$。海岸带附近为正重力异常等值线沿海岸线延伸方向密集分布，区内除了 3 个很小的正重力异常圈闭外，东侧有一面积较大的正重力异常区块分布，走向近 SN 向，其重力异常极值可达 $40 \times 10^{-5} \mathrm{m/s^2}$。

5.2.1.5 华南－岭南重力异常区（Ⅴ区）

Ⅴ区对应华南地块，夹持在江山－绍兴断裂和东海陆架盆地之间。空间重力异常走向为 NE 向。济州岛附近及朝鲜半岛南部的空间重力异常特征明显，重力异常等值线形态与海岸线及构造格架相协调，海域空间重力异常以正异常为主，起伏变化幅度小。该区又可细分为两个重力异常亚区。

1）岭南重力异常亚区（V_1区）

V_1区北侧以朝鲜半岛南岸为界，西侧以江山 - 绍兴 - 光州断裂为界。该区空间重力异常多在 $0 \sim 20 \times 10^{-5} \text{m/s}^2$ 之间变化，但济州岛附近分布三个正重力异常极值大于 $30 \times 10^{-5} \text{m/s}^2$ 的团块状正重力异常圈闭。南部海区重力异常比较平缓，走向为 NE 向，正重力异常背景下夹几个幅值很小的负重力异常圈闭。

2）浙闽重力异常亚区（V_2区）

V_2区对应浙闽隆起带，是一个完整的空间重力异常低值区，中间夹杂 NE 向的正重力异常圈闭。等值线以平行海岸线方向呈 NE 向延伸，重力异常幅值西低东高，最低值可低于 $-60 \times 10^{-5} \text{m/s}^2$，靠近海岸线可升到 $-20 \times 10^{-5} \text{m/s}^2$ 左右。重力异常整体向江山 - 绍兴断裂升高，形成一条平行于江山 - 绍兴断裂的空间重力异常梯级带。

5.2.1.6　东海陆架重力异常区（Ⅵ区）

Ⅵ区以东海陆架盆地为主体。空间重力异常南北两头包含台湾海峡和朝鲜海峡。空间重力异常变化平缓，在 $0 \times 10^{-5} \text{m/s}^2$ 上下正负起伏，空间重力异常幅值在 $-10 \times 10^{-5} \sim 20 \times 10^{-5} \text{m/s}^2$ 之间变化。重力异常等值线及圈闭排列方向为 NE 向。其间的凹陷构造出现负重力异常圈闭，凸起构造出现正重力异常圈闭。空间重力异常以正重力异常分布为主体，只在局部出现小范围的负重力异常。按照空间重力异常特征，该区可分为两个亚区。

1）东海陆架盆地重力异常亚区（$Ⅵ_1$区）

$Ⅵ_1$区对应东海陆架盆地，空间重力异常平缓变化，重力异常值在 $-10 \times 10^{-5} \sim 20 \times 10^{-5} \text{m/s}^2$ 之间变化。正重力异常占优势，其间分布负重力异常圈闭，走向 NE 向。从北到南，这些负的重力异常圈闭分别对应福江凹陷、长江凹陷、西湖凹陷、瓯江凹陷和基隆凹陷，台湾岛西侧的负重力异常区对应新竹凹陷。这些凹陷之间的隆起区在空间重力异常场上对应正的重力异常圈闭，由北到南对应虎皮礁凸起、海礁凸起等。

2）台湾海峡重力异常亚区（$Ⅵ_2$区）

$Ⅵ_2$区对应台湾海峡。空间重力异常走向总体呈 NE 向，重力异常幅值变化比$Ⅵ_1$区剧烈。该区空间重力异常以正重力异常占主导优势，只在图幅的西南角为负重力异常，重力异常幅值在 $-10 \times 10^{-5} \sim 0 \text{m/s}^2$ 之间变化。北部的正重力异常分布区对应于观音凸起构造，重力异常值不超过 $20 \times 10^{-5} \text{m/s}^2$；重力异常极值圈闭中心在澎湖一带，高于 $30 \times 10^{-5} \text{m/s}^2$，是澎北凸起构造的反映。沿正重力异常隆起脊有两段向西降低较快，北段对应于南日凹陷，南端对应于澎西凹陷。

5.2.1.7　东海陆架外缘重力异常区（Ⅶ区）

Ⅶ区对应于陆架外缘隆起，南起钓鱼岛附近，北至五岛列岛，具有明显的 NE 向构造特征。此带南段为近 EW 向，靠近台湾岛变窄，重力异常场值也低，不超过 $60 \times 10^{-5} \text{m/s}^2$。赤尾屿以北为 NE 向，与该区重力异常总体走向较一致，中段重力异常场值最高，可达到 $90 \times 10^{-5} \text{m/s}^2$。吐喀喇海峡以北的北段可延伸到五岛列岛北部，重力异常圈闭取值均不超过 $40 \times 10^{-5} \text{m/s}^2$。

5.2.1.8　沟－弧－盆重力异常区（Ⅷ区）

Ⅷ区包含冲绳海槽、台湾岛主体、琉球群岛、九州岛主体和整个台湾岛－琉球－日本岛弧的弧前盆地。空间重力异常随沟－弧－盆的构造走向出现相应的带状分布特征，沟－弧－盆北段、中段为 NE 向，沟－弧－盆南段由 NEE 向近 EW 向转化，台湾岛段接近 SN 向。冲绳海槽空间重力异常是在 $20 \times 10^{-5} \text{m/s}^2$ 上下变化的降低重力异常带，沿台湾岛－琉球－日本岛弧则是图幅内规模最大、空间重力异常幅值最高的高重力异常带，而沿台湾岛－琉球－日本岛弧的弧前盆地又是图幅内规模最大、空间重力异常幅值最低的低重力异常带。沟－弧－盆北段、中段的重力异常分带显得比南段要复杂，吐喀喇列岛段空间重力异常与整个琉球岛弧的空间重力异常特征有区别，与北冲绳海槽的空间重力异常特征没有明显的反差；北冲绳海槽陆坡侧空间重力异常的平缓变化，也使得北冲绳海槽的空间重力异常特征与陆架外缘隆起重力异常带的区别不明显。根据上述空间重力异常幅值、走向和形态的分析，可将本区分为四个亚区。

1）冲绳海槽重力异常亚区（Ⅷ₁区）

Ⅷ₁区夹在东海陆架外缘重力异常区东部和琉球岛弧重力异常亚区之间。空间重力异常场上，表现为两 NE 向高值区夹一个 NE 向相对重力低值条带。冲绳海槽的空间重力异常分布也与陆架盆地一样表现出南北分块的特征，这不仅与海槽南北水深不同有关，也与横切断裂带的水平错动有关。冲绳海槽的弧状弯曲应与这些断裂密切相关。冲绳海槽北部空间异常起伏变化大，在靠近九州岛的北部出现 NE 走向的低值重力异常圈闭，最低重力异常幅值可低于 $-10 \times 10^{-5} \text{m/s}^2$，是地堑裂谷的反映；中部的空间重力异常在 $20 \times 10^{-5} \text{m/s}^2$ 的背景异常上叠加了一些升高的正重力异常圈闭；冲绳海槽南部大部分范围空间重力异常在 $10 \times 10^{-5} \sim 20 \times 10^{-5} \text{m/s}^2$ 宽缓变化。

2）琉球岛弧重力异常亚区（Ⅷ₂区）

Ⅷ₂区对应于琉球岛弧，以高值正重力异常圈闭排列方式组成升高重力异常带，重力异常等值线宫古岛以北走向为 NE 向，宫古岛以西为近 EW 向，南段重力异常取值普遍高于北段，圈闭中心位置与岛弧海山一一对应。奄美群岛的正重力异常圈闭中心取值范围为 $40 \times 10^{-5} \sim 80 \times 10^{-5} \text{m/s}^2$，奄美群岛以北及内侧的负重力异常圈闭，重力异常幅值范围为 $-15 \times 10^{-5} \sim 0 \text{m/s}^2$，是奄美凹陷构造的反映，也是双弧构造的反映。靠近奄美群岛南部内侧也存在这种情形。吐喀喇列岛的正重力异常圈闭中心幅值范围为 $30 \times 10^{-5} \sim 60 \times 10^{-5} \text{m/s}^2$。冲绳群岛的重力异常圈闭东西宽度最宽，重力异常幅值也是带内最高的，南、北两端的重力异常圈闭中心幅值可超过 $100 \times 10^{-5} \text{m/s}^2$、$120 \times 10^{-5} \text{m/s}^2$，中部重力异常幅值可低于 $40 \times 10^{-5} \text{m/s}^2$，南部内侧还存在负重力异常圈闭（可低于 $-10 \times 10^{-5} \text{m/s}^2$）和正异常圈闭（可高于 $70 \times 10^{-5} \text{m/s}^2$），也反映双弧构造的特征。以冲绳岛为分界，南段重力异常未像北段重力异常表现出双弧构造特征，但重力异常幅值较高，可达 $60 \times 10^{-5} \sim 100 \times 10^{-5} \text{m/s}^2$。宫古岛以西的空间重力异常也组成一个相对独立的升高重力异常带，重力异常幅值最高，可达 $80 \times 10^{-5} \sim 110 \times 10^{-5} \text{m/s}^2$。

3）海沟和弧前盆地重力异常亚区（Ⅷ₃区）

Ⅷ₃区对应琉球弧前盆地，从台湾岛东侧一直延伸到九州岛东侧，是图幅内规模最大、空间重力异常幅值最低的降低重力异常带，其中两端重力异常降低程度更显著。奄美群岛弧前盆地空间重力异常构成一个完整的降低重力异常带，重力异常圈闭幅值可低于 $-70 \times 10^{-5} \mathrm{m/s^2}$。冲绳岛弧前重力异常是整个降低重力异常带中最弱的，空间重力异常值不低于 $-50 \times 10^{-5} \mathrm{m/s^2}$。在冲绳岛和宫古岛之间的弧前也发育一个完整的降低重力异常圈闭，可降低到 $-110 \times 10^{-5} \mathrm{m/s^2}$ 以下，是宫古断裂及凹陷的反映。宫古岛以西的弧前降低重力异常是幅值最低的，走向近 EW 向，离台湾岛越近降低越显著，最低可低于 $-230 \times 10^{-5} \mathrm{m/s^2}$。而区内可以见到一个重力高值区带，重力异常走向和幅度与琉球岛弧重力异常相似。它在地形上对应琉球群岛中的岛屿，这里水深要浅于周围，南北端与西北侧的宫古岛和冲绳岛相连。

4）台湾岛重力异常亚区（Ⅷ₄区）

该重力异常亚区对应台湾岛，该区台湾岛空间重力异常是一个完整的升高重力异常带，台湾岛西南和东南海域呈明显负重力异常，空间重力异常由海岸附近的负重力异常值向台湾岛中心升高，可达到 $180 \times 10^{-5} \mathrm{m/s^2}$ 以上，等值线圈闭走向为近 NNE 向，台湾岛西侧靠近弧前盆地处空间重力异常显示一个正负重力异常过渡很快的重力异常梯级带。

5）台湾岛西南、东南海域重力异常亚区（Ⅷ₅区）

Ⅷ₅区对应台湾岛西南和东南海域，这里是南海和东海的连接处。海水都深达 1000m 以上，可以看到空间重力异常特征主要受地形水深控制。西南海域重力异常走向不明显，空间重力异常幅值在 $-20 \times 10^{-5} \sim 20 \times 10^{-5} \mathrm{m/s^2}$，重力异常变化不大，正重力异常占优势。东南海域异常走向为近 SN 向，重力异常等值线形态和水深等值线形态一致，正负重力异常分别对应水下岛屿及海槽等地形。

5.2.1.9 菲律宾海重力异常区（Ⅸ区）

Ⅸ区位于图幅的东南角，与其西北面的海沟处重力异常截然不同。该区空间重力异常以正异常占主要优势，空间重力异常幅值在 $-20 \times 10^{-5} \sim 40 \times 10^{-5} \mathrm{m/s^2}$ 之间变化。在比较杂乱的异常背景下可分辨出 NE 和 NW 两组重力异常走向，NW 向为优势走向。

5.2.2 南部海域空间重力异常特征

前人在南海开展了大量的研究工作，刘光鼎（1992）对中国海区及邻域的地质地球物理特征进行了归纳总结，并编制了系列图件，出版了地质地球物理图集，何廉声和陈邦彦（1987）编制了《南海地质地球物理图集（1：200 万）》，陈洁等（2010）编制了南海重磁异常图，张洪涛等（2018）编制了《中国南部海区及邻域地球物理系列图（1：100 万）》。刘祖惠等（1981，1983）计算了南海的莫霍面深度，并对南海中部和北部海域重力异常特征与地壳构造关系进行了研究，张训华（1998）对南海及邻区重力场特征进行分析并对南海地壳构造进行了区划，王懋基等（1999）利用卫星重力异常对南海进行了重力研究工作，姚运生等（2001）分析了南海海盆重力异常场特征并对南海构造演化进行了研究，方迎尧等（2001）对南海中部地球物理特征与地壳结构进行了研究，宋海斌等（2002）研究南海地球物理场与基底断裂体系特征，晁定波等（2002）利用南海海盆测高重力异常特征进行了南海的构造解释研究工作，罗佳等（2002）利用卫星资料研究中国南海海底地形，陈冰等（2005）对南海东北部的断裂分布及其构造格局进行了研究，邱燕等（2007）研究南海断裂特征。根据空间重力异常和布格重力异常特征，结合南海海域的地质构造和地形特征，我们将南海海域的重力异常划分为陆缘重力异常区、台湾岛－菲律宾岛弧－海沟（槽）重力异常区及南海海盆重力异常区。其中陆缘重力异常区包括北部陆缘重力异常亚区、西部陆缘重力异常亚区以及南部陆缘重力异常亚区，根据重力异常特征不同，各个陆缘重力异常区又可以细分为几个亚区；南海海盆重力异常区包括西北海盆重力异常区、西南海盆重力异常区和中央海盆重力异常区（图 5-2）。

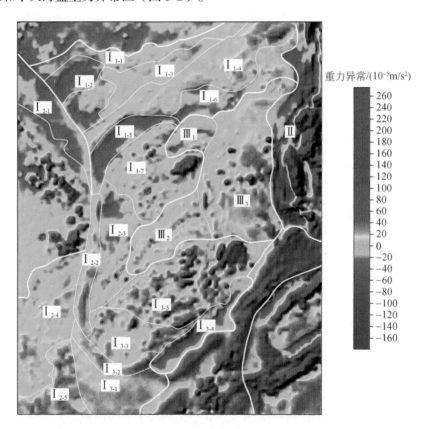

图 5-2　中国南部海域空间重力异常分区图（阴影图）（张洪涛等，2018）

陆缘重力异常区（Ⅰ区）；台湾岛－菲律宾岛弧－海沟（槽）重力异常区（Ⅱ区）；南海海盆重力异常区（Ⅲ区）

5.2.2.1　陆缘重力异常区（Ⅰ区）

陆缘重力异常区包括南海的陆架、陆坡、岛礁区和海槽区。南海陆缘区包括的地貌类型多样，空间重力异常类型很丰富，不同位置的异常发育特征各具特点。陆架区重力异常比较平缓，陆架向陆坡过渡区呈现出典型的边缘效应，表现为正负伴生的重力异常梯级带，海槽区的低负空间重力异常在陆缘异常区幅值最低,岛礁区空间异常变化最为复杂。经平板改正后的布格重力异常面貌相对简单,从陆架向陆坡,随着水深的加大异常值逐渐增加。我们按照南海陆缘位置将南海陆缘异常区分为北部陆缘异常亚区、西部陆缘异常亚区和南部陆缘异常亚区 3 个区。

1. 北部陆缘异常亚区(Ⅰ$_1$区)

该区包括北部湾海区、珠江口外海区以及西沙海槽、中沙 - 西沙岛礁。重力异常整体 NE 向,呈现"南北分带,东西分块"的特征。重力低与沉积盆地有很好的对应,重力异常幅值大小反映了中新生界沉积层的厚度差异。

1)滨岸平缓变化异常区(Ⅰ$_{1-1}$区)

南海北部滨岸,水深 40m 以浅的海区。该区西起太平河口 - 红河口 - 白龙尾岛一线,向东经北海、廉江以南海域,一直到南澳岛、南澎列岛以南。该区空间重力异常变化平缓,与南部的 Ⅰ$_{1-2}$ 区和 Ⅰ$_{1-3}$ 区之间多为梯级带分隔。Ⅰ$_{1-1}$ 区东西两侧的空间重力异常面貌也不尽相同,西部为低负重力异常,在 $-20 \times 10^{-5} \sim 0 \mathrm{m/s^2}$ 之间变化,重力异常走向为 NE 向。钦州湾附近空间重力异常等值线走向转为 NNW 向,向东到茂名、吴川一线空间重力异常等值线走向与海岸线平行,向东重力异常则呈明显 NE 向,在低负重力异常背景上,发育 6 个相互隔开的 NE 向正重力异常圈闭,幅值为 $0 \sim 5 \times 10^{-5} \mathrm{m/s^2}$,它们之间可能为 NW 向断层间隔。

2)北部湾负重力异常区(Ⅰ$_{1-2}$区)

该区位于南海北部陆架西侧,Ⅰ$_{1-1}$ 区南部至海南岛北侧的北部湾附近海区。一条 NW 向重力梯级带将其与西部的莺歌海盆地异常区(Ⅰ$_{2-1}$ 区)分开。这条分界线东西两侧空间重力异常面貌与形态明显不同,分开了截然不同的重力异常走向线,这条分界线在地质上对应红河断裂带在莺歌海盆地的延伸。Ⅰ$_{1-2}$ 区整体空间重力异常走向为 NE 向,空间重力异常以较为平缓的低负重力异常为主,重力异常幅值在 $-60 \times 10^{-5} \sim 0 \mathrm{m/s^2}$ 之间变化。与 Ⅰ$_{2-1}$ 区的界限为 $-40 \times 10^{-5} \sim -20 \times 10^{-5} \mathrm{m/s^2}$ 形成的 NW 向重力异常条带。该区对应北部湾盆地,低负重力异常表明盆地古近系沉积厚度较大。南部的几个负重力异常圈闭对应盆地中凹陷,重力异常极值区则对应沉积中心。111°E 经线与 21°N 纬线相交处发育正负相伴的 NW 向重力异常圈闭,指示了北部湾盆地的东部边界断层。

3)珠江口平缓变化重力负异常区(Ⅰ$_{1-3}$区)

该区位于南海北部陆架东侧,东起台湾海峡中部至珠江口近 40km 外,西至琼东南,海南岛以东海区,西宽东窄,水深 $0 \sim 200 \mathrm{m}$。异常区的空间重力异常整体呈 NE 向展布,重力异常面貌平静宽缓,以低负重力异常为主,重力异常值多在 $-20 \times 10^{-5} \sim 0 \mathrm{m/s^2}$ 之间变化。该区位置对应珠江口盆地的北部拗陷带。

4)中部高重力异常带(Ⅰ$_{1-4}$区)

该区位于 Ⅰ$_{1-3}$ 重力异常区的南部,空间重力异常表现为一幅值 $20 \times 10^{-5} \mathrm{m/s^2}$ 左右的正重力异常带,空间重力异常的局部圈闭高点可达 $60 \times 10^{-5} \mathrm{m/s^2}$。NE 走向,受北西走向构造影响,自西向东分为四段,分别对应神狐 - 暗沙隆起、番禺低隆起、东沙隆起和澎湖隆起。

5）西沙海槽空间负重力异常低值带（I$_{1-5}$区）

空间重力异常表现为一个长度有 580km 以上，宽度 15～95km 的负重力异常带，西部宽，东部窄。轴部西起 109°40′E，16°N，东至 114°E，18°30′N，西起为 NNE 走向，向东转为 NE 走向，再向东转为近 EW 向。空间重力异常以宽缓的负重力异常为特征，重力异常幅值在 -50×10^{-5}～$-30 \times 10^{-5} m/s^2$，负重力异常带的南北两侧发育梯级带，北侧陡，南侧缓。

6）北部陆坡变化重力异常区（I$_{1-6}$区）

该异常区位于 I$_{1-4}$ 区的南部，西部与西沙海槽的东端相接触，东端为吕宋海槽。该区自西向东分布着珠江口盆地的珠二拗陷、荔湾盆地、一统暗沙，潮汕盆地以及台西南盆地，空间重力异常表现不同。西部空间重力异常以 -30×10^{-5}～$0 m/s^2$ 负重力异常分布为主，珠二拗陷西部异常走向为 NE 向，向东到白云凹陷、荔湾盆地空间重力异常转为近 EW 向。东部空间重力异常呈正负异常相间格局，台西南盆地的北部拗陷对应该区最大的重力高异常圈闭，重力异常极值为 $60 \times 10^{-5} m/s^2$。潮汕盆地的空间重力异常背景值较西部盆地和凹陷区高，幅值在 $0 \sim 20 \times 10^{-5} m/s^2$ 之间变化。南部的一统暗沙为 NE 向低负重力异常区，它与潮汕盆地之间为 NE 向正负相伴的重力异常圈闭所分隔，对应地质上的一统暗沙隆起，低负重力异常应为水深变化所致。

7）中沙、西沙群岛复杂变化重力异常区（I$_{1-7}$区）

该区是由中沙群岛、西沙群岛、永乐群岛以及宣德群岛等一系列岛礁、海山的重力高异常和海槽、海谷的重力低异常组成。空间重力异常形态复杂，总体为 NE 走向，局部呈 NEE 向和近 EW 向，分布在中沙群岛北部和南部与永乐群岛之间。中沙群岛的空间重力高最为突出，异常圈闭等值线围绕中沙群岛，重力异常幅值向中心升高，最高可超过 $100 \times 10^{-5} m/s^2$，周围被 -30×10^{-5}～$0 m/s^2$ 负值重力异常围绕，是海槽沟谷的反映。中沙群岛北部、西沙群岛、永乐群岛发育多个拇指状重力正异常圈闭，重力异常幅值为 10×10^{-5}～$50 \times 10^{-5} m/s^2$，它们组成重力异常圈闭链，圈闭间的重力异常等值线扭曲应是断裂的反映。西沙岛礁区则由两列北东排列的正重力异常圈闭链组成，永乐群岛的正重力异常圈闭呈簇状分布，其间的槽谷则呈现条带状负重力异常。

2. 西部陆缘重力异常亚区（I$_2$区）

该区位于中南半岛东部海域，由于陆架狭窄，陆坡陡峻，重力异常呈近 SN 走向的正负伴生重力异常带，重力异常值为 -20×10^{-5}～$30 \times 10^{-5} m/s^2$。

1）莺歌海负重力异常区（I$_{2-1}$区）

该区位于 I$_{1-1}$ 区、I$_{1-2}$ 区西侧海区，空间重力异常幅度较北部湾海区有所抬升，重力异常最低为 $-40 \times 10^{-5} m/s^2$。受红河断裂的构造影响，莺歌海重力异常区为 NW 走向。

2）西部陆架正负相伴重力异常带（I$_{2-2}$区）

该区位于南海西缘水深 1000m 以内，距离海岸线几十千米范围内，在自由空间异常图上，该重力异常带走向与水深走向一致，呈近 SN 走向，从海岸线附近的低负重力异常向东过渡为狭长的高值重力正异常带，空间重力异常值最高可达 $40 \times 10^{-5} m/s^2$。

3）西部陆坡平缓变化重力异常区（I$_{2-3}$ 区）

该区位于南海西部陆坡的坡折带以东，水深 2000 ~ 3000m 海域。中沙群岛、西沙群岛复杂变化异常区（I$_{1-7}$ 区）以南。该区空间重力异常多呈团状圈闭，以负重力异常为背景，重力异常极值可低于 $-50 \times 10^{-5} \mathrm{m/s}^2$。重力异常走向整体具有 NE 向趋势，北部及西部重力异常为 NNE 向及近 SN 向，东部重力异常呈 NE 向。该区对应中建和中建南盆地，中建南盆地东侧分布 4 个正异常圈闭，其中最东部的 NW 向长条状正重力异常带与东侧负重力异常带相伴生，成为向永乐群岛区复杂变化重力异常区过渡异常区。

4）中南半岛南部平缓变化重力异常区（I$_{2-4}$ 区）

该区位于图幅内中南半岛南部。区内空间重力异常整体走向为 NE 向，正负相间，变化平缓，该区空间重力异常的负异常最低值为 $-30 \times 10^{-5} \mathrm{m/s}^2$，该区空间重力异常的正重力异常一般在 $20 \times 10^{-5} \mathrm{m/s}^2$ 以内，局部圈闭中心超过 $40 \times 10^{-5} \mathrm{m/s}^2$。该区重力异常幅值比较低的部位一般都对应沉积盆地，如最北部低负重力异常覆盖区对应湄公盆地，而昆仑盆地和西纳土纳盆地的空间重力异常幅值略有抬高，幅值在 0 值左右变化。东侧的万安盆地空间重力异常幅值最高，普遍在 $10 \times 10^{-5} \mathrm{m/s}^2$ 以上，盆地东侧发育一条重力异常梯级带，可能是盆地边界断层的反映。

5）西南部群岛正重力异常区（I$_{2-5}$ 区）

该区位于 I$_{2-4}$ 区西纳土纳盆地东侧的群岛区，这里分布着纳土纳群岛和其他一些小岛。与西纳土纳盆地呈现出的低值平缓的负重力异常不同，该区以正重力异常为主，重力异常幅值普遍高于 $20 \times 10^{-5} \mathrm{m/s}^2$，形成多个重力异常圈闭，密集分布，重力异常圈闭中心的重力异常值大于 $40 \times 10^{-5} \mathrm{m/s}^2$，空间重力异常走向为 NW 向，有个别重力异常圈闭呈 NE 走向。

3. 南部陆缘重力异常亚区（I$_3$ 区）

1）南部陆架平缓正重力异常区（I$_{3-1}$ 区）

该区位于图幅最南部，空间重力异常区轮廓弧形，包括大纳土纳群岛东侧到马来西亚西侧的南海陆架区，西部比较宽阔，向东变得窄狭。空间重力异常平缓变化，走向随着等深线走向变化，从西部的 NW 向逐渐转为 EW 向，至东部边界已转为 NE 向。西部空间重力异常以平缓的幅值较低的正异常分布为主，对应曾母盆地，盆地中拗陷区的空间重力异常幅值在 $20 \times 10^{-5} \mathrm{m/s}^2$ 以下，可见少量负重力异常圈闭，隆起区空间重力异常幅值通常大于 $20 \times 10^{-5} \mathrm{m/s}^2$。东部以低负重力异常为主，重力异常幅值为 $0 \sim -20 \times 10^{-5} \mathrm{m/s}^2$。

2）南部陆架 - 陆坡正重力异常条带（I$_{3-2}$ 区）

该区位于 I$_{3-1}$ 区以北，沿着水深线呈弧状，该区空间重力异常表现为由密集等值线组成的正重力异常条带，重力异常条带西窄东宽，最窄处约 50km，最宽处约 100km。重力异常走向从西向东为 NW-EW-NE 向。重力异常幅值西低东高，西部空间重力异常幅值为 $0 \sim 30 \times 10^{-5} \mathrm{m/s}^2$，而东部最高可大于 $80 \times 10^{-5} \mathrm{m/s}^2$。

3）南部陆坡正负重力异常平缓变化区（I$_{3-3}$ 区）

该区位于南部陆架 - 陆坡正重力异常条带西部北侧，大致以 1000m 水深线为界与 I$_{3-3}$

区分开。该区空间重力异常上正负异常覆盖面积相当,幅值都较低,在 $-20 \times 10^{-5} \sim 20 \times 10^{-5}$ m/s² 之间变化。西部负重力异常走向为 NE 向,中部正重力异常圈闭呈 SN 向,东部正负重力异常走向为 NE 向。

4)南沙海槽负重力异常带（I$_{3-4}$ 区）

该区位于南沙海槽地区,空间重力异常区呈长条状,与海槽形状对应,空间重力异常值为 $-60 \times 10^{-5} \sim 0$m/s²,重力异常走向与海槽延伸方向一致,为 NE 向。空间重力异常带北东、南西两侧发育较明显的重力异常梯阶带。

5)南沙岛礁重力异常区（I$_{3-5}$ 区）

该区是 I$_3$ 区面积最大的重力异常区。空间重力异常由多个重力异常高、重力异常低带相间排列组成,重力异常走向以 NE 向为主。重力高、低异常带间有不明显和不连续的重力异常梯阶带。

北部由永登暗沙 - 双子群礁 - 中业群礁 - 道明群礁 - 郑和群礁 - 九章群礁等局部指状重力高和其间的条状低负重力异常圈闭组成,重力异常走向以 NE 向为主。局部重力异常高值超过 100×10^{-5}m/s²,低负重力异常为 $0 \sim 30 \times 10^{-5}$m/s²。中部重力异常高带由礼乐滩 - 费信岛 - 三角礁 - 景宏岛 - 南薇滩等重力高组成,重力异常为 NE 走向,局部重力异常值由东北部礼乐滩的 100×10^{-5}m/s² 向西南递减到南薇滩的 20×10^{-5}m/s²。南部重力异常高带由海马滩 - 半月礁 - 安渡滩 - 皇路礁 - 南通礁 - 南、北康暗沙等局部重力高组成,空间重力异常以 NE 走向为主,重力异常值以中部安渡滩为最高,达到 130×10^{-5}m/s²。分布于重力异常高带之间的重力异常低带,走向 NE,重力异常值为 $-20 \times 10^{-5} \sim 0$m/s²。在礼乐滩和中业群礁北侧与海盆相邻的洋、陆分界处,分布正负重力异常伴生的边缘效应异常。

5.2.2.2 台湾岛 - 菲律宾岛弧 - 海沟（槽）重力异常区（II 区）

该区近 SN 走向,位于台湾岛 - 吕宋岛以西,由南北向的马尼拉海沟、吕宋海槽重力低带和岛弧重力高带组成,是俯冲大陆边缘沟弧盆体系重力异常典型特征。该带因空间重力异常走向和结构的差异可分为北、中、南三部分。

海沟（槽）重力低带又含马尼拉海沟重力低带和西、北吕宋海槽重力低带。西、北吕宋海槽重力低带北起台湾岛台东岸外的绿岛向南至卢邦群岛西侧。可分为三段,北段从绿岛西南侧至吕宋岛北,异常为南北走向,异常值北高南低,异常值为 $-120 \times 10^{-5} \sim -10 \times 10^{-5}$m/s²。中段为北吕宋海槽重力低带的主体,异常值为 $-70 \times 10^{-5} \sim -10 \times 10^{-5}$m/s²。南段为西吕宋海槽的主体部分,异常为南北走向,异常值为 $-120 \times 10^{-5} \sim -10 \times 10^{-5}$m/s²。三段异常带两侧均表现为异常梯级带,对应马尼拉海沟断裂和吕宋海槽断裂,在分段处被 NW 向断裂错断。

岛弧重力高值带也可分为北、中、南三段,分别是海沟（槽）三段重力异常带东侧对应岛弧区。北段由台湾岛东部的绿岛、兰屿和巴士海峡南的巴坦群岛、巴布延群岛的高重力异常组成,重力异常走向 SN,局部呈串珠状的重力异常圈闭可呈 SN、NW、NE 向。空间重力异常值普遍在 $10 \times 10^{-5} \sim 130 \times 10^{-5}$m/s²,巴坦岛最高可超过 170×10^{-5}m/s²。中段在北吕宋岛西侧的近岸岛架,空间重力异常为 $10 \times 10^{-5} \sim 160 \times 10^{-5}$m/s²,最高值在吕宋岛北端岛架，可达 $220 \times 10^{-5} \text{m/s}^2$，重力异常等值线呈 NE 向。南段在西吕宋海槽东侧的菲律宾岛架区，重力异常走向为 NNW 向，从马尼拉湾向南部转为 NW 向，南侧空间异常最高为 $130 \times 10^{-5} \text{m/s}^2$，北侧向岛内重力异常最高可达 $300 \times 10^{-5} \text{m/s}^2$。

5.2.2.3　南海海盆重力异常区（Ⅲ区）

该区范围大致以 3200m 水深线为界圈出的重力异常区。重力异常面貌都比陆坡区简单。根据重力异常特征，可将南海海盆分为西北海盆、西南海盆和中央海盆，其中西北海盆面积最小，中央海盆面积最大。空间重力异常图中西南海盆中有一条 NE 向线性带，表现为低负重力异常带；中央海盆中部有近 EW 向的线性带，这个是由几个海山组成的串珠状海山链，这两条明显的重力异常线性带对应南海海盆不同时期的两条扩张脊。

1）西北海盆重力异常区（Ⅲ₁区）

该区的空间重力异常走向为 NE 向，在低负重力异常的背景上发育正重力异常带，负重力异常幅值为 $-30 \times 10^{-5} \sim 0 \text{m/s}^2$。中部 NE 走向正重力异常带由三个重力异常圈闭排列而成，空间重力异常值在 $0 \sim 10 \times 10^{-5} \text{m/s}^2$；南部表现为狭长的重力低异常带，空间重力异常极值接近 $-40 \times 10^{-5} \sim 0 \times 10^{-5} \text{m/s}^2$，以重力异常梯级带形式与南部的中沙 - 西沙异常带分开；北部为重力低异常区，与北部陆缘南部重力异常区的分界线不是很明显。

2）西南海盆重力异常区（Ⅲ₂区）

西南海盆空间重力异常总体走向为 NE 向，由海盆中部重力异常低带、两侧重力异常高带组成，与周边南北两侧重力异常区以重力异常低带分隔。海盆中部空间重力低带异常值为 $-20 \times 10^{-5} \sim 0 \text{m/s}^2$，向西抬升至 $-10 \times 10^{-5} \sim 0 \text{m/s}^2$，海盆东端直到龙南海山、龙北海山以及其东侧的 SN 向负重力异常带，中南海山三个 SN 向指状重力异常圈闭分隔开西南海盆与中中央海盆。西南海盆两侧的两条重力异常高带，空间重力异常值为 $10 \times 10^{-5} \sim 20 \times 10^{-5} \text{m/s}^2$，局部空间重力异常高可超过 $30 \times 10^{-5} \text{m/s}^2$。西南海盆南北边界的两条重力低，是陆壳洋壳接触带的重力表现，受海盆边缘地形干扰而弯曲，空间重力异常值为 $-20 \times 10^{-5} \sim -10 \times 10^{-5} \text{m/s}^2$。

3）中央海盆重力异常区（Ⅲ₃区）

中央海盆空间重力异常值表现为中部高，向南北两侧降低，东部高，向西降低。中部空间重力异常背景值为 $10 \times 10^{-5} \sim 40 \times 10^{-5} \text{m/s}^2$，向南北两侧降低到 $0 \sim 20 \times 10^{-5} \text{m/s}^2$；东部的空间重力异常由 $40 \times 10^{-5} \text{m/s}^2$ 向西降低至 $0 \sim 20 \times 10^{-5} \text{m/s}^2$。海盆内分布一系列由海山引起的重力高，空间重力异常值一般在 $20 \times 10^{-5} \sim 80 \times 10^{-5} \text{m/s}^2$ 之间变化，最高值可达 $120 \times 10^{-5} \text{m/s}^2$。南北走向的中南海山空间重力异常幅值为 $20 \times 10^{-5} \sim 100 \times 10^{-5} \text{m/s}^2$。在 15°N 偏北的珍贝海山 - 黄岩岛组成为 NEE 向串珠状重力高带将中央海盆分为南北两部分。空间重力异常特征有相似之处，除了海盆东北部重力异常走向呈明显的 NE 向，其他大部分重力异常圈闭走向杂乱。

5.3 布格重力异常特征

5.3.1 东部海域布格重力异常特征

根据东部海域布格重力异常特点，将图幅内的布格重力异常相应地划分成以下9个分区（图5-3），包括：华北－渤海重力异常区（Ⅰ），山东半岛－北黄海重力异常区（Ⅱ），扬子重力异常区（Ⅲ），东朝鲜湾重力异常区（Ⅳ），华南－岭南重力异常区（Ⅴ），东海陆架重力异常区（Ⅵ），东海陆架外缘重力异常区（Ⅶ），沟－弧－盆重力异常区（Ⅷ），菲律宾海重力异常区（Ⅸ），其中朝鲜半岛没有单独分区。

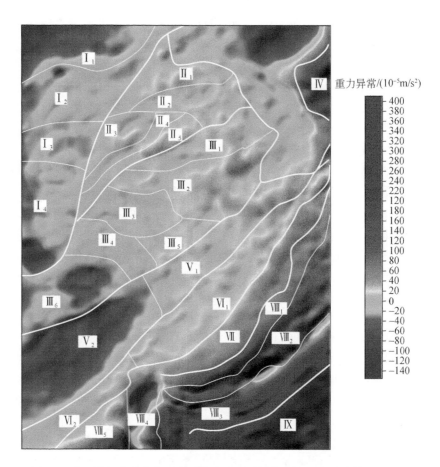

图 5-3　中国东部海域布格重力异常分区图（阴影图）（张洪涛等，2010）

Ⅰ.华北－渤海重力异常区；Ⅱ.山东半岛－北黄海重力异常区；Ⅲ.扬子重力异常区；Ⅳ.东朝鲜湾重力异常区；
Ⅴ.华南－岭南重力异常区；Ⅵ.东海陆架重力异常区；Ⅶ.东海陆架外缘重力异常区；Ⅷ.沟－弧－盆重力异常区；
Ⅸ.菲律宾海重力异常区

5.3.1.1　华北－渤海重力异常区（I区）

I区位于图幅的西北角，布格重力异常的正异常稍低，一般不超过 $20 \times 10^{-5} \mathrm{m/s^2}$。重力异常宏观走向呈 NE 向。一条走向 NE 向的分界线将其与东面 II 区分开。这条分界线两侧，布格重力异常面貌和形态明显不同，分界线北段和南段是正负重力异常明显的分界线。

根据布格重力异常走向、形态和幅值，可将本区分为四个亚区。

1）燕山重力异常亚区（I_1 区）

I_1 区位于郯庐断裂以西，渤海盆地以北，主要为辽宁的西部地区。布格重力异常大体走向为 NE 向，区内以负重力异常分布为主，最低负重力异常值达到 $-120 \times 10^{-5} \mathrm{m/s^2}$。以团块状重力异常为主，重力异常圈闭排列方向以 NNE 向为主。

构造上 I_1 区对应燕山隆褶带。NE、NNE 向正负相间排列的重力异常反映了 NE-NNE 向断（拗）陷盆地与隆起相间的构造格局。火山活动在该区强烈，中酸性岩体侵入燕山隆褶带及其边缘，线性重力异常可能是其在重力场上的反映。

2）华北－渤海重力异常亚区（I_2 区）

I_2 区布格重力异常整体呈负重力异常分布，布格重力异常走向为 NE 向。地形地貌上区内西侧对应华北盆地，东侧对应渤海盆地。本区 38°N 以南，布格重力异常走向转为 EW 向，负重力异常与正重力异常相间，这也构成了 I_2 区与 I_3 区的分界线。

3）鲁西重力异常亚区（I_3 区）

该区的布格重力异常以 $-20 \times 10^{-5} \sim 0 \mathrm{m/s^2}$ 的负重力异常为主，重力异常走向不明显，布格重力异常优势走向为 NW 向。

4）江淮重力异常亚区（I_4 区）

I_4 区布格重力异常以负重力异常为主，只有几个不高于 $5 \times 10^{-5} \mathrm{m/s^2}$ 的正重力异常小圈闭。该区南角布格重力异常有大幅降低，局部布格重力异常可低于 $-80 \times 10^{-5} \mathrm{m/s^2}$。布格重力异常整体走向为 NE 向。

5.3.1.2　山东半岛－北黄海重力异常区（II区）

II区位于I区的东部，布格重力异常总体走向为 NE 向。布格重力异常宏观走向呈 NE 向，布格重力异常的圈闭形态、走向变化不大，除朝鲜东部布格重力异常幅值呈现低负异常，其他部位布格重力异常变化比较平缓。

根据布格重力异常幅值、走向和形态可将本区分为五个亚区。

1）辽东半岛重力异常亚区（II_1 区）

II_1 区位于辽东半岛及近海，布格重力异常等值线及圈闭走向与海岸线形态协调，呈 NE 走向。沿郯庐断裂和西侧海岸线形成 NE 向正重力异常圈闭。可以看到受郯庐断裂影响，其附近辽东半岛上的布格重力异常走向呈高角度 NE 向，而东侧入海后布格重力异常走向明显缓和。

2）北黄海重力异常亚区（II_2 区）

II_2 区与北黄海盆地对应，布格重力异常几乎全部是正值，布格重力异常幅值在 $0 \sim 20 \times 10^{-5} \mathrm{m/s^2}$ 之间变化。最低重力异常值出现在很小的圈闭范围内，且不低于 $-5 \times 10^{-5} \mathrm{m/s^2}$。

3）山东半岛重力异常亚区（Ⅱ₃区）

Ⅱ₃区位于郯庐断裂带以东，山东半岛西侧，呈三角形状，南窄北宽，延伸走向为NE向。本区布格重力异常是正负重力异常相伴，北部负重力异常圈闭相互贯通连成一片，最低可降到 $-20\times10^{-5}\text{m/s}^2$，南部为正重力异常带，是胶辽隆褶带南段主体的反映。

4）胶莱重力异常亚区（Ⅱ₄区）

Ⅱ₄区沿山东半岛东岸海岸线两侧分布，布格重力异常为NE走向，总体布格重力异常呈现明显的重力异常低带。重力异常由两块团块状负重力异常圈闭构成。一块分布于莱阳和荣成之间，另一块分布于海州湾和胶州湾之间；正重力异常在它们之间出现。

5）千里岩重力异常亚区（Ⅱ₅区）

Ⅱ₅区布格重力异常走向为NE走向，总体呈现为正重力异常带。黄海部分则是千里岩隆起区的主体，其西南端对应于连云港隆起区，两处隆起呈现两块团块状正重力异常圈闭，与两侧的负重力异常之间出现重力异常梯级带。

5.3.1.3　扬子重力异常区（Ⅲ区）

Ⅲ区位于Ⅱ区的东南侧，构造上对应于扬子地块，其西北界与东南界是重力异常特征明显的分界带，西北界表现为NE向的重力异常正值带，地质上对应大别–胶南–临津江对接褶皱带，东南界对应江山–绍兴断裂。布格重力异常整体走向为NE向，南黄海隆起地块的布格重力异常上升幅度大。

根据重力异常幅值、走向和形态可将本区分为五个亚区。

1）南黄海北部隆起重力异常亚区（Ⅲ₁区）

Ⅲ₁区大致位于35°～36°N，向东延伸到125°E附近。布格重力异常幅值的升高，北部次重力异常区基本上成为一个完整的正重力异常圈闭，最高可达 $20\times10^{-5}\text{m/s}^2$ 以上；南部次重力异常区的负重力异常圈闭取值不低于 $-10\times10^{-5}\text{m/s}^2$。南北次重力异常中间的NEE向正重力异常圈闭取值最高可超过 $20\times10^{-5}\text{m/s}^2$。

2）南黄海中部隆起重力异常亚区（Ⅲ₂区）

Ⅲ₂区北部与南黄海北部低负重力异常区接壤，南部与南黄海南部低负重力异常区相邻，形状西部比较狭窄，向东逐渐变宽。该区可细分为东西部两个次级重力异常区。西部次级重力异常区圈闭中心场值变化平缓，正重力异常圈闭中心异常幅值在几十 $\times10^{-5}\text{m/s}^2$，负重力异常圈闭不明显，重力异常区内有一条走向NW向的正重力异常圈闭条带比较明显，条带两侧重力异常等值线为NE向延伸。

3）苏北–南黄海南部盆地重力异常亚区（Ⅲ₃区）

Ⅲ₃区在32°30′～34°00′N，东部界线在122°30′E附近，西宽东窄，苏北占大部分面积，该区为Ⅲ区另一较大范围的低负重力异常区，海陆两侧的负重力异常范围都有缩小，布格重力异常的海陆负重力异常不再贯通，海中仅剩一个NNE向的负重力异常圈闭。

4）苏皖重力异常亚区（Ⅲ₄区）

Ⅲ₄区主要包括太湖流域和长江两岸，布格重力异常幅值在 -20×10^{-5}～$20\times10^{-5}\text{m/s}^2$ 之间变化。以负重力异常为背景，布格重力异常走向呈NE向。正重力异常呈条状分布，并相互贯通。

5）长江口重力异常亚区（Ⅲ₅区）

Ⅲ₅区包括杭州湾北岸、苏北南部，夹在江山－绍兴断裂和南黄海南部盆地之间。布格重力异常主要呈小幅的正重力异常，布格重力异常场值基本不超过 $20 \times 10^{-5} \mathrm{m/s^2}$，没有一致的重力异常走向。

6）浙赣重力异常亚区（Ⅲ₆区）

Ⅲ₆区位于整个Ⅲ区的西南端，南界为江山－绍兴－光州断裂。以负重力异常分布为主，负重力异常背景下夹杂零星正异常小圈闭，布格重力异常幅值普遍在 $-10 \times 10^{-5} \mathrm{m/s^2}$ 以下，重力异常呈团块状，重力异常圈闭中心低于 $-40 \times 10^{-5} \mathrm{m/s^2}$，布格重力异常总体走向为 NE 向。

5.3.1.4　东朝鲜湾重力异常区（Ⅳ区）

Ⅳ区位于朝鲜半岛东侧的东朝鲜湾，以海岸线为界布格重力异常面貌与其西侧的朝鲜半岛显著不同。全区布格重力异常为正异常，向东布格重力异常值逐渐增加，没有形成重力异常圈闭，重力异常沿海岸线方向展布，重力异常最高值达 $140 \times 10^{-5} \mathrm{m/s^2}$。

5.3.1.5　华南重力异常区（Ⅴ区）

Ⅴ区对应于华南地块，夹持在江山－绍兴断裂和东海陆架盆地之间。布格重力异常等值线及圈闭排列走向有 NE 向趋势。布格重力异常为正异常分布，到济州岛附近达到 $50 \times 10^{-5} \mathrm{m/s^2}$，重力异常走向不明显。但在陆地部分布格重力异常幅值较低，西部陆区布格重力异常值最低小于 $-70 \times 10^{-5} \mathrm{m/s^2}$，布格重力异常走向主要为 NE 向，与海岸线形态相协调。

该区可细分为两个重力异常亚区。

1）岭南重力异常亚区（Ⅴ₁区）

Ⅴ₁区北侧以朝鲜半岛南岸为界，西侧以江山－绍兴－光州断裂为界。

该区的布格重力异常以正值分布为主，济州岛附近依然呈现出几个高值正重力异常圈闭，重力异常极值为 $40 \times 10^{-5} \sim 50 \times 10^{-5} \mathrm{m/s^2}$。南侧海区正重力异常背景值升高，负重力异常圈闭范围缩小。

2）浙闽重力异常亚区（Ⅴ₂区）

Ⅴ₂区对应浙闽隆起带，是一个完整的布格重力异常低值区，重力异常等值线以平行海岸线方向呈 NE 向延伸，布格重力异常幅值西低东高，最低值可低于 $-60 \times 10^{-5} \mathrm{m/s^2}$，靠近海岸线可升到 $-20 \times 10^{-5} \mathrm{m/s^2}$ 左右。布格重力异常整体向江山－绍兴断裂升高，形成一条平行于江山－绍兴断裂的布格重力异常梯级带。

5.3.1.6　东海陆架重力异常区（Ⅵ区）

Ⅵ区以东海陆架盆地为主体，南北两头包含台湾海峡和朝鲜海峡。布格重力异常除局部的小幅负重力异常外，以正重力异常分布为主。按照布格重力异常特征，该区可分为两个重力异常亚区。

1）东海陆架盆地重力异常亚区（Ⅵ₁区）

Ⅵ₁区对应东海陆架盆地，布格重力异常的正异常占优势，其间分布负异常圈闭，走向为 NE 向。布格重力异常幅值在 $-10 \times 10^{-5} \sim 20 \times 10^{-5} \mathrm{m/s^2}$ 之间变化。布格重力异常等值线和圈闭主体走向为 NE 向，从北到南，这些负重力异常圈闭分别对应福江凹陷、长江凹陷、西湖凹陷、瓯江凹陷和基隆凹陷，台湾岛西侧的负重力异常区对应新竹凹陷。

2）台湾海峡重力异常亚区（Ⅵ$_2$区）

Ⅵ$_2$区对应台湾海峡。布格重力异常更成为一个完整的正重力异常分布，负重力异常区范围缩小，布格重力异常走向总体呈 NE 向，重力异常幅值变化比Ⅵ$_1$区剧烈。

5.3.1.7 东海陆架外缘重力异常区（Ⅶ区）

Ⅶ区对应于陆架外缘隆起，南起钓鱼岛附近，北至五岛列岛，具有明显的 NE 向构造特征。

布格重力异常具有明显的 NE 向构造特征，但不如空间重力异常具有明显的独立分带性，而是以平行的密集的重力异常等值线梯级带的形式表现。尤其是南段和中段处在布格重力异常过渡梯级带上，北段的布格重力异常形态类似于空间重力异常。

5.3.1.8 沟-弧-盆重力异常区（Ⅷ区）

Ⅷ区包含冲绳海槽、台湾岛主体、琉球群岛、九州岛主体和整个台湾岛-琉球-日本岛弧的弧前盆地。布格重力异常的等值线走向与 NE 向构造走向一致，冲绳海槽布格重力异常是一个升高的重力异常带，南段最高可超过 180×10^{-5}m/s^2，北段的重力异常升高幅度弱（最高在 120×10^{-5}m/s^2 左右）；沿台湾岛-琉球-日本岛弧则是一条重力异常梯级带，沿琉球岛弧的重力异常降低规模、幅度有限，重力异常低值中心位于岛弧前缘，接近弧前盆地，重力异常幅值基本上不低于 10×10^{-5}m/s^2；沿弧前盆地是岛弧前缘降低重力异常带向海沟升高重力异常带过渡的重力异常梯级带，布格重力异常由 0m/s^2 左右上升到 400×10^{-5}m/s^2 以上。根据以上重力异常幅值、走向和形态的分析，可将本区分为四个亚区。

1）冲绳海槽重力异常亚区（Ⅷ$_1$区）

Ⅷ$_1$区夹在东部东海陆架外缘重力异常区和琉球岛弧重力异常亚区之间。布格重力异常场上，海槽南北表现差异更大。北部，布格重力异常是一个升高重力异常带，重力异常幅值在 $80\times10^{-5}\sim120\times10^{-5}$m/s^2 之间变化，南冲绳海槽布格重力异常是整个海槽最高的，可以达到 180×10^{-5}m/s^2。冲绳海槽在重力异常场南北的差别表明地壳厚度从北到南逐渐减薄，莫霍面逐渐抬升。

2）琉球岛弧重力异常亚区（Ⅷ$_2$区）

Ⅷ$_2$区对应于琉球岛弧，布格重力异常表现为重力异常梯级带，由冲绳海槽升高重力异常带向岛弧前缘降低重力异常带过渡，在宫古岛以北重力异常走向为 NE 向，重力异常等值线走向在宫古岛以西为近 EW 向。南段重力异常梯级带陡，重力异常幅值可由 100×10^{-5}m/s^2 以上迅速下降到 0m/s^2 左右；北段重力异常梯级带缓，重力异常幅值可由 80×10^{-5}m/s^2 左右下降到 0m/s^2 左右，重力异常等值线的平行性状远远不如南段，表现为双列岛弧之间的重力异常圈闭延缓重力异常降低，加大重力异常梯级带宽度。九州岛为布格重力异常降低区，重力异常圈闭中心值在 $-80\times10^{-5}\sim-50\times10^{-5}$m/s^2 之间变化。

3）海沟和弧前盆地重力异常亚区（Ⅷ₃区）

Ⅷ₃区对应琉球弧前盆地，从台湾岛东侧一直延伸到九州岛东侧，布格重力异常表现为重力异常梯级带，由弧前降低重力异常带向海沟升高重力异常带过渡，重力异常幅值可由 0m/s² 左右上升到 400×10^{-5}m/s² 以上。

4）台湾岛重力异常亚区（Ⅷ₄区）

Ⅷ₄区布格重力异常以负异常占优势，重力异常幅值最低可达 -140×10^{-5}m/s²，布格重力异常等值线更光滑。东南海域布格重力异常走向为近 SN 向，北部地区布格重力异常圈闭走向为 NE 向。区内几处低值负异常圈闭，与台湾岛内的雪山、能高山、玉山、北大武山一一对应。西南海域绿岛、兰屿为正异常。

5）台湾岛西南、东南海域重力异常亚区（Ⅷ₅区）

Ⅷ₅区对应台湾岛西南和东南海域，这里是南海和东海的连接处。布格重力异常表现为全部为正重力异常分布的高重力异常区，形态与空间重力异常相似。以台湾岛相隔，东西两侧重力异常面貌不同。

5.3.1.9　菲律宾海重力异常区（Ⅸ区）

Ⅸ区位于图幅的东南角，与其西北面的海沟处重力异常截然不同。布格重力异常在全区均表现为高的正重力异常，在高达 300×10^{-5}m/s² 的重力异常背景上，分布多个高重力异常圈闭，重力异常圈闭中心值可达 400×10^{-5}m/s² 以上，这些重力异常圈闭走向也分为 NE 向和 NW 向两种。

5.3.2　南部海域布格重力异常特征

南部海域布格重力异常分区与空间重力异常分区一致，也划分为陆缘重力异常区、台湾岛-菲律宾岛弧-海沟（槽）重力异常区及海盆重力异常区。陆缘重力异常区包括了北部陆缘重力异常区、西部重力缘异常区及南部陆缘重力异常区，根据重力异常特征不同，各个陆缘重力异常区又可以细分为几个亚区；海盆重力异常区包括了西北海盆重力异常区、西南海盆重力异常区和中央海盆重力异常区（图 5-4）。

5.3.2.1　陆缘重力异常特征

1. 北部陆缘重力异常亚区（Ⅰ₁区）

北部陆缘重力异常亚区包括北部湾海区、珠江口外海区以及西沙海槽、中沙-西沙岛礁区。布格重力异常整体 NE 向。

1）滨岸平缓变化重力异常区（Ⅰ₁₋₁区）

南海北部滨岸，水深 40m 以浅的海区。该区西起太平河口-红河口-白龙尾岛一线，向东经北海、廉江以南海域，一直到南澳岛、南澎列岛以南。该区布格重力异常变化平缓。

2）北部湾负重力异常区（Ⅰ₁₋₂区）

该区位于南海北部陆架西侧，Ⅰ₁₋₁区南部至海南岛北侧的北部湾附近海区。Ⅰ₁₋₂区整体布格重力异常走向为 NE 向，布格重力异常以较为平缓的低负异常为主。

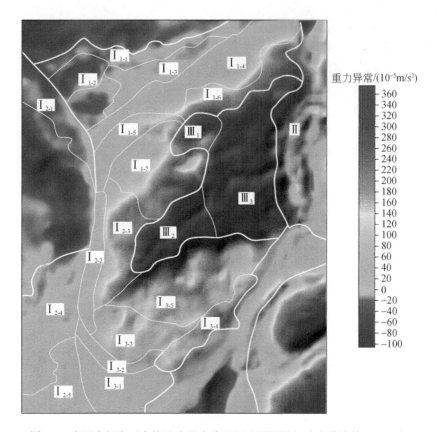

图 5-4　中国南部海区布格重力异常分区图（阴影图）（张洪涛等，2018）

陆缘重力异常区（Ⅰ区）；台湾岛－菲律宾岛弧－海沟（槽）重力异常区（Ⅱ区）；南海海盆重力异常区（Ⅲ区）

3）珠江口平缓变化负重力异常区（Ⅰ$_{1-3}$区）

该区位于南海北部陆架东侧，东起台湾海峡中部至珠江口近 40km 外，西至琼东南，海南岛以东海区，西宽东窄，水深介于 0～200m 之间。重力异常区的布格重力异常整体呈 NE 向展布，布格重力异常面貌平静宽缓，以低负重力异常为主。

4）中部高重力异常带（Ⅰ$_{1-4}$区）

该区位于Ⅰ$_{1-3}$区的南部，布格重力异常表现为一个平缓的正异常带，布格重力异常走向为 NE 向，受 NW 向构造影响，自西向东分为四段，分别对应神狐－暗沙隆起、番禺低隆起、东沙隆起和澎湖隆起。

5）西沙海槽重力异常带（Ⅰ$_{1-5}$区）

该区的布格重力异常表现为一个平缓的正异常带。西部重力异常走向为 NNE 走向，逐渐向东重力异常走向转为 NE 走向，再向东重力异常走向转为近 EW 向。

6）北部陆坡变化重力异常区（Ⅰ$_{1-6}$区）

该重力异常区位于Ⅰ$_{1-4}$区的南部，西部与西沙海槽的东端相接触，东端为吕宋海槽。该区自西向东分布着珠江口盆地的珠二拗陷、荔湾盆地、一统暗沙、潮汕盆地以及台西南盆地。西部布格重力异常以正重力异常分布为主，珠二拗陷西部异常走向为 NE 向，向东到白云凹陷、荔湾盆地异常转为近 EW 向。东部布格重力异常呈正重力异常格局，台西南盆地的布格重力异常幅值呈现正异常圈闭。潮汕盆地的布格重力异常背景值较西部盆地和凹陷区高。南部的一统暗沙为 NE 向重力异常区，对应地质上的一统暗沙隆起。

7）中沙、西沙群岛复杂变化重力异常区（I$_{1-7}$ 区）

该区是由中沙群岛、西沙群岛、永乐群岛以及宣德群岛等一系列岛礁、海山的高重力异常和海槽、海谷的低重力异常组成。布格重力异常总体为 NE 走向，局部呈 NEE 向和近 EW 向，分布在中沙群岛北部和南部与永乐群岛之间。中沙群岛的布格重力低最为突出，布格重力异常圈闭等值线围绕中沙群岛，幅值向中心降低。中沙群岛北部、西沙群岛、永乐群岛呈现重力正异常圈闭。

2. 西部陆缘异常亚区（I$_2$ 区）

西部陆缘异常亚区位于中南半岛东部海域，由于陆架狭窄，陆坡陡峻，布格重力异常呈近 SN 走向的正负伴生异常带。

1）莺歌海负重力异常亚区（I$_{2-1}$ 区）

该区位于 I$_{1-1}$ 区、I$_{1-2}$ 区西侧海区，布格重力异常幅度较北部湾海区有所抬升。受红河断裂的构造影响，莺歌海重力异常区为 NW 走向。

2）西部陆架重力异常带（I$_{2-2}$ 区）

该区位于南海西缘水深 1000m 以内，距离海岸线几十千米范围内，在布格重力异常图上，该异常带走向与水深走向一致，呈近南北走向，从海岸线附近的低负异常向东迅速过渡为狭长的高值重力正异常带，重力异常值最高可达 100×10^{-5}m/s^2。

3）西部陆坡重力异常区（I$_{2-3}$ 区）

该区位于南海西部陆坡的坡折带以东，水深 2000～3000m 海域。中沙群岛、西沙群岛复杂变化重力异常区（I$_{1-7}$ 区）以南。该区布格重力异常多呈团状圈闭。布格重力异常走向整体具有 NE 向趋势，北部及西部重力异常为 NNE 向及近 SN 向，东部重力异常呈 NE 向。该区对应中建盆地和中建南盆地。

4）中南半岛南部平缓变化重力异常区（I$_{2-4}$ 区）

该区位于图幅内中南半岛南部。重力异常区内布格重力异常整体走向为 NE 向，正负相间，变化平缓。

5）西南部群岛正重力异常区（I$_{2-5}$ 区）

I$_{2-5}$ 区位于 I$_{2-4}$ 区西纳土纳盆地东侧的群岛区，这里分布着纳土纳群岛和其他一些小岛。与西纳土纳盆地呈现出的低值平缓的负重力异常不同，该区以正重力异常为主，重力异常走向为 NW 向，有个别重力异常圈闭呈 NE 走向。

3. 南部陆缘异常亚区（I$_3$ 区）

1）南部陆架平缓正重力异常区（I$_{3-1}$ 区）

该区位于图幅最南部，异常区轮廓弧形，包括大纳土纳群岛东侧到马来西亚西侧的南海陆架区，西部比较宽阔，向东变得窄狭。布格重力异常平缓变化，走向随着等深线走向变化，从西部的 NW 向逐渐转为 EW 向，至东部边界已转为 NE 向。

2）南部陆架-陆坡正重力异常条带（I$_{3-2}$ 区）

该区位于 I$_{3-1}$ 区以北，沿着水深线呈弧状，该区布格重力异常表现为由密集等值线组成的正异常条带，异常条带西窄东宽，最窄处约 50km，最宽处约 100km。异常走向从西向东为 NW-EW-NE 向。布格重力异常带东西两侧相差不大，在 $50 \times 10^{-5} \sim 100 \times 10^{-5} m/s^2$ 之间变化。

3）南部陆坡正重力异常平缓变化区（I_{3-3} 区）

该区位于南部陆架－陆坡正异常条带西部北侧，大致以 1000m 水深线为界与 I_{3-2} 区分开。该区布格重力异常以正异常为背景，重力异常变化幅值较小，在 $100 \times 10^{-5} \sim 140 \times 10^{-5} m/s^2$ 之间变化。西部重力异常走向为 NE 向，中部重力异常呈 SN 向，东部正重力异常走向为 NW 向。

4）南沙海槽重力异常带（I_{3-4} 区）

该区位于南沙海槽地区，布格重力异常呈现高值异常，两侧梯级带不明显，海槽深部异常值可达 $180 \times 10^{-5} m/s^2$。

5）南沙岛礁重力异常区（I_{3-5} 区）

该区是 I_3 区面积最大的重力异常区。布格重力异常表现为高值区，异常值普遍高于 $120 \times 10^{-5} m/s^2$，局部可达 $200 \times 10^{-5} m/s^2$，岛礁及海山的布格重力异常在 $100 \times 10^{-5} m/s^2$ 以下，呈指状圈闭分布。

5.3.2.2 台湾岛－菲律宾岛弧－海沟（槽）重力异常区（II区）

该区位于台湾岛－吕宋岛以西，由南北向的马尼拉海沟、吕宋海槽重力低带和岛弧重力高带组成，是俯冲大陆边缘沟－弧－盆体系重力异常典型特征。布格重力走向呈近 SN 向，该带因重力异常走向和结构的差异可分为北、中、南三部分。布格重力异常呈现由沟槽向岛弧降低的梯级带，异常值从 $250 \times 10^{-5} m/s^2$ 降低至 $80 \times 10^{-5} m/s^2$。

5.3.2.3 南海海盆重力异常区（III区）

该区范围大致以 3200m 水深线为界圈出的重力异常区。重力异常面貌都比陆坡区简单。根据重力异常特征，可将南海海盆分为西北海盆、西南海盆和中央海盆，其中中央海盆面积最大，西北海盆面积最小。布格重力异常图中西南海盆中有一条 NE 向线性带，表现为低负重力异常带；中央海盆中部有近 EW 向的线性带，这个是由几个海山组成的串珠状海山链，这两条明显的重力异常线性带对应南海海盆不同时期的两条扩张脊。

1）西北海盆重力异常区（III_1 区）

西北海盆重力异常区在布格重力异常图上界限比较清楚，南北两侧重力梯级带分界线明显，区内布格重力表现为重力高，NE 走向，异常值为 $200 \times 10^{-5} \sim 260 \times 10^{-5} m/s^2$。与中央海盆的布格重力异常之间有 NE 向异常等值线分隔。

2）西南海盆重力异常区（III_2 区）

西南海盆布格重力异常总体走向为 NE 向，异常值为 $250 \times 10^{-5} \sim 320 \times 10^{-5} m/s^2$。西南海盆中央地带为 $300 \times 10^{-5} m/s^2$ 等值线围成的向中心降低的狭窄异常带，其两侧有两个较宽的异常升高带，向外围异常值降低，海盆边界表现为密集的等值线组成的重力梯级带。

3）中央海盆重力异常区（III_3 区）

与西北海盆相似，中央海盆是布格重力异常的高值区。布格重力异常走向特征比较明显，为 NEE 向或近 EW 向，海盆边缘有与水深走向一致的布格重力等值线组成的重力梯级带。

5.4　莫霍面反演

5.4.1　莫霍面反演方法

吴招才等（2017）利用已知的莫霍面深度控制点为约束，通过重力反演计算了南海海盆及周边地区的莫霍面深度和地壳厚度。尽管与一些地震剖面在细节上有差异，但整体上还是很好地体现了研究区的地壳结构。

准确提取目标界面的重力异常，是密度界面反演的前提条件。计算莫霍面深度的流程如下：①空间重力异常经过水深和沉积层的重力效应改正，得到布格重力异常；②通过"地震约束的反演方法"计算初始莫霍面深度和地壳厚度；③假定原始地壳厚度为 32km，计算地壳拉伸因子，假设岩石圈均匀拉伸，岩石圈拉伸因子等于地壳拉伸因子，由此计算岩石圈热扰动重力效应，得到热校正后的布格重力异常；④再用②中的反演方法重新计算莫霍面深度。计算流程如图 5-5 所示。

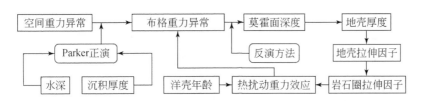

图 5-5　重力异常反演莫霍面深度流程（吴招才等，2017）

Oldenburg（1974）根据 Parker 正演公式（Parker，1973），改造出被广泛应用于重磁界面的迭代反演公式 [式（5-1）]，称为 Parker-Oldenburg 反演方法。

$$F[h(\vec{r})]=-\frac{F[\Delta g]}{2\pi G\rho}\,e^{kz_0}\sum_{n=2}^{\infty}\frac{k^{n-1}}{n!}F[h(\vec{r})^n] \qquad (5\text{-}1)$$

我们采用的反演过程（高金耀和刘保华，2014）是：①根据地震探测到的已知莫霍面深度的控制点上布格重力异常值和莫霍面深度值的线性回归拟合（图 5-6），得出初始莫霍面深度 $h^{(0)}$；②计算初始莫霍面深度 $h^{(0)}$ 的重力异常与布格重力异常的差值；③用差值重力异常反演莫霍面深度的修正量 $\Delta h^{(0)}$，得到更新后的莫霍面深度 $h^{(1)}$；④重复②，计算更新后的莫霍面深度 $h^{(1)}$ 的重力异常与布格重力异常的差值。如此反复迭代完成反演，迭代过程中取深度界面与已知控制点之间均方差和迭代次数作为停止迭代的条件，界面密度差取为 $0.40\times10^3 \text{kg/m}^3$，经过三次迭代后与所有已知点莫霍面深度的均方差为 1.45km，最后得到的南海莫霍面深度如图 5-7 所示。

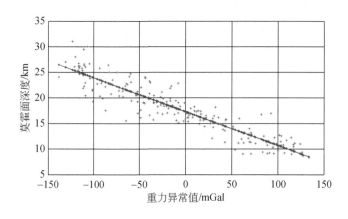

图 5-6　已知点上布格重力异常和莫霍面深度的关系（吴招才等，2017）

红点为已知值，蓝点为拟合值

5.4.2　莫霍面反演结果

通过莫霍面反演结果的分析（图 5-7），得到如下结论：

（1）西南海盆和东部海盆残留扩张中心沿长龙海山链、中南海山、珍贝海山、黄岩岛近 NNE 向展布，向西南可延伸至 112°E，扩张中心莫霍面深度多超过 12km，地壳厚度多在 6km 以上。

（2）西沙海槽的地壳减薄没有向西延伸，与西北海盆之间存在一个明显的莫霍面梯度带，两者不是同期张裂的产物；西北海盆没有明显的增厚扩张中心，推测其扩张过程是由东向西迁移。

（3）海盆内大型海山，如宪北、中南、珍贝及黄岩岛等局部地壳增厚，莫霍面深度在 14km 以上，地壳厚度超过 12km；在西南海盆北缘，中沙地块南侧，存在一个近 EW 向的地壳减薄带，莫霍面深度小于 15km，地壳厚度为 9～10km，类似于西北海盆的雏形。

（4）莫霍面深度 14km 的等深线和地壳厚度 9km 的等深线体现了 COB 分布，推断礼乐斜坡北侧 NE 向 COB 与东沙斜坡南侧 A-B 段的 COB 具有共轭关系。

（5）东部海盆北缘（南海东北部）存在宽泛的过度减薄区，减薄程度最高，南缘只有减薄地壳；西南海盆南北缘地壳拉伸程度接近，但南缘过度减薄区比北缘宽。

5.5　重力异常解释

5.5.1　重力异常的宏观地质解释

重力异常在宏观上可以分成三个特征不同的区域，它们分别对应着陆壳、洋壳和过渡壳三种不同的壳层结构，三者的对比可见表 5-1。据考证，陆壳和洋壳的厚度相差 20km

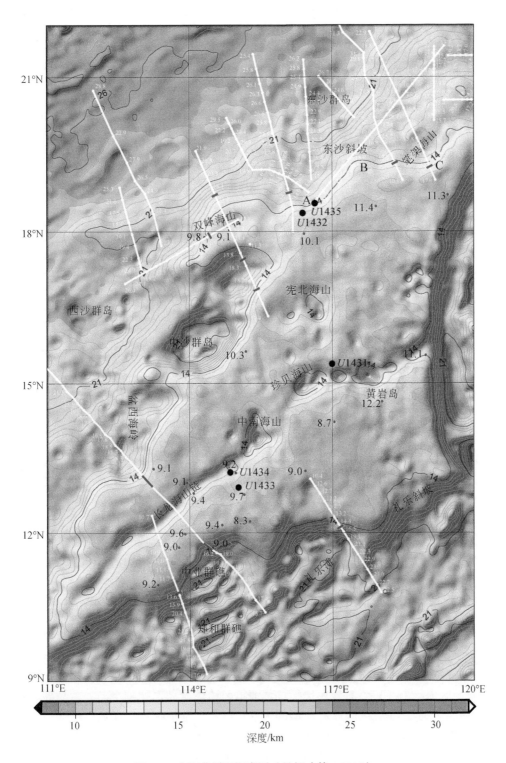

图 5-7　南海莫霍面深度图（吴招才等，2017）

的原因是洋壳中缺少了速度为 6.0 ～ 6.3km/s 的地层。在陆架区这一速度层的地质属性为基底变质岩系，属于硅铝质层，在洋壳中缺少这一层系，说明洋壳的新生性（焦荣昌，1988）。

表 5-1　陆壳、洋壳和过渡壳对比（据刘光鼎，1992 资料修改）

分区	地壳厚度/km	地壳速度结构	低阶场/（10^{-5}m/s^2）	布格重力异常/（10^{-5}m/s^2）	空间重力异常/（10^{-5}m/s^2）
陆壳	30 ～ 35	1. 沉积盖层 V=1.8 ～ 5.0km/s 2. 浅变质基底 V=5.8 ～ 6.0km/s 3. 深变质基底 V=6.0 ～ 6.3km/s 4. 下地壳 V=6.7 ～ 7.6km/s	−10	−50	−70
过渡壳	12 ～ 28	介于陆壳和洋壳	0 ～ 30	150	±200
洋壳	6 ～ 12	层 1 V=1.85 ～ 4.5km/s 层 2 V=4.6 ～ 6.0km/s 层 3 V=6.7 ～ 7.6km/s	± 10	> 280	± 30

陆壳和洋壳地区重力异常值特征上的差异，既有浅层的因素，也有深层的因素。陆壳中厚度较大的密度较低的硅铝质层是引起该区域负异常的因素之一；莫霍面是一个明显的密度界面，界面上下的密度差可达 0.4×10^3kg/m^3 以上，该界面从洋壳到陆壳由浅到深，落差可达 20km 以上，是重力异常的较深层的场源因素。

具有不同的基底结构、构造、不同的岩浆活动和地层发育史以及不同构造方向的大地单元之间，重力异常的宏观特征往往表现出一定的差异。例如，以青岛 - 临津江拗陷北缘连线为界的南北重力场特征，分别反映了不同的块体，北部为太古宙基底的华北地体，南部为元古宙基底的扬子块体，是两个块体的分界线；界线北侧重力异常走向为 NNE-NE 向，南侧重力异常走向为 NEE-EW 向。

线性延伸较大，重力异常梯级带所反映的横向上密度差异特征信息指示了此区存在规模较大的断裂。深大断裂一般为各构造单元的分界线，由于各个构造单元的密度体分布不同，地壳结构不同，在断裂两侧形成的相邻块体具有不同的密度值，在横向上形成台阶状密度异常体，在重力场上形成重力梯级带；当岩浆沿断裂侵入时，形成的岩浆岩与断裂两侧地质体密度不同，会使断裂部位产生串珠状分布的重力高或重力低异常。

5.5.1.1　渤海、黄海和东海重力异常的宏观地质解释

渤海、黄海和东海位于欧亚大陆东部边缘，渤海属内陆海，黄海为陆区海，东海属陆缘海。研究区内除上述三个海外还包括冲绳海槽、琉球群岛、朝鲜半岛、台湾岛、日本及菲律宾海的一部分。研究区内既有典型的大陆、陆架、陆坡，也存在典型的沟弧盆体系及典型的大洋板块等地质单元。它们在重力异常图上分别具有不同的重力异常特征，反映出在地壳结构及地质构造上的差异。由于中生代末期欧亚大陆与太平洋板块的接触关系由被动转化为主动，即由大西洋型大陆边缘转化为太平洋型大陆边缘，太平洋板块沿 NNW 方

向向欧亚大陆下俯冲，大概同一时期，特提斯板块快速向欧亚板块下俯冲，使特提斯海快速关闭。这一过程造成了中国东部大陆边缘的拉张，裂陷和强烈的岩浆活动，并产生了一系列中生代末到新生代初期的断陷盆地。在 40Ma 左右，太平洋板块开始沿 NWW 方向向欧亚板块俯冲，而在同时特提斯海关闭，印度大陆与欧亚大陆发生碰撞（黄汲清和陈炳蔚，1987）。这一过程使得中国东部大陆边缘的拉张、裂陷和岩浆活动减弱，向东的蠕散逐步停止，开始了整体沉降过程。因此，东亚大陆边缘在原来 NE 向构造基础上发育了一系列断拗结合型中新生代盆地，同时产生了一系列新的 NW 向或 NWW 向、近 EW 向构造。复杂的地质构造在重力异常图上反映为异常幅值，形态、走向、组合特征等变化大，重力异常类型丰富、异常种类齐全等特点。在空间重力异常图上不但可以清楚地划分大陆区、陆缘区和大洋区等 Ⅰ 级地质构造单元和大陆、陆架、陆坡、岛弧、海沟、海槽、大洋等 Ⅱ 级地质构造单元，而且还可在此基础上进一步划分出更次一级的一些异常特征变化不同的区和块。

重力异常是地表及以下各种不同深度上的密度界面的综合效应。其中中新生代沉积层与基底之间的密度界面以及下地壳与上地幔之间的密度界面是两个非常明显的密度界面。这两个界面的消长变化大致决定了重力异常的基本面貌。以渤中重力高为例，渤中是新生代的沉积凹陷，应引起重力低异常，但这里的莫霍面是隆起区，又引起了重力高异常，莫霍面引起的高重力异常的强度超过了盆地底界面引起的低重力效应，最终表现为重力高异常区。从临沂至莱州湾这一带的东侧，有一条 NNE 向的重力高异常带。该重力高异常带的形成，除了部分地受基底相对隆起的因素外，可能还有郯庐断裂带的影响，地震测深证实（陈沪生等，1993）该断裂带还伴随着莫霍面的隆起，因此，这一重力高带是基底隆起和莫霍面上隆综合影响的结果。

在大丰以东海域有一条由西向东延长 130km 的重力低异常带，它基本上沿 33°30′N 的纬线分布。与该带平行，在 32°30′N 附近有一条由西向东延伸长达 480km 断续分布的重力低异常带。引起低重力异常带的地质原因是一系列的中新生代的沉积凹陷。据地震探测结果，凹陷最深处达 6km 控制凹陷发展的是东西方向延伸的断层，这些断层至今仍在活动（焦荣昌，1988），被称为活断层，并在历史上引发过大于 5 级以上的地震多次。因此，这两条重力低异常带可看作是地震发育的活动带，南黄海海域是地震多发地区，为了对南黄海海域地震的监测和预报，人们首先需要将注意力集中于这两条带上。

5.5.1.2　南海重力场的宏观地质解释

南海是欧亚板块的一部分，位于欧亚板块的东南角，属欧亚板块外缘内部。南海东边是太平洋板块，南面与西面是印度板块，地处欧亚、印度和太平洋三大板块的交汇处。南海是在晚中生代之后早中新世之前形成的一个边缘海，北西和南侧有亚洲大陆环绕，东侧以吕宋岛、巴拉望岛邻接太平洋。南海不但有广阔的大陆架、陆坡，而且还分布有许多的岛、礁、海台、海盆、海山、海槽和海沟等。南海地壳厚度在 5～30km 之间变化，岩石圈厚度 47～70km（徐德琼和蒋家祯，1989）。南海海盆位于南海中部，水深 3000～4300m，地壳厚度为 4.93～8.75km，岩石圈厚度在 50km 左右，海底沉积物厚度一般在 1000～2000m 之间变化。南海海盆按其位置、展布方向和地形地貌及重磁场特征进一步分为西北海盆、西南海盆和东部海盆。其中，西北海盆位于南海海盆的西北部，南靠中沙群岛，北面是南海北部陆坡，西邻西沙群岛，东接东部海盆，水深3000～3800m，地壳厚度为5～8km（夏少红等，2010）；东部海盆位于中沙群岛，东南、南北皆到陆坡坡脚，东到马尼拉海沟。作为南海的主体，大部水深为4000～4300m，是南海海盆最深的区域，地壳厚6～9km；西南海盆位于南海西南部，水深一般大于4000m，地壳厚度为8～9km（张训华，1998）。西北海盆、西南海盆与东部海盆又统称为中央海盆。

在海盆区异常宽缓平稳，反映海盆区的地壳结构具洋壳性质，东部海盆区与西南海盆区的异常走向、形态、幅值有所不同，反映两区之间在地壳厚度、构造走向等方面存在差异。两区内海山及海山链的走向有所不同、海山的重力场幅值随海山高低的变化不同则说明海山的结构、形成时代及成因存在差异所致。

台湾岛－吕宋岛沟弧指台湾岛东部纵谷、马尼拉海沟以东包括吕宋岛、巴布延群岛、民都洛岛在内的区域。该区除存在海沟、海槽、岛弧外，主要由新近纪火山岩构成的海岸山脉仰冲带及其东侧由洋壳构成的菲律宾板块的一小部分组成。海沟、岛弧在重力场上反应明显，重力异常走向清晰，重力异常幅值变化非常大，正负重力异常往往成对出现。台湾岛海岸山脉新近纪火山带是菲律宾海板块边缘的岛弧与东亚大陆边缘弧－陆碰撞的产物。

华南大陆区与西部大陆区同是陆壳结构，莫霍面深度一般为30～35km，前者为加里东海西褶皱基底，后者为印支－新生代褶皱基底。中－西沙、东沙－永署－太平岛和礼乐滩四个区同属陆缘区，既有中沙、西沙、东沙、永署－太平岛和礼乐滩为陆壳结构的区域，也存在西沙海槽、中沙海槽等属过渡壳的地区。其中东沙陆缘区莫霍面深度为16～32km；中－西沙陆缘区莫霍面深度为16～26km；其中，海槽区莫霍面深度为16～20km。永署－太平岛与礼乐滩陆缘区地壳厚度为18～20km，在地貌和断块特征方面前者与中－西沙陆缘区类似，后者与东沙陆缘区类似。它们均是陆壳破裂后的残留部分。东部海盆区与西南海盆区在地壳结构上均为洋壳，地壳厚度为4.91～8.75km。西南海盆构造走向NE，东部海盆南北两侧靠近陆坡处构造呈NE走向，在中部区构造呈EW走向。反映出两区之间既有在早期的共同构造特征，又存在后期不同的构造演化。台湾岛－吕宋沟弧区属典型的海沟岛弧系，走向为SN向，与东部海盆区斜交或者垂直。其中与东部海盆中部黄岩海岸链附近为垂直相交，而与南北两侧为斜交。这反映了东部海盆区的构造演化过程与海沟岛弧系的构造演化互不相同，而且分属不同的地质构造环境（张训华等，2008）。

5.5.2　重力异常的分区地质解释

各类岩石的密度测定表明，沉积岩的密度为1.9×10^3～2.7×10^3kg/m³，时代越新、埋藏越浅，密度值越小；变质岩的密度为2.7×10^3～2.8×10^3kg/m³；中酸性侵入岩的密度为2.6×10^3～2.7×10^3kg/m³；中基性、基性侵入岩的密度为2.7×10^3～2.9×10^3kg/m³。沉积拗陷的周边为变质岩、岩浆岩，拗陷部位为低密度物质的聚集区，从而形成相对重力低。当岩浆岩侵入到变质岩中，也会形成重力低。下面介绍一下重力异常分区的地质解释。

5.5.2.1　渤海海域

通过对重力资料的研究，将渤海海域划分为黄骅拗陷、埕宁隆起、济阳拗陷、渤中拗陷、辽东湾拗陷五大构造单元，具有"四拗一隆"的构造格局，总面积 55000km^2。渤中拗陷为海域独立的构造单元，其余"三拗一隆"是陆上构造单元在海区的延伸。对海域重力资料进一步的延拓处理和分析研究后，海区内划分二级构造单元 28 个，其中凸起和低凸起 13 个、凹陷 15 个。

岩石密度参数的变化是影响重力场变化的重要因素，渤海海域的地层密度界面为：第四系与古近系之间的密度差为 $0.1 \times 10^3 \sim 0.2 \times 10^3 \mathrm{kg/m^3}$；新近系、古近系之间的密度差为 $0.27 \times 10^3 \mathrm{kg/m^3}$；新生界与古生界之间的密度差为 $0.4 \times 10^3 \sim 0.5 \times 10^3 \mathrm{kg/m^3}$；早古生界与晚古生界之间的密度差为 $0.1 \times 10^3 \mathrm{kg/m^3}$（刘光鼎，1992）。

华北地区第四系与古近系间为假整合，地层产状近平行，这一界面重力异常较小。新近系、古近系之间有较明显的差异，但此界面在隆起区埋藏较浅，推断可引起局部异常。中生界与上古生界受燕山期及海西期构造运动的影响，沉积地层不全、岩性多变、厚薄不等，其岩性和密度值介于新生界与古生界之间，显示为一过渡构造层。在隆起的顶部及斜坡地区缺失中生界，新生界直接覆盖在下古生界之上，密度差达到 $0.4 \times 10^3 \sim 0.5 \times 10^3 \mathrm{kg/m^3}$，因此它是渤海海域最主要的密度界面。

5.5.2.2　黄海海域

黄海周边的苏北地区中新生代地层平均密度的变化范围为 $2.07 \times 10^3 \sim 2.42 \times 10^3 \mathrm{kg/m^3}$，其中新近系与古近系间密度差为 $0.2 \times 10^3 \mathrm{kg/m^3}$，古近系与下白垩统间的密度差为 $0.3 \times 10^3 \mathrm{kg/m^3}$；江苏地区火成岩密度变化范围为 $2.46 \times 10^3 \sim 2.72 \times 10^3 \mathrm{kg/m^3}$。山东半岛南部和沿海岛屿的密度资料表明，海岛上的中生代地层和前震旦纪变质岩的密度在 $2.60 \times 10^3 \mathrm{kg/m^3}$ 以上，胶东地区的中生代地层平均密度为 $2.30 \times 10^3 \sim 2.50 \times 10^3 \mathrm{kg/m^3}$，与前震旦纪变质岩的 $2.67 \times 10^3 \sim 2.75 \times 10^3 \mathrm{kg/m^3}$ 间有 $0.2 \times 10^3 \sim 0.4 \times 10^3 \mathrm{kg/m^3}$ 的差值。胶东地区的火成岩密度一般较高，如其基性火山岩密度更高。韩国南部庆尚盆地白垩系砂岩的密度多在 $2.6 \times 10^3 \sim 2.7 \times 10^3 \mathrm{kg/m^3}$（龚建明等，2000）。

黄海海域重力场主要有三个密度界面：①古近系底界密度界面，在不同的构造部位上该界面下部具有不同岩性组合，它是影响重力变化的密度界面。②影响重力场变化的中间密度界面为新生代盆地基底，该界面位于白垩系顶部。③最下部可能影响重力变化的密度界面，是在前震旦系顶部或早古生代地层顶部（郝天珧等，1998）。

根据重力异常的形态和数值反映，黄海划分为五个隆起、三个盆地共八个不同的构造分区。

1）辽东半岛沿岸隆起

区内的海岛上出露下古生界，呈 NE 向延伸，异常带西端的庙岛列岛上广泛出露长城系石英岩。由此推测这个重力异常带位于辽东隆起的南部。出露太古界至下元古界的基底变质岩和上元古界至古生界的变质岩层。岩石密度大，表现为高值区。区内也有相对的低值重力异常区存在，可能是隆起上局部凹陷的反映。

2）北黄海盆地

该盆地对应于北黄海叠加有负重力异常的平缓正重力异常区。重力异常区与北黄海盆地的位置一致。盆地的基底可能为新元古界变质岩，上部沉积盖层为中生界和古近系。朝鲜一方的钻孔揭露中生界和古近系为陆相沉积。中生界的沉积规模比古近系大，新近系和第四系为海陆交互相沉积，分布广而薄。

3）千里岩隆起

该隆起与跨南北黄海的重力异常高值带相一致，呈 NE 向延伸。在 37°N 以南，重力异常带的东南侧梯度带正好是千里岩隆起与南黄海北部盆地的界线。千里岩隆起是苏鲁隆起东侧的一个一级构造，主要由粉子山群和胶东群的深变质岩组成。从地震资料分析，在海区可能有中生代碎屑岩。隆起带为一高重力异常区，但区内也有相对低值甚至负值重力异常区存在，解释为隆起上的局部凹陷。这些凹陷受 NW 向断层控制，有可能是北黄海盆地的延伸。

4）南黄海北部盆地

南黄海北部盆地位于南黄海北部重力低值异常区。与地震资料的对比解释结果表明，声波基底埋深与重力场变化基本一致，重力异常最低处与声波基底最深处相对应，并呈台阶状向北抬升，重力异常最大值与声波基底隆起处相吻合，表明重力的升高和降低应是盆地内次级的凸起和凹陷的反映（许忠淮和吴少武，1997）。

盆地的钻井揭示和多道地震资料研究表明，盆地整体上呈"新生代地层西厚东薄、中生代地层东厚西薄"的分布特征。多道地震的声波基底中、新生代碎屑岩的底界面，在深凹处一般为中生代的底界面，凸起处为新生代的底界面。

取位于北部拗陷的南黄海 H83 线做重磁联合反演（图 5-8），H8 剖面起点坐标为34°13′N，120°05′E，终点坐标为 34°13′N，122°45′E，长度为 246km。根据地震解释结果，按照地层的密度和磁性参数计算相应的重力、磁力异常得到拟合结合。处理剖面105～125km处，解释磁力处为火山侵入体，在 150～215km 地段是磁性基底 AnZ 的隆起区，根据异常拟合情况，推测还存在较强磁性的隐伏岩体（吴志强等，2015）。

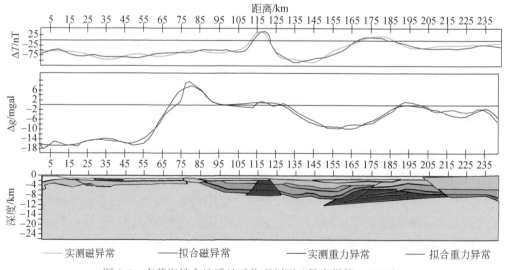

图 5-8 南黄海综合地质地球物理剖面（吴志强等，2015）

5）南黄海中部隆起

与南黄海中部高重力异常区相对应，北部与南黄海北部低重力异常区接壤，南部与南黄海南部低重力异常区相邻，西北连接千里岩异常区，西端与江苏中部陆地相连，形状西部比较狭窄，向东逐渐变宽。

该区重力异常场变化与声波基底深度对应较好，东侧声波基底埋深较浅，为 $200\sim400\mathrm{m}$，布格重力异常反映出 $20\times10^{-5}\sim30\times10^{-5}\mathrm{m/s^2}$ 的变化。向西声波基底逐渐变深，重力异常随之变低，当声波基底降为 600m 以下，重力异常基本保持在 $10\times10^{-5}\mathrm{m/s^2}$ 左右。

在靠近隆起区的陆上进行了钻井取样，其中六口岩心揭示，在 400m 左右处，第四系加新近系直接覆盖在古生界二叠系或石炭系之上，缺失古近系。因此可以认为，该区缺失古近系和中生代地层，新近系与古生代地层直接接触，声波基底反映的是古生代地层的顶面。

6）南黄海南部盆地

南黄海南部盆地位于南黄海南部重力低异常区的范围内，北部与中部隆起区相邻，南界与勿南沙隆起区镶嵌在一起，东部界线在 123°10′E 左右。多道地震声波基底埋深与重力异常场变化基本吻合，呈东浅西深的变化趋势，位于 123°10′E 附近的最浅处深度不足 1000m，西部最深处在 4000m 左右。多道地震和钻井资料证实在该区重力异常最低的部位，古近系的厚度可达 5000m。盆地的古近系之下普遍存在扬子地块上的石炭系—三叠系，有的区域古生界和三叠系的厚度超过 2000m。

7）勿南沙隆起区

勿南沙隆起区北部边界在 34°N 左右，南部边界在 32°N 以北，东部边界与东部高重力异常区接壤。多道地震资料上的声波基底在东北区较浅，大约 800m，向西南逐步加深，最深处为 1500m 左右，与布格重力异常东高西低的变化趋势基本吻合。

8）南黄海东部隆起区

该区为一 SW-NE 向的狭长地带，沿 NE 方向贯穿于整个南黄海东部。该区声波基底较浅，一般在 $200\sim400\mathrm{m}$，向北向南逐渐变深。推断为第四系加较薄的新近系直接覆盖在古生代地层之上，古生界顶面起伏引起重力异常的升降。磁力资料显示，区内有不同规模的火成岩分布，区内南北两侧出现较高的异常圈闭可能是由此引起的。该区的中部和南部为中新生代火山岩，该区北部升高重力异常区的基底为元古宙结晶基底。

5.5.2.3　东海海域

重力异常幅值和等值线形态或走向清楚地标示了断裂、盆地或隆起的分布特征。东海地区的重力异常分布的最明显特征是 NE 向或 NNE 向的构造分带作用，由 NW 往 SE 方向排列的构造主要有浙闽隆起、东海陆架盆地、钓鱼岛台湾隆褶带、冲绳海槽盆地、琉球隆褶区和菲律宾海盆。

浙闽沿海火山岩带的空间重力异常以广泛分布、急剧升高的正异常圈闭为主要特征，与构造活动引起的山脉分布对应。布格重力异常主体为低负重力异常，推测其与莫霍面下凹相关。浙闽沿海火山岩带进入中生代以来，大规模的海侵已经销声匿迹，构造运动表现为剧烈的断裂活动和大规模的火山喷溢及岩浆侵入（高德章等，2003）。

断裂在东海陆架的发展演化过程中有多方面的作用。首先，断裂控制了陆架的形成和发展。东海陆架作为一个断陷盆地，经历了断陷—断拗—拗陷的发展过程。在其演化早期，陆架的沉降是在张性断裂的控制下实现的。其次，断裂造成了东海陆架东西分带、南北分块的构造格局。这一构造面貌，是断裂作用、地壳差异性沉降造成的。NE、NNE向断裂控制了东西分带的格局，而北西向断裂则造成了南北分块的面貌。

冲绳海槽作为深而窄长的弧后盆地，冲绳海槽新生代张裂构造活动特征明显，是西太平洋最年轻的弧后盆地。冲绳海槽空间重力异常是降低异常带；布格重力异常是一个升高异常带，北段的升高幅度弱，这与冲绳海槽地壳厚度的南部薄北部厚有关。

东海的虎皮礁－海礁－鱼山－观音等一系列凸起及其以西地区，基底主要为燕山期火成岩，局部见前震旦纪变质岩和前中生代弱变质岩，类似浙闽沿海露头区的火成岩及变质岩。东海陆架盆地东部的西湖－基隆凹陷东西两侧有中生代及前中生代弱变质岩，凹陷带中心可能有燕山晚期和喜马拉雅早期火成岩。钓鱼岛岩浆岩带沉积层很薄，主要为燕山期及喜马拉雅期火成岩所充满。冲绳海槽盆地沉积层之下，主要为前中新世变质岩和喜马拉雅中、晚期火成岩。

沉积基底一般由变质岩组成，当有岩浆侵入时则形成侵入岩体。变质岩密度一般在 $2.7 \times 10^3 \text{kg/m}^3$ 左右，酸性、中酸性侵入岩密度一般在 $2.55 \times 10^3 \text{kg/m}^3$ 左右，基性侵入岩密度则可达 $2.8 \times 10^3 \text{kg/m}^3$。当酸性、中酸性岩浆侵入变质岩中形成酸性、中酸性侵入岩体时，由于其密度比变质岩小 $0.1 \times 10^3 \text{kg/m}^3$ 左右，会形成重力低，而基性岩浆侵入则由于其密度比变质岩大 $0.1 \times 10^3 \text{kg/m}^3$ 左右而形成重力高。因此根据重力异常的相对变化可以判断侵入岩的存在和属性；就变质岩而言，由于含暗色矿物的不同，也会有不同的密度值，从而形成重力异常。通常情况下，对重磁异常应进行综合解释，更有利于基底结构的推测，因为火成岩一般均具有磁性，会形成相应的磁力异常。

5.5.2.4 台湾岛东部海域

1）加瓜海脊及脊东断陷

加瓜海脊凸出海底面4000m以上，海脊宽20～30km，沿123°E延伸超过350km。表现为南北向高值空间重力异常带，空间重力异常由南向北逐渐降低，在琉球海沟已降至 0m/s^2 大量蚀变和未蚀变的火成岩，包括粗粒辉长岩、层状辉长岩、闪岩、蛇纹石化闪岩和玄武岩等，有些玄武岩见有擦痕。结合横穿海脊的地震剖面，推测加瓜海脊由断层抬起的洋壳碎片组成，可能与古近纪中期沿东吕宋边缘的消亡作用有关。

加瓜海脊东侧的深凹陷，称为脊东断陷。在地貌上为5500m深的线性海槽，其空间重力异常值为 $-45 \times 10^{-5} \text{m/s}^2$，布格重力异常为南北向的降低异常，异常值小于 $310 \times 10^{-5} \text{m/s}^2$。地震剖面显示该处为一线性基底凹陷。脊东断陷与加瓜海脊之间以断层接触，断层两侧地磁场走向不同，以西磁异常以 EW 向为主，以东磁异常以 NW-SE 向为主。

2）花东海盆

花东海盆是被加瓜海脊孤立出来的西菲律宾海盆的一部分。花东海盆分为两部分：北部为峡谷纵横的海底扇，南部为平坦的深海平原，只见少量海山。花东海盆东南部的空间重力异常为升高的正异常，向西向北，重力异常值均有降低；海盆内有三条 SN 向异常（一负二正）。花东海盆中央部分的基底深度约为6.2km，上覆1.4km厚深积层。

3）西菲律宾海盆

以 NW 向线状脊、槽相间排列的断块地貌为主，并伴有一些海山出露。盆底水深一般超过 5400m，而且向琉球海沟加深至 6600m 以下。海盆空间重力异常大多在 $0 \times 10^{-5}\text{m/s}^2$ 以上，海盆中南部的异常值大于 $40 \times 10^{-5}\text{m/s}^2$，向北、西、东三个方向降低。西菲律宾海盆中沉积物厚度仅为 $100 \sim 300\text{m}$，且与下述洋壳基底面的起伏一致。

海盆中最醒目的莫过于一条 NE-SW 向的转换断层，它沿 $22°55'\text{N}$、$124°08'\text{E}$ 与 $22°11'\text{N}$、$123°17'\text{E}$ 的连线延伸，在平坦的海底面上形成了陡峭的悬崖。

4）西南琉球俯冲带

琉球俯冲－弧后扩张系从日本的琉球群岛向西南延伸至 127°E 附近，然后转向西，最后消失在台湾岛以东。该区的空间重力异常以负异常为主，最小值出现在弧前盆地（$-180 \times 10^{-5}\text{m/s}^2$）。布格重力异常则表现为近 EW 向的梯度带，说明海沟下方质量亏损，同时反映了洋壳不断向下俯冲的调整过程。

5.5.2.5　南海海域

南海地壳有陆壳、洋壳和介于两者之间的过渡壳。由于经历了不同的形成和演化过程，又经中生代改造和新生代海底扩张，使在老的基底上叠置了一系列的中新生代沉积盆地。因此，各时代的岩石密度发生了明显的变化，构成多个剩余密度界面。

根据在华南陆上露头区和盆地钻井岩心实测的各时代岩石密度和收集的南海周边地区岩石密度，归纳为表 5-2。还收集了用南海各海区地震速度换算成的各时代地层的平均密度，见表 5-3。由表 5-2 和表 5-3 可见，各时代地层由老到新，岩石的平均密度值减小。这主要与地层的物质组成、压实程度、地层厚度等一系列的因素有关（曾维军和李振五，1997）。

表 5-2　南海及其周围区域岩石密度表（曾维军和李振五，1997）　（单位：10^3kg/m^3）

地层年代	越南南部陆地	北部湾东北部沿岸	广西 24°N 以南地区	雷琼地区	福建	台湾岛
Q						
N	2.0 ～ 2.2	2.11	2.42	2.18		2.20 ～ 2.30
E		2.25		2.37		2.57
K		2.60		2.51	2.61	2.50 ～ 2.80（前古近纪大南澳变质砂岩密度为 $2.62 \times 10^3\text{kg/m}^3$）
J	2.6 ～ 2.7		2.43		2.60	
T			2.50		2.62	
P			2.42		2.64	
C			2.52		2.65	
D		2.53 ～ 2.70	2.34 ～ 2.58	2.64 ～ 2.91	2.62	
S			2.30 ～ 2.52			
O			2.52 ～ 2.58		2.62	
$\in$			2.50 ～ 3.09		2.63	
Z					2.65	

表 5-3　南海各地区岩层平均密度（根据层速度换算）（曾维军和李振五，1997）（单位：$10^3kg/m^3$）

地层	北部陆架	北部陆坡	海盆	礼乐滩	曾母盆地	北康盆地	南沙中部海域	万安盆地
Q-N$_2$	2.15	2.14	2.12	2.25	2.13	2.09	2.10	1.90
N$_1^3$	2.23	2.21	2.18		2.28	2.15	2.20	2.05
N$_1^{1-2}$	2.35	2.35	2.26	2.41	2.42	2.33	2.34	2.20
E$_3$	2.51	2.51	2.36		2.44	2.46	2.40	2.26
E$_2$-Mz	2.58	2.58		2.58	2.58	2.48	2.42	
层 2			2.72					
层 3			2.98					
上地幔			3.18					

　　结合南海海域的地质构造，将南海海域的密度数据进行综合分析，认为南海海域存在几个主要的密度界面。

　　（1）水层与海底的密度界面，是几个界面中密度差最大的一个。低密度海水层对海区的空间异常的影响直接，关系密切。

　　（2）新生代沉积盆地基底与前各时代地层之间的界面。该界面随着接触地层时代和岩石性质的不同而有变化，一般其密度差为 $0.2 \times 10^3 \sim 0.4 \times 10^3kg/m^3$。对用重力资料圈定沉积盆地，分析地质构造性质等有重要作用。在陆架、陆坡区普遍存在。

　　在新生代地层内部也因岩性、岩相、组成物质、地层厚度和压实程度的不同，而存在着次要的密度界面，对分析盆地内次级构造单元起一定的作用。

　　（3）各时代沉积地层与结晶基底之间的密度界面。

　　（4）莫霍面既是地壳与上地幔的分界面，也是一个重要的密度界面。由于莫霍面的起伏，重力异常的区域背景值发生变化。布格重力异常与莫霍面起伏的相关性显著，通过莫霍面来讨论重力异常的深部因素。

　　南海分布着一系列的沉积盆地，对新生代盆地而言，相对于盆地基底均为低密度的沉积层，新生代沉积层的密度一般为 $2.10 \times 10^3 \sim 2.40 \times 10^3kg/m^3$，按沉积层厚度的加权平均值为 $2.27 \times 10^3kg/m^3$。故在重力异常图上一般显示为重力低异常区。但是由于受地形地貌、地壳类型、沉积层的厚度、所处板块构造位置等因素的影响，往往减弱或干扰了沉积层密度效应。

　　位于大陆型地壳上的板内裂谷、裂陷型沉积盆地与重力异常有较好的相关关系。这类盆地是在拉张作用下形成的，在前新生代沉积基底与沉积层之间的密度差，通常是产生重力低异常的最主要的密度界面。北部湾盆地是典型的例子，高精度的海底重力仪测量，提供的重力异常图所圈定的北部湾盆地与地震圈定的盆地范围极为吻合，甚至盆地内次级构造单元也相同。

　　在南部海域出现了沉积盆地与重力异常的相关关系不明显的现象，由于在巽他陆架区重力异常的背景值高，以及南沙群岛陆坡、岛礁区地形变化剧烈，这些因素对沉积盆地的重力异常都产生了不同程度的影响。盆地中只在局部地区显示重力低异常，万安盆地只在中北部地区显示在 $10 \times 10^{-5} \sim 20 \times 10^{-5} \text{m/s}^2$ 背景上的一个 $0 \sim 10 \times 10^{-5} \text{m/s}^2$ 重力低异常。

曾母盆地较特殊，盆地南部重力异常较宽缓，显示一个 $0 \sim 10 \times 10^{-5} \text{m/s}^2$ 的重力低，中部为北西向的重力高带，在盆地中沉积厚度达 15km 以上的北部，为一个南北走向的短轴重力高，重力异常值为 $10 \times 10^{-5} \sim 20 \times 10^{-5} \text{m/s}^2$。产生这种特殊的异常，推测与地壳减薄或壳层缺失，深部上地幔高密度物质上涌直接有关。

另有一些沉积盆地与重力异常总体呈负相关关系，礼乐盆地是一个典型例子。该盆地位于南沙群岛东缘独立的裂离块体之上，盆地内钻井与地震资料揭示以碎屑岩和生物成因的碳酸盐岩为主的沉积层厚度为 $2000 \sim 4500 \text{m}$，最大达 6000m 以上。该盆地为高重力异常，重力异常值为 $20 \times 10^{-5} \sim 100 \times 10^{-5} \text{m/s}^2$ 并向四周减小，其上分布小的重力低异常。分析形成这一特殊重力异常的原因是该盆地周围水深较大，构成一个较独立的岛礁高地形区，地形成为构成重力异常的主要因素。另外，新生代沉积层中厚达 2000m 密度较高的碳酸盐岩，以及盆地基底中变质程度较高的中基性岩都对重力异常有影响。

参 考 文 献

晁定波, 姚运生, 李建成, 等. 2002. 南海海盆测高重力异常特征及构造解释. 武汉大学学报 (信息科学版), 27(4): 343-347.

陈冰, 王家林, 钟慧智, 等. 2005. 南海东北部的断裂分布及其构造格局研究. 热带海洋学报, 24(2): 42-51.

陈沪生, 周雪清, 李道琪, 等. 1993. 中国东部灵璧——奉贤 (HQ-13) 地学断面图说明书. 北京 : 地质出版社.

陈洁, 温宁, 万荣胜, 等. 2010. 重要的海洋测绘成果——南海重磁异常图. 海洋测绘, 30(6): 33-36.

戴勤奋, 杨金玉, 魏合龙. 2015. 海洋重力校正标准修订建议. 地球物理学进展, 30(6): 2633-2639.

方剑. 2002. 中国海及邻域重力场特征及其构造解释. 地球物理学进展, 17(1): 42-49.

方迎尧, 周伏洪, 王懋基. 2001. 南海中部地球物理特征与地壳结构. 地球物理学报, 44(Z1): 116-126.

高德章, 唐建. 1999. 海洋重力磁力调查在中国海区及邻域. 海洋石油, 1: 28-32.

高德章, 唐建, 薄玉玲. 2003. 东海地球物理综合探测剖面及其解释. 中国海上油气 (地质), 17(1): 38-43.

高金耀, 刘保华. 2014. 中国近海海洋——海洋地球物理. 北京 : 海洋出版社.

龚建明, 温珍河, 陈建文, 等. 2000. 北黄海盆地中生代地层的地质特征和油气潜力. 海洋地质与第四纪地质. 20(2): 69-78.

郭令智, 施央申, 马瑞士. 1983. 西太平洋中新生代活动大陆边缘和岛弧构造形成和演化. 地质学报, 57(1): 11-21.

韩波. 2008. 东海地球物理场及深部地质构造研究. 北京 : 中国科学院大学.

韩波, 张训华, 杨金玉, 等. 2007. 东海及邻域重力异常数据的分区解析延拓处理. 高技术通讯, 17(12): 1272-1277.

郝天珧, 刘伊克, 段昶. 1996. 根据重磁资料探讨中国东部及其邻域断裂体系. 地球物理学报, 39(增刊): 141-149.

郝天珧, 刘伊克, 徐万哲. 1998. 黄海和邻区重磁场及区域构造特征. 地球物理学进展, 13(1): 27-39.

何廉声, 陈邦彦. 1987. 南海地质地球物理图集 (1 ∶ 200 万). 广州 : 广东地图出版社.

黄汲清,陈炳蔚.1987.中国及邻区特提斯海的演化.北京:地质出版社.

黄谟涛,翟国君,管铮.2001.利用卫星测高重力数据反演海洋重力异常.测绘学报,30(2):179-184.

江为为,宋海斌,郝天瑶,等.2001.东海陆架盆地及其周边海域地质、地球物理场特征.地球物理学进展,16(2):18-27.

焦荣昌.1988.论舟山－国头断裂带的性质及其向陆区的延伸.物探与化探,12(4):249-255.

金翔龙.1982.黄东海海洋地质.北京:海洋出版社.

梁瑞才,王述功,吴金龙.2001.冲绳海槽中段地球物理场及对其新生洋壳的认识.海洋地质与第四纪地质,21(1):51-55.

刘光鼎.1992.中国海区及邻域地质地球物理特征.北京:科学出版社.

刘光鼎.1993.中国海区及邻域地质地球物理图集.北京:科学出版社.

刘祖惠,袁恒涌,张毅祥.1981.南海中部和北部海域重力异常特征与地壳构造关系.地质科学,2:105-112.

刘祖惠,王启玲,袁恒勇.1983.南海海域布格重力异常图及莫霍面等深图.热带海洋,2(2):167-172.

罗佳,李建成,姜卫平.2002.利用卫星资料研究中国南海海底地形.武汉大学学报(信息科学版),27(3):256-260.

邱燕,曾维军,李唐根.2007.南海中南部断裂体系及其构造意义.大地构造与成矿学,29(2):166-175.

宋海斌,郝天珧,江为为,等.2002.南海地球物理场特征与基底断裂体系研究.地球物理学进展,17(1):24-33.

王虎彪,王勇,陆洋,等.2005.用卫星测高和船测重力资料联合反演海洋重力异常.大地测量与地球动力学,25(1):81-85.

王懋基,宋正范,尹春霞,等.1999.南海卫星重力研究.物探与化探,22(4):272-278.

温珍河,张训华,郝天珧,等.2014.我国海洋地学编图现状、计划与主要进展.地球物理学报,57(12):3907-3919.

吴招才,高金耀,丁巍伟,等.2017.南海海盆三维重力约束反演莫霍面深度及其特征.地球物理学报,60(7):2599-2613.

吴志强,刘丽华,肖国林,等.2015.南黄海海相残留盆地综合地球物理调查进展与启示.地球物理学进展,30(6):2945-2954.

夏少红,丘学林,赵明辉,等.2010.南海北部海陆过渡带地壳平均速度及莫霍面深度分析.热带海洋学报,29(4):63-70.

徐德琼,蒋家祯.1989.南海中北部莫霍面及深部构造.东海海洋,7(1):48-56.

徐菊生,刘锁旺,朱仲芬,等.1986.中国东海和邻区重力测量结果及其构造意义.地震地质,8(2):43-52.

许东禹,刘锡清,张训华,等.1997.中国近海地质.北京:地质出版社.

许厚泽,王海瑛,陆洋,等.1999.利用卫星测高重力数据推求中国近海及邻域大地水准面起伏和重力异常研究.地球物理学报,42(4):445-471.

许忠淮,吴少武.1997.南黄海和东海地区现代构造应力场特征的研究.地球物理学报,40(6):773-781.

杨金玉,田振兴,韩波,等.2015.国内外重力异常编图进展及重力异常计算方法改进.地球物理学进展,30(3):1070-1077.

杨金玉, 张训华, 张菲菲, 等 . 2014. 应用多种来源重力异常编制中国海陆及邻区空间重力异常图及重力场解读 . 地球物理学报, 57(12): 3920-3931.

杨胜雄, 邱燕, 朱本铎, 等 . 2015. 南海地质地球物理系列图（1 ∶ 200 万）. 北京 : 中国航海出版社 .

姚运生, 姜卫平, 晁定波 . 2001. 南海海盆重力异常场特征及构造演化 . 大地构造与成矿学, 25(1): 46-54.

曾华霖 . 2005. 重力场与重力勘探 . 北京 : 地质出版社 .

曾维军, 李振五 . 1997. 南海区域的上地幔活动特征及印支地幔柱 . 南海地质研究，(9): 1-19.

张洪涛, 张训华, 温珍河, 等 . 2010. 中国东部海区及邻域地质地球物理系列图（1 ∶ 100 万）. 北京 : 海洋出版社 .

张洪涛, 张训华, 温珍河, 等 . 2018. 中国南部海区及邻域地质地球物理系列图（1 ∶ 100 万）. 北京 : 海洋出版社 .

张明华, 张家强 . 2005. 现代卫星测高重力异常分辨能力分析及在海洋资源调查中的应用 . 物探与化探, 29 (4): 296-303.

张文佑 . 1986. 中国及邻区海陆大地构造 . 北京 : 科学出版社 .

张训华 . 1998. 南海及邻区重力场特征与地壳构造区划 . 海洋地质与第四纪地质, 18(3): 55-60.

张训华, 等 . 2008. 中国海域构造地质学 . 北京 : 海洋出版社 .

Freedman A P, Parsons B. 1986. Seasat-derived gravity over the Musician seamounts. Journal of Geophysical Research, 91: 8325-8340.

Hwang C W, Parsons B. 1995. Gravity anomalies derived from Seasat Geosat, ERS-1 and Topex/Poseidon altimetry and ship gravity: A case study over the Reykjanes ridge. Geophysical Journal International, 122: 551-568.

Marks K M. 1996. Resolution of the Sripps/NOAA marine gravity field from satellite altimetry. Geophysical Research Letters, 23: 2069-2072.

Oldenburg D W. 1974. The inversion and interpretation of gravity anomalies. Geophysics, 39(4): 526-536.

Parker R L. 1973. The rapid calculation of potential anomalies. Geophysical Journal of the Royal Astronomical Society, 31(4): 447-455.

Sandwell D T. 1992. Antarctic marine gravity field from high density satellite altimetry. Geophysical Journal International, 109: 437-448.

Sandwell D T, Smith W H F. 1997. Marine gravity anomaly from Geosat and ERS 1 satellite altimetry. Journal of Geophysical Research, 102(B5): 10039-10054.

Wessel P, Watts A B. 1988. On the accuracy of marine gravity measurements. Journal of Geophysical Research, 93: 393-413.

第6章 磁力异常基本特征与解释

6.1 概 论

关于全球性（包括海洋）地球物理数据（包括地磁场）的整理、建库与编图等基础性工作早期是由西方国家组织开展起来的。美国国家地球物理数据中心（NGDC）及美国拉蒙特－多尔蒂（Lamont-Doherty）地质观测所、斯克里普斯（Scripps）海洋研究所、伍兹霍尔（Woods Hole）海洋研究所和夏威夷大学等相关研究机构长期以来汇总、整理全球性的海洋地球物理数据，以此为基础，美国拉蒙特－多尔蒂地质观测所 Hayes 主编了《东亚和东南亚地球物理系列图》（Hayes et al.，1978）。美国海洋地磁调查数据从 1950 年起大部分都存储在 NGDC 的地球物理数据系统（GEODAS）中，持续更新到 2003 年形成 5.0.10 版本（Sharman and Metzger，1992），之后对这个数据集进行了质量控制并得到全球范围内的检验（Chandler and Wessel，2008），进一步的修正使得其交点差均方根由 179.6nT 降至 35.9nT（Quesnel et al.，2009），提高了全球海洋磁力数据集的质量，是制作全球岩石圈磁异常图的基础数据（Hemant et al.，2007；Maus et al.，2007，2009；Maus，2010；Lesur et al.，2016）。

上述全球岩石圈磁异常图制作过程中，在东南亚采用的磁力数据集是东亚和东南亚沿海和近海地球科学合作研究协调委员会（CCOP）编制的 1∶400 万东亚磁异常图，其中包括大量的航空磁力数据和海域测线数据，由此合成的 $1' \times 1'$ 东亚地区磁力 ΔT 异常网格数据（CCOP，2002）。

中国台湾学者利用 NGDC 和 CCOP 数据，结合国际合作获得的陆地重力数据、航空磁力数据和船测重、磁数据，经过整合处理，汇编了台湾周围 117°～125°E、16°～27°N 范围内的 $1' \times 1'$ 网格间距的空间重力异常、布格重力异常和磁力 ΔT 异常分布图，并对台湾周围的构造做了概括性的描述，认为存在几条 NEE-SWW 向的磁条带（C17～C19）代表了 SCS 的初始扩张年龄（Hsu et al.，1998，2004），但其他地球物理资料并不支持这个观点（Yeh et al.，2012）。Doo 等（2015）利用南海（尤其是北部大陆架）、西太平洋西北部和东海新获得的磁资料，编制了东亚地区新获得的和可用的磁性数据，提高局部地区的分辨率（Doo et al.，2015，2018）。

中国大陆学者在近海的地球物理调查可以追溯到 20 世纪 50 年代，1958 年由国家科委海洋组海洋普查办公室主持开展了我国第一次海洋普查工作，经过 70 年代和 80 年代全面、系统的普查阶段，到 90 年代采用全球卫星导航定位技术的大陆架及专属经济区详查阶段以及围绕油气勘探的中外合作调查，在渤海、黄海、东海和南海分别由国家海洋局、地质矿产部、能源部和中国科学院等部门开展了多轮地球物理综合调查，获取的重、磁资料基本覆盖了传统疆线包围的陆架和近海区域。在获取的大量地球物理资料的基础上，各部门也进行了数据汇总整合、编辑处理、地质解释和图集编制等工作。

自 20 世纪 80 年代以来，主要的编图成果有何廉声主编的《南海地质地球物理图集（1∶200万）》；李全兴（1990）主编的《渤、黄、东海海洋图集——海洋地质地球物理图集（1∶500万）》；刘光鼎（1992a）主编的《中国海区及邻域地质地球物理系列图》，其编图比例尺为 1∶200万，出版比例尺为 1∶500万，及其说明书（刘光鼎，1992b），9 幅系列图中除布格重力异常图外的 8 幅由联合国教科文组织太平洋大西洋编图委员会 GAPA 出版，以及《中国海区及邻域地质地球物理图集（1∶500万）》（刘光鼎，1993）；李家彪（2007）主编的《南海海洋图集——海洋地质地球物理图集》（1∶850万），陈洁和温宁（2010）编制的《南海地球物理图集》，以及杨胜雄等（2016）编制的《南海地质地球物理图系（1∶200万）》。此外，中国地质调查局青岛海洋地质研究所编制了《中国东部海区及邻域地质地球物理系列图（1∶100万）》（张洪涛等，2010）和《中国南部海区及邻域地质地球物理系列图（1∶100万）》（张洪涛等，2018）。在国家海洋局组织的"我国近海海洋综合调查与评价"基础上，国家海洋局第二海洋研究所完成了近海地球物理调查研究的专著（高金耀和刘保华，2014）和相应的图件编制（高金耀和刘保华，2017）。

6.2　数据来源与处理方法

6.2.1　数据来源

本次汇编的磁力异常（ΔT）图汇总了 20 世纪 90 年代以来、截至 2014 年的历次专项调查获取的实测地磁测量资料。同时在周边区域融合了 EMAG2 数据（Maus et al.，2009），拼接融合时采用上延拟合的迭代下延方法，并在频率域中确定不同模型位场数据的延拓因子，实现与近海磁异常测线数据的可靠融合（高金耀和刘保华，2014）。

针对历史数据资料，采用国际地磁和高空大气物理协会（IAGA）最新公布的国际地磁参考场 IGRF-12 球谐系数统一进行地磁正常场改正。对于早期没有日变改正的历史测线，采用测区附近国家地磁台网或国际地磁台网共享数据，补充日变改正；对于部分不能实施日变改正的数据则不予采用。

在各个航次测区的测线内部调平后，对所有测线数据进行统一的交点差平差，每一条测线依次进行与其他测线的交点差的线性回归平差，并进行循环迭代平差，拼接调平后地磁异常交点差均方根值不超过 8nT（浅水区块）和 12nT（深水区块）。

所有数据都经过编辑、平差和对应的投影转换，投影后成果数据都在规则网格数据的基础上成图。网格数据的形成主要采用对随机分布数据最有效的 Kriging 网格插值方法，内插过程中，网格间距为 0.5～2km，搜索半径为 20～50km。

6.2.2 处理方法

6.2.2.1 向上延拓

向上延拓（简称"上延"）是位场数据处理中的常规方法，主要是突出规模较大的（如区域性的，或深部较大规模的）异常体的异常特征，而压制规模较小的（如局部的、浅而小的）异常体的异常特征，起到分离场源的作用，相当于低通滤波。但是上延高度（或滤波波长）与场源深度之间缺乏严格的数学关系，只是经验认为上延高度越高（或滤波的波长越长），上延结果所反映的场源深度越深。

设 z 轴垂直向下，场源位于 $z=H$ 平面以下（$H>0$），则重、磁场在 $z=H$ 平面以上对 x、y、z 的连续函数，具有一阶和二阶连续可微的导数。若 $z=0$ 观测平面上的重、磁场 $T(x, y, 0)$ 为已知，则由外部狄利克莱问题，由

$$u_p = \frac{1}{2\pi} \iint_\Pi \left[-U_M \frac{\partial}{\partial \zeta} \left(\frac{1}{r} \right) dS \right] \tag{6-1}$$

得向上延拓公式为

$$T(x, y, z) = \frac{-z}{2\pi} \int_{-\infty}^{\infty} \int_{-\infty}^{\infty} \frac{T(\xi, \eta, 0)}{[(x-\xi)^2 + (y-\eta)^2 + z^2]^{\frac{3}{2}}} \, d\xi d\eta \tag{6-2}$$

由褶积积分公式可知，式（6-2）为 $T(x, y, 0)$ 与 $\dfrac{1}{2\pi} \cdot \dfrac{-z}{(x^2+y^2+z^2)^{\frac{3}{2}}}$ 关于变量 (x, y)

的二维褶积。空间域的褶积与频率域的乘积相对应。下面分别求 $T(x, y, 0)$ 及 $\dfrac{-z}{2\pi(x^2+y^2+z^2)^{\frac{3}{2}}}$

及的傅里叶变换。设 $T(x, y, 0)$ 对于变量 (x, y) 的傅里叶变换为 $S_T(u, v, z)$（u 和 v 分别为波数），式（6-2）可得：

$$S_T(u, v, z) = \int_{-\infty}^{\infty} \int_{-\infty}^{\infty} T(x, y, z) e^{-2\pi i(ux+vy)} dxdy \tag{6-3}$$

则有

$$S_T(u, v, 0) = \int_{-\infty}^{\infty} \int_{-\infty}^{\infty} T(x, y, 0) e^{-2\pi i(ux+vy)} dxdy \tag{6-4}$$

利用式（6-4）可以由已知的 $T(x, y, 0)$ 求出其频谱 $S_T(u, v, 0)$。进一步求 $\dfrac{-z}{2\pi(x^2+y^2+z^2)^{\frac{3}{2}}}$

的傅里叶变换，应用 Erdelyi 等（1954）给出的积分变换表可以得到：

$$\int_{-\infty}^{\infty} \int_{-\infty}^{\infty} \frac{-z}{2\pi(x^2+y^2+z^2)^{\frac{3}{2}}} e^{-2\pi i(ux+vy)} dxdy = e^{2\pi(u^2+v^2)^{\frac{3}{2}}z} \tag{6-5}$$

当 $z<0$ 时式（6-5）成立。由式（6-4）、式（6-5）式并用褶积定理有

$$S_T(u, v, z) = S_T(u, v, 0) e^{2\pi(u^2+v^2)^{\frac{3}{2}}z} \tag{6-6}$$

式（6-6）对于 $z \leq 0$ 成立。

$T(x, y, z)$ 是 $S_T(u, v, z)$ 的反傅里叶变换，即

$$T(x,y,z)=\int_{-\infty}^{\infty}\int_{-\infty}^{\infty}S_T(x,y,0)\mathrm{e}^{2\pi(u^2+v^2)^{\frac{1}{2}}z}\mathrm{e}^{2\pi\mathrm{i}(ux+vy)}\mathrm{d}u\mathrm{d}v \tag{6-7}$$

式（6-7）即为向上延拓的频谱表达式。

6.2.2.2　解析信号

岩石受地球磁场感应磁化，磁化方向随岩石所处位置纬度的改变而变化，因此磁异常的峰值一般不是位于磁源体的正上方，增加了磁异常难度，解析信号振幅值不受磁化方向影响，对边界反应敏感（Nabighian，1972），随后为适应面积性航磁数据的快速处理与解释技术，又将其提出的解析信号技术推广到三维（Nabighian，1984）。

在倾斜磁化地区磁性体产生的 ΔT 异常，因受磁倾角、磁偏角和地磁场矢量的影响，异常中心经常偏离磁性体，只有磁化倾角为 90° 或 0° 时，ΔT 异常才在磁性体正上方。因此，在斜磁化条件下，引起 ΔT 异常的磁性体边界的准确投影较难圈定。一般采用化极后 ΔT 异常的垂向一次导数最大值确定，但除了化极本身存在的困难外，垂向一次导数在突出近地表小规模磁性体产生的高频异常的同时，又压制了低频成分，对较弱的局部异常反映不够灵敏。为此，Roest 等（1992）对三维解析信号（总梯度模）的理论加以完善，利用磁异常三维解析信号振幅识别地质体的边缘位置，这对低磁纬度地区磁异常解释更有效。但是在后来使用该方法的过程中发现，与二维解析信号振幅不受磁异常分量和磁化方向影响不同，三维解析信号与磁异常分量和磁化方向有关，只是比其他参量的影响小（Qin，1994；Agarwal and Shaw，1996；管志宁和姚长利，1997；Li，2006）。解析信号方法常用于快速解释大面积磁异常特征，如用三维解析信号技术处理华南航磁异常（张季生，2000），估计南海磁源体的深度（Li，2008），揭示中国东部及邻近海域岩浆岩特征（张少武和李春峰，2011）。

复解析信号可表示为

$$\Delta T_{\mathrm{G}}=|\Delta T_{\mathrm{G}}|\mathrm{e}^{\mathrm{j}-\theta} \tag{6-8}$$

其中，$|\Delta T_{\mathrm{G}}|=\sqrt{\left(\dfrac{\partial\Delta T}{\partial x}\right)^2+\left(\dfrac{\partial\Delta T}{\partial y}\right)^2+\left(\dfrac{\partial\Delta T}{\partial z}\right)^2}$，$\Delta T_{\mathrm{G}}$ 为解析信号场，ΔT 为总场异常强度，θ 为倾斜角，可由垂向导数和水平导数模的比值来定义（Verduzco et al.，2004），即

$$\theta=\tan^{-1}\frac{\dfrac{\partial\Delta T}{\partial z}}{\dfrac{\partial\Delta T}{\partial h}} \tag{6-9}$$

其中，$\dfrac{\partial\Delta T}{\partial h}=\left[\left(\dfrac{\partial\Delta T}{\partial x}\right)^2+\left(\dfrac{\partial\Delta T}{\partial y}\right)^2\right]^{\frac{1}{2}}$，倾斜角的一个独特性质是在场源体上方为正值，在边缘逐渐过渡到零值，而在场源体范围以外则为负值。

在不同上延高度的磁异常相对应的异常解析信号，可以表示出不同上延高度异常所反映不同深度场源的分布特征（图 6-1～图 6-6）。在原始异常，上延 5km 和 20km 的异常

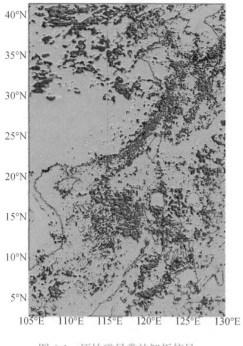

图 6-1　原始磁异常的解析信号

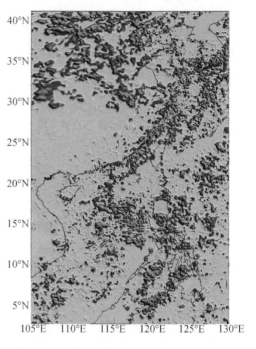

图 6-2　原始磁异常上延 5km 的解析信号

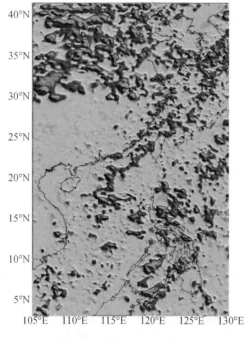

图 6-3　原始磁异常上延 20km 的解析信号

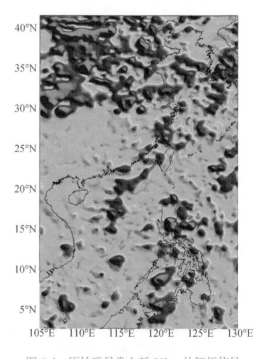

图 6-4　原始磁异常上延 50km 的解析信号

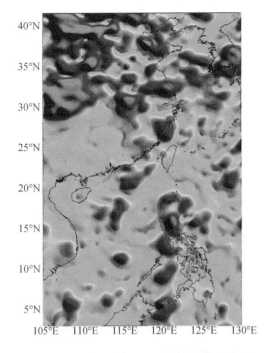

图 6-5　原始磁异常上延 100km 的解析信号

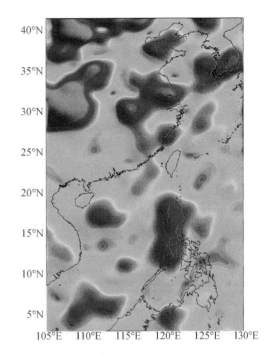

图 6-6　原始磁异常上延 200km 的解析信号

解析信号特征比较接近，几个明显的低值区主要分布在南黄海和苏北盆地，南海东部次海盆的南北共轭区，即在北侧主要是东沙隆起至海盆边缘，在南侧主要是礼乐滩区域。在北黄海盆地，南海的琼东南盆地、莺歌海盆地、北部湾盆地，以及南海西部靠近中南半岛的区域，都是以大面积低值异常为主，零星分布有局部的高异常。在南海海盆区，东部次海盆和西南次海盆的差异比较明显，东部次海盆以高值异常为主，而西南次海盆随着上延高度增加，解析信号越来越低，与东部次海盆差异越明显，表明这两个次海盆地壳深部的磁性特征不同。

　　在上延 5km、50km、100km 和 200km 的磁异常解析信号图上，几个明显的高值区很快集中、突出显示出来，表明这些磁异常来源更深，规模更大。例如，在渤海的高磁区，上延到 200km 后仍然很突出，而南黄海中部高磁区在上延 100km 后基本消失；整个东海陆架上延到 200km 后高值区只局限于东海陆架盆地；浙闽隆起带的高磁异常上延 200km 后的解析信号，往西南延伸在汕头附近与东沙隆起的高磁异常相连，两者之间存在北西向错断；在南海，中沙－西沙地块和南沙的郑和地块都表现为高磁区。

6.2.2.3　磁异常化极

　　假设 α_0、β_0、γ_0 为地磁场单位矢量 t_0 的方向余弦，α_1、β_1、γ_1 为原磁化方向的方向余弦，α_2、β_2、γ_2 为新磁化方向的方向余弦（磁化方向即为磁化强度方向）令

$$q_0 = 2\pi \left[i(\alpha_0 u + \beta_0 u) + \gamma_0 (u^2 + v^2)^{\frac{1}{2}} \right]$$

$$q_1 = 2\pi \left[i(\alpha_1 u + \beta_1 u) + \gamma_1 (u^2 + v^2)^{\frac{1}{2}} \right]$$

$$q_2 = 2\pi\left[i(\alpha_2 u + \beta_2 u) + \gamma_2(u^2+v^2)^{\frac{1}{2}}\right]$$

在场源外延拓平面上，频率域内地磁场各分量（α_0、β_0、γ_0 方向）的表达式如下（管志宁，2005）：

$$\left.\begin{aligned}
S_X(u, v, z) &= \frac{2\pi i u}{q_0} \cdot S_T(u, v, z) \\
S_Y(u, v, z) &= \frac{2\pi i v}{q_0} \cdot S_T(u, v, z) \\
S_Z(u, v, z) &= \frac{2\pi(u^2+v^2)^{\frac{1}{2}}}{q_0} \cdot S_T(u, v, z)
\end{aligned}\right\} \quad (6\text{-}10)$$

由原磁化方向（α_1、β_1、γ_1）到 新磁化方向（α_2、β_2、γ_2）三个分量换算关系如下（管志宁，2005）：

$$\begin{Bmatrix} S_{X_2} \\ S_{Y_2} \\ Z_{Z_2} \end{Bmatrix}(u, v, z) = \frac{q_2}{q_1} \begin{Bmatrix} S_{X_1} \\ S_{Y_1} \\ Z_{Z_1} \end{Bmatrix}(u, v, z) \quad (6\text{-}11)$$

若要转换到垂直磁化，只要令 $\alpha_2=\beta_2=0$，$\gamma_2=1$ 即可，此时的换算因子 $\dfrac{q_2}{q_1} = \dfrac{2\pi(u^2+v^2)^{\frac{1}{2}}}{q_1}$。

联合式（6-10）和式（6-11），得到由 ΔT 化到磁极的频率域换算因子为 $\dfrac{[2\pi(u^2+v^2)^{\frac{1}{2}}]^2}{q_0 \cdot q_1}$。一般情况下，磁化方向与地磁场方向一致（或没有剩磁），q_1 与 q_0 相同，故 ΔT 化到磁极的频率域换算因子为

$$H(u, v) = \frac{u^2+v^2}{[i(u\alpha_0+v\beta_0)+\gamma_0\sqrt{u^2+v^2}]^2} \quad (6\text{-}12)$$

用 $u=r\cos\theta$，$v=r\sin\theta$，考虑到 $\alpha_0=\cos I_0\cos D_0$，$\beta_0=\cos I_0\sin D_0$，$\gamma_0=\sin I_0$，$I_0$，$D_0$ 为地磁倾角和偏角；代入式（6-12），即得极坐标系下的转换因子 $H(r, \theta)$ 为

$$H(r, \theta) = \frac{1}{[i\cos I_0\cos(\theta-D_0)+\sin I_0]^2} \quad (6\text{-}13)$$

其中，$r=[u^2+v^2]^{1/2}$，$\theta=\arctan\dfrac{u}{v}$。可以看出，频率域化极磁极因子 $H(r, \theta)$ 是角度 θ 的单一函数，与频率的高低无关，因而可写成 $H(\theta)$。频率域化极因子 $H(\theta)$ 为扇形放大因子，其数值直接依赖于磁化倾角。在 $I_0=0$ 的极端情况下，即磁赤道附近，化极因子为

$$H(u, v) = H(\theta) = \frac{1}{\cos^2(\theta-D_0)} \quad (6\text{-}14)$$

当 $\theta=D_0\pm 90°$ 时，$H(\theta)\to-\infty$，其特征如图 6-7 所示。理论上化磁极因子仅在磁赤道、沿磁偏角方向（在频率域产生 90° 旋转）产生奇异，但实际上在磁赤道附近、在以磁偏角方向（在频率域产生 90° 旋转）为中心的扇形区就出现不稳定。当磁倾角 I_0 较小时，化极

因子的放射状线的极大值近似与磁倾角的平方成反比，即

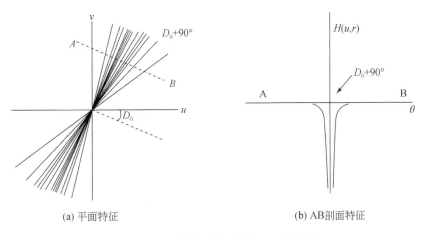

(a) 平面特征　　　　　　　　　　　(b) AB剖面特征

图 6-7　磁赤道附近化极因子频率域特征

$$H(\theta)|_{\theta \to D_0 \pm 90°} \approx \frac{1}{\sin^2 I_0} \approx \frac{1}{I_0^2} \qquad (6\text{-}15)$$

在接近该线较窄的扇形区域，化磁极因子幅值升幅很快。由式（6-15）可知，在 θ 接近 $D_0 \pm 90°$ 时，$H(\theta)$ 数值很大，造成计算结果的不稳定；表现为化磁极结果沿磁偏角方向 D_0 条带明显。为此需要压制沿 $D_0 \pm 90°$ 方向的放大作用，使计算稳定，减少甚至消除条带现象。理想的压制应是尽可能保留化磁极因子的所有特征，而对会引起数值极度放大的部分进行压制。

通过改进压制噪声的维纳滤波法，我们采用功率谱平衡法使其噪声模型能够适合具有方向选择性很强的低纬度化极的不稳定性，而进行自动处理（Keating and Zerbo，1996）。

将高频段功率谱分成两个区域，比较这两个区域的平均能量来确定这个功率比（图6-8）。一个区域就是相对于磁偏角方向 $\pm \beta$ 的扇形区（黄色区域），受化极算子的严重影响，β 称为分析角；另一个区域则是扇形区外面（淡绿色区域）。在这两个区域中，仅使用某个固定比例的 Nyquist 波数（一般取 75%）以上的能量，这个径向波数的百分比值称为分析半径 η。换言之，对应于 75% 的分析半径是 25%。信噪功率比需要迭代计算直到高频段这两个区域的平均能量比值接近 1（在 5% 误差内）。这个比值的估算通过二分算法实现（Li，2008）。

化极后的磁异常与磁性体之间的对应关系更加明显，尤其是南部低纬度地区，而研究区纬度跨度较大，单一倾角化极难以真实反映整个区域的磁异常变化，为此采用区域变倾角化极方法。将研究区由南到北（3° ～ 42°N）分为 14 个带，每带 3°，中央经线为 117°E。同时，由于南部属于低磁纬度，采用迭代的平衡能量法来进行低纬度化极，这样在保证恢复异常形态的同时，也保证异常的幅值更真实。最终化极磁异常结果如图 6-9 所示。

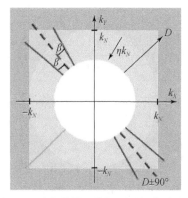

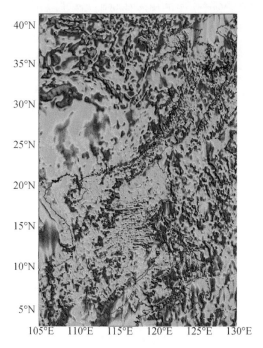

图 6-8　磁赤道附近化极因子频率域功率
谱平衡处理示意（Li，2008）

图 6-9　化极磁异常

6.2.2.4　小波多尺度分解

位场分离是重、磁反演的前提，通过对场源进行分离以准确提取目标界面的位场，才能取得好的、更接近真实的反演结果。传统的位场分离方法主要有向上延拓、滑动平均、趋势面分析、插值切割和匹配滤波等，它们的一个共同点是每次只能分离两个目标场，并且是以对场源有一定假设为前提，分离结果带有较多的主观性。小波多尺度分解则能够将场源分离成多个尺度的逼近和细节，结合其他地质、地球物理资料及相应的地质含义，通过某阶的逼近或细节或者某几阶的逼近或细节组合能够更好地反映目标场。与传统的方法相比，没有如向上延拓等模糊化性质，信息更丰富，异常特征更清晰，不失为一种有效的位场分离手段。

对于任意的实数对 (a, b)，其中参数 a 必须为非零实数，称如下形式的函数：

$$\psi_{(a,b)}(x)=\frac{1}{\sqrt{|a|}}\ \psi\left(\frac{x-b}{a}\right)$$

（6-16）

为由小波母函数 $\psi(x)$（也称为一个基本小波）生成的依赖于参数 (a,b) 的连续小波函数，简称为小波，$\psi(x)$ 是属于函数空间 $L^2(R)$ 的，且满足"容许性条件"：

$$C_\psi=\int_{R^*}\frac{\psi|(\omega)|^2}{|\omega|}\,\mathrm{d}\omega < \infty$$

（6-17）

其中，$R^*=R-\{0\}$ 表示非零实数全体，$\psi(\omega)$ 为 $\psi(x)$ 的傅里叶变换。

设函数 $f(t)\in L^2(R)$，定义其小波变换为

$$W_f(a, b)= \langle f, \psi_{a,b} \rangle =|a|^{-1/2} \int_{-\infty}^{+\infty} f(t)\overline{\psi\left(\frac{t-b}{a} \right)} dt \qquad (6\text{-}18)$$

其中，函数系

$$\psi_{a,b}(t)=|a|^{-1/2} \psi\left(\frac{t-b}{a} \right), a \in R, a \neq 0; b \in R \qquad (6\text{-}19)$$

称为小波函数（Wavelet Function）或简称为小波（Wavelet）。$\psi(t)$ 满足条件，$\int_{-\infty}^{+\infty} \psi(t)dt =0$ 令

$C_\psi = \int_{-\infty}^{+\infty} \frac{|\hat{\psi}(\omega)|^2}{|\omega|} d\omega < \infty$。其中，$\hat{\psi}(\omega)$ 为 $\psi(t)$ 的傅里叶变换，得相应的小波逆变换公式为

$$f(t)=C_\psi^{-1} \int_{-\infty}^{+\infty} \int_{-\infty}^{+\infty} W_f(a, b)\psi_{a,b}(t) \frac{da}{a^2} db \qquad (6\text{-}20)$$

通常，把连续小波变换中尺度参数 a 和平移参数 b 的离散化为，$a=a_0^j$，$b=ka_0^j b_0$，$a_0 > 1$，$b_0 > 0$，则有小波变换的离散形式

$$W_f(j, k)=a_0^{-\frac{j}{2}} \sum_{n=-\infty}^{\infty} f(n)\overline{\psi}(a_0^{-j}n-kb_0), j, k, n \in Z \qquad (6\text{-}21)$$

此时离散小波函数

$$\psi_{j,k}(n)=a_0^{-\frac{j}{2}} \psi(a_0^{-j}n-kb_0) \qquad j, k, n \in Z$$

特别地，取 $a_0=2$，$b_0=1$

$$\psi_{j,k}(n)=2^{-j/2 \psi(2^{-j}n-k)} \qquad j, k, n \in Z \qquad (6\text{-}22)$$

$$W_f(j, k)=2^{-\frac{j}{2}} \sum_{n=-\infty}^{\infty} f(n)\overline{\psi}(2^{-j}n-k) \qquad j, k, n \in Z \qquad (6\text{-}23)$$

离散小波函数族 $\{\psi_{j,k}(n)\}$ 若构成 $L^2(R)$ 空间一组标准正交基，则称其为正交小波族。

于是，相应的小波逆变换为

$$f(n)=\sum_{j=-\infty}^{\infty} \sum_{k=-\infty}^{\infty} W_f(j, k)\psi_{j,k}(n) \qquad \{\psi_{j,k}(n)\} \qquad (6\text{-}24)$$

多尺度分析又称多分辨分析，对于离散序列信号 $f(t) \in L^2(R)$，其小波变换采用 Mallat 快速塔式算法，信号经尺度 $j=1$，2，$\cdots$，J 层分解后，得到 $L^2(R)$ 中各正交闭子空间（W_1，W_2，$\cdots$，W_J，V_J），若 $A_j \in V_j$ 代表尺度为 j 的逼近部分，$D_j \in W_j$ 代表细节部分，则信号可以表示为

$$f(t)=A_j+ \sum_{j=1}^{J} D_j \qquad (6\text{-}25)$$

据此函数可以根据尺度 $j=J$ 时的逼近部分和 $j=1$，2，$\cdots$，J 的细节部分进行重构，图 6-10 为三层多尺度分析结构图。

设位场数据矩阵为 S，经 J 阶（J 为整数，$J \geqslant 2$）离散小波变换后产生小波细节 D_1，

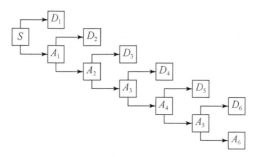

图 6-10　小波多尺度分解结构图

D_2，…，D_{J-1}，D_J 和 J 阶逼近 A_J，其中小波细节 D_1，D_2，…，D_{J-1} 不随 J 的增大而改变。正像低通滤波器的高截频率那样，小波阶数 J 是人为选定的，但是不管怎么选择 J，低阶小波细节都是一样的，所不同的只是小波细节的个数和 J 阶逼近。这一准则是离散小波变换特有的，对位场分解非常有利。

小波细节的尺度是随二次方增大的。假设数据取样网格间距为 Δ，记一阶小波细节的尺度为 L（一般是 $4\Delta \sim 8\Delta$），则 J 阶小波细节的尺度为 2（J-1）L。对于只将重、磁异常分解为区域场和局部场的二分问题，可按如下的二分准则进行：设区域场尺度为局部异常的 $2J$ 倍，任意方向网格数据样点数大于 $2J$，则按 J 阶小波分解取得的 $1 \sim J$ 阶小波细节之和为局部异常，J 阶逼近为区域场。如果对 J 的选择不放心，可以参照低阶小波细节不变准则调整 J，快速修改异常分解的结果。

6.2.2.5　功率谱分析

浅部地质体所产生的重磁异常比深部地质体产生的重磁异常要尖锐，其幅值从异常中心向外快速下降，具有很大的高频成分。另外，宽缓的异常从中心向外是缓慢的衰减，具有集中于低频端的谱。这种异常频谱特征的差异，提供了分离浅部场和深部场的可能性。

在棱柱体总磁异常连续谱（Bhattacharyya，1966）特征研究的基础上，1970 年，Spector 与 Grant 运用统计结构的基本假设，引入"总体平均"的概念，把关于矩形棱柱体的谱的某些性质推广到块状体，讨论了块状体的水平尺寸、深度和厚度对谱的影响，提出了用能谱分析来粗略估计块状体的埋深、延深的方法（Spector and Grant，1970）。我们以球体模型为例，简要说明谱分析方法确定场源深度的原理。

利用重磁位场的泊松公式，容易得出球体磁场 ΔZ 的频谱表达式为

$$S_Z(u, v)=2\pi M_s[i(u\alpha+v\beta)+\gamma\sqrt{u^2+v^2}] \cdot e^{-sh} \qquad (6\text{-}26)$$

其中，$M_s = \dfrac{4}{3}\pi r^3 J$，$r$ 为球体半径，J 为磁化强度；$s=\sqrt{u^2+v^2}$，u 和 v 分别为 x 和 y 方向的圆波数；α，β，γ 为磁场方向的方向余弦；h 为球体中心埋深。

由式（6-13）可得球体磁场 ΔZ 的振幅谱为

$$A(u, v)=2\pi M_s[s^2-(ul + vm)^2]^{1/2} \cdot e^{-sh} \qquad (6\text{-}27)$$

由式（6-14）可以看出，球体振幅谱随 u 和 v 的变化是单峰值曲线，振幅随中心埋深

h 呈负指数衰减，若对式（6-14）两边取对数：

$$\ln A(u, v) = \frac{1}{2} \ln \pi M_s [s^2 - (ul + vm)^2]^{1/2} - sh \qquad (6\text{-}28)$$

可见，利用式（6-28）振幅谱斜率可以确定场源的深度 h。

根据位场频谱理论，功率谱斜率增大正比于场源埋藏深度的增加，为此可以估算出小波细节及逼近的对应场源深度，使小波多尺度分解结果有对应的深度概念。对于分解后的各阶细节和逼近，可以求它们的径向功率谱，即各个方向功率谱的平均，看对应的对数功率谱是否近似直线，其斜率是否随小波阶数的增加而增大。由小波变换提取重、磁异常数据信息，所具有的优点是传统位场 FFT 技术所不具备的，所以在后面的重、磁异常推断解释中尽可能发挥它的作用。

一般认为地壳磁异常由浅层局部磁性体异常、中等深度的磁性基底异常和深部的磁性层下界面异常组成，小波多尺度分解能够将场源分离成多个尺度的逼近和细节，通过某阶的逼近或细节或者某几阶的逼近或细节组合能够更好地反映目标场。根据上述的位场频谱理论 [式（6-28）]，功率谱斜率增大正比于场源埋藏深度的增加，由此可以估算出小波多尺度分解出来的各细节和逼近对应的场源深度，使小波多尺度分解结果有对应的深度概念，称为视深度（h_s）。

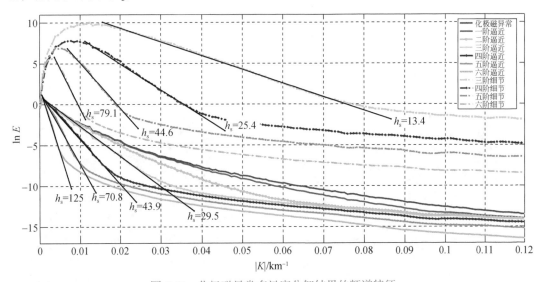

图 6-11　化极磁异常多尺度分解结果的频谱特征

我们对化极磁异常做六阶小波分解，得到一阶至六阶的小波细节和一阶至六阶的小波逼近，并分别做频谱分析，计算各自代表的视深度，频谱分析结果如图 6-11 所示，各阶小波分解的细节和逼近结果如图 6-12 ～图 6-18 所示。由于一阶和二阶小波细节的频谱曲线没有表现出低频段的"直线"特征，主要是高频随机干扰，所以并没有画出对应的频谱。三阶、四阶、五阶和六阶细节的视深度分别为 13.4km、25.4km、44.6km 和 79.1km；三阶、四阶、五阶和六阶逼近分别为 29.5km、43.9km、70.8km 和 125km。可以看到，在四阶分解以后，小波分解越来越多地把深部异常信息表现在细节信号中，而逼近信号能量越来越少。因此认为，化极磁异常的四阶分解已经能够区分磁异常的浅、中、深部信息，四阶小波逼近反映了磁性层下界面磁异常，避免了海域和陆域数据分辨率不同造成的影响，华北地块主要是几个大型的线性异常带，走向各异；南黄海中部出现 NW 向的高异常带；在东南沿海和东海陆架，主要有 NNE 向浙闽沿海高值带和钓鱼岛高值带，前者在汕头附近错断后可以延伸至东沙隆起，而后者在台湾岛北部消失。

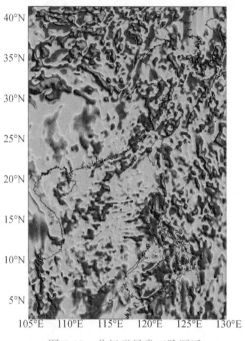

图 6-12　化极磁异常三阶逼近

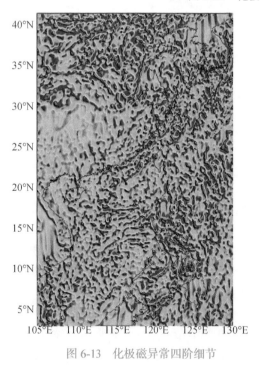

图 6-13　化极磁异常四阶细节

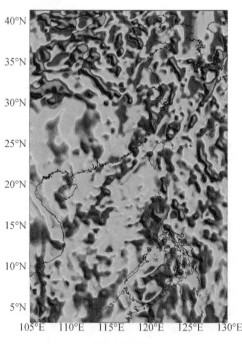

图 6-14　化极磁异常四阶逼近

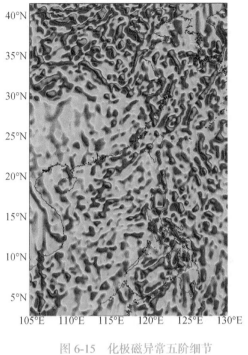

图 6-15　化极磁异常五阶细节

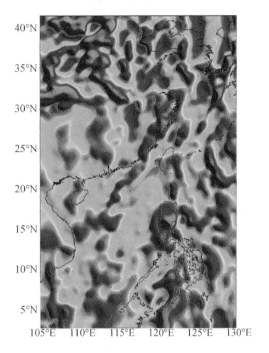

图 6-16　化极磁异常五阶逼近

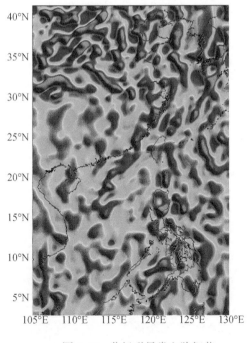

图 6-17　化极磁异常六阶细节

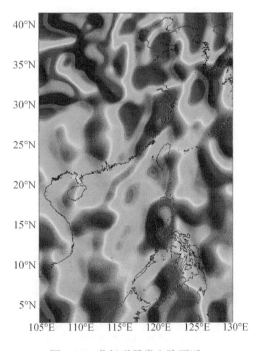

图 6-18　化极磁异常六阶逼近

6.2.2.6 综合解释剖面

依据地震解释剖面和综合地质信息建立初始地质模型，利用 2.5 度体重、磁剖面拟合程序正演计算重、磁异常，修改模块形状、密度值和磁化强度值，使计算结果与实测曲线形态基本一致，均方误差控制在一定的范围以内，建成最后合理的地球物理综合剖面模型。

2.5 度体重、磁剖面正演拟合程序的具体计算公式如下：

$$\Delta g(\tau_0) = -G\Delta\sigma \sum_{i=1}^{N} z \cdot n_1 [I_1(Y_2, i) + I_1(Y_1, i)]$$

$$I_1(Y, i) = Y \ln \frac{u_{i+1} + R_{i+1}}{u_i + R_i} + u_{i+1} \ln \frac{R_{i+1} + Y}{\tau_{i+1}} - u_1 \ln \frac{R_{i+1} + Y}{\tau_i} - \omega_i \arctan \frac{u_{i+1}R_{i+1} + \tau^2_{i+1}}{Y\omega_i} - \arctan \frac{u_i R_i + \tau^2_i}{Y\omega_1} J$$

式中，G 为万有引力常数；$\Delta g(\tau_0)$ 为在 τ_0 点的正演重力值；i 为多边形角点（$i = 1, 2, \cdots, N$）；$\Delta\sigma$ 为多边形的剩余密度；$x_i, z_i, x_{i+1}, z_{i+1}$ 为多边形第 i，$i+1$ 角点相对于 τ_0 点的坐标。还有

$\Delta x_i = x_{i+1} - x_i$；$\Delta z_i = z_{i+1} - z_i$；$z \cdot n_i = -\cos \varphi_i$

$u_i = x_i \cos \varphi_i + z_i \sin \varphi_i$；$u_{i+1} = x_{i+1} \cos \varphi_i + z_i \sin \varphi_i$

$\omega_i = z_i \cos \varphi_i - x_i \sin \varphi_i$；$\varphi_i = \arctan \dfrac{\Delta z_i}{\Delta x_i}$

$\tau_i = (u_i^2 + \omega_i^2)^{\frac{1}{2}}$；$\tau_{i+1} = (u_{i+1}^2 + \omega_i^2)^{\frac{1}{2}}$

$R_i = (u_i^2 + \omega_i^2 + Y^2)^{\frac{1}{2}}$；$R_{i+1} = (u_{i+1}^2 + \omega_i^2 + Y^2)^{\frac{1}{2}}$

当 $Y_2 = -Y_1 = \infty$ 时，棱柱体为 2 度体。假定只考虑中心剖面情况，则取 $Y_2 = -Y_1 = Y$。

利用泊松公式，可得到磁异常三分量为

$$X_a(\tau_0) = -\sum_{i=1}^{N} x \cdot n_1 [J_x I_x(i) + J_y I_y(i) + J_z I_z(i)]$$

$$Y_a(\tau_0) = -\sum_{i=1}^{N} \{x \cdot n_1 J_x I_x(i) - J_y [x \cdot n_1 I_x(i) + z \cdot n_1 I_x(i)] + z \cdot n_1 J_z I_y(i)$$

$$Z_a(\tau_0) = -\sum_{i=1}^{N} z \cdot n_1 [J_x I_x(i) + J_y I_y(i) + J_z I_z(i)]$$

式中，

$I_x(i) = I_2(Y_2, i) - I_2(Y_1, i)$

$I_y(i) = I_3(Y_2, i) - I_3(Y_1, i)$

$I_z(i) = I_4(Y_2, i) - I_4(Y_1, i)$

$I_2(Y, i) = \cos \varphi_i \ln \dfrac{(R_i + Y) r_{i+1}}{(R_{i+1} + Y) r_i} - \sin \varphi_i (\arctan \dfrac{u_{i+1}Y}{R_{i+1}\omega_1} - \arctan \dfrac{u_i Y}{R_i\omega_1})$

$I_3(Y, i) = \ln \dfrac{(u_{i+1} + r_{i+1})(u_i + R_i)}{(u_{i+1} + R_{i+1})(u_i + r_i)}$

$$I_4(Y, i) = \sin \varphi_i \ln \frac{(R_i + Y)\, r_{i+1}}{(R_{i+1} + Y)\, r_i} + \cos \varphi_i \left[\arctan \frac{u_{i+1} Y}{R_{i+1} \omega_1} - \arctan \frac{u_i Y}{R_i \omega_1} \right]$$

总场磁异常为

$$\Delta T(\tau_0) = X_a \cos I_0 \cos D_0 + Y_a \cos I_0 \sin D_0 + Z_a \sin I_0$$

其中，J 为物体的磁化强度，$J = T_0 \chi$，T_0 为地球磁场，χ 为物体的磁化率；$x \cdot n_i = \sin \varphi_i$；$J_x = J_1 \cos I_1 \cos D_1$，$J_Y = J \cos I_1 \sin D_1$，$J_z = J \sin I_1$；$D_0$，$I_0$ 分别为地磁偏角和倾角；I_1，D_1 分别为磁化倾角和磁化方向在 xy 平面投影的方位角。

当场源物体是由多边形组合而成时，异常可叠加而得：

$$\Delta g(\tau_0) = \sum_{j=1}^{M} \Delta g_j(\tau_0)$$

$$\Delta T(\tau_0) = \sum_{j=1}^{M} \Delta T_j(\tau_0)$$

$$Z_a(\tau_0) = \sum_{j=1}^{M} Z_{aj}(\tau_0)$$

式中，j 为多边形标号；M 为多边形总个数。

对求得的重、磁综合剖面模型，根据地质剖面露头和各构造区地层层序，确定其代表的地质体；按每个模块体（密度值和磁化强度值的不同组合）对应的地质体赋予地质内容；对主要构造线除参照地球物理模型外，同时参照重、磁平面解释成果，建立最终的地质－地球物理综合解释剖面模型。

6.2.2.7　居里面计算原理

居里面被认为是地球岩石圈上部磁性壳层的底界面，也称为居里等温面。理论上这一界面以上的磁性层的岩石具有磁性，当磁性矿物达到居里温度则失去磁性。它反映了岩石圈的热状态而不是某一地层界面，在一定程度上反映了当前地壳的热状态和不同构造单元的结构特征。

目前居里深度计算较常用的方法是通过频率域中的功率谱法求磁性体顶界深度和似功率谱法中心深度 z_0，根据公式 $z_b = 2z_0 - z_t$ 换算出磁性层底面深度 z_b。假设地层在水平方向无限延伸，磁性体顶部埋深 z_t 相对于其水平延伸尺度很小，底部埋深为 z_b，磁化强度 $M(x, y)$ 是 x，y 的函数。根据 Blakely（1995）定义的总功率谱 P 可以表示为

$$P_{\Delta T}(k_x, k_y) = P_M(k_x, k_y) \times F(k_x, k_y) \tag{6-29}$$

$$F(k_x, k_y) = 4\pi^2 C_m^2 |\Theta_m|^2 |\Theta_f|^2 e^{-2|k|z_t} (1 - e^{-2|k|(z_b - z_t)}) \tag{6-30}$$

式中，P_M 为磁化强度函数的功率谱；k_x 和 k_y 为频率域的波数；$k = \sqrt{k_x^2 + k_y^2}$；C_m 为比例常数；Θ_m 和 Θ_f 分别为磁化方向和地磁场方向因子。

假设 $M(x, y)$ 完全随机且不相关，则 $P_M(k_x, k_y)$ 为常数，Θ_m 和 Θ_f 的径向平均值为常数，深度因子 $e^{-2|k|z_t} [1 - e^{-2|k|(z_b - z_t)}]$ 径向对称。$P_{\Delta T}$ 的径向平均可以表示为

$$P_{\Delta T}(|k|)=Ae^{-2|k|z}{}_t[1-e^{-2|k|(z_b-z_t)}]\qquad(6\text{-}31)$$

其中，A 为常数，当波长小于两倍层厚度的时候，式（6-31）近似为

$$\ln[P_{\Delta T}|k|^{1/2}]=\ln B-|k|z_t\qquad(6\text{-}32)$$

式中，B 为常数，这样可以估算磁性层顶的深度 I_t。

假设磁性体中心深度为 z_0，式（6-32）可以写成：

$$P_{\Delta T}(|k|^{1/2})=Ce^{-|k|z_0}(e^{-|k|(-d)}-e^{|k|(d)})\approx Ce^{-|k|z_0}2d|k|\qquad(6\text{-}33)$$

式中，C 为常数。在长波段，即低波数段范围内式（6-33）可近似为

$$P_{\Delta T}(|k|^{1/2})=Ce^{-|k|z_0}(e^{-|k|(-d)}-e^{|k|(d)})\approx Ce^{-|k|z_0}2|k|d\qquad(6\text{-}34)$$

式中，$2d$ 为磁性层厚度，对 $P_{\Delta T}(|k|^{1/2})/|k|$ 取对数得到：

$$\ln[P_{\Delta T}(|k|^{1/2})/|k|]=\ln D-|k|z_0\qquad(6\text{-}35)$$

通过式（6-35）可以求出磁性层的平均中心深度。

根据式（6-32）和式（6-35），分别由 $\ln[P_{\Delta T}(|k|^{1/2})]$ 和 $\ln[P_{\Delta T}(|k|^{1/2})/|k|]$ 的平均径向能谱的高波数和低波数部，通过最小二乘拟合直线斜率估算磁性层顶面和中心深度。则磁性层底面深度 z_b 为

$$z_b=2z_0-z_t\qquad(6\text{-}36)$$

得到的磁性层底面深度，作为该处的居里面深度，代表了该处的平均深度值。

以直立棱柱体为模型的功率谱法反演居里面步骤如下：

（1）根据研究区磁异常情况选择一定大小的窗口和滑动距离；

（2）计算每一个窗口的磁异常的振幅谱以及振幅谱与波数的比值，这样可以计算出顶层深度 z_t 和中心深度 z_0，进而计算出 z_b，并将 z_b 深度值放在窗口中心作为该点处的居里等温面深度；

（3）按照滑动距移动到下个位置，重复步骤（1）和（2）直至结束。

这种滑动窗口方法基于 Spector-Grant（Spector and Grant，1970）在统计模型的基础上得出的"等效理论"，即多个横向随机分布物体的磁场的频谱的统计平均值与单个物体磁场等效。这个模型适用于对区域性磁异常整体的分析。

6.3　区域磁异常特征分析

6.3.1　各海区的磁异常基本特征

根据本次编图结果，对中国东部和南部海域的磁异常数据进行融合，保留陆地部分的拼图数据，得到了中国东部和南部的区域磁异常图（图 6-19），并按海区分布对磁异常特征进行阐述。

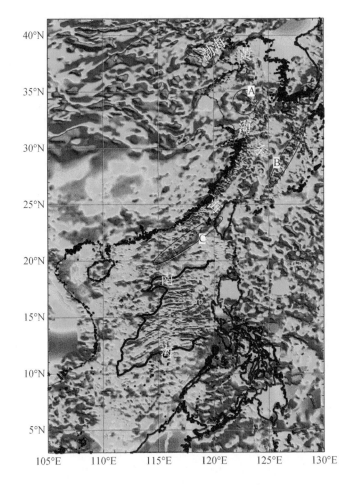

图 6-19　中国东部和南部地磁异常图

A.南黄海中部隆起块状高磁异常；B.东海钓鱼岛隆起高磁异常带；C.南海北部东沙隆起高磁异常带

6.3.1.1　渤海与黄海

渤海磁异常表现为向北逐渐变窄的、NE 向条带状正值区，向 NE 向与苏鲁辽和朝鲜半岛磁场具有延续性。郯庐断裂呈 NNE 向入渤海莱州湾，转北东向沿庙岛列岛西侧过辽东湾北上。渤海区的郯庐断裂异常带正异常宽缓，幅值都在 100nT 以上，渤西、辽东湾分别有 NE 向正异常条块对应。该异常带在渤中附近被一 NW 向负异常截切，将渤海磁异常分为南北两个部分，南部在 NE 走向的背景上，NW 向排列的串珠状异常十分发育，一定程度上掩盖了 NE 走向的特征；北部则主要表现为 NE 向线性异常梯级带，在梯级带中正负串珠状异常带平行展布，十分明显地反映了线性构造的特点，这种异常特征的不同充分反映了渤海南北构造的差异。

北黄海盆地磁异常总体上较为平静，幅值多在 -50 ~ 0nT，负值背景上相间分布有众多的细小、杂乱的正负局部异常，且北侧明显高于南侧。

南黄海磁异常具有明显的分区特征，北侧南黄海北部盆地总体上为低负磁异常带，幅值在 -50nT 以上，整体呈近 NW 向延伸，向西转为 NE 向，与苏北淮阴 - 滨海磁力低值带相连，沿东西向轴部，异常较平缓，而南侧梯度较大。上延 5km、15km、20km、30km，异常更趋宽缓，但形态变化不大。

南黄海南部盆地磁异常呈 NEE 向转 NWW 向的弧形展布，为苏北盆地向海域的延伸。与南黄海外磡脚隆起带区相似，磁异常表现为宽缓的正负变化异常。盆地西部为宽缓的正异常带，以 122°E 为界，西侧异常场值低，变化平缓，并夹杂有幅值和分布范围都很小的负异常；而在东部 122°E 附近，异常与西部有较大不同，场值高且等值线密集，呈 NW 向展布。

6.3.1.2　东海

与渤海及黄海区磁异常主要为 NEE、EW 走向相比，东海磁异常走向转为以 NE、NNE 向为主，存在 NW 向的错动与扭曲，异常形状、强度、频率更加杂乱。整个东海磁异常由西向东划分为浙闽沿海磁场复杂区、浙闽滨海–东海陆架西缘结合的磁力高值带、东海陆架盆地平缓正负磁场区、钓鱼岛隆起带磁力高带、冲绳海槽低缓变化磁场区。

浙闽沿海异常多呈 NE 向分布，沿海异常等值线分布与海岸线形态比较协调，而内陆以密布的单峰正负磁异常圈闭为主要特征。滨海结合带磁力高呈 NNE 向沿陆缘展布，高频、高幅异常十分显著，幅值变化大，异常形态类型较多，异常以正值为主，幅值高达120nT，等值线及圈闭排列走向有 NNE 向趋势，但在济州岛附近转为 NEE 向，之后 NE 向继续北延与朝鲜半岛东南沿海及济州岛周围的高幅值、剧烈变化异常相接，构成分隔黄海与东海的剧烈变化异常带。

东海陆架盆地磁异常较为宽缓，在 -60nT 左右的低磁场背景上出现一些宽缓的走向不定的块状正异常，幅值多在 50nT 以上。东海陆架盆地的南部，磁场变化较大，该区与西边近岸附近的磁异常之间有一条 NNE 走向、以负异常圈闭为主、正异常镶嵌的异常带隔开，靠近台湾海峡分界不明显。钓鱼岛隆起带正磁异常非常醒目，明显分隔了陆架盆地和冲绳海槽，往南至宫古海峡被截断。宫古海峡与台湾岛之间的正磁异常带状特征不明显，块状正磁异常一直伸入陆架盆地。

冲绳海槽属于低缓变化磁场区，幅值多在 -60nT 以上，海槽磁异常的总体方向与海槽走向一致，但在中段、南段出现的线性条带状磁异常与海槽走向斜交，分别为 NEE 向和WE 向。冲绳海槽西坡磁异常以较平缓负异常为主，其西侧为钓鱼岛隆起带磁力高带，东侧有一条弧形磁异常带与岛弧内侧火山链对应，琉球海沟及岛弧区为平缓磁场区。

在东海陆架的 NE 角、朝鲜半岛南 31°N 附近，存在一条显著的 NW 向高异常带，特征与钓鱼岛隆起带磁力高带相似，且与其斜交，向 NW 可延伸到济州岛，向 SE 延伸到岛弧区。

6.3.1.3　南海

在南海北部，从台湾西部海域往西南至海南岛、北部湾一带的陆架区，除东沙–北港陆架外缘为高值正异常带之外，该区为以负异常为主的低幅值变化异常带。北部湾为整个南海最为平静的磁场区，为一整片负异常，幅值范围为 -100 ～ 0nT。一统暗沙–东沙群岛–台湾北港，总体为 NE-SW 向展布的高值正异常带，宽 80 ～ 100km，与其东南和西北侧磁场的面貌特征截然不同，幅值为 50 ～ 200nT。以 100nT 异常等值线的分布来看，该高磁异常带自西向东由 4 个高磁异常圈闭组成，连续性并不好。陆坡盆地区磁异常变化平静宽缓，为 0nT 左右的大面积低值异常，梯度极缓，局部异常不发育，明显不同于其南北两侧的异常特征，整体为 NE 走向。该区可分为南北两部分，靠陆侧为低负值磁异常，幅值为 $-150 \sim 0$nT；靠海侧为低正值磁异常区，横跨 3000m 的水深线，主要分布在潮汕凹陷南部边界和洋盆北部边界之间，为大片 $0 \sim 50$nT 的弱正磁异常平静区。

在中、西沙海域，包括中沙群岛、西沙群岛的所有岛礁及西沙海槽海域，以及海南岛东南海域，异常正负变化相当剧烈，主体在 ± 75nT 之间变化，而且异常形体较大，总体面貌较为复杂。异常展布的轴向以近 EW 向为主，也有 NW 向和 NE 向。

在南海海盆区，东部次海盆区表现为正负异常频繁交替变化，正负相间条带排列，通常正异常高于 100nT，负异常低于 -100nT，异常长轴以 EW 向为主的线性磁异常条带。异常呈短波长、高振幅、变化剧烈、梯度大。异常长轴或异常组合走向以 EW 向为主，但也有 NEE 向、NE 向；异常与 NW 向、NE 向或 NS 向的构造线相互断错或扭曲。西南次海盆的条带状异常幅值走向为 NE 向，其强度、规模、走向、梯度变化均不同于东部次海盆，往西南端条带状磁异常逐渐模糊。西北次海盆磁异常条带状异常特征不明显，在双峰海山北侧出现大面积团块状高磁异常，幅值接近 100nT，南侧存在幅值接近、走向近 EW 向的带状异常。

在南海东侧，东部次海盆与马尼拉海沟之间的广阔地带，南北磁异常特征差异明显。在北部台湾东南至吕宋岛北部，磁异常以低幅值、长波长为特征，走向不明显；在南部北巴拉望至吕宋岛南部，东部次海盆的条带状磁异常进入了马尼拉海沟和前方的增生楔。在南海西缘，磁异常表现为低幅值的正负变化异常区，基本平行于越南中南部海岸线展布，以负异常为背景，叠加一些或正或负的局部异常，自北向南异常特征有所差异。

6.3.2　磁异常的构造分区特征

根据中国近海地质演化、基底构造特征和磁异常特征，将中国东部和南海海域磁异常分为 7 个异常区（图 6-20）：①渤海－北黄海异常区；②南黄海异常区；③东海陆架异常区；④南海北部异常区；⑤中沙－西沙异常区；⑥南海海盆异常区；⑦南沙地块异常区。

6.3.2.1　渤海－北黄海异常区

渤海－北黄海异常区与南黄海异常区位于扬子和中朝地块之间。主要有渤海湾盆地和北黄海盆地。

渤海湾盆地处于华北克拉通东部地块的中心区域，是华北克拉通一个重要的岩石圈减薄中心（李三忠等，2010）。大地电磁测深结果表明，渤海湾地区岩石圈厚度在 60km 以内，不仅与西部地块相比厚度小得多，即使与周边的松辽盆地、冀中盆地等减薄中心相比厚度也较小。华北克拉通破坏的提出最初基于火山岩捕虏体岩石地球化学的研究成果。关于华北岩石圈减薄的机制、驱动力和动力学，目前代表性的构造模式有两种，分别强调软流圈侵蚀和下地壳的拆沉作用（刘俊来等，2008）。由于华北克拉通岩石圈内部先存的薄弱带，郯庐断裂的左旋伸展剪切造成其南北向延伸的次级断裂主要呈伸展拉张状态。郯庐断裂全线及其次级断层作为薄弱带成为软流圈物质上涌的首选通道。俯冲扬子板片脱水作用析出

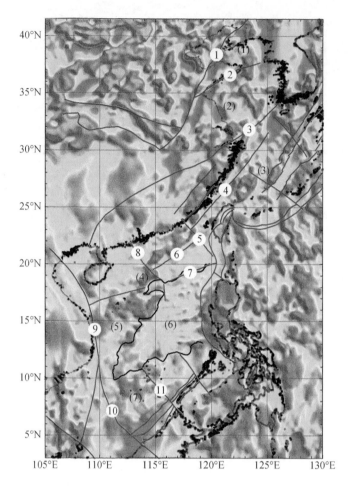

图 6-20   中国东部和南部海域地磁异常分区图（底图为化极上延 20km 磁异常）

（1）渤海－北黄海异常区；（2）南黄海异常区；（3）东海陆架异常区；（4）南海北部异常区；（5）中沙－西沙异常区；（6）南海海盆异常区；（7）南沙地块异常区。①郯庐断裂；②五莲－青岛－海州断裂；③江绍断裂；④东引－海礁断裂；⑤汕头－巴林塘断裂；⑥东沙隆起南缘断裂；⑦中央海盆北缘边界断裂；⑧阳江－一统断裂；⑨南海西缘断裂；⑩廷贾断裂；⑪巴拉巴克断裂

的流体以及来自软流圈富硅、富碳酸盐的熔体优先选择左旋伸展剪切郯庐断裂的局部拉分地段上升。郯庐断裂带从渤海海域新生代盆地东部边缘穿过，在盆地新生代盖层中主要表现为 NNE 向的右旋走滑断裂带，切割了控制古近纪盆地形成的 NE-NNE 向伸展断层，然而郯庐深断裂带在晚中生代就已经存在，渤海海域古近纪裂陷盆地的形成利用了先存的郯庐断裂带中的构造要素（漆家福等，2008）。渤海湾盆地基底在中生代之前基本上应该是呈毯状覆盖整个区域。新生代盆地基底构造变形实际上是中、新生代时期各期次构造变形的综合反映。渤海地区磁力异常主要是由太古宇—新元古界中强磁性变质基底引起，磁化率平均可达 2000×10^{-5} SI 左右，上覆沉积地层基本为无磁或弱磁性物质，中、新生代局部发育的火成岩具有较高磁性，是引起局部磁异常的主要因素（徐亚等，2007）。

北黄海盆地位于中朝板块东南部，西临郯庐断裂，南侧为苏胶－千里岩－临津造山带，属于胶辽地块和朝鲜北部地块上发育的中、新生代盆地。北黄海盆地历经多期构造运动形成多旋回的构造 2 沉积组合（包括中生界的上侏罗统—下白垩统、古近系的始新统和渐新统以及新近系），盆地基底为古生代沉积岩和前寒武纪变质岩（李文勇等，2009）。低磁异常的特点，反映了本区场源应为弱磁性的负变质岩。低幅弱变化负磁异常区的磁场特征，表明北黄海中生代基底为元古代变质岩，埋深浅（杨艳秋等，2003），推测为弱磁性的太古宇—元古宇变质岩系，刘公岛隆起和中、西部拗陷为此类基底。在海洋岛隆起中部和刘公岛隆起显示的区域性正磁异常可能是基底大面积混合岩化或花岗岩化的结果（宋鹏等，2006）。

6.3.2.2 南黄海异常区

南黄海的磁异常以周围负异常围绕中部大块状为总体特征。南黄海北部盆地以低负异常为主，最小可达 -100nT，沿 EW 向的轴部异常较为平缓，内部有 NW 走向的特征，向西转为 NE 向。中部隆起为大块状的正异常，但是中部和东部被负异常切割。南部盆地为苏北盆地的海上延伸，表现为较弱的负异常。

根据钻井、地震资料和重力异常、磁异常特征，并与区域地质对比分析，南黄海变质褶皱基底为新元古界青白口系，震旦纪开始发育第一套沉积层，一直到早三叠世期间存在多套海相碳酸盐岩和碎屑岩沉积层。印支构造运动后，发育了侏罗系、白垩系、古近系、新近系陆相沉积地层，全区广泛分布第四纪海陆交互相地层（刘金庆等，2012；高顺莉和周祖翼，2014；张训华等，2014），认为南黄海是下扬子块体的主体部位，南黄海盆地为新生代、中生代、古生代叠合盆地，中、古生代海相残留盆地分布面积大，地层较齐全、厚度大（吴德城和侯方辉，2017）。最新的钻探资料证实了中部隆起存在厚度较大的海相地层（张训华等，2019）。

6.3.2.3 东海陆架异常区

从构造区划看，东海陆架和南海北部陆架都属于华夏地块。东海地区构造带主要有闽浙隆起带、东海陆架盆地、东海陆架外缘隆褶带和台湾造山带等。东海陆架异常区主要是指东海陆架盆地，位于华夏地块在海域的东延，北部部分与扬子地块相接。主要有 NE 向、NW 向两组断裂的活动，造成东海东西分带、南北分块的格局，盆内凸起、构造带和局部构造具有成排成带展布和雁形排列的特点，表明曾发生南北向左旋扭动。沉积、构造、岩浆活动具有由西向东变新的趋势（金翔龙，1992）。早期的磁异常分析认为东海陆架区南北之间磁场结构是不同的，南部正值视磁化强度分布区可能是以"灵峰一井"变质岩为代表的古老块体；北部巨厚的基础层可能是古生代裂陷槽物质的表现（吴健生和王家林，1992）。通过重磁和地震资料分析认为，西湖凹陷基底主体部位主要为中等磁力异常、密度值较高的中性火成岩，时代属燕山晚期到喜马拉雅早期（曾久岭和沈然清，2000）；推测海礁凸起基底为中生界，其岩性为酸性、中酸性火山岩和火山碎屑夹沉积岩（陈冰等，2002）。基隆凹陷沉积有中生界、新生界，厚度达到 14km，其中中生界厚度可达 4km（高德章等，2004），中、古生界在海海礁凸起、钱塘凹陷也都有展布（高德章等，2005，2006）。

一般认为东海陆架的形成是欧亚板块与太平洋板块的碰撞、俯冲和弧后拉张的结果，侏罗纪—早白垩世东海及其以南地区应为弧前盆地性质。晚白垩世晚期—始新世，火山岛弧向东移动，东海陆架盆地变为弧后盆地；古新世的断陷中心在东海陆架盆地西部的长江凹陷、瓯江凹陷；始新世时，断陷中心向东迁移，以陆架盆地东部的西湖凹陷为主（赵金海，2004；郑求根等，2005；Suo et al.，2015；Liang and Wang，2019）。但是近年来有一个新的提法认为东海陆架是规模大的低密度外来地体，在中生代晚期（～90 Ma）与华南地块发生碰撞，并堵塞原俯冲海沟（牛耀龄等，2015），结束了古太平洋板块的俯冲及相关的火山活动（Ding et al.，2017）。

6.3.2.4　南海北部异常区

在南海北部异常区，由 NW 向的阳江－一统断裂分为东部的珠江口盆地异常区和西部的琼东南－北部湾盆地异常区，前者由陆向海依次有高频、高值复杂异常，东沙隆起高磁异常带、南海北部磁静区等不同的磁异常特征，反映了该区复杂的构造活动（吴招才等，2010）；后者主要分布有琼东南盆地、莺歌海盆地、北部湾盆地等，沉积层发育，磁异常也都表现为宽缓、低值特征。这两种不同的磁异常特征反映了不同的南海北部不同的基底结构（孙晓猛等，2014）。

6.3.2.5　中沙－西沙异常区

中沙－西沙异常区位于南海海盆和南海西缘断裂之间，在中、西沙海区，磁异常表现为高、低值异常相间分布的特征，体现出该区复杂的基底性质；而在南部的中建南盆地，主要以低值负异常为主。在靠近西南海盆的南北边缘，也出现局部的高磁异常，有认为是与南海东北部的东沙高磁异常带一致，是晚中生代火山弧往西南的延伸（Li et al.，2018）。

6.3.2.6　南海海盆异常区

在南海海盆异常区，呈现出清晰的磁异常条带特征，关于磁条带年龄的分析，已有较多研究，通过近年来的近海底磁异常和大洋钻探资料分析，已经取得较为一致的认识（Briais et al.，1993；Barckhausen and Roeser，2004；Barckhausen et al.，2014；Li et al.，2014a，2014b）。但从整体上看，南海海盆磁条带异常仍然有些显著的特征需要进一步认识：一是在东部海盆东侧靠近马尼拉海沟的海域，北侧磁条带十分模糊，而南侧十分清晰，甚至有磁条带延伸越过马尼拉海沟，这可能表明沿马尼拉海沟北端与南端俯冲的南海洋壳的年龄或性质存在差异；二是西南海盆磁条带强度明显弱于东部海盆，往西南端甚至接近消失，在磁异常化极上延后更加明显，这可能与西南海盆的渐进扩张有关，也可能反映了西南次海盆与东部次海盆在深部磁化性质的不同。

6.3.2.7　南沙地块异常区

在南沙地块异常区，廷贾断裂和巴拉巴克断裂由西往东依次将南沙地块分为曾母地块、永暑太平地块和礼乐地块，磁异常特征差异明显。在曾母盆地主要为低值、宽幅的平缓异常，与中建南盆地接近；在永暑太平地块则以高低相间的细小局部异常圈闭为主；礼乐地块有大面积块状正异常突出存在，与前两者异常特征截然不同。南沙海槽磁异常由化极前的负异常转变化极后的正异常。

6.3.3　海陆相接构造的磁异常特征

中国东部及邻近海域经历了华北、扬子、华夏等地块从晚古生代后期开始到中生代结束的拼合过程，不同块体的结合部位有强烈的碰撞、挤压及剪切作用，形成造山带和各种形式的断裂带，又往往与岩浆活动、变质作用相联系。同时，中国东部海域是西太平洋边缘海构造体系的一个重要组成部分，其形成演化过程与欧亚大陆、太平洋板块、菲律宾板块之间的相互作用有着密切关系，中、新生代滨太平洋陆缘活动强烈，特别是晚中生代古太平洋板块的俯冲，造成中国东部区域大规模的岩浆活动。一般而言，岩浆岩比变质岩、沉积岩的磁性强，因此磁异常对揭示区域磁性基底特征、与岩浆活动有关的断裂展布，以及造山带、俯冲带的分布情况十分有效。刘光鼎（1992b，2002）结合地球动力学特征和地质构造分析了中国海地球物理场特征，进而讨论了中国大地构造格架及演化历史，提出了对中国海的油气资源看法。郝天珧等（1997）对中国东部及海域的地球物理场及大地构造意义进行了分析；戴勤奋（1997）对中国海区及邻域的地磁场进行了分析，并划分了六大基底岩相区；滕吉文和闫雅芬（2004）利用中国东南大陆与陆缘地带的地面磁场观测资料研究了板内构造界带的地磁异常场响应；李春峰等（2009）通过对中国东部及邻近海域磁异常数据的化极和上延处理，分析了不同构造块体和区域深大断裂的磁异常特征和空间展布，并反演计算出区域居里等温面的深度分布。结合本次编图得到覆盖中国东部陆地和近海的完整磁异常数据，对我国东部及近海的海陆相接构造的磁异常特征及大地构造意义进行揭示（图 6-21）。

6.3.3.1　渤、黄海与华北地块

华北地块的磁异常以大面积负异常为背景，分布众多块状或带状强正异常圈闭，带状正异常各不相同，表明华北地块在形成演化过程中不存在统一的应力场。早元古代的陆-陆碰撞造山（李三忠等，2016），显生宙以来华北克拉通东部岩石圈的剧烈减薄（李三忠等，2010），使得磁异常面貌更加复杂。研究表明早在太古宙时期，华北地块存在多个块状强磁异常区，多被认为是太古宙微陆块的反映，如蒙陕微陆块、山西微陆块和河淮微陆块等（车自成等，2002），这些古陆块的磁源重力异常表现得更明显，均是对应大面积的高值异常圈闭（吴招才等，2018）。东部的渤海磁异常主体为 NE 向、往北东逐渐变窄的条带状正值区；而北黄海地区磁异常总体上较为平静，负异常背景上相间分布有细小、杂乱的正负局部异常。这种差异可能来源于它们在地块内所处的不同构造位置，与晚中生代以来华北克拉通东部破坏、郯庐断裂带活动性质的转变有关。

6.3.3.2　东海与华夏地块

浙闽沿海晚中生代火山-侵入岩系广泛发育（李兆鼐，2003），一般认为晚中生代古太平洋板块俯冲和陆内玄武岩浆底侵是其主要成因，且随着俯冲角度的由缓变陡，火山岩的成分和时序也存在由西向东迁移的特征，赣江断裂以西为强过铝花岗岩区（徐鸣洁和舒良树，2001）。丽水-政和-大浦断裂带西侧以壳源为主的 S 型花岗岩为主，磁性较弱；东侧以壳幔同熔的 I 型和偏碱性的 A 型花岗岩为主，磁性明显增强。总体上具有从西到东、从早到晚，幔源物质增多，碱性增强，从 I 型向 A 型转变的趋势（刘英会等，2007）。该区磁异常相应地属于复杂变化区，化极磁异常和磁源重力异常都表现出由西向东规模逐渐变大，幅值逐渐升高，解析信号表现出明显不同于华北地块的特征，而与东海陆架表现出明显的关联性（江为为等，2004）。

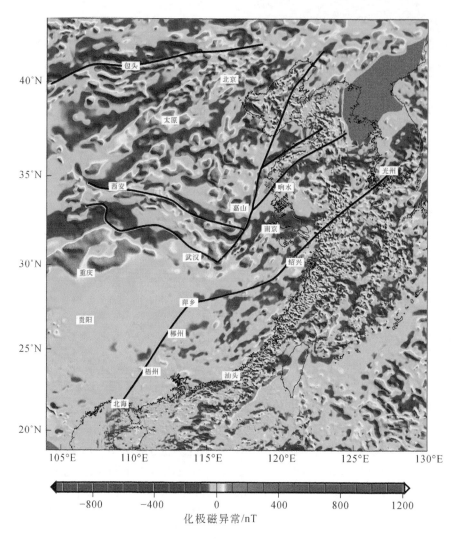

图 6-21　中国东部海陆构造的化极磁异常特征

6.3.3.3　华夏地块中生代东边界

很早人们就认为中国东南大陆外缘存在古太平洋的俯冲带，古太平洋板块西缘与华南大陆的缝合带也是华夏地块中生代东边界，李三忠等（2013）对此做过详细论述，并认为安第斯型东亚陆缘起始于晚三叠世，但关于其位置展布还有争议。从磁异常上可以看到，在南海东北部存在一条显著的、横贯东沙、与大陆边缘近于平行的高磁异常带，关于其共识最多的是与中生代俯冲（或碰撞）的岩浆活动有关。根据华南地区的岩浆岩露头分析认为丽水－政和－大埔断裂以东钙碱性中酸性火山－侵入杂岩区（徐鸣洁和舒良树，2001），地球化学特征指示其为活动陆缘岛弧环境（李武显和周新民，1999）。而东沙隆起区的钻井和综合地球物理反演也都认为是中－酸性火山岩（陈冰，2004），与浙闽沿海火山岩性质更接近。穿过南海北部的最佳横波二维结构模型及波速比（V_p/V_s）剖面结果认为（Zhao et al.，2010），东沙隆起带的上地壳酸性火山岩组成，与福建沿海的大火山岩省的岩性一致。由此我们推测浙闽沿海向东南延伸至南海东北部东沙隆起的火成岩带可能指示了中生代东亚陆缘缝合带的位置。

6.3.3.4 扬子地块南北边界的海域延伸

关于扬子地块和中朝地块的结合带划分问题存在较多争议（唐贤君等，2010）。在南京以东存在一条明显的 EW 向低磁异常向高磁异常的转换带，Li（1994）认为这是扬子地块和华北地块在深部的缝合线，上地壳和下地壳分离，沿缝合线逆冲于华北地块之上，并得到反射地震和层析成像结果的支持（徐佩芬等，1999，2000）。吴其反等（2003）进一步指出，这是"鳄鱼嘴"状楔入结构的深部界线。也有研究认为朝鲜半岛中部的京畿地块亲扬子地块，南部岭南地块与华北地块相似，在朝鲜半岛前寒武纪京畿地块中识别出一个含有榴辉岩的洪城变质杂岩，并认为临津江带和沃川带不具备造山带的变质特征，据此提出地壳拆离与逆冲模式，即华北与扬子陆壳的碰撞带沿朝鲜半岛西缘，大致呈 NS 向分布，扬子陆壳俯冲带的深部超高压部分未出露地表，下地壳的高压部分从俯冲带拆离，并逆掩到地表形成洪城杂岩，没有形成横穿半岛的变质（造山）带（翟明国等，2007）。卫星重力异常的研究认为在京畿地块的中部可能存在近 NS 向的断裂带，与临津江带和沃川带共同构成中朝板块与扬子板块的结合带（金峰男等，2010）。由此可以认为，扬子地块和中朝地块在南黄海地区的结合带是以这种楔入 - 俯冲模型统一起来。地震剖面上强反射界面之下的深部地层有效反射，揭示了千里岩断裂两侧分布着向南逆冲的构造推覆带，认为千里岩隆起区为扬子块体与华北块体碰撞接触带，扬子块体向北运动与华北块体碰撞后楔入到华北块体之中（吴志强等，2015）。扬子地块上地壳与下地壳分离，上地壳向北逆冲于华北地块之上，下地壳和下伏岩石圈俯冲于华北地块之下，使得整个苏北 - 南黄海地区的磁异常面貌与中扬子地区和华北地块均不同。

扬子地块与华夏地块自新太古宙—古元古代以来，经历了多期次的裂解与拼合，直到志留纪末最后一次拼合才固结形成统一的华南大陆（程裕淇，1994），在陆地上，公认江绍断裂带为两大地块之间的界线。关于其西延和东延入海的走向问题，前人也做过多种总结和研究（郝天珧等，2002，2003；杨金玉等，2008）。由于华夏地块分布大量晚中生代岩浆岩，两侧基底磁性差异大，西北侧磁异常变化平缓，东南侧异常剧烈跳动，解析信号表现为低背景上的复杂高值区，磁源重力异常同样表现为由低值背景区向高值背景区的转变（吴招才等，2018）。根据这些特征可以刻画该断裂的西延和东延走向，可以认为萍乡 - 郴州 - 梧州 - 北海一线是江绍断裂的西延。东延从杭州湾 NE 向延伸至济州岛北侧，转向 NNE 延伸至朝鲜半岛南部的沃川剪切带，但并没有贯穿朝鲜半岛，而是在光州附近终止，此处出现一条近 NS 向的断裂构造。

6.4 东部海域典型磁异常解释

6.4.1 南黄海中部隆起块状高磁异常

南黄海中部隆起高磁异常位于南黄海盆地中间的南黄海中部隆起带（位置见图 6-19），

面积大于 $3.5 \times 10^4 km^2$，呈近东西向展布，与北部拗陷、南部拗陷以缓坡和断层接触。其化极磁异常表现为大块状的正磁异常，东、西圈闭中心的磁异常值高达 140nT 和 200nT，走向为 NE 向、NW 向，中部嵌套负磁异常。关于中部隆起的大块状正磁异常，地质矿产部航测 909 队认为是古陆核的体现，可能是朐山群磁性基底的反映，时间为太古宙—古元古代，它构成了南黄海基底的主体（张训华等，2014）。也有分析认为是上地幔低速层隆起引起的深部热活动加剧，地幔物质侵入下地壳，引起磁性物质的组分变化（刘光鼎，1992b）。但后来的研究没有发现南黄海莫霍面存在异常上隆，古陆核观点较为流行。祁江豪（2015）通过研究南黄海地壳速度结构发现在 122°N，35°E 周围 20km 存在高速体，该高速体从北部拗陷南缘向南一直延伸至中部隆起北缘。通过对比趋于变浅的磁性基底和二维模型中走势明显变深的沉积基底，推测为岩浆岩入侵。吴其反等（2003）通过三维反演计算磁异常数据得到苏鲁地区深部 20～25km 处存在 NW 向展布的强磁性体，延伸至南黄海，其中包含中部隆起带。吴招才等（2018）计算了该区域磁缘重力异常显示其规模可以与华北地块上的古陆核的磁缘重力异常相当。由于磁源重力异常相当于化极异常垂向积分，因此可以认为磁源重力异常大的地方磁源体体积规模较大。但是其从规模上可以与华北地块的古陆核相比较，磁源重力异常值并不大，说明磁化强度小于华北地区的古陆核。张少武和李春峰（2011）根据三维解析信号振幅值估算出的磁源体埋深和该区的地震测线剖面上可以看到深部的岩体侵入。

因此，南黄海中部隆起的高磁异常并不仅仅是由于残存的太古宙—古元古代的古陆核或者说具有磁性的结晶基岩引起的，基底的隆起和岩体侵入影响可能较大。杨金玉（2010）认为苏北地区的区域磁性异常界面为前震旦纪基底，它埋藏深，引起的是长波磁异常，另外，还存在中-新生界磁性较高的侵入体，埋藏浅，会在磁异常背景上引起显著的变化。在南黄海中部隆起实施的大陆架科学钻探 CSDP-2 井厘定了中部隆起的海相残余地层属性，证实了中部隆起中-古生代海相地层发育较齐全，赋存了三叠系—奥陶系海相残余地层（张训华等，2019）。

由于中部隆起勘探程度较低，主要包括重、磁和一些二维资料，没有钻井和测井资料，研究它的地层分布或者岩性就需要依靠北部和南部拗陷的钻井资料类比，来建立地层框架。南黄海目前钻井 25 口，其中，中国 20 口，韩国 5 口，韩国钻井位于南黄海北部盆地中。在南黄海北部盆地钻遇下三叠统青龙组，南部盆地钻遇下三叠统青龙组、二叠系栖霞组、上二叠统龙潭组。由于靠近中部隆起的陆区滨海隆起在重、磁异常图上表现为相同的异常特征；并且二者相连，具有相同的大地构造背景、相同基底结构，其成因和演化具有相同性（欧阳凯等，2009）。因此，两者的区域地质和地层特征也可以进行类比。

欧阳凯等（2009）通过分析滨海隆起、南黄海盆地和勿南沙隆起钻井资料，认为中部隆起发育的主要地层为震旦系、寒武系、奥陶系和志留系，残存震旦系—下二叠统地层，局部区域保存较薄的白垩纪地层；下三叠统青龙灰岩和上古生界龙潭煤系基本剥蚀殆尽（吴志强，2009）。该区受印支运动的改造以及岩浆的侵入，下古生界分布分段不连片。温珍河等（2007）对南黄海前古近系碳酸盐岩油气进行了比较研究，认为中部隆起以泥盆系—下二叠统（上构造层）为主体，缺失上二叠统龙潭组—下三叠统青龙组，中生界零星分布；志留系-寒武系（下构造层）残留厚度大；上构造层的剥蚀程度高，厚度为西薄东厚；中生界由于大面积的剥蚀，地层零星分布。

　　OBS2013 测线为中国科学院地质地球物理研究所、国家海洋局第一海洋研究所和青岛海洋地质研究所三家单位布设的一条海陆联合地震测线。该线穿越北部的千里岩隆起带、北部拗陷和中部隆起三个构造单元，端点为 121.19°E，36.54°N 至 122.88°E，33.92°N。参考祁江豪（2015）多道地震剖面的解释，将剖面从上往下分为陆相沉积层、高速推覆体层、海相沉积层、上地壳、下地壳与地幔。由于南黄海海水层深度在 50m 左右，故忽略不计。陆相沉积的底界面为界面 T_8，即盆地陆相中－新生代盆地的基底界面（印支构造面），该界面清晰度较好，可连续追踪，起到浅部的约束作用。南黄海印支期之后遭受一系列的剥蚀改造作用，因此 T_8 界面以上的地层年代属性并不统一，速度为 2.8 ～ 4.8km/s。海相沉积的底界面为 Tg，即南黄海前震旦系变质岩顶界面，连续性较差，后期调整性较高。变质岩推覆体自北向南推覆在海相地层之上。OBS2013 测线的莫霍面整体为 32 ～ 34km，与前人反演的莫霍面深度大体一致。

　　从图 6-22 中可以看到，剖面的莫霍面比较平缓，主要是印支期南黄海经历了抬升、剥蚀；居里面至北往南整体比较浅，在南部中部隆起位置下降到 28km，但整个居里面位于莫霍面之上。北段的千里岩推覆体重、磁异常值幅值较大，在岩性上为高密度的太古宙变质岩，密度为 2570 ～ 2710kg/m³，磁化强度为 0.25 ～ 1.1A/m。其下方的地层为海相沉积层，视为无磁性；海相地层的下方前震旦系地层同样可以视为无磁性。因此，我们认为

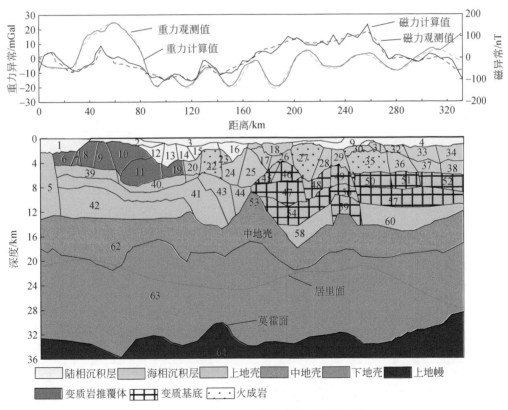

图 6-22　OBS2013 测线综合地球物理剖面

图中数字为表 6-1 中的块体序号

剖面上 40 ～ 50km 处的千里岩段高重力和磁力异常主要是由千里岩推覆体引起，其中，块体 14 区域磁化强度最大，为 1.1A/m（表 6-1）。在磁异常平面图上，千里岩岛附近磁异常值为 0 ～ 100nT，表现为串珠状、高达 80nT 正磁异常，主要是千里岩岛强磁性的强烈韧性构造变形的花岗质片麻岩造成。

表 6-1　重磁反演物性参数

块体	密度 / (kg/m³)	磁化强度 / (A/m)	块体	密度 / (kg/m³)	磁化强度 / (A/m)	块体	密度 / (kg/m³)	磁化强度 / (A/m)
1	2200		23	2500		45	2600	1.45
2	2100		24	2550	0.35	46	2600	1
3	2150		25	2610	0.55	47	2680	1.65
4	2200		26	2530	1.6	48	2650	1.1
5	2660	0.6	27	2600	1.4	49	2600	1.8
6	2630	0.6	28	2500	2.15	50	2630	1.7
7	2570	0.8	29	2500	1.95	51	2600	1.5
8	2610	0.7	30	2500	1.3	52	2600	1.45
9	2700	1.1	31	2300		53	2700	1.45
10	2710	0.75	32	2250		54	2700	1.35
11	2680	0.25	33	2400	0.55	55	2700	1.75
12	2270		34	2300		56	2700	1.8
13	2430		35	2550	1.35	57	2700	1.1
14	2320	0.25	36	2500	0.8	58	2700	1.55
15	2320		37	2530		59	2700	1.7
16	2260		38	2530		60	2700	1.8
17	2220		39	2590		61	2700	
18	2220	0.55	40	2550		62	2710	
19	2700		41	2630		63	2900	
20	2610		42	2700		64	3200	
21	2600	0.55	43	2650				
22	2600	0.1	44	2630				

从剖面上看，前震旦系磁性基底较深，从北向南磁性厚度逐渐变大。块体 22 磁化强度为 0.1A/m，密度为 2600kg/m³，位于北部拗陷的突起带上，磁异常幅度为 -70 ～ -20nT，

重力异常幅值为 −20 ～ −5mGal。重、磁异常均升高，磁性基底深且薄，推测为侵入岩。块体 25 密度为 2610kg/m³，磁化强度为 0.55A/m，其周围几个块体的磁化强度为 0.35 ～ 1.6A/m，磁异常值不断增加，重力异常表现为凸起，康拉德界面在此处出现凸起，说明海相沉积层出现了磁性较强的块体，引起了显著的磁异常变化。磁性基底的磁化强度范围设置在 1.1 ～ 1.8A/m，符合强变质岩的磁化强度范围。千里岩隆起下方的基底磁性很弱，可视为无磁性，向南可以发现磁性基底的强度逐渐增大，厚度增加，在 190 ～ 270km 处仍不能很好地拟合磁异常，于是在海相沉积层的部分块体设置磁化强度值，得到了很好的效果。说明在该段，浅部磁异常能引起明显的变化，在中部隆起浅部的岩浆侵入是存在的。

6.4.2　东海钓鱼岛隆起高磁异常带

钓鱼岛隆起带在化极磁异常上表现为一条高值、变化复杂的磁异常带，西起台湾东北角，NE 向向东延伸至中国赤尾屿后转向 NNE 向延伸至日本五岛列岛，其解析信号的带状特征十分显著，而磁源重力异常则具有一定的分段性，可能反映了后期的 NW 向断裂的改造作用。有观点认为，它是中新世弧后扩张从琉球岛弧上分裂出来的岩浆岩带，具有与琉球‑台湾岛弧相近的基底（车自成等，2002）；也有认为钓鱼岛隆起带和南海北部东沙‑北港隆起的高磁异常带的形态和规模相当，两者存在某种联系，可能都是晚白垩世古琉球岛弧（吴时国等，2004），向西在 118°N 位置存在 NW 向走滑断层使其终止（Sibuet and Hsu，1997）。

从整个东海陆架的化极上延的磁异常（图 6-23）可以看到，钓鱼岛隆起带磁异常特征与浙闽火成岩带类似，同样表现为局部高磁异常圈闭，幅值接近，但是钓鱼岛隆起带的地壳厚度为 20 ～ 25km（图 6-24），与陆架盆地西侧的西部拗陷 + 中部低隆起带更为接近，明显小于浙闽岩浆岩带（> 25km）。这种差异表明虽然钓鱼岛隆起带和浙闽火成岩带均受过岩浆活动作用影响，但两者的地壳经历的伸展程度不同。冲绳海槽是琉球海沟的

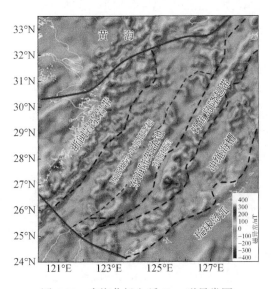

图 6-23　东海化极上延 5km 磁异常图

弧后扩张盆地，南段局部存在洋壳化特征（高金耀等，2008），磁异常表现为大面积的宽缓负异常，地壳厚度小于20km，南段局部小于15km。琉球岛弧磁异常特征和地壳厚度都与钓鱼岛隆起带十分接近，表明两者同源，只是由于冲绳海槽扩张而分隔（Ding et al.，2017）。重、磁、震资料综合研究表明钓鱼岛隆起带早期为"东海陆架外缘隆起"的一部分，后期经历了强烈的岩浆增生改造，隆起带内T_{20}界面之下为古老变质基底、岩浆岩体（蒋一鸣等，2019）。

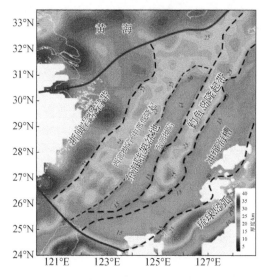

图 6-24　东海地壳厚度图

6.4.3　东部海域居里面深度特征

居里面是一个地热学界面，能很好地反映出地壳热流及磁性层的分布状态，也在一定程度上反映出块体的构造是否稳定，在矿产资源、地热、大地构造及火山活动等研究中有重要的意义。已有众多学者应用不同方法计算过我国东部及邻近海域的居里面，主要有郝书俭和王春华（1982）利用谱分析方法计算了渤海水域的居里面，认为该区域的居里面深度范围为 16～26km；江为为等（2004）应用中国东部磁异常数据反演计算了中国东部及其邻域居里面深度的起伏特征，认为中国东海海域居里界面深度在 10～17km 之间变化；韩波等（2011）基于功率谱法得到的东海区域居里面深度为 15～29km；李春峰等（2009）计算的东部海域的居里面深度为 19.6～48.9km，平均深度约为 31.7km。可见不同学者的计算结果之间存在差异。熊盛青等（2016）根据最新编制的 1∶100 万航陆域磁异常数据，编制了中国陆域居里面深度图，并分析了居里面与地温梯度和大地热流的关系。鉴于此，我们利用本次汇编的中国东部海域的磁异常数据，包括渤海、黄海和东海的高精度船测磁异常数据（图 6-21），采用功率谱方法计算居里面，并绘制整个中国东部海域居里面深度图，分析各海区居里面与主要断裂、海底热流之间的关系。

居里面作为一个重要的热力学界面，能很好地指示上地幔和地壳的热状态。为了更好地研究居里面和热流之间的相关性，我们还收集了中国东部及邻近海域 900 个热流测量数据。主要参考中国陆地区域大地热流数据（汪集旸和黄少鹏，1990；胡圣标等，2001；姜光政等，2016），南黄海的 8 个热流数据（杨树春等，2003）以及全球热流数据库（Hasterok et al.，2011）中的部分热流数据。

6.4.3.1　居里面深度计算

功率谱法反演居里面深度需要计算磁性层顶面深度，而浅部干扰和数据中的噪声对居里点深度的计算结果影响较大，可以采用圆滑滤波去掉磁异常高频成分或采用向上延拓的方法来减小影响。众所周知，小波多尺度分解能够将重力、磁力数据精细地分解到不同尺度，用来反映不同尺度和深度的数据特点，故常被用于区域场的分解和分析。本书对研究区化极磁异常（图 6-21）做了六阶的小波分解，得到各阶的小波逼近和细节，通过频谱分析，得出各自的视深度（图 6-25）。一阶细节未出现低频段的"直线"特征，说明一阶细节主要反映出高频随机干扰；二阶细节至六阶细节的视深度 h_s 分别为 7.80km、15.29km、45.47km、90.37km、159.12km；而一阶至六阶磁异常逼近的视深度分别为 12.34km、14.78km、44.47km、102.66km、140.03km、155.57km，可以看到三阶细节和二阶逼近视深度很接近，四阶细节和三阶逼近，五阶细节和四阶逼近以及六阶细节和五阶、六阶逼近场源视深度接近，说明二阶分解之后，小波逐渐将深部的信息反映出来。其中二阶细节反映出浅部的不均匀磁性体，三阶细节反映了磁性基底的变化。据此我们选取小波二阶逼近结果作为反演居里面的资料，采用针对组合磁异常的统计功率谱分析方法（Spector and Grant，1970），z_t 为棱柱磁性体的顶层深度，z_0 为中心深度，根据公式 $z_b=2z_0-z_t$ 换算出磁性层底层深度值。居里面计算还需考虑滑动窗口，窗口太小不能获得足够的频谱信息，窗口过大则降低了空间域的分辨率。Okubo 和 Tsu（1992）认为窗口的尺度应该为磁源中心深度的 12～13 倍，才能获得较为理想的居里面深度值。一般在计算时将窗口大小固定，以实现快速计算。本书认为研究区磁性层平均中心深度大约为 12km，故采用子窗口大小为 160km×160km。每个子窗口中，低频段采用 0.003～0.051 频段拟合 z_0，高频段则选择 0.057～0.076 频段计算 z_t。

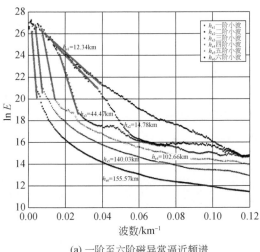

(a) 一阶至六阶磁异常逼近频谱

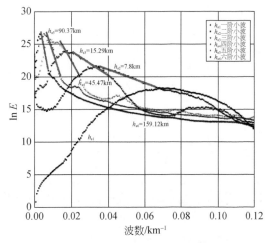

(b) 一阶至六阶磁异常细节频谱

图 6-25　频谱分析

6.4.3.2 居里面深度分析

图 6-26 为东部海域居里面计算结果。渤海区域对比华北陆区的居里面深度整体呈上隆状态，浅于 28km。但在渤海盆地内居里面与基底起伏具有镜像对称关系，即拗陷区居里面较深。辽东湾拗陷为 NE 向的下拗区，深度在 28km 左右；渤中拗陷居里面下凹不明显。居里面沿 F1 断裂呈 NW 向展布，深度为 18～22km。F2 断裂从潍坊进入莱州湾和渤海湾，控制渤海湾东部边界，其在渤海区域是一条左行走滑断裂，断裂带东侧磁异常表现为宽缓负异常，西侧整体表现为高磁异常区，幅值在 100nT 左右，断裂带两侧为大面积的居里面隆起区。华北克拉通东部晚中生代以来发生克拉通破坏，岩石圈减薄已得到广泛证实。Chen 等（2008）计算出的渤海海域、鲁西隆起及 F2 断裂带附近的岩石圈厚度为 60～80km；Pn 波速度偏低（李志伟等，2011）显示出岩石圈的拉伸减薄以及地幔物质的向上侵入。F2 断裂带渤海段附近的地壳广泛发育低速层（朱日祥和郑天愉，2009），从解析信号图上看，断裂呈现为串珠状比较孤立的岩体分布特点（张少武和李春峰，2011）。作为 F1 断裂与 F2 断裂交汇的区域，渤中拗陷的重、磁异常均较高，推测中新生代克拉通东部岩石圈减薄时期交汇处可能作为软流圈热物质的上涌通道，岩浆沿断裂交汇处上涌改造基底，增强了基底的密度和磁化强度并抬高了该区域的居里面，因此渤中拗陷居里面下凹并不明显。

北黄海居里面起伏状态整体平缓，深度较浅，在 17～25km 之间变化。北黄海海域的自由空间重力异常与布格重力异常相似，表现为较强的正重力异常（宋鹏等，2006），反映了地幔上隆的重力效应。磁异常却为大面积的低缓负异常，在低值背景场上出现零碎的 NW 向正异常，可能是受到 F5 断裂带的影响。与渤海类似，属于中国东部裂谷拉伸作用影响的岩石圈减薄区。通过分析重、磁资料认为北黄海盆地之下隐伏有埋深较浅的高密度、弱磁性结晶基底（杨艳秋等，2003）。这些反映了北黄海较弱的构造和岩浆活动。

南黄海北部盆地居里面起伏整体变化不大，范围为 25～29km。苏北及南黄海南部盆地居里面深度较大，范围在 25～32km 之间变化。介于黄海北部盆地和南部盆地之间的中部隆起带表现为大块状正异常，在中间和东端被负异常切割而不完整，磁异常"分段不连片"（欧阳凯等，2009），居里面在西部为下凹区，最深达 33km，走向 EW 向，东部相对上隆，深度为 28km，走向不明显。

夹在 F3 断裂与 F4 断裂之间的千里岩隆起带居里面较浅，深度为 19～24km。千里岩隆起存在高速推覆体，重力异常值大于 20mGal，属于高密度变质岩特征。千里岩隆起带居里面浅和密度高的特征可能与侏罗纪以来太平洋板块俯冲形成晚期较强的张裂或深部岩浆与热流活动有关（李春峰等，2009），也有认为在扬子板块与华北板块发生碰撞时，扬子板块深俯冲过程中拉动相邻的华北板块的一部分物质向下俯冲，引起上覆块体物质遭到了俯冲剥蚀，形成了不对称的双向俯冲（邱宁，2010），板块俯冲受阻后发生滞留、下沉从而引起地幔扰动，而在老的构造活动造成的地壳减薄带上地幔流又上涌，从而使得该区的居里面上隆。

F6 断裂带磁异常整体呈现出 NE 走向的正值分布，内部正负变化剧烈，正负异常圈闭零散、细小，方向无规律。居里面沿 F6 断裂带上隆，深度为 16～22km，表明其代表一个重要的块体边界，但居里面的上隆趋势在济州岛北侧发生改变，变为下凹。

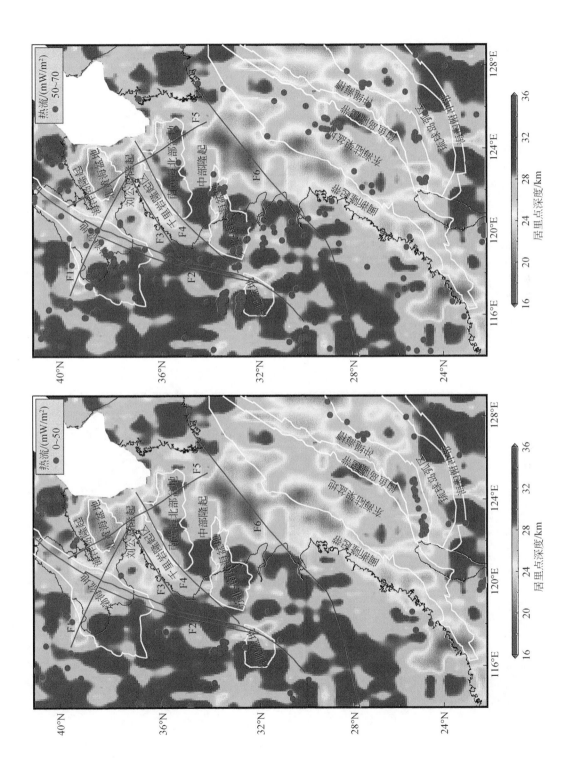

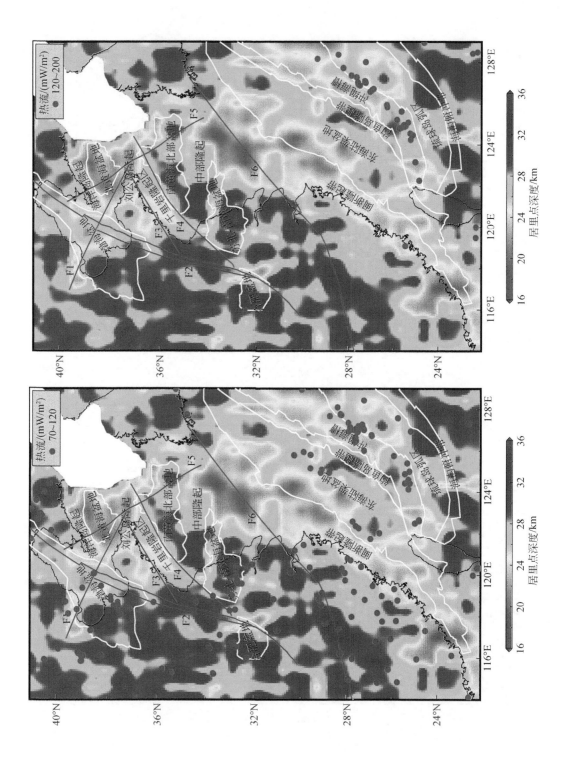

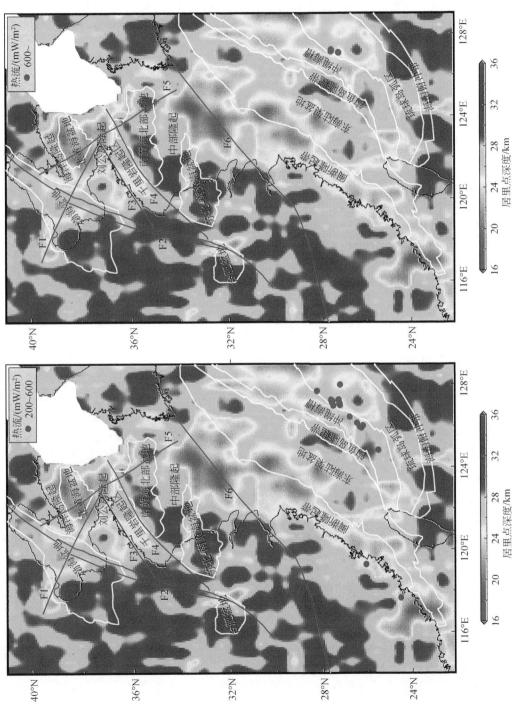

图 6-26　中国东部及邻近海域居里面深度及热流点分布图

浙闽隆起带的居里面呈 NNE 向上隆，深度为 16～24km，与中国东南沿海晚中生代以及新生代近 NNE 向火山岩带大体对应；隆起带的重、磁场也表现为 NNE 向的细节形态，显示出其受到了燕山晚期和喜马拉雅早期的 NNE 向断裂切割和岩浆侵入作用。东海区域磁异常大致在 29°N 的南、北两侧分布不同，南侧东西分带性明显，北侧的低磁异常分带性不明显。其居里面呈现出较为明显的"东西分带"特征，基本与东海的构造划分相一致。

相对于浙闽隆起带，东海陆架盆地的瓯江凹陷、武夷低凸起西南部、西湖凹陷东南部、基隆凹陷及福江凹陷南部的居里面深度都呈现下凹状态，深度为 26～29km。钓鱼岛隆起带整体表现为高磁异常，隆起带的中部和南部居里面表现为 28km 左右的下凹带，体现了燕山期和喜马拉雅期强烈的岩浆作用改造使得该处地壳增厚和基底隆起（赵志刚等，2016）。

总之，研究区内居里面深度变化特征较好地反映了该区域的深部构造格局，在构造环境稳定、地壳厚度正常的区域，居里面主要显示为块状拗陷且起伏变化平缓，这可能与相对较弱的中、新生代构造活动有关；而在构造活动区边缘或者中、新生代造山系，居里面主要表现为浅的区域性隆起。

6.4.3.3 居里面与热流的关系

一般来说，高热流的区域居里面深度小，低热流的区域居里面深度大。然而在构造复杂的区域以及古老的地区中，可能体现不出这种相关性，这包括许多因素，如当地的地温梯度、岩石生热率、地幔热流、断层活动和岩性特征等均会扰乱传导关系。中国东部海域（不包括冲绳海槽及以东区域）构造比较稳定，故这种地表热流与深层地热之间的简单传导关系可能不明显。

京津唐地区的热流值变化较大，在 0～120mW/m² 之间变化，居里面深度与热流的分布基本一致，可能是由于该地区西部和北部为大面积的山区，居里面较深，而其他地区属于平原，居里面深度下凹和上隆呈块状分布，起伏变化较大。陆区合肥盆地居里面较深，大约 30km，热流值大部分在 70mW/m² 以内；而其东部的苏北盆地的热流值范围为 54～83mW/m²，平均为 68mW/m²，与南黄海南部盆地的平均热流值相同。这是因为南黄海南部盆地与苏北盆地均位于扬子准地台基底之上，无论是形成时代还是演化过程均具有相似性，现在正在经历热冷却过程。随着热流值的增高，可以明显地看到热流分布区域逐步向东部海域转移，居里面深度逐步变浅。

渤海湾的热流值与居里面深度有很好的对应关系，其大地热流最高为 85mW/m²，最低为 50.3mW/m²；渤中凹陷热流值略微高于 60mW/m²，与大洋平均热流值相当，渤海地区热流值大于 70mW/m²，大体沿 NE 向展布，从辽东湾到渤南凸起以及垦东凸起高热流分布呈现出与盆地居里面起伏形态大体对应的特征，反映出该盆地中新生代曾经历的裂谷作用及岩浆活动。

东海陆架盆地热流值为 55～88mW/m²，平均热流值为 70.5mW/m²，属于正常热流值区域，热流点分布在瓯江凹陷、渔礁凸起东南部及西湖凹陷，位于居里面深度下凹区域。120mW/m² 以上的高热值主要分布在冲绳海槽区域，而中、低热流值在研究区内均有分布。冲绳海槽是高热流值集中的地区，也是低热流值广泛分布的地区，表现为低热流值和高热流值在同一区域出现，这可能是在垂直于海沟轴的方向上热流总和趋于平衡，即在热液喷出口周围的小范围的断层作用使冷水下渗，形成低热流循环，该区域居里面表现为隆起。

图 6-27 为研究区的居里面深度与热流值及地温梯度分布散点图，为了绘图方便本书将热流值大于 350mW/m^2 的数据取为 350mW/m^2，地温梯度大于 300K/km 的数据取为 300K/km。通过计算研究区居里面深度与热流、地温梯度的自相关系数（Pearson 相关系数）后发现，结果分别为 -0.3896 与 -0.5160，说明该区域居里面深度与热流值之间为弱负相关，与地温梯度为中等程度负相关，它们之间没有很好的线性关系。但随着居里面深度逐渐增加，地温梯度和热流值均降低；居里面深度大于 29km 时，东部海域的热流值明显降低，小于 100mW/m^2；而在居里面隆起的区域（＜ 28km），东部海域热流值变化范围大。地温梯度也存在类似特征，居里面深度大于 29km 时，地温梯度大部分小于 50K/km。

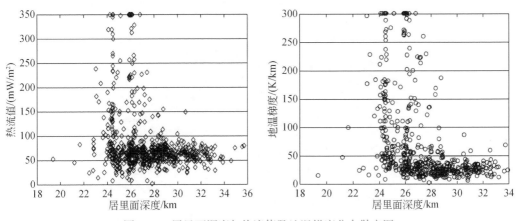

图 6-27　居里面深度与热流值及地温梯度分布散点图

6.5　南部海域典型磁异常解释

6.5.1　南海北部东沙隆起高磁异常带

南海北部磁异常三个特征明显的异常区分别是高磁异常带、磁异常平缓变化区和海盆磁条带区（图 6-28，图 6-29），化极异常、解析信号和磁源重力异常均强化了这种分区特征。关于高磁异常带的地质成因争论较多，姚伯初等（1995）认为该带是侏罗纪—白垩纪的亚洲东部中生代火山弧的反映。戴勤奋（1997）认为该高磁异常带很可能和浙闽沿海火山岩带是同一条岩浆构造带，在后期的挤压，伸展过程中与浙闽沿海火山岩带分离。夏戡原等（2004）则认为高磁异常带和减薄上地壳、增厚下地壳及下地壳隆起相一致，不是华南大陆的一部分，也不是火山弧，而是新生代张裂和前新生代挤压联合作用形成的复合构造带，主要磁源体为下地壳深部的超铁镁质物质。周蒂等（2006）综合推测南海北部高磁异常带与浙闽东部火山岩带具有相同成因，代表与中生代俯冲增生相伴的火山弧，并被 NW 向断裂左行错动，高磁异常是由厚达 6km 的中酸性"火山岩体"（胡登科等，2008）形成；Li（2008）利用地震和地磁资料分析、界定了东沙隆起与其南侧展布有低磁性中生代沉积层的潮汕 - 台南盆地的界限，并指出东沙隆起高磁异常是由 2 ～ 20km 深度上的上地壳高磁性物质造成。李家彪和金翔龙（2008）认为该带是晚白垩世北移的大陆型地壳碎块与亚洲大陆东南缘碰撞形成的地壳重熔性岩浆岩带。实际上，钓鱼岛隆起带的磁异常从形态和规模上看也和南海北部高磁异常带相当，吴时国等（2004）将澎湖隆起和钓鱼岛隆起联系起来，认为两者可能都是晚白垩世古琉球岛弧，向西在118°N位置存在NW向走滑断层使其终止（Sibuet and Hsu，1997）。

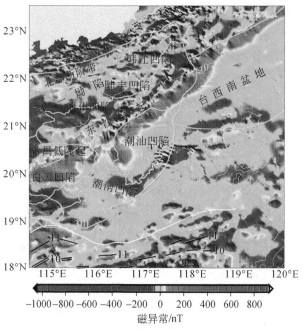

图 6-28　南海北部磁异常

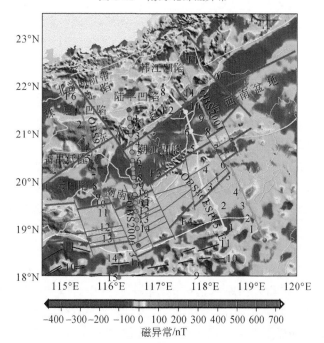

图 6-29　南海北部化极磁异常

图中橙色、绿色和粉红色线分别表示 OBS93、OBS2006-3 和 OBS2001 剖面的位置，线上圆点和数字表示 OBS 站位和标号

南海北部横贯东沙－澎湖－北港的高磁异常带，东止于台湾岛，西止于神狐暗沙，异常幅值为 50～200nT，消除了倾斜磁化影响的化极磁异常显示与东沙隆起的对应性更好，由西向东有四个局部高磁异常圈闭，连续性并不好。磁化强度反演结果也具有类似的特征，高磁性物质主要出现在 F1 和东沙隆起南缘断裂（F2）之间，磁源重力异常显示东沙隆起和浙闽沿海火山岩带一样为高值区，幅值逐渐降低，且被汕头－巴林塘断裂（F10）错断。

通过南海东北部三条 OBS 剖面进行重磁正反演拟合，由西到东分别是 OBS93、OBS2006-3 和 OBS2001，这三条剖面均穿过了高磁异常带和磁静区，OBS93 剖面南端到达了海盆（图 6-30）。拟合过程中基于与化极时同样的理由，也没有考虑剩磁，假定磁化强度与地磁场方向一致，三条剖面的地磁场强度均取为 44253nT，长度分别为 400km、320km 和 500km，由于三条剖面均接近南北走向，所以剖面上的有效磁化倾角和地磁场磁化倾角相近。建立地质模型时首先以地震速度结构剖面为参考，不改变上地壳以上的纵向

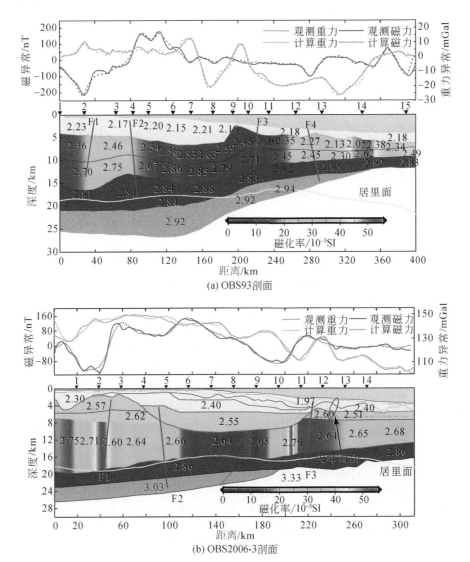

(a) OBS93剖面

(b) OBS2006-3剖面

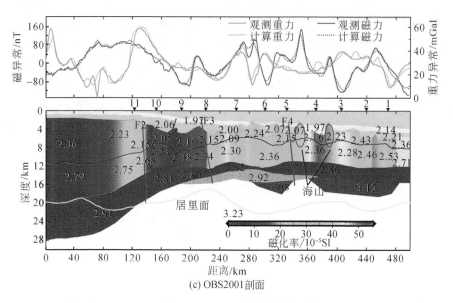

图 6-30　OBS93 剖面、OBS2006-3 剖面、OBS2001 剖面综合地球物理解释（吴招才等，2011）

结构，只调整密度和磁化率两个物性参数在横向上的变化，而对深部结构则同时调整物性参数和模型的几何形态，这样能尽可能发挥地震纵向分辨率和重磁横向分辨率高的优势；同时采用 2.5 度任意多边形棱柱体模型正演计算地质模型的重磁异常，通过不断调整模型的物性参数和形态以拟合观测异常，重磁物性参数主要参考了郝天珧等在本区的工作（郝天珧等，2008，2009）。需要说明的是在拟合磁力异常时，我们将磁化率主要集中在上地壳层以突出主要磁源层的磁性特征，所以得出的磁化率参数是综合的相对变化值，不一定能用于分辨地层岩性特征。

　　三条 OBS 综合地球物理剖面显示居里面主要位于上地壳底部，也就是高磁性物质主要集中于上地壳，而其北南边界的 F1、F2 断裂处磁性横向变化强烈，在低纬度地区低倾角磁化条件下形成南正北负的磁异常可能是造就如此高磁异常的主要原因。

　　综上可见，虽然南海北部高磁异常带的成因观点各异，但共识最多的是与晚中生代的俯冲（或碰撞）的岩浆活动有关。根据华南地区的岩浆岩露头分析认为丽水－政和－大埔断裂以东钙碱性中酸性火山－侵入杂岩区（徐鸣洁和舒良树，2001），地球化学特征指示其为活动陆缘岛弧环境（李武显和周新民，1999）。而东沙隆起区的钻井和综合地球物理反演也都认为是中－酸性火山岩（陈冰，2004），与浙闽沿海火山岩性质更接近。穿过南海北部的最佳横波二维结构模型及波速比（V_p/V_s）剖面结果认为，东沙隆起带的上地壳酸性火山岩组成，与福建沿海的火成岩岩性一致，推测东沙隆起带可能与晚中生代火山弧有关（Zhao et al.，2010）。通过该区磁异常分析（吴招才等，2011）认为南海北部东沙隆起高磁异常带可能和浙闽火成岩带是被 NW 向汕头－巴林塘断裂分为两部分的古太平洋俯冲的火山弧，磁性物质主要位于上地壳，在近斜磁化条件下其两侧边界的强烈磁性差异是形成高磁异常的主要原因。

6.5.2　南海北部磁静区与下地壳高速层

6.5.2.1　磁静区的磁异常特征

磁静区（magnetic smooth/quiet zone，MQZ）是在洋壳中相对于与海底扩张相关的条带状磁异常而提出的。与扩张区洋壳对应的磁条带异常的高幅值、窄宽度形态不同，磁静区对应的磁异常值一般不超过 75nT，而宽度一般超过 100km，因而称为磁静区。

磁静区的起源有些是因为地磁极性长时间没有反转，或者地磁场虽有反转但强度长时间很低，因而造成具有全球同期性的磁静区，这样可以形成远离陆缘的深海磁静区。有些磁静区是构造状态、热作用等原因将原先记录的磁异常抹掉，常造成局部性的、紧邻陆缘的边缘磁静区。边缘磁静区与陆缘初始张裂相伴生，涉及陆壳张裂、海底扩张、岩浆和沉积作用等，成因较为复杂，有些与地磁极性不变间隔期有关，而有些则与其关系不明显。

南海北部陆缘磁静区的存在最先是由 Taylor 和 Hayes 提出的，即是位于南海北部东沙隆起高磁异常带和海盆磁条带区之间的大片磁异常平静区。此后，该区进行了长期、大量的地质、地球物理调查和研究，对该磁静区的成因也有过众多的解释（高金耀等，2009）。基于现今的调查和研究结果，关于南海北部陆缘磁静区的成因可以明确以下几点：一是该磁静区不同于传统意义的磁静区，它不是生成于洋壳之上的；二是该磁静区与地磁极性不变间隔期无关；三是该磁静区面积大，对应了不同的地质构造单元，因此低幅值、平缓磁异常形成原因不相同。

南海北部陆缘的东段由西北向东南分布着 5 个近 NE 向相互平行的构造带，它们分别是珠江口盆地北部拗陷带、珠江口盆地中央隆起带（即东沙 - 澎湖 - 北港隆起带）、珠江口盆地南部拗陷带、下陆坡过渡区及海盆区。相应地，磁异常也可由北向南分为北部复杂异常区（Ⅰ）、高磁异常带（Ⅱ）、陆坡磁异常平静区（Ⅲ）和海盆磁条带区（Ⅳ）。其中，在高磁异常带（Ⅱ）和海盆磁条带区（Ⅳ）之间大片的陆坡磁异常平静区（Ⅲ）即所谓的南海北部陆缘磁静区（图 6-31）。

南海北部陆缘磁静区（Ⅲ）在磁异常图上表现为 0nT 左右的大面积低值异常。由于受低纬度斜磁化的影响，化极后的磁异常［图 6-31（b）］与地质构造具有更好的对应性，并能给出更多的细节特征。磁静区（Ⅲ）化极异常特征更加清晰，整体为北东走向，且明显分为南北两部分，靠陆侧为弱负磁异常区，幅值为 -150～0nT；靠海侧为弱正磁异常区，幅值为 0～50nT，该区主要分布在潮汕凹陷南部边界和洋盆北部边界之间，横跨 3000m 的水深线，可称为外磁静区（Ⅲ₃）。

东段弱负磁异常区（Ⅲ₁）对应着潮汕凹陷和台西南盆地等弧前盆地区（王家林等，2002；陈冰等，2005；周蒂等，2006），位于台西南盆地西部的 A-1B 井于 2400m 深处钻遇下白垩统，中中新统直接覆盖其上（苏乃容等，1995）。位于潮汕凹陷的 LF35-1-1 钻井结果表明侏罗系地层下存在花岗岩侵入体，基底下存在热物质上涌热源（杨树春等，2008）。

西段弱负磁异常区（Ⅲ₂）对应着白云凹陷，位于构造转换带上，脆性地壳或上地幔部分熔融导致岩石圈强烈减薄，并在主凹内发现晚白垩世—古新世反射界面（孙珍等，

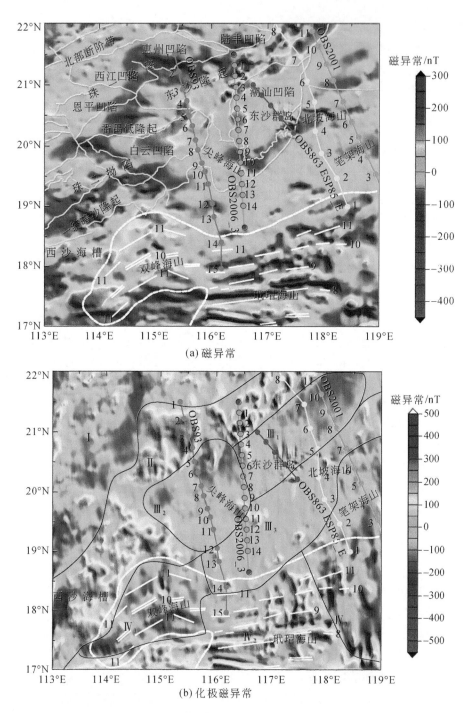

图 6-31　南海北部磁静区磁异常（a）和化极磁异常（b）

2005）。南海北部陆缘新生代沉积厚度巨大，地壳拉张因子计算结果表明下地壳拉张的贡献大于上地壳，白云凹陷在变形前具有一个热减薄的初始地壳（张云帆等，2007）。这些结果表明研究区在裂前或裂间存在热活动，可能与中生代古太平洋俯冲增生带有关。

总结起来可以看到，在南海北部陆缘磁静区内，其北部的弱负磁异常区都是对应着较厚的沉积层，以及热活动活跃的区域，这些都是形成该地区弱负磁异常的原因；但南部的弱正磁异常区［图 6-31（b）中外磁静区Ⅲ₃］与北部的完全不同，其弱正磁异常的起因，包括其地壳性质都是前人探讨研究最多的区域。因此我们将外磁静区（Ⅲ₃）特指为南海北部陆缘磁静区。

6.5.2.2　磁静区起因的讨论

最早，Taylor 和 Hayes 认为磁静区与条带磁异常分布区的界线同陆坡边界一致，推断磁静区的地壳属性是陆壳和洋壳之间的过渡地壳，是由于洋陆过渡区深部物质密度变化形成的。

Kido 等（2001）认为南海北部陆缘的磁异常来源于沉积物的表层和下地壳的上部（称为 M 层），磁静区或许是由于非磁物质或弱磁及逆磁化的 M 层在高温地幔物质的热流蚀变作用退磁引起。

张毅祥（2002）根据地震与磁力异常的联合反演，将磁静区地壳分为两个磁性层，下层即下地壳是均匀磁化物质，厚度为 6～8km，磁性和厚度稳定，磁性强度中到强；上层厚度为 1～2km，是中等磁性的反向磁化物质，认为与中生代较长时间的磁场倒转相关，厚度和磁化强度十分类似于大洋地壳中的层 2；夏戡原（2004c）提出该反向磁性层可能是古近纪古洋壳，为中生代特提斯的残留洋壳。

赵俊峰则认为磁静区是一个动态的概念，是正常磁性层经过热改造后形成的一种地质现象，在洋陆边界由于年轻的火山和岩墙温度很高，磁静区居里面抬升，磁性层减薄，从而形成磁异常低缓变化的磁静区（赵俊峰，2006；赵俊峰和张毅祥，2008；赵俊峰等，2010）。

李春峰和宋陶然（2012）指出南海磁静区的主要形成原因是存在较厚的、磁化率非常微弱的中生代地层，使得磁异常减弱。

该磁静区的弱正磁异常表明基底磁性较强，而穿过该区域的地震剖面显示南海北部陆缘存在下地壳高速层，虽然前人对下地壳高速层是形成于裂前（宋海斌和张健，2008）还是裂后（阎贫和刘海龄，2002）存在争议，但普遍认为是岩浆上涌至地壳下部底侵、增厚形成，且早期中酸性火山活动表明岩浆来源较浅，规模不大（阎贫和刘海龄，2005）。下地壳高速层与磁静区在位置上有较好的对应性，因此其成因可能也是相关的。

6.5.2.3　下地壳高速层的特征

基于南海北部大陆边缘磁静区的折射地震探测成果，并注意到磁静区与减薄的下地壳及其下的下地壳高速层（high-velocity lower crust，HVLC）（7.1～7.4km/s）的分布跨度具有很好的对应性（Nissen et al.，1995a，1995b；Yan et al.，2001；Wang et al.，2006）。因此深入认识南海北部的 HVLC 也有助于了解其所对应的磁静区的起因。

HVLC 是指位于下地壳底部的、地震 P 波速度大于 7.0km/s 的地壳层，通常分布在洋陆过渡带。前人已对全球不同陆缘的 HVLC 进行过研究，但由于地震 P 波速度无法区分地层的岩性，人们对于 HVLC 的成因尚有争议，主要有两种观点：一种是岩浆成因，HVLC 最先在富岩浆型陆缘发现，通常被认为是岩浆底侵形成的铁镁质基性岩（White and

Mckenzie，1989）；另一种是变质成因，在贫岩浆型陆缘同样存在 HVLC，由于岩浆作用匮乏，HVLC 最可能的解释是地壳减薄形成贯穿地壳的断层，甚至局部地幔出露，使地幔橄榄岩与海水接触而发生蛇纹石化（Boillot et al.，1987）。

南海东北部边缘属于过渡型大陆边缘，很多学者在地震剖面上都识别出速度为 7.0～7.5km/s 的下地壳高速层，但其分布范围、厚度和成因还不明晰。通过收集清晰显示 HVLC 顶、底界面的地震剖面，包括 7 条反射地震剖面（Nissen et al.，1995a；Yeh et al.，2012；Lester et al.，2014；Mcintosh et al.，2014）和 4 条 OBS 剖面（Yan et al.，2001；Wang et al.，2006；卫小冬等，2011；Wan et al.，2017），提取每条剖面上 HVLC 顶、底界面的深度或时间值，相减得到两者的差值。对于深度差值直接作为 HVLC 的厚度，而时间差值以平均速度 7.3km/s（卫小冬等，2011；Lester et al.，2014）转换为 HVLC 的厚度，据此绘制了 HVLC 的厚度图（图 6-32）。

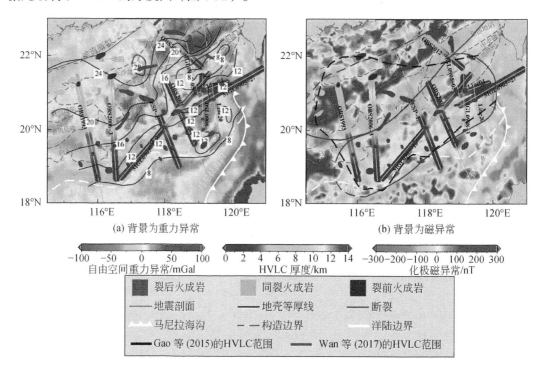

图 6-32 南海东北部 HVLC 厚度图

火成岩分布修改自文献（李平鲁和梁慧娴，1994；邹和平等，1995；Wang et al.，2000，2006；Yan et al.，2006）；洋陆边界（COB）据文献（Eakin et al.，2014；吴招才等，2017）

从南海北部的 HVLC 厚度图中（图 6-32）可以看到，HVLC 在南海东北部边缘广泛发育，北部延伸到珠一凹陷西北端，西部延伸到番禺低隆和白云凹陷，南部延伸到洋陆边界，东部延伸到恒春半岛以南，陆架、陆坡和远端边缘。

陆架的番禺低隆和东沙隆起处 HVLC 的厚度大于 6km，最厚处位于东沙隆起中部，厚 10～12km。HVLC 的厚度由番禺－东沙隆起向洋方向逐渐减薄，尖灭于洋陆边界附近，一个明显的特征是在磁异常平静区内弱负与弱正的异常分界处为 HVLC 厚度变化梯度带，在向洋侧的弱正磁静区内，HVLC 厚度减薄明显。

裂后火成岩数量众多，从陆架到陆坡和远端边缘均有分布，并且其分布范围与 HVLC 的分布范围基本一致（图 6-32），而裂前和同裂火成岩数量稀少，华南大陆东南缘近岸的地震剖面没有发现 HVLC 的存在（Xia et al.，2010），据此认为 HVLC 由裂后岩浆底侵形成（Wang et al.，2006；Wan et al.，2017）。

根据 OBS2001 和 OBS2006-3 剖面的 V_p 和 V_s 及泊松比与岩性的关系，推测下地壳高速层为基性层，可能是上地幔岩浆底侵作用形成，而不是上地幔橄榄岩（Zhao et al.，2010）。

因此，从地壳性质和磁静区与下地壳高速层的位置关系来看，裂后的底侵作用是该区产生弱正磁静区的主要原因。

6.5.3　南海中生代古俯冲构造的磁异常响应

一般认为南海经历了自中生代以来由主动陆缘到被动陆缘的转换，即南海北部大陆边缘的张裂可能是在古俯冲体系基础上开始的，因此大陆张裂前的前新生代构造对深化认识南海的陆缘张裂和海底扩张过程非常重要。

中国东南部发育两套重要的，时代、性质和特点互不相同的构造体制，一套是走向近 EW 向的前侏罗纪古特提斯构造域，主要受东西向古特提斯洋动力体系的控制，是中国东部晚中生代大地构造的基底构造；另一套为近 NE 向的中生代古太平洋构造域，主要受太平洋动力体系控制，叠加在近 EW 向古构造系统之上（任纪舜等，1998；舒良树和周新民，2002）。晚中生代南海北部及相邻地区正处于这两大构造域的连接地带，大地构造背景及演化过程复杂，晚中生代以来还经历了主动大陆边缘向被动大陆边缘的转换（宋海斌等，2003），因此南海北部中生代古俯冲带的体系结构对新生代南海北部陆缘的伸展、破裂与初始扩张具有重要影响。

关于南海北部可能存在的中生代古俯冲带前人已做过很多研究，尤其对其分布位置有不少讨论（李唐根等，1987；周祖翼，1992；姚伯初等，1994；夏戡原等，2004c）。周蒂等（2006）根据新处理的重、磁和广角地震图件的解释，推测在南海北部从台西南盆地到深海盆北缘存在一条大致 NE45° 走向的中生代俯冲增生带，从 119°E，22°20′ N 延至 115°30′ E，18°10′ N 大致呈 NE45° 走向展布，被 NW 向断层左行错动，并认为这段中生代俯冲增生带是欧亚大陆东南缘晚中生代俯冲增生带在南海东北部的展布。

那么关于该段古俯冲带的确切展布位置及古俯冲体系的"沟－弧"体系如何配置？其往东、西两个方向如何延伸？对新生代以来的南海伸展张裂和海底扩张有何影响？利用本次编图项目获得的中国海区磁异常，结合其他地球物理和地质资料，本书对南海北部中生代的 NE 向断裂与古俯冲的沟－弧－盆体系配置，NW 向断裂与南海北部陆缘和洋盆的东西向差异，以及古俯冲体系的东、西分段性特征进行了分析和讨论。并对南海东北部的吕宋－琉球转换边界（汕头－巴林塘断裂）的地球物理特征和性质进行分析，进而讨论了南海与东海的差异化演化进程。

6.5.3.1　中生代 NE 向断裂构造与南海北部古俯冲体系

南海北部 NE 向断裂带和 NE 向展布的盆地隆拗结构受中生代古俯冲体系影响很大，根据南海北部总场磁异常及化极磁异常特征，南海北部由北向南可分为近 NE 向的北部复杂异常区、高磁异常带、磁静区和海盆磁条带区，3 条 NE 向的主要断裂控制了该区拉张变形特征，可能反映了前新生代的构造边界。我们选取了 3 条 NE 向的、穿越了南海北部主要 NE 向构造的典型剖面，进行欧拉反褶积处理，以揭示 NE 向断裂带的深部特征，并结合综合地质地球物理信息，分析了南海北部 NE 向断裂的平面展布和地质属性。

欧拉反褶积方法是一种有效确定地质体位置的定量反演方法。该方法不需要密度、磁化率等先验信息，位场及其梯度值与场源位置之间通过欧拉齐次方程相联系，不同形状的地质体表现为方程的齐次程度，即所谓的构造指数（structure index，SI）。模型研究与实际应用表明该方法对确定断层、接触带、岩脉等构造体的位置，勾画它们的轮廓都有相当高的精度。利用欧拉反褶积方法计算了三条与海底地震（OBS）探测剖面相重合的磁异常剖面，分别为 OBS93、OBS2006-3 和 OBS2001，滑动窗口选作 50，构造指数分别为 0.5、1.0、1.5、2.0、3.0，计算结果如图 6-33 所示。

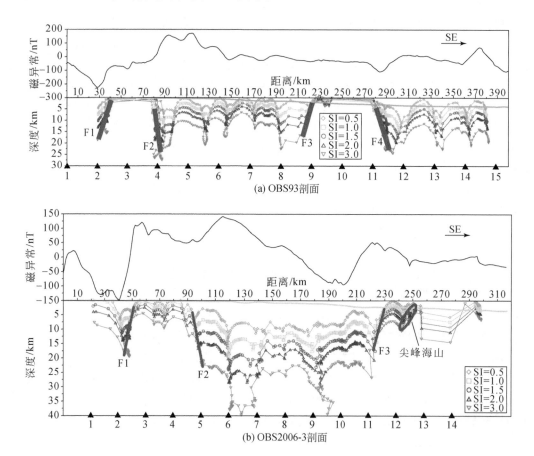

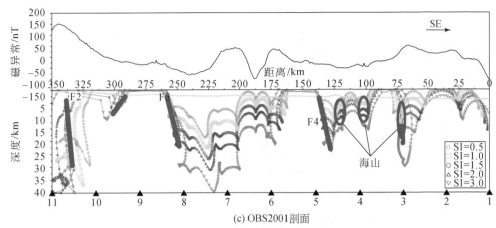

(c) OBS2001剖面

图 6-33　三条典型剖面的磁异常欧拉反褶积结果
横坐标上的黑三角、数字表示 OBS 点位

图 6-33（a）中的 F1 断裂位于东沙隆起北侧，向北倾斜，断裂深度接近 20km，可能反映了东沙隆起的北侧边界，由于 OBS2001 向北没有越过东沙隆起，因此图 6-33（c）上没有显示。F2 断裂位于东沙隆起南侧，在三条剖面上均存在，向南倾斜，近于直立，下延深度超过 25km，属超壳断裂；F3 断裂位于上下陆坡转换带，向西北倾斜，近于直立，断裂深度在 20km 左右；F4 断裂位于下陆坡与海盆的交界，断裂向南倾斜，深度接近 25km。为了更好地分析研究区断裂的平面分布特征，结合前人研究结果，绘制了南海北部北东向的主要断裂平面分布（图 6-34）。

F2 断裂沿西南端的一统暗沙隆起北侧，番禺低隆起南侧至东沙隆起南侧展布，与南海东北陆缘区的初始裂陷带（孙珍等，2005）位置一致。DSRP2002 深反射地震剖面的 R7 反射（黄春菊等，2005）、OBS93 的 4 号站位（Yan et al.，2001）、ESP85_E 的 7 号站位（Nissen et al.，1995a，1995b）、OBS2001 的 10 号站位（Wang et al.，2006）均显示在断裂部位地壳结构发生变化，预示着南海北部陆壳向过渡壳的转变分界。

F3 断裂位于上陆坡和下陆坡的转换带，也称为中陆坡断裂带（陈冰等，2005），为弱负的磁异常区和弱正的磁异常区分界断裂，该断裂对白云凹陷的长期沉降和潮汕凹陷的形成起着重要的控制作用。F3 断裂南侧地壳强烈减薄，居里面和莫霍面相交，两侧地壳深部热状态存在差异；地壳显著减薄均发生在 F3 断裂的南侧，说明 F3 断裂在拉伸减薄前是一个薄弱带。

F4 断裂位于下陆坡与海盆的交界处，与前人划分的南海中央海盆北缘断裂（陈汉宗等，2005；钟广见等，2008）基本一致。地震剖面揭示该断裂是一条岩石圈断裂，为洋壳与陆壳的分界线（郝天珧等，2002）。

F2 断裂是东沙隆起的南界，两侧地壳磁性差异最强，其北侧为与中生代古俯冲的弧后火山有关的东沙隆起高磁异常带。F2 与 F3 断裂之间是弱负的磁异常区，对应着发育中生代沉积层的潮汕凹陷和台西南盆地，推测属于弧前盆地。F3 断裂与早期的深地震资料揭示的北倾穿壳断裂一致，并被认为和三叠纪古缝合带或白垩纪俯冲边缘有关（Hayes et al.，1995），可能是中生代古俯冲带位置。

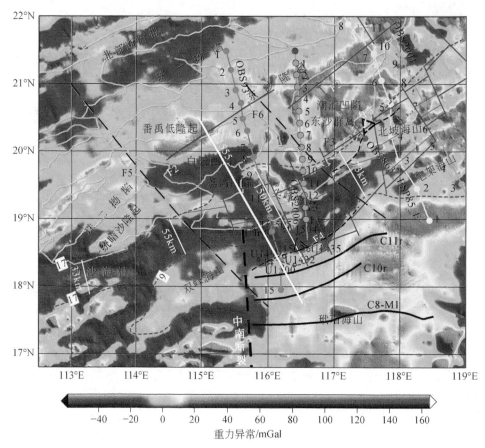

图 6-34　南海北部空间重力异常及主要断裂分布

图中黑色虚线为中生代断裂和古俯冲带（周蒂等，2006），黑色实线为磁条带（Li et al.，2014a）；F2. 东沙隆起南界断裂；
F3. 中陆坡断裂带；F4. 海盆北缘断裂；F5. 阳江－一统东断裂；F6. 惠东－北卫滩断裂

在 F3 与 F4 断裂之间，宽约 100km，该区域和南海北部的磁静区位置对应，展布方向一致。根据磁异常特征，可以将该断裂系向东延到 117°30′E 以东，基底表现为断块隆起，地震剖面揭示在下陆坡区存在一组被北西－南东向错断的北东向断裂系，主要形成于中生代晚期，在新生代重新活动（Lüdmann and Wong，1999；吴时国等，2004）。前人认为地壳可能是为中生代特提斯的残留洋壳（夏戡原等，2004a），但更多的资料显示该区是过度减薄的陆壳（吴招才等，2017）。

因此综合来看，F2、F3 和 F4 断裂一起组成了中生代的沟－弧－盆体系，新生代的南海张裂、扩张是在弧前区域开始发育的。这种"弧前张裂"记录了南海北部由中生代的主动陆缘到新生代的被动陆缘转换过程，近年来实施的国家自然科学基金重大计划"南海深海过程演变"将其总结为不同于"板内裂谷"型大西洋的"板缘裂谷"形成机制。

6.5.3.2　中生代 NW 向断裂构造与南海北部 COT 的东西段差异

一般认为广义的洋陆转换带（continent-ocean transition，COT）是明显减薄陆壳到正常海底扩张形成的洋壳之间的区域（Minshull，2009），依据这种定义确定向洋侧边界的"正常洋壳"是关键。

在南海北部，众多学者根据地形、重力、地震等资料研究认为 COT 范围是从下陆坡至具有洋壳的地方（Nissen et al.，1995a；Yan et al.，2001；Wang et al.，2006；Zhu et al.，2012；Gao et al.，2015）。从区域上看，南海北部陆缘的 COT 在与东部次海盆对应的东段部分同与西北次海盆对应的西段部分具有明显不同的特征。

东部次海盆对应的东段由陆向洋具有被认为与晚中生代古俯冲有关的高磁异常带（周蒂等，2006；吴招才等，2011），与岩浆底侵有关的下地壳高速层（Zhao et al.，2010）等构造特征，而西北次海盆对应的西段陆缘则没有。这些前新生代构造不仅控制了南海北部陆缘伸展状态，对南海西北次海盆与东部次海盆的初始扩张也有重要影响。

靠近南海北部 COT 的东部次海盆和西北次海盆，两者重磁异常也有明显区别。相较东部次海盆，西北次海盆不具有明显的残留扩张中心（Cameselle et al.，2015），磁条带难以识别，年龄难以确定（Briais et al.，1993；Barckhausen and Roeser，2004；张涛等，2012）。

西北次海盆周边空间重力异常为被动陆缘典型的重力异常低值带，但西北次海盆的空间重力异常幅值整体上明显低于东部次海盆，两者大致以 116°E 为界，这在垂直重力梯度图上也很显著，被认为是中南断裂向北的延伸（Hwang and Chang，2014；Cameselle et al.，2015）；西北次海盆北侧双峰海山区域的重力异常明显低于南侧，可能是受到后期岩浆活动使得局部地壳加厚。西沙海槽幅值最低达到 -40mGal。

我们以地壳厚度为 17km 和 9km 的等值线限定（吴招才等，2017）的过度减薄陆壳（HTCC）区域作为 COT 范围，并在 IODP 钻探区结合钻井结果和磁异常特征的约束调整 COB 位置，以此综合确定 HTCC 为 COT 范围（图 6-35）。这两条等厚线将南海北部地壳划分为大于 17km 的减薄陆壳区（thinning continental crust，TCC），17 ~ 9km 的过度减薄陆壳区（high-thinning continental crust，HTCC）和小于 9km 的洋壳区（oceanic crust，OC），可以看到过度减薄陆壳区从西沙海槽至荔湾凹陷逐渐变宽（图 6-35），南海北部识别的、近 EW 走向的热流高值带位置（Shi et al.，2003）也位于该带中部，前人将此识别为一个活动断裂带（Xia and Zhou，1992）。

从整体上看，COT 范围自西侧的西沙海槽至东侧的台西南盆地，不同区域 COT 的宽度差异很大。在西沙海槽，两侧 17km 等厚线限定的裂谷半宽度为 33km，中部地壳厚度为 14km；在西北次海盆的北部陆缘 COT 宽度为 55km；在荔湾凹陷及周边区域的 COT 宽度加宽到 150km；往东的东沙斜坡区域的 COT 又变窄为 73km，与西北次海盆北部陆缘的相近。在两处 COT 收窄的位置上，对应着两条 NW 向断裂：西边一条为阳江－一统东断裂（图 6-35 中的 F5 断裂），东边一条为惠东－北卫滩断裂（图 6-35 中的 F6 断裂），均推测为中生代重要的基底断裂（陈汉宗等，2005），左行错断中生代俯冲增生带（Zhou et al.，2008）。依据化极磁异常特征，我们对 F5 和 F6 两条 NW 向断裂展布进行了调整，如图 6-35 中红色线所示。F5 与 F6 两条断裂之间是宽达 150km 的过度减薄地壳区（图 6-35），地壳在 NW 向断裂处发生减薄（Fan et al.，2019）。

F5 断裂西侧高磁异常带消失，下地壳高速层也只出现在其东侧（Wan et al.，2017），表明其对中生代构造有重要影响。从区域上看，在南海北部初始张裂时，F5 断裂西侧的西北次海盆南缘为中沙－西沙这个大且厚的地块，东侧的东部次海盆南缘为相对小且薄的礼乐地块，这种差异可能导致了西北次海盆和东部次海盆不同的初始扩张模式。

由于研究区位于低纬度地区，斜磁化效应严重影响磁异常与主要构造及磁条带对应性，采用了针对低纬度地区的特殊化极方法（吴招才等，2011），图 6-35 为化极后的磁力异常，斜磁化影响明显改善。从化极前后的磁异常图中可以看到，在东部次海盆，两条反磁条带 C11r 和 C10r 对应着化极前的正磁异常带、化极后的负磁异常带；而正磁条带 C8 则与之相反，是对应着化极前的负磁异常带、化极后的正磁异常带。这完全符合低纬度近水平磁化和化极模型的效果，也表明了化极磁异常的可靠性。

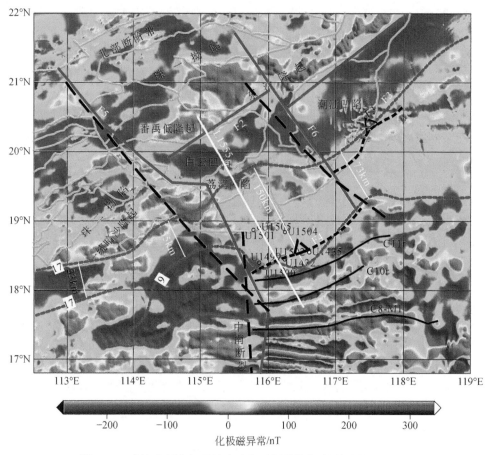

图 6-35　南海北部化极磁异常及主要断裂分布（图例同图 6-34）

西北次海盆磁异常特征与东部次海盆明显不同。东部次海盆磁条带十分明显，且幅值很高；而西北次海盆整体上磁异常幅值偏低，磁异常条带不如东部次海盆显著。此外，两个次海盆在 116°E 处的分界特征十分明显，这表明中南断裂北延分割西北次海盆和东部次海盆在重、磁异常特征表现上是一致的。

根据化极磁异常图（图 6-35），我们推测 F5 断裂向南延伸，越过白云凹陷、荔湾凹陷，在东部次海盆与西北次海盆分界处与中南断裂相接。中南断裂是前人讨论磁条带走向时提出的一个转换断裂，北段沿 116°E 附近的重力和磁力异常特征都十分明显，在西北次海盆和东部次海盆的分界处转向 NW，声学基底也明显加深（Larsen et al.，2018）。

在 F5 和 F6 断裂之间，下陆坡荔湾凹陷和其南部区域在整个南海北部 COT 表现十分特殊，最近两次执行的南海 IODP 钻探的 9 口钻井都集中于该区域的南侧，加深了该区域的地壳性质、年龄，加深了对南海最终破裂和初始扩张的了解（Li et al.，2014b；Sun et al.，2016；Larsen et al.，2018）。该区对应着最宽的 HTCC，最宽处达 170km。磁异常表现为大面积的平静、低值异常，幅值为 −50 ～ 50nT，局部外缘隆起（Outer Margin High，OMH）存在的高磁异常可能由一些强磁性侵入岩体造成。在 OMH 以北以 −50 ～ 0nT 的平缓低负值异常为主，以南以 0 ～ 50nT 的平缓低正值异常为主。这种分区与潮汕凹陷和其南侧的磁静区的磁异常分区特征类似，只是幅值对比没有后者强烈。深反射地震剖面也揭示白云南凹的南部边界存在一组北倾的深大断裂，推测可能是在残留的前新生代古缝合带的基础上发展的继承性岩石圈断裂（黄春菊等，2005）。这说明该区域中对应古俯冲带的 F3 断裂应该北移至 OMH 一线，而不是其南侧的洋陆边界上。

6.5.3.3　中生代古俯冲体系的东、西分段性

关于南海北部的中生代古俯冲带，周蒂等（2006）综合研究认为南海北部的东沙隆起高磁异常带，与浙闽沿海的高磁异常带一起，是中生代俯冲带相伴的火山弧的反映，向 SW 可追溯到西北次海盆以北。Li 等（2018）利用磁异常、岩石样品分析和多道地震数据分析，进一步认为向西南延伸至中沙和西沙，并被西南次海盆扩张分离，分布于其南北两侧。但是关于南海北部的古俯冲带也有很多学者认为是与古特提斯有关，是近 EW 走向的古特提斯构造域东段在南海北部的延伸（刘海龄等，2006；赵美松等，2012；周洋等，2016）。

如前所述，从该区域的磁异常特征来看，在南海北部 NW 向中生代阳江－一统东断裂两侧，磁异常表现出明显的分段特征，东沙隆起的高磁异常并没有往西延伸的迹象，化极磁异常上延后东沙隆起高磁异常带依然表现为 NE 走向的线性特征，而中沙、西沙区域，西南次海盆的西南端磁异常都表现为大面积的块状特征，上延后的解析信号两者也都具有不同特征（图 6-2 ～图 6-6）。

在西北次海盆，尽管现在认为更多地表现出与东部次海盆同时扩张的特征（钟广见，2014）。但西北次海盆南北两侧出现的大面积块状高值化极磁异常都不具有类似于东沙高磁异常带的特征，北侧块状高磁异常对应的是一统暗沙隆起，向西可延伸到西沙海槽北侧，属于新生代玄武岩，向东以阳江－一统暗沙东断裂（F5 断裂）为界，分隔了两种不同年龄的基底（孙晓猛等，2014；朱伟林等，2017）；南侧西沙－中沙海域的块状高磁异常区地壳厚度明显大于北侧，表明其两者的磁性物质来源可能不同。

因此我们推测，南海北部与古俯冲相关的高磁异常带并没有进一步西延，以其西侧的 NW 向阳江－一统东断裂（F5 断裂）为界，南海北部古俯冲带可分为性质不同的东段与西段。

西段古俯冲带对应的是古特提斯构造域的"特提斯南海"向北消减的俯冲体系，与之相关的东西向延伸的"海南陆缘弧"体系受后期改造破坏（方念乔，2016），使得对应的火山高磁异常带消失。

在南海北部存在特提斯构造遗迹基本得到广泛认可，古特提斯洋是向东呈喇叭形张开的低纬度多岛洋，一个分支东延到了民都洛岛与潮汕拗陷之间（殷鸿福等，1999）。关于特

提斯构造在南海北部陆缘东延的问题，以及古特提斯构造－古太平洋构造时空转化问题，前人也进行过许多研究（颜佳新和周蒂，2001，2002；周蒂等，2005a，2005b；刘海龄等，2006）。方念乔（2016）做过详细总结，认为大体在晚侏罗世—晚白垩世期间向北俯冲于华南大陆的"古南海"应成为"特提斯南海"，是特提斯多岛洋北部的边缘海；并提出以海南岛中南部岩浆－沉积为典型特征，以东西方向延伸为基本标志，与浙闽活动陆缘带明显不同的"海南陆缘弧"体系，对应于"特提斯南海"向北的俯冲消减过程，在随后发生的早新生代中南半岛的挤出逃逸和现代南海的扩张，"特提斯南海"的俯冲体系受到严重破坏。

东段古俯冲带位于 NW 向阳江－一统东断裂与汕头－巴林塘断裂之间，是受 EW 向古特提斯构造域和 NE 向古太平洋构造域联合影响的区域，形成两种方向构造叠加的痕迹在磁异常倾斜角异常图可也得到印证（吴招才等，2018）。东段古俯冲带活动时间晚于西段，潮汕拗陷的钻井和地震资料（张青林等，2018）显示海南岛以东的古特提斯洋可能是呈剪刀式西早东晚慢慢闭合，潮汕拗陷附近的古特提斯洋喇叭口在早侏罗世仍未关闭。在南海东北部的潮汕拗陷和东南部的礼乐盆地地震剖面上均发现有中生代地层褶皱－冲断构造发育（赵美松等，2012）。潮汕拗陷 MZ-1 井标定在约 80Ma 时期南海北部处于强烈碰撞挤压环境，在靠近碰撞带处的潮汕拗陷、礼乐滩形成褶皱冲断构造体系（张青林等，2018）。Xu 等（2016）利用珠江口盆地钻遇的侵入岩锆石 U-Pb 定年在南海北部识别了近 NE 走向的晚侏罗世—早白垩世岩浆弧，该岩浆弧分布在潮汕拗陷的北侧，即东沙隆起高磁异常带体现的火山弧。

NE 向 F3 断裂作为东段中生代古俯冲带的位置，在火山弧南侧的 F2 与 F3 断裂之间发育中生代沉积层的潮汕拗陷为弧前盆地，珠一拗陷则可能是弧后盆地的位置，其俯冲体系的沟－弧－盆体系保留得比西段更为完整。这也反过来说明了南海北部古俯冲体系东、西两段的不同古俯冲带构造。

南海北部东、西分段的古俯冲体系，作为张裂前先存的中生代构造，东西段的分界断裂（NW 向阳江－一统东断裂），显然影响了后来南海伸展张裂过程中的南北共轭边缘地壳厚度、流变性的东西部差异，这在地震剖面揭示的南海北部陆缘新生代断裂体系和构造力学特征上也得到了印证（张远泽等，2019）。甚至在南海的海底扩张过程中，向阳江－一统东断裂向南延伸，调节、控制了西北次海盆和西南次海盆的打开，从而形成了中南－礼乐断裂，可能也是东部次海盆与西南次海盆深部地球化学成分差异（Zhang et al.，2018）的形成原因之一。

6.5.3.4　吕宋－琉球转换板块边界（汕头－巴林塘断裂）

该断裂是依据磁异常特征划分的东南沿海地区重要的 NW 向断裂，比前人所划的 NW 向九龙江－鹅銮鼻断裂（刘昭蜀等，2002）靠西，根据磁异常所反映的特征，该断裂向陆可延伸至 25°N 左右，错断了浙闽沿海的 NE 向火山岩带磁异常和南海北部陆缘的高磁异常带，在磁源重力异常上特征也十分明显。该断裂向海可延伸至 20°N 左右，主要表现为居里面隆起带的错断（吴招才等，2010），地震剖面上也存在走滑活动的迹象（钟广见等，2008）。该断裂位置也和 Hsu 等（2004）提出的南海最东北部一条在古转换断层基础上发育起来的吕宋－琉球转换板块边界（LRTPB）一致。研究认为在早中生代古太平洋板块和古特提斯板块是以一近 NS 向转换断层相联系，古特提斯构板块沿该断层向亚洲大陆东部俯冲（高长林等，2006）。在中侏罗世中国东南部由古特提斯构造域向太平洋构造域转换，形成的 NE 向构造带叠加于早期和同期的近 EW 向构造带之上，早期的南岭东段地区为构造域转换的交接带（余心起等，2005；李三忠等，2013），该断裂的西侧呈现一定的 EW 向特征，与东侧的 NE 走向不同，这些特征可以在磁异常的倾斜角异常图上得到印证。

LRTPB 位于南海东北部洋陆过渡带，总体呈 NW-SE 向展布，方位约 130°（图 6-36）。高于海底千米以上的台古海山（图 6-36），位于 LRTPB 西侧。台古海山以北的 LRTPB 西北段对应于台湾峡谷，台古海山以南的 LRTPB 东南段与马尼拉海沟交于 20°N。

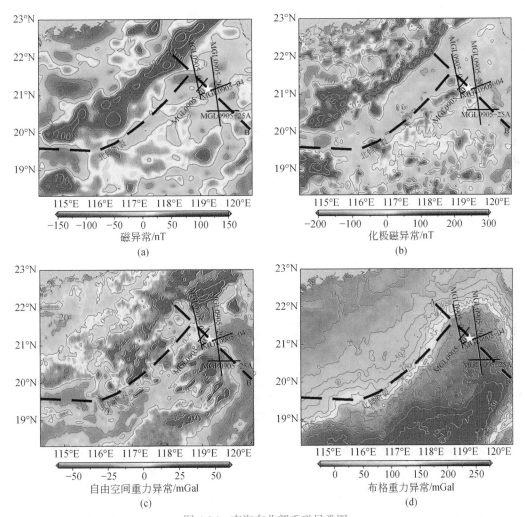

图 6-36 南海东北部重磁异常图

（a）磁力异常图；（b）化极磁异常图；（c）自由空气重力异常图；（d）布格重力异常图。
黑色细线为过 LRTPB 的地震剖面，黑色粗线为断裂；白色星形为台古海山

LRTPB 提出时被认为是南海板块与古南海板块或圈闭的菲律宾海板块的分界，它连接前琉球海沟和前马尼拉海沟，而且它的活动持续到 20 ~ 15Ma（Hsu et al.，2004）。但众多地震剖面证实南海东北部为减薄陆壳，而不是洋壳（Lester et al.，2013；Mcintosh et al.，2013；Sibuet et al.，2016）。南海板块与古南海板块和菲律宾海板块的形成时间和

构造历史不同（吴时国等，2013；Li et al.，2014a），它们的地质和地球物理性质有较大的差异，而且 LRTPB 两侧的地壳速度结构基本相同（Lester et al.，2013，2014；Eakin et al.，2014），也不支持它是不同板块的分界。通过 LRTPB 区域（图 6-36 中 AB 线所示的位置）的重磁异常特征，以及穿过 AB 线的地震剖面，可进一步认识 LRTPB 的性质。

从地震反射特征看，Li 等（2007）发现 AB 线两侧的新生代反射差异明显，西南侧的新生代反射显示高频、波状但连续，而东北侧显示低频且横向连续，并认为这些差异可能是 AB 线两侧岩性或沉积环境不同造成。

从重磁异常看，AB 沿线显示负磁异常，而且其东北部磁异常振幅低，西南部振幅较高［图 6-36（a）和（b）］。在自由空间重力异常图中，AB 线西北段显示低空间重力异常；东南段对应于正负空间重力异常的分界，AB 线东北侧空间重力异常低，西南侧空间重力异常高［图 6-36（c）］。AB 线与不太明显的较高布格重力异常梯度相对应（图 6-36）。

通过以上分析，我们发现沿 AB 线的断裂活动、南海东北部沿马尼拉海沟向菲律宾海板块下俯冲、不同的初始张裂段和沉积物来源，都可能使 AB 线两侧海底地形和新生代地层的反射有所差异。这些特征差异均以 AB 线为界，恰好说明了 AB 线的特殊性。AB 线的重磁异常特征与北倾断裂极为相似，表明 AB 线处可能存在断裂（图 6-36）。地震剖面显示新生代断裂并不局限在 AB 线下（图 6-37），性质相似的新生代断裂在整个南海东北部洋陆过渡带都有发育（Yeh et al.，2012；Eakin et al.，2014；Mcintosh et al.，2014；Lester et al.，2014），但以 AB 线为界的两侧海底地形和新生代反射特征的差异却是 AB 线处独有的，暗示这些特征差异可能不是新生代断裂导致的。

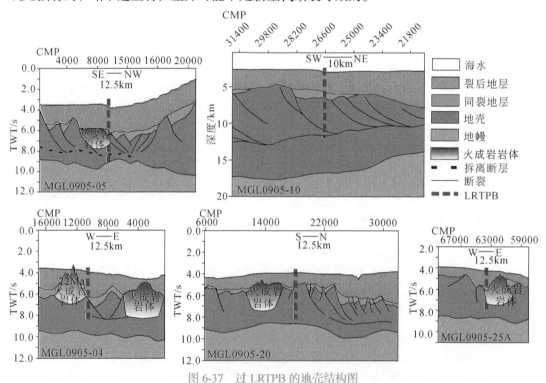

图 6-37　过 LRTPB 的地壳结构图

测线剖面据文献 Mcintosh et al.，2014；Lester et al.，2014；Eakin et al.，2014；Yeh et al.，2012

南海东北部 NW 向断裂主要形成于燕山晚期至喜马拉雅早期（陈汉宗等，2005）。地震剖面、磁异常和钻井资料表明，南海东北部基底具有较厚的晚中生界地层（Li et al.，2008a），而且在中生代时期，古太平洋板块曾向欧亚大陆俯冲，形成一条具有高磁异常的 NE-SW 向火山弧（周蒂等，2006），AB 线与火山弧大角度相交［图 6-36（a）和（b）］。吴招才等（2011）认为 AB 线处可能存在古特提斯构造域向太平洋构造域转换的边界断裂，向陆可延伸至 25°N 左右，错断了浙闽沿海的 NE 向火山岩磁异常带和南海北部陆缘的高磁异常带。我们推测 AB 线断裂可能形成于中生代，遭受了活跃的新生代陆缘张裂、海底扩张及岩浆的作用，使其在地震剖面上表现不明显。

因此该断裂至少属于中生代的产物，对晚中生代古太平洋板块向东亚大陆俯冲过程有控制作用，将古太平洋俯冲的火山弧分为南海北部东沙隆起带和浙闽沿海火成岩带两部分，两者均表现为高磁异常，这也指示了长乐 – 南澳断裂在南海北部延伸的位置（程世秀等，2012）。从磁源重力异常图上可以发现，浙闽沿海火成岩带为磁源重力异常高值区，其形态可以延伸到南海北部陆架，幅值逐渐降低，其间被 NW 向断裂错断（吴招才等，2018）。而该断裂东侧的澎湖隆起至钓鱼岛隆起，并没有明显的高值区，表明该带上的磁性物质规模比北侧的火山岩带小很多，其成因可能也不相同。在晚中生代以来南海北部由主动陆缘到被动陆缘的转换过程中，这种 NW 向断裂可能起到了一定的阻隔作用。

6.5.3.5　南海北部和东海的差异化演化进程

从南海北部向北东方向越过汕头 – 巴林塘断裂，中生代古俯冲带在浙闽沿海与东海之间的展布位置存在诸多观点。

中国东南部大陆广泛分布的火成岩，人们很早就意识到大陆东缘存在中生代的俯冲带（Hilde et al.，1977）。关于中国东南沿海基底构造，国内学者也很早指出其差异性特征（周祖翼，1989；李家彪，1999）。对于古缝合带的位置，郭令智等（1983）根据浙、闽、粤沿海的大地构造研究结果，认为古缝合带位置在浙闽沿海 40m 水深等深线附近。王培宗等（1993）利用台湾海峡深部地球物理资料进一步佐证该观点，并提出滨海断裂带是其的继承发展。但涉及台湾中央山脉东侧大南澳基底杂岩的玉里带研究都支持玉里带是古缝合带位置（曹荣龙和朱寿华，1990；Lo and Yui，1996）。这种位置差异使得有学者认为可能是古俯冲强度的减弱及俯冲带的后退而发育了多个俯冲带（Sibuet and Hsu，1997；Sibuet et al.，2002）。牛耀龄等（2015）提出，中国东部陆架是与大陆岩石圈无关的外来地体，在约 100Ma 堵塞了位于中国东南海岸线附近从古太平洋板块俯冲海沟，碰撞拼贴到中国大陆东缘，并使得古太平洋板块飘移方向由 NW 转向 NNW。Ding 等（2017）结合中国东部和东海区域的重、磁异常数据和地震剖面，进一步证实了东海陆架地块与浙闽沿海的华南地块存在显著差异，并厘定缝合带位于离海岸线约 100km 的浙闽火成岩带和东海陆架盆地的西部拗陷之间。

对比晚中生代以来南海北部的演化过程，在约 80Ma 南海北部古特提斯构造域东端的潮汕拗陷处于碰撞挤压环境（张青林等，2018），略晚于东海陆架地块与华南地块的缝合时间。此后南海地区的演化则与东海分道扬镳，南海开始进入伸展张裂、海底扩张的被动陆缘演化过程；而在东海区域约 50Ma 至今西太平洋重新开始向 NW 方向俯冲开始于东海陆架地块之下，形成琉球岛弧和冲绳海槽弧后盆地。是什么原因导致两者经历了不同的演化进程？

关于南海北部陆缘张裂的引发机制，邹和平（2001）结合火成岩岩石学、岩相古地理学和地球物理学证据论证在中国东南沿海和南海北部陆缘存在中生代晚期的、有巨厚陆壳（50～60km）和岩石圈根（160～180km）的碰撞造山带，约112Ma的岩石圈拆沉导致了陆缘张裂。宋海斌等（2003）对晚中生代以来南海北部从主动大陆边缘向被动大陆边缘体制转换做过详细的总结和探讨，认为碰撞后应力松弛与俯冲带后撤是导致陆缘拉伸的主要原因。刘海龄等（2017）也提出了类似的观点，他们利用地震剖面解释结果进一步明确南海北部的古造山带大致沿现今双峰－笔架海山连线分布，并称为"古双峰－笔架碰撞造山带"，山根的拆沉是南海张裂、扩张的直接原因。

从区域构造环境上看，无论是"俯冲后撤"还是"山根拆沉"，并没有导致东海陆架地块发生最终的海底扩张。晚中生代在南海北部与华南地块碰撞的是南沙地块东部礼乐滩，而在闽浙沿海是东海陆架地块，因此关于南海和东海地区的差异化演化的原因，还需要回归到两者差异的起点——南沙地块和东海陆架地块的本身上来寻找。

在东海陆架地块，除东部凹陷和冲绳海槽这两次弧后扩张中心特殊性外，整体上的重、磁异常表现为一个整一块体的特征，地壳厚度在25km左右。而在南沙地块，从重、磁异常特征上看，并不存在一个统一的整体，磁异常上存在几个局部的块状高磁异常，地壳厚度除在礼乐滩等地局部增厚外，大部分地区都不到20km。虽然这些表现都是经历伸展张裂、岩浆作用等改造后的结果，但至少可以说明在晚中生代与华南地块前，与东海陆架地块是一个统一的块体，而南沙地块则可能是由一些局部增厚的小块体组成，这也符合其作为古特提斯构造域多岛洋的特征。

因此，我们推测正是南沙地块和东海陆架地块这两者在宽度、厚度、均一性等性质上的差异，导致了与华南地块碰撞后南海和东海进入了不同的演化进程。在晚中生代两者在近于一致的构造环境中与华南地块碰撞挤压，厚而均一的东海陆架地块在张应力作用下只发生了弧后扩张，薄而不均一的南沙地块则经历伸展后最终破裂和海底扩张。

南沙地块和东海陆架地块之间被近NW向的汕头－巴林塘断裂分隔，该断裂可能是古特提斯构造域与古太平洋构造域之间的转换断层。

6.5.4　南海 IODP 钻探区与初始扩张磁条带

在以实际地质－地球物理调查资料为主导的南海的扩张研究中，最早美国海军在20世纪60年代末就进行了包括反射地震、地磁的地球物理调查，并首次在东部海盆发现近EW向、年代未知的磁异常条带（Emery and Ben-Avraham，1972；Ben-Avraham and Uyeda，1973）。20世纪80年代末至90年代早期，国内外一些机构在南海开展了众多的调查。中美合作在南海中北部进行两期海洋地质、地球物理联合调查（钱翼鹏和庄胜国，1982；陈圣源，1987；何廉声，1987）。国家海洋局的研究人员也利用在南海中北部的重、磁、水深测量及综合地质调查数据对南海扩张提出了新看法（Pautot et al.，1986；吕文正等，1987；吴金龙等，1992）。还有一些学者根据其他资料，如热流、基底深度或航磁等资料对南海海盆的扩张过程进行了研究（Ru and Pigott，1986；方迎尧和周伏洪，1998）。

但是资料的精度限制导致了推论的不确定性，后来法国学者整合了截至 1990 年所获得的南海磁异常资料，大部分是来源于国内发表的成果图件数字化结果，以及 Conrad 和 Verma 号在南海采集的磁剖面，提出了迄今对南海扩张历史研究最为详细，也最为广泛应用的成果（Briais et al.，1993）。此后，众多学者基于新资料对南海磁条带的框架提出修订，如姚伯初（1991）利用海盆中磁异常走向，以及区域地质构造和沉积构造层组合对比，推测西南次海盆的海底扩张年代为始新世；Hsu 等（2004）依据南海东北部的水深和磁力数据，识别出 C17 磁条带（约 37Ma）；Barckhausen 和 Roeser（2004）根据新航次的磁力数据提出西南次海盆停止扩张的年龄在 20.5Ma。

近年来，随着"南海大陆边缘 973 计划"和"南海深部计划"等科学项目新调查资料的积累和研究的深入，对南海海盆年龄和扩张过程也有了新认识。李家彪等（2011）根据高分辨率重、磁数据和多波束资料，指出南海海盆新生代经历了两期不同动力特征的海底扩张，早期扩张从约 33.5Ma 开始至 25Ma 停止，晚期扩张于磁条带异常均停止 C5c（16.5Ma），但开始时间从东部的 C6c（23.5Ma），到中部的 C6b（22.8Ma），一直变新到西部的 C5e（18.5Ma）。在此基础上，通过对南海西南次海盆的高分辨率多波束构造地貌分析及其与多道地震剖面的综合对比研究，建立了可以和亚丁湾洋盆类比的西南次海盆"渐进式扩张"模式（李家彪等，2012）。

Barckhausen 等（2014）则通过南海海盆的磁异常剖面分析结果，提出东部海盆的初始扩张年龄为 32Ma，在 25Ma 扩张中心向南跃迁，同时西南次海盆开始扩张，两者于 20.5Ma 同时停止扩张。但该结果与其他研究争议较大（Chang et al.，2015；Barckhausen et al.，2015）。他们在东部次海盆和西南次海盆之间也引入了近 NW 向展布的中南断裂，并认为礼乐地块和中沙地块存在共轭关系。

Li 等（2014b）利用最新的深拖磁异常剖面和 IODP349 钻井资料，确定东部次海盆扩展中心在 23.6Ma 向南跃迁 20km，同时在 23.6～21.6Ma 海底扩张延伸至西南次海盆，东部次海盆扩张停止于 15Ma，西南次海盆停止于 16Ma。在他们的解释模式中，也引入了近 SN 向的中南断裂来分隔东部次海盆和西南次海盆。

至此，关于南海海盆磁条带的分析及海盆演化的大致过程已基本确定。但在南海陆缘经历了张裂、破裂、海底扩张过程，这种特殊性使得南部北部陆缘不同于典型的岩浆型或非岩浆型大陆边缘，IODP367-368 航次钻探站位于南海北部陆缘洋陆转换带（Continent-Ocean Transition，COT）区域的关键构造单元上，发现在南海陆壳破裂过程中伴随洋中脊玄武岩类型的岩浆活动，快速形成狭窄的陆洋过渡带，是一种超伸展、少岩浆的陆缘结构（Larsen et al.，2018）。结合南海北部 IODP 钻探区的钻探结果和地震剖面，我们对南海北部陆缘钻探区与初始扩张有关的磁异常特征进行分析。

6.5.4.1　L1555 剖面的重、磁综合反演

L1555 反射地震剖面（位置见图 6-35）是设计 IODP367～368 航次钻探井时的重要参考依据，在剖面上的 240～280km 处出现莫霍面模糊带，认为有可能是出露下地壳或洋壳或是与拆离断层有关的蛇纹石化地幔（Sun et al.，2016），钻探结束后发现该区

U1500 钻井存在洋中脊玄武岩（Sun et al., 2016; Larsen et al., 2018）。

为深入理解区域的断裂、基底性质、深部地壳重磁物性特征，我们对 L1555 地震剖面进行重、磁综合解释。为减少剖面解释的多解性，拟合解释过程中遵循了几个原则。一是尽量不变动地震剖面解释的基底和莫霍面形态，这样可以减少重磁异常垂向分辨率的不足；二是以尽量少的横向物性变化来拟合重、磁异常，这样可以突出重、磁异常横向分辨率的优势；三是针对磁异常约束信息少的问题，利用频谱分析的方法来约束磁性层的大致深度。

实际上，L1555 剖面前人已做过重力的拟合解释（Gao et al., 2015），我们在此基础上，遵照前述的三条拟合原则，实施了重、磁同步的拟合解释。在重力拟合过程中，沉积层密度取为 $2.35 \sim 2.68 \mathrm{g/cm^3}$，上地壳为 $2.77 \mathrm{g/cm^3}$，下地壳为 $2.87 \mathrm{g/cm^3}$，上地幔为 $3.3 \mathrm{g/cm^3}$。在 $40 \sim 210 \mathrm{km}$ 的下地壳下部出现了密度为 $2.97 \mathrm{g/cm^3}$ 的高密度层，但展布范围没有前人推断的广泛（Gao et al., 2015）。在白云凹陷的上地壳下方直接出现高密度层；在白云凹陷南侧的构造高地上部密度略有减小，由 $2.77 \mathrm{g/cm^3}$ 下降至 $2.70 \mathrm{g/cm^3}$，这是整条剖面上地壳唯一密度减小的地方。上地壳在 240km 处尖没，地震剖面上也是在此开始出现模糊带。

L1555 剖面磁异常可分为三个部分，一是 $0 \sim 110 \mathrm{km}$ 的高幅值、长波长异常，大致对应 TCC 区，表明磁源物质深度较大或水平分布较广，磁源物质的体积大或磁化强度强；二是 $110 \sim 240 \mathrm{km}$ 的低幅值、长波长异常，大致对应 HTCC 区，表明其磁源物质位置较深，低幅值则表明其磁源物质的体积或磁化强度要小；三是 $240 \sim 340 \mathrm{km}$ 的高幅值、短波长异常，是典型的洋壳磁异常特征，埋深浅、磁性强，大致对应 OC 区。为进一步增强磁异常拟合过程中的约束信息，我们进行了磁异常的频谱分析，结果表明，减薄陆壳区域的长波长异常对应的磁源物质视深度为 11.6km；洋壳部分的视深度为 6.7km，这和该区的洋壳顶面深度近于一致，也表明了视深度约束的可信性（图 6-38）。

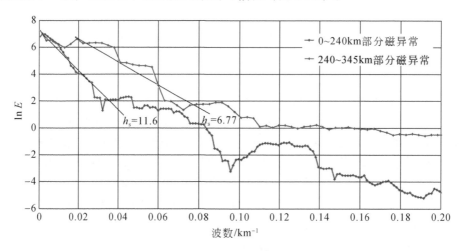

图 6-38 L1555 剖面磁异常频谱分析

L1555 剖面方位角为 151.2°，设定的地磁场为 43106nT，倾角为 25.7°，偏角为 -1.97°，在低纬度近水平感应磁化的条件下，磁异常应是北负南正分布。基于这些基本规律，我们可以判断 TCC 区的高幅值、长波长异常对应的磁源物质主要位于其北侧，即剖面上 F2 断裂北侧，该区只给上地壳统一分配了 0.03（SI）的磁化率，基本上可以拟合该区域磁异常的形态和幅值，表明该区域磁源物质性质单一，但分布规模大或者磁性强。平面上该区域位于白云凹陷北侧，存在大量白垩纪侵入岩（孙晓猛等，2014），对应着化极磁异常上的大面积高磁异常区（图 6-39）。

在 TCC 区中部、白云凹陷下的地壳则表现为无磁性。而在 TCC 区南部的构造高地，磁异常存在短波长的跳动，表明构造高地浅部存在磁性物质，拟合结果表明在浅部 6km 左右深度上存在一些磁化率为 0.01（SI）左右的局部侵入体，对应着 80～110km 处的小尺度磁异常响应。但一个有意思的现象是，需要在深部 12km 左右深度上分配一个磁化率为 -0.02（SI）、厚约 3km 的反向磁化层，才能拟合 TCC 区与南侧的 HTCC 区磁异常的巨大落差。该反向磁化层南北两侧均以断裂为界，尽管反向磁化可能不是唯一的解释方案，但在区域内其形态可调整的空间并不多，应该是一个可信的优化解。这却是有意义的现象，表明侵入岩体在不同深度部位存在垂向的磁化差异。

在 HTCC 区，磁异常表现为低幅值、长波长异常特征，对应的磁源物质平均厚度在 3km 左右，且由 F3 断裂分为两个部分，北侧的相对较深，深度为 9～12km，磁化率较小，磁化率为 0.01～0.03（SI）；南侧相对较浅，深度为 8～11km，磁化率较大，为 0.04～0.05（SI）。

OC 区是典型的洋壳磁异常，除了前人识别的 C11r 和 C10r 两条反向磁条带（Li et al.，2014b）外，在往北还能识别出 C12r 磁条带。地震确定的 COB 位于剖面 260km 处（Gao et al.，2015），与重力确定的 HTCC 与 OC 分界位置十分接近。在前述的地震剖面 240～280km 处的"模糊带"区域，260～280km 可以确定为洋壳，往北 240～260km 的区域，虽然还能按洋壳模型拟合低幅值磁异常，但结合地震剖面显示可能不是成熟扩张生成的洋壳。

6.5.4.2　IODP 钻探区磁异常特征

图 6-39 显示了 IODP 钻探区的化极磁异常平面图，U1501、U1504 和 U1505 位于一个小的局部高磁异常周边，对应着图 6-40 中 L1555 剖面上 210km 处的外缘隆起（Outer Margin High，OMH），其磁源物质主要位于深部 10km 左右位置，厚度加大到 3km 左右。根据声学基底划定的脊 A、脊 B 和脊 C（Larsen et al.，2018）如图 6-39 中白色实线所示。

声学基底所显示的脊 A 是沿着 COB 由 U1499 向 U1502 延伸，但是在 U1499 和 U1502 两处的磁异常特征明显不同，U1499 为低值磁异常区，表明其没有强磁性物质，与基底下钻遇是角砾岩的结果也相符（Larsen et al.，2018）；而 U1502 是位于局部高磁异常上，其钻遇的基底为强烈热液蚀变的玄武岩（Larsen et al.，2018），说明该处局部高磁异常与 U1501、U1505 处的 OMH 高磁异常不同。按照磁异常的走向趋势，脊 A 还可以向东延伸至 U1435，IODP349 航次的 U1435 钻井也是处于局部高磁异常上，依据不整合面推测的年龄在 33Ma（Li et al.，2014b），因此两者可能具有相同的成因和年龄。但这种高磁异常的连续性并不稳定，如在 U1499 与 U1502，U1502 与 U1435 之间，都有局部低磁异常出现，在图 6-40 中 L1555 剖面上脊 A 对应着 260km 处 COB，表明脊 A 是陆壳最终破裂前局部出现岩浆喷出的区域。

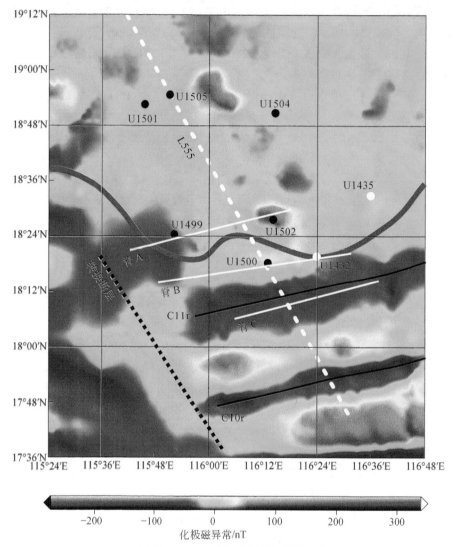

图 6-39　IODP 钻探区的化极磁异常图

黑色实线显示的 C11r 和 C10r 两条磁条带来自于 Li et al., 2014b; 黑色虚线显示的转换断层及三条白色实线显示的脊 A、脊 B 和脊 C 来自于 Larsen et al., 2018; 红色实线为依据重力资料确定的 COB

　　脊 B 经过的 U1500 井钻遇的基底枕状玄武岩, 恰好位于前人解释的 C12n 磁条带（Li et al., 2014b）上。依据 GPTS2004 地磁年表（Ogg and Smith, 2004）, C12n 磁条带对应的年龄在 30.627 ~ 31.116Ma, 取平均值为 30.872Ma。C12n 磁条带连续长度超过 40km, 向东可以延伸至 U1432 井, 但再往东延也有局部的中断, 可能是大部分陆壳最终破裂出现玄武岩洋壳, 而局部还有陆壳影响高幅值的磁条带的延续性, 表明其破裂程度或稳定扩张程度比脊 A 强。

　　脊 C 对应 C11r 磁条带, 相应的 GPTS2004 地磁年表年龄为 30.217 ~ 30.627Ma, 平均为 30.422Ma。C11r 磁条带东西向延续性也稳定, 可以认定为是稳定扩张正常洋壳的位置。

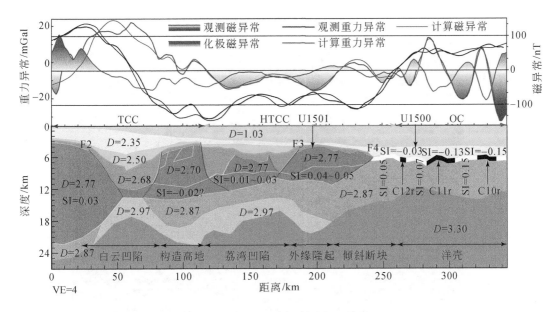

图 6-40　L1555 剖面综合解释结果

6.5.4.3　西北次海盆的扩张过程

西北次海盆空间狭窄，磁异常条带不仅序列较少，其形态也不同于典型洋壳，使得西北次海盆与东部次海盆年龄存在较大差异。而地震剖面的解释有认为西北次海盆比东部次海盆多一套新生代沉积地层，推测前者比后者老（姚伯初，1999）；也有认为两者的填充地层具有连续可比性，属于同时扩张（钟广见，2014）。通过西北次海盆采集了 3 条高分辨率地震剖面的详细分析，都倾向于采用西北次海盆与东部次海盆同步开始扩张的模型，且都认为海盆扩张具有由东向西传播的特点（丁巍伟等，2009；Cameselle et al.，2015）。

根据西北次海盆磁异常，我们识别出两组对称的磁条带：东侧的一组磁条带（图 6-41 中 A 和 B 点）方位角约为 99°，可能指示了西北次海盆最先扩张的地方；西侧的另一组位于双峰海山附近，方位角约为 63°，是随后扩张向西传播的产物。

我们采用西北次海盆与东部次海盆同步开始扩张的解释模式，并结合 IODP 钻探区磁条带年龄的识别结果和西北次海盆化极磁异常特征，确定西北次海盆最开始扩张的磁条带为 C12n（30.8Ma），双峰海山附近的对称磁条带为 C11n（29.8Ma）。残留扩张中心对应的磁条带为 C10r（29Ma），位置为图 6-41 白色虚线所示，而不是双峰海山。两条 C12n 磁条带之间距离为 98km，平均半扩张速率约为 27.2mm/a。

我们所识别的磁条带走向的转变与西北次海盆的边界形态十分吻合，磁条带走向（扩张方向）随着边界形态变化而逐步发生变化。即边界形态控制了局部扩张方向，似乎西北次海盆是围绕其西端某固定点由东向西逐步打开，最开始扩张的共轭点的轨迹形成了中南断裂北段。

结合中南断裂北段向 NW 的转向和西北次海盆的形态，我们推测西北次海盆可能不是由典型的扩张产生，而是由东部次海盆开始扩张时在先存的 NW 向阳江－－统东断裂处逐

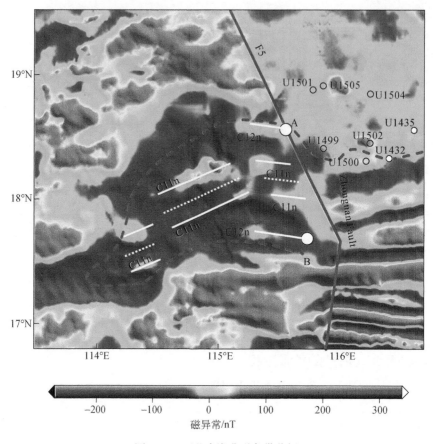

图 6-41   西北次海盆磁条带分析

步由东向西的"撕裂"而形成西北次海盆,即是在区域张应力作用下地壳由西向东发生破裂,岩浆以溢流形式出露海底形成洋壳。这也意味着,或者可以推测西北次海盆南侧的中沙地块在 30Ma 左右发生过一定角度的顺时针旋转,而不是单纯的向南漂移。

6.5.4.4   南海北部磁条带与扩张中心跳跃

与大西洋稳定的扩张脊和两侧板块对称的自由漂移不同,南海初始扩张时其北部陆缘位置相对不动,而南部陆缘向南漂移,这意味着其扩张中心会随着扩张过程向南发生连续的移动,或者向南发生间断的跳跃。

Briais 等(1993)提出扩张中心在 25 ～ 23Ma 发生了向南跳跃,走向由 EW 向转为 NE-SW 向,Li 等(2014b)进一步指出东部次海盆在 23.6Ma 左右扩张中心向南跳跃约 20km。他们所划定的残留扩张中心距北侧 COB 约 170km 的距离,距南侧的现今残留扩张中心也有 180km 的距离。

近年来通过对南海北部 N3 和 N4 两条地震剖面上的下地壳反射体(Lower Crustal Reflector,LCR)研究,发现两组对称 LCR 结构,并认为是南海扩张中心存在两次向南跳跃而形成的新观点。第一次跃迁发生在晚渐新世(约 27Ma),洋盆刚开始扩张不久,扩张脊发生了向南约 20km 的跳跃,在洋盆北翼形成了第一个对称的 LCR 结构;第二次发生在 23.6Ma 左右，也是向南跳跃 20km 左右，形成了第二个对称的 LCR 结构（Ding et al.，2018）。这样能更合理地解释依据磁条带解释的第一次跳跃时扩张中心距 COB 之间的 100 多千米的距离。Ding 等（2018）依据地震剖面所划定第二次跳跃过程与地磁解释模型（Li et al.，2014b）是一致的，但第一次的扩张中心跳跃还没有得到磁条带模型的验证。现有的磁条带模型也没有解释出扩张中心跳跃时会存在的洋壳年龄反转现象。

通过对 N4 地震剖面上的磁异常对比 [图 6-42（a）]，可以发现前人识别的磁条带（Li et al.，2014b）都落在磁异常与化极磁异常的正负相交范围内，符合低纬度近水平磁化的磁异常特征。在 N4 地震剖面上观测到的靠北的一组 LCR 反射是位于剖面上 C11n 的位置，那是否意味着该区域是发生第一次扩张中心跳跃的位置呢？

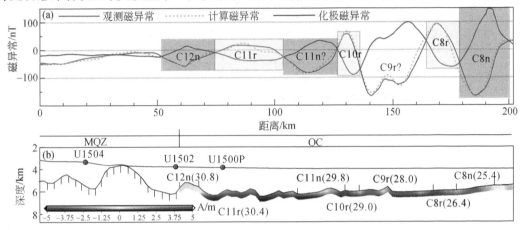

图 6-42　N4 地震剖面上的磁异常

图 6-42（b）为 N4 剖面磁异常也进行了交互反演的结果，正反磁化的边界以黑色线条指示，每个正反磁化的区间内磁化强度存在变化，反磁化区间以渐变蓝色显示，正磁化区间以渐变红色显示。可以看到由此确定正反磁化区间与图 6-42（a）中依据磁异常确定的区间大体一致，但 C9r 对应的幅值明显减弱，条带特征被淹没在其两侧的 C10n 和 C9n 产生的负磁异常条带之中 [图 6-42（a）]，C9r 没有反向磁化的区域出现，全部表现为正向磁化的特征，只在中部磁化强度减小。在深拖磁异常剖面 de12 的磁条带拟合中（Li et al.，2014b）也可以观察到，模拟出对应 C9r 的正磁异常信号在观测磁异常中没有体现。从磁异常平面图上看（图 6-43），该区一近 EW 向的弱磁异常处于负的背景磁异常中，也没有向东延伸的迹象，向西则融合于高幅值的正磁异常中，与南北两侧的磁条带特征明显不同。

由此，我们根据"两次跳跃"扩张模型，在南海北部选取一条近 SN 向的测线进行了磁条带模拟，剖面位置见图 6-43 中的 P1，采用 Modmag 软件（Mendel et al.，2005）来拟合磁条带，计算参数参照了 de12 深拖磁剖面（Li et al.，2014b），模拟结果如图 6-44 所示。结果显示，扩张中心第一次在 28.3Ma 向南跳跃 20km，第二次在 23.85Ma 向南跳跃 20km。在"两次跳跃"的模型中，最大的差异是扩张中心第一次在 28.3Ma 跳跃的北侧，原先识别为 C11r 的磁条带变为与南侧对称的 C10r，C11r 可以继续北移至 U1500 北侧位置，这也意味着 U1502 处于 C12n 磁条带之上。在两个 C10r 磁条带之间、原先识别为 C11n 的

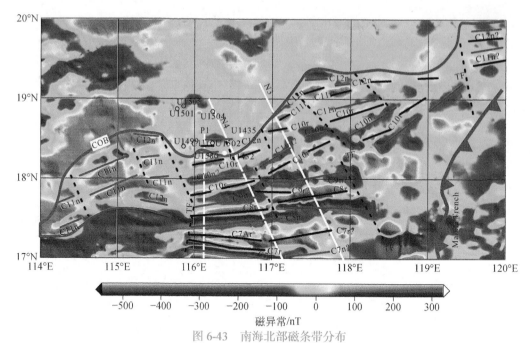

图 6-43　南海北部磁条带分布

红线短线为正极性磁条带，黑色短线为负极性磁条带，白线为地震剖面，黑色虚线为断裂

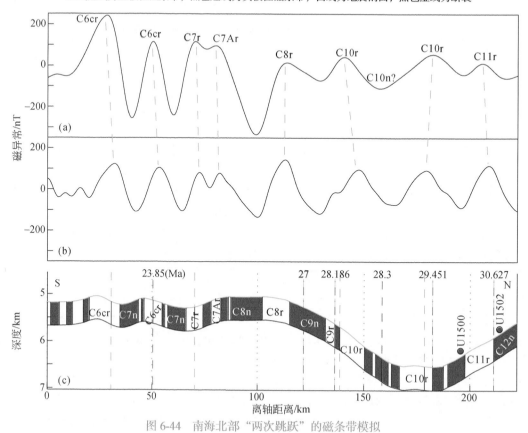

图 6-44　南海北部"两次跳跃"的磁条带模拟

（a）观测磁异常；（b）计算磁异常；（c）洋壳磁化模型；粉红虚线标志扩张中心跳跃置

负磁异常区域，是 28.3Ma 时 C10n 的扩张中心，也是地震剖面上发现对称 LCR 结构的区域。C9r 磁条带的正异常被淹没在两侧的异常中表现不明显，这同观测异常表现一致。

尽管在 P1 这条剖面上，"两次跳跃"扩张模型表现得更符合磁异常和地震剖面的观测结果，但是可以发现的是，在南海北部的最终破裂和初始扩张过程在沿 COB 走向不同部位差别很大，表现为线性磁异常的连续性差，延续长度短，走向与 COB 局部走向变化一致，表明南海的最终破裂和初始扩张过程是受 COB 构造控制，以局部点状破裂为主，在不同部位上初始扩张过程存在差异。

其次，在南海南北陆缘不对称移动的非稳定扩张状态下，扩张中心的移动是必不可少的。从 COB 处初始扩张，到扩张中心发生跳跃，再到现今的残留扩张中心，不同位置之间都存在着几十米到上百千米的距离，若在每个扩张位置上都是由扩张中心向两侧对称增生洋壳的话，必然要求扩张中心不断移动。因此，在今后的研究中，有必要考虑非稳定的不对称扩张模型和动力机制来解释扩张中心的移动和跳跃。

根据南海北部 IODP 钻探区的磁条带年龄的确定和扩张中心跳跃模型的分析结果，对整个南海北部磁条带进行追踪和分析（图 6-43），以揭示南海初始扩张的过程。

沿着利用重力反演确定的 COB（吴招才等，2017）向东北方向追踪，在 COB 走向发生变化的局部区域，破裂时间存在差异，最早破裂的位置可能位于 117°～ 118°E、19°N 的 COB 由 NE 转向近 EW 的转折部位，以及 116°E、18.3°N 附近的 IODP 钻探区。可以看到，这两个转折部位是与图 6-35 中指示的 NW 向断裂控制的 COT 的东西段差异的位置是一致的。因此也更进一步说明南海北部先存的 NW 向中生代断裂不仅控制了古俯冲体系结构，还影响了后来的陆缘张裂和海底扩张过程。这些扩张过程中 NW 向断裂（图 6-43 中的黑色虚线所示）先存断裂的继承和延伸，调节南海扩张过程，使得其适应，或形成南海由东向西的差异扩张特征。

在初始扩张阶段，东部次海盆与西北次海盆几乎同时打开，在至 C10r（约 29.0Ma）时西北次海盆停止扩张，而随后东部次海盆扩张中心在 28.3Ma 发生跳跃向南 20km 后继续扩张，其中，东西段重要的分界断裂（NW 向阳江－一统东断裂）随着扩张过程向南延伸，形成中南断裂北段，调节和分隔了东部次海盆和西北次海盆。

在靠近马尼拉海沟的东段，似乎受到俯冲的影响，该部分洋壳的磁异常条带特征被破坏严重。但是从整体上依然可以看到，在扩张初期，是以近 NS 向扩张为主，局部近 NE 走向的磁条带主要是在 NW 向断裂的调节下，以适应不同部位的扩张空间，而不是扩张方向转变的体现。

参 考 文 献

曹荣龙，朱寿华 . 1990. 中国东南沿海及台湾中生代古构造体系 . 科学通报 , (2): 130-134.

车自成，刘良，罗金海 . 2002. 中国及其邻区区域大地构造学 . 北京：科学出版社 .

陈冰 . 2004. 南海东北部新生代沉积盆地基底的地球物理特征及其地质解释 . 上海：同济大学 .

陈冰，王家林，吴健生，等 . 2002. 东海陆架盆地海礁凸起南块基底性质研究 . 石油实验地质 , 24(4): 301-305.

陈冰，王家林，钟慧智，等 . 2005. 南海东北部的断裂分布及其构造格局研究 . 热带海洋学报 , 24(2): 42-51.

陈汉宗,吴湘杰,周蒂,等.2005.珠江口盆地中新生代主要断裂特征和动力背景分析.热带海洋学报,24(2): 52-61.

陈洁,温宁.2010.南海地球物理图集.北京:科学出版社.

陈圣源.1987.南海磁力异常图 // 南海地质地球物理图集.广州:广东地图出版社.

程世秀,李三忠,索艳慧,等.2012.南海北部新生代盆地群构造特征及其成因.海洋地质与第四纪地质,32(6): 79-93.

程裕淇.1994.中国区域地质概论.北京:地质出版社.

戴勤奋.1997.中国海区及邻域的地磁场分析.海洋地质与第四纪地质,17(2): 63-72.

丁巍伟,黎明碧,赵俐红,等.2009.南海西北次海盆新生代构造 - 沉积特征及伸展模式探讨.地学前缘,16(4): 147-156.

方念乔.2016.“海南陆缘弧”体系的构建与“特提斯南海”的识别:一个关于“古南海”演化新模式的探讨.地学前缘,22(6): 107-119.

方迎尧,周伏洪.1998.南海中央海盆条带状磁异常特征与海底扩张.物探与化探,22(4): 272-278.

高长林,叶德燎,黄泽光,等.2006.中国中生代两个古大洋与沉积盆地.石油实验地质,28(2): 95-102.

高德章,赵金海,薄玉玲,等.2004.东海重磁地震综合探测剖面研究.地球物理学报,47(5): 853-861.

高德章,唐建,薄玉玲.2005.东海海礁凸起、钱塘凹陷中、古生代地层展布探讨.海洋石油,25(3): 1-6.

高德章,唐建,薄玉玲.2006.重磁成果与东海西部凹陷带中生代沉积层展布.海洋石油,26(2): 1-6.

高金耀,刘保华.2014.中国近海海洋——海洋地球物理.北京:海洋出版社.

高金耀,刘保华.2017.中国近海海洋图集——海洋地球物理.北京:海洋出版社.

高金耀,张涛,方银霞,等.2008.冲绳海槽断裂、岩浆构造活动和洋壳化进程.海洋学报(中文版),30(5): 62-70.

高金耀,吴招才,王健,等.2009.南海北部陆缘磁静区及与全球大洋磁静区对比的研究评述.地球科学进展,24(6): 577-587.

高顺莉,周祖翼.2014.南黄海盆地东北凹侏罗纪地层的发现及其分布特征.高校地质学报,20(2): 286-293.

管志宁.2005.地磁场与地磁勘探.北京:地质出版社.

管志宁,姚长利.1997.倾斜板体磁异常总梯度模反演方法.地球科学——中国地质大学学报,22(1): 81-85.

郭令智,施央申,马瑞士.1983.西太平洋中、新生代活动大陆边缘和岛弧构造的形成及演化.地质学报,(1): 11-21.

韩波,张训华,徐晓达.2011.东海磁场特征及居里面分析.地球物理学进展,26(2): 519-528.

郝书俭,王春华.1982.渤海水域居里面分析.地震地质,4(1): 39-43.

郝天珧,刘伊克,段昶.1997.中国东部及其邻域地球物理场特征与大地构造意义.地球物理学报,40(5): 677-690.

郝天珧,刘建华,宋海斌,等.2002.华南及其相邻边缘海域一些重要断裂的地球物理证据.地球物理学进展,17(1): 13-23.

郝天珧,刘建华,王谦身,等.2003.对下扬子与华南边界结合带东延问题的地球物理探讨.地球物理学进展,18(2): 269-275.

郝天珧，黄松，徐亚，等．2008.南海东北部及邻区深部结构的综合地球物理研究.地球物理学报，51(6)：1785-1796.

郝天珧，徐亚，赵百民，等．2009.南海磁性基底分布特征的地球物理研究.地球物理学报，52(11)：2763-2774.

何廉声．1987.南海大地构造图// 南海地质地球物理图集(1 ：200 万).广州：广东地图出版社．

胡登科，周蒂，吴湘杰，等．2008.南海东北部高磁异常带成因的地球物理反演研究.热带海洋学报，27(1)：32-37.

胡圣标，何丽娟，汪集旸．2001.中国大陆地区大地热流数据汇编(第三版).地球物理学报，44(5)：611-626.

黄春菊，周蒂，陈长民，等．2005.深反射地震剖面所揭示的白云凹陷的深部地壳结构.科学通报，50(10)：1024-1031.

江为为，郝天珧，刘少华，等．2004.中国东部大陆与东海海域地质构造的相关性分析.地球物理学进展，19(1)：75-90.

姜光政，高珊，饶松，等．2016.中国大陆地区大地热流数据汇编(第四版).地球物理学报，59(8)：2892-2910.

蒋一鸣，何新建，唐贤君，等．2019.钓鱼岛隆褶带物质构成及东海西湖凹陷原型盆地东边界再认识.地球科学，44(3)：773-783.

金峰男，杜劲松，陈超．2010.中朝与扬子地块结合带东部的卫星重力异常特征研究.地球物理学进展，25(4)：1219-1232.

金翔龙．1992.东海海洋地质.北京：海洋出版社．

李春峰，宋陶然．2012.南海新生代洋壳扩张与深部演化的磁异常记录.科学通报，57(20)：1879-1895.

李春峰，陈冰，周祖翼．2009.中国东部及邻近海域磁异常数据所揭示的深部构造.中国科学(D 辑：地球科学)，39(12)：1770-1779.

李家彪．1999.南海地体系迁移与碰撞// 许东禹.海洋地质学与古海洋学.第 30 届国际地质大会论文集.北京：地质出版社，24-34.

李家彪．2007.南海海洋图集——海洋地质地球物理图集(1 ：850 万).北京：海洋出版社．

李家彪，金翔龙．2008.东亚地质构造事件与西太平洋边缘海演化// 金翔龙，秦蕴珊，朱日祥，等.中国地质地球物理研究进展——庆贺刘光鼎院士八十华诞.北京：海洋出版社，443-451.

李家彪，丁巍伟，高金耀，等．2011.南海新生代海底扩张的构造演化模式：来自高分辨率地球物理数据的新认识.地球物理学报，12(54)：3004-3015.

李家彪，丁巍伟，吴自银，等．2012.南海西南海盆的渐进式扩张.科学通报，57(20)：1896-1905.

李平鲁，梁慧娴．1994.珠江口盆地新生代岩浆活动与盆地演化，油气聚集的关系.广东地质，9(2)：23-24.

李全兴．1990.渤、黄、东海海洋图集——海洋地质地球物理图集(1 ：500 万).北京：海洋出版社．

李三忠，索艳慧，戴黎明，等．2010.渤海湾盆地形成与华北克拉通破坏.地学前缘，17(4)：64-89.

李三忠，余珊，赵淑娟，等．2013.东亚大陆边缘的板块重建与构造转换.海洋地质与第四纪地质，33(3)：65-94.

李三忠，赵国春，孙敏．2016.华北克拉通早元古代拼合与 Columbia 超大陆形成研究进展.科学通报，61(9)：919-925.

李唐根，邱燕，姚永坚．1987.南海重力异常图// 何廉声，陈邦彦.南海地质地球物理图集.广州：广东地图出版社.

李文勇, 曾祥辉, 黄家坚. 2009. 北黄海中、新生代盆地: 残留盆地还是叠合盆地. 地质学报, 83(9): 1269-1275.

李武显, 周新民. 1999. 中国东南部晚中生代俯冲带探索. 高校地质学报, 5(2): 164-168.

李兆鼐. 2003. 中国东部中、新生代火成岩及其深部过程. 北京: 地质出版社.

李志伟, 郝天珧, 徐亚. 2011. 华北克拉通上地幔顶部构造特征: 来自台站间 Pn 波到时差成像的约束. 科学通报, 56(12): 962-970.

刘光鼎. 1992a. 中国海区及邻域地质地球物理系列图. 北京: 地质出版社.

刘光鼎. 1992b. 中国海区及邻域地质地球物理特征. 北京: 科学出版社.

刘光鼎. 1993. 中国海区及邻域地质地球物理图集 (1 ∶ 500 万). 北京: 科学出版社.

刘光鼎. 2002. 中国海地球物理场特征. 地球物理学进展, 17(1): 1-12.

刘光鼎, 周祖翼. 1992. 闽东沿海构造带 // 刘光鼎. 中国海区及领域地质地球物理特征. 北京: 科学出版社.

刘海龄, 阎贫, 刘迎春, 等. 2006. 南海北缘琼南缝合带的存在. 科学通报, 51(增刊): 92-101.

刘海龄, 周洋, 王印, 等. 2017. 南海的"山根拆沉成因观"——南海成因新议. 海洋地质与第四纪地质, 37(6): 12-24.

刘金庆, 许红, 孙晶, 等. 2012. 下扬子海区南黄海盆地油气勘探的几点认识. 海洋地质前沿, (4): 30-37.

刘俊来, Davis G A, 纪沫, 等. 2008. 地壳的拆离作用与华北克拉通破坏: 晚中生代伸展构造约束. 地学前缘, 15(3): 72-81.

刘英会, 余学中, 黎津. 2007. 中国东南沿海不同类型花岗岩的磁性特征. 物探与化探, 31(6): 526-528.

刘昭蜀, 赵焕庭, 范时清, 等. 2002. 南海地质. 北京: 科学出版社.

吕文正, 柯长志, 吴声迪, 等. 1987. 南海中央海盆条带磁异常特征及构造演化. 海洋学报, 9(1): 69-78.

牛耀龄, 刘益, 薛琦琪, 等. 2015. 中国大陆架基底起源于外来地体: ∼ 100Ma 随俯冲板块飘移而来的大洋高原或微陆块. 科学通报, 60(36): 3634.

欧阳凯, 张训华, 李刚. 2009. 南黄海中部隆起地层分布特征. 海洋地质与第四纪地质, 29(1): 59-66.

漆家福, 邓荣敬, 周心怀, 等. 2008. 渤海海域新生代盆地中的郯庐断裂带构造. 中国科学 (D辑: 地球科学), 38(增刊): 19-29.

祁江豪. 2015. 南黄海地区地壳速度结构研究. 北京: 中国地质大学 (北京).

钱翼鹏, 庄胜国. 1982. 南海深海盆地的扩张磁异常及其地质解释. 海洋地质, (1): 11-12.

邱宁. 2010. 苏鲁高压—超高压变质带区域重磁场特征与地壳构造格架研究. 武汉: 中国地质大学.

任纪舜, 牛宝贵, 和政军. 1998. 中国东部的构造格局和动力演化 // 任纪舜, 杨巍然. 中国东部岩石圈结构与构造岩浆演化. 北京: 原子能出版社.

舒良树, 周新民. 2002. 中国东南部晚中生代构造作用. 地质论评, 48(3): 249-260.

宋海斌, 张健. 2008. 南海北部大陆边缘张裂及其动力学机制 // 李家彪. 中国边缘海形成演化与资源效应. 北京: 海洋出版社.

宋海斌, 吴能友, 张健, 等. 2003. 南海北部陆缘白垩纪中期大陆边缘体制转变的探讨 // 李家彪, 高抒. 中国边缘海岩石层结构与动力过程. 北京: 海洋出版社.

宋鹏, 肖国林, 张维冈, 等. 2006. 北黄海海域的重磁场特征及其地质意义. 海洋地质动态, 22(8): 1-6.

苏乃容, 曾麟, 李平鲁. 1995. 珠江口盆地东部中生代凹陷地质特征. 中国海上油气. 地质, 9(4): 228-236.

孙晓猛, 张旭庆, 张功成, 等. 2014. 南海北部新生代盆地基底结构及构造属性. 中国科学 (D 辑 : 地球科学), 44(6): 1312-1323.

孙珍, 庞雄, 钟志洪, 等. 2005. 珠江口盆地白云凹陷新生代构造演化动力学. 地学前缘, 12(4): 489-498.

唐贤君, 於文辉, 单蕊. 2010. 中国东部 - 朝鲜半岛中生代板块结合带划分研究现状与问题. 地质学报, 84(5): 606-617.

滕吉文, 闫雅芬. 2004. 中国东南大陆和陆缘地带板内构造界带的地磁异常场响应. 大地构造与成矿学, 28(2): 105-117.

汪集旸, 黄少鹏. 1990. 中国大陆地区大地热流数据汇编 (第二版). 地震地质, 12(4): 351-366.

王家林, 张新兵, 吴健生, 等. 2002. 珠江口盆地基底结构的综合地球物理研究. 热带海洋学报, 21(2): 13-22.

王培宗, 陈耀安, 曹宝庭, 等. 1993. 福建省地壳——上地幔结构及深部构造背景的研究. 福建地质, (2): 79-158.

卫小冬, 阮爱国, 赵明辉, 等. 2011. 穿越东沙隆起和潮汕坳陷的 OBS 广角地震剖面. 地球物理学报, 54(12): 3325-3335.

温珍河, 刘守全, 陈建文, 等. 2007. 值得重视的海域海相油气勘探. 海相油气地质, 12(3): 5-9.

吴德城, 侯方辉. 2017. 南黄海区域地质与地球物理调查研究进展. 地球物理学进展, 32(6): 2687-2696.

吴健生, 王家林. 1992. 利用区域磁异常研究东海陆架区基底构造. 同济大学学报 (自然科学版), 20(4): 452-467.

吴金龙, 韩树桥, 李恒修. 1992. 南海中部古扩张脊的构造特征及南海海盆的两次扩张. 海洋学报, 14(1): 82-96.

吴其反, 路凤香, 刘庆生, 等. 2003. 苏鲁地区地壳深部太古代残留岩片 : 来自航磁资料的证据. 科学通报, 48(4): 395-399.

吴时国, 刘展, 王万银, 等. 2004. 东沙群岛海区晚新生代构造特征及其对弧 - 陆碰撞的响应. 海洋与湖沼, 35(6): 482-490.

吴时国, 范建柯, 董冬冬. 2013. 论菲律宾海板块大地构造分区. 地质科学, 48(3): 677-692.

吴招才, 高金耀, 赵俐红, 等. 2010. 南海北部陆缘的磁异常特征及居里面深度. 地球科学——中国地质大学学报, 35(6): 1060-1068.

吴招才, 高金耀, 李家彪, 等. 2011. 海北部磁异常特征及对前新生代构造的指示. 地球物理学报, 54(12): 3292-3302.

吴招才, 高金耀, 丁巍伟, 等. 2017. 南海海盆三维重力约束反演莫霍面深度及其特征. 地球物理学报, 60(7): 2599-2613.

吴招才, 高金耀, 沈中延, 等. 2018. 中国东部及近海磁异常特征及大地构造意义. 地学前缘, 25(1): 210-217.

吴志强. 2009. 南黄海中部隆起海相地层油气地震勘探关键技术研究. 青岛 : 中国海洋大学.

吴志强, 郝天珧, 张训华, 等. 2015. 扬子块体与华北块体在海区的接触关系——来自上下源、长排列多道地震剖面的新认识. 地球物理学报, 58(5): 1692-1705.

夏戡原, 黄慈流, 黄志明. 2004a. 南海东北部东沙 - 澎湖 - 北港高磁异常隆起带及其南侧磁静区的深部地壳结构特征 // 张中杰, 高锐, 吕庆田, 等. 中国大陆地球深部结构与动力学研究——庆贺滕吉文院士从事地球物理研究 50 周年 . 北京 : 科学出版社 , 454-465.

夏戡原 , 黄慈流 , 黄志明 . 2004b. 南海及邻区中生代 (晚三叠世—白垩纪) 地层分布特征及含油气性对比 . 中国海上油气 , 16(2): 73-83.

夏戡原 , 黄慈流 , 黄志明 . 2004c. 南海东北部台湾西南海区深部地壳结构特征 // 陈运泰 , 滕吉文 , 阚荣举 , 等 . 中国大陆地震学与地球内部物理学研究进展——庆贺曾融生院士八十寿辰 . 北京 : 地震出版社 .

熊盛青 , 杨海 , 丁燕云 , 等 . 2016. 中国陆域居里等温面深度特征 . 地球物理学报 , 59(10): 3604-3617.

徐鸣洁 , 舒良树 . 2001. 中国东南部晚中生代岩浆作用的深部条件制约 . 高校地质学报 , 7(1): 21-33.

徐佩芬 , 孙若昧 , 刘福田 , 等 . 1999. 扬子板块俯冲、断离的地震层析成象证据 . 科学通报 , 44(15): 1658-1661.

徐佩芬 , 刘福田 , 王清晨 , 等 . 2000. 大别 - 苏鲁碰撞造山带的地震层析成像研究——岩石圈三维速度结构 . 地球物理学报 , 43(3): 377-385.

徐亚 , 郝天珧 , 戴明刚 , 等 . 2007. 渤海残留盆地分布综合地球物理研究 . 地球物理学报 , 50(3): 868-881.

阎贫 , 刘海龄 . 2002. 南海北部陆缘地壳结构探测结果分析 . 热带海洋学报 , 21(2): 1-12.

阎贫 , 刘海龄 . 2005. 南海及其周缘中新生代火山活动时空特征与南海的形成模式 . 热带海洋学报 , 24(2): 33-41.

颜佳新 , 周蒂 . 2001. 南海北部陆缘区中特提斯构造演化研究 . 海洋地质与第四纪地质 , 21(4): 49-54.

颜佳新 , 周蒂 . 2002. 南海及周边部分地区特提斯构造遗迹 : 问题与思考 . 热带海洋学报 , 21(2): 43-49.

杨金玉 . 2010. 南黄海盆地与周边构造关系及海相中、古生界分布特征与构造演化研究 . 杭州 : 浙江大学 .

杨金玉 , 徐世浙 , 余海龙 , 等 . 2008. 视密度反演在东海及邻区重力异常解释中的应用 . 地球物理学报 , 51(6): 1909-1916.

杨胜雄 , 邱燕 , 朱本铎 . 2016. 南海地质地球物理图系 (1 ： 200 万). 北京 : 中国航海图书出版社 .

杨树春 , 胡圣标 , 蔡东升 , 等 . 2003. 南黄海南部盆地地温场特征及热 - 构造演化 . 科学通报 , 48(14): 1564-1569.

杨树春 , 仝志刚 , 贺清 , 等 . 2008. 潮汕坳陷中生界生烃历史及火成岩侵入影响分析——以 LF35-1-1 井为例 . 中国海上油气 , 20(3): 152-156.

杨艳秋 , 戴春山 , 刘万洙 . 2003. 北黄海盆地基底结构特征 . 海洋地质动态 , 19(5): B25.

姚伯初 . 1991. 南海海盆在新生代的构造演化 . 南海地质研究 , (3): 9-23.

姚伯初 . 1999. 南海西北海盆的构造特征及南海新生代的海底扩张 . 热带海洋 , 18(1): 7-15.

姚伯初 , 曾维军 , 陈艺中 , 等 . 1994. 南海北部陆缘东部的地壳结构 . 地球物理学报 , 37(1): 27-34.

姚伯初 , 曾维军 , 陈艺中 , 等 . 1995. 南海北部陆缘东部中生代沉积的地震反射特征 . 海洋地质与第四纪地质 , 15(1): 81-90.

殷鸿福 , 吴顺宝 , 杜远生 , 等 . 1999. 华南是特提斯多岛洋体系的一部分 . 地球科学 , 24(1): 1-12.

余心起 , 吴淦国 , 张达 , 等 . 2005. 中国东南部中生代构造体制转换作用研究进展 . 自然科学进展 , 15(10): 1167-1174.

曾久岭 , 沈然清 . 2000. 东海西湖凹陷的基底性质 . 海洋石油 , 20(3): 9-15.

翟明国 , 郭敬辉 , 李忠 , 等 . 2007. 苏鲁造山带在朝鲜半岛的延伸 : 造山带、前寒武纪基底以及古生代沉积盆地的证据与制约 . 高校地质学报 , 13(3): 415-428.

张洪涛 , 张训华 , 温珍河 , 等 . 2010. 中国东部海区及邻域地质地球物理系列图 (1 ： 100 万). 北京 : 海洋出

版社 .

张洪涛 , 张训华 , 温珍河 , 等 . 2018. 中国南部海区及邻域地质地球物理系列图 (1 ： 100 万). 北京 : 海洋出
　　版社 .

张季生 . 2000. 用三维解析信号技术处理华南航磁异常 . 物探与化探 , 24(3): 190-196.

张青林 , 张航飞 , 张向涛 , 等 . 2018. 南海北部潮汕坳陷上白垩统盆地原型及其大地构造背景分析 . 地球物
　　理学报 , 61(10): 4308-4321.

张少武 , 李春峰 . 2011. 磁异常三维解析信号所揭示的中国东部及邻近海域岩浆岩特征 . 物探与化探 ,
　　35(3): 1-8.

张涛 , 高金耀 , 李家彪 , 等 . 2012. 南海西北次海盆的磁条带重追踪及洋中脊分段性 . 地球物理学报 , 55(9):
　　3163-3172.

张训华 , 杨金玉 , 李刚 , 等 . 2014. 南黄海盆地基底及海相中、古生界地层分布特征 . 地球物理学报 ,
　　57(12): 4041-4051.

张训华 , 郭兴伟 , 吴志强 , 等 . 2019. 南黄海盆地中部隆起 CSDP-2 井初步成果及其地质意义 . 地球物理学
　　报 , 62(1): 197-218.

张毅祥 . 2002. 南海北部磁静区及其地质意义 . 海峡两岸第 5 届台湾邻近海域海洋科学研讨会 : 146-147.

张远泽 , 漆家福 , 吴景富 . 2019. 南海北部新生代盆地断裂系统及构造动力学影响因素 . 地球科学——中国
　　地质大学学报 , 44(2): 603-625.

张云帆 , 孙珍 , 周蒂 , 等 . 2007. 南海北部陆缘新生代地壳减薄特征及其动力学意义 . 中国科学 (D 辑 : 地
　　球科学), 37(12): 1609-1616.

赵金海 . 2004. 东海中、新生代盆地成因机制和演化 (下). 海洋石油 , 24(4): 1-10.

赵俊峰 . 2006. 南海东北部高磁带及磁静区地球物理场特征与南海构造演化的关系 . 上海 : 同济大学 .

赵俊峰 , 张毅祥 . 2008. 南海东北部磁静区深部构造及成因模式 . 上海地质 , (107): 4-7.

赵俊峰 , 施小斌 , 丘学林 , 等 . 2010. 南海东北部居里面特征及其石油地质意义 . 热带海洋学报 , 29(1):
　　126-131.

赵美松 , 刘海龄 , 吴朝华 . 2012. 南海南北陆缘中生代地层—构造特征及碰撞造山 . 地球物理学进展 , 27(4):
　　1454-1464.

赵志刚 , 王鹏 , 祁鹏 , 等 . 2016. 东海盆地形成的区域地质背景与构造演化特征 . 地球科学——中国地质大
　　学学报 , 41(3): 546-554.

郑求根 , 周祖翼 , 蔡立国 , 等 . 2005. 东海陆架盆地中新生代构造背景及演化 . 石油与天然气地质 , 26(2):
　　197-201.

钟广见 . 2014. 南海西北次海盆新生代构造事件的沉积记录 . 北京 : 中国地质大学 (北京).

钟广见 , 吴能友 , 林珍 , 等 . 2008. 南海东北陆坡断裂特征及其对盆地演化的控制作用 . 中国地质 , 35(3):
　　456-462.

周蒂 , 陈汉宗 , 孙珍 , 等 . 2005a. 南海中生代三期海盆及其与特提斯和古太平洋的关系 . 热带海洋学报 ,
　　24(2): 16-25.

周蒂 , 吴世敏 , 陈汉宗 . 2005b. 南沙海区及邻区构造演化动力学的若干问题 . 大地构造与成矿学 , 29(3):
　　339-345.

周蒂 , 王万银 , 庞雄 , 等 . 2006. 地球物理资料所揭示的南海东北部中生代俯冲增生带 . 中国科学 (D 辑 : 地

球科学), 36(3): 209-218.

周洋, 刘海龄, 朱荣伟, 等 . 2016. 南海北部陆缘古双峰 - 笔架碰撞造山带空间展布特征 . 海洋地质与第四纪地质 , 36(4): 77-84.

周祖翼 . 1989. 东南沿海基底研究述评 . 福建地质 , (1): 46-53.

周祖翼 . 1992. 闽东沿海构造带 // 刘光鼎 . 中国海区及领域地质地球物理特征 . 北京 : 科学出版社 , 320-326.

朱日祥, 郑天愉 . 2009. 华北克拉通破坏机制与古元古代板块构造体系 . 科学通报 , 54(14): 1950-1961.

朱伟林, 解习农, 王振峰, 等 . 2017. 南海西沙隆起基底成因新认识 . 中国科学 (D 辑 : 地球科学), 47(12): 1460-1468.

邹和平 . 2001. 南海北部陆缘张裂——岩石圈拆沉的地壳响应 . 海洋地质与第四纪地质 , 21(1): 39-44.

邹和平, 李平鲁, 饶春涛 . 1995. 珠江口盆地新生代火山岩地球化学特征及其动力学意义 . 地球化学 , 24(增刊): 33-45.

Agarwal B N P, Shaw R K. 1996. Comment on "An analytic signal approach to the interpretation of total field magnetic anomalies" by Shuang Qin. Geophysical Prospecting, 44: 911-914.

Barckhausen U, Roeser H A. 2004. Seafloor spreading anomalies in the South China Sea revisited. Geophysical Monograph, 149: 121-125.

Barckhausen U, Engels M, Franke D, et al. 2014. volution of the South China Sea: Revised ages for breakup and seafloor spreading. Marine and Petroleum Geology, 58(B): 599-611.

Barckhausen U, Engels M, Franke D, et al. 2015. Evolution of the South China Sea: Revised ages for breakup and seafloor spreading. Marine and Petroleum Geology, 59: 679-681.

Ben-Avraham Z, Uyeda S. 1973. The evolution of the China Basin and the mesozoic paleogeography of Borneo. Earth and Planetary Science Letters, 18(2): 365-376.

Bhattacharyya B K. 1966. Continuous spectrum of the total magnetic field anomaly due to a rectangular prismatic body. Geophysics, 1(1): 97-121.

Blakely R J. 1995. Potential Theory in Gravity and Magnetic Applications. Cambridge: Cambridge University Press.

Boillot G, Recq M, Winterer E L, et al. 1987. Tectonic denudation of the upper mantle along passive margins: a model based on drilling results (ODP leg 103, western Galicia margin, Spain). Tectonophysics, 132(4): 335-342.

Briais A, Patriat P, Tapponnier P. 1993. Updated Interpretation of Magnetic Anomalies and Seafloor Spreading Stages in the South China Sea: Implications for the Tertiary Tectonics of Southeast Asia. Journal of Geophysical Research, 98(B4): 6299-6328.

Cameselle A L, Ranero C R, Franke D, et al. 2015. The continent-ocean transition on the northwestern South China Sea. Basin Research, 29(S1): 1-23.

CCOP. 2002. Magnetic anomaly map of East Asia 1 ∶ 4000000 by Geological Survey of Japan, AIST and Coordinating Committee for Coastal and Offshore Geoscience Programmes in East and Southeast Asia (CCOP). (CD-ROM version, 2nd edition)Tsukuba-shi: The Survey.

Chandler M T, Wessel P. 2008. Improving the quality of marine geophysical track line data: Along-track analysis.

Journal of Geophysical Research: Solid Earth, 113: B02102.

Chang J H, Lee T Y, Hsu H H, et al. 2015. Comment on Barckhausen et al., 2014 – Evolution of the South China Sea: Revised ages for breakup and seafloor spreading. Marine and Petroleum Geology, 59: 676-678.

Chen L, Wang T, Zhao L, et al. 2008. Distinct lateral variation of lithospheric thickness in the Northeastern NCC. Earth and Planetary Science Letters, 267(1-2): 56-68.

Ding W W, Li J B, Wu Z C, et al. 2017. Late Mesozoic transition from Andean-type to Western Pacific-type of the East China continental margin—Is the East China Sea basement an allochthonous terrain. Geological Journal, 53(2): 1-9.

Ding W W, Sun Z, Dadd K, et al. 2018. Structures within the oceanic crust of the central South China Sea basin and their implications for oceanic accretionary processes. Earth and Planetary Science Letters, 488(15): 115-125.

Doo W B, Hsu S K, Armada L. 2015. New Magnetic anomaly map of the East Asia with some preliminary tectonic interpretations. Terrestrial Atmospheric & Oceanic Sciences, 26(1): 73-81.

Doo W B, Lo C L, Hsu S K, et al. 2018. New gravity anomaly map of Taiwan and its surrounding regions with some tectonic interpretations. Journal of Asian Earth Sciences, 154: 93-100.

Eakin D H, Avendonk H J A V, Lavier L, et al. 2014. Crustal-scale seismic profiles across the Manila subduction zone: The transition from intraoceanic subduction to incipient collision. Journal of Geophysical Research: Solid Earth, 119(1): 1-17.

Emery K O, Ben-Avraham Z. 1972. Structure and Stratigraphy of China Basin. AAPG Bulletin, 56: 839-859.

Erdelyi A, Magnus W, Oberhettinger F, et al. 1954. Tables of Integral Transforms. Vol. 1, New York : McGrawHill Book Company.

Fan C Y, Xia S H, Cao J H, et al. 2019. Lateral crustal variation and post-rift magmatism in the northeastern South China Sea determined by wide-angle seismic data. Marine Geology, 410: 70-87.

Gao J W, Wu S G, Mcintosh K, et al. 2015. The continent-ocean transition at the mid-northern margin of the South China Sea. Tectonophysics, 654: 1-19.

Hasterok D, Chapman D S, Davis E E. 2011. Oceanic heat flow: Implications for global heat loss. Earth and Planetary Science Letters, 311(3): 386-395.

Hayes D E, Taylor B, Mrozowski C L, et al. 1978. A geophysical atlas of the East and Southeast Asian Seas. Geological Society of America: 6.

Hayes D E, Nissen S, Buhl P, et al. 1995. Throughgoing crustal faults along the northern margin of the South China Sea and their role in crustal extension. Journal of Geophysical Research, 100(B11): 22435-22446.

Hemant K, Thébault E, Mandea M, et al. 2007. Magnetic anomaly map of the world: Merging satellite, airborne, marine and ground-based magnetic data sets. Earth and Planetary Science Letters, 260(1-2): 56-71.

Hilde T W C, Uyeda S, Kroenke L.1977. Evolution of the western pacific and its margin. Tectonophysics, 38(1-2): 145-152.

Hsu S K, Liu C, Shyu C, et al. 1998. New gravity and magnetic anomaly maps in the Taiwan-Luzon region and their preliminary interpretation. Terrestrial Atmospheric & Oceanic Sciences, 9(3): 509-532.

Hsu S K, Yeh Y C, Doo W B, et al. 2004. New bathymetry and magnetic lineations identifications in the

Northernmost South China Sea and their tectonic implications. Marine Geophysical Research, 25(1): 29-44.

Hwang C, Chang E T Y. 2014. Seafloor secrets revealed. Science, 346(6205): 32-33.

Keating P, Zerbo L. 1996. An improved technique for reduction to the pole at low latitudes . Geophysics, 61(1): 131-137.

Kido Y, Suyehiro K, Kinoshita H. 2001. Rifting to spreading process along the Northern Continental Margin of the South China Sea. Marine Geophysical Researches, 22: 1-15.

Larsen H C, Mohn G, Nirrengarten M, et al. 2018. Rapid transition from continental breakup to igneous oceanic crust in the South China Sea. Nature Geoscience, 11(10): 782-789.

Lester R, Mcintosh K, Avendonk H J A V, et al. 2013. Crustal accretion in the Manila trench accretionary wedge at the transition from subduction to mountain-building in Taiwan. Earth & Planetary Science Letters, 375(8): 430-440.

Lester R, Avendonk H J A V, Mcintosh K, et al. 2014. Rifting and magmatism in the northeastern South China Sea from wide-angle tomography and seismic reflection imaging. Journal of Geophysical Research: Solid Earth, 119(3): 2305-2323.

Lesur V, Hamoudi M, Choi Y, et al. 2016. Building the second version of the World Digital Magnetic Anomaly Map (WDMAM). Earth, Planets and Space, 68(1): 27.

Li C F, Zhou Z, Li J, et al. 2007. Structures of the northeasternmost South China Sea continental margin and ocean basin: geophysical constraints and tectonic implications. Marine Geophysical Researches, 28(1): 59-79.

Li C F, Zhou Z, Hao H, et al. 2008a. Late Mesozoic tectonic structure and evolution along the present-day northeastern South China Sea continental margin. Journal of Asian Earth Sciences, 31(4-6): 546-561.

Li C F, Zhou Z, Li J, et al. 2008b. Magnetic zoning and seismic structure of the South China Sea ocean basin. Marine Geophysical Researches, 29(4): 223-238.

Li C F, Lin J, Kulhanek D K, et al. 2014a. South China Sea tectonics: Opening of the South China Sea and its implications for southeast Asian tectonics, climates, and deep mantle processes since the late Mesozoic. Integrated Ocean Drilling Program Preliminary Reports, (349): 1-109.

Li C F, Xing X, Jian L, et al. 2014b. Ages and magnetic structures of the South China Sea constrained by deep tow magnetic surveys and IODP Expedition 349. Geochemistry, Geophysics, Geosystems, 15(12): 4958-4983.

Li F C, Sun Z, Yang H F. 2018. Possible spatial distribution of the Mesozoic volcanic arc in the present-day South China Sea continental margin and its tectonic implications. Journal of Geophysical Research: Solid Earth, 123(8): 6215-6235.

Li X. 2006. Understanding 3D analytic signal amplitude. Geophysics, 71(2): L13-L16.

Li X. 2008. Magnetic reduction-to-the-pole at low latitudes: Observations and considerations. The Leading Edge, 8: 990-1002.

Li Z X. 1994.Collision between the North and South China blocks: A crustal-detachment model for suturing in the region east of the Tanlu Fault. Geology, 22(8): 739-742.

Liang J T, Wang H L. 2019.Cenozoic tectonic evolution of the East China Sea Shelf Basin and its coupling relationships with the Pacific Plate subduction. Journal of Asian Earth Sciences, 171: 376-387.

Lo C H, Yui T F U. 1996. ^{40}Ar/^{39}Ar dating of high-pressure rocks in the tananao basement complex, Taiwan.

Journal of the Geological Society of china, 39(1): 13-30.

Lüdmann T, Wong H K. 1999. Neotectonic regime on the passive continental margin of the northern South China Sea. Tectonophysics, 311: 113-138.

Maus S. 2010. An ellipsoidal harmonic representation of Earth's lithospheric magnetic field to degree and order 720. Geochemistry, Geophysics, Geosystems, 11(6): Q6015.

Maus S, Sazonova T, Hemant K, et al. 2007. National geophysical data center candidate for the world digital magnetic anomaly map. Geochemistry, Geophysics, Geosystems, 8(6): Q6017.

Maus S, Barckhausen U, Berkenbosch H, et al. 2009. EMAG2: A 2-arc min resolution Earth Magnetic Anomaly Grid compiled from satellite, airborne, and marine magnetic measurements. Geochemistry, Geophysics, Geosystems, 10(8): 4918.

Mcintosh K, Lavier L, Avendonk H V, et al. 2014. Crustal structure and inferred rifting processes in the northeast South China Sea. Marine and Petroleum Geology, 58: 612-626.

Mcintosh K D, Van Avendonk H J, Lavier L L, et al. 2013. Inversion of a hyper-extended rifted margin in the southern Central Range of Taiwan. Geology, 41(8): 871-874.

Mendel V, Munschy M, Sauter D. 2005. MODMAG, a MATLAB program to model marine magnetic anomalies. Computers & Geosciences, 31(5): 589-597.

Minshull T A. 2009.Geophysical characterisation of the ocean–continent transition at magma-poor rifted margins. Comptes Rendus Geoscience, 341(5): 382-393.

Nabighian M N. 1972. The analytic signal of two-dimensional magnetic bodies with polygonal cross-section: its properties and use for automated anomaly interpretation. Geophysics, 37(3): 507-517.

Nabighian M N. 1984. Toward a three-dimensional automatic interpretation of potential field data via generalized Hilbert Transform: Fundamental relation. Geophysics, 49(6): 44-48.

Nissen S S, Hayes D E, Buhl P, et al. 1995a. Deep penetration seismic soundings across the northern margin of the South China Sea. Journal of Geophysical Research, 100(B11): 22407-22433.

Nissen S S, Hayes D E, Yao B. 1995b. Gravity, heat flow, and seismic constraints on the processes of crustal extension Northern margin of the South China Sea. Journal of Geophysical Research, 100(B11): 22447-22483.

Ogg J G, Smith A G. 2004. The geomagnetic polarity time scale//Gradstein F M, Ogg J G, Smith A G. A Geologic Time Scale 2004. Cambridge: Cambridge University Press.

Okubo Y, Tsu H. 1992. Depth estimate of two dimensional source using spectrum of one dimensional linear trending magnetic anomaly. Butsuri Tansa, 45: 398-409.

Pautot G, Rangin C, Briais A, et al. 1986. Spreading direction in the central South China Sea. Nature, 321(6066): 150-154.

Qin S. 1994. An analytic signal approach to the interpretation of total field magnetic anomalies1. Geophysical Prospecting, 45(5): 883.

Quesnel Y, Catalán M, Ishihara T. 2009. A new global marine magnetic anomaly data set. Journal of Geophysical Research: Solid Earth, 114(B4): 115-123.

Roest W R, Verhoett J, Pilkington M. 1992. Magnetic interpretation using the 3D analytic signal. Geophysics, 57(1): 116-125.

Ru K, Pigott J D. 1986. Episodic Rifting and Subsidence in the South China Sea. AAPG Bulletin, (70): 1115-1136.

Sharman G F, Metzger D. 1992. Marine magnetic data holdings of World Data Center-A for Marine Geology and Geophysics. Journal of Obesity, 2012(5): 710903.

Shi X B, Qiu X L, Xia K Y, et al. 2003. Characteristics of surface heat flow in the South China Sea. Journal of Asian Earth Sciences, 22(3): 265-277.

Sibuet J C, Hsu S K. 1997. Geodynamics of the Taiwan arc-arc collision. Tectonophysics, 274: 221-251.

Sibuet J C, Yeh Y C, Lee C S. 2016. Geodynamics of the South China Sea. Tectonophysics, 692: 98-119.

Sibuet J, Hsu S, Le Pichon X, et al. 2002. East Asia plate tectonics since 15 Ma: Constraints from the Taiwan region. Tectonophysics, 344: 103-134.

Spector A, Grant F S. 1970. Statistical models for interpreting aeromagnetic data. Geophysics, 35(2): 293-302.

Sun Z, Stock J, Jian Z, et al. 2016. Expedition 367/368 Scientific Prospectus: South China Sea Rifted Margin. International Ocean Discovery Program.

Suo Y H, Li S, Zhao S J, et al. 2015. Continental margin basins in East Asia: Tectonic implications of the Meso-Cenozoic East China Sea pull-apart basins. Geological Journal, 50(2): 139-156.

Taylor B, Hayes D E. 1983a. Origin and history of the South China Sea basin//Hayes D E. The Tectonic and Geologic Evolution of Southeast Asian Seas and Islands Part 2, Geophysical Monograph Series. Washington: The American Geophysical Union, 23-56.

Taylor B, Hayes D E. 1983b. The tectonic evolution of the South China Sea Basin//Hayes D E. The Tectonic and Geologic Evolution of Southeast Asian Seas and Islands, Geophysical Monograph Series. Washington, AGU: 89-104.

Verduzco B, Airhead J D, Green C M, et al. 2004. New insights into magnetic derivatives for structural mapping. The Leading Edge, 23(2): 116-119.

Wan K Y, Xia S H, Cao J H, et al. 2017. Deep seismic structure of the northeastern South China Sea: Origin of a high-velocity layer in the lower crust. Journal of Geophysical Research: Solid Earth, 122(4): 2831-2858.

Wang P, Prell W L, Blum P, et al. 2000. Proceedings of Ocean Drilling Program, Initial Report, 184.College Station, TX: Ocean Drilling Program.

Wang T K, Chen M K, Lee C S, et al. 2006. Seismic imaging of the transitional crust across the northeastern margin of the South China Sea. Tectonophysics, 412(3-4): 237-254.

White R S, Mckenzie D. 1989. Magmatism at rift zones: The generation of volcanic continental margins and flood basalts. Journal of Geophysical Research, 94(B6): 7685-7729.

Xia K Y, Zhou D. 1992. The geophysical characteristics and evolution of Northern and Southern Margins of the South China Sea. Bulletin of the Geological Society of Malaysia, 33: 223-240.

Xia S H, Zhao M H, Qiu X L, et al. 2010. Crustal structure in an onshore-offshore transitional zone near Hong Kong, northern South China Sea. Journal of Asian Earth Sciences, 37(5): 460-472.

Xu C H, Shi H S, Barnes C G, et al. 2016. Tracing a late Mesozoic magmatic arc along the Southeast Asian margin from the granitoids drilled from the northern South China Sea. International Geology Review, 58(1): 71-94.

Yan P, Zhou D, Liu Z S. 2001. A crustal structure profile across the northern continental margin of the South China Sea. Tectonophysics, 338: 1-21.

Yan P, Deng H, Liu H L, et al. 2006. The temporal and spatial distribution of volcanism in the South China Sea region. Journal of Asian Earth Sciences, 27(5): 647-659.

Yeh Y C, Hsu S K, Doo W B, et al. 2012. Crustal features of the northeastern South China Sea: Insights from seismic and magnetic interpretations. Marine Geophysical Research, 33(4): 307-326.

Zhang G L, Luo Q, Zhao J, et al. 2018. Geochemical nature of sub-ridge mantle and opening dynamics of the South China Sea. Earth and Planetary Science Letters, 489: 145-155.

Zhao M H, Qiu X L, Xia S H, et al. 2010. Seismic structure in the northeastern South China Sea: S-wave velocity and Vp/Vs ratios derived from three-component OBS data. Tectonophysics, 480(1-4): 183-197.

Zhou D, Sun Z, Chen H Z, et al. 2008. Mesozoic paleogeography and tectonic evolution of South China Sea and adjacent areas in the context of Tethyan and Paleo-Pacific interconnections. Island Arc, 17(2): 186-207.

Zhu J, Qiu X, Kopp H, et al. 2012. Shallow anatomy of a continent-ocean transition zone in the northern South China Sea from multichannel seismic data. Tectonophysics, 554-557: 18-29.

第7章 海底地质构造

构造地质学是地质学的分支学科，它以地球岩石圈为研究对象，研究岩石圈内地质体的形成、形态和变形等构造作用的成因机制及其相互影响、时空分布和演化规律（朱志澄，1991）。因构造作用或构造运动常常是其他地质作用的起始或触发的主要因素，构造地质学就成为地质学的基本学说（徐开礼和朱志澄，1988）。地质构造图简称构造图，通常以地质图为基础编制，是反映一个区域或构造单元的构造特征和构造发展历史的地质图件，是对某一区域构造地质学研究成果的表达。海底地质构造图是隶属构造图性质的基础海洋类专题地图，是构造图在海域的分支。与陆地地质构造图类似，海底地质构造图主要通过对海域基础地质类型及其年代学特征所反映的区域岩石圈地质体的相互作用、时空分布和演化规律进行识别和分析，从而推断并以合适的方式来表达海区各种构造类型的性质、空间展布形态及其形成顺序以及同构造类型之间的交切关系等（沈锡昌和郭步英，1993）。

7.1 概　　论

7.1.1 数据来源与方法

中国海区域地质构造图中对中国东部和南部海域及邻区的海陆基础地质、地球物理特征的认知主要依赖于多年来几个涉海重大调查专项的实施，以及其他各类专项、基金、工程地质项目中收集并处理完成的综合地球物理数据，及其后续编撰完成的各类丰富成果图件及专著等。其中陆上区域基础地质特征的识别主要参考了任纪舜主编的《国际亚洲地质图（1∶500万）》（任纪舜，2013）和《中国大地构造及其演化》（任纪舜，1980），而海域构造划分观点则继承了刘光鼎（1992b）主编的《中国海区及邻域地质地球物理系列图（1∶500万）》的思想，最新的发现和认识多基于李家彪主持的国家973专项"中国边缘海的形成演化及重要资源的关键问题"研究中提供的各类证据及其成果，包括《中国边缘海形成演化与资源效应》（李家彪，2005）、《东海区域地质》（李家彪，2008）以及《中国区域海洋学——海洋地质学》（李家彪，2012）等相关著作内容。编图过程中还参考了《中国及邻区海陆大地构造图（1∶500万）》（张文佑，1983）、《中国及邻区海陆大地构造》（张文佑，1986），《东海地质》（秦蕴珊，1987），《渤海黄海东海海洋图集——地质地球物理（1∶500万）》（海洋图集编委会，1990），《东海海洋地质》（金翔龙，1992），《南海地质》（刘昭蜀等，2002），《中国大地构造学纲要》（万天丰，2004），《中国海域构造地质学》（张训华，2008），《中国东海海区及邻域地质地球物理系列图（1∶100 万）》（张洪涛等，2011），《南海地质地球物理图系（1∶200 万）》（杨胜雄等，2016）等，以及多年来由自然资源部第二海洋研究所和中国地质调查局青岛海洋地质研究所参与编写并绘制的各类基础图件资料等。

　　海域基础构造框架的形成是多种地球物理数据综合分析的结果。项目通过系统收集整理我国海域大量的钻井、反射地震剖面和沉积地层厚度资料，以历史钻井点位资料为基础，再以各海区骨干地震剖面的线资料为桥梁，参考 908 专项海陆交界处地震地层格架划分成果，综合形成我国周边海域较完整的地层序列、沉积基底及岩相古地理分布模型，为研究区基础地质特征的识别和展布规律的划分提供依据。

　　重力数据的处理是基于球坐标系下实现的重力异常全球地形起伏改正、均衡改正、变密度沉积改正等，最终计算得到中国东部及南部海域的完全布格重力异常、均衡重力异常和深部剩余重力异常等重力转换网格的数据模型。

　　磁力数据的处理主要采用了为压制磁偏角方向噪声的功率谱平衡法这种迭代化极方法，以不同纬度变磁倾角权重分配来解决大跨度的变纬度化极，并计算得到中国东部和南部海陆区域的化极磁异常和磁源重力异常等地磁转换网格数据模型。

　　经系统收集整理中国东部和南部海域深地震（包括最新 OBS）探测资料，结合沉积基底数据共同约束重、磁反演，并通过重、磁、震及钻井数据之间的相互参照优化，计算得到中国东南部大陆及海域重力基底、莫霍面、磁性基底、居里面起伏和岩浆体分布等综合反演网格模型。采用重力异常的归一化总梯度、地磁异常的反褶积和 2.5 维重磁异常正、反演迭代拟合方法，最终计算得到中国东部及南部海域的重、磁、震综合解释剖面和构造划分模型。

　　结合国内外关于中国东部和南部海陆地球物理和地质构造的最新研究成果，分析总结我国海域及周边区域的地震活动、构造区划、断裂、岩浆分布特征，加工制作了我国东部海域和南部海域较完整的断裂体系、构造区划和新构造活动分布等各类构造分布模型和专题图件。以此为基础，系统开展了中国海域南北一体化的地球物理场、沉积层分布、断裂构造和区域地壳结构特征分析，探讨了我国东部和南部区域海陆构造格架、地质构造和沉积环境演化过程等，特别注重跨海域综合、海陆联合的近海隆起和南北对应的活动构造研究，重点突出海域构造层分布和演化特征，最终编制完成中国东部海域和南部海域地质构造图及对应说明书。

7.1.2　指导思想与原则

　　总体而言，中国海海洋地质构造图编图及研究的指导思想是以板块构造理论为基础，同时吸收了槽台理论体系中的有益内容，对全区各类构造单元在不同地质历史时期的旋回式发展提供时间演化线索和空间分异基础，划分了东部海域和南部海域基础地理框架，形成中国东南部在太古宇以来的海陆地块宏观构造演化理论体系，特别突出海区中生代以来的各地质体构造变化特征和地质演化过程。具体来讲，编图主要依照以下几条原则进行。

　　（1）以板块构造观点为指导思想，突出表现南海海底分期扩张和东海沟 - 弧 - 盆体系两种不同边缘海演化过程及其特点，细节处体现最新 973 专项"南海大陆边缘动力学及油气资源潜力"成果内容。

（2）根据板块构造理论，以基础地壳属性为基础，参照其他地质地球物理场特征，对中国海域及邻区进行了多级构造单元划分：一级构造单元为板块；二级构造单元划分为各类陆块（陆壳）、陆缘（过渡壳）、洋盆（洋壳）；三级构造单元是在上一级构造单元基础上进一步划分的各类陆区地块、海域微地块等；四级构造单元则是更次一级的划分，包括各类盆地、隆褶带、碰撞带和各类次海盆等。各级构造单元的划分方法及其名称，以国内最通用的划分方法和命名方式进行。

（3）为突出反映图件的构造属性和区域演化特征，特别针对编图区域的地层年代进行转换，统一采用构造层的表示方法。

（4）为特别表现海域中生代以来各构造层从老到新的分布特征和演变过程，海区构造层属性以"剥层"的方法来表现：将海区喜马拉雅晚期（$Q+N_2$）构造层剥去，在图面中直接反映其下喜马拉雅中期及更老的构造层属性及分布特征，而在陆区则将直接出露的地层转换为对应构造层进行标识。

构造旋回的划分是大地构造研究的重要基础，渐变与灾变相结合的非线性旋回演化思想，是全面认识地质规律的有效武器，也是本次中国海区域地质构造图编撰过程中所遵循的一种辩证统一的思想。从地球动力学角度看，构造运动可分为挤压型、拉张型和剪切型三种。挤压使地壳和岩石圈变短，形成造山带等挤压型构造。拉张使得地壳和岩石圈变长，形成裂谷等伸展型构造。剪切作用往往与挤压或者拉伸作用同时伴生，形成转换断层和走滑断层等。大区域的拉张作用与大陆的分裂或者大洋的打开相对应，而大区域的挤压作用则与岩石圈板块之间的挤压、碰撞密切相关。从空间尺度上看，一些区域的挤压、褶皱和隆起，必然伴随着另外一些区域的拉张、伸展和裂陷。从时间尺度上看，缓慢的、渐进式发展的拉张作用往往和急剧的、突变的挤压作用交替出现，造成依次发展的构造旋回。

在中国东部的陆上区域，角度不整合是认识和确认造山运动的重要标志，但并非所有的角度不整合都代表重要的构造运动。只有区域性的角度不整合，即在一个相当大的区域内能够识别的角度不整合才代表重要的构造运动。例如，华南加里东造山运动形成了泥盆系与下伏地质体之间的区域性角度不整合，这一不整合面既标志加里东旋回的结束，又代表一个新的构造旋回的开始。中国地质学家把裂陷作用与造山作用联系起来，建立了构造运动年表。我们参考了这些年表，建立了中国海域的构造期次表。

我们将中国海海域及邻区（包括部分陆上区域）的构造期次、地层年代、岩浆旋回及沉积建造过程对应关系列为表 7-1，在图件说明书以及研究报告中同步进行标识，以便阅读。

7.1.3   基础构造单元划分

构造图着重表示板块、地块、微地块等各类构造单元的形成时代和划分方式，详细反映各类块体构造系列性质在空间的展布和相互关系，目的是充分反映区内地壳的建造和改造，以及海、陆地质构造的内在联系和演化。

表 7-1　中国海域及邻区构造期次、岩浆旋回及沉积建造一览表

构造期次				地质时代		构造发展阶段				岩浆旋回		沉积建造
喜马拉雅期	晚期 H_l	6	6^3	Kz	N_2—Q	新全球构造阶段	俯冲带与弧后盆地形成			喜马拉雅旋回	$\gamma_{Hl}\ \delta_{Hl}\ \lambda_{Hl}$		海相细碎屑岩
	中期 H_m		6^2		N_1		拉张、沉降、挤压形成现今大陆边缘盆地与其内构造				$\gamma_{Hm}\ \delta_{Hm}$		以陆相细碎屑岩为主
	早期 H_e		6^1		E						$\gamma_{He}\ \delta_{He}$		
燕山期	晚期 Y_l	5	5^3	Mz	K_2		拉张作用于大陆内裂谷盆地的形成及早期火山弧的形成			燕山旋回	$\gamma_{Yl}\ \delta_{Yl}\ \delta u_{Yl}$ $\xi_{Yl}\ \eta_{Yl}$		陆相红色粗碎屑岩 以陆相细碎屑岩为主
					K_1								
	中期 Y_m				J_3						$\gamma_{Ym}\ \delta_{Ym}\ \gamma\delta_{Ym}$ $\delta o_{Ym}\ \xi_{Ym}$		以酸性为主的中酸性火山岩建造
	早期 Y_e		5^2		J_2						$\gamma_{Ye}\ \delta_{Ye}$		陆相碎屑岩含煤建造
					J_1								
印支期	I		5^1		T_3					印支旋回	$\gamma_I\ \delta_I\ \xi_I\ \chi_I$		海相碎屑岩建造
					T_1—T_2								
海西期	V	4		Pz	P	古全球构造阶段		地台稳固		海西旋回	$\gamma_V\ \delta_V$		海陆交互含煤碎屑岩及碳酸盐岩建造
					C								以海相碎屑岩建造为主
					D								
加里东期	C	3			S			地台形成阶段	华南地台形成	加里东旋回	$\gamma_C\ \sigma_C$		海相碳酸盐岩
					O								海相细碎屑岩建造及碳酸盐岩建造
					Є								
晋宁期	J			Pt	Pt_3				扬子地台形成		$\gamma_J\ \delta_J\ \Phi\delta_J$ $\beta\mu_J\ v\delta_J$		复理石建造和细碧角斑岩建造
四堡期	S	2			Pt_2								
吕梁期	L				Pt_1				中朝地台形成		$\gamma_L\ \delta_L$		细碎屑岩建造夹碳酸盐岩以及中性火山岩建造
阜平期	F	1		Ar				陆核形成阶段			$\gamma_F\ \delta_F$		

注：γ.花岗岩；β.玄武岩；α.安山岩；δ.闪长岩；v.辉长岩；σ.橄榄岩；π.斑岩；ξ.正长岩；λ.流纹岩；μ.玢岩；η.二长岩；γδ.正长岩；δo.石英闪长岩；χ.煌斑岩；Φ.基性、超基性岩

中国海域位于欧亚板块、太平洋板块和印澳板块三大板块之间，差异的构造演化过程形成了不同类型的边缘海盆地。各级构造单元的划分以板块构造理论为指导，以现今大地构造格局为主要划分依据，在前人各类划分系统的基础上，综合考虑各类板块的基础属性特征（性质、类型和厚度等），并参照其他边界划分特点（如海沟、俯冲带，转换断层等）、地球物理场特征（重力场特征、磁力场特征及其重要梯度带等）、地质构造特征（不同规模和不同性质的断裂带、剪切带、褶皱带、岩浆活动带、变质带等）及地层建造特征（岩性界线、地层界线、沉积厚度、基底起伏及盖层发育情况）等，来对中国东部海陆区域的构造格局进行了划分，从而将陆区到海区、东部到南部的构造单元进行统筹，达到海陆联合和海域综合的一体化构造格架划分目的。特别突出海区各主要地质构造体的地位，如扩张中心、海沟、海盆等构造单元，参考最新研究成果和资料进行了补充、修改和完善。各级构造单元命名多以国内外常用命名为准，部分构造单元进行重新命名或初次命名。

基于以上基础构造单元划分原则，我们将图幅范围内各类地质构造单元进行分级并划分类型如下（图 7-1）。

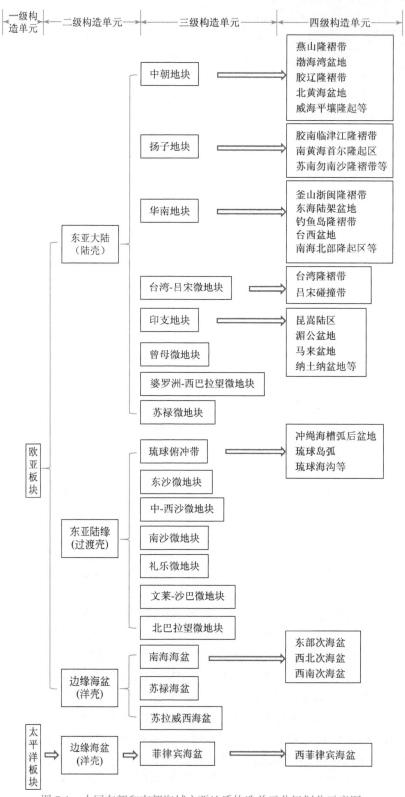

图 7-1　中国东部和南部海域主要地质构造单元分级划分示意图

一级构造单元：图幅范围内有三个平级的一级构造单元，即太平洋板块、欧亚板块及印澳板块。因中国海地质构造图重点反映中国海域构造层特征及其地质演化历史，而图幅范围内涉及的印澳板块的构造单元极少，且均处于边角位置，因此在本次分级示意图上不做标识。

二级构造单元：在两大板块基础上，根据地壳性质和地理位置进一步划分的次一级构造单元。其中欧亚板块下面又划分为东亚大陆（陆壳）、东亚陆缘（过渡壳）和边缘海盆（洋壳）三个二级构造单元；太平洋板块下面则直接划分为边缘海盆（洋壳）一个二类构造单元。

三级构造单元：在二级构造单元的基础上进一步划分的各类地块、微地块、海盆等。其中东亚大陆（陆壳）包含中朝地块、扬子地块、华南地块、台湾－吕宋微地块、印支地块、曾母微地块、婆罗洲－西巴拉望微地块以及苏禄微地块等；东亚陆缘（过渡壳）包含琉球俯冲带、东沙微地块、中－西沙微地块、南沙微地块、礼乐微地块、文莱－沙巴微地块、北巴拉望微地块等；边缘海盆（洋壳）区域则包含南海海盆、苏禄海盆、苏拉威西洋海盆等；而图幅范围内隶属于太平洋板块边缘海盆（洋壳）的则主要是菲律宾海盆。

四级构造单元：在三级构造单元的基础上进一步细分的各类地质构造体，包括各类隆褶带（隆起区）、盆地、岛弧、更次一级的海盆等。例如，中朝地块进一步划分为燕山隆褶带、渤海湾盆地、胶辽隆褶带等；琉球俯冲带可进一步划分为琉球海沟、琉球岛弧、冲绳海槽弧后盆地等；南海海盆可进一步划分为东部次海盆、西南次海盆、西北次海盆等。

五级构造单元：在四级构造单元的基础上再细分的各类基础地质构造体，主要包含各类拗陷、隆起以及海盆内的各类海脊、海山等。由于五级构造单元较为琐碎，图件中并未全部标识，只针对个别重要地质单元以注记形式进行标注。

7.2　区域构造特征

7.2.1　东部海域

7.2.1.1　东部海域主要构造区划特征

板块构造理论和洋陆碰撞后的弧后张裂模式较圆满地解释了中生代以来发生在西太平洋陆缘区的地质构造特征和区域演化历史。中国东部及邻近海域地处欧亚、印澳和太平洋三大板块的交汇处，区域新生代以来的地质特征明显受三大板块相互作用的控制，既与全球构造密切相关，也有其独特的地质构造特征和演化过程。以板块构造理论为指导，结合前人的各类大地构造观点和构造单元划分思路（尹延鸿等，2008；温珍河等，2011），我们可以把属于欧亚板块（一级构造单元）的中国东部及邻近海域划分为东亚大陆、东亚陆缘和边缘海盆（二级构造单元）。其中大陆构造域分成五大地块（或微地块）：中朝地块、扬子地块、华南地块、印支地块及台湾－吕宋微地块（三级构造单元），大陆边缘构造域在东部海域只划分为一个琉球俯冲带系统（三级构造单元）。各个地块或俯冲带体系内可以进一步划分出盆地、隆起带、造山带或岛弧等多个四级构造单元，每个四级构造单元再进一步划分为拗陷、隆起等多个五级构造单元。

大陆构造域与大陆边缘构造域之间为深大断裂所分割，在东海即为东海陆架外缘断裂带。这条断裂带也是冲绳海槽沟 – 弧 – 盆体系与华南地块之间的分界线，也是作为新生代弧后盆地扩张时的被动大陆边缘的初始张裂位置。

中朝地块包括秦岭 – 大别山 – 苏鲁造山带以北的整个华北、东北南部和朝鲜北部等，涉及海域部分的主要构造带有燕山隆褶带、渤海湾盆地、胶辽隆褶带、北黄海盆地和威海平壤隆起山带。中朝地块是我国时代最老的地块（郭玉贵和李延成，1997），35亿年左右的构造 – 热事件在华北冀东形成了我国最早的陆核迁西群下部；至30亿年时，相继形成了集宁群、桑干群、迁西群上部和鞍山群为代表的古岛链式的陆核；25亿年左右的阜平运动又相继形成了以登封太华群—鲁西泰山群和朝鲜半岛狼林群为代表的中朝古陆核；吕梁运动使上述古陆核形成了中朝地块的基底。

中朝地块的沉积盖层从新元古界开始，其中典型的蓟县剖面北方震旦系总厚度达万米，寒武系和奥陶系发育较好，以浅海碳酸盐岩建造为主，分布广泛，岩相、厚度稳定，一般多在1500m上下。中、下石炭统至下二叠统为滨海相及陆相含煤建造，构成我国北方最重要的含煤岩系。从晚二叠世开始，形成大规模的陆相沉积盆地，沉积了上二叠统—中下三叠统的红色建造（温珍河等，2011）。晚三叠世的印支运动后，中朝地块进入当时的大陆边缘活动阶段，形成了鄂尔多斯大型中生代陆相沉积盆地。在燕山运动期间，燕辽、山东和内蒙古等地发生大规模的中酸性为主的火山喷发和大规模花岗岩岩浆侵入，原有盖层发生强烈的褶皱、断裂，地块的现有构造格局基本定型。中、新生代以断块升降运动为主，并伴以玄武岩的喷溢，形成渤海盆地、北黄海盆地等。

五莲 – 青岛 – 海州断裂带可作为中朝地块与扬子地块之间的分界线，它位于苏鲁造山带的中间，把苏鲁造山带分为北南两个次级构造带：威海 – 平壤隆起区和胶南 – 临津江隆褶带。事实上，中朝地块、扬子地块之间的边界不能以单一的断裂来界定，而应该以它们之间的碰撞结合带——苏鲁造山带来定义，这点与秦岭 – 大别山造山带一样。苏鲁造山带内出露最老的岩系为新太古代—古元古代的胶南表壳岩组合。这是一套经受过中、高级变质作用的陆缘海相碎屑岩 – 碳酸盐岩建造，以广含石墨及大理石为主要特点，目前多呈透镜状或不规则包体残存于新元古代花岗质片麻岩中，根据其原岩建造及岩性特征，与胶北的荆山群、粉子山群及辽东的辽河群具有一定的相似性（马寅生等，2007），普遍经历了高压变质、变形作用，显示出构造混杂岩的特点，并发育韧性剪切糜棱岩带。苏鲁造山带的超高压变质岩代表了早、中三叠世时期中朝地块与扬子地块之间发生的陆陆碰撞拼合事件。Xu等（2002）采用地震层析成像技术，在苏鲁造山带深部发现了鳄鱼（楔状）构造，认为中朝地块的地壳在16～25km深处可以呈楔状向南插入扬子地块地壳和岩石圈地幔之间，可达80km以上。这表明尽管在地表碰撞带的主断层面是向南倾斜的，而深部则是向北倾斜的。扬子地块在地表呈向北仰冲的状态。杨文采和陈国九（1999）通过郯城 – 涟水综合地球物理剖面研究认为，印支期扬子地块向苏鲁下方俯冲，而苏鲁地体向北倾斜，形状类似于"地幔楔"，嘉山 – 响水断裂带具有不对称断陷裂谷的性质，很可能是郯庐古裂谷系的一个裂谷支。

扬子地块的康滇杂岩、河口群、大红山群、崆岭群和朝鲜地区的涟川群等太古宇—古元古代结晶岩系构成了扬子地块陆核，于晋宁运动之后形成了扬子地块原始古陆结晶基底

（郭玉贵和李延成，1997）。这些陆核的地磁异常表现为宽缓的正异常，苏北—南黄海地区在负地磁异常背景上出现近东西向宽缓正异常，幅值在 200nT 左右，不排除存在古陆核的可能性。南黄海构成了下扬子海域部分的主体，基底变质深度和程度都较大，变质基底是太古宙—元古宙强烈混合岩化和花岗岩化的片麻岩、片麻花岗岩及混合岩。扬子地块的沉积盖层发育良好，并分为两大套：第一套盖层为震旦系至志留系，广布地块全区；第二套盖层为泥盆系至中三叠统（尹延鸿等，2008）。

扬子地块与华南地块之间的分界线是江山‐绍兴断裂带。扬子地块与华南地块自新太古代—古元古代以来，经历了多期次的裂解与拼合，直到志留纪末最后一次才固结形成统一的华南大陆（程裕淇，1994）。在陆地，江山‐绍兴断裂带被公认为是这两大地块的缝合线，除了两侧基底形态和盖层性质明显不同外，还表现为地壳‐上地幔结构和地球物理场的明显差异，西北侧上地幔顶部 P 波速度为 7.4～7.7km/s，东南侧 P 波速度为 8.1～8.4km/s（Downes 和李继亮，1992），重、磁异常也表现出清楚的分界特性。大部分人认为它从长江口到大黑山群岛一带延伸进入朝鲜半岛与光州断裂贯通继续向 NE 向延伸。但也有不同意见，如任纪舜等（1990）在对朝鲜半岛南部的沃川带和岭南地块的地质构造特征与闽浙隆起带、扬子地块进行对照后认为，江山‐绍兴断裂带不可能与光州断裂相连，从陆地该断裂带为一显著的高磁线性异常带特点来判断，在往东过绍兴后很可能沿东海陆架盆地西侧的 NEE 向高磁线性异常带延伸。冯志强等（2002）认为在现有地震剖面上难以在传统界线上识别其确切踪迹，在加里东运动后活动性减弱；郝天珧等（2003，2004）认为杭州湾至长崎、对马海峡一线应为华南地块与扬子地块的边界结合带，它呈略向北凸出的弓形，向东延伸进入日本海区，两侧的地球物理场和深部结构明显不同，属深大断裂，切割到上地幔顶部。鉴于朝鲜半岛岭南区域的小白群与华南周边区域地层特征的相似性，在本次研究中我们认为江绍断裂东延后应与朝鲜半岛光州断裂相连接，与多数人的观点一致。

东海陆架和南海北部陆架都隶属华南地块。华南地块的闽北建瓯群（1800Ma）、浙南陈蔡群（1500Ma）、温东群（1600～1800Ma）和朝鲜半岛岭南的小白群（1400～1800Ma）等构成了华夏泛大洋的陆核（郭玉贵和李延成，1997），其上覆盖了震旦系—志留系地层，加里东运动最终使其成为陆壳，是一个晚加里东褶皱带，最终与扬子地块合并，沉积了与扬子地块大致类似的泥盆系—中三叠统地台盖层（尹延鸿等，2008）。印支运动使泥盆系—三叠系沉积盖层全面褶皱，并伴以花岗岩和花岗闪长岩岩浆侵入。燕山运动期间，华南地块主体继续处于隆起、上升背景，但沿海地区则断裂下陷，并有相当规模的玄武岩喷溢。

东海地区构造带主要有浙闽隆褶带、东海陆架盆地、钓鱼岛隆褶带和台湾造山带等。NE、NW 向两组断裂的活动，造成东海东西分带、南北分块的格局，盆内凸起、构造带和局部构造具有成排成带展布和雁形排列的特点，表明曾发生南北向左旋扭动。沉积、构造、岩浆活动具有由西向东变新的趋势。东海陆架盆地有很厚的沉积岩类和花岗质岩类地壳层，而无明显出露或大面积分布的玄武质岩类地壳层，属典型的大陆型地壳。在地形上，东海陆架盆地由陆地向海逐渐降低，而莫霍面逐渐抬升，从北西侧大致 28km 的埋深往南东抬升至 16km，并随隆拗构造变化而起伏。一般地说，莫霍面起伏与大型沉积盆地的基底基本呈镜像关系。

冲绳海槽位于东海的东缘，东边为琉球群岛、西边为东海陆架边缘（即钓鱼岛隆褶带）。

由东向西，琉球海沟、琉球火山岛弧、冲绳海槽共同组成了典型的西太平洋陆缘沟－弧－盆体系。其中，冲绳海槽是一个典型的新生代弧后裂谷盆地。深地震和重力、地热流反演资料表明，海槽岩石圈和莫霍面均急剧变薄。岩石圈在南部厚度仅 55km，莫霍面厚度最薄处仅 14km 左右（李家彪，2008）。地层、断裂、火成岩、天然地震、新构造运动和地热流等现象均反映了海槽正处于裂谷鼎盛时期，是一个年轻的、迄今还依然处于拉张阶段的构造单元体。它是菲律宾海板块向欧亚板块俯冲所形成的弧后裂谷盆地。

现在的琉球岛弧总体而言并不是火山岛弧，它的地壳、岩石圈厚度与大陆架的地壳、岩石圈厚度基本接近，上部的沉积物主要由上古生代、中生代和新生代组成，现代火山活动几乎没有（据 863 计划深反射剖面资料），它应是欧亚古陆板块向东蠕散出来的一部分，是冲绳海槽的拉张碾薄造成。而吐噶喇火山岛链才是太平洋板块向西俯冲所产生的火山岛弧分裂后现今还在活动的一部分；另一部分为现在的钓鱼岛岩浆岩带，为一残留弧，在中新世末期沉于水下。吐噶喇火山岛链仅分布在久米岛以北的冲绳海槽中北段东坡，在晚更新世和全新世时快速下沉于水下（李家彪，2008）。海槽南段并未见俯冲前缘的火山岛链存在，但海槽南段现代断裂活动尤为剧烈，大多数断裂均将海底断开。

7.2.1.2　东部海域主要盆地构造层特征

1. 区域总体构造层特征

一般根据区域地层各地质时代间存在的区域不整合接触面、岩浆侵入关系和各类同位素测年数据，并考虑到与周边地层分布的连续性关系及其范围，来对区域地壳的演化过程（构造期次及对应的岩浆旋回）进行划分。考虑到部分构造期次在不同区域的习惯叫法和时间重叠因素，我们将东部区域的地壳演化过程划分为以下几个大的期次，并分别对各期构造层的分布范围和特征进行简单描述。

迁西期（Q）：已经发现的中国陆上现存最早建造岩系同位素测年在 35 亿年前，为冀北迁西群，而河北单塔子群、双山子群、鲁西泰山群、辽宁鞍山群及朝鲜北部狼林群等变质岩系测年结果也早于 2900Ma。这一地质时期被称为迁西期。迁西变质岩系主要发现于陆上呈 EW 向带状分布的华北的集宁、冀东、辽东和吉南一线区域，以麻粒岩相和少量高角闪岩相为特征，一般认为是中高温变质作用后形成。冀北迁西群是目前中国已发现的最老地层。

阜平期（F）：2900 ～ 2500Ma 的构造期次通常因期末发生在河北的构造运动而被称为阜平期，其他区域称呼略有不同。现存的阜平期变质岩系广泛分布于我国华北地区，其次在昆仑－秦岭一带的桐柏山地区也有，以角闪岩相为主，部分为麻粒岩相，属中高温变质作用或热流变质作用后形成。

吕梁期（L）：发生于 2500 ～ 1800Ma 期间最为著名的构造活动当属现今山西吕梁地区的造山运动。该运动在其他区域称谓不相同，如安徽地区称为凤阳运动、黑龙江称为兴东运动等。早在 25 亿年前的太古宙时期，现今华北地区的陆壳就开始断续生长，部分区域形成结晶基底，而古华北克拉通在 1800Ma 的元古宙时期，经吕梁运动之后形成统一结晶基底，并进入相对稳定发展阶段。这一时期的岩浆岩主要分布于华北地区北部，豫西、小秦岭地区及阿尔金山和佳木斯地区等。侵入岩主要有超镁铁岩、镁铁岩和酸性岩等，中性岩较少。变质岩系主要分布于华北中北部、塔里木—阿拉善、昆仑—秦岭、天山—兴安岭一带。

四堡期（S）：元古代中期 1800 ～ 1000Ma 的地质演化阶段，主要因发生于广西北罗城四堡的板溪群与下伏四堡群之间的不整合构造运动而得名。在湖南称为武陵运动，贵州称为梵净山运动，黑龙江称为黑龙江运动，安徽称为皖南运动。该期岩浆岩主要分布于新疆、青海、甘肃、山西、河北、内蒙古、扬子周边及华南等地。火山岩以海相基性‐中基性为主，夹杂少量中‐酸性，以西部较发育。

晋宁期（J）：新元古代早期 1000～800Ma 的地质演化阶段，这一期区域性造山运动在云南称为晋宁运动，在新疆称为塔里木运动。期内岩浆岩在北方以侵入为主，在南方喷出和侵入均比较发育。该期的变质岩系主要分布于扬子中部及现今塔里木‐阿拉善南北两侧，另外在昆仑—秦岭、天山—兴安岭、华南及滇西部分区域也有零星分布。

加里东期（C）：早古生代时期构造运动的总称，时限处于 600～405Ma，跨越寒武纪、奥陶纪和志留纪。对于中国东部大多数地块来说，是一个地块运移和板块呈离散状态的时期，但它也是西域板块完成拼合、阿尔泰‐额尔古纳形成碰撞带、华夏板块构成统一结晶基底、南扬子板内褶皱的时期。这一时期的变质岩系主要分布于天山—兴安的阿尔泰、额尔古纳、苏尼特—锡林浩特—四平—延边等地区，分布区域主要为 NE 走向。

海西期（V）：发生于泥盆纪、石炭纪和二叠纪之间的晚古生代构造运动，通常被称为海西期运动。该期时限在 405～230Ma。对于中国古陆而言，经海西期构造运动之后，之前的地层发生大规模褶皱、变质、断裂、隆升等不同形式变化，延绵数千千米的天山褶皱山系基本成型，并将本来联系在一起的准格尔盆地和塔里木盆地从中一分为二。海西期变质岩系广泛分布于天山—兴安、昆仑—秦岭、巴颜喀拉—唐古拉一带，还有部分同期构造出露于华南地区。

印支期（I）：通常将发生于三叠纪中期至侏罗纪早期之间的构造运动称为印支运动，由印度支那半岛（中南半岛）而得名，印支期时限为 250～200Ma。1945 年黄汲清将阿尔卑斯运动划分为三期，分别为印支、燕山和喜马拉雅三个旋回，之后国内的大部分地质学者延续了之前的称谓，对印支期发生在中国腹地的古地理环境及其变迁过程进行了大量研究。印支运动揭开了阿尔卑斯构造旋回，地壳演化进入新全球构造发展阶段。在中国，由于印度洋板块挤压，特提斯洋壳向欧亚陆块俯冲，从而形成中国大地构造格局中的西部锋线，即印支褶皱带。之前形成的华北克拉通及其边缘海受挤压、改造、分割成分散的板内盆地，从而极大地改变了东亚地区在之前形成的"北陆南海"局面。印支期变质岩主要分布于巴颜喀拉—唐古拉、华南政和—大浦断裂带附近区域。

燕山期（Y）：时限为 200～66Ma，包括侏罗纪及白垩纪，是适用于中国大陆的地方性构造术语。燕山运动对中国大地构造的发展和地貌轮廓的奠定具有非常重要的意义。早燕山期印支块体北移，从而在青藏高原出现澜沧江碰撞带。向东与海西地槽对接，在海南岛中部—粤闽沿海—东海—日本海一线形成海南‐飞骅结合带，此结合带对海西褶皱进一步加积镶边，从而形成中国大地构造中的东部锋线（刘光鼎，1990）。由此开始，中国大陆在东、西两条锋线夹峙下，对前阿尔卑斯构造格局进行了三次严重的改造。经此过程之后，中国地貌的构造格局已基本成型。燕山期变质岩系主要分布于西藏的北部和东部。

喜马拉雅期（H）：66Ma 以来发生的构造运动称为喜马拉雅运动，是新生代构造运动的总称，因形成喜马拉雅山而得名。这一运动同样对亚洲地理环境产生重大影响。喜马拉雅期由于印支块体的再次北移，中印之间的古地中海（特提斯洋）消失，南海地区张裂开始，并向南逐渐发展为海底扩张（张训华，2008）。中国东部大陆边缘先向太平洋方向蠕散，之后由于太平洋运动转向，从而与欧亚板块碰撞、俯冲乃至发生后续的弧后伸展。同期，中国西部因印支块体碰撞而持续隆升，最终形成现今著名青藏高原。喜马拉雅期，中国大陆"西升东降"，东西地势高差不断增加、季风环流逐渐加强，自然地理环境发生明显区域分异。喜马拉雅期变质岩系主要分布于喜马拉雅—滇西地区。

2. 海域主要盆地构造层特征

为了更为直观、方便地解读不同地层所揭示的各自构造单元特征及其所代表的区域演化历史，我们将图幅内的地层转化为构造层表示。东亚陆区直接将裸露地层转换为对应期次构造层；东部海域由于绝大部分以喜马拉雅晚期构造为盖层，为展现各沉积盆地地质单元分布特征和演变规律，海区地质构造图编图参照了刘光鼎（1992b）的编图方法，对海域构造层采用剥层法表示，剥去 Q+N$_2$ 地层，再将剥后地层转换为对应期次构造层，标示于图面。详图可见本书配套的中国东部海域地质构造图（1:300 万）。

东部海域图幅所涉及的范围主要包括渤海、黄海、东海、台湾海峡及台湾以东部分海域等。总体而言，中国海域各类盆地主要形成于喜马拉雅中期以来，发育在不同的大地构造单元之上的海域构造层，一般具有巨厚的燕山期和喜马拉雅期构造特征，尤其是近陆海域，均以喜马拉雅期构造为主。

渤海盆地是发育在中朝地块之上的中新生代裂谷断陷盆地。区域构造层包括从加里东期、海西期至印支期、燕山期、喜马拉雅期的全部地层。海区构造层在燕山晚期出现明显的南北分异化趋势，表明燕山运动对渤海及邻区构造单元影响不一。区域喜马拉雅期构造为一套近万米厚的沉积岩，产状平缓，与下伏岩层以区域不整合接触。

北黄海盆地一般被认为是燕山晚期和喜马拉雅期的叠合盆地。基底为晚印支期至早燕山期碰撞花岗岩和前加里东期至吕梁期变质岩，局部残留有加里东早期灰岩。全区缺少燕山晚期构造，在喜马拉雅早期曾有小规模拉张断陷盆地叠加发育，中喜马拉雅早期发生构造反转，部分区域沉积遭受抬升剥蚀，只有东部一侧保持稍厚的喜马拉雅期断陷沉积。

南黄海盆地是由海西期、印支期海相地层及燕山期、喜马拉雅期陆相地层组成的大型叠覆构造区，基底为晋宁期变质岩。盆地北部拗陷经历海西期被动陆缘、燕山期前陆、喜马拉雅早期断拗陷和喜马拉雅中、晚期区域沉降等不同发展阶段，总沉积厚度可达 15000m。

东海陆架盆地基底较为复杂，现有地震资料及部分钻孔数据显示，盆地西部和北部可能为古老的片麻岩等变质岩，而东部和南部可能有海西期及加里东晚期沉积。盆地燕山晚期构造层属陆相碎屑沉积，喜马拉雅早期构造层在南部为海相，北部以陆相为主。喜马拉雅中期构造层在北部受明显构造变动，以陆相为主偶夹海相，南部为海陆过渡相到海相。喜马拉雅晚期构造在东海广泛发育，产状平缓，层位稳定。钓鱼岛隆褶带上 1000～2000m 厚的喜马拉雅晚期构造层以下为喜马拉雅中、晚期火成岩（张训华等，2008）。

冲绳海槽喜马拉雅中期起接受沉积，陆架前缘凹陷处的最大视厚度可达 12000m，同期构造层主要分布在北部，呈 NNE—NE 向展布。海槽中部至吐噶喇拗陷一带喜马拉雅晚期构造层广泛发育，视厚度为 2000～5500m，为现代海相沉积（李家彪，2008）。

台湾海峡及台西盆地区域，陆区钻遇最老构造层为中喜马拉雅晚期，而在北港隆起和彭佳屿钻遇喜马拉雅早期构造层，从而推断区域应存在喜马拉雅早期构造。而在台西南盆地中有 10 多口井钻遇燕山晚期构造层，以砂页岩为主。喜马拉雅期构造层最大厚度 8000m，主要为喜马拉雅早期构造层。

7.2.1.3　东部海域主要断裂特征

从板块构造角度看，东部海域主体位于欧亚板块东南缘，处在太平洋板块、印澳板块和欧亚板块等几大板块交汇处，在地质历史时期，各板块相互作用从而在欧亚大陆东缘形成了非常复杂的构造格局和断裂系统。从断裂走向看，东部海域主要有北东向、北西向、东西向、南北向的断裂。其中以北东向和北西向为主，东西向和南北向断裂次之。按断裂发育程度及切割深度，参考块体的划分作用，将断裂分为深大断裂（切割沉积基底、地壳甚至岩石圈的断裂）和一般断裂（只切割到沉积盖层的断裂）两个级别，其中深大断裂多为北东向断裂，也有部分为北西向（图 7-2）。

东部海域分布的主要断裂（深大断裂）包括：①郯城－庐江断裂带（F1），其走向为 NNE，为大型陆内平移剪切带。一般认为南起中国湖北广济，经庐江、郯城，穿过渤海进入俄罗斯远东地区。②桃村－鸭绿江断裂带（F2），主要沿鸭绿江 NE 向伸展，为压－压剪性岩石圈断裂。西南端似可与青岛－日照断裂带相连。③五莲－青岛－海州深断裂（F3），该断裂近 NE 走向，位于郯庐断裂以东。西起胶南隆起北侧的五莲，向东经过胶州山相家北侧入胶州湾后，大致经乳山南侧、荣成入黄海，延伸至朝鲜半岛临津江褶皱带北侧的海州、平康和旧邑一带，是中朝块体和扬子块体的对接线。④南黄海北缘断裂带（F4），南起郯庐断裂东侧、胶南隆起南侧的江苏泗阳，NE 走向，经沭阳县韩山、海州，由赣榆东侧入海州湾并延伸至千里岩以东的黄海中，之后基本沿南黄海南部盆地西界及南黄海北部盆地西界延伸，最终可与朝鲜半岛的开城断裂相连。⑤南汇－杆城断裂带（F5），推测该断裂带由几条走向接近的 NE 向断裂组成，总体起始于上海南汇，经黄海地区直达朝鲜半岛中南部的清州、原州、杆城一线。是苏南－勿南沙－光州隆褶带北界。⑥江山－绍兴－光州断裂带（F6），近 NE 走向，由江山－绍兴断裂和朝鲜半岛的光州断裂共同构成。该断裂由西向东经江山穿越金衢盆地，过绍兴富盛，由杭州湾入海，最终可延伸至朝鲜半岛的光州断裂处，是扬子地块与华南地块的对接线。⑦东引－海礁（苏岩）大断裂（F7），NE 向延伸，是浙闽隆褶带与东海陆架盆地的分界线。该断裂带起始于中国东南浅海区，经乌丘屿、东引岛、台州列岛、鱼山列岛、苏岩，向 NE 延伸至朝鲜半岛东南部的鸿岛。⑧西湖－基隆大断裂（F8），是东海陆架盆地与钓鱼岛隆褶带的分界线，推测由几条断裂组成。其北部（鱼山－久米断裂以北）为 NNE 向，中部为 NEE 向，南部（观与大断裂以南）为 NE 向。⑨钓鱼岛隆褶带东缘大断裂（F9），走向为 NNE 向，是钓鱼岛－台湾隆褶带与冲绳海槽的分界断裂带，为阶梯状断裂。⑩冲绳海槽大断裂（F10），是冲绳海槽盆地与其东侧龙王隆起区的边界断裂，NNE 走向。⑪琉球大断裂（F11），位于琉球岛弧中部，是弧前盆地与琉球岛弧的分界线。沿其外侧由北向南依次分布着奄美拗陷、岛尻拗陷和八重山拗陷。⑫鱼山－久米大断裂（F12），由数条断裂共同组成，总体走向为 NW，在重磁震资料上均有显示。该断裂位于浙东鱼山列岛到琉球群岛西侧久米，推测向西可延伸至鱼山凸起南端，并与宁海－钱塘断裂相连。⑬台东纵谷碰撞带（F13），沿台湾东部台东纵谷 NNE 向展布，是由于吕宋岛弧随着菲律宾海板块的 NW 向运动，从而与台湾海岸山脉碰撞、拼接形成。

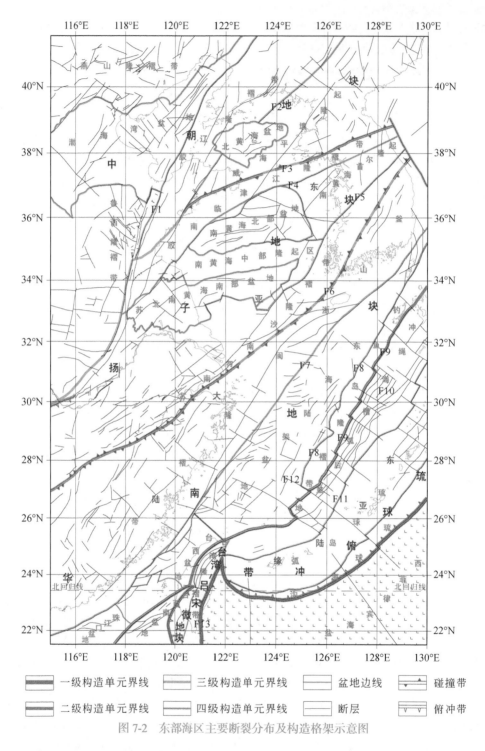

图 7-2 东部海区主要断裂分布及构造格架示意图

1. 北东向断裂

东部海域的此类断裂从成因机制上看，可以分为两种类型：①与印支期陆块碰撞拼合有关的断裂；②与喜马拉雅期太平洋俯冲有关的断裂。

1）与印支期陆块碰撞拼合有关的断裂

与印支期陆块碰撞拼合有关的断裂主要有郯庐断裂、桃村-鸭绿江断裂、五莲-青岛-海州断裂、南黄海北缘断裂以及江山-绍兴-光州断裂等。

郯庐断裂：该断裂作为中国东部一条重要的断裂带，一般认为最南端在湖北广济（现武穴市），也有学者认为可以往南延伸至湖南、广西等地（王京彬，1991）；往北过郯城、昌邑一直延伸进入渤海海域，在断裂带北段主要有两个分枝，即密山-抚顺断裂及依兰-伊通断裂（徐嘉炜和朱光，1995）。该断裂带左行错断了秦岭-大别造山带和苏鲁造山带，地表视水平断距达 530km 左右，大规模左行走滑错断了已经存在的东西向区域构造，并改变了其走向。关于该断裂带形成年代争议较大（任纪舜等，1990；Yin and Nie，1993），但从布格重力异常和化极磁力异常图上看，该断裂表现为沿着 NE—NNE 方向延伸的密集梯度带，在断裂 SE 侧可明显看到与主断裂方向斜交的异常条带圈闭，是走滑断层的标志。

桃村-鸭绿江断裂（北黄海北缘断裂）：该断裂西南段与青岛-日照断裂带相连，东北段一直延伸到鸭绿江口，长度大于 330km（田振兴等，2007）。此断裂带两侧多分布有白垩系火山-沉积岩系，受各类构造角砾岩、挤压透镜体、断层泥、片理化带所切割。在丹东四道沟等地，新元古界细河群显示出韧性剪切特点。在浪头盆地区的白垩系则受到轻微错动。此断裂活动时间主要为印支-燕山期，为压-压剪性岩石圈断裂（张训华，2008）。

五莲-青岛-海州断裂：该断裂带在山东陆上西段为五莲-青岛断裂（带），为胶南隆起与胶莱中生代拗陷的分界，布格重力异常表现为沿着 NE 方向延伸的密集梯度带，其南侧的超高压变质带对应一明显的线性低值异常；化极磁力异常也表现为沿着 NE 方向延伸的密集梯度带，其南侧的超高压变质带对应一明显的线性高值异常。五莲-青岛断裂带在上延 10km 的布格重力异常图和化极磁力异常图上也有反映，表明该断裂切割较深。该断裂带过青岛后被即墨-牟平断裂错断，之后推测从烟台—威海之间出海最终延续至朝鲜半岛临津江造山带北缘的海州一带，即苏鲁造山带与朝鲜半岛的临津江造山带相连（Chough et al.，2000）。也有学者认为二者之间不能相连（江为为等，2004；Zhai et al.，2007）。

南黄海北缘断裂（泗阳-连云港-千里岩-开城断裂）：该断裂西端起于胶南隆起南侧的江苏泗阳，经沭阳县韩山、海州，由赣榆东侧入海州湾并延伸至千里岩以东的黄海中，之后基本沿南黄海南部盆地西界及南黄海北部盆地西界 NE 延伸，最终可与朝鲜半岛的开城断裂相连。海上部分的称谓学界不是很统一，如千里岩断裂（邱中建和龚再升，1999）、千里岩南缘断裂（杨志坚和沈振丰，1990）等。该断裂两侧的地层差异明显，地震测深资料表明其北西侧地壳厚度在 30km 以上，而南东侧仅有 20km 左右。两侧差异在重力和磁力异常图上也有反映。在布格重力图上表现为密集的重力异常梯度带，线性特征明显，东南侧是南黄海异常区，区域上以高值异常为主，空间重力异常最大值低于 50mGal，最小值超过 -5mGal；在磁异常方面，断裂带东南侧，磁异常走向为北东向，异常变化复杂，在低正值异常背景上分布有两个正高值圈闭，中间夹负低值圈闭。与五莲-青岛-海州断裂一样，该断裂能否延伸至朝鲜半岛临津江造山带南缘也存在争议（郝天珧等，2004）。

江山 - 绍兴 - 光州断裂：江绍断裂是扬子地块和华南地块的分界线，陆地部分在化极磁异常图上非常显著，在海上部分高磁异常条带延伸不是很明显，不同时期的高磁异常条带叠合在一起，很难准确追踪。目前多数学者认为江绍断裂可以延至韩国光州一带，也就是认为江绍断裂带与沃川构造带可相连（张训华，2008），但也有部分学者认为是从杭州湾延伸到对马海峡一线（郝天珧等，2003）。

2）与喜马拉雅期太平洋板块俯冲有关的断裂

古太平洋板块可能于280Ma左右的二叠纪就已向中国东部俯冲，并于中侏罗世开始发生板片回转（Li et al.，2007）。研究表明东海陆架盆地在侏罗纪—早白垩世是属于弧前盆地（郑求根等，2005c）。从中生代晚期和新生代早期开始，中国东部及近海以伸展构造为主，形成东西分带的构造特征，构造分带和海岸线基本平行。

东引 - 海礁（苏岩）断裂带：南端起于福建东引岛，向北经台山列岛、台州列岛、鱼山列岛后，至舟山海礁岛，后向 NE 延伸至朝鲜半岛南部的鸿岛附近。该断裂为华南地块与东海陆架盆地的分界线，总体走向为 NNE 向，但受 NW 向左旋及右旋平移断层错切，局部地段可能为 NE 向，长度超过700km。该断裂在重磁图上均有所反映，在重力异常上延15km 平面图上，该断裂仍有反映，表现出局部线性重力高异常，向北表现为线性梯度带和局部重力高。在断裂带两侧重力场特征存在较明显的差异，西侧局部异常较为发育，东侧异常相对平缓。在上延15km 重力异常图上呈现密集等值线，数值由西向东递增。根据在该断裂带及其附近出现的一系列重力高与磁力高现象，可以推测沿断裂带可能存在基性岩浆的侵入。对断裂带南部磁力数据的反演结果表明，沿断裂带分布有高磁性、高密度的基性侵入体，说明该断裂带的切割深度很深，推测是一地壳深断裂。该断裂带向南延伸进入福建的滨海区域称为滨海大断裂。

西湖 - 基隆大断裂：是东海陆架盆地与其东侧的陆架外缘钓鱼岛隆褶带的分界断裂，走向总体为 NNE，与海礁 - 东引断裂近平行，也受 NW 向左旋及右旋平移断层所错切，在化极磁异常图上表现为密集梯度带。

钓鱼岛隆褶带东侧大断裂（冲绳海槽北缘断裂）：是钓鱼岛隆褶带和冲绳海槽的分界断裂，走向总体为 NNE。重力图上表现为密集梯度带，西北侧为相对高的重力异常条带，即钓鱼岛隆褶带，东南侧为相对低的重力异常条带，即冲绳海槽。磁异常图上也反映明显，西侧的钓鱼岛隆起区磁力非常高，表现为密集梯度带，东侧冲绳海槽磁力总体较低。

冲绳海槽大断裂：位于冲绳海槽东侧，是冲绳海槽盆地和琉球隆褶区的界线，走向总体为 NNE，与东引 - 海礁断裂及西湖 - 基隆大断裂近平行，也受 NW 向左旋及右旋平移断层所错切，化极磁异常图上表现为密集梯度带。

琉球海沟断裂：地貌上相当于琉球海沟，NE 向弧形展布。其在重力异常图上表现较为明显，总体表现为一较宽带，东侧边界为密集梯度带，其东侧为菲律宾板块相对高值区；西侧边界为断续密集梯度带，特别是宫古海峡外面的外缘隆起重力异常值很高，断裂带表现较为明显。

2. 北西向断裂

东部海域的北西向断裂主要分布在东海，在渤海、黄海海域有一条 NW 向的深大断裂，即张家口 - 蓬莱断裂带。除此之外，分布在东部海域的北西向断裂都近垂直于主构造走向。

张家口 - 蓬莱断裂带：又称渤（海）- 张（家口）断裂带，是一条横贯燕山、华北平原和渤海的北西向断裂构造带。断裂带从张家口经北京伸入渤海至蓬莱、威海区域，由一系列雁行排列的北西向断裂组成。该断裂带为剪张性断裂带，形成于中生代。中新生代以来该断裂带一直活动，并控制中新生代沉积和火山活动，中生代至古近纪早期（42Ma 之前）该断裂带表现为右旋走滑的剪张性断裂带，而古近纪中晚期以来（42Ma 以来）转为左旋走滑的剪张性断裂带，控制了渤海盆地的油气分布和现代的地震活动（侯贵廷等，2003）。从重力异常图上看，该断裂带表现为一条跨度很宽的 NWW 向正异常带，夹局部负异常圈闭。断裂带内局部异常走向为 NW 向，自海河口延伸至庙岛群岛附近，与 NNE 向正异常梯度带相交。在磁力异常图上，该断裂带表现为一连串 NWW 向的正异常圈闭，总体走向为 NWW 向，但在延伸方向上不连续，显示为多条断裂组成的断裂带。断裂带西缘的折射地震探测结果表明，断裂带壳内界面及莫霍面较其两侧有 110 ~ 210km 的不同程度上拱，证明该断裂带为深大断裂（聂文英和祝治平，1998）。

鱼山 - 久米大断裂：该断裂位于鱼山凸起到久米岛南一线，往西可延至浙闽隆褶带上。重力异常图上沿着断裂带发育明显的北西向异常条带，切穿琉球岛弧高异常区。对应的化极磁异常图上是一条明显切断了陆架外缘隆褶带的高磁异常带。

虎皮礁 - 吐噶喇大断裂：该断裂位于虎皮礁凸起到吐噶喇海峡一带，在重力异常图上表现明显。特别在西侧虎皮礁凸起处，断裂带对应区域是一条明显的北西向异常条带，在断裂带其他区域，有北东向重力异常条带的中断或扭曲。磁异常图上也有反映但不如重力图明显。

宁德 - 三貂角断裂：该断裂又称马祖 - 基隆断裂。西端位于福建省宁德，往东延伸至台湾岛东北端的三貂角，在重、磁图上均表现为断续的线性异常带。根据地震剖面和重、磁资料推测，断裂倾向 NE；两侧的沉积物厚度、时代和重磁场特征均有明显的差异；断裂西南侧的沉积物厚度仅 550m，推测为晚中新世以来的沉积；断裂东北侧的沉积物厚度增大到 3400m，可能属渐新世以来的沉积（陈园田和谢志平，1996）。

3. 东西向断裂

南黄海北部盆地南缘断裂：总体呈东西走向断续延伸，局部呈北东走向，是分隔南黄海北部盆地和外磕脚隆起带的边界断裂。其北侧为相对重力低异常区，南侧为相对高值区。

南黄海南部盆地南缘断裂：总体呈东西走向断续延伸，是分隔南黄海南部盆地和勿南沙隆起带的边界断裂。断裂对应区域为等值线密集梯度带，北侧为大片相对重力低异常，南侧为相对高值区。

江南断裂：翟文建等（2009）认为江南断裂在陆上是分隔扬子地块内部次级构造单元江南隆起带和中扬子台地东部区的边界断裂，时空变形特点表现为前燕山期非造山性质的沉积相突变带和燕山期具造山性质的构造变形带。关于此条断裂在海域的延伸前人研究不多，杨志坚和沈振丰（1990）认为它可以向北东向延至济州岛南缘且与朝鲜半岛南缘海岸线近平行延伸。

4. 南北向断裂

台东纵谷断裂带：是一条近 SN 向延伸，沿台湾中央山脉以东的台东纵谷分布，是吕宋岛弧与台湾造山带之间的碰撞缝合线。沿该碰撞带地震活动强烈。其两侧构造、岩性和地球物理场具有明显差异。中中新世以来，吕宋岛弧随菲律宾海板块的 NW 向运动，逐渐与台湾海岸山脉碰撞而形成（尚继宏等，2010），该断裂带是马尼拉海沟俯冲带弧前盆地在台湾陆上区域的延伸，同时也是欧亚板块与太平洋板块在台湾区域的分界线。

7.2.1.4 东部海域岩浆活动

中国东部是欧亚板块与太平洋板块交互的前锋，地壳构造活动十分活跃，岩浆活动十分强烈。中、新生代不同时代的火山岩在中国东部海陆区域的主要盆地中均有分布，而各个盆地中的火山岩的喷发年代、演化、地球化学特征有自己的特点，海域各主要盆地的岩浆活动有岩浆侵入活动和火山喷发活动，形成了侵入岩和火山喷发岩。以下从中国东部海区的三大海域分别进行岩浆岩分布状况和活动特征说明。

1. 渤海湾及周边岩浆活动特征

渤海及周边地区地处我国东部华北平原、下辽河平原和渤海海域。渤海海底的火山活动是古渤海形成与发育的重要因素之一。根据钻井资料，古渤海的海底火山活动主要集中于现代渤海底，平面上呈现北多南少、东多西少的趋势（中国科学院海洋研究所海洋地质研究室，1985）。渤海中生代（侏罗系和白垩系）火山活动强烈，形成一套火山岩 - 火山碎屑岩 - 沉积岩组合。新生代古近纪火山岩普遍发育，第四纪火山岩除了少数玄武岩外，多为火山碎屑岩。

渤海湾盆地在中新生代不同的火山作用时期，形成不同类型的火山岩，不同规模的浅层侵入体与各期火山作用相伴而生。谷俐等（2000）根据历史资料将渤海湾盆地的岩浆岩划分为三个不同期次：以早三叠纪黄骅盆地的一套 228Ma 火山岩为代表的早中生代岩浆岩；以分布在济阳盆地、黄骅盆地及下辽河盆地的火山岩为代表的晚中生代岩浆岩；以现今渤海海盆普遍分布的古近纪火山岩为代表的新生代岩浆岩。高瑞祺等（2004）按照区域地质运动期次将渤海湾盆地中新生代火山活动划分成五大旋回：燕山中期、燕山晚期、喜马拉雅一期、喜马拉雅二期和喜马拉雅三期。但至今为止，众多学者对渤海湾盆地早中生界火山岩的存在范围及其规律研究依然存在很大分歧。谷俐等（2000）认为黄骅盆地在早中生代存在以早三叠世（228.8～226.9Ma）英安岩为主的火山喷发岩；漆家福等（2003）认为渤海海区中生界发育有下三叠统—下白垩统；韩宗珠等（2008）认为在黄骅 - 东濮沉降带中分布有部分火山岩为早三叠世英安岩；张超等（2009）则认为黄骅盆地不存在早中生代火山岩。

侏罗纪以来，渤海区域火山岩普遍发育，漆家福等（2003）认为区域下 - 中侏罗统发育有含煤或泥炭地层；侏罗纪—白垩纪早期，挤压构造下形成大量钙碱性火山岩，经 Rb-Sr 等时线测年为 150Ma（韩宗珠等，2008）。岩石组合为安山岩 - 英安岩 - 流纹岩组合，上白垩统为零星分布的冲积相碎屑岩。黄骅盆地缺失上白垩统，中生界火山岩仅出现于晚中生界。岩性包括安山岩、流纹岩和玄武岩，主要以河湖相红色 - 杂色砂岩、泥岩夹层出现；Rb-Sr 同位素测年为 122～135Ma，Sm-Nd 同位素测年为 128～139Ma。黄骅拗陷的中生代火山岩有基性、中性和酸性火山岩。基性火山岩分布面积最广，酸性火山岩分布面积最小，中性火山岩经测年形成时间稍早于酸性火山岩（张超等，2009）。另外，下辽河盆地存在零星白垩纪火山岩（高知云和章濂澄，1993），济阳盆地也存在早白垩世玄武粗安岩和晚白垩世煌斑岩（谷俐等，2000）。

　　新生界渤海海区地层缺失古新统，其他时期的沉积较为连续。海区普遍发育火山熔岩和火山碎屑岩夹层。古近纪以来，火山活动几乎贯穿整个新生界始终。受控于断裂，在渤海及其周边地区发育隐伏玄武岩。新近纪在华北平原周边山区广泛分布有出露的玄武岩，主要为橄榄玄武岩和斜长玄武岩，而渤海湾盆地火山岩主要为玄武岩，其次为辉绿岩，局部分布有少量安山岩、玄武安山岩、粗面岩、火山碎屑岩等。第四纪玄武岩在华北平原周边山区中不甚发育，仅以小火山堆或夹层零星分布于受断裂控制的新生代山间盆地内，主要为粗面玄武岩，其次是霞石玄武岩、白榴玄武岩和玻基辉橄岩（滕吉文等，1997；刘中云等，2001）。

　　从盆地中发育的火山岩来看，黄骅盆地新生界火山岩与陆源碎屑岩相伴出现，基本呈NE 向展布，并具有从南向北依次变新的趋势（刘中云等，2001）。济阳拗陷与黄骅盆地火成岩相似，既有高钾玄武岩，也有中钾玄武岩，主要分布在古近纪。不同时期岩性略有差异，主要为基性喷出岩和火山碎屑岩等（谷俐等，2000）。火山岩在下辽河拗陷分布广泛，存在始新世和渐新世等新生代早期玄武岩。其他各个时代的火山岩均有发育，岩性主要是高钾玄武岩，包括玄武岩、安山玄武岩、粗面岩和安山岩等。早期喷发中心位于凹陷中段，呈 NW 向展布，随着时代变新喷发中心向南北方向分别迁移，深部岩浆物质沿深大断裂上升并通过次一级断裂喷出（陈文寄等，1992a，1992b）。

2. 黄海海区岩浆活动特征

　　黄海海域发育南黄海盆地和北黄海盆地。两盆地位于大别－苏鲁－临津江造山带的两侧，属于中新生代叠合型盆地（冯志强等，2002）。地球物理和钻井资料表明，南黄海盆地自古生界以来的沉积厚度可达 11km 以上，其中古近纪断陷沉积厚就达 6000m 以上，是海域盆地中至今唯一没有油气产出的盆地（郑求根等，2005a）。北黄海到目前为止只进行过地球物理调查工作，没有进行过钻探，是我国近海勘探程度最低的海区，海区岩浆活动记录及相关研究相当有限（杨弛秋等，2003；宋鹏等，2006）。根据目前地球物理场、零星地震剖面和钻孔等资料推测，黄海海域的岩浆活动比较微弱，远逊于周边陆地。区域岩浆岩主要为侵入岩及少量火山岩。侵入岩主要为中生代燕山期和新生代喜马拉雅期，局部存在极少的元古宇晚期侵入岩。

　　燕山期侵入岩广泛出露于苏鲁造山带、扬子准地台和华南造山带，发育广泛。大别－苏鲁造山带南、北两侧是中国晚中生代富钾火山岩的典型产地，发育的火山岩可分为早、晚两期（孙晓猛等，2004；郑求根等，2005a）。其中，燕山早期（侏罗纪）岩浆岩主要呈岩基、岩株产出，表现为中酸性－酸性侵入岩（张训华，2008）；燕山晚期岩浆岩多呈岩基、岩株类型，以中酸性－酸性侵入岩为主（郑求根等，2005a）。此外，局部可见呈小岩株、边缘相、脉状产出的基性－超基性侵入岩和碱性侵入岩。区域燕山期岩浆活动一般具有多期次活动的特点，强度大且频繁，岩浆岩体多受 NE 向断裂控制。海域的岩浆侵入活动以南黄海北部盆地和浙闽隆起区最为发育，侵入体多沿盆地内的次级断裂分布，优势走向为 NE 向（郑求根等，2005b，2005c）。韩国在南黄海北部盆地 Haema-1 井（36°10′N，123°43′E）2076 ～ 2480m 段中白垩统见浅灰色、浅绿灰色花岗岩，盆地南侧和中部隆起东侧也有零星分布。另外，Inga-1 井在南黄海北部盆地的下白垩统钻遇红褐色玄武岩偶夹火山碎屑岩，K-Ar 法测年确定为白垩系。KACHI-1 井下白垩统砂泥岩中钻遇一层流纹质凝灰岩，下部见隐晶质中–基性火山岩（蔡乾忠，2005a）。

火山岩发育是喜马拉雅期岩浆活动的一个重要特征。新生代喜马拉雅期火山岩以玄武岩为主，主要分布于南黄海北部盆地、中部隆起东段和南部盆地东段，勿南沙隆起也有少量分布。钻孔资料表明，在南黄海和东海大陆架区隐伏有玄武岩，明显受 NE 向断裂的控制，呈夹层分布于拗陷区的古近纪和新近纪地层中（温珍河，2000）。南黄海南部盆地 W13-3-1 井渐新统三垛组二段地层中钻遇深灰色、灰绿色、黑灰色玄武岩，属喜马拉雅期 I 幕（蔡乾忠，2005b）。

3. 东海海区岩浆活动特征

从浙闽沿海已经出露的火成岩及变质岩推测，虎皮礁–海礁–鱼山–观音凸起的基底为一条带状分布的火成岩带，主要为燕山期，局部可见前震旦纪零星变质岩和前中生代弱变质岩。龚建明和陈国威（1995）推测东海陆架盆地东侧的西湖–基隆凹陷带中心可能有燕山晚期和喜马拉雅早期火成岩，钓鱼岛隆褶带的基底部位存在燕山期和喜马拉雅期侵入岩。

从钻井已揭露的东海陆架盆地火山岩性状来看，区域燕山期侵入岩和喷发岩均有分布（杨文达等，2010）。其中燕山期侵入岩可分为两期，第一期主要为侏罗纪晚期，第二期则是晚白垩世，主要以花岗岩、花岗闪长岩等形式存在。而燕山期喷发岩则主要呈安山岩、英安质凝灰岩等中酸性岩体出现。

喜马拉雅期岩浆岩主要分布于虎皮礁凸起、海礁凸起、鱼山凸起等中部低隆起、盆地边缘断裂带，以及低隆起与拗陷之间的过渡带区域。其活动期次可分为三期：古新世—始新世、渐新世—中新世、上新世—第四纪。喜马拉雅早期岩浆岩多分布于虎皮礁凸起–鱼山凸起一线，以及温东构造带、雁荡构造带、武夷构造带等系列高构造带上，一般以中酸性侵入岩为主，部分为基性侵入及少量喷出的安山岩。喜马拉雅中期岩浆岩主要分布于陆架盆地东部拗陷与钓鱼岛隆褶带之间，陆架盆地钻井揭示有橄榄拉斑玄武岩、玄武岩、凝灰岩、石英安山岩及流纹岩等。拖网资料揭示，在基隆断裂以东的钓鱼岛隆褶带和冲绳海槽一带发育有喜马拉雅晚期岩浆岩，主要以中基性安山岩、玄武岩和酸性流纹岩等形式存在。

冲绳海槽周边区域的火成岩主要出露于钓鱼岛隆褶带南部的台北火山岩带和海槽轴部的中央裂谷带。区域岩浆活动时代、岩石类型与其所处的构造位置和深部构造–岩浆作用方式有关。根据前人研究文献列出的东海区域火山岩出露情况来看（表 7-2），冲绳海槽及其邻区的岩浆活动从 4Ma 一直可延续到现代，大体分成 3～4Ma、1～3Ma 和 <1Ma 三个阶段，其中 <1Ma 发育的火成岩分布最为广泛。

表 7-2　冲绳海槽及邻区火山岩测年结果与构造位置分布特征表

采样位置	年龄 /Ma	构造位置	岩石类型	资料来源
棉花屿 25°30′N，122°06′E	0.5～0.1	台北火山岩带	玄武质安山岩	Wang et al.，1999
黄尾屿 25°55.4′N，123°40.9′E	0.2		玄武岩	Shinjo，1998
赤尾屿 25°54′N，124°34′E	2.59		玄武岩	Shinjo，1998

续表

采样位置	年龄 /Ma	构造位置	岩石类型	资料来源
未命名 24°53.8′N，123°12.3′E	> 0.3	海槽南段	玄武岩	李巍然和王先兰，1997
Z5-10 27°50′N，127°32′E	0.054		流纹岩	黄朋等，2006b
Z7-3 26°26.2′N，125°54.1′E	0.055		流纹岩	
花鸟洼地 28°07.3′N，127°40.5′E	0.07	海槽中段	流纹岩	Shinjo and Kato，2000
西扁担海脊 27°32.1′N，126°58.1′E	0.3 ～ 1.58		玄武岩	李巍然和王永吉，1997
佛渡洼地 27°35.5′N，27°09.25′E	0.496 ～ 0.003		流纹岩	陈丽蓉等，1993 Shinjo and Kato，2000
壁下海丘 28°23.5′N，127°43.5′E	3.76 ～ 3.96		英安岩	李巍然和王永吉，1997
E-5 31°30.3′N，128°00′E	0.088	海槽北段	流纹岩	黄朋等，2006b
HD4-B 29°59.4′N，129°0.8′E	0.017		流纹岩	

冲绳海槽的岩石类型比较丰富，包括玄武岩、粗面玄武岩、玄武安山岩、安山岩、粗面安山岩、粗面英安岩、英安岩和流纹岩等（图 7-3）。在冲绳海槽南段、中段和北段岩石类型有所不同（陈丽蓉等，1993；Shinjo，1998；黄朋等，2006b）。

冲绳海槽北段出露岩石类型为玄武安山岩、粗面安山岩河流纹岩，经 Sr-Nd 同位素分析显示其源区为 PREMA 地幔，结合主、微量元素特征，表明流纹岩为玄武安山岩的演化产物，在演化过程中受到上地壳及俯冲组分的混染，经历了斜长石、磷灰石及钛铁矿等矿物相的分离结晶作用，属于过渡性质地壳（黄朋等，2006b）。

冲绳海槽中段和南段多个洼地出现基性岩石与酸性岩石相伴生（黄朋等，2006a；曾志刚和陈丽蓉，2008）。经锶同位素组分分析表明，冲绳海槽南段出露的橄榄拉斑玄武岩属于大洋拉斑玄武岩系，基本未受混染作用或分异作用的影响，是源自地幔且熔融程度比较高的岩浆（李巍然和王永吉，1997）。出露的流纹岩继承了同区段玄武质岩的微量元素特点，表明为同源演化的特点，但两者数量上的迥异，表明区域地壳极度伸展减薄并出现一定规模的洋壳，幔源的岩浆主要以快速上涌的方式到达地表，只在局部地壳减薄程度相对较低的区段分异形成流纹岩。出露的极少量安山岩可能是流纹岩与玄武岩混合作用所产生（高金耀等，2008）。

台湾岛北部区域，赤尾屿、黄尾屿和棉花屿出露有玄武岩或玄武质安山岩，在基隆、大屯、观音山和草岭山形成了玄武岩、安山岩或英安岩火山群（Wang et al.，1999）。区域岩浆活动应与菲律宾海板块在台湾岛东部斜向俯冲，以及北吕宋岛弧的弧陆碰撞作用有关。

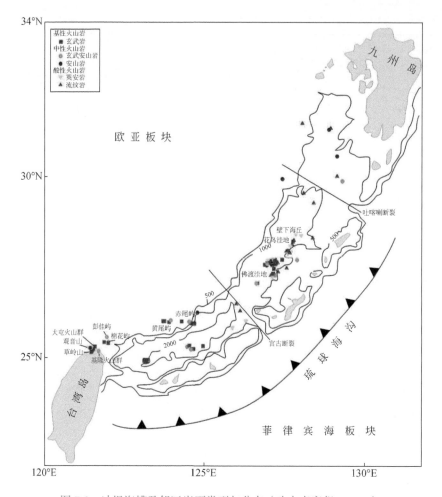

图 7-3　冲绳海槽及邻区岩石类型与分布（改自李家彪，2012）

7.2.2　南部海域

7.2.2.1　南部海域主要构造区划特征

南部海域是由不同地质时期形成的地壳块体及微地块组成，这些地壳块体和微地块在空间上显示了区域板块构造的基本格局和构造变动；区域块体构造的发展在时间上具有一定的旋回性，这些旋回反映了区域构造的不同阶段在空间上的发展和变化。板块构造作用结果往往产生各种各样的构造块体，并成系列地在空间呈规则方式排布。为此，南部海域地质构造图同样采用不同时期形成的地块和微地块作为构造基本单元，以地块微地块在空间的分布来表示区域构造格局，以区域构造发展旋回来反映构造演化，用板块分异表示板块构造的相互作用。因地质构造图的编绘主要基于所收集的地球物理数据的个人理解和解释，由于地球物理场地质属性的多解性，我们在充分注意海陆区域和南北区域一体化综合解释之外，力求解释结果与区域地质构造协调合理。

鉴于南海海域基本上是在同一大板块——欧亚板块上发生发展，而欧亚板块是一个不同时期形成的地壳拼合体，所以一级构造单元用板块表示，二级构造单元则以地壳类型来进一步划分。即一级构造单元是大的全球板块——欧亚板块和太平洋板块；而各个时期所形成的陆壳、洋壳和之间的过渡壳块体，则作为二级构造单元。一级和二级构造单元之间一般均为深大断裂所分割。如南海中央海盆北缘断裂带即为南海洋盆体系与华南地块之间的分界线，也代表新生代南海海底扩张之前的被动大陆边缘初始张裂的位置。

南部海域块体构造格局的形成特别受控于区域晚中生代以来的板块构造活动。区域所处的基础构造框架的形成据其发展过程大体可分为地幔隆升，陆壳张裂；海底扩张；板块俯冲消减/板块碰撞三个发展阶段。板块拉张、裂离，陆壳减薄，过渡地壳出现，洋壳或过渡地壳向陆壳转化，这一过程既包括了造海运动又包括了造山运动。在时间上，造海运动是区域块体构造发展的前构造幕，而造山运动则是后构造幕。在空间上，造山运动与造海运动既可以在同一空间上发生发展，也可以分别在不同空间出现。前者是地壳张裂后重新闭合，后者乃一个地区地壳张裂洋壳发生，导致临近地区的地壳块体聚合俯冲、碰撞，而本身并不闭合。晚中生代以来，南海及周边区域的块体构造就是这样发展的。

二级构造单元的划分考虑到要充分反映南部海域特有的板块构造活动特点和成因关系，因此是根据成因关系在确定的板块构造单元基础上，再按照其地壳性质不同结合区域构造旋回特点或构造作用差异进一步划分为陆壳区、过渡壳区和洋壳区。陆壳、洋壳和过渡壳的划分主要是通过折射地震、声呐浮标、海底地震仪及其他地球物理方法观测结果和研究后，经地壳速度结构和厚度分析后完成划分。

南部海域的二级构造单元特点与区域构造旋回的各个发展阶段相适应。在陆壳区主要是以区域基底蛇绿岩形成时代加以确定；海区则根据海底磁异常条带来确定地壳块体时代。不同性质地壳范围的圈定，考虑到古今板块构造所处的区域背景，活动程式等不尽相同，而且常因后期板块构造作用的破坏或重叠，致使各类地壳边界模糊不清或根本不存在。故南部海域陆壳区和过渡壳区的范围除根据蛇绿岩套、俯冲构造系列等标志之外，还主要参照了诸如深大断裂、地层沉积相差异、古生物分区以及地球物理场因素等来加以划分，扩张轴、俯冲带、转换断层、裂谷等重要的构造特征要素作为参考。

南部海域的三级构造单元主要包括各类地块、微地块和海盆等。各类地块、微地块和海盆的代表性构造要素及划分依据主要有裂谷、离散陆缘及陆缘沉积盆地、扩张轴和洋盆、地壳碎片、俯冲带、非火山弧、弧前盆地、火山弧及弧间盆地、弧后盆地等构造体，也称为板块构造系列。前四者是海底扩张的产物，后四者是造山运动的产物，至于弧后盆地，它是板块俯冲下潜而产生的弧后扩张产物，它既是一个旋回的终了（如处于板块俯冲边界的苏禄海、苏拉威西海），也可能是一个旋回的开始。构造作用、岩浆活动、变质岩类、蛇绿混杂岩、俯（仰）冲带或缝合线、磁异常条带等是重溯区域构造活动的重要线索和依据，而无论是处于陆壳和过渡壳区域的各类地块、微地块还是处于洋壳区的海盆，其发育特征本质上依然受控于其发展过程（旋回）中的各类作用。

南部海域四级构造单元是在上级构造单元的基础上进一步细分的各类地质构造体，包括陆上及陆缘区域的各类隆褶带（隆起区）、盆地、岛弧以及海域中海盆内部划分的次一级海盆，如南海海盆内的东部次海盆、西南次海盆、西北次海盆等。由于南海地区新生界覆盖全区，为了反映板块系列之间的关系，仅从构造作用出发突出地表示主要盆地，将盆地划分为拉张、挤压和剪切三种主要类型。线状构造除磁异常条带外，图幅内主要表示了断裂、扩张轴、裂谷轴等，而且突出地表示了与南海发生、发展有密切关系的南北向、北西向及北东向、近东西向断裂构造。

南部海域的五级构造单元是在四级构造单元的基础上再细分的各类基础地质构造体，主要包含南海北部陆缘区的各类拗陷、隆起以及海盆内的各类海脊、海山等。由于成图比例尺较小，五级构造单元较为琐碎，因此此一级别构造单元在区域地质构造图中未全部标识，只针对个别重要地质单元进行了标注。

另外，为了反映各构造单元所处的大地构造环境，南部海区图幅内的岩浆活动简要地归并为花岗岩、基性超基性岩、玄武岩、安山岩、正长岩等。

7.2.2.2 南部海域的构造层特征

1. 区域总体构造层特征

类似东部海域，也为了整体图件的统一，对南部海域图幅内的地层，在陆区直接将地层转换为构造层表示；在海域中采用剥层法，剥去了 $Q+N_2$ 地层，然后将地层转换为构造层（详见中国南部海域地质构造图（1∶300万））。区内构造层发育较全，吕梁期到喜马拉雅期均有，现按其由老至新概述如下。

吕梁期（L）：中国大陆古元古代的地层与其下伏的太古宙地层之间的角度不整合，最典型的出露地区是吕梁山，此时的构造事件就称为吕梁事件，此构造期称为吕梁期（2500～1800Ma）。

南部海域吕梁期地层主要分布在海南岛等地。

四堡期（S）：中元古代地质演化阶段，时限为1800～1000Ma。

南部海域图幅内，四堡期侵入岩主要分布于海南、桂北、川北-川南等地，以中-酸性岩零星出露或橄榄岩、辉石橄榄岩、消石蛇纹岩等岩枝、岩瘤产出。

晋宁期（J）：新元古代早期1000～800Ma的地质演化阶段，中国陆块群内最强烈的构造作用发生在华南地区，标准地层剖面和典型构造事件发育在云南晋宁，习惯上称为"晋宁期"。晋宁期构造事件最强烈的表现发生在扬子地块和华南地块群。在扬子地块西部地区，在结晶基底之上发育第一个局部的沉积盖层就是晋宁系。

南部海域图幅内晋宁期构造层主要散布于粤、桂、越南沿海陆架，西沙等海域，为一套经受不同程度变质作用的碎屑岩和碳酸岩。在西永一井所见花岗片麻岩的同位素年龄为6.27亿年。

加里东期（C）：早古生代构造期就是加里东期（600～405Ma），根据李廷栋（2003年书面报告）的建议，后来改称祁连期，本书还是采用过去习惯的称加里东期。

在图幅内加里东期主要分布于珠江口以西和以南的陆架区、莺歌海之西、海南岛、北部湾西北沿岸和广东陆架-陆坡区、婆罗洲等地区。

海西期（V）：海西期（405～230Ma）又称晚古生代构造期，这个时期中国大陆的多数地块仍处在运移、离散阶段，构造事件主要表现为形成天山-兴安碰撞带，中朝与西域板块拼合到潘吉亚（Pangea）大陆上去，南方则发育大火山成岩省。

在图幅内海西期构造层主要分布于印支半岛、台湾岛、粤、桂等地区。

印支期（I）：印支期（250～200Ma）是中国大陆发生大规模碰撞和拼合的时期，澜沧江、金沙江、秦岭－大别山和绍兴－十万大山 4 条大的碰撞带在此时期先后形成，使班公错—怒江以北和以东地区的中国大陆块 3/4 以上的面积都并入潘吉亚泛大陆；与此同时，中国大陆的沉积盖层首次广泛地发育了板块内部的褶皱和断裂，从而形成了印支构造体系。印支事件是中国大陆形成的最关键时期。

在图幅内的印支期构造层主要分布在粤北、粤中、粤西、桂西、桂西南及印支半岛等地区。

燕山期（Y）：燕山期（200～66Ma）是适用于中国大陆的地方性构造术语，可分为早燕山期（200～135Ma）和晚燕山期（135～66Ma），早燕山期，北美板块与伊佐奈岐板块向西俯冲、挤压，中国大陆逆时针转动，新华夏构造体系形成，形成完达山碰撞带，东部发生强烈的板内构造－岩浆活动；晚燕山期，形成四川构造体系，东部盆岭发育，主应力方向顺时针转变，班公错－怒江碰撞带形成，全球板块普遍北移。南海北部陆缘盆地也发育中生代俯冲（周蒂等，2005），中生代的断裂，伴随强烈的岩浆活动，控制了中生代地层的分布。

在图幅内燕山期构造层主要分布于桂南十万大山、粤东、粤中以及中南半岛的泰、老、越、柬交界处。加里曼丹西北古晋带、菲律宾巴拉望岛北部和民都洛岛。

海域中分布，见于台湾西南和东沙东南、南海北部陆坡区和北部湾等处。

喜马拉雅期（H）：一般把整个新生代的构造运动都称为喜马拉雅构造运动，对应的构造期为喜马拉雅期（66～0.78Ma）。其中古近纪始新世—渐新世，又被称为华北构造期（66～23Ma），其末期的构造事件称为华北构造事件（万天丰，1993）。华北期，太平洋板块首次向西俯冲、挤压，华北构造体系形成，四个汇水盆地出现，雅鲁藏布江碰撞带形成。到了新近纪—早更新世（23～0.78Ma），中国大陆西部强烈变形，形成青藏高原，东部板内弱变形，以张裂为主，形成断陷伸展盆地，地形大台阶定型。

在图幅内喜马拉雅期构造层主要发育在广阔的海域和岛弧区，大陆和印支半岛零星分布在一些内陆小盆地内或沿断裂带出露。

2. 海域主要盆地构造层特征

南海中央海盆大洋基底玄武岩之上，喜马拉雅期以来沉积了深海抱球虫软泥、褐色黏土及浊流堆积，产状平缓覆盖在崎岖不平的大洋基底之上（部分数据来源于 908 专项成果集成资料及国家 973 专项"边缘海形成演化与资源效应"成果内容）。海盆北部沉积物分布面积较广，厚度较厚，最厚可达 3km。向南逐渐减薄，一般小于 0.8km，最厚处约 1.2km。位于西南次海盆扩张中心处的地震反射剖面证实该处喜马拉雅期以来构造层厚度约为 1.5km，而海盆西部边缘和南部地区的厚度可达 2km，南部边缘地带由于物源缺失、沉积速率较小，使得区域构造层厚度变得很薄，约 1km。

珠江口盆地位于珠江口外侧，是南海北部陆缘最大的以新生代沉积为主的沉积盆地，面积约 14.7 万 km^2。珠江口盆地至西沙群岛的基底主要为加里东早期变质岩，或经受不同程度变质作用的碎屑岩和碳酸岩，在西永一井所见花岗片麻岩的同位素年龄为 6.27 亿年。珠江口盆地也是南海北部陆缘上最大的以喜马拉雅期构造层为主的新生代盆地。同期构造层厚度超过 10000m，其中喜马拉雅早期构造层超过 6000m，为河湖相沉积；喜马拉雅中期约 3500m，为滨岸三角洲沉积和海相沉积。

珠江口盆地及其以西和以南的陆架区、莺歌海之西、海南岛-北部湾西北沿岸和广东陆架-陆坡区、婆罗洲等地区基底大部分为加里东时期变质岩，后被燕山期花岗岩、火山岩复杂化。

琼东南盆地，东接珠江口盆地，西邻莺歌海盆地，面积约 6 万 km²。琼东南盆地钻井中见到加里东早期基底变质岩、碳酸盐岩和印支期花岗岩，喜马拉雅期构造层厚度达万米以上。

北部湾盆地位于海南岛西北侧海域，是以新生代沉积为主的沉积盆地，面积约为 3.5 万 km²。北部湾盆地基底为加里东期变质岩和海西期灰岩，盆地内以喜马拉雅期构造层为主，喜马拉雅早期为陆相，喜马拉雅中期为浅海相。

莺歌海盆地位于海南岛西南侧海域，NW 向展布，属于新生代走滑盆地，面积约 11.3 万 km²。莺歌海盆地基底为加里东早期混合岩、白云岩及变质岩。海南岛等地陆上区域偶有加里东早期构造层出露。根据地震资料解释，总构造层厚达 20000m，其中喜马拉雅中期的厚度就达 10000m 以上。

中建南盆地位于南海西部中建岛以南，为剪切拉张型盆地，走向为 NE 向，面积约 4 万 km²，属于离散型大陆边缘盆地，盆地内以喜马拉雅早期构造层为主。

南薇西盆地位于南海海盆西南部，呈 NE 走向，发育喜马拉雅早期构造层，总体具有南厚北薄、西厚东薄的特征。南薇西盆地的构造层厚度为 500 ～ 8500m。盆地南北构造特征不同，北部构造层较薄，褶皱变形强烈，伴有强烈的岩浆活动。南部构造层超厚，最大构造层厚度约 8500m，呈宽缓的背斜和向斜褶皱。

礼乐盆地位于南海海盆东南部，主要呈 NE 向展布，是中生代与新生代叠合的沉积盆地。构造层主要由印支期到燕山期构造层和喜马拉雅期构造层所组成。区域构造层厚度一般为 1000 ～ 4000m。地震剖面分析和研究显示，礼乐盆地构造特点为向东南倾斜的喜马拉雅期构造层，受 NE 向反向正断裂切割形成倾斜断块和箕状断陷相间的格局。构造形式以差异沉降和倾向张力为特征。

笔架南盆地位于南海东部、台湾岛西南部、菲律宾岛弧西北部，盆地周围被海洋、岛弧及海沟体系包围，其构造层以喜马拉雅期构造层为主。由于位置特殊，整个笔架南盆地可划分为三个构造单元，即深海平原、海沟拗陷和逆冲增生带。盆地西部相对稳定，受断裂、地壳活动影响小，盆地东部构造活动较频繁，构造层变形强烈。

万安盆地位于南沙海域西部陆架上，主体水深小于 500m，为近 SN 走向的拉张盆地，面积约 8.5 万 km²，喜马拉雅期沉积厚度约为 12500m，主要构造层为喜马拉雅早期构造层。经勘探证实，万安盆地基底为印支-燕山期花岗岩、火山岩和变质岩。万安盆地东部以万安东边界断裂与西雅隆起区相接，南为纳土纳隆起区，北部和西部与昆仑隆起区相邻。在万安盆地的形成演化过程中，万安东边界断裂的伸展与张扭活动起到了主要控制作用。

曾母盆地位于沙捞越陆架上，面积约 18.3 万 km²，是南沙西南陆架海区的复杂构造带，基底为古南海残留洋块、喜马拉雅早期的拉让群（姚永坚等，2005），最老基底可见燕山晚期花岗闪长岩。总构造层厚度可达 11000m，主要为喜马拉雅期沉积构造，以三角洲相和海陆交互相砂页岩和浅海相碳酸盐岩为主。

南薇西、南薇东是叠置在南沙地块之上的喜马拉雅期沉积盆地，南薇西、南薇东盆地发育有喜马拉雅早期构造层，总体具有南厚北薄、西厚东薄的特征，其中南薇西盆地喜马拉雅期构造层厚度为 3000～11000m，南薇东盆地厚度为 2000～6000m。

文莱－沙巴盆地位于廷贾断裂以东，沙巴外侧海域及文莱沿海，走向 NE，面积约 9.4万 km²，是南沙地块向巽他板块俯冲所形成的弧前盆地，盆地水深在 500m 左右。东部沙巴区基底为变质褶皱的早喜马拉雅晚期至喜马拉雅中期的世克罗克组深海复理石，其上为喜马拉雅中期以来的构造层；西部文莱区基底为已经褶皱变形的喜马拉雅中期梅利甘组—麦粒瑙组—坦布龙组的三角洲平原－浅海陆架－深水页岩构造层，盖层从中喜马拉雅中期开始。

北巴拉望盆地位于巴拉望岛西北侧海域，其基底为海西晚期变质岩和印支期蛇纹岩层。喜马拉雅早期碎屑岩、灰岩和变质岩，喜马拉雅中期以来海相沉积盖层呈区域性向西倾斜，为断裂所切割，常见的构造形态包括地堑、地垒系、褶皱不整合、礁体及三角洲。常见构造层由滨浅海碎屑岩和碳酸盐岩组成。构造走向为北东向。目前已在盆地中发现十几个油气田，主要为小型礁油田，如尼多礁油田等。

根据以上南海区域沉积盆地的构造层特征，南海北缘新生代裂陷及扩张过程显示出明显的多幕性和间断性特点。在南海海盆 33.5～25Ma 及 23.5～15.5Ma 两期由东向西传播的渐进式扩张背景下（李家彪，2011），海盆分区特点明显，南北分区、东西分段。东部次海盆、西北次海盆和西南次海盆发育过程出现明显的分异性。早期扩张在东部次海盆和西北次海盆分别形成了具有 EW 向或 NEE 向磁条带的老洋壳，是海盆 NNW-SSE 向扩张的产物；晚期扩张在东部次海盆和西南次海盆形成了具有 NE 向磁条带的新洋壳，是NW-SE 向扩张的产物（李家彪等，2011）。西北次海盆初始扩张时间应与东部次海盆第一期扩张时间重合，但仅在 6Ma 的时间内就逐渐停止，而西南次海盆则与东部次海盆的晚期扩张同时进行，构造形态上呈现渐进式扩张特点（张洁等，2011）。南海新生代陆缘张裂变形具有随深度变化的特点，海盆深部和上地幔顶部存在磁化现象，而地幔没有明显速度异常；新生代南北陆缘沉积盆地的形成演化存在系统差异，而中生代南北陆缘均是华南块体的一部分，受古特提斯和古太平洋构造域同时控制。总体而言，南海海盆晚白垩世—早始新世裂陷活动应是东亚陆缘中生代构造－岩浆演化的延续，始新世中、晚期太平洋板块俯冲方向改变导致裂陷中心南移，印度－欧亚板块碰撞效应可能是南海中央海盆扩张方向顺时针旋转的主要原因。

7.2.2.3　南部海域主要断裂构造

从区域构造应力对断裂的形成演化角度分析，南海北部边缘的拉张，南部边缘的挤压，西部边缘的剪切－拉张和东部边缘的俯冲消减，再加上变形体的物性、厚薄及作用力大小、方向、演化时间、形变速度和所处的构造位置不同，导致形成不同方向、不同级别和不同类型的断裂构造。

按断裂发育程度及切割深度，参考构造块体的划分作用，将南部海域断裂分为深大断裂和一般断裂两个级别。断裂展布方向大致可分为 NE 向、NW 向、近 EW 向和近 SN 向四组；从断裂的力学性质分析，又有张性断裂、压性断裂、剪性断裂。

1. 深大断裂

深大断裂规模宏大，可切穿地壳，甚至整个岩石圈，是区域内各个块体和构造单元之间的分界线。在地球物理特征上具有规模宏大的线性磁异常带，异常带宽度可达十几千米至几十千米，延伸达数百千米到千余千米，断裂带两侧区域重、磁场的差别反映出不同的地质构造特征。南部海域此类断裂走向以 NE 向为主，NW 向次之，而 SN 向及 EW 向的重要断裂也不乏其例。

NE 向断裂是控制南海构造格局和地形轮廓的主要断裂，一般发育较早，分布广泛，以张性断裂为主，在东南边缘有少部分为压性断裂（图 7-4）。如南海北部陆坡北缘的张性断裂（F8）、南沙海槽南缘的压性断裂（F13）及广雅滩西部的张性断裂属岩石圈断裂；作为南海洋壳与陆壳（过渡壳）分界线的中央海盆北缘断裂（近 EW 向的 F10）、南缘断裂（F12）及西缘断裂（F11）和东缘海沟断裂（F5）也是典型岩石圈断裂。NW 向断裂也

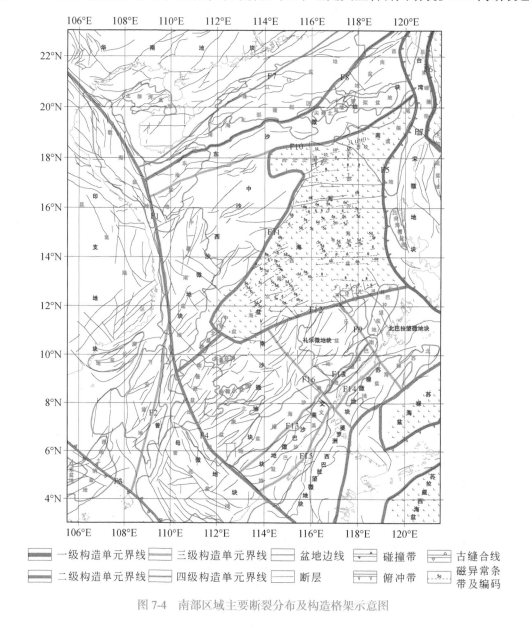

图 7-4　南部区域主要断裂分布及构造格架示意图

很发育，相对 NE 向断裂来说形成时间较晚，多数切割了 NE 向断裂，一般具剪切性质。南海西北部呈 NW 向展布的红河断裂带（F1）是印支期印支地块与华南地块碰撞带的缝合线，也是特提斯洋封闭形成的岩石圈断裂；而南海南部由 NW 转 NE 呈向南凸出的弧形展布的卢帕尔河断裂（F3）则是晚白垩世"古南海"洋底向婆他地块东北缘俯冲的聚敛带，属于岩石圈断裂。近 SN 向断裂主要分布在南海东西两侧，如海盆东侧的马尼拉海沟断裂（F5）为一压剪性岩石圈断裂，中央海盆也有分布。近 EW 向断裂主要分布于南海中央海盆和南海北部，这些断裂与晚渐新世至早中新世南海海盆的第二次大规模扩张有关。中央海盆北缘断裂（F10）和中央海盆南缘断裂（F12）都是南海洋壳与陆壳（或过渡壳）的分界，属岩石圈断裂。发育于华南地块并分别由 NW-SE 向及 NE-SW 向向南延伸进入南海北部陆架的九龙江 - 鹅銮鼻断裂、莲花山断裂也是发育早、切割深的岩石圈断裂。此外，西沙海槽北缘及南缘断裂、中沙海槽东缘及西缘断裂、巴拉望南侧断裂（F14）、韦斯顿断裂（F15）、台湾东部滨海断裂、吕宋海槽东缘断裂（F6）、仁牙因 - 民都洛断裂、巴布延断裂等均为分割不同地块、微地块或板块碰撞带缝合线的岩石圈断裂（张训华，2008）。

2.一般断裂

一般断裂的断裂规模较重要断裂小，垂直深度上有切穿地壳，达到上地幔顶部，也有仅切穿地壳的。在地球物理特征上，局部规模的线性及串珠状重、磁场带往往为地壳断裂带的反映。此类异常带宽数千米到十余千米，延伸百余千米到数百千米。断裂两侧的重、磁场和地质构造特征不如重要断裂带明显。南部海域主要断裂包括以下方面：

NE 走向断裂：灵山断裂、吴川 - 四会断裂、华南滨外断裂、珠坩北缘断裂、台中断裂、台湾中央山脉断裂、琼海断裂、东沙断裂、东沙东南断裂、越南滨外断裂、西布断裂、南沙海槽北缘断裂、台中断裂、台湾中央山脉断裂等。

NW 走向断裂：右江 - 七洲列岛断裂、都安断裂、长山断裂、他曲断裂、洞萨里湖断裂、纳土纳西缘断裂等。

EW 走向断裂：定安断裂、管事滩北断裂、宪法北断裂、宪法南断裂、黄岩北断裂、黄岩南断裂、17°N 断裂等。

SN 走向断裂：越东陆架外缘断裂、吕宋海槽西缘断裂等。

7.2.2.4 南部海域岩浆活动

南海地区地处欧亚板块东南隅，构造变动异常复杂，在漫长的地质发展过程中，伴随强烈的地壳运动和断裂活动，有大量的岩浆侵入和喷发，形成了遍布全区的各种类型、规模不等的侵入岩体和火山岩体。现按其活动顺序，由老至新，简述如下：

1）吕梁 - 晋宁期岩浆岩

本期岩浆为区内最老的岩浆活动。它局限在本区西北部的红河岩带和桂北罗城县。在红河带主要岩类有二云母片麻状花岗岩、片麻状斜长花岗岩、辉长角闪石岩和伟晶岩等。罗城区称四堡期，包括早、晚期，早期的超基性 - 酸性岩类包括四堡群细碧 - 角斑岩系、橄榄岩、辉石岩、辉长岩和闪长岩等。

2）加里东期岩浆岩

本期岩浆活动主要见于大容山和武夷山两复杂岩带内。越南长山山脉也有少量出露。

加里东早、中期由于混合岩化作用，形成了武夷山、云开大山和海南岛的混合岩和混合花岗岩，云开大山混合岩同位素年龄为 422 ～ 522Ma。晚期，在桂北九万大山和元宝山有酸性岩株和基岩侵入。粤北的大宁、太保、永利、和平、扶溪、高寿等中酸性岩体也属加里东晚期产物，其岩类包括花岗闪长岩、石英闪长岩、石英二长岩和花岗岩等。此外，在粤桂区奥陶系和下志留统内有变质火山岩、酸性和中酸性超浅成岩的侵入。

3）海西和印支期岩浆岩

南岭地区的海西运动和印支运动往往不易分开，意见也不统一，因此对晚古生代至三叠纪岩浆的认识也不一致。确切的海西期侵入岩只局限在昆嵩－大叻岩区，而火山活动在大容山岩带及其以西地区的自泥盆纪至晚二叠世几乎都有活动。从中泥盆世至早二叠世以中基性熔岩为主，钾质成分偏高。晚二叠世则以中酸性火山碎屑岩为主。

4）燕山期岩浆岩

燕山期地壳活动异常活跃，伴随强烈的断裂有频繁的岩浆侵入和喷发，形成了一系列大规模的以酸性为主的侵入岩和火山岩。

在海域，侵入岩主要分布在闽粤陆架、陆坡区和亚南巴斯－淡美兰南侵入岩。燕山晚期的基性喷出岩大面积分布在南海深海盆的东北和西南部、南威岛－亚南巴斯北一线，以及榆亚暗沙一带，推断为拉斑玄武岩，据磁条带的解释，其年龄为 118 ～ 125Ma（M5-M10）。

陆地上，本期岩浆岩广泛分布在南岭及印支半岛，其中以闽粤和武夷山两岩带最发育，次为大容山－六万大山岩带，其他地方都有零星分布。

5）喜马拉雅期岩浆岩

新生代地壳运动不但继承了中生代断裂作用的特点，而且自晚中生代以来原始东南亚边缘产生了一系列的构造变动，海陆沧桑，伴随大量岩浆活动，主要表现为大规模的基性岩浆的喷发和溢出。

在印支半岛东南昆嵩－大叻岩区西部有一广泛的碱性玄武岩和拉斑玄武岩火山活动区，那里的岩被状岩流多数是发生在晚上新世到近代。

在海南岛海口、临高、琼山、文昌、定安和雷州半岛下洋等地均有本期玄武岩活动。

深海盆黄岩岛－珍贝海山区，为规模宏大的海底火山活动区，海山呈近东西向排列，岩性为橄榄拉斑玄武岩和石英拉斑玄武岩。中南海山区的海山玄武岩呈北东向分布。

7.3 典型地震与 OBS 剖面分析

7.3.1 东部海域

面积广阔的东海陆架盆地及位于其东南边缘冲绳海槽盆地是发育在东部海域的主要构造沉积盆地。渤海湾盆地、北黄海盆地和南黄海盆地面积较小，基本被陆区包围，其沉积构造序列与陆区地块的运动演化过程直接相关。

对于东海陆架盆地的层序和构造特征识别主要参考了近半个世纪以来我国在东海区域实施的多个专项的地震调查资料。尤其是 20 世纪 70 年代以来，上海海洋地质调查局在东海开展的大面积多道地震区域调查工作，先后完成了地震测线十多万千米，基本覆盖了整个东海区域。测线密度从早期的 40km×80km 加密到 10km×10km，重点构造区域加密至 2km×2km，陆架边缘区为 16km×32km，局部为 32km×64km，基本探明了东海陆架盆地及冲绳海槽盆地的构造格架和地层发育特征。对东海的地震波特征、层序划分及其地质属性有了比较充分的认识（武法东，2000；刘申叔，2001；贾健谊和顾惠荣，2002）。本节主要参考和利用了上海海洋地质调查局、青岛海洋地质调查局等单位多年来在东海的地震调查研究成果以及李家彪（2008）利用历史专项调查数据撰写的《东海区域地质》成果，来总结叙述东海陆架盆地和冲绳海槽盆地区域的地震波场特征。

东海陆架区总体上由东海陆架盆地和冲绳海槽盆地两大盆地组成，因其发育机制和形成时代的差异，地震波特征及层序有所不同，以下分别进行介绍。

7.3.1.1　东海海域地震反射特征及地层属性

东海陆架盆地的地震勘探程度较高，且多为钻井资料所验证。根据反射波振幅的强弱、频率的高低、同相轴的连续性及其接触关系等特征，可将东海区域地震剖面划分出五个主层序面，自上而下依次为 T_2^0、T_3^0、T_4^0、T_5^0 和 T_g 反射波组。此五套反射波组的区域分布范围较广，在东海陆架盆地各拗陷区中均可见。

冲绳海槽盆地相对东海陆架盆地而言研究程度稍低，地震资料尚无钻探验证，根据穿越陆架区的多条地震大剖面对比可解释出六个层序面，即 T_0^1、T_1^0、T_1^1、T_2^0、T_2^4 和 T_g。但这些反射波组的分布范围、出现的时间、组成的相位数、振幅强度和连续性等变化较大，不同地区各有特点。例如，T_0^1、T_1^1 反射波组主要分布在冲绳海槽凹陷区；T_2^4 反射层位分布范围较广，可见于陆架盆地、钓鱼岛隆褶带东侧的陆架前缘拗陷，海槽盆地的东西两侧、琉球隆褶区及岛尻拗陷等地区；T_1^0、T_2^0 和 T_g 反射波组分布范围亦较广，在各构造单元中均有见及，只是埋藏深浅不同。

1. 各主要反射界面分布及特征

T_0^1 界面：分布范围较广，主要分布于冲绳海槽盆地。反射波组自冲绳海槽中心向东西两侧微微抬升，在海槽东西两侧接近隆褶区，T_0^1 反射波上超于 T_1^0 反射波之上，渐趋于尖灭（图 7-5）。T_0^1 反射波一般由 2～3 个相位组成，能量强（个别地段稍弱），连续性好，与下部反射层为低角度不整合或平行假整合接触。

T_1^0 界面：该波组分布范围广，在整个海槽盆地西南区域均有见及，向陆架一侧直接覆盖在钓鱼岛隆褶带及陆架盆地的反射层之上。产状及结构特征与 T_0^1 反射波相似，以海槽扩张中心为界，向东、西两侧微微抬升（图 7-5）。该波一般由 2 个相位组成，局部为单一相位，能量除局部地段稍弱外，大多为强反射，连续性好。T_1^0 反射波与下伏地层的接触关系，在海槽凹陷内表现为呈平行假整合接触；在接近东西两侧的隆褶区呈角度不整合接触。

T_1^1 界面：在海槽盆地的中轴部位分布较广，反射界面清晰，自海槽中心向两侧的隆起区及陆架盆地区延展。界面起伏小，大致近水平状。通常超覆于下伏的 T_2^0 反射波之上向外延展，局部地区为上覆的 T_1^0 反射波削蚀（图 7-6）。该组反射波由 2～3 个相位组成，反射能量总体较强（局部稍弱），连续性好。与下伏层基本呈整合接触，在基隆凹陷南部与下伏层有不整合接触现象。

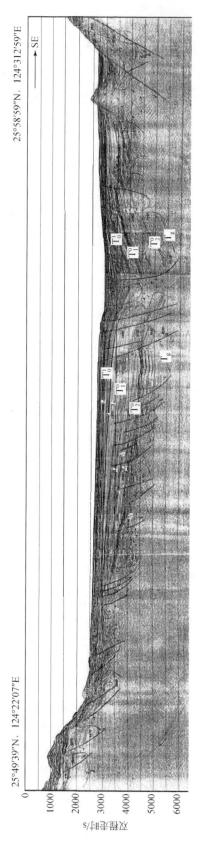

图7-5 冲绳海槽南段海槽盆地地震剖面层序特征（改自李家彪，2008）

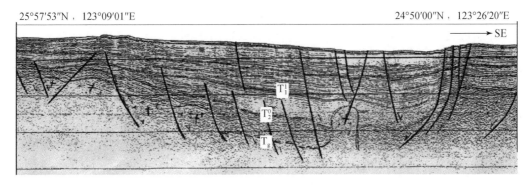

25°57′53″N，123°09′01″E　　　　　　　　　24°50′00″N，123°26′20″E

图 7-6　T_2^1 反射波在冲绳海槽南部地震剖面中的特征（改自杨文达，2004）

T_2^0 界面：该组地震波分布广泛，在冲绳海槽盆地、钓鱼岛隆褶带、东海陆架盆地均有存在。T_2^0 反射波由 3 个以上相位组成，总体反射能量强，连续性较好，层位稳定。个别地段连续性差，与下伏地层呈明显的角度不整合接触（图 7-7）。该波组界面特征在冲绳海槽盆地中尤为明显。其上为反射质量好的波组序列，能量强，连续性好；其下反射波组杂乱、扭曲变形明显，层次少，局部无反射（海槽东部）。相对而言，冲绳海槽西侧比东侧的反射层质量好。

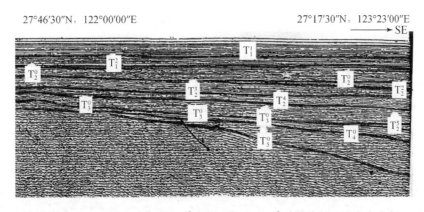

27°46′30″N，122°00′00″E　　　　　　　　27°17′30″N，123°23′00″E

图 7-7　台北拗陷处地震剖面反映出的 T_2^0 角度不整合和 T_2^5 冲填特征（改自李家彪，2008）

T_2^1 界面：主要分布于浙东拗陷局部地区，波组反射能量强，连续性较好，横向上呈起伏状。由 2～3 个相位组成，常被 T_2^0 反射波削蚀。

T_2^2 界面：分布范围稍大于 T_2^1，主要分布于浙东拗陷的西湖凹陷局部，在台北拗陷的基隆凹陷中有小范围分布（图 7-7）。反射波能量时强时弱，连续性较差，波组一般由 1～2 个相位组成。

T_2^3 界面：分布范围大，全区都能追踪。波组能量强，波型稳定，连续性好（图 7-7）。一般由 2～3 个相位组成。该组反射波为一局部不整合界面。

T_2^4 界面：分布范围较大，在陆架盆地、冲绳海槽盆地的西侧（龙王火山带以西）、钓鱼岛隆褶带的西南段、琉球隆起区西侧的下降盘断阶区等均有分布，但在海槽盆地的中心区基本未见。反射能量中等偏上，自陆架区一侧向西增强，连续性较好。该波由 2～3 个相位组成，视频率在30Hz左右。在陆架盆地西部与下伏反射层多呈超覆式假整合接触（图7-7），在陆架盆地东部与下伏反射层为明显角度不整合接触。

T_2^5 界面：在浙东拗陷大部分地区和台北拗陷局部分布，浙东拗陷段显示能量较弱，连续性差；台北拗陷中仅在基隆凹陷局部可见，连续性相对较好（图7-7）。西部呈披盖状，东部常断缺或被剥蚀。该波组由 2 个相位组成，视频率在 25Hz 左右。

T_3^0 界面：在陆架盆地区域广泛分布，全区都能连续追踪。该波组为一区域性不整合面，与下伏层多呈明显角度不整合，局部为平行不整合。其东界被西湖 - 基隆大断裂阻断，终止于断裂带西侧。反射能量中等偏强，随地区稍有差异，一般西强东弱，连续性中等。一般由 2～3 个相位组成，视频率在 30Hz 左右。

T_4^0 界面：主要分布于西湖 - 基隆大断裂以西陆架区域。能量强，连续性好，除局部地段外，在区域上可连续追踪。局部为 T_3^0 反射波削蚀。一般由 2～3 个相位组成，其视频率较低，为 20～25Hz，与下伏层呈区域性角度不整合接触（图7-7）。

T_5^0 界面：在陆架区分布范围较广，反射能量中等，在区域上表现为强弱不一，连续性稍差。一般由 2～3 个相位组成，视频率在 25Hz 左右，与下伏层为区域性角度不整合，局部区域与基底面重合（图7-8）。

T_g（T_6^0）界面：为基底面反射波，分布范围最广，在浙东拗陷区及台北拗陷的欧江凹陷西部斜坡、雁荡构造带等部位反射能量强，局部连续性好。高部位常见绕射波发育，T_5^0、T_4^0 波超覆其上，当与 T_g（T_6^0）波重叠时反射面较为粗糙。部分区域因基底很深难以获得该组反射或呈时强时弱状，如冲绳海槽盆地和西湖凹陷的局部地区；冲绳海槽中由于多处火成岩侵入明显，深部反射资料较差，在海槽中心区得不到 T_g 波。该波组反射能量一般较弱，局部可见强反射。连续性差，局部较好，时呈虚反射。一般由 2～3 个相位组成，视频率一般为 24～33Hz，局部为 18Hz。

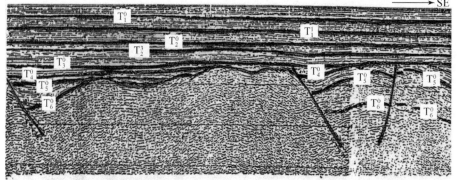

30°00'00"N，124°30'00"E　　　　　　　　　　　　　29°33'00"N，125°16'54"E
→SE

图 7-8　浙东拗陷地震剖面特征（T_6^0 与 T_g 重合）（改自李家彪，2008）

2. 地震层序及其属性特征

综合历史专项中的大量地震剖面，可以识别出东海陆架区（包括东海陆架盆地和冲绳海槽盆地）七个区域不整合界面。再根据这些不整合界面可将陆架盆地划分为 I—VI 六套地震层序，冲绳海槽盆地划分为 I—Ⅲ 三套地震层序。

1）东海陆架盆地

东海陆架盆地地震勘探和研究的程度较深，地震反射波已经区域闭合，其地质属性及相邻反射波之间的地震层序均经过大量钻井资料验证（武法东，2000；刘申叔，2001），地震层序面解释深度与地质分层深度比较吻合，绝大部分误差在 100m 以内，少数大于 100m。东海陆架盆地各地震层序的地质属性见表 7-3（李家彪，2008）。

表 7-3　东海陆架盆地地震波与地质属性对比表

| 地层 | | 组段名称 | | 地震反射界面 | 地震层序 | |
系	统					
第四系		东海群		T_2^0	I	
	上新统	三潭组				
新近系	中新统	柳浪组		T_2^2	$Ⅱ_1$	Ⅱ
		玉泉组		T_2^3	$Ⅱ_2$	
		龙井组		T_2^4	$Ⅱ_3$	
古近系	渐新统	花港组	上	T_2^5	$Ⅲ_1$	Ⅲ
			下	T_3^0	$Ⅲ_2$	
	始新统	平湖组	上	T_4^0	Ⅳ	
		宝石组	中			
		瓯江组	下			
	古新统	明月峰组	上	T_5^0	Ⅴ	
		灵峰组	中			
		月桂峰组	下			
中生界		石门潭组		T_8	Ⅵ	
前震旦系		温东群				

地震层序 I（海底—T_2^0 之间）：可进一步细分为两个亚层序 I_1（海底—T_1^1）和 I_2（T_1^1—T_2^0）。I_1 相当于第四系，厚度在陆架盆地为 400～500m，钓鱼岛隆褶带为 300m；其中 T_1^1 反射波为第四系底界，相当于冲绳海槽盆地的 T_1^0 反射波，与下伏层呈平行假整合接触；亚层序 I_2 相当于上新统，地层厚度在陆架盆地为 200～1600m，钓鱼岛隆褶带为 400～500m。T_1^1—T_2^0 反射波之间存在 T_2^1 反射波，又将上新统分为上下两组，T_2^0 反射波为上新统底界，与下伏层多呈假整合接触，局部为不整合。

地震层序 Ⅱ（T_2^0—T_2^4 之间）：此套层序相当于中新统，可划分出亚地震层序 $Ⅱ_1$、$Ⅱ_2$ 和 $Ⅱ_3$，分别相当于中新统的柳浪组、玉泉组、龙井组，各层组地层厚度分别为 0～600m、400～2600m、200～1800m（表 7-3）。T_2^4 反射波为中新统底界。总体呈平行或亚平行结构，局部构造发育，褶皱明显；在东海陆架盆地东部的西湖凹陷和基隆凹陷地层发育齐全，向两侧地层变少，厚度变薄。最大层位厚度为 4500～6000m，在陆架西部的长江凹陷、钱塘凹陷、闽江凹陷区变薄。

地震层序Ⅲ（T_2^4—T_3^0之间）：该套地震层序相当于渐新统（花港组），T_3^0反射波为渐新统底界。层位厚度在浙东拗陷最大，为 $400 \sim 1600m$，台北拗陷最薄，为 $0 \sim 200m$。总体呈平行或亚平行状结构，褶皱明显，局部构造发育。该套地层层序局部被 T_2^5 反射波分为上下两段。

地震层序Ⅳ（T_3^0—T_4^0之间）：主要发育于浙东拗陷的长江凹陷、钱塘凹陷、西湖凹陷的西斜坡及台北拗陷的北部，地层厚度较薄，最大为 $3000 \sim 3500m$，最小为 $500m$，其中包含平湖组、宝石组和瓯江组。T_4^0反射波为渐新统底界。该套层序受构造运动影响强烈，褶皱明显且遭剥蚀，伴有大量正断层，以小角度楔状结构为主，本层序相当于始新统。

地震层序Ⅴ（T_4^0—T_5^0之间）：该套地震层序相当于古新统，层序厚度为 $500 \sim 3000m$，自上而下包含三个地层组，即明月峰组、灵峰组和月桂峰组。T_5^0反射波为古新统底界。层内地层起伏较小，以小角度楔状结构为主。

地震层序Ⅵ（T_5^0—T_6^0（T_g）之间）：该套地震层序对应于中生界地层，据钻井资料定为石门潭组。层厚度在西湖凹陷为 $5000 \sim 5500m$，闽江凹陷、基隆凹陷稍厚，钱塘凹陷最大解释厚度在 $6500m$ 以上。T_6^0反射波相当于中生界底界，区内大多表现为基底形态，所以也可视其为基底波，即 T_g 波。此套层序内部褶皱强烈，起伏很大。其下为前中生代地层。

2）冲绳海槽盆地

相对于东海陆架盆地而言，冲绳海槽盆地是一个年轻的盆地，从地震层位上可划分出两个明显的区域不整合界面 T_1^0 和 T_2^0。根据这两个不整合面可将海槽盆地划分为三个地震层序：层序Ⅰ、地震层序Ⅱ、地震层序Ⅲ。

冲绳海槽盆地没有钻孔资料对比或验证，经与陆架盆地地震剖面解释对比判断，冲绳海槽盆地东北段以中新统、上新统、第四系为主。往西南段，上新统、第四系渐变为主要沉积层系，前上新统在海槽中心区因受盆地底部火成岩侵蚀，可能已变形变质。冲绳海槽盆地各地震层序所代表的地质属性列于表 7-4（李家彪，2008）。

表 7-4 冲绳海槽盆地地震波与地质属性对比表

地 层		组段名称	地震反射界面	地震层序	
系	统				
第四系	更新统	东海群	T_0^1	Ⅰ$_1$	Ⅰ
			T_0^0	Ⅰ$_2$	
新近系	上新统	上	T_1^1	Ⅱ$_1$	Ⅱ
		下	T_2^0	Ⅱ$_2$	
	中新统		T_2^4	Ⅲ	
	前中新统		T_g		

地震层序 I（海底—T_1^0）：地震层序 I 相当于第四系，地层厚度各地稍有差异，陆架前缘拗陷 600 ～ 3200m、海槽拗陷 600 ～ 1800m、吐噶喇拗陷 600 ～ 1600m。

该地震层序可分为上、下两个亚层序，亚层序之间为局部不整合，层序内部为平行 - 亚平行结构，反射能量在垂向上强弱不均，横向上连续性好。下部亚层序底部偶见杂乱结构，岛尻拗陷区此种结构比较普遍，可能为浊流沉积所致（木村政昭，1983）。

上部亚层序 I_1 主要局限于冲绳海槽盆地内。层序厚度自冲绳海槽盆地东部的海槽拗陷中心向东西两侧减薄，最厚处达 2000m 以上，一般为 240 ～ 1500m。为充填—推复—再充填—再推复的沉积结构特征。

下部的亚层序 I_2 分布范围较广，除分布于冲绳海槽盆地外，自中部往西可与钓鱼岛隆褶带及陆架盆地的同期地层对比，往东可达琉球隆褶区。

地震层序 II（T_1^0—T_2^0）：地震层序 II 属上新统，层序内为平行 - 亚平行结构，反射波连续性好。其底界 T_2^0 为一区域不整合面。该层序也可分为上、下两个亚层序，呈局部不整合接触。层序及亚层序的顶底界面常因波阻抗差异振幅较强，层序内一般以弱振幅为特征，局部近似空白反射。

该组地层为一套砂、泥岩相沉积特征。地层厚度在海槽拗陷中心区较厚，向两侧稍变薄，且不同拗陷中的厚度差异较大。北部的陆架前缘拗陷为 1000 ～ 5500m、吐噶喇拗陷 500 ～ 3000m、南部海槽拗陷 500 ～ 2000m。层序内局部有礁灰岩相地质体存在（大概位于 25°06′N，124°26′E），根据地震波速推测，该礁体可能属多孔礁体，底部为火成岩体。

地震层序 III（T_2^0—T_g 之间，或 T_2^0—T_2^4 之间）：本套地震层序相当于中新统或上中新统，层序厚度在北部陆架前缘拗陷及吐噶喇拗陷中分别为 500 ～ 7000m 及 500 ～ 1000m，南部海槽拗陷中难以识别。T_2^4 反射波常与基底波重叠，故海槽凹陷中 T_2^4 反射波可视为基底波 T_g。地震层序反射特征为亚平行到波状结构，连续性时好时差，振幅强弱不均。本层序底部因火成岩作用活跃常被岩体侵蚀，难以识别解释。T_2^4 反射波以下为前中新统。

7.3.1.2　东部海域地壳结构

OBS 广角反射/折射地震探测是在研究深部构造中发展起来的一种广角地震采集方法。广角地震具备大排列采集、大药量激发、典型的采集装备、典型的观测系统、广角反射和折射联合观测等特点（王小六等，2004）。20 世纪 60 年代，美国、英国、日本等国家已经成功研制模拟海底地震仪（OBS），经过几十年的发展，OBS 的研制已经逐渐向低成本、小型化、易回收以及可以长时间放置在海底等方向发展，在海洋深地震探测领域发挥了越来越重要的作用。我国 OBS 的研制和使用相对于国外先进国家是较晚的，但自 20 世纪 90 年代开始实验并逐渐推广应用之后，至今已在南海北部、西北部、中北部及西南次海盆等地区进行了大量的调查（阎贫等，1996，1997；赵明辉等，2006，2007；张莉等，2013）。

相比南海地区，我国在北部及东部近海的深地震探测试验开展较晚。本次研究中我们主要利用了由自然资源部第一海洋研究所和中国科学院地质与地球物理研究所合作，于 2010 年在渤海海域实施的 OBS2010 广角反射地震测线，来对渤海区域地壳结构和深部构造进行分析；利用了同样由以上两家单位在 2013 年实施的渤海 - 山东半岛 - 南黄海海陆联合深地震探测测线对南黄海地区地壳结构和深部构造进行说明；通过对青岛海洋地质研究所于 2015 年在东海陆架－冲绳海槽区间获取的主动源 OBS 深地震数据 OBS2015 对东海大陆架和冲绳海槽的地壳结构和深部构造进行解释。

1. 渤海海域地壳结构

1）广角地震剖面 OBS2010

2010 年 4 月，自然资源部第一海洋研究所和中国科学院地质与地球物理研究所合作，在渤海南部海域完成了一条主动源深地震 OBS 探测实验测线，测线呈 NNW-SSE 方向，垂直于主要地质构造单元（如郯庐断裂带）走向，有利于研究渤海海域深部结构的横向变化规律（图 7-9）。

根据反演获得的 OBS2010 剖面深部地壳结构模型，将 6.0km/s 作为结晶基底面，该界面的起伏变化反映了渤海海域前新生代沉积厚度的横向变化。可以发现，

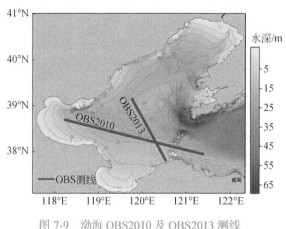

图 7-9 渤海 OBS2010 及 OBS2013 测线位置示意图

渤海湾盆地平均基底埋深为 7～10km，胶辽隆起区为 6.5～7km。沉积厚度在沙垒田凸起和渤海凸起处最大，分别为 6km 和 5km，而在渤中凹陷处最小，不足 1km。这与徐亚等（2007）使用重磁反演获得的渤海区残留盆地厚度基本一致。

从深部地壳结构模型中可以看出，渤海区域下地壳整体表现为高速，局部（渤南凸起处）存在高速异常体，高速体范围约有 20km，波速为 6.8～7.08km/s；盆地内下地壳速度为 6.5～7.08km/s，胶辽隆起处速度为 6.5～6.85km/s，推测盆地内存在下地壳的底侵与物质上涌，是深部控制浅部的体现（图 7-10）。郯庐断裂带两侧速度在横向上表现为高低速相间，垂向上存在明显的下切趋势，说明郯庐断裂带已经切穿莫霍面，成为上地幔热物质上涌的通道。断裂带西侧速度下切趋势较东侧明显，出现位置与 1969 年渤海地震位置相当。该部位是北东向郯庐断裂与北西向张家口－蓬莱断裂的交汇处，推断此处断裂应与 1969 年渤海地震有关。

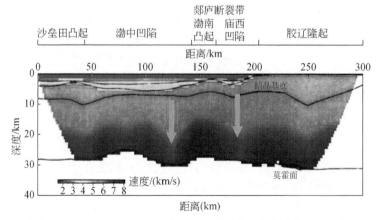

图 7-10 渤海 OBS2010 剖面地壳结构模型（支鹏遥等，2012）

区域莫霍面埋深变化幅度较大，在渤中凹陷和郯庐断裂带内有局部隆升。在渤南凸起处往东、西两侧快速增加。区域莫霍面起伏状态与新生代沉积厚度基本呈镜像关系，在沙垒田凸起和渤中凹陷处较为明显，在渤南凸起和庙西凹陷处稍有偏差，推测是受郯庐断裂带影响所致。

2）渤海广角地震剖面 OBS2013

自然资源部第一海洋研究所和中国科学院海洋地质与地球物理研究所于 2013 年利用海底地震仪接收大容量气枪信号的主动源深地震探测技术，在渤海中部海域获得了一条 OBS 探测剖面 OBS2013（位置见图 7-9），对渤海海域深部地壳结构和上地幔顶部特征开展了较为详细的研究。OBS2013 测线沿 NNW-SSE 方向跨越渤中凹陷和胶东隆起次级构造以及张家口－蓬莱和郯庐两条深大断裂带，通过射线追踪和正演拟合得到沿测线方向较为精细的深部地壳结构模型。

经对渤海区沿测线方向的壳幔速度结构剖面分析，发现渤海区上、下地壳为正速度梯度带、中地壳为弱速度梯度带。海区地壳底部和上地幔顶部均未发现大规模的横向速度扰动，说明岩浆底侵活动不发育。具体来讲，渤海东南部地区的地壳厚度总体处于 25.5～30km，是典型的减薄型陆壳；上地壳结晶厚度处于 5.7～10.6km，且由 NNW 至 SSE 呈增厚趋势；中地壳厚度为 6～8km，较为稳定；下地壳厚度由 NNW 至 SSE 明显加厚（图 7-11）。区域上、中地壳底界面和至莫霍面形态在渤东凹陷下稍有异常，呈差异性起伏，推测与郯庐断裂带的活动有关。

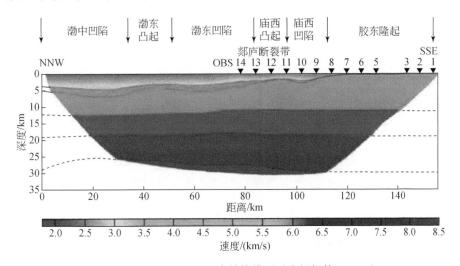

图 7-11　渤海 OBS2013 地壳结构模型（李祖辉等，2015）

2. 南黄海盆地地壳结构

黄海海域横跨中朝和扬子两个块体，北黄海盆地和南黄海盆地两个盆地构造单元从北向南依次发育。2013 年 8 月 5 日至 8 月 13 日，由中国地质调查局青岛海洋地质研究所、自然资源部第一海洋研究所和中国科学院地质地球物理研究所三家单位组成的科研队伍在渤海－山东半岛－南黄海布设了一条海陆联合深地震测线，测线包括渤海 OBS 测线（OBS2013-BS）、南黄海 OBS 测线（OBS2013-SYS）和山东半岛段陆上地震测线组成（图

7-12），旨在探明研究区深部构造特征、莫霍面形态和含油气盆地内部结构。此处主要利用项目中获取的联合地震测线在南黄海区域的数据 OBS2013-SYS，来对南黄海盆地的地壳结构和速度特征进行解读。

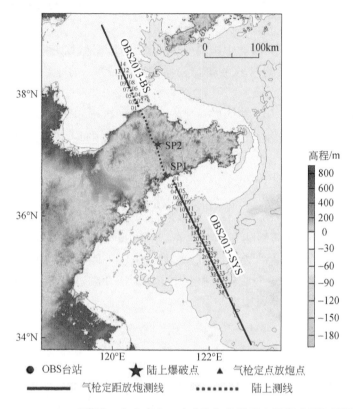

图 7-12　OBS2013-SYS "渤海－山东半岛－南黄海" 海陆联合深部地震探测测线位置图

　　南黄海地区为中、古生代海相地层与中、新生代陆相地层构成的叠合盆地，发育了双层沉积基底面，经历了多次构造运动的改造。在对 OBS 震相进行射线追踪及走时拟合的过程中，可以识别出陆相沉积层内的多组折射波震相和反射波震相，信息十分丰富。与洋

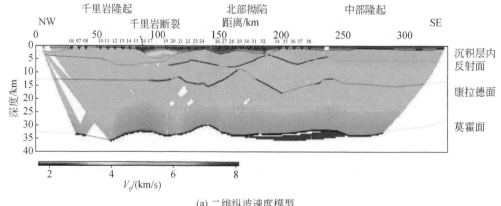

(a) 二维纵波速度模型

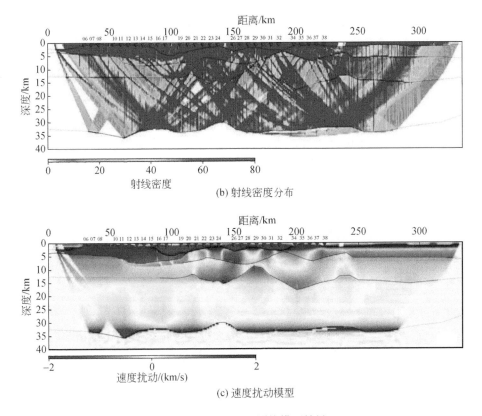

图 7-13 OBS2013 测线模型结果

红色线段表示反射界面；速度扰动 = 速度结构模型 - 平均速度结构模型

壳结构主要发育折射波震相不同，南黄海地区作为典型的陆壳结构，在速度结构模拟中可以记录到多组清晰的反射波震相，识别出包括大量 PmP 震相在内的不同深度的多个反射界面，原因除了洋陆壳结构存在差异外，还与南黄海地区存在多个由构造活动引起的区域不整合面有关。

在 OBS2013 测线二维速度结构模型中，北端主要为千里岩变质岩推覆体推覆于海相沉积层之上，是苏鲁造山带在海区的延伸标志。从地壳速度结构模型（图 7-13）可以看出，南黄海盆地下方莫霍面相对平缓，并没有与盆地构成明显的镜像关系，说明研究区并不存在大规模地幔物质上涌现象。

地壳内反射界面存在较大的起伏说明印支运动将南黄海地区自南华纪至中－晚三叠世以来的沉积层卷入了构造变形带中，是南黄海地区最显著、最广泛的构造运动；海相沉积层内反射界面（PsP）上下地层的速度展布及起伏状态存在较大差异，主要原因为加里东运动造成的志留系泥页岩低速层作为构造滑脱面存在，使得印支运动在滑脱面上下的表现力度存在差异，上覆构造层层内构造较复杂，下伏构造层的构造相对稳定、简单。二维速度模型从深地震剖面的角度清楚地展示了南黄海地区中生代以来早期以挤压为主，后期以拉张为主的两种截然不同的动力学机制。而盆地现今的两拗夹一隆的构造格局是在太平洋构造域拉张应力场的作用下形成的。

模型显示胶莱盆地东侧海阳凹陷附近海域中存在明显的低速沉积层增厚的现象。模型自 OBS06 站位向 NW 方向，沉积层厚度由小于 1km 显著增厚至 2.5km 左右，推测该处为胶莱盆地海阳凹陷的东部边界断裂。经与前人在海阳凹陷识别出的控盆断裂进行结合分析，厘定了海阳凹陷在海区的大体边界，认为胶莱盆地东部控盆断裂可能延伸至连云港－石岛断裂一线，与嘉山－响水－千里岩断裂构成千里岩隆起南北边界断裂带的一部分（侯方辉等，2012）。Pb 震相在千里岩隆起北端折合走时的明显增加证实了山东半岛胶莱盆地在南黄海的又一构造延伸边界，通过与前人所得到的盆地边界结合，可以得到胶莱盆地海区的大体构造边界（图 7-14）。

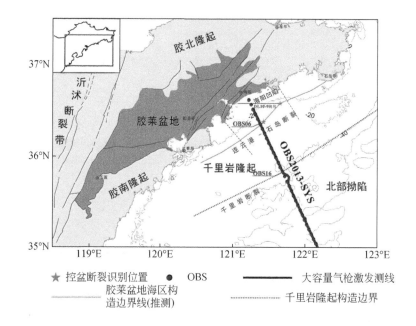

图 7-14   胶莱盆地海区构造边界示意图

3. 东海陆架盆地地壳结构

青岛海洋地质研究所于 2015 年 10～11 月组织实施了东海陆架－冲绳海槽主动源 OBS 深地震探测工作，获取了东海广角地震剖面 OBS2015 的测量数据。该测线总长度约 490km，呈 NW-SE 向穿越东海陆架盆地、钓鱼岛隆褶带和冲绳海槽，东南端终止于琉球岛弧（图 7-15）。利用采集到的深地震探测数据资料，通过射线追踪和走时拟合，对地壳速度结构进行了正演和反演。正演过程中，共拟合走时 23399 个，走时残差 111ms，拟合度达到 1.813。共计有 19909 个折射波走时和 5268 个反射波走时参与反演，最终的残差值为 82.6ms，拟合度为 1.02。海槽区地壳内射线覆盖密度高，最后得到的反演模型与正演模型可以较好的吻合。正、反演结果的真实可靠，有效揭示了东海陆架至琉球岛弧不同构造单元之下的莫霍面起伏状态和地壳层速度结构，查明了冲绳海槽地壳减薄特征，进一步厘定了冲绳海槽的地壳性质。

OBS2015 测线所展示的莫霍面埋深由东海陆架区的约 30km 显著抬升至冲绳海槽地区

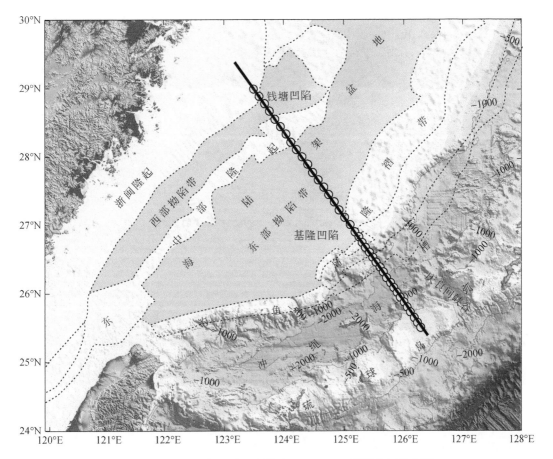

图 7-15　东海陆架及冲绳海槽地区 OBS2015 测线位置分布图

的 15.5km 左右，与重力数据计算的莫霍面深度接近，表明冲绳海槽地壳明显减薄，拉张作用显著。基隆凹陷莫霍面出现明显隆起，盆地基底与莫霍面呈镜像对称关系。基隆凹陷和冲绳海槽莫霍面之上均存在速度约 7.2km/s 的高速体，推测与地幔物质的底侵有关。高速体的发育是该地区在拉张作用下，地壳拉张减薄、幔源物质上涌的表现。上地幔存在 7.2 ～ 7.3km/s 的低速区，Pn 震相发育，与大洋型异常上地幔相似。

从速度结构模型来看，东海陆架地区自上而下依次划分为海水层、沉积层一、沉积层二、沉积层三、地壳一、地壳二以及上地幔（图 7-16）。沉积层一厚度约 2km，速度为 1.7 ～ 3km/s，推测为第四系（Q）+ 新近系（N）地层。沉积层二主要分布于东海陆架盆地基隆凹陷地区，最大埋深约 6km，速度 3.3 ～ 4.3km/s，推测为古近系，部分地区可见约 4.3km/s 高速异常侵入体，推测为基底侵入岩。沉积层三位于沉积层二之下，最大埋深约 10km，速度为 5.0 ～ 5.5km/s，推测为基隆凹陷中生界基底层。其中在凹陷东南部临近钓鱼岛隆褶带地区，存在约 6km/s 的高速异常体，推测为该地区广泛发育的高速岩浆岩侵入体，已被多道地震资料证实。地壳层一速度为 6 ～ 6.2km/s，地壳层二速度为 6.3 ～ 7km/s，上地幔层速度为 7.3 ～ 8km/s。

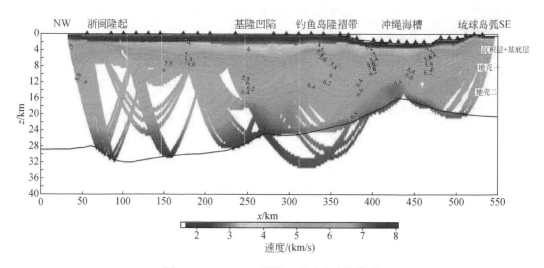

图 7-16 OBS2015 测线二维速度结构模型

4. 冲绳海槽地壳结构

从 OBS2015 测线二维速度结构模型来看，冲绳海槽地区自上而下可依次划分为海水层、沉积层、声学基底层、地壳一、地壳二及上地幔层。沉积层主要发育新近系中新统以上沉积，声学基底层主要由浅变质的古近系、中生界或上古生界组成，速度为 4 ～ 4.5km/s。声学基底层内可见大量的高速异常体，速度可达 5 ～ 5.5km/s，推测为基底层内的火成岩侵入体，这与反射地震资料（图 7-17）所显示的信息相吻合。

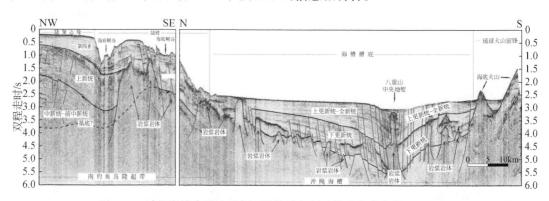

图 7-17 冲绳海槽南段地震剖面及构造解释（修改自李家彪，2005）

通过对比冲绳海槽一维速度结构模型与典型陆壳和典型洋壳一维速度结构模型的区别，对冲绳海槽地壳性质进行了进一步判别。抽取了东海陆架和冲绳海槽的典型一维速度模型进行对比［图 7-18（a）］，可以看出冲绳海槽的一维速度模型（红色实线）与典型陆壳存在显著差异，属于介于标准洋壳和拉张陆壳之间的洋-陆转换型地壳。与大洋盆地相比，冲绳海槽处于大陆边缘，接受了来自中国大陆和台湾山脉的充足陆源碎屑物质，沉积速率极高。考虑到这一因素，如果剥除快速的新生代沉积，其一维速度模型（红色虚线）更接近于洋壳［图 7-18（b）］。此外，多道地震剖面显示，冲绳海槽地壳浅部发育大量张性断层和岩浆岩体，海槽南段海底与声波基底同步下沉，沿中央地堑存在大规模条带状玄武岩体。

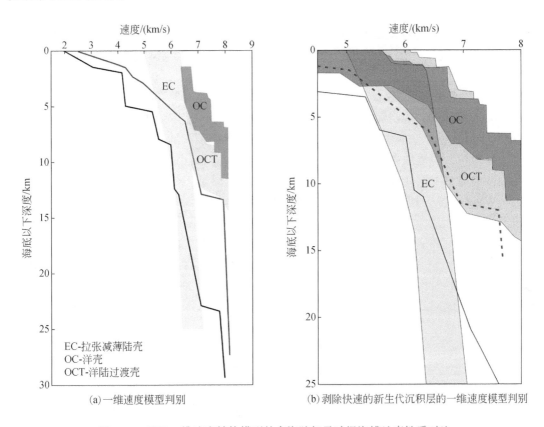

图 7-18　基于一维速度结构模型的东海陆架及冲绳海槽地壳性质对比

综合上述结果，可以认为，相对于传统的减薄陆壳过渡型地壳的认识，冲绳海槽南段的地壳性质更加偏重于洋壳。虽然尚无大规模洋壳形成的证据，但海槽南段原有地壳已经沿中央地堑发生破裂，局部地区可能已发生海底扩张作用。

7.3.2　南部海域

南海海盆呈菱形，长轴沿东北方向延伸，长约 1570km，短轴为西北方向，最宽约750km，面积 55km² 左右。盆地由西北向东南微微倾斜，西北部海底水深 3200 ～ 3500m，向东南增深至 4200m，至马尼拉海沟一带最大水深达 5377m，是目前所知的南海海盆最深处。南海海盆大约以 115°E 为界限，划分为东西两个部分。东部海底山脉基本走向是东西方向，称为东部次海盆；西部海底山脉基本走向是 NE-SW 方向，中间又被中沙隆起隔断分为两个次海盆，北部的称为西北次海盆，南部的称为西南次海盆。

7.3.2.1　南海北部陆缘地壳结构

南海北部陆缘是由总体走向为 NE 的一系列拗陷和隆起构成的盆地组成。这种构造格局与欧亚板块、太平洋板块和印澳板块在南海地区的碰撞、俯冲和南海形成过程中的多次海底扩张密切相关（Lüdmann and Wong，1999；姚伯初和杨木壮，2008）。以往有研究认为南海北部陆缘是被动大陆边缘（姚伯初，1993；吴世敏等，2001），但在南海北部陆缘是火山型还是非火山型大陆边缘这个问题上存在不同的看法，根据岩浆活动性质来区分，分为贫岩浆型边缘（magma-poor continental margin）和富岩浆型边缘（magma-dominated continental margin）之争（曹洁冰和周祖翼，2003；Reston，2009）。南海北部陆缘与典型的火山型大陆边缘不同，岩石圈破裂过程中岩浆量稀少，下地壳的侵入作用非常局限（Yan et al.，2001；曹洁冰和周祖翼，2003），多道地震剖面上也没有发现向海倾斜反射结构（SDRs）（Taylor and Hayes，1980）。南海北部陆缘表现出火山型大陆边缘的一些特征，岩浆活动占据主导地位，多道地震剖面中出现火山结构（Clift and Lin，2001），南海北部陆缘东侧深地震剖面显示上地壳有火山侵入而下地壳存在高速层（Nissen et al.，1995a；Yan et al.，2001；Wang et al.，2006）。位于南海北部陆缘西侧西沙海槽附近的 OBH1996-4 剖面下地壳没有发现高速层（Qiu et al.，2001），说明南海北部陆缘的东侧与西侧不同。因此，也有人认为南海北部陆缘是介于非火山型的伊比利亚边缘与火山型的格陵兰边缘之间的一种中间形态（Clift and Lin，2001）。这些不同的看法涉及的是南海北部陆缘的岩浆活动的强度、时间、规模及其与深部地幔物质上涌的关系问题。深地震剖面的下地壳高速层的形态特征和形成机制对此问题是十分重要的，但南海北部陆缘几条深地震剖面的下地壳高速层结构存在较大的差异。

阮爱国等（2009a）使用二维射线追踪正演和反演方法，拟合了一条南海中北部陆缘的 OBS 广角地震剖面（OBS2006-3），对南海中北部陆缘深部地壳结构进行了研究。剖面从珠一拗陷东南开始，穿过东沙隆起和潮汕拗陷，到达洋盆边界，长 319km，NNW-SSE 走向，共投放海底地震仪 14 台（图 7-19）。其周围有 OBS2001、ESP-E 和 OBS1993 等深地震剖面。利用 OBS2006-3 剖面的折射、反射震相进行走时反演，得到南海北部陆缘区域速度结构模型；然后用得到的地壳结构模型和前人剖面进行对比研究，以验证南海中北部陆缘地壳结构和下地壳高速层的存在性及主要特征，探讨东沙隆起与地幔物质上涌、岩浆活动的内在关系，并确定了潮汕拗陷中生代沉积的速度分布特征。

OBS2006-3 剖面中有 7 个站位（OBS5-OBS11）位于潮汕拗陷区，记录了大量的中生界地层的折射震相 Ps3。从速度模型（图 7-20）上看，拗陷内分三个沉积层，上面两层是新生代沉积，速度分别为 2.2km/s 和 3.6km/s，厚度较薄，不超过 2km。中生代沉积地层的速度从顶部的 4.4km/s 向下逐渐增加到底部 5.3km/s。对于中生代沉积层的厚度存在较大的争议，有研究认为介于 2000～5000m 之间（钟广见等，2011），也有研究认为中生代最大沉积厚度超过 7000m（郝沪军等，2001；陈冰，2004），而从模型中看，中生代沉积层最厚处约为 8km。拗陷内速度比较均匀地随深度增加，呈水平层状分布。南海北部潮汕拗陷海区的广角地震实验也揭示中生代海相地层有较高的速度（4.5～5.3km/s），普遍达到 5.0km/s 以上，同时构造复杂，导致中生代沉积成岩程度高，孔隙度低（罗文造等，2009）。潮汕拗陷的 LF35-1-1 钻井表明岩浆岩的种类和岩浆活动的次数、强度是珠江口盆地东部其他地区所没有的，说明该区域在地质历史时期是岩浆活动活跃区（郝沪军等，2009）。

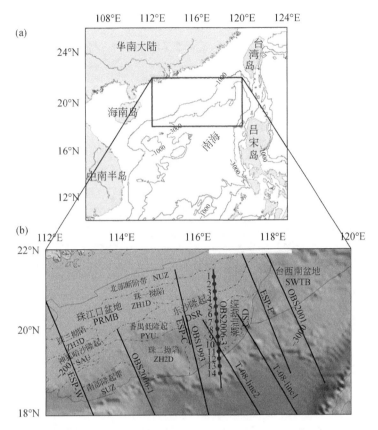

图 7-19　南海北部陆缘构造结构及深地震测线位置图南海及邻区构造图

红色线框代表研究区域，实线代表深地震测线，红色圆点为 OBS2006-3 测线 OBS 站位，虚线代表北部陆缘盆地边界，点线代表珠江口盆地中隆起和拗陷边界（卫小冬等，2011）

　　剖面 OBS2006-3 穿越东沙隆起，揭示了东沙隆起的地壳结构特征，上地壳超过 10km，上地壳底部存在速度高达 6.9km/s 的异常隆起，下地壳是厚度约 12km，速度为 7.1～7.4km/s 的一个高速层。地壳增厚和速度异常增大可能是地幔物质上涌的结果，并且由于岩浆活动强烈，下地壳完全变成了高速层，并向两侧延伸。在潮汕拗陷区南端可能有深达地壳的北倾断裂，并在地壳顶部引起了小的隆起，其附近可能有玄武岩的涌出（王家林等，2002）。

　　卫小冬等（2011）研究表明，OBS2006-3 所代表的南海中北部地壳速度模型从上到下分为新生代沉积层和中生代沉积层、上地壳、下地壳及高速层和上地幔（图 7-20）。沉积层的前两层属于新生代沉积，速度分别为 2.2km/s 和 3.6km/s，除了东沙隆起西北端的拗陷，在整个模型中都很薄，厚度不超过 2km。第三层为中生代沉积层，速度的垂直变化明显。在潮汕拗陷区中生代的沉积层厚度巨大，最大厚度达 8km，速度从上面的 4.4km/s 增加到底部的 5.3km/s，基底最大埋深 10km。在下陆坡中生代的沉积厚度只有 2～3km。东沙隆起上地壳厚 10～14km，速度从 5.7km/s 向下逐步增大，在该区域有一速度向上突起增大的异常，最高达到 6.9km/s，下地壳为高速层，厚 7～12km，速度为 7.1～7.4km/s。

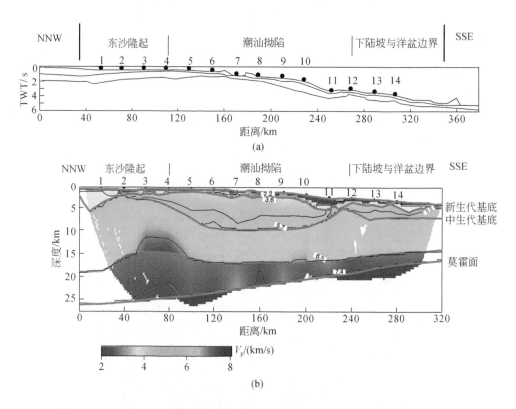

图 7-20 OBS2006-3 主动源地震站位分布与速度结构模型（卫小冬等，2011）
（a）OBS2006-3 站位分布及多道层位；（b）OBS2006-3 地震剖面纵波速度结构模型
黑色圆点代表 OBS 位置

潮汕拗陷上地壳厚 7 ～ 9km，速度为 5.7 ～ 6.4km/s，下地壳高速层厚 3 ～ 7km，速度为 7.1 ～ 7.4km/s。拗陷南侧为下陆坡区，上地壳厚约 8km，速度为 5.8 ～ 6.4km/s；下地壳高速层厚约 3km，速度为 7.1 ～ 7.3km/s。地壳横向变化的主要特征是：由陆地向海洋方向莫霍面深度变浅，东沙隆起下面莫霍面深度为 24 ～ 25km；从潮汕拗陷到下陆坡，莫霍面深度由 24km 减小至 17km。莫霍面下方的速度为 8.0 ～ 8.2km/s。

关于南海中北部陆缘的构造属性的研究，可以参考 OBS2006-3 剖面的东北面的两条深地震测线 OBS2001（Wang et al.，2006）和 ESP-E（Nissen et al.，1995b），以及其西侧的 OBS1993 测线（Yan et al.，2001）。对比这几条深地震剖面的地壳结构（表 7-5）可以看出，在陆架和上陆坡区，除 ESP-E 外，虽然地壳的总厚度和莫霍面埋深比较相近，但 4 条剖面的上下地壳厚度的变化范围存在较大差异。在下陆坡和洋陆过渡带，莫霍面埋深和上下地壳厚度的变化范围都存在较大差异。主要原因可能是测线位置不同，得到的可供反演用的震相数量和质量不同，另外南海北部陆缘演化过程中构造运动比较复杂，造成了不同地方的地壳结构有较大的差异。

表 7-5　南海北部陆缘 4 条深地震测线的地壳结构

参数	陆架和上陆坡				下陆坡和洋陆过渡带			
测线名称	ESP-E	OBS1993	OBS2001	OBS2006-3	ESP-E	OBS1993	OBS2001	OBS2006-3
上、中地壳厚度 /km	4～6.5	8～12	7～11	8～14	3～4	5～10	7～10	7～10
下地壳厚度（包括高速层）/km	12～22	4～8	8～10	4～12	8～10	4～5.5	4～8	3～4
莫霍面埋深 /km	22.6～32	23～26	16～23.5	19～26	13.4～15	15～23	16～18	15～18
高速层厚度 /km	ESP-E	OBS1993		OBS2001		OBS2006-3		
	4.8～12	5～8		0～5		3～12		

同时，这几条深地震剖面都揭示了下地壳高速层的存在（Nissen et al.，1995a，1995b；Yan et al.，2001；Wang et al.，2006），OBS1993 和 OBS2001 的下地壳高速层厚度较小，ESP-E 和 OBS2006-3 剖面横跨东沙隆起带，高速层的最大厚度都超过了 10km。而位于南海北部陆缘西侧的 OBH1996 剖面却没有发现高速层（Qiu et al.，2001），可见高速层分布的规模和范围极为不同。下地壳高速层可能是由岩浆底侵作用形成的（Yan et al.，2001；Wang et al.，2006；Zhao et al.，2010）。

基于海底洋壳磁异常的解释，南海海底扩张期为 32～15.5Ma（Taylor and Hayes，1980；Briais et al.，1993），随后被调整为 30～16Ma（Cande and Kent，1995）。吴世敏等（2001）发现南海北部陆缘岩浆活动多数集中在 57～40Ma、27～17Ma 及 8Ma 以后三个阶段，这也对应于南海扩张前、扩张期和扩张后三个时期。其北部陆缘属于华南地块的南缘，南海是华南大陆在裂谷拉张背景下经过海底扩张形成的新生代边缘海，华南地区地震探测揭示了该区域的地壳结构及速度分布特征，未在下地壳发现高速层（尹周勋等，1999），说明高速层不可能是在南海扩张之前形成的。南海海底扩张期间岩浆活动较弱，火山活动处于平静期（Li and Rao，1994；Yan et al.，2001；Wang et al.，2006；Clift and Lin，2001）。钟广见等（2011）指出晚渐新世的伸展构造在南海北部广泛发育，该期构造活动、岩浆作用比较弱。石学法和鄢全树（2011）基于岩石学及地球化学数据，指出晚渐新世—中中新世（32～17Ma 或 15.5Ma）的岩浆活动主要出现在南海盆扩张中心处，与此同时，南海洋盆之外的地区却处于一个"岩浆活动宁静期"。海底扩张之后岩浆活动再次频繁，上新世以来，华南陆缘岩浆和火山活动频繁，形成了主要为玄武岩的 NEE 向的连续分布的火山岩带（Ru and Pigott，1986；Lee et al.，1998；Lüdmann and Wong，1999；Ho et al.，2000）。扩张期后（17Ma 或 15.5Ma 以来）的岩浆活动影响着南海及周缘地区的广泛地区（包括南海北缘珠江口盆地、北部湾、中南半岛以及南海盆本身）（石学法和鄢全树，2011）。因而南海北部陆缘的下地壳高速层可能是海底扩张后岩浆底侵形成的。高速层分布范围和规模的差异，对应南海北部陆缘东部岩浆活动强度的差异，而南海北部陆缘西侧没有发生岩浆底侵。另外，在世界上其他大陆地区也有类似厚度的高速层（Taylor et al.，1980）。但与典型的火山型大陆边缘（如美国东海岸陆缘及北大西洋省）相比，南海北部陆缘没有发现大规模的向海倾斜的火山岩层反射（SDR），其岩石圈在拉张之后经历了一个较长的冷却期，张裂期岩浆活动比较弱（Clift and Lin，2001；Yan et al.，2001），综合表明南海中北部边缘应该还是属于非火山型被动边缘，下地壳较厚高速层是海底扩张之后岩浆底侵的结果。

7.3.2.2 南海西北次海盆地壳结构

1.OBS2006-1 反演的西北次海盆地壳结构基本特征

西北次海盆位于西沙海槽以东，中沙群岛以北，水深3000～3700m，面积约7000km²，海底自西向东微倾，平均坡度为5°～7°。西北次海盆中间分布着双峰海山，山体长轴为北东走向，顶部水深最浅处为2407m，相对海底的最大高差约1100m（图7-21）。

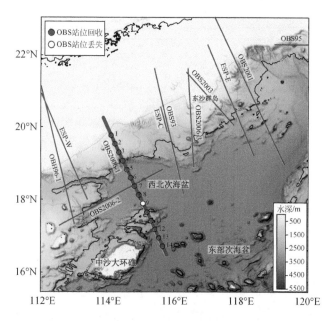

图 7-21   OBS2006-1 测线及南海北部边缘其他深地震剖面位置分布图

黑色测线为 OBS 历史测线和 ESP 测线，黑色大圆点为本文所用 OBS 站位，黑色小圆点为声呐浮标站位

与正常洋壳相似，西北次海盆的地壳结构可分为三层。第一层也就是沉积层，西北次海盆的沉积层大致可分为三层，其中沉积层1速度为2.0km/s，比陆坡区沉积层1速度略大，厚度范围为1.0～1.3km；沉积层2速度为2.9km/s，厚度范围为0～0.9km；沉积层3速度为3.6km/s，厚度范围为0～0.6km，厚度较薄，且在海盆中央缺失。沉积层总厚度为0.6～2.6km，平均厚度约2km。

西北次海盆的地壳速度为5.4～7.0km/s，由北西向南东方向，地壳厚度逐渐变厚再减薄，厚度（包括沉积层）为7.6～13.2km，莫霍面埋深由深变浅，海盆中央略下凹，过中部后再由浅变深，深度为11.8～12.2km。西北次海盆中央地壳略厚，两端稍薄，中央被沉积物埋藏的火山占据，两侧结构对称。

根据OBS2006-1剖面所揭示的西北次海盆的地壳速度结构（图7-22），以6.5km/s划分地壳为上地壳（洋壳层2）和下地壳（洋壳层3），海盆内上地壳速度为5.4～6.5km/s，厚度为1.1～2.9km（平均为1.7km），对应标准洋壳层2；而海盆内下地壳速度为

6.5 ～ 7.0km/s，厚度为 3.4 ～ 4.7km（平均为 4.0km），对应标准洋壳层 3，层 2 与层 3 之间存在明显的速度分界线，层 2 底部几乎缺失 6.3 ～ 6.5km/s 的速度层。

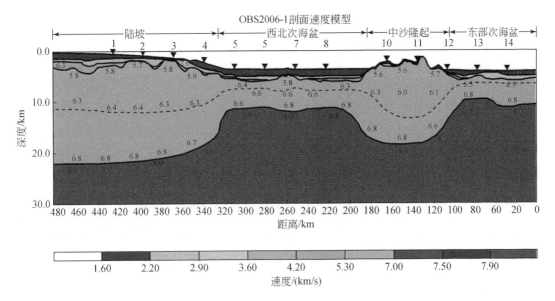

图 7-22　南海西北次海盆 OBS2006-1 剖面地壳结构和速度（V_p）分布图

剖面 2006-1 的地壳结构显示，中沙地块处的沉积层很薄，主要由沉积层 1 和积层 2 组成，其中沉积层 1 速度为 1.9km/s，厚度为 0 ～ 0.4km；沉积层 2 速度为 2.7km/s，厚度为 0 ～ 0.6km。地壳速度为 5.5 ～ 6.9km/s，地壳厚度（包括沉积层）为 9.5 ～ 16.8km，莫霍面埋深由浅变深再变浅，从 OBS10 号下方的约 18.4km，变化到 OBS11 号下方的约 18.1km，再到 OBS12 号下方的约 12.9km（吴振利等，2012）。

2. 西北次海盆的张裂模式

大陆边缘的拉伸和张裂模式，一般可分为纯剪切模式、简单剪切模式和分层剪切模式三种，而南海主体海盆东部次海盆的张裂模式存在不同的观点，分别是简单剪切、纯剪切、分层剪切，以及早期简单剪切和晚期纯剪切等多种观点（Zhou et al.，1995；Nissen et al.，1995a，1995b；姚伯初，1991，1999a）。OBS2006-1 剖面纵穿西北次海盆及两侧大陆边缘，为开展西北次海盆共轭特征的分析和力学机制的研究提供了条件。

从地形地貌上看，西北次海盆北部边缘为向北凹进的弧形，南部边缘为向北凸出的弧形，南北两侧边缘呈明显的共轭关系。从多道地震剖面上看，西北次海盆大陆边缘新生代的变形，北部缘以 SE 倾的正断层和地堑 - 半地堑为主，南侧中沙地块为 NW 倾的正断层和地堑 - 半地堑，海盆中部也有对称分布的相向断层，比较符合纯剪模型。从两侧陆缘地壳结构来看，西北次海盆南侧的中沙地块的最大地壳厚度约 16.8km，可大致分为 5.3 ～ 6.4km/s 的上地壳和 6.4 ～ 6.8km/s 的下地壳两层，与海盆北侧陆坡速度结构相似，推测两者可能存在共轭关系，中沙地块处地壳属过渡壳性质。北部陆缘有较厚的沉积物覆盖，主要有三层沉积层；而中沙块体则可能由于上隆作用和火山活动等原因，沉积层很薄，部分区域沉积层缺失。

　　从获取的海盆地壳结构来看，海盆下方莫霍面向中央平缓变深，两侧形态近似对称，从 11km 向中央变深为 12km，且与多道地震剖面发现的中央火山隆起有镜像对称关系。地壳厚度从陆坡厚约 21km，至海盆减薄为最小 7.7km，发生了强烈减薄。综合以上分析西北次海盆的张裂模式属于纯剪切性质。

3. 西北次海盆北部陆缘地壳性质

　　西北次海盆北部大陆边缘的地壳性质，是火山型还是非火山型，是一个重要的科学问题。南海北部陆缘已经获取多条含有海陆过渡带信息的深地震剖面（ESP-W、ESP-C、ESP-E、OBS93、OBS96、OBS2001、OBS2006-3），由于南海演化的复杂性，这些剖面存在不同的特征，反映了各自不同的构造演化信息。南海东北部东沙附近的 ESP-C 剖面（姚伯初等，1994b）显示陆坡下方存在高速层，与 ESP-C 近似重合的 OBS93 剖面进一步证实也存在 5～8km 厚的高速层；其东的 ESP-E 剖面和 OBS2001 同样发现了 0～5km 厚的高速层，OBS2006-3 剖面（吴世敏等，2001）也发现了存在下地壳高速层。南海西北部 ESP-W 剖面下方发现有高速层存在，当时认为南海北部陆缘均为火山型大陆边缘，但之后与其相邻的 OBH96 剖面未发现下地壳高速层。OBS2006-1 剖面下地壳不存在高速层的结果进一步证实了北部陆缘西部的非火山型地壳性质，强化了北部陆缘的东部地壳性质属于火山型大陆边缘，西部属于非火山型大陆边缘的观点。同时 OBS2006-1 地壳剖面的分布位置表明西北次海盆西侧大陆边缘属非火山型边缘，从而为划分南海北部地壳性质分界线提供了重要信息。此外，OBS2006-1 地壳模型显示华南陆缘到西北次海盆的海陆过渡带具有宽缓的起伏的基底特征，未发现大型拆离断层的存在，地壳厚度由华南陆缘向海盆逐渐变薄，没有发现底侵构造。

　　从 OBS 反演地壳结构来看，西北次海盆沉积层平均厚 2km，地壳厚度约 7.7km，莫霍面埋深约 11km，其洋壳性质十分明显。基本可排除西北次海盆由陆壳裂解，洋陆壳混生或存在残余陆壳的可能。海盆基底与东侧 OBS93 剖面对比，该剖面 OBS14 和 OBS15 两站位于东部次海盆北侧深海盆，其层 2 和层 3 的速度分布特征与本剖面相似，均缺少 6.3～6.5km/s 的速度层。厚度上东部次海盆层 2 要比西北次海盆小很多，但层 3 厚度接近。对西北次海盆和东部次海盆北侧的声呐浮标速度剖面的分析表明，洋壳层 2 和层 3 的速度结构结果的一致性并不好（表 7-6），厚度变化均较大，并一般认为洋壳层 3 被严重减薄。但根据 OBS 速度剖面的研究表明，无论是西北次海盆和东部次海盆，大洋层 3 的厚度是稳定的，一般在 4～5km 范围内变化，与标准洋壳层 3 厚度 5km 左右接近。洋壳层 2 则有减薄现象，西北次海盆为 1.8km，东部次海盆为 0.6km，东部次海盆洋壳层 2 减薄现象更明显。进一步研究表明，西北次海盆洋壳层 2 速度和厚度在中央两侧存在差异，中沙地块一侧至海盆中央区的速度普遍比北部陆缘一侧海盆的速度低约 0.1km/s，预示海盆扩张过程中，代表洋壳层 2 的玄武岩熔浆存在不对称喷溢活动，南侧接受熔岩多，北侧少。西北次海盆内没有发现明显的磁条带异常，Barckhausen 和 Roeser（2004）尝试进行了西北次海盆的磁条带异常的对比，但仍认为特征是不清晰的。根据地壳结构特征和速度分布，西北次海盆的地壳性质具有典型的洋壳特征，应该经历了海底扩张过程，那么为什么没有海底扩张所伴有的磁条带异常呢？一种可能是西北次海盆具有高速扩张的历史，扩张时间短，没有记录多少磁异常倒转的信号，但这与周边东部次海盆和西南次海盆的慢速扩张的结果不一致。另一种可能是西北次海盆是南海中最小的海盆,从初始扩张到稳态的海底扩张时间短,记录不到清晰磁异常条带,第二种解释更接近真实。由于磁条带异常主要由洋壳层 2 记录,而西北次海盆经历了洋壳层 2 熔岩的不对称溢流,进一步模糊和干涉了原有的磁条带异常的表现。

表 7-6　来自声呐浮标的西北次海盆,东部次海盆和中西沙块体各层厚度及莫霍面埋深

单元	西北次海盆				东部次海盆				
点号	68V36	107V36	36V36	35V36	125C17	229V36	124C17	212V28	210V28
经度 /°E	114.33	114.85	115.29	116.42	116.51	117.92	115.20	119.34	119.46
纬度 /°N	17.89	18.03	17.75	17.95	18.13	18.49	15.63	18.73	18.71
层 1 厚度 /km	2.67	2.11	1.46	1.96	1.82	2.21	1.61	2.58	2.25
层 2 厚度 /km	2.07	1.09	2.96	1.71	2.93	2.94	3.32	2.18	2.22
层 3 厚度 /km	1.46	2.19	3.02	3.27	2.07	2.66	1.73	3.99	2.68
莫霍面埋深 /km	9.81	9.06	11.3	10.09	10.79	11.43	10.33	12.75	11.32

4. 西北次海盆构造演化

西北次海盆保留了海盆从不稳态的初始扩张到稳态的海底扩张的进程。仔细分析同扩张期的沉积可以发现,该套层序可分为两部分,下部是两侧有大量沉积输入,呈类似海底扇结构的一套强振幅、弱连续性的地震层序,沉积中心在两侧。上部是一套连续性好的水平层序,它与下部层序呈上超关系。如果下层序和上层序反映初始扩张和海底扩张,则两个阶段的过渡存在突变,沉积中心从两侧转向中央。西北次海盆是晚渐新世海底扩张的产物。西北次海盆中央基底隆起,莫霍面下凹,反映岩浆上涌的通道,并被密度模型验证。剖面东侧的双峰海山,可能就是该中脊海山链的表现。可以类比的是南海东部海盆的中部存在规模更大的黄岩海山链,两者可能具有类似的成因机制,不同的是东部次海盆是发育更为成熟的洋盆,而西北次海盆则可能只经历了初期扩张就停止了。

西北次海盆西侧是西沙海槽,两者在时空上可能存在演化上的联系,推测在该区存在连续而一致的减薄,从而形成初级裂谷(西沙海槽)-初级洋盆(西北次海盆)-成熟洋盆(东部次海盆)的格局。施小斌等(2002)认为西沙海槽是西北次海盆向西扩展而成的残余裂谷;姚伯初等认为西沙海槽是一个缝合带;Qiu 等(2001)认为西沙海槽是裂谷的初级阶段,并不存在缝合;也有人综合上面观点认为西沙海槽可能先经历了缝合,而后发生张裂(阎贫和刘海龄,2002)。从构造地貌上看西北次海盆的西侧拉伸轴向 SWW 伸展,与西沙海槽并不重合;地震剖面上看西北次海盆和西沙海槽并存,而且西沙海槽的古近系沉积物厚度较大,年代早于西北次海盆,这都说明西沙海槽并非西北次海盆向西扩展的产物(丁巍伟等,2009),而是西沙海槽活动在先,西北次海盆扩张在后。因此南海北部地区西沙海槽,西北次海盆和东部次海盆在动力学特征方面存在诸多相似性和关联性,也表现出一定的差异性,在时空上反映了统一而连续的构造演化过程。

7.3.2.3 南海西南次海盆地壳结构

南海西南次海盆呈倒三角形，向西南收缩，向东北开口展布，海盆面积约 11 万 km²，水深 4300 ～ 4400m，是南海海盆中最低洼的部分，海底平坦，中间分布着北东向中南海山 - 长龙海山，长 300km，东西宽 40km，高出海底约 4000m。

西南次海盆的地理位置介于西沙群岛、中沙群岛和南沙群岛之间，是南海西南部的一个 V 形三角形盆地，空间分布上表现为一个向东北敞开的喇叭形。西南次海盆由东北向西南次海盆逐渐变窄，长约 600km，面积约 115000km²，水深为 3000 ～ 4300m，是南海海盆中水深最大的部分（李家彪等，2011）。

1. 西南次海盆残留扩张中心的地壳结构

西南次海盆内以平原为主，但同时也存在 NE 向和 NS 向的链状海山和 NE 向的中央裂谷。NE 向的链状海山以长龙海山（长 234km）及飞龙海山链最为明显（张亮，2012）。东北部西南次海盆在海底扩张停止后发生了强烈的岩浆活动，因此 NS 向的链状海山则是指扩张停止沿着 NS 向断裂形成的中南海山和龙南 - 龙北海山（图 7-23）。NE 向裂谷主要是指西南次海盆西南段扩张中心。西南次海盆扩张停止的时间为 16Ma，其扩张中心是一条残留扩张脊（长 600km，宽 40 ～ 50km），走向为 NE-SW 向，具有明显的分段性。各洋脊段长度为 80 ～ 150km，各段之间的走向有 5° ～ 10° 的变化（李家彪等，2011）。其东北段被中南海山、龙南海山等占据，西南段则被中央裂谷占有。西南次海盆西南部扩张中心洋壳厚 3 ～ 4km，其两侧厚 5 ～ 6km（丘学林等，2011；阮爱国等，2011），磁力异常主要以 NE 向的磁条带异常为特征（李家彪等，2011），变化幅值为 -150 ～ 150nT。空间重力异常为 0 ～ 20×10⁻⁵m/s，沿中央裂谷存在一条负异常带（李家彪等，2011），其值低于 -20×10⁻⁵m/s。海盆的热流值总体较高，平均热流为 80 ～ 120mW/m²（张健和李家彪，2011）。

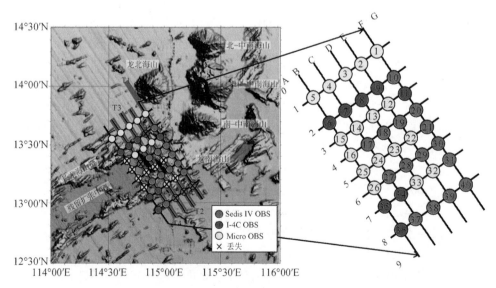

图 7-23　南海西南次海盆 OBS 站位及测线部署图（张洁，2016）

黑线代表设计测线，红线代表实际完成测线

南海西南次海盆在 16Ma 海底扩张就停止，在扩张停止后海盆内仍然存在强烈的岩浆活动，形成了大量的板内海山。而其在构造机制上又同时包含了海底扩张、初始海底扩张和陆缘张裂。使得西南次海盆成为大家研究边缘海构造演化过程的热点区域。西南次海盆构造演化的探讨中，如大陆张裂、初始海底扩张、海底扩张、海底扩张最后阶段和扩张停止后的岩浆活动等，海底扩张最后阶段的研究最少，而扩张停止后的岩浆活动研究最热。残留扩张中心轴部洋壳的结构记录了海底扩张最后阶段的整个演化过程，而造成扩张期后海山的成因机制及其演化过程研究中存在大量分歧的主要原因之一，则是由于海山内部结构认识的缺失。张洁（2016）以南海西南次海盆海底地震仪数据为基础，通过规范处理和正反演模拟，得到西南次海盆轴部海山及残留扩张中心的纵横波速度结构（图 7-24），结合岩浆动力机制与速度结构关系和岩浆活动与洋壳厚度关系，探讨南海西南次海盆扩张期后岩浆活动和海底扩张最后阶段的构造和岩浆活动，并得到了以下相关结论。

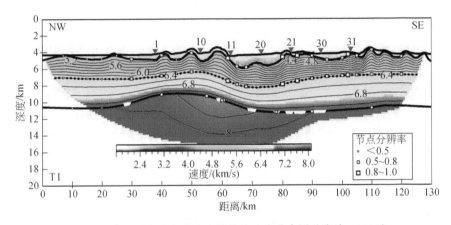

图 7-24　南海西南次海盆地壳结构和速度分布图（张洁，2016）

残留扩张中心（T1 剖面，受扩张期后岩浆活动影响最小的区域）的洋壳厚 4.6～7.0km，其中层 2 厚 1.6～3.6km，层 3 厚 2.2～4.1km。纵波速度为 4.1～7.1km/s，横波速度为 2.3～4.1km/s，相对应的纵横波速度比为 1.74～1.98。西南次海盆的地壳属性为典型的洋壳，层 2 为玄武岩和辉绿岩，层 3 为 Mg 较高的辉长岩。轴部洋壳区高的纵横波速度比表明轴部洋壳的破裂程度较大，此外扩张中心两侧在纵波速度结构并无明显的差异，但由于横波速度分布的差异造成了纵横波速度比上的差异，这表明了洋壳破裂程度的不同。

轴部海山洋壳厚 8～11km，其中层 2 厚 3.8～7.3km，层 3 厚 3.4～4.3km。纵波速度从洋壳顶面的 3.1～3.6km/s 逐步增加到底面的 7.1km/s，上地幔顶部的速度为 7.65～8.0km/s。轴部海山顶部向下约 4km 范围内的纵波速度（3.1～4.7km/s）相对比正常洋壳而言都要低，通过分析速度本身，同时结合 IODP 349 航次在龙南海山南部 15km 处钻得的岩石学信息和相近海山岩石采样结果判断，我们得出龙南海山顶部堆积了大量的火山碎屑岩，而且其下玄武岩的孔隙度相对较大。

岩浆的加载机制通常包括岩浆的底侵、壳内侵入和喷发。岩浆的喷发又可以进一步划分为岩浆的溢流和爆发。前人的研究表明 6.4km/s 速度等值线的形态对于研究岩浆的加载机制具有一定的指示意义，尤其是针对岩浆侵入和喷发。轴部海山下 6.4km/s 速度等值线形态下凹，表明龙南海山是一个岩浆喷发占主导的海山。但岩浆的加载机制并不仅限于岩浆的喷发，同时还包含岩浆的侵入过程。

扩张停止后的加载到扩张中心上的物质的量可以通过计算海山的体积得到。根据轴部海山速度结构和多波束地形地貌图，计算得到轴部海山（龙南海山）形成期间岩浆的加载总量为 3299km。以 6.0km/s 速度等值线作为岩浆侵入和喷发的界限，岩浆喷出与侵入的比例为 1.92。

南海扩张停止后形成的板内海山的成因机制主要包括热点成因和浮力减压熔融成因。通过总结热点成因和浮力减压熔融成因的海山的形成条件、速度结构和地形地貌特点，结合南海板内海山特点和轴部海山的速度结构分析表明，浮力熔融减压成因更能解释西南次海盆内扩张期后海山的形成。而且不同成因的海山可以拥有相似的内部结构，因此海山的速度结构不能成为判断成因机制的必要条件。

通过对比西南次海盆东北段和西南段残留扩张中心的速度结构可知，洋壳厚度在沿洋脊方向和垂直洋脊方向上都存在着变化，由于洋壳厚度在一定程度上与岩浆的供应量存在着一定的联系，由于过东北段残留扩张中心的 OBS 剖面的长度为 110 ～ 130km，因此我们仅得到了海底扩张最后阶段和海底扩张停止后的岩浆情况，但总体而言，西南次海盆的岩浆供应量存在时空变化。根据纵波速度结构和南海的磁异常条带可知，在磁异常条带 C6n 和 C5En 期间整个西南次海盆内部的供给量相似，相对岩浆供给量较多。从磁异常条带 C5En 到 C5Cr 期间，海盆局部区域内的岩浆供给量减少，表现为局部区域洋壳厚度的减薄。扩张中心处的洋壳要比两侧的薄，表明海底扩张最后阶段的岩浆供给量相对较少。扩张停止后西南次海盆东北部的岩浆活动明显强于西南部，表明了岩浆供给量的强烈不均一。

西南次海盆东北段残留扩张中心两侧具有不对称的速度结构。其 NW 侧莫霍面埋深由周围的约 10km 减少为约 9km，洋壳厚度由 5 ～ 6km 减薄为约 4.5km。

洋壳减薄区的空间尺度约为 3km。这些特点与大洋拆离作用形成的特点有很大的相似性。 而且西南次海盆是一个慢速扩张的海盆，半扩张速率在磁异常条带 C5En 时从 27mm/a 减小为 13.5 ～ 20.5mm/a，岩浆供应量的减少，其构造环境很适合大洋拆离断层的发育。但是洋壳减薄处的一维纵波速度结构与典型大洋拆离断层处的洋壳相比层 2 下部速度要低很多，并没有发现下地壳或是上地幔被拆离出的证据，在横波速度结构和纵横波速度比的研究中也没有在层 2 内发现有辉长岩组分或是上地幔组分。而且成熟的大洋拆离作用会在地表形成穹窿状构造，但是在扩张中心 NW 侧并没发现典型的穹窿状构造。因此可以推断此处的拆离作用仅处于发育的初始阶段，大洋拆离作用仅将部分玄武岩抬升剥蚀，而下地壳和上地幔并未出露。根据纵波速度结构和西南次海盆磁异常条带的分布，西南次海盆扩张中心处的拆离断层（T1 剖面 60 ～ 105km）可能在磁异常条带 C5En 时开始发育，对应着岩浆供应量的减少和洋脊的不对称扩张，拆离断层的倾角为 24°。

在前人对残留扩张中心分类的基础上，以通残留扩张中心的速度结构为依据，通过对比不同洋脊扩张期间及扩张停止后岩浆活动情况，可以将残留扩张中心重新划分为三类：①扩张最后阶段及扩张停止后岩浆量相对增加，致使轴部洋壳厚于离轴洋壳；②扩张最后阶段岩浆量相对减少，而扩张停止后岩浆量相对增加，致使轴部洋壳厚度先小于离轴洋壳，增生后又厚于离轴洋壳；③扩张最后阶段及扩张停止后岩浆少，致使轴部洋壳厚度始终薄于离轴洋壳。

2. 西南次海盆海底平原区地壳结构特征

广角地震剖面 OBS973-1 呈 NW-SE 向，从西南次海盆中部开始，跨过扩张脊和南侧陆缘，向南延伸到南沙地块内部（图 7-25）。丘学林等（2011）研究发现，OBS973-1 的地壳结构模型可分为特征明显的两部分，在水平方向 0～230km 是典型的洋壳结构，莫霍面埋深只有 11km，水深 4000 多米，沉积层厚达 1000～3000m，因而玄武岩地壳的厚度只有 5～6km，这部分的海底非常平坦，但是基底的起伏很大，沉积物厚度变化很快，在 60～100km 的位置处沉积物厚度最大，达到 3000m 左右，证明西南次海盆在扩张过程中存在中央裂谷，而扩张过程的不稳定性引起了洋壳基底高低不平的变化（图 7-26）。在测线 230～450km 则表现为另外一种地壳结构类型，莫霍面埋深从洋壳区的 11km 迅速增加，在 320km 处增加到最深 24km，再往南莫霍面抬升至 16km 埋深。除去水深和沉积层，结晶地壳的厚度达到 20km，是减薄型陆壳结构特征。下地壳 P 波速度从 6.4～6.5km/s 到 6.8～6.9km/s，没有出现下地壳高速层，莫霍面速度反差大，反映张裂过程中没有大规模的地幔底侵。上地壳与下地壳厚度相似，拉薄程度相当，可能是以纯剪切模式的拉张减薄为主。浅部海山岛礁发育，海底崎岖不平，海山附近的沉积层比较薄，只有几百米厚，海山之间的低洼带沉积层较厚，可达 2000 多米，在洋壳和陆壳交界处（230km）沉积层厚度最大，可达 3000 多米，底部速度值较高，可能有中生代地层存在。

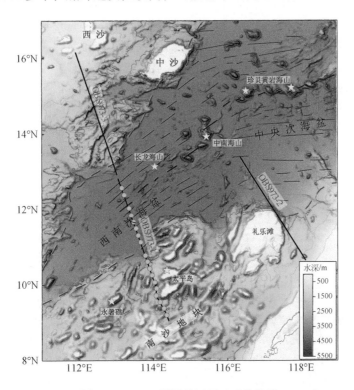

图 7-25　剖面 OBS973-1 测线位置图（丘学林等，2011）

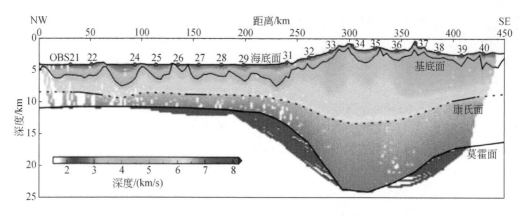

图 7-26　剖面 OBS973-1 地壳结构模型（丘学林等，2011）

通过与广角地震剖面 OBS973-3 的结果进行对比，发现南海西南次海盆北部陆坡区的中地壳界面和莫霍面深度都有较大的起伏，上地壳厚度基本保持不变，但下地壳厚度变化较大；莫霍面埋深总体在 20km 左右，从海盆区到陆块区的洋陆过渡带很宽阔，与南部陆缘莫霍面埋深迅速增加的特点不同，但下地壳不存在高速体的特点与南部陆缘相同，因而推测西南次海盆南北陆缘可能是一对非火山型不对称拉张的共轭大陆边缘。

7.3.2.4　南海东部次海盆地壳结构

南海东部次海盆位于南海中部偏东，呈长方形，南北长约 900km，东西宽约 450km，面积约 40 万 km²，平均水深约 4000m。东部次海盆东缘是马尼拉海沟，呈北北东向延伸至距台湾西南约 170km 处，全长约 360km，宽约 5km，水深约 4100m，最深处达 4379m。东部次海盆上还分布一系列海山，呈东西向分布。沿 15°N 分布的黄岩海山链，东西向长 240km，南北宽 40～60km，相对海底高程达 4000m。

东部次海盆具有与正常洋壳相似的三层地壳结构。大洋层 1 也就是沉积盖层。根据地震资料显示，东部次海盆层 1 纵波速度比较平均，为 1.7～3.9km/s，总厚度为 0.5～3km。在东部次海盆北部基底凹陷区东部的层 1 较厚，为 2.21～3.74km，西部和中部较薄，分别为 1.6～2.3km 和 1.52～2.90km；在南部基底凹陷区中层 1 厚 1.10～2.60km；海盆中央区比南北部都薄，一般不超过 500m。海盆南、北两侧的沉积层均可以分出 4 个速度层组，其中最底部的第四层组仅出现在一些凹陷的底部，推测有较多海盆形成初期的火山碎屑、熔岩流成分，根据海盆的扩张时间，第四层组应属于晚渐新世。从第三层组起的各层组，在海盆北部可能以陆源碎屑沉积为主，在南部以碳酸盐沉积为主，这主要反映在南北速度的差异上，北部层速度一般为 1.7～3.4km/s，南部的要高得多，可达 3.5～3.9km/s。根据海盆中央区缺失层组 4 和层组 3，推测层组 3 属于早中新世。第二层组和第一层组则广布全海盆，呈水平状，层速度为 1.7～2.9km/s，相当于中中新世至第四纪地层。

大洋层 2 比正常洋壳的层 2 厚 1km 左右，由火山岩组成。其速度结构的特征为西部复杂东部简单，西部多为双层或者三层结构，东部只有一层，但总厚度东西变化不大，西部总厚为 2.0～3.0km，东部为 2.13～2.2km，层速度在中部为 4.2km/s，向南可增至 4.6km/s，向北最高可达 6.2km/s。

　　大洋层 3 是主要壳层，其下部为壳幔过渡层，速度为 7.2 ～ 7.6km/s，上部为正常层 3，速度为 7.4 ～ 7.5km/s。层 3 厚度约为通常大洋壳层 3 厚度的一半，而且自西往东，从中部向南北变厚，如中部中沙东南海域的层 3 厚 1.73km，向北增至 3.5 ～ 4km，向南增至 3.4km，东部次海盆北部海区层 3 在西部为 2.07 ～ 3.31km，向东增至 2.67 ～ 3.97km，较薄的地方往往是缺失了层 3 的下部层。

7.3.2.5　南海南部陆缘礼乐滩地壳结构

　　广角地震剖面 OBS973-2 是 2009 年自然资源部第二海洋研究所牵头，在南海南部陆缘完成的两条 OBS 测线之一。剖面走向 NW-SE，长 369km，穿越礼乐滩东北部向西北方向延伸进入中央海盆（图 7-27）。阮爱国等（2011）对数据进行了时间和空间校正，参考多道地震剖面 NH973-2（测线位置同 OBS973-2）、声呐浮标数据和水深测量数据构建初始模型，用射线追踪正演和试错法反演得到了详细的 2D 速度剖面。

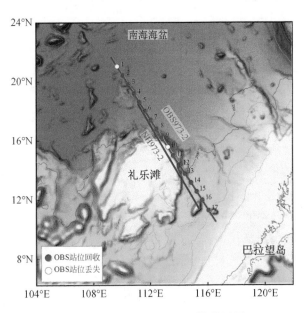

图 7-27　剖面 OBS973-2 测线位置图

1. 南海南部地壳分层结构

　　剖面 OBS973-2 的速度模型中的三个沉积层的速度分别为 1.8 ～ 2.0km/s、2.0 ～ 2.7km/s 和 3.5 ～ 4.0km/s（图 7-28）；沿剖面，沉积层总体上是较薄的或缺失。礼乐滩上地壳厚 9 ～ 10km，速度为 5.5 ～ 6.4km/s，顶部存在小型火山；下地壳厚约 11km，速度为 6.6 ～ 7.1km/s。过渡区和海盆的上地壳厚 4 ～ 5km，速度为 5.9 ～ 6.1km/s；下地壳厚 2 ～ 4km，速度为 6.6 ～ 6.9km/s。从总体上看，海盆和过渡区的地壳厚度偏小，显示了拉伸减薄作用，速度分层显示陆壳比较典型，而洋壳和过渡壳的上地壳速度比标准洋壳偏高。莫霍面总体从陆坡向海盆方向较快速地抬升，在礼乐滩埋深约 23km，在海盆中的埋深为 8 ～ 12km，海盆中的莫霍面顶部速度为 8.0km/s，明显小于礼乐滩下方的 8.2km/s。

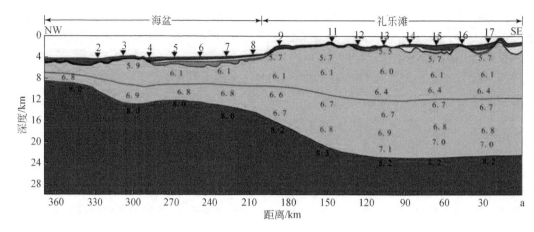

图 7-28　剖面 OBS973-2 地壳速度结构图（阮爱国等，2011）

2. 南海南北陆缘的共轭关系

南海南北陆缘的共轭关系有许多资料和研究，如礼乐滩的 Sampaguit-1 井钻遇了 600m 厚的早白垩世海相砂岩和页岩（Taylor and Hayes，1983），Kudrass 等（1986）根据南海拖网岩石的分析，指出中沙、西沙和南沙具有陆壳基底的特征，岩性分析表明这些中生代沉积源自华南大陆，海底扩张前礼乐滩为华南陆缘的一部分（Sales et al.，1997）。Li（1997）通过南海中德地球科学联合调查断面研究，提出了南海新生代构造演化表现出陆壳自北向南裂离的特点，东沙、中 - 西沙、南沙和北巴拉望具有良好的亲缘性，它们共同经历了晚侏罗世至早白垩世的岩浆 - 变质事件。物理模拟表明，礼乐滩是和中沙地块、西沙地块等类似的刚性地块，新生代变形作用较弱（Sun et al.，2009）。但具体到南北陆缘的共轭点或边时还存在很多问题，最明显的问题是两边陆缘的几何拼合性与磁异常条带不协调。

有观点认为礼乐滩与东沙块体共轭，其主要依据是以磁异常条带为主的地球物理场特征（姚伯初，1996）。其中的关键将中南海山以南的 NE 走向磁异常条带定为 13-18 号，推测其形成时代为晚始新世—早渐新世（42 ～ 35Ma）。同时用一条 NS 向大断裂（中南断裂）将西南次海盆和东部次海盆分开（姚伯初，1994），而东部海盆平行黄岩 - 珍贝海山链的近 EW 走向的磁异常带为 5d-11 号（32 ～ 17Ma）（Taylor et al.，1980）。这样被中南断裂隔在西南次海盆东面，并以黄岩 - 珍贝海山链与东沙南北相望的礼乐滩，就通过 EW 向磁异常条带与东沙群岛构成共轭。

通过对南海海盆磁异常条带的大量研究（李家彪，2004），南海的海底扩张可以分为 4 个阶段，东部次海盆早于西南次海盆扩张。西北次海盆扩张经过前两个阶段：30 ～ 29Ma、29 ～ 25Ma；东部次海盆经过全部 4 个阶段：30 ～ 29Ma、29 ～ 25Ma、25 ～ 23Ma（向南跃迁，向南东扩展）、23 ～ 16Ma（再次向南东扩展，以黄岩 - 珍贝海山链为扩张中心）；西南次海盆扩张时代为 23 ～ 16Ma（以中南海山和长龙海山链为扩张中心）。而后两个扩张中心对应的磁异常条带的时代被认为是近乎相同的，是东部次海盆前期扩张轴向南迁移后才逐次形成的。因此，礼乐滩经过西南次海盆与中沙块体构成共轭是一种可能的情况。

通过对南北陆缘已有的 OBS 地震剖面进行比对，对这个问题进行进一步讨论。南海北部陆缘已有多条 OBS 地震剖面，在方位上与 OBS973-2 剖面对应且进入海盆的是 OBS2006-1 剖面。该剖面始自南海北部陆架，穿越整个西北次海盆后，延伸至中沙群岛区和中央海盆，总长 484km。从两个剖面上可以看出，两个剖面对应侧的沉积层、上下地壳和莫霍面顶面的速度是基本一致的，西北次海盆正下方有一个莫霍面隆起中心，规模较小，埋深 11km，中沙块体与礼乐滩之间海盆下方也有一个莫霍面隆起中心，规模较大，埋深 9km 左右，其中心线在平面上与中南海山和长龙海山链重合。如以莫霍面隆起中心为海底扩张轴，两条剖面两端所在区域范围内从北部陆缘到南部陆缘存在两个扩张中心，一个在西北次海盆中央，一个在中央海盆的中南海山（东部次海盆和西南次海盆的结合部）。这与前人根据磁异常条带进行的推测是一致的。从剖面中的莫霍面隆起可以看出西北次海盆宽约 150km，如认定持续扩张时间 5Ma（30～25Ma），则扩张速率为 30mm/a。这个结果远小于前人给出的 50mm/a，意味着西北次海盆停止扩张的时间要早于 25Ma。中沙块体与礼乐滩之间的海盆实际距离 435km，持续扩张时间 9Ma（25～16Ma），则全扩张速率为 48mm/a，与前人给出结果的平均值是接近的。礼乐滩与中沙块体可能互为共轭，而且两者之间的连线垂直于西南次海盆的扩张中心。从南北陆缘地壳结构对比来看，东沙附近的几条 OBS 剖面都显示下地壳存在高速层，而 OBS2006-1 和 OBS973-2 剖面的下地壳均没有高速层，表明它们形成的动力学过程相近。

7.4　区域构造演化与动力学机制

区域地质构造及演化历史的研究涉及大地构造学、构造地质学、矿物学、岩石学、地层学、沉积学、古生物学、地球化学、地球物理学、石油地质学和环境地质学的不同学科内容。下面主要依据板块构造学说，从综合地质地球物理的角度阐述中国海域基底构造格局、构造区划属性，分割这些构造块体的深大断裂的展布特征、起源演化和活动特点，伴随断裂活动或构造块体内部的岩浆活动期次和特点，力求从海陆大地构造的相互关联性中认识中国海域区域地质构造特征、演化历史和动力学机制。

已经发现的中国陆上现存最早建造岩系同位素测年在 35 亿年前，如冀北迁西群、单塔子群、双山子群、鲁西泰山群、辽宁鞍山群及朝鲜北部狼林群等，使得我们有理由相信中国大陆最早是从泛大洋中存在的一些陆核中发展起来的。对比扬子地区的古元古代建造及华南地区的新元古代建造，我们认为中国海陆地区的大地构造主要经过：①前寒武纪时期的陆核形成和稳化成块；②加里东海西期的块体拼接和联合成陆；③印支燕山期的双锋挟持和古陆解体；④喜马拉雅早期的板缘聚敛和板内拉张；⑤喜马拉雅中期以来的边缘俯冲和板内沉降等几个阶段。这一推断本身是对槽台理论和板块构造的辩证统一，槽台理论很好地解释了古全球构造发展阶段（前两个阶段）中的陆核起源与古陆拼接历史，而板块运动则对印支运动以来的新全球构造阶段发展历史（后三个阶段）做出了细致的推断。

中国边缘海地处欧亚板块、太平洋板块与印澳板块相互作用的构造前锋，中、新生代以来，太平洋板块与印澳板块相对于欧亚板块的运动致使欧亚板块内部应力场处于旋转挤压的构造背景，青藏高原急剧隆升，地幔物质向东流动；太平洋与欧亚板块的聚敛、俯冲、碰撞、俘获导致亚洲东南陆缘的破裂，形成边缘海。在印支期形成的"西部锋线"（特提斯洋向欧亚板块俯冲形成的印支褶皱带）和燕山早期形成的"东部锋线"（海南-飞骅结合带）的挟持下，新全球构造运动对前阿尔卑斯构造格局（联合古陆）进行的三次严重改造（即所谓的"变格运动"）对海域的成型和发育起到了非常重大和关键的作用。燕山中晚期由于西部特提斯洋的闭合引起中、下扬子大规模挤压、推覆为代表的第一次变格运动致使扬子块体东南部岩浆和断裂活动频繁从而造就了我国东部区域的系列断陷盆地；由喜马拉雅运动掀起的第二次全球变格运动在南部区域表现为古南海从北部陆缘的张裂和南沙块体对巴拉望岛弧的碰撞（古南海运动），而在东部区域则表现为基隆运动，造成陆缘向太平洋方向的蠕散；渐新世以来，晚喜马拉雅运动逐渐活跃拉开了第三次全球变格运动的序幕，太平洋板块的北西向俯冲对欧亚板块西部边缘造成重大影响。表现在东海即为"玉泉运动"，其间欧亚大陆向东的蠕散受阻，之前形成的断陷盆地逐渐转化为拗陷盆地。而在南海则表现为中央海盆的南北向主动扩张（南海运动），南沙与中、西沙分离，同期吕宋岛弧从南部向北移位并做逆时针旋转从而形成对南海的包围，中国四大海区逐渐成型。中新世以来，南海的渐进式扩张持续向西延伸，西南次海盆逐渐成型，同时东沙、南沙分离，南沙块体与巴拉望岛弧碰撞、俯冲，南沙-巴拉望海槽逐渐封闭；而中新世末东海龙井运动开始后，菲律宾海板块俯冲方向由 NW 向转变为 NNW，从而造成琉球岛弧逐渐向南弯曲弧度加大，之后逐渐拉张、扩展为成熟的沟-弧-盆体系；台湾则由于吕宋弧的斜向碰撞而褶皱、隆起，吕宋岛南部则由于南海扩张和菲律宾海板块的运动挤压从而逐渐形成双向对冲体系。

几大板块的交互在中国东海、南海的构造动力学机制上产生了不同的效应。东海具有典型的沟-弧-盆演化特点，冲绳海槽作为西太平洋最年轻的边缘海，是研究西太平洋弧后盆地形成早期历史的重要区域；而南海的形成演化则很难用简单的弧后扩张加以解释，已发现的不同方向的磁异常条带证明其存在不同方向的海底扩张。而渤海、黄海与东海、南海的成因则完全不同，渤海湾的成因机制同华北克拉通破坏有密切的关系，渤海湾盆地是在古老地台基底之上形成的新生代断陷盆地，在新生代以前与中朝地块其他地区经历了相似的构造演化过程，直到新生代开始盆地才逐渐形成；黄海地区则分属中朝地块、苏鲁造山带和扬子地块三个不同的构造单元，其形成机制与各块体的运动及相互作用直接相关。

7.4.1 渤海海区

7.4.1.1 构造演化过程

作为一个在古老地台基底之上形成的新生代断陷盆地，渤海湾盆地在新生代以前与中朝地块其他地区经历了相似的构造演化过程，新生代开始盆地才逐渐形成。

华北地区在古生代时期属于稳定地台发育阶段，其构造演化大致可以划分为三个阶段，即：①太古宙至古元古代结晶基底形成、形变和固结阶段。通常的认识是华北区域结晶基底由早太古代硅铝质陆壳经过阶段性克拉通化后垂直生长而成（赵宗溥，1993）；②中元古代至古生代（包括早中三叠世）期间的稳定地台盖层发育阶段；③中新生代地台解体、陆相盆地盖层形成阶段（高瑞祺等，2004）。现今渤海湾盆地内古生代和中生代地层虽在原始地层厚度和沉积相带存在部分差异，但是中生代地层特征基本呈毯状覆盖整个区域，而新生代盆地基底变形实际上应该是中新生代时期各期次构造变形的综合反映。

中生代一系列重要的区域大地构造事件，对中国东部各构造单元的演化起到重要作用。任纪舜等（2013）将三叠纪时期的印支造山运动分为早、晚两期，将燕山运动分为早、中、晚三期。多期次的褶皱造山运动在华北燕山地区三叠系内部和侏罗系—白垩系内部形成强烈的挤压构造变形和多个角度不整合面。渤海湾盆地总体处于中朝地块内部，基岩地层的褶皱强度虽然相对较低，但也明显表现出受到同期褶皱作用的影响。推测区域存在的上侏罗统—下白垩统与上白垩统之间的角度不整合面代表了燕山运动引起的区域性隆升。郯庐断裂带等 NNE 向深断裂在侏罗纪时期发生左旋走滑活动，导致在渤海湾盆地东部形成与深断裂带斜交的局部挤压应力场，叠加在区域整体近 SN 向的挤压应力场之上（龚再升等，2007），使渤海湾东、西区域应力场格局有所差异。

新生代以来，渤海湾及周缘地区继续受燕山晚期构造运动影响，从晚白垩世至古新世早期经历了区域隆升、剥蚀、均夷过程，在古新世北台期形成了准平原地貌，之后在此基础上开始的裂陷作用形成了现今的渤海湾盆地区（侯贵廷等，1983）。作为一个大型陆内裂谷盆地，渤海湾盆地新生代演化包括了古近纪裂陷阶段和新近纪以来的裂后沉降两个发展阶段，其中裂陷阶段是主要时期，基本确定了盆地的构造格局。渐新世末期，裂陷活动基本结束，发生了短暂隆升，先期地层遭受均夷剥蚀。新近纪以来，开始进入了区域性拗陷发育阶段。不同时期沉积中心也略有变化，现代的沉积中心在渤中地区。

前人总结了渤海湾盆地区的成因类型，主要可以分为五种：主动裂谷成因、被动裂谷成因、伸展走滑成因、伸展拉分成因和走滑拉分成因等（侯贵廷等，1983；漆家福等，2004）。总体而言，渤海湾盆地的拉伸作用是公认的，但走滑作用近年越来越受到重视，并且盆地的形成脱离不开西北太平洋边缘海盆地构造系统演化的大背景（李家彪，2012）。

7.4.1.2　成因机制分析

作为一个发育在中朝地块之上的内陆海湾盆地，渤海湾盆地的形成机制离不开中朝地块的动力学过程。半个世纪以前，以陈国达为代表的老一辈地质学家提出"华北稳定地台活化和大陆裂谷岩浆作用与演化"的观点。后来的科学家在此基础上，相继阐述了华北岩石圈减薄、裂谷形成与沉积盆地发育等学术思想，逐渐认识到华北岩石圈减薄是中国东部地质演化的重大事件。研究表明，中朝地块东部边缘在最近的 400Ma 至少有 120km 的岩石圈厚度丢失（林舸等，2008）。2007 年，中国国家自然科学基金委员会正式使用"华北克拉通破坏"这一概念对这一重大地质事件进行描述，同期开展的"华北克拉通破坏"重大研究计划将此一领域的研究推向新的高潮。

渤海湾盆地处于华北克拉通东部地块中心位置。大地电磁测深结果表明，渤海湾地区岩石圈厚度在 60km 以内，不仅与西部地块相比厚度小得多，即使与周边的松辽盆地、冀中盆地等减薄中心相比厚度也较小。滕吉文和张中杰（1997）通过对重、磁、震等多种资料的综合分析，认为渤中拗陷区域存在一个尚在发展中的地幔柱，并以此对区域地壳减薄的原因进行了解释。

从区域构造演化方面来讲，郯庐断裂在华北克拉通破坏和岩石圈减薄过程中的大地构造作用应得到重视（嵇少丞等，2008）。郯庐断裂的传播、延伸极有可能继承和利用了华北克拉通岩石圈内部之前就已存在的薄弱带，其左旋伸展剪切造成的支线断裂主要呈伸展拉张状态。郯庐断裂主线及支线的各类断裂可以作为薄弱带成为软流圈物质上涌的首选通道。俯冲的扬子板片脱水作用析出的流体，以及来自软流圈的富硅、富碳酸盐熔体优先选择左旋伸展剪切郯庐断裂的局部拉分地段上升。这应该就是中国东部岩石圈减薄中心沿NNE方向分布的原因（刘俊来等，2008）。

7.4.2　黄海海区

黄海地区分属中朝地块、苏鲁造山带和扬子地块三个不同的构造单元，具有各自不同的演化过程。

7.4.2.1　北黄海构造演化及成因

北黄海盆地同渤海湾盆地同属中朝地块东部，在中生代早期以前与中朝地块其他地区类似，共同经历了陆核形成的过程。印支运动以后，随着太平洋板块向亚洲大陆的俯冲消减，在古亚洲构造系之上的NNE向构造叠加造成研究区内活跃的岩浆活动和断陷盆地的发育。

在35亿～30亿年期间，构造-热事件在华北冀东的迁西、遵化一带相继形成了以集宁群、桑干群、迁西群上部和鞍山群为代表的古岛链式的陆核。25亿年左右的阜平运动期间，以登封太华群、鲁西泰山群和朝鲜半岛狼林群为代表的华北狼林古陆核相继形成。吕梁运动又使上述陆核逐渐形成华北狼林原始古陆的基底，之后的加里东和海西期构造运动中，上述诸陆核逐渐稳化并转变为大陆地台。元古代末期，印支运动使扬子块体北向运动向中朝块体挤压，华北狼林原始古陆与扬子-京畿原始古陆因此在秦岭-大别-胶南一带碰撞对接，统一的原始中朝古陆自此形成（许东禹等，1997）。

185～190Ma以来太平洋板块诞生并迅速扩张，驱动着库拉板块沿古亚洲大陆东部边缘俯冲消减（姚伯初，2006）。这种挤压作用在中国东部形成了燕山早期NWW-SEE向的主压力构造应力场。晚侏罗世—早白亚世时期，太平洋板块沿千岛-阿留申海沟俯冲消减于亚洲大陆之下，从而导致区域主压应力方向由之前的NWW向转为NE-SW向。此构造环境的转变使得中国东部边缘岩石圈拆沉与地幔热流向大陆方向蠕散，从而导致中国东部大陆边缘的区域性弧后拉张。中国东部在此期间发生重要的裂陷作用，表现为区域大规模的火山喷发和一系列近EW-NE向的断陷盆地的形成，渤海湾盆地和北黄海盆地的雏形就此形成。

中生代末，随着太平洋板块在欧亚板块东部边缘持续俯冲，强挤压作用使得北黄海地区地幔隆升，北黄海盆地整体抬升并逐渐遭受剥蚀。此作用一直持续到古新世末。

始新世之后，太平洋板块向欧亚板块的俯冲运动呈逐渐减慢趋势或处于间歇阶段，中国东部逐渐处于松弛-拉张应力场环境，岩石圈开始伸展、开裂，一组以NNE方向为主的张性断裂系逐渐形成。同期，在中国西南部，印澳板块与欧亚板块之间进入初始碰撞阶段，从而使得中国东部大陆地壳向东漂移，NNE向断裂进一步拉开，并具有右旋张扭性质。前期的拗陷东西两侧产生走滑性质系列呈NNE方向雁行排列的边界断层随着伸展断裂系及断陷盆地的逐渐形成，深部地幔物质开始被动上涌，引起地壳深部重力和热能不平衡。之后在拉张、重力和热力调整作用下，沿拉开的断裂面做垂直滑动成为区域性的主导构造活动，拉张背景下的上盘下滑形成多个以半地堑为主的盆地（李文勇等，2006）。

渐新世晚期，太平洋板块西缘俯冲方向由 NNW 向逐渐转变为 NWW 向，同时印澳板块与欧亚板块之间碰撞产生的 NE 向挤压应力，使得北黄海地区的构造应力场发生反转，断裂活动由张扭性转变为压扭性，区域升降活动由拉张断陷转变为挤压隆升。

中新世以来，中国东部岩浆活动明显减弱，伸展作用趋于减弱，沉积盖层厚度稳定缓慢增加，在岩石圈的热松弛及重力均衡调整作用下，区域裂陷盆地整体下沉，由断陷逐渐转为拗陷。

7.4.2.2　南黄海构造演化及成因

南黄海主体隶属苏鲁造山带和扬子地块东部，与扬子地块其他地区一样，共同经历了中元古代末四堡运动和新元古代晋宁运动的结晶基底固结和再次活化过程，从而形成具双层变质岩的基底结构（陈沪生和张永鸿，1999）。之后在印支期与中朝地块发生碰撞并在燕山期断陷拉张，喜马拉雅中期之后转入区域性构造沉降阶段，显示在构造层位上以前期的轻微挤压构造和后期的全面披盖沉积为特征。

万天丰（2004）通过古地球化学方法分析得出扬子古陆核由太古宙—古元古代褶皱变质岩系构成。古元古代阜平期至吕梁期，区域变质作用从中高温变质作用转变为低温变质作用，温度和影响范围逐渐降低和缩小。新元古代晋宁期，北扬子准地台和南扬子准地台发生俯冲、碰撞，区域整体经受了绿片岩相变质，并形成强烈褶皱。经此构造变形，二者才形成统一的结晶基底，扬子准地台形成。扬子准地台第一套沉积盖层形成于新元古代震旦纪时期，之后的加里东运动导致扬子准地台南部普遍隆升，南黄海地区进入晚古生代陆表海发育阶段。

印支期太平洋板块的 NW 向俯冲，使得欧亚大陆相对向南运动，在中国东部形成近 S—N 向左行力偶。中国东部陆缘区形成规模巨大的郯庐断裂，其两侧的大规模相对左行平移，破坏了老结晶基底的构造型式。在区域左行力偶控制下，扬子准地台内部沉积盖层普遍发育褶皱、断裂。西侧靠近嘉山－响水断层处和勿南沙隆起的西北部，发育有紧闭的倒转褶皱和叠瓦状构造。而在中部隆起区的东部因受东－西向构造所控制，古生界构造层基本沿近东西向分布。扬子准地台东北部，中下志留统的泥岩、页岩常与中三叠统的膏盐层构成滑脱面，其上下地层呈现截然不同的褶皱形态和构造样式。南部印支褶皱常常在早古生代加里东期褶皱的基础上发育，从而使印支期构造事件不明显。

印支运动后，强烈的断裂活动使南黄海盆地迅速发展，南黄海出现了"两盆三隆"的构造格局，产生了两个不同类型的中生代陆相盆地，按其发展过程可进一步划分为早期北挤南裂、中期转换改造、晚期拉张伸展三个阶段（李家彪，2012）。控制盆地沉积的主断层产生，南黄海完成从广海盆地转变为陆上盆隆相间的构造格局。

喜马拉雅早期，区域构造活动频繁，盆地发展进入断陷期。南黄海北部盆地 NEE 向断层活动强烈，拗陷分割性强。南部盆地的分隔性不明显，水体连通。古新世早期喜马拉雅运动第 I 幕在北黄海盆地中部拗陷的东部地层剖面上呈现微弱角度不整合，但其影响范围有限。古新世末的吴堡运动在南黄海盆地影响广泛。始新世早期南黄海区域以断块运动为主，中部隆起区上升，南、北两个盆地下降，南部盆地内凹陷和凸起明显分化，北部盆地的沉降中心移向中部拗陷，呈现为南、北两个盆地对称于中部隆起区带的箕状结构。始新世末，随着太平洋板块俯冲方向从原有 NNW 向转为 NWW 向，南黄海区域发生的真武运动以区域整体地层上升、剥蚀伴有局部挤压活动为特点，局部轻微变形而出现不整合。渐新世时，南黄海地形逐渐被夷平，沉积范围逐渐扩大，构造地层一般呈向凸起和隆起处超覆。渐新世末，由于太平洋板块向 NWW 向俯冲作用的加强，本区发生了较强的三垛运动。强烈的区域性挤压伴随剪切走滑活动，使得盆地从整体沉降阶段转为迅速抬升阶段。与此同时，东部挤压作用明显，往西逐渐减弱。南黄海北部盆地渐新世地层被强烈削蚀而大多缺失，中部隆起区和勿南沙隆起区一直上升，未接受沉积。

中喜马拉雅期以来，受印澳板块的北西向碰撞挤压和菲律宾海板块北向俯冲共同控制，中国东部整体处于近 NS 向的剪压环境中，南黄海地区的断陷作用结束，黄海地区整体进入一个以拗陷为主的区域性普遍沉降的演化阶段，沉积厚度从南向北逐渐变小。

晚喜马拉雅期以来，黄海海区地层继续全面下降。南黄海南部盆地形成了超过 400m 的上新统，而在北部盆地西部隆起，受边界断裂较强烈活动的影响发生挤压抬升，沉积厚度较小，仅 250m 左右。自中更新世开始，中国东部陆缘转入现代构造应力场作用时期，区域最大主应力方向变为近 EW 向。在相对稳定的现代应力场作用下，南黄海海域稳定而缓慢的下降，多数地区沉积厚度为 50～70m，最大不足百米。沉积层基本未发生构造变形，仅局部活动性较强的断裂切割至晚更新世。

7.4.2.3　苏鲁造山带构造演化及成因

苏鲁造山带处于中朝地块与扬子地块之间，是二者碰撞、拼接的缝合带。杨文采（2005）以印支期两大陆块的碰撞为主要构造事件，苏鲁造山带先后经历碰撞前期、碰撞期、后碰撞期和后造山期四个主要发展阶段。

印支早期苏鲁地区还属于古特提斯洋北支的东段，是一个处于扬子地块和中朝地块之间的海域。三叠纪之后，洋盆的岩石圈逐渐在中朝地块的南部向下俯冲，形成类似今天安第斯山的活动型陆缘造山带。

中三叠世以后，现今苏鲁造山带首先与中朝地块接触，开始碰撞。之后苏鲁－大别地块被逐渐下沉的海洋岩石圈拖曳至深处发生超高压变质作用。随着两个地块反向旋转，苏鲁地区从挤压环境变为局部拉张，超高压变质岩快速折返到地表，然后整个造山带迅速恢复到挤压状态（Xu et al.，2002）。

早侏罗世中期，扬子地块逐渐与中朝地块碰撞，并向苏鲁地体及中朝地块下方俯冲，造山运动进入高潮，区域构造演化进入后碰撞期。此次俯冲没有折返事件发生，陆内深俯冲的表层地壳停留在上地幔，可能会局部熔融并造成后期岩浆的侵位（杨文采和陈国九，1999）。

晚侏罗世以来，随着后碰撞期结束，板块之间的挤压力逐渐消耗殆尽。但由于碰撞造成的规模宏大的壳幔作用，岩浆活动成为后造山期造山作用持续的动力。同期岩浆作用以晚侏罗世的中酸性火山岩和燕山期的花岗岩侵位为代表。白垩纪早期，整个区域造山过程结束，进入稳定的剥蚀和夷平阶段。

7.4.3　东海海域

中生代以来，太平洋板块与欧亚板块的相互作用逐步形成了目前东海的构造格局。从断裂构造性质、火山岩浆活动以及基底构造特征看，东海存在两个盆地及三个构造隆起，浙闽隆起区、东海陆架盆地、钓鱼岛隆褶带、冲绳海槽盆地、琉球隆褶区，即所谓"三隆夹两盆"的构造格架（刘光鼎，1990）。其中两盆分别指东海陆架盆地和冲绳海槽弧后张裂盆地。

7.4.3.1　东海陆架盆地构造演化

依据地球化学和古地球物理学的研究，可以将东海陆架盆地的大地构造演化过程划分为印支运动期形成的区域裂谷盆地；燕山期的阶段性挤压及隆升；燕山晚期—喜马拉雅早期之间的陆缘抬升及断块活化；喜马拉雅中期以来的区域性沉降四个重要阶段。

三叠纪以前，东海陆架区经历了"古特提斯洋"的海侵、海退和消亡。在三叠纪期间，随着古太平洋板块向欧亚大陆东缘俯冲，在中国东部形成呈 NE-SW 向延伸的板块汇聚和俯冲消亡带，其沿着欧亚陆缘呈现局部的左旋滑动。印支运动时，有广泛的流纹质与花岗质岩浆沿该古消亡边界侵入，从而形成了系列 NE 向陆缘裂谷盆地。

燕山运动开始后，随着印澳板块的北东向与欧亚板块的碰撞，在欧亚板块东部发生局部剪切，沿该板块汇聚带发育了大量的区域性走滑断层。断层逐渐将区域切割，形成条状陆块，并继续挤压成褶皱带。之后接受了地台沉积而形成了如今的浙闽隆起区。

燕山晚期至喜马拉雅早期，随着太平洋板块的北西向俯冲，在中国东部陆缘区再次形成了一条贯穿日本南部、东海陆架外缘乃至台湾中央山脉的俯冲带。沿俯冲带发育了大量 NE-SW 向断裂。始新世时，印澳板块的北东向与欧亚板块碰撞使得欧亚大陆东缘向外蠕散，沿上述 NE 向断裂带发生了部分区域的构造抬升与断裂活化，形成系列张性断裂与半地堑（吴时国和刘文灿，2004），现代东海陆架盆地的雏形基本成型。

渐新世至中新世期间，东海陆架的 NNE—NE 向断裂活动持续发展，裂谷和拗陷内接受的沉积物厚达 5000m，并在中新世—上新世期间发生部分褶皱与逆冲活动（于和新，1991）。晚喜马拉雅期以来，东海区域发生大规模区域性沉降，形成边缘海盆地。之后随着太平洋板块沿琉球海沟的西北向俯冲，冲绳海槽发生了地壳张裂和弧后扩张，从而形成现今的"东海陆架盆地–冲绳海槽–琉球岛弧–琉球海沟"这样一个典型西太平洋沟–弧–盆俯冲体系。

7.4.3.2　冲绳海槽沟–弧–盆体系演化机制

冲绳海槽作为一个活动性很强的新生代边缘海盆地，与琉球岛弧、琉球海沟共同组成了环太平洋沟–弧–盆构造活动带的一部分，处于欧亚板块和太平洋板块的过渡构造域。冲绳海槽的形成与太平板块的俯冲和台湾–吕宋岛弧的碰撞紧密相关，且其北段和南段的形成机制与形成时间是有差异的。海盆张裂主要受其西侧的东海陆坡断裂带和东侧的吐噶喇西缘断裂带控制。

在喜马拉雅早期，位于现今东海陆架边缘的钓鱼岛岩浆岩带与琉球群岛西侧的吐喀喇火山带是相连的，二者一起组成了古太平洋板块西缘火山弧的一部分。45～35Ma 期间，位于太平洋板块西缘的西菲律宾海盆扩张轴转为近东西向，海盆岩石圈边缘北西向俯冲于琉球海沟之下（丁巍伟等，2009）。俯冲活动首先造成了海槽北段在中中新世晚期开始的局部拉张，并逐渐开始了拉张后的拗陷沉积。之后由于新的俯冲带火山弧的分裂，西侧钓鱼岛火山岩带在上新世之前停止活动，变成了残留弧并沉没于水下，岛上出露中新世—前中新世熔结凝灰岩证明了这一过程；而东部的吐喀喇火山岛弧随着西菲律宾海板块的俯冲至今仍在活动。

4Ma左右，随着吕宋微地块的逆时针方向旋转和北向运动，开始与台湾岛之间发生弧陆碰撞（金翔龙和喻普之，1987）。碰撞首先发生在台湾东部太鲁阁地区，而后自北向南逐步发展。弧陆碰撞及太平洋板块的北西向运动所产生的西向挤压应力，造成台湾中央山脉急速隆升，并在第四纪形成了向西逆冲的断层和褶皱。由于台湾－吕宋的持续北西向运动并与欧亚板块发生碰撞，造成冲绳海槽南段的顺时针方向旋转，之后海槽南段轴部开始出现张裂活动。张裂活动诱发地幔物质上升，又造成大陆的边缘块体（八重山群岛）的东南移散，最终形成如今冲绳海槽南段的钩状地堑式弧后盆地。

7.4.4 南海海域

7.4.4.1 关于南海的成因机制的讨论

由于处于印度、欧亚和太平洋板块的交汇之处，并夹持在西部的特提斯域与东部的太平洋域之间，南海不仅记录了边缘海的形成演化过程，也与青藏高原的隆升密切相关，是研究大陆边缘初始张裂过程和区域重要地质事件的理想场所（李家彪，2005）。南海被动大陆边缘如何从非稳态的初始张裂阶段发展到稳态的海底扩张阶段，以及南海海盆从扩张到俯冲的构造演化动力学问题，都是科学家极为关注的科学问题。同时，南海保留了大陆边缘共轭张裂到海盆扩张的丰富信息，成为近年来国内海洋地质学研究的热点。

南海海盆位属东亚大陆边缘构造域，其所处的大地构造位置特殊，又受到中、新生代多次构造活动的改造，使其构造格架极其复杂。南海地壳处于东亚陆壳与西太平洋洋壳之间，地壳结构复杂，类型多样，中部海盆为洋壳区，厚度在 8 ～ 11km，向北、西、南部陆坡及陆架区域地壳逐渐加厚至 18 ～ 30km。根据南海北部双船地震资料及声呐浮标探测结果，南海地壳结构复杂，岩石圈结构表现出不均一性：一般上地壳薄，下地壳厚，两者相差悬殊，最高可达 5 ～ 8 倍（杨子赓，2004）。而岩石圈的厚度变化则显示出和地壳年龄的正相关性，其中央海盆从中部向南北两侧随地壳年龄的变老而增厚，而根据重力资料与热流计算结果，南海北部盆－坡处的岩石圈厚度却没有此种变化。

关于南海的成因有很多不同的观点。南海的形成机制与动力学特征方面，Karig（1971）最早认为南海是一个高于正常热流值的不活动边缘海，后经多次调查发现北巴拉望、南沙、礼乐滩上的沉积物为半深海至浅海、滨海环境下的碳酸盐和陆源砂页岩，缺乏岛弧型火山岩，南海海上拖网采获的岩样，属碱性玄武岩和介于拉斑玄武岩与碱性玄武岩之间的过渡型玄武岩，这些均说明南海海盆并非弧后扩张的产物。S.Uyeda、T.W.C.Hilde 和 L.Kroenke 在 1976 年共同提出了西太平洋及其边缘的再造模式，并指出南海的弧后扩张可能与一个洋中脊的俯冲作用有关，时间大致与日本海的扩张时间相近（约 100Ma）。20 世纪 80 年代以后 Taylor 和 Hayes（1980，1983）根据南海中美合作的磁条带对比资料，认为南海海盆形成源于小洋盆海底扩张（洋壳起源观点），虽然没有给出扩张的驱动机制，却成为后来的主流观点。关于动力驱动机制，有学者认为南海扩张以前沿今天中国华南沿海可能存在北倾的火山带及安第斯型火山弧（Jahn et al.，1976；Hamilton，1979），俯冲带及相应的造山过程造成了区域北东向延伸的薄弱面，无论是在近场弧后扩张作用还是远场区域张应力作用（红河断裂带的水平运动或者青藏高原隆升造成的地幔蠕动等）的影响下，就可能形成破裂带并最终导致南海的扩张。Tapponnier 等（1982）依据印度与欧亚大陆碰撞、陆内应力传播的滑线场理论模式，认为南海是在红河断裂左行平移下自北西至南东向裂离，由于软流圈向东南方向的蠕散驱动了陆缘扩张（刘昭蜀和陈忠，1992），从而形成的拉分盆地，后来学者大多认同上述扩张动力机制。当然也有其他一些观点，如杨森楠和杨巍然（1985）认为南海东部海盆近 EW 向磁条带的存在，说明不应将南海看成是 NNE 向西太平洋弧后扩张盆地；而刘昭蜀等（1988）则对来源于海盆的较模糊的磁条带提出质疑；黄福林（1986）也认为 Taylor 等所使用的磁条带线性特征并不典型，甚至同一纬度都可见正负磁条带异常相接现象，这是海底扩张不能解释的。

南海深海盆主体展布着近东西向的磁异常条带，已识别出最古老磁条带为 11～5d，提示南海海盆主体是 32～17Ma 期间通过近南北向的海底扩张形成的。扩张过程中伴随着原与中国南部陆缘邻接的南沙、北巴拉望等微陆块向南漂移。如果认为这种扩张属于简单的弧后扩张性质，那么南移的南沙、北巴拉望地块至少在古近纪时应属岛弧性质。然而，北巴拉望的古近系由碳酸盐岩组成，南沙礼乐滩上覆有古近系陆源砂页岩地层及渐新世以来的碳酸盐沉积，为半深海至浅海、滨海环境的产物，均缺乏岛弧型火山岩。沿华南被动大陆边缘分裂出南沙、北巴拉望、西沙等陆块向南漂移，其间打开了南海海盆。目前南海北缘是在原被动边缘基础上新生的被动边缘。南海海山上拖网采获的岩样，属碱性玄武岩及介于拉斑玄武岩与碱性玄武岩之间的过渡类型玄武岩，这些岩样与大洋盆地中组成海山的岩石颇为类似，在弧后盆地中却较少见。

沿马尼拉海沟有显著的负重力异常，东倾的贝尼奥夫带，海沟东侧发育增生楔和弧前盆地，吕宋弧西部有现代火山活动。除了马尼拉海沟较浅以外，上述特点与一般弧沟系并无二致，可见南海海盆的大洋岩石圈沿马尼拉海沟俯冲于吕宋弧之下。自中新世至今，南海海盆处于衰亡关闭中的老年期边缘盆地；原先向东敞开的海盆，现已成为四周被大陆地块和岛弧地块全面包围的残留边缘盆地。这样，渐新世至中新世，南海海盆打开；中新世以来，南海海盆沿东缘俯冲关闭（何将启等，2002）。

古地磁资料证实，菲律宾吕宋岛自白垩纪以来曾发生过逆时针旋转，并向北迁移 35°或 20°，吕宋西部碧瑶、三描礼士自中中新世以来逆时针旋转了约 14°。它自始新世后逐渐向西北旋动，在这一过程中新的增生楔形体叠加在老的增生楔之上。中新世中期吕宋弧才旋动至东亚大陆东缘，并开始消减至台东南沿海地块之下，台湾海岸山脉就是消减碰撞的反映。菲律宾群岛的西北旋转位移导致南海渐新世—早中新世洋壳从马尼拉海沟消减到它下面，形成岛上的火山、蛇绿岩侵位和混杂岩堆积。南海广大地区 NWW 向断裂由右旋改为左旋剪切，菲律宾群岛与北巴拉望地体碰撞，导致民都洛东部强烈褶皱和班乃岛的混杂岩逆冲，碰撞时代发生于晚中新世。晚中新世南海扩张停息后，海盆及周缘广大地区沿张性断裂和扩张脊喷发，形成众多的海底火山，南海北部、中沙、雷琼、中南半岛的火山活动也沿 NW 向断裂的左旋活动而喷发。

自上新世至第四纪，南海洋壳因冷却而下沉，周缘向海盆中心产生大规模的阶梯状重力滑动，海盆拗陷加深。上新世大规模海侵到来，产生广覆性海相沉积，形成上亚构造层的浅海相－半深海相－半深海相沉积，并不整合覆盖在晚渐新世至中新世中亚构造层上。该时期，菲律宾岛弧继续向南海洋壳旋动，岛弧向西仰冲，形成反向分布的马尼拉海沟和向西凸出的菲律宾岛弧褶皱带。上新世末至更新世初，台湾西部地块与台东火山核地体碰撞，称为台湾运动，台东的火山弧地槽断褶带形成，同时南海的拉张转变为挤压。菲律宾弧的向西仰冲活动至今尚未停息，近代火山和地震活动强烈，现代南海的大地构造格局形成。

7.4.4.2　南海海盆构造演化过程

1）泛南海区域地块演化过程概述

南海位于欧亚板块、菲律宾板块和印澳板块的交汇地区，是世界上规模最大的边缘海之一，经历了复杂的演化历史。现今的南海由北部的华南地块、西部的印支地块、西南部的滇缅马加地块和东部的菲律宾岛弧构成。

南海海盆中的西沙、中沙和南沙群岛部分属于前寒武纪褶皱基底，并长期隆起构成南海古陆。早古生代位于江南古陆与南海古陆（包括昆嵩古陆）之间是古特提斯洋，加里东运动之后，古特提斯洋关闭，地槽封闭，成为加里东褶皱带，大部分转换为相对稳定的地块。晚古生代，印支地块与华南地块以及与滇缅马地块之间的特提斯分支经闭合后又拉开，海水侵入陆缘，成为海西冒地槽沉积带，它是在加里东地槽褶皱基础上发育的。早晚古生代地槽均是围绕南海及昆嵩古陆南北两侧呈带状展布。古生代华南、印支和滇缅马地块并不是位于现今位置，推测位于低纬度地带，后续向北漂移，到晚三叠世，古特提斯封闭，滇缅马、印支与华南地块碰撞拼贴，东亚联合古陆基本形成，华南、印支和加里曼丹地块之间的中特提斯残留海成为古南海。

晚三叠世，古特提斯洋封闭，三个地块碰撞，印支运动发生，导致华南－印支地块在加里东地槽褶皱基底上出现构造岩浆活化作用，大量印支期花岗岩和 NW 向与 NE 向断裂是此时期活化的产物。晚三叠世—早侏罗世，陆块之间碰撞，挤压应力松弛，沿 NE 向与NW 向断裂产生次生拉张，发育山前或山间盆地，沉积红色复理石建造，如十万大山盆地，沿断裂带发育串珠状陆相湖盆沉积和含煤碎屑沉积建造，如呵叻盆地等。而处于陆缘的粤东、民都洛、北巴拉望、加里曼丹等则发育滨海－浅海相沉积，这是华夏型地洼初期的沉积建造。

中晚侏罗世，古太平洋板块增生，库拉板块向 NW 向漂移，并大幅度俯冲消减到欧亚板块的东南缘，导致东部大陆抬升，NE—NNE 向断裂活动，华南、印支大陆的广大地区沿断裂带发育陆相断陷盆地，沉积陆相红色碎屑建造、膏盐建造和含煤碎屑岩建造，并有强烈的钙碱性岩浆侵入和喷发。俯冲的位置推测位于台湾纵谷－东沙南－纳土纳一线附近。

早白垩世中后期至始新世，南海构造发展进入了新阶段——陆缘裂谷阶段。该时期，由于库拉－太平洋中脊向东南亚大陆东南缘俯冲消减，洋脊在仰冲陆块下潜没，产生热液拉张，华南印支大陆由挤压出现松弛，沿 NE—NNE 向断裂带产生众多的张性分割状的充填或小断陷盆地，堆积陆源碎屑岩，红色岩、中酸性火山碎屑岩建造，并沿张性断陷盆地有强烈的中酸性火山岩喷发。在南海中部发生第一次陆缘扩张，沿陆缘 NE 向断裂解体，出现陆缘裂谷系，裂谷由东北向西南发展，南海西南海盆边缘的 NE 向残留扩张轴，其两侧对称分布的线状磁异常 M8-M11，时代距今 176～120Ma，表明海底扩张始于早白垩世。

第一次南海的张裂运动在北部陆缘一直延续到始新世，台湾及整个南海，在距今 65～51Ma 发生太平运动，形成 NE 向张性裂谷盆地，并有大量基性岩浆活动。澎湖玢岩（56Ma）、珠江口盆地玄武岩（42～40Ma）、角闪岩均是该时期扩张的产物。

南海第一次扩张的结果使南海的曾母、郑和地块裂离，并与巽他-加里曼丹地块聚合，在其以南的中特提斯（古南海）的洋壳沿卢帕尔河俯冲消减到巽他-加里曼丹地块之下，并形成古晋断裂褶皱带和曾母弧前盆地。该时期印支地块向南移动 11°～19°，顺时针旋转 20°，巽他-加里曼丹地块则逆时针旋转 45°，导致西北加里曼丹增生混杂岩楔，相对做顺时针转动，并呈"新月形"弯曲。

南海第二次扩张产生于晚渐新世—中中新世。此时南海广大海域经历古近纪剥蚀侵蚀作用，已准平原化成滨海地貌，是新构造阶段的开始，南海地貌和新构造出现崭新的格局。此时太平洋板块及其南面的印澳板块边界发生一系列变化，印澳板块与南极大陆之间的海底扩张在始新世加速向北消减。太平洋板块运动方向改变为 NWW 向，在菲律宾海沟向华南大陆俯冲，印澳板块与欧亚板块的碰撞，使东亚大陆向东和东南蠕散。在这区域构造背景下，南海运动产生，南海陆块导生出 SN 向拉张应力，地幔物质隆升、地壳减薄，在中沙与南沙之间，沿 15°N 产生 EW 向扩张轴，发生南海陆缘第二次扩张，据 5D-11 磁条带序列，第二次扩张是距今 32～17Ma，扩张速率为 2.5～2.9cm/a。此时南沙礼乐滩和华南大陆分离，地壳碎块向南漂移，并把第一次扩张生成的 M8-M11 洋壳部分地消减至巴拉望海槽及苏禄海盆之下，南海海盆形成。西北加里曼丹出现渐新世以来的混杂堆积和弧前沉积（巴兰组与文莱组）等叠加在第一次扩张形成的白垩纪—始新世以来的混杂岩楔之上。在扩张海盆南北两侧形成被动大陆边缘，并发育 NEE 向张性断裂系和 NEE 向陆缘盆地，使早期分割状断陷盆地相连，形成半封闭的海盆，在北部有琼东南、珠江口等盆地，沉积了几千米的海陆交互相至浅海相的中亚构造层沉积，不整合覆盖在白垩纪—始新世沉积盆地之上。

2）南海海盆扩张演化过程

尽管现在一般认为南海海盆主体是 32～17Ma 通过海底扩张形成的，但在具体扩张时代与形式（方位与期次）的认识上仍存在不少分歧，有一次扩张、多期次扩张、多期次多方向扩张等不同说法（吴金龙等，1992；李家彪等，2002）。Taylor 和 Hayes（1980，1983）提出的 11～5d 号异常均大致平行，近东西向展布，自 32Ma 至 17Ma 东部主盆地的扩张格局未发生显著变更。Briais 等（1993）还识别出磁异常 5c，认为南海海盆是 32～15Ma 期间扩张形成的；并认为 11～6a 号磁异常的确是呈东西向展布，但 6～5c 号异常略呈东部-南西向展布，因而扩张可分为 32～20Ma 和 20～15Ma 两个阶段，前一阶段为近南北向扩张，扩张轴近东西向分布；在后一阶段，扩张轴向西南次海盆延伸，西北-东南向的扩张导致和西南次海盆的打开（Briais 等认为西南次海盆最年轻的磁异常为 5c，比东部主海盆更年轻些）。需要注意的是，对西南次海盆的磁异常年龄解释，存在从 M11～M8（早白垩世）至 5a～5b 等不同认识，分歧极大。姚伯初等（1994a）提出西南次海盆的北东-

南西向磁异常条带，为 18～13 号异常（42～35Ma），并得到沉积层解释、基底深度和热流资料的支持。这样，南海也经历过两个阶段的扩张，前一阶段（42～35Ma）近西北-东南向扩张，后一阶段（32～17Ma）为近南北向扩张。这与 Briais 等的看法明显不同。

根据最新的研究成果，南海海盆在构造上具有南北分区、东西分段的特点，南北分区由早期扩张产生，其扩张属构造主导型的海底扩张，存在一系列非均匀的构造、沉积作用现象。早晚两期扩张均具有渐进式扩张的特点，而非以往认为的剪刀式扩张模式，这种渐进式扩张在西南次海盆表现明显，从北东向南西逐步推进，在构造机制上表现出从稳态的海底扩张到非稳态的初始海底扩张，再向陆缘张裂的逐步转化（李家彪，2011）。

近期的研究认为，南海的演化过程大致可分为 4 个阶段。第一阶段，中侏罗世—中白垩世，原始东南亚边缘是一个安第斯山型的岛弧，北巴拉望-礼乐滩-北康暗沙微陆块是这一边缘的弧前地区。沿原始中国边缘发生的岛弧火山活动于 85Ma 停止。第二阶段，白垩纪末或古新世初期—早渐新世，中国大陆边缘发生断裂活动。第三阶段，晚渐新世—中中新世，南海盆地东部首先发生海底扩张，后在东部海底扩张和地壳拉张的综合作用下，盆地西部开始发生海底扩张。南海海盆的张开，使得北巴拉望-礼乐滩-北康暗沙从大陆分离出来。第四阶段，晚中新世以后，南海盆地及边缘地区发生大幅度沉降（栾锡武和张亮，2009；张洁，2016）。南海海盆在新生代经历了早、晚两期不同动力特征的海底扩张，早期扩张从约 33.5Ma 开始至 25Ma 停止，在东部次海盆南北两侧和西北次海盆形成了具有 EW 向或者 NEE 向磁条带的老洋壳，是近 NNW—SSE 向扩张的产物；晚期扩张从 23.5Ma 开始至 16.5Ma 结束，在东部次海盆中央区和西南次海盆形成了具有 NE 向磁条带的新洋壳，是 NW—SE 向扩张的产物，25～23.5Ma 期间的沉积-构造事件是其重要分界。南海海盆扩张期间，其东部还没有菲律宾群岛的封闭，当时是一个面向大洋的开放海域，可与亚丁湾洋盆对比，是洋中脊向大陆边缘入侵的产物（丁巍伟和李家彪，2011；张亮，2012；张洁，2016）。

3）南海南北部共轭陆缘构造对比

南海是新生代海底扩张形成的边缘海，其南北两侧发育的共轭张裂陆缘是世界上现存为数不多的古近纪晚期张裂陆缘系统，既不像大西洋陆缘那么古老，也不像刚开始发生张裂的红海陆缘那样年轻，因此保留了众多成熟陆缘张裂的变形特征，是研究大陆边缘破裂和海底扩张的一个天然实验室（李家彪，2005）。大陆破裂与分离并不是一蹴而就的，往往经历过不止一期的张裂，是陆壳不断减薄、最终破裂并出现洋壳的一系列过程。对南海大陆边缘演化过程中岩浆作用机制的研究有助于深化大陆破裂和沉积盆地形成过程的认识。对现今大陆边缘体系的结构构造和变形特征进行分析，可重塑历史时期陆缘张裂变形过程；通过对比研究，理解大陆边缘演化复杂的作用过程，确定张裂变形机制以及伴随的岩浆活动，可揭示陆缘盆地性质和动力学特征。

通过断裂活动、火山活动、伸展样式、基底特征等多方面分析，有学者认为南沙块体和中沙块体等与华南陆缘具有很好的对比性，属于陆壳性质，与北部边缘构成了所谓的共轭大陆边缘（Hamilton，1979；Holloway，1982；Kudrass et al.，1986；Li，1997），但以上观点均是基于南海形成于海底扩张这一基本模式。北部陆缘多处发现向北倾的大型穿透性地壳断层（Hayes et al.，1995），断层穿过莫霍面，一直延伸到上地幔中，其上是由一系列地堑、半地堑组成的裂谷带。而与北部陆缘相对应的南部陆缘礼乐滩附近地震调查揭示，其北侧洋陆边界出现向洋盆方向陡倾正断层，形成高差达 4000m 的断崖，这不同于南海北部陆缘洋陆转换带附近的变形特征，反映出南海南北陆缘是一对不对称的共轭陆缘。因此需要进一步研究二者之间在构造属性、沉积、构造特征、深部结构和油气赋存等方面的差异性以及大陆破裂期间的表现形式。姚伯初（1999a）根据这一不对称性，认为南部陆缘属上板块边缘，而北部陆缘属下板块边缘，提出北部陆缘岩石圈上地幔、中－下地壳和地幔的分层剪切伸展模式。阎贫等（2005）则提出南海东沙地块、礼乐滩地块具有脆性破裂的特点。也有不少学者提出了另外的模式（Karig, 1971; Tapponnier, et al., 1982, 1986），由于在构造、变形特征方面，南海北部陆缘与南部陆缘存在显著差异，因此关于南海两边陆缘的共轭性还有待进一步验证。

7.4.4.3　特提斯、古南海与南海的构造演化关系

孙卫东等（2018）认为，南海和青藏高原都是新特提斯洋闭合的产物，而非青藏高原碰撞导致的中南半岛逃逸所形成的。与青藏高原碰撞隆升机制不同，南海是新特提斯洋闭合后期弧后拉张的结果。新特提斯洋位于北边的欧亚大陆与南面的非洲、印澳板块之间，呈东宽西窄的喇叭形。在西部，新特提斯洋向北俯冲可能在侏罗纪就开始了，局部形成弧后盆地。大约130Ma前，由于凯尔盖朗等大火成岩省的喷发，新特提斯洋洋脊开始向北漂移。由于新特提斯洋东部宽度较大，弧后拉张明显，形成了古南海。

新特提斯洋闭合过程中一个重大事件是洋脊俯冲，从菲律宾经福建及两广到青藏高原，均有 100Ma 左右的埃达克岩产出，是洋脊俯冲的产物。在青藏高原埃达克岩虽然发生矿化，但没有形成大规模的斑岩铜金矿床，菲律宾、福建、广东埃达克岩形成了斑岩铜金矿床。同时期华南出现的一次短暂的大规模挤压事件，与洋脊俯冲契合。该挤压事件可能导致了古南海闭合的开始。同期，青藏高原冈底斯出现高温岩石——埃达克质紫苏花岗岩；在背面有 110Ma 短时间内发生的大规模花岗岩事件。考虑到板块重建的结果，这些埃达克岩和华南短时间挤压事件的时空分布显示新特提斯洋洋脊在 100～110Ma，近似平行地俯冲到了欧亚大陆之下；其前板片下沉，造成软流圈扰动，引起大规模岩浆活动；后板片缓慢后撤，于 80Ma 形成了 A 型花岗岩。这些花岗岩受还原性板块俯冲的影响而普遍含锡，多属于 A2 型，形成了全球 60% 的锡矿。俯冲板片的后撤，导致了拉张，可以合理解释南海北缘的"神狐运动"。

33Ma 随着俯冲板片后撤和俯冲角度加大，引起新的弧后拉张，产生洋壳，南海逐渐形成。青藏高原碰撞造成物质向各方向逃逸，对东亚大陆的构造格局产生了重要的影响，在一定程度上影响了南海拉张。23Ma 90°E 海岭俯冲，阻挡了青藏高原下方地幔物质向东南方向的逃逸，改变了东亚构造格局。而该海岭俯冲产生的向北东方向挤压，造成印支半岛向西南挠曲，可能是南海扩张脊向南跃迁的原因。

参 考 文 献

蔡乾忠 . 2005a. 中国海域油气地质学 . 北京 : 海洋出版社 .

蔡乾忠 . 2005b. 中国海域主要沉积盆地成盆动力学研究 . 海洋石油 , 25(2): 1-9.

曹洁冰 , 周祖翼 . 2003. 被动大陆边缘 : 从大陆张裂到海底扩张 . 地球科学进展 , 18(5): 730-736.

陈冰 . 2004. 南海东北部新生代沉积盆地基底的地球物理特征 . 上海 : 同济大学 .

陈沪生, 张永鸿 . 1999. 下扬子及邻区岩石圈结构构造特征与油气资源评价 . 北京 : 地质出版社 .

陈洁 . 2007. 潮汕拗陷地球物理特征及油气勘探潜力 . 地球物理学进展 , 22(1): 147-155.

陈丽蓉, 翟世奎, 申顺喜 . 1993. 冲绳海槽浮岩的同位素特征及年代测定 . 中国科学 , 23(3): 324-329.

陈圣源 . 1987. 南海磁力异常图 . 南海地质地球物理图集 . 广州 : 广东地图出版社 .

陈文寄, Harrison T M, Heizler M T, 等 . 1992a. 苏北－胶南构造混杂岩带冷却历史的多重扩散域 ^{40}Ar-^{39}Ar 热年代学研究 . 岩石学报 , 8(1): 1-17.

陈文寄, 李太明, 李齐, 等 . 1992b. 下辽河裂谷盆地玄武岩的年代学与地球化学 // 刘若新 . 中国新生代火山岩年代学与地球化学 . 北京 : 地震出版社 : 44-80.

陈园田, 谢志平 . 1996. 台湾海峡的活动断裂与地震活动性 . 华南地震 , (1): 57-62.

程裕淇 . 1994. 中国区域地质概论 . 北京 : 地质出版社 .

丁巍伟, 李家彪 . 2011. 南海南部性缘构造变形特级及伸展作用 : 来自两条 P73 多通地震测线的证据 . 地球物理学报 , 54(12):3038-3056.

丁巍伟, 王渝明, 陈汉林, 等 . 2004. 台西南盆地构造特征与演化 . 浙江大学学报 (理学版), 3(2): 216-220.

丁巍伟, 黎明碧, 赵俐红, 等 . 2009. 南海西北次海盆新生代构造－沉积特征及伸展模式探讨 . 地学前缘 , 16(4): 147-156.

方迎尧, 周伏洪 . 1998. 南海中央海盆条带状磁异常特征与海底扩张 . 物探与化探 , 22(4): 272-278.

冯志强, 姚永坚, 曾祥辉, 等 . 2002. 对黄海中、古生界地质构造特征及油气远景的新认识 . 中国海上油气 (地质), 16(6): 367-373.

高金耀, 张涛, 方银霞, 等 . 2008. 冲绳海槽断裂、岩浆构造活动和洋壳化进程 . 海洋学报 , 30(5): 62-70.

高瑞祺, 赵文智, 孔凡仙 . 2004. 青年勘探家论渤海湾盆地石油地质 . 北京 : 石油工业出版社 .

高知云, 章濂澄 . 1993. 辽河盆地老第三纪火山岩及其构造环境分析 . 西北大学学报 , 23(4): 365-377.

龚建明, 陈国威 . 1995. 西湖凹陷东部断阶带火成岩的分布特征 . 中国海上油气 , 9(1): 13-17.

龚再升, 蔡东升, 张功成 . 2007. 郯庐断裂对渤海海域东部油气成藏的控制作用 . 石油学报 , 28(4): 1-10.

谷俐, 戴塔根, 范蔚 . 2000. 渤海周边中、新生代火山作用及其深部过程意义 . 大地构造与成矿学 , 24(1): 9-17.

郭玉贵, 李延成 . 1997. 黄东海大陆架及邻域大地构造演化史 . 海洋地质与第四纪地质 , 17(1): 1-12.

海洋图集编委会 . 1990. 渤海 黄海 东海海洋图集——地质地球物理 (1 : 500 万). 北京 : 海洋出版社 .

韩宗珠, 颜彬, 唐璐璐 . 2008. 渤海及周边地区中新生代构造演化与火山活动 . 海洋湖沼通报 , (2): 30-36.

郝沪军, 林鹤鸣, 杨梦雄, 等 , 2001. 潮汕坳陷中生界油气勘探的新领域 . 中国海上油气 (地质), 15(3): 157-163.

郝沪军, 施和生, 张向涛, 等 . 2009. 潮汕坳陷中生界及其石油地质条件——基于 LF35-1-1 探索井钻探结果的讨论 . 中国海上油气 , 21(3): 150-156.

郝天珧, 刘建华, Mancheol S, 等 . 2003. 黄海及其邻区深部结构特点与地质演化 . 地球物理学报 , 46(6): 803-808.

郝天珧, 刘建华, 郭峰, 等 . 2004. 冲绳海槽地区地壳结构与岩石层性质研究 . 地球物理学报 , 47(3): 462-468.

郝天珧, 徐亚, 赵百民, 等 . 2009. 南海磁性基底分布特征的地球物理研究 . 地球物理学报 , 52(11): 2763-

2774.

何将启, 周祖翼, 李家彪, 等. 2002. 南海北部大陆边缘构造研究: 现状及展望 // 中国边缘海的形成演化. 北京: 海洋出版社: 65-73.

侯方辉, 李日辉, 张训华, 等. 2012. 胶莱盆地向南黄海延伸——来自南黄海地震剖面的新证据. 海洋地质前沿, 28(3): 12-16.

侯贵廷, 钱祥麟, 蔡东升. 2003. 渤海-鲁西地区白垩-早第三纪裂谷活动——火山岩的地球化学证据. 地质科学, 38(1): 13-21.

黄福林. 1986. 论南海的地壳结果及深部过程. 海洋地质与第四纪地质, 6(1): 31-42.

黄汲清, 任纪舜, 姜春发, 等. 1980. 中国大地构造及其演化. 北京: 科学出版社.

黄朋, 李安春, 胡宁静, 等. 2006a. 冲绳海槽火山岩 Sr-Nd 同位素特征及 U 系年龄. 中国科学 (D 辑: 地球科学), 36(4): 351-358.

黄朋, 李安春, 蒋恒毅. 2006b. 冲绳海槽北、中段火山岩地球化学特征及其地质意义. 岩石学报, 22(6): 1073-1082.

嵇少丞, 王茜, 许志琴. 2008. 华北克拉通破坏与岩石圈减薄. 地质学报, 82(2): 174-193.

贾健谊, 顾惠荣. 2002. 东海西湖凹陷含油气系统与油气资源评价. 北京: 地质出版社.

江为为, 郝天珧, 刘少华, 等. 2004. 中国东部大陆与东海海域地质构造的相关性分析. 地球物理学进展, 19(1): 75-90.

金庆焕. 1989. 南海地质与油气资源. 北京: 地质出版社.

金庆焕, 李唐根. 2000. 南沙海域区域地质构造. 海洋地质与第四纪地质, 20(1): 1-8.

金翔龙. 1989. 南海地球科学研究报告. 东海海洋, 7: 21-29.

金翔龙. 1992. 东海海洋地质. 北京: 海洋出版社.

金翔龙, 喻普之. 1987. 冲绳海槽的构造特征与演化. 中国科学 (B 辑), (2): 196-203.

李国钰. 2002. 中国含油气盆地图集. 北京: 石油工业出版社.

李家彪. 2004. 中国边缘海海盆演化与资源效应. 北京: 海洋出版社.

李家彪. 2005. 中国边缘海形成演化与资源效应. 北京: 海洋出版社.

李家彪. 2008. 东海区域地质. 北京: 海洋出版社.

李家彪. 2011. 南海大陆边缘动力学: 科学实验与研究进展. 地球物理学报, 54(12): 2993-3003.

李家彪. 2012. 中国区域海洋学——海洋地质学. 北京: 海洋出版社.

李家彪, 金翔龙, 高金耀. 2002. 南海东部海盆晚期扩张的构造地貌研究. 中国科学 (D 辑: 地球科学), 32(3): 239-248.

李家彪, 丁巍伟, 高金耀, 等. 2011. 南海新生代海底扩张的构造演化模式: 来自高分辨率地球物理数据的新认识. 地球物理学报, 54(12): 3004-3015.

李乃胜, 赵松龄, 鲍·瓦西里耶夫. 2000. 西北太平洋边缘海地质. 哈尔滨: 黑龙江教育出版社.

李平鲁, 梁慧娴, 戴一丁. 1998. 珠江口盆地基岩油气藏远景探讨. 中国海上油气 (地质), (12): 361-369.

李巍然, 王先兰. 1997. 冲绳海槽南部橄榄拉斑玄武岩研究. 海洋与湖沼, 28(6): 665-672.

李巍然, 王永吉. 1997. 冲绳海槽火山岩岩石特征及其地质意义. 岩石学报, 13(4): 538-550.

李文勇, 李东旭, 夏斌, 等. 2006. 北黄海盆地构造演化分析. 现代地质, 20(2): 268-276.

李湘云, 吴振利, 薛彬, 等. 2007. SEDIS IV 型短周期自浮式海底地震仪及应用体会. 热带海洋学报, 26(5):

35-39.

李祖辉, 郑彦鹏, 支鹏遥, 等. 2015. 渤海东南部深地震探测与地壳结构研究新进展——OBS2013 剖面数据处理分析. 地球物理学进展, 30(3): 1402-1409.

林舸, 赵崇斌, 肖焕钦, 等. 2008. 华北克拉通构造活化的动力学机制与模型. 大地构造与成矿学, 32(2): 133-142.

刘光鼎. 1990. 中国海大地构造演化. 石油与天然气地质, 11(1): 23-29.

刘光鼎. 1992a. 浅层地球物理综合研究. 地球物理学进展, 7(4): 1-3.

刘光鼎. 1992b. 中国海区及邻域地质地球物理系列图 (1 ： 500 万). 北京: 地质出版社.

刘光鼎, 陈洁. 2005. 中国前新生代残留盆地油气勘探难点分析及对策. 地球物理学进展, 20(2): 1-3.

刘俊来, Davis G A, 纪沐, 等. 2008. 地壳的拆离作用与华北克拉通破坏: 晚中生代伸展构造约束. 地学前缘, 15(3): 72-81.

刘申叔. 2001. 东海油气地球物理勘探. 北京: 地质出版社.

刘以宣. 1984. 南海大地构造与陆缘活化. 大地构造与成矿学, 8(3): 209-226.

刘昭蜀. 2002. 南海地质. 北京: 科学出版社.

刘昭蜀, 陈忠. 1992. 南海海盆的形成演化探讨. 海洋科学, (4): 18-22.

刘昭蜀, 赵焕庭, 范时清, 等. 1988. 南海地质构造与陆缘扩张. 北京: 科学出版社.

刘中云, 肖尚斌, 姜在兴. 2001. 渤海湾盆地第三系火山岩及其成因. 石油大学学报 (自然科学版), 25(1): 22-26.

吕文正. 1987. 南海中央海盆条带磁异常特征及构造演化. 海洋学报, 9(1): 69-78.

吕修亚, 阎贫, 陈洁, 等. 2009. 折射方法在南海北部潮汕坳陷中生界地层研究中的应用. 热带海洋学报, 28(1): 43-47.

栾锡武, 张亮. 2009. 南海构造演化模式: 综合作用下的被动扩张. 海洋地质与第四纪地质, 29(6): 59-74.

罗文造, 阎贫, 温宁, 等. 2009. 南海北部潮汕坳陷海区海底地震仪调查实验. 热带海洋学报, 28(4): 59-65.

马杏垣, 刘和甫, 王维襄. 1983. 中国东部中、新生代裂陷作用和伸展构造. 地质学报, 57(1): 22-32.

马寅生, 曾庆利, 宋彪, 等. 2007. 燕山中段盘山花岗岩体锆石 SHRIMP U-Pb 年龄测定及其构造意义. 岩石学报, 23(3): 547-556.

木村政昭. 1983. 冲绳海槽地堑的形成. 地质学论文集〔日〕第 22 号: 141-157. 方孝悌译. 琉球群岛, 冲绳海槽, 钓鱼岛地质. 地质矿产部海洋地质调查局情报资料室: 23-40.

聂文英, 祝治平. 1998. 穿过张家口–渤海地震带西缘的折射剖面所揭示的地壳上地幔构造与速度结构. 地震研究, (1): 94-102.

漆家福, 张一伟, 陆克政, 等. 1995. 渤海湾新生代裂陷盆地的伸展模式及其动力学过程. 石油实验地质, 17(4): 316-323.

漆家福, 于福生, 陆克政, 等. 2003. 渤海湾地区的中生代盆地构造概论. 地学前缘, 10(S1): 199-206.

漆家福, 杨桥, 陆克政, 等. 2004. 渤海湾盆地基岩地质图及其所包含的构造运动信息. 地学前缘, 11(3): 299-307.

祁江豪, 吴志强, 张训华, 等. 2019. 胶莱盆地在南黄海的延伸: 来自 OBS 深地震探测的新证据. 吉林大学学报 (地球科学版), 49(1): 106-114.

秦蕴珊. 1987. 东海地质. 北京: 科学出版社.

丘学林, 赵明辉, 敖威, 等. 2011. 南海西南次海盆与南沙地块的 OBS 探测和地壳结构. 地球物理学报, 54(12): 8117-3128.

丘学林, 赵明辉, 叶春明, 等. 2003. 南海东北部海陆联测与海底地震仪探测. 大地构造与成矿学, 27(4): 295-299.

邱中建, 龚再升. 1999. 中国油气勘探. 北京: 石油工业出版社.

饶春涛, 李平鲁. 1991. 珠江口盆地热流研究. 中国海上油气 (地质), 5(6): 7-18.

任纪舜. 1980. 中国大地构造及其演化. 北京: 科学出版社.

任纪舜. 1990. 论中国南部的大地构造. 地质学报, (4): 275-288.

任纪舜. 2013. 国际亚洲地质图 (1 ∶ 500 万). 北京: 地质出版社.

任纪舜, 陈延愚, 牛宝贵, 等. 1990. 中国东部及邻区大陆岩石圈的构造演化与成矿. 北京: 科学出版社.

任纪舜, 牛宝贵, 王军, 等. 2013. 1 ∶ 500 万国际亚洲地质图. 地球学报, 34(1): 24-30.

阮爱国, 牛雄伟, 吴振利, 等. 2009a. 潮汕坳陷中生代沉积的折射波 2D 速度结构和密度. 高校地质学报, 15(4): 417-428.

阮爱国, 丘学林, 李家彪, 等. 2009b. 中国海洋深地震探测与研究进展. 华南地震, 29(2): 10-18.

阮爱国, 李家彪, 冯占英, 等. 2004. 海底地震仪及其国内外发展现状. 东海海洋, 22(2): 19-27.

阮爱国, 牛雄伟, 丘学林, 等, 2011. 穿越南沙礼乐滩的 OBS 广角地震试验. 地球物理学报, 54(12): 3139-3145.

尚继宏, 李家彪. 2009. 南海东北部陆缘区新近纪早期反转构造特征及其动力学意义. 海洋学报, 31(3): 73-83.

尚继宏, 李家彪, 吴自银. 2010. 马尼拉俯冲带中段增生楔精细构造特征及微型圈闭盆地发育模式探讨. 地球物理学报, 53(1): 94-101.

沈锡昌, 郭步英. 1993. 海洋地质学. 武汉: 中国地质大学出版社.

施炜, 马寅生, 崔盛芹, 等. 2007. 苏鲁造山带的东延及其与临津江造山带的关系. 2007 全国岩石学与地球动力学暨化学地球动力学研讨会.

施小斌, 周蒂, 张毅祥, 等. 2002. 南海西沙海槽岩石圈的密度结构与热 - 流变结构. 热带海洋学报, 21(2): 23-31.

石学法, 鄢全树. 2011. 南海新生代岩浆活动的地球化学特征及其构造意义. 海洋地质与第四纪地质, 31(2): 63-76.

宋鹏, 肖国林, 张维冈, 等. 2006. 北黄海海域的重磁场特征及其地质意义. 海洋地质前沿, 22(8): 1-6.

苏乃容, 曾麟, 李平鲁. 1995. 珠江口盆地东部中生代凹陷地质特征. 中国海上油气 (地质), 9(4): 228-236.

孙卫东, 林秋婷, 张丽鹏, 等. 2018. 跳出南海省南海—新特提斯洋闭合与南海的形成演化. 岩石学报, 32(12): 3467-3478.

孙晓猛, 张梅生, 龙胜祥, 等. 2004. 秦岭 - 大别造山带北部逆冲推覆构造与合肥盆地、周口坳陷控盆断裂. 石油与天然气地质, 25(2): 191-198.

滕吉文, 张中杰. 1997. 东亚大陆伸展和裂谷作用与动力学. 地球物理学进展, 12(2): 1-29.

滕吉文, 张中杰, 张秉铭, 等. 1997. 渤海地球物理场与深部潜在地幔热柱的异常构造背景. 地球物理学报, 40(4): 468-480.

田振兴, 张训华, 肖国林, 等, 2007. 北黄海盆地北缘断裂带及其特征. 海洋地质与第四纪地质, 27(2):

59-63.

万天丰. 1993. 中国东部中、新生代板内变形构造应力场及其应用. 北京: 地质出版社.

万天丰. 2004. 中国大地构造学纲要. 北京: 地质出版社.

王鸿祯, 杨森楠, 刘本培, 等. 1990. 中国及邻区构造古地理和生物古地理. 北京: 中国地质大学出版社.

王家林, 张新兵, 吴健生, 等. 2002. 珠江口盆地基底结构的综合地球物理研究. 热带海洋学报, 21(2): 13-22.

王京彬. 1991. 中国东部郯庐断裂南延新解. 大地构造与成矿学, 29(2): 170-176.

王小六, 李振春, 曹文俊. 2004. 广角地震采集综述. 勘探地球物理进展, (5): 12-17.

卫小冬, 阮爱国, 赵明辉, 等. 2011. 穿越东沙隆起和潮汕坳陷的 OBS 广角地震剖面. 地球物理学报, 54(12): 3325-3335.

温珍河. 2000. 黄海东部-群山盆地石油地质研究. 海洋地质情报文集, (20): 18-26.

温珍河, 张训华, 杨金玉, 等, 2011. 中国海域 1 : 100 万地质地球物理系列图编图及建库. 全国地质制图与 GIS 学术论坛.

吴国瑄, 王汝建, 郝沪军, 等. 2007. 南海北部海相中生界发育的微体化石证据. 海洋地质与第四纪地质, 27(1): 79-85.

吴金龙, 韩树桥, 李恒修, 等. 1992. 南海中部古扩张脊的构造特征及南海海盆的两次扩张. 海洋学报, 14(1): 82-96.

吴瑞棠, 张守信, 刘椿, 等. 1989. 现代地层学. 武汉: 中国地质大学出版社.

吴时国, 刘文灿. 2004. 东亚大陆边缘的俯冲带构造. 地学前缘, 11(3): 15-22.

吴世敏, 周蒂, 丘学林. 2001. 南海北部陆缘构造属性问题. 高校地质学报, 7(4): 419-426.

吴振利, 阮爱国, 李家彪, 等. 2008. 南海中北部地壳深部结构探测新进展. 华南地震, 28(1): 21-28.

吴振利, 阮爱国, 李家彪, 等. 2012. 南海西南次海盆广角地震探测. 热带海洋学报, 31(3): 35-39.

武法东. 2000. 东海陆架盆地西湖凹陷第三系层序地层与沉积体系分析. 北京: 地质出版社.

徐嘉炜, 朱光. 1995. 中国东部郯庐断裂带构造模式讨论. 华北地质矿产杂志, (2): 121-134.

徐开礼, 朱志澄. 1988. 构造地质学 (第二版). 北京: 地质出版社.

徐亚, 郝天珧, 戴明刚, 等. 2007. 渤海残留盆地分布综合地球物理研究. 地球物理学报, 50(3): 868-881.

许东禹, 郭玉贵, 莫杰, 等. 1995. 亚洲海洋地质研究进展概述. 海洋地质与第四纪地质, 15(4): 135-136.

许东禹, 刘锡清, 张训华. 1997. 中国近海地质. 北京: 地质出版社.

薛彬, 阮爱国, 李湘云, 等. 2008. SEDIS IV 型短周期自浮式海底地震仪数据校正方法. 海洋学研究, 26(2): 98-102.

阎贫, 刘海龄. 2002. 南海北部陆缘地壳结构探测结果分析. 热带海洋学报, 21(2): 1-12.

阎贫, 刘海龄. 2005. 南海及其因缘中新生代火山活动时空特征与南海的形成模式. 热带海洋学报, 24(2): 33-41.

阎贫, 刘昭蜀, 姜绍仁. 1996. 东沙群岛海域的折射地震探测. 海洋地质与第四纪地质, 16(4): 19-24.

阎贫, 刘昭蜀, 姜绍仁. 1997. 南海北部地壳的深地震地质结构探测田. 海洋地质与第四纪地质, 17(2): 21-27.

杨弛秋, 戴春山, 刘万洙. 2003. 北黄海地底结构特征. 海洋地质动态, 19(5): 25-26.

杨森楠, 杨巍然. 1985. 中国区域大地构造学. 北京: 地质出版社.

杨少坤, 林鹤鸣, 郝沪军 . 2002. 珠江口盆地东部中生界海相油气勘探前景 . 石油学报 , 23(5): 28-34.

杨胜雄, 邱燕, 朱本铎 . 2016. 南海地质地球物理图系 (1 ∶ 200 万). 天津 : 中国航海图书出版社 .

杨文采 . 2005. 苏鲁大别造山带地球物理与壳幔作用 . 北京 : 地质出版社 .

杨文采, 陈国九 . 1999. 苏鲁超高压变质带北部地球物理调查 (Ⅰ)——深反射地震 . 地球物理学报 , (1): 41-52.

杨文达 . 2004. 冲绳海槽现代张裂的地球物理特征 . 海洋地质与第四纪地质 , 24(3): 77-82.

杨文达, 崔征科, 张异彪 . 2010. 东海地质与矿产 . 北京 : 海洋出版社 .

杨志坚 . 1990. 胶东地块在古生代的浮沉 . 华东地质 , (2): 1-10.

杨志坚, 沈振丰 . 1990. 中国东、南部大陆、海域与邻区 (国) 古构造演化关系 . 华东地质 , (1): 1-14.

杨子赓 . 2004. 海洋地质学 . 济南 : 山东教育出版社 .

姚伯初 . 1991. 南海海盆在新生代的构造演化 . 南海地质研究 , (3): 9-23.

姚伯初 . 1993. 南海北部陆缘新生代构造运动初探 // 地质矿产部广州海洋地质调查局情报研究室 . 南海地质研究 (五). 武汉 : 中国地质大学出版社 : 1-12.

姚伯初 . 1994. 中南—礼乐断裂的特征及其构造意义 . 南海地质研究 , 7: 1-14.

姚伯初 . 1996. 南海海盆新生代的构造演化史 . 海洋地质与第四纪地质 , 16(2): 1-13.

姚伯初 . 1997a. 南海西南海盆海底扩张及构造意义 . 南海地质研究 , 9: 20-36.

姚伯初 . 1997b. 南沙群岛万安盆地构造研究史再探 . 热带海洋 , 16(3): 15-22.

姚伯初 . 1999a. 南海断裂特征及其构造意义 // 姚伯初, 邱燕, 吴能有 . 南海西部海域地质构造特征和新生代沉积 . 北京 : 地质出版社 : 32-43.

姚伯初 . 1999b. 南海西南海盆的岩石圈张裂模式探讨 . 海洋地质与第四纪地质 , 19: 37-48.

姚伯初 . 2006. 黄海海域地质构造特征及其油气资源潜力 . 海洋地质与第四纪地质 , 26(2): 85-93.

姚伯初, 王光宇 . 1983. 南海海盆的地壳结构 . 中国科学 (B 辑), 2: 177-186.

姚伯初, 杨木壮 . 2008. 南海晚新生代构造运动与天然气水合物资源 . 海洋地质与第四纪地质 , 28(4): 93-100.

姚伯初, 曾维军 . 1994. 中美合作调研南海地质专报 . 武汉 : 中国地质大学出版社 .

姚伯初, 曾维军, 陈艺中, 等 . 1994a. 南海西沙海槽, 一条古缝合线 . 海洋地质与第四纪地质 , 14(1): 1-10.

姚伯初, 曾维军, 陈艺中, 等 . 1994b. 南海北部陆缘东部的地壳结构 . 地球物理学报 , 37(1): 27-35.

姚伯初, 曾维军, 陈艺中, 等 . 1995. 南海北部陆缘中生代沉积的地震反射特征 . 海洋地质与第四纪地质 , 15(1): 81-90.

姚永坚, 夏斌, 徐行 . 2005. 南海南部海域主要沉积盆地构造演化特征 . 南海地质研究 , (1): 1-11.

尹延鸿, 张训华, 温珍河, 等 . 2008. 中国东部海区及邻域区域构造图的编制方法及地质构造单元划分 . 海洋学报 , 30(6): 110-119.

尹周勋, 赖明惠, 熊绍柏, 等 . 1999. 华南连县 - 博罗 - 港口地带地壳结构及速度分布的爆炸地震探测结果 . 地球物理学报 , 42(3): 383-392.

于和新, 洪雷 . 2011. 东海盆地的地质构造格架与演变史 . 福建地质科技情报 , (3):23-33.

曾志刚, 陈丽蓉 . 2008. 冲绳海槽中部的火山口 . 海洋地质与第四纪地质 , 28(3): 31-34.

翟文建, 齐小兵, 章泽军 . 2009. 江南断裂构造属性及成生环境初探 . 大地构造与成矿学 , 33(3): 372-380.

张伯声 . 1980. 中国地壳的波浪状镶嵌结构 . 北京 : 科学出版社 .

张超, 马昌前, 廖群安, 等. 2009. 渤海湾黄骅盆地晚中生代—新生代火山岩地球化学: 岩石成因及构造体制转换. 岩石学报, 25(5): 1159-1177.

张洪涛, 张训华, 温珍河, 等. 2011. 中国东部海区及邻域地质地球物理系列图 (1 ∶ 100 万). 北京: 海洋出版社.

张健, 李家彪. 2011. 南海西南海盆壳幔结构重力反演与热模拟分析. 地球物理学报, 54(12): 3026-3037.

张健, 汪集旸. 2000. 南海北部大陆边缘深部地热特征. 科学通报, 45(10): 1095-1100.

张洁. 2016. 南海西南次海盆扩张期后岩浆活动及其残留扩张中心的纵横波速度结构. 杭州: 浙江大学.

张洁, 李家彪, 李细兵, 等. 2011. 渐进式扩张海盆亚丁湾与南海西南次海盆扩张演化特征的对比. 地球物理学报, 54(12): 3079-3088.

张莉, 赵明辉, 王建, 等. 2013. 南海中央次海盆 OBS 位置校正及三维地震探测新进展. 地球科学——中国地质大学学报, 38(1): 33-42.

张亮. 2012. 南海构造演化模式及其数值模拟. 青岛: 中国科学院大学.

张文佑. 1983. 中国及邻区海陆大地构造图 (1 ∶ 500 万). 北京: 科学出版社.

张文佑. 1986. 中国及邻区海陆大地构造. 北京: 科学出版社.

张训华. 2008. 中国海域构造地质学. 北京: 海洋出版社.

张中杰, 刘一峰, 张素芳, 等. 2009. 南海北部珠江口 - 琼东南盆地地壳速度结构与几何分层. 地球物理学报, 52(10): 2461-2467.

赵明辉, 丘学林, 徐辉龙, 等. 2006. 华南海陆过渡带的地壳结构与壳内低速层. 热带海洋学报, 25(5): 36-42.

赵明辉, 丘学林, 夏少红, 等. 2007. 南海东北部三分量海底地震仪记录中横波的识别和分析. 自然科学进展, 17(11): 1516-1523.

赵宗溥. 1993. 中朝准地台前寒武纪地壳演化. 北京: 科学出版社.

郑求根, 蔡立国, 丁文龙, 等. 2005a. 黄海海域盆地的形成与演化. 石油与天然气地质, 26(5): 647-654.

郑求根, 周祖翼, 蔡立国. 2005b. 黄海海域盆地的形成、演化与中国东部板块作用的关系. 中生代以来中国大陆板块作用过程学术研讨会.

郑求根, 周祖翼, 蔡立国, 等. 2005c. 东海陆架盆地中新生代构造背景及演化. 石油天然气地质, 26(2): 197-201.

支鹏遥, 刘保华, 华清峰, 等. 2012. 渤海海底地震仪探测试验及初步成果. 地球科学进展, 27(7): 769-777.

中国地质科学院地质研究所. 1982. 1 ∶ 800 万亚洲大地构造图及说明书. 中国地质科学院文集.

中国科学院海洋研究所海洋地质研究室. 1985. 渤海地质. 北京: 科学出版社.

钟广见, 吴世敏, 冯常茂. 2011. 南海北部中生代沉积模式. 热带海洋学报, 30(1): 43-48.

钟建强. 1993. 台西南盆地晚新生代构造演化初步分析. 海洋通报, 12(5): 44-50.

周蒂, 孙珍, 陈汉宗, 等. 2005. 南海及其围区中生代岩相古地理和构造演化. 地学前缘, 12(3): 204-218.

周建波, 刘建辉, 郑常青, 等. 2005. 大别 - 苏鲁造山带的东延及板块缝合线: 郯庐 - 鸭绿江 - 延吉断裂的厘定. 高校地质学报, 11(1): 92-104.

朱志澄. 1991. 构造地质学. 武汉: 中国地质大学出版社.

Barckhausen U, Roeser H A. 2004. Seafloor Spreading Anomalies in the South China Sea Revisited. Continent-Ocean Interactions within East Asian Marginal Seas, AGU Chapman Conference, San Diego, CA, ETATS-

UNIS (11/2002), 149: 121-125.

Ben-Avrahan Z, Uyeda S. 1973. The evolution of the China Basin and the Mesozoic paleogeography of Borneo. Earth and Planetary Science Letters, 18: 365-376.

Bowin C, Lu R S, Lee C S, et al. 1978. Plate convergence and accretion in the Taiwan Luzon region. AAPG Bulletin, 62(9): 1645-1672.

Briais A, Patriat P, Tapponnier P. 1993. Updated interpretation of magnetic anomalies and seafloor spreading in the South China Sea: implications for the Tertiary tectonics of Southeast Asia. Journal of Geophysical Research, 98(B4): 6299-6328.

Cady J. 1980. Calculation of gravity and magnetic anomalies of finite-length right polygonal prisms. Geophysics, 45: 1507-1520.

Cande S C, Kent D V. 1995. Revised calibration of the geomagnetic polarity timescale for the Late Cretaceous and Cenozoic. Journal of Geophysical Research, 100(B4): 6093-6095.

Chen G D. 1988. Tectonics of China. International Academic Publishers. Oxford: Pergamon Press Ltd.

Chen J. 2007. Geophysical characteristics of the chaoshan depression and its hydrocarbon exploration potential. Progress in Geophysics, 22(1): 147-155.

Chough S K, Lee S H, Yoon S H, 2000. Marine Geology of Korean Seas. Amstedam: Elvisier.

Christensen N I, Walter D M. 1995. Seismic velocity structure and composition of the continenal crust: A global view. Journal of Geophysical Research, 100: 9761-9788.

Clift P, Lin J. 2001. Preferential mantle lithospheric extension under the South China margin. Marine and Petroleum Geology, 18: 929-945.

Clift P, Lin J. 2011. ODP Leg 184 Scientific Party. Patterns of extension and magmatism along the continent-ocean boundary, South China margin. In: Wilson R C, Whitmarsh R B, Taylor B(eds.). Non-volcanic Rifting of Continental Margins: a Comparison of Evidence from Land and Sea. Boulder: Geological Society of America: 489-510.

Ditmar P G, Makris J. 1996. Tomographic inversion of 2-D WARRP data based on Tikhonov regularization: 66th Annual International Meeting, Society of Exploratory Geophysicists: 2015-2018.

Downes H, 李继亮 . 1992. 上地幔中的剪切带——地幔橄榄岩的地球化学富集与变形作用的关系 . 国外地质 (北京), (2): 29-32.

Haile N S. 1992. Evidence of Multiphase deformation in the Rajang-Crocker Range (northern Borneo)from Landsat imagery interpretation: Geodynamic implication-comment. Tectonophysic, 204: 178-180.

Hamilton W. 1979. Tectonics of the Indonesian Region. Bulletin of the Geological Society of Malaysia, 6: 3-10.

Hayes D E, Nissen S S, Buhl P, et al. 1995. Throughgoing crustal faults along the northern margin of the Northern margin of the South China Sea and their role in crustal extension. Journal of Geophysical Research, 100(B11): 22435-22446.

Ho K S, Chen J C, Juang W S. 2000. Geochronology and geochemistry of late Cenozoic basalts from the Leiqiong area, South China. Journal of Asian Earth Sciences, 18: 307-324.

Holloway N H. 1982. North Palawan Block, Philippines, its relation to Asian mainland and role in evolution of South China Sea. AAPG Bulletin, 66: 1355-1383.

Hutchson C S. 1992. The Eocene unconformity on Southeast and East Sundaland. Bulletin of the Geological Society of Malaysia, 32: 69-88.

Jahn B, Chen P Y, Yen T P. 1976. Rb-Sr ages of granitic rocks in southeastern China and their tectonic significance. Geological Society of America Bulletin, 87: 763-776.

Karig D E. 1971. Origin and development of marginal basins in the western Pacific. Journal of Geophysical Research, 76: 2543-2561.

Kennett J P. 1982. Marine Geology. New Jersey: Prentice-Hall, Englewood Cliffs.

Kudrass H R, Weidicke M, Cepek P, et al. 1986. Mesozoic and Cenozoic rocks dredged from the South China Sea (Reed Bank area)and Sulu Sea and their significance for plate-tectonic reconstructions. Marine and Petrdeum Geology, 3(1): 19-30.

Lee T Y, Lo C H, Chung S L, et al. 1998. $^{40}Ar/^{39}Ar$ Dating result of Neogene basalts in Vietnam and its tectonic implication. Mantle Dynamics and Plate Interactions in East Asia Geodynamics, 27: 317-330.

Li J B. 1997. The rifting and collision of the South China Sea terrain system. Proceedings of 30th Geological Congress, 13: 33-46.

Li P L, Rao C T. 1994. Tectonic characteristics and evolution history of the Pearl River Mouth Basin. Tectonophysics, 235: 13-25.

Li X H, Li Z X, Li W X, et al. 2007. U-Pb zircon, geochemical and Sr-Nd-Hf isotopic constraints on age and origin of Jurassic I-and A-type granites from central Guangdong, SE China: A major igneous event in response to foundering of a subducted flat-slab . Lithos, 96: 186-204.

Lin A T, Watts A B, Hesselbow S P. 2003. Cenozoic stratigraphy and subsidence history of the South China Sea margin in the Taiwan region. Basin Research, 15: 453-478.

Lister G S, Ethridge M A, Symonds P A. 1986. Detachment faulting and the evolution of passive continental margins. Geology, 14: 246-250

Lüdmann T, Wong H. 1999. Neotectonic regime on the passive continental margin of the northern South China Sea. Tectonophysics, 311: 113-138.

Lüdmann T, Wong H K, Wang P X. 2001. Plio-Quaternary sedimentation processes and neotectonics of the northern continental margin of the South China Sea. Marine Geology, (172): 331-358.

Ludwig W, Kumar N, Houtx R E. 1979. Profiler-Sonobuoy measurements in the South China Sea Basin. Journal of Geophysical Research, 84(B7): 3505-3518.

Luo W Z, Yan P, Wen N, et al. 2009. Ocean-bottom seismometer experiment over Chaoshan Sag in the northern South China Sea. Journal of Tropical Oceanography, 28(4): 59-65.

Makris J, Möller L. 1989. An ocean bottom seismic station for general use -technical requirements and applications. In: Hoefeld J, Mitzlaff A, Plomsky S(eds.). Europe and the Sea, Marine Sciences and Technologies in the 1990's. Hamburg: German Committee for Marine Science and Technology: 196-211.

Mckenzie D. 1978. Some remarks on the development of sedimentary basins. Earth and Planetary Science Letters, 40: 25-32.

Nissen S S, Hayes D E, Yao B C, et al. 1995a. Gravity, heat flow, and seismic constrains on the processes of crustal extension: Northern margin of the South China Sea. Journal of Geophysical Research, 100: 22447-

22483.

Nissen S S, Hayes D E, Buhl P, et al. 1995b. Deep penetration seismic sounding across the northern margin of the South China Sea. Journal of Geophysical Research, 100(B11): 22407-2243.

Pang X , Yang S K, Zhu M. 2004. Deep-water fan systems and petroleum resources on the northern slope of the South China Sea. Acta Geologica Sinica, (3): 626-631.

Pigott J D, Ru K. 1994. Basin superposition on the northern margin of the South China Sea. Tectonophysics, 235: 27-50.

Qiu X L, Ye S Y, Wu S G, et al. 2001. Crustal structure across the Xisha Trough, northwestern South China Sea. Tectonophysics, 341: 179-193.

Qiu X L, Shi X B, Yan P, et al. 2003. Recent progress of deep seismic experiments and studies of crustal structure in northern South China Sea. Progress in Nature Science, 13: 481-488.

Reston T J. 2009. The structure, evolution and symmetry of the magma-poor rifted margins of the North and Central Atlantic: A synthesis. Tectonophysics, 468: 6-27.

Ru K, Pigott J D. 1986. Episodic rifting and subsidence in the South China Sea. AAPG Bulletion, 70(9): 1136-1155.

Sales A O, Jacobsen E C, Morado J A A, et al. 1997. The petroleum potential of deep-water northwest Palawan Block GSEC 66. Journal of Asian Earth Sciences, 15: 217-240.

Shinjo R. 1998. Petrochemistry and tectonic significance of the emerged late Cenozoic basalts behind the Okinawa Trough Ryukyu arc system. Journal of Volcanology and Geothermal Research, 80(97): 39-53.

Shinjo R, Kato Y. 2000. Geochemical constraints on the origin of bimodal magmatism at the Okinawa Trough, an incipient back-arc basin. Lithos, 54: 117-137.

Sun Z, Zhou D, Wu S M. 2009. Patterns and dynamics of rifting of passive continental margin from self to slope of the northern South China Sea: evidence from 3D analogue modeling. Journal of Earth Science, 20(1): 137-146.

Tapponnier P, Peltzer G, Armijo R. 1986. On the mechanics of the collision between India and Asia. Geological Society London Special Publications, 19(1): 115-157.

Tapponnier P, Peltzer G, Le Dain A Y, et al. 1982. Propagating extrusion tectonics in Asia: New Insights from Simple Experiments with Plasticine. Geology, 10: 611-616.

Taylor B, Hayes D E. 1980. The tectonic evolution of the South China Sea Basin. In: Hayes D E(ed.). The tectonic and Geologic Evolution of Southeast Asian Seas and Islands. Washington: AGU, 89-104.

Taylor B, Hayes D E. 1983. Origin and history of South China Sea Basin. In: Hayes D E (ed.). The tectonic and Geologic Evolution of Southeast Asian Seas and Islands. Geophysical Monograph Series, 27: 23-56.

Taylor S, Toksoz M, Chaplin P. 1980. Crustal structure of the northeastern United States: Contrasts between Grenville and Appalachian Provinces, Science, 208: 595-597.

Uyeda S. 1977. Some basic problems in the trench-arc-back system. In: Talwani M, Pitman M W C(eds.). Island Arcs, Deep Sea Trenches and Back-arc Basins. Washington: American Geophysical Union: 1-14.

Wang K L, Chung S L, Chen C H, et al. 1999. Post-collisional magmatism around northern Taiwan and its relation with opening of the Okinawa Trough. Tectonophysics, 308(3): 363-376.

Wang T K, Chen M K, Lee C S, et al. 2006. Seismic imaging of the transitional crust across the northeastern margin of the South China Sea. Tectonophysics, 412: 237-254.

Wernicke B. 1981. Low-angle normal faults in the Basin&Range Province: nappe tectonics in an extending orogen. Nature, 219: 645-648.

Wessel P, Smith W H F. 1998. New improved version of the generic mapping tools released. EOS Transaction of American Geophysical Union, 79: 579.

Xia S H, Zhao M H, Qiu X L, et al. 2010. Crustal structure in an onshore-offshore transitional zone near Hong Kong, northern South China Sea. Journal of Asian Earth Science, 37: 460-472.

Xu P, Liu F, Ye K, et al. 2002. Flake tectonics in the Sulu orogen in eastern China as revealed by seismic tomography. Geophysical Research Letters, 29(10): 231-234.

Yan P, Zhou D, Liu Z S. 2001. A crustal structure profile across the northern continental margin of the South China Sea. Tectonophysics, 338(1): 1-21.

Yan P, Deng H, Liu H L, et al. 2006. The temporal and spatial distribution of volcanism in the South China Sea region. Journal of Asian Earth Sciences, 27(5): 647-659.

Yao B, Zeng W, Hayes D E, et al. 1994. The Geological Memoir of South China Sea Surveyed jointly by China and the USA. Wuhan: The Press of Chinese Geological University.

Ye H, Shedlock K, Hellinger S. 1985. The North China basin: An example of a Cenozoic rifted interaplate basin. Tectonics, 4(2): 153-169.

Yin A, Nie S Y. 1993. An Indentation Model for the North and South China Collision and the Development of the Tan-Lu and Honam Fault Systems, East Asia. Tectonics, 12: 801-813.

Zelt C A, Smith R B. 1992. Seismic travel time inversion for 2-D crustal velocity structure. Geophysical Journal International, 108: 16-34.

Zhai M, Guo J, Li Z, et al. 2007. Linking the sulu uhp belt to the korean peninsula: evidence from eclogite, precambrian basement, and paleozoic sedimentary basins. Gondwana Research, 12(4): 388-403.

Zhao M H, Qiu X L, Xia S H, et al. 2010. Seismic structure in the northeastern South China Sea: S-wave velocity and Vp/Vs ratios derived from three-component OBS data. Tectonophysics, 480: 183-197.

Zhou D, Ru K, Chen H Z, et al. 1995. Kinematics of Cenozoic extension on the South China Sea continental margin and its implications for the tectonic evolution of the region. Tectonophysics, 251: 161-177.

Zou H P, Li P L, Rao C T. 1995. Geochemistry of Cenozoic volcanic rocks in Zhujiangkou basin and its geodynamic significance. Gechmica, 24: 33-45.

第8章 海底资源基本分布特征与成因机制

人类的生存和发展，始终与自然资源密切相关。随着科学技术的进步，对自然资源的认识和开发利用程度不断加深，逐渐由单一地面转向地面地下兼顾，由单一陆地转向陆海统筹。陆地自然资源的开发利用历史较长，资源储量逐渐减少甚至面临枯竭的危机。海洋是人类巨大的资源宝库，蕴藏着极为丰富的矿产资源。海洋资源开发利用历史短、程度低，资源储量动用少，使得海洋资源成为未来研究和开发利用的重点。世界各国积极组织实施与海洋资源调查、研究和开发利用相关的研究计划，以获得开发利用海洋资源的优势。

我们基于大量地质矿产调查数据和前人的研究成果编制了我国近海 1∶300 万海底资源图，编制目的在于了解我国近海矿产资源状况及其资源潜力，为我国海洋资源评价和开发提供可靠资料。编图内容包括中国海区主要海底资源 36 个矿种，编图范围涵盖中国大部分海域及向陆 50km 海岸带范围内的要素数据。在此基础上，总结我国海洋矿产资源的分布特征及形成规律，对石油、天然气、天然气水合物、煤、多金属结核、热液硫化物等关键海底资源的地质特征和成因进行综合研究，探讨潜在资源量及开发利用前景。

8.1 海底资源分类

自然资源是一定社会经济技术条件下，能够产生生态价值或经济效益，以提高人类当前或可预见未来生存质量的自然物质和自然能量的总和。根据自然资源的地理特征，可分为矿产资源（地壳）、气候资源（大气圈）、水力资源（水圈）、土地资源（地表）和生物资源（生物圈）五大类。海洋资源属于自然资源，是指海洋所固有的，或在海洋内外营力作用下形成并分布在海洋地理区域内的，可供人类开发利用的所有自然资源。海底资源是指赋存于海底表层沉积物和海底岩层中可供人类利用的天然矿物资源。对海底资源进行分类，便于人们加深对各种矿产的认识，并为生产实践和科学研究服务。从人类开采利用的角度出发、从矿产资源为人类提供的物质、能量属性来看，矿产资源可归纳为两大类，即提供燃料的能源资源和提供原料的物资资源（其他固体矿产）。我们根据矿产资源的能量属性对中国海区内主要海底资源 36 个矿种进行了分类，如表 8-1 所示。

表 8-1 海底资源分类表

海海底资源	能源资源	石油		
		天然气		
		天然气水合物		

续表

能源资源	煤炭	海岸带煤炭	
		海底煤炭	
海海底资源	其他固体矿产	砂矿资源	滨海砂矿	砂金矿、钛铁矿、铬铁矿、磁铁矿、独居石、锆英石、褐钇铌矿、金红石、磷钇矿、铌铁矿、重矿物砂矿、砂锡矿、石英砂
			建筑用海砂	
		多金属结核	
		热液硫化物	
		海岸带金属与非金属	金属	铁、锰、铜、镍、钼、钨、金、银、铅锌矿、铝土矿
			非金属	磷矿、硼矿、石墨、金刚石、萤石

8.2 国内外调查研究现状

我国成矿地质条件优越，石油、天然气、煤、铀等能源矿产有较大找矿潜力，铁、铜、铝等重要矿产资源潜力很大。近年来，我国海洋基础地质调查工作程度有所提高，科技支撑能力不断增强，地质找矿新机制探索初见成效。

自然资源是国民经济和社会发展的重要物质基础。近年来，随着我国工业化、城镇化和农业现代化的加快推进，我国资源供需矛盾日益突出，对石油、天然气、铀、铁、铜等重要矿产资源的需求呈刚性上升态势，战略性新兴产业的发展对矿产资源供给能力提出了新的要求。海洋是人类巨大的资源宝库，蕴藏着极为丰富的矿产资源。由于矿产资源的不可再生性，必将把目光转向海洋，进入共同管理海洋、共享海洋资源的新时代。

8.2.1 油气资源

能源是一个国家赖以生存和发展的命脉，在今后一段时期，油气资源仍是人类经济社会活动的主要能源。根据英国石油公司、美国能源信息署等机构预测，未来 30 年，油气在一次能源消费结构中仍将占 50% ～ 60% 的份额。随着陆上油气资源开采难度和成本的增加，世界油气勘探开采正逐渐转向海洋特别是深海的开采。深水、超深水海域，勘探程度低，油气资源储量丰富，正逐渐成为未来油气产量新的增长点。

随着全球海洋油气勘探开发规模逐渐扩大，包括物探、钻井、铺管在内的各类海洋作业任务量均得到提升。作为全球油气产量增长和勘探开发投资的主要领域，海洋油气市场一直保持着稳步增长的态势。

2013 ～ 2019 年，全球海洋油气资本预计总支出将达 8470 亿美元，复合年均增长率为 7.8%，2019 年攀升至 1420 亿美元，主要分布在拉美（19.3%）、非洲（18.2%）、欧洲（18.2%）以及亚洲（17.3%）等地区（王丽忱和甄鉴，2014），如图 8-1 所示。

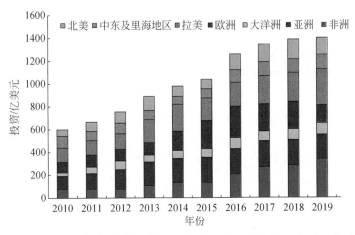

图 8-1　2010 ～ 2019 年全球不同地区海洋油气投资趋势（王丽忱和甄鉴，2014）

据全球数据最新统计，2018 ～ 2025 年，全球将新增油气开发项目 615 个，在整个周期内共需资本支出约 17050 亿美元，有望生产原油超过 $120.03 \times 10^{8}t$，天然气 $24.56 \times 10^{12}m^{3}$。在这些资本支出中，海域油气项目共支出 12510 亿美元，占支出总额的 73.4%。其中，超深水、深水和浅水区的资本支出分别为 4290 亿美元、3250 亿美元和 4970 亿美元。

未来 8 年，全球海洋油气投资热点和新增项目，主要集中在非洲、南美洲、北美洲近海海域。这 3 个区域新增油气项目共 259 个，占全球新增项目总数的 42.1%；其中非洲 88 个，南美洲 74 个，北美洲 97 个。其间，3 个区域海洋油气项目资本支出 6363 亿美元，占全球海洋油气项目总支出的 50.9%。随着投资环境的改善和西非、东非两地近些年海洋石油新的发现，非洲正逐渐替代南美洲成为全球海洋油气勘探的新宠。据统计，非洲海域油气项目资本支出 3198 亿美元，较南美洲、北美洲分别多了 651 亿美元和 1843 亿美元。其中，超深水区域资本支出 2121 亿美元，而南美洲、北美洲仅为 1470 亿美元和 617 亿美元，是二者之和；深水区域资本支出 809 亿美元，分别是南美洲和北美洲的 4.7 倍和 2.1 倍。

从资本分布的国家来看，非洲新增油气项目投资主要分布在尼日利亚、莫桑比克和安哥拉海域。其中，尼日利亚未来 8 年新增油气项目 23 个，其间资本开支约 470 亿美元，占非洲总投资额的 26%；这些资金约 90.2% 用于海上油气项目，是整个非洲新增油气项目最多、投资金额最大的国家。莫桑比克新增油气项目虽然只有 7 个，但由于基本都是大型的超深水项目，资本总开支高达 462 亿美元，与尼日利亚持平。其中海洋油气项目 452 亿美元，是非洲海洋油气资本开支最大的国家。其次是安哥拉，该国未来 8 年新增油气项目共 6 个，全部都位于海上，其间资本支出约 200 亿美元，占非洲投资总额的 11%。南美洲新增油气项目投资主要位于巴西近海海域，未来 8 年共新增油气项目 49 个，其间资本支出 807 亿美元，占南美洲投资总额的 78%，是南美洲也是全球吸引投资最多的国家。作为深水油气最为丰富的国家，巴西绝大部分的投资都用于超深水油气项目，总额约 690 亿美元。随着近两年海域油气勘探新发现，圭亚那逐渐成为南美洲深水油气另一个勘探开发的重点。未来 8 年圭亚那新增油气项目 3 个，且都位于超深水区域，其间资本支出约 81 亿美元。

美国是北美洲新增油气项目资本支出最大的国家，未来 8 年共新增油气项目 39 个，其间资本支出 760 亿美元，仅次于巴西，位居世界第二。这 39 个项目中有 29 个位于海上，其中，超深水、深水和浅水资本开支分别为 350 亿美元、123 亿美元和 141 亿美元，海洋油气资本开支占美国支出总额的 80.8%。墨西哥是北美洲另一个海洋油气大国，未来 8 年新增油气项目 40 个，其间资本总开支为 209 亿美元，海洋油气项目占 92.8%，约 194 亿美元。与美国、墨西哥相比，加拿大海洋油气产业相对较弱，未来 8 年仅吸引 25.6 亿美元投资于深水项目。

我国海洋油气资源调查与勘探始自 20 世纪 60 年代，已走过 50 多年的历程，80 年代以后得到快速发展，取得了可喜成绩。

我国管辖海域面积约有 $300 \times 10^4 km^2$，2002 年开始的国家海洋专项评价其油气资源量为 $400 \times 10^8 t$ 油当量，国土资源部、国家发展和改革委员会、财政部联合组织开展全国油气资源评价（2003 ～ 2007 年），运用类比法对我国海域主要含油气（沉积）盆地的资源潜力进行预测。为及时准确掌握我国油气资源潜力变化情况，继上一次全国油气资源评价之后，国土资源部再部署，分阶段组织对全国主要含油气盆地开展动态评价。2010 年完成鄂尔多斯等 6 个盆地的评价，2011 年完成东北地区的评价，2012 年完成新疆地区的评价，2014 年重点对新一轮全国油气资源评价以来尚未开展过动态评价以及动态评价后资源量有较大变化的油田探区进行评价。2015 年，对已经动态评价过的盆地或地区进行系统梳理汇总，对四川盆地、海域和非常规油气资源进行重点评价，系统全面总结了近年来我国主要含油气盆地油气勘探开发的新成果、新进展和新认识，丰富完善了资源评价的方法参数体系，评价了常规和非常规油气资源地质资源量和可采资源量，分析预测了油气储量产量增长趋势，并提出了促进油气资源勘探开发的政策建议。

根据 2015 年全国油气资源评价结果，近几年近海主要在渤海海域、东海、珠江口、北部湾、琼东南、莺歌海等盆地获得较大的勘探进展。渤海勘探成效显著，发现蓬莱 9-1、旅大 21-2 两个亿吨级大油田及多个 5000 万吨级油田，油田周边滚动勘探效果显著；东海天然气勘探获历史性突破，发现宁波 22-1、17-1 两个千亿立方米级大气田；琼东南盆地深水区天然气勘探获重大突破，发现陵水 17-2 千亿立方米级大气田；北部湾盆地涠西南滚动勘探持续扩大储量规模，发现乌石 17-2 大型油田；莺歌海盆地高温高压领域天然气勘探获重大突破，发现东方 13-1/13-2 大气田；珠江口盆地深水区围绕白云凹陷勘探，陆续发现流花 29-1、流花 29-2、流花 27-1 等中小型气田和流花 20-2、流花 21-2 高产中型油藏。石油地质资源量 $1257 \times 10^8 t$、可采资源量 $301 \times 10^8 t$，包括致密油地质资源量 $147 \times 10^8 t$、可采资源量 $15 \times 10^8 t$。其中，陆上石油地质资源量 $1018 \times 10^8 t$、可采资源量 $230 \times 10^8 t$；近海地质资源量 $239 \times 10^8 t$、可采资源量 $71 \times 10^8 t$。与 2007 年全国油气资源评价结果相比，石油地质资源量、可采资源量分别增加 $492 \times 10^8 t$ 和 $89 \times 10^8 t$，增幅分别为 64% 和 42%。

我国海域面积广阔，油气资源丰富，但海洋油气勘探开发技术装备相对落后，发展较为缓慢。近年来，随着海洋勘探投入的增加和勘探技术的进步，获得了较大的勘探进展，推动海洋地质认识不断深化，促进了海洋油气勘探开发工作的进一步发展。我国海洋油气调查和研究现状可概括为资源潜力大、工作程度和资源探明程度较低、勘探层位和领域单一、远海深海勘探投入力度尤显不足。随着国家海洋油气勘探开发战略的推进，以及一批先进钻井平台装备的陆续投入使用，我国海洋油气勘探开发迎来大好发展机遇。

8.2.2 天然气水合物

2017 年 11 月 15 日，根据《中华人民共和国矿产资源法实施细则》有关规定，经国务院批准，天然气水合物成为我国第 173 个矿种，发现单位为中国地质调查局。

天然气水合物是在一定条件下形成的由水和天然气组成的笼形结晶化合物，遇火即可燃烧，又被称为"可燃冰"。水合物的笼形包合物结构，于 1936 年由苏联科学家尼基丁首次发现，并沿用至今。天然气水合物可用通式 $M \cdot nH_2O$ 表示，M 代表构成水合物的气体分子，n 为水合指数。M 通常由甲烷（CH_4）、乙烷（C_2H_6）、丙烷（C_3Hg）、丁烷（C_4H_{10}）等同系物和二氧化碳（CO_2）、氮气（N_2）、硫化氢（H_2S）等其中一种或多种气体组成，如图 8-2 所示。

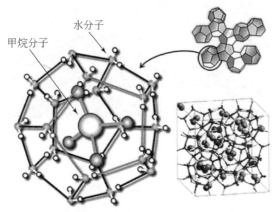

图 8-2 天然气水合物的分子模型

天然气水合物广泛地分布于海底沉积物和陆上永久冻土带中，具有能源密度高、规模大、埋藏浅、成藏物化条件优越等特点，天然气水合物在燃烧后几乎不产生任何残渣或废弃物，被誉为 21 世纪最清洁的石油天然气等化石能源的替代资源。

除了具有开发价值，天然气水合物也与环境、气候的变化密切相关。一方面，天然气水合物的主要可燃成分是甲烷气体，对其开发利用得当，将会减缓利用常规能源造成的环境污染；另一方面，天然气水合物分解释放还会向大气输入大量的温室气体甲烷导致全球变暖，并诱发局部海域海底地质灾害，如海底滑塌等（图 8-3）。不论是考虑天然气水合物作为能源的经济价值，还是为了避免其引发地质灾害、破坏环境，对其调查技术和机理研究都显得十分重要。

自人类发现天然气水合物以来，大致经历了实验室研究、输气管道堵塞与防治、资源调查和开发利用四个阶段。1810 年英国科学家 Davy 在实验室合成氯气水合物，之后的研究围绕水合物实验室合成、定量描述其化学成分和物理性质等方面展开。1934 年，美国科学家发现天然气水合物会堵塞输气管道，影响天然气的输送，美国、苏联等国家先后开展了水合物的形成动力学和热力学研究，以及如何防治输气管道中形成水合物问题。1965 年，苏联在西伯利亚麦索亚哈油气田区首次发现天然的天然气水合物，之后美国、加拿大也相继在阿拉斯加、马更些三角洲等陆上冻土区发现天然气水合物。1974 年，苏联科学家在黑海的沉积物中发现大块的水合物结核。1979年，国际深海钻探计划第66、67航次先后在中美海槽的钻孔岩心中发现了海底的天然气水合物。

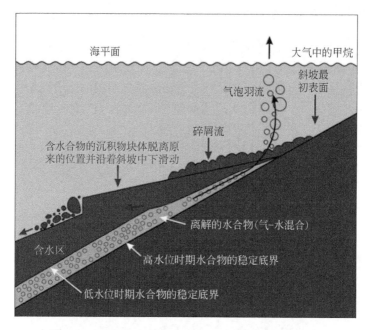

图 8-3 天然气水合物的环境效应–引发海底地质灾害

鉴于天然气水合物具有重要的战略意义和巨大的经济价值，世界上许多发达国家和发展中国家都将天然气水合物列入国家重点发展战略，以期占据该研究领域或产业的制高点，纷纷投入巨资进行海洋天然气水合物调查与开采技术研究，并取得了丰硕的成果，初步查清了天然气水合物呈"一陆三海"的分布格局，即北极冻土带的加拿大马更些、美国阿拉斯加、西西伯利亚以及墨西哥湾、印度沿海、南海和日本海（高大统，2017）。2002年加拿大冻土区天然气水合物试验性开采成功，开启了人类利用新能源的曙光。2012年，美国能源部在阿拉斯加北坡冻土区运用二氧化碳与甲烷水合物置换的方式，试验开采并获得成功，在实现开采甲烷的同时有效封存二氧化碳。2013年，日本在南海海槽天然气水合物试采成功，首次在海域水合物中开采出甲烷，6天累计产量为 $13 \times 10^4 m^3$，成为全球首个掌握海底水合物开采技术的国家。

在进行天然气水合物海上调查的同时，世界各国积极开展有关天然气水合物实验合成、地球物理综合解释方法、地球化学异常识别、形成和埋藏规律以及海域天然气水合物生成带的分布和资源量预测等内容的研究，这一系列研究是水合物成矿理论及指导找矿地质实践的迫切需要。深海钻探计划和大洋钻探计划获取了大量含天然气水合物的岩心，用水下观测仪器研究了天然气水合物的气体来源，查明了一些地区天然气水合物的埋藏规律。由于天然气水合物主要形成于深水沉积层中，以地震为主的地球物理勘查则成为主要的方法手段，此外海底地质、地球化学勘查也是识别水合物存在的方法之一。钻探及相关的取样和测井是获得天然气水合物实物样品和直观评价资源量最重要的技术手段。尽管天然气水合物的资源量相当大，但由于天然气水合物是一种在特殊物理环境条件下形成的冰状不稳定气水混合物，一旦物理条件改变，地层中的水合物会立即分解，释放出大量的气体和水，从而引发自然灾害。天然气水合物的开发，首先应考虑的是环境问题。解决开发的技术方法、监测和预防相关灾害的发生，是当前的技术难点。在地球物理勘探方面，利用地震勘查技术已发现并证实天然气水合物存在的地球物理标志，包括似海底反射层（BSR）、BSR 形极性倒转、振幅空白区带（BZ）和速度 - 振幅异常（VAMP）等。BSR 不仅代表水合物稳定存在的底界，利用 BSR 还可确定水合物稳定带下面的游离气藏。据在秘鲁海域进行的海洋钻探计划（ODP），通过对 688 号台站附近的天然气水合物稳定带底界的 BSR 进行定量分析，如果 BSR 显示出高振幅，其下的游离气带厚 5.5～17m；相反，如果是低振幅，则天然气水合物带之下的游离气层很薄（＜5.5m），鉴别水合物的最有效方法是与气相色谱法（分析钻井泥浆中的气体）配合使用的电法和声波测井技术。海洋可控源电磁法能够对水合物稳定带的导电性结构进行成像，是地震方法的一种有效补充手段。在天然气水合物地球化学、甲烷同系物和同位素的分溜及水合物找矿标志研究方面，根据现场和室内测试数据，可确定水合物及残留游离气体的成分、孔隙水的矿化度等，证明天然气水合物对其形成介质的地球化学参数有重要意义，并可着重研究水合物形成和成矿过程中气和水成分的变化。

　　我国在天然气水合物这一领域的研究和调查起步较晚。20 世纪 80～90 年代，国内有关单位和学者主要对国外调查研究情况进行了跟踪调研和文献整理，也对我国天然气水合物资源远景做了一些预测。我国实际的天然气水合物资源调查自 1999 年开始，在南海北部的西沙海槽、东沙群岛南部、台湾西南等海域进行了地质、地球物理和地球化学调查，圈定了 BSR 分布区带，发现了可能与天然气水合物有关的浅表层地质与地球化学异常特征，并对其天然气水合物资源做了初步评价。目前，我国天然气水合物的调查和研究区域主要集中在南海北部，兼顾东海海域及南海的其他海域，近年来的调查及相关地球物理、地质及地球化学等基础研究工作取得了大量研究资料，重点开展了天然气水合物地质、地球物理和地球化学响应机理，以及水合物成藏系统和成藏动力学研究，为海域天然气水合物的开采提供了可靠依据（吴能友等，2013）。2017 年 5 月 18 日，由国土资源部中国地质调查局组织实施的我国海域天然气水合物试采在南海神狐海域实现连续 8 天稳定产气，试采取得圆满成功，实现了我国天然气水合物开发的历史性突破（图 8-4）。从水深 1266m 海底以下 203～277m 的天然气水合物矿藏开采出天然气，最高产量为 $3.5 \times 10^4 m^3/d$，平均日产超 $1.6 \times 10^4 m^3$，天然气产量稳定，甲烷含量最高达 99.5%，实现了预定目标。这次试采成功是我国首次，也是世界首次成功实现资源量占全球 90% 以上、开发难度最大的泥质粉砂型天然气水合物安全可控开采，为实现天然气水合物商业性开发利用提供了技术储备，积累了宝贵经验，打破了我国在能源勘查开发领域长期跟跑的局面，取得了理论、技术、工程和装备的完全自主创新，实现了在这一领域由"跟跑"到"领跑"的历史性跨越，对保障国家能源安全、推动绿色发展、建设海洋强国具有重要而深远的影响。天然气水合物试采成功只是万里长征迈出的关键一步，实现产业化仍然面临着提高产量、降低成本、保护环境等诸多挑战。全球已掀起了天然气水合物勘查开发研究的热潮，下一步需要围绕加快推进天然气水合物产业化进程的目标，研究制定资源勘查开发规划，建立技术标准规范体系，加强资源管理和政策支持，推动天然气水合物资源勘查开采工作快速发展。2019

年10月我国正式启动海域天然气水合物第二轮试采海上作业，2020年2月17日试采点火，3月18日圆满完成任务，第二轮试采成功，取得了新的重大突破。在水深1225m的南海海域，试采创造了"产气总量86.14×10⁴m³，日均产气量2.87×10⁴m³"两项新的世界记录，攻克了深海浅软地层水平井钻采核心技术，实现了从"探索性试采"向"试验性试采"的重大跨越，在产业化进程中，取得重大标志性成果。

图8-4　我国在南海天然气水合物试采（来自中国地质调查局网站）

8.2.3　砂矿资源

英国、美国、加拿大和日本等是世界上开展滨、浅海砂砾石矿产资源研究最早的国家。各国自20世纪80年代以来，对海砂资源的分布及资源量、开采对海洋环境影响、开采技术等方面的问题进行了综合研究，提高了对海砂资源开发利用的认识。美国、英国、日本、新加坡、马来西亚等国家和地区，对各自国家砂砾资源储量、开采技术及利用潜力等进行了调查、分析与评价。荷兰虽并未开展全海域专门性的海砂资源调查，但在中、大比例尺填图的过程中，都进行了海砂资源填图。另外，荷兰研究机构还对海砂颗粒本身开展了颗粒形态和磨圆程度的分析研究，以利于原岩分析、沉积物输运和海砂质量标准的制定（曹雪晴等，2007）。近年来，世界上发达国家纷纷大力推进海砂资源开发产业的发展，一方面普遍加大海砂资源开发管理基础调查研究工作的投入，加强海砂资源的调查研究工作，以获取精度更高的海砂资源管理基础数据。另一方面高度重视海砂资源开发的工程与环境影响分析。在资源与环境并重的思想指导下制定海砂产业发展政策，指导海砂资源开发的良性循环。

中国海砂资源调查工作从20世纪60年代开始，当时社会经济不发达，建筑用砂需求总量较少。到80年代后期，随着经济发展、大型海洋工程（如港口、码头等）和陆地工程（如高速公路、大型工程填海筑坝等）等的空前建设，建筑用砂需求量迅速扩大。我国开始对近海砂矿进行系统的调查和研究，关注的主要对象为高附加值的金属砂矿和高品质的工业用途石英砂。20世纪90年代初，中国沿海从南到北，大多数赋存滨岸海砂的地区都在进行开采。但由于开采的盲目无序，引发了环境问题，海岸蚀退、海水倒灌和耕地、植被毁坏，以及道路堤坝的破坏。开采海砂所带来的后果，很快引起各级政府部门的高度重视，纷纷制定和发布法规禁止开采。在近海海砂资源调查方面，系统性的调查工作始于

2005 年，由国土资源部组织实施。近海海砂资源调查项目实施过程中以调查为基础，以评估重点调查区海砂资源潜力、海砂勘查开发边界条件、海砂开采环境动力学因素与海砂开采环境影响效应等为重点，并编制中国近海海砂资源调查技术规范。通过"矿产资源补偿"和"国土资源大调查"等专项的资助，完成了珠江口区、成山头区和舟山区等海域的调查工作，并提供了相关成果，为国家相关部门进行科学矿产管理提供了基础资料。虽然相继开展了中国各海区的综合调查，对海底表层沉积物进行采样和重矿物分析，圈定出一些重矿物高含量区和异常区，但缺乏进一步的勘查与深入研究。

8.2.4　海底煤炭

煤炭，简称煤，是远古植物遗骸埋在地层下，经过地壳隔绝空气的压力和温度条件下作用，产生的碳化化石矿物，主要被人类开采用作燃料。煤炭对于现代化工业来说，无论是重工业，还是轻工业；无论是能源工业、冶金工业、化学工业、机械工业，还是轻纺工业、食品工业、交通运输业，都具有重要的作用，是 18 世纪以来人类使用的主要能源之一。

通过几代煤田地质工作者长达近百年的系统研究，中国大陆聚煤作用特点和规律研究领域取得了丰硕成果，基本查明了华北、华南、东北、西北、滇藏五大聚煤区的煤炭资源聚集规律，建立了相应的聚煤模式。相比之下，中国海域区的成煤环境研究比较薄弱，特别是深海区盆地的成煤环境及成煤模式研究仍处于探索阶段。海域煤层的勘探和开发较陆地更加复杂，并且由于海域煤田的钻孔施工成本明显高于陆地煤田，导致海域煤田的钻孔数量远远小于陆地煤田，对于海域来讲，煤炭分布规律及成煤机制研究变得更加困难。

世界上已发现的海底煤田约 200 个，目前世界上在海底采煤的国家主要有英国、澳大利亚、日本、智利、加拿大和中国。英国海底煤矿大多数集中在苏格兰和英格兰交界地带的纽太斯尔市周围以及达勒姆郡东北部和诺森伯兰郡东南部的浅海地区。1958～1965年，英国煤炭局实施了一项重大的浅海勘探计划，在达勒姆和诺森伯兰两郡的近海海域，大约 200km^2 的范围内打了 18 口深孔（平均孔深 600m），查明了该地区海底以下 270～500m，离岸 35km 的近海海底埋藏有丰富的优质煤炭，探明苏格兰沿海的石炭纪煤炭储量达 5.5×10^8t。20 世纪 60 年代中期至 70 年代，英国逐步扩展和加强海底煤矿的开发，到 1980 年又扩大到 14 个海底煤田，并在距诺森伯兰海岸 14km 的海底发现了一个大型海底煤田（储量 15×10^8t）。加拿大海底煤矿主要分布在新斯科舍布雷顺角岛东部地区，储量巨大，仅莫林地区煤炭储量就达 20×10^8t。该国海底煤矿开发始于 19 世纪后期，第一次世界大战及第二次世界大战期间，由于燃料供应不足，煤炭需求量增加，因而海底煤炭产量大增。之后，由于煤的消费量降低，其开发一度处于半停顿状态。智利海底煤矿分布在康塞普西翁城以南约 40km 处，有两个海底煤田（洛塔和施瓦格尔）。日本海底煤矿开采可追溯到 1860 年，在北海道和九州岸外相继发现一批煤田，并投入开发。1986 年长崎海底煤田投产，其总产量大幅度增加。日本三井煤矿公司为改善海底煤矿采掘条件，在煤矿上部的海上建立了 3 个包括矿井和空气循环系统的人工岛。目前，日本已探明海底煤炭储量约 45×10^8t，占全国煤炭总储量的 20%。已建成 4 个海底煤矿，年产煤炭约

1000×10⁴t，占其煤炭总产量的 52%。

我国唯一一个海底煤矿位于山东龙口。1990 年 1 月，由地质矿产部青岛海洋地质研究所和上海海洋地质调查局进行海上勘查。之后由龙口矿务局、北京煤炭科学院、山东矿院特采所、地质矿产部第一海洋地质调查大队和青岛海洋地质研究所共同合作，打成我国第一口海底煤田探井。该煤矿位于龙口市东北约 5km 的海域，为陆上北皂煤矿向海底延伸。经地球物理探测和海上钻探证实，煤系地层总厚度达 67～278m，一般厚约 200m，煤田分布面积约 150km²，可采煤层 6 层，主采煤层约 10m，探明煤炭储量 12.9×10⁸t。此煤矿于 2005 年由山东龙口矿业集团北皂煤矿投入联合试采运营。北皂煤矿井田煤炭资源分为陆地和海域两部分。陆地井田面积 9km²，海域煤田开发面积 18km²。经过 20 多年的开采，北皂煤矿煤炭年产量从 225×10⁴t 减至 130×10⁴t。按照国家化解过剩产能政策要求，在进行综合效益测算后，北皂煤矿在 2017 年 10 月底关井闭坑。

8.2.5 多金属结核

多金属结核又称锰结核，是一种以铁锰水合氧化物为主的海洋自生沉积型矿物。外表多为暗褐色或黑色，呈结核状、板状、皮壳状构造，由核心和绕核心而生的 Fe-Mn 氧化物壳层两部分组成，如图 8-5 所示。核心主要有微化石介壳、磷化鲨鱼牙齿、玄武岩碎屑等，甚至可能是先前结核的碎片。外壳主要为铁锰矿物、沸石和黏土类矿物、碎屑矿物及其他自生矿物等（傅晓洲，2012）。多金属结核含有七十多种元素，其中 Ni、Co、Cu 和 Mn 的平均品位分别为 1.3%、0.22%、1.0% 和 25%，具有很高的经济价值。

图 8-5 "蛟龙"号打捞上来的多金属结核（经济日报记者沈慧摄）

大量测年数据表明，现代大洋中最老结核生长期限达 15～20 Ma（曹德凯，2017）。多金属结核生长速率一般为几毫米每百万年，在这个缓慢的生长过程中，受不同时期地质环境的影响，结核层位结构和化学成分等特征会产生明显差异，记录了大量地质信息和古海洋学信息，因此多金属结核成为海洋学者研究古海洋环境演化的重要研究对象。

多金属结核是大洋中发现最早，研究和勘探时间最长的海底固体矿产。1873 年，英国"挑战者"号考察船在环球考察过程中首次发现了大洋锰结核，引起了科学家对深海矿产资源的研究兴趣。随后,美国"信天翁"考察船于 1899 ~ 1900 年和 1904 ~ 1905 年对太平洋进行了更为广泛的结核取样。20 世纪 60 年代,Mero 指出大洋锰结核存在巨大经济价值(Mero,1965),掀起了国际财团在全球范围内大规模调查与研究大洋矿产资源的热潮,世界各国,特别是美国、苏联、日本、法国、德国等先进的工业国,率先进军国际海底。许多国家为占有国际海底资源,发展国家后备战略矿产资源,加快了国际海底资源勘查和评价的步伐。国际海底区域资源竞争的形势愈加紧迫,"蓝色圈地"运动愈演愈烈(刘永刚等,2014)。

国际海底区域的面积约为 $2.517×10^8 km^2$,占地球表面积的 49%(邵明娟等,2016)。目前,国际海底区域勘探合同涉及 3 种类型海底矿产资源:多金属结核、多金属硫化物和富钴铁锰结壳。据国际海底管理局公布信息,截至 2018 年 4 月 30 日,29 份勘探合同已经生效,其中包括 17 份多金属结核勘探合同、7 份多金属硫化物勘探合同和 5 份富钴铁锰结壳勘探合同。

我国从 20 世纪 80 年代开始,在国际海底区域系统地开展多金属结核资源勘探,先后进行了 8 个航次调查,获取了大量的调查数据。1991 年,中国成为继苏联、日本、法国、印度之后的第五个先驱投资者。随后,以多金属结核资源详勘为目标,我国先后对东太平洋 CC 区(Clarion-Clippeton fault zone)中国开辟区进行了 10 个航次的调查,进一步加强对多金属结核的调查取样与研究工作。2001 年,中国大洋协会与国际海底管理局签订了涉及东北太平洋 CC 区 $7.5×10^4 km^2$ 的多金属结核矿区勘探合同;2017 年,中国五矿集团成为国际海底管理局第 19 个多金属结核勘探合同的签订者。至此,我国在东北太平洋 CC 区累计获得了 $14.7×10^4 km^2$、拥有专属勘探权和优先开采权的多金属结核合同区,拓展了我国的战略资源储备。

自 20 世纪以来,在全世界许多浅海区也都陆续发现过铁锰结核,它们在形态、成分等方面与产出在大洋的锰结核有显著不同(朱而勤和王琦,1985)。在黄海、东海采获多金属结核(朱而勤,1984),在南海多处采获铁锰多金属结核、结壳,且"蛟龙"号深潜器也在南海深海盆拍摄到多金属结核分布广泛(陈忠等,2015)。在 2017 年 5 月 13 日结束的中国大洋 38 航次第二航段中,利用"蛟龙"号高清摄像和精准取样等特有技术手段,我国对南海 3 个拟定选矿区域的结核结壳分布情况进行了探寻,初步掌握了采集试验拟调查区的多金属结核分布特征,锁定了后续试采预选区。

8.2.6 热液硫化物

现代海底热液活动是普遍发育于海洋中活动板块边界及板内火山活动中心的一种在岩石圈和海洋之间进行能量和物质交换的过程,其显著表象是高温热液从海底流出(栾锡武,2017),海底热液矿床是由海底热液成矿作用或海底热液喷泉形成的多金属软泥和块状硫化物矿床。海底热液成因的多金属硫化物是与海底石油、多金属结核及天然气水合物同等重要的、具有深远开发远景的海底矿产资源,是人类发展所必需的战略性资源储备之一。

1948 年,瑞典科考船"信天翁"号在红海中部深海渊附近(21°20′N,30°09′E;水深1937m)发现海底存在高温高盐卤水。1963 ~ 1965 年国际印度洋调查期间,在红海轴部及中央盆地中发现热液多金属沉积软泥，揭开了热液活动调查研究的序幕。1966 年美国伍兹霍尔海洋研究所国际考察船"链号"对该区进行了详细的勘探。调查发现，红海海盆中的沉积软泥含有异常丰富的铁、锰、锌、铜、铅、银和金等多种金属元素，这些金属元素同样存在于海盆底部高温、高盐的卤液中，锌、铅、铜等重金属的浓度是正常海水中的 1000～50000 倍。深海钻探计划（DSDP）和大洋钻探计划（ODP）对东太平洋洋隆、大西洋洋脊、印度洋洋脊的热液作用进行了研究。2011 年 11 月 18 日，中国大洋矿产资源研究开发协会与国际海底管理局签署国际海底多金属硫化物矿区勘探合同，该合同的签订，标志着大洋协会继 2001 年在东北太平洋国际海底区域获得 $7.5 \times 10^4 km^2$ 多金属结核勘探合同区后，获得了第二块具有专属勘探权和商业开采优先权的国际海底合同矿区。中德合作对马里亚纳海槽海底热液烟囱的研究以及中国、日本、德国三国对冲绳海槽热液活动的研究，将海底热液的调查研究推向了高潮。但是到目前，在大洋中进行热液调查的面积也仅仅占海底总面积很少的一部分。

现代海底热液活动持续不断地由地球的内部向外传递着物质和热量，一方面它把地球内部的有关信息带给我们，同时也在不断地调整、改变着我们的生存环境（栾锡武和秦蕴珊，2002）。现代海底热液活动及其成矿作用的发现是地球科学发展史上的重要事件和里程碑，改变了人们对诸如生命起源、地球形成演化及陆上大型层状多金属矿床成因等重大科学问题的传统认识。现代海底热液活动一直被认为是了解地球深部物质组成、结构及演化过程的"窗口"和"天然实验室"，有关海底热液活动与沉积环境、构造背景和岩浆活动之间的关系也是人们当前研究的热点（王淑杰等，2018）。海底热液区的特殊生物群落以化学合成作用为起点，彻底改变了地球上食物链以光合作用为基础的旧有认识，对于人类探究生命起源具有重要意义。对现代海底热液成矿作用的研究，有助于揭示陆地上古代可类比矿床的成矿机制，建立完善的找矿勘探理论和现代海底热液活动及其成矿作用理论（翟世奎等，2001）。

现代海底热液研究内容十分丰富，主要有现代海底热液活动分布规律研究、热液成矿研究、热液活动成因机制研究、热液活动环境效应研究、极端条件下生命过程研究等都是现代热液活动等内容（栾锡武，2017），现代海底热液活动的研究在海洋科学的研究中占有相当重要的地位。

8.3　海底资源区域分布特征

8.3.1　油气资源分布特征

我国海域含油盆地共计 31 个，总面积 $171 \times 10^4 km^2$，如图 8-6 所示。据 2015 年全国油气资源评价结果，我国近海含油气盆地石油资源量为 $239 \times 10^8 t$、可采资源量 $71 \times 10^8 t$；天然气资源量为 $20.9 \times 10^{12} m^3$、可采资源量 $12.2 \times 10^{12} m^3$。截至 2013 年底，我国近海海域探明油气田 193 个，其中油田 166 个，气田 27 个，已开发油气田 119 个，未开发油气田 74 个。目前正在生产的油井统计见表 8-2（国家海洋局，2017）。

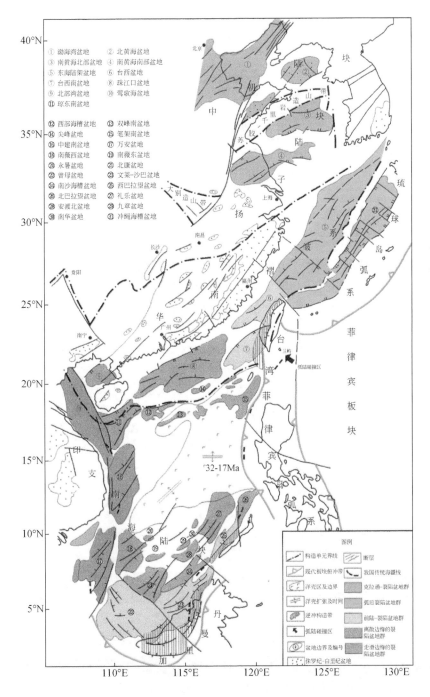

图 8-6　中国海域及邻区含油气盆地群（戴春山等，2011）

表 8-2 我国海洋油气生产井情况统计 （单位：口）

地区	合计	采油井	采气井	注水井	其他井
合计	7717	5737	320	1660	—
天津	4061	2949	111	1001	—
河北	1555	1221	8	326	—
辽宁	363	313	6	44	—
上海	87	20	67	—	—
山东	770	501	8	261	—
广东	881	733	120	28	—

资料来源：《中国海洋统计年鉴 2017》

8.3.1.1 渤海

渤海湾盆地有利储集层主要有沙二段、沙一段、馆陶组和明二段地层。高凸起区由于缺失古近系地层，馆陶组直接超覆、披覆于前古近系基岩潜山之上，新近系馆陶组和明化镇组二段成为主要含油层系。低凸起区古近系沙河街组不发育，厚度很薄或缺失，东营组超覆、披覆于前古近系基岩潜山之上，油气主要聚集于新近系储层中，潜山和古近系也有小型油气田发现，如一油田，除了在古近系发现较厚的油气层外，东营组也存在油气层，但规模小。油气聚集具复式特点，常形成多套含油层系。如石臼沱凸起倾没端的渤中一含油构造在古近系、新近系和潜山中都获得了油气流（谢武仁，2006）。从已发现的油气富集层位来看，渤中拗陷甚至整个渤海海域均以新近系的浅层最为富集，而气则主要富集于古近系东营组和沙一段、沙二段储层中，这主要是由于气藏对封闭条件要求较严，浅层断裂过于活动，使天然气散失量大于聚集量，难以成藏。

渤海湾盆地半地堑的箕状凹陷和地垒状凸起的构造格局控制了沉积特征和地层的发育，与各区带构造圈闭特点相配合，形成从凸起到凹陷不同类型的油气藏在平面分布呈规律性变化。渤海湾盆地（海域）油气的钻探成果表明，围绕着富生油凹陷油气田呈环带状分布。凸起上的油气藏相对简单，以潜山披覆油气藏为主，油层埋藏浅凸起的倾没端具复式成藏特点，凹陷区油气藏较为复杂，油气藏类型多。凸起和凸凹相间的斜坡区是大中型油气田聚集的主要场所。此外，NNE 向郑庐走滑断裂带晚期比较活跃，又处于渤中富生烃凹陷中，油气运聚非常活跃，目前发现的蓬莱 19-3、蓬莱 25-6、蓬莱 9-1 等油气田分布在渤南、庙西凸起上。

8.3.1.2 北黄海

北黄海盆地是在华北地块基底上发展成的中新生代沉积盆地。渤海湾盆地发育在沉降区，以新生代沉积为主，而北黄海盆地则位于隆起区上的沉积区，是以中生代沉积为主的残留盆地。晚古生代和早古生代的厚层碳酸盐岩基底之上覆盖数千米厚的中生代沉积和新生代沉积，北黄海盆地完全具备形成完整的生、储、盖成烃和成藏体系，具有良好的油气资源前景。依据重磁资料和地震资料分析，北黄海海域从北向南可以划分为海洋岛隆起、北黄海盆地和刘公岛隆起三个一级构造单元，北黄海盆地又可以划分为 4 个凹陷和 3 个凸起共 7 个二级构造单元。东凹位于 124°E 附近，是北黄海盆地内沉积厚度最大的一个中新生代沉积凹陷，面积 4500km²。凹陷内发育了三个沉积中心，中新生代最大沉积厚度为 8km，新生代与中生代的沉积中心不完全重叠，出现一定的偏移，其中新生代最大沉积厚度为 4km，中生代沉积由 2 个沉积中心组成，最大沉积厚度均为 6km。

中朝双方在该区域均做了大量的地质地球物理研究工作。1977 年至今，朝鲜在西朝鲜湾共钻探 16 口井，发现了侏罗系烃源岩，并在侏罗系和白垩系中获工业油流，从古近系砂岩试获石油，而前中生界储层仅见油气显示。朝鲜目前的钻井均集中在东凹，从现有的资料分析，东凹是北黄海盆地油气资源相对富集的沉积凹陷，具有良好的油气资源远景。目前经勘探证实的含油层系有 4 套，即古近系渐新统、中生界下白垩统和上侏罗统、古生界上奥陶统。

8.3.1.3　南黄海

南黄海盆地的范围、格架和性质都发生过重要的分异、迁徙和转化。过去对该海区的油气资源评价多集中于古近纪盆地，忽视了其下的中古生代盆地的油气资源前景。

南黄海划分为南黄海北部盆地、中部隆起区、苏北南黄海南部盆地、勿南沙隆起区四个大的一级构造单元。南黄海盆地前期的钻井资料揭露的中生界 - 上古生界有下三叠统上、下青龙组，上二叠统大隆组、龙潭组，下二叠统栖霞组和中上石炭统黄龙组、船山组，但在垂向上还未见一个完整连续的剖面，由于有关生油层的资料少，研究程度低，与邻近陆区的资料比较，认为上、下二叠统和下三叠统具备生油条件。

隆起区作为盆地内部的大型正向构造单元，是了解盆地形成演化与构造变形的重要窗口（何登发等，2008）。同时，隆起区又是油气运移聚集的有利指向区，具有重要的油气勘探价值。南黄海盆地是下扬子地块向海洋的延伸，中三叠世以前与陆上的苏北盆地同属于下扬子地台（蔡乾忠，2005；冯志强等，2008），地层以及层序发育具有相对的一致性。目前苏北盆地已在中、古生界近 50 口钻井中见到油气显示，其中在下三叠统青龙组和上石炭统船山组发现了大量油气显示，在盐城朱家墩发现源于中、古生界的再生气田，在黄桥镇苏 174 井钻遇液态 CO_2 及轻质油，这些勘探成果表明下扬子中、古生界存在油气生成和运聚的成藏过程（周荔青和张淮，2002），具有良好的油气勘探前景（戴春山和李刚，2002；马立桥等，2007；赵永强，2007；刘玉瑞，2010）。但是迄今为止南黄海盆地虽经历了多年的勘探，却始终未获得油气的重要发现，是我国近海唯一尚未获得油气突破的沉积盆地（蔡乾忠，2005；冯志强等，2008；张训华等，2017）。以往的勘探和研究重点集中在盆地北部和南部两个拗陷区，所实施的全部 22 口钻井也都是位于拗陷内和勿南沙隆起，揭示最深地层为石炭系。而与之对应，截至 2014 年中部隆起区从未进行过钻探取心研究。长期以来对南黄海盆地中部隆起区的研究仅局限于二维地震剖面类比推测和周缘地区的露头对比，由于缺乏实际资料的支持，导致在地层发育、构造特征等方面存在诸多争议。综观前人研究来看，普遍认为中部隆起区构造变形相对较弱，地层较平缓，是下扬子最大的稳定区块，应该比盆地南北两个拗陷具备更好的油气保存条件（姚永坚等，2008；张训华等，2017）。

　　近年来，大陆架科学钻探项目在南黄海中部隆起获取的 CSDP-2 井 2800m 全取心钻孔，首次在海相地层发现多处油气显示，并揭示了多套海相优质烃源岩层（郭兴伟等，2015）。此前在南黄海共有探井 27 口，有 7 口钻遇中古生界海相地层，在中部隆起钻探并获油气发现尚属首次，这一发现为南黄海油气勘探指明了方向，也为其他海域油气资源的勘探提供了新的思路。

8.3.1.4　东海

　　东海地质构造区划，可分为"两盆三隆"，三隆分别指处于东海西侧的浙闽隆起区、位于东海大陆架外缘一带的钓鱼岛台湾隆褶带和处于琉球群岛一带的琉球隆褶区。两盆之一是指处于东海陆架区，介于浙闽隆起区和钓鱼岛台湾隆褶带之间，属于陆缘裂谷型的东海陆架盆地；两盆之二是指处于冲绳海槽区，介于钓鱼岛台湾隆褶带和琉球隆褶区之间，属于弧后裂谷型的冲绳海槽盆地。根据地球物理综合勘探和地质研究，东海主要是中、新生代沉积盆地，纵向上发育有中生界和新生界。沉积厚度巨大，一般为 1～10km，最大沉积厚度位于陆架盆地东部拗陷的西湖、基隆凹陷，可达 15～17km，上新世之前的沉积中心呈 NE 向、NNE 向条带状展布，各次级拗陷沉积呈西薄东厚的沉积特点，地层从西往东时代变新。东海主要生油气凹陷位于东海陆架盆地。东海陆架盆地新生代沉积厚度巨大，具备丰富的油气资源，存在 9 个新生代沉积凹陷。其中西湖凹陷是东海最有前景的油气富集凹陷，其次为基隆凹陷，再次为瓯江凹陷。

8.3.1.5　南海

　　南海是西太平洋最大的边缘海之一，位于欧亚、太平洋和印度 - 澳大利亚三大板块的交汇处，由华南地块、印支地块、缅泰马地块和菲律宾沟弧系组成。南海通过 38Ma 前和 24Ma 前的两次海底扩张作用形成，北部为伸展型边缘，西部为转换伸展型边缘，南部为碰撞聚敛型边缘，东部为俯冲消减型边缘。南海广泛发育新生代沉积盆地，但由于这些盆地所处的构造位置不同，因此其盆地类型和特征也存在一定差别。此外南海海盆还发育 3 个次级洋盆，分别是西北次海盆、西南次海盆和东部次海盆。

　　目前，南海已经成为世界上一个新的重要含油气区，它与东海陆架组成的亚洲大陆架产油区与波斯湾、墨西哥湾、北海等著名的产油区齐名。南海的油气战略地位非常重要。亚洲经济的强劲增长，促进了该区域对能源的需求。据《南部海域 1 ∶ 100 万海洋区域地质调查成果集成与应用研究》报道，通过该项目已基本查明南部海域矿产成矿成藏基础地质背景，有效服务找矿新突破。首次在大范围小比例尺区域调查中，综合判识全海域天然气水合物异常区带，预估资源量可达 $80.57 \times 10^{12} m^3$ 天然气。从"深水"（新生界）和"深层"（中生界）两个方面对南海油气资源前景及勘探方向进行了分析与预测。

8.3.2　天然气水合物分布特征

　　由于天然气水合物可以有效地黏结碎屑颗粒，降低沉积物孔隙度，因而改变了沉积物的物理性质，提高了水合物富集层的声波传播速度，在水合物稳定带底部形成一个强波阻抗面。由于该界面与海底大致平行，故称似海底反射层（BSR），如图 8-7 所示。也正是基于这点，BSR 成为识别天然气水合物的有力证据，如图 8-8 所示。

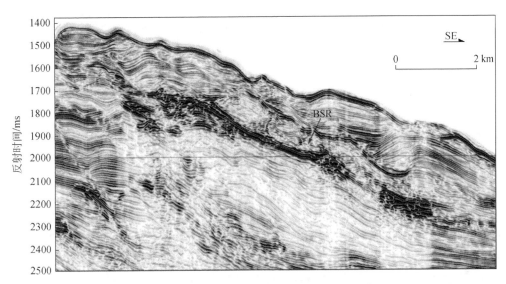

图 8-7　南海北部海域含 BSR 典型地震剖面（于兴河等，2014）

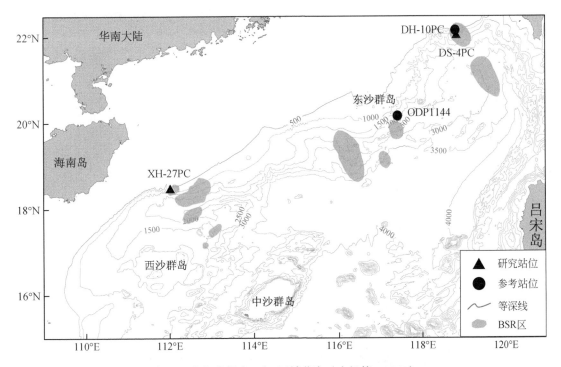

图 8-8　南海北部含 BSR 区域分布（庄畅等，2015）

　　但是天然气水合物与 BSR 有时并非一一对应的关系（于兴河等，2014）。在 BSR 之上，水合物与沉积物的均匀混合致使 BSR 之上的振幅减弱，一般可见到明显的成片或分散的反射振幅空白或弱反射，水合物的含量（饱和度）与振幅的强弱成反比，振幅越弱，可能暗示水合物的含量越高。在 BSR 上下层位具有明显的速度倒转现象，即在 BSR 之上出现高速层。含水合物的沉积层的速度相比纯水合物的声速略有降低，与下伏含水沉积层之间存在较大速度差异，因此在地震剖面上也很容易形成极性与海底完全相反的强反射面。可根据振幅随偏移距变化（AVO）特征来判别地层游离气。游离气存在与否与 AVO 的响应特征关系密切，游离气的存在能使反射系数随偏移距的增大而明显增大。另外，天然气水合物分布与海底地貌关系密切，麻坑地形、碳酸盐岩结壳、海底冷泉、冷泉生物群落、泥火山和断层系统等特殊构造可视为海域天然水合物找矿的地貌标志。

海区天然气水合物一般出现在水深大于 300m 的深水陆坡环境。我国海区天然气水合物潜力远景区主要位于东海冲绳海槽与南海北部陆坡，已发现了水合物发育的地震证据和相关的地质、地球化学和生物证据，具有良好的水合物开发远景。

我国通过近 10 年的综合调查研究，在南海北部发现了"深部 BSR+Bz 浅部气烟囱+海底微地貌、碳酸盐岩结壳+底水及沉积物地化异常"等多信息证据（吴能友等，2012），进行了资源综合评价，优选了有利勘探目标区。2007 年，在天然气水合物的钻探航次中，在南海神狐海域约 1200m 的水深中的 3 个站位采集到了天然气水合物实物样品。2017 年 5 月，在南海神狐海域天然气水合物试采成功，为其产业化规模建产奠定了基础。

南海地区水合物有利远景区（Ⅰ级远景区）为台西南盆地、东沙群岛、西沙海槽－琼东南盆地和北康盆地（图 8-9）。从地质条件分析可以归为两类，其中台西南盆地、东沙

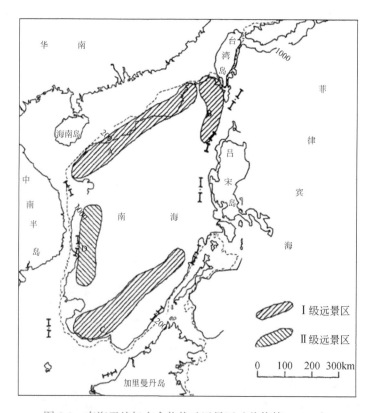

图 8-9　南海天然气水合物找矿远景区（魏伟等，2012）

群岛、北康盆地属于前陆盆地或复合盆地类型，而西沙海槽－琼东南盆地属于拉张走滑盆地类型。中建南盆地、万安盆地等为次级水合物成藏有利区域（Ⅱ级远景区）。据估算，仅南海天然气水合物的总资源量就达到 $643.5×10^8 \sim 772.2×10^8$t 油当量，相当于我国陆上和近海石油天然气总资源量的 1/2。近年调查和研究已在南海北部圈定了分布面积约 $3.28×10^4km^2$ 的有利远景区，初步评价认为南海北部天然气水合物资源量约 $185×10^8$t 油当量；2007 年在神狐海域钻探发现并取得高饱和度天然气水合物实物样品，钻探区证实水合物分布面积约为 $15km^2$，根据钻探结果计算水合物天然气地质储量为 $160×10^8m^3$（吴能友等，2012）。

冲绳海槽位于东海的东部，为弧形深水槽盆，呈 NE-SW 向延伸，北起日本九州西南岸外，南至中国台湾东北部的宜兰近岸（栾锡武等，2006）。冲绳海槽弧后海盆由于水深太大等，总体勘探程度低。通过对冲绳海槽盆地的沉积充填特征、有机质分布和热流场的研究和分析，结合水深和海水测温等资料，应用实验室模拟和实测数据建立的海底天然气水合物稳定曲线，可以推测冲绳海槽是赋存天然气水合物的重要区域。

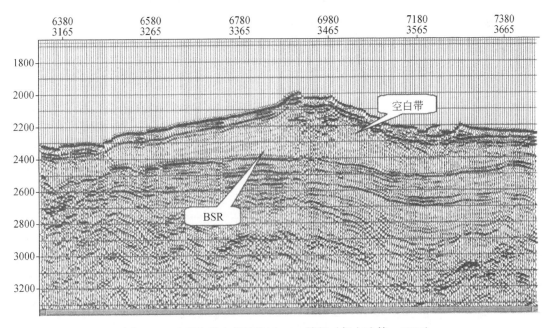

图 8-10 冲绳海槽南部陆坡区 BSR 特征（杨文达等，2010）

通过冲绳海槽地震剖面，可以看到与海底平行的似海底反射、明显的极性反转以及其上部的振幅空白带（陈建文，2014），如图 8-10 所示。在理想条件下，已知测区中Ⅰ类水合物远景面积为 $3800km^2$，Ⅱ类水合物远景面积为 $7400km^2$，含水合物的地层平均厚度为 220m（杨文达等，2004），远景区分布如图 8-11 所示。

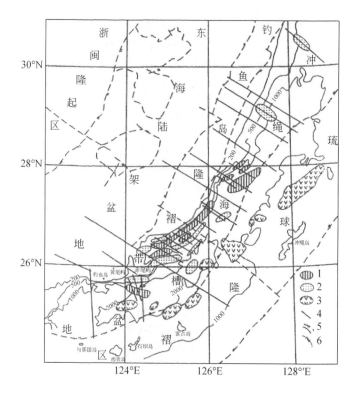

图 8-11　东海陆坡天然气水合物远景区（杨文达等，2004）
1. 一类区；2. 二类区；3. 火成岩；4. 地震测线；5. 构造线；6. 水深线

8.3.3　煤炭资源分布特征

　　海底煤炭一般沉积在盆地中，盆地与煤系结合在一起时，称为聚煤盆地。在有利的成煤古气候条件下，古构造运动提供和形成适合聚煤的古地理环境，并且有大量成煤古植物生长、繁殖、堆积在原型盆地内部（郭爱军，2014）。海底煤矿，特别是太平洋西部边缘的煤矿多是在 70Ma 以来的新生代形成的，新近纪和古近纪是全球重要的聚煤期。中国近海海域发育多个含煤盆地和聚煤区，是全球环太平洋聚煤带的组成部分。自北向南可划分为渤海（渤海湾盆地）、黄海（南黄海、北黄海）、东海陆架（东海陆架盆地）、南海北部（珠江口盆地、琼东南盆地、北部湾盆地、莺歌海盆地）聚煤区，各盆地均不同程度钻遇新生代煤层或高碳质泥岩层（张海涛和朱炎铭，2013）。

　　中国的海底含煤岩层主要分布在黄海、东海和南海北部以及台湾岛浅海陆架区。含煤岩系厚达 500～3000m，煤层层数较多，最多近百层（东海），一般为 8～25 层（渤海、黄海），层厚不稳定，一般为 0.3～2.5m，最厚达 3～4m。中国海域聚煤作用形成和发育时间贯穿了整个新生代，发育多套含煤地层，在始新世、渐新世、中新世均有分布，成煤过程明显具有旋回性，形成多套含煤层系，如图 8-12 所示。由北向南，由西向东，成煤时代逐渐变新，主要成煤期与构造事件、气候事件相一致（张海涛和朱炎铭，2013）。

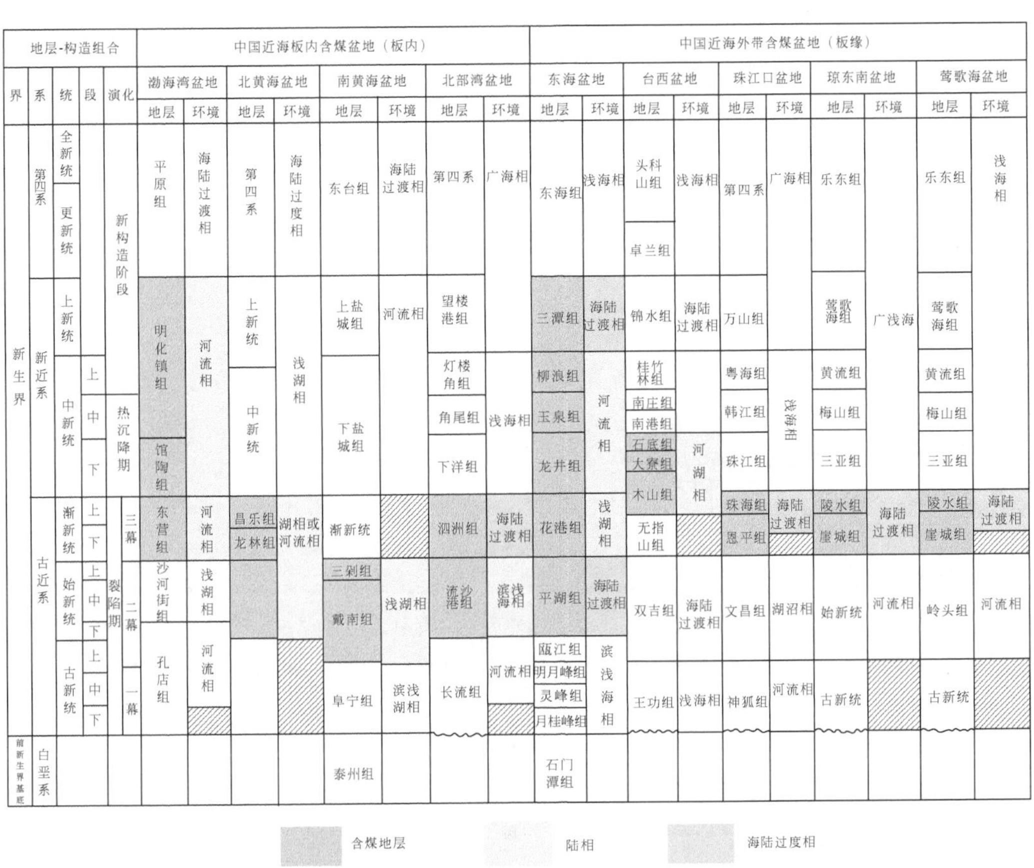

地层-构造组合					中国近海板内含煤盆地（板内）								中国近海外带含煤盆地（板缘）										
界	系	统	段	演化	渤海湾盆地		北黄海盆地		南黄海盆地		北部湾盆地		东海盆地		台西盆地		珠江口盆地		琼东南盆地		莺歌海盆地	
					地层	环境	地层	环境	地层	环境	地层	环境	地层	环境	地层	环境	地层	环境	地层	环境	地层	环境
新生界	第四系	全新统 更新统		新构造阶段	平原组	海陆过渡相	第四系	海陆过渡相	东台组	海陆过度相	第四系	广海相	东海组	浅海相	头科山组 卓兰组	浅海相	第四系	广海相	乐东组		乐东组	浅海相
	新近系	上新统 中新统（上中下）		热沉降期	明化镇组 馆陶组	河流相	上新统 中新统	河流相	上盐城组 下盐城组	浅湖相	望楼港组 灯楼角组 角尾组 下洋组	河流相 浅海相	三潭组 柳浪组 玉泉组 龙井组	海陆过渡相 河流相	锦水组 桂竹林组 南庄组 南港组 石底组 大寮组 木山组	海陆过渡相 河湖相	万山组 粤海组 韩江组 珠江组	浅海相	莺歌海 黄流组 梅山组 三亚组	广浅海	莺歌海组 黄流组 梅山组 三亚组	
	古近系	渐新统 始新统 古新统	三幕 二幕 一幕	裂陷期	东营组 沙河街组 孔店组	河流相 浅湖相 河流相	昌乐组 龙林组	湖相或 河流相	三剁组 戴南组 阜宁组	浅湖相 滨浅湖相	渐新统 流沙港组 长流组	浅海相 河流相	花港组 平湖组 瓯江组 明月峰组 灵峰组 月桂峰组	海陆过渡相 滨浅海相	无指山组 双吉组 王功组	海陆过渡相 浅海相	珠海组 恩平组 文昌组 神狐组	海陆过渡相 湖沼相 河流相	陵水组 崖城组 始新统 古新统	海陆过渡相 河流相	陵水组 崖城组 岭头组 始新统 古新统	海陆过渡相 河流相
前新生界基底	白垩系								泰州组				石门潭组									

含煤地层　　　　陆相　　　　海陆过度相

图 8-12　中国近海盆地含煤地层及其沉积相时空分布（杨柳，2017）

煤层受多种因素的叠加控制，只发育于聚煤盆地的一定范围内。断陷盆地断裂内侧的缓坡边缘地带一般为无煤带，煤层聚结带一般位于盆地边缘地带，煤层密集或合并，单层厚度大，层间距小（李增学等，2013）。

渤海湾盆地煤层主要发育在济阳凹陷、渤中凹陷及渤海湾南部边缘黄县盆地（李增学等，2012；李倩茹，2014）。东海盆地含煤地层在东部拗陷带和西部拗陷带均有发育，以西湖凹陷和福江凹陷聚煤作用较强，椒江凹陷和丽水凹陷也有煤层发育，煤层总厚度明显小于东部拗陷带。台西盆地夏澎凹陷、台北凹陷和长江凹陷为主要含煤凹陷（李运振等，2010；彭己君等，2014）。琼东南盆地中，崖北凹陷、崖南凹陷、松西凹陷、松南凹陷是煤层发育的主要凹陷区（米立军等，2010；李莹等，2011）。珠江口盆地中，钻遇煤层的井位，多在阳江凹陷，文昌 A、B 凹陷和白云凹陷内，番禺隆起带向东部白云凹陷的斜坡带处也有煤层发育，煤层层数及厚度明显小于上述三个凹陷。

中国海底煤炭的主要类型为褐煤，其次为长褐煤、泥煤和含沥青质煤等。南海盆地煤级为气-肥煤，东海及渤海湾盆地煤级为褐煤-长焰煤，煤级具有由北向南、从东到西逐渐增高的分布趋势。近海域深海区由于含煤底层埋深大，煤的变质作用程度相对较高，成为良好的烃源岩，这是陆上区古近纪含煤地层所不能达到的热演化程度（李增学等，2012）。煤层微观结构特征研究表明，近海煤层多为深灰黑色-黑色，光泽暗淡，宏观煤岩组分以暗煤为主、亮煤次之，煤岩类型为半亮－半暗型煤（李莹等，2011）。

总体来说，中国海域含煤盆地总体特点是煤系发育连续性好，沉积厚度大。煤层层数多，单层厚度薄，煤阶低，分布范围广且散（李增学等，2012；张海涛和朱炎铭，2013；杨柳，2017）。

8.3.4 砂矿资源分布特征

8.3.4.1 滨海砂矿

滨海砂矿主要指工业矿物在沿海滨海环境下富集而成的具有工业价值的砂矿，地理范围为现代海岸线以上10km距离内的以海成为主的砂矿。滨海砂矿种类繁多，分布广泛，资源储量丰富，大多埋藏在近岸沙堤、沙滩、沙嘴和海湾之中。我国滨海砂矿主要分布于广西、广东、海南、福建、台湾和山东沿海，其中广东、海南和广西砂矿类型最多，储量最大。辽宁、江苏、浙江也有一些砂矿，但规模都比较小。

依据重矿物含量圈定出一些重砂矿物异常区域，这些异常主要有锆石、砂金、磁铁、钛铁矿、金红石和石榴子石。我国海区目前已探明的具有工业储量的滨海砂矿有重矿物砂矿和石英砂矿等，其中重矿物砂矿主要有砂金、钛铁矿、铬铁矿、磁铁矿、独居石、锆英石、褐钇铌矿、金红石、磷钇矿、铌铁矿等，它们通常形成伴生或共生的矿床，石英砂矿据工业用途还可分为玻璃石英砂矿、型砂用石英砂矿、建筑用石英砂矿等。锆英石矿主要分布于广东、海南和广西，福建、山东和辽宁也有部分矿床；钛铁矿主要分布于海南、广西和广东；独居石矿绝大部分分布于广东、浙江、福建和台湾，海南也有部分矿床；磁铁矿主要分布于广西、山东、福建和台湾；砂金矿主要分布在山东、辽宁和广西；铬铁矿仅在海南文昌有分布；褐钇铌矿在广东有少量分布；金红石仅在广西防城港有分布；磷钇矿多分布在广东电白一带；锡石矿仅在广东有发现。重矿物砂矿在台湾分布较多。

重矿物异常区主要分布于黄海、东海和南海。黄海主要矿种有钛铁矿、锆石、金红石和石榴子石。东海海域重矿物异常区聚集在东海北部、东海东侧、台湾海峡及其以东。南海重矿物异常区的主要矿物有钛铁矿、金红石、锆石和独居石等。

锆石主要分布于山东、福建、浙江和台湾沿岸，其中以山东、台湾形成的矿床规模较大。锆石以海积沙堤、沙沮、沙地型为主，其次为冲积型、河口堆积平原和潟湖型。海积型锆石常与钛铁矿、独居石、金红石伴生或共生，矿床往往由多层矿、多个矿体组成，矿体规模不等，长数十米至上万米，宽数米至上千米，厚数米，呈层状、似层状、透镜状、不规则状沿海岸带呈带状分布。锆石品位 $1 \sim 9kg/m^3$，沉积物以中细砂为主，锆石粒度一般为 $0.2 \sim 0.09mm$，太古宇和加里东期变质岩、混合岩及中生代酸、碱性侵入岩为其主要成矿母岩。成矿时代为晚更新世—全新世中晚期。代表性矿床为山东石岛大型矿床。

砂金矿较少，主要在辽宁半岛和山东半岛滨岸区分布，成因类型有海积型和冲积型。

钛铁矿主要分布在山东、福建沿海，以海积沙堤、海滩型为主，成矿时代为中更新世—全新世。山东沿岸矿体规模较大、品位较高，可达小型规模，矿体呈长条状平行海岸分布，微向海倾斜。常伴生或共生锆石、独居石等重矿物形成复合砂矿，如山东荣成石岛、乳山白沙滩钛铁矿复合砂矿。

独居石矿主要分布于福建、台湾沿岸。主要类型有海积沙堤、沙嘴、海滩和冲积河口堆积平原型。独居石常与钛铁矿、锆石、磷钇矿共生，多数矿床由数个矿体组成，矿体呈层状、不规则状等。独居石成矿时代为中更新世—全新世晚期，典型矿床有福建厦门黄厝、台湾新竹苗栗等矿床。

磁铁矿在滨海区分布较广，但多以伴生矿出现，很少形成单一的大型矿床。主要类型为海滩、沙堤、沙嘴等海积型砂矿，矿体一般较小，品位较低，经常与其他矿物伴生，主要物源岩石为中酸性岩浆岩，中基性喷发岩及沿岸原生磁铁矿体，成矿时代以中晚全新世为主，代表性矿床有山东日照金家沟、福建宁德漳湾、台湾金山万里和石门等小型矿床。

石英砂矿分为玻璃砂、型砂和建筑砂。本节主要讨论玻璃砂和型砂，分布于山东、福建、台湾的沿岸海域。现已探明的玻璃砂矿有荣城旭口大型矿床、牟平云溪、威海双岛、荣城仙仁桥中型矿床。型砂矿主要有青晋江华峰、江苏连云港沿岸中小型砂矿床。

8.3.4.2 建筑用海砂

建筑用海砂是指分布于海岸和浅海的、以中砂和粗砂为主，包括部分细砂和砾石的砂质堆积。海砂资源及潜力分布主要反映了海区建筑砂砾石矿和建筑砂砾潜力区的分布。

我国海区目前尚未进行专门性的砂砾石资源的系统评价，仅在部分海域的近岸浅海进行过勘察和评价，并探明有可供开采的建设用砂。根据原国土资源部、原国家海洋局、中国科学院等所属单位在我国海域获得的海底底质类型调查资料，通过海底表层沉积物类型研究，对表层砂砾石分布状况及特征进行划分和探讨。中国海砂主要来自海岸带、陆架和近岸浅海3个堆积体系。海岸带海砂与近岸浅海海砂同样具有以粗粒中砂、粗砂为主，开采方便等特点，适宜做建筑用砂。除台湾浅滩等少数地方外，陆架海砂大部分以细砂为主，还难以成为主要开发对象（王圣洁等，2003）。

海岸带与近岸浅海海岸带地区建筑砂矿床主要分布在辽宁、山东、浙江、福建和广东海岸带地区，现已探明的近海建筑砂矿床分布水深一般小于10m，部分矿床水深介于10～35m之间，个别水深可达到40m以上。砂矿床距现今海岸线一般小于5km，现已探明的矿床以大型为主，个别为中型矿床。按建筑砂矿品位可以分为粗砂、中粗砂、中砂，其粒度模数为1.6～3.7，属于建筑用砂细砂、中砂、粗砂规格。建筑砂砾石潜力区主要分布于渤海辽东湾区、黄海成山头区、黄海青岛－日照区、东海舟山区、东海温州－莆田区、东海台湾浅滩区、南海南澳岛－碣石湾区、南海海陵岛－雷州湾区和南海东方区。

陆架海海砂堆积在东海和南海外陆架，出现在50～60m水深以深，直到陆架边缘，属残留沉积类型，为古潮流和古海滩堆积，以细砂为主，少量中细砂呈岛状分布。50～60m水深以浅，海砂分布不连续，为潮流沉积或残留沉积；潮流沉积以细砂为主，如辽东浅滩、苏北浅滩、西朝鲜湾、琼州海峡西口、琼西南等砂脊，而琼州海峡东口为粗中砂。残留砂主要分布于海州湾中部、珠江口外、北部湾中部。其中珠江口外有粗中砂和砾砂分布，属三角洲或河床相沉积。

地质分类是依据成矿控制因素的分类，可分为单一成矿控制因素分类和综合成矿控制因素分类（表8-3）。

表 8-3　中国近海建筑砂矿床的地质分类表（曹雪晴等，2007）

成矿因素	依据	类型	中国近海建筑砂矿床矿例
单一成矿因素	成矿时代	全新世	山东长岛县庙岛南部海域
		更新世	浙江舟山崎头洋海域
	成矿动力条件	潮流型	福建南日岛海域
		残留型	浙江温州洞头县大门岛海域
		冲-海积型	山东胶州湾外海域
单一成矿因素	矿体赋存地貌单元	沙脊（沙坝、沙堤、沙丘）型	广东龙穴水道与矾石水道间海域
		冲刷槽型	浙江宁波北仑港附近海域
		河谷型	山东海阳千里岩东北海域
		滨海（海岸）型	福建惠安泉州海域
综合成矿因素	成矿期+动力因素+赋存地貌或成矿期+矿体赋存地貌	全新世（现代）潮流沙脊型	辽宁李官庄镇白沙山西北海域
		更新世（古）潮流沙脊型	
		全新世（现代）潮流冲刷槽型	浙江舟山岛西北端两侧和长白岛海域
		全新世（现代）三角洲型	广东湛江市东海岛北与南三岛西南海域
		更新世（古）三角洲型	广东省珠江口外伶仃水道
		全新世（现代）潮间、浅滩型	福建省惠安泉州海域
		更新世（古）岸线型	山东日照市石臼奎山咀-虎山以东海域
		更新世（古）河谷型	山东千里岩东北海域

8.3.5　多金属结核分布特征

多金属结核广泛分布于水深4～6km的大洋底部松软沉积物的表层，全球海洋中大约覆盖了54×10^6km^{2}的多金属结核，在太平洋、印度洋和大西洋三大洋都有分布，其中覆盖面积最大的大洋是太平洋，约有23×10^6km^2，其中尤以东太平洋的CC区最富集且最具潜在经济价值（王海峰等，2015）。其次是印度洋，而大西洋由于沉积速率较高，锰结核不能广泛发育（图8-13）。

据估算，全球大洋底多金属结核资源总量为3×10^{12}t（Mero，1965），有商业开采潜力的资源量达750×10^8t。太平洋作为主要富集区，锰结核覆盖面积近2.3×10^7km^2，总资源量达1.7×10^{12}t，其中含锰4000×10^8t、铜88×10^8t、钴58×10^8t、镍164×10^8t，相当于陆地储量的几十倍至几千倍（Mero，1965）。

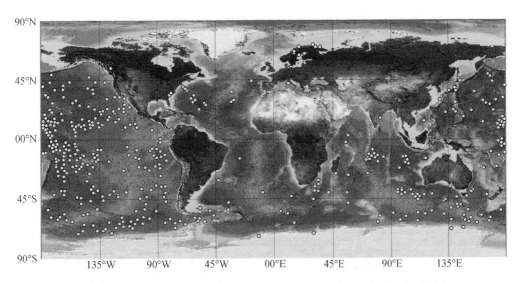

图 8-13　多金属结核矿点在全球范围内的分布（据刘永刚等，2014 修改）

同时，在全球海洋的许多浅水区也发育多金属结核，如黑海、波罗的海、巴伦支海、卡拉海、加勒比海和菲律宾海盆等海域（殷征欣等，2019）。

我国近海也陆续发现过多金属结核，包括黄海、东海以及南海。在黄海、东海仅分布多金属结核而没有铁锰结壳。黄海、东海多金属结核是高铁氧化物结核，形态比南海的简单（朱而勤和王琦，1985）。有用金属含量也比南海的少。黄海多金属结核分布在南部晚更新世的残留沉积区，以及渤海、黄海交界附近海域的残留沉积区。东海多金属结核富集在长江口外古长江三角洲附近的残留沉积物中，以肾状、瘤状、弹丸状为主。分布范围广泛，沉积物类型多为细砂及泥质砂（朱而勤，1984）。

南海是我国铁锰氧化物最丰富和最有利用潜力的边缘海，南海的铁锰氧化物根据其产出形式和大小可分为 3 种类型：铁锰结核、铁锰结壳以及微结核。

南海多金属结核大小不一，最大直径可达 12cm 左右，铁锰质壳层均较薄（张振国，2007）。南海多金属结核含丰富的 Fe、Mn 元素，此外还含有 Cu、Ni、Co、Zn、Cd 等金属元素，Ce 等稀土元素。与大洋结核相比，南海多金属结核的 Cu、Ni、Co 含量相对较低，稀土元素含量相对较高（陈忠等，2015）。

相比于大洋结核多分布于有沉积物覆盖的深海海盆、深海平原和深海丘陵等区域，南海边缘海结核则主要集中在受陆源物质影响较小的南海深海海盆及部分海山顶部，以及在受沉积影响较为强烈的南海北部陆缘区。但是微结核广泛分布于南海周缘陆坡区和深海盆区，东部分布丰度较高，其次是南海南部的南沙海槽区，丰度最低的是南海西部陆坡区（图 8-14）。

8.3.6　热液硫化物分布特征

现代海底热液活动是一种普遍的海洋地质现象，大洋中的三大构造背景（大洋中脊、板内火山和弧后盆地）普遍发育热液活动。栾锡武和秦蕴珊（2002）据国际大洋中脊协会

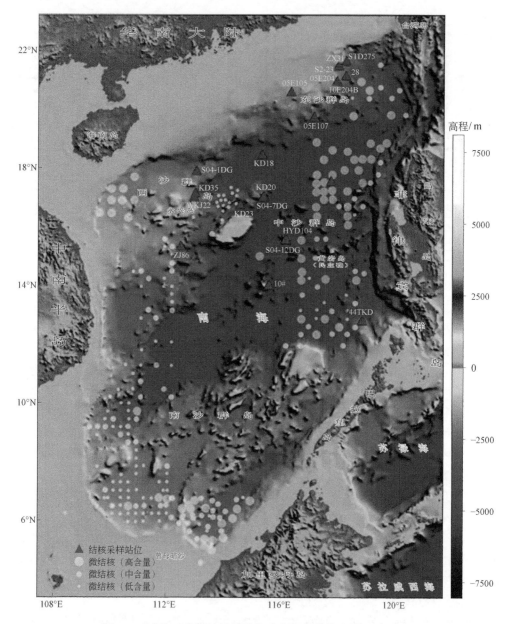

图 8-14　南海已发现的结核站位示意图（殷征欣等，2019）

公布的热液活动统计数据库资料，截至 2018 年底，在全球大洋中已发现了 707 个热液活动区或热液硫化物沉积区。主要分布在洋中脊（57.16%）、火山弧（岛弧）（22.34%）和弧后扩张中心（18.34%）等构造带上（王淑杰等，2018），如图 8-15 所示。热液活动区主要限于 40°N 到 40°S 低纬度带之间，水深集中在 1300 ～ 3700m（栾锡武，2004）。

　　我国近海及临区范围内，现代海底热液活动主要分布于冲绳海槽区域。冲绳海槽是一仍在活动的海槽，热液沉积物资源丰富，各热液区内仍有热液不断喷发，烟囱不断增生，每年都有新的硫化物形成，资源量逐年递增。冲绳海槽海底热液活动的发现与研究始于

20 世纪 80 年代，中国和日本都在此区域内进行过多项调查，调查发现内容见表 8-4，分布如图 8-16 所示。

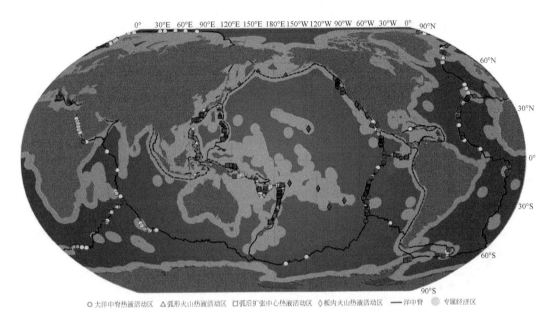

○ 大洋中脊热液活动区　△ 弧形火山热液活动区　□ 弧后扩张中心热液活动区　◇ 板内火山热液活动区　—— 洋中脊　● 专属经济区

图 8-15　现代海底热液活动在全球范围内的分布（https://vents-data.interridge.org）

红色为已被证实得热液活动区，黄色为推断得热液活动区

表 8-4　冲绳海槽北部现代海底热液活动调查中的发现（据尚鲁宁等，2018 整理）

年份	位置	发现	深潜器	发现国家	文献
1984	伊平屋脊（Iheya Ridge）东端的夏岛 84 海丘（Natsushima 84 Knoll）	不活动的硫化物烟囱体	"深海 2000" 深潜器	日本	Kimura et al.，1988
1986	伊平屋脊（Iheya Ridge）东端的夏岛 84 海丘（Natsushima 84 Knoll）	活动的热液喷口		日本	Kimura et al.，1988
1988	伊平屋脊东端北坡（27°33′N，126°58′E）	Clam 热液点		日本	Tanaka et al.，1990
1988	伊是名海洼（Izena Hole）内东北侧坡上（27°15.0′N，127°4.5′E）	Jade 热液点		日德合作	Halbach et al.，1989；Tanaka et al.，1990
1988	奄美大岛（Amami Island）以西约 140km 南奄西海丘（Minami-Ensei Knoll）西端	南奄西海丘热液区	"深海 2000" 深潜器	日本	Momma et al.，1989；Hashimoto et al.，1990
1995	冲绳海槽伊平屋北海丘（Iheya North Knoll，27°47.5′N，126°53.8′E）	活动的热液喷口	深拖海底摄像	日本	Chiba et al.，1996；Yamamoto et al.，1999
1999	冲绳海槽南部鸠间海丘（Hatoma Knoll）顶部的破火山口中（24°51.3′N，123°50.5′E）	海底热液活动区	"深海 2000" 深潜器	日本	Watabe and Miyake，2000
1999	宜兰县头城岸外的龟山岛（121°55′E，24°50′N）	浅水型海底热液活动区		中国台湾	Chen et al.，2005

续表

年份	位置	发现	深潜器	发现国家	文献
2000	第四与那国海丘（Yonaguni Knoll IV）	热液区	"深海6500"深潜器	日本	Matsumoto et al., 2001
2000	伊良部海丘（Irabu Knoll）	热液喷口	"深海6500"深潜器	日本	Matsumoto et al., 2001
2003	伊是名海洼西南部洼底	Hakurei热液点			Kawagucci et al., 2011
2005	多良间海丘（Tarama Knoll）顶部	源自海底热液活动的水体浊度和甲烷浓度异常		日本	Yamanaka et al., 2009
2009	多良间海丘（Tarama Knoll）南部	Fox喷口		日本	Yamanaka et al., 2009
2010	与论海丘（Yoron Knoll）顶部的破火山口内（27°29.5′N, 127°32′E）	活动的热液喷口	"Hyper Dolphin"号ROV	日本	Fukuba et al., 2010
2013	伊平屋北海丘热液区	Natsu和Aki热液点		IODP	Kasaya et al., 2015
2014	冲绳海槽南部的雨花海丘顶部（122°34.7′E, 25°47′N）	唐印热液区	"发现"号ROV	中国	Zeng, 2015; Zeng et al., 2017

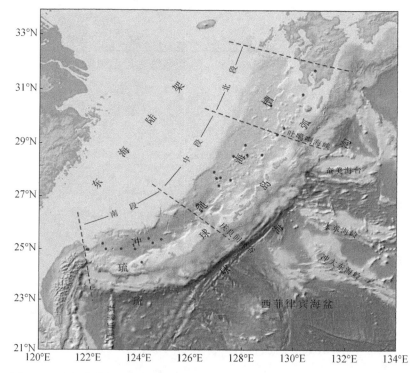

图8-16 冲绳海槽大地构造位置及海底热液喷口分布（据尚鲁宁等，2018修改）

红点表示海底热液喷口，喷口数据来源于InterRidge喷口数据库

冲绳海槽的热液活动区主要集中分布于断裂构造发育、岩浆活动频繁的中部。冲绳海槽的热流值具有高且变化大的特征，低者小于 $10mW/m^2$，高者可达 $10^5mW/m^2$。总体而言，高热流值主要集中在海槽中段，并沿海槽轴部分布，热流值多处于 $10^2 \sim 10^3mW/m^2$；南、北段的热流值相对较低，但局部也有高热流分布。

8.3.7 海岸带金属与非金属资源

我国海区金属与非金属矿产资源主要分布于海岸带陆地区域。本项编图研究中，采取了向陆 50km 的原则，保留了海岸带陆区的部分数据资料。

8.3.7.1 金属资源

我国海岸带地区主要的金属矿种为铁、金、银、锰、铝土、锡、铜、铅锌、钨、钼、锑。铁矿主要分布在河北、辽宁、山东、广东、广西、江苏、福建、浙江，大型铁矿床主要分布于河北、辽宁、山东。金矿主要分布在山东、辽宁、广西、河北、海南、广东、浙江、江苏，以中型矿为主，大型金矿多分布在山东和河北。银矿主要分布在福建、浙江、广东、广西、河北、江苏、辽宁，大型银矿主要分布在福建、浙江、广东。锰矿主要分布在广西、辽宁、广东，以中型矿为主，大型矿多分布在广西和辽宁。铝土矿主要分布在广西、山东、辽宁、河北、海南，以中型矿为主，大型矿多分布在广西。锡矿主要分布在广西和广东，广西的大型矿多于广东。铜矿主要分布在广东、山东、广西、浙江、江苏、辽宁、河北，其中江苏、河北各有一矿床。铅锌矿主要分布在广西、广东、浙江、河北、江苏、辽宁，以中型矿为主，大型矿主要分布在广西。钨矿主要分布在广东、广西、福建和山东，福建有一个大型矿床，山东有一个小型矿床。钼矿主要分布在辽宁、福建、河北、广东、海南、广西和浙江。锑矿主要分布在广西和广东，广东均为中型矿，广西以中大型矿为主。我国海岸带金属矿产资源相对丰富，但分布不均匀，总矿种数量最多的省份是广西和广东，矿床数量最多的省份是广西和河北。

8.3.7.2 非金属资源

我国海岸带地区非金属矿种主要有磷矿、硼矿、石墨、金刚石和普通萤石。磷矿主要分布在辽宁、河北、山东、江苏、广东、广西和海南，其中辽宁、河北、山东、江苏均有大型矿分布，其他省份均为小型矿，且数量少。石墨仅在山东有分布，且以大型矿为主。硼矿主要分布于辽宁和浙江，辽宁有四个大型硼矿和四个中型硼矿，浙江仅有一个小型硼矿。山东有两处金刚石矿点，辽宁有一处矿点。总体来看，我国海岸带地区非金属矿产分布极不均匀，浙江和福建勘探发现的非金属矿数量最多，其次为山东和辽宁，海南最少。

8.4 海底资源成因机制分析

能源矿产资源的分布与海域的地质构造背景密切相关，主要集中分布在含油气盆地群区域。煤田区的分布与油气资源的分布基本一致，油气资源的生成和储集与煤层的成因及分布密切相关。天然气水合物潜力区主要位于东海冲绳海槽与南海北部陆坡区域。我国海域还赋存有埋藏深度较大的煤系地层资源。海洋固体矿产仅次于陆架石油和天然气资源，是居于第二位的潜在的海洋矿产资源宝库，滨海砂矿和建筑用海砂也具有较大的资源潜力，特别是陆架地区分布广泛的建筑用砂砾石资源，潜力巨大，具有资源利用的现实可能性。但从资源合理利用及开采环境效应角度看，近岸浅海海砂是今后寻找和开采的主要目标。海岸带多种金属和非金属矿产资源由于其规模总体较小，开发利用价值相对较低，需要进一步加强勘探评价及环境影响分析研究。

8.4.1 油气资源成因机制

8.4.1.1 含油气盆地成因类型划分

中国海域及邻区的中、新生代盆地，以不同类型的原型盆地和多构造旋回叠合盆地的形式呈有序分布。研究中往往把处于同一板块位置上的成盆机制相同或相关的一组盆地称为"盆地群"，并在此基础上分析其源岩和成藏组合及含油气系统，为早期评价成藏条件的研究和资源预测提供依据。

根据中国海域及邻区各盆地所处的板块位置和形成机制，并借鉴前人的分类观点（戴春山等，2011；张训华，2008），将研究区内的盆地划分为三大类五个亚类六种盆地（表8-5）。

表8-5 中国海域及邻区盆地划分表

板块位置		类型	盆地群	形成机制	盆地
陆内		克拉通-裂陷	渤海湾克拉通（内）裂谷盆地群	克拉通地幔上涌引起裂谷及邻区的裂陷	渤海湾
			北黄海克拉通（内）裂陷盆地群		北黄海
			南黄海克拉通（内）裂陷盆地群		南黄海北部、南黄海南部
陆缘	西太平洋边缘	弧后裂离	东海弧后裂陷盆地群	B型俯冲引起弧后裂陷	东海陆架、冲绳海槽
	华南及南海被动边缘	离散边缘	南海北部裂陷盆地群	华南及南海板块向南离散和弧陆碰撞	珠江口、琼东南、北部湾、笔架南等
			南海南部裂陷盆地群		北康、南薇西、南薇东、永暑、北巴拉望、礼乐、南沙海槽等
		聚敛边缘	南海南缘前陆-裂陷盆地群		曾母、文莱-沙巴、南巴拉望
			南海东缘台西-台西南前陆-裂陷盆地群		台西、台西南
		走滑边缘	莺歌海-中建南-万安走滑-裂陷盆地群		莺歌海、中建南、万安

8.4.1.2 含油气盆地分布

渤海湾盆地、北黄海盆地和南黄海盆地位于板块内部，均属陆内-克拉通裂陷盆地，东海陆架盆地和冲绳海槽盆地位于西太平洋边缘，属陆缘-弧后裂离盆地，南海盆地则属于被动大陆边缘盆地。

1）克拉通裂陷盆地分布

渤海湾盆地是发育在华北块体前中生界基底之上的中、新生代断陷－拗陷盆地。它东以郯庐断裂带为界与胶辽隆起区相邻，南接鲁西隆起区，西以太行山山前断裂带为界与太行山隆起区相接，北部以宝坻－昌黎断裂与燕山褶皱带相邻。渤海湾盆地四周被深大断裂带所限。盆地以新生代沉积为主，新生界厚度近万米。其总体走向由 NNE 转 NEE 再转NNE 呈 S 形。盆地可进一步划分为七个次级构造单元，即辽东湾拗陷、冀中拗陷、沧县隆起、黄骅拗陷、埕宁隆起、渤中拗陷和济阳拗陷。渤海湾盆地内断裂系特别发育，其中占主体的是一组走向呈北东向和北北东向延伸的基底断裂系，并具有左行雁列的展布形式，如太行山东麓断裂带，沧东断裂带和聊城－兰考断裂带；同时盆地内还存在许多走向呈北西向和近东西延伸的断裂系。

北黄海盆地位于胶辽隆褶带的东侧，总体走向 NNE 向。是在元古界和部分古生界基底上发育的若干陆相侏罗系—白垩系—古近系的小断陷，并在中新世以后成为一个统一的盆地。盆地发育受边界环状断裂控制。盆地内部划分为西部拗陷、中西部隆起、中部拗陷、南部拗陷、中东部隆起和东部拗陷共 6 个次级构造单元。其中大面积的隆起区仅以数百米厚的近系和第四系直接覆盖在元古界变质岩上。拗陷内中新生代沉积一般厚 2～5km，局部（东部拗陷）可达 8km。东部和中部拗陷的沉积厚度较大，西部拗陷的沉积厚度较小，南部拗陷的沉积厚度更小，一般仅在 2km 以内。区内主要发育近南北向、北东向、北北东向和北西向的正断层，其中控制拗陷的断裂多为南北向、北东向和北西向。

南黄海盆地是发育在下扬子块体之上的中、新生代裂陷盆地，由滨海－中部隆起区将其分割为南、北两个中新生代陆相盆地，即南黄海北部盆地和南黄海南部盆地。

南黄海北部盆地位于南黄海北部、胶南－临津江隆褶带之南并以千里岩断裂与之为界、南黄海中部隆起带之北并以超覆或断续存在的断层为界。盆地总体走向为 NEE，是一个晚白垩世以来发育的断－拗盆地。基底主要为元古宇和古生界。盆地盖层主要发育晚白垩世以来的沉积，并以白垩系—古近系为主，厚度可达 7km。盆地内断裂发育。根据其基底的起伏和中－新生界盖层的发育及构造演化特征，参考前人的研究成果，可将其进一步划分为东北拗陷、北部隆起、中部拗陷、西部隆起、南部拗陷和东部拗陷共 6 个次级构造单元。区内断裂非常发育，以近 EW 向和 NE 向为主，其次为 NW 向。

南黄海南部盆地位于南黄海中部隆褶带与光州勿南沙苏南隆褶带之间，是发育在扬子地块中的一个白垩纪—古近纪的断拗盆地。总体走向由陆上的北东向，转为海区的北西西向。盆地基底为海相的古生界和中生界的下部地层（海区已有钻井已揭露石炭纪以来的地层），盖层则为白垩纪以来（主要为古近纪）的沉积。区内喜马拉雅期的吴堡运动和三垛运动比较强烈，分别造成阜宁组与上覆地层的不整合和古近系的褶皱构造。区内断裂十分发育。盆地进一步划分为盐阜拗陷、建湖隆起、东台拗陷、小海隆起和南黄海南部拗陷 5个次级构造单元。区内断裂非常发育，按走向划分为 NE 向和 NW 向两组，并以前者为主。

2）弧后列离盆地分布

东海陆架盆地位于东海西部海域大陆架上，西依闽浙－岭南隆褶带，东邻钓鱼岛－台湾隆褶带。总体走向北东—北北东向。它是一个以新生代沉积为主的中、新生代断拗盆地。

其基底为元古宇和古生界地层。其上发育侏罗系、白垩系陆相为主的碎屑和火山堆积。盆地在纵向上具有下部（古-始新统）断陷、上部（渐新统以上）拗陷的双层结构。在平面上以进一步划分为西部拗陷、中部隆起和东部拗陷三个次级构造单元。区内断裂非常发育，主要走向为 NE 向，其次为近 EW 向。

冲绳海槽位于东海大陆架与琉球岛弧之间，为琉球弧的一个弧后盆地，它北起日本天草海盆，南至我国台湾宜兰平原深水盆地，与琉球岛弧近于平行展布，方向为 NE—NNE 向，构成盆地的基底为变质的石炭系、二叠系。冲绳海槽弧后盆地又可分为四个次级构造单元，分别是陆架前缘拗陷、龙王隆起、吐噶喇拗陷和海槽拗陷。盆地内沉积物具有北老南新的特点和由西往东变新的趋势，以鱼山-久米断裂带为界，北部有中上中新统分布，南部中上中新统缺失；以龙王隆起为界，西部地层发育较全，厚度大，时代相对较老，岩浆活动较弱，而东部则反之。

3）弧后列离盆地分布被动大陆边缘盆地

南海被动大陆边缘盆地群尽管目前关于南海中、新生代以来的构造演化和边界的划分问题上存在诸多的争议，但对新生代为伸展拉张构造环境的观点，已得到很多学者的认同。将南海分布的 20 个新生代盆地定义为被动大陆边缘离散构造环境下的盆地群，可划分为南海北部陆缘裂陷盆地群、南海南部裂陷盆地群、南海西部走滑-裂陷盆地群和南海南缘和东北部的前陆-裂陷盆地群。上述盆地群以新生代裂陷盆地为主体，在陆块以及板块的拼接带上则叠加有走滑和前陆等原型盆地；同时在北部和南部（如礼乐盆地）陆缘区下伏有中生代的残留盆地。中生代时，本区是亲太平洋构造域的活动大陆边缘，华南大陆与缅泰马-加里曼丹褶皱系的缝合线在民都洛-巴拉望-加里曼丹岛弧区，并与台湾的太鲁阁-玉里双变质带和冲绳海槽八重山变质带相对应，而不在现今南海洋壳区北部边界附近，礼乐盆地是新生代时自华南大陆裂离的块体，裂离距离逾 400km。同时存在着自台西-台西南-南海北部陆缘晚中生代的裂陷带和岩浆活动带，并经神狐运动褶皱回返，形成盆地的变形基底。

南海各盆地的控盆主干断裂均呈 NE 走向，与西南海盆的磁条带和扩张轴相一致，据盆地主裂陷期分析，西南海盆乃至中央海盆应该存在始新世至渐新世的扩张期，其时限为 42～35Ma，属被动裂谷性质，其后被东西走向的 32～17Ma 扩张期的海山链的磁效应掩盖。同时南海扩张以向南为主，但并非单向拉张模式。据北部珠江口盆地和南部万安、曾母盆地普遍发生的南海运动说明存在向北的扩张。

8.4.1.3　油气资源成因机制

受复杂地质背景、多阶段演化的影响，我国含油气盆地类型多、结构复杂，盆地规模大小不一。古生代至早三叠世，我国发育有华北、扬子、华南和塔里木等大中型海相和海陆交互相克拉通[①]、克拉通边缘盆地；经历中-新生代改造后，这些大中型盆地普遍被破坏，仅保留四川、鄂尔多斯、塔里木等部分克拉通盆地。中生代以来，中国及邻近海区的陆相盆地广泛发育，有些陆相盆地叠置在克拉通盆地之上，另一些陆相盆地发育在古生代褶皱

---

① 克拉通（Craton）是指大陆地壳上长期稳定的构造单元，即大陆地壳中长期不受造山运动影响，只受造陆运动发生过变形的相对稳定部分，常与造山带（Orogen）对应。

第 8 章　海底资源基本分布特征与成因机制 **571**

带上。我国近海含油气盆地类型主要有裂谷盆地、被动大陆边缘及边缘海盆地、断陷盆地等，渤海、南黄海盆地是在古生代稳定的克拉通基础上形成的，若考虑克拉通发育阶段，这些盆地是克拉通-裂谷（断陷）叠合盆地。盆地烃源岩包括克拉通层系、裂谷（断陷）层系两大套，以断陷阶段烃源岩为主，形成时代新、演化过程短，处于生排烃高峰时期，一般是盆地的主力烃源岩层系；而克拉通层系烃源岩演化历史复杂、演化过程长，多数烃源岩生排烃高峰已过，处于过成熟阶段，资源以生产天然气为主。下部的克拉通层系勘探程度低，资源潜力还有待进一步研究；上部陆相断陷层系以古近系和新近系地层为主，既是主力烃源岩又是产油层的分布层。

我国海域的含油气盆地，一般是从晚白垩世至古新世开始发育，南海南部可能从始新世或更晚时间发育。一般具有二元结构，古近纪为陆相断陷盆地，发育湖相烃源岩，新近纪转化为拗陷阶段，并发生海侵。相对而言，盆地区陆壳较薄，地温梯度相对较高，烃源岩成熟快，已进入低成熟-成熟阶段。

1）渤海盆地

渤海盆地烃源岩有五套层系，厚度为 1.25～3km，以湖相暗色泥岩为主，夹薄层泥灰岩、油页岩，海域主要集中在古近系沙河街组和东营组下段。古近系孔店组二段，厚 200～400m，是一套闭塞、半封闭的半咸水、半深湖相的沉积。沙河街组四段和三段沉积时期是湖盆向外扩张的主要时期，也是湖盆的主要形成期，更是烃源岩的主要发育期，为半深湖-深湖相沉积。沙河街组暗色泥岩十分发育，各个凹陷都有分布，且厚度很大。东营组二、三段暗色泥岩也很发育。沙河街组和东营组下段有机质丰度均达到生油岩标准，属生油层。据统计，沙三段有机碳含量平均为 1.33%，沙一段有机碳含量平均为 1.30%，东下段有机碳含量平均为 0.93%。干酪根类型以混合型为主，沙河街组有机质含腐泥成分略比东下段高，干酪根富含草质成分，是本区的重要特征。此外，中生界沉积层据部分样品分析，有机碳含量为 0.79%，总烃 577×10^{-6}，有机质类型属 II-III 型，成熟度适中，也是一套好的生油层。

渤海盆地发育三套含油气系统，即古近系断陷期含油气层系、断陷前含油气结构层系、断陷后含油气结构层系。三套层系在石油地质条件、油气藏类型、油气藏规模都有很大区别。大致有两套区域性盖层，其中沙四段、沙三段泥质岩层为第一套区域性盖层；东营组、馆陶组和明化镇组泥质岩层为第二套区域性盖层。油气成藏层位往盆地中心、往东逐渐变新，近年海域勘探发现的大中型主力油气田均为中新统与上新统含油气层系。

2）北黄海盆地

北黄海盆地烃源岩，在侏罗系和下白垩统均为河流-湖泊相环境，其中发育的暗色泥岩具有良好生油条件。据分析表明，该区下白垩统有机碳为 1.6%，氯仿沥青"A"为 0.203%，总烃含量 $1000\times10^{-6}～1800\times10^{-6}$，属高丰度的生油岩；上侏罗统有机碳为 0.9%～1.6%，氯仿沥青"A"含量为 0.102%，总烃含量达 $800\times10^{-6}～1000\times10^{-6}$，属较高丰度的生油岩；古近系则为中等丰度的生油岩，而中-下侏罗统含煤岩系是潜在的烃源岩。

北黄海盆地有三套含油气层系，即上侏罗统、下白垩统和古近系渐新统。中生界是北黄海盆地最有希望的含油气层系，但目前的勘探发现中生界储层物性较差、后期对圈闭构造改造明显，严重影响了其含油气远景。古近系由于埋藏浅，且烃源岩分布有限，未发现有工业价值的油藏。

3）南黄海盆地

南黄海海区发育叠合盆地，中-新生代陆相断陷盆地叠合于中-古生代海相地台型盆地之上，针对两个世代的盆地，具不同的烃源岩。

中-新生代陆相断陷盆地：古近系阜宁组是南黄海的主要烃源岩之一，在南部盆地和北部盆地存在差异。南部盆地主要由暗色泥岩夹砂岩组成，具有厚度大，暗色泥岩发育的特点，钻井厚831m。剖面上分为四段，除阜一段以杂色角砾岩为主外，其余三段均为暗色泥岩夹砂岩。北部盆地钻遇厚度1090.2m，阜一段至阜三段下部为杂色、深灰色泥岩夹砂岩，含石膏，阜三段上部至阜四段为暗色泥岩夹砂岩。古近系戴南组为一套下部黑色、上部红色的砂泥岩地层，是南黄海南部盆地的生油层之一，地层最大钻遇厚度1101m，其下与下伏阜宁组呈假整合或不整合接触。

中-古生代海相地台型盆地：下扬子地块向海域的延伸，中三叠世以前与陆上的苏北盆地同属于下扬子地台，地层以及层序发育具有相对的一致性。目前苏北盆地已在中、古生界近50口钻井中见到油气显示，其中在下三叠统青龙组和上石炭统船山组发现了大量油气显示，在盐城朱家墩发现源于中、古生界的再生气田，在黄桥镇苏174井钻遇液态CO_2及轻质油，这些勘探成果表明下扬子中、古生界存在油气生成和运聚的成藏过程（周荔青和张淮，2002），具有良好的油气勘探前景。大陆架科学钻探项目在南黄海中部隆起获取的CSDP-2井2800m全取心钻孔，在海相地层发现多处油气显示，并揭示了多套海相优质烃源岩层。此前在南黄海共有探井27口，有7口钻遇中古生界海相地层，在中部隆起钻探并获油气发现尚属首次，这一发现为南黄海油气勘探指明了方向，也为其他海域油气资源的勘探提供了新的思路。

南黄海中-新生代陆相断陷盆地，由于凹陷彼此分隔，具有独自的沉积体系，因此油气成藏必然受此影响。南黄海中-古生代海相地台型盆地，有多套优质烃源岩发育，存在油气生成和运聚的成藏过程，但后期经历印支期、燕山期的强烈改造，存在二次生烃的成效问题，具有更加复杂的油气成藏过程。

4）东海陆架盆地

暗色泥岩和煤是东海陆架新生代盆地的烃源岩。盆地裂谷期的古新统、始新统和反转期的渐新统—中新统三套成油气组合的烃源岩发育。古新统烃源岩是西部拗陷主要烃源层，主要发育于瓯江凹陷中部的瓯西、瓯东两个次凹部位，在东部拗陷，钻井尚未揭露古新统，根据地震资料解释，通常古新统埋藏较深。始新统烃源岩在整个陆架盆地沉积凹陷单元中均有分布。在西部拗陷厚度一般小于1km，埋藏浅，处于未成熟带。而在东部拗陷，始新统则普遍沉积巨厚。西湖凹陷钻井已揭示的中-上始新统平湖组为半封闭海湾相深色泥岩和潮坪相暗色泥岩及煤系发育。始新统是西湖凹陷主力烃源岩，规模巨大。基隆凹陷目前勘探程度低，我国尚未进行油气钻探，据地震资料解释始新统可能为海陆交互相和较深水浅海相，是烃源岩最发育的地层，烃源岩发育中心位于凹陷中北部的青草湖和澄清湖深凹。渐新统—中新统烃源岩仅发育于东部拗陷。在西湖凹陷，暗色泥岩发育中心迁移至三潭深凹中北部，为湖泊相烃源岩系，厚度约1km。基隆凹陷渐新统—中新统烃源岩，可能为一套近海湖泊相烃源岩系，最大厚度约1km。

东海陆架盆地的油气成藏具有多套烃源岩、多期成烃的特点,存在"一源一藏"、"一源多藏"、"一藏多源"和"多源共藏"等关系。东海陆架盆地的新生界一般可分为三套有成因联系的含油气系统:古新统含油气系统、始新统含油气系统和渐新统—中新统含油气系统。西部拗陷带以古新统含油气系统为主,东部拗陷带逐渐变为以中、上部含油气系统为主。东海陆架盆地具有多套勘探层系,主要成藏组合在中新世中晚期进入油气主生成 - 运移期,圈闭的形成期大部分早于油气的生成和运移期,主要成藏组合大多位于生烃凹陷或其边缘有效运聚区域,具有油气富集匹配良好的成藏组合体系。

5)南海北部陆架诸盆地

南海北部珠江口盆地主要存在始新统文昌组、始新统—渐新统恩平组两套烃源岩,其中文昌组为主力烃源岩,恩平组为重要烃源岩。钻遇的文昌组为中深湖相地层,TOC 为 1.5%～4.88%,平均为 2.27%,以 II_1 型干酪根为主,属于好烃源岩。恩平组以浅湖相为主,TOC 为 0.53%～1.78%,以 II - III 型干酪根为主,较好烃源岩。琼东南盆地发育三套烃源岩:始新统湖相泥岩、渐新统崖城组半封闭海相泥岩和中新统三亚组—梅山组浅海 - 半深海相泥岩。崖城组泥质岩 TOC 为 0.4%～0.98%,以 II_2- III 型干酪根为主,总体上属于中等 - 好烃源岩。中新统海相泥岩 TOC 为 0.17%～0.47%,部分达到 0.8%,对成藏贡献有待研究。莺歌海盆地存在渐新统和中新统两套烃源岩,盆地中心也可能存在始新统烃源岩。渐新统为滨岸沼泽 - 滨浅海相沉积,TOC 为 0.64%～3.46%,有机质类型为 II 型和 III 型,生烃潜力较高,为好烃源岩;中新统为浅海 - 半深海相泥岩,有机质含量不高一般小于 0.5%,但正处于成熟 - 高成熟阶段且厚度大分布广,仍具相当规模生烃潜力。

南海北部诸盆地油气成藏一般受控于富烃凹陷,烃源岩是首控因素。处于油气运聚路径的良好圈闭,是油气能否成藏的另一关键因素。继承性发育的断裂是决定油气纵向运移、成藏的重要控制因素。

6)南海南部诸盆地

南海南部发育有曾母盆地、万安盆地和文莱 - 沙巴盆地等大型含油气盆地。曾母盆地地层组成包括上始新统—渐新统、中新统—上新统和第四系,古近系大部分已经变质,构成盆地沉积基底组成部分;上渐新统至新近系发育滨浅海 - 浅海 - 半深海相沉积。烃源岩以渐新统—中中新为主,有机质大多数已达到成熟 - 过成熟阶段,可划分三套海相和海陆过渡相烃源岩,即下渐新统、上渐新统—下中新统、中中新统,均形成于盆地的裂陷期而且厚度较大。万安盆地地层包括中下始新统—渐新统、中新统—上新统和第四系,古近系主要为河湖相 - 滨岸相沉积,新近系为三角洲 - 滨浅海 - 浅海相沉积。万安盆地有渐新统和下中新统两套主要烃源岩,渐新统为湖沼 - 三角洲相泥岩,TOC 为 0.50%～2.26%,I - III 型干酪根;下中新统为浅海相泥岩,TOC 可达 0.69%～0.93%,II - III 型干酪根;盆地深部的中中新统浅海 - 三角洲泥岩也可能为烃源岩。文莱 - 沙巴盆地地层为渐新世以来的沉积,始新统—下渐新统为已变质的深海复理石,构成盆地基底;上渐新统以来为深海 - 浅海 - 滨海相沉积。烃源岩为下中新统—中中新统,因地温梯度较低,平均 2.58℃ /100m,生油门限一般大于 3km。

曾母盆地具有两类有利的成藏组合,即渐新统—中新统三角洲油田成藏组合和中新统浅海碳酸盐岩隆生物礁相气田成藏组合。万安盆地的油气以自生自储和沿断层垂向运移为主要形式，长期活动的张性断层和张扭性断层是油气纵向运移的主要通道，为低隆起上的中新统油气藏创造了重要条件。以中中新统顶部为界，万安盆地包括上、下两套成藏系统：下为基岩－渐新统—下中新统含油气系统图，以潜山披覆－挤压背斜原生油气藏为主要特征；上为上中新统碳酸盐岩含油气系统，以生物礁和粒屑灰岩次生气藏为主。文莱－沙巴盆地形成以新近纪海退三角洲与断裂背斜组合的成藏体系，油气沿断裂的垂向运移和沿海相三角洲砂岩的横向运移并重，形成多套含油层系和多个油藏单元叠加的断块油田。

7）海域盆地油气资源成藏组合

我国近海沉积盆地油气资源的成因机制，根据其生储盖组合大致可分为自生自储、古生新储、新生古储三种成油组合形式。相关联的生储盖组合构成一套含油气系统，不同盆地具有不同的含油气系统。

（1）自生自储：储集层油气来自于本层系内的烃源岩，是沉积盆地最常见的一种组合方式，这种组合形成的油气藏，无论数量上还是产量上在我国近海都占据首要位置，已经开发的油气田多属此类。

（2）古生新储：通过断层和不整合面等垂向运移通道，把深部较老烃源岩的油气运移到浅部较新时代的储集层中。我国近海沉积盆地多为张性盆地或剪切拉张盆地，正断层十分发育；由于构造活动频繁，不整合面也比较多。这些都有利于油气的垂向运移。

（3）新生古储：一般指盆地内的烃源岩和盖层在一定形式下与基底中具储集性能的岩石共同组成的生储盖组合。在块断构造发育区，可能形成此类基岩潜山油气藏。我国近海的渤海 BZ28-1 油田即属此类。组成储集层的分别是中生界火山岩、古生界碳酸盐和石炭系石灰岩。

8.4.2　天然气水合物成因机制

天然气水合物是由水分子组成的笼状构架将小型气体分子吸附其中而形成的似冰状固体，自然界中水合物的小型气体分子可能是甲烷、二氧化碳、乙烷、硫化氢或氮气，但分布最为广泛的是甲烷水合物。水合物通常在高压、低温的环境下赋存，因此水合物主要分布于陆地永久冻土带和大陆边缘水深超过 300m 的陆坡带，海洋沉积体系中适宜水合物形成的层段称为水合物稳定带，受海底深度、温度及热流等因素的影响，水合物稳定带厚度变化较大，最大厚度可达 1100m（许威等，2010）。水合物稳定带下部常有游离气的聚集，游离气的界面在地震剖面上往往表现为似海底反射层，因此 BSR 的出现常作为水合物存在的证据。天然气水合物不仅可作为潜在的新型能源具有巨大的资源潜力，而且水合物也是带来温室效应、钻井事故和海底滑坡的主要原因，同时也是全球碳循环的重要环节，因此水合物近年来越来越受到人们的关注。

海洋中的天然气水合物在主动和被动大陆边缘均有分布，在主动大陆边缘上，水合物常见于增生楔及弧前盆地等区域，尤其是增生楔部位最为发育；在被动大陆边缘地区，构造活动相对较弱。水合物成矿地质环境主要有：①断裂－褶皱发育带；②泥底辟、岩底辟和火成岩底辟发育区；③陆架与陆坡转折带；④海底扇状沉积体发育区（水下扇、斜坡扇或盆底扇沉积体系）；⑤海底滑塌构造体（重力流沉积体系）；⑥具麻坑地貌特征区；

⑦深水台地区。通过对地震剖面的分析，可以对与水合物相关的地震地质标志进行识别，如 BSR 附近的断裂体系、泥底辟以及滑塌体等。

海底天然气水合物主要分布在海底沉积层中的岩层裂缝和岩石粒间孔隙中，它的形成要满足三个基本条件：

（1）必须要有适当的温度条件，温度太高会导致天然气水合物的分解，不利于水合物的富集，因此，海底周围环境的温度要相对较低。

（2）要有较高的压力环境，一般在温度为 0℃时，至少需要 30 个大气压才可以形成天然气水合物，并且海水深度越大，压力越大，天然气水合物的赋存状态越稳定。

（3）要有充足的气源，海底地层沉积的古生物，在一定的温压条件下，经过生物分解转化可以形成甲烷；海底长期的地质构造演化产生的大量海底岩层断裂，地壳的深部高温火成岩体在散热过程中产生甲烷等烃类气体，这些烃类气体沿断裂向海底沉积层运移，在适当的海底环境条件下形成天然气水合物。

按生成环境划分，天然气水合物主要包括两种类型，极地天然气水合物和海底天然气水合物。在边缘海盆、深海盆地、大陆架边缘和沟盆体系等地区，都可能存在大量的海底天然气水合物。与极地天然气水合物相比，生成海底天然气水合物所需要的环境温度相对稍高，但由于海底压强大，在一定的温度－压力条件下，海底天然气水合物的赋存与分解可以达到一个动态平衡。极地天然气水合物主要分布在极地及其附近的永久冻土带，生成水合物的环境温度和压力低，水合物储层的埋藏深度浅。由于极地天然气水合物的形成与分布受到地域条件的严格限制，因而与海底天然气水合物相比，极地天然气水合物的储量总体较少。

目前许多学者已经对水合物成藏条件取得了很多认识和成果，通过钻井取心、孔隙水地球化学、标型矿物、温度异常以及地震属性等手段描述水合物的产出特征，但都面临着研究周期长、取心资料不连续或已破碎的难题，因而不能全面反映水合物的地下特征，更无法研究水合物的纵向成藏序列和主控因素。测井手段以连续性好、精度高为特点，目前越来越多地成为水合物识别、评价不可或缺的手段。

神狐海域构造上隶属于珠江口盆地珠二坳陷，地理上位于南海北部陆缘陆坡区中段神狐暗沙东南海域附近，即西沙海槽与东沙群岛之间的海域，海底地形复杂，总体趋势北高南低，主要发育冲蚀槽、海谷、海山、陡坡、反向坡坎、海底高原、海底扇及滑塌扇等构造地貌单元。南海北部陆坡受欧亚板块、太平洋板块和印澳板块相互作用的影响，具有被动大陆边缘和活动大陆边缘的特点，区域地质背景复杂，新生代期间发生过神狐运动、珠琼运动、南海运动和东沙运动等多次区域性构造活动，发育 NE、NW 和 NWW 向 3 组正断裂，其中 NW 向和 NNW 向断层形成时间早、断层规模大、继承性活动明显，大部分切穿了中新世—上新世地层；NE 向断层形成时间晚、断层规模小，主要为层间断层，部分为继承性断层。此外，多次构造活动还诱导深部超压泥岩发生塑形流动，产生泥底辟活动带，在上覆地层中形成高角度断裂和垂向裂隙，是流体运移和渗漏的重要通道。

多期构造运动造成神狐海域地层具有典型的断陷裂谷和坳陷沉降双层结构，自下而上依次发育陆相、海陆过渡相和海相沉积地层，总体上呈海进趋势。新生代地层自下而上可依次划分为神狐组、文昌组、恩平组、珠海组、珠江组、韩江组、粤海组、万山组和第四系，新生代地层沉积速率较大，油气资源丰富，深部流体活动活跃，具备了水合物聚集成藏的必要条件，形成了特有的水合物成藏系统，成为目前我国海洋天然气水合物勘探开发的重点靶区。广州海洋地质调查局于 2007 年在南海北部陆坡神狐海域进行了天然气水合物钻探取样工作，成功获取了水合物实物样品；并于 2013 年在南海北部陆坡首次钻获了高纯度天然气水合物，为中国南海天然气水合物的资源分布和勘探前景的研究提供了可靠证据。

含水合物沉积层的电阻率测井和声波测井异常明显，相对高的电阻率和声波速度是水合物层典型的测井响应，因此通常用电阻率测井和声波测井的组合来识别水合物层。以 SH-W17-2015 井为例，1460～1510m 层段井径曲线较为规则，自然伽马数值较上部地层略低，中子孔隙度和密度测井曲线无明显异常，声波速度变快，电阻率数值明显增加，GVR 成像上表现为高亮特征，综合测井曲线解释，确定该层段为水合物层（图 8-17）。1510～1522m 层段井径曲线规则显示无扩径，自然伽马数值未发生明显变化，中子孔隙度和密度数值降低，声波速度变慢，电阻率值较高且与中子、密度呈镜像特征，即电阻率值较高的位置，中子、密度测井值降低，GVR 成像上也表现为高亮特征，综合测井曲线解释结果认为，该层段为气层。

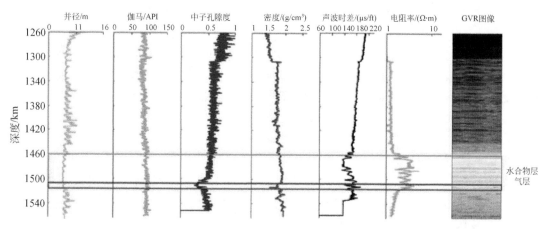

图 8-17　南海北部神狐海域天然气水合物测井曲线响应（杨胜雄等，2017）

广州海洋地质调查局于 2015 年在中国南海北部陆坡神狐海域 GMGS3 钻探区进行了第 2 次水合物钻探，共钻探 19 个站位，钻井 23 口，全部获得水合物显示，在其中的 4 口井进行了原位测量和取心，获得水合物实物样品（不可视水合物）。通过钻探发现厚度大、饱和度高、储量大的扩散型水合物矿体。初步分析认为储集层可能为富含有孔虫的粉砂质细粒沉积物，与国际上主要在粗粒砂质储集层中发现高饱和度水合物的认识存在较大差异，具体原因尚未被揭示。GMGS3 钻探区气体运移通道的识别、精细刻画以及运移通道与高饱和度水合物的形成和空间分布耦合关系等尚有待进一步深入研究。GMGS3 钻探区虽然发现了高饱和度水合物，但无论在平面上还是垂向上水合物饱和度及储集层厚度差异均较大，显示出明显的非均质性，需要探讨水合物差异聚集的机理，分析水合物成藏的主控因素，为今后钻井方案的设计优选提供理论支撑。

通过随钻成像测井、电阻率频谱及相对饱和度分析发现神狐海域共发育厚层状、分散状、斑块状、断层附近和薄层状 5 种赋存状态的水合物，其中厚层状和分散状水合物相对饱和度高且厚度大,开采价值较大,是研究区的主力水合物层,厚层状水合物常分布于水合物层顶部,而分散状水合物常分布于水合物层底部;斑块状、断层附近和薄层状水合物相对饱和度较低且分布不规律,开采价值较小。厚层状、分散状、斑块状和断层附近水合物主要为深部热解气通过断层运移至水合物稳定区聚集成藏,为构造渗漏型水合物;薄层状水合物主要为浅部生物气横向运移聚集至水合物稳定域,为地层扩散型水合物。神狐海域发育开启型、填充型和界面型 3 种类型的断层,断层作为气体和流体的运移通道,沟通了气源和水合物稳定带,控制了水合物在纵向上和横向上的展布范围,是神狐地区水合物的主控因素,如图 8-18 所示。

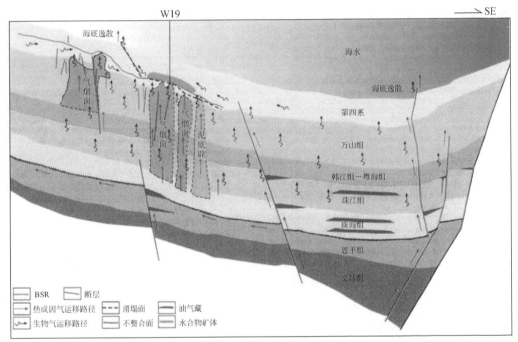

图 8-18　神狐海域高饱和度水合物成藏模式图(张伟等,2017)

8.4.3　海底聚煤区及成煤机制

中国近海海域新生代聚煤作用遵循"构造控盆、盆控相、沉积相和古气候控煤"的基本规律。盆地形成机制为盆地形成和消亡提供动力学基础,构造演化可以控制沉积盆地地层及沉积相带的展布。相对海平面的变化,控制着沉积环境在空间以及平面上的展布,进而控制着煤系烃源岩的分布及保存情况。沉积体系随着时间迁移不断变化,进而控制聚煤中心的迁移。

新生代中国近海盆地聚煤特点,与同时代陆上盆地相比,成煤环境复杂,单个盆地聚煤时空范围和成煤环境具有陆海双控的特点(杨柳,2017)。从沉积环境和构造形态角度,目前主要建立了 7 种聚煤模式:浅水半地堑凹陷聚煤模式、深水地堑凹陷聚煤模式(李增学等,2012)、冲积扇扇前和辫状河三角洲平原聚煤模式(李燕等,2016)、潟湖 - 潮坪聚煤模式、浅海周缘扇三角洲和滨海带聚煤模式、深水半地堑凹陷聚煤模式和构造 - 沉积控煤模式（杨柳，2017）。

中国近海含煤盆地多发育在陆壳或陆壳-洋壳转换过渡带上，成盆期集中于中生代晚期至新生代，普遍经历断陷—拗陷—区域沉降3个阶段。众多学者对诸盆地形成动力机制进行过研究，认为太平洋板块俯冲、印度板块与欧亚板块碰撞、青藏高原挤压隆升、台湾岛弧碰撞楔入等构造作用叠合，形成了中国近海复杂盆地系统。构造体汇聚速率时空差异和挤压碰撞能量变化是影响盆地演化的直接因素。渐新世前印度板块挤入作用主导期，右旋张扭作用控制陆壳伸展，盆地进入断陷阶段，广泛发育地堑、半地堑。东海陆架盆地断陷期早于南海盆地群，整体断陷期受太平洋板块影响，进入断陷期时间表现为东部北部盆地早，西部南部盆地晚，如图8-19所示（张海涛和朱炎铭，2013）。

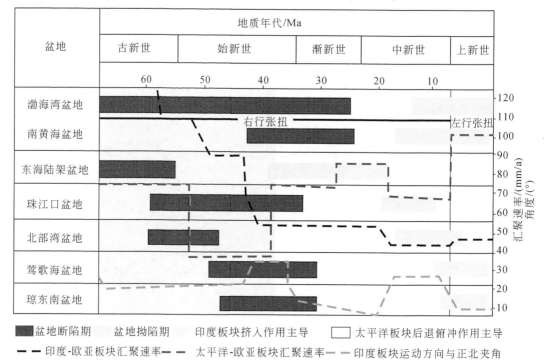

图8-19　中国近海新生代含煤盆地构造演化（张海涛和朱炎铭，2013）

中国海域区含煤沉积盆地虽然也属于断陷盆地和拗陷盆地类型，且成群出现，但总体构造背景有利于含煤沉积的持续发展，盆地群连续性好，含煤沉积厚度大，如琼东南盆地、东海海域西湖凹陷，含煤沉积厚度达1km以上（李增学等，2012）。

中国海域新生代聚煤盆地含煤地层主要发育在始新世—渐新世时期，中新世仅在渤海湾及东海盆地内发育。含煤地层发育河流、扇三角洲、三角洲、湖泊及潟湖-潮坪5大沉积相类型，包括14种沉积亚相及20种沉积微相。

海域含煤地层可划分为4种岩相类型，主要为砾岩相、砂岩相、泥岩相和可燃有机相。各种岩相组合在横向上展布和纵向上演化，代表了不同的沉积环境变化。其中，岩相组合A和B的含煤性较好，岩相组合C和D基本不含煤（杨柳，2017）。

岩相组合A：由厚层砂岩、泥岩、多层薄煤层组成，煤，条带状结构。其组合关系可包括砂岩－泥岩－煤－碳屑－粉砂岩－砂岩、砂岩－泥岩－煤－泥岩－砂岩、砂岩－泥岩－煤－砂岩。细粒石英砂岩具有槽状交错层理代表着潮道相沉积，具水平层理的泥岩代表水动力较弱的潮上泥坪、泥炭沼泽沉积，含煤性较好。

岩相组合 B：岩相组合由具波状层理薄层细粒石英砂岩和薄煤层组成，其组合模式为砂岩－煤层－砂岩，煤岩类型为半暗型。含煤性较好，代表潮上泥坪沼泽沉积。

岩相组合 C：由砾岩、砂岩、泥岩组成，偶见薄煤层，泥岩具水平层理，含煤性差，代表障壁岛成煤环境。

岩相组合 D：由局部薄层灰岩、薄层砂岩及砂质泥岩组成，不含煤，代表水较深的滨外泥质陆棚和滨外碳酸盐陆棚环境。

8.4.4　滨海砂矿成矿机制

8.4.4.1　滨海砂矿形成过程

滨海砂矿的形成与富集由多种因素控制，成矿过程有一定的规律性。滨海砂矿的成矿模式包含五个阶段：

矿物的原生赋存阶段：指金属、非金属矿物呈分散或富集的状态赋存于沉积岩、岩浆岩和变质岩等各类岩石或原生矿体中。这是砂矿的物质来源，即砂矿的母体。

矿物的活化阶段：含矿岩石受风化剥蚀而形成不同厚度的风化壳，使含矿岩石松动、破裂、脱离、破碎。这个阶段气候条件决定风化作用的强度。而构造运动也是重要因素，即在外营力和内动力的相互作用下，造就了砂矿成矿物质来源的条件。

矿物的搬运阶段：成矿物质的搬运和分异作用与地表水流作用密切相关。陆上河流是输送含矿碎屑物质到河口入海滨岸地带的主要途径；而分异作用取决于水动力条件的强度；被搬运的距离则取决于地形的坡度和矿物的比重、硬度、粒径和水动力等特征。此阶段的机械搬运作用在滨海地带形成一些冲击或堆积型砂矿床。

工业矿物的富集成矿阶段：砂矿的原始碎屑物经历了长期的崩裂、分离和分异作用，使陆源物质组合中的重矿物数量不断增加，并由河流将其输送到滨海地带。因受海岸类型与地貌形态的制约以及海水动力条件和沉积方式的作用，当各种成矿因素相匹配时，即可聚合富集成具有工业含矿品味或商业开采价值的堆积体。

砂矿的后生变化阶段：当砂矿体形成后，这种后生变化表现在由于海岸变迁或构造运动使已经形成的砂矿床抬升或下降而形成的抬升和沉溺或埋藏砂矿；也可因为大的风暴潮破坏作用使已形成的砂矿体在新的水动力平衡条件下，在有利的地貌部位再次富集成矿。同样，因地壳抬升或海平面下降形成的抬升阶地砂矿易受破坏；地壳相对下降而形成的沉溺或埋藏砂矿，其上部往往被最新的现代沉积物所覆盖。

8.4.4.2　成矿主控因素

重矿物砂矿的形成取决于多种因素，能否富集成矿往往与成矿物质来源（母岩条件），古气候与水动力条件、海岸类型和地貌类型、第四纪沉积作用，大地构造及新构造运动、海平面变化等到条件密切相关（谭启新和孙岩，1988）。

1）成矿物质来源

中国滨海和近岸浅水区重矿物砂矿的形成与近岸出露的基岩关系密切，不同的母岩往往决定了形成不同的砂矿类型，我国滨海砂矿不同矿种的分带现象足以说明其分布与含矿基岩类型密切相关。如在胶辽台隆上分布的岩石中含有较多的锆石、金、石英，而使之形成滨海锆石砂矿、砂金矿和石英砂矿。在华南褶皱系的岩石中含有独居石、钛铁矿、锆石、石英砂，并伴生磁铁矿、金红石等，使之形成多矿种组合的复式矿床。

经对各类基岩人工重砂分析数据与滨海砂矿中自然重矿物的物性特征、化学成分对比，可知，具有工业价值的重矿物砂矿床主要来自沿岸前震旦纪和加里东期变质岩和混合岩以及广泛出露的印支—燕山期中酸性岩浆岩及古近纪—第四纪玄武岩。其中以岩浆岩－变质岩岩石组合区含工业矿物丰度值较高，岩浆岩最高，变质岩次之，沉积岩较差，岩浆岩的含工业矿物丰度值与侵入期次、岩性、形成环境、产状和岩相等有关，一般燕山期岩浆岩中的工业重矿物较多。在超基性和基性岩类中，磁铁矿、钛铁矿含量较高，而酸性岩和碱性岩类中含锆英、金红石、独居石较多。随形成环境由深成到喷出的不同，副矿物含量由高到低，一般岩基、岩株、岩枝含量较高。

变质岩中工业矿物的丰度取决于原岩建造、变质程度和混合岩化程度，原岩建造为岩浆岩者较沉积岩者丰度值高。随着变质程度和混合岩化由深到浅的变化，其含矿丰度也随之由高到低。沉积岩中，碎屑岩中含工业矿物较黏土岩类和化学成因岩类丰度值较高，而碎屑岩中矿物颗粒分异好者，则往往工业矿物的丰度值相对较高。

滨海砂矿分为单源原生源和混合原生源两种补给，直接和间接补给两种方式，而以混合原生源的直接补给方式为主。通常，原生源面积越大，原生体含重矿物的丰度值越高，剥蚀程度越强，则在滨海区易形成规模较大的砂矿床。

2）水动力条件

海洋水动力因素决定着陆源碎屑物质的再分配和海底泥沙运动方向，海洋水动力的强弱及方向性的变化直接控制着砂矿的形成、分布及富集规律。

中国沿海区以风海浪为主，是滨海区泥沙做横向运动的主要动力因素，它不断把粗碎屑物质从海底搬到岸边，而其回流又把部分轻的、细的碎屑物运回海底，在海浪的横向搬运下形成了许多规模较大的海滩及沙堤砂矿。

在滨海区，潮流的往复运动，使轻矿物被带走，重矿物相对富集，特别是当潮流方向与强风向相同时，易于重矿物的富集，当涨潮达到高潮线时，海浪将强烈的冲刷滩脊和那些比较高的部位，落潮后，在海滩上部接近高水面界线处，留下了大量重矿物，形成沙堤根部重矿物最为富集。

沿岸流是近岸泥沙在波浪作用下产生的纵向运动，对工业重矿物的沿岸运动及其富集是非常重要的，泥沙在沿岸运动时，当进入海岸线的方向发生变化或波能减弱时，就会引起沿岸流挟沙能力的降低，其泥沙产生由粗到细、由重到轻的机械分异作用而沉积形成沙嘴或连岛沙坝等地貌形态，当被搬运的沉积物中有用矿物足够丰富时，就可以在这些地貌形态中形成一定规模的砂矿体。

河流是沟通海陆并把陆源碎屑物质搬运入海的重要渠道。长 20～60km 的中小河流对滨海砂矿的形成较有利，东部沿海山地丘陵分布区，发育着较多的此种规模的河流，这有利于将重矿物向滨海地带输送，并富集成矿。如山东石岛锆石砂矿床的形成均与该类河流向滨海输送了大量的独居石矿物有关。

陆架海区，洋流、沿岸流和潮汐流对重矿物砂矿的形成、富集和保存起着重要的作用，如东海外陆架海域重矿物砂矿富集区，重矿物主要来源于低海平面时期的滨岸沉积物，后经海平面上升演化为残留沉积区，海底往复的潮汐流不停改造、富集其中的重矿物，而高海平面时期近岸河流携带而来的细粒沉积物在台湾暖流和浙闽沿岸流的作用下绝大部分沉降在近岸的内陆架泥质区中，对已富集的残留区重矿物砂矿起着保护作用。

3）海岸类型和地貌类型

海岸可分为山地丘陵海岸和平原海岸两大类。平原海岸又分为平原型淤泥海岸、三角洲和三角港湾海岸，平原型砂质和砂砾质海岸。山地丘陵海岸可分为港湾海岸（港湾淤泥质海岸和港湾砂砾质海岸、港湾型基岩海岸）和断层海岸。

滨海砂矿主要分布在砂砾质堆积岸区，这种海岸广泛发育堆积－潟湖型沉积物，巨大的海岸沙堤、沙洲发育，它们通常是岸区受侵蚀产物和海底物质推向海岸的混合补给物，往往形成较大的滨海砂矿床，其中以砂砾质港湾海岸成矿最有利，次为砂砾质平原海岸，淤泥质港湾海岸只在海岸形成的初期阶段成矿。平原淤泥型海岸、断层海岸、基岩海岸一般不成矿。

重矿物砂矿主要赋存的地貌单元有海滩、沙堤、沙嘴、拦湾沙堤、连岛沙堤、沙洲、海积小平原等，次为河口三角洲、河口港湾堆积平原、海岸风成沙丘、河流冲积阶地、河床及残坡积地貌等。

砂矿的形成和赋存受地貌形态、部位的控制，海成沙堤的根部、顶部和翼部、海滩的高潮线附近、冲－海积平原河口前缘、河道两侧海积小平原中上部，中小河流由窄变宽处、由陡变缓及转弯和分叉交汇处，冲积阶地边缘和岩石接触面上、潟湖边缘和残丘顶部等地貌部位易于砂矿的富集。

沙堤砂矿是中国东部海域主要的地貌类型砂矿，如山东石岛桃园的拦湾沙坝砂矿，山东部分潟湖边缘砂矿，山东、福建等地的风成沙丘砂矿均为各种地貌类型的代表矿区。宽阔、平缓的陆架区堆积了大量低海平面时期的陆源沉积碎屑，有利于后期经过潮流、沿岸流等水动力的反复搬运而富集成矿。

4）第四纪沉积作用

我国滨海第四纪沉积比较发育，以更新统—全新统为主，沉积类型有海积、冲积、潟湖沉积、风积、残坡积和生物堆积及火山堆积。

滨海砂矿主要形成于中、晚全新世，其次为晚更新早、中期和晚更新世晚期。

中、晚全新世气候温暖、潮湿、多雨、被风化剥蚀的物质在地表水作用下搬运至滨海地带，为滨海砂矿的形成提供了充足的物源，该时期形成的砂矿类型有海积型、风积型、冲积型等。

早全新世和晚更新世晚期，由于受玉木冰期—冰后期早期气候的影响，海平面发生了大幅度的升降，在晚更新世晚期—玉木冰期最盛时期，海平面曾位于现今海平面以下 116～130m，在海平面升降过程中，便产生了古滨海沉积及相应的有用矿物富集，从而在现在浅海陆架形成砂矿。

晚更新世中、早期，形成一系列海积、冲积砂矿，矿床规模较大，砂矿形成后经过了较长时间的改造，使得部分砂矿受后期改造作用，使其相对中、晚全新世规模小。

滨海砂矿主要富集在第四系海积层的中上部及冲积层的中下部，残坡积层的底部。第四系沉积物的粒度特征与砂矿富集有着密切关系，不同工业类型的砂矿，富集于不同粒级，其变化等也有一定的规律。

钛铁矿、锆石、独居石、磁铁矿等比重相近的重矿物常伴生成矿，形成复合砂矿，主要为海积型，次为冲积型、冲 - 海积混合型、残坡积型和潟湖型。海积型沉积物多为细砂、中细砂，少数为粗砂、中粗砂、含砾粗砂及砾砂，分选性一般较好。冲积型沉积物砂矿多为砾砂、含砾砂、含黏土质砂、粒度变粗，且不均匀，如山东石岛港头等矿区。各种工业矿物的粒度一般为 $1 \sim 0.125$。

5）大地构造及新构造运动

一般来讲，长期稳定上升隆起区有利于滨海砂矿的形成，而长期沉降的拗陷区不利于砂矿的形成。因此，中国东部海域滨海砂矿主要形成在中朝准地台的胶辽台隆和华南褶皱系的东南沿海褶皱系、台湾褶皱系等地质构造单元的滨海区，而在苏北断拗、下扬子台褶带和华夏褶皱系则很少形成具有工业价值的滨海砂床。胶辽台隆上形成较多的、规模较大的原生金矿床，由于这些原生矿距现今海岸较近，其风化剥蚀的含矿物质易于在滨海地区富集，在该区现已发现一些中小型砂金矿和大量的砂矿点和矿化点。华南褶皱系是在加里东地槽褶皱带基础上发展起来的，后经印支、燕山、喜马拉雅三次大的构造变动，形成了大量的岩浆侵入和喷发，中生代花岗岩体发育，台湾发育有基性和超基性火山岩，在上述岩石中富含有锆石、钛铁矿、金红石、独居石，因此在滨海区形成上述这些矿物的滨海砂矿分布区。

新构造运动主要表现为地壳的上升或下降，当构造抬升速率大于剥蚀堆积速率时，则不宜于滨海砂矿的形成，因为滨海抬升速率过快，使基岩被剥蚀的含矿物质不易沉积下来进行分选富集，如我国台湾东部海岸等属该类型构造海岸，因此较少发现有工业价值的砂矿床。当新构造运动下沉，其沉积速率大于抬升速率时也不宜于砂矿的富集，因沉积速率过大，使其沉积物得不到充分的分选而形不成工业矿物的富集。苏北平原、长江三角洲拗陷盆地的滨海区，由于沉降速度快，很少形成具工业价值的砂床。当新构造运动抬升速率与剥蚀 - 堆积速率相当时，在滨海区则较易形成较大的砂体，并得以较好的分选，使其重矿物易于富集。而形成规模较大的滨海砂矿床，如山东半岛、福建、台湾西部海岸等均属该类新构造运动类型，所以在这些地区的滨海区形成了一系列的规模较大的滨海砂矿床。

6）海平面变化

第四纪以来，东部海域海平面变化较为频繁，海平面的变化对砂矿的形成和后生变化有着较大的意义。

当海平面变化而使海水后退，则早先形成在大陆边缘的滨海砂矿，由于海水退出海岸，则使原先形成的砂矿形成阶地砂矿，原处在水下岸坡的砂矿则随海水的退出而露出水面。海退后期，河流向新的岸线伸展，在原来的滨海地带有可能形成河流冲积砂矿，或因侵蚀剥蚀含矿基岩形成残坡积砂矿。

当海侵时，海水淹没了原滨海形成的砂矿，则形成水下淹没（陆架）砂矿，并且由于遭受海浪、潮汐和海流的作用使原已形成的砂矿体可能遭受破坏而形成海底残留砂矿。

8.4.5 多金属结核的成因机制

Fe、Mn、Cu、Ni 和 Co 等金属元素是多金属结核产生的主要物质基础。关于多金属结核成矿的物质来源问题，主要存在四种来源，一是大陆或岛弧上的岩石风化产物，经风或是河流的搬运运动带入海洋；二是海底火山喷发、海底风化、海洋热液活动以及火山物质的分解；三是来自于海洋生物的供给，它们代谢作用的参与为结核的形成提供大量成矿物质（傅晓洲，2012）；四是海水本身是盐类溶液，可能是结核最重要的物质来源（张宏达等，2006）。

多金属结核是海洋各种地质过程综合作用的产物，影响多金属结核生长的环境因素主要有地形地貌、海洋沉积速率、海底富氧水体活动、碳酸盐补偿深度以及海洋生物生产力等。

多金属结核主要富集于有沉积物覆盖的深海盆、深海平原和深海丘陵等区域。太平洋因其沟 - 弧 - 盆体系高度发育，陆源碎屑物质受海沟阻隔难以到达深海海盆，使得太平洋海域的沉积速率较低，因而对结核的生长成矿最为有利（殷征欣等，2019）。相比之下，印度洋和大西洋海域受陆源物质的影响较大，海底结核的分布范围较太平洋逊色得多。总体而言，多金属结核主要产出于钙质、硅质及黏土沉积速率极低的深海环境。

大洋边缘的陆缘海在构造环境和海洋沉积特征上均与深海大洋有着显著差异。南海是由大陆、半岛以及各岛屿所环绕的半封闭式边缘海构成，总体呈以北东向为长轴和北西向为短轴的不规则菱形展布。地形地貌类型丰富，主要由陆架（岛架）陆坡（岛坡）边缘海盆地（中央海盆）三级地形构成，具有陆架宽广、陆坡陡峭以及海盆宽阔的特点。南海海底表层沉积物具有明显的分带性，可分为浅海陆架陆源碎屑沉积区、半深海陆坡陆源碎屑碳酸盐沉积区以及深海盆黏土硅质软泥沉积区等。以往认为南海陆源碎屑物质供给充分、沉积速率高，多金属结核难以成矿，但近些年来，在南海海域陆续发现了诸多多金属结核成矿区，主要集中在受陆源物质影响较小的南海深海海盆和部分海山顶部（殷征欣等，2019），以及南海北部陆缘区。

综合多种因素，多金属结核主要可以分为水成成因、成岩成因和热液成因，另外也有很多生物学学者发现多金属结核中的微生物可能影响了锰氧化物的形成，但微生物活动在多金属结核的成矿过程是否是必要条件还需要进一步研究。多金属结核的化学成分变化主要受成因类型、地形地貌条件以及生长速率的影响。

水成成因多金属结核具有 Mn/Fe 值 ≤ 5 以及高场强元素如 Ti、REY、Zr、Nb、Ta 和 Hf 含量较高的特征，而成岩成因多金属结核则 Mn/Fe 值 > 5 并且富集易于固定在晶格内或离子特征已趋于稳定的一类元素。

南海铁锰多金属结核、结壳的成因属于水成成因类型，根据 Mn/Fe 值又可细分为三种不同的生长环境（陈忠等，2015），分布在不同的海区，即 A、B、C 区（图 8-20）。

Mn/Fe 值 < 0.5 的多金属结核，以 Fe 含量高，Mn 和 Cu、Ni、Co 含量低为特征，投影在靠近 Fe 含量高的区域内，与热液成因铁锰结核区域重合，主要分布在南海东北部陆坡区，研究表明该海区海底下可能蕴藏丰富的天然气水合物矿藏。南海东北部多金属结核

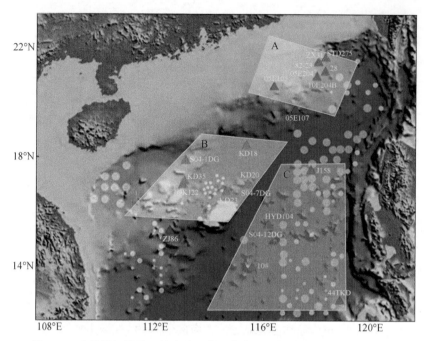

图 8-20　南海铁锰结核、结壳成因类型分布图（据陈忠等，2015 修改）

成因与在冲绳海槽、黑海及凯迪斯湾冷泉区发现的多金属结核成因类型相似，推测其形成模式可能受到水成与成岩的混合作用：一方面受到通过巴士海峡进入南海的太平洋底流作用，另一方面受到冷泉区烃类流体的渗漏作用，称为冷泉型水成成因类型，其稀土总含量低，Ce 正异常较不明显，与热液区多金属氧化物与冷泉区碳酸盐岩稀土配分模式相似。

Mn/Fe 值为 0.5 ~ 1 的铁锰结核，以 Fe 含量高，Cu、Ni、Co 含量低为特征，投影在与菲律宾海多金属结核成因相似的区域，称为边缘海型水成成因类型，发育分布在中西沙地块海域沉积物中。边缘海型水成成因结核总稀土含量在三个区中最高，REE 指标判别其成岩的氧化还原环境较冷泉型水成成因类型强，通过巴士海峡进入南海的太平洋底流作用对其形成起主要影响作用，Fe 含量高可能与陆源物质充分供应有关。

Mn/Fe 值为 1 ~ 2.5 的多金属结核，以 Mn 含量和 Cu、Ni、Co 含量相对较高为特征，投影在与西北太平洋多金属铁锰结核相似的区域内，靠近印度洋中脊梁和北太平洋洋中脊成岩成因铁锰结核区域，划分大洋型水成成因类型，主要产出在南海中央海盆的海山上或沉积物中。REE 指标表明其成岩环境的氧化性最强，铁锰结核中的 Sc 含量与火山碎屑物中的相似且均较高，表明铁锰结核的受海底火山作用的影响较大，海底静寂缺乏水体交换是呈强氧化环境的主要原因（陈忠等，2015）。

8.4.6　热液活动及其成矿作用模式

8.4.6.1　热液活动统计特征分析

现代海底热液活动大多出现在构造活动部位，主要是大洋中的扩张洋脊、弧后盆地的扩张中心、扩张轴偏轴海山及板内火山（栾锡武，2017）。冲绳海槽位于西北太平洋，受菲律宾板块对欧亚大陆的俯冲作用，属构造活动的陆内弧后扩张盆地（曾志刚等，2003），长约 1200km，宽逾 100km。冲绳海槽的海底地貌与地质特征显示，其海底以吐噶喇断裂带和宫古断裂带为界被分为北、中、南 3 部分（图 8-16）。海槽的水深由北向南加深，逐步从北部的 500m 向南加深到 2200m 左右。在走向上，北部呈北北东向，中部转为北东向，再向南转为北东东向，呈新月形向大洋一侧凸出。海槽中断裂发育，火山活动和岩浆活动十分活跃，地震频繁，热流值巨高，活跃的地质构造和变化的地球物理场使其成为弧后盆地热液活动调查的首选目标区（栾锡武等，2006）。

所发现的现代海底热液活动区都沿着海槽的中央地堑分布，这表明冲绳海槽的热液活动成因并非由单个的海底火山形成，而是和海槽的拉张或者说扩张相关。栾锡武根据已公布的热液活动区数目和扩张速率，建立了洋脊扩张速率和热液活动区数目之间的关系，发现洋脊的扩张速率越高，其上发育的热液活动区数目越多。快速扩张的洋中脊地震频次高、强度小，热液系统以分散、孤立的烟囱体为特征，且高度一般小于 15m；中等扩张速率洋中脊上热液系统多表现为多期烟囱体堆积成不规则丘状；而慢速扩张的洋中脊则通常地震频次低、强度大，常发育大型的热液系统，高度超过 50m，如大西洋 TAG 热液活动区（张亮和秦蕴珊，2017）。冲绳海槽直到目前仍为一个低速扩张（拉张）的弧后盆地，但扩张（拉张）速率有明显加快的趋势（栾锡武等，2006）。

冲绳海槽目前已经发现的海底热液活动区与不同类型的岩浆作用相对应。南奄西海丘热液区位于海槽中—北段 NNE 向海山链之上，与海槽裂陷作用伴生的岩浆活动有关。伊平屋脊 CLAM 热液区、夏岛 84 热液区和伊平屋北海丘热液区位于伊平屋中央地堑附近，与弧后盆地热液活动有关。与论海丘热液区、伊是名海洼热液区、多良间海丘热液区以及鸠间海丘热液区位于琉球火山前锋之上，与岛弧岩浆作用有关。伊良部海丘热液区、第四与那国海丘热液区和龟山岛热液区位于冲绳海槽张裂中心与琉球火山前锋的交汇处，同时受弧后盆地和岛弧岩浆作用的影响。唐印热液区所在的雨花海丘，属于台湾北火山带（尚鲁宁等，2018）。

8.4.6.2　构造地质过程对热液活动和成矿作用的控制

流体、热源和通道系统是海底热液活动的三要素。流体主要由下渗海水组成，也包含少量岩浆脱水、去气形成的高温流体；深部岩浆上涌为热液系统提供了热源，驱动了热液流体循环；海底张性正断层是流体循环的主要通道。流体在水-岩反应过程中从岩石中淋滤和置换出的金属、非金属元素是热液成矿的主要物质来源。在厚层沉积物覆盖的盆地内，流体在沉积层内的运移和储集，促进了流体与沉积物之间的相互作用，显著改变了热液流体的地球化学成分。沉积层的岩石物性对流体的物理化学行为产生了显著影响，从而在热液产物类型和特征方面留下了印记。在冲绳海槽弧后盆地内，构造地质过程通过控制上述因素和过程，控制了海底热液活动和成矿作用（尚鲁宁等，2018）。

1）板块俯冲和弧后张裂打开通道

东亚大陆边缘在中尺度地幔流应力场作用下，发生向东的蠕散。菲律宾海之下中尺度地幔流应力场驱动了菲律宾海板块的向西运动。两种地幔流应力场在东海发生汇聚，导致菲律宾海板块沿琉球海沟向欧亚板块俯冲。俯冲的板块扰动了仰冲板块边缘之下的软流圈，引起弧后小尺度地幔对流、软流圈上涌、岩石圈和地壳减薄以及冲绳海槽的弧后张裂等一系列深-浅部构造地质效应。俯冲的板片在深部分隔了东、西两侧的地幔流，阻碍了东亚地幔流的向东运动和菲律宾海地幔流的向西运动。俯冲板片东侧的应力强度低于西侧的应力强度。这样，西侧欧亚板块之下向东的地幔流受俯冲板片阻挡，在弧后地区分裂为沿俯冲带走向运动的地幔流，甚至存在向下和向西的回流。另外，西侧地幔流的撞击加速了俯冲板片的反卷后撤，由此在弧后地区形成张性应力场，进一步加剧了弧后软流圈的被动上涌和冲绳海槽的快速张裂。

弧后张裂作用导致冲绳海槽及邻区的刚性岩石圈发生破裂，形成大量张性断裂。部分断裂切割深度较大，为超壳断裂甚至是岩石圈断裂。这些深大断裂一方面降低了深部围压，有利于深部地壳和上地幔物质的减压熔融，形成高温熔体；另一方面，断裂本身成为深部熔体-流体上涌和浅部海水下渗的通道，为以流体循环为主要方式的深-浅部物质能量交换创造了有利条件。

2）岩浆作用提供了热源和成矿物质来源

在沟-弧-盆体系中，与板块俯冲作用有关的岩浆作用主要包括弧后盆地岩浆作用和岛弧岩浆作用两种类型。二者在形成机制和产物类型等方面均存在显著差异。弧后盆地岩浆作用通常分布于弧后盆地的张裂中心，与板块俯冲引起的弧后软流圈上涌有关，来自上地幔的基性岩浆沿张裂中心向上侵位并喷出海底，形成的海底岩石以玄武岩为主。当俯冲板片到达一定深度时（约50km），由于受热导致板片脱水和去气，水和二氧化碳作为热的流体进入仰冲板块地幔楔，形成含水系统，降低了地幔物质的熔点，导致地幔楔的部分熔融，熔融物质向上运移并喷出海底，形成岛弧岩浆作用，其产物主要为中酸性安山岩-英安岩-流纹岩。

冲绳海槽内的海底热液活动主要分布于海槽东侧，与岛弧型或亲岛弧型岩浆作用有关，单纯由中央地堑内玄武岩岩浆作用产生的热液活动较少。中央地堑与火山前锋的交汇处，强烈的地壳拉张破裂与充足的岛弧岩浆供应叠加，是形成海底热液活动最有利的地区。热液活动多发育于海底火山东部的破火山口内或海底火山侧坡上。侵入岩石层浅部的岩浆形成高位岩浆房，为热液流体循环提供了热源，流体循环以浅部循环为主。

关于热液硫化物成矿物质来源问题，早期的研究认为高温热液流体淋滤基底岩石并从其中萃取金属元素是热液流体获得成矿物质的主要方式，在有沉积物覆盖的热液活动区，沉积物也会为热液流体提供部分成矿物质。随着研究的开展，国内外学者通过同位素示踪及岩浆熔体包裹体等的研究，发现岩浆作用对热液系统不仅只有能量的贡献，而且有着不可忽视的物质贡献（王淑杰等，2018；尚鲁宁等，2018）。岩浆作用对热液系统的物质贡献形式主要有以下3种：①热液流体淋滤基底岩石获得成矿金属元素；②富金属岩浆期后热液流体的加入；③岩浆挥发分的贡献。

参 考 文 献

蔡乾忠. 2005. 中国海域油气地质学. 北京：海洋出版社.

曹德凯. 2017. 东太平洋CC区与东马里亚纳海盆多金属结核特征对比及控矿要素研究. 青岛：国家海洋局第一海洋研究所.

曹雪晴，谭启新，张勇. 2007. 中国近海建筑砂矿床特征. 岩石矿物学杂志，26(2): 164-170.

陈建文 . 2014. 东海冲绳海槽天然气水合物成矿地质条件与资源潜力 . 地球学报 , 35(6): 726-732.

陈忠 , 仲义 , 郑旭峰 , 等 . 2015. 南海多金属结核、结壳成因类型及成岩环境 . 南海地质、矿产资源与环境
　学术研讨会 , 351-352.

戴春山 , 李刚 . 2002. 黄海海域前第三系及油气勘探 . 海洋地质动态 , 18(11): 21-22.

戴春山 , 等 . 2011. 中国海域含油气盆地群和早期评价技术 . 北京 : 海洋出版社 .

冯志强 , 陈春峰 , 姚永坚 , 等 . 2008. 南黄海北部前陆盆地的构造演化与油气突破 . 地学前缘 , 15(6): 219-
　231.

傅晓洲 . 2012. 大洋多金属结核的形成机理研究概述 . 科技传播 , 4(13): 79-81.

高大统 . 2017. "可燃冰", 离大规模开采还有多远 . 办公自动化 , 22(4): 16-18.

郭爱军 . 2014. 东北地区中新生代成煤盆地构造演化与动力学分析 . 北京 : 中国矿业大学 (北京).

郭兴伟 , 朱晓青 , 宋世杰 . 2015. 大陆架科钻 CSDP-2 井在南黄海海相地层中首次钻遇油气显示 . 海洋地质
　与第四纪地质 , 35(5): 124.

国家海洋局 . 2017. 中国海洋统计年鉴 . 北京 : 海洋出版社 .

何登发 , 李德生 , 童晓光 , 等 . 2008. 多期叠加盆地古隆起控油规律 . 石油学报 , 29(4): 475-488.

李倩茹 . 2014. 渤海湾盆地新生代构造演化特征及其对太平洋板块俯冲作用的指示意义 . 北京 : 中国地质
　大学 (北京).

李燕 , 邓运华 , 李友川 , 等 . 2016. 珠江口盆地河流 – 三角洲体系煤系烃源岩发育特征及有利相带 . 东北石
　油大学学报 , 40(1): 62-71.

李莹 , 张功成 , 吕大炜 , 等 . 2011. 琼东南盆地崖城组沉积特征及成煤环境 . 煤田地质与勘探 , 39(1): 1-5.

李运振 , 邓运华 , 徐强 , 等 . 2010. 板块运动对中国近海新生代盆地沉降及充填的控制作用 . 现代地质 ,
　24(4): 719-726.

李增学 . 2010. 岩相古地理学 . 北京 : 地质出版社 .

李增学 , 张功成 , 李莹 , 等 . 2012. 中国海域区古近纪含煤盆地与煤系分布研究 . 地学前缘 , 19(4): 314-326.

李增学 , 周静 , 吕大炜 , 等 . 2013. 琼东南盆地崖城组煤系空间展布特征 . 山东科技大学学报 (自然科学版),
　32(2): 1-8.

刘永刚 , 姚会强 , 于淼 , 等 . 2014. 国际海底矿产资源勘查与研究进展 . 海洋信息 , 3: 10-16.

刘玉瑞 . 2010. 苏北盆地与南黄海盆地中 – 新生界成烃对比浅析 . 石油实验地质 , 32(6): 541-546.

栾锡武 . 2004. 现代海底热液活动区的分布与构造环境分析 . 地球科学进展 , 19(6): 931-938.

栾锡武 . 2017. 现代海底热液活动 . 北京 : 科学出版社 .

栾锡武 , 秦蕴珊 . 2002. 现代海底热液活动的调查研究方法 . 地球物理学进展 , 17(4): 592-597.

栾锡武 , 岳保静 , 鲁银涛 . 2006. 东海天然气水合物的地震特征 . 海洋地质与第四纪地质 , 26(5): 91-99.

马立桥 , 董庸 , 屠小龙 , 等 . 2007. 中国南方海相油气勘探前景 . 石油学报 , 28(3): 1-7.

米立军 , 王东东 , 李增学 , 等 . 2010. 琼东南盆地崖城组高分辨率层序地层格架与煤层形成特征 . 石油学报 ,
　31(4): 534-541.

彭己君 , 张金川 , 张鹏 , 等 . 2014. 台西盆地致密砂岩气存在的可能性 . 海洋地质前沿 , 30(6): 33-39.

尚鲁宁 , 张训华 , 张勇 , 等 . 2018. 构造地质过程对冲绳海槽热液活动及成矿作用的控制研究综述 . 海洋通
　报 , 37(5): 494-505.

邵明娟 , 王淑玲 , 张炜 , 等 . 2016. 国际海底区域内勘探合同现状 . 中国矿业 , 25(S2): 54-57.

谭启新, 孙岩. 1988. 中国滨海砂矿. 北京: 科学出版社.

王海峰, 刘永刚, 朱克超. 2015. 中太平洋海盆多金属结核分布及其与 CC 区中国多金属结核开辟区多金属结核特征对比. 海洋地质与第四纪地质, 35(2): 73-79.

王丽忱, 甄鉴. 2014. 全球海洋油气勘探开发投资趋势. 国际石油经济, 22(9): 34-37.

王圣洁, 刘锡清, 戴勤奋, 等. 2003. 中国海砂资源分布特征及找矿方向. 海洋地质与第四纪地质, 23(3): 83-89.

王淑杰, 翟世奎, 于增慧, 等. 2018. 关于现代海底热液活动系统模式的思考. 地球科学, 43(3): 835-850.

魏伟, 张金华, 魏兴华, 等. 2012. 我国南海天然气水合物资源潜力分析. 地球物理学进展, 27(6): 2646-2655.

吴能友, 陈勇, 黄宁生, 等. 2012. 我国天然气水合物勘探开发发展战略研究. 第二届中国工程院, 国家能源局能源论坛: 1244-1250.

吴能友, 黄丽, 苏正, 等. 2013. 海洋天然气水合物开采潜力地质评价指标研究: 理论与方法. 天然气工业, 33(7): 11-17.

谢武仁. 2006. 渤中凹陷古近系成岩层序与优质储层研究. 北京: 中国地质大学 (北京).

许威, 邱楠生, 孙长宇. 2010. 南海天然气水合物稳定带厚度分布特征. 现代地质, 24(3): 467-473.

杨柳. 2017. 中国海域新生代聚煤规律与控煤模式. 徐州: 中国矿业大学.

杨胜雄, 梁金强, 陆敬安, 等. 2017. 南海北部神狐海域天然气水合物成藏特征及主控因素新认识. 地学前缘, 24(4): 1-14.

杨文达, 崔征科, 张异彪. 2010. 东海地质与矿产. 北京: 海洋出版社.

杨文达, 曾久岭, 王振宇. 2004. 东海陆坡天然气水合物成矿远景. 海洋石油, 24(2): 1-8.

姚永坚, 冯志强, 郝天珧, 等. 2008. 对南黄海盆地构造层特征及含油气性的新认识. 地学前缘, 15(6): 232-240.

殷征欣, 王海峰, 韩金生, 等. 2019. 南海边缘海多金属结核与大洋多金属结核对比. 吉林大学学报 (地球科学版), 49(1): 261-277.

于兴河, 王建忠, 梁金强, 等. 2014. 南海北部陆坡天然气水合物沉积成藏特征. 石油学报, (2): 253-264.

曾志刚, 秦蕴珊, 翟世奎, 等. 2003. 冲绳海槽 Jade 热液区块状硫化物中流体包裹体的氦、氖、氩同位素组成. 海洋学报, 25(4): 36-42.

翟世奎, 陈丽蓉, 张海启, 等. 2001. 冲绳海槽的岩浆作用与海底热液活动. 北京: 海洋出版社.

张海涛, 朱炎铭. 2013. 中国近海新生代含油气盆地成煤特征. 新疆石油地质, 34(5): 519-523.

张宏达, 汪珊, 武强, 等. 2006. 大洋多金属结核的成矿作用和模式. 海洋地质与第四纪地质, 26(2): 95-102.

张亮, 秦蕴珊. 2017. 深海热液生态系统特征及其对极端微生物的影响. 地球科学进展, 32(7): 696-706.

张伟, 梁金强, 陆敬安, 等. 2017. 中国南海北部神狐海域高饱和度天然气水合物成藏特征及机制. 石油勘探与开发, 44(5): 670-680.

张训华. 2008. 中国海域构造地质学. 北京: 海洋出版社.

张训华, 肖国林, 吴志强, 等. 2017. 南黄海油气勘探若干地质问题认识和探讨. 北京: 科学出版社.

张振国. 2007. 南海北部陆缘多金属结核地球化学特征及成矿意义. 北京: 中国地质大学 (北京).

赵永强. 2007. 北部湾盆地涠西勘查区反转构造及其油气成藏意义. 石油实验地质, 29(5): 457-461.

周荔青, 张淮. 2002. 中国海相残留盆地油气成藏系统特征. 石油实验地质, 24(6): 483-489.

朱而勤. 1984. 东海铁质结核的穆斯堡尔谱特征. 海洋通报, (1): 59-64.

朱而勤, 王琦. 1985. 中国沿岸海域的铁锰结核. 地质评论, (5): 81-85.

庄畅, 陈芳, 程思海, 等. 2015. 南海北部天然气水合物远景区末次冰期以来底栖有孔虫稳定同位素特征及

其影响因素 . 第四纪研究 , 35(2): 422-432.

Chen C T, Wang B J, Huang J F, et al.2005. Investigation into extremely acidic hydrothermal fluids off Kueishantao, Taiwan, China. Acta Oceanologica Sinica, 24(1): 125-133.

Chiba H, Ishibashi J, Ueno H, et al.1996. Seafloor hydrothermal systems at North Knoll, lheya Ridge, Okinawa Trough. JAMSTEC Deep Sea Research, 12: 211-219.

Fukuba T, Fujii Z, lizasa K, et al. 2010. Natsushima Cruise Report NT10-16. Japan Agency for Marine-Earth Science and Technology.

Halbach P, Nakamura K Wahsner M, et al. 1989. Probable modem analogue of Kuroko-type massive sulphide deposits in the Okinawa Trough back-arc basin. Nature, 338: 496-499.

Hashimoto J, Fujikura K, Hotta H. 1990. Observations of deep sea biological communities at the Minami-Ensei Knoll. Japan Agency for Marine-Earth Science and Technology Deep Sea Research, 6: 167-179.

Kasaya T, Machiyama H, Kitada K, et al. 2015. Trial exploration for hydrothermal activity using acoustic measurements at the North Iheya Knoll. Geochemical Journal, 49: 597-602.

Kawagncci S, Chiba H, Ishibashi J, et al. 2011. Hydrothermal fluid geochemistry at the Iheya North field in the mid-Okinawa Trough: Implication for origin of methane in subseafloor fluid sirculation systems. Geochemical Journal, 45: 109-124.

Kimura M, Uyeda S, Kato Y, et al. 1988. Active hydrothermal mounds in the Okinawa Trough backarc basin, Japan. Tectonophysics, 145: 319-324.

Matsumoto T, Kinoshita M, Nakamura M, et al. 2001. Volcanic and hydrothermal activities and possible "segmentation" of the axial riffing in the westernmost part of the Okinawa Trough-preliminary results from the Yokosuka/Shinkai 6500-Lequios Cruise. JAMSTEC Journal of Deep Sea Research, 19: 95-107.

Mero J L. 1965. The Mineral Resources of the Sea. Amsterdam: Elsevier Publishing Company.

Momma H, Hashimoto J, Tanaka T, et al. 1989. Deep Sea Research Group: Preliminary report of deep tow surveys in the Okinawa Trough(DK88-2-OKN-LEG 1, 2). JAMSTEC Report, 21: 203-221.

Tanaka T, Hotta H, Sakai H, et al. 1990. Occurrence and distribution of the hydrothermal deposits in the Izena Hole, Central Okinawa Trough. Japan Agency for Marine-Earth Science and Technology Deep Sea Research, 6: 11-26.

Watabe H, Miyake H, 2000. Decapod fauna of the hydrothermally active and adjacent fields on the Hatoma Knoll, southern Japan. Japan Agency for Marine-Earth Science and Technology Journal of Deep Sea Research, 17: 29-34.

Yamamoto T , Kobayashi T, Nakasone K, et al. 1999. Chemosynthetic community at North Knoll, Iheya Ridge , Okinawa Trough. Japan Agency for Marine-Earth Science and Technology Deep Sea Research, 15: 19-24.

Yamanaka T, Jinnai A, Maeto K, et al. 2009. Natsushima Cruise Report NT09-10-leg2. Japan Agency for Marine-Earth Science and Technology.

Zeng Z , Chen S, Ma Y, et al. 2017. Chemical composition of mussels and clams from the Tangyin and Yonaguni Knoll IV hydrothermal fields in the southwestern Okinawa Trough. Ore Geology Bedews, 87: 172-191.

Zeng Z G. 2015. New hydrothermal field in the Okinawa Trough. Goldschmidt Conference 25th. Prague, Czech Republic Abs: 3573.

索　引